高等数学解题指南

北京大学数学科学学院
周建莹　李正元　编

图书在版编目(CIP)数据

高等数学解题指南/周建莹,李正元编.—北京:北京大学出版社,2002.10

ISBN 978-7-301-05853-4

Ⅰ.①高… Ⅱ.①周… ②李… Ⅲ.①高等数学—高等学校—解题 Ⅳ.①O13-44

中国版本图书馆 CIP 数据核字(2002)第 064390 号

书　　名	高等数学解题指南 Gaodeng Shuxue Jieti Zhinan
著作责任者	周建莹　李正元　编
责任编辑	刘　勇　潘丽娜
标准书号	ISBN 978-7-301-05853-4
出版发行	北京大学出版社
地　　址	北京市海淀区成府路 205 号　100871
网　　址	http://www.pup.cn
电子信箱	zpup@pup.cn
新浪微博	@北京大学出版社
电　　话	邮购部 62752015　发行部 62750672　编辑部 62752021
印刷者	河北博文科技印务有限公司
经销者	新华书店
	890 毫米×1240 毫米　A5　22.625 印张　610 千字 2002 年 10 月第 1 版　2024 年 9 月第 23 次印刷
定　　价	48.00 元

未经许可,不得以任何方式复制或抄袭本书之部分或全部内容。
版权所有,侵权必究
举报电话:010-62752024　电子信箱:fd@pup.pku.edu.cn
图书如有印装质量问题,请与出版部联系,电话:010-62756370

内 容 简 介

本书是理工医农各专业的大学生学习"高等数学"课的辅导教材。两位作者在北京大学从事高等数学教学四十年,具有丰富的教学经验,深知学生的疑难与困惑。他们围绕着该课的基本内容与教学要求,根据学生初学时遇到的难点与易犯的错误,通过精心挑选的典型例题进行分析、讲解与评注,给出归纳和总结,以帮助学生更好地理解"高等数学"课的内容,掌握其基本理论和正确的解题方法与技巧。全书共分 13 章,内容包括:一元微积分,空间解析几何,多元微积分,无穷级数(包含傅里叶级数)与常微分方程等。在每一节中,设有基本理论内容提要,典型例题的讲解与分析,以及供学生自己做的练习题等部分,书末附有习题答案。为了适应不同程度学生的要求,本书还较系统地讲解了适量的综合题和一定难度的例题(以 * 号标出),这不仅可以开拓学生的解题思路,帮助学生学好高等数学,而且还可作为考研复习之用。本书根据每年的考研试题增补新的综合题。

本书可作为综合大学、理工科大学、高等师范学校理工医农各专业大学生学习高等数学的学习辅导书,也可供成人教育、自学考试的学生阅读,对青年教师及报考研究生的大学生来说,本书也是较好的教学参考书和考研复习用书。

作者简介

周建莹 北京大学数学科学学院教授。1960年毕业于北京大学数学力学系,从事高等数学教学工作四十年,具有丰富的教学经验;周建莹教授对高等数学中的典型例题和解题方法有系统的归纳、总结,编写的教材有《高等数学(生化医农类)》(1985年第1版,2002年修订版,北京大学出版社)、《高等数学简明教程》(北京大学出版社,1999)。

李正元 北京大学数学科学学院教授。1963年毕业于北京大学数学力学系,从事高等数学、数学分析等课程教学工作四十年,具有丰富的教学经验;李正元教授对高等数学解题思路、方法与技巧有深入研究、系统归纳和总结,编写的教材和学习辅导书有《高等数学》、《数学复习全书》、《数学分析》、《数学分析习题集》。

目 录

第一章　微积分的准备知识 …………………………………… (1)

§1　函数 …………………………………………………………… (1)
　　内容提要 ………………………………………………………… (1)
　　典型例题分析 …………………………………………………… (3)
　　本节小结 ………………………………………………………… (8)
　　练习题1.1 ……………………………………………………… (9)

§2　极限的概念、性质和若干求极限的方法 ……………… (9)
　　内容提要 ………………………………………………………… (9)
　　典型例题分析 ………………………………………………… (13)
　　本节小结 ……………………………………………………… (33)
　　练习题1.2 …………………………………………………… (34)

§3　函数的连续性，连续函数的性质 ……………………… (34)
　　内容提要 ……………………………………………………… (34)
　　典型例题分析 ………………………………………………… (36)
　　本节小结 ……………………………………………………… (43)
　　练习题1.3 …………………………………………………… (43)

第二章　微商(导数)与微分 ………………………………… (45)

§1　微商概念及其运算 ……………………………………… (45)
　　内容提要 ……………………………………………………… (45)
　　典型例题分析 ………………………………………………… (48)
　　本节小结 ……………………………………………………… (67)
　　练习题2.1 …………………………………………………… (67)

§2　微分的概念及其运算 …………………………………… (69)
　　内容提要 ……………………………………………………… (69)
　　典型例题分析 ………………………………………………… (72)
　　本节小结 ……………………………………………………… (76)

练习题 2.2 ……………………………………………… (77)

第三章　微分中值定理及其应用 …………………… (78)

§1　微分中值定理 ………………………………………… (78)
　　内容提要 ………………………………………………… (78)
　　典型例题分析 …………………………………………… (80)
　　本节小结 ………………………………………………… (103)
　　练习题 3.1 ……………………………………………… (104)

§2　函数的单调性、极值、最值问题 ……………………… (104)
　　内容提要 ………………………………………………… (104)
　　典型例题分析 …………………………………………… (106)
　　本节小结 ………………………………………………… (125)
　　练习题 3.2 ……………………………………………… (126)

§3　函数的凹凸性、拐点、函数作图法 …………………… (127)
　　内容提要 ………………………………………………… (127)
　　典型例题分析 …………………………………………… (129)
　　本节小结 ………………………………………………… (135)
　　练习题 3.3 ……………………………………………… (135)

§4　求未定式的极限 ……………………………………… (136)
　　内容提要 ………………………………………………… (136)
　　典型例题分析 …………………………………………… (137)
　　本节小结 ………………………………………………… (146)
　　练习题 3.4 ……………………………………………… (147)

§5　泰勒公式及其应用 …………………………………… (147)
　　内容提要 ………………………………………………… (147)
　　典型例题分析 …………………………………………… (150)
　　本节小结 ………………………………………………… (163)
　　练习题 3.5 ……………………………………………… (164)

第四章　不定积分 …………………………………………… (166)

§1　原函数与不定积分的概念 …………………………… (166)
　　内容提要 ………………………………………………… (166)
　　典型例题分析 …………………………………………… (168)

　　　　本节小结 ·· (174)

　　　　练习题 4.1 ·· (174)

　§2　不定积分的两个计算法则——换元积分法
　　　与分部积分法 ·· (175)

　　　　内容提要 ·· (175)

　　　　典型例题分析 ·· (178)

　　　　本节小结 ·· (189)

　　　　练习题 4.2 ·· (190)

　§3　几类可求积的初等函数的积分法 ······························ (190)

　　　　内容提要 ·· (190)

　　　　典型例题分析 ·· (195)

　　　　本节小结 ·· (205)

　　　　练习题 4.3 ·· (206)

第五章　定积分 ·· (207)

　§1　定积分的概念与性质 ·· (207)

　　　　内容提要 ·· (207)

　　　　典型例题分析 ·· (210)

　　　　本节小结 ·· (217)

　　　　练习题 5.1 ·· (218)

　§2　定积分的换元积分法与分部积分法，变上限的
　　　定积分 ·· (219)

　　　　内容提要 ·· (219)

　　　　典型例题分析 ·· (221)

　　　　本节小结 ·· (252)

　　　　练习题 5.2 ·· (252)

　§3　定积分的应用与广义积分 ···································· (253)

　　　　内容提要 ·· (253)

　　　　典型例题分析 ·· (259)

　　　　本节小结 ·· (277)

　　　　练习题 5.3 ·· (278)

第六章　空间解析几何 ·· (280)

§1　空间直角坐标系,向量及其运算 ………………………… (280)
　　内容提要 ……………………………………………………… (280)
　　典型例题分析 ………………………………………………… (284)
　　本节小结 ……………………………………………………… (291)
　　练习题 6.1 …………………………………………………… (291)
§2　直线、平面与二次曲面 …………………………………… (292)
　　内容提要 ……………………………………………………… (292)
　　典型例题分析 ………………………………………………… (296)
　　本节小结 ……………………………………………………… (312)
　　练习题 6.2 …………………………………………………… (312)

第七章　多元函数微分学 ……………………………………… (314)

§1　多元函数的概念、极限与连续性 ………………………… (314)
　　内容提要 ……………………………………………………… (314)
　　典型例题分析 ………………………………………………… (316)
　　练习题 7.1 …………………………………………………… (322)
§2　偏微商与全微分 …………………………………………… (323)
　　内容提要 ……………………………………………………… (323)
　　典型例题分析 ………………………………………………… (325)
　　练习题 7.2 …………………………………………………… (335)
§3　方向导数与梯度 …………………………………………… (336)
　　内容提要 ……………………………………………………… (336)
　　典型例题分析 ………………………………………………… (338)
　　本节小结 ……………………………………………………… (340)
　　练习题 7.3 …………………………………………………… (341)
§4　复合函数与隐函数的微分法 ……………………………… (342)
　　内容提要 ……………………………………………………… (342)
　　典型例题分析 ………………………………………………… (344)
　　本节小结 ……………………………………………………… (352)
　　练习题 7.4 …………………………………………………… (353)
§5　高阶偏导数,复合函数及隐函数的高阶偏导数 ………… (354)
　　内容提要 ……………………………………………………… (354)

典型例题分析 …………………………………………（356）
　　　本节小结 ……………………………………………（364）
　　　练习题 7.5 …………………………………………（365）
　§6　空间曲线的切线与法平面，曲面的切平面
　　　与法线 ………………………………………………（366）
　　　内容提要 ……………………………………………（366）
　　　典型例题分析 ………………………………………（368）
　　　本节小结 ……………………………………………（372）
　　　练习题 7.6 …………………………………………（372）
　§7　多元函数微分学在极值问题中的应用 ……………（373）
　　　内容提要 ……………………………………………（373）
　　　典型例题分析 ………………………………………（375）
　　　本节小结 ……………………………………………（381）
　　　练习题 7.7 …………………………………………（381）
　§8　二元函数的泰勒公式 …………………………………（382）
　　　内容提要 ……………………………………………（382）
　　　典型例题分析 ………………………………………（384）
　　　练习题 7.8 …………………………………………（385）

第八章　重积分 …………………………………………………（386）
　§1　二重积分 ………………………………………………（386）
　　　内容提要 ……………………………………………（386）
　　　典型例题分析 ………………………………………（390）
　　　本节小结 ……………………………………………（401）
　　　练习题 8.1 …………………………………………（403）
　§2　三重积分 ………………………………………………（405）
　　　内容提要 ……………………………………………（405）
　　　典型例题分析 ………………………………………（409）
　　　本节小结 ……………………………………………（420）
　　　练习题 8.2 …………………………………………（421）
　§3　重积分的应用 …………………………………………（423）
　　　内容提要 ……………………………………………（423）

　　　　典型例题分析 …………………………………………… (424)
　　　　本节小结 ………………………………………………… (435)
　　　　练习题 8.3 ……………………………………………… (435)

第九章　曲线积分与格林公式 ………………………………… (438)
　§1　曲线积分的概念与计算 ……………………………… (438)
　　　　内容提要 ………………………………………………… (438)
　　　　典型例题分析 …………………………………………… (441)
　　　　本节小结 ………………………………………………… (450)
　　　　练习题 9.1 ……………………………………………… (451)
　§2　格林公式及其应用 …………………………………… (453)
　　　　内容提要 ………………………………………………… (453)
　　　　典型例题分析 …………………………………………… (454)
　　　　本节小结 ………………………………………………… (459)
　　　　练习题 9.2 ……………………………………………… (460)
　§3　第二型曲线积分与路径无关问题，$Pdx+Qdy$
　　　　的原函数问题 …………………………………………… (461)
　　　　内容提要 ………………………………………………… (461)
　　　　典型例题分析 …………………………………………… (464)
　　　　本节小结 ………………………………………………… (470)
　　　　练习题 9.3 ……………………………………………… (471)

第十章　曲面积分，高斯公式与斯托克斯公式 ……………… (472)
　§1　曲面积分的概念与计算 ……………………………… (472)
　　　　内容提要 ………………………………………………… (472)
　　　　典型例题分析 …………………………………………… (475)
　　　　本节小结 ………………………………………………… (486)
　　　　练习题 10.1 …………………………………………… (486)
　§2　高斯公式，向量场的通量与散度 …………………… (488)
　　　　内容提要 ………………………………………………… (488)
　　　　典型例题分析 …………………………………………… (489)
　　　　本节小结 ………………………………………………… (491)
　　　　练习题 10.2 …………………………………………… (492)

§3 斯托克斯公式,向量场的环量与旋度 ………………… (493)
 内容提要 ……………………………………………… (493)
 典型例题分析 ………………………………………… (495)
 本节小结 ……………………………………………… (499)
 练习题 10.3 …………………………………………… (499)
§4 算子符号∇及其性质,散度与旋度计算 ……………… (500)
 内容提要 ……………………………………………… (500)
 典型例题分析 ………………………………………… (501)
 练习题 10.4 …………………………………………… (503)

第十一章 无穷级数 ……………………………………… (504)

§1 级数的基本概念与性质 ………………………………… (504)
 内容提要 ……………………………………………… (504)
 典型例题分析 ………………………………………… (505)
 本节小结 ……………………………………………… (508)
 练习题 11.1 …………………………………………… (508)
§2 级数的收敛性判别法 …………………………………… (509)
 内容提要 ……………………………………………… (509)
 典型例题分析 ………………………………………… (511)
 本节小结 ……………………………………………… (524)
 练习题 11.2 …………………………………………… (524)
§3 幂级数的收敛域与幂级数的性质 ……………………… (526)
 内容提要 ……………………………………………… (526)
 典型例题分析 ………………………………………… (528)
 本节小结 ……………………………………………… (536)
 练习题 11.3 …………………………………………… (538)
§4 函数的幂级数展开 ……………………………………… (538)
 内容提要 ……………………………………………… (538)
 典型例题分析 ………………………………………… (541)
 本节小结 ……………………………………………… (547)
 练习题 11.4 …………………………………………… (548)
§5 傅里叶级数 ……………………………………………… (548)

内容提要	………………………………………	(548)
典型例题分析	……………………………………	(553)
练习题 11.5	………………………………………	(561)

§6 函数项级数 ……………………………………… (562)
　　内容提要 ……………………………………… (562)
　　典型例题分析 …………………………………… (564)
　　本节小结 ……………………………………… (570)
　　练习题 11.6 ……………………………………… (571)

*第十二章　含参变量的积分，傅里叶变换
　　　　　　与傅里叶积分 ……………………………… (572)

§1　含参变量的常义积分所确定的函数及其性质 ……… (572)
　　内容提要 ……………………………………… (572)
　　典型例题分析 …………………………………… (573)
　　练习题 12.1 ……………………………………… (577)

§2　含参变量的无穷积分的一致收敛性 ……………… (577)
　　内容提要 ……………………………………… (577)
　　典型例题分析 …………………………………… (579)
　　本节小结 ……………………………………… (581)
　　练习题 12.2 ……………………………………… (581)

§3　含参变量的无穷积分的性质 ……………………… (581)
　　内容提要 ……………………………………… (581)
　　典型例题分析 …………………………………… (582)
　　本节小结 ……………………………………… (589)
　　练习题 12.3 ……………………………………… (589)

§4　Γ函数与B函数 ………………………………… (590)
　　内容提要 ……………………………………… (590)
　　典型例题分析 …………………………………… (591)
　　本节小结 ……………………………………… (594)
　　练习题 12.4 ……………………………………… (594)

§5　傅里叶变换与傅里叶积分的定义，计算傅里叶变换
　　　与作频谱图 …………………………………… (594)

   内容提要 ·· (594)

   典型例题分析 ·· (597)

   本节小结 ·· (601)

   练习题 12.5 ··· (601)

  §6 傅氏积分的收敛性与函数的傅氏积分展开 ············ (601)

   内容提要 ·· (601)

   典型例题分析 ·· (602)

   练习题 12.6 ··· (604)

  §7 傅氏变换的性质 ·· (604)

   内容提要 ·· (604)

   典型例题分析 ·· (606)

   本节小结 ·· (611)

   练习题 12.7 ··· (611)

第十三章 常微分方程 ·· (612)

  §1 基本概念 ·· (612)

   内容提要 ·· (612)

   典型例题分析 ·· (613)

   练习题 13.1 ··· (614)

  §2 一阶微分方程的解法 ···································· (614)

   内容提要 ·· (614)

   典型例题分析 ·· (618)

   本节小结 ·· (626)

   练习题 13.2 ··· (626)

  §3 二阶线性微分方程 ······································· (628)

   内容提要 ·· (628)

   典型例题分析 ·· (632)

   本节小结 ·· (643)

   练习题 13.3 ··· (644)

  §4 几种特殊类型的高阶微分方程 ························ (645)

   内容提要 ·· (645)

   典型例题分析 ·· (646)

练习题 13.4 ……………………………………………（647）
　§5　含有两个未知函数的常系数线性微分方程组 …………（647）
　　　内容提要 ……………………………………………………（647）
　　　典型例题分析 ………………………………………………（648）
　　　练习题 13.5 …………………………………………………（649）
　§6　微分方程的应用 …………………………………………（649）
　　　内容提要 ……………………………………………………（649）
　　　典型例题分析 ………………………………………………（649）
　　　练习题 13.6 …………………………………………………（656）
练习题答案与提示 ……………………………………………（658）

第一章 微积分的准备知识

§1 函 数

内 容 提 要

1. 函数概念

函数的定义 设在某一过程中有两个变量 x 与 y，若对变量 x 在其变化域 X 中的每一个值，依照某一对应规则，变量 y 都有惟一确定的一个值与之对应，我们就称变量 y 是变量 x 的**函数**，记作
$$y = f(x) \quad (x \in X).$$
这时称 x 为**自变量**，称 y 为**因变量**. 自变量 x 的变化域 X 称为函数的**定义域**，而相应的因变量 y 的变化域 Y 称为函数的**值域**.

函数的对应规则与定义域是函数定义中的两个要素.

2. 函数的图形

函数 $y=f(x)$ $(x \in X)$ 的图形是指点集
$$\{(x,y) | y = f(x), x \in X\}.$$
一般情形下，它是 Oxy 平面上的一条或几条曲线，任何一条平行于 y 轴的直线，与曲线 $y=f(x)$ 至多相交于一点.

3. 几类常见的函数

有界函数 若存在一个实数 M，使对一切 $x \in X$，都有
$$f(x) \leqslant M,$$
则称函数 $f(x)$ 在 X 上是有上界的，并称 M 为 $f(x)$ 的一个**上界**.

类似地，若存在一个实数 N，使对一切 $x \in X$，都有
$$f(x) \geqslant N,$$
则称 $f(x)$ 在 X 上是**有下界的**，并称 N 是 $f(x)$ 的一个**下界**.

既有上界又有下界的函数称为**有界函数**. 即若存在两个实数 M 与 N，使得
$$N \leqslant f(x) \leqslant M, \quad \text{对任意的 } x \in X, \tag{1.1}$$
则称 $f(x)$ 在 X 上是**有界函数**. 函数有界性的一个等价的定义是：若存在一个大于零的常数 K，使

$$|f(x)| \leqslant K, \quad \text{对任意的 } x \in X,$$

则称 $f(x)$ 在 X 上是**有界函数**,并称常数 K 为 $f(x)$ 在 X 上的一个**界**.

奇偶函数 设有函数 $y=f(x), x \in X$, 其中 X 关于原点对称(即: 若 $x \in X$, 则 $-x \in X$).

若 $f(-x)=-f(x)$, 对任意的 $x \in X$, 则称 $y=f(x)$ **为 X 上的奇函数**.

若 $f(-x)=f(x)$, 对任意的 $x \in X$, 则称 $y=f(x)$ **为 X 上的偶函数**.

奇函数的图形对称于原点,偶函数的图形对称于 y 轴.

单调函数 对任给的 $x_1, x_2 \in X$, 若 $x_1 < x_2$ 时有 $f(x_1) \leqslant f(x_2) (f(x_1) \geqslant f(x_2))$, 则称 $f(x)$ 在 X 上是**单调上升的(单调下降的)**. 在 X 上单调上升与单调下降统称为在 X 上**单调**. 单调上升(下降)也称为单调递增(递减). 又若 $x_1 < x_2$ 时有 $f(x_1) < f(x_2) (f(x_1) > f(x_2))$, 则称 $f(x)$ 在 X 上**严格单调上升**或**严格递增**(**严格单调下降**或**严格递减**).

周期函数 设 $f(x)$ 在 $(-\infty, +\infty)$ 上定义,若存在常数 $l > 0$, 对任给的 $x \in (-\infty, +\infty)$, 有 $f(x+l)=f(x)$, 则称 $f(x)$ 为**周期函数**, l 为 $f(x)$ 的一个周期. 周期函数一定有无穷多个周期,若其中有一个最小的正数 T, 则称 T 为周期函数的**最小周期**, 简称**周期**.

4. 复合函数

设有函数

$$y=f(u), u \in U; \quad u=\varphi(x), x \in X, \text{值域为 } U'.$$

若 $U' \subseteq U$, 则在 X 上确定了一个新函数

$$y=f[\varphi(x)], \quad x \in X,$$

称为 $y=f(u)$ 与 $u=\varphi(x)$ 的**复合函数**,u 称为**中间变量**.

5. 反函数

设函数 $y=f(x)$ 的值域为 Y. 若对 Y 中每一个 y 值,都可由方程 $y=f(x)$ 惟一地确定出一个 x 的值,则得到一个定义在 Y 上的函数,称为 $y=f(x)$ 的**反函数**,记作

$$x=f^{-1}(y), \quad y \in Y.$$

易知,严格单调函数必有反函数,并且其反函数也是严格单调的.

函数 $y=f(x)$ $(x \in X)$ 与其反函数 $x=f^{-1}(y)$ $(y \in Y)$ 的图形在同一个坐标系中是相同的.

习惯上,为了强调对应规律 f^{-1}, 并将因变量仍记作 y, 通常将反函数写为

$$y=f^{-1}(x), \quad x \in Y,$$

它的图形与 $y=f(x)$ $(x \in X)$ 的图形关于直线 $y=x$ 对称.

6. 基本初等函数、初等函数

基本初等函数是指以下六类函数：常数函数，幂函数，指数函数，对数函数，三角函数，反三角函数.

由基本初等函数经过有限次四则运算和复合运算所得到的函数，称为**初等函数**.

典型例题分析

1. 将函数 $y=2x+|2-x|$ 用分段函数表示.

解 根据绝对值的定义，当 $x\leqslant 2$ 时，$|2-x|=2-x$；当 $x>2$ 时，$|2-x|=x-2$，所以
$$y=\begin{cases} x+2, & x\leqslant 2, \\ 3x-2, & x>2. \end{cases}$$

2. 形如 $f(x)=kx+l$（其中 k,l 为常数）的函数称为**线性函数**. 问：线性函数 $f(x)$ 在哪些区间上有界？在哪些区间上无界？$f(x)$ 是否是奇函数？是否是偶函数？$f(x)$ 何时单调上升？何时单调下降？并求：$f(\sin x), \sin(f(x)), f(f(x)), f(f(f(x))), f(f(\sin x))$ 的表达式. 其中哪些是线性函数？

答 $f(x)$ 在任意有限区间 $[a,b]$ 上都是有界函数，因为当 $x\in[a,b]$ 时，有
$$|f(x)|\leqslant |k|\cdot |x|+|l|\leqslant |k|\cdot m+|l|,$$
其中 $m=\max(|a|,|b|)$. $|k|m+|l|$ 是一个确定的常数，故上述不等式说明：$f(x)$ 在 $[a,b]$ 上是有界的. $f(x)$ 在区间 $(a,+\infty),(-\infty,a)$ 或 $(-\infty,+\infty)$ 上都是无界函数. 当 $k\neq 0$ 且 $l=0$ 时 $f(x)$ 是奇函数；当 $k=0$ 时 $f(x)$ 是偶函数；当 $kl\neq 0$ 时 $f(x)$ 既非奇函数，也非偶函数. 当 $k\geqslant 0$ 时 $f(x)$ 单调上升，当 $k\leqslant 0$ 时 $f(x)$ 单调下降.

$$f(\sin x)=k\sin x+l,$$
$$\sin(f(x))=\sin(kx+l),$$
$$f(f(x))=f(kx+l)=k(kx+l)+l$$
$$=k^2 x+(k+1)l,$$
$$f(f(f(x)))=f(k^2 x+(k+1)l)=k[k^2 x+(k+1)l]+l$$

$$= k^3 x + (k^2 + k + 1)l,$$
$$f(f(\sin x)) = k^2 \sin x + (k+1)l,$$

其中 $f(f(x)), f(f(f(x)))$ 是线性函数.

3. 设 $y = f(x)$ 的定义域为 $[0,2]$,求下列函数的定义域:

(1) $y = f(x^2)$;

(2) $y = f(\text{sgn} x)$,其中 $\text{sgn} x = \begin{cases} 1, & x > 0, \\ 0, & x = 0, \\ -1, & x < 0; \end{cases}$

(3) $y = f(x+a) + f(x-a)$, $a > 0$.

解 (1) 为使 $u = x^2$ 的值域属于或等于 $[0,2]$,必须 $|x| \leqslant \sqrt{2}$,故 $y = f(x^2)$ 的定义域为 $[-\sqrt{2}, \sqrt{2}]$.

(2) 仅当 $x \geqslant 0$ 时 $u = \text{sgn} x$ 的值域属于 $[0,2]$,所以 $y = f(\text{sgn} x)$ 的定义域为 $[0, +\infty)$.

(3) $y = f(x+a) + f(x-a)$ 的定义域为

$$\begin{cases} 0 \leqslant x+a \leqslant 2, \\ 0 \leqslant x-a \leqslant 2, \end{cases} \quad \text{即} \quad \begin{cases} -a \leqslant x \leqslant 2-a, \\ a \leqslant x \leqslant 2+a. \end{cases}$$

要使上两式同时成立(注意 $a > 0$),必须且只需 $a \leqslant x \leqslant 2-a$,由此推出必须 $a \leqslant 1$. 所以当 $a \leqslant 1$ 时,定义域为 $a \leqslant x \leqslant 2-a$;当 $a > 1$ 时,这个函数没有定义.

4. 设 $g(x) = \sin x, f(x) = \arcsin x$,求 $f(g(x)), g(f(x))$.

解 注意反正弦函数主值的值域为 $[-\pi/2, \pi/2]$,所以当 $x \in [-\pi/2, \pi/2]$ 时,$\arcsin(\sin x) = x$. 当 $-\pi/2 + k\pi \leqslant x \leqslant \pi/2 + k\pi$,即 $-\pi/2 \leqslant x - k\pi \leqslant \pi/2 (k = 0, \pm 1, \pm 2, \cdots)$ 时,令 $t = x - k\pi$,则

$$\arcsin(\sin x) = \arcsin(\sin(t + k\pi)) = \arcsin((-1)^k \sin t)$$
$$= (-1)^k \arcsin(\sin t) = (-1)^k t$$
$$= (-1)^k (x - k\pi).$$

综合起来,有

$$\arcsin(\sin x) = (-1)^k (x - k\pi), \ x \in [-\pi/2 + k\pi, \pi/2 + k\pi],$$
$$(k = 0, \pm 1, \pm 2, \cdots).$$

另一方面,

$$\sin(\arcsin x) = x \quad (x \in [-1, 1]).$$

5. 设
$$f(x)=\begin{cases}2-\sin x, & x\leqslant 0,\\ 2+\ln(1+x), & x>0,\end{cases} \quad g(x)=\begin{cases}x^2, & x<0,\\ -x, & x\geqslant 0,\end{cases}$$
求 $f(g(x))$.

解 为求分段函数的复合函数 $f(g(x))$,可先在 $f(x)$ 的表达式中以 $g(x)$ 代 x,再根据 $g(x)$ 的表达式进行分段:
$$f(g(x))=\begin{cases}2-\sin(g(x)), & g(x)\leqslant 0,\\ 2+\ln(1+g(x)), & g(x)>0\end{cases}$$
$$=\begin{cases}2-\sin(-x), & x\geqslant 0,\\ 2+\ln(1+x^2), & x<0\end{cases}$$
$$=\begin{cases}2+\sin x, & x\geqslant 0,\\ 2+\ln(1+x^2), & x<0.\end{cases}$$

*6. 已知 $f(x)=e^{x^2}$,$f(\varphi(x))=1-3x$ 且 $\varphi(x)\geqslant 0$,求 $\varphi(x)$ 并写出它的定义域.

解 由所给条件,有 $f(\varphi(x))=e^{\varphi^2(x)}=1-3x$,取对数得
$$\varphi^2(x)=\ln(1-3x),$$
由 $\varphi(x)\geqslant 0$,得 $\varphi(x)=\sqrt{\ln(1-3x)}$. $\varphi(x)$ 的定义域中的点应使 $\ln(1-3x)\geqslant 0$,即 $1-3x\geqslant 1$,即 $x\leqslant 0$.

*7. 设 $f(x)=|x\sin^3 x|e^{\cos x}$ $(-\infty<x<+\infty)$,问:函数 $f(x)$ 在 $(-\infty,+\infty)$ 上是否是:

(1) 有界函数; (2) 单调函数; (3) 奇函数; (4) 偶函数.

解 (1) $f(x)$ 不是有界函数. 要证 $f(x)$ 在 $(-\infty,+\infty)$ 上不是有界函数,需要证明任意正数 M 都不是 $f(x)$ 在 $(-\infty,+\infty)$ 上的界. 为此只要证明:任意取定一个正数 M,至少存在一点 $x_M\in(-\infty,+\infty)$,使 $|f(x_M)|>M$. 现在对任意取定的 $M>0$,取点 $x_M=2\pi[M]+\pi/2$(其中 $[M]$ 为不超过 M 的最大的整数),便有
$$f(x_M)=x_M|\sin^3 x_M|e^{\cos x_M}=x_M.$$
下面证明: $|f(x_M)|=x_M>M$.

当 $0<M<1$ 时, $x_M=\pi/2>1>M$;

当 $n\leqslant M<n+1$ $(n=1,2,\cdots)$ 时, $x_M>2n\pi>n+1>M$.

总之有 $|f(x_M)|=x_M>M$. 故 $f(x)$ 在 $(-\infty,+\infty)$ 不是有界函数.

注意,如果考虑有限区间,则 $f(x)$ 在任意有限区间 $[a,b]$ 上是有界函数.事实上,
$$|f(x)| \leqslant |x| \cdot |e^{\cos x}| \leqslant |x| \cdot e \leqslant e \cdot h,$$
其中 $h = \max(|a|, |b|)$.

(2) $f(x)$ 在 $(-\infty, +\infty)$ 上不是单调函数.

只需考虑 $f(x)$ 在 $x=0, \dfrac{\pi}{2}, \pi$ 等处的值.不难算出
$$f(0) = f(\pi) = 0, \quad f(\pi/2) = \pi/2,$$
故有:$f(0) < f(\pi/2) > f(\pi)$.这表明 $f(x)$ 在 $(-\infty, +\infty)$ 上既非单调上升,也非单调下降,故不是单调函数.

(3) $f(x)$ 不是奇函数.只需说明当 $x \in (-\infty, +\infty)$ 时,$f(-x) \neq -f(x)$.事实上,
$$f(-x) = |-x\sin^3(-x)| e^{\cos(-x)} = |x\sin^3 x| e^{\cos x} \neq -f(x).$$

(4) $f(x)$ 是偶函数.因为对任意 $x \in (-\infty, +\infty)$,都有
$$f(-x) = f(x).$$

实际上,不难验算函数 $x\sin^3 x e^{\cos x}$ 也是偶函数.这个结论也可从奇偶函数的运算性质而得:因为 x 与 $\sin^3 x$ 都是奇函数,所以它们的乘积 $x\sin^3 x$ 是偶函数,又因 $e^{\cos x}$ 是偶函数,而两个偶函数的乘积仍是偶函数.

8. 设 $f(x) = \begin{cases} x^2, & x \leqslant 0, \\ \cos x + \sin x, & x > 0, \end{cases}$ 求 $f(-x)$.

分析 本题实际上是要求 $f(u)$ 与 $u = -x$ 的复合函数的表达式.通常是采用代入法,即将中间变量 $u = -x$ 代替函数 $f(x)$ 中的自变量 x 的位置,再将表达式变形或化简.

解 $f(-x) = \begin{cases} (-x)^2, & (-x) \leqslant 0, \\ \cos(-x) + \sin(-x), & (-x) > 0 \end{cases}$

$= \begin{cases} x^2, & x \geqslant 0, \\ \cos x - \sin x, & x < 0. \end{cases}$

*9. 设
$$f(x) = \begin{cases} 1 - 2x^2, & x < -1, \\ x^3, & -1 \leqslant x \leqslant 2, \\ 10x - 12, & x > 2, \end{cases}$$

求 $f(x)$ 的反函数 $g(x)$ 的表达式.

分析 $f(x)$ 是分段函数,其定义域 $(-\infty,+\infty)$ 被分成三个区间 $(-\infty,-1),[-1,2],(2,+\infty)$,在每个区间上 $f(x)$ 的表达式不同,但都是单调上升的函数,所以 $f(x)$ 的反函数存在,且可在这三个区间上分别求反函数.

解 当 $x\in(-\infty,-1)$ 时,函数 $y=1-2x^2$ 的值域为 $(-\infty,-1)$,其反函数为 $y=-\sqrt{\dfrac{1-x}{2}}$;当 $x\in[-1,2]$ 时,函数 $y=x^3$ 的值域为 $[-1,8]$,其反函数为 $y=\sqrt[3]{x}$;当 $x\in(2,+\infty)$ 时,函数 $y=10x-12$ 的值域为 $(8,+\infty)$,其反函数为 $y=\dfrac{1}{10}(x+12)$. 所以

$$g(x)=\begin{cases} -\sqrt{(1-x)/2}, & x<-1, \\ \sqrt[3]{x}, & -1\leqslant x\leqslant 8, \\ (x+12)/10, & 8<x. \end{cases}$$

*10. 证明函数 $f(x)=x-[x]$ 在 $(-\infty,+\infty)$ 上是有界周期函数,其中 $[x]$ 表示不超过 x 的最大的整数.

证 先证 $f(x)$ 是有界的. 即要证存在两个常数,使当 $x\in(-\infty,+\infty)$ 时 $f(x)$ 的值域介于这两个常数之间.

事实上,任取 $x\in(-\infty,+\infty)$,设

$$n\leqslant x<n+1 \quad (n=0,\pm 1,\pm 2,\cdots),$$

则 $[x]=n$. 于是 $x-[x]\geqslant n-n=0, x-[x]<n+1-n<1$. 故有

$$0\leqslant x-[x]<1, \quad 对一切 x\in(-\infty,+\infty).$$

上式说明 $f(x)$ 在 $(-\infty,+\infty)$ 上是有界的.

再证 $f(x)$ 是周期函数. 对任意 $x\in(-\infty,+\infty)$,有

$$\begin{aligned}f(x+1)&=x+1-[x+1]=x+1-([x]+1)\\&=x-[x]=f(x).\end{aligned}$$

上式说明 $f(x)$ 是以 1 为周期的周期函数.

11. 证明下列函数在其定义域内是无界的:

(1) $f(x)=|1-3x|$;   (2) $f(x)=x\sin x$.

分析 要证明一个函数在 X 上是无界的(即 $f(x)$ 在 X 上不是有界函数),就应证明:任意给定一个正数 K,都存在一个点(与 K

有关的)$x_K \in X$,使$|f(x_K)| > K$. 现在对所给的两个函数,具体地找出这种点x_K.

证 (1) $f(x)$的定义域为$(-\infty, +\infty)$. 注意
$$|1-3x| \geqslant |3x| - 1 = 3|x| - 1.$$
故对任意给定的正数K,要使$|1-3x| > K$,只要使$3|x|-1 > K$,即$|x| > \frac{1}{3}(K+1)$. 故任意给定一个正数K,我们取点$x_K = \frac{1}{3}K+1$,就有
$$|f(x_K)| = |3x_K - 1| \geqslant 3|x_K| - 1 = K+2 > K.$$
这说明$f(x)$在$(-\infty, +\infty)$上是无界的. 证毕.

(2) $f(x)$的定义域为$(-\infty, +\infty)$. 任意给定正数$K \geqslant 1$,取
$$x_K = 2[K]\pi + \pi/2,$$
则 $\quad |f(x_K)| = |x_K \sin x_K| = |x_K| = 2[K]\pi + \pi/2 > K.$

这说明$f(x)$在$(-\infty, +\infty)$上是无界的.

评注 (1) 从证明过程看出,对任意给定的正数K,实际上在$f(x)$的定义域内有无穷多个点x,使$|f(x)| > K$. 但证明时只需找出一个x_K,使$|f(x_K)| > K$,便足以证明$f(x)$在定义域内无界.

(2) 对本题中所给的两个函数$f(x)$,当给定的正数K增大时,相应的x_K也增大,即只有当自变量取充分大的值x_K时,才能使$|f(x_K)| > K$. 但由于不论x_K多么大,都有$x_K \in (-\infty, +\infty)$. 故$f(x)$在$(-\infty, +\infty)$上是无界的. 由此看出,当将$f(x)$限制在任意有限区间$[A, B]$上时,则$f(x)$在$[A, B]$上是有界的. 严格证明请读者自己完成.

本 节 小 结

1. 已知$f(x)$的表达式后,能正确写出$f(-x), f(1-x), f(\varphi(x))$等复合函数的表达式.

2. 绝对值不等式是解题的基本工具,读者应能灵活运用下列绝对值不等式:

(1) $|a+b| \leqslant |a| + |b|$;   (2) $||a| - |b|| \leqslant |a-b|$;

(3) $|x| \leqslant r \Leftrightarrow -r \leqslant x \leqslant r$, $|x-x_0| \leqslant r \Leftrightarrow x_0 - r \leqslant x \leqslant x_0 + r$;

(4) 存在常数 M, N,使 $N \leqslant f(x) \leqslant M, x \in X$
  $\Longleftrightarrow$ 存在常数 $K > 0$,使 $|f(x)| \leqslant K, x \in X$.

3. 要证函数 $f(x)$ 在区间 X 上有界,只要证:存在常数 M, N,使
$$N \leqslant f(x) \leqslant M, \quad x \in X,$$
或存在常数 $K > 0$,使
$$|f(x)| \leqslant K, \quad x \in X.$$

要证函数 $f(x)$ 在区间 X 上无界,只要证:任给常数 $M > 0$,总存在点 x_M,使 $|f(x_M)| > M$.

练 习 题 1.1

1.1.1 判断下列函数是否相同,如若不同,为什么?
(1) $f(x) = \ln x^2$, $g(x) = 2\ln x$; (2) $f(x) = x$, $g(x) = (\sqrt{x})^2$;
(3) $f(x) = \dfrac{x-1}{x^2-1}$, $g(x) = \dfrac{1}{1+x}$.

1.1.2 求下列各函数的定义域:
(1) $y = \sqrt{\lg \dfrac{5x - x^2}{4}}$; (2) $y = -\ln(-\ln x)$.

1.1.3 求下列函数在指定点处的函数值.
(1) 设 $f(x) = \arcsin \dfrac{x}{1+x^2}$,求:$f(0), f(1), f(-1), f(x+a), f(-x)$.
(2) 设 $f(x) = \begin{cases} 1+x, & x > 0, \\ 0, & x = 0, \\ -1-x, & x < 0, \end{cases}$ 求:$f(0), f(1), f(-1), f(x+a), f(-x)$.

1.1.4 证明第 11 题中的两个函数在任意有限区间 $[A, B]$ 上都是有界的.

§2 极限的概念、性质和若干求极限的方法

内 容 提 要

1. 序列极限的概念
(1) 序列极限的定义
给定序列 $\{x_n\}$ 和常数 a,若任给 $\varepsilon > 0$,存在正整数 N,使当 $n > N$ 时,有
$$|x_n - a| < \varepsilon,$$

则称 n **趋于无穷时**,x_n **以** a **为极限**,记作
$$\lim_{n \to +\infty} x_n = a \quad \text{或} \quad x_n \to a \quad (n \to +\infty),$$
也称 $\{x_n\}$ **收敛于** a.

当 $n \to +\infty$ 时,x_n 以 a 为极限的几何意义是:任给 $\varepsilon > 0$,存在 N,当 $n > N$ 时,x_n 落入 a 点的 ε 邻域 $(a-\varepsilon, a+\varepsilon)$.

(2) 按定义证明序列的极限等式

按定义证明 $\lim\limits_{n \to \infty} x_n = a$. 只要证:任给 $\varepsilon > 0$,能找到满足定义的 N. 为具体找出这种 N,常用两种方法:

① 直接解不等式
$$|x_n - a| < \varepsilon,$$
由此得 $n > f(\varepsilon)$,取 $N = [f(\varepsilon)]$.

② 先放大
$$|x_n - a| \leqslant y_n, \quad y_n \text{ 简单 } (y_n \to 0, \text{当 } n \to \infty \text{ 时}),$$
然后解不等式
$$y_n < \varepsilon,$$
由此得 $n > f(\varepsilon)$,取 $N = [f(\varepsilon)]$.

我们用定义可证:
$$\lim_{n \to +\infty} q^n = 0 \ (|q| < 1); \quad \lim_{n \to +\infty} q^n = \infty \ (|q| > 1);$$
$$\lim_{n \to +\infty} \frac{a^n}{n!} = 0; \quad \lim_{n \to +\infty} \frac{n^k}{a^n} = 0 \ (a > 1, k > 0)$$
或
$$\lim_{n \to +\infty} n^k q^n = 0 \ (k > 0, 0 < |q| < 1);$$
$$\lim_{n \to +\infty} \sqrt[n]{a} = 1 \ (a > 0).$$

记住这几个极限式,对今后解题是有帮助的.

(3) 序列极限的存在准则

单调递增(减)且有上(下)界的序列必有极限.

2. 函数极限的定义

定义 1 $(\lim\limits_{x \to x_0} f(x) = A)$ 设 $f(x)$ 在点 x_0 附近有定义(点 x_0 本身可能除外),A 为常数. 若任给 $\varepsilon > 0$,存在 $\delta > 0$,使当 $0 < |x - x_0| < \delta$ 时,恒有
$$|f(x) - A| < \varepsilon,$$
则称当 x 趋向于 x_0 时,$f(x)$ 以 A 为极限,记作
$$\lim_{x \to x_0} f(x) = A \quad \text{或} \quad f(x) \to A \quad (x \to x_0).$$

极限 $\lim\limits_{x \to x_0} f(x) = A$ 的几何意义是:任给 $\varepsilon > 0$,存在 $\delta > 0$,当点 $x \in$

$(x_0-\delta, x_0+\delta)$,但 $x \neq x_0$ 时,相应的一段曲线 $y=f(x)$ 夹在两直线 $y=A+\varepsilon$ 与 $y=A-\varepsilon$ 之间.

定义 2 ($\lim\limits_{x \to \infty} f(x) = A$) 设 $f(x)$ 在 $|x|$ 充分大时有定义,A 为常数.若任给 $\varepsilon>0$,存在 $X>0$,使当 $|x|>X$ 时,恒有
$$|f(x) - A| < \varepsilon,$$
则称当 x **趋向于无穷时**,$f(x)$ **以** A **为极限**,记作
$$\lim_{x \to \infty} f(x) = A \quad \text{或} \quad f(x) \to A \quad (x \to \infty).$$

定义 3(右极限 $\lim\limits_{x \to x_0+0} f(x) = A$) 设 $f(x)$ 在点 x_0 的右近旁有定义,A 为常数.若任给 $\varepsilon>0$,存在 $\delta>0$,使当 $0<x-x_0<\delta$(即 $x_0<x<x_0+\delta$)时,恒有
$$|f(x) - A| < \varepsilon,$$
则称 $f(x)$ **在点** x_0 **处的右极限为** A,记作
$$\lim_{x \to x_0+0} f(x) = A \quad \text{或} \quad f(x) \to A \quad (x \to x_0+0),$$
有时也记作
$$f(x_0 + 0) = A.$$
可类似定义左极限
$$f(x_0 - 0) = \lim_{x \to x_0-0} f(x) = A.$$

左、右极限统称为**单侧极限**,定义 1 中的极限称为**双侧极限**.

单侧极限与双侧极限的关系

$\lim\limits_{x \to x_0} f(x) = A$ 的充分必要条件是
$$\lim_{x \to x_0+0} f(x) = \lim_{x \to x_0-0} f(x) = A.$$

定义 4 ($\lim\limits_{x \to +\infty} f(x) = A$) 设 $f(x)$ 在 x 充分大时有定义,A 为常数.若任给 $\varepsilon>0$,存在 $X>0$,使当 $x>X$ 时,恒有
$$|f(x) - A| < \varepsilon,$$
则称当 x **趋向于正无穷时**,$f(x)$ **以** A **为极限**,记作
$$\lim_{x \to +\infty} f(x) = A \quad \text{或} \quad f(x) \to A \quad (x \to +\infty).$$
可类似给出极限 $\lim\limits_{x \to -\infty} f(x) = A$ 的定义.
$$\lim_{x \to \infty} f(x) = A \Longleftrightarrow \lim_{x \to +\infty} f(x) = \lim_{x \to -\infty} f(x) = A.$$

3. 无穷小量与无穷大量

无穷小量 若 $\lim\limits_{x \to x_0} f(x) = 0$,则称当 $x \to x_0$ 时,函数 $f(x)$ 是无穷小量.

类似地,当序列 $\{x_n\}$ 的极限为零时,则称 x_n 是无穷小量.

无穷大量 设 $f(x)$ 在点 x_0 附近有定义,若任给 $M>0$,存在 $\delta>0$,使当 $0<|x-x_0|<\delta$ 时,有

$$|f(x)| > M,$$

则称当 $x \to x_0$ 时, $f(x)$ 是无穷大量.

极限,无穷小量与无穷大量之间的关系

① $\lim\limits_{x \to x_0} f(x) = A \Longleftrightarrow f(x) = A + \alpha(x)$,其中当 $x \to x_0$ 时, $\alpha(x)$ 是无穷小量.

② 同一个极限过程中,若 u 是无穷小量,且 $u \neq 0$,则 $\dfrac{1}{u}$ 是无穷大量;若 u 是无穷大量,则 $\dfrac{1}{u}$ 是无穷小量.

4. 有极限的变量的性质

(1) 极限的不等式性质

设 $\lim\limits_{x \to x_0} f(x) = A$,

① 若 $A > 0 (< 0)$,则存在 $\delta > 0$,使当 $0 < |x - x_0| < \delta$ 时, $f(x) > 0 (< 0)$;

② 若存在 $\delta > 0$,使当 $0 < |x - x_0| < \delta$ 时, $f(x) > 0 (< 0)$,则 $A \geq 0 (\leq 0)$;

③ 对任意取定的常数 $R > A$,存在 $\delta > 0$,使当 $0 < |x - x_0| < \delta$ 时,
$$f(x) < R;$$

④ 对任意取定的常数 $r < A$,存在 $\delta > 0$,使当 $0 < |x - x_0| < \delta$ 时, $f(x) > r$.

对序列极限,也有类似的不等式.

(2) 有极限的变量的有界性

若 $\lim\limits_{n \to +\infty} x_n = a$,则 x_n 是有界的,即存在常数 $M > 0$,对任给 $n = 1, 2, \cdots$,有
$$|x_n| \leq M.$$

若 $\lim\limits_{x \to x_0} f(x) = A$,则存在 $\delta > 0$ 及 $M > 0$,使当 $0 < |x - x_0| < \delta$ 时 $|f(x)| \leq M$,即 $f(x)$ 在 x_0 点的某空心邻域内有界.

(3) 子序列的极限与原序列极限之间的关系

① 若序列 $\{x_n\}$ 有极限 a,则该序列的任意一个子序列 $\{x_{n_k}\}$ 也以 a 为极限.

推论 若能找到序列 $\{x_n\}$ 的两个子序列,它们都有极限,但极限值不同,则 $\{x_n\}$ 就无极限.

② 若 $\{x_n\}$ 的两个子序列 $\{x_{2k}\}$ 与 $\{x_{2k-1}\}$ 都有极限且极限值相同,记之为 l,即
$$\lim_{k \to \infty} x_{2k} = \lim_{k \to \infty} x_{2k-1} = l,$$

则 $\{x_n\}$ 也以 l 为极限,即有
$$\lim_{n \to \infty} x_n = l.$$

对于 $x \to x_0$ 时 $f(x)$ 的极限,与 $n \to \infty$ 时序列 $f(x_n)$ 的极限(其中 $x_n \to x_0$, $n \to \infty$ 时)之间也有类似的关系:

若 $\lim\limits_{x \to x_0} f(x)$ 存在,记之为 l,则对任一以 x_0 为极限的序列 $\{x_n\}$,有

$$\lim_{n\to\infty} f(x_n) = l.$$

推论 若有两个序列 $\{x_n\}$ 与 $\{y_n\}$,它们都以 x_0 为极限,又 $n\to\infty$ 时 $f(x_n)$ 与 $f(y_n)$ 都有极限,但极限值不同,则 $x\to x_0$ 时 $f(x)$ 就没有极限.

5. 证明极限存在的常用方法

① 根据定义.

② 极限存在准则:单调递增(减)且有上(下)界的序列必有极限.

③ 夹逼定理:若 $n > N$ 时, $z_n \leqslant x_n \leqslant y_n$,又 $\lim\limits_{n\to+\infty} z_n = \lim\limits_{n\to+\infty} y_n = a$,则

$$\lim_{n\to+\infty} x_n = a.$$

对函数极限有相同的结论:

设 $0 < |x - x_0| < r$ 时,

$$h(x) \leqslant f(x) \leqslant g(x),$$

又 $\lim\limits_{x\to x_0} h(x) = \lim\limits_{x\to x_0} g(x) = A$,则

$$\lim_{x\to x_0} f(x) = A.$$

6. 求极限的常用方法

① 利用极限的运算法则.

设 u, v 是同一个自变量的函数.

若在同一个极限过程中, u, v 都有极限: $\lim u = A, \lim v = B$,则有

$$\lim(u \pm v) = A \pm B, \quad \lim(u \cdot v) = A \cdot B,$$

$$\lim \frac{u}{v} = \frac{A}{B} \quad (B \neq 0).$$

根据定义及四则运算不难证明:对任意有理函数 $R(x) = \dfrac{P(x)}{Q(x)}$,其中 $P(x), Q(x)$ 为多项式,只要 $Q(x_0) \neq 0$,就有

$$\lim_{x\to x_0} R(x) = \frac{P(x_0)}{Q(x_0)} = R(x_0).$$

② 利用"无穷小量与有界变量的乘积仍是无穷小量".

③ 利用两个重要的极限

$$\lim_{x\to 0} \frac{\sin x}{x} = 1, \quad \lim_{x\to\infty} \left(1 + \frac{1}{x}\right)^x = e.$$

④ 用夹逼定理.

典型例题分析

一、极限式的定义

1. 写出下列各表达式的定义:

(1) $\lim\limits_{n\to+\infty} x_n = -\infty$；   (2) $\lim\limits_{x\to-\infty} f(x) = A$；
(3) $\lim\limits_{x\to a+0} f(x) = +\infty$.

解 (1) 任给 $M>0$，总存在正整数 N，使当 $n>N$ 时有 $x_n < -M$，则称 x_n 为负无穷大量，记为 $\lim\limits_{n\to+\infty} x_n = -\infty$.

(2) 任给 $\varepsilon>0$，总存在 $X>0$，使当 $x<-X$ 时，有 $|f(x)-A|<\varepsilon$，则称 $x\to-\infty$ 时 $f(x)$ 以 A 为极限，记为 $\lim\limits_{x\to-\infty} f(x) = A$.

(3) 任给 $M>0$，总存在 $\delta>0$，使当 $0<x-a<\delta$ 时，有 $f(x)>M$，则称 $x\to a+0$ 时 $f(x)$ 为正无穷大量，记为 $\lim\limits_{x\to a+0} f(x) = +\infty$.

关于极限过程、极限值及其数学描述，可见下表：

极限过程	δ 或 X 描述
$x\to x_0$	存在 $\delta>0$，使当 $0<|x-x_0|<\delta$ 时，…
$x\to\infty$	存在 $X>0$，使当 $|x|>X$ 时，…

极限	ε 或 M 描述
定值 A	任给 $\varepsilon>0$，存在…，…有 $|f(x)-A|<\varepsilon$.
∞	任给 $M>0$，存在…，…有 $|f(x)|>M$.

关于 $x\to x_0\pm 0$，$x\to\pm\infty$ 的极限过程，以及 $f(x)\to\pm\infty$ 时的描述，请读者自己写出.

二、用定义证明极限式

思路 任给 $\varepsilon>0$（或 $M>0$），具体地找出满足定义的 N 或 δ.

2. 按定义证明下列各式：

(1) $\lim\limits_{n\to+\infty} q^n = \infty$ $(|q|>1)$；   (2) $\lim\limits_{n\to+\infty} \dfrac{n!}{n^n} = 0$；

(3) $\lim\limits_{n\to\infty} n^2 q^n = 0$ $(0<|q|<1)$；   (4) $\lim\limits_{n\to+\infty} \dfrac{4n^2}{n^2-n} = 4$.

证 (1) 任给 $M>1$，要使
$$|q^n| = |q|^n > M,$$
只要 $\qquad n\lg|q| > \lg M \quad 即 \quad n > \dfrac{\lg M}{\lg|q|}.$

取 $N = [\lg M / \lg|q|] + 1$，则当 $n>N$ 时，

$$|q^n| > M,$$

因此
$$\lim_{n\to+\infty} q^n = +\infty.$$

(2) **分析** 任给 $\varepsilon > 0$,若直接解不等式 $\dfrac{n!}{n^n} < \varepsilon$,则较麻烦.所以可先将 $\dfrac{n!}{n^n}$ 适当放大,再解相应的不等式:

因当 $n > 1$ 时,
$$0 < \frac{n!}{n^n} = \frac{1 \cdot 2 \cdots n}{n \cdot n \cdots n} \leqslant \frac{1}{n},$$

任给 $\varepsilon > 0$,要使 $\dfrac{n!}{n^n} < \varepsilon$,只要 $\dfrac{1}{n} < \varepsilon$,即 $n > \dfrac{1}{\varepsilon}$. 取 $N = \left[\dfrac{1}{\varepsilon}\right] + 1$,则当 $n > N$ 时,
$$\left|\frac{n!}{n^n}\right| < \frac{1}{n} < \varepsilon, \quad 即 \quad \lim_{n\to+\infty} \frac{n!}{n^n} = 0.$$

(3) 因为 $\dfrac{1}{|q|} > 1$,所以可令 $\dfrac{1}{|q|} = 1 + h (h > 0)$. 当 $n > 3$ 时,有
$$(1+h)^n = 1 + nh + \frac{n(n-1)}{2!}h^2$$
$$+ \frac{n(n-1)(n-2)}{3!}h^3 + \cdots + h^n, \quad (2.1)$$

上式右端各项都大于 0,故 $(1+h)^n$ 大于上式右端的任意一项,特别大于其中第四项,即有
$$(1+h)^n > \frac{n(n-1)(n-2)}{3!}h^3, \quad (2.2)$$

于是
$$|q|^n = \frac{1}{(1+h)^n} < \frac{3!}{n(n-1)(n-2)h^3},$$
$$n^2|q|^n < n^2 \frac{3!}{n(n-1)(n-2)h^3}.$$

又因为 $\lim\limits_{n\to\infty} \dfrac{n^2}{(n-1)(n-2)} = 1$,所以存在 N_1,使 $n > N_1$ 时,
$$\frac{n^2}{(n-1)(n-2)} < \frac{3}{2}.$$

由此得
$$|n^2 q^n| < \frac{3 \cdot 3!}{2nh^3} = \frac{9}{nh^3}. \quad (2.3)$$

任给 $\varepsilon > 0$,要使 $|n^2 q^n| < \varepsilon$,只要 $\dfrac{9}{nh^3} < \varepsilon$,由此式解得 $n > \dfrac{9}{\varepsilon h^3}$. 取

$$N = \max\left\{3, N_1, \left[\frac{9}{\varepsilon h^3}\right] + 1\right\},$$

则当 $n > N$ 时,便有 $|n^2 q^n| < \varepsilon$. 故 $\lim\limits_{n \to \infty} n^2 q^n = 0$.

由本例可看出求 N 的两种方法(以 $\lim\limits_{n \to \infty} x_n = A$ 为例):

① 直接解不等式 $|x_n - A| < \varepsilon$,得 $n > f(\varepsilon)$,取 $N = [f(\varepsilon)] + 1$.

② 将 $|x_n - A|$ 适当放大,即找一个较简单的无穷小量 y_n(如第(2)题中的 $\frac{1}{n}$,第(3)题中的 $\frac{9}{nh^3}$),使 $|x_n - A| < y_n$,然后解不等式 $y_n < \varepsilon$,得 $n > f(\varepsilon)$,取 $N = [f(\varepsilon)] + 1$.

评注 这里第(3)题的证明方法具有典型性:由(2.2)式推得($n > N_1$ 时)(2.3)式,再由 $\frac{9}{nh^3} < \varepsilon$ 推出 $n > \frac{9}{\varepsilon h^3}$,从而可求得 N.

做第(3)题易犯的错误是:由(2.1)式取

$$(1 + h)^n > \frac{n(n-1)}{2} h^2,$$

由此推得

$$n^2 |q|^n < \frac{2n}{(n-1)h^2}. \tag{2.4}$$

再由

$$\frac{2n}{(n-1)h^2} < \varepsilon, \tag{2.5}$$

即

$$(\varepsilon h^2 - 2) n > \varepsilon h^2, \tag{2.6}$$

得

$$n > \frac{\varepsilon h^2}{\varepsilon h^2 - 2}. \tag{2.7}$$

故取

$$N = \left[\frac{\varepsilon h^2}{\varepsilon h^2 - 2}\right].$$

这里错误在于:当取 $\varepsilon < 2/h^2$ 时,(2.6)式左端小于 0,故由(2.6)式不能推出(2.7)式而只能推出

$$n < \frac{\varepsilon h^2}{\varepsilon h^2 - 2},$$

故无法找到符合定义的 N. 错误的本质原因在于:当 $n \to \infty$ 时(2.4)

式右端的式子 $\dfrac{2n}{(n-1)h^2}\left(\to \dfrac{2}{h^2}\right)$ 不是无穷小量,故对任意给定的正数 ε,不等式(2.5)不可能成立. 从上述错误中可吸取什么教训呢？我们再来比较不等式(2.3)与不等式(2.4). 不等式(2.3)的右端是无穷小量,而不等式(2.4)的右端不是无穷小量,即不等式(2.4)是将 $n^2|q|^n$ 放大得太大了. 由此看出：**必须将 $n^2|q|^n$ 放大为一个无穷小量 y_n,才能由 $y_n<\varepsilon$ 确定出 N**. 这一原则可推广到一般情况：对 $|q|<1$,要证 $n^k q^n \to 0 (n\to\infty$,其中 k 为正整数)时,则要将 $(1+h)^n$ 缩小为 (2.1) 式右端第 $(k+2)$ 项,即要取不等式

$$(1+h)^n > \frac{n(n-1)\cdots(n-k)}{(k+1)!}h^{k+1},$$

这时 $\qquad n^k|q|^n < \underbrace{\dfrac{n^k\cdot(k+1)!}{n(n-1)\cdots(n-k)}}_{(k+1)\text{个因子}} h^{k+1} \equiv y_n.$

上式中 y_n 是无穷小量,由 $y_n<\varepsilon$ 就能确定 N. 顺便指出,当 $n\to\infty$ 时,$1/n^k$ (k 是正整数),$q^n(0<|q|<1)$ 均是无穷小量,$q^n\Big/\dfrac{1}{n^k}\to 0$ ($n\to\infty$)说明,q^n 是比 $1/n^k$ 更高阶的无穷小量.(无穷小阶的概念参见第二章 §2).

本题中取 N 为 $3, N_1, \left[\dfrac{9}{\varepsilon h^3}\right]+1$ 这三个数中的最大者,便可保证当 $n>N$ 时,下列三个不等式同时成立：

$$n>3,\quad n>N_1,\quad n>\left[\dfrac{9}{\varepsilon h^3}\right]+1.$$

而从 $n>3$ 及 $n>N_1$ 可推出 $|n^2 q^n|<\dfrac{9}{nh^3}$,再由 $n>\left[\dfrac{9}{\varepsilon h^3}\right]+1$ 便推出

$$\frac{9}{nh^3}<\varepsilon.$$

这种手法以后经常要用.

(4) 由 $\left|\dfrac{4n^2}{n^2-n}-4\right|=\dfrac{4n}{n^2-n}$,我们先将它放大,再解不等式.

当 $n\geqslant 2$ 时,$n^2-n\geqslant\dfrac{n^2}{2}$,于是 $\dfrac{4n}{n^2-n}\leqslant\dfrac{8}{n}$. 因此,任给 $\varepsilon>0$,存在 $N=\left[\dfrac{8}{\varepsilon}\right]+1$,当 $n>N$ 时,

$$\left|\dfrac{4n^2}{n^2-n}-4\right|=\dfrac{4n}{n^2-n}\leqslant\dfrac{8}{n}\leqslant\varepsilon,\quad \text{即}\quad \lim_{n\to+\infty}\dfrac{4n^2}{n^2-n}=4.$$

3. 设 n 为任意自然数.

(1) 用二项式定理：
$$(a+b)^n = \sum_{k=0}^{n} C_n^k a^{n-k} b^k \quad \left(C_n^k = \frac{n(n-1)\cdots(n-k+1)}{k!}\right),$$
证明：当 $a>0$ 时，
$$(1+a)^n > \frac{n(n-1)(n-2)}{6}a^3;$$

(2) 证明：$n^3 < 3^{n+1}$；   (3) 证明：$\lim\limits_{n\to+\infty}\frac{n^2}{3^n}=0$.

证 (1) 由二项式定理
$$(1+a)^n = 1 + na + \frac{n(n-1)}{2}a^2 + \frac{n(n-1)(n-2)}{6}a^3 + \text{非负数}$$
$$> \frac{n(n-1)(n-2)}{6}a^3.$$

(2) 由前一不等式，取 $a=2$ 得
$$3^n = (1+2)^n > \frac{n(n-1)(n-2)}{6}2^3.$$
当 $n \geqslant 4$ 时，$n-1 \geqslant n/2$，$n-2 \geqslant n/2$，于是
$$3^n > n^3/3, \quad 即 \quad 3^{n+1} > n^3.$$
当 $n=1,2,3$ 时直接验算可看出此式也成立.

(3) 由 $n^3 < 3^{n+1}$ 得
$$0 < \frac{n^2}{3^n} = \frac{n^3}{3^{n+1}} \cdot \frac{3}{n} < \frac{3}{n}.$$
由 $3/n < \varepsilon$ 得 $n > 3/\varepsilon$. 因此任给 $\varepsilon > 0$，存在 $N = [3/\varepsilon]+1$，当 $n > N$ 时，
$$\frac{n^2}{3^n} < \frac{3}{n} < \varepsilon, \quad 即 \quad \lim_{n\to+\infty}\frac{n^2}{3^n} = 0.$$

评注 在 2(3)题中令 $q=1/3$，便得 3(3)题，这里 3(3)题又提供了一种证法，无论 2(3)题还是 3(3)题，证明过程中都用了二项式定理.

4. 按定义证明下列函数极限：

(1) $\lim\limits_{x\to a} x^3 = a^3$；   (2) $\lim\limits_{x\to 2}\frac{1}{x-1} = 1$；   (3) $\lim\limits_{x\to -\infty}\frac{x}{x-1} = 1$.

证 (1) 考察
$$|x^3 - a^3| = |x-a||x^2 + ax + a^2|.$$
在 $x \to a$ 的过程中，x 只在 a 附近取值. 故可限制：$|x-a| \leqslant 1$，于是

$$|x| \leqslant |x-a| + |a| \leqslant 1 + |a|,$$
$$|x^3 - a^3| \leqslant |x-a|[(1+|a|)^2 + |a|(1+|a|) + |a|^2]$$
$$\leqslant l|x-a|,$$

其中 $\quad l = (1+|a|)^2 + |a|(1+|a|) + |a|^2.$

因此任给 $\varepsilon > 0$,存在 $\delta = \min\left(1, \dfrac{\varepsilon}{l}\right)$,当 $|x-a| < \delta$ 时,有 $|x-a| < 1$ 且

$$|x^3 - a^3| \leqslant l|x-a| < l \cdot \frac{\varepsilon}{l} = \varepsilon,$$

即
$$\lim_{x \to a} x^3 = a^3.$$

(2) 考察
$$\left|\frac{1}{x-1} - 1\right| = \frac{|x-2|}{|x-1|}.$$

在 $x \to 2$ 过程中,x 只在 2 附近取值. 故我们可限制:$|x-2| \leqslant 1/2$,于是
$$|x-1| = |1+x-2| \geqslant 1 - |x-2| \geqslant 1/2,$$
$$\frac{|x-2|}{|x-1|} \leqslant 2|x-2|.$$

因此对于任给 $\varepsilon > 0$,存在 $\delta = \min(1/2, \varepsilon/2)$,当 $|x-2| < \delta$ 时,有 $|x-2| < 1/2$ 且

$$\left|\frac{1}{x-1} - 1\right| = \frac{|x-2|}{|x-1|} \leqslant 2|x-2| < 2 \cdot \frac{\varepsilon}{2} = \varepsilon,$$

即
$$\lim_{x \to 2} \frac{1}{x-1} = 1.$$

(3) 考察
$$\left|\frac{x}{x-1} - 1\right| = \frac{1}{|x-1|} = \frac{1}{1-x} \quad (x < 0).$$

任给 $\varepsilon > 0$,解不等式
$$\frac{1}{1-x} < \varepsilon,$$

其中 $x < 0$,得
$$x < 1 - 1/\varepsilon, \quad x < 0,$$

因此任给 $\varepsilon > 0$,存在 $X = 1/\varepsilon$,当 $x < -X$(即 $x < -1/\varepsilon$)时,必有

$$x < 1 - 1/\varepsilon,$$

也就有
$$\left|\frac{x}{x-1} - 1\right| = \frac{1}{1-x} < \varepsilon,$$

即
$$\lim_{x \to -\infty} \frac{x}{x-1} = 1.$$

在本题(1),(2)的证明过程中,用了这样的手法:当 $x \to x_0$ 时,可先将 x 限制在 x_0 的一个邻域内,即限制 x 满足 $|x-x_0| \leqslant r$(在(1)中, $r=1$,在(2)中, $r=1/2$),在此限制条件下,就可推出

$$|f(x) - A| < l|x - x_0|$$

(其中 l 为某个确定的常数),于是由 $l|x-x_0| < \varepsilon$ 就可保证

$$|f(x) - A| < \varepsilon.$$

故取 $\delta = \min(r, \varepsilon/l)$ 即可。

三、利用极限的运算法则求极限

对于 $\frac{0}{0}$ 型或 $\frac{\infty}{\infty}$ 型的未定式,不能直接利用求极限的四则运算法则. 这时如果能设法约去分子与分母中极限为零或趋于 ∞ 的公因子,就可用四则运算法则.

5. 求下列极限:

(1) $\lim\limits_{n \to +\infty} \dfrac{n^{10} - 7n + 1}{4n^{10} - 8n^8 + 4n^2 - 1}$; (2) $\lim\limits_{x \to 0} x^2 \sin \dfrac{1}{x}$;

(3) $\lim\limits_{h \to 0} \dfrac{(x+h)^3 - x^3}{h}$; (4) $\lim\limits_{x \to 1} \left(\dfrac{1}{1-x} - \dfrac{3}{1-x^3} \right)$;

(5) $\lim\limits_{x \to 7} \dfrac{2 - \sqrt{x-3}}{x^2 - 49}$; (6) $\lim\limits_{x \to +\infty} x(\sqrt{x^2+1} - x)$;

(7) $\lim\limits_{x \to 8} \dfrac{\sqrt{9+2x} - 5}{\sqrt[3]{x} - 2}$.

解 (1) 分子、分母同除以 n 的最高次幂 n^{10},就约去了分子、分母中趋于 ∞ 的公因子,然后就可以用极限运算法则.

$$\lim_{n \to +\infty} \frac{n^{10} - 7n + 1}{4n^{10} - 8n^8 + 4n^2 - 1} = \lim_{n \to +\infty} \frac{1 - \dfrac{7}{n^9} + \dfrac{1}{n^{10}}}{4 - \dfrac{8}{n^2} + \dfrac{4}{n^8} - \dfrac{1}{n^{10}}} = \frac{1}{4}.$$

由本题看出:在 $n \to \infty$ 的过程中,若分子、分母为 n 的同次多项式,且它们的最高次幂的系数分别为 a 与 b,则整个分式的极限为

$\frac{a}{b}$,即有
$$\lim_{n\to\infty} \frac{an^k + a_1 n^{k-1} + \cdots + a_k}{bn^k + b_1 n^{k-1} + \cdots + b_k} = \frac{a}{b} \quad (ab \neq 0).$$

(2) 这里 $x \to 0$ 时 x^2 是无穷小量,虽然 $\sin\frac{1}{x}$ 的极限不存在,但它是有界的,有界变量与无穷小量之积是无穷小量,因此
$$\lim_{x\to 0} x^2 \sin\frac{1}{x} = 0.$$

(3) 将 $(x+h)^3$ 展开,然后约去分子、分母中的公因子 h,就可以利用极限四则运算法则.
$$\lim_{h\to 0} \frac{(x+h)^3 - x^3}{h} = \lim_{h\to 0} \frac{3x^2 h + 3xh^2 + h^3}{h}$$
$$= \lim_{h\to 0} (3x^2 + 3xh + h^2) = 3x^2.$$

(4) 因为
$$\lim_{x\to 1} \frac{1}{1-x} = \infty, \quad \lim_{x\to 1} \frac{3}{1-x^3} = \infty,$$
所以不能直接利用极限四则运算法则. 我们先将它通分,然后约去极限为零的公因子,最后再用极限的四则运算法则求得极限:
$$\lim_{x\to 1}\left(\frac{1}{1-x} - \frac{3}{1-x^3}\right) = \lim_{x\to 1} \frac{1 + x + x^2 - 3}{1 - x^3}$$
$$= \lim_{x\to 1} \frac{(x+2)(x-1)}{(1-x)(1+x+x^2)} = \lim_{x\to 1} \frac{-(x+2)}{x^2+x+1} = -1.$$

(5) 为了约去极限为零的公因子,分子、分母同乘 $(2+\sqrt{x-3})$,得
$$\lim_{x\to 7} \frac{2 - \sqrt{x-3}}{x^2 - 49} = \lim_{x\to 7} \frac{7-x}{(x-7)(x+7)(2+\sqrt{x-3})}$$
$$= \lim_{x\to 7} \frac{-1}{(x+7)(2+\sqrt{x-3})} = -\frac{1}{56}.$$

(6) 这里
$$\lim_{x\to +\infty} x\sqrt{x^2+1} = +\infty, \quad \lim_{x\to +\infty} x^2 = +\infty,$$
所以不能直接利用极限四则运算法则. 现在,将分子、分母同乘以

$(\sqrt{x^2+1}+x)$，化成 $\frac{\infty}{\infty}$ 型极限，然后约去趋于 ∞ 的公因子后就可用极限四则运算法则求得极限：

$$\lim_{x\to+\infty} x(\sqrt{x^2+1}-x) = \lim_{x\to+\infty} \frac{x}{\sqrt{x^2+1}+x}$$

$$= \lim_{x\to+\infty} \frac{1}{\sqrt{1+\frac{1}{x^2}}+1} = \frac{1}{2}.$$

(7) 为了约去极限为零的公因子，分子、分母同乘

$$(\sqrt{9+2x}+5)(\sqrt[3]{x^2}+2\sqrt[3]{x}+2^2),$$

并利用

$$\lim_{x\to a} \sqrt[k]{x^m} = \sqrt[k]{a^m} \quad (a>0),$$

得

$$\lim_{x\to 8} \frac{\sqrt{9+2x}-5}{\sqrt[3]{x}-2} = \lim_{x\to 8} \frac{2(x-8)(\sqrt[3]{x^2}+2\sqrt[3]{x}+2^2)}{(x-8)(\sqrt{9+2x}+5)}$$

$$= 2\frac{\sqrt[3]{8}^2+2\sqrt[3]{8}+2^2}{\sqrt{9+16}+5} = \frac{12}{5}.$$

评注 (5)～(7)小题的方法是：分子、分母同乘一个因子，将无理式从分子转移到分母或从分母转移到分子(简称为**有理化分子**或**有理化分母**)，并分解出极限为零或趋于 ∞ 的公因子，约去这个公因子就可以利用极限四则运算法则.

四、用极限存在准则证明极限的存在性

6. 设

$$x_n = \frac{1}{n+1} + \frac{1}{n+2} + \cdots + \frac{1}{n+n}, \quad n=1,2,\cdots.$$

证明：当 $n\to\infty$ 时，序列 $\{x_n\}$ 有极限.

证 由已知，$x_n < \frac{n}{n+1} < 1$，$n=1,2,\cdots$，即 $\{x_n\}$ 有上界. 又

$$x_{n+1} - x_n = \frac{1}{2n+1} + \frac{1}{2(n+1)} - \frac{1}{n+1}$$

$$= \frac{1}{(2n+1)2(n+1)} > 0,$$

即$\{x_n\}$单调递增.故当$n\to\infty$时,$\{x_n\}$有极限.

7. 设
$$x_1=2,\quad x_{n+1}=\frac{1}{2}\left(x_n+\frac{2}{x_n}\right),\quad n=1,2,3,\cdots.$$

(1) 证明$\lim_{n\to\infty}x_n$存在; (2) 求$\lim_{n\to\infty}x_n$.

解 (1) 由已知条件,显然$x_n>0(n=1,2,3,\cdots)$,

$$x_{n+1}=\frac{1}{2}\left(x_n+\frac{2}{x_n}\right)\geqslant\sqrt{x_n\cdot\frac{2}{x_n}}=\sqrt{2},\quad n=1,2,3,\cdots.$$

这说明序列$\{x_n\}$有下界.又由此可知

$$x_{n+1}-x_n=\frac{1}{2}\left(\frac{2}{x_n}-x_n\right)=\frac{2-x_n^2}{2x_n}\leqslant 0.$$

这说明序列$\{x_n\}$递减,因此$\lim_{n\to\infty}x_n$存在.

(2) 设$\lim_{n\to\infty}x_n=A$,由

$$x_n\geqslant\sqrt{2}\quad(n=2,3,\cdots)$$

知$A\geqslant\sqrt{2}>0$.在所给递推公式两边取极限得

$$A=\frac{1}{2}\left(A+\frac{2}{A}\right).$$

由此解得(注意$A>0$) $A=\sqrt{2}$.

评注 从第6,7两题看出:

① 为证明序列$\{x_n\}$单调,只需证$(x_{n+1}-x_n)\geqslant 0$或$\leqslant 0$,$n=1,2,\cdots$.

② 证明了$\lim_{n\to\infty}x_n$存在后,为求此极限值A,可在x_n的递推式的两端取极限,即得A的方程.

③ 第7题(1)用了下列事实:对任意两正数a,b,有

$$\frac{a+b}{2}\geqslant\sqrt{ab}.$$

五、用夹逼定理求极限

8. 求 $\lim_{n\to+\infty}\left(\dfrac{1}{\sqrt{n^2+1}}+\dfrac{1}{\sqrt{n^2+2}}+\cdots+\dfrac{1}{\sqrt{n^2+n}}\right)$.

解 这里和式中的每一项都是无穷小量,但无穷小的个数不是有限个,所以不能利用极限的四则运算法则.

现在我们将所讨论的序列适当放大和缩小得

$$\frac{n}{\sqrt{n^2+n}} \leqslant \frac{1}{\sqrt{n^2+1}} + \frac{1}{\sqrt{n^2+2}} + \cdots + \frac{1}{\sqrt{n^2+n}} \leqslant \frac{n}{\sqrt{n^2+1}}.$$

又因
$$\lim_{n \to +\infty} \frac{n}{\sqrt{n^2+n}} = \lim_{n \to +\infty} \frac{1}{\sqrt{1+\frac{1}{n}}} = 1,$$

$$\lim_{n \to +\infty} \frac{n}{\sqrt{n^2+1}} = \lim_{n \to +\infty} \frac{1}{\sqrt{1+\frac{1}{n^2}}} = 1,$$

所以 $\lim_{n \to +\infty} \left(\frac{1}{\sqrt{n^2+1}} + \frac{1}{\sqrt{n^2+2}} + \cdots + \frac{1}{\sqrt{n^2+n}} \right) = 1.$

从本题看出，无穷多个无穷小量相加，其极限为 1. 可见无限项的和与有限项的和有本质的差别. 做本题易犯的错误是：

原式 $= 0 + 0 + \cdots + 0 + \cdots = 0.$

9. 求下列极限：

(1) $\lim\limits_{n \to \infty} \left(\dfrac{1}{n^2+n+1} + \dfrac{2}{n^2+n+2} + \cdots + \dfrac{n}{n^2+n+n} \right)$；

(2) $\lim\limits_{n \to \infty} \left\{ \dfrac{\sin \dfrac{\pi}{n}}{n+1} + \dfrac{\sin \dfrac{2\pi}{n}}{n+\dfrac{1}{2}} + \cdots + \dfrac{\sin \dfrac{n\pi}{n}}{n+\dfrac{1}{n}} \right\}.$

解 (1) 因为极限式中各项的分母都大于 n^2 且小于 $(n+1)^2$，又各项的分子都大于 0，故将各项的分子保持不变而将分母放大或缩小，便得

$$\frac{1}{(n+1)^2} \sum_{k=1}^{n} k \leqslant \frac{1}{n^2+n+1} + \frac{2}{n^2+n+2} + \cdots + \frac{n}{n^2+n+n}$$

$$\leqslant \frac{1}{n^2} \sum_{k=1}^{n} k.$$

而 $\dfrac{1}{(n+1)^2} \sum\limits_{k=1}^{n} k = \dfrac{1}{(n+1)^2} \cdot \dfrac{n(n+1)}{2} = \dfrac{n}{2(n+1)}$

$\to \dfrac{1}{2} \quad (n \to +\infty),$

$\dfrac{1}{n^2} \sum\limits_{k=1}^{n} k = \dfrac{n+1}{2n} \to \dfrac{1}{2} \quad (n \to +\infty),$

由夹逼定理得

$$\lim_{n\to\infty}\left(\frac{1}{n^2+n+1}+\frac{2}{n^2+n+2}+\cdots+\frac{n}{n^2+n+n}\right)=\frac{1}{2}.$$

（2）因为极限式中各项的分母都大于 n 且小于或等于 $n+1$，又当 $n>1$ 时，各项的分子均大于或等于 0，故

$$\frac{1}{n+1}\sum_{k=1}^{n}\sin\frac{k\pi}{n}\leqslant\frac{\sin\dfrac{\pi}{n}}{n+1}+\frac{\sin\dfrac{2\pi}{n}}{n+\dfrac{1}{2}}+\cdots+\frac{\sin\dfrac{n\pi}{n}}{n+\dfrac{1}{n}}$$

$$\leqslant\frac{1}{n}\sum_{k=1}^{n}\sin\frac{k\pi}{n}.$$

注意公式

$$\sum_{k=1}^{n}\sin k\theta=\frac{\sin\dfrac{1}{2}n\theta\sin\dfrac{1}{2}(n+1)\theta}{\sin\dfrac{\theta}{2}},$$

在上式中令 $\theta=\dfrac{\pi}{n}$，即得

$$\sum_{k=1}^{n}\sin\frac{k\pi}{n}=\frac{\sin\dfrac{\pi}{2}\sin\dfrac{(n+1)}{2n}\pi}{\sin\dfrac{\pi}{2n}}=\frac{\sin\dfrac{(n+1)}{2n}\pi}{\sin\dfrac{\pi}{2n}},$$

于是

$$\frac{1}{n+1}\sum_{k=1}^{n}\sin\frac{k\pi}{n}=\frac{2n}{(n+1)\pi}\cdot\frac{\pi}{2n}\cdot\frac{\sin\dfrac{(n+1)}{2n}\pi}{\sin\dfrac{\pi}{2n}}\to\frac{2}{\pi}\ (n\to\infty).$$

同理 $\quad\dfrac{1}{n}\sum_{k=1}^{n}\sin\dfrac{k\pi}{n}\to\dfrac{2}{\pi}\quad(n\to\infty).$

所以 $\quad\lim\limits_{n\to\infty}\left(\dfrac{\sin\dfrac{\pi}{n}}{n+1}+\dfrac{\sin\dfrac{2\pi}{n}}{n+\dfrac{1}{2}}+\cdots+\dfrac{\sin\dfrac{n\pi}{n}}{n+\dfrac{1}{n}}\right)=\dfrac{2}{\pi}.$

用夹逼定理求极限 $\lim\limits_{n\to\infty}x_n$ 的要点是：将 x_n 适当放大及缩小，即找两个序列 $\{y_n\}$ 及 $\{z_n\}$，使

$$z_n\leqslant x_n\leqslant y_n,$$

且 z_n 与 y_n 的极限都存在且相等,即
$$\lim_{n\to\infty}z_n = \lim_{n\to\infty}y_n.$$

六、利用"无穷小量与有界变量的乘积是无穷小量"

10. 求下列极限:

(1) $\lim\limits_{x\to 0}x^2\cos\dfrac{1}{x+x^2}$; (2) $\lim\limits_{x\to +\infty}(\cos\sqrt{x+1}-\cos\sqrt{x})$.

解 (1) 当 $x\to 0$ 时, x^2 是无穷小量,虽然 $\cos\dfrac{1}{x+x^2}$ 的极限不存在,但因 $\left|\cos\dfrac{1}{x+x^2}\right|\leqslant 1$,即它是有界的. 因此

$$\lim_{x\to 0}x^2\cos\frac{1}{x+x^2}=0.$$

本题易犯的错误是:

$$\lim_{x\to 0}x^2\cos\frac{1}{x^2+x}=\lim_{x\to 0}x^2\cdot\lim_{x\to 0}\cos\frac{1}{x+x^2}=0.$$

错误在于:因为 $\lim\limits_{x\to 0}\cos\dfrac{1}{x+x^2}$ 不存在,所以不能用运算法则.

(2) $\cos\sqrt{x+1}-\cos\sqrt{x}$

$$=-2\sin\frac{\sqrt{x+1}+\sqrt{x}}{2}\cdot\sin\frac{\sqrt{x+1}-\sqrt{x}}{2}.$$

因为

$$\left|-2\sin\frac{\sqrt{x+1}+\sqrt{x}}{2}\right|\leqslant 2,$$

故 $2\sin\dfrac{\sqrt{x+1}+\sqrt{x}}{2}$ 为有界函数. 而

$$0\leqslant\left|\sin\frac{\sqrt{x+1}-\sqrt{x}}{2}\right|<\left|\frac{\sqrt{x+1}-\sqrt{x}}{2}\right|$$

$$=\frac{1}{2(\sqrt{x+1}+\sqrt{x})}\to 0, \quad \text{当 } x\to +\infty,$$

故

$$\lim_{x\to +\infty}\sin\frac{\sqrt{x+1}-\sqrt{x}}{2}=0,$$

因此 $\lim\limits_{x\to +\infty}(\cos\sqrt{x+1}-\cos\sqrt{x})=0.$

这里用到了不等式:

$$|\sin x|\leqslant |x|, \quad x\in(-\infty,+\infty).$$

七、利用两个重要的极限

11. 求下列极限：

(1) $\lim\limits_{x \to 0} \dfrac{\cos x - \cos 3x}{x^2}$； (2) $\lim\limits_{x \to \pi} \dfrac{\sin mx}{\sin nx}$ (n, m 为自然数).

解 (1) 利用和差化积公式得

$$\dfrac{\cos x - \cos 3x}{x^2} = \dfrac{2\sin 2x \sin x}{2x \cdot x} \cdot 2.$$

再利用 $\lim\limits_{x \to 0} \dfrac{\sin x}{x} = 1$，得

$$\lim\limits_{x \to 0} \dfrac{\cos x - \cos 3x}{x^2} = 4 \lim\limits_{x \to 0} \dfrac{\sin 2x}{2x} \cdot \lim\limits_{x \to 0} \dfrac{\sin x}{x} = 4.$$

(2) 作变量替换，令 $t = x - \pi$，将 $x \to \pi$ 化为 $t \to 0$ 得

$$\lim\limits_{x \to \pi} \dfrac{\sin mx}{\sin nx} = \lim\limits_{t \to 0} \dfrac{\sin(mt + m\pi)}{\sin(nt + n\pi)} = (-1)^{m-n} \lim\limits_{t \to 0} \dfrac{\sin mt}{\sin nt}$$

$$= (-1)^{m-n} \lim\limits_{t \to 0} \dfrac{\sin mt}{mt} \cdot \dfrac{nt}{\sin nt} \cdot \dfrac{m}{n}$$

$$= (-1)^{m-n} \dfrac{m}{n}.$$

12. 求下列极限：

(1) $\lim\limits_{x \to +\infty} \left(1 + \dfrac{6}{x}\right)^x$； (2) $\lim\limits_{x \to \infty} \left(\dfrac{x^2 + 1}{x^2 - 2}\right)^{x^2}$.

解 设法做变量替换转化为求 $\lim\limits_{u \to +\infty} \left(1 + \dfrac{1}{u}\right)^u$.

(1) $\lim\limits_{x \to +\infty} \left(1 + \dfrac{6}{x}\right)^x = \lim\limits_{x \to +\infty} \left[\left(1 + \dfrac{1}{x/6}\right)^{x/6}\right]^6$

$$\xlongequal{u = x/6} \lim\limits_{u \to +\infty} \left[\left(1 + \dfrac{1}{u}\right)^u\right]^6 = e^6.$$

(2) 由

$$\left(\dfrac{x^2 + 1}{x^2 - 2}\right)^{x^2} = \left(1 + \dfrac{3}{x^2 - 2}\right)^{x^2},$$

令 $\dfrac{x^2 - 2}{3} = u$，则 $x^2 = 3u + 2$，于是

$$\left(\dfrac{x^2 + 1}{x^2 - 2}\right)^{x^2} = \left(1 + \dfrac{1}{u}\right)^{3u+2},$$

因此 $\lim\limits_{x \to \infty} \left(\dfrac{x^2 + 1}{x^2 - 2}\right)^{x^2} = \lim\limits_{u \to \infty} \left[\left(1 + \dfrac{1}{u}\right)^{3u} \cdot \left(1 + \dfrac{1}{u}\right)^2\right] = e^3.$

八、其余类型的题

13. 求 $\lim\limits_{n\to+\infty}\left(1+\dfrac{1}{n}\right)^{n^2}$.

解法 1 由二项式定理

$$\left(1+\frac{1}{n}\right)^{n^2}=1+n^2\cdot\frac{1}{n}+\cdots+\left(\frac{1}{n}\right)^{n^2}>n,$$

又因 $\lim\limits_{n\to+\infty}n=+\infty$,所以

$$\lim_{n\to+\infty}\left(1+\frac{1}{n}\right)^{n^2}=+\infty.$$

解法 2 因 $\lim\limits_{n\to+\infty}\left(1+\dfrac{1}{n}\right)^n=\mathrm{e}>1$,取 q: $\mathrm{e}>q>1$,则由极限的不等式性质知,存在 N,当 $n>N$ 时,

$$\left(1+\frac{1}{n}\right)^n>q,\quad \left(1+\frac{1}{n}\right)^{n^2}>q^n.$$

又因 $\lim\limits_{n\to+\infty}q^n=+\infty$,所以

$$\lim_{n\to+\infty}\left(1+\frac{1}{n}\right)^{n^2}=+\infty.$$

本题用到下列两个事实:

① $\lim\limits_{n\to\infty}q^n=+\infty$ $(q>1)$; ② 任何两实数之间必有实数.

还可证明 $\lim\limits_{n\to\infty}\left(1-\dfrac{1}{n}\right)^{n^2}=0$. 事实上,因为 $\lim\limits_{n\to\infty}\left(1-\dfrac{1}{n}\right)^n=\dfrac{1}{\mathrm{e}}$,取常数 p: $1/\mathrm{e}<p<1$,则存在 N,使 $n>N$ 时,

$$\left(1-\frac{1}{n}\right)^n<p,\quad 故\ 0<\left(1-\frac{1}{n}\right)^{n^2}<p^n.$$

再由 $p^n\to 0$ 即可推出 $\left(1-\dfrac{1}{n}\right)^{n^2}\to 0(n\to\infty$ 时). 由上,当 $n\to\infty$ 时,

$$\left(1+\frac{1}{n}\right)^n,\quad \left(1-\frac{1}{n}\right)^{n^2},\quad \left(1+\frac{1}{n}\right)^{n^2}$$

都为 1^∞ 型.但前两个序列分别以 e 和 0 为极限,而 $\left(1+\dfrac{1}{n}\right)^{n^2}$ 为无穷大量,这说明 1^∞ 型是未定式.

14. 已知 $\lim\limits_{x\to\infty}\left(\dfrac{x^2}{x+1}-ax-b\right)=0$,求常数 a,b.

解 用除法可得
$$\frac{x^2}{x+1} - ax - b = \frac{1}{x+1} + (1-a)x - (b+1),$$
已知当 $x\to\infty$ 时,等式左端有极限. 又显然 $x\to\infty$ 时,等式右端第一、三项也有极限,由此推出右端第二项 $(1-a)x$ 也有极限. 而这只有当 $a=1$ 时才可能,故 $a=1$. 再将上式两边取极限,即得 $b=-1$.

15. 设
$$f(x) = \begin{cases} x^2 + 2x - 3, & x \leqslant 1, \\ x, & 1 < x < 2, \\ 2x - 2, & x \geqslant 2. \end{cases}$$
问下列极限是否存在?若存在将它求出来.

(1) $\lim\limits_{x\to 1} f(x)$; (2) $\lim\limits_{x\to 2} f(x)$; (3) $\lim\limits_{x\to 3} f(x)$.

解 这是分段函数,在讨论不同表达式的交界点处的极限时需要分别考虑左、右极限.

(1) $\quad\lim\limits_{x\to 1-0} f(x) = \lim\limits_{x\to 1-0} (x^2 + 2x - 3) = 0,$
$\quad\quad\lim\limits_{x\to 1+0} f(x) = \lim\limits_{x\to 1+0} x = 1,$
$\quad\quad\lim\limits_{x\to 1-0} f(x) \neq \lim\limits_{x\to 1+0} f(x),$

所以 $\lim\limits_{x\to 1} f(x)$ 不存在.

(2) $\quad\lim\limits_{x\to 2-0} f(x) = \lim\limits_{x\to 2-0} x = 2,$
$\quad\quad\lim\limits_{x\to 2+0} f(x) = \lim\limits_{x\to 2+0} (2x - 2) = 2,$

它们相等,所以 $\lim\limits_{x\to 2} f(x)$ 存在且
$$\lim\limits_{x\to 2} f(x) = 2.$$

(3) 当 $x \geqslant 2$ 时 $f(x)$ 是 x 的线性函数,故 $\lim\limits_{x\to 3} f(x)$ 存在,且 $\lim\limits_{x\to 3} f(x) = \lim\limits_{x\to 3} (2x-2) = 4.$

16. 回答下列问题:

(1) 设 x_n 是无穷小量,问 x_n^n, $n^2 x_n^n$, $\sqrt[n]{x_n}$ 是否是无穷小量?

(2) 设 $\lim\limits_{x\to a} f(x) = 0$, $\lim\limits_{x\to a} \dfrac{g(x)}{f(x)} = l$(为实数或 ∞),问 $x\to a$ 时,$g(x)$ 是否为无穷小量?

解 (1) x_n^n, $n^2 x_n^n$ 是无穷小量,而 $\sqrt[n]{x_n}$ 则不一定是无穷小量.

因为 $\lim\limits_{x\to+\infty} x_n = 0$,所以存在 N,当 $n > N$ 时,有

$$|x_n| < \frac{1}{3},$$

于是有 $\quad |x_n^n| < \left(\frac{1}{3}\right)^n, \quad |n^2 x_n^n| < \frac{n^2}{3^n}.$

因为 $\quad \lim\limits_{n\to+\infty}\left(\frac{1}{3}\right)^n = 0, \quad \lim\limits_{n\to+\infty}\frac{n^2}{3^n} = 0,$

所以 $\quad \lim\limits_{n\to+\infty} x_n^n = 0, \quad \lim\limits_{n\to+\infty} n^2 x_n^n = 0.$

若 $x_n = \frac{1}{2^n} \to 0 (n\to+\infty)$,则 $\sqrt[n]{x_n} = \frac{1}{2}$ 不是无穷小量.

若 $x_n = \frac{1}{n^n} \to 0 (n\to+\infty)$,则 $\sqrt[n]{x_n} = \frac{1}{n}$ 是无穷小量.

(2) 若 l 为实数,则 $g(x)$ 是无穷小量.

因为

$$\lim_{x\to a} g(x) = \lim_{x\to a}\left[f(x) \cdot \frac{g(x)}{f(x)}\right] = 0 \times l = 0.$$

若 $l = \infty$,则 $g(x)$ 不一定是无穷小量.

例如,$f(x) = (x-a)^3, g(x) = 1$,则 $\lim\limits_{x\to a} f(x) = 0, \lim\limits_{x\to a}\frac{g(x)}{f(x)} = \infty$,$g(x)$ 不是无穷小量.

17. 已知 $\lim\limits_{x\to a} f(x) = 1$. 证明:

(1) 存在常数 $\delta_1 > 0$,使当 $0 < |x-a| < \delta_1$ 时,$f(x) > 5/6$;

(2) 对任意取定的 $q \in (0,1)$,存在常数 $\delta_2 > 0$,使当 $0 < |x-a| < \delta_2$ 时,$f(x) > q$.

证 (1) 因为 $\lim\limits_{x\to a} f(x) = 1$,所以对于正数

$$\varepsilon_1 = 1 - 5/6 = 1/6,$$

存在 $\delta_1 > 0$,使当 $0 < |x-a| < \delta_1$ 时,有

$|f(x) - 1| < \varepsilon_1 = 1/6,$ 即 $1 - 1/6 < f(x) < 1 + 1/6.$

由上式中第一个不等式便得 $f(x) > 5/6$.

(2) 因为 $\lim\limits_{x\to a} f(x) = 1$,所以对于正数 $\varepsilon_2 = 1 - q$,存在 $\delta_2 > 2$,使当 $0 < |x-a| < \delta_2$ 时,有 $|f(x) - 1| < \varepsilon_2 = 1 - q$,即

$$1-(1-q)<f(x)<1+(1-q).$$
由上式中第一个不等式便得 $f(x)>q$.

在本题证明过程中,选了两个特定的正数 ε_1 与 ε_2,分别由
$$|f(x)-1|<\varepsilon_1 \quad \text{及} \quad |f(x)-1|<\varepsilon_2$$
便推出了欲证的结果. 一般说来,当已知极限 $\lim\limits_{x\to a}f(x)$ 存在,要证某个结论时,可以根据欲证的结论,选择特殊的正数 ε,以完成证明.

*18. 设
$$x_n=\frac{1}{1^2}+\frac{1}{2^2}+\cdots+\frac{1}{n^2},$$
证明:序列 $\{x_n\}$ 有极限.

证 显然有 $x_n\leqslant x_{n+1}$,故 $\{x_n\}$ 单调上升. 再证 $\{x_n\}$ 有上界.
$$\begin{aligned}x_n&<\frac{1}{1^2}+\frac{1}{2\cdot 1}+\frac{1}{3\cdot 2}+\cdots+\frac{1}{n(n-1)}\\&=1+\left(1-\frac{1}{2}\right)+\left(\frac{1}{2}-\frac{1}{3}\right)+\cdots+\left(\frac{1}{n-1}-\frac{1}{n}\right)\\&=2-\frac{1}{n}<2.\end{aligned}$$
上式说明 $\{x_n\}$ 有上界. 由收敛准则即知序列 $\{x_n\}$ 有极限.

注意 证明过程中用了不等式:$\ln(1+x)<x$ $(x>0)$.

*19. 设
$$x_1>0, \quad x_{n+1}=\frac{3(1+x_n)}{3+x_n} \quad (n=1,2,\cdots),$$
求 $\lim\limits_{n\to+\infty}x_n$.

解法 1 利用收敛准则.

(1) 若 $x_1=\sqrt{3}$,则
$$x_2=\frac{3(1+\sqrt{3})}{3+\sqrt{3}}=\sqrt{3},$$
同理可得 $x_n=\sqrt{3}$,$n=3,4,\cdots$,故 $\lim\limits_{n\to\infty}x_n=\sqrt{3}$.

(2) 若 $0<x_1<\sqrt{3}$,则
$$x_2-x_1=\frac{3-x_1^2}{3+x_1}>0,$$
且
$$x_2=3-\frac{6}{3+x_1}<3-\frac{6}{3+\sqrt{3}}=\sqrt{3}.$$

类似地,由 $0<x_2<\sqrt{3}$ 可推出 $x_3-x_2>0$ 且 $x_3<\sqrt{3}$,$\cdots$,可归纳地证明:
$$x_{n+1}-x_n>0, \quad \text{且} \quad x_{n+1}<\sqrt{3}, \quad n=1,2,\cdots.$$
这说明序列 $\{x_n\}$ 单调上升,且有上界,故 $\lim\limits_{x\to+\infty}x_n$ 存在.

(3) 若 $x_1>\sqrt{3}$,则
$$x_2-x_1=\frac{3-x_1^2}{3+x_1}<0,$$
且 $\quad x_2=3-\dfrac{6}{3+x_1}>3-\dfrac{6}{3+\sqrt{3}}=\sqrt{3},\cdots,$

可归纳地证明:
$$x_{n+1}-x_n<0, \quad \text{且} \quad x_{n+1}>\sqrt{3}, \quad n=1,2,\cdots.$$
这说明序列 $\{x_n\}$ 单调下降,且有下界,故 $\lim\limits_{n\to\infty}x_n$ 存在.

以上证明了极限 $\lim\limits_{n\to\infty}x_n$ 的存在性.为求此极限值,令 $\lim\limits_{n\to\infty}x_n=a$,再在递推公式
$$x_{n+1}=\frac{3(1+x_n)}{3+x_n}, \quad n=1,2,\cdots$$
两边取极限,得
$$a=\frac{3(1+a)}{3+a}.$$
由此解出 $a=\pm\sqrt{3}$.又由 $x_n>0$,知 $\lim\limits_{n\to\infty}x_n\geqslant 0$,故 $a=\sqrt{3}$,即
$$\lim_{n\to\infty}x_n=\sqrt{3}.$$

解法 2 先设 $\lim\limits_{n\to\infty}x_n$ 存在,并记 $\lim\limits_{n\to\infty}x_n=l$. 由 $x_n>0$,知 $l\geqslant 0$. 在递推公式两边取极限可推得 $l=\sqrt{3}$.

再证 $n\to\infty$ 时,x_n 有极限.为此考虑 x_n 与 $\sqrt{3}$ 的关系:
$$x_{n+1}-\sqrt{3}=\frac{3(1+x_n)}{3+x_n}-\sqrt{3}=\frac{3+3x_n-3\sqrt{3}-\sqrt{3}x_n}{3+x_n}$$
$$=\frac{(3-\sqrt{3})(x_n-\sqrt{3})}{3+x_n}.$$

注意当 $x_1>0$ 时,$x_n>0(n=1,2,\cdots)$,于是有

$$0 \leqslant |x_{n+1} - \sqrt{3}| \leqslant \frac{3-\sqrt{3}}{3} |x_n - \sqrt{3}|$$

$$\leqslant \cdots \leqslant \left(\frac{3-\sqrt{3}}{3}\right)^n |x_1 - \sqrt{3}|.$$

由 $\left(\dfrac{3-\sqrt{3}}{3}\right)^n \to 0 (n\to\infty$ 时) 及夹逼定理,可得

$$\lim_{n\to\infty}(x_{n+1} - \sqrt{3}) = 0, \quad 即\ \lim_{n\to\infty} x_n = \sqrt{3}.$$

本 节 小 结

1. 掌握各类极限过程的 $\varepsilon\text{-}\delta$(或 $M\text{-}\delta, \varepsilon\text{-}X, M\text{-}X$)说法.

2. 能灵活恰当地运用二项式定理

$$(1+h)^n = 1 + h + \frac{n(n-1)}{2!} h^2 + \cdots$$

$$+ \frac{1}{k!} n(n-1)\cdots(n-k+1) h^k + \cdots + h^n,$$

将所考察的变量放大或缩小(参见 2(3)题).

3. 无穷多个无穷小量之和不一定还是无穷小量,$\dfrac{0}{0}, \dfrac{\infty}{\infty}$, $0 \cdot \infty, \infty - \infty, 1^\infty$ 等都是未定式. 本节介绍的求未定式的极限的方法有:

(1) 先设法将未定式化为 $\dfrac{0}{0}$ 或 $\dfrac{\infty}{\infty}$ 的形式,再消去分子、分母中趋于 0 或趋于 ∞ 的公因子,再用极限运算法则.

(2) 利用两个重要极限:

$$\lim_{x\to 0} \frac{\sin x}{x} = 1, \quad \lim_{x\to 0}(1+x)^{\frac{1}{x}} = e.$$

(3) 利用夹逼定理.

以后还要介绍求未定式极限的一个有效的方法:洛必达法则.

4. 记住下列极限式是有益的:

(1) $\lim\limits_{n\to\infty} n^k q^n = 0 \quad (0 < |q| < 1, k > 0);$

(2) $\lim\limits_{n\to\infty} \dfrac{a^n}{n!} = 0 \quad (a > 0);$ \qquad (3) $\lim\limits_{n\to\infty} \sqrt[n]{a} = 1 \quad (a > 0).$

5. 能灵活运用有极限的变量的性质(见内容提要中之"4").

练习题 1.2

1.2.1 证明：$\lim\limits_{n\to+\infty} nq^n = 0$ $(0<|q|<1)$.

1.2.2 求下列极限：

(1) $\lim\limits_{x\to 0}\dfrac{x^2-1}{2x^2-x-1}$;

(2) $\lim\limits_{x\to 1}\dfrac{x^2-1}{2x^2-x-1}$;

(3) $\lim\limits_{x\to\infty}\dfrac{x^2-1}{2x^2-x-1}$;

(4) $\lim\limits_{x\to 0}\dfrac{4x^3-2x^2+x}{3x^2+2x}$;

(5) $\lim\limits_{x\to 4}\dfrac{\sqrt{2x+1}-3}{\sqrt{x-2}-\sqrt{2}}$;

(6) $\lim\limits_{x\to\infty}\dfrac{(x+1)(x^2+1)\cdots(x^n+1)}{[(nx)^n+1]^{\frac{n+1}{2}}}$;

(7) $\lim\limits_{x\to 0}\dfrac{1-\cos x}{x^2}$;

(8) $\lim\limits_{x\to 0}\dfrac{\tan 3x}{\sin 5x}$;

(9) $\lim\limits_{x\to 0}\left(1-\dfrac{1}{x}\right)^x$;

(10) $\lim\limits_{x\to\infty}\left(\dfrac{x}{x+1}\right)^x$.

1.2.3 设 $x_n = \sqrt[n]{2^n+3^n}$，求 $\lim\limits_{n\to\infty} x_n$.

1.2.4 设

$$f(x) = \begin{cases} \dfrac{-1}{x-1}, & x<0, \\ 0, & x=0, \\ x, & 0<x<1, \\ 1, & 1\leqslant x<2. \end{cases}$$

求：$\lim\limits_{x\to 0+0} f(x)$, $\lim\limits_{x\to 0-0} f(x)$, $\lim\limits_{x\to 1+0} f(x)$, $\lim\limits_{x\to 1-0} f(x)$；并问：$\lim\limits_{x\to 0} f(x)$ 及 $\lim\limits_{x\to 1} f(x)$ 是否存在？

1.2.5 设 n 为任意自然数.

(1) 令 $\lambda_n = \sqrt[n]{n}-1$，对 $(1+\lambda_n)^n$ 利用二项式定理证明：当 $n\geqslant 2$ 时，$0<\lambda_n<\sqrt{\dfrac{2}{n-1}}$;

(2) 证明：$\lim\limits_{n\to+\infty}\sqrt[n]{n}=1$.

§3 函数的连续性，连续函数的性质

内 容 提 要

1. 函数在一点处连续

定义 1 设 $f(x)$ 在点 x_0 的某邻域内有定义. 若极限 $\lim\limits_{x\to x_0} f(x)$ 存在，且

$\lim\limits_{x \to x_0} f(x) = f(x_0)$,则称 $f(x)$ **在点 x_0 处连续**.

$f(x)$ 在 $x = x_0$ 连续的等价定义是:
$$\lim_{\Delta x \to 0} \Delta y = \lim_{\Delta x \to 0} [f(x_0 + \Delta x) - f(x_0)] = 0.$$

定义 2 若 $\lim\limits_{x \to x_0 + 0} f(x) = f(x_0)$,则称 $f(x)$ **在点 x_0 处右连续**.

可类似定义左连续. 左、右连续统称为**单侧连续**. $f(x)$ 在 x_0 连续 $\Longleftrightarrow f(x)$ 在 x_0 既左连续又右连续.

2. 间断点的分类

设 $f(x)$ 至少在 x_0 的某单侧空心邻域有定义. 若 $x = x_0$ 不是 $f(x)$ 的连续点,则称 x_0 为 $f(x)$ 的**间断点**.

(1) **可去间断点**

若 $\lim\limits_{x \to x_0} f(x) = l$ 存在,但 $l \neq f(x_0)$ 或 $f(x)$ 在 x_0 无定义,则称 x_0 为 $f(x)$ 的**可去间断点**.

这时可以补充或修改 $f(x)$ 在 $x = x_0$ 的函数值使之在 $x = x_0$ 连续,即若令
$$g(x) = \begin{cases} f(x), & x \neq x_0, \\ l, & x = x_0, \end{cases}$$
则 $g(x)$ 在 $x = x_0$ 处连续.

(2) **跳跃间断点**

若 $\lim\limits_{x \to x_0 + 0} f(x)$, $\lim\limits_{x \to x_0 - 0} f(x)$ 均存在但不相等,则称 x_0 为 $f(x)$ 的**跳跃间断点**. 可去间断点与跳跃间断点统称为**第一类间断点**.

(3) **第二类间断点**

若 $\lim\limits_{x \to x_0 + 0} f(x)$, $\lim\limits_{x \to x_0 - 0} f(x)$ 中至少有一个不存在,则称 x_0 为 $f(x)$ 的**第二类间断点**.

3. 函数在区间上连续的定义

若对任给的 $x_0 \in (a, b)$,$f(x)$ 在 x_0 连续,则称 $f(x)$ 在 (a, b) 内**连续**. 若 $f(x)$ 在 (a, b) 内连续,又
$$\lim_{x \to a + 0} f(x) = f(a) \quad (\text{在 } x = a \text{ 右连续}),$$
$$\lim_{x \to b - 0} f(x) = f(b) \quad (\text{在 } x = b \text{ 左连续}),$$
则称 $f(x)$ **在闭区间 $[a, b]$ 上连续**.

4. 连续函数的运算

(1) 连续函数的四则运算

设函数 $f(x), g(x)$ 在 x_0 连续,则 $f(x) \pm g(x), f(x) \cdot g(x), f(x)/g(x)$ ($g(x_0) \neq 0$ 时)在 x_0 也连续.

(2) 复合函数的连续性

设 $y=f(u), u=\varphi(x)$ 构成复合函数 $y=f(\varphi(x))$. 若 $u=\varphi(x)$ 在 x_0 连续, $y=f(u)$ 在 $u_0=\varphi(x_0)$ 连续, 则复合函数 $y=f(\varphi(x))$ 在 x_0 连续.

(3) 反函数的连续性

设 $y=f(x)$ 在 $[a,b]$ 上严格递增(递减), 并且是连续的, 则其反函数 $y=f^{-1}(x)$ 在 $[f(a),f(b)]$ ($[f(b),f(a)]$) 也是严格递增(递减)且连续的.

(4) 初等函数在它们的定义域区间上是连续的.

5. 连续函数的性质

设 $f(x)$ 在有界闭区间 $[a,b]$ 连续, 则

① $f(x)$ 在 $[a,b]$ 上一定有最大值和最小值, 即存在 $x_0, x_1 \in [a,b]$, 使得
$$f(x_0)=M, \quad f(x_1)=m,$$
且对任给的 $x \in [a,b]$ 有
$$m \leqslant f(x) \leqslant M,$$
M, m 分别就是 $f(x)$ 在 $[a,b]$ 上的最大值和最小值.

推论 闭区间上的连续函数是有界的.

② 若 $f(a) \neq f(b)$, 则对介于 $f(a)$ 与 $f(b)$ 之间的任一实数 c, 至少存在一点 $\xi \in (a,b)$ 使得 $f(\xi)=c$. 这一性质称为连续函数的中间值定理.

推论 1(零点存在定理) 若 $f(a) \cdot f(b) < 0$, 则在 (a,b) 内部至少存在一点 ξ, 使得 $f(\xi)=0$.

推论 2 $f(x)$ 可以取到介于其最大值 M 与最小值 m 之间的一切实数.

6. 函数的连续性在求极限上的应用

对连续函数, 求极限用代入法.

设 $f(x)$ 在 x_0 连续, 则求极限 $\lim\limits_{x \to x_0} f(x)$ 只需将 x_0 代入 $f(x)$ 的表达式.

对于复合函数 $f(\varphi(x))$, 若 $\lim\limits_{x \to x_0} \varphi(x) = u_0$, 且 $f(u)$ 在 u_0 连续, 则
$$\lim_{x \to x_0} f(\varphi(x)) = f(u_0).$$

又若 $\lim\limits_{x \to x_0} f(x) = A > 0$, $\lim\limits_{x \to x_0} g(x) = B$, 则 $\lim\limits_{x \to x_0} f(x)^{g(x)} = A^B$.

典型例题分析

1. 指出下列函数的间断点及其类型. 若是可去间断点时, 请补充或修改函数在该点的函数值使之成为连续函数.

(1) $f(x) = \arctan 1/x$;   (2) $f(x) = \dfrac{\cos x}{x^2 - 1}$;

(3) $f(x)=\begin{cases} x^2, & x\neq 1, \\ 1/2, & x=1; \end{cases}$ (4) $f(x)=\dfrac{1}{x}\ln(1+x)$;

(5) $f(x)=\mathrm{e}^{x+\frac{1}{x}}$; (6) $f(x)=\dfrac{2x\sin(1/x)-\cos(1/x)}{\cos x}$.

解 (1) 除 $x=0$ 外处处连续.
$$\lim_{x\to 0^+}\arctan(1/x)=\pi/2, \quad \lim_{x\to 0^-}\arctan(1/x)=-\pi/2,$$
$x=0$ 是第一类间断点(跳跃间断点).

(2) 除 $x=\pm 1$ 外处处连续.
$$\lim_{x\to \pm 1}\frac{\cos x}{x^2-1}=\infty,$$
$x=\pm 1$ 是第二类间断点(且是无穷间断点).

(3) 除 $x=1$ 外处处连续.
$$\lim_{x\to 1}f(x)=\lim_{x\to 1}x^2=1\neq f(1),$$
$x=1$ 是可去间断点. 修改 $x=1$ 处 $f(x)$ 的函数值:
$$f(x)=\begin{cases} x^2, & x\neq 1, \\ 1, & x=1 \end{cases}$$
$$=x^2,$$
则 $f(x)$ 在 $x=1$ 连续.

(4) 定义域是 $(-1,0)\cup(0,+\infty)$, 在定义域上处处连续.
$$\lim_{x\to -1+0}\left[\frac{1}{x}\ln(1+x)\right]=\infty,$$
$x=-1$ 是第二类间断点(且是无穷间断点);
$$\lim_{x\to 0}\frac{\ln(1+x)}{x}=\lim_{x\to 0}\ln(1+x)^{\frac{1}{x}}=\ln\mathrm{e}=1,$$
$x=0$ 是可去间断点. 补充定义 $f(x)$ 在 $x=0$ 处的函数值:
$$f(x)=\begin{cases} \dfrac{1}{x}\ln(1+x), & x\neq 0, \\ 1, & x=0, \end{cases}$$
则 $f(x)$ 在 $x=0$ 连续.

(5) 除 $x=0$ 外处处连续. 因
$$\lim_{x\to 0+}1/x=+\infty, \quad \lim_{x\to 0-}1/x=-\infty,$$
所以 $\lim\limits_{x\to 0-}\mathrm{e}^{\frac{1}{x}+x}=0$, 但是 $\lim\limits_{x\to 0+}\mathrm{e}^{\frac{1}{x}+x}=\infty$, 所以 $x=0$ 是第二类间断点.

(6) 除 $x=k\pi+\pi/2$ $(k=0,\pm 1,\pm 2,\cdots)$ 及 $x=0$ 外处处连续. 记 $x_k=k\pi+\pi/2$ $(k=0,\pm 1,\pm 2,\cdots)$.

$$\lim_{x\to x_k}\cos x = 0, \quad \lim_{x\to x_k}\left(2x\sin\frac{1}{x}-\cos\frac{1}{x}\right)\neq 0,$$

所以
$$\lim_{x\to x_k}f(x)=\infty,$$

$x=x_k(k=0,\pm 1,\pm 2,\cdots)$ 是第二类间断点(且是无穷间断点).

又 $\lim\limits_{x\to 0}\cos\dfrac{1}{x}$ 不存在. 因为,取

$$x_n=\frac{1}{2n\pi},\quad y_n=\frac{1}{2n\pi+\pi/2},$$

则 $x_n\to 0$, $y_n\to 0$ $(n\to +\infty)$. 但

$$\lim_{n\to +\infty}\cos\frac{1}{x_n}=1\neq \lim_{n\to +\infty}\cos\frac{1}{y_n}=0,$$

而 $\lim\limits_{x\to 0}\cos x=1$, $\lim\limits_{x\to 0}2x\sin\dfrac{1}{x}=0$, 所以 $\lim\limits_{x\to 0}f(x)$ 不存在, $x=0$ 是第二类间断点.

2. 适当选取 a, 使函数

$$f(x)=\begin{cases}\mathrm{e}^x, & x<0\\ a+x, & x\geqslant 0\end{cases}$$

是连续函数.

解 显然,当 $x<0$ 时,
$$f(x)=\mathrm{e}^x$$
是连续的;当 $x>0$ 时,
$$f(x)=a+x$$
也是连续的. 只需再考察分界点 $x=0$ 处的连续性. 因为在 $x=0$ 左侧与右侧,函数表达式不同,我们分别考察 $x=0$ 处的左、右极限:

$$\lim_{x\to 0-}f(x)=\lim_{x\to 0-}\mathrm{e}^x=\mathrm{e}^0=1,\quad \lim_{x\to 0+}f(x)=\lim_{x\to 0+}(a+x)=a.$$

因此,取 $a=1$,则
$$\lim_{x\to 0+}f(x)=\lim_{x\to 0-}f(x)=f(0)=1,$$

$f(x)$ 在 $x=0$ 就连续,于是 $f(x)$ 处处连续.

由本题看出,对于分段函数,需要考察在分界点处的左、右极限以及函数值是否都相等,以判断在分界点处是否连续.

3. 证明 $\cos x - \dfrac{1}{x} = 0$ 有无穷多个正根.

证 利用连续函数中间值定理来证明这个结论.

令 $f(x) = x\cos x$,则 $f(x)$ 在 $[0, +\infty)$ 连续,且
$$\left.\begin{array}{l} f(2n\pi) = 2n\pi\cos 2n\pi = 2n\pi \\ f((2n+1)\pi) = (2n+1)\pi\cos(2n\pi+\pi) \\ \qquad\qquad\quad = -(2n+1)\pi \\ f((2n+1)\pi) < 1 < f(2n\pi) \end{array}\right\} \quad n = 1,2,3,\cdots,$$

于是,由连续函数中间值定理,存在 $x_n \in (2n\pi, (2n+1)\pi)$ 使得 $f(x_n) = 1$,即
$$x_n \cos x_n = 1,$$
$$\cos x_n - \dfrac{1}{x_n} = 0, \quad n = 1,2,3,\cdots.$$

*4. 设 $f(x)$ 在 $(-\infty, +\infty)$ 连续, $\lim\limits_{x \to +\infty} f(x) = \lim\limits_{x \to -\infty} f(x) = +\infty$. 求证:

(1) 存在 $X > 0$,当 $|x| > X$ 时, $f(x) > f(0)$;

(2) $f(x)$ 在 $(-\infty, +\infty)$ 上有最小值.

证 (1) 由 $\lim\limits_{x \to +\infty} f(x) = +\infty$ 的定义知,取 $M = f(0)$,存在 $X_1 > 0$,当 $x > X_1$ 时, $f(x) > f(0)$. 由 $\lim\limits_{x \to -\infty} f(x) = +\infty$ 的定义,取 $M = f(0)$,存在 $X_2 > 0$,当 $x < -X_2$ 时, $f(x) > f(0)$. 于是令 $X = \max(X_1, X_2)$,当 $x > X$,或 $x < -X$,即 $|x| > X$ 时, $f(x) > f(0)$.

(2) $f(x)$ 在 $[-X, X]$ 连续,存在 $x_0 \in [-X, X]$, $f(x_0)$ 是 $f(x)$ 在 $[-X, X]$ 上的最小值,因而 $f(x_0) \leqslant f(0)$. 又因对任给 $x: |x| > X$, $f(x) > f(0) \geqslant f(x_0)$,因此 $f(x_0)$ 就是 $f(x)$ 在 $(-\infty, +\infty)$ 的最小值.

5. 设 $f(x)$ 在 $[a,b]$ 连续, $x_1, x_2, \cdots, x_n \in [a,b]$,求证:存在 $\xi \in [a,b]$ 使得
$$f(\xi) = \dfrac{1}{n} \sum_{i=1}^{n} f(x_i).$$

证 只需要证明 $\dfrac{1}{n} \sum\limits_{i=1}^{n} f(x_i)$ 是介于 $f(x)$ 在 $[a,b]$ 上的某两个函

数值之间的一个值.

考察 $f(x_1), f(x_2), \cdots, f(x_n)$, 其中必有一个是最大的, 一个是最小的. 不妨设 $f(x_n)$ 为最大, $f(x_1)$ 为最小. 若 $f(x_1)=f(x_n)$, 则
$$f(x_1) = f(x_n) = \frac{1}{n} \sum_{i=1}^{n} f(x_i),$$
于是存在 $\xi = x_1 \in [a, b]$, 有
$$f(\xi) = \frac{1}{n} \sum_{i=1}^{n} f(x_i).$$
若 $f(x_1) < f(x_n)$, 则
$$f(x_1) < \frac{1}{n} \sum_{i=1}^{n} f(x_i) < f(x_n),$$
于是, 由连续函数中间值定理, 在 x_1, x_n 之间存在 ξ 因而有 $\xi \in [a, b]$, 使
$$f(\xi) = \frac{1}{n} \sum_{i=1}^{n} f(x_i).$$

6. 设 $f(x) = \lim\limits_{n \to \infty} \dfrac{x^{n+2} - x^{-n}}{x^n + x^{-n-1}}$, 试讨论此函数的连续性.

解 令 $g_n(x) = \dfrac{x^{n+2} - x^{-n}}{x^n + x^{-n-1}}$. 首先, $g_n(x)$ 在 $x=0$ 及 $x=-1$ 处无定义, 但在 $x=0$ 及 $x=-1$ 的空心邻域内有定义, 所以 $x=0$ 及 $x=-1$ 是 $g_n(x)$ 的间断点, 因而也是 $f(x)$ 的间断点.

将 $g_n(x)$ 变形可得
$$g_n(x) = \frac{(x^{2n+2} - 1)/x^n}{(x^{2n+1} + 1)/x^{n+1}} = x \frac{x^{2n+2} - 1}{x^{2n+1} + 1}, \tag{3.1}$$
或
$$g_n(x) = x^2 \frac{1 - 1/x^{2n+2}}{1 + 1/x^{2n+1}}, \tag{3.2}$$
由 (3.1) 式看出, $g_n(1) = 0$, 当 $0 < |x| < 1$ 时,
$$g_n(x) \to -x \quad (n \to \infty).$$
由 (3.2) 式看出, 当 $|x| > 1$ 时, $g_n(x) \to x^2 \ (n \to \infty)$, 所以
$$f(x) = \begin{cases} -x, & 0 < |x| < 1, \\ 0, & x = 1, \\ x^2, & |x| > 1. \end{cases}$$
这是分段函数, $x=0, \pm 1$ 是其三个分界点. 由

$$\lim_{x \to -1-0} f(x) = 1, \quad \lim_{x \to -1+0} f(x) = 1;$$
$$\lim_{x \to 1-0} f(x) = -1, \quad \lim_{x \to 1+0} f(x) = 1; \quad \lim_{x \to 0} f(x) = 0,$$

可见 $x=0$ 及 $x=-1$ 是可去间断点，而 $x=1$ 是跳跃间断点.函数 $f(x)$ 在 $(-\infty,-1),(-1,0),(0,1),(1,+\infty)$ 内连续.

*7. 方程 $|x|^{\frac{1}{4}} + |x|^{\frac{1}{2}} - \frac{1}{2}\cos x = 0$ 在 $(-\infty,+\infty)$ 内有几个实根.

解 令
$$f(x) = |x|^{\frac{1}{4}} + |x|^{\frac{1}{2}} - \frac{1}{2}\cos x,$$

显然 $f(x)$ 在 $(-\infty,+\infty)$ 内连续且是偶函数.又因 $f(0)=-1/2 \neq 0$，即 $x=0$ 不是 $f(x)$ 的根.故 $f(x)$ 的实根个数恰是 $f(x)$ 的正根个数的 2 倍.

注意当 $x \geq 1$ 时，$f(x) \geq 1+1-1/2 > 0$，故 $f(x)$ 的正根只可能在区间 $(0,1)$ 内.因 $f(0)<0$，而 $f(1)>0$，由连续函数的介值定理，$f(x)$ 在 $(0,1)$ 内至少有一个根.另一方面，由 $\sqrt[4]{x}$，$\sqrt{x}$ 以及 $-\frac{1}{2}\cos x$ 在区间 $[0,1]$ 上都是单调上升的函数，所以 $f(x)$ 在 $[0,1]$ 上也是单调上升的.于是 $f(x)$ 在 $[0,1]$ 上至多有一个根.综合起来，$f(x)$ 在 $[0,1]$ 内恰有一个根，即 $f(x)$ 只有一个正根，于是 $f(x)$ 有两个实根.

*8. 设 $f(x)$ 是区间 $[0,2]$ 上的连续函数，且 $f(0)=f(2)$，则在 $[0,2]$ 上存在两点 x_1 与 x_2，使 $|x_1-x_2|=1$ 且 $f(x_1)=f(x_2)$.

证 作辅助函数
$$g(x) = f(x+1) - f(x), \quad 0 \leq x \leq 1.$$
$g(x)$ 在 $[0,1]$ 上连续，
$$g(0) = f(1) - f(0), \quad g(1) = f(2) - f(1) = -g(0).$$
若 $g(1)=0$，即 $f(2)-f(1)=0$.取 $x_1=1, x_2=2$，即得证.若 $g(1) \neq 0$，由 $g(1)=-g(0)$ 知 $g(0)$ 与 $g(1)$ 反号.由连续函数的介值定理知，存在 $c \in (0,1)$，使 $g(c)=0$，即 $f(c+1)-f(c)=0$. 取 $x_1=c, x_2=1+c$ 即得证.

在本题证明过程中，引进了辅助函数 $g(x)$，使结论顺利地得以

证明. 在做证明题时, 引进辅助函数是一种常用的手法. 用类似的方法, 可证明下列更一般的结论.

*9. 设 $f(x)$ 在 $[a,b]$ 上连续, 且 $f(a)=f(b)$. 证明: 存在点 $x_0 \in (a,b)$, 使 $f(x_0)=f\left(x_0+\dfrac{b-a}{2}\right)$.

证 令
$$F(x)=f(x)-f\left(x+\dfrac{b-a}{2}\right) \quad \left(a \leqslant x \leqslant \dfrac{a+b}{2}\right),$$
则 $F(x)$ 在 $\left[a, \dfrac{a+b}{2}\right]$ 上连续, 且
$$F(a)=f(a)-f\left(\dfrac{a+b}{2}\right),$$
$$F\left(\dfrac{a+b}{2}\right)=f\left(\dfrac{a+b}{2}\right)-f(b)=-F(a).$$
由上看出, 若 $f\left(\dfrac{a+b}{2}\right)=f(b)$, 则取 $x_0=\dfrac{a+b}{2}$, 命题即得证. 若 $f\left(\dfrac{a+b}{2}\right) \neq f(b)$, 则
$$F\left(\dfrac{a+b}{2}\right) \neq 0, \quad F(a) \neq 0,$$
且 $F\left(\dfrac{a+b}{2}\right)$ 与 $F(a)$ 反号. 故由连续函数的中间值定理, 存在点 $x_0 \in \left(a, \dfrac{a+b}{2}\right)$, 使 $F(x_0)=0$, 即
$$f(x_0)=f\left(x_0+\dfrac{b-a}{2}\right).$$

*10. 设 $f(x)$ 是 $[0,1]$ 上的连续函数, 且 $0 \leqslant f(x) \leqslant 1$, 当 $0 \leqslant x \leqslant 1$ 时. 证明: 在 $[0,1]$ 上至少存在一点 t, 使
$$f(t)=t.$$

解释 从直观上看, 结论是明显的 (参见图 1.1).

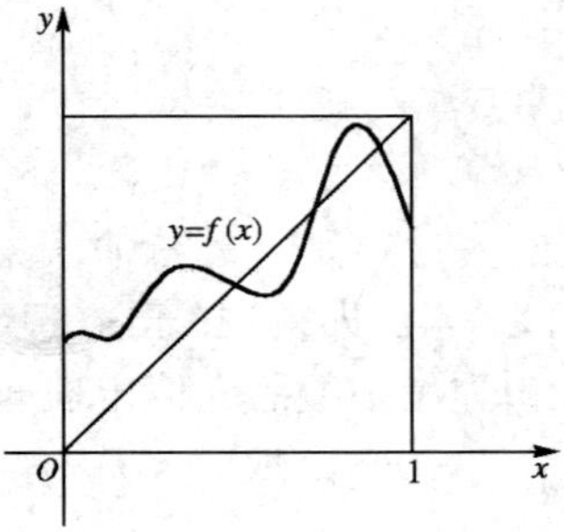

图 1.1

证 令 $g(x)=f(x)-x$, 则 $g(x)$ 在 $[0,1]$ 上连续, 且
$$g(0)=f(0) \geqslant 0,$$

$$g(1) = f(1) - 1 \leqslant 0.$$

若 $g(0)=0$,则取 $t=0$ 便得证;若 $g(1)=0$,则取 $t=1$ 便得证. 若 $g(0)>0$ 且 $g(1)<0$. 由连续函数的介值定理,存在 $t\in(0,1)$,使 $g(t)=0$,即 $f(t)=t$.

本 节 小 结

1. 连续性的概念是局部性的. 先定义函数在一点处连续: $\lim_{x\to x_0}f(x)=f(x_0)$. 再定义在区间上连续:当函数在区间上每一点处都连续时,称函数在该区间上连续.

若 $f(x)$ 在 x_0 处连续且 $f(x_0)>0(<0)$,则存在 $\delta>0$,使当 $|x-x_0|<\delta$ 时,$f(x)>0(<0)$.

2. 可利用连续性求极限:当 $f(x)$ 在 x_0 处连续时,则当 $x\to x_0$ 时,$f(x)$ 必有极限,且极限值就是函数值 $f(x_0)$.

3. 在闭区间上连续的函数有很好的性质:在该区间上有最大值及最小值,有界,以及有中间值定理. 以后经常要用到这几条性质.

4. 要证函数方程 $f(x)=0$ 在区间 $[a,b]$ 内有根,只需证明 $f(x)$ 在 $[a,b]$ 上连续,且 $f(a)\cdot f(b)<0$(这是一个充分条件).

5. 初等函数在它们的定义域区间都是连续的,微积分中研究的大多是初等函数.

许多分段函数不是初等函数(有的分段函数可能是初等函数,如

$$y=|x|=\begin{cases} x, & x\geqslant 0, \\ -x, & x<0. \end{cases}$$

它也可表为 $y=(x^2)^{\frac{1}{2}}$,所以是初等函数). 对于分段函数,若它在每一段上的表达式是初等函数,则在每一段内是连续的. 需要重点讨论的是在其分界点处是否连续. 这要通过考察在每一个分界点处的左、右极限以及函数值这三者是否都相等来作出判断.

练 习 题 1.3

1.3.1 对下列函数 $f(x)$,求 $\lim_{x\to 0}f(x)$,并补充定义 $f(x)$ 在 $x=0$ 处的函数值使得 $f(x)$ 在 $x=0$ 处连续:

(1) $f(x)=\dfrac{\arcsin x}{x}$;　　(2) $f(x)=\dfrac{\ln(1+ax)}{x}$ $(a\neq 0)$;

(3) $f(x)=\dfrac{a^x-1}{x}$　$(a>0)$.

1.3.2　指出下列函数的间断点及其类型：

(1) $y=\dfrac{2^{\frac{1}{x}}-1}{2^{\frac{1}{x}}+1}$;　　(2) $y=\dfrac{x}{\sin x}$;　　(3) $y=\begin{cases}1,&x>0,\\0,&x=0,\\-1,&x<0.\end{cases}$

1.3.3　选择适当常数 a,b,使得
$$f(x)=\begin{cases}x^3,&x>3,\\ax+b,&1\leqslant x\leqslant 3,\\x^2,&x<1\end{cases}$$
在 $(-\infty,+\infty)$ 连续.

1.3.4　回答下列问题：

(1) 设 $f(x)$ 在 (a,b) 连续,问 $|f(x)|$ 在 (a,b) 是否连续？为什么？

(2) 设 $f(x)$ 在 $x=x_0$ 连续, $g(x)$ 在 $x=x_0$ 不连续,问 $f(x)+g(x)$ 在 $x=x_0$ 是否连续？为什么？

1.3.5　设 $f(x),g(x)$ 在 $[a,b]$ 连续, $f(a)>g(a),f(b)<g(b)$,证明：存在 $\xi\in(a,b)$ 使得 $f(\xi)=g(\xi)$,并说明这一结论的几何意义.

第二章 微商(导数)与微分

§1 微商概念及其运算

内 容 提 要

1. 导数概念

(1) 导数与单侧导数的定义

定义 1 设 $y=f(x)$ 在点 x_0 的某邻域内有定义. 给 x_0 以改变量 $\Delta x(\Delta x \neq 0)$, 使 $x_0+\Delta x$ 仍属于上述邻域, 便得到 y 的相应改变量 $\Delta y=f(x_0+\Delta x)-f(x_0)$, 作比值

$$\frac{\Delta y}{\Delta x}=\frac{f(x_0+\Delta x)-f(x_0)}{\Delta x},$$

令 $\Delta x \to 0$, 若极限

$$\lim_{\Delta x \to 0}\frac{\Delta y}{\Delta x}=\lim_{\Delta x \to 0}\frac{f(x_0+\Delta x)-f(x_0)}{\Delta x}$$

存在, 则称此极限值为 $y=f(x)$ 在点 x_0 处的**导数**(或**微商**), 记作

$$f'(x_0), \quad \text{或}\ y'(x_0), \quad y'\Big|_{x=x_0}, \quad \frac{\mathrm{d}y}{\mathrm{d}x}\Big|_{x=x_0}.$$

这时, 称 $y=f(x)$ 在点 x_0 处**可导**.

定义 2 若在 x_0 处极限

$$f'_+(x_0) \equiv \lim_{\Delta x \to 0+}\frac{f(x_0+\Delta x)-f(x_0)}{\Delta x}$$

存在, 称 $f'_+(x_0)$ 为 $f(x)$ 在 x_0 点的**右导数**, 且称 $f(x)$ 在 x_0 **右可导**. 若极限

$$f'_-(x_0) \equiv \lim_{\Delta x \to 0-}\frac{f(x_0+\Delta x)-f(x_0)}{\Delta x}$$

存在, 称 $f'_-(x_0)$ 为 $f(x)$ 在 x_0 点的**左导数**, 且称 $f(x)$ 在 x_0 **左可导**.

(2) 导数的几何意义与物理意义

几何意义 函数 $y=f(x)$ 在 x_0 的导数 $f'(x_0)$ 就是曲线 $y=f(x)$ 在点 $M_0(x_0,f(x_0))$ 处的切线 M_0T 的斜率. 若 M_0T 与 x 轴正向夹角为 α, 则

$$f'(x_0)=\tan\alpha,$$

见图 2.1.

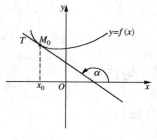

图 2.1

物理意义 若 x 表示时间变量,$y=f(x)$ 是物体作变速直线运动的路程函数,则 $f'(x_0)$ 就是 x_0 时刻物体运动的速度.

一般情形,$f'(x_0)$ 表示量 $y=f(x)$ 在 x_0 处对量 x 的变化率.

(3) 双侧可导与单侧可导的关系

导数 $f'(x_0)$ 存在 $\Longleftrightarrow f'_+(x_0)$ 与 $f'_-(x_0)$ 都存在且相等. 这时

$$f'_+(x_0) = f'_-(x_0) = f'(x_0).$$

(4) 可导性与连续性的关系

若 $f(x)$ 在 x_0 可导,则 $f(x)$ 在 x_0 连续. 反之则不一定.

(5) 函数的导数仍然是一个函数

用 E 表示所有使 $f(x)$ 有导数的点构成的集合,则对每一个 $x_0 \in E$,都有惟一确定的导数值 $f'(x_0)$ 与之对应. 因此函数 $f(x)$ 的导数也是自变量 x 的函数,记为 $f'(x)$ 或 y',称为 $f(x)$ 的导函数. 若 $f(x)$ 在区间 X 上每一点都可导,则称 $f(x)$ 在 X 上可导. (X 端点的可导指单侧可导.)

2. 导数的基本公式及运算法则

(1) 导数的基本公式

$(c)' = 0$ (c 为常数); $(x^\alpha)' = \alpha x^{\alpha-1}$;

$(\sin x)' = \cos x$; $(\cos x)' = -\sin x$;

$(\tan x)' = \dfrac{1}{\cos^2 x}$; $(\cot x)' = -\dfrac{1}{\sin^2 x}$;

$(\ln x)' = \dfrac{1}{x}$; $(\log_a x)' = \dfrac{1}{\ln a}\dfrac{1}{x}$ ($a>0; a \neq 1$);

$(e^x)' = e^x$; $(a^x)' = a^x \ln a$;

$(\arcsin x)' = \dfrac{1}{\sqrt{1-x^2}}$; $(\arccos x)' = -\dfrac{1}{\sqrt{1-x^2}}$;

$(\arctan x)' = \dfrac{1}{1+x^2}$; $(\text{arccot}\, x)' = -\dfrac{1}{1+x^2}$.

(2) 导数的四则运算法则

设 $f(x), g(x)$ 在 x 点可导,则

$$[f(x) \pm g(x)]' = f'(x) \pm g'(x),$$

$$[f(x) \cdot g(x)]' = f'(x) \cdot g(x) + f(x) \cdot g'(x),$$

$$\left[\frac{f(x)}{g(x)}\right]' = \frac{f'(x)g(x) - f(x)g'(x)}{g^2(x)} \quad (g(x) \neq 0).$$

(3) 复合函数求导法则

设 $y=f(u)$ 与 $u=\varphi(x)$ 构成复合函数 $y=f(\varphi(x))$. 若 $u=\varphi(x)$ 在 x 处可导，$y=f(u)$ 在对应点 $u=\varphi(x)$ 处可导，则复合函数 $y=f(\varphi(x))$ 在 x 可导且有

$$y'_x = y'_u u'_x = f'(u)\varphi'(x),$$

或

$$\frac{dy}{dx} = \frac{dy}{du} \cdot \frac{du}{dx}.$$

复合函数求导法则又称**锁链法则**. 若是多个函数的复合，则可逐次应用锁链法则.

应用锁链法则求导的关键是恰当地选取中间变量，将所给函数分解成基本初等函数的复合，先对中间变量求导然后再乘上中间变量对自变量求导，这样每一步都是基本初等函数的求导. 中间变量可以不必写出.

有时还需要将上述法则与取对数法及函数的恒等变换等结合使用. 例如求函数

$$y = \varphi(x)^{\psi(x)} \quad \text{与} \quad y = \log_{\varphi(x)}\psi(x)$$

的导数时可分别先作如下变形

$$\varphi(x)^{\psi(x)} = e^{\psi(x)\ln\varphi(x)}, \quad \log_{\varphi(x)}\psi(x) = \frac{\ln\psi(x)}{\ln\varphi(x)}.$$

（4）非显式给出的函数的求导法——复合函数求导法的应用

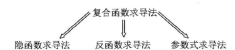

隐函数求导法 若 x,y 之间的函数关系 $y=y(x)$ 由方程式 $F(x,y)=0$ 给出，称之为**隐函数**. 将 $y=y(x)$ 代回方程式，得恒等式：

$$F(x,y(x)) \equiv 0.$$

将这个恒等式两边对 x 求导（求导过程中将 y 看作 x 的函数，因而要用到复合函数的求导公式），然后解出 $\dfrac{dy}{dx}$，这就是隐函数的求导法.

反函数求导法 若 $y=f(x)$ 在区间 X 内可导且 $f'(x)\neq 0, x\in X$，则其反函数 $x=\varphi(y)$ 的导数

$$\varphi'(y) = \frac{1}{f'(x)},$$

其中 $x=\varphi(y)$.

参数式求导法 设 x,y 的函数关系由参数式

$$x = x(t), \quad y = y(t)$$

给出. 若 $x(t), y(t)$ 在区间 (α,β) 上可导且 $x'(t)\neq 0$，则

$$\frac{dy}{dx} = \frac{y'(t)}{x'(t)}.$$

微商概念是在研究不均匀分布量的变化率问题时引入的,有广泛的应用.读者应结合在各自专业中遇到的问题,如物理中变速运动的瞬时速度,化学反应中的反应速率,生物学中的繁殖率等理解微商的概念.在此基础上,应熟记微商的基本公式,并熟练地掌握求导的各种方法.

典型例题分析

一、利用定义及四则运算法则求导数

1. 设 $f(x)$ 在 $x=3$ 处连续,且 $\lim\limits_{x\to 3}\dfrac{f(x)}{x-3}=2$,求 $f'(3)$.

解 因未给 $f(x)$ 的表达式,只能用定义求 $f'(3)$,为此先求 $f(3)$. 由连续性知,

$$f(3) = \lim_{x\to 3} f(x) = \lim_{x\to 3}(x-3)\cdot \frac{f(x)}{x-3}$$
$$= \lim_{x\to 3}(x-3) \lim_{x\to 3}\frac{f(x)}{x-3} = 0\cdot 2 = 0,$$

于是 $\quad f'(3) = \lim\limits_{x\to 3}\dfrac{f(x)-f(3)}{x-3} = \lim\limits_{x\to 3}\dfrac{f(x)}{x-3} = 2.$

评注 在定义 1 中,$f'(x_0)$ 表为

$$f'(x_0) = \lim_{\Delta x \to 0}\frac{f(x_0+\Delta x)-f(x_0)}{\Delta x}. \tag{1.1}$$

在上式中令 $x=x_0+\Delta x$,则 $\Delta x=x-x_0$,于是上式可表为

$$f'(x_0) = \lim_{x\to x_0}\frac{f(x)-f(x_0)}{x-x_0}. \tag{1.2}$$

故(1.1)和(1.2)是导数的两种等价的表示式,做题时可根据题设条件选择其中的一种.本题中已知 $\lim\limits_{x\to 3}\dfrac{f(x)}{x-3}$ 存在,这个极限式与表达式(1.2)较接近,故应选用(1.2).

在求 $\lim\limits_{x\to 3}f(x)$ 时,因为已知 $\dfrac{f(x)}{x-3}$ 当 $x\to 3$ 时有极限,故将 $f(x)$ 改写为

$$f(x) = (x-3)\cdot \frac{f(x)}{x-3},$$

再利用求极限的四则运算法则,即可求得 $\lim\limits_{x\to 3}f(x)$. 一般来说,在求函数 $f(x)$ 的极限时,将 $f(x)$ 改写成

$$[f(x) \pm g(x)] \mp g(x) \quad \text{或} \quad [f(x) \cdot g(x)] \cdot \frac{1}{g(x)}$$

$$\text{或} \quad \frac{f(x)}{g(x)} \cdot g(x)$$

的形式,是常用的技巧(后面两个式子要加条件 $g(x) \neq 0$).

2. 设 $f(x)$ 在 x_0 处可导,求

$$\lim_{x \to 0} \frac{f(x_0 + x) - f(x_0 - x)}{x}.$$

解 因为

$$\frac{f(x_0 + x) - f(x_0 - x)}{x}$$

$$= \frac{f(x_0 + x) - f(x_0) - [f(x_0 - x) - f(x_0)]}{x}$$

$$= \frac{f(x_0 + x) - f(x_0)}{x} + \frac{f(x_0 - x) - f(x_0)}{-x},$$

显然

$$\lim_{x \to 0} \frac{f(x_0 + x) - f(x_0)}{x} = f'(x_0).$$

又令 $-x = h$,则

$$\lim_{x \to 0} \frac{f(x_0 - x) - f(x_0)}{-x} = \lim_{h \to 0} \frac{f(x_0 + h) - f(x_0)}{h} = f'(x_0).$$

所以

$$\lim_{x \to 0} \frac{f(x_0 + x) - f(x_0 - x)}{x}$$

$$= \lim_{x \to 0} \frac{f(x_0 + x) - f(x_0)}{x} + \lim_{x \to 0} \frac{f(x_0 - x) - f(x_0)}{-x}$$

$$= f'(x_0) + f'(x_0) = 2f'(x_0).$$

3. 证明:可导的奇(偶)函数的导函数是偶(奇)函数,并说明几何意义.

证 设 $f(x)$ 为奇函数,要证 $f'(x)$ 为偶函数,即证

$$f'(-x) = f'(x).$$

证法 1 按定义证明.

$$f'(-x) = \lim_{\Delta x \to 0} \frac{f(-x + \Delta x) - f(-x)}{\Delta x}$$

$$= \lim_{\Delta x \to 0} \frac{f(-(x-\Delta x)) - f(-x)}{\Delta x}.$$

由于 $f(x)$ 是奇函数,

$$f(-(x-\Delta x)) = -f(x-\Delta x), \quad f(-x) = -f(x),$$

所以
$$f'(-x) = \lim_{\Delta x \to 0} \frac{f(x-\Delta x) - f(x)}{-\Delta x}$$
$$= \lim_{-\Delta x \to 0} \frac{f(x-\Delta x) - f(x)}{-\Delta x} = f'(x).$$

证法 2 也可用复合函数求导法则来证明.

因 $f(x) = -f(-x)$. 两边对 x 求导, 得
$$f'(x) = -f'(-x)(-x)',$$
即
$$f'(x) = f'(-x).$$

上述事实有明显的几何意义: 奇函数的图形关于原点对称, 两彼此对称的点处的切线平行, 即有相同的斜率, 这意味着其导函数是偶函数.

若 $f(x)$ 是偶函数, 则可类似地证明.

4. 试说明下列事实的几何意义:

(1) 函数 $f(x), g(x)$ 在 $x = x_0$ 可导, 且 $f(x_0) = g(x_0), f'(x_0) = g'(x_0)$;

(2) 函数 $f(x)$ 在 x_0 存在 $f'_+(x_0), f'_-(x_0)$, 但 $f'_+(x_0) \neq f'_-(x_0)$;

(3) 函数 $y = f(x)$ 在 $x = x_0$ 连续,

$$\lim_{x \to x_0} \frac{f(x) - f(x_0)}{x - x_0} = \infty. \tag{1.3}$$

解 (1) $f(x_0) = g(x_0)$ 表示曲线 $y = f(x)$ 与 $y = g(x)$ 有交点 $M_0(x_0, f(x_0))$ (即 $(x_0, g(x_0))$), 又 $f'(x_0) = g'(x_0)$, 表示曲线在交点处切线斜率相同. 因此曲线 $y = f(x)$ 与 $y = g(x)$ 在 M_0 相切.

(2) 函数 $f(x)$ 在 $x = x_0$ 存在右导数

$$f'_+(x_0) = \lim_{x \to x_0 + 0} \frac{f(x) - f(x_0)}{x - x_0}$$

表示点 $M(x, f(x))$ 在 $M_0(x_0, f(x_0))$ 右方沿曲线 $y = f(x)$ 趋于 M_0 时割线 M_0M 的斜率的极限为 $f'_+(x_0)$, 它是曲线 $y = f(x)$ 在 M_0 点右切线的斜率. 同理, $f'_-(x_0)$ 是曲线 $y = f(x)$ 在点 M_0 处的左切线的

斜率. $f'_+(x_0) \neq f'_-(x_0)$ 即曲线 $y=f(x)$ 在 M_0 处的左、右切线之间有一个夹角,见图 2.2.

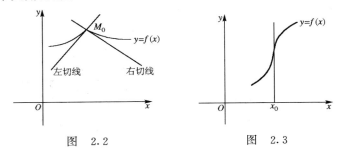

图 2.2　　　　　　　　图 2.3

(3) $y=f(x)$ 在 $x=x_0$ 连续表示当 $x \to x_0$ 时点 $M(x,f(x))$ 沿曲线 $y=f(x)$ 趋于点 $M_0(x_0,f(x_0))$. (1.3)式表示点 M 沿曲线趋于 M_0 时割线 MM_0 的斜率趋于 ∞, 即割线趋于铅直方向, 曲线 $y=f(x)$ 在 $(x_0,f(x_0))$ 点有铅直方向的切线: $x=x_0$, 见图 2.3.

5. 判断下列结论是否正确？为什么？

(1) 若函数 $f(x), g(x)$ 在 x_0 同时可导且 $f(x_0)=g(x_0)$, 则 $f'(x_0)=g'(x_0)$.

(2) 若 $x \in (x_0-\delta, x_0+\delta)$, 但 $x \neq x_0$ 时 $f(x)=g(x)$, 则 $f(x)$ 与 $g(x)$ 在 x_0 有相同的可导性.

(3) 若存在 x_0 邻域 $(x_0-\delta, x_0+\delta)$, 当 $x \in (x_0-\delta, x_0+\delta)$ 时 $f(x)=g(x)$, 则 $f(x)$ 与 $g(x)$ 在 x_0 有相同的可导性. 若可导, 则 $f'(x_0)=g'(x_0)$.

解 (1) 不正确. 函数在一点处的可导性及导数值不仅与该点函数值有关, 还与该点附近的函数值有关. 仅有 $f(x_0)=g(x_0)$, 不能保证 $f'(x_0)=g'(x_0)$. 正如曲线 $y=f(x)$ 与 $y=g(x)$ 在某处相交而不相切, 见图 2.4.

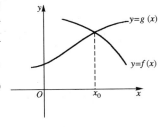

图 2.4

(2) 不正确. 例如,
$$f(x)=x^2, \quad g(x)=\begin{cases} x^2, & x \neq 0, \\ 1, & x=0. \end{cases}$$

显然,$x \neq 0$ 时 $f(x)=g(x)$,但 $f(x)$ 在 $x=0$ 可导,而 $g(x)$ 在 $x=0$ 不可导,因为 $g(x)$ 在 $x=0$ 不连续.

(3) 正确.由假设条件立即可得
$$\frac{f(x)-f(x_0)}{x-x_0} = \frac{g(x)-g(x_0)}{x-x_0}$$
$$(x \in (x_0-\delta, x_0+\delta), x \neq x_0),$$

因此,当 $x \to x_0$ 时等式左、右端的极限或同时不存在,或同时存在.若存在则相等.再由导数定义得结论.

6. 已知 $f'(2)=4$,求 $\lim\limits_{h \to 0} \frac{f(2-h)-f(2)}{2h}$.

解 由前两题可看出:
$$\lim_{h \to 0} \frac{f(2-h)-f(2)}{-h} = f'(2),$$

所以 $\lim\limits_{h \to 0} \frac{f(2-h)-f(2)}{2h} = -\frac{1}{2} \lim\limits_{h \to 0} \frac{f(2-h)-f(2)}{-h}$
$$= -\frac{1}{2} f'(2) = -2.$$

7. 求下列函数的导数:

(1) $y = \dfrac{2x+3}{x^2-5x+5}$; (2) $y = \dfrac{\sin x + \cos x}{\sin x - \cos x}$.

解 利用导数的四则运算法则求这些函数的导数.

(1) $y' = \dfrac{(2x+3)'(x^2-5x+5)-(2x+3)(x^2-5x+5)'}{(x^2-5x+5)^2}$
$$= \frac{2(x^2-5x+5)-(2x+3)(2x-5)}{(x^2-5x+5)^2}$$
$$= \frac{-2x^2-6x+25}{(x^2-5x+5)^2}.$$

(2) $y' = \dfrac{(\sin x+\cos x)'(\sin x-\cos x)}{(\sin x-\cos x)^2}$
$$-\frac{(\sin x+\cos x)(\sin x-\cos x)'}{(\sin x-\cos x)^2}$$
$$= \frac{(\cos x-\sin x)(\sin x-\cos x)}{(\sin x-\cos x)^2}$$
$$-\frac{(\sin x+\cos x)(\cos x+\sin x)}{(\sin x-\cos x)^2}$$
$$= \frac{-2}{(\sin x-\cos x)^2}.$$

8. 设 $f(x)=x(x+1)(x+2)\cdots(x+n)$，求 $f'(0)$.

解 这里 $f(x)$ 是 $(n+1)$ 个因子的连乘积. 按导数的乘法规则，$f'(x)$ 应是 $(n+1)$ 项之和，似乎较麻烦. 但由于 $f(x)$ 包含因子 x，故在 $f'(x)$ 的表达式中，除第一项外，其余各项也都包含因子 x，这些项当 $x=0$ 时也全为 0. 故 $f'(0)$ 就等于 $f'(x)$ 的表达式中第一项在 $x=0$ 时的值. 因此，我们不必将 $f'(x)$ 写成 $(n+1)$ 项之和，便可求得 $f'(0)$. 事实上，因为

$$f'(x) = (x+1)(x+2)\cdots(x+n) \\ + x[(x+1)(x+2)\cdots(x+n)]',$$

所以 $\qquad f'(0) = 1 \cdot 2 \cdots \cdot n + 0 = n!.$

二、复合函数求导法

9. 求下列函数的导函数：

(1) $y=\sqrt[3]{2+3x^3}$；

(2) $y=\arcsin\dfrac{1}{x^2}$；

(3) $y=\ln(\arctan 5x)+\ln(1-x)$；

(4) $y=e^{\sin^2 x}+\sqrt{\cos x} \cdot 2^{\sqrt{\cos x}}$.

解 (1) 令 $u=2+3x^3$，则 $y=u^{1/3}$. 于是

$$y'_x = y'_u \cdot u'_x = \frac{1}{3}u^{-\frac{2}{3}} \cdot 9x^2 = \frac{3x^2 \sqrt[3]{2+3x^3}}{2+3x^3}.$$

(2) 令 $u=\dfrac{1}{x^2}$，则 $y=\arcsin u$. 于是

$$y'_x = y'_u \cdot u'_x = \frac{1}{\sqrt{1-u^2}} \cdot \frac{-2}{x^3}$$

$$= \frac{-2}{x^3\sqrt{1-1/x^4}} = \frac{-2}{x\sqrt{x^4-1}}.$$

(3) 中间变量不写出来：

$$y' = \frac{1}{\arctan 5x}(\arctan 5x)' + \frac{1}{1-x}(1-x)'$$

$$= \frac{5}{(1+25x^2)\arctan 5x} - \frac{1}{1-x}.$$

(4) $y' = e^{\sin^2 x}(\sin^2 x)' + (\sqrt{\cos x})' 2^{\sqrt{\cos x}} + \sqrt{\cos x}(2^{\sqrt{\cos x}})'$

$$= e^{\sin^2 x} 2\sin x \cos x - \frac{\sin x}{2\sqrt{\cos x}} \cdot 2^{\sqrt{\cos x}}$$
$$+ \sqrt{\cos x}\, 2^{\sqrt{\cos x}} \cdot \frac{-\sin x}{2\sqrt{\cos x}} \ln 2$$
$$= e^{\sin^2 x} \sin 2x - \frac{\sin x}{2\sqrt{\cos x}} 2^{\sqrt{\cos x}} (1 + \sqrt{\cos x}\, \ln 2).$$

求复合函数的导函数容易出错,往往是漏掉一部分没有求导. 如对(3)题第二项,常犯的错误是将 $\ln(1-x)$ 的导数,误写作为 $\frac{1}{1-x}$(漏了 $(1-x)' = -1$).

10. 设
$$f(x) = \frac{x}{2}\sqrt{x^2-a^2} - \frac{a^2}{2}\ln|x+\sqrt{x^2-a^2}|,$$
求 $f'(x)$.

解 $f'(x) = \frac{1}{2}\sqrt{x^2-a^2} + \frac{x}{2} \cdot \frac{x}{\sqrt{x^2-a^2}}$
$$-\frac{a^2}{2} \cdot \frac{1}{x+\sqrt{x^2-a^2}}\left(1 + \frac{x}{\sqrt{x^2-a^2}}\right)$$
$$= \frac{1}{2}\sqrt{x^2-a^2} + \frac{x^2}{2\sqrt{x^2-a^2}} - \frac{a^2}{2} \cdot \frac{1}{\sqrt{x^2-a^2}}$$
$$= \frac{1}{2}\sqrt{x^2-a^2} + \frac{1}{2}\sqrt{x^2-a^2} = \sqrt{x^2-a^2}.$$

评注 在求函数 $\ln|x+\sqrt{x^2-a^2}|$ 的导数时,读者易犯的错误是,将其导数写成
$$\frac{1}{x+\sqrt{x^2-a^2}}\left(1 + \frac{1}{2\sqrt{x^2-a^2}}\right) \cdot 2x.$$
错误在于:最后一个因子"$2x$"不应乘在圆括号之外,它应只与 $\frac{1}{2\sqrt{x^2-a^2}}$ 相乘.

11. 已知
$$y = f\left(\frac{x}{\sqrt{x^2+a^2}}\right)\ (a \neq 0),\quad f'(x) = \arctan(1-x^2),$$
求 $\frac{\mathrm{d}y}{\mathrm{d}x}\Big|_{x=0}$.

解 y 是 x 的复合函数. 令 $u=\dfrac{x}{\sqrt{x^2+a^2}}$，则 y 可表为中间变量 u 的函数 $y=f(u)$. 于是

$$\frac{dy}{dx}=\frac{dy}{du}\cdot\frac{du}{dx}=f'(u)\cdot\left(\frac{x}{\sqrt{x^2+a^2}}\right)'$$

$$=\arctan(1-u^2)\cdot\frac{\sqrt{x^2+a^2}-x^2/\sqrt{x^2+a^2}}{x^2+a^2}$$

$$=\frac{a^2}{(x^2+a^2)^{3/2}}\arctan\left(\frac{a^2}{x^2+a^2}\right),$$

$$\left.\frac{dy}{dx}\right|_{x=0}=\frac{\pi}{4|a|}.$$

本题用了下列事实：当 $f'(x)=\arctan(1-x^2)$ 时，则

$$f'(u)=\arctan(1-u^2).$$

12. 记 $f'(h(x))=f'(u)\Big|_{u=h(x)}$，设 $f(x)=\sin x$.

(1) 求 $f'(0), f'(x), f'(x^2), f'(\sin x)$；

(2) 求 $\dfrac{d}{dx}f(x), \dfrac{d}{dx}f(x^2), \dfrac{d}{dx}f(\sin x)$.

解 (1) 由定义及导数表得

$f'(x)=(\sin x)'=\cos x,\qquad f'(0)=\cos 0=1,$

$f'(x^2)=\cos x^2,\qquad\qquad f'(\sin x)=\cos\sin x.$

(2) 由导数表

$$\frac{d}{dx}f(x)=\frac{d}{dx}\sin x=\cos x,$$

再由复合函数求导法则得

$$\frac{d}{dx}f(x^2)=f'(x^2)(x^2)'=2x\cos x^2,$$

$$\frac{d}{dx}f(\sin x)=f'(\sin x)(\sin x)'=\cos\sin x\cdot\cos x.$$

评注 在本题中，读者应该理解记号

$$f'(x^2) \text{ 与 } [f(x^2)]'=\frac{d}{dx}f(x^2),$$

$$f'(\sin x) \text{ 与 } [f(\sin x)]'=\frac{d}{dx}f(\sin x)$$

的区别.

$f'(x^2)$ 是指：函数 $f(u)$ 先对 u 求导，再用 x^2 代 u.

$\dfrac{d}{dx}f(x^2)$ 是指：复合函数 $f(x^2)$ 对 x 求导. 因而

$$\frac{d}{dx}f(x^2) = f'(x^2) \cdot (x^2)' = 2xf'(x^2).$$

$f'(\sin x)$ 与 $\dfrac{d}{dx}f(\sin x)$ 的区别也类似. 通过本题，应理解一般记号 $f'(h(x))$ 与 $\dfrac{d}{dx}f(h(x))$ 的区别，两者有关系式：

$$\frac{d}{dx}f(h(x)) = f'(h(x)) \cdot h'(x).$$

三、分段函数求导法

在每一段内，可用导数公式. 在分界点处，常用定义求导，或分别求分界点的左、右导数.

13． 求函数

$$f(x) = \begin{cases} x^2 \sin \dfrac{1}{x}, & x \neq 0, \\ 0, & x = 0 \end{cases}$$

的导数，并证明导函数在 $x = 0$ 不连续.

解 当 $x \neq 0$ 时，显然有

$$f'(x) = 2x\sin\frac{1}{x} + x^2\cos\frac{1}{x} \cdot \left(-\frac{1}{x^2}\right)$$

$$= 2x\sin\frac{1}{x} - \cos\frac{1}{x};$$

当 $x = 0$ 时，我们只能按定义来求：

$$f'(0) = \lim_{\Delta x \to 0}\frac{f(0+\Delta x)-f(0)}{\Delta x} = \lim_{\Delta x \to 0}\frac{\Delta x^2 \sin\dfrac{1}{\Delta x} - 0}{\Delta x}$$

$$= \lim_{\Delta x \to 0}\Delta x \sin\frac{1}{\Delta x} = 0.$$

因此

$$f'(x) = \begin{cases} 2x\sin\dfrac{1}{x} - \cos\dfrac{1}{x}, & x \neq 0, \\ 0, & x = 0. \end{cases}$$

因为 $\lim\limits_{x\to 0}2x\sin\dfrac{1}{x}=0$, $\lim\limits_{x\to 0}\cos\dfrac{1}{x}$ 不存在,

所以 $\lim\limits_{x\to 0}\left(2x\sin\dfrac{1}{x}-\cos\dfrac{1}{x}\right)$ 不存在,

即 $\lim\limits_{x\to 0}f'(x)$ 不存在,

因而 $f'(x)$ 在 $x=0$ 不连续.

14. 设有函数 $y=|\sin x|$.

(1) 在 $\left[-\dfrac{\pi}{2},\dfrac{\pi}{2}\right]$ 画出此函数图形.

(2) 从图上看此曲线在 $(0,0)$ 点是否有切线.

(3) 此函数在 $x=0$ 处是否存在导数? 证明你的判断.

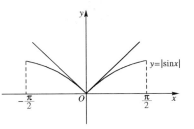

图 2.5

解 (1) 在 $\left[-\dfrac{\pi}{2},\dfrac{\pi}{2}\right]$ 上 $y=|\sin x|$ 的图形见图 2.5.

(2) 曲线 $y=|\sin x|$ 在 $(0,0)$ 点不存在切线, $(0,0)$ 点是尖点, 它有左、右切线, 但它们的斜率不同.

(3) $y=|\sin x|$ 在 $x=0$ 不可导.

证 按定义证明.

$$y'_+(0)=\lim_{\Delta x\to 0+}\dfrac{y(\Delta x)-y(0)}{\Delta x}=\lim_{\Delta x\to 0+}\dfrac{|\sin\Delta x|}{\Delta x}$$
$$=\lim_{\Delta x\to 0+}\dfrac{\sin\Delta x}{\Delta x}=1,$$
$$y'_-(0)=\lim_{\Delta x\to 0-}\dfrac{|\sin\Delta x|}{\Delta x}=\lim_{\Delta x\to 0-}\dfrac{-\sin\Delta x}{\Delta x}=-1,$$
$$y'_+(0)\neq y'_-(0).$$

故在 $x=0$ 不可导.

15. 求 a,b 使函数

$$f(x)=\begin{cases}x^2 & (x\geqslant 3),\\ ax+b & (x<3)\end{cases}$$

处处可导, 并求出导数.

解 先画出 $y=f(x)$ 的图形, 如图 2.6.

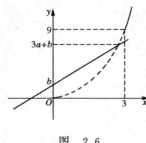

图 2.6

首先要使 $f(x)$ 在 $x=3$ 处连续. 因为
$$\lim_{x\to 3+0} f(x) = \lim_{x\to 3+0} x^2 = 9,$$
$$\lim_{x\to 3-0} f(x) = \lim_{x\to 3-0} (ax+b) = 3a+b,$$
所以 a,b 须满足
$$3a+b=9. \qquad (1.4)$$
再考虑导数. 当 $x>3$ 时,
$$f(x)=x^2, \quad f'(x)=2x.$$
当 $x<3$ 时,
$$f(x)=ax+b, \quad f'(x)=a.$$
在 $x=3$ 处,因为当 $x\geqslant 3$ 时,
$$f(x)=x^2, \quad 所以 f'_+(3)=2x\Big|_{x=3}=6.$$
而当 $x\leqslant 3$ 时,
$$f(x)=ax+b,$$
所以
$$f'_-(3)=a,$$
为使 $f'(3)$ 存在,必须有
$$f'_+(3)=f'_-(3), \quad 即 a=6.$$
将此代入(1.4)式得 $b=-9$. 因此,当 $a=6,b=-9$ 时, $f(x)$ 处处可导且
$$f'(x)=\begin{cases}2x, & x\geqslant 3,\\ 6, & x<3.\end{cases}$$

对含有绝对值符号的函数求导时,应先化掉绝对值符号,将函数表成分段函数,再求导.

16. 设 $f(x)=x|x(x-2)|$, 求 $f'(x)$.

解 当 $x\leqslant 0$ 或 $x\geqslant 2$ 时,
$$x(x-2)\geqslant 0, \quad |x(x-2)|=x(x-2).$$
当 $0<x<2$ 时,

$$x(x-2)<0, \quad |x(x-2)|=-x(x-2),$$

所以
$$f(x)=\begin{cases} x^2(x-2), & x\leqslant 0 \text{ 或 } x\geqslant 2 \text{ 时,} \\ -x^2(x-2), & 0<x<2 \text{ 时.} \end{cases}$$

再求 $f'(x)$. 当 $x<0$ 或 $x>2$ 时,
$$f'(x)=[x^2(x-2)]'=3x^2-4x;$$
当 $0<x<2$ 时,
$$f'(x)=[-x^2(x-2)]'=-3x^2+4x.$$

在 $x=0$ 处,
$$f'_-(0)=\lim_{x\to 0-0}\frac{f(x)-f(0)}{x-0}=\lim_{x\to 0-0}\frac{x^2(x-2)-0}{x}=0,$$
$$f'_+(0)=\lim_{x\to 0+0}\frac{f(x)-f(0)}{x-0}=\lim_{x\to 0+0}\frac{-x^2(x-2)}{x}=0.$$

$f'_-(0)=f'_+(0)$,故在 $x=0$ 处可导且 $f'(0)=0$.

在 $x=2$ 处,
$$f'_-(2)=\lim_{x\to 2-0}\frac{f(x)-f(2)}{x-2}=\lim_{x\to 2-0}\frac{-x^2(x-2)-0}{x-2}=-4,$$
$$f'_+(2)=\lim_{x\to 2+0}\frac{f(x)-f(2)}{x-2}=\lim_{x\to 2+0}\frac{x^2(x-2)-0}{x-2}=4,$$

$f'_-(2)\neq f'_+(2)$,所以在 $x=2$ 处不可导. 综合起来,
$$f'(x)=\begin{cases} 3x^2-4x, & x\leqslant 0 \text{ 或 } x>2 \text{ 时,} \\ -3x^2+4x, & 0<x<2 \text{ 时,} \end{cases}$$

在 $x=2$ 处 $f'(x)$ 不存在.

*17. 设函数 $f(x)$ 在 $[-1,1]$ 上有定义,且满足
$$x\leqslant f(x)\leqslant x^2+x \quad (-1\leqslant x\leqslant 1). \tag{1.5}$$
证明:$f'(0)$ 存在且等于 1.

证 在 (1.5) 式中令 $x=0$ 得 $0\leqslant f(0)\leqslant 0$,故 $f(0)=0$. 于是当 $x>0$ 时,有
$$\frac{x}{x}\leqslant\frac{f(x)-f(0)}{x}\leqslant\frac{x^2+x}{x}.$$

而当 $x<0$ 时,

$$\frac{x^2+x}{x} \leqslant \frac{f(x)-f(0)}{x} \leqslant \frac{x}{x}.$$

由 $\lim\limits_{x\to 0}\dfrac{x}{x}=\lim\limits_{x\to 0}\dfrac{x^2+x}{x}=1,$

及夹逼定理即得

$$\lim_{x\to 0+0}\frac{f(x)-f(0)}{x}=1 \quad 及 \quad \lim_{x\to 0-0}\frac{f(x)-f(0)}{x}=1,$$

于是 $\lim\limits_{x\to 0}\dfrac{f(x)-f(0)}{x}=1,$ 即 $f'(0)=1.$

*18. 设函数 $f(x)$ 在 $(-\infty,+\infty)$ 上有定义,且满足下列性质:

(1) $f(a+b)=f(a)\cdot f(b)$, a,b 为任意实数;

(2) $f(0)=1$;

(3) 在 $x=0$ 处可导.

证明:对任意 $x\in(-\infty,+\infty)$,都有 $f'(x)=f'(0)\cdot f(x).$

证 任意取定 $x\in(-\infty,+\infty)$,考虑极限

$$\lim_{h\to 0}\frac{f(x+h)-f(x)}{h}=\lim_{h\to 0}\frac{f(x)\cdot f(h)-f(x)}{h}$$

$$=f(x)\lim_{h\to 0}\frac{f(h)-f(0)}{h}=f(x)\cdot f'(0).$$

上式说明 $f(x)$ 在 x 处可导且 $f'(x)=f(x)\cdot f'(0).$

显然,指数函数 $a^x(a>0)$ 满足本题所述条件.

四、隐函数求导法

19. 下列方程确定 y 是 x 的隐函数,求 y'_x:

(1) $e^{xy}=3x^2y$; (2) $\arctan\dfrac{y}{x}=\ln\sqrt{x^2+y^2}.$

解 注意等式中 y 是 x 的函数.

(1) 等式两边求导得

$$e^{xy}(y'x+y)=3y'x^2+6xy,$$

移项并整理后解得

$$y'=\frac{6xy-ye^{xy}}{xe^{xy}-3x^2}.$$

再利用方程式得

$$y' = \frac{y(2-xy)}{x(xy-1)}.$$

(2) 等式两边求导得

$$\frac{1}{1+\frac{y^2}{x^2}} \cdot \frac{y'x-y}{x^2} = \frac{1}{2} \frac{2x+2yy'}{x^2+y^2},$$

即 $y'x - y = x + yy'$, 解得 $y' = \dfrac{x+y}{x-y}.$

评注 求隐函数 $y(x)$ 的导数的方法是：在方程两端对 x 求导，求导过程中将 y 看成 x 的函数（因而要用到微商的四则运算及复合函数求导法）而得到一个含有 $y'(x)$ 的方程，由此方程即可解得 y' 的表达式.

20. 设 $y=y(x)$ 是由方程 $xy+\mathrm{e}^y=1$ 所确定的隐函数，求 $y''(x)$ 及 $y''(0)$.

解 原方程两端对 x 求导，得

$$y + xy' + \mathrm{e}^y \cdot y' = 0. \qquad (1.6)$$

当 $x=0$ 时，由原方程得 $y=0$，上式中令 $x=0, y=0$ 得 $y'(0)=0$. 再对 (1.6) 式两端对求导，得

$$y' + y' + xy'' + \mathrm{e}^y y'' + \mathrm{e}^y y'^2 = 0.$$

再令 $x=0$ 得 $y''(0)=0$.

五、先取对数再求导

对于幂指函数，或由多个因子的连乘积组成的函数，求导时可先取对数再求导.

21. 求下列函数的导数：

(1) $y=(f(x))^{g(x)}$，其中 $f(x), g(x)$ 可导，$f(x)>0$；

(2) $y=x^{x^x}$； (3) $y=\dfrac{x^2}{1-x}\sqrt{\dfrac{3-x}{(3+x)^2}}.$

解 (1) **解法 1** 对 $y=f(x)^{g(x)}$ 两边取对数得

$$\ln y = g(x)\ln f(x),$$

对 x 求导,注意 $y=y(x)$,得

$$\frac{1}{y}y' = g'(x)\ln f(x) + \frac{g(x)}{f(x)}f'(x),$$

$$y' = f(x)^{g(x)}\left[g'(x)\ln f(x) + \frac{g(x)}{f(x)}f'(x)\right].$$

解法 2 先将 y 作恒等变形:

$$f(x)^{g(x)} = e^{g(x)\ln f(x)},$$

求导得

$$(f(x)^{g(x)})' = e^{g(x)\ln f(x)}(g(x)\ln f(x))'$$
$$= f(x)^{g(x)}\left[g'(x)\ln f(x) + \frac{g(x)}{f(x)}f'(x)\right].$$

(2) 对 $y=x^{x^x}$ 取对数:

$$\ln y = x^x \ln x,$$

两边取绝对值后再取对数得

$$\ln|\ln y| = x\ln x + \ln|\ln x|.$$

对 x 求导得

$$\frac{1}{\ln y}\frac{1}{y}y' = \ln x + 1 + \frac{1}{x\ln x},$$

$$y' = x^{x^x} x^x \ln x\left[\ln x + 1 + \frac{1}{x\ln x}\right]$$

$$= x^{x^x}\left[x^x(1+\ln x)\ln x + x^{x-1}\right].$$

(3) 两边先取绝对值后再取对数得

$$\ln|y| = 2\ln|x| - \ln|1-x| + \frac{1}{2}\ln(3-x) - \ln|3+x|,$$

对 x 求导得

$$\frac{1}{y}y' = \frac{2}{x} + \frac{1}{1-x} - \frac{1}{2(3-x)} - \frac{1}{3+x}$$

$$= \frac{2-x}{x(1-x)} + \frac{x-9}{2(9-x^2)},$$

$$y' = y\left[\frac{2-x}{x(1-x)} + \frac{x-9}{2(9-x^2)}\right].$$

本题若用导数的四则运算法则及复合函数求导法做,就较繁琐.

六、求高阶导数

记住下列高阶导数的公式是有益的：

$$(x^k)^{(n)} = \begin{cases} k(k-1)\cdots(k-n+1)x^{k-n}, & n<k, \\ n!, & n=k, \\ 0, & n>k; \end{cases}$$

$$(\sin x)^{(n)} = \sin\left(x+\frac{n\pi}{2}\right); \qquad (\cos x)^{(n)} = \cos\left(x+\frac{n\pi}{2}\right);$$

$$\left(\frac{1}{1+x}\right)^{(n)} = \frac{(-1)^n n!}{(1+x)^{n+1}}; \qquad \left(\frac{1}{1-x}\right)^{(n)} = \frac{n!}{(1-x)^{n+1}};$$

$$(a^x)^{(n)} = a^x(\ln a)^n \quad (a>0); \qquad (\ln x)^{(n)} = \frac{(-1)^{n-1}(n-1)!}{x^n}.$$

22. 求下列函数的 n 阶导数 $y^{(n)}$：

(1) $y = \dfrac{x^n}{1-x}$； (2) $y = \sin^4 x + \cos^4 x$.

解 (1) 若直接求导，找出规律较麻烦. 可先将 y 变形为

$$y = \frac{x^n - 1 + 1}{-(x-1)} = -(x^{n-1} + x^{n-2} + \cdots + x + 1) + \frac{1}{1-x},$$

$$y^{(n)} = -(x^{n-1} + x^{n-2} + \cdots + x + 1)^{(n)} + \left(\frac{1}{1-x}\right)^{(n)}$$

$$= 0 + \frac{n!}{(1-x)^{n+1}} = \frac{n!}{(1-x)^{n+1}}.$$

(2) 先将 y 变形，再求各阶导数，并总结出一般公式：

$$y = \sin^4 x + \cos^4 x = (\sin^2 x + \cos^2 x)^2 - 2\sin^2 x \cos^2 x$$

$$= 1 - \frac{1}{2}\sin^2 2x,$$

$$y' = -\frac{1}{2} \cdot 2 \cdot \sin 2x \cdot \cos 2x \cdot 2 = -\sin 4x,$$

$$y'' = -4\sin\left(4x + \frac{\pi}{2}\right),$$

$$y''' = -4^2 \sin\left(4x + 2 \cdot \frac{\pi}{2}\right),$$

$$\cdots\cdots\cdots\cdots\cdots\cdots$$

(不难用数学归纳法证明)

$$y^{(n)} = -4^{n-1}\sin\left(4x + \frac{(n-1)\pi}{2}\right).$$

23. 设 $\varphi(x)=x^2\sin x$,求 $\varphi^{(5)}(0)$.

解 用两个函数乘积的 n 阶导数的莱布尼兹公式：
$$[f(x)\cdot g(x)]^{(n)}=\sum_{k=0}^{n}C_n^k f^{(k)}(x)\cdot g^{(n-k)}(x),$$

其中 $f^{(0)}=f, g^{(0)}=g$. 现在令 $f(x)=x^2, g(x)=\sin x$. 注意当 $k>2$ 时 $f^{(k)}(x)=0$,所以 $\varphi^{(5)}(x)$ 实际上只包含三项,即
$$\varphi^{(5)}(x)=x^2\sin^{(5)}x+5\cdot(2x)\sin^{(4)}x+\frac{5\times 4}{2!}\cdot 2\cdot\sin^{(3)}x,$$

当 $x=0$ 时上式中前两项都为 0,只有第三项不等于 0,故
$$\varphi^{(5)}(0)=20\cdot\sin\left(0+\frac{3\pi}{2}\right)=-20.$$

七、参数方程求导法

24. 设由参数方程
$$\begin{cases}x=a(t-\sin t),\\ y=a(1-\cos t)\end{cases}$$
确定函数 $y=y(x)$,求 y' 及 y''.

解 $y'=\dfrac{\mathrm{d}y}{\mathrm{d}x}=\dfrac{\mathrm{d}y/\mathrm{d}t}{\mathrm{d}x/\mathrm{d}t}=\dfrac{\sin t}{1-\cos t},$

$$y''=\frac{\mathrm{d}^2y}{\mathrm{d}x^2}=\frac{\mathrm{d}}{\mathrm{d}t}\left(\frac{\mathrm{d}y}{\mathrm{d}x}\right)\cdot\frac{\mathrm{d}t}{\mathrm{d}x}=\frac{\mathrm{d}}{\mathrm{d}t}\left(\frac{\sin t}{1-\cos t}\right)\bigg/\frac{\mathrm{d}x}{\mathrm{d}t}$$
$$=\frac{\cos t(1-\cos t)-\sin t\cdot\sin t}{(1-\cos t)^2}\cdot\frac{1}{a(1-\cos t)}$$
$$=\frac{-1}{a(1-\cos t)^2}.$$

注意 $y''=\dfrac{\mathrm{d}^2y}{\mathrm{d}x^2}=\dfrac{\mathrm{d}}{\mathrm{d}x}\left(\dfrac{\mathrm{d}y}{\mathrm{d}x}\right)$
$$=\frac{\mathrm{d}}{\mathrm{d}t}\left(\frac{\mathrm{d}y}{\mathrm{d}x}\right)\cdot\frac{\mathrm{d}t}{\mathrm{d}x}=\frac{\mathrm{d}}{\mathrm{d}t}\left(\frac{\mathrm{d}y}{\mathrm{d}x}\right)\bigg/\frac{\mathrm{d}x}{\mathrm{d}t}.$$

八、简单应用题

25. 把水注入深 8 m,上顶的直径为 8 m 之圆锥形漏斗中,其速度为 $4\,\mathrm{m}^3/\mathrm{min}$. 求当水深为 5 m 时,其表面上升的速度与加速度各为多少?

解 设 t 分钟时水深为 $h(t)$,则水表面的半径为 $\dfrac{h(t)}{2}$,水的体积

$$V(t) = \frac{1}{3}\pi \cdot \frac{h^2(t)}{4} \cdot h(t) = \frac{\pi}{12}h^3(t),$$

见图 2.7. 又这时

$$V(t) = 4t,$$

于是

$$\frac{\pi}{12}h^3(t) = 4t.$$

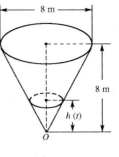

图 2.7

两边对 t 求导,得

$$h^2(t)h'(t) = 16/\pi. \qquad (1.7)$$

当 $h(t)=5$ 时,

$$h'(t) = \frac{16}{25\pi}(\text{m/min}^{①}).$$

将(1.7)再求导得

$$2h(t)h'^2(t) + h^2(t)h''(t) = 0,$$

$$h''(t) = -\frac{2h'^2(t)}{h(t)}.$$

当 $h(t)=5$ 时,

$$h''(t) = -\frac{512}{3125\pi^2}(\text{m/min}^2).$$

因此,当水深为 5 m 时,表面上升的速度为 $\frac{16}{25\pi}$(m/min),加速度为 $-\frac{512}{3125\pi^2}$(m/min^2).

26. 设有长为 12 cm 的非均匀杆 AB,AM 部分的质量与动点 M 到端点 A 的距离平方成正比,杆的全部质量为 360 g.

(1) 求杆的质量表达式.

(2) 设 A_1A_2 为杆上任意两点,求杆的 A_1A_2 部分的平均线密度(单位长度上的质量).

(3) 给出杆的任意点 M 处的线密度的定义.

(4) 求出杆在任意点 M 处的线密度及端点处的线密度.

解 设杆上任意点 M 到 A 端距离为 x(cm).

(1) 记 AM 部分的质量为 $m(x)$,则

---

① 这里"min"表示时间"分".

$$m(x) = Kx^2,$$

其中 K 为待定常数.

令 $x=12$, 得

$$360 = K \cdot 12^2, \quad 即 \quad K = 5/2.$$

故

$$m(x) = \frac{5}{2}x^2.$$

(2) 设 A_i 离端点 A 的距离为 $x_i(i=1,2)$, 则 A_1A_2 部分的平均线密度为

$$\frac{m(x_2) - m(x_1)}{x_2 - x_1} = \frac{Kx_2^2 - Kx_1^2}{x_2 - x_1} = \frac{5}{2}(x_2 + x_1).$$

(3) 杆上任意点 M, M' 离 A 点距离分别为 $x, x+\Delta x$, 杆的 MM' 部分的平均线密度为

$$\frac{\Delta m(x)}{\Delta x} = \frac{m(x+\Delta x) - m(x)}{\Delta x},$$

称

$$\lim_{\Delta x \to 0} \frac{m(x+\Delta x) - m(x)}{\Delta x}$$

为杆在 x 处的线密度, 记为 $\rho(x)$. 因此,

$$\rho(x) = \frac{\mathrm{d}m(x)}{\mathrm{d}x}.$$

(4) 由 $m(x) = (5/2)x^2$ 得任意点 M 处的线密度为

$$\rho(x) = \frac{\mathrm{d}m(x)}{\mathrm{d}x} = 5x (\mathrm{g/cm}).$$

当 $x=0$ 时, $\rho(0)=0$; 当 $x=12$ 时, $\rho(12)=60(\mathrm{g/cm})$.

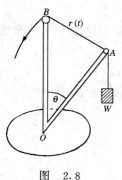

图 2.8

27. 有一盘式起重机(图 2.8), OA 为吊臂, 长 8 m, 可绕 O 旋转, OB 为固定杆, 长 10 m; 绳子的一端结在吊臂的顶点 A, 并通过 B 把重物 W 拉住; 若绳子以 0.5 m/s 速度收拉, 当 $\cos\theta = 0.8$ 时, 求:

(1) 此时角度 θ 的变化率;

(2) 此时重物 W 的上升速度.

解 (1) 设 $AB = r(t)$, 已知 $r'(t) = -0.5$ ($r(t)$ 随时间增加而减小), 需求 $\theta'(t)$.

这是相关变化率问题,首先建立相关方程. 由余弦定理得
$$r^2 = 8^2 + 10^2 - 2 \cdot 8 \cdot 10\cos\theta,$$
对 t 求导得
$$2rr' = 160\sin\theta \cdot \theta'. \tag{1.8}$$
当 $\cos\theta = 0.8$ 时,$\sin\theta = 0.6$,$r = 6$,于是由(1.8)式得
$$\theta'\big|_{\cos\theta = 0.8} = -\frac{1}{16}\,(\text{rad/s}).$$
因此,$\cos\theta = 0.8$ 时,角度 θ 的变化率为 $-\dfrac{1}{16}(\text{rad/s})$.

(2) 重物 W 与 A 是等距上升的. 设 A 的高度为 z,由 $z = 8\cos\theta$ 得
$$z'(t) = -8\sin\theta \cdot \theta'(t).$$
故
$$z'\big|_{\cos\theta = 0.8} = \frac{3}{10}(\text{m/s}).$$
因此,此时重物上升速度为 $\dfrac{3}{10}(\text{m/s})$.

本 节 小 结

1. 记住函数在一点处的导数的定义(有多种等价的表示式),会从定义出发求一点处的导数.

2. 背熟基本初等函数的导数公式,记住导数的运算法则(特别注意 $[f(x) \cdot g(x)]' \neq f'(x) \cdot g'(x)$).

3. 能准确地求复合函数、隐函数、参数方程所表示的函数的导函数. 理解函数 $y = f(x)$ 在点 x_0 处的导数 $f'(x_0)$ 及其反函数 $x = \varphi(y)$ 在 $y_0 (= f(x_0))$ 处的导数 $\varphi'(y_0)$ 之间的关系式:
$$f'(x_0) = \frac{1}{\varphi'(y_0)}, \quad \text{其中 } y_0 = f(x_0).$$

4. 掌握函数高阶导数的概念及计算,及求 $y^{(n)}(x)$ 的某些方法. 记住求乘积函数 $(f(x) \cdot g(x))$ 的 n 阶导数的莱布尼兹公式.

练 习 题 2.1

2.1.1 根据定义求下列函数在指定点的导数:

(1) $f(x) = (x-1)(x-2)^2 \sin\dfrac{\pi}{4}(x-3)$,求 $f'(1), f'(2), f'(3)$;

(2) $f(x) = \begin{cases} x^3 \cos\dfrac{1}{x^2}, & x \neq 0, \\ 0, & x = 0, \end{cases}$ 求 $f'(0)$.

2.1.2 设 $f(x)$ 在 x_0 处可导，求 $\lim\limits_{\alpha \to 0} \dfrac{f(x_0+a\alpha)-f(x_0-b\alpha)}{\alpha}$.

2.1.3 设 $f(x)$ 在 $x=a$ 可导，
$$g(x)=\frac{f(x)-f(a)}{x-a},$$
请补充定义 $g(x)$ 在 a 点的值使得 $g(x)$ 在 $x=a$ 连续.

2.1.4 求下列函数的导数：

(1) $y=\dfrac{a-x}{a+x}$; (2) $y=\dfrac{x^2+x+1}{x^{1/2}}$;

(3) $y=10^x$; (4) $y=xe^{-x}$;

(5) $y=x\lg x$; (6) $y=(\ln x)^3$;

(7) $y=e^{\sqrt{x+1}}$; (8) $y=2^{\frac{x}{\ln x}}$;

(9) $y=e^{-x}\cos 3x$; (10) $y=\ln\sqrt{\dfrac{1+\sin x}{1-\sin x}}$;

(11) $y=e^{2x}(x^2+x+1)$; (12) $y=\ln\dfrac{t^2}{\sqrt{1+t^2}}$;

(13) $y=\dfrac{e^x-e^{-x}}{e^x+e^{-x}}$; (14) $y=\ln\dfrac{\sqrt{x^2+1}-x}{\sqrt{x^2+1}+x}$;

(15) $y=(1+x)^{\frac{1}{x}}$; (16) $y=x\cdot\sqrt[3]{\dfrac{x^2}{x^2+1}}$;

(17) $y=\dfrac{\sqrt{x-1}}{\sqrt[3]{(x+2)^2}\cdot\sqrt{(x+3)^3}}$.

2.1.5 求出下列方程确定的隐函数 $y=y(x)$ 的微商：

(1) $y=1+xe^y$; (2) $y^2-2xy+b=0$;

(3) $x^y=y^x$; (4) $y=(\sin x)^y$.

2.1.6 求下列分段函数的导数：

(1) $y=\begin{cases} x, & x<0, \\ \ln(1+x), & x\geqslant 0; \end{cases}$

(2) $y=\begin{cases} (x-1)^2(x-2)^2, & 1\leqslant x\leqslant 2, \\ 0, & x<1 \text{ 或 } x>2. \end{cases}$

2.1.7 对下列由参数式给出的函数 $y=y(x)$，求 $y'=\dfrac{dy}{dx}$：

(1) $\begin{cases} x=2t-t^2, \\ y=3t-t^3; \end{cases}$ (2) $\begin{cases} x=t^2, \\ y=2t; \end{cases}$

(3) $\begin{cases} x=\arccos\dfrac{1}{\sqrt{1+t^2}}, \\ y=\arcsin\dfrac{t}{\sqrt{1+t^2}}; \end{cases}$ (4) $\begin{cases} x=t\ln t, \\ y=\dfrac{\ln t}{t}. \end{cases}$

2.1.8 判断下列结论是否正确?
(1) $(f'(x_0))' = f''(x_0)$;
(2) 若 $f(x)$ 在 x_0 存在二阶导数,则 $f(x)$ 在 x_0 邻域存在一阶导数.

2.1.9 求下列函数的 n 阶导数 $y^{(n)}$:
(1) $y = \ln(ax+b)$; (2) $y = x^2 e^x$; (3) $y = \dfrac{1}{x(1-x)}$.

2.1.10 下列方程确定 y 为 x 的函数.按要求计算导数:
(1) $y = 2x\arctan\dfrac{y}{x}$,求 $\dfrac{dy}{dx}, \dfrac{d^2 y}{dx^2}$;
(2) $x^2 + 5xy + y^2 - 2x + y - 6 = 0$,求 y' 及 y'' 在点 $(1,1)$ 的值.

2.1.11 对下列参数式确定的函数 $y(x)$,求 $\dfrac{dy}{dx}, \dfrac{d^2 y}{dx^2}$:
(1) $\begin{cases} x = a\cos^3 t, \\ y = a\sin^3 t; \end{cases}$ (2) $\begin{cases} x = \sqrt{1+t}, \\ y = \sqrt{1-t}. \end{cases}$

*2.1.12 设 q 为任意实数.
(1) 确定 q 值使直线 $y = 3x + q$ 为曲线 $y = x^3$ 的切线,并求相应的切点.
(2) 作图从几何上说明 q 满足什么条件时三次方程 $x^3 - 3x - q = 0$ 有三个实根.
(提示:$x^3 - 3x - q = 0$ 的根即曲线 $y = x^3$ 与直线 $y = 3x + q$ 的公共点的横坐标.)

2.1.13 设 $f(x) = \lim\limits_{t \to \infty} x\left(1 + \dfrac{1}{t}\right)^{2xt}$,求 $f'(x)$.

2.1.14 已知 $f(x)$ 在 $(-\infty, +\infty)$ 上可导,且 $f'(x) = [f(x)]^2$,求 $f^{(n)}(x)$ $(n > 2)$.

2.1.15 已知 $f'(0) = 2$,求极限 $\lim\limits_{x \to 0} \dfrac{f(-x) - f(0)}{4x}$.

2.1.16 设 $f(x) = (x-a)\varphi(x)$,其中 $\varphi(x)$ 满足:$\lim\limits_{x \to a} \varphi(x) = 0$,且 $\varphi(a) = 3$,求 $f'(a)$.

§2 微分的概念及其运算

内 容 提 要

1. 无穷小量阶的比较

(1) 无穷小量阶的概念

定义 1 设在同一极限过程中 α, β 均是无穷小量,且 $\lim \beta/\alpha$ 存在,并记 $\lim \beta/\alpha = A$.

若 $A = 0$,则称 β 是 α 的**高阶无穷小量**,或 α 是比 β **低阶**的无穷小量.记为

$$\beta = o(\alpha).$$

若 A 是非零实数,则称 β 与 α 是**同阶无穷小量**.特别当 $A=1$ 时,称 β 与 α 是**等价无穷小量**,记为

$$\alpha \sim \beta.$$

定义 2 在同一极限过程中以 α 为基本无穷小量,若 β 与 α^k 是同阶无穷小量,$k>0$,称 β 是 α 的 **k 阶无穷小量**.

无穷小量的阶数刻画了无穷小量趋向于零的快慢.阶数越高,趋于零的速度越快.

(2) 等价无穷小量的一个性质

$$\alpha \sim \beta \iff \beta = \alpha + o(\alpha) \quad (\text{或 } \alpha = \beta + o(\beta)).$$

设 α,β 是同一个极限过程中的无穷小量,若

$$\beta = \alpha + o(\alpha),$$

称 α 为 β 的**主部**.

2. 微分概念

(1) 微分的定义

设 $f(x)$ 在 x_0 的一个邻域内有定义,若存在与 Δx 无关的常数 $A(x_0)$ 使得

$$\Delta y = f(x_0 + \Delta x) - f(x_0) = A(x_0)\Delta x + o(\Delta x) \quad (\Delta x \to 0),$$

则称 $f(x)$ **在 x_0 可微**,而 Δx 的线性式 $A(x_0)\Delta x$ 称为 $f(x)$ 在 x_0 的**微分**,记作

$$\mathrm{d}y\bigg|_{x=x_0} = A(x_0)\Delta x \quad \text{或} \quad \mathrm{d}f(x)\bigg|_{x=x_0} = A(x_0)\Delta x.$$

若 $f(x)$ 在区间 (a,b) 内每一点均可微,则称 $f(x)$**在 (a,b) 可微**.

(2) 微分与改变量的关系

当 $\Delta x \to 0$ 时,$\mathrm{d}y,\Delta y,\Delta x$ 有如下关系:

$$\mathrm{d}y \text{ 是 } \Delta x \text{ 的一次函数(线性函数)},$$

$$\mathrm{d}y - \Delta y = o(\Delta x) \quad (\Delta x \to 0),$$

因此,$\mathrm{d}y$ 是 Δy 的线性主要部分.

(3) 可微性与可导性的关系

函数 $y=f(x)$ 在 x_0 可微 $\iff y=f(x)$ 在 x_0 可导,这时

$$\mathrm{d}y\bigg|_{x=x_0} = f'(x_0)\Delta x.$$

若 x 为自变量,其微分即为其改变量,即 $\mathrm{d}x=\Delta x$,于是函数在 x 处的微分表为

$$\mathrm{d}y = f'(x)\mathrm{d}x,$$

也就有

$$f'(x) = \frac{dy}{dx} \text{——函数的微分与自变量的微分之商}.$$

(4) 微分的几何意义

函数 $y=f(x)$ 在 x 处相应于 Δx 的函数改变量 Δy 是曲线 $y=f(x)$ 上点的纵坐标的改变量,而微分 $dy=f'(x)\Delta x$,则是曲线 $y=f(x)$ 在点 $(x,f(x))$ 处的切线上点的纵坐标的改变量.

3. 微分法则与一阶微分形式的不变性

微分的运算法则与导数的运算法则是相对应的. 我们把导数与微分的运算法则都称为微分法则.

(1) 基本初等函数的微分公式

$dc = 0$ (c 为常数); $dx^{\alpha} = \alpha x^{\alpha-1}dx$;

$d\sin x = \cos x dx$; $d\cos x = -\sin x dx$;

$d\tan x = \dfrac{1}{\cos^2 x}dx$; $d\cot x = -\dfrac{1}{\sin^2 x}dx$;

$d\ln x = \dfrac{1}{x}dx$; $d\log_a x = \dfrac{1}{x\ln a}dx$;

$de^x = e^x dx$; $da^x = a^x \ln a dx$;

$d\arcsin x = \dfrac{1}{\sqrt{1-x^2}}dx$; $d\arccos x = -\dfrac{1}{\sqrt{1-x^2}}dx$;

$d\arctan x = \dfrac{1}{1+x^2}dx$; $d\text{arccot}\, x = -\dfrac{1}{1+x^2}dx$.

(2) 微分的四则运算法则

设 $u(x), v(x)$ 可微,则

$d(cu) = cdu$ (c 为常数); $d(u \pm v) = du \pm dv$;

$d(uv) = udv + vdu$; $d\left(\dfrac{u}{v}\right) = \dfrac{vdu - udv}{v^2}$.

(3) 复合函数的微分法则——一阶微分形式的不变性

设 $y=f(u)$ 是可微函数,不论 u 是自变量还是中间变量(即是另一变量的可微函数)都有

$$dy = f'(u)du,$$

称这一性质为**一阶微分形式的不变性**.

(4) 一阶微分形式不变性的若干应用

① 利用一阶微分形式不变性求复合函数的微分与导数.

② 导出参数式的微分法.

③ 已知 $df(x)$,求 $f(x)$.

4. 微分在近似计算中的应用

当 $|\Delta x|$ 很小时,$y=f(x)$ 的微分近似于函数改变量:

$$\Delta y \approx \mathrm{d}y,$$

即
$$f(x+\Delta x)-f(x) \approx f'(x)\Delta x,$$

或改写成
$$f(x+\Delta x) \approx f(x) + f'(x)\Delta x.$$

由此导出以下应用：

(1) 函数值的近似计算

若 $f(x), f'(x)$ 已知,可求得 x 附近的函数值的近似值.

常用的近似公式有：当 $|x|$ 很小时

$$\sin x \approx x, \quad \tan x \approx x, \quad \ln(1+x) \approx x,$$
$$(1 \pm x)^\alpha \approx 1 \pm \alpha x.$$

(2) 函数改变量的近似计算

若 $f'(x)$ 已知,可求得 x 附近的函数改变量的近似值.

(3) 函数值误差的估计

某量的准确值为 A,近似值为 a,$|A-a|$ 叫做 a 的绝对误差, $\left|\dfrac{A-a}{a}\right|$ 称为 a 的相对误差.

若 $|A-a| \leqslant \delta$,称 δ 为**绝对误差界**,$\dfrac{\delta}{|a|}$ 为**相对误差界**,分别简称为**绝对误差与相对误差**.

设有可微函数 $y=f(x)$,已知 x 的绝对误差 $|\Delta x| \leqslant \delta$,则 $y=f(x)$ 的

绝对误差 $|\Delta y| \approx |f'(x)\Delta x| \leqslant |f'(x)|\delta$;

相对误差 $\left|\dfrac{\Delta y}{y}\right| \approx \left|\dfrac{f'(x)}{f(x)}\Delta x\right| \leqslant \left|\dfrac{f'(x)}{f(x)}\right|\delta.$

典型例题分析

1. 当 $x \to 0$ 时,下列无穷小量中哪些是 x 的等价无穷小？哪些是 x 的同阶或二阶无穷小？

$$2\sin x, \quad \tan x, \quad \arcsin x, \quad 3\sin x^2,$$
$$(\sqrt{x+1}-1)x, \quad x\sin\frac{1}{x}.$$

解 $\tan x, \arcsin x \sim x \; (x \to 0)$. 因为

$$\lim_{x \to 0} \frac{\tan x}{x} = \lim_{x \to 0} \frac{1}{\cos x} \cdot \frac{\sin x}{x} = 1,$$

$$\lim_{x \to 0} \frac{\arcsin x}{x} \xrightarrow[t=\arcsin x]{令} \lim_{x \to 0} \frac{t}{\sin t} = 1.$$

$2\sin x$ 是 x 的同阶无穷小,因为
$$\lim_{x\to 0}\frac{2\sin x}{x}=2.$$
$3\sin x^2,(\sqrt{x+1}-1)x$ 是 x 的二阶无穷小.因为
$$\lim_{x\to 0}\frac{3\sin x^2}{x^2}=3,$$
$$\lim_{x\to 0}\frac{(\sqrt{x+1}-1)x}{x^2}=\lim_{x\to 0}\frac{1}{\sqrt{x+1}+1}=\frac{1}{2}.$$
$x\sin\frac{1}{x}$ 与 x 不可比较.因为当 $x\to 0$ 时 $x\sin\frac{1}{x}\Big/x=\sin\frac{1}{x}$ 不存在极限.

2. 当 $x\to 0+$ 时,确定下列无穷小量是 x 的几阶无穷小量.
$$\sqrt{5+x^3}-\sqrt{5},\quad x+100\sin x,\quad \sqrt[3]{x^2}-\sqrt{x},\quad \ln(1+x^3).$$

解 因为
$$\lim_{x\to 0+}\frac{\sqrt{5+x^3}-\sqrt{5}}{x^3}=\lim_{x\to 0+}\frac{1}{\sqrt{5+x^3}+\sqrt{5}}=\frac{1}{2\sqrt{5}},$$
$$\lim_{x\to 0+}\frac{\ln(1+x^3)}{x^3}\xrightarrow[t=x^3]{令}\lim_{t\to 0+}\frac{\ln(1+t)}{t}=1,$$
所以 $\sqrt{5+x^3}-\sqrt{5},\ln(1+x^3)$ 均是 x 的三阶无穷小.
$$\lim_{x\to 0+}\frac{x+100\sin x}{x}=1+100=101,$$
$x+100\sin x$ 是 x 的一阶无穷小.
$$\lim_{x\to 0+}\frac{\sqrt[3]{x^2}-\sqrt{x}}{x^{\frac{1}{2}}}=\lim_{x\to 0+}(x^{\frac{2}{3}-\frac{1}{2}}-1)=-1,$$
$\sqrt[3]{x^2}-\sqrt{x}$ 是 x 的 $\frac{1}{2}$ 阶无穷小.

3. 设在同一个极限过程中 $\alpha\sim\alpha^*,\beta\sim\beta^*$,证明
$$\lim\frac{\alpha}{\beta}=\lim\frac{\alpha^*}{\beta^*}.$$
利用这一结果求
$$\lim_{x\to 0}\frac{\ln(1+\sqrt{x\sin x})}{|\tan x|}.$$

解 由 $\frac{\alpha}{\beta}=\frac{\alpha^*}{\beta^*}\cdot\frac{\alpha}{\alpha^*}\cdot\frac{\beta^*}{\beta}$ 及已知条件,我们可根据极限运算法

则及等价无穷小量的定义得

$$\lim \frac{\alpha}{\beta} = \lim \frac{\alpha^*}{\beta^*} \cdot \lim \frac{\alpha}{\alpha^*} \cdot \lim \frac{\beta^*}{\beta} = \lim \frac{\alpha^*}{\beta^*}.$$

注意 $\ln(1+\sqrt{x\sin x}) \sim \sqrt{x\sin x},$
$|\tan x| \sim |x| \quad (x \to 0).$

利用上述事实得

$$\lim_{x\to 0} \frac{\ln(1+\sqrt{x\sin x})}{|\tan x|} = \lim_{x\to 0} \frac{\sqrt{x\sin x}}{|x|} = \lim_{x\to 0}\sqrt{\frac{\sin x}{x}} = 1.$$

评注 这里分子、分母都用各自的等价无穷小量替代,使极限式化简而求出极限.需要指出的是:这种等价无穷小量替换的方法,只对极限式 $\lim f(x)$ 中 $f(x)$ 的因子适用.对 $f(x)$ 的表达式中出现的非因子的无穷小量,就不能用其等价无穷小量代替,否则将导致错误.例如,我们容易证明 $\lim_{x\to 0}\frac{\tan x - \sin x}{x^3} = \frac{1}{2}$.若将分子中的 $\tan x, \sin x$(它们都不是整个分式的因子)用它们的等价无穷小量 x 代替,则将导致错误的结果:

$$\lim_{x\to 0}\frac{\tan x - \sin x}{x^3} = \lim_{x\to 0}\frac{x-x}{x^3} = 0.$$

4. 回答下列问题:

(1) $f(x)$ 在 x_0 的微分是不是一个函数?

(2) 设 $f(x)$ 在 (a,b) 可微,$f(x)$ 的微分随哪些量而变化?

(3) 设 $u = f(x)$,问:du 与 Δu 是否相等?

(4) 设 $f(u)$ 可微,是否有

$$df(u) = f'(u)\Delta u = f'(u)du.$$

解 (1) $f(x)$ 在 x_0 的微分

$$df(x)\Big|_{x=x_0} = f'(x_0)\Delta x$$

是 Δx 的函数.

(2) 当 $x \in (a,b)$ 时,

$$df(x) = f'(x)\Delta x$$

随 $x \in (a,b)$ 及 Δx 而变化.

(3) 一般说来,du 与 Δu 不一定相等.当 u 是一次函数:$u =$

$kx+b$ 时,
$$du = k\Delta x = \Delta u.$$

(4) 当 u 为自变量时,
$$df(u) = f'(u)\Delta u = f'(u)du;$$
当 u 为另一变量 x 的可微函数时,
$$df(u) = f'(u)du.$$
一般说来,它不等于 $f'(u)\Delta u$.

5. 利用一阶微分形式不变性求下列函数的微分与导数:

(1) $y = \ln(x + \sqrt{x^2 + a^2})$;　　(2) $y = \ln\tan\left(\dfrac{\pi}{2} - \dfrac{x}{4}\right)$;

(3) $y = y(x)$ 是由方程 $\ln\sqrt{x^2 + y^2} = \arctan\dfrac{y}{x}$ 确定的隐函数.

解 (1) $dy = \dfrac{1}{x + \sqrt{x^2 + a^2}} d(x + \sqrt{x^2 + a^2})$

$\qquad = \dfrac{1}{x + \sqrt{x^2 + a^2}}\left(dx + \dfrac{d(x^2 + a^2)}{2\sqrt{x^2 + a^2}}\right)$

$\qquad = \dfrac{1}{x + \sqrt{x^2 + a^2}}\left(1 + \dfrac{x}{\sqrt{x^2 + a^2}}\right)dx$

$\qquad = \dfrac{dx}{\sqrt{x^2 + a^2}},$

$\dfrac{dy}{dx} = \dfrac{1}{\sqrt{x^2 + a^2}}.$

(2) $dy = \dfrac{1}{\tan\left(\dfrac{\pi}{2} - \dfrac{x}{4}\right)} d\tan\left(\dfrac{\pi}{2} - \dfrac{x}{4}\right)$

$\qquad = \dfrac{\cos\left(\dfrac{\pi}{2} - \dfrac{x}{4}\right)}{\sin\left(\dfrac{\pi}{2} - \dfrac{x}{4}\right)} \cdot \dfrac{1}{\cos^2\left(\dfrac{\pi}{2} - \dfrac{x}{4}\right)} d\left(\dfrac{\pi}{2} - \dfrac{x}{4}\right)$

$\qquad = \dfrac{-1}{2\sin\dfrac{x}{2}} dx,$

$\dfrac{dy}{dx} = \dfrac{-1}{2\sin\dfrac{x}{2}}.$

(3) 两边同时求微分得
$$\frac{1}{2} \cdot \frac{1}{x^2+y^2} \mathrm{d}(x^2+y^2) = \frac{1}{1+\left(\frac{y}{x}\right)^2} \mathrm{d}\left(\frac{y}{x}\right),$$

$$\frac{x\mathrm{d}x+y\mathrm{d}y}{x^2+y^2} = \frac{x^2}{x^2+y^2} \cdot \frac{x\mathrm{d}y-y\mathrm{d}x}{x^2},$$

$$x\mathrm{d}x+y\mathrm{d}y = x\mathrm{d}y-y\mathrm{d}x,$$

移项得 $(y-x)\mathrm{d}y = -(x+y)\mathrm{d}x.$

解得 $\mathrm{d}y = \dfrac{y+x}{-y+x}\mathrm{d}x, \quad \dfrac{\mathrm{d}y}{\mathrm{d}x} = \dfrac{y+x}{-y+x}.$

6. 设 $y=f(x)$ 在 (a,b) 可微,证明:

(1) 若在 (a,b) 上 $\mathrm{d}y=0$,则 $f'(x) \equiv 0 (x \in (a,b))$;

(2) 若在 (a,b) 上 $\mathrm{d}y=\Delta y$,则 $f(x)$ 在 (a,b) 上为一次函数:$f(x)=kx+b$.

证 (1) 由 $\mathrm{d}y=f'(x)\Delta x$ 及 $\mathrm{d}y=0$ 得
$$f'(x)\Delta x = 0 \text{ (任意 } x \in (a,b) \text{ 及 } \Delta x \neq 0),$$
于是 $f'(x) \equiv 0 (x \in (a,b))$.

(2) 取定 $x_0 \in (a,b)$,对任意 $x \in (a,b)$,
$$\Delta y = f(x)-f(x_0), \quad \mathrm{d}y = f'(x_0)(x-x_0),$$
由 $\Delta y = \mathrm{d}y$ 得
$$f(x)-f(x_0) = f'(x_0)(x-x_0),$$
即 $f(x)$ 为一次函数.

7. 导出近似公式
$$\mathrm{e}^x \approx 1+x \quad (|x| \text{ 很小}),$$
并计算 $f(1.05)$ 的近似值,其中 $f(x)=\mathrm{e}^{0.1x(1-x)}$.

解 设 $g(x)$ 在 $x=0$ 可微,在 $x=0$ 用微分近似代替函数改变量
$$g(x)-g(0) \approx g'(0)x.$$
取 $g(x)=\mathrm{e}^x$,得
$$\mathrm{e}^x-1 \approx x, \quad \mathrm{e}^x \approx 1+x.$$
当 $x=1.05$ 时,$0.1x(1-x)=-0.00525$,于是
$$f(1.05) \approx 1+0.1x(1-x) = 0.99475.$$

本 节 小 结

1. 掌握函数 $f(x)$ 在一点 x_0 处的微分的定义及几何意义.

2. 了解函数在一点 x_0 处的微分 dy 与函数改变量 Δy 之间的关系.

练 习 题 2.2

2.2.1 当 $x \to 0$ 时,下列无穷小对 x 而言是多少阶?
(1) $2x+x^5$; (2) $x^3+1000x^2$;
(3) $\sqrt{1+x}-1$; (4) $\tan x - \sin x$;
(5) $\sqrt{x+\sqrt{x}}$; (6) $\sin\sqrt{x}$;
(7) $\ln(1+x^5)$; (8) $\sqrt{2+x^3}-\sqrt{2}$.

2.2.2 $x \to 0$ 时下面的等式是否成立?试证明你的判断:
(1) $o(x^n) \cdot o(x^m) = o(x^{n+m})$, $n, m > 0$;
(2) $o(x^n) + o(x^m) = o(x^n)$, $0 < n \leqslant m$;
(3) $o(x^2) = o(x)$ (即 $o(x^2)$ 也是 $o(x)$);
(4) $o(x) = o(x^2)$ (即 $o(x)$ 也是 $o(x^2)$).

2.2.3 利用等价无穷小的替换求下列极限:
(1) $\lim\limits_{x \to 0} \dfrac{\arcsin \dfrac{x}{\sqrt{1-x^2}}}{\ln(1-x)}$; (2) $\lim\limits_{x \to 0} \dfrac{\ln(x+\sqrt{1+x^2})}{x}$.

2.2.4 利用一阶微分形式不变性求下列函数的微分与导数:
(1) $y = \ln\tan x$; (2) $y = e^{\sin x^2}$; (3) $y = e^{-x/y}$.

2.2.5 对下列函数 $f(x)$,由给出的等式直接回答 $df(x)\big|_{x=0} = $?
(1) $f(x) = (1+x)^\alpha$, $(1+x)^\alpha = 1 + \alpha x + o(x)$ $(x \to 0)$;
(2) $f(x) = 2 + x|x|$, $2 + x|x| = 2 + o(x)$ $(x \to 0)$.

2.2.6 填空:
(1) $\dfrac{x}{\sqrt{1-x^2}} dx = \dfrac{1}{\sqrt{1-x^2}} d(\quad) = d(\quad)$;
(2) $\dfrac{\ln x}{x} e^{\ln^2 x} dx = \ln x e^{\ln^2 x} d(\quad) = e^{\ln^2 x} d(\quad) = d(\quad)$;
(3) $\dfrac{e^x}{1+e^x} dx = \dfrac{1}{1+e^x} d(\quad) = d(\quad)$.

2.2.7 当 $|x| \ll a$ 时,导出近似公式:
$$\sqrt[n]{a^n + x} \approx a + \dfrac{x}{na^{n-1}}, \quad \text{其中 } a > 0.$$

第三章 微分中值定理及其应用

§1 微分中值定理

内 容 提 要

1. 罗尔定理

若 $f(x)$ 满足：

(1) 在闭区间 $[a,b]$ 上连续；

(2) 在开区间 (a,b) 内可微；

(3) $f(a)=f(b)$，

则在 (a,b) 内至少存在一点 ξ，使得

$$f'(\xi) = 0 \quad (a < \xi < b).$$

罗尔定理的**几何意义**：若曲线段 $\overset{\frown}{AB}(y=f(x), a\leqslant x\leqslant b)$ 连续，且在 $\overset{\frown}{AB}$ 上的每一点处都有不垂直于 x 轴的切线，又 A,B 两点的纵坐标相等，则在 $\overset{\frown}{AB}$ 上至少存在一点 $P(\xi,f(\xi))$（不是端点），使得曲线 $y=f(x)$ 在点 P 处的切线与 x 轴平行(图 3.1).

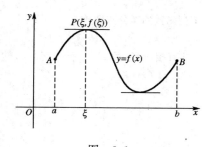

图 3.1

2. 拉格朗日中值定理

若 $f(x)$ 满足：

(1) 在闭区间 $[a,b]$ 上连续；

(2) 在开区间 (a,b) 内可微，

则在 (a,b) 内至少存在一点 ξ，使得

$$f(b) - f(a) = f'(\xi) \cdot (b-a) \quad (a < \xi < b). \tag{1.1}$$

拉格朗日中值定理的**几何意义**：若曲线段 $\overset{\frown}{AB}(y=f(x), a\leqslant x\leqslant b)$ 连续，且在 $\overset{\frown}{AB}$ 上的每一点处都有不垂直于 x 轴的切线，则在 $\overset{\frown}{AB}$ 上至少存在一点 $P(\xi,f(\xi))$（不是端点），使得曲线 $y=f(x)$ 在点 P 处的切线与割线 AB 平行(图 3.2).

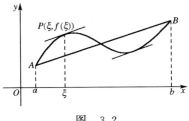

图 3.2

拉格朗日中值定理称为**微分中值定理**.(1.1)式称为**拉格朗日微分中值公式**.当 $f(a)=f(b)$ 时,由(1.1)可推出 $f'(\xi)=0$,所以该定理包含了罗尔定理.

若 $f(x)$ 在以 x_0 和 $x_0+\Delta x$ 为端点的区间上满足拉格朗日中值定理的条件,则公式(1.1)可写为

$$f(x_0+\Delta x)-f(x_0)=f'(x_0+\theta\cdot\Delta x)\cdot\Delta x, \quad (1.2)$$

其中 $0<\theta<1$.

公式(1.2)也称为**有限改变量公式**.

拉格朗日中值定理的推论

(1) 若 $f(x)$ 在 (a,b) 内可微,且 $f'(x)\equiv 0$,则 $f(x)$ 在 (a,b) 内为一常数;

(2) 若 $f(x)$ 在 (a,b) 内可微,且 $f'(x)>0$ (<0),则 $f(x)$ 在 (a,b) 内严格单调上升(下降).

3. 柯西定理

若 $f(x),g(x)$ 满足:

(1) 在 $[a,b]$ 上连续; (2) 在 (a,b) 内可微; (3) 在 (a,b) 内 $g'(x)\neq 0$,

则在 (a,b) 内至少存在一点 ξ,使得

$$\frac{f(b)-f(a)}{g(b)-g(a)}=\frac{f'(\xi)}{g'(\xi)} \quad (a<\xi<b). \quad (1.3)$$

柯西定理的几何意义与拉格朗日定理的几何意义相同,都表明平面可微曲线弧段 $\overset{\frown}{AB}$ 上必有一点 M,使 M 处的切线平行于两端点的连线 $\overline{AB}$.事实上,当可微曲线弧段 $\overset{\frown}{AB}$ 由参数方程

$$\begin{cases} x=g(t), \\ y=f(t), \end{cases} (a\leqslant t\leqslant b)$$

给出时,它的两个端点连线的斜率为 $\dfrac{f(b)-f(a)}{g(b)-g(a)}$.在曲线 $\overset{\frown}{AB}$ 上一点 M(设 M 点对应参数 $t=\xi$)处的切线斜率为 $\dfrac{dy}{dx}\bigg|_{t=\xi}=\dfrac{f'(t)}{g'(t)}\bigg|_{t=\xi}=\dfrac{f'(\xi)}{g'(\xi)}$.

当取 $g(x)=x$ 时,公式(1.3)即公式(1.1),所以柯西定理包含了拉格朗日中值定理. 罗尔定理、拉格朗日中值定理、柯西定理也统称为**微分中值定理**.

微分中值定理在研究函数的性质方面起着重要的作用,它如同一个"桥梁",建立了函数的改变量与导数之间的联系,使我们可以根据导数的符号去推断函数的性态. 读者应该记住以上三个定理的条件与结论,并能灵活的运用它们.

典型例题分析

1. 下列各题在所论区间上是否满足罗尔定理的条件?是否存在使 $f'(c)=0$ 的 c?

(1) $f(x)=\begin{cases} x, & 0<x\leqslant 1, \\ 1, & x=0; \end{cases}$
(2) $f(x)=x, 0\leqslant x\leqslant 1$;

(3) $f(x)=1-|x|, -1\leqslant x\leqslant 1$;

(4) $f(x)=\begin{cases} x^2, & -1<x<1, \\ 0, & x=\pm 1; \end{cases}$
(5) $f(x)=x^2, -1\leqslant x\leqslant 2$;

(6) $f(x)=\begin{cases} 1, & -2\leqslant x\leqslant -1, \\ x^2, & -1<x\leqslant 1. \end{cases}$

解 (1) 因为
$$\lim_{x\to 0+0} f(x) = \lim_{x\to 0+0} x = 0 \neq 1 = f(0),$$
所以 $f(x)$ 在区间 $[0,1]$ 的左端点 $x=0$ 处不连续,$f(x)$ 在区间 $[0,1]$ 上不满足罗尔定理中的第一个条件. 在区间 $[0,1]$ 上不存在使 $f'(c)=0$ 的 c. $f(x)$ 的图形见图 3.3.

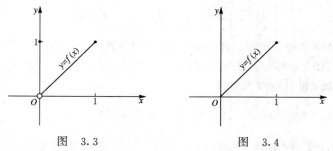

图 3.3　　　　　　图 3.4

(2) $f(x)$ 在 $[0,1]$ 上连续,在 $(0,1)$ 内可微,但 $f(0)\neq f(1)$,所以 $f(x)$ 在 $[0,1]$ 上不满足罗尔定理的第三个条件. 不存在使 $f'(c)=0$

的 c,见图 3.4.

(3) $f(x)$ 在 $x=0$ 处不可导,所以 $f(x)$ 在区间 $[-1,1]$ 上不满足罗尔定理的第二个条件,不存在使 $f'(c)=0$ 的 c,见图 3.5.

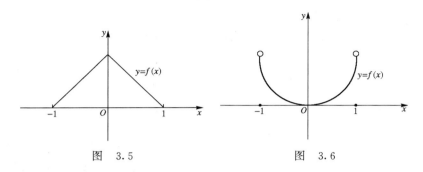

图 3.5　　　　　　　图 3.6

(4) $$\lim_{x\to -1+0} f(x) = \lim_{x\to -1+0} x^2 = 1 \neq 0 = f(-1),$$

又 $$\lim_{x\to 1-0} f(x) = \lim_{x\to 1-0} x^2 = 1 \neq 0 = f(1).$$

所以 $f(x)$ 在 $x=\pm 1$ 处不连续,也就在 $[-1,1]$ 上不连续,不符合罗尔定理的第一个条件. 见图 3.6. 显然,当 $x=0$ 时 $f'(0)=0$. 即在所论区间上存在使 $f'=0$ 的点.

(5) $f(x)$ 在区间 $[-1,2]$ 上不满足罗尔定理的第三个条件. 当 $x=0$ 时 $f'(0)=0$,见图 3.7. 即在 $[-1,2]$ 上存在使 $f'=0$ 的点.

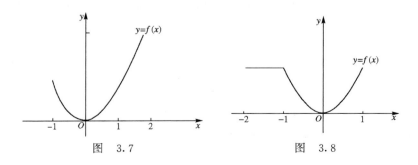

图 3.7　　　　　　　图 3.8

(6) 由 $f(x)=x^2(-1\leqslant x\leqslant 1) \Rightarrow f'_+(-1)=(x^2)'|_{x=-1}=-2$;
　　由 $f(x)=1(-2\leqslant x\leqslant -1) \Rightarrow f'_-(-1)=0.$

可见 $f(x)$ 在 $x=-1$ 处的左、右导数不相等,故在 $x=-1$ 处不可导,$f(x)$ 在区间 $[-2,1]$ 上不满足罗尔定理的第二个条件. 显然,在 $x=0$ 处 $f'(0)=0$(见图 3.8).

本题说明,罗尔定理中的三个条件如果有一个不满足,结论就有可能不成立.

2. 下列函数在区间 $[0,4]$ 上是否满足罗尔定理的条件?若满足,求 $\xi\in(0,4)$,使 $f'(\xi)=0$.

(1) $f(x)=\dfrac{x^2-4x}{x-2}$; (2) $f(x)=\dfrac{x^2-4x}{x+2}$.

解 (1) $f(x)$ 在 $x=2$ 处不连续,所以在 $[0,4]$ 上不满足罗尔定理的条件.

(2) $f(x)$ 是初等函数,区间 $[0,4]$ 包含在它的定义域内,故 $f(x)$ 在 $[0,4]$ 上连续,在 $(0,4)$ 内可微,且 $f(0)=f(4)=0$,所以 $f(x)$ 在区间 $[0,4]$ 上满足罗尔定理的条件.

$$f'(x)=\frac{x^2+4x-8}{(x+2)^2}.$$

由 $f'(x)=0$ 解得 $x=-2\pm2\sqrt{3}$. 但 $-2-2\sqrt{3}<0\notin(0,4)$,所以在 $(0,4)$ 中只有惟一的 $\xi=2(\sqrt{3}-1)$,使 $f'(\xi)=0$.

微分中值定理是微分学中最基本的定理. 读者首先应理解中值定理中各个条件的作用,以上两题中各个例子可帮助大家理解这些条件.

3. 写出下列函数在区间 $[1,3]$ 上的拉格朗日微分中值公式,并求出中值公式中的 ξ:

(1) $f(x)=3x^2+4x-3$;
(2) $g(x)=x^3+x$.

解 (1) $\dfrac{f(3)-f(1)}{3-1}=f'(\xi)$,其中 $\xi\in(1,3)$. 不难算出

$$f(3)-f(1)=36-4=32.$$

又 $f'(x)=6x+4$,代入上式得

$$32/2=6\xi+4,$$

由此推出 $\xi=2$.

(2) $\dfrac{g(3)-g(1)}{3-1}=g'(\xi)$,其中 $\xi\in(1,3)$. 不难算出

$$g(3) - g(1) = 30 - 2 = 28.$$

又 $g'(x) = 3x^2 + 1$,代入上式得

$$28/2 = 3\xi^2 + 1,$$

由此得 $\xi = \sqrt{13/3}$.

4. 对于上题中的函数 $f(x)$ 与 $g(x)$,写出在区间 $[1,3]$ 上的柯西中值公式,并求出公式中的 ξ.

解 $\dfrac{f(3)-f(1)}{g(3)-g(1)} = \dfrac{f'(\xi)}{g'(\xi)}$,其中 $\xi \in (0,3)$. 将上面算得的数据代入得

$$\frac{32}{28} = \frac{6\xi + 4}{3\xi^2 + 1},$$

故 ξ 应满足方程 $12\xi^2 - 21\xi - 10 = 0$,由此解得 $\xi = \dfrac{21 + \sqrt{921}}{24}$.

评注 通过 3,4 两题应该很好地理解:在柯西中值公式中对两个函数 $f(x)$ 与 $g(x)$ 应该取同一个 ξ 值. 而若对 $f(x)$ 与 $g(x)$ 分别用拉格朗日中值公式,很可能分别得到两个不同的 ξ 值. 所以柯西中值公式不能简单地看成是对 $f(x)$ 与 $g(x)$ 分别用拉格朗日中值公式后再相除.

5. 验证下列函数 $y = f(x)$ 在 $[0,1]$ 上是否满足罗尔定理的条件,若满足,在 $(0,1)$ 求出 ξ 使得 $f'(\xi) = 0$:

(1) $f(x) = x^m(1-x)^n$,m,n 为自然数;

(2) $f(x) = \sqrt[3]{\left(x - \dfrac{1}{2}\right)^2}$.

解 (1) $f(x)$ 在 $[0,1]$ 可微,$f(0) = f(1)$,故满足罗尔定理的条件. 对 $f(x)$ 求导数得

$$\begin{aligned} f'(x) &= mx^{m-1}(1-x)^n - nx^m(1-x)^{n-1} \\ &= x^{m-1}(1-x)^{n-1}[m - (n+m)x], \end{aligned}$$

解 $f'(x) = 0$ 得

$$x = \frac{m}{m+n} \in (0,1),$$

故

$$\xi = \frac{m}{n+m}.$$

(2) $f(x)$ 在 $[0,1]$ 连续,$f(0) = f(1)$,但 $f(x)$ 在 $x = 1/2$ 不可

微,因为
$$\lim_{\Delta x \to 0} \frac{f(1/2 + \Delta x) - f(1/2)}{\Delta x} = \lim_{\Delta x \to 0} \frac{\sqrt[3]{(\Delta x)^2}}{\Delta x} = \infty.$$
因此不满足罗尔定理的条件.

6. 回答下列问题:

(1) 设 $f(x)$ 在 (a,b) 可微,对任意 $x_1, x_2 \in (a,b)$,是否存在 ξ 在 x_1, x_2 之间使得
$$f(x_2) - f(x_1) = f'(\xi)(x_2 - x_1). \tag{1.4}$$

(2) 设 $f(x)$ 在 $[a,b]$ 有连续的导函数 $f'(x)$,且 $f'(a) = f'(b)$. 又 $f(x)$ 在 (a,b) 二阶可导,是否存在 $\xi \in (a,b)$ 使得
$$f''(\xi) = 0.$$

(3) 设 $f(x)$ 在 $[a,b]$ 连续,在 (a,b) 除 $x=c$ 外 $f'(x)>0$,其中 $c \in (a,b)$,$f(x)$ 在 $[a,b]$ 是否严格单调上升?

解 (1) 存在 ξ 在 x_1, x_2 之间使得(1.4)式成立.

不妨设 $x_1 < x_2$,因 $[x_1, x_2] \subset (a,b)$,所以 $f(x)$ 在 $[x_1, x_2]$ 连续,在 (x_1, x_2) 可微,在 $[x_1, x_2]$ 上利用拉格朗日中值定理即得结论.

(2) 存在 $\xi \in (a,b)$ 使得 $f''(\xi) = 0$.

这时函数 $F(x) = f'(x)$ 满足罗尔定理的条件,因此对 $F(x)$ 利用罗尔定理立即得结论.

(3) $f(x)$ 在 $[a,b]$ 严格单调上升.

因为 $f(x)$ 在 $[a,c]$ 连续,在 (a,c) 上 $f'(x)>0$,所以 $f(x)$ 在 $[a,c]$ 严格单调上升(由拉格朗日中值定理证得或用 104 页内容提要中的结论.),同理 $f(x)$ 在 $[c,b]$ 严格单调上升.因此 $f(x)$ 在 $[a,b]$ 严格单调上升.

7. 设 $f(x) = ax^3 + bx^2 + cx + d$,其中 a, b, c, d 为常数,且 $a \neq 0$. 证明:$f(x)$ 有三个实根的必要条件是 $b^2 - 3ac > 0$.

证 记 $f(x)$ 的三个实根为 x_1, x_2, x_3(不妨设 $x_1 < x_2 < x_3$). 因为 $f(x)$ 在 $(-\infty, +\infty)$ 上可微,所以 $f(x)$ 在两个区间 $[x_1, x_2]$,$[x_2, x_3]$ 上都满足罗尔定理的条件,由罗尔定理,存在 $\xi_1 \in (x_1, x_2)$ 及 $\xi_2 \in (x_2, x_3)$,使
$$f'(\xi_1) = 0, \quad f'(\xi_2) = 0,$$

即
$$f'(x) = 3ax^2 + 2bx + c$$
必有两个不相同的实根. 而上述多项式有两个相异实根的充要条件是其判别式

$(2b)^2 - 4 \cdot 3ac > 0$, 即 $b^2 - 3ac > 0$.

8. 求常数 d 的取值范围, 使方程
$$\frac{1}{3}x^3 - x + d = 0$$
有三个相异实根.

解 令
$$g(x) = \frac{1}{3}x^3 - x + d,$$

$g(x)$ 可看成是第 7 题中的 $f(x)$ 在 $a = \frac{1}{3}, b = 0, c = -1$ 时的特殊情况. 这里 $b^2 - 3ac = 1 > 0$, 故 $g(x)$ 满足有三个相异实根的必要条件.

由于 $x \to +\infty$ 时 $g(x) \to +\infty$, $x \to -\infty$ 时 $g(x) \to -\infty$, 故若 $g(x)$ 有三个相异实根, 其图形应有图 3.9 所示的形状. 设其中 x_1, x_2 满足 $g'(x_1) = g'(x_2) = 0$, 则应有 $g(x_1) > 0$ 且 $g(x_2) < 0$. 下面可具体算出 x_1, x_2. 因 $g'(x) = x^2 - 1 = 0$ 的两根为 ± 1, 故知 $x_1 = -1, x_2 = 1$. 再由
$$g(x_1) = g(-1) = \frac{2}{3} + d > 0$$
及
$$g(x_2) = -2/3 + d < 0,$$
便得 d 的范围: $-2/3 < d < 2/3$. 以上推理过程反过去也对. 故当 $d \in (-2/3, 2/3)$ 时所给方程有三个相异实根.

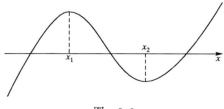

图 3.9

9. 设函数 $f(x)$ 在 $[a, b]$ 上有二阶导数, $f(a) = f(b) = 0$, 且在

(a,b) 内存在一点 c,使 $f(c)>0$. 证明:在 (a,b) 内存在一点 ξ,使 $f''(\xi)<0$.

证 设曲线 $y=f(x)$ 上的点 $A=(a,0), B=(b,0), C=(c,f(c))$. 由 $f(c)>0$ 可知线段 $\overline{AC}$ 的斜率大于 0,而线段 $\overline{BC}$ 的斜率小于 0(参见图 3.10). 由拉格朗日中值定理知,存在 $\eta_1\in(a,c)$ 以及 $\eta_2\in(c,b)$,使 $f'(\eta_1)=\overline{AC}$ 的斜率 >0,以及 $f'(\eta_2)=\overline{BC}$ 的斜率 <0 (参见图 3.10). 再作 $y=f'(x)$ 的图形,设其上的点
$$D=(\eta_1,f'(\eta_1)),\quad E=(\eta_2,f'(\eta_2))$$
(参见图 3.11). 由于 $f'(\eta_1)>0>f'(\eta_2)$,故线段 $\overline{DE}$ 的斜率小于 0,再由拉格朗日中值知,存在点 $\xi\in(\eta_1,\eta_2)$,使 $f''(\xi)=\overline{DE}$ 的斜率 <0.

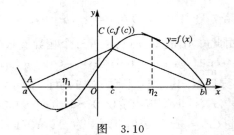

图 3.10

评注 在 $f''(x)$ 存在的条件下,可对函数 $f(x)$ 及其导函数 $f'(x)$ 各用一次拉格朗日中值定理.

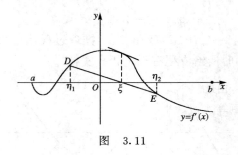

图 3.11

10. 证明等式
$$\arctan x=\arcsin\frac{x}{\sqrt{1+x^2}},\quad x\in(-\infty,+\infty).$$

证 由于 $(\arctan x)' = \dfrac{1}{1+x^2}$,

$$\left(\arcsin \frac{x}{\sqrt{1+x^2}}\right)' = \frac{1}{\sqrt{1-\dfrac{x^2}{1+x^2}}} \cdot \frac{\sqrt{1+x^2}-x^2/\sqrt{1+x^2}}{1+x^2}$$

$$= \frac{1}{1+x^2},$$

故 $(\arctan x)' - \left(\arcsin \dfrac{x}{\sqrt{1+x^2}}\right)' = 0, \quad x \in (-\infty, +\infty).$

由拉格朗日中值定理的推论知,应有

$$\arctan x - \arcsin \frac{x}{\sqrt{1+x^2}} = c_0, \quad x \in (-\infty, +\infty),$$

其中 c_0 为某一固定的常数. 为求得这个常数,可将 $x=0$ 代入上式,即可得 $c_0=0$. 由此知

$$\arctan x - \arcsin \frac{x}{\sqrt{1-x^2}} = 0.$$

移项即得欲证之等式.

评注 本题是利用拉格朗日中值定理的推论证明函数等式的一个例子. 一般来说,若两个函数 $f(x)$ 与 $g(x)$ 在区间 (a,b) 内可导,要证 $f(x)=g(x)$,可先证

$$f'(x) = g'(x), \quad x \in (a,b).$$

这样由拉格朗日中值定理的推论可得

$$f(x) = g(x) + c_0, \quad x \in (a,b),$$

其中 c_0 为某个确定的常数. 再在 (a,b) 中选一个特定的数 x_0,使 $f(x_0)=g(x_0)$,由此便可推出 $c_0=0$.

11. 证明恒等式:

$$\arctan x = -\frac{1}{2}\arcsin \frac{2x}{1+x^2} + \frac{\pi}{2} \quad (x \geqslant 1).$$

证 我们要证明的是

$$f(x) = \arctan x + \frac{1}{2}\arcsin \frac{2x}{1+x^2} = \frac{\pi}{2}.$$

对 $f(x)$ 求导得

$$f'(x) = \frac{1}{1+x^2} + \frac{1}{2} \cdot \frac{1}{\sqrt{1 - \frac{4x^2}{(1+x^2)^2}}} \cdot \frac{2(1+x^2) - 4x^2}{(1+x^2)^2}$$

$$= \frac{1}{1+x^2} + \frac{1}{\sqrt{(1+x^2)^2 - 4x^2}} \cdot \frac{1-x^2}{1+x^2} \equiv 0 \quad (x > 1).$$

所以 $f(x)$ 在 $[1, +\infty)$ 为常数,即

$$f(x) \equiv f(1) = \frac{\pi}{2} \quad (x \geqslant 1).$$

12. 设常数 a, b 满足 $0 < b < a$,证明

$$\frac{a-b}{a} < \ln\frac{a}{b} < \frac{a-b}{b}.$$

证 将上述不等式变形为

$$\frac{1}{a} < \frac{\ln a - \ln b}{a-b} < \frac{1}{b}.$$

由此启发我们在区间 $[b, a]$ 上考虑函数 $\ln x$,其拉格朗日中值公式为

$$\frac{\ln a - \ln b}{a-b} = \frac{1}{c}, \quad 其中 c \in (b, a).$$

显然有 $\frac{1}{a} < \frac{1}{c} < \frac{1}{b}$,由此即可推出欲证之不等式.

*13. 设 $0 < a < b$,证明:

$$(1+a)\ln(1+a) + (1+b)\ln(1+b)$$
$$< (1+a+b)\ln(1+a+b).$$

证 考虑函数

$$f(x) = (1+x)\ln(1+x), \quad b \leqslant x \leqslant a+b.$$

在区间 $[b, a+b]$ 上用中值定理,得

$$\frac{(1+a+b)\ln(1+a+b) - (1+b)\ln(1+b)}{a}$$
$$= 1 + \ln(1+c),$$

其中 $b < c < a+b$. 注意对任意 $a > 0$,有 $a > \ln(1+a)$,以及

$$\ln(1+c) > \ln(1+a),$$

由上式得

$$(1+a+b)\ln(1+a+b) - (1+b)\ln(1+b)$$
$$= a + a\ln(1+c) > \ln(1+a) + a\ln(1+a)$$

$$= (1+a)\ln(1+a).$$

移项即得欲证之式.

注意 证明中用到了不等式 $\ln(1+x)<x$ $(x>0)$.

14. 设 $f(x)$ 在有限区间 (a,b) 可导,$f'(x)$ 在 (a,b) 有界,即存在常数 $M_1>0$,使得
$$|f'(x)| \leqslant M_1 \quad (x \in (a,b)),$$
求证:$f(x)$ 在 (a,b) 有界. 若 (a,b) 为无界区间,相应结论是否成立? 请在 $(1,+\infty)$ 上考察 $f(x)=\sqrt{x}$.

证 任意取一定点 $x_0 \in (a,b)$. 对任意 $x \in (a,b), x \neq x_0$,由微分中值定理,有
$$f(x) - f(x_0) = f'(\xi)(x - x_0),$$
其中 ξ 在 x 与 x_0 之间,因而有 $\xi \in (a,b)$. 于是,
$$|f(x) - f(x_0)| \leqslant M_1(b-a),$$
$$|f(x)| \leqslant |f(x) - f(x_0)| + |f(x_0)|$$
$$\leqslant |f(x_0)| + M_1(b-a) \xequal{\text{def}} M.$$

又显然有 $|f(x_0)| \leqslant M$,故对一切 $x \in (a,b)$,有 $|f(x)| \leqslant M$,即 $f(x)$ 在 (a,b) 有界. 证毕.

当 (a,b) 为无界区间时,相应的命题不成立. 例如,在 $[1,+\infty)$ 上 $f(x)=\sqrt{x}$ 是无界的,但
$$f'(x) = \frac{1}{2\sqrt{x}}$$
是有界的.

15. 称函数 $f(x)$ 在闭区间 $[a,b]$ 上满足李普希茨(Lipschitz)条件,如果存在常数 $L>0$,使对任意 $x_1, x_2 \in [a,b]$,都有
$$|f(x_2) - f(x_1)| \leqslant L|x_2 - x_1|,$$
这时称 L 为李氏常数.

(1) 若 $f'(x)$ 在 $[a,b]$ 上连续,证明:$f(x)$ 在 $[a,b]$ 上满足李普希茨条件;

(2) 若 $f(x)$ 在 $[a,b]$ 上满足李普希茨条件,问:$f'(x)$ 是否一定在 $[a,b]$ 上连续?

(3) 举出一个在 $[a,b]$ 上连续但不满足李普希茨条件的函数.

解 （1）当 $f'(x)$ 在闭区间 $[a,b]$ 上连续时，$|f'(x)|$ 在 $[a,b]$ 上也连续，于是 $|f'(x)|$ 在 $[a,b]$ 上有最大值，记此最大值为 M，即
$$|f'(x)| \leqslant M, \quad \text{对任给的 } x \in [a,b].$$
现任取 $x_1, x_2 \in [a,b]$，由拉格朗日中值定理，有
$$f(x_2) - f(x_1) = f'(\xi)(x_2 - x_1),$$
其中 ξ 介于 x_1, x_2 之间. 故
$$|f(x_2) - f(x_1)| = |f'(\xi)| \cdot |x_2 - x_1| \leqslant M|x_2 - x_1|.$$
以上说明 $f(x)$ 在 $[a,b]$ 上满足李普希茨条件.

（2）不一定. 例如考虑函数 $f(x) = |x|$，对任意 x_1, x_2，有
$$|f(x_2) - f(x_1)| = ||x_2| - |x_1|| \leqslant |x_2 - x_1|,$$
故 $f(x) = |x|$ 在任意一个闭区间上特别在 $[-1,1]$ 上满足李普希茨条件（李氏常数为 1）. 但 $f(x)$ 在 $[-1,1]$ 上不可导（因为在 $x=0$ 处不可导），即 $f'(x)$ 在 $[-1,1]$ 上不存在，更谈不上连续.

（3）函数 $f(x) = \sqrt{x}$ 在区间 $[0,1]$ 上连续，对于 $x_1, x_2 \in [0,1]$ $(x_1 \neq x_2)$，
$$|f(x_2) - f(x_1)| = |\sqrt{x_2} - \sqrt{x_1}| = \frac{|x_2 - x_1|}{\sqrt{x_2} + \sqrt{x_1}}.$$
因为当 $x_1 \to 0^+$ 且 $x_2 \to 0^+$ 时 $\dfrac{1}{\sqrt{x_2} + \sqrt{x_1}} \to \infty$，故不存在常数 $L > 0$，使
$$\frac{1}{\sqrt{x_2} + \sqrt{x_1}} < L,$$
即 $f(x)$ 在 $[0,1]$ 上不满足李普希茨条件.

*16. （1）设二次曲线 $y = g(x)$ 过三点 $(0,1), (1,0), (2,3)$，求 $g(x)$ 的表达式；

（2）求 $g''(x)$；

（3）设函数 $f(x)$ 在 $[0,2]$ 上二阶可导，且 $f(0)=1, f(1)=0, f(2)=3$. 证明：存在 $c \in (0,2)$，使 $f''(c) = 4$.

解 （1）设 $g(x) = ax^2 + bx + c$，其中 a, b, c 为常数. 将以上三点代入，得
$$a \cdot 0 + b \cdot 0 + c = 1,$$
$$a \cdot 1 + b \cdot 1 + c = 0,$$

$$a \cdot 4 + b \cdot 2 + c = 3.$$

由此推出 $a=2, b=-3, c=1$. 所以
$$g(x) = 2x^2 - 3x + 1 \quad (-\infty < x < +\infty);$$

(2) $g''(x) \equiv 4 \ (-\infty < x < +\infty)$;

(3) 由所设条件看出, $f(x)$ 与 $g(x)$ 过相同的三个点, 故令 $\varphi(x) = f(x) - g(x)$, 就有
$$\varphi(0) = \varphi(1) = \varphi(2) = 0,$$

且 $\varphi(x)$ 在 $[0,2]$ 上也二阶可导. 对 $\varphi(x)$ 分别在区间 $[0,1]$ 和 $[1,2]$ 上用罗尔定理, 可知存在 $c_1 \in (0,1)$ 和 $c_2 \in (1,2)$, 使 $\varphi'(c_1) = \varphi'(c_2) = 0$. 再对函数 $\varphi'(x)$ 在区间 $[c_1, c_2]$ 上用罗尔定理得, 存在 $c \in (c_1, c_2) \subset (0,2)$, 使 $\varphi''(c) = 0$. 由此得
$$f''(c) - g''(c) = 0,$$
即
$$f''(c) = g''(c) = 4.$$

评注 过平面上任意三个互不相同的点可惟一地确定一条二次曲线. 今过曲线 $y = f(x)$ 上已知三点确定一条二次曲线 $y = g(x)$, 则 $y = f(x)$ 与 $y = g(x)$ 至少有三个交点, 即 $f(x) - g(x) = 0$ 至少有三个根. 由此对函数 $[f(x) - g(x)]$ 与 $[f'(x) - g'(x)]$ 用罗尔定理, 即使问题得证.

*17. 设两函数 $f(x)$ 与 $g(x)$ 在 $[a,b]$ 上二阶可导, $g''(x) \neq 0$, 且 $f(a) = f(b) = g(a) = g(b) = 0$. 证明: 存在点 $c \in (a,b)$, 使
$$\frac{f(c)}{g(c)} = \frac{f''(c)}{g''(c)}.$$

分析 将欲证之等式变形, 得
$$f(c)g''(c) - g(c)f''(c) = [f(x)g'(x) - g(x)f'(x)]'\Big|_{x=c} = 0.$$

这启发我们构造辅助函数
$$\varphi(x) = f(x)g'(x) - g(x)f'(x).$$

证 令 $\varphi(x) = f(x)g'(x) - g(x)f'(x), x \in [a,b]$, 不难验证 $\varphi(x)$ 在区间 $[a,b]$ 上满足罗尔定理的条件. 由罗尔定理, 存在 $c \in (a,b)$ 使 $\varphi'(c) = 0$, 即
$$f(c)g''(c) - g(c)f''(c) = 0.$$

将其变形即可得欲证之等式.(注意:本题中由 $g''(x)\neq 0$ 可推出 $g(x)\neq 0$,其中 $x\in(a,b)$.因为否则,若存在 $\xi\in(a,b)$,使 $g(\xi)=0$,则有 $g(a)=g(\xi)=g(b)=0$,再对 $g(x)$ 与 $g'(x)$ 用罗尔定理,即得存在 $\eta\in(a,b)$,使 $g''(\eta)=0$,这与 $g''(x)\neq 0$ 矛盾.)

*18. 设 $f(x)$ 在 $[0,1]$ 上连续,在 $(0,1)$ 内可导,且 $f(1)=0$.证明:对任意取定的常数 $k>0$,存在 $\xi\in(0,1)$,使 $kf(\xi)+\xi f'(\xi)=0$.

证 令 $\varphi(x)=x^k f(x)$,则 $\varphi(x)$ 在 $[0,1]$ 上满足罗尔定理的条件.故由罗尔定理知,存在 $\xi\in(0,1)$,使 $\varphi'(\xi)=0$.而
$$\varphi'(\xi)=\xi^{k-1}(kf(\xi)+\xi f'(\xi)),$$
由 $\varphi'(\xi)=0$ 及 $\xi^{k-1}\neq 0$ 即推出 $kf(\xi)+\xi f'(\xi)=0$.

评注 以上几题的共同点是,构造一个辅助函数 $\varphi(x)$,使 $\varphi(x)$ 在所论区间上满足罗尔定理的条件,而使欲证的等式恰好是 $\varphi'(c)=0$ 或是 $\varphi'(c)=0$ 乘以一个非零常数.

19. 设 $f(x)$ 在 $[a,b]$ 上连续,在 (a,b) 内可导,$f(a)=f(b)$,又 $f(x)$ 在 $[a,b]$ 上不恒为常数.证明:存在 $\xi\in(a,b)$,使 $f'(\xi)<0$.

证 由 $f(x)$ 在 $[a,b]$ 上不恒为常数知,必存在 $c\in(a,b)$,使 $f(c)\neq f(a)=f(b)$.不妨设 $f(c)<f(a)$.在区间 $[a,c]$ 上用拉格朗日中值定理得,存在 $\xi\in(a,c)\subset(a,b)$,使
$$f'(\xi)=\frac{f(c)-f(a)}{c-a}<0.$$

类似地可以证明:在所设条件下,存在 $\eta\in(a,b)$,使 $f'(\eta)>0$.请读者自己证明这一点.

20. 用罗尔定理证明:

(1) $f(x)=(x+1)x(x-2)(x-3)$,则 $f'(x)=0$ 恰有三个实根.

(2) $e^x=ax+b$ 不可能有三个实根(其中 a,b 为常数),并说明这一事实的几何意义.

(3) 方程 $4ax^3+3bx^2+2cx=a+b+c$(其中 a,b,c 为常数,且 $a>0$)在 $(0,1)$ 至少有一个实根.

(4) $x-m-q\sin x=0$ 恰有一个实根,其中 m,q 为常数,
$$0<q<1.$$

证 (1) 因 $f(x)$ 可微且
$$f(-1) = f(0) = f(2) = f(3) = 0,$$
由罗尔定理知,存在 $-1<x_1<0, 0<x_2<2, 2<x_3<3$ 使得
$$f'(x_1) = f'(x_2) = f'(x_3) = 0,$$
即 $f'(x)=0$ 至少有三个实根. 又因 $f'(x)$ 是三次多项式,它至多有三个实根,故 $f'(x)=0$ 恰有三个实根.

(2) 令 $g(x)=e^x-(ax+b)$. 设 $g(x)$ 有三个实根,按大小顺序设为
$$x_1 < x_2 < x_3,$$
由罗尔定理,则存在 $\xi_i (i=1,2)$ 满足
$$x_1 < \xi_1 < x_2 < \xi_2 < x_3,$$
使得
$$g'(\xi_1) = g'(\xi_2) = 0.$$
对 $g'(x)$ 再用罗尔定理,则存在 η 满足
$$\xi_1 < \eta < \xi_2,$$
使得 $g''(\eta)=0$. 但是
$$g''(x) = e^x > 0,$$
这便矛盾了. 因此 $g(x)$ 不可能有三个实根.

$g(x)=0$ 的根即曲线 $y=e^x$ 与直线 $y=ax+b$ 的公共点的横坐标, $g(x)=0$ 不可能有三个实根即至多有两个实根的几何意义是:曲线 $y=e^x$ 与直线 $y=ax+b$ 只有如图 3.12 所示的三种情形.

(3) 令 $f(x)=4ax^3+3bx^2+2cx-(a+b+c)$, 即要证 $f(x)$ 在 $(0,1)$ 至少有一个实根.

$f(x)$ 是 $F(x)=ax^4+bx^3+cx^2-(a+b+c)x$ 的导函数, 即 $F'(x)=f(x)$, 又 $F(0)=F(1)=0$, 对 $F(x)$ 利用罗尔定理得,存在 $\xi \in (0,1)$ 使得
$$F'(\xi) = f(\xi) = 0,$$
即 $f(x)$ 在 $(0,1)$ 至少有一个实根.

(4) 令 $h(x)=x-m-q\sin x$, 首先利用连续函数的中间值定理证明 $h(x)=0$ 存在实根.

由于 $\lim\limits_{x \to -\infty} h(x) = -\infty$ 及 $\lim\limits_{x \to +\infty} h(x) = +\infty$, 故可取 $a,b,a<b$ 使

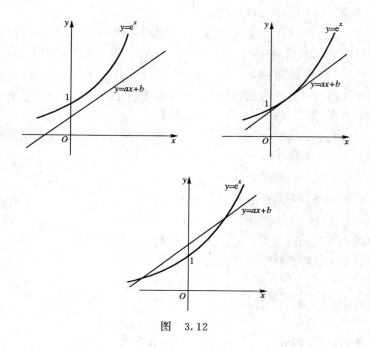

图 3.12

得
$$h(a) < 0, \quad h(b) > 0.$$
又因 $h(x)$ 在 $[a,b]$ 连续,由连续函数中间值定理知,存在 $c \in (a,b)$,使得 $h(c)=0$,即 $h(x)$ 至少有一个根.

再求导得
$$h'(x) = 1 - q\cos x > 0,$$
即 $h(x)$ 是严格单调上升函数,因此它只能有一个实根.

*21. 若常数 $a_0, a_1, \cdots, a_{n-1}, a_n$ 满足
$$\frac{a_n}{n+1} + \frac{a_{n-1}}{n} + \cdots + \frac{a_1}{2} + a_0 = 0,$$
证明:方程
$$a_n x^n + a_{n-1} x^{n-1} + \cdots + a_1 x + a_0 = 0$$
在区间 $(0,1)$ 内至少有一个实根.

证 将欲证之方程的左端看成某个函数 $F(x)$ 的导函数,就可利

用罗尔定理. 故考虑函数
$$F(x) = \frac{a_n}{n+1}x^{n+1} + \frac{a_{n-1}}{n}x^n + \cdots + \frac{a_1}{2}x^2 + a_0x,$$
显然 $F(x)$ 在区间 $[0,1]$ 上连续,在 $(0,1)$ 内可微,且由所给条件有 $F(0)=F(1)=0$. 于是由罗尔定理知,至少存在一点 $c \in (0,1)$,使 $F'(c)=0$,即
$$a_n c^n + a_{n-1} c^{n-1} + \cdots + a_1 c + a_0 = 0.$$

*22. 设函数 $f(x)$ 在 $(-\infty, +\infty)$ 上可导,证明:$f(x)$ 的两个相异零点之间一定有函数 $[f(x)+f'(x)]$ 的零点.

证 任意取定 $f(x)$ 的两个相异零点 x_1, x_2,即 $f(x_1)=f(x_2)=0$. 不妨设 $x_1 < x_2$,要证在区间 (x_1, x_2) 内必有函数 $[f(x)+f'(x)]$ 的零点. 我们不能直接应用罗尔定理,因为 $f(x)+f'(x)$ 不是 $f(x)$ 的导数. 现构造一个函数 $F(x)$,使得 $F(x)$ 与 $f(x)$ 有相同的零点,$F'(x)$ 与 $f(x)+f'(x)$ 有相同的零点. 不难看出,$F(x)=\mathrm{e}^x f(x)$ 就具有这个性质,故考虑函数 $F(x)=\mathrm{e}^x \cdot f(x)$. 由于 $f(x)$ 在 $(-\infty, +\infty)$ 上可导,因而 $F(x)$ 在 $[x_1, x_2]$ 上连续,在 (x_1, x_2) 内可导,且 $F(x_1)=F(x_2)=0$. 由罗尔定理,存在 $c \in (x_1, x_2)$,使 $F'(c)=0$. 而 $F'(x)=\mathrm{e}^x[f(x)+f'(x)]$,又对任意实数 c,$\mathrm{e}^c \neq 0$,故由 $F'(c)=0$ 即推出 $f(c)+f'(c)=0$. 故在 (x_1, x_2) 内必有 $f(x)+f'(x)=0$ 的根.

*23. 设函数 $y=f(x)$ 在 $[a,b]$ 上连续,在 (a,b) 内可微,且 $f(a)=f(b)=0$. 证明:方程
$$\sin x \cdot f(x) + f'(x) = 0$$
在 (a,b) 内一定有解.

证 考虑函数 $F(x)=\mathrm{e}^{-\cos x} f(x)$. 由所给条件知,$F(x)$ 在 $[a,b]$ 上连续,在 (a,b) 内可微,且 $F(a)=F(b)=0$. 由罗尔定理知,存在一点 $c \in (a,b)$,使 $F'(c)=0$,而
$$F'(x) = (\sin x f(x) + f'(x))\mathrm{e}^{-\cos x},$$
由 $\mathrm{e}^{-\cos x} \neq 0$(对任意实数 x),故 $F'(c)=0$ 即意味着
$$\sin c \cdot f(c) + f'(c) = 0.$$

*24. 设函数 $f(x)$ 在 $[a,b]$ 上有 n 阶导数,且
$$f(a) = f'(a) = \cdots = f^{(n-1)}(a) = 0,$$

$$f(b) = f'(b) = \cdots = f^{(n-1)}(b) = 0.$$

证明：函数 $f^{(n)}(x) - f(x)$ 在 $[a,b]$ 内有根.

证 考虑函数

$$F(x) = e^{-x}(f(x) + f'(x) + \cdots + f^{(n-1)}(x)).$$

由所给条件知，$F(x)$ 在 $[a,b]$ 上连续，在 (a,b) 内可微，且 $F(a) = F(b) = 0$. 由罗尔定理知，存在 $c \in [a,b]$，使 $F'(c) = 0$. 而

$$\begin{aligned}F'(x) &= e^{-x}\{(-1)(f(x) + f'(x) + \cdots + f^{(n-1)}(x)) \\ &\quad + f'(x) + f''(x) + \cdots + f^{(n)}(x)\} \\ &= e^{-x}(f^{(n)}(x) - f(x)).\end{aligned}$$

由于 $e^{-x} \neq 0$ 对任意实数 x，故 $F'(c) = 0$ 即意味着

$$f^{(n)}(c) - f(c) = 0.$$

评注 以上三题的证明方法的共同点是，构造一个辅助函数 $F(x) = e^{\varphi(x)} \cdot g(x)$（在以上三题中，$\varphi(x)$ 分别为 $x, -\cos x, -x$，$g(x)$ 分别为 $f(x), f(x), f(x) + f'(x) + \cdots + f^{(n-1)}(x)$），再对 $F(x)$ 在 $[a,b]$ 上利用罗尔定理的结论，即能推得欲证之结论.

25. 设 $f(x)$ 在 $[a,b]$ 上连续，在 (a,b) 内可导，且 $f(x)$ 不是线性函数. 证明：存在 $c \in (a,b)$，使

$$|f'(c)| > \frac{|f(b) - f(a)|}{b - a}. \tag{1.5}$$

分析 本题的几何意义是：在曲线段 $y = f(x)(a \leqslant x \leqslant b)$ 上存在一点 $C(c, f(c))$，使过 C 点的切线斜率的绝对值大于两端点连线的斜率的绝对值.

证 考虑函数

$$F(x) = f(x) - f(a) - \frac{f(b) - f(a)}{b - a}(x - a), \quad a \leqslant x \leqslant b.$$

显然有 $F(a) = F(b) = 0$，且 $F(x)$ 在 $[a,b]$ 上不恒为零（否则 $f(x) \equiv f(a) + \frac{f(b) - f(a)}{b - a}(x - a)$，与"$f(x)$ 不是线性函数"矛盾）. 不妨设在点 $d \in (a,b)$ 处 $F(d) < 0$（参见图 3.13）. 在区间 $[a,d]$ 及 $[d,b]$ 上分别用拉格朗日中值定理知，存在 $c_1 \in (a,d)$ 使

$$F'(c_1) = \frac{F(d) - F(a)}{d - a} < 0,$$

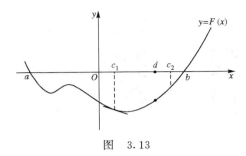

图 3.13

存在 $c_2 \in (d,b)$ 使
$$F'(c_2) = \frac{F(b) - F(d)}{b - d} > 0.$$

而
$$F'(x) = f'(x) - \frac{f(b) - f(a)}{b - a},$$

故 $F'(c_1) < 0$ 与 $F'(c_2) > 0$ 即是

$$f'(c_1) < \frac{f(b) - f(a)}{b - a}, \tag{1.6}$$

与
$$f'(c_2) > \frac{f(b) - f(a)}{b - a}. \tag{1.7}$$

下面分三种情况讨论：

(i) 当 $f(a) = f(b)$ 时,由(1.7)式知 $f'(c_2) > 0$. 故取 $c = c_2$, (1.5)即成立.

(ii) 当 $f(a) > f(b)$ 时, $\dfrac{f(b)-f(a)}{b-a} < 0$,这时由(1.6)式知
$$|f'(c_1)| > \left|\frac{f(b) - f(a)}{b - a}\right|,$$

故取 $c = c_1$,(1.5)式即成立.

(iii) 当 $f(a) < f(b)$ 时, $\dfrac{f(b)-f(a)}{b-a} > 0$,这时由(1.7)式知
$$|f'(c_2)| > \left|\frac{f(b) - (a)}{b - a}\right|,$$

故取 $c = c_2$,(1.5)式即成立.

*26. 设 $f(x)$ 在 $[0, +\infty)$ 上有连续导数,且 $f'(x) \geqslant k > 0, f(0) < 0$. 证明: $f(x)$ 在 $(0, +\infty)$ 内有且仅有一个实根.

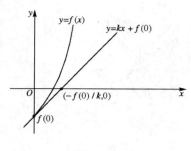

图 3.14

分析 由于 $f'(x) \geqslant k > 0$,说明 $f(x)$ 严格单调上升,且上升速率大于一个固定的常数 k,故当 x 大到一定程度时,$f(x)$ 就将大于 0. 如由图 3.14 看出,过点 $(0, f(0))$ 且斜率为 k 的直线
$$y = kx + f(0)$$
与 x 轴的交点为 $(-f(0)/k, 0)$,故当 $x > -f(0)/k$ 时,就有 $f(x) > 0$. 再利用连续函数的介值定理,便可得证.

证 取 $x_0 = -2f(0)/k$,由微分中值定理有
$$f(x_0) - f(0) = f'(c) x_0 \geqslant k x_0 = -2f(0),$$
由此得 $f(x_0) \geqslant -f(0) > 0$. 由连续函数的介值定理,在区间 $(0, x_0)$ 内必存在一点 c,使 $f(c) = 0$. 又由于 $f(x)$ 在区间 $[0, +\infty)$ 内严格单调上升,故在 $[0, +\infty)$ 内只有惟一的实根 $x = c$.

*27. 若多项式 $P(x) - a$ 与 $P(x) - b$ 的全部根都是单实根,其中常数 $a < b$. 证明:对任意常数 $c \in (a, b)$,多项式 $P(x) - c$ 的根也全都是单实根.

分析 从直观上看(见图 3.15),在 $P(x) - a$ 与 $P(x) - b$ 的对应根之间,必有 $P(x) - c$ 的一个根. 故 $P(x) - c$ 与 $P(x) - a$ 有相同的根数.

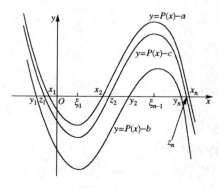

图 3.15

证 设 $P(x)$ 为 n 次多项式,由假设, $P(x)-a$ 与 $P(x)-b$ 都有 n 个单根. 由罗尔定理,它们的导函数 $P'(x)$ 有 $(n-1)$ 个单根,记 $P'(x)=0$ 的 $(n-1)$ 个根为 $\xi_1,\xi_2,\cdots,\xi_{n-1}$,并设 $\xi_1<\xi_2<\cdots<\xi_{n-1}$. 由罗尔定理知, $P_n(x)-a$ 的两相邻根之间必有一个 ξ_i, $P(x)-b$ 的两相邻根之间也是如此. 因此, $P(x)-a$ 的根与 $P(x)-b$ 的根为 ξ_1, $\xi_2,\cdots,\xi_{n-1}$ 所隔离. 换句话说,若 $x_1<x_2<\cdots<x_n$ 为 $P(x)-a$ 的根,而 $y_1<y_2<\cdots<y_n$ 为 $P(x)-b$ 的根,那么 x_i 与 $y_i(i=2,\cdots,n-1)$ 一定都落在区间 (ξ_{i-1},ξ_i) 内,而 $x_1,y_1\in(-\infty,\xi_1)$, $x_n,y_n\in(\xi_{n-1},+\infty)$ (参见图 3.14). 也就是说,整个数轴被 $\xi_1,\xi_2,\cdots,\xi_{n-1}$ 分成 n 个区间,在每一个区间包含 $P(x)-a$ 与 $P(x)-b$ 的各一个根. 再证明:在 x_i 与 $y_i(i=1,2,\cdots,n)$ 之间必有 $P(x)-c$ 的一个根. 事实上,令 $f(x)=P(x)-c$,则

$$f(x_i)=P(x_i)-c=a-c<0,$$
$$f(y_i)=P(y_i)-c=b-c>0.$$

由连续函数的介值定理,在 x_i 与 y_i 之间必存在 $z_i(i=1,2,\cdots,n)$,使 $f(z_i)=0$,即 $P(z_i)=c$. 故 $P(x)-c$ 至少有 n 个根 $z_1,z_2,\cdots,z_n$. 又 $P(x)-c$ 是 n 次多项式,它最多有 n 个根,综合起来, $P(x)-c$ 恰有 n 个不同的根,且都是单根.

*28. 设函数 $u(x)$ 与 $v(x)$ 以及它们的导函数 $u'(x)$ 与 $v'(x)$ 在区间 $[a,b]$ 内都连续,且 $uv'-u'v$ 在 $[a,b]$ 上恒不为零. 证明:在 $u(x)$ 的相邻两根之间必有 $v(x)$ 的一个根. 反之也对.

证 设 $x_1,x_2\in[a,b]$ 是 $u(x)$ 的相邻两根,不妨设 $x_1<x_2$. 由条件 $uv'-u'v$ 恒不为零可推出 $v(x_1)\neq 0, v(x_2)\neq 0$ (否则 $uv'-u'v$ 在 x_1 与 x_2 处等于零). 现在证明:在 (x_1,x_2) 内必有 $v(x)$ 的根. 用反证法. 若在 (x_1,x_2) 内 $v(x)\neq 0$,则函数 $g(x)=\dfrac{u(x)}{v(x)}$ 在区间 $[x_1,x_2]$ 上连续,在 (x_1,x_2) 内可导,且 $g(x_1)=g(x_2)=0$,由罗尔定理,存在 $c\in(x_1,x_2)$,使

$$g'(c)=\frac{u'(c)v(c)-u(c)v'(c)}{v^2(c)}=0,$$

即 $\qquad u(c)v'(c)-u'(c)v(c)=0.$

这与 $uv'-u'v$ 恒不为零矛盾. 同理可证在 $v(x)$ 的两相邻根之间也必

有 $u(x)$ 的根.

本题的结论说明, $u(x)$ 与 $v(x)$ 的根是互相交替出现的. 显然 $\sin x$ 与 $\cos x$ 满足本题的条件.

*29. 设 $f(x)$ 在 $[a,+\infty)$ 上连续, 在 $(a,+\infty)$ 内可导, 且 $\lim\limits_{x\to+\infty}f(x)=f(a)$. 证明: 存在 $c\in(a,+\infty)$, 使 $f'(c)=0$.

解释 从直观上看, 若 $f(x)$ 在 $[a,+\infty)$ 上是常数函数, 则 $(a,+\infty)$ 内任一点都可取作 c. 若 $f(x)$ 非常数函数, 即存在 $x_0\in(a,+\infty)$ 使 $f(x_0)\neq f(a)$. 不妨设 $f(x_0)>f(a)$, 则对任意取定的数 $\eta\in(f(a),f(x_0))$, 在 $(a,+\infty)$ 内必存在两点 x_1 与 x_2, 使 $f(x_1)=f(x_2)=\eta$ (见图 3.16). 再在区间 $[x_1,x_2]$ 内用罗尔定理即可得证.

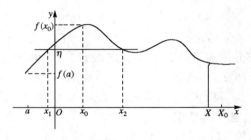

图 3.16

证 若对一切 $x\in[a,+\infty)$, $f(x)\equiv f(a)$, 则结论成立. 若 $f(x)\not\equiv f(a)$, 即存在 $x_0>a$, 使 $f(x_0)\neq f(a)$, 不妨设 $f(a)<f(x_0)$. 任意取定一个 η: $f(a)<\eta<f(x_0)$, 由于 $f(x)$ 在区间 $[a,x_0]$ 上连续, 由连续函数的介值定理, 必存在 $x_1\in(a,x_0)$, 使 $f(x_1)=\eta$. 又由于 $\lim\limits_{x\to+\infty}f(x)(=f(a))<\eta$, 故存在 $X>0$, 使当 $x>X$ 时 $f(x)<\eta$, 现取定一个 $X_0\in(X,+\infty)$, 便有 $f(X_0)<\eta$. 再在区间 $[x_0,X_0]$ 上用连续函数的介值定理, 必存在 $x_2\in(x_0,X_0)$, 使 $f(x_2)=\eta$, 于是有 $f(x_1)=f(x_2)$. 在区间 $[x_1,x_2]$ 上用罗尔定理, 便知存在 $c\in(x_1,x_2)\subset(a,+\infty)$, 使 $f'(c)=0$.

评注 本例可看作罗尔定理的推广(将有穷区间 $[a,b]$ 推广至无穷区间$[a,+\infty)$上).证明要点：

(1) 若$\lim\limits_{x\to+\infty}f(x)$存在且$\lim\limits_{x\to+\infty}f(x)<\eta$,则存在充分大的正数$X_0$,使$f(X_0)<\eta$.

(2) 利用连续函数的介值定理.

*30. 设函数$f(x)$在$(-\infty,+\infty)$内可导,$\lim\limits_{x\to+\infty}f(x)$与$\lim\limits_{x\to-\infty}f(x)$都存在且
$$\lim_{x\to+\infty}f(x)=\lim_{x\to-\infty}f(x).$$
证明：必存在一点$c\in(-\infty,+\infty)$,使$f'(c)=0$.

证 令$\lim\limits_{x\to+\infty}f(x)=\lim\limits_{x\to-\infty}f(x)=l$.

若$f(x)\equiv l\,(-\infty<x<+\infty)$,则$(-\infty,+\infty)$内任一点都可作为$c$.若$f(x)\not\equiv l$,必存在$x_0\in(-\infty,+\infty)$,使$f(x_0)\neq l$.不妨设$f(x_0)>l$,任意取定一个数$\eta$:$l<\eta<f(x_0)$,由于$\lim\limits_{x\to+\infty}f(x)<\eta$,必存在充分大的正数$A_1$,使$f(A_1)<\eta$.由$f(x)$在区间$[x_0,A_1]$上连续,由连续函数的介值定理,必存在$x_2\in(x_0,A_1)$,使$f(x_2)=\eta$(见图3.17).同理,由于$\lim\limits_{x\to-\infty}f(x)<\eta$,必存在绝对值充分大的负数$A_2$,使$f(A_2)<\eta$,故在区间$[A_2,x_0]$上必存在$x_1$,使$f(x_1)=\eta$(见图3.17).再在区间$[x_1,x_2]$上用罗尔定理,即可得存在$c\in[x_1,x_2]$,使
$$f'(c)=0.$$

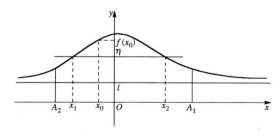

图 3.17

*31. 设有方程$x^n+nx-1=0$,其中n为正整数.证明此方程存在

惟一正根 x_n，并求 $\lim\limits_{n\to\infty} x_n$.

证 先证正根 x_n 的存在惟一性，并估计 x_n.

令 $f_n(x)=x^n+nx-1\ (x>0)$，则
$$f_n'(x) = nx^{n-1} + n > 0 \quad (x>0),$$
$f_n(x)$ 在 $[0,+\infty)$ 严格单调上升. 又
$$f_n(0) = -1 < 0, \quad f_n\left(\frac{1}{n}\right) = \left(\frac{1}{n}\right)^n > 0,$$
由连续函数的零点存在定理知，存在 $x_n \in \left(0, \dfrac{1}{n}\right)$，$f_n(x_n)=0$. 由于 $f_n(x)$ 在 $[0,+\infty)$ 严格单调上升，故 $f_n(x)$ 在 $[0,+\infty)$ 存在惟一正根 x_n，由于有了 x_n 的估计式
$$0 < x_n < \frac{1}{n},$$
因此
$$\lim_{n\to+\infty} x_n = 0.$$

*32. 证明：当 $x \geqslant 0$ 时，等式
$$\sqrt{x+1} - \sqrt{x} = \frac{1}{2\sqrt{x+\theta(x)}} \tag{1.8}$$
中的 $\theta(x)$ 满足：$1/4 \leqslant \theta(x) \leqslant 1/2$，且
$$\lim_{x\to 0} \theta(x) = 1/4, \quad \lim_{x\to+\infty} \theta(x) = 1/2.$$

证 由 (1.8) 式可解出
$$\theta(x) = \frac{1}{4}(1 + 2\sqrt{x(x+1)} - 2x). \tag{1.9}$$
当 $x \geqslant 0$ 时 $\sqrt{x(x+1)} > x$，故由上式即可看出 $\theta(x) \geqslant \dfrac{1}{4}$. 又任意两正数的几何平均值小于等于其算术平均值，故有
$$\sqrt{x(x+1)} \leqslant \frac{x+(x+1)}{2} = x + \frac{1}{2},$$

代入(1.9)式即得 $\theta(x) \leqslant \dfrac{1}{2}$. 又由(1.9)式即可得 $\lim\limits_{x\to 0}\theta(x)=1/4$. 注意

$$\lim_{x\to +\infty}(\sqrt{x(x+1)}-x) = \lim_{x\to +\infty}\dfrac{x(x+1)-x^2}{\sqrt{x(x+1)}+x}$$
$$= \lim_{x\to +\infty}\dfrac{x}{\sqrt{x(x+1)}+x} = \dfrac{1}{2}.$$

再由(1.9)式即可得 $\lim\limits_{x\to +\infty}\theta(x)=1/2$.

本 节 小 结

1. 记住并理解罗尔定理,拉格朗日定理以及柯西定理的条件及结论.

2. 了解并能灵活运用微分学中值定理的一些直接应用:

(1) 证明函数恒等式

若 $f(x),g(x)$ 在 $[a,b]$ 连续,在 (a,b) 可微且 $f'(x)=g'(x)(x\in(a,b))$,又存在 $x_0\in[a,b]$ 使 $f(x_0)=g(x_0)$,则在 $[a,b]$ 上
$$f(x)\equiv g(x).$$

(2) 证明函数不等式

直接利用微分中值定理或柯西中值定理证明不等式:

将欲证的不等式变形,使之化成

$$A<\dfrac{f(b)-f(a)}{b-a}<B \quad \left(\text{或}\ A<\dfrac{f(b)-f(a)}{g(b)-g(a)}<B\right)$$

的形式,且其中 $f(x)$(或 $f(x)$ 与 $g(x)$)在区间 $[a,b]$ 上满足拉格朗日中值定理(或柯西中值定理)的条件. 再证对一切 $x\in(a,b)$,有

$$A<f'(x)<B \quad \left(\text{或}\ A<\dfrac{f'(x)}{g'(x)}<B\right).$$

于是利用拉格朗日中值定理(或柯西中值定理)即可得证.

(3) 讨论函数的零点

① 如果 $f(x)$ 在区间 $[a,b]$ 上满足罗尔定理的条件,则可由罗尔

定理证明 $f'(x)$ 在 (a,b) 内存在零点.

② 如果存在 $F(x)$, $F'(x)=f(x)$, 又 $F(x)$ 在 $[a,b]$ 上满足罗尔定理的条件,则可由罗尔定理证明 $f(x)$ 在 (a,b) 内存在零点.

③ 如果 $f(x)$ 有零点,又 $f(x)$ 单调,则 $f(x)$ 只能有一个零点.

具体做题时,可根据这些原理,选择适当的辅助函数.

练 习 题 3.1

3.1.1 下列函数在所给区间上是否满足罗尔定理的条件?若满足,在相应的开区间上求出 ξ,使 $f'(\xi)=0$:

(1) $f(x)=x^{\frac{4}{5}}+x^{\frac{2}{3}}+1$, $x\in[-2,2]$;

(2) $f(x)=|x^2-4|$, $x\in[0,2\sqrt{2}]$;

(3) $f(x)=|x^2-4|$, $x\in[0,1]$;

(4) $f(x)=\dfrac{x^2-3x-4}{x-5}$, $x\in[-1,4]$.

3.1.2 写出下列函数在所给区间上的拉格朗日中值公式,并求出中值公式中的 ξ:

(1) $f(x)=x^2+1$, $x\in[0,2]$;

(2) $f(x)=px^2+qx+r$, $x\in[a,b]$.

3.1.3 写出函数 $f(x)=x^2+2x-3$ 和 $g(x)=x^2-4x+6$ 在区间 $[0,1]$ 上的柯西中值公式,并求出公式中的 ξ.

3.1.4 证明:当 $x>0$ 时,$e^x\geqslant 2x+2(1-\ln 2)$.

3.1.5 设 $f(x)$ 在 $[0,1]$ 上连续,在 $(0,1)$ 内二阶可导,过点 $(0,f(0))$ 与 $(1,f(1))$ 的直线与曲线 $y=f(x)$ 相交于点 $(c,f(c))$,$0<c<1$. 证明:存在 $\xi\in(0,1)$,使 $f''(\xi)=0$.

§2 函数的单调性、极值、最值问题

内 容 提 要

1. 利用导数判断函数的单调性

设 $f(x)$ 在 $[a,b]$ 连续,在 (a,b) 可导,则

$f(x)$ 在 $[a,b]$ 单调上升(下降) $\Longleftrightarrow$ 在 (a,b) 上 $f'(x)\geqslant 0$ ($\leqslant 0$).

$f(x)$ 在 $[a,b]$ 上严格单调上升(下降) $\Longleftrightarrow$ 在 (a,b) 上 $f'(x)\geqslant 0$ ($\leqslant 0$),且在 (a,b) 的任意小区间上 $f'(x)\not\equiv 0$.

2. 极值点的必要条件与充分条件

如果函数 $f(x)$ 在点 x_0 处的函数值大于(小于)或等于在 x_0 附近的点 x 处的函数值，即 $f(x_0) \geqslant f(x)$ ($f(x_0) \leqslant f(x)$)，我们就说 $f(x)$ 在 x_0 有一个极大(小)值 $f(x_0)$，而称 x_0 为 $f(x)$ 的一个极大(小)值点。极大值点和极小值点统称为**极值点**。

费马定理(极值点的必要条件)：设 x_0 是 $f(x)$ 的一个极值点，且 $f'(x_0)$ 存在，则 $f'(x_0) = 0$。

取极值的第一充分条件：设 $f(x)$ 在 x_0 的某一邻域 $(x_0-\delta, x_0+\delta)$ 连续，在此邻域内(可以除 x_0 外)可导，若

$$f'(x) > 0 \ (<) \ (x \in (x_0-\delta, x_0)),$$
$$f'(x) < 0 \ (>) \ (x \in (x_0, x_0+\delta))$$

则 x_0 是 $f(x)$ 的一个极大值(极小值)点。若 $f'(x)$ 在 x_0 两侧不变号，则 x_0 不是 $f(x)$ 的极值点。

取极值的第二充分条件：设 $f(x)$ 在 x_0 的某邻域可导，$f'(x_0) = 0$ 且 $f''(x_0)$ 存在。

$$\text{若 } f''(x_0) \begin{cases} < 0, & \text{则 } x_0 \text{ 是 } f(x) \text{ 的极大值点}, \\ > 0, & \text{则 } x_0 \text{ 是 } f(x) \text{ 的极小值点}, \\ = 0, & \text{不能判断}. \end{cases}$$

3. 函数的最大、最小值问题

如果函数 $f(x)$ 在点 x_1 处的函数值大于(小于)或等于在区间 $[a,b]$ 上其他所有点 x 处的函数值，即

$$f(x_1) \geqslant f(x) \ (f(x_1) \leqslant f(x)), \quad x \in [a,b],$$

则称 $f(x_1)$ 是 $f(x)$ 在区间 $[a,b]$ 上的**最大(小)值**，而称 x_1 为 $f(x)$ 的**最大(小)值点**。

极值是函数的一个局部的概念，而最大、最小值却是一个整体的概念。

最大、最小值点与极值点的关系

若最大值点或最小值点在区间内部，则它必定是极值点，若最值点是区间端点则它不是极值点。反之，极值点不一定是最大或最小值点。

为求函数 $f(x)$ 在区间 $[a,b]$ 上的最大(小)值，只要把函数的全部极大(小)值与端点的函数值 $f(a), f(b)$ 作比较，其中最大(小)的值就是函数在区间 $[a,b]$ 上的最大(小)值。有一个特别简单的情况，就是当连续函数 $f(x)$ 在区间 (a,b) 内只有一个极值 $f(x_0)$ 时，若 $f(x_0)$ 是极大(小)值，则它也就是 $f(x)$ 在 $[a,b]$ 上的最大(小)值，无须再与端点的函数值比较。

关于函数 $y = f(x)$ 的最大值和最小值的存在性。

设 $f(x)$ 在 $[a,b]$ 上连续,则 $f(x)$ 在 $[a,b]$ 上一定存在最大值和最小值. 在开区间上的连续函数不一定有最大值或最小值,但以下两个结论是直观的.

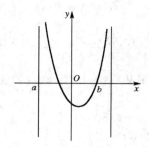

图 3.18

设 $f(x)$ 在 (a,b) 连续,又
$$\lim_{x\to a+0} f(x) = \lim_{x\to b-0} f(x) = +\infty(-\infty),$$
则 $f(x)$ 在 (a,b) 存在最小值(最大值),不存在最大值(最小值),见图 3.18.

典型例题分析

1. 求下列函数的单调性区间与极值点:

(1) $y = e^x \sin x$;　　(2) $y = \sqrt[3]{(2x-a)(a-x)^2}$ $(a>0)$.

解 利用一阶导数的正、负号可求出单调性区间. 在求单调性区间的同时,我们可以得到极值点.

(1) 先求 y'.

$$y' = e^x(\sin x + \cos x) = \sqrt{2}\, e^x \left(\sin x \cos\frac{\pi}{4} + \cos x \sin\frac{\pi}{4}\right)$$
$$= \sqrt{2}\, e^x \sin\left(x + \frac{\pi}{4}\right).$$

当 $2k\pi - \dfrac{\pi}{4} < x < (2k+1)\pi - \dfrac{\pi}{4}$ 时 $y'>0$,y 严格单调上升;当 $(2k+1)\pi - \dfrac{\pi}{4} < x < (2k+2)\pi - \dfrac{\pi}{4}$ 时 $y'<0$,y 严格单调下降,其中 $k=0,\pm 1,\pm 2,\cdots$.

由上述单调性分析知,$x = 2k\pi - \dfrac{\pi}{4}$ 是极小值点,$x = 2k\pi + \dfrac{3}{4}\pi$ 是极大值点.

(2) 先求 y'.

$$y' = \frac{2}{3}[(2x-a)(a-x)^2]^{-2/3}(a-x)(2a-3x).$$

于是,当 $x \in \left(-\infty, \frac{a}{2}\right), \left(\frac{a}{2}, \frac{2a}{3}\right)$ 时 $y'>0$,当 $x \in \left(\frac{2a}{3}, a\right)$ 时 $y'<0$,当 $x \in (a, +\infty)$ 时 $y'>0$. 又 $y(x)$ 在 $(-\infty, +\infty)$ 连续. 因此,在 $\left(-\infty, \frac{2a}{3}\right), (a, +\infty)$ 上 y 严格单调上升,在 $\left(\frac{2a}{3}, a\right)$ 上 y 严格单调下降.

由上述单调性分析知,$x = \frac{2a}{3}$ 是极大值点,$x = a$ 是极小值点.

2. 设函数 $f(x)$ 在 $[a,b]$ 上连续,在 (a,b) 内可导,且 $f(a)>0$;当 $a<x<b$ 时,$f'(x)>0$. 证明:当 $a \leqslant x \leqslant b$ 时,$f(x)>0$.

证 由所设条件知 $f(x)$ 在 $[a,b]$ 上单调上升,故对一切 $a \leqslant x \leqslant b$,都有 $f(x) \geqslant f(a) > 0$. 证毕.

评注 从本题可得到利用单调性证明不等式的一个方法:若要证在 $[a,b]$ 上连续函数 $f(x) \geqslant 0$,只要证明在 (a,b) 内 $f'(x)>0$ 且在左端点 a 处的函数值大于或等于 0,即 $f(a) \geqslant 0$(或证明在 (a,b) 内 $f'(x)<0$ 且 $f(b) \geqslant 0$).

3. 证明下列不等式:

(1) 当 $x > 110$ 时,$x^2 - 1000 > 100x$;

(2) 当 $0 < x < \frac{\pi}{2}$ 时,$\sin x > \frac{2}{\pi}x$;

(3) 当 $x > 1$ 时,$\ln x < \sqrt{x} - \frac{1}{\sqrt{x}}$;

(4) 当 $x > 1$ 时,$\ln x > \frac{2(x-1)}{x+1}$;

(5) 当 $0 < x < \frac{\pi}{2}$ 时,$\tan x + 2\sin x > 3x$.

证 利用上面所说的方法作证明,为此需要引进相应的函数 $f(x)$.

(1) 令 $f(x) = x^2 - 1000 - 100x, x > 110$.

$f(x)$ 在 $[110, +\infty)$ 上连续,求导得 $f'(x) = 2x - 100 > 0$,当 $x > 110$ 时. 故当 $x > 110$ 时 $f(x)$ 严格单调递增. 又 $f(110) = 100 > 0$,故

当 $x>110$ 时 $f(x)>0$，即 $x^2-1000>100x$.

(2) **证法 1** 考虑函数
$$f(x)=\frac{\sin x}{x} \quad \left(0<x\leqslant\frac{\pi}{2}\right),$$
$f(x)$ 在 $\left(0,\frac{\pi}{2}\right]$ 上连续，求导得
$$f'(x)=\frac{x\cos x-\sin x}{x^2}=\frac{\cos x(x-\tan x)}{x^2}<0 \quad \left(0<x<\frac{\pi}{2}\right).$$
故 $f(x)$ 在区间 $\left(0,\frac{\pi}{2}\right]$ 上严格单调递减，因而当 $0<x<\frac{\pi}{2}$ 时，
$$f(x)>f\left(\frac{\pi}{2}\right)=\frac{2}{\pi}, \quad 即 \quad \sin x>\frac{2}{\pi}x.$$

证法 2 令
$$f(x)=\sin x-2/\pi x, \quad 0\leqslant x\leqslant\pi/2.$$
求导得 $f'(x)=\cos x-2/\pi$，可见
$$f'(x)\begin{cases}>0, & 当 0\leqslant x<\arccos 2/\pi 时, \\ <0, & 当 \arccos 2/\pi<x\leqslant\pi/2 时.\end{cases}$$
故当 $x\in\left[0,\arccos\frac{2}{\pi}\right]$ 时，$f(x)$ 严格单调递增，因而当 $0<x\leqslant$ $\arccos\frac{2}{\pi}$ 时便有 $f(x)>f(0)=0$，而当 $x\in\left[\arccos\frac{2}{\pi},\frac{\pi}{2}\right]$ 时，$f(x)$ 严格单调递减，因而当 $\arccos\frac{2}{\pi}\leqslant x<\frac{\pi}{2}$ 时便有 $f(x)>f\left(\frac{\pi}{2}\right)=0$. 总之，当 $x\in\left(0,\frac{\pi}{2}\right)$ 时，有 $f(x)>0$，即 $\sin x>\frac{2}{\pi}x$.

(3) 令
$$f(x)=\ln x-\sqrt{x}+\frac{1}{\sqrt{x}}, \quad x>1.$$
$f(x)$ 在 $[1,+\infty)$ 上连续，求导得
$$f'(x)=\frac{1}{x}-\frac{1}{2\sqrt{x}}-\frac{1}{2x\sqrt{x}}$$
$$=-\frac{(\sqrt{x}-1)^2}{2x\sqrt{x}}<0, \quad x>1.$$
因而当 $x>1$ 时 $f(x)$ 严格单调下降，故对一切 $x>1$，有
$$f(x)<f(1)=0,$$

即
$$\ln x < \sqrt{x} - \frac{1}{\sqrt{x}}.$$

(4) 令
$$f(x) = \ln x - \frac{2(x-1)}{x+1}, \quad x > 1.$$
$f(x)$ 在 $[1, +\infty)$ 上连续,求导得
$$f'(x) = \frac{1}{x} - \frac{2(x+1) - 2(x-1)}{(x+1)^2}$$
$$= \frac{(x-1)^2}{x(x+1)^2} > 0, \quad x > 1.$$
因而当 $x > 1$ 时 $f(x)$ 严格单调上升,故对一切 $x > 1$,有
$$f(x) > f(1) = 0,$$
即
$$\ln x > \frac{2(x-1)}{x+1}, \quad x > 1.$$

(5) 令
$$f(x) = \tan x + 2\sin x - 3x, \quad 0 < x < \pi/2.$$
$f(x)$ 在 $[0, \pi/2]$ 上连续,求导得
$$f'(x) = \frac{1}{\cos^2 x} + 2\cos x - 3, \quad 0 < x < \frac{\pi}{2}.$$
$f'(x)$ 在 $\left[0, \frac{\pi}{2}\right)$ 上也连续. 但从上式还不易直接看出 $f'(x)$ 的正负号. 我们可以对 $f'(x)$ 再求导:
$$f''(x) = \frac{2\sin x}{\cos^3 x} - 2\sin x = 2\sin x\left(\frac{1}{\cos^3 x} - 1\right) > 0, \quad 0 < x < \frac{\pi}{2}.$$
上式说明 $f'(x)$ 在区间 $[0, \pi/2]$ 上严格单调上升,故对一切 $0 < x < \pi/2$,有 $f'(x) > f'(0) = 0$. 由此知 $f(x)$ 在 $[0, \pi/2]$ 上严格单调递增,故对一切 $0 < x < \pi/2$,有
$$f(x) > f(0) = 0, \quad 即 \quad \tan x + 2\sin x > 3x.$$

评注 从以上各例看出:要证当 $x \in (a, b)$ 时 $f(x) > 0$,只要证: $f(a) \geqslant 0$,当 $x \in (a, b)$ 时 $f'(x) > 0$,且 $f(x)$ 在 $[a, b]$ 上连续(或 $f(b) \geqslant 0$,当 $x \in (a, b)$ 时 $f'(x) < 0$,且 $f(x)$ 在 $(a, b]$ 上连续).

4. 设 $a \geqslant 3$. 证明: 当 $x > 0$ 时, $(a+x)^a < a^{a+x}$.

证 要证 $(a+x)^a < a^{a+x} (x > 0)$,只要证

即证
$$a\ln(a+x) < (a+x)\ln a,$$
$$\frac{\ln(a+x)}{a+x} < \frac{\ln a}{a} \quad (x>0).$$

考虑辅助函数
$$f(x) = \frac{\ln x}{x} \quad (x>0),$$

求导得
$$f'(x) = \frac{1-\ln x}{x^2} \quad (x>0).$$

可见当 $x>e$ 时 $f'(x)<0$,这时 $f(x)$ 严格单调下降.而由所设条件知:$e<a<a+x$,故 $f(a+x)<f(a)$.即
$$\frac{\ln(a+x)}{a+x} < \frac{\ln a}{a}.$$

5. 证明:当 $x>0$ 时,$\arctan x + \frac{1}{x} > \frac{\pi}{2}$.

证 考虑辅助函数
$$f(x) = \arctan x + \frac{1}{x} - \frac{\pi}{2},$$

求导得
$$f'(x) = \frac{1}{1+x^2} - \frac{1}{x^2} \leqslant \frac{-1}{x^2(1+x^2)} < 0,$$

所以 $f(x)$ 在 $(0,+\infty)$ 内严格单调下降.又
$$\lim_{x\to+\infty} f(x) = \frac{\pi}{2} + 0 - \frac{\pi}{2} = 0,$$

由此知当 $x>0$ 时 $f(x)>0$,移项即得欲证之不等式.

评注 这里最后一步用了下列结论:若 $f(x)$ 在 (a,b) 内严格单调下降,且
$$\lim_{x\to a+0} f(x) = A \quad (\text{或} \lim_{x\to b-0} f(x) = B),$$
则当 $x\in(a,b)$ 时 $f(x)<A$(或 $f(x)>B$).若 $f(x)$ 在 (a,b) 内严格单调上升,且
$$\lim_{x\to a+0} f(x) = A \quad (\text{或} \lim_{x\to b-0} f(x) = B),$$
则当 $x\in(a,b)$ 时 $f(x)>A$(或 $f(x)<B$)(a,b 可以是有限数,也可 $a=-\infty$ 或 $b=+\infty$).

以上利用函数的单调性证明了一些不等式,有时还可利用函数在区间上的最大值或最小值来证明不等式,其思路是:若要证一个

函数 $f(x)$ 在区间 $[a,b]$ 上大于（小于）或等于零，只要证明该函数在区间 $[a,b]$ 上的最小（大）值大于（小于）或等于零.

6. 证明下列不等式：

(1) 当 $x>0$ 时，$x^q \leqslant qx+(1-q)$，其中常数 q 满足 $0<q<1$.

(2) 当 $x>0$ 时，$x \geqslant \mathrm{e}\ln x$.

证 (1) 令
$$f(x) = x^q - qx - (1-q), \quad x > 0.$$

求导得
$$f'(x) = q(x^{q-1} - 1) \begin{cases} > 0, & 0 < x < 1, \\ = 0, & x = 1, \\ < 0, & x > 1. \end{cases}$$

可见 $x=1$ 是函数 $f(x)$ 在区间 $[0,+\infty)$ 内的惟一极值点且是极大点，因而 $x=1$ 也是 $f(x)$ 在区间 $[0,+\infty)$ 上的最大值点，故对一切 $x>0$，有 $f(x) \leqslant f(1) = 0$，即
$$x^q \leqslant qx + (1-q).$$

(2) 令
$$f(x) = x - \mathrm{e}\ln x, \quad x > 0.$$

求导得
$$f'(x) = 1 - \frac{\mathrm{e}}{x} \begin{cases} < 0, & 0 < x < \mathrm{e}, \\ = 0, & x = \mathrm{e}, \\ > 0, & x > \mathrm{e}. \end{cases}$$

可见 $x=\mathrm{e}$ 是函数 $f(x)$ 在区间 $[0,+\infty)$ 内的惟一极值点且是极小点，因而它也是 $f(x)$ 在区间 $[0,+\infty)$ 内的最小值点，故对一切 $x>0$，有 $f(x) \geqslant f(\mathrm{e}) = 0$，即
$$x \geqslant \mathrm{e}\ln x, \quad x > 0.$$

*7. 设 p,q 是大于 1 的常数，且 $\frac{1}{p}+\frac{1}{q}=1$，证明：
$$\frac{1}{p}x^p + \frac{1}{q} \geqslant x, \quad 0 < x < +\infty.$$

证 考虑辅助函数
$$f(x) = \frac{1}{p}x^p + \frac{1}{q} - x,$$

则
$$f'(x) = x^{p-1} - 1 \begin{cases} > 0, & x > 1, \\ = 0, & x = 1, \\ < 0, & x < 1. \end{cases}$$

所以 $f(x)$ 在 $x=1$ 处达到最小值(区间 $(0,+\infty)$ 内的),且 $f(1)=\frac{1}{p}+\frac{1}{q}-1=0$. 故当 $x>0$ 时 $f(x)\geqslant f(1)=0$,移项即得欲证之不等式.

*8. 证明：$\left(1+\frac{1}{x}\right)^{x+1}>e$ $(x>0)$.

证 考虑辅助函数
$$f(x)=\ln\left(1+\frac{1}{x}\right)^{x+1}=(x+1)\ln\frac{x+1}{x},$$
$$f'(x)=\ln(x+1)-\ln x+(x+1)\left[\frac{1}{x+1}-\frac{1}{x}\right]$$
$$=\ln(x+1)-\ln x-\frac{1}{x}.$$

又对任意取定的 $x>0$,考虑函数 $\ln x$ 在区间 $[x,x+1]$ 上的拉格朗日中值定理,有
$$\ln(x+1)-\ln x=\frac{1}{\xi},$$
其中 $x<\xi<x+1$,代入上式得
$$f'(x)=\frac{1}{\xi}-\frac{1}{x}<0.$$

故 $f(x)$ 在 $(0,+\infty)$ 上严格单调下降,从而 $\left(1+\frac{1}{x}\right)^{x+1}$ 在 $(0,+\infty)$ 上也严格单调下降. 又
$$\lim_{x\to+\infty}\left(1+\frac{1}{x}\right)^{x+1}=\lim_{x\to+\infty}\left(1+\frac{1}{x}\right)^{x}\cdot\lim_{x\to+\infty}\left(1+\frac{1}{x}\right)$$
$$=e\cdot 1=e,$$
所以 $\left(1+\frac{1}{x}\right)^{x+1}>e$ $(x>0)$.

9. 设 $f(x)=\ln x-\frac{x}{3}+1$,求 $f(x)$ 在区间 $(0,+\infty)$ 内的零点的个数.

解 $f(x)$ 在 $(0,+\infty)$ 内可导,且
$$f'(x)=\frac{1}{x}-\frac{1}{3}=\frac{3-x}{3x},$$
由上可看出 $x=3$ 是 $f(x)$ 在 $(0,+\infty)$ 内的惟一极值点且是极大值

点,故它就是 $f(x)$ 在 $(0,+\infty)$ 内的最大值点. 不难算出最大值为
$$f(3) = \ln 3 - 1 + 1 = \ln 3 > 0.$$
又 $\lim\limits_{x\to 0+0} f(x) = -\infty, \quad \lim\limits_{x\to +\infty} f(x) = -\infty.$
故当 $x \in (0,3)$ 时,$f(x)$ 由 $-\infty$ 严格单调上升至 $\ln 3$,因而在此区间内有一个实根;当 $x \in (3,+\infty)$ 时,$f(x)$ 由 $\ln 3$ 严格单调下降至 $-\infty$,因而在此区间内有一个实根,因此 $f(x)$ 在 $(0,+\infty)$ 内有两个零点.

*10. 设 $x > 0$ 时方程
$$ax + \frac{1}{x^2} = 1$$
只有一个解,求 a 的取值范围.

解 考虑辅助函数
$$f(x) = ax + \frac{1}{x^2} - 1 \quad (x > 0),$$
则
$$f'(x) = a - \frac{2}{x^3}, \quad f''(x) = \frac{6}{x^4}(>0).$$

当 $a \leq 0$ 时,$f'(x) < 0$,这时 $f(x)$ 在 $(0,+\infty)$ 内严格单调下降,且
$$\lim_{x\to 0+0} f(x) = +\infty, \quad \lim_{x\to +\infty} f(x) = \begin{cases} -\infty, & a < 0, \\ -1, & a = 0, \end{cases}$$
所以 $f(x)$ 在 $(0,+\infty)$ 内恰有一个根.

当 $a > 0$ 时,由 $f'(x) = 0$ 得 $x = \sqrt[3]{2/a}$,这是惟一的极点,且因 $f''(x) > 0$,这就是 $f(x)$ 在 $(0,+\infty)$ 上的最小值点. 又因
$$\lim_{x\to 0+0} f(x) = +\infty, \quad \lim_{x\to +\infty} f(x) = +\infty,$$
所以当 $f(\sqrt[3]{2/a}) = 0$ 时,方程恰有一个根,而当 $f(\sqrt[3]{2/a}) > 0$ 时或 $f(\sqrt[3]{2/a}) < 0$ 时,方程无实根或有两个实根(见图 3.19),不合题意. 又由 $f(\sqrt[3]{2/a}) = 0$ 可解出 $a = 2\sqrt{3}/9$. 故当方程有一个解时,$a = 2\sqrt{3}/9$ 或 $a \leq 0$.

11. 设函数 $f(x)$ 在 $[a,b]$ 上连续,在 (a,b) 内可导,$f(a) = f(b)$ 且 $f(x)$ 不恒为常数. 证明:存在 $\xi \in (a,b)$,使 $f'(\xi) < 0$.

在 §1 中,我们直接利用拉格朗日中值定理曾经证明过这一命

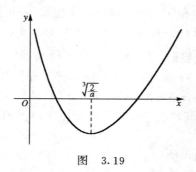

图 3.19

题. 现在我们利用函数的单调性作证明.

分析 从直观上看,由于函数在两端点处的值相等,又不恒为常数,所以必在有些子区间内上升而在另一些子区间内下降. 故在 (a,b) 内必存在使 $f'(x)>0$ 及 $f'(x)<0$ 的点. 严格证明可用反证法.

证 用反证法. 若对一切 $x \in (a,b)$, 都有 $f'(x) \geqslant 0$, 则 $f(x)$ 在 (a,b) 内单调上升. 故对一切 $x \in (a,b)$, 有
$$f(a) \leqslant f(x) \leqslant f(b) = f(a).$$
由此推出
$$f(x) \equiv f(a), \quad x \in [a,b].$$
这与 $f(x)$ 不恒为常数矛盾. 因而必存在 $\xi \in (a,b)$, 使 $f'(\xi)<0$.

*12. 设 $f(x)$ 在 $[0,b]$ 上有二阶导数,且
$$f(0) = 0, \quad f''(x) < 0 \ (0 < x < b).$$
证明: $\dfrac{f(x)}{x}$ 在 $(0,b]$ 上单调下降.

证 由
$$\left(\frac{f(x)}{x}\right)' = \frac{xf'(x) - f(x)}{x^2},$$
只需证明 $xf'(x) - f(x) < 0 \ (0 < x < b)$.

考虑辅助函数
$$F(x) = xf'(x) - f(x), \quad x \in [0,b].$$
显然 $F(x)$ 在 $[0,b]$ 上连续,在 $(0,b)$ 内可微,且 $F'(x) = xf''(x) < 0$. 故 $F(x)$ 在 $[0,b]$ 上严格单调下降. 又 $F(0)=0$, 故

$$F(x) < 0 \quad (0 < x \leqslant b),$$

即
$$xf'(x) - f(x) < 0 \quad (0 < x \leqslant b).$$

评注 这里我们要证

$$\left(\frac{f(x)}{x}\right)' = \frac{xf'(x) - f(x)}{x^2} < 0 \quad (0 < x < b).$$

但若直接对函数 $\dfrac{xf'(x) - f(x)}{x^2}$ 求导,并讨论其单调性,不仅计算量较大且可能得不出所要的结论. 现因已知 $x^2 > 0$,故只需证明其分子 $xf'(x) - f(x) < 0$ 即可.

13. 设函数 $f(x)$ 的二阶导数 $f''(x)$ 在 $[a,b]$ 上连续,且对每一点 $x \in [a,b]$,若 $f(x) \neq 0$,则 $f''(x)$ 与 $f(x)$ 同号. 证明:若有两点

$$x_1, x_2 \in [a,b] \quad (x_1 < x_2)$$

使 $f(x_1) = f(x_2) = 0$,则 $f(x) \equiv 0$,当 $x_1 \leqslant x \leqslant x_2$ 时.

证 用反证法. 设 $f(x) \not\equiv 0$ 当 $x \in [x_1, x_2]$ 时,不妨设在 $[x_1, x_2]$ 内某一处 $f(x)$ 大于 0. 于是 $f(x)$ 在 $[x_1, x_2]$ 上的最大值也大于 0. 记 $f(x)$ 在 $[x_1, x_2]$ 上的最大点为 x_0,则应有 $f(x_0) > 0$ 及 $f'(x_0) = 0$(费尔马引理),$f''(x_0) \leqslant 0$ 这与假设条件 $f''(x_0)$ 与 $f(x_0)$ 同号矛盾.

14. (**达布中值定理**) 设 $f(x)$ 在 $[a,b]$ 上可导,且 $f'(a) \neq f'(b)$. η 是介于 $f'(a)$ 与 $f'(b)$ 之间的任一实数,则存在 $\xi \in (a,b)$,使

$$f'(\xi) = \eta.$$

证 分两步证明:

(1) 先在特殊情况下作证,即设 $f'(a)$ 与 $f'(b)$ 反号. 证明:存在 $\xi \in (a,b)$,使 $f'(\xi) = 0$.

不妨设 $f'(a) < 0$,$f'(b) > 0$. 亦即

$$\lim_{x \to a+0} \frac{f(x) - f(a)}{x - a} < 0, \quad \lim_{x \to b-0} \frac{f(x) - f(b)}{x - b} > 0.$$

由此两极限不等式及极限的性质知,存在 $\delta_1 > 0$ 及 $\delta_2 > 0$,使

当 $a < x < a + \delta_1$ 时,$\dfrac{f(x) - f(a)}{x - a} < 0$,由此推出 $f(x) < f(a)$;

当 $b-\delta_2<x<b$ 时，$\dfrac{f(x)-f(b)}{x-b}>0$，由此推出 $f(x)<f(b)$.

以上两式说明，$f(a)$ 与 $f(b)$ 都不可能是 $f(x)$ 在区间上的最小值. 因而 $f(x)$ 在区间 $[a,b]$ 上的最小值只可能在区间 (a,b) 内某一点 ξ 处达到，故 ξ 也是一个极小值点，由极值点的必要条件知，$f'(\xi)=0$.

(2) 对一般情况. 设 η 是介于 $f'(a)$ 与 $f'(b)$ 之间的任意取定的一个实数. 则不论 $f'(a)$ 与 $f'(b)$ 谁大谁小，都有
$$(f'(a)-\eta)(f'(b)-\eta)<0.$$
这启发我们引进函数 $F(x)=f(x)-\eta x$. 显然 $F(x)$ 在 $[a,b]$ 上可导，$F'(x)=f'(x)-\eta$. 又
$$F'(a)\cdot F'(b)=[f'(a)-\eta]\cdot[f'(b)-\eta]<0,$$
即 $F'(a)$ 与 $F'(b)$ 反号，故由(1)已证的结果知，存在 $\xi\in(a,b)$ 使 $F'(\xi)=0$，即 $f'(\xi)=\eta$. 证毕.

评注 达布中值定理中关于 $f'(x)$ 的结论，类似于连续函数介值定理的结论. 但这里并不要求 $f'(x)$ 在 $[a,b]$ 上连续，而只要求 $f'(x)$ 在 $[a,b]$ 上存在即可，这是由于 $f'(x)$ 本身的特殊结构而造成的.

从达布定理可推得一个重要的事实：若 $f'(x)$ 在区间 (a,b) 内恒不等于零，则 $f'(x)$ 在 (a,b) 内就不变号，这时 $f(x)$ 在区间 (a,b) 内严格单调.

15. 下列函数在指定区间上是否存在极大、极小值点？是否存在最大、最小值点？

(1) $y=ax^3+bx^2+cx+d$，其中 $b^2-3ac<0$，$x\in(-\infty,+\infty)$；

(2) $y=\sqrt{x^2+1}-\dfrac{1}{2}x$，$x\in(-\infty,+\infty)$.

解 (1) 先求导：
$$y'=3ax^2+2bx+c.$$
当 $b^2-3ac<0$ 时二次方程
$$3ax^2+2bx+c=0$$
无实根，即 $3ax^2+2bx+c$ 恒正或恒负，因此 y' 在 $(-\infty,+\infty)$ 恒正或恒负，即 $y(x)$ 在 $(-\infty,+\infty)$ 严格单调，无极值点，无最大、最小值点.

(2) 先求导：
$$y' = \frac{x}{\sqrt{x^2+1}} - \frac{1}{2},$$
解 $y'=0$，即
$$2x - \sqrt{x^2+1} = 0$$
得 $x=1/\sqrt{3}$，即 $y(x)$ 在 $(-\infty,+\infty)$ 有惟一驻点（使导数为零的点）$x=1/\sqrt{3}$，且
$$f''(x) = \frac{1}{(1+x^2)^{3/2}} > 0,$$
说明 $x=1/\sqrt{3}$ 是其极小点，它也就是 $f(x)$ 在 $(-\infty,+\infty)$ 上的最小值点，$f(x)$ 在 $(-\infty,+\infty)$ 上无极大值点. 又因为
$$y = |x|\sqrt{1+1/x^2} - x/2$$
$$= \begin{cases} x(\sqrt{1+1/x^2} - 1/2), & x > 0, \\ -x(\sqrt{1+1/x^2} + 1/2), & x < 0, \end{cases}$$
$$\lim_{x \to \pm\infty} y = +\infty,$$
所以 $f(x)$ 在 $(-\infty,+\infty)$ 上无最大值点.

16. 求函数 $y=2x^3-9x^2+12x+2$ 在 $[0,3]$ 的最大值和最小值.

解 先求 $y'(x)=0$ 的根：
$$y' = 6x^2 - 18x + 12 = 6(x-1)(x-2) = 0$$
得 $x=1,2$.

计算并比较函数在极值点及区间端点处的函数值 $y(0)$，$y(1)$，$y(2)$，$y(3)$：
$$y(0)=2, \quad y(1)=7, \quad y(2)=6, \quad y(3)=11.$$
因此最小值为 2，最大值为 11.

实际上，这个三次多项式的图形如图 3.20. $x=1,2$ 是极值点，但不是最大、最小值点. 它的最大值与最小值在端点取到.

17. 在半径为 a 的球内作一内接圆柱体，要使圆柱体的体积最大，问其高及底半径应是多少？

解 设内接圆柱体的底面半径与高分别为 r 与 $2h$，则有
$$r^2 + h^2 = a^2$$

(见图 3.21). 圆柱体体积为

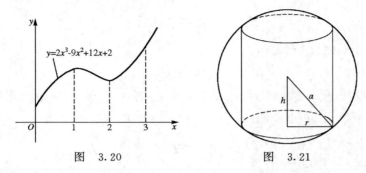

图 3.20　　　　　　　图 3.21

$$V(r) = \pi r^2 \cdot 2h = 2\pi r^2 \sqrt{a^2 - r^2}.$$

求导得

$$V'(r) = 2\pi\left(2r\sqrt{a^2 - r^2} - \frac{r^3}{\sqrt{a^2 - r^2}}\right) \quad (0 < r < a).$$

由 $V'(r)=0$ 及 $r\neq 0$ 得

$$2\sqrt{a^2 - r^2} = \frac{r^2}{\sqrt{a^2 - r^2}},$$

由此解得
$$r_0 = \sqrt{2/3}\,a,$$

且可看出当 $0<r<\sqrt{2/3}\,a$ 时 $V'(r)>0$；当 $\sqrt{2/3}\,a<r<a$ 时 $V'(r)<0$. 故 $r=r_0$ 是 $V(r)$ 在 $(0,a)$ 内的惟一极值点且是极大值点，它也就是 $V(r)$ 在 $(0,a)$ 内的最大值点，这时 $h_0=\sqrt{a^2-r_0^2}=a/\sqrt{3}$. 故当高及底半径分别为 $2a/\sqrt{3}$ 与 $\sqrt{2/3}\,a$ 时，内接圆柱体的体积最大.

18. 设有曲线 $y=x^2$ 及定点 $P(0,h)$ $(h>0)$.

(1) 过点 P 能作曲线 $y=x^2$ 的几条法线？写出这些法线的方程；

(2) 设点 P 到曲线 $y=x^2$ 的最短距离等于点 P 到该曲线上点 M_0 的连线的长度，即 $|\overline{PM_0}|$. 证明：P 与 M_0 的连线是 $y=x^2$ 的法线.

解 (1) 首先，不难看出直线 $x=0$ 是曲线 $y=x^2$ 的过 P 点的一条法线. 又曲线上点 $M(x,x^2)$ 与 P 点连线的斜率为 $\dfrac{x^2-h}{x}$，曲线在点 M 处切线斜率为 $2x$. P,M 的连线为曲线的法线的条件是：

即
$$\frac{x^2-h}{x} = -\frac{1}{2x},$$
$$x^2 = h - 1/2 \quad (h > 1/2).$$
故当 $h > 1/2$ 时上式有非零解
$$x_{1,2} = \pm\sqrt{h-1/2}.$$
它们分别确定了曲线 $y=x^2$ 上的两点

$M_1: (x_1, y_1) = (\sqrt{h-1/2}, h-1/2)$,

及 $M_2: (x_2, y_2) = (-\sqrt{h-1/2}, h-1/2)$.

曲线的过 M_1, M_2 的两条法线都通过 P 点. 因此,当 $h > \frac{1}{2}$ 时,过 P 点可作 $y=x^2$ 的三条法线(见图 3.22). 它们的方程分别是:
$$x = 0,$$
$$y - y_1 = -\frac{1}{2x_1}(x - x_1),$$
$$y - y_2 = -\frac{1}{2x_2}(x - x_2),$$

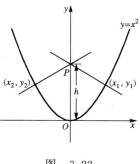

图 3.22

其中 $y_1 = y_2 = h - 1/2$.

后面两个方程也可合并成一个式子:
$$y - (h-1/2) = \pm \frac{1}{2\sqrt{h-1/2}}(x \pm \sqrt{h-1/2}).$$
当 $h \leqslant 1/2$ 时,仅有一条法线:$x=0$.

(2) 点 P 到曲线 $y=x^2$ 上任意点 $M(x, x^2)$ 的距离的平方为
$$f(x) = x^2 + (x^2-h)^2 = x^4 + (1-2h)x^2 + h^2$$
$$(-\infty < x + \infty),$$
由对称性只需考虑 $x \in [0, +\infty)$.

因为 $\lim\limits_{x \to +\infty} f(x) = +\infty$,连续函数 $f(x)$ 在 $[0, +\infty)$ 有最小值而无最大值.
$$f'(x) = 4x^3 + 2x(1-2h).$$
由 $$f'(x) = 0$$

解得 $x = x_0 = \sqrt{h - 1/2}$ ($h > 1/2$).

且可看出：当 $h > 1/2$ 时．当 $x < x_0$ 时 $f'(x) < 0$；当 $x > x_0$ 时 $f'(x) > 0$．由此看出 $x = x_0$ 是 $f(x)$ 在 $[0, +\infty)$ 上的惟一极值点且是极小值点，因而也是 $f(x)$ 在 $[0, +\infty)$ 上的最小值点．

因此，当 $h > 1/2$ 时 $f(x_0)$ 是 $f(x)$ 在 $[0, +\infty)$ 的最小值．令 M_0 为 (x_0, x_0^2)，则 $|\overline{PM_0}|$ 为 P 点到曲线 $y = x^2$ 的最短距离．由题(1)，P，M_0 的连线是 $y = x^2$ 的法线．

当 $h \leq \dfrac{1}{2}$ 时，由 $f'(x)$ 的表达式可见这时对一切 $x \in (0, +\infty)$，都有 $f'(x) > 0$，故 $f(x)$ 在 $[0, +\infty)$ 上严格单调上升． $f(0)$ 是 $f(x)$ 在 $[0, +\infty)$ 的最小值．令 M_0 为 $(0, 0)$，则 $|\overline{PM_0}|$ 为 P 点到曲线 $y = x^2$ 的最短距离． P 与 M_0 的连线即 y 轴，显然是 $y = x^2$ 的法线．

19. 在椭圆 $\dfrac{x^2}{9} + \dfrac{y^2}{4} = 1$ 上求一点，使它到直线 $3x + 5y - 15 = 0$ 的距离最短.

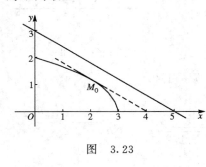

图 3.23

解法 1 从直观上容易看出，当椭圆上某点 $M_0(x_0, y_0)$（其中 $x_0 > 0, y_0 > 0$）处的切线与所给直线平行时，则 M_0 到直线的距离最近(见图 3.23).

用隐函数求导法，可得椭圆上任一点 (x, y) ($y \neq 0$) 处的切线斜率为

$$y' = -\dfrac{4x}{9y} \quad (y \neq 0).$$

而所给直线的斜率为 $-\dfrac{3}{5}$．由

$$\begin{cases} -\dfrac{4x_0}{9y_0} = -\dfrac{3}{5}, \\ \dfrac{x_0^2}{9} + \dfrac{y_0^2}{4} = 1, \end{cases}$$

解出 $x_0 = \dfrac{27}{\sqrt{181}}, \quad y_0 = \dfrac{20}{\sqrt{181}}.$

解法 2 利用椭圆(在第一象限的部分)的参数方程:
$$x = 3\cos t, \quad y = 2\sin t, \quad 0 \leqslant t \leqslant \frac{\pi}{2}.$$
则椭圆(在第一象限的部分)上任一点$(x(t), y(t))$到直线的距离为
$$d(t) = \frac{|9\cos t + 10\sin t - 15|}{\sqrt{34}}, \quad 0 \leqslant t \leqslant \frac{\pi}{2}.$$
现考虑函数
$$D(t) = 9\cos t + 10\sin t - 15 \quad \left(0 \leqslant t \leqslant \frac{\pi}{2}\right)$$
的正、负. 求导得
$$D'(t) = -9\sin t + 10\cos t,$$
由 $D'(t) = 0$ 解出其根为
$$t_0 = \arctan \frac{10}{9}.$$
且当 $0 \leqslant t < t_0$ 时 $D'(t) > 0$,当 $t_0 < t \leqslant \pi/2$ 时 $D'(t) < 0$. 于是 t_0 是 $D(t)$ 在 $[0, \pi/2]$ 上的惟一极值点且是极大值点,故 t_0 也是 $D(t)$ 在 $[0, \pi/2]$ 上的最大值点. 最大值为
$$D(t_0) = \sqrt{181} - 15 < 0.$$
故对一切 $t \in [0, \pi/2]$,都有 $D(t) < 0$. 于是点到直线的距离为
$$d(t) = \frac{15 - 9\cos t - 10\sin t}{\sqrt{34}}.$$
与上类似,可求出 $d(t)$ 在 $t_0 = \arctan \frac{10}{9}$ 时取最小值,这时对应的椭圆上的点为
$$\begin{cases} x_0 = 3\cos t_0 = 3 \cdot \dfrac{9}{\sqrt{181}} = \dfrac{27}{\sqrt{181}}, \\ y_0 = 2\sin t_0 = 2 \cdot \dfrac{10}{\sqrt{181}} = \dfrac{20}{\sqrt{181}}. \end{cases}$$
($\sin t_0$, $\cos t_0$ 与 $\tan t_0$ 的关系,可参见图 3.24).

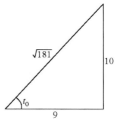

图 3.24

20. 设
$$f(x) = 2x^2 + \frac{a}{x} \quad (x > 0).$$

要使对一切 $x>0$, 都有 $f(x) \geqslant 24$, 求正数 a 的最小值.

解 $f'(x)=4x-a/x^2$. 由 $f'(x)=0$ 得惟一根 $x_0=\sqrt[3]{a/4}$. 又
$$f''(x) = 4 + 2a/x^3 > 0.$$
故 x_0 是 $f(x)$ 在 $(0,+\infty)$ 内的惟一极值点且是极小值点, 因而 x_0 也是 $f(x)$ 在 $(0,+\infty)$ 内的最小值点. 故对一切 $x>0$, 都有
$$f(x) \geqslant f(x_0) = 6(a/4)^{\frac{2}{3}}.$$
于是要使 $f(x) \geqslant 24$, 只要使 $6(a/4)^{\frac{2}{3}} \geqslant 24$. 即 $(a/4)^{\frac{1}{3}} \geqslant 2$, 即 $a \geqslant 32$. 故要使对一切 $x>0$ 都有 $f(x) \geqslant 24$, a 的最小值为 32.

*21. 决定常数 A 的范围, 使方程
$$3x^4 - 8x^3 - 6x^2 + 24x + A = 0$$
有四个不相等的实根.

解 设
$$f(x) = 3x^4 - 8x^3 - 6x^2 + 24x + A.$$
由 $f'(x) = 12(x+1)(x-1)(x-2) = 0$, 得三极值点
$$x_1 = -1, \quad x_2 = 1, \quad x_3 = 2.$$
且可判断 x_1 与 x_3 是极小点, x_2 是极大点. 由此不难看出, $f(x)$ 有四个相异实根的充分必要条件是
$$f(x_1) < 0, \quad f(x_2) > 0, \quad f(x_3) < 0.$$
将以上三不等式联立
$$\begin{cases} f(x_1) = f(-1) = -19 + A < 0, \\ f(x_2) = f(1) = 13 + A > 0, \\ f(x_3) = f(2) = 8 + A < 0, \end{cases}$$
可解得
$$-13 < A < -8.$$

*22. 设 $f(x) = 1 - x + \dfrac{x^2}{2} - \dfrac{x^3}{3} + \cdots + (-1)^n \dfrac{x^n}{n}$.

证明: 方程 $f(x) = 0$ 当 n 为奇数时有一个实根; 当 n 为偶数时无实根.

证 当 $n=0,1$ 时, 结论显然成立. 下面设 $n \geqslant 2$.

由 $f(x)$ 的表达式看出, 当 $x \leqslant 0$ 时 $f(x) > 0$, 故在 $(-\infty, 0]$ 内 $f(x)$ 无根. 故只需在区间 $(0, +\infty)$ 内考虑 $f(x)$ 有无根. 求导得

$$f'(x) = -(1 - x + x^2 + \cdots + (-1)^{n-1}x^{n-1})$$

$$= - \begin{cases} \dfrac{1+x^n}{1+x}, & n \text{ 为奇数}, \\ \dfrac{1-x^n}{1+x}, & n \text{ 为偶数}. \end{cases}$$

当 n 为奇数时,对一切 $x \geqslant 0$,都有 $f'(x) < 0$. 故 $f(x)$ 在 $[0, +\infty)$ 上严格单调下降. 再注意 $f(0) = 1 > 0$ 及 $\lim\limits_{x \to +\infty} f(x) = -\infty$. 故在 $[0, +\infty)$ 上有惟一根.

当 n 为偶数时,由 $f'(x) = 0$ 得 $x = 1$,且当 $x \in (0, 1)$ 时 $f'(x) < 0$,当 $x \in (1, +\infty)$ 时 $f'(x) > 0$,故 $x = 1$ 为 $f(x)$ 在区间 $[0, +\infty)$ 上的最小值点. 而

$$f(1) = 1 - 1 + \frac{1}{2} - \frac{1}{3} + \frac{1}{4} + \cdots + \frac{1}{2k}$$

$$= \left(\frac{1}{2} - \frac{1}{3}\right) + \left(\frac{1}{4} - \frac{1}{5}\right) + \cdots + \frac{1}{2k} > 0,$$

故当 $x \in [0, +\infty)$ 时 $f(x) > 0$,即 $f(x)$ 在 $[0, +\infty)$ 上无实根.

*23. 证明:$\dfrac{\tan x}{x} > \dfrac{x}{\sin x}$,当 $0 < x < \dfrac{\pi}{2}$ 时.

证 因为 $x \sin x > 0$,所以只需证明 $\sin x \cdot \tan x - x^2 > 0$,当 $x \in (0, \pi/2)$ 时. 令

$$f(x) = \sin x \cdot \tan x - x^2, \quad 0 \leqslant x \leqslant \pi/2.$$

$$f'(x) = \cos x \cdot \tan x + \sin x \cdot \sec^2 x - 2x$$

$$= \sin x + \sin x \cdot \sec^2 x - 2x, \quad f'(0) = 0.$$

$$f''(x) = \cos x + \cos x \cdot \sec^2 x + 2\sin^2 x \sec^3 x - 2$$

$$= \cos x + \sec x + 2\tan^2 x \sec x - 2$$

$$= (\sqrt{\cos x} - \sqrt{\sec x})^2 + 2\tan^2 x \sec x > 0,$$

当 $0 < x < \pi/2$ 时.

所以 $f'(x)$ 在 $[0, \pi/2)$ 上严格单调上升,故有 $f'(x) > f'(0) = 0$. 由此知 $f(x)$ 在 $[0, \pi/2)$ 上严格单调上升,故

$$f(x) > f(0) = 0,$$

即 $\sin x \cdot \tan x - x^2 > 0$, 当 $0 < x < \pi/2$ 时.

*24. 设 $e < a < b < e^2$, 证明

$$\ln^2 b - \ln^2 a > \frac{4}{e^2}(b-a).$$

证法 1 引进辅助函数转化为证明函数不等式. 令

$$F(x) = \ln^2 x - \ln^2 a - \frac{4}{e^2}(x-a).$$

将利用单调性证明 $F(x) > 0$ ($a < x \leqslant b$). 先求

$$F'(x) = \frac{2\ln x}{x} - \frac{4}{e^2},$$

再求

$$F''(x) = \frac{2(1-\ln x)}{x^2} < 0 \quad (x > e),$$

由此得 $F'(x)$ 在 $[e, +\infty)$ 单调下降, 当 $e < x < e^2$ 时,

$$F'(x) > F'(e^2) = 0.$$

于是 $F(x)$ 在 $[e, e^2]$ 单调上升, $e < a < x \leqslant b < e^2$ 时,

$$F(x) > F(a) = 0.$$

特别当 $x = b$ 时 $F(b) > 0$, 即原不等式成立.

证法 2 即证

$$\frac{\ln^2 b - \ln^2 a}{b - a} > \frac{4}{e^2}.$$

令 $f(x) = \ln^2 x$, 在 $[a, b]$ 上用拉格朗日中值定理得

$$\frac{f(b) - f(a)}{b - a} = \frac{\ln^2 b - \ln^2 a}{b - a} = f'(\xi) = \frac{2\ln \xi}{\xi},$$

其中 $\xi \in (a, b) \subset (e, e^2)$, 注意

$$\varphi(x) = \frac{\ln x}{x}, \quad \varphi'(x) = \frac{1 - \ln x}{x^2} < 0 \quad (x > e),$$

$\varphi(x)$ 在 $(e, +\infty)$ 单调下降, 于是

$$\varphi(\xi) = \frac{\ln \xi}{\xi} > \varphi(e^2) = \frac{2}{e^2},$$

因此
$$\frac{\ln^2 b - \ln^2 a}{b-a} > \frac{2}{e^2}.$$

本 节 小 结

1. 证明不等式的两种方法

(1) 利用单调性：设函数 $f(x)$ 在 $[a,b]$ 上连续，在 (a,b) 内可导，$f(a) \geqslant 0 (\leqslant 0)$ 且 $f'(x) \geqslant 0 (\leqslant 0)$，则当 $x \in [a,b]$ 时 $f(x) \geqslant 0 (\leqslant 0)$. 在具体做题时，需要根据所给的不等式，引进辅助函数 $f(x)$.

常用技巧：有时为证某个函数 $f(x)$ 在区间 $[a,b]$ 上大于 0，若直接求导较麻烦或不能得出结论，这时若函数 $f(x)$ 可表为 $f(x) = \varphi(x) \cdot g(x)$，其中 $\varphi(x) \geqslant 0 (\leqslant 0)$，则只需证明 $g(x) \geqslant 0 (\leqslant 0)$ 即可（见本节典型例题第 12 题及第 24 题）.

(2) 利用最大值或最小值：设 $f(x)$ 在 $[a,b]$ 上连续，要证在区间 $[a,b]$ 上 $f(x) \geqslant 0 (\leqslant 0)$，只要证 $f(x)$ 在 $[a,b]$ 上的最小（大）值 $\geqslant 0 (\leqslant 0)$.

2. 关于方程 $f(x) = 0$ 的零点的存在性与个数

(1) 要证函数 $f(x)$ 在区间 $[a,b]$ 上有惟一根，只要证：

① 存在 $x_1, x_2 \in [a,b]$，使 $f(x_1) \cdot f(x_2) < 0$；

② $f(x)$ 在 $[a,b]$ 上单调.

(2) 要证函数 $f(x)$ 在 $[a,b]$ 内无根，只要证 $f(x)$ 在 $[a,b]$ 上的最大（小）值 $\leqslant 0 (\geqslant 0)$.

3. 关于函数的最值与极值

(1) 若函数 $f(x)$ 的最大（小）值在区间 $[a,b]$ 的内部一个点 x_0 处达到，则 x_0 也是一个极大（小）点. 若还知 $f(x)$ 在 x_0 处可导，则有 $f'(x_0) = 0$.

(2) 若函数 $f(x)$ 在区间 $[a,b]$ 连续且只有惟一的一个极点 x_0，则当 x_0 是极大（小）点时它也就是 $f(x)$ 在 $[a,b]$ 上的最大（小）点.

练习题 3.2

3.2.1 下面的结论是否成立?

"设 $f(x)$ 在 (a,b) 可导,则 $f(x)$ 在 (a,b) 单调上升的充要条件是:在 (a,b) 上 $f'(x) \geqslant 0$."

3.2.2 证明下列不等式:

(1) $x - \frac{1}{2}x^2 < \ln(1+x) < x$, $x \in (0, +\infty)$;

(2) $\ln(1+x) > \frac{\arctan x}{1+x}$, $x \in (0, +\infty)$.

3.2.3 求下列函数的极值点及相应的极值:

(1) $y = x^3 - 6x^2 + 9x - 4$;   (2) $y = x^5 + 5x^4 + 5x^3 - 1$;

(3) $y = x^2 e^{-x}$;   (4) $y = \frac{e^x + e^{-x}}{2}$;

(5) $y = x\ln x$;   (6) $y = \frac{1}{x} + \ln x$;

(7) $y = \frac{x^2 - 7x - 5}{x - 10}$;   (8) $y = |x|$;

(9) $y = \sqrt[3]{(x^2-1)^2}$;   (10) $y = 2\sin 2x + \sin 4x$.

3.2.4 证明下列函数存在最大值或最小值,并求出最值:

(1) $y = x^n e^{-x}$, $0 < x < +\infty$, 其中 $n > 0$ 为常数;

(2) $y = \ln(x^2 - 1) + \frac{1}{x^2 - 1}$, $1 < x < +\infty$.

3.2.5 从半径为 R 的圆中切去圆心角为 θ 的扇形,将余下的部分做成一漏斗,问 θ 多大时,漏斗容积最大?

3.2.6 设一电灯可以沿铅垂线 OB 移动,OA 是一条水平线,长度为 a,问灯离 O 多高时,A 点有最大的照度?(提示:照度 $I = K\sin\varphi / r^2$)(见图 3.25).

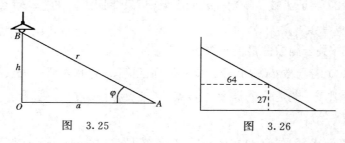

图 3.25   图 3.26

3.2.7 一城市距两条互相垂直的河道分别为 64 km 与 27 km(见图 3.26),今要在两河之间修一条通过该城的铁路,问如何修法使铁路最短?

3.2.8 一根具有矩形横剖面之梁,假设梁的强度与其剖面的高度平方及宽度成正比,问由一段直径为 d 的圆木上,锯出一强度最大的梁,该梁剖面的高与宽各应多大?

3.2.9 一页书纸的总面积为 $536\,\text{cm}^2$,排印打字时上顶及下底要各留出 $2.7\,\text{cm}$ 空白,两边各留出 $2.4\,\text{cm}$ 空白.问:如何设计书页的长与宽,使能用来排字的面积最大?(见图 3.27)

3.2.10 设开始时动点 B 位于动点 A 的正东方向且距 A 点 $65\,\text{m}$ 处.然后 B 以 $10\,\text{m/h}$ 的速率向正西方向移动,同时动点 A 以 $15\,\text{m/h}$ 的速率向正南方向移动.问:什么时候 B 与 A 的距离最近?最近距离是多少?(参见图 3.28)

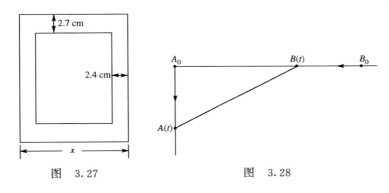

图 3.27   图 3.28

§3 函数的凹凸性、拐点、函数作图法

内 容 提 要

定义 1 若一段曲线上每一点处的切线都在此段曲线的上方(下方),则称此段曲线是**凸**(**凹**)**弧**.

由于曲线段 $y=f(x)$ $(a \leqslant x \leqslant b)$ 上过点 $(x_0, f(x_0))$ 的切线方程为 $y=f(x_0)+f'(x_0)(x-x_0)$,故定义 1 的等价说法是

定义 2 设函数 $f(x)$ 在区间 $[a,b]$ 上连续,在区间 (a,b) 内可导,任意取定一点 $x_0 \in (a,b)$,若对一切 $x \in (a,b)(x \neq x_0)$,都有
$$f(x) < f(x_0) + f'(x_0)(x-x_0)$$
$$(f(x) > f(x_0) + f'(x_0)(x-x_0)),$$
则称曲线段 $y=f(x)(a \leqslant x \leqslant b)$ 是凸(凹)弧(见图 3.29 与图 3.30).

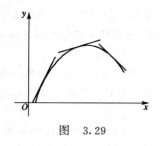
图 3.29

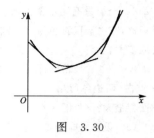
图 3.30

连续曲线的凹弧与凸弧的分界点叫做曲线的**拐点**.

凹凸性的判别法 $f(x)$在(a,b)是凹(凸)的$\Longleftrightarrow f'(x)$在$(a,b)$严格单调上升(下降).

设$f(x)$在(a,b)二阶可导,$f''(x)\geqslant 0(\leqslant 0)$且在$(a,b)$内的任何子区间上$f''(x)\not\equiv 0$,则$f(x)$在$(a,b)$是凹(凸)的.

注意 若在(a,b)内的某一子区间上$f''(x)\equiv 0$,则$y=f(x)$在该子区间上的图形是一直线段,它既非凸,也非凹.

拐点判别法 若$f(x)$在x_0处连续,在x_0两侧$f''(x)$反号,则$(x_0,f(x_0))$是曲线$y=f(x)$的拐点.

若$f''(x_0)=0,f^{(3)}(x_0)\neq 0$,则$(x_0,f(x_0))$是$y=f(x)$的拐点.

若$(x_0,f(x_0))$是$y=f(x)$的拐点且$f''(x_0)$存在,则$f''(x_0)=0$.

函数作图的一般步骤如下:

(1) 考察函数$y=f(x)$有无对称性.如果函数为偶函数,它的图形关于y轴对称.如果函数为奇函数,它的图形关于原点对称.如果函数有对称性,作图时可以先画出$x\geqslant 0$时的图形,再根据对称性得到其他部分.

(2) 求函数定义域.考察函数有无间断点,曲线有无渐近线.渐近线的求法:

如果有$\lim\limits_{x\to a}f(x)=\infty$或$\lim\limits_{x\to a-0}f(x)=\infty$或$\lim\limits_{x\to a+0}f(x)=\infty$,则$x=a$是曲线$y=f(x)$的垂直渐近线.

如果有$\lim\limits_{x\to +\infty}f(x)=A$或$\lim\limits_{x\to -\infty}f(x)=B$,则$y=A$或$y=B$是水平渐近线.

如果$\lim\limits_{x\to\infty}\dfrac{f(x)}{x}$存在且不等于零,记$\lim\limits_{x\to\infty}\dfrac{f(x)}{x}=a$;再若$\lim\limits_{x\to\infty}[f(x)-ax]$存在,记$\lim\limits_{x\to\infty}[f(x)-ax]=b$.则直线$y=ax+b$是曲线$y=f(x)$的斜渐近线(极限过程也可以是$x\to +\infty$或$x\to -\infty$,相应的渐近线分别称为右斜渐近线或左斜渐近线.).

(3) 求y',y''并求出$y'=0,y''=0$的根以及使y',y''不存在的点,用这些点把定义域分成若干区间并列成一表,在表上标明一阶导数和二阶导数在各个区间上的符号,随之也就确定了函数的单调性与凹凸性区间及极值点与拐点.

(4) 求出若干个作图所需要的并能表达曲线特征的点,如曲线与坐标轴的交点.

(5) 根据以上讨论描绘出函数图形.

典型例题分析

1. 求下列各函数的凹凸区间及拐点:

(1) $y = \dfrac{x^3}{3} - \dfrac{x^2}{2} - 2x + \dfrac{1}{3}$ $(-\infty < x < +\infty)$;

(2) $y = \dfrac{x^4}{4} - 2x^2 + 4$ $(-\infty < x < +\infty)$;

(3) $y = \dfrac{9}{14} x^{\frac{1}{3}} (x^2 - 7)$ $(-\infty < x < +\infty)$;

(4) $y = x + \sin 2x$ $(-2\pi/3 \leqslant x \leqslant 2\pi/3)$;

(5) $y = \sqrt[3]{4x^3 - 12x}$.

解 (1) 由已知 $y' = x^2 - x - 2$,$y'' = 2x - 1$. 由 $y'' = 0$ 得 $x = 1/2$. 且当 $x \in (-\infty, 1/2)$ 时 $y'' < 0$,当 $x \in (1/2, +\infty)$ 时 $y'' > 0$. 故曲线 $y = f(x)$ 在区间 $(-\infty, 1/2)$ 内为凸,在 $(1/2, +\infty)$ 为凹,拐点为 $(1/2, -3/4)$.

(2) 由已知 $y' = x^3 - 4x$,$y'' = 3x^2 - 4$. 由 $y'' = 0$ 得 $x = \pm 2/\sqrt{3}$. 当 $x \in (-\infty, -2/\sqrt{3})$ 或 $x \in (2/\sqrt{3}, +\infty)$ 时 $y'' > 0$,曲线为凹;当 $x \in (-2/\sqrt{3}, 2/\sqrt{3})$ 时 $y'' < 0$,曲线为凸. 拐点为 $(-2/\sqrt{3}, 16/9)$ 与 $(2/\sqrt{3}, 16/9)$.

(3) $y = \dfrac{9}{14} x^{\frac{7}{3}} - \dfrac{9}{2} x^{\frac{1}{3}}$, $y' = \dfrac{3}{2} x^{\frac{4}{3}} - \dfrac{3}{2} x^{-\frac{2}{3}}$,

$$y'' = 2x^{\frac{1}{3}} + x^{-\frac{5}{3}} = x^{\frac{1}{3}} \left(2 + \dfrac{1}{x^2} \right).$$

$x \neq 0$ 时 $y'' \neq 0$. 当 $x \in (-\infty, 0)$ 时 $y'' < 0$,曲线为凸;当 $x \in (0, +\infty)$ 时,$y'' > 0$,曲线为凹,拐点为 $(0, 0)$.

(4) 由已知

$$y' = 1 + 2\cos 2x, \quad y'' = -4\sin 2x.$$

由 $y'' = 0$ 得 $x = 0$ 及 $x = \pm \pi/2$. 当 $x \in (-2\pi/3, -\pi/2)$ 或 $x \in (0, \pi/2)$ 时 $y'' < 0$,曲线为凸;当 $x \in (-\pi/2, 0)$ 或 $x \in (\pi/2, 2\pi/3)$ 时 $y'' > 0$,曲线为凹. 拐点有三个:

$(-\pi/2, -\pi/2)$, $(0,0)$ 及 $(\pi/2, \pi/2)$.

(5) $y' = \dfrac{4(x^2-1)}{\sqrt[3]{(4x^3-12x)^2}}$, $y'' = \dfrac{-32(x^2+1)}{(4x^3-12)^{\frac{5}{3}}}$.

$y''=0$ 无解，但在 $x=0$ 和 $x=\pm\sqrt{3}$ 处 y'' 不存在. 当 $x<-\sqrt{3}$ 或 $0<x<\sqrt{3}$ 时，$y''>0$，这时图形是凹的；当 $-\sqrt{3}<x<0$ 或 $x>\sqrt{3}$ 时，$y''<0$，这时图形是凸的. 故 $(-\sqrt{3},0)$，$(0,0)$ 和 $(\sqrt{3},0)$ 都是拐点.

2. 设 $f(x)$ 在 (a,b) 有二阶导数.

(1) 若 $f(x)$ 在 (a,b) 是凹的，证明：$e^{f(x)}$ 在 (a,b) 也是凹的；

(2) 若 $f(x)$ 在 (a,b) 恒正且是凸的，证明：$\ln f(x)$ 在 (a,b) 也是凸的.

证 (1) 由所设条件知，$f''(x) \geqslant 0 (x \in (a,b))$ 且在 (a,b) 的任意子区间上不恒为零，于是
$$(e^{f(x)})' = e^{f(x)} f'(x),$$
$$(e^{f(x)})'' = e^{f(x)}[f'^2(x) + f''(x)] \geqslant 0$$
且 $(e^{f(x)})''$ 在 (a,b) 的任意子区间上不恒为零，所以 $e^{f(x)}$ 在 (a,b) 是凹的.

(2) 由所设条件知，$f''(x) \leqslant 0$ 且在 (a,b) 的任意子区间上 $f''(x) \not\equiv 0$，$f(x)>0$，于是
$$(\ln f(x))' = \dfrac{f'(x)}{f(x)},$$
$$(\ln f(x))'' = \dfrac{f''(x)f(x) - f'^2(x)}{f^2(x)} \leqslant 0$$
且在 (a,b) 的任意子区间上 $(\ln f(x))''$ 不恒为零，所以 $\ln f(x)$ 在 (a,b) 为凸的.

3. 求下列函数的渐近线：

(1) $y = e^{\frac{1}{x}} + 1$;　　(2) $y = 1 - x + \sqrt{\dfrac{x^3}{3+x}}$.

解 (1) y 的不连续点是 $x=0$，
$$\lim_{x \to 0^+} (e^{\frac{1}{x}} + 1) = +\infty,$$

$x=0$ 是垂直渐近线. 又
$$\lim_{x \to \pm\infty}(e^{\frac{1}{x}}+1)=2,$$
$y=2$ 是水平渐近线.

无斜渐近线.

(2) $x=-3$ 是 y 的不连续点,
$$\lim_{x \to -3-0} y=+\infty,$$
$x=-3$ 是垂直渐近线.

$$\lim_{x \to +\infty} y = 1 - \lim_{x \to +\infty} \frac{x^2 - \dfrac{x^3}{3+x}}{x\left(1+\sqrt{\dfrac{x}{3+x}}\right)}$$

$$= 1 - \lim_{x \to +\infty} \frac{3x}{(3+x)\left(\sqrt{\dfrac{x}{3+x}}+1\right)}$$

$$= 1 - 3/2 = -1/2,$$

$y=-1/2$ 是水平渐近线.

$$\lim_{x \to -\infty} \frac{y}{x} = \lim_{x \to -\infty}\left(\frac{1}{x} - 1 - \sqrt{\frac{x}{3+x}}\right) = -2,$$

$$\lim_{x \to -\infty}(y+2x) = \lim_{x \to -\infty}\left(1 + x + \sqrt{\frac{x^3}{3+x}}\right)$$

$$= \lim_{x \to -\infty}\left(1 + \frac{x^2 - \dfrac{x^3}{3+x}}{x - \sqrt{\dfrac{x^3}{3+x}}}\right)$$

$$= \lim_{x \to -\infty}\left[1 + \frac{3x}{(3+x)\left(1+\sqrt{\dfrac{x}{3+x}}\right)}\right] = \frac{5}{2},$$

$y=-2x+5/2$ 是左斜渐近线.

4. 作出下列函数的图形:

(1) $y=\dfrac{2x-1}{(x-1)^2}$; (2) $\begin{cases} x=a\cos^3 t, \\ y=a\sin^3 t \end{cases}$ $(a>0)$.

解 (1) 函数的定义域是 $(-\infty,1), (1,+\infty)$.

下面求 y', y''. 为此先将 y 变形：

$$y = \frac{2}{x-1} + \frac{1}{(x-1)^2},$$

$$y' = -\frac{2}{(x-1)^2} - \frac{2}{(x-1)^3} = \frac{-2x}{(x-1)^3},$$

$$y'' = \frac{4}{(x-1)^3} + \frac{6}{(x-1)^4} = \frac{2(2x+1)}{(x-1)^4}.$$

由 $y'=0$ 得 $x=0$；由 $y''=0$ 得 $x=-1/2$. $x=1$ 是间断点，于是列表如下.

x	$\left(-\infty,-\frac{1}{2}\right)$	$-\frac{1}{2}$	$\left(-\frac{1}{2},0\right)$	0	(0,1)	1	$(1,+\infty)$
y'	−	−	−	0	+		−
y''	−	0	+	+	+		+
y	↘	−8/9 拐点	↘	−1 极小值点	↗	间断点	↘

现求渐近线：因

$$\lim_{x\to\pm\infty} y = 0,$$

所以有水平渐近线 $y=0$. 因

$$\lim_{x\to 1} y = +\infty,$$

所以有垂直渐近线 $x=1$.

曲线与 x 轴的交点是 $(1/2, 0)$.

根据以上分析，我们可作出函数图形，如图 3.31.

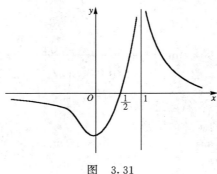

图 3.31

(2) 此曲线由参数方程给出. $x(t),y(t)$ 均是以 2π 为周期的函数,它是一闭曲线. $t=0$ 时, $(x(0),y(0))=(a,0)$, $t=\pi/2$ 时,
$$(x(\pi/2),y(\pi/2))=(0,a).$$
因为
$$(x(\pi-t),y(\pi-t))=(a\cos^3(\pi-t),a\sin^3(\pi-t))$$
$$=(-a\cos^3 t,a\sin^3 t)=(-x(t),y(t)),$$
所以曲线关于 y 轴对称. 又因为
$$(x(2\pi-t),y(2\pi-t))=(a\cos^3(2\pi-t),a\sin^3(2\pi-t))$$
$$=(x(t),-y(t)),$$
所以曲线关于 x 轴对称. 因此我们只需考察 $t\in[0,\pi/2]$,即曲线在第一象限的情形,其余象限由对称性得到.

当 $t\in(0,\pi/2)$ 时,
$$\frac{\mathrm{d}y}{\mathrm{d}x}=\frac{y'_t}{x'_t}=-\frac{3a\sin^2 t\cos t}{3a\cos^2 t\sin t}=-\tan t<0,$$
$$\left.\frac{\mathrm{d}y}{\mathrm{d}x}\right|_{t=0}=0,\quad \left.\frac{\mathrm{d}y}{\mathrm{d}x}\right|_{t=\frac{\pi}{2}}=-\infty.$$

当 $t\in(0,\pi/2)$ 时,
$$\frac{\mathrm{d}^2 y}{\mathrm{d}x^2}=\frac{\mathrm{d}}{\mathrm{d}x}(-\tan t)=-\frac{1}{\cos^2 t}\frac{\mathrm{d}t}{\mathrm{d}x}=\frac{1}{3a\cos^4 t\sin t}>0.$$
因此,曲线在第一象限部分是连接 $A(0,a),B(a,0)$ 两点的曲线,在 A,B 点分别与 y,x 轴相切,曲线随 x 严格单调下降且是凹的,见图 3.32,整条曲线的图形见图 3.33.

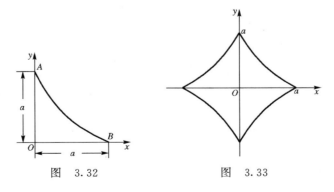

图 3.32   图 3.33

*5. 设 $f(x)$ 在 $[a,b]$ 上连续,在 (a,b) 内可导. 若对任意取定的两点 $x_1, x_2 \in (a,b)$ 以及任意 $t \in [0,1]$,有
$$f[tx_1 + (1-t)x_2] \leqslant tf(x_1) + (1-t)f(x_2)$$
$$(f[tx_1 + (1-t)x_2] \geqslant tf(x_1) + (1-t)f(x_2)),$$
证明:曲线 $y = f(x)$ 在 (a,b) 上是凹(凸)的.

证 对任意取定的 $x_1, x_2 \in (a,b)$, $t \in (0,1)$,令 $\xi = tx_1 + (1-t)x_2$,由所设条件,有
$$f(\xi) \leqslant tf(x_1) + (1-t)f(x_2). \tag{3.1}$$
另一方面,可将 $f(\xi)$ 变形,写成
$$f(\xi) = tf(\xi) + (1-t)f(\xi). \tag{3.2}$$
将(3.1)式减去(3.2)式,即得
$$(1-t)[f(x_2) - f(\xi)] \geqslant t[f(\xi) - f(x_1)],$$
即
$$\frac{f(x_2) - f(\xi)}{t} \geqslant \frac{f(\xi) - f(x_1)}{1-t}. \tag{3.3}$$

注意
$$\frac{f(\xi) - f(x_2)}{t} = \frac{f(tx_1 + (1-t)x_2) - f(x_2)}{t}$$
$$= \frac{f(x_2 + t(x_1 - x_2)) - f(x_2)}{(x_1 - x_2)t} \cdot (x_1 - x_2)$$
$$\to f'(x_2) \cdot (x_1 - x_2), \quad t \to 0 \text{ 时}.$$
而 $f(\xi) \to f(x_2)$, $t \to 0$ 时.
故将(3.3)式两端取极限,得
$$-f'(x_2)(x_1 - x_2) \geqslant f(x_2) - f(x_1) \quad (t \to 0),$$
即
$$f(x_1) \geqslant f(x_2) + f'(x_2)(x_1 - x_2).$$
由于 x_1 是任意取定的点,故对一切 $x \in (a,b)$,都有
$$f(x) \geqslant f(x_2) + f'(x_2)(x - x_2), \quad x \in (a,b).$$
这说明过 x_2 的切线在曲线的下方. 又由于 x_2 是任意取定的点,这说明曲线上任一点处的切线在曲线的下方,故曲线是凹的(类似地,可证当
$$f[tx_1 + (1-t)x_2] \geqslant tf(x_1) + (1-t)f(x_2)$$
时曲线是凸的).

本题用到了:若 $0 < t \leqslant 1$ 时 $g(t) \leqslant h(t)$,且 $\lim\limits_{t \to 0+0} g(t)$ 与

$\lim\limits_{t\to 0+0} h(t)$ 存在,则
$$\lim_{t\to 0+0} g(t) \leqslant \lim_{t\to 0+0} h(t).$$

*6. 设 $f(x)$ 在 $[a,b]$ 上连续,在 (a,b) 内二阶可导,且 $f''(x)\geqslant 0$. 若存在 $c\in(a,b)$,使得 $f(c)=\max\limits_{x\in[a,b]} f(x)$,证明:
$$f(x)\equiv f(c) \quad (a\leqslant x\leqslant b).$$

注意 (1) 条件 $f''(x)\geqslant 0$ 并不能保证曲线 $y=f(x)$ 是凹的(只有当 $f''(x)\geqslant 0$ 且使 $f''(x)=0$ 的点不构成一个区间时,$y=f(x)$ 才是凹的).

(2) 从直观上看,若曲线 $y=f(x)(a\leqslant x\leqslant b)$ 是凹的或是由凹曲线与直线组成的光滑曲线段,则 $f(x)$ 在 $[a,b]$ 上的最大值不可能在区间内部达到.

证 由题设知 $x=c$ 是极大点,故 $f'(c)=0$. 又 $f''(x)\geqslant 0$ 意味着 $f'(x)$ 单调上升. 故当 $a\leqslant x\leqslant c$ 时,$f'(x)\leqslant f'(c)=0$,即 $f(x)$ 单调下降,于是
$$f(x)\geqslant f(c), \quad a\leqslant x\leqslant c;$$
当 $c\leqslant x\leqslant b$ 时,$f'(x)\geqslant f'(c)=0$,即 $f(x)$ 单调上升,于是
$$f(x)\geqslant f(c), \quad c\leqslant x\leqslant b.$$
以上两式说明,对一切 $x\in[a,b]$,有 $f(x)\geqslant f(c)$. 另一方面,由 $f(c)$ 是最大值,对一切 $x\in[a,b]$ 应有 $f(x)\leqslant f(c)$. 综合起来便得
$$f(x)\equiv f(c) \quad (a\leqslant x\leqslant b).$$

本 节 小 结

1. 掌握曲线段 $y=f(x)(a\leqslant x\leqslant b)$ 凹凸性的定义及判别法,凹凸性与 $f''(x)$ 的符号的关系.

2. 能判别曲线 $y=f(x)$ 是否有渐近线. 若存在,能写出垂直渐近线、水平渐近线、斜渐近线的表达式.

3. 掌握利用导数作函数图形的步骤及方法.

练 习 题 3.3

3.3.1 求下列函数图形的凹凸性区间和拐点:

(1) $y=\dfrac{x^3}{x^2+12}$; (2) $y=x^2\ln x$;

(3) $y=\arctan x - x$;　　　　(4) $y=(1+x^2)\mathrm{e}^x$.

3.3.2　求下列曲线的渐近线：

(1) $y=\dfrac{x}{x^2-4x+3}$;　　(2) $y=\dfrac{x^3}{x^2+9}$;　　(3) $y=\dfrac{x^2+1}{\sqrt{x^2-1}}$.

3.3.3　作下列函数的图形：

(1) $y=x^3-3x^2$;　　(2) $y=\dfrac{4x-12}{(x-2)^2}$;　　(3) $y=\dfrac{3x^4+1}{x^3}$.

§4　求未定式的极限

内 容 提 要

当函数 $f(x)$ 与 $g(x)$ 是同一极限过程中的无穷小量时，$\dfrac{f(x)}{g(x)}$ 的极限有多种可能情况，这种由两个无穷小量相除的表达式称为 $\dfrac{0}{0}$ 型未定式. 类似地，由两个无穷大量相除的表达式称为 $\dfrac{\infty}{\infty}$ 型未定式. 洛必达法则是求未定式的极限的一种有效的方法.

1. 洛必达法则

设 $\lim\limits_{x\to a}f(x)=0(\infty)$，$\lim\limits_{x\to a}g(x)=0(\infty)$，$f(x),g(x)$ 在 $x=a$ 的邻域内（a 点可除外）可导，$g'(x)\neq 0$，且

$$\lim_{x\to a}\frac{f'(x)}{g'(x)}=A\quad (A\text{ 为有限数或 }\pm\infty),$$

则 $\lim\limits_{x\to a}\dfrac{f(x)}{g(x)}=A$.

将 $x\to a$ 换成 $x\to\infty$ 也有相应的法则.

2. 应用洛必达法则注意事项

① 若 $\lim\limits_{x\to a}\dfrac{f'(x)}{g'(x)}$ 不存在，不能说明 $\lim\limits_{x\to a}\dfrac{f(x)}{g(x)}$ 不存在.

② 应该验证应用法则的条件，例如不是 $\dfrac{0}{0}$ 或 $\dfrac{\infty}{\infty}$ 型不定式时，就不能用洛必达法则.

③ 若 $\lim\limits_{x\to a}\dfrac{f'(x)}{g'(x)}$ 还是 $\dfrac{0}{0}$ 或 $\dfrac{\infty}{\infty}$ 型不定式，可继续应用洛必达法则，只要符合条件就可一直用到求出极限为止.

④ 其他类型的不定式（如 $0\cdot\infty, \infty-\infty, 0^0, 1^\infty, \infty^0$ 等类型），先化成 $\dfrac{0}{0}$ 型或 $\dfrac{\infty}{\infty}$ 型的不定式，再用洛必达法则.

⑤ 使用洛必达法则时也要用到一些技巧，如可将未定式先作恒等变形或

变量替换,或将其中一部分因子先取极限,或将其中的无穷小量因子用等价无穷小量替换等等.读者可通过做题总结经验.

典型例题分析

1. 下述论证是否正确？为什么？

（1）因为
$$\lim_{x\to\infty}\frac{x+\sin x}{x-\cos x}=\lim_{x\to\infty}\frac{(x+\sin x)'}{(x-\cos x)'}=\lim_{x\to\infty}\frac{1+\cos x}{1+\sin x},$$
而右端极限不存在,所以左端极限也不存在,即 $x\to\infty$ 时 $\dfrac{x+\sin x}{x-\cos x}$ 不存在极限.

（2）$\lim\limits_{x\to 0}\dfrac{x+\cos x}{\sin x}=\lim\limits_{x\to 0}\dfrac{(x+\cos x)'}{(\sin x)'}=\lim\limits_{x\to 0}\dfrac{1-\sin x}{\cos x}=1.$

解 （1）不正确.这是因为 $\lim\limits_{x\to\infty}\dfrac{1+\cos x}{1+\sin x}$ 不存在,所以不具备利用洛必达法则的条件,因而不能用洛必达法则.正确的答案是

$$\lim_{x\to\infty}\frac{x+\sin x}{x-\cos x}=\lim_{x\to\infty}\frac{1+\dfrac{\sin x}{x}}{1-\dfrac{\cos x}{x}}=\frac{\lim\limits_{x\to\infty}\left(1+\dfrac{\sin x}{x}\right)}{\lim\limits_{x\to\infty}\left(1-\dfrac{\cos x}{x}\right)}=\frac{1}{1}=1.$$

此例也说明了,若
$$\lim_{x\to a}\frac{f'(x)}{g'(x)}$$
不存在也不为 ∞,不能说明
$$\lim_{x\to a}\frac{f(x)}{g(x)}$$
不存在.故 $\lim\limits_{x\to\infty}\dfrac{f'(x)}{g'(x)}$ 存在只是 $\lim\limits_{x\to\infty}\dfrac{f(x)}{g(x)}$ 存在的一个充分条件.

（2）不正确.这不是 $\dfrac{0}{0}$ 型也不是 $\dfrac{\infty}{\infty}$ 型的极限,不能用洛必达法则.

正确的答案是,因
$$\lim_{x\to 0}(x+\cos x)=1,\quad \lim_{x\to 0}\sin x=0,$$
由无穷小的运算性质知
$$\lim_{x\to 0}\frac{x+\cos x}{\sin x}=\infty.$$

2. 求下列极限:

(1) $\lim\limits_{x\to 0}\dfrac{1-x^2-\mathrm{e}^{-x^2}}{x\sin^3 x}$;

(2) $\lim\limits_{x\to 0}\left(\dfrac{1}{x^2}-\dfrac{1}{\sin^2 x}\right)$;

(3) $\lim\limits_{x\to 0^+}(\cot x)^{\sin x}$;

(4) $\lim\limits_{x\to +\infty}\left(\dfrac{\pi}{2}-\arctan x\right)^{\frac{1}{\ln x}}$;

(5) $\lim\limits_{x\to 0}\left(\dfrac{\arctan x}{x}\right)^{\frac{1}{x^2}}$;

(6) $\lim\limits_{x\to 0}\left(\dfrac{1}{\ln(x+\sqrt{1+x^2})}-\dfrac{1}{\ln(1+x)}\right)$.

解 我们利用洛必达法则求这些极限.

(1) 这是 $\dfrac{0}{0}$ 型未定式.

解法 1 连续用洛必达法则得

$$I=\lim_{x\to 0}\dfrac{1-x^2-\mathrm{e}^{-x^2}}{x\sin^3 x}=\lim_{x\to 0}\dfrac{-2x+2x\mathrm{e}^{-x^2}}{\sin^3 x+3x\sin^2 x\cos x}$$

$$=\lim_{x\to 0}\dfrac{2x}{\sin x}\cdot\lim_{x\to 0}\dfrac{\mathrm{e}^{-x^2}-1}{\sin^2 x+\dfrac{3}{2}x\sin 2x}$$

$$\xlongequal{\text{洛}} 2\lim_{x\to 0}\dfrac{-2x\mathrm{e}^{-x^2}}{2\sin x\cos x+\dfrac{3}{2}\sin 2x+3x\cos 2x}$$

$$\xlongequal{\text{同除 }x} 4\lim_{x\to 0}\dfrac{-\mathrm{e}^{-x^2}}{2\dfrac{\sin x}{x}\cos x+3\dfrac{\sin 2x}{2x}+3\cos 2x}$$

$$=-4\cdot\dfrac{1}{2+3+3}=-\dfrac{1}{2}.$$

在解题过程中,将因子 $\dfrac{2x}{\sin x}$ 先提出来再求极限,使计算化简,这是一种技巧.

解法 2 将分母上的 $\sin^3 x$ 用其等价无穷小 x^3 来替换,则可简化计算.

$$I=\lim_{x\to 0}\dfrac{1-x^2-\mathrm{e}^{-x^2}}{x^4}\cdot\dfrac{x^3}{\sin^3 x}=\lim_{x\to 0}\dfrac{1-x^2-\mathrm{e}^{-x^2}}{x^4}$$

$$\xlongequal{\text{洛}}\lim_{x\to 0}\dfrac{-2x+2x\mathrm{e}^{-x^2}}{4x^3}=\lim_{x\to 0}\dfrac{\mathrm{e}^{-x^2}-1}{2x^2}$$

$$\xlongequal{\text{洛}} \lim_{x\to 0}\frac{-2x\mathrm{e}^{-x^2}}{4x}=-\frac{1}{2}.$$

评注 从解法 2 可看出,所谓用 $\sin x$ 的等价无穷小 x 来替换 $\sin x$,实际上是将所论函数变形为

$$\frac{1-x^2-\mathrm{e}^{-x^2}}{x^4}\cdot\frac{x^3}{\sin^3 x},$$

再分别求 $\dfrac{1-x^2-\mathrm{e}^{-x^2}}{x^4}$ 与 $\dfrac{x^3}{\sin^3 x}$ 的极限(后者等于 1),这样,求极限式 $\lim\limits_{x\to 0}\dfrac{1-x^2-\mathrm{e}^{-x^2}}{x\sin^3 x}$ 就等价于求极限式 $\lim\limits_{x\to 0}\dfrac{1-x^2-\mathrm{e}^{-x^2}}{x^4}$. 值得注意的是,这种等价无穷小的替换,只能对所论函数的因子才能进行,否则将导致错误. 如考虑极限式 $\lim\limits_{x\to 0}\dfrac{x-\sin x}{x^3}$,连续用两次洛必达法则可得

$$\lim_{x\to 0}\frac{x-\sin x}{x^3}=\lim_{x\to 0}\frac{1-\cos x}{3x^2}=\lim_{x\to 0}\frac{\sin x}{6x}=\frac{1}{6}.$$

而若将分子上的第二项 $\sin x$ 用 x 代替,则将导致错误的结果:

$$\text{原式}=\lim_{x\to 0}\frac{x-x}{x^3}=0.$$

错误的原因在于这里 $\sin x$ 不是整个函数的因子(以后可知,$x-\sin x=\dfrac{1}{6}x^3+o(x^3)$,即 x 与 $\sin x$ 的差是与分母 x^3 同阶的无穷小量,就不能忽略不计,即不能用 x 代替 $\sin x$).

(2) 这是 $\infty-\infty$ 型未定式,先通分以将它化成 $\dfrac{0}{0}$ 型未定式.

$$\lim_{x\to 0}\left(\frac{1}{x^2}-\frac{1}{\sin^2 x}\right)=\lim_{x\to 0}\frac{\sin^2 x-x^2}{x^2\sin^2 x}=\lim_{x\to 0}\frac{\sin^2 x-x^2}{x^4}$$

$$\left(\text{将因子}\frac{1}{\sin^2 x}\text{用}\frac{1}{x^2}\text{替换}\right)$$

$$=\lim_{x\to 0}\frac{\sin 2x-2x}{4x^3}=\lim_{x\to 0}\frac{2\cos 2x-2}{12x^2}$$

$$=\frac{1}{6}\lim_{x\to 0}\frac{-2\sin 2x}{2x}=-\frac{1}{3}.$$

(3) 这是 ∞^0 型的未定式. 对于这种指数型的未定式,我们可以先利用公式 $u^v=\mathrm{e}^{v\ln u}$,然后再用洛必达法则. 因为

$$(\cot x)^{\sin x} = e^{\sin x \ln \cot x} = e^{\sin x \ln \cos x - \sin x \ln \sin x},$$

而其中 $\displaystyle\lim_{x \to 0^+} \sin x \ln \cos x = 0 \times \ln 1 = 0$,

$$\lim_{x \to 0^+} \sin x \ln \sin x \xrightarrow{\text{令}\ t = \sin x} \lim_{t \to 0^+} \frac{\ln t}{1/t} = \lim_{t \to 0^+} \frac{1/t}{-1/t^2} = 0,$$

所以 $\displaystyle\lim_{x \to 0^+} (\cot x)^{\sin x} = e^0 = 1.$

(4) 这是 0^0 型的未定式. 因为

$$\left(\frac{\pi}{2} - \arctan x\right)^{\frac{1}{\ln x}} = e^{\frac{1}{\ln x} \ln\left(\frac{\pi}{2} - \arctan x\right)},$$

而其中

$$\lim_{x \to +\infty} \frac{1}{\ln x} \ln\left(\frac{\pi}{2} - \arctan x\right) \xrightarrow{\text{洛}} \lim_{x \to +\infty} \frac{1}{\pi/2 - \arctan x} \cdot \frac{-x}{1+x^2}$$

$$= \lim_{x \to +\infty} \frac{1/x}{\pi/2 - \arctan x} \cdot \lim_{x \to +\infty} \frac{-x^2}{1+x^2}$$

$$\xrightarrow{\text{洛}} -\lim_{x \to +\infty} \frac{-\dfrac{1}{x^2}}{-\dfrac{1}{1+x^2}} = -1,$$

所以 $\displaystyle\lim_{x \to +\infty} \left(\frac{\pi}{2} - \arctan x\right)^{\frac{1}{\ln x}} = e^{-1}.$

(5) 因为 $\displaystyle\lim_{x \to 0} \frac{\arctan x}{x} = 1$, 所以这是 1^∞ 型未定式.

解法 1 由

$$\lim_{x \to 0} \frac{1}{x^2} \ln\left(\frac{\arctan x}{x}\right) = \lim_{x \to 0} \frac{\ln \arctan x - \ln x}{x^2}$$

$$\xrightarrow{\text{洛}} \lim_{x \to 0} \frac{1}{2x}\left[\frac{1}{(1+x^2)\arctan x} - \frac{1}{x}\right]$$

$$= \lim_{x \to 0} \frac{x}{2(1+x^2)\arctan x} \cdot \lim_{x \to 0} \frac{x - (1+x^2)\arctan x}{x^3}$$

$$= \frac{1}{2} \lim_{x \to 0} \frac{x - (1+x^2)\arctan x}{x^3}$$

$$\xrightarrow{\text{洛}} \frac{1}{2} \lim_{x \to 0} \frac{1 - 1 - 2x \arctan x}{3x^2}$$

$$= \frac{1}{2} \lim_{x \to 0} \frac{-2 \arctan x}{3x} = -\frac{1}{3},$$

得 $$\text{原式} = \lim_{x \to 0} \left(\frac{\arctan x}{x} \right)^{\frac{1}{x^2}} = e^{-\frac{1}{3}}.$$

解法 2 当 $u \to 0$ 时 $\ln(1+u) \sim u$,于是

$$\ln\left(\frac{\arctan x}{x}\right) = \ln\left[1 + \left(\frac{\arctan x}{x} - 1\right)\right] \sim \frac{\arctan x}{x} - 1 \quad (x \to 0),$$

将 $\frac{1}{x^2}\ln\frac{\arctan x}{x}$ 的因子 $\ln\frac{\arctan x}{x}$ 用等价无穷小 $\frac{\arctan x}{x} - 1$ 替换得

$$\lim_{x \to 0} \frac{1}{x^2} \ln\left(\frac{\arctan x}{x}\right) = \lim_{x \to 0} \frac{1}{x^2}\left(\frac{\arctan x}{x} - 1\right)$$

$$= \lim_{x \to 0} \frac{\arctan x - x}{x^3} \xlongequal{\text{洛}} \lim_{x \to 0} \frac{\frac{1}{1+x^2} - 1}{3x^2}$$

$$= \lim_{x \to 0} \frac{-1}{3(1+x^2)} = -\frac{1}{3},$$

因此,同样得到

$$\text{原式} = e^{-\frac{1}{3}}.$$

(6) 这是 $\infty - \infty$ 型未定式,先通分使之化为 $\frac{\infty}{\infty}$ 型.

$$\lim_{x \to 0} \left(\frac{1}{\ln(x + \sqrt{1+x^2})} - \frac{1}{\ln(1+x)} \right)$$

$$= \lim_{x \to 0} \frac{\ln(1+x) - \ln(x + \sqrt{1+x^2})}{\ln(x + \sqrt{1+x^2}) \cdot \ln(1+x)}$$

$$= \lim_{x \to 0} \frac{\frac{1}{1+x} - \frac{1}{\sqrt{1+x^2}}}{\frac{1}{\sqrt{1+x^2}}\ln(1+x) + \frac{1}{1+x}\ln(x+\sqrt{1+x^2})}$$

$$= \lim_{x \to 0} \frac{\sqrt{1+x^2} - (1+x)}{(1+x)\ln(1+x) + \sqrt{1+x^2}\ln(x+\sqrt{1+x^2})}$$

$$= \lim_{x \to 0} \frac{\frac{x}{\sqrt{1+x^2}} - 1}{\ln(1+x) + 1 + \frac{x}{\sqrt{1+x^2}}\ln(x+\sqrt{1+x^2}) + 1}$$

$$= -1/2.$$

3. 证明:

(1) 对任给 $\alpha, \beta > 0$,$\lim\limits_{x \to 0^+} x^\alpha |\ln x|^\beta = 0$;

(2) 对任给 $\beta > 0, a > 1$,$\lim\limits_{x \to +\infty} \dfrac{x^\beta}{a^x} = 0$;

(3) $\lim\limits_{x \to 0} \dfrac{e^{-1/x^2}}{x^{100}} = 0$.

证 (1) 这是 $0 \cdot \infty$ 型未定式. 可将其中一个因子的倒数移至分母上,使之化为 $\dfrac{\infty}{\infty}$ 型或 $\dfrac{0}{0}$ 型未定式.

$$\lim_{x \to 0^+} x^\alpha |\ln x|^\beta = \lim_{x \to 0^+} \dfrac{|\ln x|^\beta}{\dfrac{1}{x^\alpha}} \xlongequal{\text{洛}} \lim_{x \to 0^+} \dfrac{\beta |\ln x|^{\beta-1} \cdot \dfrac{-1}{x}}{\dfrac{-\alpha}{x^{\alpha+1}}}$$

$$= \lim_{x \to 0^+} \dfrac{\beta}{\alpha} \cdot x^\alpha |\ln x|^{\beta-1}.$$

由上看出,用一次洛必达法则后,$\ln x$ 的方次降低一次(由 β 降为 $\beta-1$). 所以若 β 为正整数 k,则连续用 k 次洛必达法则,可化为求 Ax^α 的极限(其中 A 为某个常数),由 $\lim\limits_{x \to 0^+} Ax^\alpha = 0$ 即得 $\lim\limits_{x \to 0^+} x^\alpha |\ln x|^\beta = 0$. 若 β 不是正整数,令 $[\beta]$ 为不超过 β 的最大整数. 显然有 $[\beta] \leqslant \beta < [\beta]+1$,这时连续用 $[\beta]+1$ 次洛必达法则,$\ln x$ 的方次降为 $\beta - ([\beta]+1) < 0$. 故可得

$$\lim_{x \to 0^+} x^\alpha |\ln x|^\beta = \cdots = \lim_{x \to 0^+} Bx^\alpha \dfrac{1}{|\ln x|^{[\beta]+1-\beta}} = 0$$

(其中 B 为某个常数).

评注 以上我们将所求极限式化成 $\dfrac{\infty}{\infty}$ 型未定式后用洛必达法则,顺利地求出了极限. 但若将所求极限式化为 $\dfrac{0}{0}$ 型未定式,就无法得出结果. 事实上,若令

$$x^\alpha |\ln x|^\beta = \dfrac{x^\alpha}{\dfrac{1}{|\ln x|^\beta}},$$

由于
$$\frac{(x^\alpha)'}{\left(\frac{1}{|\ln x|^\beta}\right)'} = \frac{\alpha x^{\alpha-1}}{\beta \frac{1}{|\ln x|^{\beta+1}} \cdot \frac{1}{x}} = \frac{\alpha}{\beta} x^\alpha |\ln x|^{\beta+1},$$

所以若对 $\lim\limits_{x\to 0^+} \dfrac{x^\alpha}{\dfrac{1}{|\ln x|^\beta}}$ 用洛必达法则,则将要求极限式

$$\lim_{x\to 0^+} \frac{\alpha}{\beta} x^\alpha |\ln x|^{\beta+1} \text{ 存在}.$$

这里 $\ln x$ 的方次为 $(\beta+1)$,比原式中的方次 β 反而增加了,故用此法不能求出结果.

对于 $0 \cdot \infty$ 型未定式,究竟是将它化为 $\dfrac{0}{0}$ 型还是化为 $\dfrac{\infty}{\infty}$ 型,这要根据具体情况而定.做题时若化成 $\dfrac{0}{0}\left(\dfrac{\infty}{\infty}\right)$ 型无法求得结果,就可试着化成 $\dfrac{\infty}{\infty}\left(\dfrac{0}{0}\right)$ 型.

(2) 这是 $\dfrac{\infty}{\infty}$ 型未定式,可直接用洛必达法则:

$$\lim_{x\to +\infty} \frac{x^\beta}{a^x} \xrightarrow{\text{洛}} \lim_{x\to +\infty} \frac{\beta x^{\beta-1}}{a^x \cdot \ln a}.$$

由此看出,用一次洛必达法则后,x 的方次降低一次.与上同理,连续用若干次洛必达法则后,将化为求极限式

$$\lim_{x\to +\infty} A \frac{1}{a^x} \quad \text{或} \quad \lim_{x\to +\infty} \frac{B}{x^l \cdot a^x},$$

其中 A, B, l 为常数,$l > 0$.而这两个极限式都等于 0,故

$$\lim_{x\to +\infty} \frac{x^\beta}{a^x} = 0.$$

(3) 这是 $\dfrac{0}{0}$ 型未定式,但可作变量替换转化为题(2)的情形.

$$\lim_{x\to 0} \frac{\mathrm{e}^{-\frac{1}{x^2}}}{x^{100}} = \lim_{x\to 0} \frac{\frac{1}{x^{100}}}{\mathrm{e}^{\frac{1}{x^2}}} \xrightarrow{u=\frac{1}{x^2}} \lim_{u\to +\infty} \frac{u^{50}}{\mathrm{e}^u} = 0.$$

评注 本题的结论可以说明对数函数、幂函数与指数函数之间

的阶的比较. 第(1)小题说明,当 $x\to 0^+$ 时,对任意的正的常数 α 与 β, x^α 总是 $\dfrac{1}{(\ln x)^\beta}$ 的高阶无穷小量. 或 $\left(\dfrac{1}{x}\right)^\alpha$ 是 $(\ln x)^\beta$ 的高阶无穷大量. 第(2)小题说明,对任意 $\beta>0$ 及 $a>1$,当 $x\to +\infty$ 时,指数函数 a^x 是幂函数 x^β 的高阶无穷大量.

4. 设 $x>0$,

(1) 求 $(x^{\frac{1}{x}})'$; (2) 求 $\lim\limits_{x\to +\infty} x^{\frac{1}{x}}$; (3) 求 $\lim\limits_{x\to +\infty}(x^{\frac{1}{x}}-1)^{\frac{1}{x}}$.

解 (1) 设 $y=x^{\frac{1}{x}}\;(x>0)$,取对数得 $\ln y=\dfrac{1}{x}\ln x$,求导得

$$\frac{y'}{y}=-\frac{1}{x^2}\ln x+\frac{1}{x^2}.$$

故
$$(x^{\frac{1}{x}})'=x^{\frac{1}{x}}\left(-\frac{1}{x^2}\ln x+\frac{1}{x^2}\right).$$

(2) 这是 ∞^0 型未定式,可先用公式 $u^v=\mathrm{e}^{v\ln u}$,

$$\lim_{x\to +\infty} x^{\frac{1}{x}}=\lim_{x\to +\infty}\mathrm{e}^{\frac{1}{x}\ln x},$$

而
$$\lim_{x\to +\infty}\frac{1}{x}\ln x\xlongequal{\text{洛}}\lim_{x\to +\infty}\frac{\frac{1}{x}}{1}=0,$$

所以
$$\lim_{x\to +\infty} x^{\frac{1}{x}}=\mathrm{e}^0=1.$$

(3) 这是 0^0 型未定式,先用公式 $u^v=\mathrm{e}^{v\ln u}$,

$$\lim_{x\to +\infty}(x^{\frac{1}{x}}-1)^{\frac{1}{x}}=\lim_{x\to +\infty}\mathrm{e}^{\frac{1}{x}\ln(x^{\frac{1}{x}}-1)}.$$

而其中

$$\lim_{x\to +\infty}\frac{1}{x}\ln(x^{\frac{1}{x}}-1)\xlongequal{\text{洛}}\lim_{x\to +\infty}\frac{x^{\frac{1}{x}}\left(-\frac{1}{x^2}\ln x+\frac{1}{x^2}\right)}{x^{\frac{1}{x}}-1}$$

$$=\lim_{x\to +\infty} x^{\frac{1}{x}}\cdot\lim_{x\to +\infty}\frac{-\frac{1}{x^2}\ln x+\frac{1}{x^2}}{\frac{1}{x}\ln x}$$

$\Big($其中 $\lim\limits_{x\to +\infty} x^{\frac{1}{x}}=1$,以及当 $x\to +\infty$ 时,

$$x^{\frac{1}{x}} - 1 \sim \ln(x^{\frac{1}{x}} - 1 + 1) = \frac{1}{x}\ln x\Big)$$

$$= \lim_{x \to +\infty} \frac{1 - \ln x}{x \ln x} = \lim_{x \to +\infty} \frac{1}{x \ln x} - \lim_{x \to +\infty} \frac{1}{x}$$

$$= 0,$$

所以
$$\lim_{x \to +\infty} (x^{\frac{1}{x}} - 1)^{\frac{1}{x}} = e^0 = 1.$$

特别当 x 取正整数而趋向无穷时,有

$$\lim_{n \to \infty} (\sqrt[n]{n} - 1)^{\frac{1}{n}} = 1.$$

评注 本题中若对 $\dfrac{x^{\frac{1}{x}}\left(-\dfrac{1}{x^2}\ln x + \dfrac{1}{x^2}\right)}{x^{\frac{1}{x}} - 1}$ 直接用洛必达法则,则计算较麻烦,现将其已知有极限的因子 $x^{\frac{1}{x}}$ 提出单独求极限,再对其余部分用等价无穷小因子替换,就简化了计算并求得了结果.

5. 证明:若 $f(x)$ 在 x_0 存在二阶导数,则

$$f''(x_0) = \lim_{h \to 0} \frac{f(x_0 + h) + f(x_0 - h) - 2f(x_0)}{h^2}.$$

证 由 $f(x)$ 在 x_0 二阶可导知,$f(x)$ 在 x_0 邻域一阶可导,也就连续,于是

$$\lim_{h \to 0}[f(x_0 + h) + f(x_0 - h) - 2f(x_0)] = 0.$$

我们用洛必达法则求 $\dfrac{0}{0}$ 型未定式的极限:

$$I = \lim_{h \to 0} \frac{f(x_0 + h) + f(x_0 - h) - 2f(x_0)}{h^2}$$

$$= \lim_{h \to 0} \frac{f'(x_0 + h) - f'(x_0 - h)}{2h},$$

这还是 $\dfrac{0}{0}$ 型极限,但不能再用洛必达法则,因为我们不知道 $f(x)$ 在 x_0 邻域是否存在二阶导数.

我们利用 $f(x)$ 在 x_0 存在 $f''(x_0)$,由 $f''(x_0)$ 的极限表达式可得

$$I = \lim_{h \to 0} \left[\frac{f'(x_0+h) - f'(x_0)}{2h} + \frac{1}{2} \frac{f'(x_0-h) - f'(x_0)}{-h} \right]$$
$$= \frac{1}{2} f''(x_0) + \frac{1}{2} f''(x_0) = f''(x_0).$$

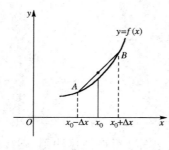

图 3.34

6. 设函数 $f(x)$ 在 x_0 处有二阶导数，且 $f''(x_0) > 0$。证明：存在 $\delta > 0$，使当 $0 < |\Delta x| < \delta$ 时，有

$$\frac{f(x_0+\Delta x) + f(x_0-\Delta x)}{2} > f(x_0).$$

解释 本题的几何意义是：当 $f''(x_0) > 0$ 时，存在 x_0 的一个邻域 $(x_0-\delta, x_0+\delta)$，使得当 $x_0-\Delta x$ 及 $x_0+\Delta x$ 都属于这个邻域内时，点 $A(x_0-\Delta x, f(x_0-\Delta x))$ 与点 $B(x_0+\Delta x, f(x_0+\Delta x))$ 的连线的中点，在点 $(x_0, f(x_0))$ 之上方（见图 3.34）。

证 由第 5 题知，

$$\lim_{\Delta x \to 0} \frac{f(x_0+\Delta x) + f(x_0-\Delta x) - 2f(x_0)}{(\Delta x)^2} = f''(x_0).$$

由 $f''(x_0) > 0$，即极限式

$$\lim_{\Delta x \to 0} \frac{f(x_0+\Delta x) + f(x_0-\Delta x) - 2f(x_0)}{(\Delta x)^2} > 0.$$

由极限的性质知，存在 $\delta > 0$，使当 $0 < |\Delta x| < \delta$ 时有

$$\frac{f(x_0+\Delta x) + f(x_0-\Delta x) - 2f(x_0)}{(\Delta x)^2} > 0.$$

上式中分母恒大于 0，故由上式推出

$$f(x_0+\Delta x) + f(x_0-\Delta x) > 2f(x_0).$$

不等式两边乘 1/2 即得欲证之不等式.

本节小结

1. 设 $\lim \frac{f(x)}{g(x)}$ 为 $\frac{0}{0}$ $\left(\text{或} \frac{\infty}{\infty}\right)$ 型未定式，有时若直接用洛必达法

则得不出结果,可试着对 $\lim \dfrac{\dfrac{1}{g(x)}}{\dfrac{1}{f(x)}}$ 用洛必达法则,有可能得到结果.

2. 设 $\lim \dfrac{f(x)}{g(x)}$ 为未定式,若 $\dfrac{f(x)}{g(x)} = \varphi(x) \dfrac{f_1(x)}{g_1(x)}$,且已知 $\lim \varphi(x) = a$,$\lim \dfrac{f_1(x)}{g_1(x)}$ 为未定式,则可对 $\lim \dfrac{f_1(x)}{g_1(x)}$ 用洛必达法则以化简计算. 若由此可求得 $\lim \dfrac{f_1(x)}{g_1(x)} = b$,那么 $\lim \dfrac{f(x)}{g(x)} = ab$.

3. 设 $\lim \dfrac{f(x)}{g(x)}$ 为未定式,求极限时 $\dfrac{f(x)}{g(x)}$ 的无穷小因子可用其等价无穷小量代替. 但 $\dfrac{f(x)}{g(x)}$ 的表达式中出现的非因子无穷小,不能用其等价无穷小量代替.

练 习 题 3.4

用洛必达法则求下列极限(1~8题):

3.4.1 $\lim\limits_{x \to 1} \dfrac{\ln x}{x-1}$;

3.4.2 $\lim\limits_{x \to \frac{\pi}{2}+0} \dfrac{\ln\left(x - \dfrac{\pi}{2}\right)}{\tan x}$;

3.4.3 $\lim\limits_{x \to \frac{\pi}{2}} (\pi - 2x)\tan x$;

3.4.4 $\lim\limits_{x \to 1} x^{\frac{1}{1-x}}$;

3.4.5 $\lim\limits_{x \to \frac{\pi}{2}-0} (\tan x)^{2x-\pi}$;

3.4.6 $\lim\limits_{x \to 0+} (\sin x)^{\tan x}$;

3.4.7 $\lim\limits_{x \to \infty} \left(\cos \dfrac{2}{x}\right)^{x^2}$;

3.4.8 $\lim\limits_{x \to 0+} \left(\dfrac{1}{x}\right)^{\sin x}$.

3.4.9 当 $x \to 0+$ 时,试比较下列无穷小的阶:
$x^a (a>0)$, $\dfrac{1}{\ln^\beta x} (\beta > 0)$, $q^{1/x} (0 < q < 1)$.

§5 泰勒公式及其应用

内 容 提 要

1. 泰勒公式及其作用

(1) 带皮亚诺型余项的泰勒公式

设 $f(x)$ 在 x_0 处有 n 阶导数,则在 x_0 附近 $f(x)$ 可展成局部泰勒公式(也称为**带皮亚诺型余项的泰勒公式**):
$$f(x) = P_n(x) + R_n(x),$$
其中
$$P_n(x) = f(x_0) + f'(x_0)(x - x_0) + \frac{f''(x_0)}{2!}(x - x_0)^2$$
$$+ \cdots + \frac{f^{(n)}(x_0)}{n!}(x - x_0)^n, \quad (5.1)$$
$$R_n(x) = o((x - x_0)^n) \quad \left(\text{即} \lim_{x \to x_0} \frac{R_n(x)}{(x - x_0)^n} = 0\right).$$

(2) 带拉格朗日型余项的泰勒公式

设 $f(x)$ 在包含 x_0 的区间 (a,b) 上有 $n+1$ 阶导数,在 $[a,b]$ 上有 n 阶连续导数,则对任给 $x \in [a,b]$,$f(x)$ 可展成带拉格朗日型余项的泰勒公式
$$f(x) = P_n(x) + R_n(x),$$
其中 $P_n(x)$ 由(5.1)式给出,
$$R_n(x) = \frac{(x - x_0)^{n+1}}{(n+1)!} f^{(n+1)}(x_0 + \theta(x - x_0)) \quad (0 < \theta < 1),$$
或
$$R_n(x) = \frac{(x - x_0)^{n+1}}{(n+1)!} f^{(n+1)}(\xi) \quad (\xi \text{ 在 } x \text{ 与 } x_0 \text{ 之间}).$$

(3) $x_0 = 0$ 时的泰勒公式称为**马克劳林公式**:
$$f(x) = f(0) + f'(0)x + \frac{f''(0)}{2!}x^2 + \cdots + \frac{f^{(n)}(0)}{n!}x^n + R_n(x),$$
其中余项 $R_n(x)$ 在局部泰勒公式中为 $R_n(x) = o(x^n)$,在带拉格朗日型余项的泰勒公式为
$$R_n(x) = \frac{x^{n+1}}{(n+1)!} f^{(n+1)}(\theta x), \quad 0 < \theta < 1.$$

(4) 泰勒公式的作用

① 给出了用简单函数(即多项式)近似复杂函数的方法.

② 建立了自变量改变量,函数改变量与各阶导数之间的关系.使我们能够利用一阶及高阶导数来研究函数的性质.

2. 五个常用的泰勒公式

(1) $e^x = 1 + x + \frac{x^2}{2!} + \cdots + \frac{x^n}{n!} + R_n(x) \quad (-\infty < x < +\infty).$

在局部泰勒公式中 $R_n(x) = o(x^n)$,在带拉格朗日型余项的泰勒公式中
$$R_n(x) = \frac{x^{n+1}}{(n+1)!} e^{\theta x}.$$

(2) $\sin x = x - \dfrac{x^3}{3!} + \dfrac{x^5}{5!} + \cdots + (-1)^{m-1}\dfrac{x^{2m-1}}{(2m-1)!} + R_{2m}(x)$
$\qquad\qquad\qquad (-\infty < x < +\infty)$,

$R_{2m}(x) = o(x^{2m})$,或 $R_{2m}(x) = (-1)^m \dfrac{x^{2m+1}}{(2m+1)!}\cos\theta x$.

(3) $\cos x = 1 - \dfrac{x^2}{2!} + \dfrac{x^4}{4!} - \cdots + (-1)^m \dfrac{x^{2m}}{(2m)!} + R_{2m+1}(x)$
$\qquad\qquad\qquad (-\infty < x < +\infty)$,

$R_{2m+1}(x) = o(x^{2m+1})$,或 $R_{2m+1}(x) = (-1)^{m+1}\dfrac{\cos\theta x}{(2m+2)!}x^{2m+2}$.

(4) $\ln(1+x) = x - \dfrac{x^2}{2} + \dfrac{x^3}{3} - \cdots + (-1)^{n-1}\dfrac{x^n}{n} + R_n(x) \quad (|x|<1)$,

$R_n(x) = o(x^n)$,或 $R_n(x) = (-1)^n \dfrac{x^{n+1}}{(n+1)(1+\theta x)^{n+1}}$.

(5) $(1+x)^\alpha = 1 + \alpha x + \dfrac{\alpha(\alpha-1)}{2!}x^2 + \cdots$
$\qquad\qquad + \dfrac{\alpha(\alpha-1)\cdots(\alpha-n+1)}{n!}x^n + R_n(x) \quad (|x|<1)$,

$R_n(x) = o(x^n)$,或 $R_n(x) = \dfrac{\alpha(\alpha-1)\cdots(\alpha-n)}{(n+1)!}(1+\theta x)^{\alpha-1-n}x^{n+1}$.

3. 求泰勒公式的方法

(1) 直接求法:先计算各阶导数值 $f^{(k)}(x_0)(k=0,1,2,\cdots,n)$,再将它们代入公式即可得到泰勒公式.

(2) 间接求法:利用已知的泰勒公式通过适当的运算而求得 $f(x)$ 的泰勒公式,这种做法的根据是泰勒公式的惟一性:

设 $f(x)$ 在 x_0 有 n 阶导数,且 $f(x)$ 可展开为下列多项式
$$f(x) = A_0 + A_1(x-x_0) + A_2(x-x_0)^2 + \cdots + A_n(x-x_0)^n$$
$$+ o((x-x_0)^n),$$

其中 $A_i(i=0,1,2,\cdots,n)$ 为常数.则这些常数是惟一确定的,且必有
$$A_0 = f(x_0), \quad A_1 = f'(x_0), \quad \cdots, \quad A_n = \dfrac{f^{(n)}(x_0)}{n!}.$$

4. 泰勒公式的应用

(1) 利用泰勒公式确定无穷小的阶与求极限

设 $\lim_{x\to a}f(x) = 0$,$f(x)$ 有泰勒展开式
$$f(x) = \dfrac{1}{k!}f^{(k)}(a)(x-a)^k + o((x-a)^k) \quad (x\to a),$$

其中 $f^{(k)}(a) \neq 0$(即 $f^{(k)}(a)$ 是泰勒展开式中第一个不等于零的系数),则 $x\to a$ 时 $f(x)$ 是 $x-a$ 的 k 阶无穷小.因此泰勒公式是确定无穷小的阶的有效方法.

设 $\lim_{x\to a}f(x) = \lim_{x\to a}g(x) = 0$,$f(x)$ 和 $g(x)$ 有泰勒展开式

$$f(x) = \frac{1}{n!}f^{(n)}(a)(x-a)^n + o((x-a)^n),$$

$$g(x) = \frac{1}{m!}g^{(m)}(a)(x-a)^m + o((x-a)^m),$$

其中 $f^{(n)}(a) \neq 0, g^{(m)}(a) \neq 0$,则

$$\lim_{x \to a} \frac{f(x)}{g(x)} = \begin{cases} f^{(n)}(a)/g^{(n)}(a), & n = m, \\ 0, & n > m, \\ \infty, & n < m. \end{cases}$$

因此泰勒公式也是求 $\frac{0}{0}$ 型未定式极限的有效方法.

(2) 利用泰勒公式求函数的近似计算公式

设 $f(x)$ 在 (a,b) 内有 $(n+1)$ 阶导数,则有

$$f(x) \approx f(x_0) + f'(x_0)(x-x_0) + \cdots$$
$$+ \frac{f^{(n)}(x_0)}{n!}(x-x_0)^n, \quad x \in (a,b),$$

误差由余项给出.

典型例题分析

1. 展开下列多项式:

(1) $P(x) = x^3 - 2x^2 + 3x + 5$,按 $(x-2)$ 的非负整数次幂展开;

(2) $P(x) = x^4 - 5x^3 + x^2 - 3x + 4$,按 $(x-4)$ 的非负整数次幂展开.

解 由直接计算导数的方法求展开式.

(1) $\quad P'(x) = 3x^2 - 4x + 3, \quad P''(x) = 6x - 4,$

$\quad P'''(x) = 6, \quad P^{(n)}(x) = 0 \quad (n \geq 4).$

于是 $\quad P(2) = 11, \quad P'(2) = 7, \quad P''(2) = 8, \quad P'''(2) = 6,$

$\quad P^{(4)}(\xi) = 0, \quad$ 对任意 $\xi \in (-\infty, +\infty).$

因而对一切 $x \in (-\infty, +\infty)$,

$$R_3(x) = \frac{1}{4!}f^{(4)}(\xi)x^4 = 0,$$

所以对一切 $x \in (-\infty, +\infty)$,有

$x^3 - 2x^2 + 3x + 5$

$\quad = 11 + 7(x-2) + \frac{8}{2!}(x-2)^2 + \frac{6}{3!}(x-2)^3 + R_3(x)$

$$= 11 + 7(x-2) + 4(x-2)^2 + (x-2)^3.$$

由此看出,多项式的泰勒公式的余项为零.

(2) $P'(x) = 4x^3 - 15x^2 + 2x - 3$, $P''(x) = 12x^2 - 30x + 2$,
$$P^{(3)}(x) = 24x - 30, \quad P^{(4)}(x) = 24,$$
$$P^{(n)}(x) = 0 \quad (n \geqslant 5).$$

于是
$$P(4) = -56, \quad P'(4) = 21, \quad P''(4) = 74,$$
$$P^{(3)}(4) = 66, \quad P^{(4)}(4) = 24,$$
$$P^{(5)}(\xi) = 0, \quad 任意 \xi \in (-\infty, +\infty).$$

因此,与(1)题同理可知,对一切 $x \in (-\infty, +\infty)$, $R_4(x) \equiv 0$, 于是
$$x^4 - 5x^3 + x^2 - 3x + 4$$
$$= -56 + 21(x-4) + \frac{74}{2!}(x-4)^2 + \frac{66}{3!}(x-4)^3$$
$$+ \frac{24}{4!}(x-4)^4$$
$$= -56 + 21(x-4) + 37(x-4)^2$$
$$+ 11(x-4)^3 + (x-4)^4.$$

2. 将下列函数按指定方式展开:

(1) $f(x) = e^x$ 按 $x+1$ 的幂展开,到含 $(x+1)^3$ 为止,并带拉格朗日型余项.

(2) $f(x) = \tan x$ 按 x 的幂展开,到含 x^2 为止,并带拉格朗日型余项.

(3) $f(x) = \sqrt{1+x} \cos x$ 按 x 的幂展开,到含 x^4 为止,并带皮亚诺型余项.

(4) $f(x) = \sqrt{1-2x+x^3} - \sqrt[3]{1-3x+x^2}$ 按 x 的幂展开,到 x^3 项,并带皮亚诺型余项.

解 (1) 本题可用直接做法,即套公式(读者可自己完成). 也可用间接做法. 因为已知对任意 $t \in (-\infty, +\infty)$, 有
$$e^t = 1 + t + \frac{1}{2!}t^2 + \frac{1}{3!}t^3 + \frac{t^4}{4!}e^{\theta t} \quad (0 < \theta < 1),$$
令 $t = x+1$ 得

$$e^{x+1} = 1 + (x+1) + \frac{1}{2!}(x+1)^2 + \frac{1}{3!}(x+1)^3$$
$$+ \frac{(x+1)^4}{4!}e^{\theta(x+1)}.$$

于是
$$e^x = e^{-1+(x+1)} = \frac{1}{e} + \frac{1}{e}(x+1) + \frac{1}{2!}\frac{1}{e}(x+1)^2$$
$$+ \frac{1}{3!}\frac{1}{e}(x+1)^3 + \frac{1}{4!}(x+1)^4 e^{-1+\theta(x+1)}.$$

(2) 用直接做法.
$$f'(x) = \frac{1}{\cos^2 x}, \quad f''(x) = \frac{2\sin x}{\cos^3 x},$$
$$f'''(x) = \frac{2(1+2\sin^2 x)}{\cos^4 x}.$$
$$f(0) = 0, \quad f'(0) = 1, \quad f''(0) = 0,$$
$$f'''(\theta x) = \frac{2(1+2\sin^2 \theta x)}{\cos^4 \theta x}.$$

因此 $f(x) = f(0) + f'(0)x + \frac{1}{2!}f''(0)x^2 + \frac{x^3}{3!}f^{(3)}(\theta x)$,

即
$$\tan x = x + \frac{x^3}{3} \cdot \frac{1+2\sin^2 \theta x}{\cos^4 \theta x}.$$

(3) 用间接做法. 因为已知
$$\sqrt{1+x} = 1 + \frac{1}{2}x - \frac{1}{8}x^2 + \frac{1}{16}x^3 - \frac{5}{128}x^4 + o(x^4),$$
$$\cos x = 1 - \frac{1}{2}x^2 + \frac{1}{24}x^4 + o(x^4),$$

所以
$$\sqrt{1+x}\cos x = 1 + \frac{1}{2}x - \frac{1}{8}x^2 + \frac{1}{16}x^3 - \frac{5}{128}x^4$$
$$- \frac{1}{2}x^2 - \frac{1}{4}x^3 + \frac{1}{16}x^4 + \frac{1}{24}x^4 + o(x^4)$$
$$= 1 + \frac{1}{2}x - \frac{5}{8}x^2 - \frac{3}{16}x^3 + \frac{25}{384}x^4 + o(x^4).$$

注意 这里用到以下无穷小阶的运算规律:

① 若 $f(x)$ 在 a 点邻域(可不含 a 点)有界,则
$$f(x) \cdot o((x-a)^n) = o((x-a)^n) \quad (x \to a);$$
② $(x-a)^m \cdot o((x-a)^n) = o((x-a)^{n+m}) \quad (x \to a);$
③ $o(x^n) + o(x^n) = o(x^n) \quad (x \to 0);$
④ $o(x^n) + o(x^m) = o(x^n) \quad (0 < n < m)(x \to 0).$

(4) 用间接做法. 因为已知
$$\sqrt{1-t} = 1 - \frac{1}{2}t - \frac{1}{8}t^2 - \frac{1}{16}t^3 + o(t^3),$$
$$\sqrt[3]{1-t} = 1 - \frac{1}{3}t - \frac{1}{9}t^2 - \frac{5}{3^4}t^3 + o(t^3),$$

注意 $o((2x-x^3)^3) = o(x^3)$, $o((3x-x^2)^3) = o(x^3)$, 于是得到

$$\sqrt{1-2x+x^3} - \sqrt[3]{1-3x+x^2}$$
$$= 1 - \frac{1}{2}(2x-x^3) - \frac{1}{8}(2x-x^3)^2 - \frac{1}{16}(2x-x^3)^3$$
$$\quad - 1 + \frac{1}{3}(3x-x^2) + \frac{1}{9}(3x-x^2)^2$$
$$\quad + \frac{5}{3^4}(3x-x^2)^3 + o(x^3)$$
$$= \frac{1}{6}x^2 + x^3 + o(x^3).$$

求给定函数的泰勒公式,大多是用间接方法. 这首先要求能记住五个常用的泰勒公式,其次要能灵活地进行适当的运算. 下面再举一些典型的例子.

3. 求下列函数的带皮亚诺型余项的泰勒公式:

(1) $f(x) = e^{-x^2}$; (2) $f(x) = \frac{1}{2}(e^x + e^{-x})$;

(3) $f(x) = \sin^2 x$; (4) $f(x) = \frac{1}{2}\ln\frac{1-x}{1+x}.$

解 (1) 因为
$$e^t = 1 + t + \frac{1}{2!}t^2 + \cdots + \frac{1}{n!}t^n + o(t^n).$$

令 $t = -x^2$ 得

$$e^{-x^2} = 1 - x^2 + \frac{1}{2!}x^4 + \cdots + \frac{(-1)^n}{n!}x^{2n} + o(x^{2n}).$$

(2) 因为

$$e^x = 1 + x + \frac{1}{2!}x^2 + \cdots + \frac{1}{n!}x^n + o(x^n),$$

$$e^{-x} = 1 - x + \frac{1}{2!}x^2 + \cdots + \frac{(-1)^n}{n!}x^n + o(x^n),$$

所以 $\quad \frac{1}{2}(e^x + e^{-x}) = 1 + \frac{1}{2!}x^2 + \cdots + \frac{x^{2n}}{(2n)!} + o(x^{2n}).$

(3) 因为 $\sin^2 x = \frac{1}{2}(1 - \cos 2x)$，而

$$\cos 2x = 1 - \frac{1}{2!}(2x)^2 + \frac{1}{4!}(2x)^4 - \cdots$$
$$+ \frac{(-1)^n}{(2n)!}(2x)^{2n} + o(x^{2n}),$$

所以 $\sin^2 x = \frac{2}{2!}x^2 - \frac{2^3}{4!}x^4 + \cdots + \frac{(-1)^{n-1}2^{2n-1}}{(2n)!}x^{2n} + o(x^{2n}).$

(4) 因为

$$f(x) = \frac{1}{2}[\ln(1-x) - \ln(1+x)],$$

而 $\quad \ln(1-x) = -\left(x + \frac{x^2}{2} + \frac{x^3}{3} + \cdots + \frac{x^n}{n}\right) + o(x^n),$

$\ln(1+x) = x - \frac{x^2}{2} + \frac{x^3}{3} - \cdots + (-1)^{n-1}\frac{x^n}{n} + o(x^n).$

将以上两式相减后乘 1/2，得

$$\frac{1}{2}\ln\frac{1-x}{1+x} = -\left(x + \frac{x^3}{3} + \cdots + \frac{x^{2k+1}}{2k+1}\right) + o(x^{2k+2}).$$

4. 求函数

$$f(x) = \frac{1+x+x^2}{1-x+x^2}$$

在 $x=0$ 处的局部泰勒公式（到四阶），并问 $f^{(4)}(0) = ?$

解 将 $f(x)$ 变形再利用 $\frac{1}{1-x}$ 的局部泰勒公式.

$$f(x) = 1 + \frac{2x}{1-x+x^2} = 1 + \frac{2x}{1-(x-x^2)}$$

$$= 1 + 2x[1 + (x - x^2) + (x - x^2)^2 + (x - x^2)^3 + o(x^3)]$$
$$= 1 + 2x[1 + x - x^2 + x^2 - 2x^3 + x^3 + o(x^3)]$$
$$= 1 + 2x + 2x^2 - 2x^4 + o(x^4).$$

在泰勒公式中，x^4 的系数为 $\dfrac{1}{4!}f^{(4)}(0)$，故应有

$$\frac{1}{4!}f^{(4)}(0) = -2, \quad \text{即} \quad f^{(4)}(0) = -2 \cdot 4! = -48.$$

5. 确定下列无穷小量是 x 的几阶无穷小量：

(1) $e^x - 1 - x - \dfrac{1}{2}x\sin x$；　　(2) $\cos x - e^{-x^2/2}$

解　利用泰勒公式来解此问题.

(1) $e^x - 1 - x - \dfrac{1}{2}x\sin x$

$$= 1 + x + \frac{x^2}{2!} + \frac{x^3}{3!} + o(x^3) - 1 - x$$
$$\quad - \frac{1}{2}x\left(x - \frac{x^3}{3!} + o(x^4)\right)$$
$$= \frac{1}{2}x^2 + \frac{1}{6}x^3 - \frac{1}{2}x\left(x - \frac{1}{6}x^3\right) + o(x^3)$$
$$= \frac{1}{6}x^3 + o(x^3),$$

所以 $e^x - 1 - x - \dfrac{1}{2}x\sin x$ 是 x 的三阶无穷小.

(2) $\cos x = 1 - \dfrac{1}{2!}x^2 + \dfrac{1}{4!}x^4 + o(x^4),$

$$e^{-\frac{x^2}{2}} = 1 - \frac{1}{2}x^2 + \frac{1}{2!}\left(\frac{x^2}{2}\right)^2 + o(x^4),$$

$$\cos x - e^{-\frac{x^2}{2}} = \left(\frac{1}{4!} - \frac{1}{8}\right)x^4 + o(x^4),$$

所以 $\cos x - e^{-x^2/2}$ 是 x 的四阶无穷小.

6. 利用泰勒公式求下列极限：

(1) $\lim\limits_{x \to 0} \dfrac{1 - x^2 - e^{-x^2}}{x\sin^3 2x}$；　　(2) $\lim\limits_{x \to 0}\left(\dfrac{1}{x} - \dfrac{\cos x}{\sin x}\right)\dfrac{1}{x}.$

解　(1) 利用泰勒展开式

$$e^{-x^2} = 1 - x^2 + \frac{1}{2}x^4 + o(x^4),$$

由此看出分子是四阶无穷小,因而将分母也写成四阶无穷小及其高阶无穷小之和即可:

$$x\sin^3 2x = x\left(2x - \frac{(2x)^3}{3!} + o(x^4)\right)^3 = 8x^4 + o(x^4).$$

于是
$$\lim_{x\to 0}\frac{1-x^2-e^{-x^2}}{x\sin^3 2x} = \lim_{x\to 0}\frac{-x^4/2 + o(x^4)}{8x^4 + o(x^4)}$$
$$= \lim_{x\to 0}\frac{-1/2 + o(1)}{8 + o(1)} = -\frac{1}{16}.$$

(2) 利用泰勒展开式

$$\sin x - x\cos x = x - \frac{1}{6}x^3 - x\left(1 - \frac{1}{2}x^2\right) + o(x^3)$$
$$= \frac{1}{3}x^3 + o(x^3),$$
$$x^2 \sin x = x^3 + o(x^3).$$

我们可得

$$\lim_{x\to 0}\left(\frac{1}{x} - \frac{\cos x}{\sin x}\right)\frac{1}{x} = \lim_{x\to 0}\frac{\sin x - x\cos x}{x^2 \sin x}$$
$$= \lim_{x\to 0}\frac{\frac{1}{3}x^3 + o(x^3)}{x^3 + o(x^3)} = \frac{1}{3}.$$

7. 证明: $\sin(a+h)$ 与 $\sin a + h\cos a$ 之差的绝对值不大于 $\frac{1}{2}h^2$.

证 令 $f(x) = \sin x$,由泰勒公式

$$\sin(a+h) = f(a+h) = f(a) + f'(a)h + \frac{1}{2}f''(\xi)h^2$$
$$= \sin a + h\cos a - \frac{1}{2}\sin\xi h^2 \quad (\xi = a + \theta h, 0 < \theta < 1),$$

由此可得

$$|\sin(a+h) - (\sin a + h\cos a)| = \frac{1}{2}|\sin\xi|h^2 \leqslant \frac{1}{2}h^2.$$

8. 证明当 $0 < x \leqslant 1/2$ 时,按公式

$$e^x \approx 1 + x + \frac{1}{2}x^2 + \frac{1}{6}x^3$$

计算 e^x 的近似值时所产生的误差小于 0.01,并求 $\sqrt{e}$ 的近似值使误差小于 0.01.

解 根据泰勒公式
$$e^x = 1 + x + \frac{1}{2}x^2 + \frac{1}{6}x^3 + \frac{x^4}{24}e^{\theta x} \quad (0 < \theta < 1),$$

可知上述近似公式的误差
$$|R_3(x)| = \frac{x^4}{24}e^{\theta x} \leqslant \frac{(1/2)^4}{24} \cdot 3 < 0.01.$$

利用这个近似公式可以算得
$$\sqrt{e} \approx 1 + \frac{1}{2} + \frac{1}{2}\left(\frac{1}{2}\right)^2 + \frac{1}{6}\left(\frac{1}{2}\right)^3$$
$$= 1 + \frac{1}{2} + \frac{1}{8} + \frac{1}{48} \approx 1.645,$$

其误差小于 0.01.

*9. 设 $P_n(x)$ 是一个 n 次多项式.

(1) 证明:$P_n(x)$ 在任一点 x_0 处的泰勒公式为

$$P_n(x) = P_n(x_0) + P_n'(x_0)(x - x_0) + \cdots + \frac{1}{n!}P_n^{(n)}(x_0)(x - x_0)^n.$$

(2) 若存在一个数 a,使 $P_n(a) > 0$,$P_n^{(k)}(a) \geqslant 0$ $(k=1,2,\cdots,n)$,证明:$P_n(x)$ 的所有实根都不超过 a.

证 (1) 只需证明 $R_n(x) = 0$,其中 $R_n(x)$ 为余项. 已知拉格朗日型余项为

$$R_n(x) = \frac{1}{(n+1)!}P_n^{(n+1)}(\xi)(x - x_0)^{n+1} \quad (\xi \text{ 在 } x_0 \text{ 与 } x \text{ 之间}).$$

而对于 n 次多项式 $P_n(x)$,它的 $(n+1)$ 阶导数恒等于零,即 $P_n^{(n+1)}(\xi) = 0$,故 $R_n(x) = 0$.

(2) 由(1)知,$P_n(x)$ 在 a 点的泰勒公式为

$$P_n(x) = P_n(a) + P_n'(a)(x - a) + \cdots + \frac{1}{n!}P_n^{(n)}(a)(x - a)^n,$$

故对任意 $x > a$,有 $P_n(x) \geqslant P_n(a) > 0$. 即这时 x 不可能是 $P_n(x) = 0$ 的根.

*10. 设 $f(x)$ 在 $[0, +\infty)$ 上二阶可导,又 $f(0) = -1$,$f'(0) > 0$,且当 $x > 0$ 时 $f''(x) \geqslant 0$. 证明:方程 $f(x) = 0$ 在 $(0, +\infty)$ 内有且只

有一个根.

分析 由所设条件可推出 $f'(x)$ 单调递增,再由 $f'(0)>0$ 可得 $f'(x)>0$(当 $x\geqslant 0$ 时),故 $f(x)$ 也单调递增.又 $f(0)<0$,故只需证明 $f(x)$ 在某些点处大于 0,便可得证(参见图 3.35).

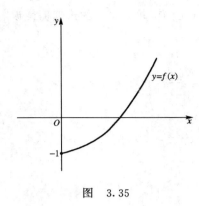

图 3.35

证 先证根的存在性.

考虑 $f(x)$ 在 $x=0$ 处的一阶泰勒公式,有

$$f(x) = f(0) + f'(0)x + \frac{1}{2!}f''(\xi)x^2$$

$$= -1 + f'(0)x + \frac{1}{2!}f''(\xi)x^2,$$

$$0 \leqslant x < +\infty, \quad 0 < \xi < x.$$

由 $f''(\xi)\geqslant 0$,故对一切 $x\in[0,+\infty)$,有

$$f(x) \geqslant -1 + f'(0)x.$$

现取 $x_1 > \dfrac{1}{f'(0)}$,便有

$$f(x_1) > -1 + f'(0)\cdot\frac{1}{f'(0)} = 0.$$

由已知 $f(0)<0$,由连续函数的介值定理知,至少存在一个 $\xi\in(0,x_1)$ 使 $f(\xi)=0$.

再证根的惟一性.由当 $x>0$ 时 $f''(x)>0$ 推出 $f'(x)\geqslant f'(0)>0$,于是 $f(x)$ 在 $[0,+\infty)$ 上严格单调递增,因此 $f(x)=0$ 在 $[0,+\infty)$ 内只有一个根.

*11. 设 $f(x)$ 在 $[0,1]$ 上有二阶导函数,且对一切 $x\in[0,1]$,有

$$|f(x)| \leqslant A, \quad |f''(x)| \leqslant B,$$

其中 A,B 为正的常数.证明:

$$|f'(x)| \leqslant 2A + B/2, \quad \text{对任意 } x\in(0,1).$$

证 在 $(0,1)$ 内任意取定一点 x_0,考虑在 x_0 处的泰勒公式得

$$f(0) = f(x_0) + f'(x_0)(0-x_0)$$

$$+ \frac{1}{2} f''(\xi_1)(0-x_0)^2, \quad 0 < \xi_1 < x_0,$$
$$f(1) = f(x_0) + f'(x_0)(1-x_0)$$
$$+ \frac{1}{2} f''(\xi_2)(1-x_0)^2, \quad x_0 < \xi_2 < 1,$$

将以上两式相减得

$$f(0) - f(1) = -f'(x_0) + \frac{1}{2}[x_0^2 f''(\xi_1) - (1-x_0)^2 f''(\xi_2)],$$

移项可得

$$|f'(x_0)| \leqslant |f(0)| + |f(1)| + \frac{1}{2}B[x_0^2 + (1-x_0)^2]$$
$$\leqslant 2A + \frac{1}{2}B[x_0 + (1-x_0)]$$
$$= 2A + B/2.$$

由于 x_0 是 $(0,1)$ 内任意取定的一点,故对一切 $x \in (0,1)$,都有

$$|f'(x)| \leqslant 2A + B/2.$$

注意 ① 因为 $0 < x_0 < 1$,所以 $x_0^2 < x_0$,$(1-x_0)^2 < (1-x_0)$.

② 这里利用泰勒公式建立了任意一点 $x \in (0,1)$ 处的函数值 $f(x)$ 与 $f(0)$ 及 $f(1)$ 之间的关系.

*12. 设函数 $f(x)$ 在 $(0, +\infty)$ 上有二阶导数,又知对一切 $x > 0$,有

$$|f(x)| \leqslant A, \quad |f''(x)| \leqslant B,$$

其中 A, B 为正的常数.证明:

$$|f'(x)| \leqslant 2\sqrt{AB}, \quad x \in (0, +\infty).$$

证 任意取定正数 x 与 h,有

$$f(x+h) = f(x) + f'(x) \cdot h + \frac{1}{2!} f''(x+\theta h) \cdot h^2,$$

其中 $0 < \theta < 1$. 移项可得

$$|f'(x) \cdot h| = \left| f(x+h) - f(x) - \frac{1}{2} f''(x+\theta h) \cdot h^2 \right|$$
$$\leqslant |f(x+h)| + |f(x)| + \frac{1}{2} |f''(x+\theta h) h^2|$$

$$\leqslant 2A + \frac{B}{2}h^2,$$

即
$$|f'(x)| \leqslant \frac{2A}{h} + \frac{Bh}{2}.$$

上式对一切 $h \in (0, +\infty)$ 成立. 所以若函数 $g(h) = \frac{2A}{h} + \frac{Bh}{2}$ 在区间 $(0, +\infty)$ 上有最小值, 则应有

$$|f'(x)| \leqslant \min_{x \in (0, +\infty)} g(h).$$

由 $g'(h) = -2A/h^2 + B/2 = 0$, 得 $g'(h) = 0$ 的正根为 $h_0 = 2\sqrt{A/B}$, 不难验证 $g(h)$ 在 $h_0 = 2\sqrt{A/B}$ 处达到最小值. 故有

$$|f'(x)| \leqslant g(2\sqrt{A/B}) = 2\sqrt{AB}.$$

由于 x 是任意取定的正数, 所以上式对一切 $x \in (0, +\infty)$ 成立.

本题说明: 当 $f(x)$ 与 $f''(x)$ 在 $(0, +\infty)$ 上都是有界函数时, 则 $f'(x)$ 在 $(0, +\infty)$ 上也是有界函数.

思考题: 试比较 11 与 12 两题的条件、结论以及证明方法的异同点.

*13. 设有三个不同的常数 a, b, c, 满足

$$a < b < c, \quad a + b + c = 2, \quad ab + bc + ca = 1.$$

证明: $0 < a < 1/3$, $1/3 < b < 1$, $1 < c < 4/3$.

证 考虑以 a, b, c 为三个根的三次多项式

$$P_3(x) = (x-a)(x-b)(x-c),$$

由根与系数的关系以及上述条件, 可知 $P_3(x)$ 可表为

$$P_3(x) = x^3 - 2x^2 + x - abc = x(x-1)^2 - abc,$$

求导得

$$P_3'(x) = 3x^2 - 4x + 1 = (3x-1)(x-1).$$

所以 $P_3'(x) = 0$ 的两个根为

$$\xi_1 = 1/3, \quad \xi_2 = 1.$$

又已知 $P_3(x)$ 有三个实根 a, b, c, 由罗尔定理知, ξ_1 必在 a 与 b 之间, ξ_2 必在 b 与 c 之间, 即

$$a < 1/3 < b, \quad b < 1 < c,$$

由此推出

$a \in (-\infty, 1/3)$, $b \in (1/3, 1)$, $c \in (1, +\infty)$.

与欲证的结论相比,只需再证明 $a > 0$ 与 $c < 4/3$.

先证 $a > 0$. 由
$$0 = P_3(c) = c(c-1)^2 - abc,$$
推出 $ab = (c-1)^2 > 0$. 又已知 $b > 1/3 > 0$, 故必有 $a > 0$.

再证 $c < 4/3$.

考虑 $P_3(x)$ 在 $x = 1/3$ 处的泰勒公式. 已知 $P_3'(1/3) = 0$, 又不难算出
$$P_3''(1/3) = -2, \quad P_3'''(1/3) = 6.$$
故对任意 $x \in (-\infty, +\infty)$, 有
$$P_3(x) = P_3\left(\frac{1}{3}\right) - \frac{2}{2!}\left(x - \frac{1}{3}\right)^2 + \frac{6}{3!}\left(x - \frac{1}{3}\right)^3$$
$$= P_3(1/3) + (x - 1/3)^2(x - 4/3).$$

用 $x = c$ 代入上式得
$$0 = P_3(c) = P_3(1/3) + (c - 1/3)^2(c - 4/3).$$

再注意当 $x \in (-\infty, 1/3)$ 时 $P_3'(x) > 0$, 即 $P_3(x)$ 严格单调上升, 以及 $a < 1/3$, 便有
$$P_3(1/3) > P_3(a) = 0.$$

于是由前式推出
$$(c - 1/3)^2(c - 4/3) = -P_3(1/3) < 0.$$

又由 $(c-1/3)^2 > 0$ 便得 $(c - 4/3) < 0$, 即 $c < 4/3$.

*14. 设 $f(x)$ 在 $[0,1]$ 上具有二阶导数,且
$$f(0) = f(1) = 0,$$
$$\min_{x \in [0,1]} f(x) = -5/4.$$
证明: $\max\limits_{x \in [0,1]} \{f''(x)\} \geqslant 10$.

分析 由题设知, $f(x)$ 的最小值 $-5/4$ 在区间 $(0,1)$ 内部一点达到(参见图 3.36), 故曲线 $y = f(x)$ 的斜率

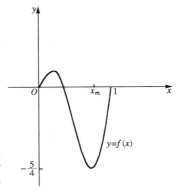

图 3.36

必在某一段是上升的. 现在要证:存在一些点,使在这些点处 $f'(x)$ 的上升速率 $f''(x)$ 大于或等于 10. 下面利用泰勒公式来证.

证 由于
$$f(0) = f(1) = 0 \neq \min_{x \in [0,1]} f(x),$$
故 $f(x)$ 的最小值必在 $(0,1)$ 的内部达到. 记最小值点为 x_m, 即 $f(x_m) = -5/4$, 由费马定理知 $f'(x_m) = 0$. $f(x)$ 在 x_m 处的一阶泰勒公式为:
$$f(x) = f(x_m) + f'(x_m)(x - x_m) + \frac{1}{2!}f''(\xi)(x - x_m)^2$$
$$= -\frac{5}{4} + \frac{1}{2}f''(\xi)(x - x_m)^2,$$
其中 $0 \leq x \leq 1$, ξ 在 x 与 x_m 之间. 在上式中分别令 $x=0$ 及 $x=1$, 得
$$0 = f(0) = -\frac{5}{4} + \frac{1}{2}f''(\xi_1)x_m^2, \quad 0 < \xi_1 < x_m, \quad (5.2)$$
$$0 = f(1) = -\frac{5}{4} + \frac{1}{2}f''(\xi_2)(1-x_m)^2, \quad x_m < \xi_2 < 1. \tag{5.3}$$

若 $0 < x_m < 1/2$, 则由 (5.2) 式得
$$f''(\xi_1) = \frac{5}{4} \cdot \frac{2}{x_m^2} > \frac{5}{4} \cdot 2 \cdot 4 = 10;$$

若 $1/2 \leq x_m < 1$, 则由 (5.3) 式得
$$f''(\xi_2) = \frac{5}{4} \cdot \frac{2}{(1-x_m)^2} \geq \frac{5}{4} \cdot 2 \cdot 4 = 10.$$

以上说明, 在 $(0,1)$ 内存在 ξ_1 或 ξ_2, 使 $f''(x)$ 在 ξ_1 或 ξ_2 处的值大于或等于 10, 因此 $f''(x)$ 在 $[0,1]$ 上的最大值必大于或等于 10.

在以上各题的证明过程中, 共同的手法是: 考虑 $f(x)$ 在某一点处的泰勒公式, 再以特定的 x 值代入公式, 便得欲证的式子.

*15. 设 $y = f(x)$ 在 $[0,a]$ 上可导, 其中 $0 < a < 1$, 且
$$|f'(x)| \leq |f(x)|, \quad \forall x \in (0,a).$$
又设 $f(0) = 0$. 证明: $f(x) \equiv 0$, 对任意 $x \in [0,a]$. 并问: 上述结果能否推广到 $a \geq 1$ 的情况.

证 由所给条件知, $f(x)$ 在 $[0,a]$ 上连续, 于是 $|f(x)|$ 在 $[0,a]$

上也连续,故 $|f(x)|$ 在 $[0,a]$ 上有最大值. 设
$$M = \max_{0 \leqslant x \leqslant a}\{|f(x)|\},$$
显然 $M \geqslant 0$. 对任意 $x \in (0,a]$, 有
$$f(x) = f(0) + f'(\xi)(x-0) = f'(\xi)x,$$
其中 $0 < \xi < x$. 于是
$$|f(x)| = |f'(\xi)||x| \leqslant |f(\xi)||x| \leqslant Ma, \quad 任意 \ x \in (0,a].$$
再注意 $f(0)=0$, 故上式对一切 $x \in [0,a]$ 成立, 因此有
$$\max_{0 \leqslant x \leqslant a}|f(x)| \leqslant Ma,$$
即 $\qquad M \leqslant Ma \quad$ 或 $\quad M(1-a) \leqslant 0.$
又因 $1-a > 0$, 故由上述不等式即推出 $M=0$. 由此知 $|f(x)| \equiv 0$, 即 $f(x) \equiv 0$, 对一切 $x \in [0,a]$.

从上述证明过程看出, 条件 $f(0)=0$ 及 $0<a<1$ 是使问题能得证的关键. 从几何上看: 当函数在左端点处为 0, 又区间的长度小于 1 时, 则由 $|f'(x)| \leqslant |f(x)|$ 便可推出在该区间上 $f(x) \equiv 0$.

当区间长度大于 1 时, 可将它分成若干小段, 使每一小段的长度都小于 1, 再逐次运用上述结果. 因此, 上述结果能够推广到 $a \geqslant 1$ 的情况. 即

若 $y=f(x)$ 在任意有限区间 $[0,a]$ 上可导, $f(0)=0$, 且
$$|f'(x)| \leqslant |f(x)|, \quad \forall \ x \in (0,a),$$
则 $\qquad f(x) \equiv 0, \quad \forall \ x \in [0,a].$

事实上, 用上面的证法可证在 $[0,2/3]$ 上 $f(x) \equiv 0$. 再用同样的办法可证在 $[2/3,4/3]$ 上 $f(x) \equiv 0$, 又可证在 $[4/3,2]$ 上 $f(x) \equiv 0$, …, 如此继续下去, 只需每次取区间长度为 $2/3$, 经有限步后, 就可推出在 $[0,a]$ 上 $f(x) \equiv 0$.

本 节 小 结

1. 设函数 $f(x)$ 在 x_0 处有 n 阶导数. 若要考虑在 x_0 邻近函数值的情况, 则可用局部泰勒公式. 例如在考虑 $x \to a$ 时无穷小函数 $f(x)$ 的阶, 或求极限时, 用局部泰勒公式.

2. 设函数 $f(x)$ 在一个包含 x_0 的闭区间 $[a,b]$ 上有 n 阶连续导

数,而在(a,b)上有$(n+1)$阶导数.若要考虑该区间$[a,b]$上任一点x处的函数值的情况,则可用带拉格朗日型余项的泰勒公式(见第10至15题).

练习题 3.5

3.5.1 当 $x \to +\infty$ 时,排出下列函数的大小次序:
$$5^x, \quad e^x, \quad (\ln x)^{100}, \quad e^{x^2}, \quad x^{50}, \quad e^{30x}.$$

3.5.2 展开下列多项式:
(1) $P(x) = x^4 - 2x^3 + 1$ 按 $x-1$ 的非负整数次幂展开.
(2) $P(x) = -2x^3 + 5x^2 + 3x + 1$ 按 $x+1$ 的非负整数次幂展开.

3.5.3 将下列函数按指定方式展开:
(1) $f(x) = \ln x$ 按 $(x-1)$ 的幂展开,到含 $(x-1)^2$ 为止(带拉格朗型日余项);
(2) $f(x) = \tan x$ 按 x 的幂展开,到含 x^3 为止(带皮亚诺型余项);
(3) $f(x) = \sqrt{\dfrac{a+x}{a-x}}$ $(a>0)$ 按 x 的幂展开,到含 x^2 为止(带皮亚诺型余项);
(4) $f(x) = \sin x$ 按 $(x-\pi/4)$ 的幂展开,到含 $(x-\pi/4)^4$ 为止(带皮亚诺型余项).

3.5.4 求出下列函数带皮亚诺型余项的马克劳林公式:
(1) $\cos 2x$; (2) $x\ln(1-x^2)$; (3) $\sin^3 x$.

3.5.5 利用泰勒公式求下列极限:
(1) $\lim\limits_{x \to 0} \dfrac{\sqrt{1+2x}-(1+x)}{x^2}$; (2) $\lim\limits_{x \to 0}\left(\dfrac{1}{x} - \dfrac{1}{\sin x}\right)$; (3) $\lim\limits_{a \to b} \dfrac{a^b - b^a}{a^a - b^b}$.

3.5.6 求 $(1+x)^{\frac{1}{3}}$ 的二阶近似公式,并利用它求 $\sqrt[3]{30}$ 的近似值.

本 章 小 结

1. 微分中值定理,奠定了利用导函数来研究函数性态的理论基础,读者应熟记罗尔定理,拉格朗日中值定理,柯西中值定理的条件与结论.

2. 根据一阶及二阶导函数的符号,可研究函数的单调性、凹凸性、极值问题、最值问题以及作函数的图形.读者应掌握有关的判别法等原理.

3. 做题时常用的技巧:

(1) 引进辅助函数. 对辅助函数用中值定理或单调性的判别法等等,便可推出欲证的结论.

(2) 用反证法.

4. 证明不等式的常用方法:

(1) 直接用拉格朗日中值公式;

(2) 利用函数的单调性;

(3) 利用极值或最值;

(4) 利用泰勒公式.

5. 关于根的存在性及个数.

通常用连续函数的介值定理,罗尔定理及泰勒公式可证明根的存在性,利用单调性,极值和最值以及凹凸性可确定根的个数.

6. 本章介绍的洛必达法则及泰勒公式,提供了求未定式极限的一般方法.

第四章 不定积分

§1 原函数与不定积分的概念

内 容 提 要

1. 原函数与不定积分的定义

设 $f(x), F(x)$ 定义在区间 X 上,若对任意 $x \in X$ 有
$$F'(x) = f(x) \quad 或 \quad dF(x) = f(x)dx,$$
则称 $F(x)$ 为 $f(x)$ 在区间 X 上的一个**原函数**.

$f(x)$ 在区间 X 上的全体原函数称为 $f(x)$ 在 X 上的不定积分,记为 $\int f(x)dx$, $f(x)$ 称为**被积函数**, x 称为**积分变量**.

2. 原函数与不定积分的关系

设 $F(x)$ 是 $f(x)$ 在区间 X 上的一个原函数,则在 X 上有
$$\int f(x)dx = F(x) + C,$$
其中 C 为任意常数.

3. 不定积分与微分之间的关系

求不定积分与求微分是互为逆运算.

(1) $dF(x) = f(x)dx \Longleftrightarrow \int f(x)dx = F(x) + C$

若已知 $F(x)$,求 $dF(x)$,这是微分运算. 若已知 $f(x)dx$,求 $F(x)$ 使得 $dF(x) = f(x)dx$,这是积分运算.

(2) 微分运算与积分运算的两个关系式

① $d\left(\int f(x)dx\right) = f(x)dx$ 或 $\left(\int f(x)dx\right)' = f(x)$;

② $\int F'(x)dx = \int dF(x) = F(x) + C.$

4. 原函数与不定积分的几何意义

$f(x)$ 的一个原函数 $F(x)$ 的图形称为 $f(x)$ 的一条**积分曲线**. 积分曲线 $y = F(x)$ 在点 $(x, F(x))$ 处的斜率为 $f(x)$. $f(x)$ 的不定积分在几何上是其一条积分曲线 $y = F(x)$ 沿 y 轴平移所得到的积分曲线族,见图 4.1.

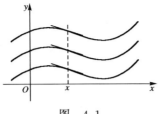

图 4.1

5. 基本积分表

从基本微分表就得到一个基本积分表.

微分公式 不定积分公式

$dc=0$； $\int 0 dx = C$；

$dx^{\alpha}=\alpha x^{\alpha-1}dx$； $\int x^{\alpha}dx=\dfrac{1}{\alpha+1}x^{\alpha+1}+C$ （$\alpha\neq -1$）；

$d\ln|x|=\dfrac{1}{x}dx$； $\int \dfrac{1}{x}dx=\ln|x|+C$；

$d\sin x=\cos x dx$； $\int \cos x dx=\sin x+C$；

$d\cos x=-\sin x dx$； $\int \sin x dx=-\cos x+C$；

$d\tan x=\dfrac{1}{\cos^2 x}dx$； $\int \dfrac{1}{\cos^2 x}dx=\tan x+C$；

$d\cot x=-\dfrac{1}{\sin^2 x}dx$； $\int \dfrac{1}{\sin^2 x}dx=-\cot x+C$；

$de^x=e^x dx$； $\int e^x dx=e^x+C$；

$da^x=a^x \ln a dx$ （$a>0$）； $\int a^x dx=\dfrac{1}{\ln a}a^x+C$；

$d\arcsin x=\dfrac{1}{\sqrt{1-x^2}}dx$； $\int \dfrac{dx}{\sqrt{1-x^2}}=\arcsin x+C$；

$d\arctan x=\dfrac{1}{1+x^2}dx$； $\int \dfrac{dx}{1+x^2}=\arctan x+C$.

基本积分表是不定积分计算的基础.

6. 不定积分的简单运算法则与分项积分法

不定积分有两个简单运算法则:

(1) $a\neq 0$ 为常数,则

$$\int af(x)dx = a \cdot \int f(x)dx;$$

(2) $\int [f(x) \pm g(x)] dx = \int f(x) dx \pm \int g(x) dx$.

我们常常把一个复杂的函数分解成几个简单的函数的和,其中每个简单函数的不定积分我们会求,然后利用上述法则求出不定积分,这就是分项积分法.

典型例题分析

1. 检查下列结果是否正确,并回答问题:

(1) $x > 0$, a 为正的常数,
$$\int \frac{1}{x} dx = \ln x + C, \quad \int \frac{1}{x} dx = \ln ax + C;$$

(2) $\int \sin 2x dx = -\frac{1}{2} \cos 2x + C, \quad \int \sin 2x dx = \sin^2 x + C;$

(3) 用不同的方法求得的不定积分的结果会有不同的形式,这些结果是否矛盾?

解 (1) 当 $x > 0$ 时,因为 $(\ln x)' = \frac{1}{x}$,所以
$$\int \frac{1}{x} dx = \ln x + C.$$
又因为 $(\ln ax)' = \frac{1}{ax} \cdot a = \frac{1}{x}$,所以又有
$$\int \frac{1}{x} dx = \ln ax + C.$$
因此这两个等式都是正确的.

(2) 因为
$$\left(-\frac{1}{2} \cos 2x\right)' = -\frac{1}{2}(-\sin 2x) \cdot 2 = \sin 2x,$$
所以
$$\int \sin 2x dx = -\frac{1}{2} \cos 2x + C.$$
又因为 $(\sin^2 x)' = 2\sin x \cos x = \sin 2x$,所以又有
$$\int \sin 2x dx = \sin^2 x + C.$$
因此这两个等式也都是正确的.

(3) 用不同的方法求得不定积分的结果会有不同的形式,如题(1),(2). 但这些结果是不矛盾的,因为它们之间一定相差一个常数,如题(1)中,$\ln ax - \ln x = \ln a$. 又如题(2)中因为

$$1-\cos 2x = 2\sin^2 x,$$

所以
$$\sin^2 x - \left(-\frac{1}{2}\cos 2x\right) = \frac{1}{2}.$$

一般说来,如果
$$\int f(x)\mathrm{d}x = F(x)+C, \quad \int f(x)\mathrm{d}x = G(x)+C,$$
则必有 $F(x)-G(x)=$ 常数.

2. 下列等式是否正确? 为什么?

(1) $\int 0\mathrm{d}x = 0$; (2) $\int x^\alpha \mathrm{d}x = \dfrac{1}{\alpha+1}x^{\alpha+1}+C$;

(3) $\int \dfrac{1}{x}\mathrm{d}x = \ln x + C$;

(4) 设 $\int f(x)\mathrm{d}x = F(x)+C$,常数 $a\neq 0$,则
$$\int f(ax)\mathrm{d}x = F(ax)+C;$$

(5) 设 $\int f(x)\mathrm{d}x = F(x)+C$,则
$$\int f(\sin x)\cos x\,\mathrm{d}x = F(\sin x)+C.$$

解 (1) 不正确. 因为 0 只是 0 的一个原函数,并不是零的全体原函数. 正确的等式应该是
$$\int 0\mathrm{d}x = C.$$

(2) 不正确. 因为 $\alpha = -1$ 时此等式不成立. 仅当 $\alpha \neq -1$ 时此等式才成立.

(3) 不正确. 因为等式右端仅当 $x>0$ 时才有意义,而左端对 $x<0$ 时也有意义,所以 $x<0$ 时此等式不成立. 正确的等式应该是
$$\int \frac{1}{x}\mathrm{d}x = \ln|x| + C.$$

(4) 不正确. 因为 $F'(x)=f(x)$,所以 $(F(ax))' = af(ax)$,故当 $a\neq 1$ 时应有
$$a\int f(ax)\mathrm{d}x = F(ax)+C \neq \int f(ax)\mathrm{d}x.$$

正确的等式应该是

$$\int f(ax)\mathrm{d}x = \frac{1}{a}F(ax) + C.$$

(5) 正确. 因为 $F'(x)=f(x)$,所以 $(F(\sin x))'=f(\sin x)\cos x$,于是

$$\int f(\sin x)\cos x\mathrm{d}x = F(\sin x) + C,$$

即等式成立.

3. 求下列曲线:

(1) 曲线 $y=f(x)$ 过 $(1,3)$ 点,且在每一点 $(x,f(x))$ 处切线斜率等于 $3x$.

(2) 曲线 $y=f(x)$ 过 $(0,0)$ 点,且在每一点 $(x,f(x))$ 处切线斜率等于 e^x.

解 (1) 因为 $\int 3x\mathrm{d}x = \frac{3}{2}x^2+C$,因此切线斜率为 $3x$ 的曲线族方程是 $y=\frac{3}{2}x^2+C$,其中 C 为任意常数,过点 $(1,3)$ 的曲线应该满足

$$\frac{3}{2}(1)^2 + C = 3,$$

由此得 $C=\frac{3}{2}$,故所求曲线为 $y=\frac{3}{2}x^2+\frac{3}{2}$.

(2) 同理,先求出 $\int e^x\mathrm{d}x=e^x+C$,由 $e^0+C=0$ 定出 $C=-1$,故所求曲线为 $y=e^x-1$.

4. 设某质点沿 x 轴作直线运动. 任意时刻 t 的加速度

$$a(t) = -5\sin\left(2t + \frac{\pi}{4}\right).$$

(1) 若质点的初速度 $v(0)=0$,求质点的速度 $v(t)$.

(2) 若又知质点的初始位移 $s(0)=5\sqrt{2}/8$,求质点的位移 $s(t)$ (t 时刻质点在 x 轴上的坐标).

解 (1) 因为速度函数是加速度函数的一个原函数,而

$$\int -5\sin\left(2t+\frac{\pi}{4}\right)\mathrm{d}t = -5\int \sin\left(2t+\frac{\pi}{4}\right)\mathrm{d}t$$
$$= \frac{5}{2}\cos\left(2t+\frac{\pi}{4}\right) + C,$$

所以加速度为 $-5\sin\left(2t+\dfrac{\pi}{4}\right)$ 的质点其速度
$$v(t)=\dfrac{5}{2}\cos\left(2t+\dfrac{\pi}{4}\right)+C.$$
因初速度 $v(0)=0$，应该有
$$\dfrac{5}{2}\cos\dfrac{\pi}{4}+C=0, \quad \text{解得} \quad C=-\dfrac{5\sqrt{2}}{4},$$
故所求速度 $v(t)=\dfrac{5}{2}\cos\left(2t+\dfrac{\pi}{4}\right)-\dfrac{5\sqrt{2}}{4}.$

（2）由
$$s(t)=\int v(t)\mathrm{d}t=\int\left[\dfrac{5}{2}\cos\left(2t+\dfrac{\pi}{4}\right)-\dfrac{5\sqrt{2}}{4}\right]\mathrm{d}t$$
$$=\dfrac{5}{2}\int\cos\left(2t+\dfrac{\pi}{4}\right)\mathrm{d}t-\dfrac{5\sqrt{2}}{4}\int\mathrm{d}t$$
$$=\dfrac{5}{4}\sin\left(2t+\dfrac{\pi}{4}\right)-\dfrac{5\sqrt{2}}{4}t+C,$$

及 $\quad s(0)=\dfrac{5\sqrt{2}}{8}=\dfrac{5}{4}\sin\dfrac{\pi}{4}+C=\dfrac{5\sqrt{2}}{8}+C,$

得 $C=0$，于是
$$s(t)=\dfrac{5}{4}\sin\left(2t+\dfrac{\pi}{4}\right)-\dfrac{5\sqrt{2}}{4}t.$$

5. 求下列不定积分：

(1) $\displaystyle\int\dfrac{1+2x^2}{x^2(1+x^2)}\mathrm{d}x$；

(2) $\displaystyle\int\dfrac{3x^2}{1+x^2}\mathrm{d}x$；

(3) $\displaystyle\int\dfrac{x^2-2\sqrt{2}\,x+3}{x-\sqrt{2}}\mathrm{d}x$；

(4) $\displaystyle\int\dfrac{1}{x^4+x^6}\mathrm{d}x$；

(5) $\displaystyle\int\dfrac{1}{x^2-9}\mathrm{d}x$；

(6) $\displaystyle\int\dfrac{\cos 2x}{\cos x-\sin x}\mathrm{d}x$；

(7) $\displaystyle\int\sin^2\dfrac{x}{2}\mathrm{d}x$；

(8) $\displaystyle\int\dfrac{\tan^3 x+\tan^2 x-\tan x-1}{\tan x+1}\mathrm{d}x.$

解 我们将用分项积分法求这些不定积分，关键是如何实现分项.

(1) $\displaystyle\int\dfrac{1+2x^2}{x^2(1+x^2)}\mathrm{d}x=\int\dfrac{(1+x^2)+x^2}{x^2(1+x^2)}\mathrm{d}x$

$$= \int \frac{\mathrm{d}x}{x^2} + \int \frac{\mathrm{d}x}{1+x^2} = -\frac{1}{x} + \arctan x + C.$$

(2) $\int \frac{3x^2}{1+x^2}\mathrm{d}x = \int \frac{3(x^2+1)-3}{1+x^2}\mathrm{d}x$

$$= \int 3\mathrm{d}x - 3\int \frac{\mathrm{d}x}{1+x^2} = 3x - 3\arctan x + C$$

$\left(\text{要点是将} \frac{x^2}{1+x^2} \text{写成} \frac{x^2+1-1}{1+x^2} = 1 - \frac{1}{1+x^2}\right).$

(3) $\int \frac{x^2 - 2\sqrt{2}\,x + 3}{x - \sqrt{2}}\mathrm{d}x$

$$= \int \frac{x(x-\sqrt{2}) - \sqrt{2}(x-\sqrt{2}) + 1}{x-\sqrt{2}}\mathrm{d}x$$

$$= \int x\mathrm{d}x - \int \sqrt{2}\,\mathrm{d}x + \int \frac{\mathrm{d}x}{x-\sqrt{2}}$$

$$= \frac{1}{2}x^2 - \sqrt{2}\,x + \ln|x - \sqrt{2}| + C.$$

(4) $\int \frac{\mathrm{d}x}{x^4 + x^6} = \int \frac{(1+x^2) - x^2}{x^4(1+x^2)}\mathrm{d}x = \int \frac{\mathrm{d}x}{x^4} - \int \frac{1+x^2-x^2}{x^2(1+x^2)}\mathrm{d}x$

$$= -\frac{1}{3}x^{-3} - \int \frac{\mathrm{d}x}{x^2} + \int \frac{\mathrm{d}x}{1+x^2}$$

$$= -\frac{1}{3}\frac{1}{x^3} + \frac{1}{x} + \arctan x + C.$$

(5) $\int \frac{\mathrm{d}x}{x^2 - 9} = \frac{1}{6}\int \frac{(x+3)-(x-3)}{(x+3)(x-3)}\mathrm{d}x = \frac{1}{6}\int \frac{\mathrm{d}x}{x-3} - \frac{1}{6}\int \frac{\mathrm{d}x}{x+3}$

$$= \frac{1}{6}\ln|x-3| - \frac{1}{6}\ln|x+3| + C$$

$$= \frac{1}{6}\ln\left|\frac{x-3}{x+3}\right| + C.$$

(6) $\int \frac{\cos 2x}{\cos x - \sin x}\mathrm{d}x = \int \frac{\cos^2 x - \sin^2 x}{\cos x - \sin x}\mathrm{d}x$

$$= \int \cos x\mathrm{d}x + \int \sin x\mathrm{d}x = \sin x - \cos x + C.$$

(7) $\int \sin^2 \frac{x}{2}\mathrm{d}x = \int \frac{1-\cos x}{2}\mathrm{d}x$

$$= \frac{1}{2}\int \mathrm{d}x - \frac{1}{2}\int \cos x\mathrm{d}x = \frac{1}{2}x - \frac{1}{2}\sin x + C.$$

(8) $\int \frac{\tan^3 x + \tan^2 x - \tan x - 1}{\tan x + 1}\mathrm{d}x = \int \tan^2 x\mathrm{d}x - \int \mathrm{d}x$

$$= \int \left(\frac{1}{\cos^2 x} - 1 \right) dx - \int dx = \tan x - 2x + C.$$

以上各例介绍了将被积函数分项的常用技巧,希望读者能掌握这些技巧.

6. 设有半径为 a 的四分之一圆,其中非阴影部分 $OABC$ 的面积记为 $F(x)$, x 是 C 点的坐标,见图 4.2.

(1) 引进角度 $t = \angle COB$,把 $OABC$ 的面积表为 t 的函数.

(2) 求 $F(x)$.

(3) $F(x)$ 是哪个函数的原函数?

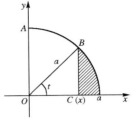

图 4.2

解 (1) 曲边梯形 $OABC$ 的面积

$$= \triangle OCB \text{ 的面积} + \text{扇形 } OAB \text{ 的面积}$$
$$= \frac{1}{2} a^2 \sin t \cos t + \frac{1}{2} a^2 \left(\frac{\pi}{2} - t \right). \quad (*)$$

(2) 从图 4.2 不难看出,

$$\sin t = \frac{\sqrt{a^2 - x^2}}{a}, \quad \cos t = \frac{x}{a},$$

故 $t = \arccos \frac{x}{a}$. 代入 $(*)$ 式得

$$F(x) = \frac{1}{2} x \sqrt{a^2 - x^2} + \frac{1}{2} a^2 \left(\frac{\pi}{2} - \arccos \frac{x}{a} \right).$$

(3) 求 $F'(x)$ 得

$$F'(x) = \frac{1}{2} \sqrt{a^2 - x^2} - \frac{1}{2} \frac{x^2}{\sqrt{a^2 - x^2}} + \frac{1}{2} \frac{a^2}{\sqrt{a^2 - x^2}}$$
$$= \sqrt{a^2 - x^2},$$

因此, $F(x)$ 是 $\sqrt{a^2 - x^2}$ 的一个原函数.

7. 若 $f(x)$ 的导函数为 $-\sin x + e^x$,且
$$f(0) = 3.$$
求 $f(x)$ 的过点 $(0, 0)$ 的一个原函数.

解 $f(x)$ 为 $(-\sin x + e^x)$ 的一个原函数,而

$$\int (-\sin x + e^x) dx = \cos x + e^x + C,$$

由 $[\cos x + e^x + C]\big|_{x=0} = 1 + 1 + C = 3$

推出 $C=1$,所以
$$f(x) = \cos x + e^x + 1.$$

$f(x)$的原函数族为
$$\int(\cos x + e^x + 1)dx = \sin x + e^x + x + C,$$

由 $[\sin x + e^x + x + C]\big|_{x=0} = 1 + C = 0$

得 $C=-1$. 所以所求原函数为
$$F(x) = \sin x + e^x + x - 1.$$

本 节 小 结

1. 背熟基本积分表.
2. 掌握一些分项积分的技巧(见第 5 题).

练 习 题 4.1

4.1.1 下列函数分别是哪个函数的一个原函数?
(1) $\ln(x+\sqrt{a^2+x^2})$; (2) $\arctan\sin x$.

4.1.2 求出 x^2+3 的一个原函数 $F(x)$ 使满足 $F(1)=1$.

4.1.3 当 $x>1$ 时,验证下列结果:
$$\int \frac{1}{1+x^2}dx = \arctan x + C,$$
$$\int \frac{1}{1+x^2}dx = -\frac{1}{2}\arcsin \frac{2x}{1+x^2} + C.$$

这两个等式是否矛盾?为什么?

4.1.4 在下列各题中,根据 $f(x)$ 满足所给定的关系,求 $f(x)$:
(1) $xf'(x)=2$ $(x\neq 0)$;
(2) $f'(x)(1+x^2)=1, f(0)=1$;
(3) $\left(\int f(x)dx\right)' = \sin x$; (4) $(f^3(x))' = 1$.

4.1.5 设质点沿 x 轴作直线运动. 任意时刻 t 的加速度 $a(t)=12t^2-3\sin t$. 已知初速度 $v(0)=5$,初始位移 $s(0)=-3$,求质点的速度 $v(t)$ 及位移 $s(t)$.

4.1.6 求下列不定积分:

(1) $\int x^6 \mathrm{d}x$;

(2) $\int \sqrt{x}\, \mathrm{d}x$;

(3) $\int \frac{1}{x^4} \mathrm{d}x$;

(4) $\int ax^7 \mathrm{d}x$;

(5) $\int \left(\frac{1-x}{x}\right)^2 \mathrm{d}x$.

4.1.7 求下列不定积分:

(1) $\int \frac{1}{x^2(1+x^2)} \mathrm{d}x$;

(2) $\int \frac{x^2}{1-x^2} \mathrm{d}x$;

(3) $\int \frac{x^2}{1+x^2} \mathrm{d}x$.

4.1.8 求下列不定积分:

(1) $\int 7\sec^2\theta \mathrm{d}\theta$;

(2) $\int \tan^2\varphi \mathrm{d}\varphi$;

(3) $\int \sin 2x \cos 2x \mathrm{d}x$;

(4) $\int \cos^2 x \mathrm{d}x$.

4.1.9 求下列不定积分:

(1) $\int \left(1-\frac{1}{x^2}\right)\sqrt{x\sqrt{x}}\, \mathrm{d}x$;

(2) $\int \frac{x^2-4}{x-3} \mathrm{d}x$;

(3) $\int \frac{x^3}{x+3} \mathrm{d}x$;

(4) $\int 10^x \mathrm{d}x$;

(5) $\int \frac{2 \cdot 3^x - 5 \cdot 2^x}{3^x} \mathrm{d}x$.

§2 不定积分的两个计算法则
——换元积分法与分部积分法

不定积分计算法则的作用在于将所求的不定积分转化为积分表中的情形. 除了分项积分法外, 最为重要的积分法则就是换元积分法与分部积分法.

内 容 提 要

1. 与复合函数微分法相应的换元积分法

第一换元法 设 $\varphi(x)$ 可微, 又已知
$$\int f(u) \mathrm{d}u = F(u) + C,$$
则
$$\int f(\varphi(x))\varphi'(x) \mathrm{d}x = F(\varphi(x)) + C.$$

做题时可写成下列形式：

$$\int f(\varphi(x))\varphi'(x)\mathrm{d}x = \int f(\varphi(x))\mathrm{d}\varphi(x)$$

$$\xrightarrow{u=\varphi(x)} \int f(u)\mathrm{d}u \xrightarrow{已知} F(u) + C$$

$$= F(\varphi(x)) + C.$$

第二换元法 设 $\varphi(x)$ 可微，且 $\varphi'(x)$ 恒正或恒负，又已知

$$\int f(\varphi(x))\varphi'(x)\mathrm{d}x = G(x) + C,$$

则

$$\int f(u)\mathrm{d}u = G(\varphi^{-1}(u)) + C,$$

其中 $\varphi^{-1}(u)$ 是 $u=\varphi(x)$ 的反函数.

做题时可写成下列形式：

$$\int f(x)\mathrm{d}x \xrightarrow{x=\varphi(t)} \int f(\varphi(t))\mathrm{d}\varphi(t)$$

$$= \int f(\varphi(t))\varphi'(t)\mathrm{d}t \xrightarrow{已知} G(t) + C$$

$$\xrightarrow{变量还原} G(\varphi^{-1}(x)) + C.$$

简单说来在等式

$$\int f(\varphi(x))\varphi'(x)\mathrm{d}x \xrightarrow{u=\varphi(x)} \int f(u)\mathrm{d}u$$

中，若已知等式右端求左端，这是第一换元法. 若已知等式左端求右端，这是第二换元法.

2. 凑微分法

利用第一换元法求 $\int \Phi(x)\mathrm{d}x$ 的关键是：从 $\Phi(x)$ 中分出一部分因子使与 $\mathrm{d}x$ 凑成 $\mathrm{d}\varphi(x)$，余下的是 $\varphi(x)$ 的函数：

$$\Phi(x)\mathrm{d}x = f(\varphi(x))\mathrm{d}\varphi(x).$$

因此又称为**凑微分法**.

常用的几种凑微分法是：

(1) $\int f(ax+b)\mathrm{d}x = \int \dfrac{1}{a} f(ax+b)\mathrm{d}(ax+b)$ $(a \neq 0)$；

(2) $\int f(x^\alpha)x^{\alpha-1}\mathrm{d}x = \dfrac{1}{\alpha}\int f(x^\alpha)\mathrm{d}x^\alpha$ $(\alpha \neq 0)$；

(3) $\int f(\ln x)\dfrac{1}{x}\mathrm{d}x = \int f(\ln x)\mathrm{d}\ln x$；

(4) $\int f(\sin x)\cos x\mathrm{d}x = \int f(\sin x)\mathrm{d}\sin x$,

$$\int f(\cos x)\sin x\mathrm{d}x = -\int f(\cos x)\mathrm{d}\cos x,$$

$$\int f(\tan x)\frac{1}{\cos^2 x}\mathrm{d}x = \int f(\tan x)\mathrm{d}\tan x;$$

(5) $\int f(\arctan x)\frac{1}{1+x^2}\mathrm{d}x = \int f(\arctan x)\mathrm{d}\arctan x,$

$$\int f(\arcsin x)\frac{1}{\sqrt{1-x^2}}\mathrm{d}x = \int f(\arcsin x)\mathrm{d}\arcsin x.$$

3. 如何利用第二换元法求不定积分

利用第二换元法求不定积分$\int f(x)\mathrm{d}x$的步骤是：选择变量替换$x=\varphi(t)$；使能求出$\int f(\varphi(t))\varphi'(t)\mathrm{d}t = G(t)+C$；再将$x=\varphi(t)$的反函数$t=\varphi^{-1}(x)$代入$G(t)$得$\int f(x)\mathrm{d}x = G(\varphi^{-1}(x))+C$. 关键是选择适当的变量替换.

常见的变量替换有

(1) 当被积函数包含根式$\sqrt[n]{ax+b}$时,可作替换$\sqrt[n]{ax+b}=t$,即$x=\frac{t^n-b}{a}$去根号.

(2) 三角函数替换去根号.

若被积函数包含根式$\sqrt{a^2-x^2}$常作替换$x=a\sin t$或$x=a\cos t$；

若被积函数包含根式$\sqrt{x^2+a^2}$常作替换$x=a\tan t$或$x=a\cot t$；

若被积函数包含根式$\sqrt{x^2-a^2}$常作替换$x=a\sec t$或$x=a\csc t$.

4. 利用换元积分法推出的常用公式

$$\int \frac{\mathrm{d}x}{\sqrt{a^2-x^2}} = \arcsin \frac{x}{a}+C \quad (a>0);$$

$$\int \frac{\mathrm{d}x}{a^2+x^2} = \frac{1}{a}\arctan \frac{x}{a}+C \quad (a>0);$$

$$\int \frac{\mathrm{d}x}{x^2-a^2} = \frac{1}{2a}\ln\left|\frac{x-a}{x+a}\right|+C \quad (a>0);$$

$$\int \frac{\mathrm{d}x}{\sqrt{x^2\pm a^2}} = \ln|x+\sqrt{x^2\pm a^2}|+C \quad (a>0);$$

$$\int \frac{\mathrm{d}x}{\sin x} = \ln\left|\tan \frac{x}{2}\right|+C = \ln|\csc x - \cot x|+C;$$

$$\int \frac{\mathrm{d}x}{\cos x} = \ln|\sec x + \tan x|+C.$$

5. 与乘积微分法则相应的积分法则——分部积分法

设$u(x),v(x)$可微,又$u'v$与uv'的原函数都存在,则

$$\int uv'\mathrm{d}x = uv - \int u'v\mathrm{d}x,$$

即
$$\int u\mathrm{d}v = uv - \int v\mathrm{d}u.$$

分部积分法的作用是：把求 $\int u(x)\mathrm{d}v(x)$ 转化为求 $\int v(x)\mathrm{d}u(x)$. 因此，利用分部积分法求 $\int f(x)\mathrm{d}x$ 的关键步骤是：将 $f(x)\mathrm{d}x$ 改写成 $u(x)v'(x)\mathrm{d}x = u(x)\mathrm{d}v(x)$ 的形式，即把被积函数的一部分与 $\mathrm{d}x$ 凑成 $\mathrm{d}v(x)$.

6. 使用分部积分法则常用的技巧

(1) 当被积函数为 $x^n e^x, x^n\cos x, x^n\sin x$ 等时，令 $u = x^n$，其余部分为 v'，连续用 n 次分部积分公式，即可得出结果. 当被积函数为 $x^n \ln x, x^n \arctan x, x^n \arcsin x, \ln x, \arctan x, \arcsin x$ 等时，分别令 $u = \ln x, \arctan x$ 或 $\arcsin x$，其余部分为 v'.

(2) 有时用分部积分法可得到关于所求积分的一个方程式，再由此方程式确定所求积分. 例如求不定积分 $\int e^x \cos x \mathrm{d}x$ 或 $\int e^x \sin x \mathrm{d}x$ 等时就要用此法.

(3) 利用分部积分法可得所求积分的递推公式，再由递推公式得结果. 例如求不定积分 $\int \frac{\mathrm{d}x}{(x^2+a^2)^n}$ ($a>0, n$ 为正整数)时就要用此法.

典型例题分析

1. 填空凑成微分形式：

(1) $x^3 \sin x \mathrm{d}x = x^3 \mathrm{d}(\qquad)$;　　(2) $x^2 e^{-x} \mathrm{d}x = x^2 \mathrm{d}(\qquad)$;

(3) $\dfrac{1}{(3x+1)^2}\mathrm{d}x = \dfrac{1}{3}\dfrac{1}{(3x+1)^2}\mathrm{d}(\qquad) = \mathrm{d}(\qquad)$;

(4) $xe^{-x^2}\mathrm{d}x = e^{-x^2}\mathrm{d}(\qquad) = \mathrm{d}(\qquad)$;

(5) $\dfrac{x}{\sqrt{1-x^2}}\mathrm{d}x = \dfrac{1}{\sqrt{1-x^2}}\mathrm{d}(\qquad) = \mathrm{d}(\qquad)$;

(6) $\dfrac{\mathrm{d}x}{\tan x \cos^2 x} = \dfrac{1}{\tan x}\mathrm{d}(\qquad) = \mathrm{d}(\qquad)$.

解 (1) $x^3 \sin x \mathrm{d}x = x^3 \mathrm{d}(-\cos x)$;

(2) $x^2 e^{-x}\mathrm{d}x = x^2 \mathrm{d}(-e^{-x})$;

(3) $\dfrac{1}{(3x+1)^2}\mathrm{d}x = \dfrac{1}{3}\dfrac{1}{(3x+1)^2}\mathrm{d}(3x+1) = \mathrm{d}\left(-\dfrac{1}{3}\dfrac{1}{3x+1}\right)$;

(4) $xe^{-x^2}\mathrm{d}x = e^{-x^2}\mathrm{d}\left(\dfrac{1}{2}x^2\right) = \mathrm{d}\left(-\dfrac{1}{2}e^{-x^2}\right)$;

(5) $\dfrac{x}{\sqrt{1-x^2}}\mathrm{d}x = \dfrac{\mathrm{d}\left(\dfrac{1}{2}x^2\right)}{\sqrt{1-x^2}} = -\dfrac{1}{2}\dfrac{\mathrm{d}(1-x^2)}{\sqrt{1-x^2}} = \mathrm{d}(-(1-x^2)^{\frac{1}{2}})$;

(6) $\dfrac{\mathrm{d}x}{\tan x\cos^2 x}=\dfrac{1}{\tan x}\mathrm{d}\tan x=\mathrm{d}\ln|\tan x|$.

上述计算是微分计算的相反过程,类似计算在不定积分的计算中是常用到的.

2. 直接填写下列积分:

(1) $\displaystyle\int\dfrac{1}{\varphi(x)}\mathrm{d}\varphi(x)=$ _____ ;

(2) $\displaystyle\int\varphi^n(x)\mathrm{d}\varphi(x)=$ _____ $(n\neq -1)$;

(3) $\displaystyle\int\dfrac{\varphi'(x)}{1+\varphi^2(x)}\mathrm{d}x=$ _____ ;

(4) $\displaystyle\int\mathrm{e}^{\varphi(x)}\varphi'(x)\mathrm{d}x=$ _____ .

解 我们直接由换元法写出答案:

(1) $\ln|\varphi(x)|+C$; (2) $\dfrac{1}{n+1}\varphi^{n+1}(x)+C$;

(3) $\arctan\varphi(x)+C$; (4) $\mathrm{e}^{\varphi(x)}+C$.

第一换元积分法的作用就是将所求的积分转化为类似于上述类型的积分.

3. 利用第一换元法求下列积分:

(1) $\displaystyle\int\dfrac{x^2\mathrm{d}x}{\sqrt[3]{1+x^3}}$; (2) $\displaystyle\int\dfrac{\mathrm{d}x}{\sqrt{x}(1+x)}$;

(3) $\displaystyle\int\dfrac{\mathrm{d}x}{\mathrm{e}^x+\mathrm{e}^{-x}}$; (4) $\displaystyle\int\dfrac{x\mathrm{d}x}{x^2+4x+5}$;

(5) $\displaystyle\int\dfrac{\mathrm{e}^{\arctan x}+x\ln(1+x^2)}{1+x^2}\mathrm{d}x$; (6) $\displaystyle\int\dfrac{\sin x\cos^3 x}{1+\cos^2 x}\mathrm{d}x$.

解 (1)
$$\int\dfrac{x^2\mathrm{d}x}{\sqrt[3]{1+x^3}}=\dfrac{1}{3}\int\dfrac{\mathrm{d}(x^3+1)}{\sqrt[3]{x^3+1}}\xrightarrow{(u=x^3+1)}\dfrac{1}{3}\int\dfrac{\mathrm{d}u}{\sqrt[3]{u}}$$
$$=\dfrac{1}{2}u^{\frac{2}{3}}+C=\dfrac{1}{2}(x^3+1)^{\frac{2}{3}}+C.$$

(2) $\displaystyle\int\dfrac{\mathrm{d}x}{\sqrt{x}(1+x)}=2\int\dfrac{\mathrm{d}\sqrt{x}}{1+(\sqrt{x})^2}\xrightarrow{(u=\sqrt{x})}2\int\dfrac{\mathrm{d}u}{1+u^2}$
$$=2\arctan u+C=2\arctan\sqrt{x}+C.$$

(3) $\displaystyle\int\dfrac{\mathrm{d}x}{\mathrm{e}^x+\mathrm{e}^{-x}}=\int\dfrac{\mathrm{e}^x\mathrm{d}x}{\mathrm{e}^x(\mathrm{e}^x+\mathrm{e}^{-x})}=\int\dfrac{\mathrm{d}\mathrm{e}^x}{1+(\mathrm{e}^x)^2}$

$$\xrightarrow{(u=\mathrm{e}^x)} \int \frac{\mathrm{d}u}{1+u^2} = \arctan u + C = \arctan \mathrm{e}^x + C.$$

(4) $\displaystyle\int \frac{x\mathrm{d}x}{x^2+4x+5} = \int \frac{x+2-2}{(x+2)^2+1}\mathrm{d}x$

$$= \int \frac{x+2}{(x+2)^2+1}\mathrm{d}x - 2\int \frac{\mathrm{d}x}{(x+2)^2+1}$$

$$= \frac{1}{2}\int \frac{\mathrm{d}((x+2)^2+1)}{(x+2)^2+1} - 2\int \frac{\mathrm{d}(x+2)}{(x+2)^2+1}$$

$$= \frac{1}{2}\ln[1+(x+2)^2] - 2\arctan(x+2) + C.$$

(5) $\displaystyle\int \frac{\mathrm{e}^{\arctan x}+x\ln(1+x^2)}{1+x^2}\mathrm{d}x$

$$= \int \mathrm{e}^{\arctan x}\mathrm{d}\arctan x + \frac{1}{2}\int \frac{\ln(1+x^2)}{1+x^2}\mathrm{d}(x^2+1)$$

$$= \mathrm{e}^{\arctan x} + \frac{1}{2}\int \ln(1+x^2)\mathrm{d}\ln(1+x^2)$$

$$= \mathrm{e}^{\arctan x} + \frac{1}{4}\ln^2(1+x^2) + C.$$

(6) $\displaystyle\int \frac{\sin x\cos^3 x}{1+\cos^2 x}\mathrm{d}x = \int \frac{-\cos^3 x\mathrm{d}\cos x}{1+\cos^2 x}$

$$= -\frac{1}{2}\int \frac{\cos^2 x}{1+\cos^2 x}\mathrm{d}\cos^2 x$$

$$= -\frac{1}{2}\int \frac{\cos^2 x + 1 - 1}{1+\cos^2 x}\mathrm{d}\cos^2 x$$

$$= -\frac{1}{2}\int \mathrm{d}\cos^2 x + \frac{1}{2}\int \frac{\mathrm{d}(\cos^2 x + 1)}{1+\cos^2 x}$$

$$= -\frac{1}{2}\cos^2 x + \frac{1}{2}\ln(1+\cos^2 x) + C.$$

评注 利用凑微分法解题的要点是:将被积表达式凑成以 $u=\varphi(x)$ 为中间变量的复合函数与 $\varphi(x)$ 的微分的乘积,即将被积函数表成 $f(\varphi(x))\mathrm{d}\varphi(x)$,从而将积分化为推广的基本积分表的形式,即

$$\int \varphi^\alpha(x)\mathrm{d}\varphi(x), \quad \int \sin\varphi(x)\mathrm{d}\varphi(x), \quad \cdots, \quad \int \frac{1}{1+\varphi^2(x)}\mathrm{d}\varphi(x)$$

等形式. 应用这个方法必须熟悉怎样将某些函数移进微分号内,这是微分运算的相反过程.

4. 利用第二换元法计算下列积分:

(1) $\displaystyle\int \frac{\mathrm{d}x}{(x^2-a^2)^{3/2}}$ $(a>0)$;　(2) $\displaystyle\int \sqrt{3-2x-x^2}\mathrm{d}x$;

(3) $\int \dfrac{\mathrm{d}x}{x^4\sqrt{1+x^2}}$; (4) $\int \dfrac{1}{1+\sqrt{x-1}}\mathrm{d}x$;

(5) $\int \dfrac{\mathrm{d}x}{\sqrt{1+\mathrm{e}^{2x}}}$.

解 (1) 由于被积函数含有 $\sqrt{x^2-a^2}$ 的方幂,为去根号,可作类型 $x=\pm\dfrac{a}{\cos t}$ 或 $x=\pm\dfrac{a}{\sin t}$ 的替换.

设 $x>a$,令 $x=\dfrac{a}{\cos t}\left(0<t<\dfrac{\pi}{2}\right)$. 因为

$$\mathrm{d}x=\dfrac{a\sin t}{\cos^2 t}\mathrm{d}t,\quad \sqrt{x^2-a^2}=a\tan t,$$

所以 $\int\dfrac{\mathrm{d}x}{(x^2-a^2)^{3/2}}=\int\dfrac{1}{a^3\tan^3 t}\dfrac{a\sin t}{\cos^2 t}\mathrm{d}t=\dfrac{1}{a^2}\int\dfrac{\mathrm{d}\sin t}{\sin^2 t}$

$$=-\dfrac{1}{a^2}\dfrac{1}{\sin t}+C.$$

为把 $\sin t$ 表成 x 的函数,可根据所作的变量替换 $x=\dfrac{a}{\cos t}$,即 $\cos t=\dfrac{a}{x}$ 作一个直角三角形:其斜边长为 x,一个锐角为 t,t 的邻边为 a(见图 4.3). 由此即可看出

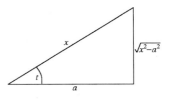

图 4.3

$$\sin t=\dfrac{\sqrt{x^2-a^2}}{x},$$

因此 $\int\dfrac{\mathrm{d}x}{(x^2-a^2)^{3/2}}=-\dfrac{1}{a^2}\dfrac{x}{\sqrt{x^2-a^2}}+C.$ (2.1)

若 $x<-a$,令 $x=-\dfrac{a}{\cos t}\left(0<t<\dfrac{\pi}{2}\right)$,同上面一样可算得

$$\int\dfrac{\mathrm{d}x}{(x^2-a^2)^{3/2}}=\dfrac{1}{a^2}\dfrac{1}{\sin t}+C,$$

但这时 $\sin t=-\dfrac{\sqrt{x^2-a^2}}{x}.$

因此(2.1)对 $x<-a$ 也成立.

总之,当 $|x|>a$ 时

$$\int\dfrac{\mathrm{d}x}{(x^2-a^2)^{3/2}}=-\dfrac{1}{a^2}\cdot\dfrac{x}{\sqrt{x^2-a^2}}+C.$$

(2) 若被积函数含有 $\sqrt{a^2-x^2}$,我们可试作三角替换 $x=a\sin t$ 去括号然后求积分.因此,我们先对被积函数进行配方得
$$\sqrt{3-2x-x^2}=\sqrt{4-(x+1)^2},$$
于是令 $x+1=2\sin t\left(-\dfrac{\pi}{2}\leqslant t\leqslant\dfrac{\pi}{2}\right)$. 这样我们可得

$$\int\sqrt{3-2x-x^2}\,\mathrm{d}x=\int\sqrt{4-4\sin^2 t}\cdot 2\cos t\,\mathrm{d}t$$
$$=4\int\cos^2 t\,\mathrm{d}t=2\int(1+\cos 2t)\,\mathrm{d}t$$
$$=2t+\sin 2t+C=2t+2\sin t\cos t+C$$
$$=2\arcsin\dfrac{x+1}{2}+\dfrac{(x+1)}{2}\sqrt{3-2x-x^2}+C.$$

(由上述配方及变量替换 $x+1=2\sin t$ 可看出 $\sqrt{3-2x-x^2}=2\cos t$.)

(3) 因被积函数含有 $\sqrt{1+x^2}$,故作三角替换
$$x=\tan t\quad\left(-\dfrac{\pi}{2}<t<\dfrac{\pi}{2}\right),$$
于是 $\qquad 1+x^2=\dfrac{1}{\cos^2 t},\quad \mathrm{d}x=\dfrac{1}{\cos^2 t}\mathrm{d}t.$

$$\int\dfrac{\mathrm{d}x}{x^4\sqrt{1+x^2}}=\int\dfrac{\cos^3 t}{\sin^4 t}\mathrm{d}t=\int\dfrac{1-\sin^2 t}{\sin^4 t}\mathrm{d}\sin t$$
$$=\int\dfrac{\mathrm{d}\sin t}{\sin^4 t}-\int\dfrac{\mathrm{d}\sin t}{\sin^2 t}=-\dfrac{1}{3}\dfrac{1}{\sin^3 t}+\dfrac{1}{\sin t}+C.$$

再根据 $x=\tan t$ 作一个直角三角形:一锐角为 t,t 的邻边长度为 1,对边长度为 x(见图 4.4),由图可看出 $\sin t=\dfrac{x}{\sqrt{1+x^2}}$,于是
$$\int\dfrac{\mathrm{d}x}{x^4\sqrt{1+x^2}}=-\dfrac{1}{3}\dfrac{\sqrt{(x^2+1)^3}}{x^3}+\dfrac{\sqrt{x^2+1}}{x}+C.$$

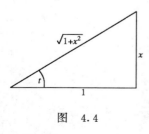

图 4.4

本题中已知 $\tan t=x$,为将 $\sin t$ 或 $\cos t$ 表成 x 的函数,作一个直角三角形(见图 4.4)能使我们很快求出 $\sin t$ 与 $\cos t$ 的表达式.类似地,若已知 $\sin t=x$(或 $\cos t=x$),而要将 $\tan t,\cos t$(或 $\sin t$)表成 x 的函数时,也可作一个相应的直角三角形.

(4) 此题与前几题不同,根号内只含一次式,为去根号,令 $t=\sqrt{x-1}$,即 $x=t^2+1$,于是

$$\int \frac{\mathrm{d}x}{1+\sqrt{x-1}} = \int \frac{2t}{1+t}\mathrm{d}t = \int 2\mathrm{d}t - 2\int \frac{\mathrm{d}t}{t+1}$$
$$= 2t - 2\ln|t+1| + C$$
$$= 2\sqrt{x-1} - 2\ln(1+\sqrt{x-1}) + C.$$

(5) 为了去掉超越性与根号,直接令 $t=\sqrt{1+\mathrm{e}^{2x}}$,即

$$x = \frac{1}{2}\ln(t^2-1).$$

于是
$$\mathrm{d}x = \frac{t}{t^2-1}\mathrm{d}t,$$

$$\int \frac{\mathrm{d}x}{\sqrt{1+\mathrm{e}^{2x}}} = \int \frac{\mathrm{d}t}{t^2-1} = \frac{1}{2}\int\left(\frac{1}{t-1} - \frac{1}{t+1}\right)\mathrm{d}t$$
$$= \frac{1}{2}\ln\left|\frac{t-1}{t+1}\right| + C = \frac{1}{2}\ln\frac{\sqrt{1+\mathrm{e}^{2x}}-1}{\sqrt{1+\mathrm{e}^{2x}}+1} + C$$
$$= \ln(\sqrt{1+\mathrm{e}^{2x}}-1) - x + C.$$

5. 利用分部积分法计算下列不定积分:

(1) $\int x^2 \arctan x \, \mathrm{d}x$; (2) $\int x^5 \ln^2 x \, \mathrm{d}x$;

(3) $\int \sin\ln x \, \mathrm{d}x$; (4) $\int \frac{x^2}{(a^2+x^2)^2} \mathrm{d}x$;

(5) $\int \frac{1}{\cos^3 x}\mathrm{d}x$; (6) $\int \arcsin x \arccos x \, \mathrm{d}x$;

(7) $\int \sqrt{x^2+a^2}\,\mathrm{d}x$ $(a>0)$.

解 (1) 令 $u=\arctan x$,而将 x^2 看成 v',可通俗地说成将 x^2 移入微分号内,分部积分得

$$\int x^2 \arctan x \, \mathrm{d}x = \frac{1}{3}\int \arctan x \, \mathrm{d}x^3 = \frac{1}{3}x^3 \arctan x - \frac{1}{3}\int \frac{x^3}{1+x^2}\mathrm{d}x$$
$$= \frac{1}{3}x^3 \arctan x - \frac{1}{3}\int \frac{x^3+x-x}{1+x^2}\mathrm{d}x$$
$$= \frac{1}{3}x^3 \arctan x - \frac{1}{6}x^2 + \frac{1}{6}\int \frac{\mathrm{d}(x^2+1)}{x^2+1}$$

$$= \frac{1}{3}x^3\arctan x - \frac{1}{6}x^2 + \frac{1}{6}\ln(1+x^2) + C.$$

（2）将 x^5 移进微分号内并连续两次分部积分得

$$\int x^5 \ln^2 x \, dx = \frac{1}{6}\int \ln^2 x \, dx^6 = \frac{1}{6}x^6\ln^2 x - \frac{1}{3}\int x^5 \ln x \, dx$$

$$= \frac{1}{6}x^6\ln^2 x - \frac{1}{18}\int \ln x \, dx^6$$

$$= \frac{1}{6}x^6\ln^2 x - \frac{1}{18}x^6\ln x + \frac{1}{18}\int x^5 \, dx$$

$$= \frac{1}{6}x^6\left(\ln^2 x - \frac{1}{3}\ln x + \frac{1}{18}\right) + C.$$

（3）令 $u=\sin\ln x$, $dv=dx$，直接分部积分得

$$\int \sin\ln x \, dx = x\sin\ln x - \int x(\cos\ln x)\frac{1}{x}dx$$

$$= x\sin\ln x - \int \cos\ln x \, dx,$$

再对 $\int \cos\ln x \, dx$ 用分部积分，可得

$$\int \cos\ln x \, dx = x \cdot \cos\ln x + \int \sin\ln x \, dx,$$

代入上式得

$$\int \sin\ln x \, dx = x\sin\ln x - x\cos\ln x - \int \sin\ln x \, dx.$$

移项后解出

$$\int \sin\ln x \, dx = \frac{x}{2}(\sin\ln x - \cos\ln x) + C.$$

本题虽然用一次分部积分法得不出结果，但对右端的不定积分再用一次分部积分法，就得到关于原不定积分的一个方程式，由此方程即可求出欲求之不定积分．

（4）先凑出微分 dv 然后分部积分得

$$\int \frac{x^2}{(a^2+x^2)^2}dx = \frac{1}{2}\int \frac{x}{(a^2+x^2)^2}d(x^2+a^2)$$

$$= -\frac{1}{2}\int x \, d(a^2+x^2)^{-1}$$

$$= -\frac{x}{2(x^2+a^2)} + \frac{1}{2}\int \frac{\mathrm{d}x}{a^2+x^2}$$
$$= -\frac{x}{2(x^2+a^2)} + \frac{1}{2a}\arctan\frac{x}{a} + C.$$

(5) 将 $\frac{1}{\cos^2 x}$ 移进微分号内并分部积分得

$$\int \frac{1}{\cos^3 x}\mathrm{d}x = \int \frac{1}{\cos x}\mathrm{d}\tan x = \frac{\tan x}{\cos x} - \int \frac{\sin^2 x}{\cos^3 x}\mathrm{d}x$$
$$= \frac{\sin x}{\cos^2 x} - \int \frac{1}{\cos^3 x}\mathrm{d}x + \int \frac{1}{\cos x}\mathrm{d}x,$$

这是关于 $\int \frac{\mathrm{d}x}{\cos^3 x}$ 的一个方程式，由此解出

$$\int \frac{1}{\cos^3 x}\mathrm{d}x = \frac{1}{2}\frac{\sin x}{\cos^2 x} + \frac{1}{2}\int \frac{1}{\cos x}\mathrm{d}x,$$

其中 $\int \frac{1}{\cos x}\mathrm{d}x = \int \frac{\mathrm{d}x}{\sin\left(\frac{\pi}{2}+x\right)} = \ln\left|\tan\left(\frac{x}{2}+\frac{\pi}{4}\right)\right| + C.$

因此 $\int \frac{1}{\cos^3 x}\mathrm{d}x = \frac{1}{2}\frac{\sin x}{\cos^2 x} + \frac{1}{2}\ln\left|\tan\left(\frac{x}{2}+\frac{\pi}{4}\right)\right| + C.$

(6) 令

$$u = \arcsin x \arccos x, \quad \mathrm{d}x = \mathrm{d}v.$$

原式 $= x\arcsin x\arccos x$
$\quad - \int x\left(\frac{1}{\sqrt{1-x^2}}\arccos x - \frac{1}{\sqrt{1-x^2}}\arcsin x\right)\mathrm{d}x$

$= x\arcsin x \cdot \arccos x$
$\quad + \int (\arccos x - \arcsin x)\mathrm{d}(\sqrt{1-x^2})$

$= x\arcsin x \cdot \arccos x + (\arccos x - \arcsin x)\sqrt{1-x^2}$
$\quad - \int \sqrt{1-x^2}\left(-\frac{1}{\sqrt{1-x^2}} - \frac{1}{\sqrt{1-x^2}}\right)\mathrm{d}x$

$= x\arcsin x \cdot \arccos x$
$\quad + (\arccos x - \arcsin x)\sqrt{1-x^2} + 2x + C.$

(7) 令

$$u = \sqrt{x^2+a^2}, \quad \mathrm{d}x = \mathrm{d}v.$$

$$\int \sqrt{x^2+a^2}\,\mathrm{d}x = x\sqrt{x^2+a^2} - \int x\cdot\frac{x}{\sqrt{x^2+a^2}}\mathrm{d}x$$
$$= x\sqrt{x^2+a^2} - \int \frac{x^2+a^2-a^2}{\sqrt{x^2+a^2}}\mathrm{d}x$$
$$= x\sqrt{x^2+a^2} - \int \sqrt{x^2+a^2} + \int \frac{a^2}{\sqrt{x^2+a^2}}\mathrm{d}x.$$

等号右端又出现了欲求的不定积分,将它移到左端即得

$$\int \sqrt{x^2+a^2}\,\mathrm{d}x = \frac{1}{2}x\sqrt{x^2+a^2} + \frac{a^2}{2}\ln(x+\sqrt{x^2+a^2}) + C.$$

6. 用任意方法计算下列不定积分:

(1) $\int x^5\sqrt[3]{(1+x^3)^2}\,\mathrm{d}x$;   (2) $\int \dfrac{\mathrm{d}x}{x^2\sqrt{x^2-a^2}}$.

解 (1) 将 x^2 移进微分号内(得 $\frac{1}{3}\mathrm{d}x^3$),其余部分可化成 (x^3+1) 的幂函数之和.

$$\int x^5 \sqrt[3]{(1+x^3)^2}\,\mathrm{d}x = \frac{1}{3}\int x^3 \sqrt[3]{(1+x^3)^2}\,\mathrm{d}x^3$$
$$= \frac{1}{3}\int [(x^3+1)-1](1+x^3)^{\frac{2}{3}}\mathrm{d}(x^3+1)$$
$$= \frac{1}{3}\int (x^3+1)^{\frac{5}{3}}\mathrm{d}(x^3+1) - \frac{1}{3}\int (x^3+1)^{\frac{2}{3}}\mathrm{d}(x^3+1)$$
$$= \frac{1}{8}(x^3+1)^{\frac{8}{3}} - \frac{1}{5}(x^3+1)^{\frac{5}{3}} + C.$$

(2) **解法 1** 用第二换元积分法. 令

$$x = \frac{a}{\sin t} \quad \left(-\frac{\pi}{2}<t<\frac{\pi}{2}, t\neq 0\right),$$

则

$$\sqrt{x^2-a^2} = a\sqrt{\frac{1-\sin^2 t}{\sin^2 t}} = a\frac{\cos t}{|\sin t|},$$

$$\mathrm{d}x = -\frac{a\cos t}{\sin^2 t}\mathrm{d}t,$$

$$\int \frac{\mathrm{d}x}{x^2\sqrt{x^2-a^2}} = -\frac{1}{a^2}\int |\sin t|\,\mathrm{d}t$$

$$= \begin{cases} \dfrac{1}{a^2}\cos t + C, & t\in\left(0,\dfrac{\pi}{2}\right), \\ -\dfrac{1}{a^2}\cos t + C, & t\in\left(-\dfrac{\pi}{2},0\right) \end{cases}$$

$$= \frac{1}{a^2} \frac{\sqrt{x^2-a^2}}{x} + C.$$

解法 2 在分母上凑出因子 x^3,并将 $\frac{1}{x^3}$ 移进微分号内,再用凑微分法. 设 $x>a$,则

$$\int \frac{\mathrm{d}x}{x^2\sqrt{x^2-a^2}} = \int \frac{\mathrm{d}x}{x^3\sqrt{1-\frac{a^2}{x^2}}} = \frac{1}{2a^2}\int \frac{\mathrm{d}\left(1-\frac{a^2}{x^2}\right)}{\sqrt{1-\frac{a^2}{x^2}}}$$

$$= \frac{1}{a^2}\sqrt{1-\frac{a^2}{x^2}} + C = \frac{1}{a^2}\frac{\sqrt{x^2-a^2}}{x} + C.$$

若 $x<-a$,则上式也成立.

解法 3 先将被积函数变形:

$$\int \frac{\mathrm{d}x}{x^2\sqrt{x^2-a^2}} = \frac{1}{a^2}\int \frac{x^2-(x^2-a^2)}{x^2\sqrt{x^2-a^2}}\mathrm{d}x$$

$$= \frac{1}{a^2}\int \frac{\mathrm{d}x}{\sqrt{x^2-a^2}} - \frac{1}{a^2}\int \frac{\sqrt{x^2-a^2}}{x^2}\mathrm{d}x,$$

对上式右端第二项积分用分部积分法得

$$\int \frac{\sqrt{x^2-a^2}}{x^2}\mathrm{d}x = -\int \sqrt{x^2-a^2}\,\mathrm{d}\left(\frac{1}{x}\right)$$

$$= -\frac{\sqrt{x^2-a^2}}{x} + \int \frac{\mathrm{d}x}{\sqrt{x^2-a^2}},$$

将它代入上式得

$$\int \frac{\mathrm{d}x}{x^2\sqrt{x^2-a^2}} = \frac{1}{a^2}\frac{\sqrt{x^2-a^2}}{x} + C.$$

7. 求不定积分 $\int x^2\sqrt{1+x^2}\,\mathrm{d}x$.

解 用分部积分法.

$$\int x^2\sqrt{1+x^2}\,\mathrm{d}x = \frac{1}{3}\int \sqrt{1+x^2}\,\mathrm{d}(x^3)$$

$$= \frac{1}{3}\left[x^3\sqrt{1+x^2} - \int \frac{x^4-1+1}{\sqrt{1+x^2}}\mathrm{d}x\right]$$

$$= \frac{1}{3}\left[x^3\sqrt{1+x^2} - \int (x^2-1)\sqrt{1+x^2}\,\mathrm{d}x\right.$$

$$-\int \frac{1}{\sqrt{1+x^2}}dx\Big]$$
$$=\frac{1}{3}\Big[x^3\sqrt{1+x^2}-\int x^2\sqrt{1+x^2}dx$$
$$+\int \sqrt{1+x^2}dx-\int \frac{1}{\sqrt{1+x^2}}dx\Big],$$

等式右端又出现了积分 $\int x^2\sqrt{1+x^2}dx$,移项化简可得

$$\int x^2\sqrt{1+x^2}dx=\frac{1}{4}\Big[x^3\sqrt{1+x^2}+\int \sqrt{1+x^2}dx-\int \frac{1}{\sqrt{1+x^2}}dx\Big].$$

用分部积分法又可得

$$\int \sqrt{1+x^2}dx=\frac{1}{2}\Big(x\sqrt{1+x^2}+\int \frac{dx}{\sqrt{1+x^2}}\Big),$$

代入上式得

$$\int x^2\sqrt{1+x^2}dx=\frac{1}{4}\Big[x^3\sqrt{1+x^2}+\frac{1}{2}x\sqrt{1+x^2}$$
$$-\frac{1}{2}\int \frac{1}{\sqrt{1+x^2}}dx\Big]$$
$$=\frac{1}{4}\Big[x^3\sqrt{1+x^2}+\frac{x}{2}\sqrt{1+x^2}$$
$$-\frac{1}{2}\ln(x+\sqrt{1+x^2})\Big]+C$$
$$=\frac{x}{8}(2x^2+1)\sqrt{1+x^2}-\frac{1}{8}\ln(x+\sqrt{1+x^2})+C.$$

*8. 求不定积分 $\int \frac{dx}{x\sqrt{3x^2-2x-1}}$.

解 本题可作三角函数替换去根号,但计算较繁,现介绍另一种变换(倒数替换).令 $x=\frac{1}{t}$,则

$$dx=-\frac{1}{t^2}dt,$$
$$\sqrt{3x^2-2x-1}=\frac{1}{|t|}\sqrt{3-2t-t^2}.$$

所以应分 $x>0$ 与 $x<0$ 讨论.当 $x>0$ 时,$t>0$,

原式 $= \int t \cdot \dfrac{1}{\dfrac{1}{t}\sqrt{3-2t-t^2}}\left(-\dfrac{1}{t^2}\right)\mathrm{d}t$

$= -\int \dfrac{\mathrm{d}t}{\sqrt{4-(t+1)^2}} = -\arcsin\dfrac{t+1}{2} + C$

$= -\arcsin\dfrac{x+1}{2x} + C;$

当 $x<0$ 时，$t<0$,

原式 $= \int \dfrac{\mathrm{d}t}{\sqrt{4-(t+1)^2}} = \arcsin\dfrac{x+1}{2x} + C.$

一般说来，当被积函数属于本题所给类型时（即分母为 $x\sqrt{ax^2+bx+c}$，分子为常数），用倒数替换较简便.

本节小结

1. 为用第一换元积分法，要会将一些函数与 $\mathrm{d}x$ 的乘积化为微分式. 如

$$\dfrac{1}{2\sqrt{x}}\mathrm{d}x = \mathrm{d}\sqrt{x}, \quad \dfrac{-1}{1-x}\mathrm{d}x = \mathrm{d}\ln|1-x|,$$

$$\dfrac{x}{\sqrt{1+x^2}}\mathrm{d}x = \mathrm{d}(\sqrt{1+x^2}),$$

$$\mathrm{e}^{ax}\mathrm{d}x = \dfrac{1}{a}\mathrm{d}\mathrm{e}^{ax} \quad (a\neq 0),$$

等等.

2. 当被积函数含 $\sqrt{x^2\pm a^2}$，$\sqrt{a^2-x^2}$ 等时，作三角函数变换可消去根式，当被积函数含 $\sqrt[n]{ax+b}$ 时，令 $t=\sqrt[n]{ax+b}$ 可消去根式.

3. 已知 $\sin t = x$（或 $\cos t = x$，$\tan t = x$，$\sec t = x$），而要将其余三角函数表成 x 的函数时，可画一个直角三角形作参考（见图 4.3, 图 4.4）.

4. 总结用分部积分法的常见题型（有些题型，要连续两次用分部积分法，再通过解方程求得结果）.

不定积分的计算较灵活，同一个题可有多种解法. 读者在掌握基本法则的基础上，可通过做题探索方法，总结经验.

练习题 4.2

4.2.1 用第一换元法(凑微分法)求下列不定积分:

(1) $\int x e^{x^2} dx$;

(2) $\int \dfrac{dx}{x\ln^3 x}$;

(3) $\int \dfrac{dx}{\sqrt{x}(1+x)}$;

(4) $\int \dfrac{dx}{3-2x}$;

(5) $\int \dfrac{dx}{\sin ax}$ $(a>0)$;

(6) $\int \dfrac{x+1}{\sqrt{4-x^2}} dx$.

4.2.2 用第二换元法求下列不定积分:

(1) $\int \dfrac{x^2}{\sqrt{1-x^2}} dx$;

(2) $\int \dfrac{1}{x} \cdot \sqrt{\dfrac{1+x}{x}} dx$;

(3) $\int \dfrac{dx}{x\sqrt{a^2+x^2}}$ $(a>0)$;

(4) $\int \dfrac{dx}{x\sqrt{a^2-x^2}}$ $(a>0)$.

4.2.3 用分部积分法导出下列公式:

$$\int \sqrt{x^2-a^2}\, dx = \dfrac{x}{2}\sqrt{x^2-a^2} - \dfrac{a^2}{2}\ln|x+\sqrt{x^2-a^2}| + C.$$

4.2.4 求下列不定积分:

(1) $\int (\arcsin x)^2 dx$;

(2) $\int \dfrac{dx}{x^2\sqrt{x^2+a^2}}$;

(3) $\int \dfrac{2dx}{\sqrt{2+x-x^2}}$;

(4) $\int \dfrac{xe^x}{\sqrt{1+e^x}} dx$;

(5) $\int \dfrac{x^3+x}{\sqrt{1-x^2}} dx$;

(6) $\int \dfrac{dx}{\sqrt{2-5x^2}}$.

§3 几类可求积的初等函数的积分法

对于有理函数、三角函数有理式和某些特殊的无理式,原则上讲我们总可以用换元积分法,分部积分法和分项积分法求出它们的不定积分.

内 容 提 要

1. 有理函数的积分法

形如
$$R(x) = \dfrac{P_n(x)}{Q_m(x)} = \dfrac{a_0 x^n + a_1 x^{n-1} + \cdots + a_{n-1} x + a_n}{b_0 x^m + b_1 x^{m-1} + \cdots + b_{m-1} x + b_m}$$

的函数称为**有理函数**,其中 $P_n(x)$ 与 $Q_m(x)$ 无公因子. 若 $n<m$,称之为**真分式**.

(1) 求有理函数 $R(x)$ 的积分的基本步骤是：

① 用多项式除法将 $R(x)$ 分解成多项式 $P(x)$ 与真分式 $R_1(x)$ 之和.

② 将真分式分解成部分分式之和. 形如

$$\frac{A}{x-a}, \quad \frac{A}{(x-a)^k}, \quad \frac{Ax+B}{x^2+px+q}, \quad \frac{Ax+B}{(x^2+px+q)^n}$$

的分式称为**部分分式**,其中 x^2+px+q 无实根,k,n 为正整数.

③ 求部分分式的积分.

④ 用分项积分法得到

$$\int R(x)\mathrm{d}x = \int P(x)\mathrm{d}x + \int R_1(x)\mathrm{d}x.$$

(2) 怎样将真分式分解成部分分式之和？

基本方法是待定系数法.

分解原理 设

$$Q(x) = (x-a_1)^{\alpha_1}\cdots(x-a_l)^{\alpha_l}(x^2+p_1x+q_1)^{\beta_1}$$
$$\cdots(x^2+p_sx+q_s)^{\beta_s},$$

其中 $a_i(i=1,2,\cdots,l), p_j, q_j(j=1,2,\cdots,s)$ 为实数,$p_j^2-4q_j<0(j=1,2,\cdots,s)$, $\alpha_i(i=1,2,\cdots,l), \beta_j(j=1,2,\cdots,s)$ 为自然数. 则真分式 $R(x)=\dfrac{P(x)}{Q(x)}$ 总可以分解为

$$R(x) = \left[\frac{A_1^{(1)}}{x-a_1} + \frac{A_2^{(1)}}{(x-a_1)^2} + \cdots + \frac{A_{\alpha_1}^{(1)}}{(x-a_1)^{\alpha_1}}\right]$$
$$+ \cdots + \left[\frac{A_1^{(l)}}{x-a_l} + \cdots + \frac{A_{\alpha_l}^{(l)}}{(x-a_l)^{\alpha_l}}\right]$$
$$+ \left[\frac{M_1^{(1)}x+N_1^{(1)}}{x^2+p_1x+q_1} + \cdots + \frac{M_{\beta_1}^{(1)}x+N_{\beta_1}^{(1)}}{(x^2+p_1x+q_1)^{\beta_1}}\right] + \cdots$$
$$+ \left[\frac{M_1^{(s)}x+N_1^{(s)}}{x^2+p_sx+q_s} + \cdots + \frac{M_{\beta_s}^{(s)}x+N_{\beta_s}^{(s)}}{(x^2+p_sx+q_s)^{\beta_s}}\right],$$

也就是说,若在真分式的分母 $Q(x)$ 中有一个因子 $(x-a)^m$,则在部分分式中相应于这个因子就要有下列形式的 m 项部分分式之和：

$$\frac{A_1}{x-a} + \frac{A_2}{(x-a)^2} + \cdots + \frac{A_m}{(x-a)^m},$$

其中 $A_1, A_2, \cdots, A_m$ 为待定常数. 若在真分式的分母中有一个因子 $(x^2+px+q)^k$(其中 $p^2<4q$),则在部分分式中相应于这个因子,就要有下列形式的 k 项部分分式之和：

$$\frac{M_1 x + N_1}{x^2 + px + q} + \frac{M_2 x + N_2}{(x^2 + px + q)^2} + \cdots + \frac{M_k x + N_k}{(x^2 + px + q)^k},$$

其中 $M_j, N_j (j=1,2,\cdots,k)$ 为待定常数.

具体分解真分式时,需要把相应于分母的每个因子的所有可能的项都写出来,将真分式分解成所有这些部分分式之和,再用比较系数法确定出待定常数.

从上看出,当两个有理函数的分母(多项式)相同时,则它们的部分分式的分解形式是完全相同的. 有理函数的分子(多项式)的作用,在于确定部分分式中那些待定常数的具体数值.

(3) 怎样求部分分式的不定积分?

① 显然,第一、第二两种部分分式很易求积:

$$\int \frac{A}{x-a} dx = A \ln|x-a| + C;$$

$$\int \frac{A}{(x-a)^k} dx = \frac{A}{1-k}(x-a)^{1-k} + C \quad (k > 1).$$

② 关于第三种部分分式,可分两种情况:

i) 对部分分式 $\int \frac{N}{x^2+px+q} dx$(即分子上无 x 项),可将分母先配方后再利用 $\int \frac{dx}{t^2+a^2}$ 的积分公式:

$$\int \frac{N}{x^2+px+q} dx = \int \frac{N}{\left(x+\frac{p}{2}\right)^2 + q - \frac{p^2}{4}} dx$$

$$= \frac{N}{a} \arctan \frac{x+\frac{p}{2}}{a} + C,$$

其中 $$a = \frac{1}{2}\sqrt{4q-p^2}.$$

ii) 对于部分分式 $\int \frac{(Mx+N)dx}{x^2+px+q}$(即分子上有 x 项),可以先凑出微分式 $d(x^2+px+q)$,再积分:

$$\int \frac{(Mx+N)dx}{x^2+px+q} = \int \frac{\frac{M}{2} d(x^2+px+q) + \left(N - \frac{Mp}{2}\right) dx}{x^2+px+q}$$

$$= \frac{M}{2} \ln|x^2+px+q| + \frac{1}{a}\left(N - \frac{Mp}{2}\right) \arctan \frac{x+\frac{p}{2}}{a} + C,$$

其中 $$a = \frac{1}{2}\sqrt{4q-p^2}.$$

③ 对第四种部分分式,先凑出微分式 $d(x^2+px+q)$,再将分母配方后用

$\int \dfrac{\mathrm{d}t}{(t^2+a^2)^n}$ 的递推公式:

$$\int \dfrac{Mx+N}{(x^2+px+q)^n}\mathrm{d}x = \int \dfrac{\dfrac{M}{2}\mathrm{d}(x^2+px+q)+\left(N-\dfrac{M}{2}p\right)\mathrm{d}x}{(x^2+px+q)^n}$$

$$= \dfrac{M}{2(1-n)} \cdot \dfrac{1}{(x^2+px+q)^{n-1}} + b\int \dfrac{\mathrm{d}t}{(t^2+a^2)^n},$$

其中 $\quad b = N - \dfrac{M}{2}p, \quad t = x + \dfrac{p}{2}, \quad a = \dfrac{1}{2}\sqrt{4q-p^2}.$

而对积分
$$J_n = \int \dfrac{\mathrm{d}t}{(t^2+a^2)^n},$$

可用递推公式:

$$J_{n+1} = \dfrac{1}{2na^2} \cdot \dfrac{t}{(t^2+a^2)^n} + \dfrac{2n-1}{2na^2}J_n \quad (n \geqslant 1)$$

$\left(\text{易见 } J_1 = \dfrac{1}{a}\arctan\dfrac{t}{a} + C\right).$

以上公式不必死记,而应掌握方法.

2. 三角函数有理式的积分法

由变量 u, v 与实数经过有限次四则运算所得到的式子记为 $R(u,v)$,称为 u, v 的有理式. $R(\sin x, \cos x)$ 称为**三角函数有理式**. 求

$$\int R(\sin x, \cos x)\mathrm{d}x$$

的基本方法是通过三角替换化成有理函数的积分. 如何选择三角替换,有以下规律:

(1) 一般情形可作万能替换 $t = \tan\dfrac{x}{2}$

令 $t = \tan\dfrac{x}{2}$,则三角函数有理式的积分总可化为有理函数的积分

$$\int R(\sin x, \cos x)\mathrm{d}x \xrightarrow{t=\tan\frac{x}{2}} \int R\left(\dfrac{2t}{1+t^2}, \dfrac{1-t^2}{1+t^2}\right)\dfrac{2}{1+t^2}\mathrm{d}t.$$

(2) 一些特殊情形下的三角替换

万能替换对三角函数有理式原则上都是可行的,但有时显得很复杂. 对某些特殊情形作别的三角替换更为简便. 常见的有:

① 当被积函数可表为 $R_1(\sin^2 x, \cos x)\sin x$ 时(其中 $R_1(u,v)$ 是 u, v 的有理式),令 $t = \cos x$,积分可化为关于 t 的有理函数的积分:

$$\int R_1(\sin^2 x, \cos x)\sin x\mathrm{d}x \xrightarrow{t=\cos x} -\int R_1(1-t^2, t)\mathrm{d}t.$$

例如被积函数为 $\sin^n x \cos^m x$ 且 n 为奇数时,就属于这种情况.

193

② 当被积函数可表为 $R_1(\sin x, \cos^2 x)\cos x$ 时,令 $t=\sin x$,积分可化为关于 t 的有理函数的积分:

$$\int R_1(\sin x, \cos^2 x)\cos x \mathrm{d}x \xrightarrow{t=\sin x} \int R_1(t, 1-t^2)\mathrm{d}t.$$

如被积函数为 $\sin^n x \cos^m x$ 且 m 为奇数时就属于这种情况.

③ 当被积函数可表为 $R_1(\tan x)$ 时(其中 $R_1(u)$ 为 u 的有理函数),令 $t=\tan x$,积分可化为关于 t 的有理函数的积分:

$$\int R_1(\tan x)\mathrm{d}x \xrightarrow{t=\tan x} \int R_1(t)\frac{1}{1+t^2}\mathrm{d}t.$$

如当被积函数满足 $R(-\sin x, -\cos x)=R(\sin x, \cos x)$ 时,就属于这种情况.

④ 当被积函数为 $\sin^n x \cdot \cos^m x$ 且 n,m 都是偶数时,可利用公式

$$\sin^2 x = \frac{1-\cos 2x}{2}, \quad \cos^2 x = \frac{1+\cos 2x}{2}$$

将被积函数中正弦函数及余弦函数的方幂降低,再结合前面的方法即可.

3. 几种简单无理式的积分法

设 $R(u,v)$ 是 u,v 的有理式.

(1) 形如

$$\int R\left(x, \sqrt[n]{\frac{ax+b}{cx+h}}\right)\mathrm{d}x$$

的积分可用变量替换 $t=\sqrt[n]{\dfrac{ax+b}{cx+h}}$ 化为有理函数的积分.

(2) 形如

$$\int \sqrt{ax^2+bx+c}\,\mathrm{d}x, \quad \int \frac{\mathrm{d}x}{\sqrt{ax^2+bx+c}}$$

的积分,可用配方法将 $\sqrt{ax^2+bx+c}$ 化成 $\sqrt{\alpha^2-t^2}$ 或 $\sqrt{t^2\pm\alpha^2}$,然后用已知公式

$$\int \frac{\mathrm{d}t}{\sqrt{t^2\pm\alpha^2}} = \ln|t+\sqrt{t^2\pm\alpha^2}|+C,$$

$$\int \frac{\mathrm{d}t}{\sqrt{\alpha^2-t^2}} = \arcsin\frac{t}{\alpha}+C,$$

$$\int \sqrt{t^2\pm\alpha^2}\,\mathrm{d}t = \frac{t}{2}\sqrt{t^2\pm\alpha^2}\pm\frac{1}{2}\alpha^2\ln|t+\sqrt{t^2\pm\alpha^2}|+C,$$

$$\int \sqrt{\alpha^2-t^2}\,\mathrm{d}t = \frac{t}{2}\sqrt{\alpha^2-t^2}+\frac{\alpha^2}{2}\arcsin\frac{t}{\alpha}+C$$

求出积分.

(3) 形如

$$\int R(x,\sqrt{ax^2+bx+c})\mathrm{d}x$$

的积分可分别用变量替换

$$\sqrt{ax^2+bx+c} = t \pm \sqrt{a}\,x \quad (a>0 \text{ 时}),$$
$$\sqrt{ax^2+bx+c} = t + \sqrt{c} \quad (c>0 \text{ 时}),$$
$$\sqrt{ax^2+bx+c} = t(x-\lambda)$$
$$(ax^2+bx+c = a(x-\lambda)(x-\mu) \text{ 时})$$

化为有理函数的积分.

典型例题分析

1. 将下列真分式分解成部分分式之和：

(1) $\dfrac{2x^2+41x-91}{(x-1)(x+3)(x-4)}$; (2) $\dfrac{x^3+1}{x(x-1)^3}$;

(3) $\dfrac{1}{x^4+x^2+1}$; (4) $\dfrac{2x^2+2x+13}{(x-2)(x^2+1)^2}$.

解 (1) 设

$$\frac{2x^2+41x-91}{(x-1)(x+3)(x-4)} = \frac{A}{x-1} + \frac{B}{x+3} + \frac{C}{x-4},$$

则 $2x^2+41x-91 = A(x+3)(x-4) + B(x-1)(x-4)$
$\qquad\qquad + C(x-1)(x+3).$

在上式中令 $x=1$，得

$$-48 = -12A, \quad A = 4,$$

令 $x=-3$，得

$$-196 = 28B, \quad B = -7,$$

令 $x=4$，得

$$105 = 21C, \quad C = 5.$$

因此 $\dfrac{2x^2+41x-91}{(x-1)(x+3)(x-4)} = \dfrac{4}{x-1} - \dfrac{7}{x+3} + \dfrac{5}{x-4}.$

(2) 设

$$\frac{x^3+1}{x(x-1)^3} = \frac{A}{x} + \frac{B}{x-1} + \frac{C}{(x-1)^2} + \frac{D}{(x-1)^3},$$

则 $x^3+1 = A(x-1)^3 + Bx(x-1)^2 + Cx(x-1) + Dx.$
令 $x=0$，得 $A=-1$. 令 $x=1$，得 $D=2$.
下面我们用不同方法求 B 与 C：

解法 1 比较上述方程中 x^2, x 的系数得

$$\begin{cases} -3A - 2B + C = 0, \\ 3A + B - C + D = 0, \end{cases} \text{即} \quad \begin{cases} 2B - C = 3, \\ B - C = 1. \end{cases}$$

故求得 $B=2, C=1$.

解法 2 取另外两个 x 值：$x=-1, x=2$ 代入上述方程得

$$\begin{cases} 2B - C = 3, \\ B + C = 3, \end{cases} \text{解出} \quad \begin{cases} B = 2, \\ C = 1. \end{cases}$$

因此，我们求得

$$\frac{x^3 + 1}{x(x-1)^3} = -\frac{1}{x} + \frac{2}{x-1} + \frac{1}{(x-1)^2} + \frac{2}{(x-1)^3}.$$

(3) 先将 $x^4 + x^2 + 1$ 分解为

$$x^4 + x^2 + 1 = x^4 + 2x^2 + 1 - x^2 = (x^2+1)^2 - x^2$$
$$= (x^2 + x + 1)(x^2 - x + 1).$$

现设 $$\frac{1}{x^4 + x^2 + 1} = \frac{Ax + B}{x^2 + x + 1} + \frac{Cx + D}{x^2 - x + 1},$$

则 $1 = (Ax + B)(x^2 - x + 1) + (Cx + D)(x^2 + x + 1).$

比较 x 的同次幂的系数得

$$A + C = 0, \quad -A + B + C + D = 0,$$
$$A - B + C + D = 0, \quad B + D = 1.$$

由此可得

$$A = \frac{1}{2}, \quad B = \frac{1}{2}, \quad C = -\frac{1}{2}, \quad D = \frac{1}{2}.$$

因此 $$\frac{1}{x^4 + x^2 + 1} = \frac{x+1}{2(x^2+x+1)} - \frac{x-1}{2(x^2-x+1)}.$$

(4) 设

$$\frac{2x^2 + 2x + 13}{(x-2)(x^2+1)^2} = \frac{A}{x-2} + \frac{Bx + C}{x^2 + 1} + \frac{Dx + E}{(x^2+1)^2},$$

则

$$2x^2 + 2x + 13 = A(x^2+1)^2 + (Bx+C)(x-2)(x^2+1)$$
$$+ (Dx+E)(x-2)$$
$$= A(x^2+1)^2 + (Bx+C)(x^3 - 2x^2 + x - 2)$$
$$+ (Dx+E)(x-2),$$

令 $x=2$ 得 $A=1$. 比较 x^0, x^1, x^2, x^3 项系数得
$$\begin{cases} -2C-2E+1=13, \\ -2B+C-2D+E=2, \\ B-2C+D+2=2, \\ -2B+C=0. \end{cases}$$

由此解得 $B=-1, C=-2, D=-3, E=-4$. 因此
$$\frac{2x^2+2x+13}{(x-2)(x^2+1)^2} = \frac{1}{x-2} - \frac{x+2}{x^2+1} - \frac{3x+4}{(x^2+1)^2}.$$

2. 求下列有理函数的不定积分：

(1) $\int \frac{x^5+x^4-8}{x^3-4x} dx$; (2) $\int \frac{2x^2+2x+13}{(x-2)(x^2+1)^2} dx$.

解 (1) 先作多项式除法运算, 得
$$\frac{x^5+x^4-8}{x^3-4x} = x^2+x+4+\frac{4(x^2+4x-2)}{x(x-2)(x+2)}.$$

再将真分式分解, 设
$$\frac{x^2+4x-2}{x(x-2)(x+2)} = \frac{A}{x} + \frac{B}{x-2} + \frac{C}{x+2},$$

则 $x^2+4x-2 = A(x-2)(x+2) + Bx(x+2)$
$$+ Cx(x-2).$$

令 $x=0, 2, -2$, 分别得
$$A=\frac{1}{2}, \quad B=\frac{5}{4}, \quad C=-\frac{3}{4}.$$

因此 $\int \frac{x^5+x^4-8}{x^3-4x} dx = \int (x^2+x+4) dx + 2\int \frac{1}{x} dx$
$$+ \int \frac{5}{x-2} dx - \int \frac{3}{x+2} dx$$
$$= \frac{1}{3}x^3 + \frac{1}{2}x^2 + 4x + 2\ln|x|$$
$$+ 5\ln|x-2| - 3\ln|x+2| + C.$$

(2) 在题 1-(4) 中对被积函数已作分解, 于是
$$\int \frac{2x^2+2x+13}{(x-2)(x^2+1)^2} dx = \int \frac{1}{x-2} dx - \int \frac{x+2}{x^2+1} dx$$
$$- \int \frac{3x+4}{(x^2+1)^2} dx.$$

因为
$$\int \frac{x+2}{x^2+1}dx = \frac{1}{2}\int \frac{d(x^2+1)}{x^2+1} + 2\int \frac{dx}{1+x^2}$$
$$= \frac{1}{2}\ln(1+x^2) + 2\arctan x + C,$$
$$\int \frac{3x+4}{(x^2+1)^2}dx = \frac{3}{2}\int \frac{d(x^2+1)}{(x^2+1)^2} + 4\int \frac{dx}{(x^2+1)^2},$$

其中
$$J_2 = \int \frac{dx}{(x^2+1)^2}$$
$$= \frac{1}{2}\cdot\frac{x}{x^2+1} + \frac{1}{2}\arctan x + C(由递推公式),$$

故 $\int \frac{3x+4}{(x^2+1)^2}dx = -\frac{3}{2}\cdot\frac{1}{x^2+1} + \frac{2x}{x^2+1} + 2\arctan x + C,$

将以上各式代入,得
$$\int \frac{2x^3+2x+13}{(x-2)(x^2+1)^2}dx = \ln|x-2| - \frac{1}{2}\ln(x^2+1)$$
$$- 4\arctan x + \frac{3-4x}{2(x^2+1)} + C.$$

3. 求下列三角函数有理式的不定积分:

(1) $\int \frac{\sin x \cos x}{1+\sin^2 x}dx$; (2) $\int \frac{dx}{8-4\sin x + 7\cos x}$;

(3) $\int \frac{dx}{(2+\cos x)\sin x}$.

解 (1) 被积函数既适合于作变量替换 $t=\sin x$,也适合于作变量替换 $t=\cos x$ 或 $t=\tan x$.

解法 1 做替换 $t=\sin x$ 是最为自然的,
$$I = \int \frac{\sin x \cos x}{1+\sin^2 x}dx = \int \frac{\sin x d\sin x}{1+\sin^2 x}$$
$$= \frac{1}{2}\int \frac{d(\sin^2 x + 1)}{1+\sin^2 x}$$
$$= \frac{1}{2}\ln(1+\sin^2 x) + C.$$

解法 2 做替换 $t=\cos x$.
$$I = -\int \frac{\cos x d\cos x}{2-\cos^2 x} = \frac{1}{2}\int \frac{d(2-\cos^2 x)}{2-\cos^2 x}$$

$$= \frac{1}{2}\ln(2-\cos^2 x)+C = \frac{1}{2}\ln(1+\sin^2 x)+C.$$

解法 3 做替换 $t=\tan x$.

将被积函数的分子与分母同除 $\cos^2 x$,得

$$I = \int \frac{\tan x}{1+2\tan^2 x}\mathrm{d}x = \int \frac{t}{(1+2t^2)(1+t^2)}\mathrm{d}t$$

$$= \frac{1}{2}\int \frac{\mathrm{d}t^2}{(1+2t^2)(1+t^2)} = \frac{1}{2}\int \left(\frac{2}{1+2t^2} - \frac{1}{1+t^2}\right)\mathrm{d}t^2$$

$$= \frac{1}{2}\ln\frac{1+2t^2}{1+t^2} + C = \frac{1}{2}\ln\left(1+\frac{t^2}{1+t^2}\right) + C$$

$$= \frac{1}{2}\ln\left(1+\frac{\tan^2 x}{1+\tan^2 x}\right) + C = \frac{1}{2}\ln(1+\sin^2 x) + C.$$

显然这里解法 1 或解法 2 较简单.

(2) 做万能替换 $t=\tan\dfrac{x}{2}$,则

$$\sin x = \frac{2t}{1+t^2}, \quad \cos t = \frac{1-t^2}{1+t^2}, \quad \mathrm{d}x = \frac{2}{1+t^2}\mathrm{d}t.$$

于是

$$\int \frac{\mathrm{d}x}{8-4\sin x + 7\cos x} = 2\int \frac{\mathrm{d}t}{15-8t+t^2}$$

$$= 2\int \frac{\mathrm{d}t}{(t-3)(t-5)} = \int \left(\frac{1}{t-5} - \frac{1}{t-3}\right)\mathrm{d}t$$

$$= \ln\left|\frac{t-5}{t-3}\right| + C = \ln\left|\frac{\tan\dfrac{x}{2}-5}{\tan\dfrac{x}{2}-3}\right| + C.$$

一般说来,形如

$$\int \frac{\mathrm{d}x}{a\sin x + b\cos x + c}$$

的不定积分,多用万能替换.

(3) 万能替换总是可以用的,同时被积函数又属于可作替换 $t=\cos x$ 的类型.

解法 1 令 $t=\tan\dfrac{x}{2}$,则

$$I = \int \frac{\mathrm{d}x}{(2+\cos x)\sin x} = \int \frac{1}{\left(2+\dfrac{1-t^2}{1+t^2}\right)\dfrac{2t}{1+t^2}} \cdot \frac{2}{1+t^2}\mathrm{d}t$$

$$= \int \frac{1+t^2}{(3+t^2)t} dt = \frac{1}{3}\int \left(\frac{1}{t} + \frac{2t}{3+t^2}\right) dt$$

$$= \frac{1}{3}\int \frac{dt}{t} + \frac{1}{3}\int \frac{d(t^2+3)}{t^2+3} = \frac{1}{3}\ln[|t|(t^2+3)] + C$$

$$= \frac{1}{3}\ln\left[\left|\tan\frac{x}{2}\right|\left(\tan^2\frac{x}{2}+3\right)\right] + C.$$

解法 2 令 $t = \cos x$,

$$I = \int \frac{\sin x \, dx}{(2+\cos x)\sin^2 x} = -\int \frac{dt}{(2+t)(1-t^2)}$$

$$= \frac{1}{2}\int \frac{1}{2+t}\left(\frac{1}{t-1} - \frac{1}{t+1}\right) dt$$

$$= \frac{1}{2}\int \left[\frac{1}{3}\left(\frac{1}{t-1} - \frac{1}{t+2}\right) - \left(\frac{1}{t+1} - \frac{1}{t+2}\right)\right] dt$$

$$= \frac{1}{6}\int \left(\frac{1}{t-1} + \frac{2}{t+2} - \frac{3}{t+1}\right) dt$$

$$= \frac{1}{6}\ln \frac{|t-1|(t+2)^2}{(t+1)^3} + C$$

$$= \frac{1}{6}\ln \frac{(1-\cos x)(2+\cos x)}{(1+\cos x)^3} + C.$$

这里用解法 2 较简单.

4. 求下列无理函数的不定积分：

(1) $\int \frac{\sqrt{x}}{1+\sqrt[4]{x^3}} dx$; (2) $\int \frac{\sqrt{2x-1}}{1+\sqrt[3]{2x-1}} dx$;

(3) $\int \sqrt{\frac{1-x}{1+x}} \frac{dx}{x}$; (4) $\int \frac{2+x}{\sqrt{4x^2-4x+5}} dx$.

解 (1) 被积函数是 $x^{\frac{1}{4}}$ 的有理函数,故令 $t = x^{\frac{1}{4}}$,即 $x = t^4$,于是 $dx = 4t^3 dt$.

$$\int \frac{\sqrt{x}}{1+\sqrt[4]{x^3}} dx = \int \frac{t^2}{1+t^3} \cdot 4t^3 dt = \frac{4}{3}\int \frac{t^3+1-1}{1+t^3} dt^3$$

$$= \frac{4}{3}t^3 - \frac{4}{3}\ln(1+t^3) + C$$

$$= \frac{4}{3}x^{\frac{3}{4}} - \frac{4}{3}\ln\left(1+x^{\frac{3}{4}}\right) + C.$$

（2）被积函数不是 $\sqrt{2x-1}$，也不是 $\sqrt[3]{2x-1}$ 的有理函数，但它是 $\sqrt[6]{2x-1}$ 的有理函数. 令 $t=(2x-1)^{\frac{1}{6}}$，即 $x=\frac{1}{2}(t^6+1)$，于是

$$\int \frac{\sqrt{2x-1}}{1+\sqrt[3]{2x-1}}\mathrm{d}x = \int \frac{t^3}{1+t^2}\cdot 3t^5\mathrm{d}t$$

$$= 3\int\left(t^6-t^4+t^2-1+\frac{1}{1+t^2}\right)\mathrm{d}t$$

$$= \frac{3}{7}t^7-\frac{3}{5}t^5+t^3-3t+3\arctan t+C$$

$$= \frac{3}{7}(2x-1)^{\frac{7}{6}}-\frac{3}{5}(2x-1)^{\frac{5}{6}}+(2x-1)^{\frac{1}{2}}$$

$$\quad -3(2x-1)^{\frac{1}{6}}+3\arctan(2x-1)^{\frac{1}{6}}+C.$$

（3）被积函数是 $x,\sqrt{\dfrac{1-x}{1+x}}$ 的有理函数，故令 $t=\sqrt{\dfrac{1-x}{1+x}}$，即 $x=\dfrac{1-t^2}{1+t^2}$，于是

$$\mathrm{d}x = \frac{-4t}{(1+t^2)^2}\mathrm{d}t,$$

$$\int \sqrt{\frac{1-x}{1+x}}\frac{\mathrm{d}x}{x} = \int t\cdot\frac{1+t^2}{1-t^2}\cdot\frac{-4t}{(1+t^2)^2}\mathrm{d}t = -4\int\frac{t^2\mathrm{d}t}{(1-t^2)(1+t^2)}$$

$$= 2\int\frac{\mathrm{d}t}{1+t^2}-\int\frac{\mathrm{d}t}{1+t}-\int\frac{\mathrm{d}t}{1-t}$$

$$= 2\arctan t+\ln\left|\frac{1-t}{1+t}\right|+C$$

$$= 2\arctan\sqrt{\frac{1-x}{1+x}}+\ln\left|\frac{1-\sqrt{\dfrac{1-x}{1+x}}}{1+\sqrt{\dfrac{1-x}{1+x}}}\right|+C$$

$$= 2\arctan\sqrt{\frac{1-x}{1+x}}+\ln\left|\frac{1-\sqrt{1-x^2}}{x}\right|+C.$$

（4）因为分子上有 x 的一次项，所以先凑出微分式 $\mathrm{d}(4x^2-4x+5)$，再用配方法：

$$\int \frac{2+x}{\sqrt{4x^2-4x+5}}dx = \int \frac{\frac{1}{8}d(4x^2-4x+5)+\left(2+\frac{1}{2}\right)dx}{\sqrt{4x^2-4x+5}}$$

$$= \frac{1}{4}\sqrt{4x^2-4x+5}+\frac{5}{2}\int \frac{dx}{\sqrt{4x^2-4x+5}},$$

而 $\int \frac{dx}{\sqrt{4x^2-4x+5}} = \frac{1}{2}\int \frac{d(2x-1)}{\sqrt{(2x-1)^2+4}}$

$$\xrightarrow{t=2x-1} \frac{1}{2}\int \frac{dt}{\sqrt{t^2+4}} = \frac{1}{2}\ln|t+\sqrt{t^2+4}|$$

$$= \frac{1}{2}\ln|2x-1+\sqrt{4x^2-4x+5}|+C.$$

代入得

$$原式 = \frac{1}{4}\sqrt{4x^2-4x+5}+\frac{5}{4}\ln|2x-1+\sqrt{4x^2-4x+5}|+C.$$

5. 求不定积分

$$\int \frac{dx}{\sqrt[3]{(x+1)^2(x-1)^4}}.$$

解 设法将被积函数化成 x 与 $\sqrt[n]{\frac{ax+b}{cx+d}}$ 的有理函数. 因为

$$\int \frac{dx}{\sqrt[3]{(x+1)^2(x-1)^4}} = \int \frac{dx}{(x-1)^2\sqrt[3]{\left(\frac{x+1}{x-1}\right)^2}},$$

令 $t = \sqrt[3]{\frac{x+1}{x-1}}$, 可解出 $x = \frac{t^3+1}{t^3-1}$, 故

$$dx = \frac{-6t^2}{(t^3-1)^2}dt, \quad (x-1)^2 = \frac{4}{(t^3-1)^2}.$$

代入得

$$原式 = \int \frac{(t^3-1)^2}{4} \cdot \frac{1}{t^2} \cdot \frac{-6t^2}{(t^3-1)^2}dt = \int -\frac{3}{2}dt$$

$$= -\frac{3}{2}t+C = -\frac{3}{2}\sqrt[3]{\frac{x+1}{x-1}}+C.$$

*6. 求不定积分 $\int \frac{dx}{x+\sqrt{x^2-x+1}}.$

解 这里分母上是 x 加上一个二次根式(根式内是二次三项式),对这种题型,用下列变换较简便:

令 $\sqrt{x^2-x+1}=t-x$,可解出 $x=\dfrac{t^2-1}{2t-1}$,于是

$$dx = \dfrac{2(t^2-t+1)}{(2t-1)^2}dt,$$

代入得

$$\text{原式} = \int \dfrac{2(t^2-t+1)}{t(2t-1)^2}dt = \int\left\{\dfrac{2}{t} - \dfrac{3}{2t-1} + \dfrac{3}{(2t-1)^2}\right\}dt$$

$$= 2\ln|t| - \dfrac{3}{2}\ln|2t-1| - \dfrac{3}{2}\cdot\dfrac{1}{2t-1} + C$$

$$= 2\ln|x+\sqrt{x^2-x+1}|$$

$$\quad - \dfrac{3}{2}\ln|2x+2\sqrt{x^2-x+1}-1|$$

$$\quad - \dfrac{3}{2}\cdot\dfrac{1}{2x+2\sqrt{x^2-x+1}-1} + C.$$

*7. 求不定积分 $\int \dfrac{dx}{\sqrt{(x-a)(b-x)}}$, $a<x<b$.

解 令

$$\sqrt{(x-a)(b-x)} = t(x-a),$$

可解出

$$x = \dfrac{at^2+b}{1+t^2},$$

于是

$$dx = \dfrac{2t(a-b)}{(1+t^2)^2}dt, \quad x-a = \dfrac{b-a}{1+t^2},$$

代入得

$$\text{原式} = \int \dfrac{1+t^2}{t(b-a)}\cdot\dfrac{2t(a-b)}{(1+t^2)^2}dt$$

$$= \int \dfrac{-2}{1+t^2}dt = -2\arctan t + C$$

$$= -\arctan\sqrt{\dfrac{b-x}{x-a}} + C.$$

*8. 求 $\int \dfrac{dx}{\sin 2x + 2\sin x}$.

解法 1

$$原式 = \int \frac{\mathrm{d}x}{2\sin x(\cos x - 1)} = -\frac{1}{2}\int \frac{\mathrm{d}(\cos x)}{\sin^2 x(\cos x + 1)}$$

$$\xlongequal{t=\cos x} -\frac{1}{2}\int \frac{\mathrm{d}t}{(1-t^2)(1+t)}$$

$$= -\frac{1}{2}\int \left\{ \frac{1}{4}\cdot\frac{1}{1-t} + \frac{1}{4}\cdot\frac{1}{1+t} + \frac{1}{2}\cdot\frac{1}{(1+t)^2} \right\}\mathrm{d}t$$

$$= -\frac{1}{2}\left\{ -\frac{1}{4}\ln|1-t| + \frac{1}{4}\ln|1+t| - \frac{1}{2}\cdot\frac{1}{1+t} \right\} + C$$

$$= \frac{1}{8}\ln\left|\frac{1-\cos x}{1+\cos x}\right| + \frac{1}{4}\cdot\frac{1}{1+\cos x} + C.$$

解法 2

$$原式 = \int \frac{\mathrm{d}x}{2\sin x(\cos x + 1)} = \frac{1}{8}\int \frac{\mathrm{d}x}{\sin\frac{x}{2}\cos^3\frac{x}{2}}$$

$$= \frac{1}{8}\int \frac{\sec^2\frac{x}{2}}{\tan\frac{x}{2}\cdot\cos^2\frac{x}{2}}\mathrm{d}x \xlongequal{t=x/2} \frac{1}{4}\int \frac{\sec^2 t}{\tan t\cdot\cos^2 t}\mathrm{d}t$$

$$= \frac{1}{4}\int \frac{1+\tan^2 t}{\tan t}\mathrm{d}(\tan t)$$

$$= \frac{1}{4}\ln|\tan t| + \frac{1}{8}\tan^2 t + C$$

$$= \frac{1}{4}\ln\left|\tan\frac{x}{2}\right| + \frac{1}{8}\tan^2\frac{x}{2} + C.$$

(以上两解法的答案是一致的，因为 $\frac{1}{4}\cdot\frac{1}{1+\cos x}$ 与 $\frac{1}{8}\tan^2\frac{x}{2}$ 相差一个常数).

*9. 求不定积分 $\int e^{3x}(\cot^2 x - 3\cot x + 1)\mathrm{d}x$.

解 原式 $= \int e^{3x}(\csc^2 x - 3\cot x)\mathrm{d}x$，对被积函数中第一项用分部积分法：

$$\int e^{3x}\csc^2 x\,\mathrm{d}x = -\int e^{3x}\mathrm{d}(\cot x)$$

$$= -\left(e^{3x}\cot x - 3\int \cot x\cdot e^{3x}\mathrm{d}x \right)$$

$$= -e^{3x}\cot x + 3\int e^{3x}\cot x\, dx,$$

代入原式即得

$$\int e^{3x}(\cot^2 x - 3\cot x + 1)dx$$

$$= -e^{3x}\cot x + 3\int e^{3x}\cot x\, dx - 3\int e^{3x}\cot x\, dx$$

$$= -e^{3x}\cot x + C.$$

评注 上式中两项不定积分相抵消的结果应是一个任意常数，而不是零. 解本题的技巧是：将原式分成两项，对其中一项用分部积分公式后，所得不定积分正好与原式中的另一项不定积分相抵消.

*10. 求 $\int \dfrac{x\cos^4\dfrac{x}{2}}{\sin^3 x}dx.$

解 用分部积分法.

$$\text{原式} = \frac{1}{8}\int x\frac{\cos\dfrac{x}{2}}{\sin^3\dfrac{x}{2}}dx = \frac{1}{4}\int x\frac{1}{\sin^3\dfrac{x}{2}}d\left(\sin\frac{x}{2}\right)$$

$$= -\frac{1}{8}\int x\, d\left(\frac{1}{\sin^2\dfrac{x}{2}}\right)$$

$$= -\frac{1}{8}\left[x\cdot\frac{1}{\sin^2\dfrac{x}{2}} - \int\frac{1}{\sin^2\dfrac{x}{2}}dx\right]$$

$$= -\frac{1}{8}\left[x\cdot\frac{1}{\sin^2\dfrac{x}{2}} + 2\cot\frac{x}{2}\right] + C.$$

本 节 小 结

本节介绍了可求出其原函数的几种不定积分的类型. 对于有理函数的积分，读者首先应能准确地将其分解成部分分式的积分，然后求出这些积分. 对于三角函数有理式及几种简单无理式的积分，应掌握上面介绍的几种相应的积分法并算出结果.

练习题 4.3

求下列不定积分：

4.3.1 $\int \dfrac{7\mathrm{d}y}{(1+2y)^3}$;

4.3.2 $\int \dfrac{x\mathrm{d}x}{x^4+2x^2+2}$;

4.3.3 $\int \dfrac{\mathrm{d}x}{(x^2+a^2)^2}$;

4.3.4 $\int \sqrt{\dfrac{1-\sqrt{x}}{x}}\mathrm{d}x$;

4.3.5 $\int \dfrac{\sin x \cos x}{1+\sin^4 x}\mathrm{d}x$;

4.3.6 $\int \dfrac{x^{\frac{2}{3}}-x^{\frac{1}{4}}}{x^{\frac{1}{2}}}\mathrm{d}x$;

4.3.7 $\int \dfrac{x\mathrm{d}x}{\sqrt[3]{x+a}}$;

4.3.8 $\int \dfrac{x+1}{x\sqrt{x-2}}\mathrm{d}x$;

4.3.9 $\int \tan^4\theta \mathrm{d}\theta$;

4.3.10 $\int \sec^4\theta \mathrm{d}\theta$;

4.3.11 $\int \dfrac{3x+1}{x\sqrt{x^2+2x}}\mathrm{d}x$;

4.3.12 $\int \dfrac{a\mathrm{e}^\theta+b}{a\mathrm{e}^\theta-b}\mathrm{d}\theta$;

4.3.13 $\int \dfrac{\mathrm{e}^x+\sin x}{\mathrm{e}^x-\cos x}\mathrm{d}x$;

4.3.14 $\int \dfrac{4x}{\sqrt{1-x^2}}\mathrm{d}x$;

4.3.15 $\int \dfrac{2\mathrm{d}x}{\sqrt{5-4x-3x^2}}$;

4.3.16 $\int \sqrt{4x-1-x^2}\mathrm{d}x$;

4.3.17 $\int \dfrac{x\mathrm{e}^x}{(x+1)^2}\mathrm{d}x$;

4.3.18 $\int x\cos^2 x \mathrm{d}x$;

4.3.19 $\int \dfrac{\sin x \mathrm{e}^{\sec x}}{\cos^2 x}\mathrm{d}x$;

4.3.20 $\int \dfrac{x^2}{1+x^2}\arctan x \mathrm{d}x$;

4.3.21 $\int \dfrac{x+\ln(1-x)}{x^2}\mathrm{d}x$.

第五章 定 积 分

§1 定积分的概念与性质

内 容 提 要

1. 定积分的定义

设 $f(x)$ 在区间 $[a,b]$ 上有定义. 用分点
$$a = x_0 < x_1 < x_2 < \cdots < x_{n-1} < x_n = b,$$
将 $[a,b]$ 分成 n 个小区间. 令
$$\Delta x_i = x_i - x_{i-1} \quad (i=1,2,\cdots,n),$$
在每一个小区间 $[x_{i-1}, x_i]$ 上任取一点 ξ_i,作和数
$$\sigma = \sum_{i=1}^{n} f(\xi_i) \Delta x_i,$$
称它为 $f(x)$ 在 $[a,b]$ 上的一个**积分和**.

令 $\lambda = \max\limits_{1 \leqslant i \leqslant n} \Delta x_i$,如果当 $\lambda \to 0$ 时对于区间 $[a,b]$ 的任意分割,以及点 ξ_i 的任意取法,积分和 σ 总有共同的极限 I,即
$$\lim_{\lambda \to 0} \sigma = \lim_{\lambda \to 0} \sum_{i=1}^{n} f(\xi_i) \Delta x_i = I,$$
则称这个极限 I 为 $f(x)$ 从 a 到 b 的**定积分**,记作
$$I = \int_a^b f(x) \mathrm{d}x.$$
这时称 $f(x)$ 在 $[a,b]$ 上(黎曼)可积,其中 a 与 b 分别称为定积分的**下限与上限**,$f(x)$ 称为**被积函数**.

2. 定积分的几何意义与力学意义

(1) 设 $f(x)$ 在 $[a,b]$ 可积,在几何上,定积分 $\int_a^b f(x) \mathrm{d}x$ 表示曲边梯形 $aABb$ 的面积的代数和,其中位于 Ox 轴上方的面积取正号,位于 Ox 轴下方的面积取负号. 见图 5.1.

(2) 设 $f(x)$ 在 $[a,b]$ 可积,x 表示时间变量,$f(x)$ 表示质点作直线运动的速度,则 $\int_a^b f(x) \mathrm{d}x$ 表示质点从 a 时刻到 b 时刻之间所走过的路程.

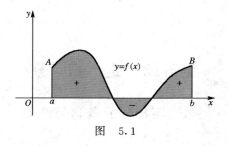

图 5.1

3. 函数的可积性

(1) 必要条件

设 $f(x)$ 在 $[a,b]$ 可积,则 $f(x)$ 在 $[a,b]$ 有界.

因此,若 $f(x)$ 在 $[a,b]$ 无界,则 $f(x)$ 在 $[a,b]$ 不可积.

(2) 充分条件

至少以下三类函数在区间 $[a,b]$ 上可积:

① 在 $[a,b]$ 上的连续函数;

② 在 $[a,b]$ 上只有有限个间断点的有界函数;

③ 在 $[a,b]$ 上的单调函数.

4. 微积分基本定理——牛顿-莱布尼兹公式

设 $f(x)$ 在 $[a,b]$ 上连续(或可积),而 $F(x)$ 在 $[a,b]$ 上连续,在 (a,b) 内可微且 $F'(x)=f(x)$,则

$$\int_a^b f(x)\mathrm{d}x = F(x)\Big|_a^b = F(b) - F(a).$$

此公式的作用在于:

① 建立了定积分与原函数的联系.

② 把求积分和的极限转化为求原函数的改变量.

5. 定积分的基本性质

(1) 用等式表示的性质

① $\int_a^a f(x)\mathrm{d}x = 0$,$\int_b^a f(x)\mathrm{d}x = -\int_a^b f(x)\mathrm{d}x$.

② 设 $f(x)$ 在 $[a,b]$ 可积,k 是常数,则 $kf(x)$ 在 $[a,b]$ 可积且

$$\int_a^b kf(x)\mathrm{d}x = k\int_a^b f(x)\mathrm{d}x.$$

③ 设 $f(x),g(x)$ 在 $[a,b]$ 可积,则 $f(x)\pm g(x)$ 在 $[a,b]$ 可积且

$$\int_a^b [f(x)\pm g(x)]\mathrm{d}x = \int_a^b f(x)\mathrm{d}x \pm \int_a^b g(x)\mathrm{d}x.$$

④ $f(x)$ 在 $[a,b]$ 可积的充要条件是：$f(x)$ 在 $[a,b]$ 的任意部分区间上可积. 设 a,b,c 为任意三个实数，以其中最小数为左端点，最大数为右端点的闭区间记为 X，$f(x)$ 在 X 可积，则

$$\int_a^b f(x)\mathrm{d}x = \int_a^c f(x)\mathrm{d}x + \int_c^b f(x)\mathrm{d}x.$$

此性质称为定积分对积分区间的可加性.

⑤ 设 $f(x)$ 在 $[a,b]$ 可积，除了有限个点外，$g(x)$ 与 $f(x)$ 在 $[a,b]$ 恒等，则 $g(x)$ 在 $[a,b]$ 可积且

$$\int_a^b g(x)\mathrm{d}x = \int_a^b f(x)\mathrm{d}x,$$

即改变有限个点处的函数值不改变函数的可积性与积分值.

⑥ $\int_a^b f(x)\mathrm{d}x = \int_a^b f(u)\mathrm{d}u = \int_a^b f(t)\mathrm{d}t$,

即定积分的值取决于被积函数与积分上、下限，而与积分变量的记号无关.

(2) 用不等式表示的性质

① 设 $f(x),g(x)$ 在 $[a,b]$ 可积，且

$$f(x) \leqslant g(x) \quad (x \in [a,b]), \quad a \leqslant b,$$

则

$$\int_a^b f(x)\mathrm{d}x \leqslant \int_a^b g(x)\mathrm{d}x.$$

若又有 $f(x),g(x)$ 在 $[a,b]$ 连续，且 $f(x) \not\equiv g(x)$，则

$$\int_a^b f(x)\mathrm{d}x < \int_a^b g(x)\mathrm{d}x.$$

注意 只有当积分下限小于积分上限时，取积分后才保持不等号的方向，否则不等号要反向. 如在上述条件下，有

$$\int_b^a f(x)\mathrm{d}x > \int_b^a g(x)\mathrm{d}x.$$

② 设 $f(x)$ 在 $[a,b]$ 可积，$a \leqslant b$，则 $|f(x)|$ 在 $[a,b]$ 可积且

$$\left|\int_a^b f(x)\mathrm{d}x\right| \leqslant \int_a^b |f(x)|\mathrm{d}x.$$

(3) 积分中值定理

设 $f(x)$ 在 $[a,b]$ 连续，则存在 $\xi \in [a,b]$ 使得

$$\int_a^b f(x)\mathrm{d}x = f(\xi)(b-a).$$

6. 利用定积分求某些和式的极限

设 $f(x)$ 在 $[a,b]$ 可积，则 $f(x)$ 在 $[a,b]$ 上的任意积分和均以 $\int_a^b f(x)\mathrm{d}x$ 为极限，我们可以利用这个结论求某些和式的极限.

典型例题分析

1. 根据定积分的几何意义求下列定积分：

(1) $\int_a^b x\mathrm{d}x\ (a<b)$；　　　　(2) $\int_{-3}^3 \sqrt{9-x^2}\mathrm{d}x$；

(3) $\int_{-4}^0 (\sqrt{16-x^2}+1)\mathrm{d}x$.

解　(1) 设 $0\leqslant a<b$，则 $I=\int_a^b x\mathrm{d}x$ 表示图 5.2 中梯形 $ABCD$（当 $a=0$ 时 A,D 重合为三角形）的面积，梯形的高为 $b-a$，两个底边长分别为 a 与 b，于是

$$I=\frac{1}{2}(b+a)(b-a)=\frac{1}{2}(b^2-a^2).$$

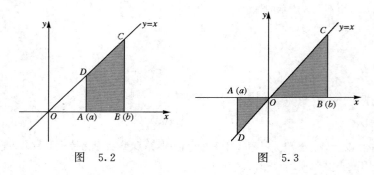

图 5.2　　　　　　　图 5.3

设 $a<0<b$，则 I 表示图 5.3 中三角形 OBC 面积减去三角形 OAD 面积，于是

$$I=\frac{1}{2}b\cdot b-\frac{1}{2}a\cdot a=\frac{1}{2}(b^2-a^2).$$

当 $a<b\leqslant 0$ 时类似.

(2) $y=\sqrt{9-x^2}$ 表示以原点为圆心，半径为 3 的上半圆周，所以 $\int_{-3}^3 \sqrt{9-x^2}\mathrm{d}x$ 是图 5.4 中所示上半圆的面积，故

$$\int_{-3}^3 \sqrt{9-x^2}\mathrm{d}x=\frac{1}{2}\cdot\pi\cdot 3^2=\frac{9}{2}\pi.$$

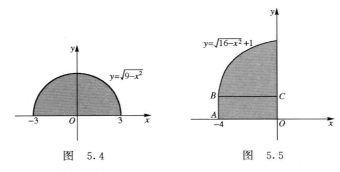

图 5.4　　　　　　　　　图 5.5

(3) $y=\sqrt{16-x^2}+1(-4\leqslant x\leqslant 0)$ 是以原点为圆心、以 4 为半径的上半圆周之左半部分向上平移一单位所得之曲线. 故所求定积分的值等于 $\frac{1}{4}\times$ 圆面积与矩形 $ABCO$ 的面积之和(见图 5.5). 故

$$\int_{-4}^{0}(\sqrt{16-x^2}+1)\mathrm{d}x=\frac{1}{4}\cdot\pi\cdot 4^2+4\times 1=4(\pi+1).$$

2. 判断下列函数是否可积？为什么？

(1) $f(x)=x^\alpha$, $x\in[0,1]$, $\alpha>0$;

(2) $f(x)=\begin{cases}\ln x, & x>0,\\ 0, & x=0,\end{cases}$ $x\in[0,2]$;

(3) $f(x)=\begin{cases}\sin\dfrac{1}{x}, & x\neq 0,\\ 1, & x=0,\end{cases}$ $x\in[-1,1]$;

(4) $f(x)=\begin{cases}\dfrac{1}{2^n}, & \dfrac{1}{2^n}<x\leqslant\dfrac{1}{2^{n-1}},\\ 0, & x=0,\end{cases}$ $(n=1,2,\cdots)$ $x\in[0,1]$.

解　(1) 可积. 因为 $x^\alpha(\alpha>0)$ 在 $[0,1]$ 连续, 所以可积.

(2) 不可积. 因为 $\ln x$ 在 $(0,2]$ 无界, 所以不可积.

(3) 可积. 因为 $|f(x)|\leqslant 1$, 在 $[-1,1]$ 有界, 除 $x=0$ 外连续, 所以可积.

(4) 可积. 因为 $f(x)$ 在 $[0,1]$ 单调上升, 所以可积.

3. 利用牛顿-莱布尼兹公式求下列定积分：

(1) $\displaystyle\int_a^b x\mathrm{d}x$;　　　　(2) $\displaystyle\int_4^9\sqrt{x}(1+\sqrt{x})\mathrm{d}x$;

(3) $\int_0^1 \dfrac{\mathrm{d}x}{x^2+4x+5}$;   (4) $\int_0^{\frac{\pi}{2}} \sin\varphi \cos^3\varphi \mathrm{d}\varphi$.

解 (1) 由 $\left(\dfrac{1}{2}x^2\right)' = x$ 知：
$$\int_a^b x \mathrm{d}x = \dfrac{1}{2}x^2 \Big|_a^b = \dfrac{1}{2}(b^2 - a^2).$$

(2) $\int_4^9 \sqrt{x}(1+\sqrt{x})\mathrm{d}x = \int_4^9 \sqrt{x}\,\mathrm{d}x + \int_4^9 x\,\mathrm{d}x$
$$= \dfrac{2}{3}x^{\frac{3}{2}}\Big|_4^9 + \dfrac{1}{2}x^2\Big|_4^9 = \dfrac{38}{3} + \dfrac{65}{2} = 45\dfrac{1}{6}.$$

(3) $\int_0^1 \dfrac{\mathrm{d}x}{x^2+4x+5} = \int_0^1 \dfrac{\mathrm{d}(x+2)}{(x+2)^2+1} = \arctan(x+2)\Big|_0^1$
$$= \arctan 3 - \arctan 2 = \arctan \dfrac{1}{7}.$$

(4) $\int_0^{\frac{\pi}{2}} \sin\varphi \cos^3\varphi \mathrm{d}x = -\int_0^{\frac{\pi}{2}} \cos^3\varphi \mathrm{d}\cos\varphi = -\dfrac{1}{4}\cos^4\varphi\Big|_0^{\frac{\pi}{2}} = \dfrac{1}{4}.$

4. 判断下列各题中定积分值的大小：

(1) $\int_0^1 \mathrm{e}^x \mathrm{d}x$ 与 $\int_0^1 \mathrm{e}^{x^2} \mathrm{d}x$；

(2) $\int_0^{\frac{\pi}{2}} \sin^3 x \mathrm{d}x$ 与 $\int_0^{\frac{\pi}{2}} \sin^6 x \mathrm{d}x$；

(3) $\int_0^{\frac{\pi}{2}} x^2 \mathrm{d}x$ 与 $\int_0^{\frac{\pi}{2}} (\sin x)^2 \mathrm{d}x$.

解 上述积分中被积函数均是连续函数. 再注意积分变量的变动区间是积分下限 a 与积分上限 b 所确定的区间 $[a,b]$.

(1) 当 $0 \leqslant x \leqslant 1$ 时，
$$x^2 \leqslant x, \quad \mathrm{e}^{x^2} \leqslant \mathrm{e}^x, \quad \mathrm{e}^{x^2} \not\equiv \mathrm{e}^x,$$
所以
$$\int_0^1 \mathrm{e}^{x^2} \mathrm{d}x < \int_0^1 \mathrm{e}^x \mathrm{d}x.$$

(2) 当 $0 \leqslant x \leqslant \pi/2$ 时，
$$0 \leqslant \sin x \leqslant 1, \quad \sin^6 x \leqslant \sin^3 x (\not\equiv),$$
所以
$$\int_0^{\frac{\pi}{2}} \sin^6 x \mathrm{d}x < \int_0^{\frac{\pi}{2}} \sin^3 x \mathrm{d}x.$$

(3) 当 $0 \leqslant x \leqslant \pi/2$ 时，

$$\sin x \leqslant x, \quad \sin^2 x \leqslant x^2 (\not\equiv),$$

所以 $$\int_0^{\frac{\pi}{2}} \sin^2 x \mathrm{d}x < \int_0^{\frac{\pi}{2}} x^2 \mathrm{d}x.$$

5. 证明下列不等式：

(1) $\dfrac{2}{3} < \displaystyle\int_0^1 \dfrac{\mathrm{d}x}{\sqrt{2+x-x^2}} < \dfrac{1}{\sqrt{2}}$;

(2) $\dfrac{1}{10\sqrt{2}} < \displaystyle\int_0^1 \dfrac{x^9}{\sqrt{1+x}} \mathrm{d}x < \dfrac{1}{10}$;

(3) $1 < \displaystyle\int_0^{\frac{\pi}{2}} \dfrac{\sin x}{x} \mathrm{d}x < \dfrac{\pi}{2}$.

证 (1) 估计连续函数的积分值 $\displaystyle\int_a^b f(x)\mathrm{d}x$ 的一般的方法是求 $f(x)$ 在 $[a,b]$ 的最大值 M 与最小值 m，则

$$m(b-a) < \int_a^b f(x)\mathrm{d}x < M(b-a).$$

因为

$$\sqrt{2} \leqslant \sqrt{2+x-x^2} = \sqrt{\dfrac{9}{4} - \left(x - \dfrac{1}{2}\right)^2} \leqslant \dfrac{3}{2} \quad (x \in [0,1]),$$

所以 $$\dfrac{2}{3} < \int_0^1 \dfrac{\mathrm{d}x}{\sqrt{2+x-x^2}} < \dfrac{1}{\sqrt{2}}.$$

(2) 估计积分 $\displaystyle\int_a^b f(x)g(x)\mathrm{d}x$ 的一个方法是：求 $f(x)$ 在 $[a,b]$ 的最大值 M，最小值 m，又若 $g(x) \geqslant 0$，则

$$m\int_a^b g(x)\mathrm{d}x \leqslant \int_a^b f(x)g(x)\mathrm{d}x \leqslant M\int_a^b g(x)\mathrm{d}x.$$

本题中令

$$f(x) = \dfrac{1}{\sqrt{1+x}}, \quad g(x) = x^9 \geqslant 0 \quad (0 \leqslant x \leqslant 1).$$

因为 $\dfrac{1}{\sqrt{2}} \leqslant \dfrac{1}{\sqrt{1+x}} \leqslant 1 \quad (x \in [0,1])$,

所以 $\dfrac{1}{10\sqrt{2}} = \dfrac{1}{\sqrt{2}} \displaystyle\int_0^1 x^9 \mathrm{d}x < \int_0^1 \dfrac{x^9}{\sqrt{1+x}} \mathrm{d}x < \int_0^1 x^9 \mathrm{d}x = \dfrac{1}{10}.$

(3) 因为

$$\left(\frac{\sin x}{x}\right)' = \frac{x\cos x - \sin x}{x^2},$$

$$(x\cos x - \sin x)' = -x\sin x < 0, \quad x \in (0, \pi/2),$$

即 $(x\cos x - \sin x)$ 单调递减. 又

$$(x\cos x - \sin x)\Big|_{x=0} = 0,$$

所以 $\qquad x\cos x - \sin x < 0, \quad x \in (0, \pi/2].$

由此推出 $\left(\frac{\sin x}{x}\right)' < 0$，即 $\frac{\sin x}{x}$ 在 $\left(0, \frac{\pi}{2}\right]$ 单调下降. 又

$$\lim_{x \to 0} \frac{\sin x}{x} = 1, \quad \frac{\sin x}{x}\Big|_{x=\frac{\pi}{2}} = \frac{2}{\pi},$$

因此 $\qquad \frac{2}{\pi} < \frac{\sin x}{x} < 1, \quad 1 < \int_0^{\frac{\pi}{2}} \frac{\sin x}{x} dx < \frac{\pi}{2}.$

6. 设 $f(x)$ 在 $[a,b]$ 上连续，$f(x) \geq 0 (a \leq x \leq b)$. 若

$$\int_a^b f(x) dx = 0.$$

证明：$f(x) \equiv 0, x \in [a,b]$.

证 反证法. 若存在 $x_0 \in (a,b)$，使 $f(x_0) > 0$，由连续函数的性质，存在一个包含 x_0 在内的闭区间 $[x_0-\delta, x_0+\delta] \subset [a,b]$，使当 $x \in [x_0-\delta, x_0+\delta]$ 时 $f(x) > 0$. 于是 $f(x)$ 在 $[x_0-\delta, x_0+\delta]$ 上的最小值 m 也大于 0. 由定积分的性质，有

$$\int_a^b f(x)dx = \int_a^{x_0-\delta} f(x)dx + \int_{x_0-\delta}^{x_0+\delta} f(x)dx + \int_{x_0+\delta}^b f(x)dx$$

$$\geq 0 + m \cdot 2\delta + 0 = 2m\delta > 0.$$

这与已知条件 $\int_a^b f(x)dx = 0$ 矛盾.

7. 下列结论是否正确？为什么？

(1) 设 $f(x)$ 在 $[a,b]$ 可积，$g(x)$ 在 $[a,b]$ 不可积，则 $f(x) + g(x)$ 在 $[a,b]$ 不可积.

(2) $\frac{\sin x}{x}$ 在 $x = 0$ 无定义，所以 $\int_0^1 \frac{\sin x}{x} dx$ 不存在.

解 (1) 正确. 我们可用反证法证明.

若 $f(x) + g(x)$ 在 $[a,b]$ 可积，则由定积分的性质知

$$g(x) = [f(x) + g(x)] - f(x)$$

在$[a,b]$可积,这与假设条件矛盾. 因此$f(x)+g(x)$在$[a,b]$不可积.

(2) 不正确. 考察

$$f(x) = \begin{cases} \dfrac{\sin x}{x}, & x \neq 0, \\ 0, & x = 0, \end{cases}$$

因为$\lim\limits_{x \to 0} \dfrac{\sin x}{x} = 1$,所以$f(x)$在$[0,1]$有界,除$x=0$外均连续,故$f(x)$在$[0,1]$可积. 由定积分的性质(1)之⑤知

$$\int_0^1 \frac{\sin x}{x} \mathrm{d}x = \int_0^1 f(x) \mathrm{d}x.$$

注意 虽然我们说明了$\int_0^1 \dfrac{\sin x}{x} \mathrm{d}x$存在,但$\dfrac{\sin x}{x}$的原函数不能用初等函数表示,所以不能用牛顿-莱布尼兹公式来求定积分$\int_0^1 \dfrac{\sin x}{x} \mathrm{d}x$.

8. 计算下列极限:

(1) $\lim\limits_{n \to +\infty} \left(\dfrac{n}{n^2+1^2} + \dfrac{n}{n^2+2^2} + \cdots + \dfrac{n}{n^2+n^2} \right)$;

(2) $\lim\limits_{n \to +\infty} \dfrac{1^2 + 3^2 + \cdots + (2n-1)^2}{n^3}$.

解 我们将把这些和数化为某个函数在某个区间上的积分和,从而利用定积分求出这些极限.

(1) 将和数改写为

$$\sigma_n = \frac{n}{n^2+1^2} + \frac{n}{n^2+2^2} + \cdots + \frac{n}{n^2+n^2}$$

$$= \frac{1}{n} \left[\frac{1}{1+\left(\dfrac{1}{n}\right)^2} + \frac{1}{1+\left(\dfrac{2}{n}\right)^2} + \cdots + \frac{1}{1+\left(\dfrac{n}{n}\right)^2} \right],$$

考虑$[0,1]$上的一个函数$\dfrac{1}{1+x^2}$. 用分点

$$0 = \frac{0}{n} < \frac{1}{n} < \frac{2}{n} < \cdots < \frac{n-1}{n} < \frac{n}{n} = 1$$

将$[0,1]$等分成n个小区间,取每个小区间$\left[\dfrac{i-1}{n}, \dfrac{i}{n}\right]$的右端点$\dfrac{i}{n}$为$\xi_i$,则上述$\sigma_n$正好是函数$\dfrac{1}{1+x^2}$在$[0,1]$上的一个积分和:

$$\sigma_n = \sum_{i=1}^{n} \frac{1}{1+\xi_i^2} \Delta x_i,$$

因为 $\frac{1}{1+x^2}$ 在 $[0,1]$ 可积,所以 $\lim_{n\to\infty} \sigma_n$ 存在且

$$\lim_{n\to+\infty} \sigma_n = \lim_{n\to+\infty} \left(\frac{n}{n^2+1^2} + \frac{n}{n^2+2^2} + \cdots + \frac{n}{n^2+n^2} \right)$$
$$= \int_0^1 \frac{1}{1+x^2} dx = \arctan x \Big|_0^1 = \frac{\pi}{4}.$$

(2) 将和数改写为

$$\sigma_n = \frac{1^2 + 3^2 + \cdots + (2n-1)^2}{n^3}$$
$$= \frac{1}{2}\left[\left(\frac{1}{n}\right)^2 + \left(\frac{3}{n}\right)^2 + \cdots + \left(\frac{2n-1}{n}\right)^2\right]\frac{2}{n},$$

考虑 $[0,2]$ 上的函数 $\frac{1}{2}x^2$. 用分点

$$0 = \frac{0}{n} < \frac{2}{n} < \frac{4}{n} < \cdots < \frac{2n-2}{n} < \frac{2n}{n} = 2$$

将 $[0,2]$ 分成 n 个小区间,每个小区间长 $\frac{2}{n}$,取每个小区间 $\left[\frac{2i-2}{n}, \frac{2i}{n}\right]$ 的中点 $\frac{2i-1}{n}$ 为 ξ_i,则

$$\sigma_n = \sum_{i=1}^{n} \frac{1}{2}\xi_i^2 \Delta x_i,$$

其中

$$\Delta x_i = x_i - x_{i-1}, \quad x_i = \frac{2i}{n}.$$

σ_n 是 $\frac{1}{2}x^2$ 在 $[0,2]$ 上的一个积分和,因为 $\frac{1}{2}x^2$ 在 $[0,2]$ 可积,所以

$$\lim_{n\to+\infty} \sigma_n = \lim_{n\to+\infty} \frac{1^2 + 3^2 + \cdots + (2n-1)^2}{n^3}$$
$$= \int_0^2 \frac{1}{2}x^2 dx = \frac{4}{3}.$$

*9. 求 $\int_0^\pi \sqrt{1-\sin x}\, dx$.

解 由于 $1 - \sin x = \left(\cos\frac{x}{2} - \sin\frac{x}{2}\right)^2$,所以

原式 $= \int_0^\pi \left|\cos\dfrac{x}{2} - \sin\dfrac{x}{2}\right| \mathrm{d}x$

$= \int_0^{\frac{\pi}{2}} \left(\cos\dfrac{x}{2} - \sin\dfrac{x}{2}\right) \mathrm{d}x + \int_{\frac{\pi}{2}}^{\pi} \left(\sin\dfrac{x}{2} - \cos\dfrac{x}{2}\right) \mathrm{d}x$

$= \left(2\sin\dfrac{x}{2} + 2\cos\dfrac{x}{2}\right)\Big|_0^{\frac{\pi}{2}}$

$- 2\left(\cos\dfrac{x}{2} + \sin\dfrac{x}{2}\right)\Big|_{\frac{\pi}{2}}^{\pi} = 4(\sqrt{2} - 1).$

评注 因为

$$\left|\cos\dfrac{x}{2} - \sin\dfrac{x}{2}\right| = \begin{cases} \cos\dfrac{x}{2} - \sin\dfrac{x}{2}, & 0 \leqslant x \leqslant \dfrac{\pi}{2}, \\ \sin\dfrac{x}{2} - \cos\dfrac{x}{2}, & \dfrac{\pi}{2} \leqslant x \leqslant \pi, \end{cases}$$

所以把整个积分区间 $[0,\pi]$ 分成 $\left[0,\dfrac{\pi}{2}\right]$ 与 $\left[\dfrac{\pi}{2},\pi\right]$ 这两段,使在每一段上,被积函数有统一的表达式.

10. 设函数 $f(x)$ 在区间 $[1,7]$ 上可积,且已知

$$\int_1^3 f(x)\mathrm{d}x = 8, \quad \int_1^7 f(u)\mathrm{d}u = 4,$$

求 $\int_3^7 [2 - f(t)]\mathrm{d}t$.

解 由定积分的性质:

$\int_3^7 [2 - f(t)]\mathrm{d}t = \int_3^7 2\mathrm{d}t - \int_3^7 f(t)\mathrm{d}t$

$= 2 \cdot (7 - 3) - \left[\int_1^7 f(t)\mathrm{d}t - \int_1^3 f(t)\mathrm{d}t\right]$

$= 8 - [4 - 8] = 12.$

本 节 小 结

1. 定积分概念是在研究一类和式的极限时引进的,有着广泛的应用.读者应理解定积分的定义及性质.

2. 熟记牛顿-莱布尼兹公式.

3. 注意在定积分 $\int_a^b f(x)\mathrm{d}x$ 中 $(a<b)$，积分变量 x 的变动范围是 $[a,b]$. 所以当被积函数是分段函数时，应把整个积分区间分成相应的几个子区间，再在每个子区间上分别求定积分.

练 习 题 5.1

5.1.1 根据定积分的几何意义求下列定积分：

(1) $\int_1^3 (2x+1)\mathrm{d}x$； (2) $\int_0^1 \sqrt{1-x^2}\mathrm{d}x$；

(3) $\int_0^2 (1+\sqrt{2x-x^2})\mathrm{d}x$.

5.1.2 判断下列函数是否可积？为什么？

(1) $y=\sin x$，$x\in[a,b]$；

(2) $y=\tan x$，$x\in[-\pi/4,\pi/4]$；

(3) $y=\mathrm{sgn}\,x=\begin{cases} 1, & x>0, \\ 0, & x=0, \\ -1, & x<0, \end{cases} x\in[a,b]$；

(4) $y=\begin{cases} \dfrac{\sin x}{x}, & x\neq 0, \\ 2, & x=0, \end{cases} x\in[-1,1]$；

(5) $y=\begin{cases} \tan x, & x\in(-\pi/2,\pi/2), \\ 100, & x=\pm\pi/2; \end{cases}$

(6) $y=\begin{cases} 1/x, & x\neq 0, \\ 0, & x=0, \end{cases} x\in[0,1]$.

5.1.3 用牛顿-莱布尼兹公式求下列定积分：

(1) $\int_{-1}^1 (3x^2-6x+7)\mathrm{d}x$； (2) $\int_1^2 \dfrac{4}{u^2}\mathrm{d}u$；

(3) $\int_1^4 \dfrac{\mathrm{d}x}{x\sqrt{x}}$； (4) $\int_0^\pi \sin 5t\,\mathrm{d}t$；

(5) $\int_{-\pi/3}^0 \sec t\cdot \tan t\,\mathrm{d}t$； (6) $\int_0^{\frac{\pi}{2}} 5(\sin u)^{\frac{3}{2}}\cos u\,\mathrm{d}u$；

(7) $\int_0^{\frac{\pi}{2}} \dfrac{3\sin t\cdot \cos t}{\sqrt{1+3\sin^2 t}}\mathrm{d}t$； (8) $\int_{-4}^4 \dfrac{\mathrm{d}u}{\sqrt{9+u^2}}$.

5.1.4 判断下列各题中定积分值的大小：

(1) $\int_0^1 \mathrm{e}^{-x}\mathrm{d}x$，$\int_0^1 \mathrm{e}^{-x^2}\mathrm{d}x$； (2) $\int_0^1 \sin x\,\mathrm{d}x$，$\int_0^1 \sin\sqrt{x}\,\mathrm{d}x$；

(3) $\int_0^1 \sqrt{1+x^2}\,\mathrm{d}x$，$\int_0^1 x\,\mathrm{d}x$； (4) $\int_0^{\frac{\pi}{4}} \sin(x^2)\mathrm{d}x$，$\int_0^{\frac{\pi}{4}} x^2\mathrm{d}x$；

(5) $\int_0^{\frac{\pi}{4}} x \mathrm{d}x$, $\int_0^{\frac{\pi}{4}} \tan x \mathrm{d}x$.

5.1.5 证明下列不等式:

(1) $1 < \int_1^2 \mathrm{e}^{x^2-x} \mathrm{d}x < \mathrm{e}^2$; (2) $0 < \int_0^{\frac{\pi}{4}} x\sqrt{\tan x} \mathrm{d}x < \frac{\pi^2}{32}$;

(3) $\frac{2}{5} < \int_1^2 \frac{x \mathrm{d}x}{1+x^2} < \frac{1}{2}$; (4) $0 < \int_0^1 \frac{x^5 \mathrm{d}x}{1+x^2} < \frac{1}{6}$.

5.1.6 证明下列极限等式:

(1) 对任给 α, $0 < \alpha \leqslant 1$, $\lim_{n \to +\infty} \int_0^\alpha \frac{x^n}{1+x^4} \mathrm{d}x = 0$;

(2) $\lim_{n \to +\infty} \int_0^{\frac{\pi}{4}} \sin^n x \mathrm{d}x = 0$.

5.1.7 利用定积分求下列和的极限:

$$\lim_{n \to +\infty} \frac{1^p + 2^p + \cdots + n^p}{n^{p+1}} \quad (p > 0).$$

§2 定积分的换元积分法与分部积分法,变上限的定积分

内 容 提 要

1. 定积分的换元积分法

设 1° $f(x)$ 在 $[a,b]$ 连续; 2° $\varphi(t)$ 在 $[\alpha, \beta]$ 有连续的导数 $\varphi'(t)$; 当 $t \in [\alpha, \beta]$ 时 $a \leqslant \varphi(t) \leqslant b$; 3° $\varphi(\alpha) = a, \varphi(\beta) = b$, 则

$$\int_a^b f(x) \mathrm{d}x \xrightarrow{x = \varphi(t)} \int_\alpha^\beta f(\varphi(t)) \varphi'(t) \mathrm{d}t.$$

注意 积分变量由 x 变换成 t 后,积分限也要随着改变: 将 x 的下限 a 对应的 α 作为 t 的下限, 将 x 的上限 b 对应的 β 作为 t 的上限 (有时 α 可能大于 β).

2. 定积分的分部积分法

设 $u(x), v(x)$ 在 $[a,b]$ 有连续的导数 $u'(x), v'(x)$, 则

$$\int_a^b u(x) v'(x) \mathrm{d}x = u(x) v(x) \Big|_a^b - \int_a^b u'(x) v(x) \mathrm{d}x,$$

或

$$\int_a^b u \mathrm{d}v = uv \Big|_a^b - \int_a^b v \mathrm{d}u.$$

3. 定积分计算中的技巧

不定积分计算中的技巧对于定积分仍然适用, 除此而外再注意以下几点:
(1) 利用奇偶函数的积分性质

若 $f(x)$ 在 $[-a,a]$ 连续，则

$$\int_{-a}^{a} f(x)\mathrm{d}x = \begin{cases} 0, & f(x) \text{ 为奇函数}, \\ 2\int_{0}^{a} f(x)\mathrm{d}x, & f(x) \text{ 为偶函数}. \end{cases}$$

(2) 利用周期函数的积分性质

设 $f(x)$ 在 $(-\infty,+\infty)$ 连续，且以 T 为周期，则对任意实数 a 有

$$\int_{a}^{a+T} f(x)\mathrm{d}x = \int_{0}^{T} f(x)\mathrm{d}x.$$

(3) 利用定积分的几何意义.

(4) 记住公式

$$I_n = \int_{0}^{\frac{\pi}{2}} \sin^n x \mathrm{d}x = \int_{0}^{\frac{\pi}{2}} \cos^n x \mathrm{d}x$$

$$= \begin{cases} \dfrac{(2k)!!}{(2k+1)!!}, & n = 2k+1 \ (k=0,1,2,\cdots), \\ \dfrac{(2k-1)!!}{(2k)!!} \cdot \dfrac{\pi}{2}, & n = 2k \ (k=1,2,\cdots). \end{cases}$$

(5) 对形如 $\int_{0}^{1} x^n \sqrt{1-x^2}\mathrm{d}x$ (n 为正整数) 的定积分，作变换 $x=\sin t$ 或 $x=\cos t$ ($0 \leqslant t \leqslant \pi/2$)，即可化为 $I_n - I_{n+2}$，其中

$$I_n = \int_{0}^{\frac{\pi}{2}} \sin^n x \mathrm{d}x.$$

4. 变限定积分的求导法

设 $f(x)$ 在 $[a,b]$ 连续，则变限积分

$$\int_{a}^{x} f(t)\mathrm{d}t, \quad \int_{x}^{b} f(t)\mathrm{d}t$$

在 $[a,b]$ 可微，且

$$\left(\int_{a}^{x} f(t)\mathrm{d}t\right)' = f(x) \quad (x \in [a,b]),$$

$$\left(\int_{x}^{b} f(t)\mathrm{d}t\right)' = \left(-\int_{b}^{x} f(t)\mathrm{d}t\right)' = -f(x) \quad (x \in [a,b]).$$

又设 $\varphi(x)$ 在 $[\alpha,\beta]$ 可微，$a \leqslant \varphi(x) \leqslant b$ ($x \in [\alpha,\beta]$)，则

$$G(x) = \int_{a}^{\varphi(x)} f(t)\mathrm{d}t$$

定义在 $[\alpha,\beta]$ 上，它是

$$F(u) = \int_{a}^{u} f(t)\mathrm{d}t \quad \text{与} \quad u = \varphi(x)$$

的复合函数：$G(x) = F(\varphi(x))$. 由复合函数微分法，可得 $G(x)$ 在 $[\alpha,\beta]$ 可微且

$$G'(x) = \frac{\mathrm{d}}{\mathrm{d}x}F(\varphi(x)) = F'(u)\Big|_{u=\varphi(x)}\varphi'(x)$$
$$= f(\varphi(x))\varphi'(x). \tag{2.1}$$

典型例题分析

1. 计算下列积分：

(1) $\int_{-\frac{\pi}{2}}^{\frac{\pi}{2}} \sqrt{1-\cos x}\,\mathrm{d}x$； (2) $\int_0^1 x^5 \ln^3 x\,\mathrm{d}x$；

(3) $\int_0^{\frac{1}{2}} \frac{x^2}{\sqrt{1-x^2}}\,\mathrm{d}x$； (4) $\int_a^{2a} \frac{\sqrt{x^2-a^2}}{x^4}\,\mathrm{d}x\ (a>0)$；

(5) $\int_0^1 x^5 \sqrt{1-x^2}\,\mathrm{d}x$；

(6) $\int_0^{\pi} \frac{\sin\theta\,\mathrm{d}\theta}{\sqrt{1-2a\cos\theta+a^2}}$（其中常数 $a>1$）．

解 (1) 注意被积函数是偶函数，故

$$\text{原式} = 2\int_0^{\frac{\pi}{2}} \sqrt{2\sin^2\frac{x}{2}}\,\mathrm{d}x = 2\sqrt{2}\int_0^{\frac{\pi}{2}} \sin\frac{x}{2}\,\mathrm{d}x$$
$$= 4\sqrt{2}\left(-\cos\frac{x}{2}\Big|_0^{\pi/2}\right) = 4(\sqrt{2}-1).$$

(2) 注意 $x^5 \ln^3 x$ 在 $x=0$ 无定义，但因对任意 $\alpha>0, \beta>0$，
$$\lim_{x\to 0^+} x^\alpha \ln^\beta x = 0,$$
故若补充定义函数在 $x=0$ 的值为 0，则它在 $[0,1]$ 连续，故可积．
累次利用分部积分得

$$\int_0^1 x^5 \ln^3 x\,\mathrm{d}x = \frac{1}{6}\int_0^1 \ln^3 x\,\mathrm{d}x^6 = \frac{1}{6}x^6\ln^3 x\Big|_0^1 - \frac{1}{6}\int_0^1 x^6\,\mathrm{d}\ln^3 x$$
$$= -\frac{1}{2}\int_0^1 x^5 \ln^2 x\,\mathrm{d}x = -\frac{1}{12}\int_0^1 \ln^2 x\,\mathrm{d}x^6$$
$$= \frac{1}{6}\int_0^1 x^5 \ln x\,\mathrm{d}x = \frac{1}{36}\int_0^1 \ln x\,\mathrm{d}x^6$$
$$= -\frac{1}{36}\int_0^1 x^5\,\mathrm{d}x = -\frac{1}{210}.$$

评注 从本例看出，若函数 $f(x)$ 在 $(a,b]$ 上连续，在 a 处无定

义,但只要 $\lim\limits_{x\to a+0} f(x)$ 存在,$f(x)$ 在 $[a,b]$ 上就可积.且只要 $f(x)$ 的原函数 $F(x)$ 在 $[a,b]$ 上连续,就可用牛顿-莱布尼兹公式.

(3) 为去根号,由被积函数的特点,做三角函数替换,令 $x=\sin t$ 得

$$\int_0^{\frac{1}{2}} \frac{x^2}{\sqrt{1-x^2}} dx = \int_0^{\frac{\pi}{6}} \frac{\sin^2 t}{\sqrt{1-\sin^2 t}} \cos t dt = \frac{1}{2}\int_0^{\frac{\pi}{6}} (1-\cos 2t) dt$$

$$= \frac{\pi}{12} - \frac{1}{4}\sin 2t \Big|_0^{\frac{\pi}{6}} = \frac{\pi}{12} - \frac{\sqrt{3}}{8}.$$

(4) 为去根号做三角函数替换,由于被积函数的特点不同于题(3),令 $x=\dfrac{a}{\sin t}$,即 $\sin t=\dfrac{a}{x}$,$x=2a$ 时 $t=\dfrac{\pi}{6}$;$x=a$ 时 $t=\dfrac{\pi}{2}$;$x\in[a,2a]$ 时 $t\in\left[\dfrac{\pi}{6},\dfrac{\pi}{2}\right]$,$dx=-\dfrac{a}{\sin^2 t}\cos t dt$. 因此

$$\int_a^{2a} \frac{\sqrt{x^2-a^2}}{x^4} dx = \int_{\frac{\pi}{2}}^{\frac{\pi}{6}} a\sqrt{\frac{1}{\sin^2 t}-1} \frac{\sin^4 t}{a^4}\left(-\frac{a}{\sin^2 t}\cos t\right) dt$$

$$= \frac{1}{a^2}\int_{\frac{\pi}{6}}^{\frac{\pi}{2}} \cos^2 t \sin t dt = -\frac{1}{3a^2}\cos^3 t \Big|_{\frac{\pi}{6}}^{\frac{\pi}{2}} = \frac{\sqrt{3}}{8a^2}.$$

(5) 令 $x=\sin t$ ($0\leqslant t\leqslant \pi/2$),则有

$$\int_0^1 x^5\sqrt{1-x^2} dx = \int_0^{\frac{\pi}{2}} \sin^5 t(1-\sin^2 t) dt$$

$$= I_5 - I_7 = \left(1-\frac{6}{7}\right)\cdot\frac{4}{5}\cdot\frac{2}{3} = \frac{8}{105}.$$

(6) 原式 $= \dfrac{1}{a}\sqrt{1-2a\cos\theta+a^2}\Big|_0^{\pi}$

$$= \frac{1}{a}[(1+a)-(a-1)] = \frac{2}{a}.$$

2. 设 $f(x)$ 在 $[-\pi,\pi]$ 连续且 $f(x+\pi)=-f(x)$ ($x\in[-\pi,0]$),证明

$$\int_{-\pi}^{\pi} f(x) dx = 0.$$

证 令 $x=0$ 得 $f(\pi)=-f(0)$;令 $x=-\pi$ 得 $f(0)=-f(-\pi)$,

故
$$f(\pi) = f(-\pi) = -f(0).$$

从直观上看,将 $y=f(x)(-\pi\leqslant x\leqslant 0)$ 的图形沿 x 轴向右平移 π,然后再以 x 轴为对称轴翻转就得到 $y=f(x)(0\leqslant x\leqslant\pi)$ 的图形. 见图 5.6.

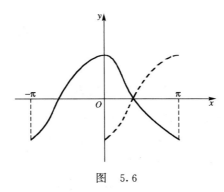

图 5.6

从上述对图形的分析以及根据定积分的几何意义,显然有
$$\int_{-\pi}^{\pi} f(x)\mathrm{d}x = 0.$$

现在我们作严格的证明. 将 $[-\pi,\pi]$ 上的积分分成两段并利用变量替换法得

$$\begin{aligned}
\int_{-\pi}^{\pi} f(x)\mathrm{d}x &= \int_{-\pi}^{0} f(x)\mathrm{d}x + \int_{0}^{\pi} f(x)\mathrm{d}x \\
&= -\int_{-\pi}^{0} f(x+\pi)\mathrm{d}x + \int_{0}^{\pi} f(x)\mathrm{d}x \quad \text{(由已知条件)} \\
&= -\int_{0}^{\pi} f(t)\mathrm{d}t + \int_{0}^{\pi} f(t)\mathrm{d}t = 0
\end{aligned}$$

(上行中第一项作变量替换 $t=x+\pi$).

3. 计算下列积分:

(1) $\int_{0}^{1} x^m (1-x)^n \mathrm{d}x$ (m,n 为任意自然数);

(2) $\int_{0}^{\pi} \frac{\sin mx}{\sin x} \mathrm{d}x$ (m 为任意非负整数).

解 (1) 使用分部积分公式,逐次降低 $(1-x)^n$ (或 x^m)的方次.

令
$$I_{m,n} = \int_0^1 x^m(1-x)^n \mathrm{d}x,$$
则
$$\begin{aligned}
I_{m,n} &= \frac{1}{m+1}\int_0^1 (1-x)^n \mathrm{d}x^{m+1} \\
&= \frac{1}{m+1}(1-x)^n x^{m+1}\Big|_0^1 + \frac{n}{m+1}\int_0^1 x^{m+1}(1-x)^{n-1}\mathrm{d}x \\
&= \frac{n}{m+1}I_{m+1,n-1}.
\end{aligned}$$

这是一个递推公式,逐次降低$(1-x)$的方次得
$$\begin{aligned}
I_{m,n} &= \frac{n}{m+1} \cdot \frac{n-1}{m+2}I_{m+2,n-2} \\
&= \frac{n}{m+1} \cdot \frac{n-1}{m+2} \cdot \frac{n-2}{m+3} \cdot \cdots \cdot \frac{n-(n-1)}{m+n}I_{m+n,0} \\
&= \frac{n!}{(m+1)(m+2)\cdots(m+n)}\int_0^1 x^{m+n}\mathrm{d}x \\
&= \frac{n!m!}{(n+m+1)!}.
\end{aligned}$$

(2) 令 $I_m = \int_0^\pi \frac{\sin mx}{\sin x}\mathrm{d}x$.

解法 1 先试算几个值:
$$I_0 = 0, \quad I_1 = \pi, \quad I_2 = \int_0^\pi 2\cos x \mathrm{d}x = 0,$$
$$\begin{aligned}
I_3 &= \int_0^\pi \frac{\sin 3x}{\sin x}\mathrm{d}x = \int_0^\pi \frac{\sin(2x+x)}{\sin x}\mathrm{d}x \\
&= \int_0^\pi \frac{\sin 2x\cos x + \cos 2x\sin x}{\sin x}\mathrm{d}x \\
&= 2\int_0^\pi \cos^2 x \mathrm{d}x + \int_0^\pi \cos 2x \mathrm{d}x = \pi.
\end{aligned}$$

由此特点,我们可导出 I_m 与 I_{m-2} 的递推关系:
$$\begin{aligned}
I_m &= \int_0^\pi \frac{\sin[(m-2)x+2x]}{\sin x}\mathrm{d}x \\
&= \int_0^\pi \frac{\sin(m-2)x(1-2\sin^2 x)}{\sin x}\mathrm{d}x + \int_0^\pi 2\cos(m-2)x\cos x \mathrm{d}x
\end{aligned}$$

$$= I_{m-2} + 2\int_0^\pi [\cos(m-2)x\cos x - \sin(m-2)x\sin x]dx$$

$$= I_{m-2} + 2\int_0^\pi \cos(m-1)x dx = I_{m-2}.$$

因此
$$I_{2n} = I_{2n-2} = \cdots = I_0 = 0,$$
$$I_{2n+1} = I_{2n-1} = \cdots = I_1 = \pi.$$

解法 2 利用三角函数的运算公式得

$$\sin 2nx = \sum_{k=1}^n [\sin 2kx - \sin(2k-2)x]$$

$$= 2\sum_{k=1}^n \cos(2k-1)x\sin x,$$

$$\sin(2n+1)x = \sum_{k=1}^n [\sin(2k+1)x - \sin(2k-1)x] + \sin x$$

$$= 2\sum_{k=1}^n \cos 2kx\sin x + \sin x.$$

因此
$$I_{2n} = 2\sum_{k=1}^n \int_0^\pi \cos(2k-1)x dx = 0,$$

$$I_{2n+1} = 2\sum_{k=1}^n \int_0^\pi \cos 2kx dx + \int_0^\pi 1 \cdot dx = \pi.$$

解法 3 当 $m=2n$ 时,令

$$f(x) = \begin{cases} \dfrac{\sin 2nx}{\sin x} & (x \neq 0), \\ 2n & (x = 0). \end{cases}$$

则 $f(x)$ 在 $[-\pi,\pi]$ 连续,是偶函数且

$$f(x+\pi) = \frac{\sin(2nx+2n\pi)}{\sin(x+\pi)} = -f(x),$$

由题 2 知

$$\int_0^\pi f(x)dx = 0,$$

即 $I_{2n}=0$.

当 $m=2n+1$ 时,

$$I_{2n+1} = \int_0^\pi \frac{\sin(2n+1)x}{\sin x}dx$$

$$= \int_0^\pi \frac{\sin 2nx \cos x}{\sin x}dx + \int_0^\pi \cos 2nx\, dx \quad (\text{注意这里第二项等于 0})$$

$$= \int_0^\pi \frac{\sin 2nx \cos x - \cos 2nx \sin x}{\sin x}dx$$

$$= \int_0^\pi \frac{\sin(2n-1)x}{\sin x}dx = I_{2n-1},$$

因此 $\qquad I_{2n+1} = I_{2n-1} = \cdots = I_1 = \pi.$

4. 在下列两个积分

$$\int_0^\pi e^{-x^2}\cos^2 x\, dx, \quad \int_\pi^{2\pi} e^{-x^2}\cos^2 x\, dx$$

中确定那个积分值较大,并说明理由.

解 通过变量替换将积分区间变换成一样的,然后就可比较被积函数的大小.

$$\int_\pi^{2\pi} e^{-x^2}\cos^2 x\, dx \xrightarrow{x=t+\pi} \int_0^\pi e^{-(t+\pi)^2}\cos^2(t+\pi)dt$$

$$= \int_0^\pi e^{-(t+\pi)^2}\cos^2 t\, dt = \int_0^\pi e^{-(x+\pi)^2}\cos^2 x\, dx,$$

因为 $\qquad e^{-(x+\pi)^2}\cos^2 x \leqslant e^{-x^2}\cos^2 x \quad (x\in[0,\pi]),$

所以 $\quad \int_0^\pi e^{-x^2}\cos^2 x\, dx > \int_0^\pi e^{-(x+\pi)^2}\cos^2 x\, dx = \int_\pi^{2\pi} e^{-x^2}\cos^2 x\, dx.$

5. 求下列导数:

(1) $\dfrac{d}{dx}\displaystyle\int_{\cos^2 x}^{2x^3}\dfrac{1}{\sqrt{1+t^2}}dt$;

(2) 已知 $\displaystyle\int_0^y e^{t^2}dt + \int_0^{\sin x}\cos^2 t\, dt = 0$,求 $\dfrac{dy}{dx}$;

(3) 设 $f(x)$ 为连续函数,$F(t) = \displaystyle\int_1^t \left(\int_y^t f(x)dx\right)dy$,求 $F'(2)$.

解 利用变限积分的求导公式(2.1)来解这些问题.

(1) $\qquad \dfrac{d}{dx}\displaystyle\int_{\cos^2 x}^{2x^3}\dfrac{1}{\sqrt{1+t^2}}dt = \dfrac{d}{dx}\left(\int_0^{2x^3}\dfrac{dt}{\sqrt{1+t^2}}\right)$

$$+ \dfrac{d}{dx}\left(-\int_0^{\cos^2 x}\dfrac{1}{\sqrt{1+t^2}}dt\right)$$

$$= \frac{1}{\sqrt{1+4x^6}}(2x^3)' - \frac{1}{\sqrt{1+\cos^4 x}}(\cos^2 x)'$$

$$= \frac{6x^2}{\sqrt{1+4x^6}} + \frac{\sin 2x}{\sqrt{1+\cos^4 x}}.$$

（2）由方程式

$$\int_0^y e^{t^2} dt + \int_0^{\sin x} \cos^2 t\, dt = 0$$

确定 y 是 x 的隐函数，由隐函数求导法及变限积分求导法，对方程求导得

$$e^{y^2}\frac{dy}{dx} + (\cos^2 \sin x)\cos x = 0,$$

解出

$$\frac{dy}{dx} = -e^{-y^2}\cos x \cdot \cos^2 \sin x.$$

（3）用分部积分法将 $F(t)$ 化成变限定积分，然后对变限积分求导．

$$F(t) = \int_1^t \left(\int_y^t f(x)dx \right) d(y-1)$$

$$= \left[(y-1)\int_y^t f(x)dx \right] \Big|_{y=1}^{y=t} - \int_1^t (y-1)d\left(\int_y^t f(x)dx \right)$$

$$= \int_1^t (y-1)f(y)dy,$$

$$F'(t)|_{t=2} = [(t-1)f(t)]|_{t=2} = f(2).$$

6．求极限：

（1）$\lim\limits_{x \to 0} \dfrac{\int_0^x \cos t^2 dt}{x}$；

（2）$\lim\limits_{x \to +\infty} \dfrac{\left(\int_0^x e^{t^2} dt \right)^2}{\int_0^{x^2} e^t dt}$；

（3）$\lim\limits_{x \to 0} \dfrac{\int_0^x e^{-t^2} dt - x}{\sin x - x}$．

解 由变限积分求导法及洛必达法则求解本题．

（1）这是 $\dfrac{0}{0}$ 型极限，

$$\lim_{x\to 0}\frac{\int_0^x \cos t^2 dt}{x} = \lim_{x\to 0}\frac{\left(\int_0^x \cos t^2 dt\right)'}{x'} = \lim_{x\to 0}\cos x^2 = 1.$$

(2) 这是 $\frac{\infty}{\infty}$ 型极限，

$$\lim_{x\to +\infty}\left[\left(\int_0^x e^{t^2}dt\right)^2 \Big/ \int_0^{x^2} e^t dt\right]$$
$$= \lim_{x\to +\infty}\left[\left(\left(\int_0^x e^{t^2}dt\right)^2\right)' \Big/ \left(\int_0^{x^2} e^t dt\right)'\right]$$
$$= \lim_{x\to +\infty}\left[2\int_0^x e^{t^2}dt \cdot e^{x^2} \Big/ (2xe^{x^2})\right]$$
$$= \lim_{x\to +\infty}\left(\int_0^x e^{t^2}dt \Big/ x\right) = \lim_{x\to +\infty} e^{x^2} = +\infty.$$

(3) $\lim\limits_{x\to 0}\dfrac{\int_0^x e^{-t^2}dt - x}{\sin x - x} = \lim\limits_{x\to 0}\dfrac{e^{-x^2}-1}{\cos x - 1} = \lim\limits_{x\to 0}\dfrac{-2xe^{-x^2}}{-\sin x} = 2.$

7. 设 $f(x)$ 在 $(-\infty, +\infty)$ 连续，以 T 为周期，证明：

(1) $F(x) = \int_0^x f(t)dt - \dfrac{x}{T}\int_0^T f(t)dt$ 以 T 为周期；

(2) $\lim\limits_{x\to +\infty}\dfrac{1}{x}\int_0^x f(t)dt = \dfrac{1}{T}\int_0^T f(t)dt.$

证 (1) 按定义要证 $F(x+T) = F(x)$. 由定积分的性质及周期函数的积分性质得

$$F(x+T) = \int_0^{x+T} f(t)dt - \frac{x+T}{T}\int_0^T f(t)dt$$
$$= \int_0^x f(t)dt + \int_x^{x+T} f(t)dt - \frac{x}{T}\int_0^T f(t)dt - \int_0^T f(t)dt$$
$$\left(\text{注意}\int_x^{x+T} f(t)dt = \int_0^T f(t)dt\right)$$
$$= \int_0^x f(t)dt - \frac{x}{T}\int_0^T f(t)dt = F(x).$$

(2) 由

$$F(x) = \int_0^x f(t)dt - \frac{x}{T}\int_0^T f(t)dt,$$

得
$$\frac{1}{x}\int_0^x f(t)\mathrm{d}t = \frac{1}{T}\int_0^T f(t)\mathrm{d}t + \frac{1}{x}F(x),$$

注意 $F(x)$ 以 T 为周期,在 $(-\infty, +\infty)$ 连续,故有界,即存在常数 $M > 0$,使得
$$|F(x)| \leqslant M \quad (x \in (-\infty, +\infty)).$$

于是 $\left|\dfrac{F(x)}{x}\right| \leqslant \dfrac{M}{|x|}, \quad \lim\limits_{x \to +\infty} \dfrac{F(x)}{x} = 0,$

因此 $\lim\limits_{x \to +\infty} \dfrac{1}{x}\int_0^x f(t)\mathrm{d}t = \dfrac{1}{T}\int_0^T f(t)\mathrm{d}t.$

8. 设 $f(x)$ 是以 T 为周期的连续函数.

(1) 若 $\int_0^T f(x)\mathrm{d}x = 0$,又知 $f(x_0) \neq 0$. 证明: $f(x)$ 在 (x_0, x_0+T) 内至少有两个根.

(2) 若 $\int_0^T f(x)\mathrm{d}x = A \neq 0$,又已知 $f(x_0) \neq \dfrac{A}{T}$,证明: 方程 $f(x) = \dfrac{A}{T}$ 在 (x_0, x_0+T) 内至少有两个根.

证 (1) 不妨设 $f(x_0) > 0$,由周期性知 $f(x_0+T) > 0$. 若 $f(x)$ 在 $[x_0, x_0+T]$ 上不取负值,即若 $f(x) \geqslant 0, x \in [x_0, x_0+T]$,则可推出
$$\int_{x_0}^{x_0+T} f(x)\mathrm{d}x > 0.$$

又由周期函数积分的性质知,
$$\int_{x_0}^{x_0+T} f(x)\mathrm{d}x = \int_0^T f(x)\mathrm{d}x,$$

故 $\int_{x_0}^{x_0+T} f(x)\mathrm{d}x > 0$ 与所设条件 $\int_0^T f(x)\mathrm{d}x = 0$ 矛盾. 故在 $[x_0, x_0+T]$ 内必有使 $f(x) < 0$ 的点. 不妨设
$$f(x_1) < 0, \quad x_1 \in (x_0, x_0+T).$$

于是由连续函数的介值定理,在两区间 $[x_0, x_1]$ 及 $[x_1, x_0+T]$ 内,各至少有一点使 $f(x) = 0$. 故 $f(x)$ 在 (x_0, x_0+T) 内至少有两个根.

(2) 令 $F(x) = f(x) - \dfrac{A}{T}$. $F(x)$ 也是以 T 为周期的连续函数,且

$$\int_0^T F(x)\mathrm{d}x = \int_0^T \Big[f(x) - \frac{A}{T}\Big]\mathrm{d}x = A - \frac{A}{T}\cdot T = 0.$$

又 $F(x_0) \neq 0$，由(1)中的结论，$F(x) = 0$ 在 (x_0, x_0+T) 内至少有两个根，即 $f(x) = \frac{A}{T}$ 在 (x_0, x_0+T) 内至少有两个根.

9. 设函数 $f(x)$ 在 $[a,b]$ 上可积，且对任意 $x_1, x_2 \in [a,b]$，都有
$$|f(x_1) - f(x_2)| \leqslant |x_1 - x_2|,$$
证明：$\int_a^b f(x)\mathrm{d}x \leqslant (b-a)f(a) + \frac{1}{2}(b-a)^2.$

证 $\int_a^b [f(x) - f(a)]\mathrm{d}x \leqslant \Big|\int_a^b [f(x) - f(a)]\mathrm{d}x\Big|$

$\leqslant \int_a^b |f(x) - f(a)|\mathrm{d}x \leqslant \int_a^b |x-a|\mathrm{d}x$

$= \int_a^b (x-a)\mathrm{d}x = \int_a^b x\mathrm{d}x - a\int_a^b \mathrm{d}x$

$= \frac{1}{2}(b^2 - a^2) - a(b-a) = \frac{1}{2}(b-a)^2.$

由定积分的性质，移项即得

$$\int_a^b f(x)\mathrm{d}x \leqslant \int_a^b f(a)\mathrm{d}x + \frac{1}{2}(b-a)^2$$
$$= f(a)(b-a) + \frac{1}{2}(b-a)^2.$$

评注 本题用了关于定积分的一个基本的不等式：对任意在 $[a,b]$ 上可积的函数 $g(x)$，有
$$\int_a^b g(x)\mathrm{d}x \leqslant \Big|\int_a^b g(x)\mathrm{d}x\Big| \leqslant \int_a^b |g(x)|\mathrm{d}x.$$

10. 求 $I = \int_0^{2n\pi} \frac{\mathrm{d}x}{\sin^4 x + \cos^4 x}$，$n$ 为正整数.

解 被积函数以 π 为周期，故

$$I = 2n\int_0^{\pi} \frac{\mathrm{d}x}{\sin^4 x + \cos^4 x}$$
$$= 2n\left(\int_0^{\frac{\pi}{2}} \frac{\mathrm{d}x}{\sin^4 x + \cos^4 x} + \int_{\frac{\pi}{2}}^{\pi} \frac{\mathrm{d}x}{\sin^4 x + \cos^4 x}\right),$$

其中 $\int_{\frac{\pi}{2}}^{\pi} \frac{\mathrm{d}x}{\sin^4 x + \cos^4 x} \xlongequal{t = \pi - x} \int_{\frac{\pi}{2}}^{0} \frac{-\mathrm{d}t}{\sin^4 t + \cos^4 t}$

$$= \int_0^{\frac{\pi}{2}} \frac{\mathrm{d}x}{\sin^4 x + \cos^4 x},$$

所以

$$I = 4n\int_0^{\frac{\pi}{2}} \frac{\mathrm{d}x}{\sin^4 x + \cos^4 x} = 4n\int_0^{\frac{\pi}{2}} \frac{\mathrm{d}x}{(\sin^2 x + \cos^2 x)^2 - 2\sin^2 x\cos^2 x}$$

$$= 4n\int_0^{\frac{\pi}{2}} \frac{\mathrm{d}x}{1 - \frac{1}{2}\sin^2 2x} = 8n\int_0^{\frac{\pi}{2}} \frac{\mathrm{d}x}{2 - \sin^2 2x}$$

$$= 8n\left[\int_0^{\frac{\pi}{4}} \frac{\mathrm{d}x}{2\cos^2 2x + \sin^2 2x} + \int_{\frac{\pi}{4}}^{\frac{\pi}{2}} \frac{\mathrm{d}x}{2\cos^2 2x + \sin^2 2x}\right],$$

其中 $\int_{\frac{\pi}{4}}^{\frac{\pi}{2}} \frac{\mathrm{d}x}{2\cos^2 2x + \sin^2 2x} \xlongequal{t = \frac{\pi}{2} - x} \int_{\frac{\pi}{4}}^{0} \frac{-\mathrm{d}t}{2\cos^2 2t + \sin^2 2t}$

$$= \int_0^{\frac{\pi}{4}} \frac{\mathrm{d}x}{2\cos^2 2x + \sin^2 2x},$$

所以 $I = 16n\int_0^{\frac{\pi}{4}} \frac{\mathrm{d}x}{2\cos^2 2x + \sin^2 2x} = 8n\int_0^{\frac{\pi}{4}} \frac{\mathrm{d}(\tan 2x)}{2 + \tan^2 2x}$

$$= \frac{8n}{\sqrt{2}}\arctan\left(\frac{\tan 2x}{\sqrt{2}}\right)\Big|_0^{\frac{\pi}{4}} = 2\sqrt{2}\,n\pi.$$

计算本题时常犯的错误是:

$$I = 2n\int_0^{\pi} \frac{\mathrm{d}x}{2\cos^2(2x) + \sin^2(2x)} = n\int_0^{\pi} \frac{\mathrm{d}(\tan 2x)}{2 + \tan^2(2x)}$$

$$= n\frac{1}{\sqrt{2}}\arctan\left(\frac{\tan 2x}{\sqrt{2}}\right)\Big|_0^{\pi} = 0.$$

这结果显然是错误的,错误原因在于计算过程中所作的变量替换 $t = \tan 2x$ 不满足换元积分的条件($\tan 2x$ 在积分区间$[0,\pi]$上不连续),所以在整个区间$[0,\pi]$上不能作这样的变量替换.

为了避免上述错误,我们设法将所求定积分 I 转化为在积分区间$[0,\pi/4]$上的定积分,以使变量替换 $t = \tan 2x$ 满足换元积分的条件从而能够进行.

11. 设函数 $f(x)$ 在 $[a,b]$ 上连续且恒大于 0. 证明：在 (a,b) 内有且只有一点 c，使

$$\int_a^c f(t)\mathrm{d}t = \int_c^b \frac{1}{f(t)}\mathrm{d}t.$$

证 令

$$F(x) = \int_a^x f(t)\mathrm{d}t - \int_x^b \frac{1}{f(t)}\mathrm{d}t, \quad a \leqslant x \leqslant b,$$

则 $F(x)$ 在 $[a,b]$ 上连续，可微，且

$$F(a) = -\int_a^b \frac{1}{f(t)}\mathrm{d}t < 0, \quad F(b) = \int_a^b f(t)\mathrm{d}t > 0.$$

由连续函数的介值定理，必存在 $c \in (a,b)$，使 $F(c)=0$，即

$$\int_a^c f(t)\mathrm{d}t = \int_c^b \frac{1}{f(t)}\mathrm{d}t.$$

又由于

$$F'(x) = f(x) + \frac{1}{f(x)} > 0,$$

说明 $F(x)$ 在 $[a,b]$ 上严格单调上升，故在 $[a,b]$ 内只有惟一根.

12. 计算下列定积分：

(1) $I_{n,m} = \int_0^{2\pi} \sin^n x \cos^m x \mathrm{d}x$，其中自然数 n 或 m 中至少有一个为奇数.

(2) $\int_0^{\frac{\pi}{2}} \cos^n 2x \mathrm{d}x$ (n 为正整数).

解 (1) **解法 1** 设 n 为奇数，$n=2k+1$，

$$I_{2k+1,m} = -\int_0^{2\pi}(1-\cos^2 x)^k \cos^m x \mathrm{d}\cos x = R(\cos x)\Big|_0^{2\pi}$$
$$= R(1) - R(1) = 0,$$

其中 $R(u)$ 为 u 的某个多项式.

当 m 为奇数时类似可证 $I_{n,m}=0$.

解法 2 设 n 为奇数，则

$$I_{n,m} = \int_{-\pi}^{\pi} \sin^n x \cos^m x \mathrm{d}x \text{(被积函数以 } 2\pi \text{ 为周期)}$$
$$= 0 \text{(被积函数为奇函数)}.$$

设 m 为奇数，n 为偶数. 令 $f(x) = \sin^n x \cos^m x$，则
$$f(x + \pi) = -f(x),$$

由题 2 结论得
$$\int_0^{2\pi} \sin^n x \cos^m x \, dx = \int_{-\pi}^{\pi} \sin^n x \cos^m x \, dx = \int_{-\pi}^{\pi} f(x) \, dx = 0.$$

(2) 令 $t = 2x$，
$$原式 = \int_0^{\pi} \frac{1}{2} \cos^n t \, dt = \frac{1}{2} \left[\int_0^{\frac{\pi}{2}} \cos^n t \, dt + \int_{\frac{\pi}{2}}^{\pi} \cos^n t \, dt \right],$$

而
$$\int_{\frac{\pi}{2}}^{\pi} \cos^n t \, dt \xrightarrow{x = \pi - t} \int_{\frac{\pi}{2}}^{0} (-\cos x)^n (-dx)$$
$$= (-1)^n \int_0^{\frac{\pi}{2}} \cos^n x \, dx,$$

代入上式
$$原式 = \begin{cases} 0, & \text{当 } n \text{ 为奇数，} \\ I_n = \frac{(n-1)!!}{n!!} \cdot \frac{\pi}{2}, & \text{当 } n \text{ 为偶数.} \end{cases}$$

13. 求下列定积分：

(1) $\int_{\frac{1}{3}}^{\frac{2}{3}} e^{\sqrt{3x-1}} \, dx$;

(2) $\int_0^{\ln 2} \sqrt{1 - e^{-2x}} \, dx$;

(3) $\int_{-1}^{1} \frac{x^2(1 + \sin x)}{1 + \sqrt{1 - x^2}} \, dx$;

(4) $\int_0^{\frac{\pi}{2}} \frac{\sin 2x}{1 + e^{\cos^2 x}} \, dx$;

*(5) $\int_{-\frac{\pi}{2}}^{\frac{\pi}{2}} \frac{\cos^4 x}{1 + e^{-x}} \, dx$.

解 (1) 先用换元法，再用分部积分法：

令 $t = \sqrt{3x - 1}$，则
$$x = \frac{1}{3}(1 + t^2), \quad dx = \frac{2}{3} t \, dt.$$

当 $x = \frac{1}{3}$ 时 $t = 0$；当 $x = \frac{2}{3}$ 时 $t = 1$，于是
$$原式 = \int_0^1 \frac{2}{3} t e^t \, dt = \frac{2}{3} \int_0^1 t \, de^t = \frac{2}{3} \left[t e^t \Big|_0^1 - \int_0^1 e^t \, dt \right]$$

$$= \frac{2}{3}\left[e - e^t \Big|_0^1\right] = \frac{2}{3}.$$

(2) **解法 1** 为了去根号,令 $t = \sqrt{1-e^{-2x}}$,则

$$x = -\frac{1}{2}\ln(1-t^2), \quad dx = \frac{t}{1-t^2}dt.$$

$x=0$ 时 $t=0$;$x=\ln 2$ 时 $t=\sqrt{3}/2$,于是

$$\text{原式} = \int_0^{\frac{\sqrt{3}}{2}} t \cdot \frac{t}{1-t^2}dt = -\int_0^{\frac{\sqrt{3}}{2}} \frac{-1+(1-t^2)}{1-t^2}dt$$

$$= \int_0^{\frac{\sqrt{3}}{2}} \frac{1}{1-t^2}dt - \int_0^{\frac{\sqrt{3}}{2}} 1 dt = \frac{1}{2}\ln\left|\frac{1+t}{1-t}\right|\Big|_0^{\frac{\sqrt{3}}{2}} - \frac{\sqrt{3}}{2}$$

$$= \frac{1}{2}\ln\frac{2+\sqrt{3}}{2-\sqrt{3}} - \frac{\sqrt{3}}{2} = \ln(2+\sqrt{3}) - \frac{\sqrt{3}}{2}.$$

解法 2 先将被积函数化为简单无理函数,为此令 $t=e^{-x}$,则

$$x = -\ln t, \quad dx = -\frac{1}{t}dt.$$

当 $x=0$ 时 $t=1$;当 $x=\ln 2$ 时 $t=\frac{1}{2}$,于是

$$\text{原式} = \int_1^{\frac{1}{2}} \sqrt{1-t^2}\left(-\frac{1}{t}\right)dt = \int_{\frac{1}{2}}^1 \frac{\sqrt{1-t^2}}{t}dt.$$

再对上式作三角函数替换即可消去根号:令

$$t = \sin u \quad (0 \leqslant u \leqslant \pi/2),$$

$$\text{原式} = \int_{\frac{\pi}{6}}^{\frac{\pi}{2}} \frac{\cos^2 u}{\sin u}du = \int_{\frac{\pi}{6}}^{\frac{\pi}{2}} \left(\frac{1}{\sin u} - \sin u\right)du$$

$$= [\ln(\csc u - \cot u) + \cos u]\Big|_{\frac{\pi}{6}}^{\frac{\pi}{2}}$$

$$= \ln(2+\sqrt{3}) - \sqrt{3}/2.$$

(3) 注意被积函数的奇偶性,

$$\text{原式} = 2\int_0^1 \frac{x^2}{1+\sqrt{1-x^2}}dx = 2\int_0^1 (1-\sqrt{1-x^2})dx$$

$$= 2\left(1 - \frac{\pi}{4} \cdot 1^2\right) = 2 - \frac{\pi}{2}.$$

（4）注意到被积函数的结构及
$$d(\cos^2 x) = -\sin 2x \, dx,$$
作变量替换 $t = \cos^2 x$,
$$\int_0^{\frac{\pi}{2}} \frac{\sin 2x}{1 + e^{\cos^2 x}} dx = -\int_1^0 \frac{dt}{1 + e^t} = \int_0^1 \frac{dt}{e^t(e^{-t} + 1)}$$
$$= -\int_0^1 \frac{d(e^{-t})}{(1 + e^{-t})} = -\ln(1 + e^{-t}) \Big|_0^1 = \ln \frac{2e}{1 + e}.$$

*(5) 注意积分区间关于原点对称,可将积分区间分成 $[-\pi/2, 0]$ 与 $[0, \pi/2]$ 两段来考虑,而
$$\int_{-\frac{\pi}{2}}^0 \frac{\cos^4 x}{1 + e^{-x}} dx \xrightarrow{t = -x} \int_{\frac{\pi}{2}}^0 \frac{\cos^4 t}{1 + e^t}(-dt) = \int_0^{\frac{\pi}{2}} \frac{\cos^4 x}{1 + e^x} dx,$$
所以
$$\text{原式} = \int_0^{\frac{\pi}{2}} \frac{\cos^4 x}{1 + e^x} dx + \int_0^{\frac{\pi}{2}} \frac{\cos^4 x}{1 + e^{-x}} dx$$
$$= \int_0^{\frac{\pi}{2}} \cos^4 x \left(\frac{1}{1 + e^x} + \frac{1}{1 + e^{-x}} \right) dx = \int_0^{\frac{\pi}{2}} \cos^4 x \, dx$$
$$= \frac{3}{4} \cdot \frac{1}{2} \cdot \frac{\pi}{2} = \frac{3\pi}{16}.$$

评注 解本题的技巧是:将原积分写成在两个子区间 $\left[-\frac{\pi}{2}, 0\right]$ 与 $\left[0, \frac{\pi}{2}\right]$ 上的积分之和. 再通过变换替换,将在 $\left[-\frac{\pi}{2}, 0\right]$ 上的积分化成在 $\left[0, \frac{\pi}{2}\right]$ 上的积分. 最后,利用定积分的性质及被积函数的特点求得结果.

14. 设
$$f(2) = 1, \quad f'(2) = 0, \quad \int_0^2 f(x) dx = 1,$$
求 $\int_0^1 x^2 f''(2x) dx$.

解 由所设条件,用分部积分法.
$$\int_0^1 x^2 f''(2x) dx = \frac{1}{2} \int_0^1 x^2 d f'(2x)$$

$$= \frac{1}{2}\left[x^2 f'(2x)\Big|_0^1 - \int_0^1 f'(2x)2x\,dx\right]$$

$$= -\int_0^1 xf'(2x)dx = -\frac{1}{2}\int_0^1 x\,df(2x)$$

$$= -\frac{1}{2}\left[xf(2x)\Big|_0^1 - \int_0^1 f(2x)dx\right]$$

$$= -\frac{1}{2}f(2) + \frac{1}{2}\int_0^1 f(2x)dx$$

$$\xlongequal{t=2x} -\frac{1}{2} + \frac{1}{4}\int_0^2 f(t)dt = -\frac{1}{2} + \frac{1}{4} = -\frac{1}{4}.$$

15. 设 $f''(x)$ 在 $[0,\pi]$ 上连续，$f(\pi)=2$，且满足
$$\int_0^\pi [f(x) + f''(x)]\sin x\,dx = 5,$$
求 $f(0)$.

解 被积函数有因子 $f(x)+f''(x)$，而 $(\sin x)''=-\sin x$，故对积分 $\int_0^\pi f(x)\sin x\,dx$ 连续用两次分部积分法，可能得到结果.

$$\int_0^\pi f(x)\sin x\,dx = -\int_0^\pi f(x)d(\cos x)$$

$$= -f(x)\cos x\Big|_0^\pi + \int_0^\pi \cos x\,df(x)$$

$$= f(\pi) + f(0) + \int_0^\pi f'(x)\cdot\cos x\,dx$$

$$= 2 + f(0) + \int_0^\pi f'(x)d\sin x$$

$$= 2 + f(0) + \left[f'(x)\sin x\Big|_0^\pi - \int_0^\pi \sin x\cdot f''(x)dx\right]$$

$$= 2 + f(0) - \int_0^\pi \sin x\cdot f''(x)dx.$$

移项得 $\quad 2 + f(0) = \int_0^\pi (f(x)+f''(x))\sin x\,dx = 5,$

由此得 $f(0)=3$.

16. 设 $f(x)=\begin{cases}\dfrac{1}{1-x}, & x<0 \\ \sqrt{x}, & x\geqslant 0,\end{cases}$ 求 $\int_1^5 f(x-3)dx.$

解 被积函数是以 $(x-3)$ 为中间变量的复合函数,为简化被积函数,作变量替换,令 $t=x-3$,

$$\int_1^5 f(x-3)dx = \int_{-2}^2 f(t)dt = \int_{-2}^0 \frac{1}{1-t}dt + \int_0^2 \sqrt{t}\,dt$$

$$= -\ln|1-t|\Big|_{-2}^0 + \frac{2}{3}t^{\frac{3}{2}}\Big|_0^2 = \ln 3 + \frac{4}{3}\sqrt{2}.$$

17. 设

$$f(x) = x \ (x \geqslant 0), \quad g(x) = \begin{cases} \cos x, & 0 \leqslant x \leqslant \pi/2, \\ 0, & x > \pi/2. \end{cases}$$

求 $\int_0^x f(t)g(x-t)dt \ (x \geqslant 0)$.

解 这里积分变量是 t,定积分是变上限 x 的函数. 又被积函数的因子 $g(x-t)$ 含有参数 x,且 $g(x)$ 是分段函数. 而 $f(x)$ 表达式较简单,设想作变量替换,使含在 g 中的参数 x 转移到 f 中去. 为此,对任意取定的 $x \geqslant 0$,令 $u=x-t$, u 为新的积分变量. 则

$$\int_0^x f(t)g(x-t)dt \xlongequal{u=x-t} \int_x^0 f(x-u)g(u)(-du)$$

$$= \int_0^x f(x-u)g(u)du.$$

注意积分变量 t 的变化范围是 $[0,x]$,故有 $0 \leqslant t \leqslant x$,也就有 $0 \leqslant u(=x-t) \leqslant x$ 以及 $x-u=t \geqslant 0$.

当 $0 \leqslant x \leqslant \frac{\pi}{2}$ 时,则 $0 \leqslant u \leqslant x \leqslant \frac{\pi}{2}$,这时 $g(u)=\cos u$,于是

$$\text{原式} = \int_0^x (x-u)\cos u\,du = x\sin u\Big|_0^x - \int_0^x u\,d\sin u$$

$$= x\sin x - u\sin u\Big|_0^x + \int_0^x \sin u\,du$$

$$= -\cos u\Big|_0^x = 1 - \cos x;$$

当 $x > \frac{\pi}{2}$ 时,由

$$0 \leqslant u \leqslant x, \quad u \in \left[0, \frac{\pi}{2}\right] \cup \left[\frac{\pi}{2}, x\right],$$

于是

原式 $= \int_0^{\frac{\pi}{2}}(x-u)g(u)\mathrm{d}u + \int_{\frac{\pi}{2}}^x (x-u)g(u)\mathrm{d}u$

$= \int_0^{\frac{\pi}{2}}(x-u)\cos u\,\mathrm{d}u + \int_{\frac{\pi}{2}}^x (x-u)\cdot 0\,\mathrm{d}u$

$= (x-u)\sin u\Big|_0^{\frac{\pi}{2}} + \int_0^{\frac{\pi}{2}}\sin u\,\mathrm{d}u = \left(x - \frac{\pi}{2}\right) + 1.$

综合起来，

$$\int_0^x f(t)g(x-t)\mathrm{d}t = \begin{cases} 1-\cos x, & 0 \leqslant x \leqslant \frac{\pi}{2}, \\ x - \frac{\pi}{2} + 1, & x > \frac{\pi}{2}. \end{cases}$$

评注 当被积函数是分段函数时，积分区间也应分成相应的几个小区间．再需注意，本题中积分变量是 t（或 u），在积分过程中 x 可看作是任意取定的一个数，t 与 u 的变化范围都是 $[0,x]$．

*18．（1）设函数 $f(x)$ 在 $[0,b]$ 上可积，证明：

$$\int_0^b \frac{f(x)}{f(x)+f(b-x)}\mathrm{d}x = \frac{b}{2}.$$

（2）利用（1）中的公式，求下列定积分的值：

$\int_0^3 \frac{\ln(1+x)}{\ln(1+x)+\ln(2-x)}\mathrm{d}x;\quad \int_0^{\frac{\pi}{2}} \frac{\cos x}{\sin x + \cos x}\mathrm{d}x.$

解　（1）令

$$I = \int_0^b \frac{f(x)}{f(x)+f(b-x)}\mathrm{d}x,$$

则　$I \xuprightarrow{u=b-x} \int_b^0 \frac{f(b-u)}{f(b-u)+f(u)}(-\mathrm{d}u)$

$= \int_0^b \frac{f(b-x)}{f(b-x)+f(x)}\mathrm{d}x,$

将以上两式相加得

$2I = \int_0^b \frac{f(x)}{f(x)+f(b-x)}\mathrm{d}x + \int_0^b \frac{f(b-x)}{f(b-x)+f(x)}\mathrm{d}x$

$= \int_0^b \frac{f(x)+f(b-x)}{f(x)+f(b-x)}\mathrm{d}x = \int_0^b 1\mathrm{d}x = b.$

由此得 $I=\dfrac{b}{2}$,即
$$\int_0^b \dfrac{f(x)}{f(x)+f(b-x)}\mathrm{d}x=\dfrac{b}{2}.$$

本题的技巧是:原始的被积函数与变量替换后新的被积函数之和恰好等于 1,由此可得 $2I=b$.

(2) 以 $f(x)=\ln(1+x)$,$b=3$ 代入(1)中的公式,得
$$\int_0^3 \dfrac{\ln(1+x)}{\ln(1+x)+\ln(2-x)}\mathrm{d}x=\dfrac{3}{2};$$

以 $f(x)=\cos x$,$b=\dfrac{\pi}{2}$ 代入上述公式,得
$$\int_0^{\frac{\pi}{2}} \dfrac{\cos x}{\sin x+\cos x}\mathrm{d}x=\dfrac{\pi}{4}.$$

*19. 设 $f(x)$ 在 $(-\infty,+\infty)$ 上可积,

(1) 证明:对任意实数 a,有
$$\int_0^a f(x)\mathrm{d}x=\int_0^a f(a-x)\mathrm{d}x;$$

(2) 求 $\displaystyle\int_0^\pi \dfrac{x\sin x}{1+\cos^2 x}\mathrm{d}x$; \qquad (3) 求 $\displaystyle\int_0^{\frac{\pi}{2}} \dfrac{\sin^2 x}{\sin x+\cos x}\mathrm{d}x$.

解 (1)
$$\int_0^a f(x)\mathrm{d}x \xrightarrow{t=a-x} \int_a^0 f(a-t)(-\mathrm{d}t)$$
$$=\int_0^a f(a-t)\mathrm{d}t=\int_0^a f(a-x)\mathrm{d}x.$$

(2) 令
$$I=\int_0^\pi \dfrac{x\sin x}{1+\cos^2 x}\mathrm{d}x,$$
由(1)中的公式,有
$$I=\int_0^\pi \dfrac{(\pi-x)\sin(\pi-x)}{1+\cos^2(\pi-x)}\mathrm{d}x=\int_0^\pi \dfrac{\pi\sin x}{1+\cos^2 x}\mathrm{d}x-I,$$
移项得
$$I=\dfrac{\pi}{2}\int_0^\pi \dfrac{\sin x}{1+\cos^2 x}\mathrm{d}x=-\dfrac{\pi}{2}\arctan(\cos x)\Big|_0^\pi=\dfrac{\pi^2}{4}.$$

(3) 令 $J=\displaystyle\int_0^{\pi/2} \dfrac{\sin^2 x}{\sin x+\cos x}\mathrm{d}x$. 由(1)中的公式,有

$$J = \int_0^{\frac{\pi}{2}} \frac{\sin^2\left(\frac{\pi}{2} - x\right)}{\sin\left(\frac{\pi}{2} - x\right) + \cos\left(\frac{\pi}{2} - x\right)} dx = \int_0^{\frac{\pi}{2}} \frac{\cos^2 x}{\cos x + \sin x} dx,$$

于是

$$2J = \int_0^{\frac{\pi}{2}} \frac{\sin^2 x + \cos^2 x}{\sin x + \cos x} dx = \int_0^{\frac{\pi}{2}} \frac{1}{\sin x + \cos x} dx$$

$$\xrightarrow{t = \tan\frac{x}{2}} \int_0^1 \frac{dt}{2 - (t-1)^2} = \frac{1}{2\sqrt{2}} \ln \left| \frac{\sqrt{2} + (t-1)}{\sqrt{2} - (t-1)} \right| \Big|_0^1$$

$$= \frac{1}{\sqrt{2}} \ln(\sqrt{2} + 1).$$

所以
$$J = \frac{1}{2\sqrt{2}} \ln(\sqrt{2} + 1).$$

20. 设 $0 < a < b$，求定积分

$$I = \int_a^b \sqrt{(b-x)(x-a)} \, dx.$$

分析 将根式内的二次三项式配方，得

$$(b - x)(x - a) = \frac{(a-b)^2}{4} - \left(x - \frac{a+b}{2}\right)^2,$$

于是

$$y = \sqrt{(b-x)(x-a)} = \sqrt{\frac{(a-b)^2}{4} - \left(x - \frac{a+b}{2}\right)^2}$$

的图形是以点 $\left(\frac{a+b}{2}, 0\right)$ 为圆心，以 $\frac{b-a}{2}$ 为半径的上半圆周（见图 5.7）.

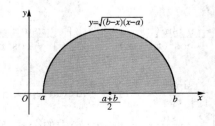

图 5.7

由定积分的几何意义即可知
$$I = \frac{1}{2} \cdot \pi \cdot \left(\frac{b-a}{2}\right)^2 = \frac{\pi}{8}(b-a)^2.$$

解 令 $R = \frac{b-a}{2}$,作变量替换 $t = x - \frac{a+b}{2}$,则

$$I = \int_{-R}^{R} \sqrt{R^2 - t^2}\,\mathrm{d}t = 2\int_{0}^{R} \sqrt{R^2 - t^2}\,\mathrm{d}t$$

$$\xrightarrow{t = R\sin u} 2\int_{0}^{\frac{\pi}{2}} R^2\cos^2 u\,\mathrm{d}u = 2 \cdot R^2 \cdot \frac{1}{2} \cdot \frac{\pi}{2}$$

$$= \frac{\pi}{2}R^2 = \frac{\pi}{8}(b-a)^2.$$

*21. 设函数 $y = f(x)$ 在区间 $[a,b]$ 上可导,严格单调递增,$g(y)$ 是 $f(x)$ 的反函数,证明下列公式:
$$\int_{a}^{b} f(x)\mathrm{d}x = bf(b) - af(a) - \int_{f(a)}^{f(b)} g(y)\mathrm{d}y.$$
并作图解释这一公式.

证 先用分部积分法,再用换元积分法:
$$\int_{a}^{b} f(x)\mathrm{d}x = f(x) \cdot x \Big|_{a}^{b} - \int_{a}^{b} x\,\mathrm{d}f(x)$$

$$\xrightarrow[x = g(y)]{y = f(x)} bf(b) - af(a) - \int_{f(a)}^{f(b)} g(y)\mathrm{d}y.$$

下面以 $a < 0 < b, f(x) > 0 (a \leqslant x \leqslant b)$ 的情况作图解释(见图 5.8),其余情况请读者自己作图并解释.

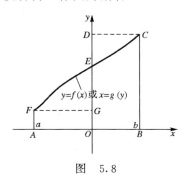

图 5.8

由定积分的几何意义，

$$\int_a^b f(x)\mathrm{d}x = \text{曲边梯形 } ABCF \text{ 的面积},$$

$$\int_{f(a)}^{f(b)} g(y)\mathrm{d}y = \text{曲边三角形 } CDE \text{ 的面积}$$

$$- \text{曲边三角形 } EFG \text{ 的面积},$$

所以 $\int_a^b f(x)\mathrm{d}x + \int_{f(a)}^{f(b)} g(y)\mathrm{d}y$

$$= \text{矩形 } BCDO \text{ 的面积} + \text{矩形 } OGFA \text{ 的面积}$$
$$= bf(b) + (-a)f(a) = bf(b) - af(a).$$

*22. 设函数 $f(x)$ 在 $[0,+\infty)$ 上可导且严格单调递增，$f(x) \to +\infty (x \to +\infty)$. 又 $f(0)=0$,

(1) 证明：对任意实数 $a \geqslant 0, B \geqslant 0$，下列不等式成立：

$$aB \leqslant \int_0^a f(x)\mathrm{d}x + \int_0^B g(y)\mathrm{d}y,$$

其中 $g(y)$ 是 $f(x)$ 的反函数；

(2) 利用(1)中的不等式，对任意实数 $a,b \geqslant 0, p,q > 1$ 且 $\frac{1}{p}+\frac{1}{q}=1$, 证明下列闵科夫斯基不等式成立：

$$ab \leqslant \frac{a^p}{p} + \frac{b^q}{q}.$$

证 (1) 对任意给定的实数 a, B, 设 $f(a)=A, f(b)=B$(这里 b 由 B 惟一确定).

当 $b > a$ 时，则 $B > A$, 且由图 5.9 不难看出，当 $y \geqslant A$ 时，$g(y) \geqslant a$. 于是

$$\int_0^B g(y)\mathrm{d}y = \int_0^A g(y)\mathrm{d}y + \int_A^B g(y)\mathrm{d}y$$

$$\geqslant \int_0^A g(y)\mathrm{d}y + \int_A^B a\,\mathrm{d}y$$

$$\xlongequal{x=g(y)} \int_0^a x\,\mathrm{d}f(x) + a(B-A)$$

$$= xf(x)\Big|_0^a - \int_0^a f(x)\mathrm{d}x + a(B-A)$$

$$= aB - \int_0^a f(x)\mathrm{d}x,$$

即
$$\int_0^a f(x)\mathrm{d}x + \int_0^B g(y)\mathrm{d}y \geqslant aB.$$

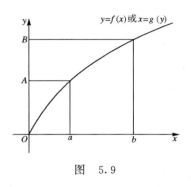 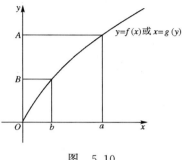

图 5.9 图 5.10

当 $b \leqslant a$ 时，$B \leqslant A$，且由图 5.10 可看出当 $x \geqslant b$ 时 $f(x) \geqslant B$. 于是

$$\begin{aligned}\int_0^a f(x)\mathrm{d}x &= \int_0^b f(x)\mathrm{d}x + \int_b^a f(x)\mathrm{d}x \\ &\geqslant \int_0^b f(x)\mathrm{d}x + \int_b^a B\mathrm{d}x \\ &\xlongequal{y=f(x)} \int_0^B y\mathrm{d}g(y) + B(a-b) \\ &= yg(y)\Big|_0^B - \int_0^B g(y)\mathrm{d}y + B(a-b) \\ &= aB - \int_0^B g(y)\mathrm{d}y.\end{aligned}$$

移项即得欲证之不等式.

（2）函数 $f(x) = x^{p-1}$ 显然满足（1）中的条件，其反函数为 $x = y^{\frac{1}{p-1}}$. 对任意 $a \geqslant 0, b \geqslant 0$，由（1）中的不等式有

$$\begin{aligned}ab &\leqslant \int_0^a x^{p-1}\mathrm{d}x + \int_0^b y^{\frac{1}{p-1}}\mathrm{d}y \\ &= \frac{a^p}{p} + \frac{p-1}{p}b^{\frac{p}{p-1}} = \frac{a^p}{p} + \frac{b^q}{q}.\end{aligned}$$

评注 读者可结合图形,解释所证不等式的意义,并理解上述证明过程. 当 $p=q=2$ 时,闵科夫斯基不等式即为大家熟知的不等式
$$ab \leqslant \frac{1}{2}(a^2+b^2).$$
又第三章 §2 典型例题中第 7 题所证明的不等式
$$\frac{1}{p}x^p + \frac{1}{q} \geqslant x, \quad 0 < x < +\infty$$
是本题的一个特殊情况 ($a=x, b=1$).

*23. 设 $f(x)$ 在 $(-\infty,+\infty)$ 上连续,求 $\dfrac{\mathrm{d}}{\mathrm{d}x}\displaystyle\int_0^x t^2 f(x^3-t^3)\mathrm{d}t$.

解 令
$$F(x) = \int_0^x t^2 f(x^3-t^3)\mathrm{d}t.$$
这里 $F(x)$ 既是变上限 x 的函数,且被积函数中也包含变量 x. 一般说来,这种函数的求导公式需要运用多元函数微积分的理论. 但本题中的被积函数较特殊,作一个变量替换就能处理:对任意取定的 x,令 $u=x^3-t^3$,则 $\mathrm{d}u=-3t^2\mathrm{d}t$,
$$F(x) = \int_{x^3}^0 -\frac{1}{3}f(u)\mathrm{d}u = \frac{1}{3}\int_0^{x^3} f(u)\mathrm{d}u,$$
于是
$$\frac{\mathrm{d}}{\mathrm{d}x}\int_0^x t^2 f(x^3-t^3)\mathrm{d}t = F'(x) = \frac{1}{3}f(x^3)\cdot(x^3)' = x^2 f(x^3).$$

24. 设 $f(x)$ 在 $(0,+\infty)$ 上连续,且
$$\int_0^{x^2+1} f(t)\mathrm{d}t = 2 + 2x^2 + x^4 - \cos(x^2+1),$$
求 $f(x)$ $(x>0)$.

解 在上式两边求导数,得
$$2xf(x^2+1) = 4x + 4x^3 + 2x\sin(x^2+1),$$
化简得
$$f(x^2+1) = 2(1+x^2) + \sin(x^2+1).$$
令 $t=x^2+1$,得 $f(t)=2t+\sin t, t>0$,所以
$$f(x) = 2x + \sin x, \quad x > 0.$$

25. 设 $f(x)$ 在 $(-\infty,+\infty)$ 上连续,且

$$f(x) = e^x + \frac{1}{e}\int_0^1 f(t)dt. \qquad (2.2)$$

求 $f(x)$.

解法 1 从所给表达式(2.2)看出，$f(x)$ 等于 e^x 加一个常数，只需求出此常数，$f(x)$ 也就确定了．为此，设

$$f(x) = e^x + C, \quad \text{其中 } C \text{ 为待定常数．}$$

将上式代入(2.2)式，得

$$e^x + C = e^x + \frac{1}{e}\int_0^1 (e^x + C)dx$$
$$= e^x + \frac{1}{e}(e - 1 + C).$$

由此推出 $C(e-1) = e-1$，即 $C=1$，故 $f(x) = e^x + 1$.

解法 2 令 $J = \int_0^1 f(t)dt$．将(2.2)式两端从 0 到 1 积分，得

$$J = \int_0^1 e^x dx + \int_0^1 \frac{1}{e} J dx = e - 1 + \frac{1}{e} J,$$

由此解得 $J = e$．代入(2.2)式得

$$f(x) = e^x + \frac{1}{e} \cdot e = e^x + 1.$$

26. 求极限 $\lim_{n\to\infty}\int_0^1 (1-x^2)^n dx$.

解 $\int_0^1 (1-x^2)^n dx \xlongequal{x=\sin t} \int_0^{\frac{\pi}{2}} \cos^{2n+1} t \, dt = I_{2n+1}$

$$= \frac{2n}{2n+1} \cdot \frac{2n-2}{2n-1} \cdot \cdots \cdot \frac{2}{3}.$$

注意

$$I_{2n+1}^2 = \frac{1}{2n+1} \cdot \frac{2n}{(2n+1)} \cdot \frac{2n(2n-2)}{(2n-1)^2} \cdots \frac{4 \cdot 2}{3^2} \cdot 2 < \frac{2}{2n+1},$$

所以

$$0 \leqslant I_{2n+1} \leqslant \frac{\sqrt{2}}{\sqrt{2n+1}}.$$

由夹逼定理即得 $I_{2n+1} \to 0 (n \to +\infty)$，即

$$\lim_{n\to\infty}\int_0^1 (1-x^2)^n dx = 0.$$

*27. 求极限 $\lim\limits_{x\to+\infty}\dfrac{1}{x}\int_0^x(x-[x])\mathrm{d}x$,其中$[x]$为不超过 x 的最大整数.

解 首先注意函数 $x-[x]$ 是非负的且以 1 为周期的周期函数,且
$$\int_0^1(x-[x])\mathrm{d}x=\int_0^1 x\mathrm{d}x=\frac{1}{2}.$$
根据周期函数的定积分性质,对任意正整数 n,有:
$$\int_n^{n+1}(x-[x])\mathrm{d}x=\int_0^1(x-[x])\mathrm{d}x=\frac{1}{2},$$
$$\int_0^n(x-[x])\mathrm{d}x=n\int_0^1(x-[x])\mathrm{d}x=\frac{n}{2}.$$
现令 $n=[x]$,则对任意 x 有 $n\leqslant x<n+1$. 于是
$$\frac{n}{2}=\int_0^n(x-[x])\mathrm{d}x\leqslant\int_0^x(x-[x])\mathrm{d}x$$
$$\leqslant\int_0^{n+1}(x-[x])\mathrm{d}x=\frac{n+1}{2}.$$
再结合 $\dfrac{1}{n+1}<\dfrac{1}{x}\leqslant\dfrac{1}{n}$ 便推出
$$\frac{n}{2(n+1)}\leqslant\frac{1}{x}\int_0^x(x-[x])\mathrm{d}x\leqslant\frac{n+1}{2n}.$$
当 $x\to+\infty$ 时 $n\to+\infty$,且
$$\lim_{n\to\infty}\frac{n}{2(n+1)}=\lim_{n\to\infty}\frac{n+1}{2n}=\frac{1}{2},$$
由此即可推出
$$\lim_{x\to+\infty}\frac{1}{x}\int_0^x(x-[x])\mathrm{d}x=\frac{1}{2}.$$

证明本题的关键是:$x-[x]$ 是以 1 为周期的周期函数;利用周期函数的积分性质.

28. 证明 $\int_0^{\sqrt{2\pi}}\sin x^2\mathrm{d}x>0$.

证 令 $t=x^2(x>0)$,即
$$x=\sqrt{t},\quad \mathrm{d}x=\frac{\mathrm{d}t}{2\sqrt{t}},$$

于是

$$\text{原式} = \frac{1}{2}\int_0^{2\pi}\frac{\sin t}{\sqrt{t}}dt = \frac{1}{2}\left(\int_0^{\pi}\frac{\sin t}{\sqrt{t}}dt + \int_{\pi}^{2\pi}\frac{\sin t}{\sqrt{t}}dt\right),$$

其中 $\int_{\pi}^{2\pi}\frac{\sin t}{\sqrt{t}}dt \xrightarrow{u = t - \pi} \int_0^{\pi}\frac{-\sin u}{\sqrt{u+\pi}}du = -\int_0^{\pi}\frac{\sin t}{\sqrt{t+\pi}}dt.$

代入上式得

$$\text{原式} = \frac{1}{2}\left(\int_0^{\pi}\sin t\left(\frac{1}{\sqrt{t}} - \frac{1}{\sqrt{t+\pi}}\right)dt\right)$$

$$= \frac{1}{2}\int_0^{\pi}\frac{\sin t}{\sqrt{t}\cdot\sqrt{t+\pi}}(\sqrt{t+\pi} - \sqrt{t})dt > 0$$

(因为被积函数$\geqslant 0$,且只在 $t=0$ 及 $t=\pi$ 两点等于 0).

*29. 设 $f(x)$ 在 $[a,b]$ 上连续且单调递减,证明:

$$\int_a^b xf(x)dx \leqslant \frac{a+b}{2}\int_a^b f(x)dx.$$

证 只需证

$$\int_a^b xf(x)dx - \frac{a+b}{2}\int_a^b f(x)dx \leqslant 0.$$

为此考虑函数

$$F(t) = \int_a^t xf(x)dx - \frac{a+t}{2}\int_a^t f(x)dx, \quad a \leqslant t \leqslant b.$$

$F(t)$ 在 $[a,b]$ 上连续,在 (a,b) 内可导,且

$$F'(t) = tf(t) - \frac{1}{2}\int_a^t f(x)dx - \frac{a+t}{2}f(t)$$

$$= \frac{1}{2}\left[(t-a)f(t) - \int_a^t f(x)dx\right] \quad \text{(再用积分中值定理)}$$

$$= \frac{1}{2}(t-a)(f(t) - f(\xi)) \leqslant 0 \quad \text{(其中 ξ 满足 $a < \xi < t$)}.$$

这说明 $F(t)$ 在 $[a,b]$ 上单调递减. 而 $F(a)=0$,故对一切 $x\in(a,b]$,有

$$F(x) \leqslant F(a) = 0.$$

特别当 $x=b$ 时有 $F(b)\leqslant 0$,移项即得欲证之不等式.

证明本题的要点是:引进辅助函数 $F(t)$.

*30. 设 $f(x)$ 与 $g(x)$ 都在 $[a,b]$ 上连续,证明柯西不等式:
$$\left[\int_a^b f(x)g(x)\mathrm{d}x\right]^2 \leqslant \int_a^b f^2(x)\mathrm{d}x \cdot \int_a^b g^2(x)\mathrm{d}x, \qquad (2.3)$$
且等式成立的充分必要条件是:存在常数 t_0,使
$$f(x) \equiv t_0 g(x) \qquad a \leqslant x \leqslant b.$$

评注 所给不等式可看成是不等式
$$\left[\sum_{i=1}^n a_i b_i\right]^2 \leqslant \sum_{i=1}^n a_i^2 \cdot \sum_{i=1}^n b_i^2$$
的推广. 本题的证明技巧, 普遍适用于证明此类不等式.

证 对一切实数 $t \in (-\infty, +\infty)$, 有
$$0 \leqslant \int_a^b [f(x) - tg(x)]^2 \mathrm{d}x$$
$$= t^2 \int_a^b g^2(x)\mathrm{d}x - 2t \int_a^b f(x)g(x)\mathrm{d}x + \int_a^b f^2(x)\mathrm{d}x. \qquad (2.4)$$
上式右端是变量 t 的二次三项式, 根据二次三项式的性质, 当它在 $(-\infty, +\infty)$ 上不取负值时, 其系数判别式不大于零, 即
$$4\left[\int_a^b f(x)g(x)\mathrm{d}x\right]^2 - 4\int_a^b g^2(x)\mathrm{d}x \cdot \int_a^b f^2(x)\mathrm{d}x \leqslant 0.$$
移项化简即得欲证之不等式.

再证等式成立的充要条件.

充分性 若 $f(x) \equiv t_0 g(x), x \in [a,b]$. 这时(2.3)式的左端
$$\left[\int_a^b f(x)g(x)\mathrm{d}x\right]^2 = \left[\int_a^b t_0 g^2(x)\mathrm{d}x\right]^2 = t_0^2 \left[\int_a^b g^2(x)\mathrm{d}x\right]^2,$$
右端 $\quad \int_a^b f^2(x)\mathrm{d}x \cdot \int_a^b g^2(x)\mathrm{d}x = t_0^2 \int_a^b g^2(x)\mathrm{d}x \cdot \int_a^b g^2(x)\mathrm{d}x$
$$= t_0^2 \left[\int_a^b g^2(x)\mathrm{d}x\right]^2.$$

所以等式成立.

必要性 若(2.3)中的等式成立, 即(2.4)式右端的二次三项式的系数判别式等于零, 这时二次三项式有二重根, 即存在实根 t_0, 使
$$\int_a^b [f(x) - t_0 g(x)]^2 \mathrm{d}x = 0.$$
注意这里被积函数 $[f(x) - t_0 g(x)]^2 \geqslant 0$ 且连续, 故由上述等式即可

推出
$$f(x) - t_0 g(x) \equiv 0, \quad x \in [a,b]$$
(参见§1典型例题第6题),即
$$f(x) \equiv t_0 g(x), \quad x \in [a,b].$$

31. 设函数 $f(x)$ 在 $(-\infty, +\infty)$ 上连续,证明:

(1) 当 $f(x)$ 为偶函数时,
$$\int_0^\pi x f(\cos x) \mathrm{d}x = \frac{\pi}{2} \int_0^\pi f(\cos x) \mathrm{d}x;$$

(2) 当 $f(x)$ 为奇函数时,
$$\int_0^\pi f(\cos x) \mathrm{d}x = 0.$$

证 令
$$I = \int_0^\pi x f(\cos x) \mathrm{d}x$$
$$\xrightarrow{x = \pi - t} \int_\pi^0 (\pi - t) f(\cos(\pi - t))(-\mathrm{d}t)$$
$$= \int_0^\pi (\pi - t) f(-\cos t) \mathrm{d}t.$$

(1) 当 $f(x)$ 为偶函数时,
$$I = \int_0^\pi (\pi - t) f(\cos t) \mathrm{d}t = \pi \int_0^\pi f(\cos t) \mathrm{d}t - \int_0^\pi t f(\cos t) \mathrm{d}t$$
$$= \pi \int_0^\pi f(\cos x) \mathrm{d}x - I,$$

移项即得
$$I = \frac{\pi}{2} \int_0^\pi f(\cos x) \mathrm{d}x.$$

(2) 当 $f(x)$ 为奇函数时,
$$I = -\int_0^\pi (\pi - t) f(\cos t) \mathrm{d}t = -\pi \int_0^\pi f(\cos t) \mathrm{d}t + I.$$

由上式推出
$$-\pi \int_0^\pi f(\cos t) \mathrm{d}t = 0, \quad 即 \quad \int_0^\pi f(\cos x) \mathrm{d}x = 0.$$

*32. 设 $f(x)$ 在 $[0,1]$ 上连续且递增,证明:对任意 $k \in (0,1)$,有

$$\int_0^k f(x)\mathrm{d}x \leqslant k\int_0^1 f(x)\mathrm{d}x.$$

分析 所给不等式可化为
$$\frac{1}{k}\int_0^k f(x)\mathrm{d}x \leqslant \int_0^1 f(x)\mathrm{d}x.$$

上式说明：当 $f(x)$ 在 $[0,1]$ 上递增时，$f(x)$ 在 $[0,1]$ 的任一子区间 $[0,k]$ 上积分平均值，小于或等于 $f(x)$ 在 $[0,1]$ 上的积分平均值. 从直观上这是不难理解的.

证法 1

$$\begin{aligned}
k&\int_0^1 f(x)\mathrm{d}x - \int_0^k f(x)\mathrm{d}x \\
&= k\left[\int_0^k f(x)\mathrm{d}x + \int_k^1 f(x)\mathrm{d}x\right] - \int_0^k f(x)\mathrm{d}x \\
&= (k-1)\int_0^k f(x)\mathrm{d}x + k\int_k^1 f(x)\mathrm{d}x \quad \text{（再用积分中值定理）} \\
&= k(k-1)[f(\xi_1) - f(\xi_2)] \quad \text{（其中 } 0 < \xi_1 < k < \xi_2 < 1\text{）} \\
&\geqslant 0.
\end{aligned}$$

移项即得欲证之不等式.

证法 2 令
$$F(k) = k\int_0^1 f(x)\mathrm{d}x - \int_0^k f(x)\mathrm{d}x, \quad 0 \leqslant k \leqslant 1.$$

$F(k)$ 在 $[0,1]$ 上连续，在 $(0,1)$ 内可微，且 $F(0)=F(1)=0$，由罗尔定理，在 $(0,1)$ 内存在一点 k_0，使
$$F'(k_0) = \int_0^1 f(x)\mathrm{d}x - f(k_0) = 0.$$

由此得
$$\int_0^1 f(x)\mathrm{d}x = f(k_0).$$

又当 $0 \leqslant k < k_0$ 时
$$F'(k) = \int_0^1 f(x)\mathrm{d}x - f(k) = f(k_0) - f(k) \geqslant 0;$$

当 $k_0 \leqslant k \leqslant 1$ 时，
$$F'(k) = f(k_0) - f(k) \leqslant 0,$$

这说明 $F(k)$ 在 $[0,k_0]$ 上单调上升，而在 $[k_0,1]$ 上单调下降，故 $F(k)$

在$[0,1]$上的最小值为$\min(F(0),F(1))=0$. 于是对一切$k\in(0,1)$, 都有$F(k)\geqslant 0$,移项即得欲证之不等式.

证法 1 的证明要点是：利用定积分对积分区间的可加性；积分中值定理.

证法 2 的证明要点是：罗尔定理；函数的单调性.

33. 设$f(x)$在$[-a,a]$连续,求证：

(1) 若$f(x)$在$[-a,a]$为奇函数,则$f(x)$在$[-a,a]$的全体原函数为偶函数；

(2) 若$f(x)$在$[-a,a]$为偶函数,则$f(x)$在$[-a,a]$只有惟一的一个原函数为奇函数$\left(即 \int_0^x f(t)\mathrm{d}t\right)$.

证 (1) 考察$F(x)=\int_0^x f(t)\mathrm{d}t$,若$f(x)$为奇函数,则

$$(F(x)-F(-x))' = F'(x)+F'(-x)$$
$$= f(x)+f(-x)=0 \quad (x\in[-a,a]),$$

又

$$[F(x)-F(-x)]|_{x=0}=0$$

$\Longrightarrow F(x)=F(-x)\ (x\in[-a,a])$,即$F(x)$为偶函数,因此

$$\int f(x)\mathrm{d}x = F(x)+C,$$

即$f(x)$的全体原函数均为偶函数.

(2) 类似可证：若$f(x)$在$[-a,a]$为偶函数,则

$$F(x)=\int_0^x f(t)\mathrm{d}t$$

在$[-a,a]$为奇函数. 因此,全体原函数

$$\int f(x)\mathrm{d}x = F(x)+C$$

中仅当$C=0$时为奇函数.

本节小结

1. 求定积分时要注意利用被积函数的奇偶性、周期性.
2. 能正确运用变上限定积分的求导公式：
$$\frac{d}{dx}\int_a^{\varphi(x)} f(t)dt = f(\varphi(x)) \cdot \varphi'(x).$$
3. 能灵活运用定积分对积分区间的可加性，化简定积分并求出其值.
4. 注意定积分的值取决于被积函数与积分上、下限，而与积分变量的记号无关，即
$$\int_a^b f(x)dx = \int_a^b f(u)du.$$
5. 能灵活运用积分中值定理.

练习题 5.2

5.2.1 求下列定积分：

(1) $\int_0^1 \frac{x^3}{1+x^8}dx$；

(2) $\int_0^1 \frac{x^2 dx}{\sqrt{x^6+4}}$；

(3) $\int_1^e (x\ln x)^2 dx$；

(4) $\int_{-2}^2 |x^2-1|dx$；

(5) $\int_0^1 \ln(1+\sqrt{x})dx$；

(6) $\int_{-\frac{\pi}{2}}^{\frac{\pi}{2}} \sqrt{\cos x-\cos^3 x}\,dx$.

5.2.2 确定下列定积分的符号：

(1) $\int_0^{2\pi} \frac{\sin x}{(a+x)^2}dx \ (a \geqslant 0)$；

(2) $\int_0^{2\pi} e^{-x^2}\sin x\,dx$.

5.2.3 设 $f(x)$ 在 $[0,1]$ 上连续，证明：

(1) $\int_0^{\frac{\pi}{2}} f(\sin x)dx = \int_0^{\frac{\pi}{2}} f(\cos x)dx$；

(2) $\int_0^{2\pi} \cos^{2n} x\,dx = 4\int_0^{\frac{\pi}{2}} \cos^{2n} x\,dx$，$n$ 为正整数.

5.2.4 求 $\frac{dy}{dx}$：

(1) $y = \int_x^8 \sqrt{1+t^2}\,dt$；

(2) $y = \int_0^{x^2} \frac{dt}{1+t^3}$；

(3) $y = \int_{x^4}^{x^5} \cos(t^2)dt$；

(4) $y = \int_{1/x}^{\sqrt{x}} \sin(t^2)dt$.

5.2.5 求下列极限：

(1) $\lim\limits_{x\to+\infty} \dfrac{\int_0^x (\arctan x)^2 \mathrm{d}x}{\sqrt{x^2+1}}$；

(2) $\lim\limits_{h\to 0} \dfrac{1}{h^2}\int_0^h \left(\dfrac{1}{x}-\cot x\right)\mathrm{d}x$.

5.2.6 设 $f(x)$ 连续且为奇函数，证明

$$F(x) = \int_0^x f(t)\mathrm{d}t$$

为偶函数．

*5.2.7 设 $f(x), g(x)$ 在 $[a,b]$ 连续．

(1) 若 $f(x)\geqslant 0 (x\in[a,b])$．证明：$F(x)=\int_a^x f(t)\mathrm{d}t$ 在 $[a,b]$ 单调上升．又若 $F(b)=\int_a^b f(t)\mathrm{d}t = 0$，证明：$F(x)=0$ 且 $f(x)=0 (x\in[a,b])$．

(2) 若 $f(x)\geqslant g(x), f(x)\not\equiv g(x) (x\in[a,b])$，证明

$$\int_a^b f(x)\mathrm{d}x > \int_a^b g(x)\mathrm{d}x.$$

§3 定积分的应用与广义积分

内 容 提 要

1. 用定积分处理问题的基本步骤

通常用定积分所求的是一个函数的改变量 $F(b)-F(a)$，用四步法求解的过程是：

分割 $F(b)-F(a) = \sum\limits_{i=1}^{n}[F(x_i)-F(x_{i-1})]$，将整体改变量分解成局部改变量之和．

近似 $F(x_i)-F(x_{i-1})\approx f(\xi_i)\Delta x_i$，$\xi_i\in[x_{i-1}, x_i]$，$\Delta x_i = x_i - x_{i-1}$，在局部上把非均匀变化看作是均匀变化的．

求和 $\sum\limits_{i=1}^{n}[F(x_i)-F(x_{i-1})]\approx \sum\limits_{i=1}^{n} f(\xi_i)\Delta x_i$，得到整体改变量的近似值．

取极限

$$F(b) - F(a) = \lim_{\lambda\to 0}\sum_{i=1}^{n} f(\xi_i)\Delta x_i, \quad \text{其中 } \lambda = \max_{1\leqslant i\leqslant n}\Delta x_i,$$

从近似转化为精确．

由于微分式与积分式之间的关系：设 $f(x)$ 在 $[a,b]$ 连续，则

$$\mathrm{d}F(x) = f(x)\mathrm{d}x \Longleftrightarrow F(x) - F(a) = \int_a^x f(t)\mathrm{d}t \quad (a\leqslant x\leqslant b).$$

上述四步可以简化为两步：

(1) 求出 $F(x)$ 的微分式 $dF(x)=f(x)dx$.

(2) 将微分式积分得
$$F(b) - F(a) = \int_a^b f(x)dx.$$

关键是求出微分式 $dF(x)=f(x)dx$，但不是通过微分运算求得 $f(x)dx$，因为 $F(x)$ 是未知的，而是根据实际情况直接找出 $F(x)$ 的局部改变量的近似表达式 $f(x)\Delta x$. 常用的方法是微元分析法：任取 $[x,x+\Delta x]$，求出
$$\Delta F(x) = F(x+\Delta x) - F(x) \approx f(x)\Delta x.$$

当 $\Delta x \to 0$ 时，从近似式变成等式
$$dF(x) = f(x)dx.$$

2. 定积分的几何应用

(1) 平面图形的面积

① 在直角坐标系中，两条连续曲线 $y=f(x)$ 和 $y=g(x)$ ($f(x)\geqslant g(x)$，$a\leqslant x\leqslant b$) 与两条直线 $x=a$ 和 $x=b$ 所围成的图形的面积
$$S = \int_a^b [f(x) - g(x)]dx,$$

见图 5.11.

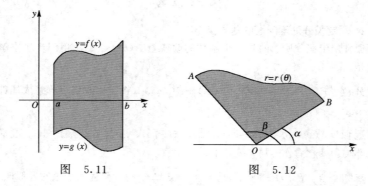

图 5.11　　　　　　图 5.12

② 设 $r(\theta)$ 在 $[\alpha,\beta]$ 连续，在极坐标系中曲线 $AB: r=r(\theta)$ ($\alpha\leqslant\theta\leqslant\beta$) 与射线 $\theta=\alpha, \theta=\beta$ 围成的广义扇形的面积
$$S = \frac{1}{2}\int_\alpha^\beta r^2(\theta)d\theta.$$

见图 5.12.

(2) 立体体积

① **旋转体的体积**　设 $f(x)\geqslant 0$，在 $[a,b]$ 连续，则由曲线 $\overset{\frown}{AB}$ ($y=f(x)$，$a\leqslant$

$x\leqslant b$),直线 $x=a, x=b, y=0$ 围成的曲边梯形绕 x 轴旋转而成的旋转体的体积为

$$V = \pi \int_a^b f^2(x) \mathrm{d}x.$$

见图 5.13.

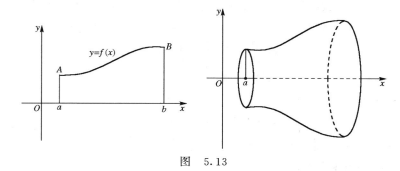

图 5.13

② **根据已知截面积求体积** 设一立体由一曲面和两个平面 $x=a$ 与 $x=b$ 围成,用垂直于 Ox 轴的平面去截立体,所得截面面积为 $S(x)(a\leqslant x\leqslant b)$,则此立体的体积为

$$V = \int_a^b S(x) \mathrm{d}x.$$

(3) 平面曲线的弧长

① 由参数方程给出的曲线的弧长.

设 $\varphi(t), \psi(t)$ 在 $[\alpha, \beta]$ 有连续的导数,则

$$\overset{\frown}{AB}: x = \varphi(t), \quad y = \psi(t) \quad (\alpha \leqslant t \leqslant \beta)$$

的弧长是

$$s = \int_\alpha^\beta \sqrt{[\varphi'(t)]^2 + [\psi'(t)]^2} \mathrm{d}t.$$

② 直角坐标系中的弧长.

设 $f(x)$ 在 $[a,b]$ 有连续的导数,则

$$\overset{\frown}{AB}: y = f(x) \quad (a \leqslant x \leqslant b)$$

的弧长是

$$s = \int_a^b \sqrt{1 + [f'(x)]^2} \mathrm{d}x.$$

③ 极坐标系中的弧长.

设 $r(\theta)$ 在 $[\alpha, \beta]$ 有连续的导数,则

$$\overset{\frown}{AB}: r = r(\theta) \quad (\alpha \leqslant \theta \leqslant \beta)$$

的弧长

$$s = \int_\alpha^\beta \sqrt{r^2(\theta) + [r'(\theta)]^2}\,\mathrm{d}\theta.$$

(4) 旋转体的侧面积

设曲线 $\overset{\frown}{AB}$ 在 x 轴上方, 绕 x 轴旋转而成的旋转体的侧面积记为 F, 则

① 参数方程情形:

$$F = 2\pi \int_\alpha^\beta \psi(t)\sqrt{\varphi'^2(t) + \psi'^2(t)}\,\mathrm{d}t,$$

其中 $\varphi(t), \psi(t)$ 在 $[\alpha, \beta]$ 有连续的导数.

② 直角坐标系情形:

$$F = 2\pi \int_a^b f(x)\sqrt{1 + f'^2(x)}\,\mathrm{d}x,$$

其中 $f(x)$ 在 $[a, b]$ 有连续的导数.

③ 极坐标系情形:

$$F = 2\pi \int_\alpha^\beta [r(\theta)\sin\theta]\sqrt{r^2(\theta) + r'^2(\theta)}\,\mathrm{d}\theta,$$

其中 $r(\theta)$ 在 $[\alpha, \beta]$ 有连续的导数.

3. 定积分在物理上的若干应用

(1) 变力 $F(x)$ 作用在 Ox 轴的方向上, 则在区间 $[a,b]$ 上变力所作的功

$$W = \int_a^b F(x)\,\mathrm{d}x.$$

(2) 设曲线 Γ:

$$x = x(t), \quad y = y(t) \quad (\alpha \leqslant t \leqslant \beta),$$

其中 $x(t), y(t)$ 在 $[\alpha, \beta]$ 有连续的导数, Γ 的线密度为 $\rho(t)$, 它在 $[\alpha, \beta]$ 连续, 则曲线 Γ 的质量

$$m = \int_\alpha^\beta \rho(t)\sqrt{x'^2(t) + y'^2(t)}\,\mathrm{d}t.$$

(3) 设有一薄板垂直放入均匀的静止液体中. 薄板的上、下边为直边 $x=a$, $x=b, a<b$, 而侧边为曲边, 曲边方程分别为 $y=f(x), y=g(x), f(x) \geqslant g(x)$ ($a \leqslant x \leqslant b$), 它们是 $[a,b]$ 上的连续函数. 见图 5.14. 则液体对薄板的侧压力是

$$\mu \int_a^b x[f(x) - g(x)]\,\mathrm{d}x,$$

其中 μ 是液体单位体积所受的重力 ($\mu = \rho g, \rho$ 为液体密度, g 为重力加速度).

(4) 质量分别为 m_1, m_2, 距离为 r 的两个质点间的引力为

$$F = G\frac{m_1 m_2}{r^2},$$

G 为引力常数. 根据这个万有引力定律与微元法可以计算质点对某些均匀物体的引力.

4. 广义积分

(1) 广义积分的定义

① **无穷限的积分** 设 $f(x)$ 在 $[a,+\infty)$ 上有定义并在 $[a,+\infty)$ 的任意有限子区间 $[a,A]$ 上可积. 若 $A\to +\infty$ 时积分 $\int_a^A f(x)dx$ 存在极限,则称

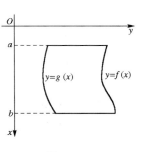

图 5.14

无穷积分 $\int_a^{+\infty} f(x)dx$ **收敛**,并定义

$$\int_a^{+\infty} f(x)dx = \lim_{A\to +\infty}\int_a^A f(x)dx,$$

否则称**无穷积分** $\int_a^{+\infty} f(x)dx$ **发散**. 类似地当 $\lim_{B\to -\infty}\int_B^a f(x)dx$ 存在时,定义

$$\int_{-\infty}^a f(x)dx = \lim_{B\to -\infty}\int_B^a f(x)dx.$$

$f(x)$ 在 $(-\infty,+\infty)$ 上的无穷积分定义为

$$\int_{-\infty}^{+\infty} f(x)dx = \int_{-\infty}^a f(x)dx + \int_a^{+\infty} f(x)dx, \tag{3.1}$$

仅当右端两个积分均收敛时才认为 $f(x)$ 在 $(-\infty,+\infty)$ 可积,积分 (3.1) 的值不依赖于 a 的选择.

② **无界函数的积分** 设 $f(x)$ 在 $[a,b]$ 除去点 $c(c\in [a,b])$ 外均有定义,且在 c 附近无界 (c 称为**瑕点**),对任意 $\varepsilon>0, \eta>0$, $f(x)$ 在 $[a,c-\varepsilon]$, $[c+\eta,b]$ 可积,若极限

$$\lim_{\varepsilon\to 0+}\int_a^{c-\varepsilon} f(x)dx, \quad \lim_{\eta\to 0+}\int_{c+\eta}^b f(x)dx$$

均存在,则称 $f(x)$ 在 $[a,b]$ 的**瑕积分** $\int_a^b f(x)dx$ **收敛**,并且定义

$$\int_a^b f(x)dx = \lim_{\varepsilon\to 0+}\int_a^{c-\varepsilon} f(x)dx + \lim_{\eta\to 0+}\int_{c+\eta}^b f(x)dx,$$

否则称**瑕积分** $\int_a^b f(x)dx$ **发散**. 当 $c=a$ 或 $c=b$ 时定义可相应简化.

无穷限积分与瑕积分统称为**广义积分**.

(2) 几个特殊的积分

$$\int_a^{+\infty}\frac{dx}{x^\lambda}\begin{cases}\text{收敛}(\lambda>1),\\ \text{发散}(\lambda\leq 1);\end{cases} \quad \int_0^a\frac{dx}{x^\lambda}\begin{cases}\text{收敛}(\lambda<1),\\ \text{发散}(\lambda\geq 1),\end{cases}$$

其中 $a>0$.

$$\int_0^{+\infty} e^{-x^2} dx = \frac{\sqrt{\pi}}{2}.$$

(3) 广义积分收敛性的比较判别法

设 $f(x), g(x)$ 在 $[a,+\infty)$ 上连续, 且当 $x > X \geqslant 0$ 时,
$$0 \leqslant f(x) \leqslant g(x) \quad x \in (a,b).$$

① 若 $\int_a^{+\infty} g(x) dx$ 收敛, 则 $\int_a^{+\infty} f(x) dx$ 收敛;

② 若 $\int_a^{+\infty} f(x) dx$ 发散, 则 $\int_a^{+\infty} g(x) dx$ 发散.

③ 若 $f(x)$ 在 $[a,+\infty)$ 连续, $f(x) \geqslant 0$, $\lim\limits_{x \to +\infty} [f(x) x^\lambda] = l, l \neq \infty, l \neq 0$, 则当 $\lambda > 1$ 时 $\int_a^{+\infty} f(x) dx$ 收敛, 当 $\lambda \leqslant 1$ 时 $\int_a^{+\infty} f(x) dx$ 发散.

设 $f(x), g(x)$ 在 $(a,b]$ 上连续, a 是瑕点, 且 $0 \leqslant f(x) \leqslant g(x)$,

① 若 $\int_a^b g(x) dx$ 收敛, 则 $\int_a^b f(x) dx$ 收敛;

② 若 $\int_a^b f(x) dx$ 发散, 则 $\int_a^b g(x) dx$ 发散.

当 b 是瑕点时, 有类似的结论.

③ 若 $f(x)$ 在 $(a,b]$ 连续, a 是瑕点,
$$f(x) \geqslant 0, \quad \lim_{x \to a+0} [f(x)(x-a)^\lambda] = l, \quad l \neq \infty, l \neq 0,$$
则当 $\lambda < 1$ 时 $\int_a^b f(x) dx$ 收敛, $\lambda \geqslant 1$ 时 $\int_a^b f(x) dx$ 发散.

*(4) 广义积分的绝对收敛与条件收敛性, 狄利克雷判别法与阿贝尔判别法

已证下列事实: 若 $\int_a^{+\infty} |f(x)| dx$ 收敛, 则 $\int_a^{+\infty} f(x) dx$ 收敛; 若瑕积分 $\int_a^b |f(x)| dx$ 收敛, 则瑕积分 $\int_a^b f(x) dx$ 收敛.

定义 设 $f(x)$ 在 $[a,+\infty)$ 的任意有限区间上可积. 若 $\int_a^{+\infty} |f(x)| dx$ 收敛, 则称 $\int_a^{+\infty} f(x) dx$ **绝对收敛**; 若 $\int_a^{+\infty} f(x) dx$ 收敛, 而 $\int_a^{+\infty} |f(x)| dx$ 发散, 则称 $\int_a^{+\infty} f(x) dx$ **条件收敛**.

对于瑕积分, 也有类似的绝对收敛与条件收敛的定义.

对于绝对收敛的广义积分, 我们可用比较判别法判断 $\int_a^{+\infty} |f(x)| dx$ $\left(\text{或} \int_a^b |f(x)| dx, a \text{ 为瑕点}\right)$ 的收敛性. 对于非绝对收敛的广义积分, 下列两个判别法是有效的:

狄利克雷判别法 设 $f(x)$ 与 $g(x)$ 在 $[a,+\infty)$ 上连续. 若存在常数 $M > 0$, 使对一切 $A \geqslant a$, 都有

$$\left|\int_a^A f(x)\mathrm{d}x\right| \leqslant M.$$

又设 $g(x)$ 在 $[a,+\infty)$ 上单调且趋于零(当 $x \to +\infty$ 时),则广义无穷积分 $\int_a^{+\infty} f(x)g(x)\mathrm{d}x$ 收敛.

阿贝尔判别法 设 $f(x)$ 与 $g(x)$ 在 $[a,+\infty)$ 上连续,若 $\int_a^{+\infty} f(x)\mathrm{d}x$ 收敛,又 $g(x)$ 在 $[a,+\infty)$ 上单调有界,则无穷积分 $\int_a^{+\infty} f(x)g(x)\mathrm{d}x$ 收敛.

对于瑕积分,有相应的狄利克雷判别法与阿贝尔判别法.

典型例题分析

1. 求下列曲线的弧长:

(1) $x = a\cos^3 t,\ y = a\sin^3 t\ (a>0)$;

(2) $r = a(1+\cos\theta)\ (a>0)$.

解 分析图形的对称性,画出曲线的草图,然后再进行计算.

(1) 这是一条封闭曲线,关于 x, y 轴对称,当 $0 \leqslant t \leqslant \pi/2$ 时曲线位于第一象限.见图 3.32.因此,此曲线的弧长

$$s = 4\int_0^{\pi/2} \sqrt{x'^2 + y'^2}\,\mathrm{d}t = 4\int_0^{\pi/2} \sqrt{3^2 a^2 \sin^2 t \cos^2 t}\,\mathrm{d}t$$
$$= 6a\int_0^{\pi/2} \sin 2t\,\mathrm{d}t = 6a.$$

(2) 由于 $\cos\theta = \cos(2\pi-\theta)$,所以曲线关于 $\theta = \pi$ 即极轴对称.当 θ 从 0 变到 π 时,$r(\theta)$ 从 $r = 2a$ 单调下降至 $r = 0$.因此曲线图形如图 5.15.这条曲线称为心脏线,它的弧长

$$s = 2\int_0^\pi \sqrt{r^2(\theta) + r'^2(\theta)}\,\mathrm{d}\theta$$
$$= 2\int_0^\pi \sqrt{2a^2(1+\cos\theta)}\,\mathrm{d}\theta$$
$$= 4a\int_0^\pi \cos\frac{\theta}{2}\,\mathrm{d}\theta = 8a.$$

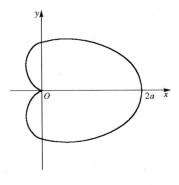

图 5.15

2. 先描绘由曲线围成的平面

图形的草图,然后求出各平面图形的面积.

(1) $y^2 = -4(x-1)$ 与 $y^2 = -2(x-2)$;

(2) $r = a\sin 3\theta\ (a>0)$.

解 (1) 这是两条抛物线,它们的交点是 $(0,2)$, $(0,-2)$,图形关于 x 轴对称,见图 5.16.

解法 1 把曲线表为 y 是 x 的函数,则图形的面积

$$S = 2\left(\int_0^2 \sqrt{-2(x-2)}\,dx - \int_0^1 \sqrt{-4(x-1)}\,dx\right)$$

$$= -\frac{2}{3}(4-2x)^{\frac{3}{2}}\Big|_0^2 + \frac{1}{3}(4-4x)^{\frac{3}{2}}\Big|_0^1 = \frac{8}{3}.$$

解法 2 把曲线表为 x 是 y 的函数,则图形的面积

$$S = 2\int_0^2 \left[\frac{1}{2}(4-y^2) - \frac{1}{4}(4-y^2)\right]dy$$

$$= 8 - \frac{1}{3}y^3\Big|_0^2 - 4 + \frac{1}{6}y^3\Big|_0^2 = \frac{8}{3}.$$

(2) $r(\theta)$ 以 $2\pi/3$ 为周期. 不难看出当 $0 \leqslant \theta \leqslant \pi/3$ 时 $r(\theta) \geqslant 0$. 且当 $0 \leqslant \theta \leqslant \pi/6$ 时,

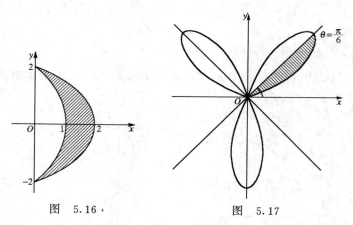

图 5.16   图 5.17

$$r(\pi/3-\theta) = \sin 3(\pi/3-\theta) = \sin 3\theta = r(\theta).$$

这说明在 $0 \leqslant \theta \leqslant \pi/3$ 时的图形关于射线 $\theta = \pi/6$ 对称. 当 $\pi/3 \leqslant \theta \leqslant 2\pi/3$ 时,注意

$$\sin 3(\theta - \pi/3) = -\sin 3\theta,$$

故 $r(\theta) = -r(\theta - \pi/3) < 0.$

由上述分析我们可画出该曲线的草图,见图 5.17. 此曲线称为三叶线.

由对称性,我们可得此曲线所围的平面图形的面积

$$S = 6 \times \frac{1}{2}\int_0^{\frac{\pi}{6}} a^2 \sin^2 3\theta \, d\theta = \frac{3}{2}a^2 \int_0^{\frac{\pi}{6}} (1-\cos 6\theta) d\theta = \frac{\pi}{4}a^2.$$

3. 求两曲线 $y = f(x) = x^3$ 与 $y = g(x) = \lim\limits_{t \to +\infty} \dfrac{x^{\frac{1}{4}}}{1+3^{-tx}}$ 以及直线 $x = -1$ 所围成图形的面积.

解 先将 $g(x)$ 表成分段函数

$$g(x) = \begin{cases} x^{\frac{1}{4}}, & x \geqslant 0, \\ 0, & x < 0. \end{cases}$$

从图 5.18 看出,$y = g(x)$ 的图形在 $y = f(x)$ 的图形之上. 又此两曲

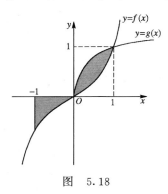

图 5.18

线相交于 $(0,0)$ 及 $(1,1)$ 两点,所以所求面积为

$$\begin{aligned} S &= \int_{-1}^{1} [g(x) - f(x)] dx \\ &= \int_{-1}^{0} (0 - x^3) dx + \int_0^1 (x^{\frac{1}{4}} - x^3) dx \\ &= -\frac{1}{4}x^4 \Big|_{-1}^0 + \left(\frac{4}{5}x^{\frac{5}{4}} - \frac{1}{4}x^4\right)\Big|_0^1 = \frac{4}{5}. \end{aligned}$$

4. 求下列旋转曲面的面积:

(1) $y = \sin x (0 \leqslant x \leqslant \pi), y = 0$ 围成的图形绕 x 轴旋转所得曲

面.

(2) $x=a\cos^3 t, y=a\sin^3 t (0\leqslant t\leqslant 2\pi)$ 绕直线 $y=x$ 旋转所得曲面.

解 (1) 直接由直角坐标系中的旋转面面积计算公式得该旋转面的面积

$$F = 2\pi \int_0^\pi y\sqrt{1+y'^2(x)}\mathrm{d}x = 2\pi\int_0^\pi \sin x\sqrt{1+\cos^2 x}\mathrm{d}x$$

$$= -2\pi\int_0^\pi \sqrt{1+\cos^2 x}\,\mathrm{d}\cos x = 2\pi\int_{-1}^1 \sqrt{1+u^2}\,\mathrm{d}u$$

$$= 4\pi\int_0^1 \sqrt{1+u^2}\,\mathrm{d}u = 4\pi\left[\frac{u}{2}\sqrt{1+u^2}+\frac{1}{2}\ln|u+\sqrt{1+u^2}|\right]\Big|_0^1$$

$$= 4\pi\left[\frac{\sqrt{2}}{2}+\frac{1}{2}\ln(1+\sqrt{2})\right].$$

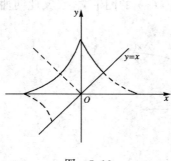

图 5.19

(2) 曲线图形见图 3.33. 曲线关于 $y=\pm x$ 对称,故所求曲面面积等于 $t\in\left[\dfrac{\pi}{4},\dfrac{3\pi}{4}\right]$ 所对应的一段曲线旋转所得曲面面积的 2 倍. 见图 5.19.

任取曲线的一小微元,端点坐标 $(x(t),y(t))=(a\cos^3 t,a\sin^3 t)$,它到直线 $y=x$ 的距离是

$$l(t) = \frac{a\sin^3 t - a\cos^3 t}{\sqrt{2}},$$

曲线微元的弧长

$$\mathrm{d}s = \sqrt{x'(t)^2+y'(t)^2}\mathrm{d}t = 3a|\sin t\cos t|\mathrm{d}t.$$

因而此曲线微元绕 $y=x$ 旋转所得曲面微元的面积

$$\mathrm{d}F = 2\pi\cdot l(t)\cdot \mathrm{d}s$$

$$= 2\pi\cdot\frac{a\sin^3 t - a\cos^3 t}{\sqrt{2}}\cdot 3a|\sin t\cos t|\mathrm{d}t.$$

因此,整个旋转面的面积是

$$F = 2\times\frac{6a^2\pi}{\sqrt{2}}\int_{\frac{\pi}{4}}^{\frac{3\pi}{4}}[\sin^3 t - \cos^3 t]|\sin t\cos t|\mathrm{d}t$$

$$= 6\sqrt{2}\,a^2\pi\left[\int_{\frac{\pi}{4}}^{\frac{\pi}{2}}(\sin^3 t - \cos^3 t)\sin t\cos t\,dt\right.$$

$$\left. - \int_{\frac{\pi}{2}}^{\frac{3\pi}{4}}(\sin^3 t - \cos^3 t)\sin t\cos t\,dt\right]$$

$$= \frac{6\sqrt{2}\,a^2\pi}{5}\left[(\sin^5 t + \cos^5 t)\Big|_{\frac{\pi}{4}}^{\frac{\pi}{2}} - (\sin^5 t + \cos^5 t)\Big|_{\frac{\pi}{2}}^{\frac{3\pi}{4}}\right]$$

$$= \frac{3}{5}\pi a^2(4\sqrt{2} - 1).$$

5. 设函数 $y=f(x)$ 在 $[a,b]$ $(a>0)$ 连续非负. 证明：由曲线 $y=f(x)$，直线 $x=a, x=b$ 以及 x 轴围成的平面图形绕 y 轴旋转所成立体体积为

$$V = 2\pi\int_a^b xf(x)\,dx.$$

证 用微元法导出这个公式. 任取 $[a,b]$ 上小区间 $[x, x+dx]$，相应得到小曲边梯形，它绕 y 轴旋转所成的立体近似于一个以 $x+dx$ 为外半径，以 x 为内半径，高为 $f(x)$ 的圆筒，将此圆筒沿其一条母线割断后展开，则其体积近似等于底、宽、高分别为 $2\pi x, dx, f(x)$ 的长方体的体积(见图 5.20). 故有

$$dV = 2\pi x f(x)\,dx,$$

积分得旋转体的体积

$$V = 2\pi\int_a^b xf(x)\,dx.$$

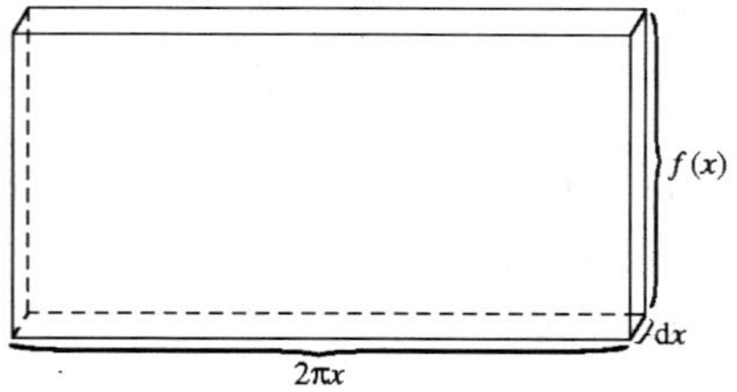

图 5.20

6. 求旋轮线(摆线)

$$\begin{cases} x = a(t-\sin t), \\ y = a(1-\cos t), \end{cases} (0 \leqslant t \leqslant 2\pi, a > 0)$$

绕其对称轴 $x=\pi a$ 旋转一周所得曲面之面积.

解 曲线上任一点 (x,y)(其中 $0 \leqslant x \leqslant \pi a$)到直线 $x=\pi a$ 的距离为 $\pi a - x$,故

$$F = \int_0^\pi 2\pi(\pi a - x) \mathrm{d}s$$
$$= \int_0^\pi 2\pi[\pi a - a(t-\sin t)] 2a \left|\sin \frac{t}{2}\right| \mathrm{d}t$$
$$= 4\pi a^2 \int_0^\pi (\pi - t + \sin t)\sin \frac{t}{2} \mathrm{d}t,$$

而
$$\int_0^\pi \sin \frac{t}{2} \mathrm{d}t = 2,$$

$$\int_0^\pi t\sin \frac{t}{2} \mathrm{d}t = -2\int_0^\pi t\mathrm{d}\left(\cos \frac{t}{2}\right)$$
$$= -2\left[t\cos \frac{t}{2}\bigg|_0^\pi - \int_0^\pi \cos \frac{t}{2}\mathrm{d}t\right]$$
$$= 2\int_0^\pi \cos \frac{t}{2} \mathrm{d}t = 4,$$

$$\int_0^\pi \sin t \sin \frac{t}{2} \mathrm{d}t \xrightarrow{x=\frac{t}{2}} 2\int_0^{\frac{\pi}{2}} \sin 2x \cdot \sin x \mathrm{d}x$$
$$= 4\int_0^{\frac{\pi}{2}} \sin^2 x \mathrm{d}\sin x = \frac{4}{3},$$

所以 $F = 4\pi a^2 \left(2\pi - 4 + \frac{4}{3}\right) = 8\pi a^2 \left(\pi - \frac{4}{3}\right).$

7. 设 $f(x) = x^2/2, g(x) = \sqrt{x-3/4},$

(1) 求两曲线 $y=f(x)$ 与 $y=g(x)$ 的切点 P 的坐标;

(2) 设曲线 $y=g(x)$ 与 x 轴的交点为 A,求曲边形 OPA 的面积(其中 O 为坐标原点,见图 5.21).

(3) 求曲边形 OPA 绕 x 轴旋转一周所得旋转体的体积;

(4) 求曲边形 OPA 绕 y 轴旋转一周所得旋转体的体积;

(5) 求曲边形 OPA 绕 x 轴旋转一周所得旋转体的侧面积.

解 （1）设切点 P 处的坐标为 (x_0, y_0)，则应满足：
$$f(x_0) = g(x_0), \quad f'(x_0) = g'(x_0),$$
即
$$\begin{cases} x_0^2/2 = \sqrt{x_0 - 3/4}, \\ x_0 = \dfrac{1}{2\sqrt{x_0 - 3/4}}. \end{cases}$$

由此得惟一解 $x_0 = 1$，故切点 P 的坐标为 $(1, 1/2)$.

(2) $y = g(x)$ 与 x 轴的交点 A 的

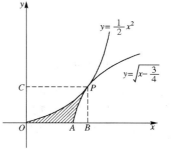

图 5.21

坐标显然为 $(3/4, 0)$，故所求面积 S 等于曲边形 OPB 的面积减去曲边形 APB 的面积 (其中 B 为 P 在 x 轴上的垂足)，即

$$S = \int_0^1 \frac{1}{2} x^2 dx - \int_{\frac{3}{4}}^1 \sqrt{x - 3/4}\, dx$$

$$= \frac{1}{6} x^3 \Big|_0^1 - \frac{2}{3} \left(x - \frac{3}{4} \right)^{\frac{3}{2}} \Big|_{\frac{3}{4}}^1 = \frac{1}{12}.$$

(3) 同理，曲边形 OPA 绕 x 轴旋转所得旋转体的体积 V_1，等于 OPB 与 APB 分别绕 x 轴旋转所得旋转体的体积之差，即

$$V_1 = \pi \int_0^1 \frac{x^4}{4} dx - \pi \int_{\frac{3}{4}}^1 \left(x - \frac{3}{4} \right) dx = \frac{3\pi}{160}.$$

(4) **解法 1** 用第 5 题中的公式. 从公式的推导过程不难看出: OPA 绕 y 轴旋转所得旋转体的体积 V_2，等于 OPB 与 APB 分别绕 y 轴旋转所得旋转体的体积之差，即

$$V_2 = 2\pi \int_0^1 x \cdot \frac{1}{2} x^2 dx - 2\pi \int_{\frac{3}{4}}^1 x \sqrt{x - 3/4}\, dx,$$

不难算出 $\int_0^1 \frac{x^3}{2} dx = \frac{1}{8}$. 又令 $t = \sqrt{x - 3/4}$，即

$$x = t^2 + 3/4, \quad dx = 2t\, dt,$$

于是
$$\int_{\frac{3}{4}}^1 x \sqrt{x - 3/4}\, dx = \int_0^{\frac{1}{2}} \left(t^2 + \frac{3}{4} \right) 2t^2 dt = \frac{3}{40},$$

代入得
$$V_2 = 2\pi\left(\frac{1}{8} - \frac{3}{40}\right) = \frac{\pi}{10}.$$

解法 2 将曲线段 $\overset{\frown}{OP}$ 与 $\overset{\frown}{AP}$ 分别表成
$$x = \varphi(y) = \sqrt{2y} \quad \text{与} \quad x = \psi(y) = y^2 + \frac{3}{4},$$

则 OPA 绕 y 轴旋转所得旋转体的体积 V_2, 等于曲边形 $OAPC$ 与曲边形 OPC 分别绕 y 轴旋转所得旋转体的体积之差(其中点 C 为点 P 在 y 轴上的垂足), 即

$$\begin{aligned}V_2 &= \pi\int_0^{\frac{1}{2}}[\psi^2(y) - \varphi^2(y)]\mathrm{d}y \\ &= \pi\int_0^{\frac{1}{2}}\left[\left(y^2 + \frac{3}{4}\right)^2 - 2y\right]\mathrm{d}y = \frac{\pi}{10}.\end{aligned}$$

(5) 曲边形 OPA 绕 x 轴旋转一周所得侧面积 F, 等于 OPB 与 APB 分别绕 x 轴旋转一周所得旋转体的侧面积之和, 即
$$F = \int_0^1 2\pi f(x)\mathrm{d}s + \int_{\frac{3}{4}}^1 2\pi g(x)\mathrm{d}s.$$

当 $y = f(x) = \frac{1}{2}x^2$ 时,
$$\mathrm{d}s = \sqrt{1 + f'^2(x)}\mathrm{d}x = \sqrt{1 + x^2}\mathrm{d}x;$$

当 $y = g(x) = \sqrt{x - 3/4}$ 时,
$$\mathrm{d}s = \sqrt{1 + g'^2(x)}\mathrm{d}x = \sqrt{\frac{4x - 2}{4x - 3}}\mathrm{d}x,$$

所以
$$\begin{aligned}F &= 2\pi\int_0^1 \frac{1}{2}x^2\sqrt{1 + x^2}\mathrm{d}x + 2\pi\int_{\frac{3}{4}}^1 \sqrt{x - \frac{3}{4}} \cdot \sqrt{\frac{4x - 2}{4x - 3}}\mathrm{d}x \\ &= \pi\int_0^1 x^2\sqrt{1 + x^2}\mathrm{d}x + \pi\int_{\frac{3}{4}}^1 \sqrt{4x - 2}\mathrm{d}x.\end{aligned}$$

利用第四章 §2 典型例题分析中第 7 题的结果, 知
$$\int_0^1 x^2\sqrt{1 + x^2}\mathrm{d}x = \left[\frac{x}{8}(2x^2 + 1)\sqrt{1 + x^2} \right.$$
$$\left. - \frac{1}{8}\ln(x + \sqrt{1 + x^2})\right]\Big|_0^1$$

$$= \frac{3}{8}\sqrt{2} - \frac{1}{8}\ln(1+\sqrt{2}).$$

又令 $t = \sqrt{4x-2}$,则

$$\int_{\frac{3}{4}}^{1} \sqrt{4x-2}\,dx = \int_{1}^{\sqrt{2}} t \cdot \frac{t}{2}dt = \frac{t^3}{6}\Big|_{1}^{\sqrt{2}} = \frac{\sqrt{2}}{3} - \frac{1}{6}.$$

代入上式得

$$F = \pi\left[\frac{17}{24}\sqrt{2} - \frac{1}{6} - \frac{1}{8}\ln(1+\sqrt{2})\right].$$

评注 第(4)题中所求旋转体的体积 V_2,等于两有关旋转体体积之差,而第(5)题中所求旋转体的侧面积,等于两有关旋转体的侧面积之和.

8. 半径为 R 的球沉入水中,上顶点与水面相切,将球从水中取出要做多少功?(球的单位体积重力 $=\rho g$ 取为1,其中 ρ 为球密度,g 为重力加速度).

解 首先建立坐标系:取 x 轴垂直水平面并通过球心,方向向上,原点在球心,见图 5.22.

现在任取 $[-R, R]$ 上的一个小区间 $[x, x+dx]$ 相应地得到球体中的一小薄片,其重力为 $\pi(R^2-x^2)dx$,在水中时重力与浮力相等. 当球从水中移至水面时,此薄片移至离水平面 $(R+x)$ 处,故需做功

$$dW = (R+x) \cdot \pi(R^2-x^2)dx,$$

因此,对整个球需做功

$$W = \pi\int_{-R}^{R}(R+x)(R^2-x^2)dx = \pi\int_{-R}^{R}R(R^2-x^2)dx$$
$$= \frac{4}{3}\pi R^4.$$

9. 已知如下事实:设有半径为 a,面密度为 σ 的均匀圆形薄板,质量为 m 的质点 P 位于通过薄板中心 O 且垂直于薄板的直线上,$|\overline{PO}|=b$,则圆形薄板对质点 P 的引力为

$$F = 2\pi km\sigma\left[1 - \frac{b}{\sqrt{a^2+b^2}}\right]. \tag{3.2}$$

利用这个公式,求均匀球体对质点 Q 的引力.已知球体质量为 M,Q 在球外,离球心 l 处,质量为 m.

解 建立坐标系：以球心 O 为原点，过 Q 点的直径为 x 轴，正向指向 Q，见图 5.23（它只是一个截面图）．

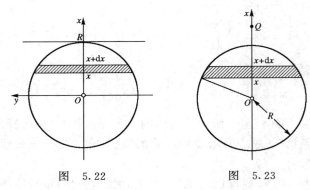

图 5.22　　　　　　　图 5.23

设球的半径为 R，在 $[-R,R]$ 上任取一小段 $[x, x+\mathrm{d}x]$，相应得到圆形薄片，半径为 $\sqrt{R^2-x^2}$，面密度为 $\rho \mathrm{d}x$，其中 ρ 为球体的体密度，Q 离此薄片距离为 $l-x$. 于是由公式(3.2)，此薄片对 Q 点的引力

$$\mathrm{d}F = 2\pi km \left[1 - \frac{l-x}{\sqrt{R^2-x^2+(l-x)^2}}\right] \rho \cdot \mathrm{d}x.$$

因此球对 Q 点的引力

$$\begin{aligned}
F &= 2\pi km\rho \int_{-R}^{R}\left[1 - \frac{l-x}{\sqrt{R^2-x^2+(l-x)^2}}\right]\mathrm{d}x \\
&= 2\pi km\rho \left(2R + \frac{1}{l}\int_{-R}^{R}(l-x)\mathrm{d}\sqrt{R^2+l^2-2lx}\right) \\
&= 2\pi km\rho \left[2R + \frac{1}{l}(l-R)^2 - \frac{1}{l}(l+R)^2 \right. \\
&\quad \left. + \frac{1}{l}\int_{-R}^{R}\sqrt{R^2+l^2-2lx}\,\mathrm{d}x\right] \\
&= 2\pi km\rho \left[-2R - \frac{1}{3l^2}(R^2+l^2-2lx)^{\frac{3}{2}}\Big|_{-R}^{R}\right] \\
&= 2\pi km\rho \left\{-2R - \frac{1}{3l^2}[(l-R)^3 - (l+R)^3]\right\} \\
&= 2\pi km\rho \left[-2R + 2R + \frac{2R^3}{3l^2}\right]
\end{aligned}$$

$$= k\frac{4\pi R^3}{3l^2}m\rho = k\frac{Mm}{l^2}.$$

计算表明：均匀球体对球外一质点 Q 的引力就等于把球体看作质量集中于球心的质点时，它对 Q 的引力.

10. 已知如下事实：设有一均匀细棒，长为 $2l$，质量为 m，在棒的延长线上离棒中心为 $a(a>l)$ 处有一质量为 m_0 的质点 M_0，则棒对 M_0 的引力

$$F = \frac{kmm_0}{a^2 - l^2}.$$

利用这个事实，求位于同一直线上两均匀细棒之间的引力.已知两细棒的长分别为 l_1, l_2，质量分别为 m_1, m_2，相邻两端点之距离为 a.

解　我们把求同一直线上两根均匀细棒间的引力转化为求棒的延长线上质点对棒的引力的叠加.

先建立坐标系如图 5.24. x 轴通过两根细棒，向右为正向，第二根棒左端点为原点.

图　5.24

其次，任取第二根棒中 $[x, x+\mathrm{d}x]$ 一段，把它看作质点，它的质量为 $\frac{m_2}{l_2}\mathrm{d}x$，与第一根棒中心之距离为 $x+a+\frac{l_1}{2}$，于是第一根棒与它之间的引力

$$\mathrm{d}F = \frac{km_1 \cdot \frac{m_2}{l_2}\mathrm{d}x}{\left(x+a+\frac{l_1}{2}\right)^2 - \left(\frac{l_1}{2}\right)^2}.$$

最后，求积分得两细棒间的引力

$$F = \int_0^{l_2} \frac{km_1m_2}{l_2\left[\left(x+a+\frac{l_1}{2}\right)^2 - \left(\frac{l_1}{2}\right)^2\right]}\mathrm{d}x$$

$$= \frac{km_1m_2}{l_1l_2}\int_0^{l_2}\left[\frac{1}{x+a} - \frac{1}{x+a+l_1}\right]\mathrm{d}x$$

$$= \frac{km_1m_2}{l_1l_2}\ln\frac{(l_1+a)(l_2+a)}{a(a+l_1+l_2)}.$$

11. 求下列广义积分：

(1) $\int_0^{+\infty} x\mathrm{e}^{-x}\mathrm{d}x$；

(2) $\int_0^1 \frac{\mathrm{d}x}{(2-x)\sqrt{1-x}}$；

(3) $\int_0^{+\infty} \frac{\mathrm{d}x}{(x+1)(x+2)}$；

(4) $\frac{1}{\sigma\sqrt{2\pi}}\int_{-\infty}^{+\infty} \mathrm{e}^{-\frac{(x-a)^2}{2\sigma^2}}\mathrm{d}x \quad (\sigma>0)$；

(5) $\int_0^{+\infty} \frac{1+x^2}{1+x^4}\mathrm{d}x \quad \left(\text{作变换 } u=x-\frac{1}{x}\right)$；

(6) $\int_0^{+\infty} \frac{1-x^2}{1+x^4}\mathrm{d}x$, $\int_0^{+\infty} \frac{1}{1+x^4}\mathrm{d}x$

$\left(\text{提示：证明}\int_0^{+\infty} \frac{x^2}{1+x^4}\mathrm{d}x=\int_0^{+\infty} \frac{\mathrm{d}x}{1+x^4}\right)$；

(7) $\int_1^{+\infty} \frac{\mathrm{d}x}{x\sqrt{3x^2-2x-1}}$.

解 （1）用分部积分法得

$$\int_0^{+\infty} x\mathrm{e}^{-x}\mathrm{d}x = -\int_0^{+\infty} x\mathrm{d}\mathrm{e}^{-x} = -x\mathrm{e}^{-x}\bigg|_0^{+\infty} + \int_0^{+\infty} \mathrm{e}^{-x}\mathrm{d}x$$

$$= -\mathrm{e}^{-x}\bigg|_0^{+\infty} = 1.$$

（2）作变量替换，令 $t=\sqrt{1-x}$，则 $x=1-t^2$，

$$\int_0^1 \frac{\mathrm{d}x}{(2-x)\sqrt{1-x}} = \int_1^0 \frac{-2t\mathrm{d}t}{(1+t^2)t} = 2\int_0^1 \frac{\mathrm{d}t}{1+t^2}$$

$$= 2\arctan t\bigg|_0^1 = \frac{\pi}{2}.$$

（3）**解法 1** 按定义先计算

$$\int_0^A \frac{\mathrm{d}x}{(x+1)(x+2)} = \int_0^A \left(\frac{1}{x+1} - \frac{1}{x+2}\right)\mathrm{d}x$$

$$= \ln\left|\frac{A+1}{A+2}\right| + \ln 2,$$

取极限得

$$\int_0^{+\infty} \frac{\mathrm{d}x}{(x+1)(x+2)} = \lim_{A\to+\infty}\int_0^A \frac{\mathrm{d}x}{(x+1)(x+2)} = \ln 2.$$

评注 因为 $\int_0^{+\infty} \dfrac{dx}{x+1}$,$\int_0^{+\infty} \dfrac{dx}{x+2}$ 均发散,所以不能利用等式

$$\frac{1}{(x+1)(x+2)} = \frac{1}{x+1} - \frac{1}{x+2}$$

进行如下运算:

$$\int_0^{+\infty} \frac{dx}{(x+1)(x+2)} = \int_0^{+\infty} \frac{dx}{x+1} - \int_0^{+\infty} \frac{dx}{x+2}.$$

解法 2 作变换化为有限区间上的积分. 令 $\dfrac{1}{x+1} = t$,即 $x = 1/t - 1$,则

$$\int_0^{+\infty} \frac{dx}{(x+1)(x+2)} = \int_1^0 \frac{-1/t^2 dt}{\dfrac{1}{t}\left(\dfrac{1}{t}+1\right)} = \int_0^1 \frac{dt}{t+1}$$

$$= \ln(t+1)\Big|_0^1 = \ln 2.$$

(4) 作变换并利用

$$\int_0^{+\infty} e^{-u^2} du = \sqrt{\pi}/2$$

来计算所求积分. 令 $u = \dfrac{x-a}{\sqrt{2}\,\sigma}$,则

$$\frac{1}{\sigma\sqrt{2\pi}} \int_{-\infty}^{+\infty} e^{-\frac{(x-a)^2}{2\sigma^2}} dx = \frac{1}{\sqrt{\pi}} \int_{-\infty}^{+\infty} e^{-u^2} du$$

$$= \frac{2}{\sqrt{\pi}} \int_0^{+\infty} e^{-u^2} du = 1.$$

(5)

$$\int_0^{+\infty} \frac{1+x^2}{1+x^4} dx = \int_0^{+\infty} \frac{1+\dfrac{1}{x^2}}{x^2+\dfrac{1}{x^2}} dx = \int_0^{+\infty} \frac{d\left(x-\dfrac{1}{x}\right)}{\left(x-\dfrac{1}{x}\right)^2+2}$$

$$\xlongequal{\text{令}\, u = x - \dfrac{1}{x}} \int_{-\infty}^{+\infty} \frac{du}{u^2+2} = \frac{1}{\sqrt{2}} \arctan \frac{u}{\sqrt{2}} \Big|_{-\infty}^{+\infty} = \frac{\pi}{\sqrt{2}}.$$

(6) 因为

$$\int_0^{+\infty}\frac{x^2}{1+x^4}\mathrm{d}x=\int_0^{+\infty}\frac{\mathrm{d}x}{x^2\left(1+\frac{1}{x^4}\right)}=-\int_0^{+\infty}\frac{\mathrm{d}\frac{1}{x}}{1+\left(\frac{1}{x}\right)^4}$$

$$\xrightarrow{\diamondsuit u=\frac{1}{x}}\int_0^{+\infty}\frac{\mathrm{d}u}{1+u^4}=\int_0^{+\infty}\frac{\mathrm{d}x}{1+x^4},$$

所以 $$\int_0^{+\infty}\frac{1-x^2}{1+x^4}\mathrm{d}x=0.$$

结合上题结果得

$$\int_0^{+\infty}\frac{\mathrm{d}x}{1+x^4}=\frac{1}{2}\left[\int_0^{+\infty}\frac{1+x^2}{1+x^4}\mathrm{d}x+\int_0^{+\infty}\frac{1-x^2}{1+x^4}\mathrm{d}x\right]$$

$$=\frac{\sqrt{2}}{4}\pi.$$

(7) 令 $x=\frac{1}{t}$,

$$原式=\int_1^0\frac{t}{\sqrt{\frac{3-2t-t^2}{t^2}}}\left(-\frac{1}{t^2}\right)\mathrm{d}t$$

$$=\int_0^1\frac{\mathrm{d}t}{\sqrt{3-2t-t^2}}$$

$$=\int_0^1\frac{\mathrm{d}t}{\sqrt{4-(t+1)^2}}=\arcsin\frac{t+1}{2}\bigg|_0^1$$

$$=\frac{\pi}{2}-\frac{\pi}{6}=\frac{\pi}{3}.$$

12. 证明下列积分收敛:

(1) $\int_0^1\frac{\sin x}{x^{3/2}}\mathrm{d}x$, $\int_1^{+\infty}\frac{\sin x}{x^{3/2}}\mathrm{d}x$; (2) $\int_1^{+\infty}x^\alpha\mathrm{e}^{-x^2}\mathrm{d}x$.

证 利用比较判别法来证明.

(1) 先考虑瑕积分 $\int_0^1\frac{\sin x}{x^{3/2}}\mathrm{d}x$. $x=0$ 是瑕点. 因为 $\frac{\sin x}{x}$ 在 $(0,1]$ 有界,所以 $x\in(0,1]$ 时

$$\left|\frac{\sin x}{x^{3/2}}\right|=\left|\frac{\sin x}{x}\cdot\frac{1}{x^{1/2}}\right|\leqslant\frac{M}{x^{1/2}},$$

其中 M 为常数. 又 $\int_0^1 \frac{dx}{x^{1/2}}$ 收敛,因此

$$\int_0^1 \frac{\sin x}{x^{3/2}} dx$$

绝对收敛. 再考虑无穷积分 $\int_1^\infty \frac{\sin x}{x^{3/2}} dx$. 当 $x \in [1, +\infty)$ 时

$$\left| \frac{\sin x}{x^{3/2}} \right| \leqslant \frac{1}{x^{3/2}},$$

而 $\int_1^{+\infty} \frac{dx}{x^{3/2}}$ 收敛,所以 $\int_1^{+\infty} \frac{\sin x}{x^{3/2}} dx$ 绝对收敛.

(2) 注意: $\lim\limits_{x \to +\infty} x^a e^{-\frac{1}{2}x} = 0$, 故 $x^a e^{-\frac{1}{2}x}$ 在 $[1, +\infty)$ 有界,于是

$$0 \leqslant x^a e^{-x^2} \leqslant x^a e^{-x} = x^a e^{-\frac{x}{2}} e^{-\frac{x}{2}}$$

$$\leqslant M e^{-\frac{x}{2}} \quad (x \in [1, +\infty)), 其中 M 为常数.$$

又 $\int_1^{+\infty} e^{-\frac{x}{2}} dx$ 收敛,所以 $\int_1^{+\infty} x^a e^{-x^2} dx$ 收敛.

13. 求无穷积分 $\int_2^{+\infty} \frac{dx}{(x-1)^4 \sqrt{x^2-2x}}$.

解 当 $x \to +\infty$ 时被积函数与 $\frac{1}{x^5}$ 同阶,所以无穷积分收敛. 又 $x = 2$ 是瑕点,当 $x \to 2+0$ 时被积函数与 $\frac{1}{\sqrt{x-2}}$ 同阶,故瑕积分也收敛. 因 $x^2 - 2x = (x-1)^2 - 1$, 故作变量替换

$$x - 1 = \sec t \quad (0 \leqslant t < \pi/2),$$

$$\int_2^{+\infty} \frac{dx}{(x-1)^4 \sqrt{x^2-2x}} = \int_0^{\frac{\pi}{2}} \frac{\cos^4 t \cdot \sin t}{\tan t \cdot \cos^2 t} dt$$

$$= \int_0^{\frac{\pi}{2}} \cos^3 t \, dt = \left(\sin t - \frac{1}{3} \sin^3 t \right) \Big|_0^{\frac{\pi}{2}}$$

$$= \frac{2}{3}.$$

14. 求广义积分 $\int_0^{+\infty} \frac{x e^{-x}}{(1+e^{-x})^2} dx$.

解 被积函数的分子分母同乘 e^{2x},

原式 $= \int_0^{+\infty} \frac{x\mathrm{e}^x \mathrm{d}x}{(1+\mathrm{e}^x)^2} = -\int_0^{+\infty} x \mathrm{d}\left(\frac{1}{1+\mathrm{e}^x}\right)$
$= -\frac{x}{1+\mathrm{e}^x}\Big|_0^{+\infty} + \int_0^{+\infty} \frac{\mathrm{d}x}{1+\mathrm{e}^x} = \int_0^{+\infty}\left(1 - \frac{\mathrm{e}^x}{1+\mathrm{e}^x}\right)\mathrm{d}x$
$= (x - \ln(1+\mathrm{e}^x))\Big|_0^{+\infty} = \ln\frac{\mathrm{e}^x}{1+\mathrm{e}^x}\Big|_0^{+\infty} = \ln 2.$

15. 判别无穷积分
$$\int_3^{+\infty} \frac{\mathrm{d}x}{(x-1)(\ln x)^k} \quad (k>0, 为常数)$$
的收敛性.

解 被积函数在 $[3,+\infty)$ 上连续,且恒为正,故可用比较判别法.

因为 $x \geqslant 3$ 时,$\frac{1}{(x-1)(\ln x)^k} > \frac{1}{x(\ln x)^k}.$

若 $k=1$,则
$$\int_3^{+\infty} \frac{\mathrm{d}x}{x(\ln x)} = \ln\ln x \Big|_3^{+\infty} = +\infty,$$
由比较判别法推出原无穷积分也发散.

若 $k<1$,则
$$\int_3^{+\infty} \frac{\mathrm{d}x}{x(\ln x)^k} = \frac{1}{1-k}(\ln x)^{1-k}\Big|_3^{+\infty} = +\infty,$$
这时原无穷积分也发散.

若 $k>1$,注意当 $x \geqslant 3$ 时,
$$\frac{1}{(x-1)(\ln x)^k} < \frac{1}{(x-1)[\ln(x-1)]^k},$$
而 $\int_3^{+\infty} \frac{\mathrm{d}x}{(x-1)[\ln(x-1)]^k} = \frac{1}{1-k}[\ln(x-1)]^{1-k}\Big|_3^{+\infty}$
$= \frac{1}{k-1}(\ln 2)^{1-k},$

收敛.由比较判别法,原无穷积分收敛.

总之,当 $k \leqslant 1$ 时发散,当 $k>1$ 时收敛.

*16. 讨论下列无穷积分的敛散性,条件收敛还是绝对收敛?

(1) $\int_1^{+\infty} \frac{\sin x}{x^p}\mathrm{d}x \quad (p>0);$

(2) $\int_1^{+\infty} \dfrac{\sin ax}{l+mx^p}dx$ $(p>0, a>0, l>0, m\neq 0, m\neq -l)$;

(3) $\int_1^{+\infty} \sin(x^2)dx$; (4) $\int_1^{+\infty}(1+e^{-x})\dfrac{\sin x}{x}dx$.

解 (1) 注意 $\left|\dfrac{\sin x}{x^p}\right| \leqslant \dfrac{1}{x^p}$, 而当 $p>1$ 时 $\int_1^{+\infty}\dfrac{1}{x^p}dx$ 收敛. 故当 $p>1$ 时 $\int_1^{+\infty}\dfrac{\sin x}{x^p}dx$ 绝对收敛.

当 $0<p\leqslant 1$ 时, 对任意 $A\geqslant 1$,
$$\left|\int_1^A \sin x\, dx\right| = |\cos A - \cos 1| \leqslant 2,$$
即 $\int_1^A \sin x\, dx$ 有界. 又 $\dfrac{1}{x^p}$ 在 $[1,+\infty)$ 上单调(下降)且趋于 0 $(x\to +\infty$ 时), 由狄利克雷判别法知 $\int_1^{+\infty}\dfrac{\sin x}{x^p}dx$ 收敛. (用类似的方法, 可证 $\int_1^{+\infty}\dfrac{\sin ax}{x^p}dx$ 与 $\int_1^{+\infty}\dfrac{\cos ax}{x^p}dx$ 也都收敛, 其中 $p>0$, a 为任意非零常数.)

再证当 $0<p\leqslant 1$ 时 $\int_1^{+\infty}\dfrac{|\sin x|}{x^p}dx$ 发散.

证法 1 证明当 $A\to +\infty$ 时, $\int_1^A \dfrac{|\sin x|}{x^p}dx$ 无界.

事实上, 任意取定一个充分大的 A, 不妨设 $A>2\pi$. 令 $\left[\dfrac{A}{\pi}\right]=n_0$, 则 $n_0\geqslant 2$, 且 $A\geqslant n_0\pi$. 由于 $\dfrac{|\sin x|}{x^p}$ 非负, 所以
$$\int_1^A \dfrac{|\sin x|}{x^p}dx \geqslant \int_\pi^{n_0\pi}\dfrac{|\sin x|}{x^p}dx$$
$$= \sum_{n=2}^{n_0}\int_{(n-1)\pi}^{n\pi}\dfrac{|\sin x|}{x^p}dx \geqslant \sum_{n=2}^{n_0}\int_{(n-1)\pi}^{n\pi}\dfrac{|\sin x|}{(n\pi)^p}dx$$
$$= \sum_{n=2}^{n_0}\dfrac{1}{(n\pi)^p}\int_0^\pi \sin x\, dx = \dfrac{2}{\pi^p}\sum_{n=2}^{n_0}\dfrac{1}{n^p}.$$

由于当 $0<p\leqslant 1$ 时级数 $\sum\limits_{n=2}^\infty \dfrac{1}{n^p}$ 发散, 故 $\sum\limits_{n=2}^{n_0}\dfrac{1}{n^p}$ 可以大于任意给定的正数, 只要 n_0 充分大. 由此推出 $\int_1^A \dfrac{|\sin x|}{x^p}dx$ 可以大于任意给定

的正数,只要 A 充分大.这说明当 $A \to +\infty$ 时 $\int_1^A \frac{|\sin x|}{x^p} \mathrm{d}x$ 无界,故 $\int_1^{+\infty} \frac{|\sin x|}{x^p} \mathrm{d}x$ 发散.

证法 2 注意对任意 x, $|\sin x| \geqslant \sin^2 x$,故
$$\frac{|\sin x|}{x^p} \geqslant \frac{\sin^2 x}{x^p} = \frac{1 - \cos 2x}{2x^p}.$$
由于 $0 < p \leqslant 1$ 时 $\int_1^{+\infty} \frac{1}{2x^p} \mathrm{d}x$ 发散,而 $\int_1^{+\infty} \frac{\cos 2x}{2x^p} \mathrm{d}x$ 收敛,故
$$\int_1^{+\infty} \frac{1 - \cos 2x}{2x^p} \mathrm{d}x = \int_1^{+\infty} \left(\frac{1}{2x^p} - \frac{\cos 2x}{2x^p} \right) \mathrm{d}x$$
发散.

由比较判别法便知 $\int_1^{+\infty} \frac{|\sin x|}{x^p} \mathrm{d}x$ 发散.

综合起来,当 $0 < p \leqslant 1$ 时 $\int_1^{+\infty} \frac{\sin x}{x^p} \mathrm{d}x$ 条件收敛.

对于无穷积分 $\int_1^{+\infty} \frac{\cos x}{x^p} \mathrm{d}x$,可类似地证明:当 $p > 1$ 时绝对收敛;而当 $0 < p \leqslant 1$ 时条件收敛.

(2) 所论无穷级数可改写为
$$\int_1^{+\infty} \frac{x^p}{l + mx^p} \cdot \frac{\sin ax}{x^p} \mathrm{d}x \quad (p > 0, l > 0, a > 0, m \neq 0, m \neq -l).$$
已知 $\int_1^{+\infty} \frac{\sin ax}{x^p} \mathrm{d}x$ 收敛,又函数 $\frac{x^p}{l + mx^p}$ 单调(上升)且趋于 $\frac{1}{m}$(当 $x \to +\infty$ 时),故 $\frac{x^p}{l + mx^p}$ 有界(当 $x \to +\infty$ 时).由阿贝尔判别法可知无穷积分
$$\int_1^{+\infty} \frac{\sin ax}{l + mx^p} \mathrm{d}x \quad (p > 0, a > 0, l > 0, m \neq 0, m \neq -l)$$
收敛.与(1)类似可证:当 $p > 1$ 时绝对收敛,当 $0 < p \leqslant 1$ 时条件收敛.

(3) 作变量替换有 $\int_1^{+\infty} \sin(x^2) \mathrm{d}x \xrightarrow{t = x^2} \int_1^{+\infty} \frac{\sin t}{2\sqrt{t}} \mathrm{d}t$,这即第(1)题中 $p = \frac{1}{2}$ 时的情况,故条件收敛.

(4) 已知 $\int_1^{+\infty} \frac{\sin x}{x} \mathrm{d}x$ 收敛,又函数 $(1 + e^{-x})$ 单调(下降)且有界

($|1+e^{-x}|\leqslant 2$),由阿贝尔判别法知
$$\int_1^{+\infty}(1+e^{-x})\frac{\sin x}{x}dx$$
收敛. 又因
$$\left|(1+e^{-x})\frac{\sin x}{x}\right|\geqslant\left|\frac{\sin x}{x}\right|,$$
而 $\int_1^{+\infty}\left|\frac{\sin x}{x}\right|dx$ 发散,故所论无穷积分条件收敛.

17. 讨论广义积分 $\int_0^{+\infty}\frac{\arctan x}{x^n}dx(n>0)$ 的敛散性.

解 $x=0$ 是瑕点,故将原积分分成两项考虑:
$$\int_0^{+\infty}\frac{\arctan x}{x^n}dx=\int_0^1\frac{\arctan x}{x^n}dx+\int_1^{+\infty}\frac{\arctan x}{x^n}dx.$$
先考虑上式中第一项(瑕积分). 由于
$$\lim_{x\to 0+0}x^{n-1}\cdot\frac{\arctan x}{x^n}=\lim_{x\to 0+0}\frac{\arctan x}{x}=1,$$
故当 $n-1<1$ 即 $n<2$ 瑕积分收敛. 再考虑第二项(无穷积分),由于
$$\lim_{x\to+\infty}x^n\cdot\frac{\arctan x}{x^n}=\frac{\pi}{2},$$
故当 $n>1$ 时积分收敛. 综合起来,当 $1<n<2$ 时所论广义积分收敛.

本 节 小 结

1. 记住平面图形的面积、弧长、旋转体体积、旋转体侧面积等公式(分别在直角坐标系、极坐标系,参数方程下的三种形式). 求弧长及旋转体侧面积时要用到弧微分:
$$ds=\sqrt{1+f'^2(x)}dx,\quad ds=\sqrt{r^2(\theta)+r'^2(\theta)}d\theta,$$
$$ds=\sqrt{\varphi'^2(t)+\psi'^2(t)}dt.$$

2. 用微元分析法将所求量 Q(几何量或物理量)表成定积分时,先根据实际情况列出 Q 的微分式:
$$dQ=f(x)dx,$$
再对 dQ 求定积分即得 Q:
$$Q=\int_a^b dQ=\int_a^b f(x)dx.$$

3. 记住两个基本的广义积分的敛散性：

$$\int_a^{+\infty} \frac{\mathrm{d}x}{x^\lambda} \quad (\lambda>1 \text{时收敛}, \lambda \leqslant 1 \text{时发散}),$$

$$\int_0^a \frac{\mathrm{d}x}{x^\lambda} \quad (\lambda<1 \text{时收敛}, \lambda \geqslant 1 \text{时发散}),$$

其中 $a>0$.

4. 会用比较判别法判别广义积分的敛散性.

练习题 5.3

5.3.1 求由抛物线 $y=2x-x^2$ 和直线 $y=-x$ 所围成的面积.

5.3.2 求曲线 $y=\ln x$ 上从 $x=\sqrt{3}$ 到 $x=\sqrt{8}$ 的一段弧的弧长.

5.3.3 求由曲线 $y=\mathrm{e}^x, x=0, y=0$ 围成的图形绕

(1) Ox 轴；

(2) Oy 轴旋转所成立体的体积.

5.3.4 求由正弦函数 $y=\sin x (0 \leqslant x \leqslant \pi)$ 绕 Ox 轴旋转所得曲面的面积.

5.3.5 求极坐标系中下列曲线围成的面积：

(1) $r=a(1+\cos\theta) \ (a>0, 0\leqslant\theta\leqslant 2\pi)$；

(2) $r^2=a^2\sin 4\theta \ \left(\dfrac{k\pi}{2}\leqslant\theta\leqslant\dfrac{k\pi}{2}+\dfrac{\pi}{4}, k=0,1,2,3\right)$.

5.3.6 求下列旋转曲面的面积：

(1) 由 $r=a(1+\cos\theta)(a>0, 0\leqslant\theta\leqslant\pi)$ 绕极轴旋转而成；

(2) 由心脏线

$$\begin{cases} x=a(2\cos t - \cos 2t), \\ y=a(2\sin t - \sin 2t), \end{cases} \quad (0\leqslant t \leqslant \pi)$$

绕 Ox 轴旋转而成.

5.3.7 如果 1 kg 的力能使弹簧伸长 1 cm，现在要使弹簧伸长 10 cm，问需做多少功？（提示：利用胡克定律）

5.3.8 一气缸的半径为 10 cm，长为 80 cm（图 5.25），充满气体，压强为 980 000 Pa①. 如果温度保持固定，推动活塞使气体体积减少 1/2 需做多少功？

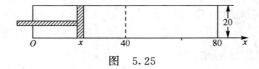

图 5.25

---

① 1 Pa=1 N/m².

5.3.9 一水池是由一条曲线 $y=f(x)$ 及 x 轴，y 轴，$x=b$ 围成的平面图形绕 x 轴旋转而成的立体，其中 y 轴取在蓄水池顶的水平面(图 5.26). 蓄水池已装满水. 现欲将蓄水池中的水全部抽尽，则需做功为

$$W = k\pi \int_0^b [f(x)]^2 x \mathrm{d}x,$$

其中 k 为单位体积的水的重量. 试用定积分的定义导出此公式.

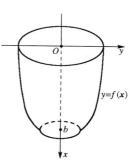

图 5.26

5.3.10 一半球形的蓄水池，深 10 m. 欲将其中盛满的水全部抽尽，问需做多少功？

5.3.11 设有半径为 a，面密度为 σ 的均匀圆板，质量为 m 的质点 P 位于通过圆板中心 O 且垂直于圆板的直线上，$\overline{PO}=b$，求圆板对质点 P 的引力.

5.3.12 求下列广义积分的值或指出其发散性：

(1) $\int_{-1}^{1} \dfrac{\mathrm{d}x}{\sqrt{1-x^2}}$； (2) $\int_{0}^{1/2} \dfrac{\mathrm{d}x}{x\ln x}$； (3) $\int_{0}^{1/2} \dfrac{\mathrm{d}x}{x\ln^2 x}$.

5.3.13 判断下列积分的收敛性：

(1) $\int_{1}^{+\infty} \dfrac{\sin x^2}{x^2} \mathrm{d}x$； (2) $\int_{1}^{+\infty} \dfrac{x\mathrm{d}x}{\sqrt{x^5+1}}$；

(3) $\int_{-1}^{+\infty} \dfrac{\mathrm{d}x}{x^2+\sqrt[3]{x^4+2}}$； (4) $\int_{2}^{+\infty} \dfrac{\mathrm{d}x}{2x+\sqrt[3]{x^2+1}+5}$；

(5) $\int_{0}^{2} \dfrac{\mathrm{d}x}{\sqrt[3]{x}+2\sqrt[4]{x}+x^2}$； (6) $\int_{0}^{1} \dfrac{\mathrm{d}x}{\sqrt[3]{1-x^4}}$.

*5.3.14 讨论无穷积分 $\int_{0}^{+\infty} \dfrac{\sqrt{x}\cos x}{x+10} \mathrm{d}x$ 的敛散性，条件收敛还是绝对收敛？

第六章 空间解析几何

§1 空间直角坐标系,向量及其运算

内 容 提 要

1. 空间直角坐标系与空间中点的直角坐标

(1) 在空间中选一定点 O,过 O 点作三条互相垂直的数轴 Ox, Oy, Oz,就构成空间直角坐标系. O 为坐标系的原点;数轴 Ox, Oy, Oz 称为坐标轴;任意两条坐标轴所确定的平面 Oxy, Oyz, Ozx 称为坐标平面. 三个坐标平面把空间分为八个部分,每一部分称为一个卦限. 空间直角坐标系有两类:右手系与左手系. 我们通常采用右手系(参见图 6.1).

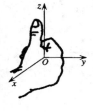

图 6.1

(2) 过空间任意一点 M 作三个平面分别与三个坐标轴垂直,得三个交点,设三个交点在每个坐标轴上的坐标分别为 x, y, z,则称有序数组 (x, y, z) 为点 M 的坐标.

(3) 空间直角坐标系中两点 (x_1, y_1, z_1) 与 (x_2, y_2, z_2) 间的距离为

$$\sqrt{(x_2 - x_1)^2 + (y_2 - y_1)^2 + (z_2 - z_1)^2}.$$

2. 向量概念与向量的表示法

(1) 向量概念

既有大小又有方向的量称为**向量**或**矢量**. 可用有向线段 $\overrightarrow{AB}$ (图 6.2)表示向量,线段的长度 $|AB|$ 表示向量的大小,又称向量的**长度**或**模**,从 A 到 B 的方向表示向量的方向. A 称为**起点**,B 称为**终点**. 大小相等方向相同的两个向量称为**相等的**. 起、终点重合即长度为 0 的向量称为**零向量**. 长度为 1 的向量称为**单位向量**. 大小相等而方向相反的向量称为互为**反向量**. 彼此平行的向量称为**共线的向量**. 同时平行于某一平面的向量称为**共面的向量**.

图 6.2

我们也用 a, b, c 等表示向量,a 的长度记为 $|a|$.

(2) 向量的坐标表示

在直角坐标系 $Oxyz$ 中,若 $\boldsymbol{a}=\overrightarrow{OM}$,即将 $\boldsymbol{a}$ 的起点移至坐标原点,这时 $\boldsymbol{a}$ 的终点 M 的坐标 (x,y,z) 称为 $\boldsymbol{a}$ 的坐标,记为
$$\boldsymbol{a} = \{x,y,z\}.$$
设
$$\boldsymbol{a} = \{a_x,a_y,a_z\}, \quad \boldsymbol{b} = \{b_x,b_y,b_z\},$$
则
$$\boldsymbol{a} = \boldsymbol{b} \Longleftrightarrow a_x = b_x, \quad a_y = b_y, \quad a_z = b_z.$$
设给定点 $M_i(x_i,y_i,z_i)(i=1,2)$,则
$$\overrightarrow{M_1M_2} = \{x_2-x_1, y_2-y_1, z_2-z_1\}.$$

(3) 向量的长度与方向余弦

设 $\boldsymbol{a}=(x,y,z)$,则 $\boldsymbol{a}$ 的长度
$$|\boldsymbol{a}| = \sqrt{x^2+y^2+z^2}.$$

设沿三个坐标轴正向的单位向量分别记为 $\boldsymbol{i},\boldsymbol{j},\boldsymbol{k}$. 向量 $\boldsymbol{a}$ 与 $\boldsymbol{i},\boldsymbol{j},\boldsymbol{k}$ 的夹角分别记作
$$\langle \boldsymbol{a},\boldsymbol{i}\rangle, \quad \langle \boldsymbol{a},\boldsymbol{j}\rangle, \quad \langle \boldsymbol{a},\boldsymbol{k}\rangle.$$
若令
$$\langle \boldsymbol{a},\boldsymbol{i}\rangle = \alpha, \quad \langle \boldsymbol{a},\boldsymbol{j}\rangle = \beta, \quad \langle \boldsymbol{a},\boldsymbol{k}\rangle = \gamma,$$
则称 α,β,γ 为 $\boldsymbol{a}$ 的**方向角**,称 $\cos\alpha,\cos\beta,\cos\gamma$ 为 $\boldsymbol{a}$ 的**方向余弦**,由图 6.3 看出有下列关系式:
$$\cos\alpha = \frac{x}{|\boldsymbol{a}|}, \quad \cos\beta = \frac{y}{|\boldsymbol{a}|},$$
$$\cos\gamma = \frac{z}{|\boldsymbol{a}|},$$
其中 $\{x,y,z\}$ 为 $\boldsymbol{a}$ 的坐标. 由此推出
$$\cos^2\alpha + \cos^2\beta + \cos^2\gamma = 1.$$

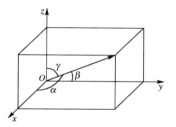

图 6.3

3. 向量的加减法与数乘向量

(1) 定义

向量加法可用三角形加法或平行四边形加法,见图 6.4 和图 6.5.

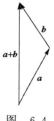

图 6.4

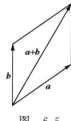

图 6.5

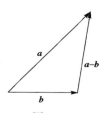

图 6.6

向量减法是加法的逆运算. 若 $b+c=a$,称 c 为 a 与 b 之差,记作 $a-b$,见图 6.6. 不难看出,$a-b=a+(-b)$,其中 $-b$ 是 b 的反向量.

实数 λ 乘向量 a 所得之向量记作 λa,规定:$|\lambda a|=|\lambda||a|$;$\lambda>0$ 时 λa 与 a 同向;$\lambda<0$ 时 λa 与 a 反向;$\lambda=0$ 时 $\lambda a=0$,方向任意.

(2) 运算规律

向量加法有以下规律:
$$a+0=a, \quad a+(-a)=0, \quad a+b=b+a,$$
$$(a+b)+c=a+(b+c), \quad |a+b|\leqslant|a|+|b|.$$

数乘向量有以下规律:
$$\lambda(\mu a)=(\lambda\mu)a, \quad (\lambda+\mu)a=\lambda a+\mu a, \quad \lambda(a+b)=\lambda a+\lambda b.$$

两向量 a 与 b(b 是非零向量)共线 $\Longleftrightarrow$ 存在常数 λ,使 $a=\lambda b$.

(3) 用坐标进行相应的运算

设 $a=\{a_x,a_y,a_z\}, b=\{b_x,b_y,b_z\}$,则
$$a+b=\{a_x+b_x,a_y+b_y,a_z+b_z\},$$
$$\lambda a=\{\lambda a_x,\lambda a_y,\lambda a_z\}.$$

(4) 几何应用

① 向量 $a=\{a_x,a_y,a_z\}$ 与 $b=\{b_x,b_y,b_z\}$ 共线 $\Longleftrightarrow$
$$\frac{a_x}{b_x}=\frac{a_y}{b_y}=\frac{a_z}{b_z}.$$

三点 $(x_i,y_i,z_i)(i=1,2,3)$ 共线 $\Longleftrightarrow$
$$\frac{x_2-x_1}{x_3-x_1}=\frac{y_2-y_1}{y_3-y_1}=\frac{z_2-z_1}{z_3-z_1}.$$

② 设点 $P_i(x_i,y_i,z_i)(i=1,2)$,若线段 $\overline{P_1P_2}$ 上一点 $P(x,y,z)$ 将线段分成 $\overline{P_1P}$ 与 $\overline{PP_2}$ 两段,且
$$|\overline{P_1P}|:|\overline{PP_1}|=\lambda \quad (\lambda>0),$$

则
$$x=\frac{x_1+\lambda x_2}{1+\lambda}, \quad y=\frac{y_1+\lambda y_2}{1+\lambda}, \quad z=\frac{z_1+\lambda z_2}{1+\lambda}.$$

特别地,P_1,P_2 的中点 $P_0(\bar{x},\bar{y},\bar{z})$ 的坐标满足
$$\bar{x}=\frac{1}{2}(x_1+x_2), \quad \bar{y}=\frac{1}{2}(y_1+y_2), \quad \bar{z}=\frac{1}{2}(z_1+z_2).$$

4. 向量的数量积

(1) 数量积的定义与物理意义

给定两个向量 a 与 b,实数 $|a||b|\cos\langle a,b\rangle$ 称为 a 与 b 的**数量积**,记为 $a\cdot b$,又称为 a 与 b 的**点乘**或**内积**. $F\cdot\overrightarrow{AB}$ 表示物体在力 F 的作用下沿直线由 A 移到 B 时力 F 做的功.

(2) 数量积的坐标表示

设 $a=\{a_x,a_y,a_z\}, b=\{b_x,b_y,b_z\}$，则
$$a \cdot b = a_x b_x + a_y b_y + a_z b_z.$$

(3) 数量积的运算性质

a 与 b 的数量积有以下性质：
$$a \cdot b = b \cdot a, \quad (a+b) \cdot c = a \cdot c + b \cdot c,$$
$$(\lambda a) \cdot b = \lambda(a \cdot b), \quad a^2 \equiv a \cdot a = |a|^2.$$

(4) 数量积的几何应用

a 的长度：$|a| = \sqrt{a \cdot a}$.

a 与 b 的夹角 $\langle a,b \rangle$（指不大于 π 的那个角）：
$$\cos\langle a,b \rangle = \frac{a \cdot b}{|a||b|}.$$

a 与 b 垂直 $\Longleftrightarrow a \cdot b = 0$.

5. 向量的向量积

(1) 向量积的定义与物理意义

a 与 b 的向量积规定为一个向量，记为 $a \times b$，它的大小：
$$|a \times b| = |a||b|\sin\langle a,b \rangle,$$
它的方向同时垂直于 a 与 b 且 $a, b, a \times b$ 符合右手法则. 见图 6.7. $a \times b$ 又称为 a 与 b 的**叉乘**或**外积**. 作用于 A 点的力 F 对 O 点的力矩为 $\overrightarrow{OA} \times F$.

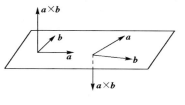

图 6.7

(2) 向量积的运算性质

a 与 b 的向量积有以下性质：
$$a \times b = -(b \times a),$$
$$(\lambda a) \times b = \lambda(a \times b) = a \times (\lambda b),$$
$$(a+b) \times c = a \times c + b \times c.$$

(3) 向量积的坐标表示

设 $a=\{a_x,a_y,a_z\}, b=\{b_x,b_y,b_z\}$，则
$$a \times b = \begin{vmatrix} i & j & k \\ a_x & a_y & a_z \\ b_x & b_y & b_z \end{vmatrix}.$$

(4) 向量积的几何应用

a 与 b 共线 $\Longleftrightarrow a \times b = 0$.

求同时与 a,b 垂直的向量即求 $a \times b$.
$$\triangle ABC \text{ 的面积} = \frac{1}{2}|\overrightarrow{AB} \times \overrightarrow{AC}|.$$

6. 向量的混合积

(1) 混合积的定义

给定三个向量 a,b,c,$(a \times b) \cdot c$ 称为三个向量 a,b,c 的**混合积**.

(2) 混合积的坐标表示

设 $a=\{a_x,a_y,a_z\}, b=\{b_x,b_y,b_z\}, c=\{c_x,c_y,c_z\}$,则

$$(a \times b) \cdot c = \begin{vmatrix} a_x & a_y & a_z \\ b_x & b_y & b_z \\ c_x & c_y & c_z \end{vmatrix}.$$

(3) 混合积的性质

① 轮换对称性:
$$(a \times b) \cdot c = (b \times c) \cdot a = (c \times a) \cdot b.$$

② a,b,c 共面 $\Longleftrightarrow (a \times b) \cdot c = 0$.

(4) 混合积的几何应用

以三向量 a,b,c 为相邻三棱的平行六面体的体积等于
$$|(a \times b) \cdot c|.$$

典型例题分析

1. 指出下列等式成立的充要条件,并给予证明.

(1) $|a+b|=|a|-|b|$;   (2) $|a+b|=|a-b|$;

(3) $a+b$ 与 $a-b$ 共线.

解 (1) 等式成立的充要条件是:a 与 b 反向且 $|a| \geqslant |b|$.

由向量的数量积与模的关系得
$$|a+b|^2 = (a+b) \cdot (a+b) = |a|^2 + |b|^2 + 2a \cdot b,$$
$$(|a|-|b|)^2 = |a|^2 + |b|^2 - 2|a||b|,$$
$$|a+b|=|a|-|b| \Longleftrightarrow |a+b|^2 = (|a|-|b|)^2 \quad (|a| \geqslant |b|)$$
$$\Longleftrightarrow a \cdot b = -|a||b| \quad (|a| \geqslant |b|)$$
$$\Longleftrightarrow \cos\langle a,b \rangle = -1 \quad (|a| \geqslant |b|).$$

故得证.

(2) 等式成立的充要条件是:$a \perp b$.

证法 1 由数量积与模的关系得

$$|a+b|=|a-b| \Leftrightarrow |a|^2+|b|^2+2a\cdot b = |a|^2+|b|^2-2a\cdot b$$
$$\Leftrightarrow a\cdot b = 0.$$

故得证.

证法 2 由向量加减法的定义,当 a 与 b 不共线时,以 a 与 b 为邻边的平行四边形的两条对角线是 $a+b$ 与 $a-b$,而平行四边形的两条对角线的长度相等的充要条件是此四边形为矩形,故 $a \perp b$,见图 6.8. 当 a 与 b 共线时,$|a+b|=|a-b|$ 的充要条件是 a,b 中必有一个零向量,而零向量与任意向量垂直,故得证.

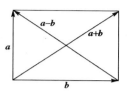

图 6.8

(3) 等式成立的充要条件是:a 与 b 共线. 注意
$$(a+b)\times(a-b) = b\times a - a\times b = 2b\times a,$$
所以
$$a+b \text{ 与 } a-b \text{ 共线} \Leftrightarrow (a+b)\times(a-b) = 0$$
$$\Leftrightarrow b\times a = 0 \Leftrightarrow a \text{ 与 } b \text{ 共线}.$$

2. 判断下列等式是否成立:

(1) $(a\cdot b)c = a(b\cdot c)$;

(2) $(a\cdot b)^2 = a^2\cdot b^2$ (a^2 表示 $a\cdot a$);

(3) $a\cdot(b\times c) = (a\times b)\cdot c$.

解 (1) 不成立. $(a\cdot b)c$ 表示 a 与 b 作数量积得实数,再与向量 c 作乘积,它是与 c 共线的向量. 同理,$a(b\cdot c)$ 与 a 共线,因此等式不一定成立.

(2) 不成立.
$$(a\cdot b)^2 = |a|^2|b|^2\cos^2\langle a,b\rangle,$$
$$a^2 = |a|^2, \quad b^2 = |b|^2,$$
因此,当 $\cos^2\langle a,b\rangle \neq 1$ 时
$$(a\cdot b)^2 \neq a^2\cdot b^2.$$

(3) 成立. 在空间引进坐标系. 设
$$a = \{a_x, a_y, a_z\}, \quad b = \{b_x, b_y, b_z\}, \quad c = \{c_x, c_y, c_z\},$$
则
$$a\cdot(b\times c) = \begin{vmatrix} a_x & a_y & a_z \\ b_x & b_y & b_z \\ c_x & c_y & c_z \end{vmatrix}.$$

又 $(\boldsymbol{a}\times\boldsymbol{b})\cdot\boldsymbol{c}=\boldsymbol{c}\cdot(\boldsymbol{a}\times\boldsymbol{b})=\begin{vmatrix} c_x & c_y & c_z \\ a_x & a_y & a_z \\ b_x & b_y & b_z \end{vmatrix}=\begin{vmatrix} a_x & a_y & a_z \\ b_x & b_y & b_z \\ c_x & c_y & c_z \end{vmatrix},$

因此 $\boldsymbol{a}\cdot(\boldsymbol{b}\times\boldsymbol{c})=(\boldsymbol{a}\times\boldsymbol{b})\cdot\boldsymbol{c}.$

3. 设 $\overrightarrow{OA}=\boldsymbol{r}_A, \overrightarrow{OB}=\boldsymbol{r}_B, \overrightarrow{OC}=\boldsymbol{r}_C.$

(1) 求 $\triangle ABC$ 的面积;

(2) 证明: 若 $\boldsymbol{r}_A\times\boldsymbol{r}_B+\boldsymbol{r}_B\times\boldsymbol{r}_C+\boldsymbol{r}_C\times\boldsymbol{r}_A=0$, 则 A,B,C 共线.

解 (1) 记 $\triangle ABC$ 的面积为 S, 则
$$S=\frac{1}{2}|\overrightarrow{AB}\times\overrightarrow{AC}|.$$

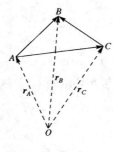

由向量的减法运算得
$$\overrightarrow{AB}=\boldsymbol{r}_B-\boldsymbol{r}_A, \quad \overrightarrow{AC}=\boldsymbol{r}_C-\boldsymbol{r}_A$$

(见图 6.9). 于是
$$S=\frac{1}{2}|(\boldsymbol{r}_B-\boldsymbol{r}_A)\times(\boldsymbol{r}_C-\boldsymbol{r}_A)|$$
$$=\frac{1}{2}|\boldsymbol{r}_B\times\boldsymbol{r}_C-\boldsymbol{r}_A\times\boldsymbol{r}_C-\boldsymbol{r}_B\times\boldsymbol{r}_A|$$
$$=\frac{1}{2}|\boldsymbol{r}_A\times\boldsymbol{r}_B+\boldsymbol{r}_B\times\boldsymbol{r}_C+\boldsymbol{r}_C\times\boldsymbol{r}_A|.$$

图 6.9

(2) 用反证法. 若 A,B,C 不共线, 则 $S\neq 0$, 于是
$$|\boldsymbol{r}_A\times\boldsymbol{r}_B+\boldsymbol{r}_B\times\boldsymbol{r}_C+\boldsymbol{r}_C\times\boldsymbol{r}_A|\neq 0,$$
这与已知矛盾. 因此 A,B,C 共线.

4. 已知三个力
$$\boldsymbol{F}_1=\{1,2,3\}, \quad \boldsymbol{F}_2=\{-2,3,-4\}, \quad \boldsymbol{F}_3=\{3,-4,5\},$$

(1) 求合力的大小和方向(方向角);

(2) 若合力的作用点是 $A(1,-2,1)$, 求合力对 $B(2,1,1)$ 的力矩.

解 记合力为 $\boldsymbol{F}$.

(1) $\boldsymbol{F}=\boldsymbol{F}_1+\boldsymbol{F}_2+\boldsymbol{F}_3=\{1-2+3,2+3-4,3-4+5\}=\{2,1,4\},$

合力的大小是
$$|\boldsymbol{F}|=\sqrt{2^2+1^2+4^2}=\sqrt{21}.$$

合力 $\boldsymbol{F}$ 的方向余弦是

$$\cos\alpha = 2/\sqrt{21}, \quad \cos\beta = 1/\sqrt{21}, \quad \cos\gamma = 4/\sqrt{21}.$$

因此 $\alpha = \arccos\dfrac{2}{\sqrt{21}}, \quad \beta = \arccos\dfrac{1}{\sqrt{21}}, \quad \gamma = \arccos\dfrac{4}{\sqrt{21}}.$

（2）合力 F 对 B 的力矩是

$$\overrightarrow{BA} \times F = \begin{vmatrix} i & j & k \\ 1-2 & -2-1 & 1-1 \\ 2 & 1 & 4 \end{vmatrix} = \begin{vmatrix} i & j & k \\ -1 & -3 & 0 \\ 2 & 1 & 4 \end{vmatrix}$$

$$= -12i + 4j + 5k.$$

5. 设向量 a 的方向角分别为 α,β,γ，若

$$\alpha = \beta, \quad \gamma = 2\alpha,$$

求 α,β,γ.

解 由

$$\cos^2\alpha + \cos^2\beta + \cos^2\gamma = 1,$$

得

$$2\cos^2\alpha + \cos^2 2\alpha = 1,$$

$$2\cos^2\alpha = 2\cos^2\alpha \cdot 2\sin^2\alpha.$$

由此解得

$$\cos^2\alpha = 0 \quad \text{或} \quad \sin^2\alpha = 1/2,$$

因此得 $\alpha = \pi/2, \quad \beta = \pi/2, \quad \gamma = \pi,$

或 $\alpha = \pi/4, \quad \beta = \pi/4, \quad \gamma = \pi/2.$

6. 设 a,b,c 满足 $a \perp b$, $\langle a,c \rangle = \dfrac{\pi}{3}$, $\langle b,c \rangle = \dfrac{\pi}{6}$, $|a|=2$, $|b|=1$, $|c|=1$, 求 $a+b+c$ 的模.

解 求 $a+b+c$ 的模即求 $\sqrt{(a+b+c) \cdot (a+b+c)}$.

$$|a+b+c|^2 = (a+b+c) \cdot (a+b+c)$$
$$= |a|^2 + |b|^2 + |c|^2 + 2a \cdot b + 2a \cdot c + 2b \cdot c$$
$$= |a|^2 + |b|^2 + |c|^2 + 2|a||c|\cos\langle a,c \rangle$$
$$\quad + 2|b||c|\cos\langle b,c \rangle$$
$$= 6 + 2 + \sqrt{3} = 8 + \sqrt{3},$$

即 $|a+b+c| = \sqrt{8+\sqrt{3}}.$

评注 本题用了下列等式：

$$|a|^2 = a \cdot a \equiv a^2,$$

即:一个向量的模的平方,等于这个向量点乘它自己.

7. 已知 $7a-5b$ 与 $a+3b$ 正交,$a-4b$ 与 $7a-2b$ 正交,求 $\cos\langle a,b\rangle$,其中 a,b 为非零向量.

解 由
$$\begin{cases}(7a-5b)\cdot(a+3b)=0,\\(a-4b)\cdot(7a-2b)=0,\end{cases}$$

得
$$\begin{cases}7|a|^2+16a\cdot b-15|b|^2=0,\\7|a|^2-30a\cdot b+8|b|^2=0.\end{cases}$$

两边除以 $|a||b|$,并令 $x=|a|/|b|$,$y=\dfrac{a\cdot b}{|a||b|}$ 得
$$\begin{cases}7x^2+16xy=15,\\7x^2-30xy=-8.\end{cases}$$

解得 $\qquad xy=1/2,\quad x^2=1,$

即 $\qquad x=1,\quad y=1/2.$

因此 $\qquad \cos\langle a,b\rangle=\dfrac{a\cdot b}{|a||b|}=\dfrac{1}{2},\quad \langle a,b\rangle=\dfrac{\pi}{3}.$

8. 证明下列几何问题:

(1) 射影定理:$\triangle ABC$ 是直角三角形,$\angle A$ 是直角,AD 是斜边上的高,则
$$|\overrightarrow{AB}|^2=|\overrightarrow{BD}|\cdot|\overrightarrow{BC}|,\quad |\overrightarrow{AC}|^2=|\overrightarrow{CB}|\cdot|\overrightarrow{CD}|,$$
$$|\overrightarrow{AD}|^2=|\overrightarrow{BD}|\cdot|\overrightarrow{CD}|.$$

(2) 三角形的三条高共点.

证 (1) 见图 6.10. 由
$$\overrightarrow{AB}=\overrightarrow{AC}+\overrightarrow{CB},\quad \overrightarrow{AB}\perp\overrightarrow{AC},$$

得
$$\overrightarrow{AB}\cdot\overrightarrow{AB}=\overrightarrow{AC}\cdot\overrightarrow{AB}+\overrightarrow{CB}\cdot\overrightarrow{AB}$$
$$=\overrightarrow{CB}\cdot\overrightarrow{AB}=|\overrightarrow{CB}|\cdot|\overrightarrow{AB}|\cos\beta$$
$$=|\overrightarrow{BC}|\cdot|\overrightarrow{BD}|,$$

即 $\qquad |\overrightarrow{AB}|^2=|\overrightarrow{BC}|\cdot|\overrightarrow{BD}|.$

类似地可证:

$$|\overrightarrow{AC}|^2 = |\overrightarrow{CB}| \cdot |\overrightarrow{CD}|.$$

由 $\overrightarrow{AB} = \overrightarrow{AD} + \overrightarrow{DB}, \quad \overrightarrow{AC} = \overrightarrow{AD} + \overrightarrow{DC},$

得 $0 = \overrightarrow{AB} \cdot \overrightarrow{AC} = (\overrightarrow{AD} + \overrightarrow{DB}) \cdot (\overrightarrow{AD} + \overrightarrow{DC})$

$= |\overrightarrow{AD}|^2 + |\overrightarrow{DB}| \cdot |\overrightarrow{DC}|\cos\pi$

$= |\overrightarrow{AD}|^2 - |\overrightarrow{DB}| \cdot |\overrightarrow{DC}|,$

即 $|\overrightarrow{AD}|^2 = |\overrightarrow{BD}| \cdot |\overrightarrow{CD}|.$

(2) 设 $\triangle ABC$ 中，$AD \perp BC$，$BE \perp AC$，BE 与 AD 交于 M，见图 6.11. 我们要证 $\overrightarrow{CM} \perp \overrightarrow{AB}$. 因

$\overrightarrow{CM} = \overrightarrow{CB} + \overrightarrow{BM}, \quad \overrightarrow{CM} = \overrightarrow{CA} + \overrightarrow{AM}, \quad \overrightarrow{AB} = \overrightarrow{AC} + \overrightarrow{CB}.$

所以 $\overrightarrow{AB} \cdot \overrightarrow{CM} = (\overrightarrow{AC} + \overrightarrow{CB}) \cdot \overrightarrow{CM}$

$= \overrightarrow{AC} \cdot (\overrightarrow{CB} + \overrightarrow{BM}) + \overrightarrow{CB} \cdot (\overrightarrow{CA} + \overrightarrow{AM})$

$= \overrightarrow{AC} \cdot \overrightarrow{CB} + \overrightarrow{CB} \cdot \overrightarrow{CA}$

$= \overrightarrow{AC} \cdot \overrightarrow{CB} - \overrightarrow{AC} \cdot \overrightarrow{CB} = 0,$

即 $\overrightarrow{CM} \perp \overrightarrow{AB}.$

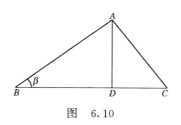
图 6.10

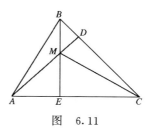
图 6.11

9. 设三向量 a, b, c 满足 $(a \times b) \cdot c = 2$，求

$$[(a+b) \times (b+c)] \cdot (c+a).$$

解 $[(a+b) \times (b+c)] \cdot (c+a)$

$= [a \times b + a \times c + 0 + b \times c] \cdot (c+a)$

$= (a \times b) \cdot c + (b \times c) \cdot a$

$= 2(a \times b) \cdot c = 4.$

评注 因为 $a \times b \perp a$，$a \times b \perp b$，所以

$(a \times b) \cdot a = 0, \quad (a \times b) \cdot b = 0.$

又由混合积的轮换性质,
$$(b \times c) \cdot a = (a \times b) \cdot c.$$

10. 已知三向量 a, b, c 满足:
$$|a| = 1, \quad |b| = 2, \quad |c| = 3,$$
且
$$a + b + c = 0.$$
求 $a \cdot b + b \cdot c + c \cdot a$.

解 $(a + b + c) \cdot (a + b + c)$
$$= a^2 + b^2 + c^2 + 2(a \cdot b + b \cdot c + a \cdot c)$$
$$= 1 + 4 + 9 + 2(a \cdot b + b \cdot c + a \cdot c).$$

另一方面,由 $a + b + c = 0$ 知
$$(a + b + c) \cdot (a + b + c) = 0^2 = 0,$$
代入上式,即得
$$a \cdot b + b \cdot c + a \cdot c = -14/2 = -7.$$

11. 证明向量恒等式:
$$(a \times b)^2 + (a \cdot b)^2 = |a|^2 \cdot |b|^2.$$

证 $(a \times b)^2 = |a \times b|^2 = [|a| \cdot |b| \sin\langle a, b \rangle]^2$
$$= |a|^2 \cdot |b|^2 \sin^2\langle a, b \rangle;$$
$(a \cdot b)^2 = [|a| \cdot |b| \cos\langle a, b \rangle]^2 = |a|^2 \cdot |b|^2 \cos^2\langle a, b \rangle,$
上两式相加即得欲证之等式.

12. 对任意两向量 a 与 b,证明:
$$(a + b)^2 + (a - b)^2 = 2(a^2 + b^2).$$
当 $a \neq 0, b \neq 0$,且 $a \neq b$ 时,说明上式的几何意义.

证 利用 $a^2 = a \cdot a$ 以及两向量点乘的可交换性,有
$$(a + b)^2 = (a + b) \cdot (a + b) = a^2 + 2a \cdot b + b^2,$$
$$(a - b)^2 = (a - b) \cdot (a - b) = a^2 - 2a \cdot b + b^2,$$
将上两式相加,即得欲证之不等式.

当 $a \neq 0, b \neq 0$,且 $a \neq b$ 时,考虑以向量 a 与 b 为相邻两边的平行四边形. 这时 $a + b$ 与 $a - b$ 就是该平行四边形的两条对角线. 因此,上述等式的几何意义是:一个平行四边形相邻两边的边长平方和的二倍,等于其两对角线的长度平方和.

13. 利用向量证明勾股弦定理.

证 考虑直角三角形 ABC,其中 $\angle C$ 为直角. $\overrightarrow{AB}$ 为斜边,则有关系式：$\overrightarrow{AB} = \overrightarrow{AC} + \overrightarrow{CB}$,且 $\overrightarrow{AC} \perp \overrightarrow{BC}$. 故

$$|\overrightarrow{AB}|^2 = |\overrightarrow{AB}|^2 = |\overrightarrow{AC} + \overrightarrow{CB}|^2$$
$$= (\overrightarrow{AC} + \overrightarrow{CB}) \cdot (\overrightarrow{AC} + \overrightarrow{CB}) = \overrightarrow{AC}^2 + \overrightarrow{CB}^2$$
$$= |\overrightarrow{AC}|^2 + |\overrightarrow{BC}|^2 = |\overrightarrow{AC}|^2 + |\overrightarrow{BC}|^2.$$

14. 设 $\boldsymbol{a}, \boldsymbol{b}, \boldsymbol{c}$ 为三个向量,若存在三个不全为零的常数 k, l, m,使

$$k\boldsymbol{a} \times \boldsymbol{b} + l\boldsymbol{b} \times \boldsymbol{c} + m\boldsymbol{c} \times \boldsymbol{a} = \boldsymbol{0},$$

证明：三个向量 $\boldsymbol{a} \times \boldsymbol{b}, \boldsymbol{b} \times \boldsymbol{c}, \boldsymbol{c} \times \boldsymbol{a}$ 共线.

证 不妨设 $k \neq 0$. 以向量 $\boldsymbol{c}$ 点乘上述等式两端,得

$$k(\boldsymbol{a} \times \boldsymbol{b}) \cdot \boldsymbol{c} + 0 + 0 = 0,$$

再由 $k \neq 0$ 便推出 $(\boldsymbol{a} \times \boldsymbol{b}) \cdot \boldsymbol{c} = 0$. 这说明三个向量 $\boldsymbol{a}, \boldsymbol{b}, \boldsymbol{c}$ 共面. 设它们都与平面 π 平行,则 $\boldsymbol{a} \times \boldsymbol{b}, \boldsymbol{b} \times \boldsymbol{c}, \boldsymbol{c} \times \boldsymbol{a}$ 这三个向量都与平面 π 垂直,故这三向量共线.

本 节 小 结

1. 熟悉向量的定义,向量的几何表示及坐标表示法；两向量的加减法则及数乘向量的定义及坐标表示法；向量的模与方向余弦的定义及坐标表示法.

2. 掌握两向量的点乘的定义及坐标表示法；两向量 $\boldsymbol{a}, \boldsymbol{b}$ 垂直的充分必要条件是 $\boldsymbol{a} \cdot \boldsymbol{b} = 0$; $\boldsymbol{a}^2 \equiv \boldsymbol{a} \cdot \boldsymbol{a} = |\boldsymbol{a}|^2$.

3. 掌握两向量的叉乘的定义及坐标表示法；两向量 $\boldsymbol{a}, \boldsymbol{b}$ 平行的充分必要条件是 $\boldsymbol{a} \times \boldsymbol{b} = \boldsymbol{0}$.

4. 掌握三个向量的混合积的定义及坐标表示法；三向量 $\boldsymbol{a}, \boldsymbol{b}$ 与 $\boldsymbol{c}$ 共面的充分必要条件是 $(\boldsymbol{a} \times \boldsymbol{b}) \cdot \boldsymbol{c} = 0$.

5. 能用向量运算解决一些简单的几何问题.

练 习 题 6.1

6.1.1 求顶点是 $A(-3, -1, 4), B(1, 3, 2), C(3, 1, 1)$ 的三角形的周长.

6.1.2 在 z 轴上求与点 $A(-4, 1, 7)$ 和点 $B(3, 5, -2)$ 等距离的点.

6.1.3 设已知向量
$$a = \{3,5,-1\}, \quad b = \{2,2,3\}, \quad c = \{4,-1,-3\},$$
求下列各向量的坐标:

(1) $2a$;
(2) $a+b-c$;
(3) $2a-3b+4c$;
(4) $ma+nb$.

6.1.4 设
$$a = \{2,-3,1\}, \quad b = \{1,-1,3\}, \quad c = \{1,-2,0\},$$
求:

(1) $(a \cdot b)c$;
(2) $(a+b)\times(b+c)$;
(3) $(a\times b)\cdot c$;
(4) $(a\times b)\times c$.

6.1.5 求由向量
$$\overrightarrow{OA} = \{1,1,1\}, \quad \overrightarrow{OB} = \{0,1,1\}, \quad \overrightarrow{OC} = \{-1,0,1\}$$
所决定的平行六面体的体积.

6.1.6 证明向量 $a=\{3,4,5\}, b=\{1,2,2\}$ 和 $c=\{9,14,16\}$ 是共面的.

§2 直线、平面与二次曲面

内 容 提 要

1. 平面方程

(1) 由定点及法向量确定的平面

通过点 $M_0(x_0,y_0,z_0)$ 且以 $n=(A,B,C)$ 为法向量的平面 π 的方程为
$$A(x-x_0)+B(y-y_0)+C(z-z_0)=0 \quad (\text{平面的点法式方程}),$$
其中 $M(x,y,z)$ 为平面 π 上的动点.

若令 $D=-(Ax_0+By_0+Cz_0)$,则得
$$Ax+By+Cz+D=0 \quad (\text{平面的一般方程}).$$

(2) 由定点及两个方位向量确定的平面

通过点 $M_0(x_0,y_0,z_0)$ 且与两不共线的向量 $v_i=\{X_i,Y_i,Z_i\}(i=1,2)$ 平行的平面 π 的方程是
$$\begin{vmatrix} x-x_0 & y-y_0 & z-z_0 \\ X_1 & Y_1 & Z_1 \\ X_2 & Y_2 & Z_2 \end{vmatrix} = 0.$$

(3) 由不共线的三点确定的平面

通过不共线的三点 $M_i(x_i,y_i,z_i)(i=0,1,2)$ 的平面 π 的方程为

$$\begin{vmatrix} x-x_0 & y-y_0 & z-z_0 \\ x_1-x_0 & y_1-y_0 & z_1-z_0 \\ x_2-x_0 & y_2-y_0 & z_2-z_0 \end{vmatrix} = 0.$$

(4) 在空间直角坐标系中,任何一个平面的方程都是三元一次方程,反之任何一个三元一次方程的图形都是平面. 列平面方程的关键是确定平面的法向量.

2. 直线方程

(1) 由一点和一个方向向量确定的直线

通过点 $M_0(x_0, y_0, z_0)$ 且平行于非零向量 $\boldsymbol{s} = \{X, Y, Z\}$ 的直线 L 的方程为

$$\overrightarrow{M_0M} = t\boldsymbol{s} \quad (直线的向量方程),$$

其中 M 为直线 L 上的动点,t 为任意实数. $\boldsymbol{s}$ 称 L 的方向向量. 用坐标表示即

$$\begin{cases} x = x_0 + tX, \\ y = y_0 + tY, \\ z = z_0 + tZ, \end{cases} \quad (直线的参数方程)$$

消去参数得

$$\frac{x-x_0}{X} = \frac{y-y_0}{Y} = \frac{z-z_0}{Z} \quad (直线的标准方程).$$

(2) 由两点确定的直线

通过两点 $M_i(x_i, y_i, z_i)(i=1,2)$ 的直线方程为

$$\frac{x-x_1}{x_2-x_1} = \frac{y-y_1}{y_2-y_1} = \frac{z-z_1}{z_2-z_1} \quad (直线的两点式方程).$$

(3) 相交的两个平面确定一条直线

两个平面 $A_ix + B_iy + C_iz + D_i = 0 (i=1,2)$ 的交线为

$$\begin{cases} A_1x + B_1y + C_1z + D_1 = 0, \\ A_2x + B_2y + C_2z + D_2 = 0, \end{cases} \quad (直线的两面式方程),$$

(其中两向量 $\{A_1, B_1, C_1\}$ 与 $\{A_2, B_2, C_2\}$ 不共线)其方向向量为

$$\boldsymbol{s} = \{A_1, B_1, C_1\} \times \{A_2, B_2, C_2\} = \begin{vmatrix} \boldsymbol{i} & \boldsymbol{j} & \boldsymbol{k} \\ A_1 & B_1 & C_1 \\ A_2 & B_2 & C_2 \end{vmatrix}.$$

3. 直线、平面间的相互关系

(1) 直线与直线

设有直线 L_i:方向向量 $\boldsymbol{s}_i = \{X_i, Y_i, Z_i\}$,过点 $M_i(x_i, y_i, z_i)$ $(i=1,2)$.

直线 L_1, L_2 的夹角即方向向量 $\boldsymbol{s}_1$ 与 $\boldsymbol{s}_2$ 的夹角满足:

$$\cos\langle s_1, s_2\rangle = \frac{s_1 \cdot s_2}{|s_1||s_2|} = \frac{X_1X_2 + Y_1Y_2 + Z_1Z_2}{\sqrt{X_1^2+Y_1^2+Z_1^2}\sqrt{X_2^2+Y_2^2+Z_2^2}},$$

L_1 与 L_2 平行或重合 $\iff \dfrac{X_1}{X_2} = \dfrac{Y_1}{Y_2} = \dfrac{Z_1}{Z_2}$,

L_1 与 L_2 垂直 $\iff X_1X_2 + Y_1Y_2 + Z_1Z_2 = 0$,

L_1 与 L_2 共面 $\iff \overrightarrow{M_1M_2} \cdot (s_1 \times s_2) = 0$

$$\iff \begin{vmatrix} x_2-x_1 & y_2-y_1 & z_2-z_1 \\ X_1 & Y_1 & Z_1 \\ X_2 & Y_2 & Z_2 \end{vmatrix} = 0.$$

不共面的直线为异面直线.

L_1 与 L_2 为异面直线 $\iff \overrightarrow{M_1M_2} \cdot (s_1 \times s_2) \neq 0$.

(2) 平面与平面

设有平面 π_i:
$$A_ix + B_iy + C_iz + D_i = 0 \quad (i=1,2),$$

其法向量 $n_i = \{A_i, B_i, C_i\}$.

平面 π_1 与 π_2 的夹角即它们的法向量 n_1 与 n_2 的夹角满足:

$$\cos\langle n_1, n_2\rangle = \frac{n_1 \cdot n_2}{|n_1||n_2|}.$$

平面 π_1 与 π_2 平行 $\iff \dfrac{A_1}{A_2} = \dfrac{B_1}{B_2} = \dfrac{C_1}{C_2} \neq \dfrac{D_1}{D_2}$;

平面 π_1 与 π_2 重合 $\iff \dfrac{A_1}{A_2} = \dfrac{B_1}{B_2} = \dfrac{C_1}{C_2} = \dfrac{D_1}{D_2}$;

平面 π_1 与 π_2 垂直 $\iff A_1A_2 + B_1B_2 + C_1C_2 = 0$.

(3) 直线与平面

设有直线 L:
$$\frac{x-x_0}{X} = \frac{y-y_0}{Y} = \frac{z-z_0}{Z}$$

和平面 π:
$$Ax + By + Cz + D = 0.$$

直线 L 与平面 π 平行 $\iff$
$$AX + BY + CZ = 0,$$

且
$$Ax_0 + By_0 + Cz_0 + D \neq 0.$$

直线 L 与平面 π 垂直 $\iff$
$$\frac{A}{X} = \frac{B}{Y} = \frac{C}{Z}.$$

4. 点到平面的距离

设平面 π 过点 $M_0(x_0, y_0, z_0)$ 且以 $\boldsymbol{n} = \{A, B, C\}$ 为法向量，方程为
$$Ax + By + Cz + D = 0,$$
则点 $M_1(x_1, y_1, z_1)$ 到平面 π 的距离
$$d = \frac{|\overrightarrow{M_0M_1} \cdot \boldsymbol{n}|}{|\boldsymbol{n}|} = \frac{|Ax_1 + By_1 + Cz_1 + D|}{\sqrt{A^2 + B^2 + C^2}}.$$

5. 点到直线的距离

设直线 L 过 $M_0(x_0, y_0, z_0)$ 点，方向向量为 $\boldsymbol{s} = \{X, Y, Z\}$，则点 $M_1(x_1, y_1, z_1)$ 到 L 的距离
$$d = \frac{|\overrightarrow{M_0M_1} \times \boldsymbol{s}|}{|\boldsymbol{s}|}.$$

6. 两直线间的距离

设两直线 L_i：方向向量 $\boldsymbol{s}_i = \{X_i, Y_i, Z_i\}$，过点
$$M_i(x_i, y_i, z_i), \quad i = 1, 2.$$

(1) 当 L_1 与 L_2 平行但不重合时，L_1 与 L_2 间的距离
$$d = \frac{|\overrightarrow{M_1M_2} \times \boldsymbol{s}_1|}{|\boldsymbol{s}_1|}.$$

(2) 当 L_1 与 L_2 为异面直线时，L_1 与 L_2 间的距离
$$d = \frac{|\overrightarrow{M_1M_2} \cdot (\boldsymbol{s}_1 \times \boldsymbol{s}_2)|}{|\boldsymbol{s}_1 \times \boldsymbol{s}_2|}.$$

7. 二次曲面

空间中满足一个三元方程式 $F(x, y, z) = 0$ 的点的轨迹常常构成一个曲面．x, y, z 的一次方程所表示的曲面称为一次曲面即平面．x, y, z 的二次方程所表示的曲面称为二次曲面．

(1) 研究二次曲面常用的方法

① 平面截口法：用一组平行平面去截曲面，通过截口的方程，看出截口的形状，再通过截口形状的变化趋势看出曲面的形状．通常多考虑与坐标平面平行的截口．

② 注意对称性．

(2) 常见的二次曲面

球面　以 (a, b, c) 为球心，R 为半径的球面方程为
$$(x - a)^2 + (y - b)^2 + (z - c)^2 = R^2.$$

二次方程

$$x^2 + y^2 + z^2 + Ax + By + Cz + D = 0$$

(其特点是没有 xy, yz 及 zx 等交叉项)若有轨迹,则是球面方程,可以通过配方法求出球心与半径.

椭球面　　　　$\dfrac{x^2}{a^2} + \dfrac{y^2}{b^2} + \dfrac{z^2}{c^2} = 1.$

椭圆锥面　　　$\dfrac{x^2}{a^2} + \dfrac{y^2}{b^2} - \dfrac{z^2}{c^2} = 0.$

椭圆抛物面　　$\dfrac{x^2}{a^2} + \dfrac{y^2}{b^2} = 2cz.$

双曲抛物面　　$\dfrac{x^2}{a^2} - \dfrac{y^2}{b^2} = 2z.$

单叶双曲面　　$\dfrac{x^2}{a^2} + \dfrac{y^2}{b^2} - \dfrac{z^2}{c^2} = 1.$

双叶双曲面　　$\dfrac{x^2}{a^2} + \dfrac{y^2}{b^2} - \dfrac{z^2}{c^2} = -1.$

椭圆柱面　　　$\dfrac{x^2}{a^2} + \dfrac{y^2}{b^2} = 1.$

抛物柱面　　　$y^2 = 2px.$

双曲柱面　　　$\dfrac{x^2}{a^2} - \dfrac{y^2}{b^2} = 1.$

典型例题分析

1. 设 $\boldsymbol{a} \neq 0$ 为常向量,$\boldsymbol{r} = \overrightarrow{OM}$ 为动点 M 的向径,$\boldsymbol{r}_0 = \overrightarrow{OM_0}$ 为定点 M_0 的向径,问

$$\boldsymbol{a} \cdot (\boldsymbol{r} - \boldsymbol{r}_0) = 0, \quad \boldsymbol{a} \times (\boldsymbol{r} - \boldsymbol{r}_0) = 0$$

各表示什么方程?$\boldsymbol{a}, M_0$ 的几何意义是什么?

解　$\boldsymbol{r}_0, \boldsymbol{r}, \overrightarrow{M_0M}$ 的关系见图 6.12. 由 $\boldsymbol{r} - \boldsymbol{r}_0 = \overrightarrow{M_0M}$ 及 $\boldsymbol{a} \cdot (\boldsymbol{r} - \boldsymbol{r}_0) = 0$ 得

$$\boldsymbol{a} \cdot \overrightarrow{M_0M} = 0.$$

因此 $\boldsymbol{a} \cdot (\boldsymbol{r} - \boldsymbol{r}_0) = 0$ 是平面方程,$\boldsymbol{a}$ 为法向量,M_0 是平面所通过的定点.

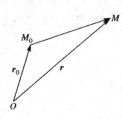

图　6.12

$$\boldsymbol{a} \times (\boldsymbol{r} - \boldsymbol{r}_0) = 0,$$

即
$$a \times \overrightarrow{M_0M} = 0.$$

a 与 $\overrightarrow{M_0M}$ 共线,因此这是直线方程,a 为直线的方向向量,M_0 为直线所通过的定点.

2. 判断下列各题中两条直线的位置关系(是否平行、相交或重合).若相交求出交点的坐标.若共面求出所确定的平面方程.

(1) $L_1: \dfrac{x+3}{3} = \dfrac{y+1}{2} = \dfrac{z-2}{4}$, $L_2: \begin{cases} x=3t+8, \\ y=t+1, \\ z=2t+6. \end{cases}$

(2) $L_1: \dfrac{x-1}{2} = \dfrac{y+1}{-1} = \dfrac{z+1}{1}$, $L_2: \dfrac{x+2}{-4} = \dfrac{y-2}{2} = \dfrac{z}{-2}$.

解 (1) L_1 的方向向量 $\boldsymbol{l}_1 = \{3,2,4\}$,它通过点 $M_1(-3,-1,2)$,L_2 的方向向量 $\boldsymbol{l}_2 = \{3,1,2\}$,它通过点 $M_2(8,1,6)$. 因为
$$\frac{3}{3} \neq \frac{2}{1} = \frac{4}{2},$$
所以 $\boldsymbol{l}_1$ 与 $\boldsymbol{l}_2$ 不共线,即 L_1 与 L_2 不平行也不重合,只需再判断是异面直线还是相交. 不难算出
$$|\overrightarrow{M_1M_2} \cdot (\boldsymbol{l}_1 \times \boldsymbol{l}_2)| = 0,$$
由此知 L_1 与 L_2 共面. 又已知 L_1 与 L_2 不平行,故它们相交. 为求出交点的坐标,利用参数方程.

L_1 与 L_2 的参数方程分别为
$$\begin{cases} x = 3t_1 - 3, \\ y = 2t_1 - 1, \\ z = 4t_1 + 2; \end{cases} \quad \begin{cases} x = 3t_2 + 8, \\ y = t_2 + 1, \\ z = 2t_2 + 6. \end{cases}$$

直线 L_1 与 L_2 相交 $\Longleftrightarrow$ 代数方程组
$$\begin{cases} 3t_1 - 3 = 3t_2 + 8, \\ 2t_1 - 1 = t_2 + 1, \\ 4t_1 + 2 = 2t_2 + 6 \end{cases}$$
有解. 不难解得
$$t_1 = -5/3, \quad t_2 = -16/3.$$

即交点作为 L_1 上的点,对应于参数 $t_1 = -5/3$,而作为 L_2 上的点,对应于参数 $t_2 = -16/3$. 故将 $t_1 = -5/3$ 代入 L_1 的参数方程(或将 $t_2 =$

$-\frac{16}{3}$ 代入 L_2 的参数方程),便得交点坐标: $\left(-8, -\frac{13}{3}, -\frac{14}{3}\right)$.

评注 从本题看出,为求两直线的交点,将两直线的参数方程联立(两直线必须用不同的变量作为参数)得一个方程组,若该方程组有解,则两直线相交,否则两直线不相交.

(2) L_1 与 L_2 的方向向量分别为
$$\boldsymbol{l}_1 = \{2, -1, 1\}, \quad \boldsymbol{l}_2 = \{-4, 2, -2\},$$
并且分别通过点 $M_1(1, -1, -1), M_2(-2, 2, 0)$. 因为
$$\frac{2}{-4} = \frac{-1}{2} = \frac{1}{-2},$$
所以 $\boldsymbol{l}_1$ 与 $\boldsymbol{l}_2$ 共线. 又 M_1 不在 L_2 上,于是 L_1 与 L_2 平行.

通过 $M_1(1, -1, -1)$ 与 $\overrightarrow{M_1M_2} = \{-3, 3, 1\}$,$\boldsymbol{l}_1 = \{2, -1, 1\}$ 平行的平面是
$$\begin{vmatrix} x-1 & y+1 & z+1 \\ -3 & 3 & 1 \\ 2 & -1 & 1 \end{vmatrix} = 0,$$
即
$$4x + 5y - 3z - 2 = 0.$$
它就是平行直线 L_1, L_2 所确定的平面方程.

3. 设有两直线
$$L_1: \frac{x-1}{-1} = \frac{y}{2} = \frac{z+1}{1}, \quad L_2: \frac{x+2}{0} = \frac{y-1}{1} = \frac{z-2}{-2},$$

(1) 证明 L_1 与 L_2 是异面直线;

(2) 求同时平行于 L_1, L_2 且与它们等距的平面方程.

解 (1) 直线 L_1, L_2 分别过点
$$M_1(1, 0, -1), \quad M_2(-2, 1, 2),$$
方向向量分别为
$$\boldsymbol{l}_1 = \{-1, 2, 1\}, \quad \boldsymbol{l}_2 = \{0, 1, -2\}.$$

现在只需证明 $\boldsymbol{l}_1, \boldsymbol{l}_2$ 与 $\overrightarrow{M_1M_2} = \{-3, 1, 3\}$ 不共面,即 $\overrightarrow{M_1M_2} \cdot (\boldsymbol{l}_1 \times \boldsymbol{l}_2) \neq 0$. 易计算

$$\overrightarrow{M_1M_2} \cdot (\boldsymbol{l}_1 \times \boldsymbol{l}_2) = \begin{vmatrix} -3 & 1 & 3 \\ -1 & 2 & 1 \\ 0 & 1 & -2 \end{vmatrix} = 10 \neq 0.$$

所以 L_1, L_2 是异面的.

(2) 设所求平面为 π. 同时平行于 L_1, L_2 的平面即垂直于 $\boldsymbol{l}_1 \times \boldsymbol{l}_2$ 的平面,而
$$\boldsymbol{l}_1 \times \boldsymbol{l}_2 = \{-5, -2, -1\},$$
故设 π 的方程为
$$5x + 2y + z + D = 0,$$
其中 D 为待定常数.

因为 L_i 平行于 π, 所以 L_i 到 π 的距离即 L_i 上的点 M_i 到 π 的距离 ($i=1,2$). 由点到平面的距离公式知,π 与 L_1, L_2 等距,即
$$|5 \times 1 + 2 \times 0 + 1 \times (-1) + D|$$
$$= |5 \times (-2) + 2 \times 1 + 1 \times 2 + D|,$$
即
$$|4 + D| = |-6 + D|,$$
解得 $D=1$. 因此所求平面方程为
$$5x + 2y + z + 1 = 0.$$

4. 求原点关于平面 π:
$$6x + 2y - 9z - 121 = 0$$
的对称点.

解 过原点作 π 的垂线,即过原点以 $\{6, 2, -9\}$ 为方向向量作直线:
$$x = 6t, \quad y = 2t, \quad z = -9t.$$
代入平面方程得
$$36t + 4t + 81t - 121 = 0,$$
由此解出 $t=1$. 因此,直线与平面的交点是 $(6, 2, -9)$.

设原点关于交点的对称点为 (x, y, z), 则交点 $(6, 2, -9)$ 是原点与其对称点的连线的中点,故有
$$\frac{x+0}{2} = 6, \quad \frac{y+0}{2} = 2, \quad \frac{z+0}{2} = -9,$$
得
$$(x, y, z) = (12, 4, -18).$$

评注 为求直线与平面的交点,将直线的参数方程代入平面的方程,得到以参数为未知量的一个方程式,将此方程式的解(即一个特殊的参数值)代入直线的参数方程,便得到交点的坐标.

5. 求 $M_1(4,3,10)$ 关于直线 L：
$$\frac{x-1}{2} = \frac{y-2}{4} = \frac{z-3}{5}$$
的对称点.

解 过 M_1 作平面 π 垂直 L，即作平面 π 过 M_1，以 $\{2,4,5\}$ 为法向量，它的方程是
$$2(x-4) + 4(y-3) + 5(z-10) = 0.$$
L 的参数方程为
$$x = 2t+1, \quad y = 4t+2, \quad z = 5t+3.$$
代入平面 π 的方程得
$$45t = 45,$$
由此解出 $t=1$，于是得 L 与 π 的交点 $(3,6,8)$. 设 M_1 关于直线的对称点为 (x,y,z)，与上题同理，应有
$$\frac{4+x}{2} = 3, \quad \frac{3+y}{2} = 6, \quad \frac{10+z}{2} = 8,$$
由此解得
$$(x,y,z) = (2,9,6).$$

6. 求通过直线 L_1：
$$\begin{cases} x + 2z - 4 = 0, \\ 3y - z + 8 = 0 \end{cases}$$
而与直线 L_2：
$$\begin{cases} x = y + 4, \\ z = y - 6 \end{cases}$$
平行的平面方程.

解 这两条直线的方向向量
$$\boldsymbol{l}_1 = \begin{vmatrix} \boldsymbol{i} & \boldsymbol{j} & \boldsymbol{k} \\ 1 & 0 & 2 \\ 0 & 3 & -1 \end{vmatrix} = -6\boldsymbol{i} + \boldsymbol{j} + 3\boldsymbol{k},$$
$$\boldsymbol{l}_2 = \begin{vmatrix} \boldsymbol{i} & \boldsymbol{j} & \boldsymbol{k} \\ 1 & -1 & 0 \\ 0 & -1 & 1 \end{vmatrix} = -\boldsymbol{i} - \boldsymbol{j} - \boldsymbol{k}.$$
$M_0(0,-2,2)$ 为直线 L_1 上的一个点. 过 M_0 且与 $\boldsymbol{l}_1, \boldsymbol{l}_2$ 平行的平面方

程是
$$\begin{vmatrix} x & y+2 & z-2 \\ -6 & 1 & 3 \\ -1 & -1 & -1 \end{vmatrix} = 0,$$
即
$$2x - 9y + 7z - 32 = 0.$$
它就是通过 L_1 且与 L_2 平行的平面方程.

评注 本题用了下列事实：当一个平面与一直线平行且过此直线上某一点时，则该平面就通过此直线.

7. 证明下列三个平面：
$$\begin{cases} 2x + 3y - 9z + 4 = 0, \\ 3x + 2y - z + 1 = 0, \\ 2x + y + z = 0 \end{cases} \tag{2.1}$$
相交于一条直线.

证法 1 先求出前两个平面的交线 L 的方程：
$$\boldsymbol{l} = \{2,3,-9\} \times \{3,2,-1\} = 5\{3,-5,-1\}.$$
再令 $z=0$. 由前两平面方程可求得 $x=1, y=-2$, 故交线过点 $(1,-2,0)$. 于是交线 L 的参数方程为
$$\begin{cases} x = 3t + 1, \\ y = -5t - 2, \quad -\infty < t < +\infty. \\ z = -t, \end{cases}$$
将 L 的参数方程代入第三个平面的方程得
$$2(3t+1) - 5t - 2 - t \equiv 0, \quad -\infty < t < +\infty.$$
这说明 L 在第三个平面上，故三平面交于一条直线.

证法 2 先证明这三个平面的法向量共面. 事实上，因为
$$\begin{vmatrix} 2 & 3 & -9 \\ 3 & 2 & -1 \\ 2 & 1 & 1 \end{vmatrix} = 2 \times 3 - 3 \times 5 - 9 \times (-1) = 0,$$
所以三个法向量共面. 设平面 π 与此三法向量都平行.

再证明这三个平面有一个公共点. 令 $z=0$, 由后两个方程得
$$\begin{cases} 3x + 2y + 1 = 0, \\ 2x + y = 0. \end{cases}$$

解得 $x=1, y=-2$. 而 $x=1, y=-2, z=0$ 也满足第一个方程. 因此这三个平面有公共点 $(1,-2,0)$.

最后,因为相应的三个法向量两两不平行,所以这三个平面两两相交得三条交线. 且其中任意一条交线都与平面 π 垂直,于是三条交线共线. 又由前面的讨论知,每条交线都通过同一点 $(1,-2,0)$,故此三交线重合,即这三个平面相交于一条直线.

证法 3 由后两个方程消去 z 得
$$5x + 3y + 1 = 0,$$
由前两个方程消去 z 也得
$$5x + 3y + 1 = 0.$$
因此方程组 (2.1) 与方程组
$$\begin{cases} 2x + 3y - 9z + 4 = 0, \\ 5x + 3y + 1 = 0 \end{cases} \tag{2.2}$$
同解. 因为
$$\frac{2}{5} \neq \frac{3}{3},$$
所以 (2.2) 中的两个平面相交于一条直线,即 (2.1) 中的三个平面相交于一条直线.

8. 已知平面 π 通过点 $(1,1,3/2)$,并且在 x 轴、y 轴、z 轴上的截距成等差数列,又知三截距之和为 12,求平面 π 的方程.

解 设所求平面方程为
$$\frac{x}{a} + \frac{y}{b} + \frac{z}{c} = 1,$$
其中 a, b, c 为待定常数. 由所设条件知,
$$b = a + d, \quad c = b + d = a + 2d,$$
其中 d 为公差,待定. 又已知
$$a + b + c = 3a + 3d = 12,$$
故有
$$a + d = 4.$$
由此知 $b=4$. 再将已知点 $(1,1,3/2)$ 代入平面方程,得
$$\frac{1}{a} + \frac{1}{b} + \frac{3}{2c} = 1.$$
将 $b=4$ 代入上式,并整理化简得

$$4c + 6a = 3ac.$$

又因 $\quad c = b + d = 4 + (4-a) = 8 - a,$
代入上式,整理得
$$3a^2 - 22a + 32 = 0.$$
由此解得 $a=2$(舍去另一根),于是 $d=2, c=6$. 故所求平面方程为
$$\frac{x}{2} + \frac{y}{4} + \frac{z}{6} = 1.$$

9. 试确定常数 m 的值,使两直线
$$L_1: \frac{x-3}{2} = \frac{y-1}{m} = \frac{z}{-3}$$
与
$$L_2: \frac{x+2}{3} = \frac{y-4}{-4} = \frac{z-3}{0}$$
相交,并求交点的坐标.

解 两直线相交时它们就共面,于是三个向量 $\boldsymbol{l}_1, \boldsymbol{l}_2, \overrightarrow{M_1 M_2}$ 也共面(其中 $\boldsymbol{l}_1, \boldsymbol{l}_2$ 分别为该两直线的方向向量,而 M_1, M_2 分别为它们所通过的点). 由所给方程知,应有
$$\begin{vmatrix} 2 & m & -3 \\ 3 & -4 & 0 \\ 5 & -3 & -3 \end{vmatrix} = 0,$$
即 $9m - 9 = 0$,由此得 $m = 1$.

为求交点,写出两直线的参数方程:
$$L_1: \begin{cases} x = 2t + 3, \\ y = t + 1, \\ z = -3t, \end{cases} \quad (-\infty < t < +\infty);$$

$$L_2: \begin{cases} x = 3k - 2, \\ y = -4k + 4, \\ z = 3. \end{cases} \quad (-\infty < k < +\infty).$$

当 L_1 与 L_2 相交时,下列方程组应有解:
$$\begin{cases} 2t + 3 = 3k - 2, \\ t + 1 = -4k + 4, \\ -3t = 3. \end{cases}$$

不难求出其解为 $t=-1, k=1$. 将 $t=-1$ 代入 L_1 的参数方程或将 $k=1$ 代入 L_2 的参数方程,便得交点坐标为 $(1,0,3)$.

10. 设直线 L 与直线
$$L_0: \frac{x-1}{1} = \frac{y-5}{3} = \frac{z}{1}$$
垂直相交,且在平面 $x-y+z+3=0$ 上,求直线 L 的方程.

解 直线 L 的方向向量 $\boldsymbol{l}$ 既与直线 L_0 的方向向量 $\boldsymbol{l}_0$ 垂直,又与平面的法向量 $\boldsymbol{n}$ 垂直,所以
$$\boldsymbol{l} \parallel \boldsymbol{l}_0 \times \boldsymbol{n} = \{1,3,1\} \times \{1,-1,1\} = 4\{1,0,-1\}.$$

又因直线 L 在平面上,所以 L 与 L_0 的交点,也就是平面与 L_0 的交点. 将 L_0 的参数方程
$$\begin{cases} x = t+1, \\ y = 3t+5, \\ z = t \end{cases}$$
代入平面方程得 $t+1=0$,由此解得 $t=-1$. 代入 L_0 的参数方程即得交点坐标为 $(0,2,-1)$. 于是 L 的方程为
$$\frac{x}{1} = \frac{y-2}{0} = \frac{z+1}{-1}.$$

评注 求解本题的关键是:L_0 与已知平面的交点,就是 L_0 与 L 的交点. 故只需求出此交点的坐标,直线 L 的方程也就易求了.

11. 设有两平面
$$\pi_1: 2x+3y-7=0, \quad \pi_2: y+z+1=0,$$

及两直线 $\quad L_1: \begin{cases} x=3t+3, \\ y=2t-2, \\ z=t, \end{cases} \quad L_2: \begin{cases} x=3t+6, \\ y=2t+12, \\ z=-2t-8. \end{cases}$

求与两平面 π_1 及 π_2 都平行且与两直线 L_1 及 L_2 都相交的直线 L 的方程.

解 设直线 L, L_1, L_2 的方向向量分别为 $\boldsymbol{l}, \boldsymbol{l}_1, \boldsymbol{l}_2$. 平面 π_1 与 π_2 的法向量分别为 $\boldsymbol{n}_1$ 与 $\boldsymbol{n}_2$. 由所设条件知 $\boldsymbol{l} \perp \boldsymbol{n}_1, \boldsymbol{l} \perp \boldsymbol{n}_2$,所以
$$\boldsymbol{l} \parallel \boldsymbol{n}_1 \times \boldsymbol{n}_2 = \{2,3,0\} \times \{0,1,1\} = \{3,-2,2\}.$$

再设直线 L 过点 $M_0(x_0, y_0, z_0)$,由于 L 与 L_1 相交,它们就共

面,于是$(l_1\times l)\cdot \overrightarrow{M_1M_0}=0$,其中 M_1 为 L_1 上的一个点. 故

$$\begin{vmatrix} x_0-3 & y_0+2 & z_0 \\ 3 & 2 & 1 \\ 3 & -2 & 2 \end{vmatrix}=0,$$

即
$$2x_0-y_0-4z_0-8=0. \quad (2.3)$$

同理,由于直线 L 与 L_2 相交,就有$(l_2\times l)\cdot \overrightarrow{M_2M_0}=0$,其中 M_2 为 L_2 上的一点. 故

$$\begin{vmatrix} x_0-6 & y_0-12 & z_0+8 \\ 3 & 2 & -2 \\ 3 & -2 & 2 \end{vmatrix}=0,$$

即
$$y_0+z_0-4=0. \quad (2.4)$$

将(2.3)与(2.4)联立,得一个三元一次方程组,因为该方程组中方程的个数(2)小于未知数的个数(3),于是方程组有无穷多解. 所以不妨令 $x_0=0$,便可解得 $y_0=8,z_0=-4$. 因而直线 L 过点$(0,8,-4)$,L 的方程为

$$\frac{x}{3}=\frac{y-8}{-2}=\frac{z+4}{2}.$$

评注 本题用到:两直线相交,则$(l_1\times l_2)\cdot \overrightarrow{M_1M_2}=0$. 其中 l_1,l_2 分别为该两直线方向向量,而 M_1,M_2 分别为该两直线所通过的点.

12. 求原点到平面

$$\pi:\frac{x}{a}+\frac{y}{b}+\frac{z}{c}=1 \quad (\text{其中 } a>0,b>0,c>0)$$

的距离及平面 π 被三个坐标平面所截得的三角形的面积.

解法 1 平面 π 的法式方程为

$$\frac{1}{\sqrt{\left(\frac{1}{a}\right)^2+\left(\frac{1}{b}\right)^2+\left(\frac{1}{c}\right)^2}}\left(\frac{x}{a}+\frac{y}{b}+\frac{z}{c}-1\right)=0.$$

故原点到 π 的距离为

$$d=\frac{1}{\sqrt{\left(\frac{1}{a}\right)^2+\left(\frac{1}{b}\right)^2+\left(\frac{1}{c}\right)^2}}.$$

记平面 π 与三个坐标轴的交点分别为 A,B,C,则
$$A=(a,0,0), \quad B=(0,b,0), \quad C=(0,0,c).$$
并记 $\triangle ABC$ 的面积为 S. 为求面积 S,考虑以原点为顶点、以 $\triangle ABC$ 为底的四棱锥体的体积 V,显然有
$$V = \frac{1}{3}d \cdot S,$$
其中 d 为原点到平面 π 的距离. 另一方面,该四棱锥体也可看成是以直角三角形 AOB 为底、以 OC 为高的立体,故其体积也可表成
$$V = \frac{c}{3} \cdot \frac{1}{2}ab = \frac{1}{6}abc,$$
于是有
$$\frac{1}{3}d \cdot S = \frac{1}{6}abc,$$
故
$$S = \frac{1}{2d}abc = \frac{1}{2}\sqrt{b^2c^2 + c^2a^2 + a^2b^2}.$$

解法 2 记号同解法 1,先求 S.
$$S = \frac{1}{2}|\overrightarrow{AB} \times \overrightarrow{AC}| = \frac{1}{2}\left\| \begin{matrix} \boldsymbol{i} & \boldsymbol{j} & \boldsymbol{k} \\ -a & b & 0 \\ -a & 0 & c \end{matrix} \right\|$$
$$= \frac{1}{2}|\{bc, ca, ab\}| = \frac{1}{2}\sqrt{b^2c^2 + c^2a^2 + a^2b^2}.$$
再由 $\frac{1}{3}d \cdot S = \frac{1}{6}abc$ 即可得
$$d = \frac{abc}{2S} = \frac{1}{\sqrt{\left(\frac{1}{a}\right)^2 + \left(\frac{1}{b}\right)^2 + \left(\frac{1}{c}\right)^2}}.$$

13. 求两直线
$$L_1: \frac{x-3}{2} = \frac{y}{4} = \frac{z}{3},$$
与
$$L_2: \frac{x+1}{2} = \frac{y-3}{0} = \frac{z-2}{1}$$
间的距离.

解 两直线的方向向量分别为
$$\boldsymbol{l}_1 = \{2, 4, 3\} \quad 与 \quad \boldsymbol{l}_2 = \{2, 0, 1\},$$

又分别过点
$$M_1(3,0,0) \quad 与 \quad M_2(-1,3,2).$$
不难算出
$$\boldsymbol{l}_1 \times \boldsymbol{l}_2 = \{4,4,-8\}, \quad \overrightarrow{M_1M_2} = \{-4,3,2\}.$$
由 $\overrightarrow{M_1M_2} \cdot (\boldsymbol{l}_1 \times \boldsymbol{l}_2) = -20 \neq 0$ 知 L_1 与 L_2 是异面直线,故它们间的距离
$$d = \frac{|\overrightarrow{M_1M_2} \cdot (\boldsymbol{l}_1 \times \boldsymbol{l}_2)|}{|\boldsymbol{l}_1 \times \boldsymbol{l}_2|} = \frac{20}{\sqrt{96}} = \frac{5}{\sqrt{6}}.$$

14. 已知两直线 L_1 与 L_2 的方向向量分别为
$$\boldsymbol{l}_1 = \{2,1,0\}, \quad \boldsymbol{l}_2 = \{1,0,1\},$$
又分别过点
$$M_1(3,0,1) \quad 与 \quad M_2(-1,2,0).$$
求 L_1 与 L_2 的公垂线方程和公垂线的长度.

解 不难算出
$$\boldsymbol{l}_1 \times \boldsymbol{l}_2 = \{1,-2,-1\}, \quad \overrightarrow{M_1M_2} = \{-4,2,-1\},$$
$$\overrightarrow{M_1M_2} \cdot (\boldsymbol{l}_1 \times \boldsymbol{l}_2) = -7 \neq 0,$$
所以 L_1 与 L_2 是异面直线.

显然,公垂线的方向向量为
$$\boldsymbol{l} = \boldsymbol{l}_1 \times \boldsymbol{l}_2 = \{1,-2,-1\}.$$
因为公垂线与 L_1, L_2 都相交,故它既与 L_1 共面,也与 L_2 共面.通过 L_1 与公垂线的平面 π_1 的方程为
$$\begin{vmatrix} x-3 & y & z-1 \\ 2 & 1 & 0 \\ 1 & -2 & -1 \end{vmatrix} = 0,$$
即 $x-2y+5z-8=0$. 通过 L_2 与公垂线的平面 π_2 的方程为
$$\begin{vmatrix} x+1 & y-2 & z \\ 1 & 0 & 1 \\ 1 & -2 & -1 \end{vmatrix} = 0,$$
即
$$x+y-z-1=0.$$
故公垂线的两面式方程为

$$\begin{cases} x - 2y + 5z - 8 = 0, \\ x + y - z - 1 = 0. \end{cases}$$

公垂线的长度 d 等于异面直线 L_1 与 L_2 间的距离,即

$$d = \frac{|\overrightarrow{M_1M_2} \cdot (\boldsymbol{l}_1 \times \boldsymbol{l}_2)|}{|\boldsymbol{l}_1 \times \boldsymbol{l}_2|} = \frac{7}{\sqrt{6}}.$$

15. 设直线 L 过点 $M_1(-9, 0, 38)$ 且平行于平面

$$\pi: 3x - 2y + z + 7 = 0,$$

又与直线

$$L_1: \frac{x-3}{2} = \frac{y+1}{-1} = \frac{z+1}{1}$$

相交,求直线 L 的方程.

解 设 L 与 L_1 的交点为 $M_0(x_0, y_0, z_0)$,则 L 的方向向量 $\overrightarrow{M_1M_0}$ 与平面 π 的法向量 $\boldsymbol{n} = \{3, -2, 1\}$ 垂直. 又 M_0 应满足 L_1 的方程,故有

$$\begin{cases} 3(x_0 + 9) - 2y_0 + z_0 - 38 = 0, \\ \dfrac{x_0 - 3}{2} = \dfrac{y_0 + 1}{-1} = \dfrac{z_0 + 1}{1}. \end{cases}$$

解得

$$x_0 = \frac{29}{9}, \quad y_0 = -\frac{10}{9}, \quad z_0 = -\frac{8}{9},$$

于是 $\overrightarrow{M_1M_0} = \dfrac{10}{9}(11, -1, -35)$. 由此即可得 L 的方程:

$$\frac{x+9}{11} = \frac{y}{-1} = \frac{z-38}{-35}.$$

16. 求通过点 $M_0(57, 13, 8)$ 且与两直线

$$L_1: \frac{x-1}{1} = \frac{y+1}{-1} = \frac{z+6}{-2},$$

和

$$L_2: \frac{x+2}{3} = \frac{y-1}{-1} = \frac{z-1}{1}$$

都相交的直线方程.

解 首先,可验证点 M_0 不在直线 $L_i (i=1, 2)$ 上,故所求直线必在由点 M_0 与 $L_i (i=1, 2)$ 所决定的平面 $\pi_i (i=1, 2)$ 上. 由所给条件知,L_1 与 L_2 的方向向量分别为

$$\boldsymbol{l}_1 = \{1, -1, -2\} \quad \text{与} \quad \boldsymbol{l}_2 = \{3, -1, 1\};$$

又 L_1 与 L_2 分别过点

$$M_1(1,-1,-6) \quad \text{与} \quad M_2(-2,1,1).$$
故 π_1 的法方向
$$\boldsymbol{n}_1 = \boldsymbol{l}_1 \times \overrightarrow{M_0M_1} = -14\{1,-9,5\},$$
π_2 的法方向
$$\boldsymbol{n}_2 = \boldsymbol{l}_2 \times \overrightarrow{M_0M_2} = 19\{1,-2,-5\}.$$
由此不难得到 $\pi_i(i=1,2)$ 的方程：
$$\pi_1: (x-57) - 9(y-13) + 5(z-8) = 0,$$
即
$$x - 9y + 5z + 20 = 0;$$
$$\pi_2: (x-57) - 2(y-13) - 5(z-8) = 0,$$
即
$$x - 2y - 5z + 9 = 0.$$
由 π_1 与 π_2 的方程可知它们不平行，故所求直线就是 π_1 与 π_2 的交线，其方程为
$$\begin{cases} x - 9y + 5z + 20 = 0, \\ x - 2y - 5z + 9 = 0. \end{cases}$$

17. 设有二元二次方程
$$x^2 + y^2 + z^2 - 2x + 4y + 1 = 0, \qquad (2.5)$$
(1) 证明：方程(2.5)是球面方程并求球心坐标与球的半径；
(2) 写出通过点 $M_0(0,-1,\sqrt{2})$ 的球面的切平面方程.

解 (1) 用配方法将(2.5)改写成
$$(x-1)^2 + (y+2)^2 + z^2 = 2^2,$$
因此，(2.5)是球面方程，球心为 $Q=(1,-2,0)$，半径长为 2.

(2) 点 M_0 在球面上，$\overrightarrow{M_0Q} = \{1,-1,-\sqrt{2}\}$. 过 M_0 以 $\overrightarrow{M_0Q}$ 为法向量的平面方程是
$$x - (y+1) - \sqrt{2}(z-\sqrt{2}) = 0,$$
即
$$x - y - \sqrt{2}z + 1 = 0.$$
它就是所求的切平面方程.

*18. 设直线段 $\overrightarrow{M_1M_2}$ 的两端点的坐标为
$$M_1 = (1,0,0), \quad M_2 = (0,1,1).$$
求线段 $\overrightarrow{M_1M_2}$ 绕 z 轴旋转一周所得的旋转曲面的方程.

解 $\overrightarrow{M_1M_2} = \{-1,1,1\}$，故线段 $\overrightarrow{M_1M_2}$ 的参数方程为

$$\begin{cases} x = -t+1, \\ y = t, \\ z = t, \end{cases} \quad 0 \leqslant t \leqslant 1.$$

消去参数得线段 $\overline{M_1M_2}$ 的两面式方程：

$$\begin{cases} x+y=1, \\ y=z, \end{cases} \quad 0 \leqslant x,y,z \leqslant 1.$$

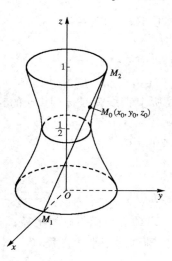

图 6.13

设 $M_0(x_0,y_0,z_0) \in \overline{M_1M_2}$，则有 $x_0+y_0 = 1$，$y_0 = z_0$. 若点 $M(x,y,z)$ 是由 $M_0(x_0,y_0,z_0)$ 旋转到达的，则应有

$$x^2+y^2 = x_0^2+y_0^2, \quad z = z_0$$

(参见图 6.13). 从以上各式中消去 x_0, y_0, z_0，即得旋转曲面的方程：

$$\begin{aligned} x^2+y^2 &= x_0^2+y_0^2 \\ &= (x_0+y_0)^2 - 2x_0y_0 \\ &= 1 - 2(1-y_0)y_0 \\ &= 1 - 2(1-z_0)z_0 \\ &= 1 - 2(1-z)z \\ &= 1 - 2z + 2z^2 \\ &= 2\left(z-\frac{1}{2}\right)^2 + \frac{1}{2}. \end{aligned}$$

即所求旋转曲面的方程为：

$$x^2+y^2 = 2\left(z-\frac{1}{2}\right)^2 + \frac{1}{2}, \quad 0 \leqslant x,y,z \leqslant 1.$$

*19. 求直线

$$L: \frac{x}{1} = \frac{y-1}{0} = \frac{z}{-1}$$

在平面 $\pi: x+y+2z=0$ 上的投影直线的方程.

解 记通过直线 L 且与平面 π 垂直的平面为 π_1，则 π_1 与 π 的交线就是 L 在 π 上的投影直线.

π_1 的法向量 $\boldsymbol{n} /\!/ \boldsymbol{l} \times \boldsymbol{n}_0$，其中 $\boldsymbol{l}$ 为 L 的方向向量，$\boldsymbol{n}_0$ 为 π 的法向量，即

$$\boldsymbol{n} \mathbin{/\mkern-6mu/} \{1,0,-1\} \times \{1,1,2\} = \{1,-3,1\}.$$

又从 L 的方程看出 $(0,1,0) \in L \subset \pi_1$, 故 π_1 的方程为
$$x - 3(y-1) + z = 0,$$
即
$$x - 3y + z + 3 = 0.$$
于是投影直线的方程为
$$\begin{cases} x - 3y + z + 3 = 0, \\ x + y + 2z = 0. \end{cases}$$

20. 在椭圆周 $x^2 + \dfrac{y^2}{4} = 1$ 上求一点 P, 使它落在第一象限之内, 且使得过 P 点的切线与两坐标轴所围面积最小.

解 对所给方程两端求导可得
$$y' = -\frac{4x}{y}.$$
故过椭圆周上一点 (ξ, η) $(\xi > 0, \eta > 0)$ 的切线方程为
$$y - \eta = -\frac{4\xi}{\eta}(x - \xi).$$
当 $x = 0$ 时, $y = \dfrac{4\xi^2}{\eta} + \eta = \dfrac{4\xi^2 + \eta^2}{\eta} = \dfrac{4}{\eta}$;

当 $y = 0$ 时, $x = \dfrac{\eta^2}{4\xi} + \xi = \dfrac{\eta^2 + 4\xi^2}{4\xi} = \dfrac{1}{\xi}.$

即该切线与 x 轴及 y 轴的交点分别为 $\left(\dfrac{1}{\xi}, 0\right)$ 与 $\left(0, \dfrac{4}{\eta}\right)$(参见图 6.14). 故此切线与两坐标轴所围之面积为

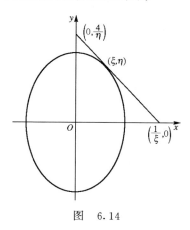

图 6.14

$$S = \frac{1}{2} \cdot \frac{1}{\xi} \cdot \frac{4}{\eta} = \frac{2}{\xi\eta} = \frac{2}{\eta\sqrt{1-\eta^2/4}}$$

$$= \frac{4}{\eta\sqrt{4-\eta^2}} \quad (0 < \eta < 2),$$

$$S'(\eta) = \frac{-4}{\eta^2(4-\eta^2)}\left[\sqrt{4-\eta^2} - \frac{\eta^2}{\sqrt{4-\eta^2}}\right]$$

$$= \frac{-8}{\eta^2[4-\eta^2]^{3/2}}(2-\eta^2).$$

由 $S'(\eta)=0$ 解得惟一根 $\eta=\sqrt{2}$. 且当 $0<\eta<\sqrt{2}$ 时 $S'(\eta)<0$, $\sqrt{2}<\eta<2$ 时 $S'(\eta)>0$,所以 $\eta=\sqrt{2}$ 是极小点. 由于它是 $S(\eta)$ 在 (0,2) 内的惟一极值点,所以也就是 $S(\eta)$ 在 (0,2) 上的最小点. 这时 $\xi=\sqrt{1-2/4}=\sqrt{2}/2$. 因而所求点为 $P(\sqrt{2}/2,\sqrt{2})$.

本节小结

1. 能根据已知条件,写出相应的平面方程:点法式方程,三点式方程,一点及两个方位向量所确定的平面方程.

2. 能根据已知条件,写出相应的直线方程:直线的参数方程,标准方程,两点式方程,两面式方程.

3. 掌握并能灵活运用两直线共面的充要条件,两直线为异面直线的充要条件,两直线间的距离公式.

4. 掌握点到平面的距离,点到直线的距离公式.

5. 记住 9 类二次曲面的标准方程与名称,以及图形特性.

练习题 6.2

6.2.1 求过直线 $\begin{cases} x-2z-4=0 \\ 3y-z+8=0 \end{cases}$,且与直线 $\begin{cases} x-y-4=0 \\ z-y+6=0 \end{cases}$ 平行的平面.

6.2.2 求点 $(1,2,3)$ 到直线 $\dfrac{x}{1}=\dfrac{y-4}{-3}=\dfrac{z-3}{-2}$ 的距离.

6.2.3 求点 $(2,1,3)$ 到平面 $2x-2y+z-3=0$ 的距离与投影.

6.2.4 求向量 $\boldsymbol{a}=\{1,2,1\}$ 在平面 $3x+4y+z+1=0$ 上的投影向量.

6.2.5 求过原点且与两直线

$$L_1: \begin{cases} x = 1, \\ y = t - 1, \\ z = t + 2 \end{cases}$$

与

$$L_2: \frac{x+1}{1} = \frac{y+2}{2} = \frac{z-1}{1}$$

都平行的平面方程.

6.2.6 求过直线

$$L_1: \frac{x-1}{1} = \frac{y-2}{0} = \frac{z-3}{-1}$$

且平行于直线

$$L: \frac{x+2}{2} = \frac{y-1}{1} = \frac{z}{1}$$

的平面方程.

6.2.7 求通过原点及点 $(6,-3,2)$ 且与平面 $4x-y+2z-8=0$ 垂直的平面方程.

6.2.8 求点 $M(0,1,-1)$ 到直线 $L: \frac{x-1}{1} = \frac{y}{-2} = \frac{z+1}{1}$ 的距离.

6.2.9 求两异面直线

$$L_1: \frac{x-9}{4} = \frac{y+2}{-3} = \frac{z}{1}$$

与

$$L_2: \frac{x}{-2} = \frac{y+7}{9} = \frac{z-2}{2}$$

之间的距离.

6.2.10 设直线

$$L_1: \frac{x-1}{1} = \frac{y-1}{-1} = \frac{z}{1}, \quad L_2: \frac{x}{1} = \frac{y-1}{1} = \frac{z-1}{-1},$$

求 L_1 与 L_2 的公垂线的方程.

6.2.11 设直线

$$L: \begin{cases} x+y-z-1=0, \\ x-y+z+1=0, \end{cases}$$

平面 $\pi: x+y+z=0$,求:

(1) 直线 L 在平面 π 上的投影直线 L_0 的方程;

(2) 直线 L_0 绕 z 轴旋转一周而成的曲面方程.

第七章　多元函数微分学

§1　多元函数的概念、极限与连续性

内 容 提 要

1. 区域

邻域　点集 $U_\delta(P_0)=\{(x,y)\,|\,(x-x_0)^2+(y-y_0)^2<\delta^2\}$ 称为点 $P_0(x_0,y_0)$ 的 δ **邻域**.

平面上点集 E 的内点、外点与边界点：

若对点 P_0，存在 $\delta>0$，使得 $U_\delta(P_0)\subset E$，称 P_0 为 E 的**内点**.

若对点 P_0，存在 $\delta>0$，使得 $U_\delta(P_0)\cap E=\varnothing$，称 P_0 为 E 的**外点**.

若对点 P_0，对任给的 $\delta>0$，$U_\delta(P_0)$ 既有 E 的点，又有非 E 的点，称 P_0 为 E 的**边界点**. E 的全体边界点组成 E 的**边界**.

连通集　若集合 E 中任意两点都可用属于 E 的折线连接起来，称 E 为**连通集**.

开区域与**闭区域**　连通的开集称为**开区域**，开区域连同它的边界一起，称为**闭区域**.

有界点集或**无界点集** E　若存在以原点为心的邻域：$U_R(O)$ 使得 $U_R(O)\supset E$，则称 E 为**有界点集**，否则称 E 为**无界点集**.

对空间中的点集有类似概念.

2. 多元函数的概念

设有三个变量 x,y 与 z. 又设 D 是 Oxy 平面上的一个区域. 若当变量 x,y 在区域 D 内每取定一组值时，变量 z 总有惟一的值与之对应，则称 x,y 为自变量，z 为 x,y 的二元函数，记作

$$z=f(x,y),\quad (x,y)\in D.$$

区域 D 称为函数的定义域.

三个或三个以上自变量的函数可以类似地定义.

在 $Oxyz$ 空间中点集 $\{(x,y,z)\,|\,z=f(x,y),(x,y)\in D\}$ 是函数 $z=f(x,y)$，$(x,y)\in D$ 的图形，通常是一张曲面.

使二元函数 $z=f(x,y)$ 取相同数值的 Oxy 平面上的点组成的曲线称为它的**等高线**. 等高线方程为 $f(x,y)=c$(c 为常数).

3. 多元函数的极限

设函数 $f(x,y)$ 在区域 D 有定义, $P_0(x_0,y_0)$ 是 D 的内点或边界点. A 为某一常数. 若对任意给定的正数 ε, 都存在正数 δ, 使当 $(x,y)\in D$ 且

$$0<\sqrt{(x-x_0)^2+(y-y_0)^2}<\delta$$

时, 就有

$$|f(x,y)-A|<\varepsilon,$$

则称当 (x,y) 趋于 (x_0,y_0) 时函数 $f(x,y)$ **以 A 为极限**, 记作

$$\lim_{(x,y)\to(x_0,y_0)} f(x,y)=A \quad \text{或} \quad \lim_{\substack{x\to x_0 \\ y\to y_0}} f(x,y)=A.$$

三元函数的极限可类似地定义.

多元函数的极限与一元函数的极限有类似的运算法则.

① 若在 (x_0,y_0) 的某个邻域内, 成立不等式

$$u(x,y)\leqslant v(x,y)\leqslant w(x,y),$$

且

$$\lim_{(x,y)\to(x_0,y_0)} u(x,y)=\lim_{(x,y)\to(x_0,y_0)} w(x,y)=A,$$

则

$$\lim_{(x,y)\to(x_0,y_0)} v(x,y)=A.$$

② 若 $f(x,y),g(x,y)$ 当 $(x,y)\to(x_0,y_0)$ 时分别有极限 A 与 B, 则 $f(x,y)\pm g(x,y),f(x,y)\cdot g(x,y)$ 与 $f(x,y)/g(x,y)$($B\neq 0$)当 $(x,y)\to(x_0,y_0)$ 时分别有极限 $A\pm B,A\cdot B$ 及 A/B.

③ 若当 $(x,y)\to(x_0,y_0)$ 时 $f(x,y)\to 0$ 而 $g(x,y)$ 为有界变量, 则当 $(x,y)\to(x_0,y_0)$ 时 $f(x,y)\cdot g(x,y)\to 0$.

④ 若 $f(x,y)$ 在 (x_0,y_0) 附近有定义且当 $(x,y)\to(x_0,y_0)$ 时 $f(x,y)\to A$. 又设 $F(z)$ 在 A 附近有定义且当 $z\to A$ 时 $F(z)\to B$, 则

$$\lim_{(x,y)\to(x_0,y_0)} F(f(x,y))=B.$$

4. 函数的连续性

设函数 $f(x,y)$ 在区域 D 有定义, $P_0(x_0,y_0)$ 是 D 的内点或边界点. 若 $P_0\in D$,

$$\lim_{(x,y)\to(x_0,y_0)} f(x,y)=f(x_0,y_0),$$

则称函数 $f(x,y)$**在点** (x_0,y_0)**处是连续的**, 否则称 $f(x,y)$**在点** (x_0,y_0)**处间断**.

若函数 $f(x,y)$ 在区域 D 内的每一点处都连续, 则称 $f(x,y)$**在区域 D 内连续**.

我们称 $f(x,y)$ 为**二元初等函数**, 若它是由自变量 x 的基本初等函数与自

变量 y 的基本初等函数及常数经过有限次四则运算及复合于一元基本初等函数所得.二元初等函数在定义区域上是连续的.

连续函数有以下性质:

① 若 $f(x,y)$ 在有界闭区域 D 连续,则 $f(x,y)$ 在 D 有界且达到最大值与最小值.

② 若 $f(x,y)$ 在区域 D 连续,P_1,P_2 为 D 内任意两点且 $f(P_1)<f(P_2)$,则对任意实数 $\mu,f(P_1)<\mu<f(P_2)$,在 D 内至少存在一点 P_0 使得 $f(P_0)=\mu$.

典型例题分析

一、求二元函数的定义域与等高线

1. 求下列函数的定义域,作略图并指出是开区域或闭区域,是有界区域或无界区域.

(1) $z=\sqrt{x\sin y}$；　　(2) $u=\arccos\dfrac{x}{x+y}$.

解 (1) 当且仅当 $x\sin y \geqslant 0$ 时 $\sqrt{x\sin y}$ 才有意义.所以定义域由下列点集合组成：

$x\geqslant 0$,且
$$2k\pi \leqslant y \leqslant (2k+1)\pi, \quad k=0,\pm 1,\pm 2,\cdots;$$
或
$x\leqslant 0$,且
$$(2k+1)\pi \leqslant y \leqslant 2(k+1)\pi, \quad k=0,\pm 1,\pm 2,\cdots.$$

其图形为图 7.1 中有阴影的部分(包含边界).它是无界闭域.

(2) 由于反余弦函数的定义域是 $[-1,1]$,所以 (x,y) 必须满足不等式 $x+y\neq 0$ 以及

$$-1\leqslant \frac{x}{x+y} \leqslant 1. \tag{1.1}$$

当 $(x+y)>0$ 时,上式为 $-(x+y)\leqslant x \leqslant (x+y)$,即

$$\begin{cases} -2x \leqslant y, \\ y \geqslant 0; \end{cases} \tag{1.2}$$

当 $(x+y)<0$ 时,(1.1)式为 $-(x+y)\geqslant x \geqslant (x+y)$,即

$$\begin{cases} -2x \geqslant y, \\ y \leqslant 0. \end{cases} \tag{1.3}$$

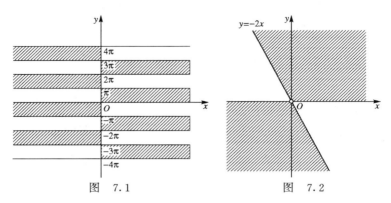

图 7.1   图 7.2

当 $x+y\neq 0$ 时,不等式(1.2)蕴含不等式$(x+y)>0$,不等式(1.3)蕴含$(x+y)<0$,所以定义域由满足不等式(1.2)或(1.3)的点所组成,其图形为图 7.2 中带有阴影的部分(包含边界,但原点除外).它是无界区域,既不是开区域也不是闭区域(它含有边界点但不含全部边界点).

2. 求下列二元函数的等高线,并作等高线略图:

(1) $z=1-|x|-|y|$；　　(2) $z=\dfrac{1}{x^2+4y^2}$.

解 (1) 等高线: $1-|x|-|y|=c$,即 $|x|+|y|=1-c$,其中 $c<1$ 为常数.等高线图形是正方形边界族,见图 7.3. $c=1$ 时为原点.

(2) 等高线: $\dfrac{1}{x^2+4y^2}=c^2$,即 $\dfrac{x^2}{\left(\dfrac{1}{c}\right)^2}+\dfrac{y^2}{\left(\dfrac{1}{2c}\right)^2}=1$,其中 $c>0$ 为常数.等高线图形是一族椭圆周,见图 7.4.

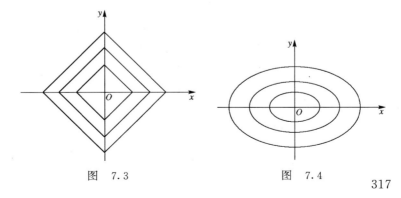

图 7.3   图 7.4

二、求二元函数的极限与判断极限的不存在性

3. 求下列函数的极限：

(1) $\lim\limits_{(x,y)\to(0,0)} (x^2+y^2)\sin\dfrac{1}{x^2 y^2}$； (2) $\lim\limits_{(x,y)\to(0,3)} \dfrac{\sin xy}{x}$.

解 (1) 这里函数 $f(x,y)=(x^2+y^2)\sin\dfrac{1}{x^2 y^2}$ 在原点及 x 轴，y 轴上无定义，但在 $(0,0)$ 的邻域内除去 $(0,0)$ 及两直线段 $y=0,x=0$ 外均有定义，故可以考虑该函数在原点是否有极限的问题. 因为当 $(x,y)\to(0,0)$ 时 $(x^2+y^2)\to 0$，且 $\sin\dfrac{1}{x^2 y^2}$ 是有界变量. 所以

$$(x^2+y^2)\sin\dfrac{1}{x^2 y^2}\to 0,$$

即

$$\lim_{(x,y)\to(0,0)} (x^2+y^2)\sin\dfrac{1}{x^2 y^2}=0.$$

(2) 当 $(x,y)\to(0,3)$ 时 $xy\to 0$，因而 $\dfrac{\sin xy}{xy}\to 1$，于是

$$\lim_{(x,y)\to(0,3)}\dfrac{\sin xy}{x}=\lim_{(x,y)\to(0,3)}\dfrac{\sin xy}{xy}\cdot y$$
$$=\lim_{(x,y)\to(0,3)}\dfrac{\sin xy}{xy}\cdot\lim_{(x,y)\to(0,3)} y=1\cdot 3=3.$$

4. 讨论下列函数的极限是否存在？若存在，求出其值：

(1) $\lim\limits_{(x,y)\to(0,0)}\dfrac{(1-x)y}{|x|+|y|}$； (2) $\lim\limits_{(x,y)\to(0,0)}\dfrac{x^2 y}{x^4+y^2}$；

(3) $\lim\limits_{(x,y)\to(0,0)}\dfrac{\sin(x^2 y+y^4)}{x^2+y^2}$； (4) $\lim\limits_{\substack{x\to+\infty\\ y\to+\infty}}\left(\dfrac{xy}{x^2+y^2}\right)^{x^2}$.

解 (1) 当 $(x,y)\to(0,0)$ 时，分子 $(1-x)y\to 0$，分母 $(|x|+|y|)\to 0$，是 $\dfrac{0}{0}$ 型. 又因为分子分母的最低次幂相同（都是一次），所以当 (x,y) 沿不同的直线趋于 $(0,0)$ 时 $f(x,y)$ 可能趋于不同的常数. 事实上，令动点 (x,y) 沿直线 $y=kx$（k 为任意常数）趋向于 $(0,0)$，这时 $(x,y)\to(0,0)$ 等价于 $x\to 0$，于是有

$$\lim_{x\to 0} f(x,kx)=\lim_{x\to 0}\dfrac{(1-x)kx}{(1+|k|)|x|},$$

当 x 大于零而趋于零时，有

$$\lim_{x\to 0+0}\dfrac{(1-x)kx}{(1+|k|)|x|}=\dfrac{k}{1+|k|},$$

k 取不同的值时,上述极限值也不同,这说明当动点 (x,y) 沿不同的直线 $y=kx(x>0)$ 趋于原点时函数 $f(x,y)$ 趋向于不同的常数,因而极限不存在.

以上方法对于判断有理函数的极限不存在,一般来说是较有效的. 但有时也会遇到这样的情况:虽然沿任意直线方向函数都趋于同一个常数,然而函数的极限仍有可能不存在. 这时就需要考虑其他的方法,例如见题(2).

(2) 这里 $f(x,y)=\dfrac{x^2y}{x^4+y^2}$. 虽然当动点 (x,y) 沿任意直线 $y=kx(k$ 为任意常数,$k\neq 0)$ 趋于 $(0,0)$ 时,恒有

$$\lim_{x\to 0}f(x,kx)=\lim_{x\to 0}\frac{kx^3}{x^4+k^2x^2}=\lim_{x\to 0}\frac{kx}{x^2+k^2}=0,$$

但我们并不能由此断定 $f(x,y)$ 的极限存在. 事实上,当动点沿抛物线 $y=kx^2(k$ 为任意常数)趋于 $(0,0)$ 时,有

$$\lim_{x\to 0}f(x,kx^2)=\lim_{x\to 0}\frac{kx^4}{x^4+k^2x^4}=\frac{k}{1+k^2}.$$

这说明当动点 (x,y) 沿不同的抛物线趋向于原点时,函数趋向于不同的常数,因而极限不存在.

(3) 当 $(x,y)\to(0,0)$ 时 $\sin(x^2y+y^4)\to 0$,本题是 $\dfrac{0}{0}$ 型. 注意到对任意变量 z,总有

$$|\sin z|\leqslant |z|,$$

因而有 $\qquad 0\leqslant\left|\dfrac{\sin(x^2y+y^4)}{x^2+y^2}\right|\leqslant\left|\dfrac{x^2y+y^4}{x^2+y^2}\right|.$

上述不等式的左端为零,如再能说明不等式右端的极限也是零,即能决定我们所讨论的函数的极限为零. 又注意

$$\left|\frac{x^2}{x^2+y^2}\right|\leqslant 1,\quad \left|\frac{y^2}{x^2+y^2}\right|\leqslant 1,$$

$\Rightarrow$

$$\left|\frac{x^2y+y^4}{x^2+y^2}\right|\leqslant |y|+|y^2|,\quad \lim_{(x,y)\to(0,0)}(|y|+|y^2|)=0.$$

根据极限存在准则就得

$$\lim_{(x,y)\to(0,0)}\frac{\sin(x^2y+y^4)}{x^2+y^2}=0.$$

(4) 这里出现了幂指数函数,情况较复杂. 但注意到对任意 (x,y),恒有 $|xy| \leqslant \frac{1}{2}(x^2+y^2)$,所以幂指数函数的底数的绝对值 $\left|\frac{xy}{x^2+y^2}\right| \leqslant \frac{1}{2}$,于是当指数趋于正无穷大时,幂指数函数就趋向于 0. 事实上,由于

$$0 \leqslant \left|\frac{xy}{x^2+y^2}\right| \leqslant \frac{1}{2}, \quad 就有 \quad 0 \leqslant \left|\frac{xy}{x^2+y^2}\right|^{x^2} \leqslant \left(\frac{1}{2}\right)^{x^2},$$

注意到

$$\lim_{\substack{x \to +\infty \\ y \to +\infty}} \left(\frac{1}{2}\right)^{x^2} = 0, \quad 即得 \quad \lim_{\substack{x \to +\infty \\ y \to +\infty}} \left(\frac{xy}{x^2+y^2}\right)^{x^2} = 0.$$

评注

(1) 若 $\lim\limits_{(x,y) \to (x_0,y_0)} f(x,y) = A \Rightarrow$ 当点 (x,y) 沿 $f(x,y)$ 的定义域 D 内的任意曲线趋于 (x_0,y_0) 时,$f(x,y)$ 的极限均为 A. 因此,若在 D 内存在两条不同的曲线,当 (x,y) 沿不同曲线趋于 (x_0,y_0) 时 $f(x,y)$ 有不同的极限,则 $\lim\limits_{(x,y) \to (x_0,y_0)} f(x,y)$ 不存在. 常用这种方法证明极限不存在.

如,考虑有理函数 $f(x,y) = \frac{R(x,y)}{Q(x,y)}$(其中 $R(x,y),Q(x,y)$ 都是多项式)当 (x,y) 趋于原点的极限问题时,如果 $R(x,y)$ 与 $Q(x,y)$ 的最低次幂的次数相同,这时可令 $y=kx$,若当 $x \to 0$ 时 $f(x,kx)$ 趋向于一个与 k 有关的数,则 $(x,y) \to (0,0)$ 时 $f(x,y)$ 无极限. 当 $R(x,y)$ 与 $Q(x,y)$ 的最低次幂的次数不同时,若存在两条趋向于原点的曲线 $y=g_1(x)$ 与 $y=g_2(x)$,使 $\lim\limits_{x \to 0} f(x,g_1(x)) \neq \lim\limits_{x \to 0} f(x,g_2(x))$,则 $(x,y) \to (0,0)$ 时 $f(x,y)$ 没有极限.

(2) 可用类似于求一元函数极限的方法如极限的四则运算法则 $\left(\frac{0}{0}\text{型或}\frac{\infty}{\infty}\text{型时消去公共的极限为 0 或} \infty \text{的因子}\right)$,适当放大、缩小法,变量替换法来求多元函数的极限,用这种方法易证如下常用的极限等式:

$$\lim_{(x,y) \to (0,0)} \frac{R(x,y)}{(x^2+y^2)^{m/2}} = 0,$$

其中 $R(x,y)$ 是多项式,且每一项的次数都大于 m.

三、判断二元函数的连续性

5. 研究函数
$$f(x,y) = \begin{cases} \sqrt{1-x^2-y^2}, & \text{当 } x^2+y^2 \leqslant 1 \text{ 时,} \\ 1, & \text{当 } x^2+y^2 > 1 \text{ 时} \end{cases}$$
的连续性.

解 当 $x^2+y^2<1$ 时,函数 $f(x,y)$ 与初等函数 $\sqrt{1-x^2-y^2}$ 恒同,因而是连续的. 同理,当 $x^2+y^2>1$ 时 $f(x,y)$ 也是连续的. 因此,只需要讨论 $f(x,y)$ 在单位圆周上的连续性. 设 (x_0,y_0) 是单位圆周上的任一点,也即 $x_0^2+y_0^2=1$. 根据定义 $f(x_0,y_0)=0$,但是
$$\lim_{\substack{(x,y)\to(x_0,y_0)\\x^2+y^2>1}} f(x,y) = \lim_{\substack{(x,y)\to(x_0,y_0)\\x^2+y^2>1}} 1 = 1,$$
故 $f(x,y)$ 在点 (x_0,y_0) 处不连续. 由于 (x_0,y_0) 是单位圆周上任意一点,所以 $f(x,y)$ 在单位圆周 $x^2+y^2=1$ 上不连续.

6. 证明函数
$$z(x,y) = \begin{cases} \dfrac{2xy}{x^2+y^2}, & \text{当 } x^2+y^2 \neq 0 \text{ 时,} \\ 0, & \text{当 } x^2+y^2 = 0 \text{ 时} \end{cases}$$
分别关于每个变量 x 或 y 是一元连续函数,但它在原点不是二元连续函数.

证 对每一个固定的 y_0,若 $y_0 \neq 0$,则
$$z(x,y_0) = \frac{2xy_0}{x^2+y_0^2};$$
若 $y_0=0$,则 $z(x,0)\equiv 0$. 显然,$z(x,y_0)$ 及 $z(x,0)$ 都是 x 的一元连续函数. 同理,对每一个固定的 x_0,$z(x_0,y)$ 是 y 的一元连续函数.

当动点 (x,y) 沿直线 $y=kx$ 趋于原点时,
$$\lim_{x\to 0} z(x,kx) = \lim_{x\to 0} \frac{2kx^2}{(1+k^2)x^2} = \frac{2k}{1+k^2},$$
当 k 取不同值时,上述极限值不相同,因而当 $(x,y)\to(0,0)$ 时 $z(x,y)$ 无极限. 这样,二元函数 $z(x,y)$ 在 $(0,0)$ 点不连续.

评注 判断多元函数的连续性常常用连续性的运算法则(实质

上也是极限运算法则). 有时还需按定义. 用定义判断连续性就是求极限 $\lim\limits_{(x,y)\to(x_0,y_0)} f(x,y)$. 只有该极限存在且为 $f(x_0,y_0)$ 时才是在 (x_0,y_0) 连续, 否则就是间断点.

练习题 7.1

7.1.1 求下列函数的定义域, 画出定义域略图并指出是开区域或闭区域, 是有界区域或无界区域.

(1) $z=\dfrac{1}{\sqrt{x^2-2xy}}$;　　　　(2) $z=\arccos y+x$;

(3) $z=\dfrac{1}{\sqrt{3x-x^2-y^2}}+\dfrac{1}{\sqrt{x^2+y^2-2x}}$;

(4) $z=\sqrt{\sin(x^2+y^2)}$;　　　(5) $u=\ln(z-x^2-y^2)$;

(6) $u=\arcsin(x^2+y^2-z^2)$.

7.1.2 求下列函数的等高线并作等高线的略图:

(1) $z=|x|+y$;　　　　　(2) $z=\ln(y-x^2)$;

(3) $z=y^x (y>0)$;　　　　(4) $z=e^{\frac{2x}{x^2+y^2}}$.

7.1.3 求下列极限:

(1) $\lim\limits_{(x,y)\to(0,0)} \dfrac{e^x+e^y}{\cos x+\sin y}$;　　(2) $\lim\limits_{\substack{x\to+\infty \\ y\to+\infty}} (x^2+y^2)e^{-(x+y)}$;

(3) $\lim\limits_{(x,y)\to(0,0)} (x^2+y^2)^{xy}$;　　(4) $\lim\limits_{(x,y)\to(0,0)} \dfrac{x^2|y|^{3/2}}{x^4+y^2}$;

(5) $\lim\limits_{\substack{x\to\infty \\ y\to a}} \left(1+\dfrac{1}{xy}\right)^{\frac{x^2}{x+y}}$, $a\neq 0$ 为常数;

(6) $\lim\limits_{(x,y)\to(0,0)} \dfrac{xy}{\sqrt{xy+1}-1}$.

7.1.4 证明下列极限不存在:

(1) $\lim\limits_{(x,y)\to(0,0)} \dfrac{x^2+y^2}{x^2+y^2+(x-y)^2}$;　　(2) $\lim\limits_{(x,y)\to(0,0)} \dfrac{\sqrt{xy+1}-1}{x+y}$;

(3) $\lim\limits_{(x,y)\to(0,0)} \dfrac{1-\cos(x^2+y^2)}{(x^2+y^2)x^2y^2}$;　　(4) $\lim\limits_{(x,y)\to(0,0)} \dfrac{x^3y}{x^3+y^3}$.

7.1.5 下列函数在哪些点不连续?

(1) $z=\dfrac{1}{x^2+y^2}$;　(2) $z=\dfrac{1}{\sin x}+\dfrac{1}{\sin y}$;　(3) $z=\dfrac{y^2+2x}{y^2-2x}$.

7.1.6 设 D 是 Oxy 平面上的有界闭区域. $M_0(x_0,y_0)$ 是 D 外一点. 求证: 在 D 上存在一点离 M_0 最近, 也存在一点离 M_0 最远.

§2 偏微商与全微分

内 容 提 要

1. 偏微商的概念与计算

设有二元函数 $f(x,y)$. 若存在

$$\frac{d}{dx}f(x,y_0)\Big|_{x=x_0} \left(\frac{d}{dy}f(x_0,y)\Big|_{y=y_0}\right),$$

称它为 $z=f(x,y)$ 在 (x_0,y_0) 处对 x（对 y）的**偏导数**，又称**偏微商**，记为 $\frac{\partial f(x_0,y_0)}{\partial x}\left(\frac{\partial f(x_0,y_0)}{\partial y}\right)$ 或

$$\frac{\partial z}{\partial x}\Big|_{(x_0,y_0)}, \frac{\partial f}{\partial x}\Big|_{(x_0,y_0)},\ z_x\Big|_{(x_0,y_0)} \left(\frac{\partial z}{\partial y}\Big|_{(x_0,y_0)}, \frac{\partial f}{\partial y}\Big|_{(x_0,y_0)}, z_y\Big|_{(x_0,y_0)}\right).$$

按定义有

$$\frac{\partial f(x_0,y_0)}{\partial x} = \lim_{\Delta x \to 0}\frac{f(x_0+\Delta x,y_0)-f(x_0,y_0)}{\Delta x},$$

$$\frac{\partial f(x_0,y_0)}{\partial y} = \lim_{\Delta y \to 0}\frac{f(x_0,y_0+\Delta y)-f(x_0,y_0)}{\Delta y}.$$

偏导数的**几何意义**：$\frac{\partial f(x_0,y_0)}{\partial x}$ 是曲线

$$\begin{cases} z=f(x,y_0), \\ y=y_0 \end{cases}$$

在点 $M_0(x_0,y_0,f(x_0,y_0))$ 处的切线对 x 轴的斜率. $\frac{\partial f(x_0,y_0)}{\partial y}$ 是曲线 $\begin{cases} z=f(x_0,y), \\ x=x_0 \end{cases}$ 在点 M_0 处的切线对 y 轴的斜率.

求偏导数就是求一元函数的导数. 求 $\frac{\partial f(x,y)}{\partial x}$ 时只要将 y 看作常量对变量 x 按一元函数求导法求出导数即可. 类似可求 $\frac{\partial f}{\partial y}$.

2. 函数的全微分

设函数 $z=f(x,y)$ 在点 (x_0,y_0) 的某个邻域内有定义，如果 $f(x,y)$ 在点 (x_0,y_0) 处的全增量

$$\Delta z = f(x_0+\Delta x,y_0+\Delta y)-f(x_0,y_0)$$

可写成

$$\Delta z = A\Delta x + B\Delta y + o(\rho), \tag{2.1}$$

其中 A,B 是不依赖于 Δx 与 Δy 的常数. $\rho=\sqrt{(\Delta x)^2+(\Delta y)^2}$,则称 $f(x,y)$ 在 (x_0,y_0) 处是**可微的**,且称 (2.1) 式中的 $A\Delta x+B\Delta y$ 为 $f(x,y)$ 在 (x_0,y_0) 处的**全微分**,记作 dz. 因而 dz 是 Δx 与 Δy 的线性函数.

由 (2.1) 式看出,当 $\rho=\sqrt{(\Delta x)^2+(\Delta y)^2}\to 0$ 时,全增量 Δz 与全微分 dz 的差是 ρ 的高阶无穷小量,所以当 $\sqrt{(\Delta x)^2+(\Delta y)^2}$ 较小时,可以用 dz 近似代替 Δz.

3. 全微分与偏微商的关系

若 $f(x,y)$ 在 (x_0,y_0) 处可微,则 $f(x,y)$ 在 (x_0,y_0) 处必连续;且 $f(x,y)$ 在 (x_0,y_0) 处的两个偏导数都存在,并成立下列等式:
$$A=f_x'(x_0,y_0),\quad B=f_y'(x_0,y_0).$$
反过来,两个偏微商的存在性,不能保证函数的可微性. 但是,当两个偏微商在 (x_0,y_0) 处连续时,就能推出函数在 (x_0,y_0) 处可微.

当 $f(x,y)$ 在区域 D 上每一点都可微时,在 $(x,y)\in D$ 处的全微分可表成
$$dz=f_x'(x,y)\Delta x+f_y'(x,y)\Delta y.$$
又因为对于自变量 x,y,定义 $dx=\Delta x, dy=\Delta y$,故上式通常可写成
$$dz=f_x'(x,y)dx+f_y'(x,y)dy.$$
类似地,三元函数 $u=f(x,y,z)$ 的全微分可类似地定义并可表为
$$du=f_x'dx+f_y'dy+f_z'dz.$$

4. 全微分的运算法则

若 $f(x,y),g(x,y)$ 都是可微函数,c 是常数,则
$$d(f(x,y)\pm g(x,y))=df(x,y)\pm dg(x,y),$$
$$d(cf(x,y))=cdf(x,y),$$
$$d\left(\frac{g(x,y)}{f(x,y)}\right)=\frac{fdg-gdf}{f^2}\ (f(x,y)\neq 0).$$

5. 一些常用函数的全微分公式

$$d(xy)=ydx+xdy,\quad d(x^2+y^2)=2(xdx+ydy),$$
$$d(\sqrt{x^2+y^2})=\frac{1}{\sqrt{x^2+y^2}}(xdx+ydy),$$
$$d\left(\frac{y}{x}\right)=\frac{-ydx+xdy}{x^2},$$
$$d\left(\arctan\frac{y}{x}\right)=\frac{-ydx+xdy}{x^2+y^2},$$
$$d(e^x\cos y)=e^x(\cos ydx-\sin ydy).$$

6. 全微分的应用

(1) 求函数的增量与函数的近似值

若 $f(x,y)$ 在 (x_0, y_0) 处可微,则当 $|\Delta x|$ 与 $|\Delta y|$ 都很小时,有下列近似公式:
$$f(x_0+\Delta x, y_0+\Delta y) - f(x_0, y_0) \approx f_x'(x_0, y_0)\Delta x + f_y'(x_0, y_0)\Delta y,$$
$$f(x_0+\Delta x, y_0+\Delta y) \approx f(x_0, y_0) + f_x'(x_0, y_0)\Delta x + f_y'(x_0, y_0)\Delta y.$$

(2) 估计函数值的误差

若测量得 x, y 之值分别为 x_0 和 y_0,已知测量时的误差分别为 Δx 和 Δy,又假定函数 $z=f(x,y)$ 在 (x_0, y_0) 处可微,则计算函数值时产生的绝对误差为
$$|\Delta z| \approx |f_x'(x_0, y_0)\Delta x + f_y'(x_0, y_0)\Delta y|,$$
相对误差为
$$\frac{|\Delta z|}{|f(x_0, y_0)|} \approx \frac{1}{|f(x_0, y_0)|}|f_x'(x_0, y_0)\Delta x + f_y'(x_0, y_0)\Delta y|.$$

典型例题分析

一、偏导数与全微分计算

1. 求下列函数的偏微商:

(1) $z = \ln(x+\sqrt{x^2+y^2})$; (2) $z = x^{x^y}$;

(3) $z = \dfrac{x\cos(y-1)-(y-1)\cos x}{1+\sin x+\sin(y-1)}$,求 $\dfrac{\partial z}{\partial x}\Big|_{(0,1)}$ 及 $\dfrac{\partial z}{\partial y}\Big|_{(0,1)}$.

解 (1) $\dfrac{\partial z}{\partial x} = \dfrac{1}{x+\sqrt{x^2+y^2}}\left(1+\dfrac{x}{\sqrt{x^2+y^2}}\right) = \dfrac{1}{\sqrt{x^2+y^2}},$

$\dfrac{\partial z}{\partial y} = \dfrac{1}{x+\sqrt{x^2+y^2}} \cdot \dfrac{y}{\sqrt{x^2+y^2}}$

$= \dfrac{y}{\sqrt{x^2+y^2}(x+\sqrt{x^2+y^2})}.$

评注 求 $\dfrac{\partial z}{\partial x}$ 时将 y 看作常数因而将 $z(x,y)$ 看作只是 x 的函数;求 $\dfrac{\partial z}{\partial y}$ 时将 x 看作常数因而将 $z(x,y)$ 看作只是 y 的函数,这一点初学者要特别注意.例如,$\dfrac{\partial}{\partial x}(x^2+y^2)=2x$,但 $\dfrac{\partial}{\partial x}(x^2+y^2)\neq 2x+2y$.

(2) 这是幂指数函数,为求其偏微商,一般先取对数,得关系式
$$\ln z = x^y \ln x. \tag{2.2}$$

325

将上式两端对 x 求导,由于这时把 y 看作常数,所以上式左端可看成是关于变量 x 的一元复合函数,利用复合函数求导法则,得

$$\frac{1}{z} \cdot \frac{\partial z}{\partial x} = yx^{y-1} \cdot \ln x + x^y \cdot \frac{1}{x} = x^{y-1}(y\ln x + 1),$$

所以
$$\frac{\partial z}{\partial x} = x^{x^y} \cdot x^{y-1}(y\ln x + 1).$$

类似地,将(2.2)式两边对 y 求导,得

$$\frac{1}{z} \cdot \frac{\partial z}{\partial y} = x^y (\ln x)^2,$$

所以
$$\frac{\partial z}{\partial y} = x^{x^y} \cdot x^y (\ln x)^2.$$

评注 在求一元函数的微商时,初学者常将指数函数 $a^x(a>0)$ 与幂函数 $x^a(x>0)$ 的微商公式记混. 这里要提醒大家注意的是,求函数 x^y 对 x 的偏微商时(这时将 y 看作常数),应该用幂函数的求导公式,而求 x^y 对 y 的偏微商时(这时将 x 看作常数),就应该用指数函数的求导公式.

(3) 求函数 $f(x,y)$ 在给定点 (x_0,y_0) 处的偏微商时,一般有两种方法: 第一种方法是先求出所给函数的偏微商的一般表达式 $f'_x(x,y)$ 及 $f'_y(x,y)$,然后再将 (x_0,y_0) 代入. 第二种方法是,先将 $y = y_0$ 代入得 $f(x,y_0)$,再求 $\frac{\mathrm{d}}{\mathrm{d}x}f(x,y_0)$ 并将 x_0 代入,即得 $f'_x(x_0,y_0)$. 求 $f'_y(x_0,y_0)$ 也类似.

对本题来说,不难看出 $f'_x(x,y)$ 与 $f'_y(x,y)$ 的一般表达式较复杂,而 $f(0,y)$ 与 $f(x,1)$ 的表达式就较简单,所以我们用第二种方法. 由

$$f(x,1) = \frac{x}{1+\sin x}$$

可得
$$\frac{\mathrm{d}}{\mathrm{d}x}f(x,1) = \frac{1+\sin x - x\cos x}{(1+\sin x)^2},$$

因而
$$\left.\frac{\partial z}{\partial x}\right|_{(0,1)} = \left[\frac{\mathrm{d}}{\mathrm{d}x}f(x,1)\right]_{x=0} = 1.$$

同理,由

$$f(0,y) = \frac{-(y-1)}{1+\sin(y-1)},$$

$$\frac{\mathrm{d}}{\mathrm{d}y}f(0,y) = \frac{-1-\sin(y-1)+(y-1)\cos(y-1)}{[1+\sin(y-1)]^2},$$

得

$$\left.\frac{\partial z}{\partial y}\right|_{(0,1)} = \left[\frac{\mathrm{d}}{\mathrm{d}y}f(0,y)\right]_{y=1} = -1.$$

2. 求下列指定的全微分：

(1) $z = x\sin(x+y)$，求 $\mathrm{d}z\Big|_{\left(\frac{\pi}{4},\frac{\pi}{4}\right)}$ 和 $\mathrm{d}z\Big|_{(0,0)}$；

(2) $u = \left(\dfrac{x}{y}\right)^z$，求 $\mathrm{d}u$.

解 (1) 先求任意点处全微分. 因

$$\frac{\partial z}{\partial x} = x\cos(x+y) + \sin(x+y), \quad \frac{\partial z}{\partial y} = x\cos(x+y)$$

它们均连续，故存在 $\mathrm{d}z$. $\mathrm{d}z = \dfrac{\partial z}{\partial x}\mathrm{d}x + \dfrac{\partial z}{\partial y}\mathrm{d}y$. 分别令 $(x,y) = \left(\dfrac{\pi}{4},\dfrac{\pi}{4}\right)$ 与 $(0,0)$ 得

$$\mathrm{d}z\Big|_{\left(\frac{\pi}{4},\frac{\pi}{4}\right)} = \mathrm{d}x, \quad \mathrm{d}z\Big|_{(0,0)} = 0.$$

(2) 先求偏导数：

$$\frac{\partial u}{\partial x} = z\left(\frac{x}{y}\right)^{z-1} \cdot \frac{1}{y}, \quad \frac{\partial u}{\partial y} = z\left(\frac{x}{y}\right)^{z-1}\left(-\frac{x}{y^2}\right),$$

$$\frac{\partial u}{\partial z} = \left(\frac{x}{y}\right)^z \ln\frac{x}{y},$$

它们均连续，故存在 $\mathrm{d}u$，

$$\mathrm{d}u = \frac{\partial u}{\partial x}\mathrm{d}x + \frac{\partial u}{\partial y}\mathrm{d}y + \frac{\partial u}{\partial z}\mathrm{d}z = \left(\frac{z}{x}\mathrm{d}x - \frac{z}{y}\mathrm{d}y + \ln\frac{x}{y}\mathrm{d}z\right)\left(\frac{x}{y}\right)^z.$$

二、偏导数的几何意义

3. 在三维空间中一动点 (x,y,z) 沿椭圆抛物面

$$z = \frac{x^2}{9} + \frac{y^2}{4} \tag{2.3}$$

在平行于 Oxz 平面的平面上运动. 当 x 为 3 m 时，x 增加的速率是 9 cm/s，求动点运动的方向.

解法 1 设动点运动轨线的切向 T 与 Ox 轴、Oy 轴、Oz 轴正向

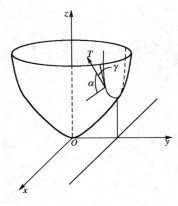

图 7.5

的夹角分别为 α, β, γ. 由于运动轨线与 Oxz 平面平行,所以 $\beta=\pi/2$. 又由图 7.5 看出, $\gamma=\pi/2-\alpha$. 由偏导数的几何意义知,

$$\tan\alpha = \frac{\partial z}{\partial x}\bigg|_{(3,y)} = \frac{2}{9} \cdot 3 = \frac{2}{3},$$

所以 $\alpha = \arctan\dfrac{2}{3}$.

于是运动方向的三个方向角分别为

$$\arctan\frac{2}{3}, \frac{\pi}{2}, \frac{\pi}{2}-\arctan\frac{2}{3}.$$

解法 2 设 t 时刻动点的位置为 $(x(t), y(t), z(t))$. 由所设条件,在运动过程中 $y(t)$ 为常数,即 $y'(t)=0$,且 $x(t), y(t), z(t)$ 满足关系式(2.3),又 $x=3$ m 时 $x'(t)=9$ cm/s.

将(2.3)式两边对 t 求导,得

$$z'(t) = \frac{2x}{9}x'(t) + \frac{y}{2}y'(t) = \frac{2x}{9}x'(t),$$

将 $x=3$ m, $x'(t)=9$ cm/s 代入上式,得

$$z'(t) = 6 \text{ cm/s}.$$

即 z 的变化率为 6 cm/s.

速度向量 $\boldsymbol{v}(t) = \{x'(t), y'(t), z'(t)\}$,现已知当 $x=3$ m 时, $x'(t)=9$ cm/s, $y'(t)=0$ cm/s, $z'(t)=6$ cm/s,所以

$$|\boldsymbol{v}(t)| = \sqrt{x'^2(t)+y'^2(t)+z'^2(t)}\,\text{cm/s} = \sqrt{117}\,\text{cm/s}.$$

因此速度向量 $\boldsymbol{v}(t)$ 的方向余弦

$$(\cos\alpha, \cos\beta, \cos\gamma) = \frac{1}{\sqrt{117}}(9,0,6) = \frac{1}{\sqrt{13}}(3,0,2).$$

运动方向的三个方向角

$$\alpha = \arccos\frac{3}{\sqrt{13}}, \quad \beta = \frac{\pi}{2}, \quad \gamma = \arccos\frac{2}{\sqrt{13}}.$$

三、二元函数的可微性,可偏导性与连续性

4. 函数

$$f(x,y) = \begin{cases} \dfrac{3xy}{x^2+y^2}, & x^2+y^2 \neq 0 \text{ 时}, \\ 0, & x^2+y^2 = 0 \text{ 时} \end{cases}$$

在(0,0)处的偏微商是否存在？它在(0,0)处是否连续？是否可微？

解 根据定义不难看出
$$f(x,0) \equiv 0 \quad (-\infty < x < +\infty).$$
所以 $\quad f'_x(x,0) \equiv 0 \quad (-\infty < x < +\infty).$
这样我们有 $f'_x(0,0) = 0$. 同理有 $f'_y(0,0) = 0$. 因而在(0,0)处 $f(x,y)$ 的两个偏微商都存在.

现在考虑 $f(x,y)$ 在(0,0)点的连续性. 当 (x,y) 沿直线 $y = kx$ (k 为任意常数) 趋向于原点时, 有
$$\lim_{x\to 0} f(x,kx) = \lim_{x\to 0} \frac{3kx^2}{(1+k^2)x^2} = \frac{3k}{1+k^2},$$
根据 §1 的讨论可知当 $(x,y) \to (0,0)$ 时 $f(x,y)$ 没有极限. 于是 $f(x,y)$ 在(0,0)处不连续, 从而也不可微.

由本题看出, 二元函数 $f(x,y)$ 在 (x_0,y_0) 处的两个偏微商的存在性, 并不能保证 $f(x,y)$ 在 (x_0,y_0) 处连续.

5. 函数 $f(x,y) = \sqrt{x^2+y^2}$ 在(0,0)处是否连续？它的两个偏导数在(0,0)处是否存在？

解 这里 $f(x,y)$ 是二元初等函数, (0,0)在它的定义域内, 因而 $f(x,y)$ 在(0,0)处连续.

另一方面, $f(x,0) = |x|$, 而一元函数 $|x|$ 在 $x=0$ 处不可导, 从而偏微商 $f'_x(0,0)$ 不存在, 同理可证 $f'_y(0,0)$ 也不存在.

6. 下列函数在(0,0)处是否可微？并证明你的判断.

(1) $f(x,y) = \begin{cases} \dfrac{x^2 y^2}{x^2+y^2}, & x^2+y^2 \neq 0, \\ 0, & x^2+y^2 = 0; \end{cases}$

(2) $f(x,y) = \begin{cases} xy \dfrac{x-y}{x^2+y^2}, & x^2+y^2 \neq 0, \\ 0, & x^2+y^2 = 0. \end{cases}$

分析与证明 这两个函数均有
$f(0,0) = 0, \quad f(x,0) = 0 \text{ (对任意 } x\text{)}, \quad f(0,y) = 0 \text{ (对任意 } y\text{)}$

$$\Rightarrow \frac{\partial f(0,0)}{\partial x} = \frac{\partial f(0,0)}{\partial y} = 0.$$

按定义，$f(x,y)$ 在 $(0,0)$ 可微

$$\Leftrightarrow f(\Delta x, \Delta y) = f(0,0) + \frac{\partial f(0,0)}{\partial x}\Delta x + \frac{\partial f(0,0)}{\partial y}\Delta y + o(\rho),$$

即 $\quad f(\Delta x, \Delta y) = o(\rho) \quad (\rho \to 0, \rho = \sqrt{\Delta x^2 + \Delta y^2}).$

注意：$\left|\dfrac{\Delta x}{\rho}\right|, \left|\dfrac{\Delta y}{\rho}\right| \leqslant 1$. 对题(1)来说，

$$\left|\frac{f(\Delta x, \Delta y)}{\rho}\right| = \frac{|\Delta x^2 \Delta y^2|}{\rho^3} \leqslant |\Delta x|$$

$$\Rightarrow \lim_{\rho \to 0} \frac{f(\Delta x, \Delta y)}{\rho} = 0, \quad 即 \quad f(\Delta x, \Delta y) = o(\rho) \quad (\rho \to 0),$$

$f(x,y)$ 在 $(0,0)$ 可微. 对题(2)来说，

$$\left|\frac{f(\Delta x, \Delta y)}{\rho}\right| = \left|\frac{\Delta x \Delta y (\Delta x - \Delta y)}{(\Delta x^2 + \Delta y^2)^{3/2}}\right| \xrightarrow{\Delta x = 2\Delta y \text{ 时}} \frac{2|\Delta y|^3}{5^{3/2}|\Delta y|^3} = \frac{2}{5^{3/2}}$$

$$\Rightarrow \frac{f(\Delta x, \Delta y)}{\rho} \not\to 0 (\rho \to 0 \text{ 时}) \Rightarrow f(x,y) \text{ 在 } (0,0) \text{ 不可微}.$$

评注

(1) 按定义证明 $f(x,y)$ 在 (x_0, y_0) 可微，即证

$$\left(f(x_0 + \Delta x, y_0 + \Delta y) - f(x_0, y_0)\right.$$
$$\left. - \frac{\partial f(x_0, y_0)}{\partial x}\Delta x - \frac{\partial f(x_0, y_0)}{\partial y}\Delta y\right) \Big/ \rho$$

当 $\rho \to 0$ 时是无穷小量，其中 $\rho = \sqrt{\Delta x^2 + \Delta y^2}$. 按定义证明 $f(x,y)$ 在 (x_0, y_0) 不可微，即证上式当 $\rho \to 0$ 时不是无穷小量，这只需沿某特殊路径 $\rho \to 0$ 时证明上式极限不为零.

(2) 证明 $f(x,y)$ 在 (x_0, y_0) 的可微性时还可利用可微的充分条件，即若能证明 $\dfrac{\partial f}{\partial x}, \dfrac{\partial f}{\partial y}$ 在 (x_0, y_0) 连续，则可得 $f(x,y)$ 在 (x_0, y_0) 可微.

(3) 证明 $f(x,y)$ 在 (x_0, y_0) 不可微时可利用可微的必要条件. 若 $f(x,y)$ 在 (x_0, y_0) 不连续，则 $f(x,y)$ 在 (x_0, y_0) 不可微，如题 4.

四、全微分在近似计算中的应用

7. 设一圆扇形的中心角 $\alpha = 60°$，半径 $R = 20$ cm. 当中心角增加 $1°$ 时，为使圆扇形的面积不变，应将半径减少若干？

解 设圆扇形的面积为 S. 当中心角以弧度为单位时,有
$$S = \frac{\alpha}{2}R^2.$$
当 α, R 有增量 $\Delta\alpha, \Delta R$ 时,相应的 S 的增量 ΔS 可表为
$$\Delta S \approx dS = \frac{\partial S}{\partial \alpha}\Delta\alpha + \frac{\partial S}{\partial R}\Delta R = \frac{R^2}{2}\Delta\alpha + \alpha R \Delta R.$$
现 $R, \alpha, \Delta\alpha$ 都已知,问题化为:要使 $\Delta S = 0$, ΔR 应等于多少?为求 ΔR,将 $\alpha = \frac{\pi}{3}$(弧度),$R = 20(\text{cm})$,$\Delta\alpha = \frac{\pi}{180}$(弧度),$\Delta S = 0$ 代入上式,得
$$0 = \frac{1}{2}(20)^2 \cdot \frac{\pi}{180} + \frac{\pi}{3} \cdot 20 \cdot \Delta R,$$
由此解出
$$\Delta R = -\frac{1}{6}(\text{cm}).$$
所以当半径减少 $\frac{1}{6}$ cm 时,面积保持不变.

五、已知偏导数求函数

8. 已知函数 $z(x, y)$ 满足
$$\frac{\partial z}{\partial x} = -\sin y + \frac{1}{1 - xy},$$
以及
$$z(0, y) = 2\sin y + y^2.$$
试求 $z(x, y)$ 的表达式.

解 将等式
$$\frac{\partial z}{\partial x} = -\sin y + \frac{1}{1 - xy}$$
的两边对 x 求积(将 y 看作常数),得
$$z(x, y) = -x\sin y - \frac{1}{y}\ln|1 - xy| + \varphi(y),$$
其中 $\varphi(y)$ 为待定函数. 由上式得
$$z(0, y) = \varphi(y).$$
另一方面,已知 $z(0, y) = 2\sin y + y^2$,所以必有
$$\varphi(y) = 2\sin y + y^2.$$
因而得 $\quad z(x, y) = (2 - x)\sin y - \frac{1}{y}\ln|1 - xy| + y^2.$

评注 若在全平面上 $z=f(x,y)$ 满足：$\dfrac{\partial f}{\partial x}=0$，则 $f(x,y)=\varphi(y)$，其中 $\varphi(y)$ 是 y 的任意函数。若 $\dfrac{\partial f}{\partial y}=0$，则 $f(x,y)=\psi(x)$，其中 $\psi(x)$ 是 x 的任意函数。

若 $\dfrac{\partial f}{\partial x}=h(x,y)$，其中 $h(x,y)$ 是已知的连续函数，则

$$f(x,y)=\int h(x,y)\mathrm{d}x+c(y),$$

其中 $c(y)$ 是 y 的任意函数，$h(x,y)$ 作为 x 的函数 $\int h(x,y)\mathrm{d}x$ 是它的一个原函数。

六、二元函数为常数的条件

9. 设函数 $z=f(x,y)$ 在圆域 $D:(x-x_0)^2+(y-y_0)^2\leqslant R^2$ 上满足

$$\frac{\partial f}{\partial x}\equiv 0, \quad \frac{\partial f}{\partial y}\equiv 0.$$

证明：$f(x,y)$ 在圆域 D 上恒等于常数。

证 对圆域 D 上任意一点 $(x,y)\neq(x_0,y_0)$，我们考虑改变量

$$\Delta x=x-x_0,\quad \Delta y=y-y_0,$$
$$\Delta z=f(x,y)-f(x_0,y_0)$$
$$=f(x_0+\Delta x,y_0+\Delta y)-f(x_0,y_0).$$

为了应用题目中给出的关于偏微商的条件，在上式中同时加上与减去 $f(x_0+\Delta x,y_0)$（参看图 7.6），得

$$\Delta z=[f(x_0+\Delta x,y_0+\Delta y)-f(x_0+\Delta x,y_0)]$$
$$+[f(x_0+\Delta x,y_0)-f(x_0,y_0)],$$

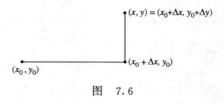

图 7.6

上式第一个方括号内的值，可看成是一元函数 $g(y)=f(x_0+\Delta x,y)$ 在两点 y_0 与 $y_0+\Delta y$ 的函数值的差；第二个方括号可看成是函数

$h(x)=f(x,y_0)$ 在两点 x_0 与 $x_0+\Delta x$ 的函数值的差. 应用一元函数微分学中值定理,有
$$\Delta z = f'_y(x_0+\Delta x, y_0+\theta_1 \Delta y)\Delta y + f'_x(x_0+\theta_2 \Delta x, y_0)\Delta x,$$
其中 $0<\theta_1,\theta_2<1$.

因为当 $(x,y)\in D$ 时,点 $(x_0+\Delta x,y_0+\theta_1\Delta y)$ 及 $(x_0+\theta_2\Delta x,y_0)$ 也都在 D 内(见图 7.6),又已知 f'_x, f'_y 在 D 内任意一点处都等于 0,所以 $\Delta z=0$,也即
$$f(x,y) = f(x_0,y_0).$$
由于 (x,y) 是在 D 上任意选取的,这说明
$$f(x,y) \equiv f(x_0,y_0) = C, \quad (x,y) \in D.$$

评注 本题的结论对于一般区域(不限于圆)也成立.

10. 设 $F(x,y), G(x,y)$ 为圆域 D 上的两个可微函数,且满足
$$\mathrm{d}F(x,y) \equiv \mathrm{d}G(x,y), \quad (x,y) \in D.$$
证明 $\quad F(x,y) \equiv G(x,y) + C \quad$ (C 为某个常数).

证 考虑函数 $u(x,y)=F(x,y)-G(x,y)$. 由全微分的运算法则及所设条件,有
$$\mathrm{d}u(x,y) = \mathrm{d}F(x,y) - \mathrm{d}G(x,y) \equiv 0, \quad (x,y) \in D.$$
由此不难推出
$$u'_x(x,y) \equiv 0, \quad u'_y(x,y) \equiv 0, \quad (x,y) \in D.$$
由第 9 题知,这时
$$u(x,y) \equiv C, \quad (x,y) \in D,$$
其中 C 为某个常数,即
$$F(x,y) \equiv G(x,y) + C, \quad (x,y) \in D.$$

七、给定 $\mathrm{d}z=P\mathrm{d}x+Q\mathrm{d}y$ 求 z

11. 已知函数 $z(x,y)$ 满足
$$\mathrm{d}z = (4x^3+10xy^3-3y^4)\mathrm{d}x$$
$$+ (15x^2y^2-12xy^3+5y^4)\mathrm{d}y,$$
求 $z(x,y)$ 的表达式.

解 由所设条件知
$$\frac{\partial z}{\partial x} = 4x^3 + 10xy^3 - 3y^4, \tag{2.4}$$

$$\frac{\partial z}{\partial y} = 15x^2y^2 - 12xy^3 + 5y^4. \tag{2.5}$$

将(2.4)式两边对 x 求积,得
$$z(x,y) = x^4 + 5x^2y^3 - 3xy^4 + \varphi(y),$$
其中 $\varphi(y)$ 为待定函数.再将上式两边对 y 求导,得
$$\frac{\partial z}{\partial y} = 15x^2y^2 - 12xy^3 + \varphi'(y),$$
与等式(2.5)比较,得 $\varphi'(y)=5y^4$,所以 $\varphi(y)=y^5+C$.因而
$$z(x,y) = x^4 + 5x^2y^3 - 3xy^4 + y^5 + C,$$
其中 C 为任意常数.

12. 设 $x>0$ 时函数 $z(x,y)$ 满足
$$dz = \left(x + \frac{-y}{x^2+y^2}\right)dx + \left(y + \frac{x}{x^2+y^2}\right)dy,$$
求 $z(x,y)$ 的表达式.

解 我们仍可以用题 11 中的方法来求 $z(x,y)$.现在介绍另一个办法.由于这里 dz 表达式的特点,可利用全微分的运算法则及常见函数的全微分公式,较快地求出 $z(x,y)$.事实上,利用全微分法则,dz 可改写为
$$\begin{aligned}dz &= (xdx + ydy) + \frac{-ydx+xdy}{x^2+y^2}\\ &= \frac{1}{2}d(x^2+y^2) + d\left(\arctan\frac{y}{x}\right)\\ &= d\left[\frac{1}{2}(x^2+y^2) + \arctan\frac{y}{x}\right].\end{aligned}$$
利用题 10 的结论可得
$$z(x,y) = \frac{1}{2}(x^2+y^2) + \arctan\frac{y}{x} + C.$$

评注 给定 $P(x,y)dx+Q(x,y)dy$,若已知存在 $z(x,y)$ 使得 $dz=Pdx+Qdy$,如何求 $z(x,y)$? 题 11 与题 12 给出了两种方法:

方法 1 不定积分法.由 $\frac{\partial z}{\partial x}=P(x,y)$ 对 x 积分得
$$z=\int P(x,y)dx+C(y),$$

再由 $\frac{\partial z}{\partial y}=Q(x,y)$ 求得 $C'(y)$，最后求得 $C(y)$ 即求得 $z(x,y)$.

方法 2 凑微分法. 即倒用全微分运算法则，将 $Pdx+Qdy$ 倒写成 $Pdx+Qdy=\cdots=dz$，这只能对某些特殊的易观察的情形求得 $z(x,y)$.

练习题 7.2

7.2.1 求下列函数的偏导数：

(1) $z=\dfrac{xy}{x-y}$； (2) $z=\ln\left(\dfrac{1}{\sqrt[3]{x}}-\dfrac{1}{\sqrt[3]{y}}\right)$；

(3) $z=\arcsin(x\sqrt{y}\,)$； (4) $z=\tan\dfrac{x^2}{y}$； (5) $z=\dfrac{\cos x^2}{y}$；

(6) $z=\ln(x-2y)$； (7) $u=e^{\frac{xz}{y}}\ln y$；

(8) $u=\dfrac{1}{(x^2+y^2+z^2)^2}$； (9) $z=(2x+y)^{2x+y}$.

7.2.2 求下列函数在指定处的偏导数：

(1) $z=x+(y^2-1)\arcsin\sqrt{\dfrac{y}{x}}$，求 $\dfrac{\partial z}{\partial x}\bigg|_{(1,1)}$；

(2) $z=\dfrac{x\cos y-y\cos x}{1+\sin x+\sin y}$，求 $\dfrac{\partial z}{\partial x}\bigg|_{(0,0)}$, $\dfrac{\partial z}{\partial y}\bigg|_{(0,0)}$.

7.2.3 设 $f(x,y)=ax^2+bxy+cy^2$，当动点 (x,y) 从 $(1,1)$ 变到 $(1+h,1+k)$ 时写出 $f(x,y)$ 的改变量与全微分.

7.2.4 求下列函数的全微分：

(1) $z=y^{\sin x}$； (2) $z=\arctan\dfrac{x+y}{x-y}$；

(3) $u=\sqrt{x^2+y^2+z^2}$； (4) $u=\dfrac{z+y}{z-y}$.

7.2.5 设 $z=\sqrt{xy+\dfrac{x}{y}}$，求 $dz\bigg|_{(2,1)}$.

7.2.6 设 $dz=\left(y+\dfrac{-y}{x^2}\right)dx+\left(x+\dfrac{1}{x}\right)dy$，求 $z(x,y)$.

7.2.7 求下列函数 $z=z(x,y)$：

(1) 已知 $\dfrac{\partial z}{\partial x}=x\sin(x+y^2)$；

(2) 已知 $\dfrac{\partial z}{\partial y}=x^2+2y$, $z(x,x^2)=1$.

7.2.8 利用全微分计算下列量的近似值：

(1) $\dfrac{(1.03)^2}{\sqrt[3]{0.98}\cdot\sqrt[4]{(1.05)^3}}$； (2) $(0.97)^{1.05}$.

7.2.9 有一半径 $r=5$ cm,高 $h=20$ cm 的金属圆柱体,要在其表面镀一层镍,厚度为 0.05 cm,问约需要镍多少克?(已知镍单位体积(1m^3)所受的重力为 8800 N)

7.2.10 造一长方形无盖铁盒,其内部的长、宽、高分别为 10 mm,8 mm,7 mm,盒子的厚度为 0.1 mm,求所用材料的体积的近似值。

7.2.11 利用 $s=\frac{1}{2}gt^2$ 计算重力加速度 g 时,如果测量时间 t 及距离 s 时的相对误差分别为 0.3% 及 0.2%,问计算 g 时的最大相对误差为多少?

7.2.12 三角形的两邻边为 $a=(200\pm2)$ m,$b=(300\pm5)$ m,它们之间的角度 $\alpha=(60\pm1)°$,问计算三角形的第三边 c 时产生的绝对误差为多少?

7.2.13 设 $f(x,y)=\sqrt[3]{xy}$。求证:(1) $f(x,y)$ 在 $(0,0)$ 连续;(2) $f_x'(0,0)=f_y'(0,0)=0$;(3) $f_x'(x,y),f_y'(x,y)$ 在 $(0,0)$ 不连续;(4) $f(x,y)$ 在 $(0,0)$ 不可微。

7.2.14 设 $f(x,y)=\begin{cases} xy\sin\dfrac{1}{\sqrt{x^2+y^2}}, & x^2+y^2\neq 0, \\ 0, & x^2+y^2=0, \end{cases}$ 求证:

(1) $f_x'(0,0)=f_y'(0,0)=0$;

(2) $f_x'(x,y),f_y'(x,y)$ 在 $(0,0)$ 不连续;

(3) $f(x,y)$ 在 $(0,0)$ 可微。

7.2.15 证明:$f(x,y)=\begin{cases} \dfrac{\sin(xy)}{x}, & x\neq 0, \\ y, & x=0 \end{cases}$ 在全平面可微。

§3 方向导数与梯度

内 容 提 要

1. 方向导数的概念与计算公式

平面上过点 $P_0(x_0,y_0)$ 以 $\boldsymbol{l}=(\cos\alpha,\cos\beta)$ 为方向向量的直线 L 的参数方程为:$x=x_0+t\cos\alpha,y=y_0+t\cos\beta$。$z=f(x,y)$ 限制在直线 L 上(见图 7.7)变化时就变成了一元函数

$$\varphi(t)=f(x_0+t\cos\alpha,y_0+t\cos\beta).$$

若存在极限

$$\varphi'(0)=\lim_{t\to 0}\frac{f(x_0+t\cos\alpha,y_0+t\cos\beta)-f(x_0,y_0)}{t},$$

称它为 $z=f(x,y)$ 在点 $P_0(x_0,y_0)$ 沿 l 方向的**方向导数**(也称**方向微商**),记作

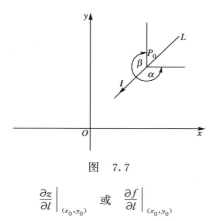

图 7.7

$$\left.\frac{\partial z}{\partial l}\right|_{(x_0,y_0)} \quad 或 \quad \left.\frac{\partial f}{\partial l}\right|_{(x_0,y_0)}$$

方向导数表达了函数沿该方向的变化率.

当 $z=f(x,y)$ 在点 (x,y) 处可微时,则沿任一方向 l 的方向导数都存在,且有下列公式:

$$\frac{\partial z}{\partial l} = \frac{\partial z}{\partial x}\cos\alpha + \frac{\partial z}{\partial y}\cos\beta, \tag{3.1}$$

其中 α,β 分别是方向 l 与 x 轴正向及 y 轴正向间的夹角(见图 7.7). $\cos\alpha,\cos\beta$ 称为 l 的方向余弦. 当 θ 表示从 Ox 轴的正向沿逆时针方向到方向 l 的夹角($0 \leqslant \theta \leqslant 2\pi$)时,则(3.1)式可表成

$$\frac{\partial z}{\partial l} = \frac{\partial z}{\partial x}\cos\theta + \frac{\partial z}{\partial y}\sin\theta.$$

类似地,三元可微函数 $u=f(x,y,z)$ 沿任意方向 l 的方向导数可表为

$$\frac{\partial u}{\partial l} = \frac{\partial u}{\partial x}\cos\alpha + \frac{\partial u}{\partial y}\cos\beta + \frac{\partial u}{\partial z}\cos\gamma,$$

其中 α,β,γ 分别是 l 与 Ox 轴、Oy 轴和 Oz 轴正向的夹角. 我们称 $\cos\alpha,\cos\beta,\cos\gamma$ 是 l 的方向余弦.

2. 函数的梯度与方向导数

若函数 $z=f(x,y)$ 在 (x,y) 处可微,则称向量

$$\left\{\frac{\partial z}{\partial x}, \frac{\partial z}{\partial y}\right\}$$

为 $f(x,y)$ 在 (x,y) 处的**梯度**,记作 $\mathrm{grad}\,z$ 或 $\mathrm{grad}\,f$.

由(3.1)看出,函数 $z=f(x,y)$ 在给定点处沿 l 的方向导数,等于该点梯度在 l 方向上的投影(注意 $\{\cos\alpha,\cos\beta\}$ 是 l 方向的单位向量)即 $\frac{\partial f}{\partial l}=\mathrm{grad}\,f \cdot \boldsymbol{l}_0$,其

中 $l_0 = \dfrac{l}{|l|}$. 由此看出,沿着给定点处的梯度方向的方向导数最大,其值等于

$$|\mathrm{grad}\, z| = \sqrt{\left(\dfrac{\partial z}{\partial x}\right)^2 + \left(\dfrac{\partial z}{\partial y}\right)^2}$$

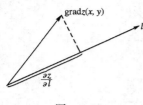

图 7.8

(见图 7.8). 沿着给定点处的负梯度方向的方向导数取最小值为 $-|\mathrm{grad}\, f|$. 沿着与给定点处的梯度方向垂直方向的方向导数为零.

函数 $z = f(x,y)$ 在给定点的梯度方向,与函数的等高线在该点的切线方向垂直(由隐函数求导法导出).

类似地,三元可微函数 $u = f(x,y,z)$ 在 (x,y,z) 处的梯度为

$$\mathrm{grad}\, u = \left\{\dfrac{\partial u}{\partial x}, \dfrac{\partial u}{\partial y}, \dfrac{\partial u}{\partial z}\right\}.$$

典型例题分析

1. 求函数 $z = x^2 - xy + y^2$ 在点 $M_0(2+\sqrt{3}, 1+2\sqrt{3})$ 处沿与 x 轴正向夹角为 α 的方向上的方向导数. 当 α 取何值时,对应的方向导数达到

(1) 最大值?　　(2) 最小值?　　(3) 等于零?

解法 1 所给函数在全平面上都可微,所以可以用方向导数的计算公式. 先算出

$$\left.\dfrac{\partial z}{\partial x}\right|_{M_0} = (2x - y)\bigg|_{M_0} = 3,$$

$$\left.\dfrac{\partial z}{\partial y}\right|_{M_0} = (-x + 2y)\bigg|_{M_0} = 3\sqrt{3},$$

于是

$$\left.\dfrac{\partial z}{\partial \alpha}\right|_{M_0} = \left.\dfrac{\partial z}{\partial x}\right|_{M_0}\cos\alpha + \left.\dfrac{\partial z}{\partial y}\right|_{M_0}\sin\alpha = 3\cos\alpha + 3\sqrt{3}\sin\alpha$$

$$= 6\left(\dfrac{1}{2}\cos\alpha + \dfrac{\sqrt{3}}{2}\sin\alpha\right) = 6\cos\left(\dfrac{\pi}{3} - \alpha\right).$$

由此不难看出:

(1) 当 $\alpha = \dfrac{\pi}{3}$ 时, $\left.\dfrac{\partial z}{\partial \alpha}\right|_{M_0}$ 达到最大值 6;

(2) 当 $\alpha = \dfrac{4\pi}{3}$ 时,$\dfrac{\partial z}{\partial \alpha}\bigg|_{M_0}$ 达到最小值 -6;

(3) 当 $\alpha = \dfrac{5\pi}{6}$ 或 $\dfrac{11\pi}{6}$ 时,$\dfrac{\partial z}{\partial \alpha}\bigg|_{M_0}$ 等于零.

解法 2 同前求得 $\mathrm{grad}\,z\big|_{M_0} = 6\{1/2, \sqrt{3}/2\}$,它与 x 轴正向的夹角 $\alpha = \pi/3$,负梯度 $-\mathrm{grad}\,z\big|_{M_0}$ 与 x 轴正向的夹角 $\alpha = \pi + \pi/3 = 4\pi/3$,与 $\mathrm{grad}\,z\big|_{M_0}$ 垂直方向与 x 轴正向夹角

$$\alpha = \frac{\pi}{3} + \frac{\pi}{2} = \frac{5}{6}\pi \quad \text{或} \quad \alpha = \frac{5}{6}\pi + \pi = \frac{11}{6}\pi.$$

由此同样得上述结论.

2. 求函数 $u(x,y,z) = xy + yz + xz$ 在点 $M_0(2,1,3)$ 处沿着与各坐标轴构成等角的方向的方向导数.

解 首先求出题中所设方向的方向余弦. 设所求方向与各坐标轴的夹角为 α,由所设条件及方向余弦的性质,有

$$3\cos^2\alpha = 1,$$

所以
$$\cos\alpha = \pm\frac{1}{\sqrt{3}}.$$

即方向 $\boldsymbol{l}_1 = \left\{\dfrac{1}{\sqrt{3}}, \dfrac{1}{\sqrt{3}}, \dfrac{1}{\sqrt{3}}\right\}$ 与 $\boldsymbol{l}_2 = \left\{-\dfrac{1}{\sqrt{3}}, -\dfrac{1}{\sqrt{3}}, -\dfrac{1}{\sqrt{3}}\right\}$ 都与各坐标轴构成等角. 又因为

$$\frac{\partial u}{\partial x}\bigg|_{M_0} = (y+z)\big|_{M_0} = 4,$$

$$\frac{\partial u}{\partial y}\bigg|_{M_0} = (x+z)\big|_{M_0} = 5,$$

$$\frac{\partial u}{\partial z}\bigg|_{M_0} = (x+y)\big|_{M_0} = 3,$$

所以
$$\frac{\partial u}{\partial \boldsymbol{l}_1}\bigg|_{M_0} = \frac{1}{\sqrt{3}}(4+5+3) = 4\sqrt{3},$$

$$\frac{\partial u}{\partial \boldsymbol{l}_2}\bigg|_{M_0} = -\frac{1}{\sqrt{3}}(4+5+3) = -4\sqrt{3}.$$

3. 证明函数 $z = \dfrac{y}{x^2}$ 在椭圆周 $x^2 + 2y^2 = c^2$ 上任一点处沿椭圆法向的方向导数恒等于零.

证 椭圆周上任一点处的切线斜率为 $y'=-\dfrac{x}{2y}$. 所以法向量为 $\pm\{x,2y\}$，单位法向量为

$$\left\{\frac{x}{\pm\sqrt{x^2+4y^2}},\frac{2y}{\pm\sqrt{x^2+4y^2}}\right\},$$

亦即法线方向的方向余弦为

$$\cos\alpha=\frac{x}{\pm\sqrt{x^2+4y^2}},\quad \cos\beta=\frac{2y}{\pm\sqrt{x^2+4y^2}},$$

于是函数 $z=\dfrac{y}{x^2}$ 沿椭圆法向量的方向导数为

$$\frac{\partial z}{\partial \boldsymbol{n}}=\frac{\partial z}{\partial x}\cos\alpha+\frac{\partial z}{\partial y}\cos\beta$$

$$=-\frac{2y}{x^3}\left(\frac{x}{\pm\sqrt{x^2+4y^2}}\right)+\frac{1}{x^2}\left(\frac{2y}{\pm\sqrt{x^2+4y^2}}\right)=0.$$

4. 求函数 $z=x^2y$ 在点 $M_0(x_0,y_0)$ 处的梯度，并验证该梯度与函数的等高线在该点的切线垂直.

解 首先，$\mathrm{grad}\,z\big|_{M_0}=\left\{\dfrac{\partial z}{\partial x},\dfrac{\partial z}{\partial y}\right\}\big|_{M_0}=\{2x_0y_0,x_0^2\}$；其次，所给函数过 (x_0,y_0) 的等高线为 $x^2y=x_0^2y_0$，即 $y=\dfrac{x_0^2y_0}{x^2}$，它在点 M_0 的切线斜率为 $y'\big|_{x_0}=-\dfrac{2x_0^2y_0}{x_0^3}=-\dfrac{2y_0}{x_0}$，因而切向量（切线的方向向量）为 $\boldsymbol{\tau}=\{x_0,-2y_0\}$. 于是

$$\mathrm{grad}\,z\big|_{M_0}\cdot\boldsymbol{\tau}=2x_0y_0\cdot x_0+x_0^2(-2y_0)=0,$$

即梯度与等高线的切向量垂直.

本 节 小 结

1. 求 $\dfrac{\partial f}{\partial l}$ 归结为求偏导数

$$\frac{\partial f}{\partial x},\quad \frac{\partial f}{\partial y}\left(\text{或 }\mathrm{grad}\,f=\left\{\frac{\partial f}{\partial x},\frac{\partial f}{\partial y}\right\}\right)$$

及 l 方向的单位向量 $\boldsymbol{l}_0=\{\cos\alpha,\cos\beta\}$（或 $\boldsymbol{l}=\{\cos\theta,\sin\theta\}$），然后套方向导数的计算公式.

2. 求 $\dfrac{\partial f}{\partial l}$ 时,若题中未直接给出 l_0 时,要先确定 l 方向的方向向量,然后把它单位化求得 $l_0=\{\cos\alpha,\cos\beta\}$,如题 3 中求得法向量 $n=\pm\{x,2y\}$,将它单位化才求得

$$n_0=\{\cos\alpha,\cos\beta\}=\pm\dfrac{1}{\sqrt{x^2+4y^2}}\{x,2y\}.$$

3. 题 4 中的结论具有一般性,即 $z=f(x,y)$ 的梯度向量 $\mathrm{grad} f\Big|_{(x_0,y_0)}$ 即等高线 $f(x,y)=c$ ($c=f(x_0,y_0)$)在点 (x_0,y_0) 的法向量,其中 $f(x,y)$ 有连续偏导数.

练习题 7.3

7.3.1 求函数 $z=3x^4+xy+y^4$ 在点 $M(1,2)$ 沿 $\theta=135°$ 的方向的方向导数.

7.3.2 求函数 $z=x^3-3x^2y+3xy^2+2$ 在点 $M(3,1)$ 沿着从 M 到 $N(6,5)$ 的线段方向的方向导数.

7.3.3 求函数 $z=\ln(x+y)$ 在点 $(1,2)$ 沿抛物线 $y=2x^2$ 的切线方向的方向导数.

7.3.4 求函数 $z=\ln(x^2+y^2)$ 在点 $M(x_0,y_0)$ 处沿过该点的等高线的法线方向的方向导数.

7.3.5 求函数 $z=1-(x^2+2y^2)$ 在点 $P=\left(\dfrac{1}{\sqrt{2}},\dfrac{1}{2}\right)$ 处沿曲线 $x^2+2y^2=1$ 在该点的内法线方向的方向导数.

7.3.6 求函数 $z=\ln\dfrac{y}{x}$ 分别在点 $A\left(\dfrac{1}{3},\dfrac{1}{10}\right)$ 及点 $B\left(1,\dfrac{1}{6}\right)$ 处的两个梯度之间的夹角的余弦.

7.3.7 求函数 $f(x,y)=x(x-2y)+x^2y^2$ 在点 $(1,1)$ 处沿向量 $\{\cos\alpha,\cos\beta\}$ 的方向导数;求出最大的与最小的方向导数,它们各沿什么方向?

7.3.8 求函数 $z=xy$ 在点 $(1,1)$ 与 (x_0,y_0) 处的梯度,又检验此函数在以上各点处的等高线的切线与梯度垂直.

7.3.9 求函数 $u=xyz$ 在点 $M_0(1,-1,1)$ 处沿着从 M_0 到 $M_1(2,3,1)$ 的方向的方向导数.

7.3.10 求函数 $u=u(x,y,z)$ 沿函数 $v=v(x,y,z)$ 的梯度方向的方向导数,何时其方向导数等于零.

§4 复合函数与隐函数的微分法

内 容 提 要

1. 复合函数微分法——锁链法则

设函数 $u=u(x), v=v(x)$ 在 x 处可导,又二元函数 $z=f(u,v)$ 在 x 对应的点 (u,v) 处可微,则复合函数 $z=f(u(x),v(x))$ 在 x 处可导,且下式成立:

$$\frac{\mathrm{d}z}{\mathrm{d}x} = \frac{\partial f}{\partial u} \cdot \frac{\mathrm{d}u}{\mathrm{d}x} + \frac{\partial f}{\partial v} \cdot \frac{\mathrm{d}v}{\mathrm{d}x}. \tag{4.1}$$

特别地,若复合函数 $z=f(x,\varphi(x))$ 在 x 处可导,则其导数公式为

$$\frac{\mathrm{d}z}{\mathrm{d}x} = \frac{\partial f}{\partial x} + \frac{\partial f}{\partial y}\varphi'(x).$$

设二元函数 $u=u(x,y)$ 及 $v=v(x,y)$ 都在点 (x,y) 处可微,又函数 $z=f(u,v)$ 在 (x,y) 对应的点 (u,v) 处可微,则复合函数 $z=f(u(x,y),v(x,y))$ 在点 (x,y) 处的两个偏导数存在,且

$$\begin{aligned}\frac{\partial z}{\partial x} &= \frac{\partial f}{\partial u}\cdot\frac{\partial u}{\partial x}+\frac{\partial f}{\partial v}\cdot\frac{\partial v}{\partial x},\\ \frac{\partial z}{\partial y} &= \frac{\partial f}{\partial u}\cdot\frac{\partial u}{\partial y}+\frac{\partial f}{\partial v}\cdot\frac{\partial v}{\partial y}.\end{aligned} \tag{4.2}$$

公式(4.1),(4.2)都叫锁链法则,前者只有一个自变量,后者有两个自变量.中间变量都是两个,所以每一个公式的右端都由两项相加而成.当自变量及中间变量的个数为其他情况时,相应的锁链法则可依此类推.

用全微分来表示:设 $z=f(u,v), u=u(x,y), v=v(x,y)$ 都有连续偏导数,则 $z=f(u(x,y),v(x,y))$ 在点 (x,y) 的全微分仍可表为

$$\mathrm{d}z = \frac{\partial f}{\partial u}\mathrm{d}u + \frac{\partial f}{\partial v}\mathrm{d}v,$$

这就是一阶全微分形式的不变性.

2. 隐函数的微分法

(1) 一个自变量的情况

若由方程

$$F(x,y) = 0 \tag{4.3}$$

确定出隐函数 $y=y(x)$,则求 $y(x)$ 的导数公式为

$$\frac{\mathrm{d}y}{\mathrm{d}x} = -\frac{F'_x(x,y)}{F'_y(x,y)}, \tag{4.4}$$

其中 $F'_y(x,y)\neq 0$. 解法是:

将方程(4.3)两边对 x 求导,注意其中 $y=y(x)$,由锁链法则得
$$\frac{\partial F}{\partial x}+\frac{\partial F}{\partial y}\frac{\mathrm{d}y}{\mathrm{d}x}=0,$$
解出 $\dfrac{\mathrm{d}y}{\mathrm{d}x}$ 即是公式(4.4).

(2) 多个自变量的情况

若由方程
$$F(x,y,z)=0 \tag{4.5}$$
确定出二元隐函数 $z=z(x,y)$,则 $z(x,y)$ 的偏导数为
$$\frac{\partial z}{\partial x}=-\frac{F'_x(x,y,z)}{F'_z(x,y,z)};\quad \frac{\partial z}{\partial y}=-\frac{F'_y(x,y,z)}{F'_z(x,y,z)}, \tag{4.6}$$
其中 $F'_z(x,y,z)\neq 0$. 解法是:

将方程(4.5)两边分别对 x,y 求偏导数,注意其中 $z=z(x,y)$,由锁链法则分别得
$$\frac{\partial F}{\partial x}+\frac{\partial F}{\partial z}\frac{\partial z}{\partial x}=0,\quad \frac{\partial F}{\partial y}+\frac{\partial F}{\partial z}\frac{\partial z}{\partial y}=0,$$
分别解出 $\dfrac{\partial z}{\partial x},\dfrac{\partial z}{\partial y}$,即是公式(4.6).

另一解法是,将方程两边求全微分得
$$\frac{\partial F}{\partial x}\mathrm{d}x+\frac{\partial F}{\partial y}\mathrm{d}y+\frac{\partial F}{\partial z}\mathrm{d}z=0.$$
解得
$$\mathrm{d}z=-\left(\frac{\partial F}{\partial x}\bigg/\frac{\partial F}{\partial z}\right)\mathrm{d}x-\left(\frac{\partial F}{\partial y}\bigg/\frac{\partial F}{\partial z}\right)\mathrm{d}y,$$
其中 $\mathrm{d}x$ 与 $\mathrm{d}y$ 的系数分别为 $\dfrac{\partial z}{\partial x}$ 与 $\dfrac{\partial z}{\partial y}$.

(3) 多个函数的情况

若由方程组
$$\begin{cases} F(x,y,u,v)=0, \\ G(x,y,u,v)=0 \end{cases}$$
确定出两个隐函数 $u=u(x,y),v=v(x,y)$,则由锁链法则可得函数 u,v 关于 x 的偏导数由方程组
$$\begin{cases} F'_x+F'_u\dfrac{\partial u}{\partial x}+F'_v\dfrac{\partial v}{\partial x}=0, \\ G'_x+G'_u\dfrac{\partial u}{\partial x}+G'_v\dfrac{\partial v}{\partial x}=0 \end{cases}$$
确定,其中我们假定
$$\begin{vmatrix} F'_u & F'_v \\ G'_u & G'_v \end{vmatrix}\neq 0.$$

同理，u 及 v 对 y 的偏导数满足方程组

$$\begin{cases} F'_y + F'_u \dfrac{\partial u}{\partial y} + F'_v \dfrac{\partial v}{\partial y} = 0, \\ G'_y + G'_u \dfrac{\partial u}{\partial y} + G'_v \dfrac{\partial v}{\partial y} = 0. \end{cases}$$

当自变量及函数的个数为其他情况时，偏导数的公式依此类推．

典型例题分析

一、含一般函数记号的复合函数求偏导数与全微分

1. 求下列偏微商或微商：

(1) 设 $z = f(u,v)$，其中 $u = \sqrt{xy}, v = x - y$，求 $\dfrac{\partial z}{\partial x}, \dfrac{\partial z}{\partial y}$.

(2) 设 $u = f(x, xy, xyz)$，求 $\dfrac{\partial u}{\partial x}, \dfrac{\partial u}{\partial y}, \dfrac{\partial u}{\partial z}$ 及 $\mathrm{d}u$.

解 (1) 这里没有给出 z 关于中间变量 u 与 v 的具体表达式，因而也没法写出 $\dfrac{\partial z}{\partial u}, \dfrac{\partial z}{\partial v}$ 的具体表达式，但可用下列记号表示它们：

$$\frac{\partial z}{\partial u} = \frac{\partial f}{\partial u} = f'_u(u,v), \quad \frac{\partial z}{\partial v} = \frac{\partial f}{\partial v} = f'_v(u,v),$$

并且把这些量作为是已知的．又可求出

$$\frac{\partial u}{\partial x} = \frac{1}{2}\sqrt{\frac{y}{x}}, \quad \frac{\partial u}{\partial y} = \frac{1}{2}\sqrt{\frac{x}{y}},$$
$$\frac{\partial v}{\partial x} = 1, \quad \frac{\partial v}{\partial y} = -1,$$

由锁链法则得

$$\frac{\partial z}{\partial x} = \frac{1}{2}\sqrt{\frac{y}{x}} \cdot \frac{\partial f}{\partial u} + \frac{\partial f}{\partial v}$$
$$= \frac{1}{2}\sqrt{\frac{y}{x}} f'_u(\sqrt{xy}, x-y) + f'_v(\sqrt{xy}, x-y).$$

同理可得 $\dfrac{\partial z}{\partial y} = \dfrac{1}{2}\sqrt{\dfrac{x}{y}} f'_u(\sqrt{xy}, x-y) - f'_v(\sqrt{xy}, x-y).$

(2) 这里显然有三个自变量 x, y, z. 又若令 $\xi = xy, \eta = xyz$，则 x, ξ, η 是中间变量．由锁链法则有

$$\frac{\partial u}{\partial x} = f'_x + f'_\xi \frac{\partial \xi}{\partial x} + f'_\eta \frac{\partial \eta}{\partial x} = f'_x + y f'_\xi + yz f'_\eta.$$

注意到 $\frac{\partial x}{\partial y}=0, \frac{\partial x}{\partial z}=0, \frac{\partial \xi}{\partial z}=0$，由锁链法则又有

$$\frac{\partial u}{\partial y} = xf'_\xi + xzf'_\eta, \quad \frac{\partial u}{\partial z} = xyf'_\eta.$$

因此
$$\mathrm{d}u = (f'_x + yf'_\xi + yzf'_\eta)\mathrm{d}x + (xf'_\xi + xzf'_\eta)\mathrm{d}y + xyf'_\eta\mathrm{d}z.$$

另解：我们也可用一阶全微分形式不变性来求解.
$$\begin{aligned}\mathrm{d}u &= f'_x\mathrm{d}x + f'_\xi\mathrm{d}(xy) + f'_\eta\mathrm{d}(xyz)\\ &= f'_x\mathrm{d}x + f'_\xi(y\mathrm{d}x + x\mathrm{d}y) + f'_\eta(yz\mathrm{d}x + xz\mathrm{d}y + xy\mathrm{d}z)\\ &= (f'_x + yf'_\xi + yzf'_\eta)\mathrm{d}x + (xf'_\xi + xzf'_\eta)\mathrm{d}y + xyf'_\eta\mathrm{d}z,\end{aligned}$$

其中 $\mathrm{d}x, \mathrm{d}y, \mathrm{d}z$ 的系数分别为 $\frac{\partial u}{\partial x}, \frac{\partial u}{\partial y}$ 与 $\frac{\partial u}{\partial z}$.

2. 证明函数 $z=yf(x^2-y^2)$ 满足方程
$$\frac{1}{x}\frac{\partial z}{\partial x} + \frac{1}{y}\frac{\partial z}{\partial y} = \frac{z}{y^2}.$$

证 引入中间变量 $\xi=x^2-y^2$，则
$$\frac{\partial z}{\partial x} = yf' \cdot \frac{\partial \xi}{\partial x} = 2xyf',$$
$$\frac{\partial z}{\partial y} = f(\xi) + yf'\frac{\partial \xi}{\partial y} = f(\xi) - 2y^2f',$$

所以
$$\frac{1}{x}\frac{\partial z}{\partial x} + \frac{1}{y}\frac{\partial z}{\partial y} = 2yf' + \frac{1}{y}f(\xi) - 2yf'$$
$$= \frac{1}{y}f(\xi) = \frac{z}{y^2}.$$

这里 $f(x^2-y^2)$ 只有一个中间变量，所以 f' 就表示对这惟一的中间变量的微商，不需对 f' 加下标.

3. 设 $z=f(x,y)$ 为二元可微函数，又设 $x=r\cos\theta, y=r\sin\theta$，证明下式成立：
$$\left(\frac{\partial z}{\partial x}\right)^2 + \left(\frac{\partial z}{\partial y}\right)^2 = \left(\frac{\partial z}{\partial r}\right)^2 + \frac{1}{r^2}\left(\frac{\partial z}{\partial \theta}\right)^2.$$

证 这里 (r,θ) 实际上是点的极坐标，z 可看成是以 x, y 为中间变量，以 r, θ 为自变量的函数，由锁链法则，有

$$\frac{\partial z}{\partial r} = \frac{\partial z}{\partial x}\cos\theta + \frac{\partial z}{\partial y}\sin\theta,$$

$$\frac{\partial z}{\partial \theta} = \frac{\partial z}{\partial x}(-r\sin\theta) + \frac{\partial z}{\partial y}(r\cos\theta).$$

将上两式两边平方,得

$$\left(\frac{\partial z}{\partial r}\right)^2 = \left(\frac{\partial z}{\partial x}\right)^2\cos^2\theta + \left(\frac{\partial z}{\partial y}\right)^2\sin^2\theta + 2\frac{\partial z}{\partial x}\cdot\frac{\partial z}{\partial y}\cos\theta\sin\theta,$$

$$\left(\frac{\partial z}{\partial \theta}\right)^2 = r^2\left[\left(\frac{\partial z}{\partial x}\right)^2\sin^2\theta + \left(\frac{\partial z}{\partial y}\right)^2\cos^2\theta - 2\frac{\partial z}{\partial x}\cdot\frac{\partial z}{\partial y}\sin\theta\cos\theta\right].$$

由此不难得出

$$\left(\frac{\partial z}{\partial r}\right)^2 + \frac{1}{r^2}\left(\frac{\partial z}{\partial \theta}\right)^2 = \left(\frac{\partial z}{\partial x}\right)^2 + \left(\frac{\partial z}{\partial y}\right)^2.$$

4. 设 $u = f(x^2 + y^2 + z^2)$,又 $x = r\sin\varphi\cos\theta, y = r\sin\varphi\sin\theta, z = r\cos\varphi$,证明下列等式成立:

$$\frac{\partial u}{\partial \varphi} = 0, \quad \frac{\partial u}{\partial \theta} = 0.$$

证 这里 (r,φ,θ) 可看成为点的球坐标. u 是以 r,φ,θ 为自变量,以 x,y,z 为中间变量的函数. 我们可以像上题一样,利用锁链法则进行证明. 但由于现在函数具有特殊的形式,就可采用更简捷的方法证明. 事实上,注意到 $x^2 + y^2 + z^2 = r^2$,便有

$$u = f(r^2),$$

也即 u 实际上不依赖于 φ 与 θ,因而

$$\frac{\partial u}{\partial \varphi} = 0, \quad \frac{\partial u}{\partial \theta} = 0.$$

5. 设二元可微函数 $F(x,y)$ 可写成

$$F(x,y) = f(x) + g(y),$$

又令 $x = r\cos\theta, y = r\sin\theta$ 时,有

$$F(r\cos\theta, r\sin\theta) = S(r),$$

试求 $F(x,y)$ 的表达式.

解 由所设条件知, $F(r\cos\theta, r\sin\theta)$ 不依赖于 θ,所以 $\frac{\partial F}{\partial \theta} \equiv 0$. 另一方面,由锁链法则,有

$$\frac{\partial F}{\partial \theta} = \frac{\partial F}{\partial x}(-r\sin\theta) + \frac{\partial F}{\partial y}(r\cos\theta)$$

$$= -r\sin\theta f'(x) + r\cos\theta g'(y)$$
$$= -yf'(x) + xg'(y).$$

于是由 $\dfrac{\partial F}{\partial \theta} \equiv 0$ 得

$$\frac{f'(x)}{x} \equiv \frac{g'(y)}{y}.$$

上式左端只是 x 的函数,与 y 无关,而右端只是 y 的函数,与 x 无关,要使此恒等式成立,必须等式两端都是常数. 设这个常数为 c_1,则有

$$\frac{f'(x)}{x} \equiv \frac{g'(y)}{y} \equiv c_1,$$

由此得 $\quad f(x) = \dfrac{c_1}{2}x^2 + c_2, \quad g(y) = \dfrac{c_1}{2}y^2 + c_3.$

因而 $\quad F(x,y) = f(x) + g(y) = \dfrac{c_1}{2}(x^2 + y^2) + c_2 + c_3$

$$= k_1(x^2 + y^2) + k_2,$$

这里 k_1, k_2 可以是任意常数.

6. 若函数 $f(x,y,z)$ 对任意正实数 t 均满足

$$f(tx, ty, tz) = t^k f(x,y,z), \tag{4.7}$$

则称 $f(x,y,z)$ 为 k 次齐次函数.

证明:对于可微的 k 次齐次函数 $f(x,y,z)$,下式恒成立:
$$xf'_x(x,y,z) + yf'_y(x,y,z) + zf'_z(x,y,z) = kf(x,y,z).$$

证 因为(4.7)式对任意 $t>0$ 均成立,所以该式两端可看成是关于 t,x,y,z 这四个变量的函数. 若令 $u=tx, v=ty, w=tz$,则左端可看成是以 u,v,w 为中间变量的函数. 两端对 t 求偏微商,得
$$xf'_u(u,v,w) + yf'_v(u,v,w) + zf'_w(u,v,w) = kt^{k-1}f(x,y,z).$$
上式对任意正实数 t 都成立,特别对 $t=1$ 也成立,将 $t=1$ 代入即得
$$xf'_x(x,y,z) + yf'_y(x,y,z) + zf'_z(x,y,z) = kf(x,y,z).$$

二、隐函数求偏导数或全微分

7. 求由下列方程确定的隐函数 $y=y(x)$ 的微商:

(1) $\sin(xy) - e^{xy} - x^2y = 0$; (2) $y = 1 + y^x$.

解 我们可用两种方法求隐函数的微商. 其一是直接套公式,另

347

一法是将方程中的 y 看成为隐函数 $y(x)$，并将方程两边对 x 求导，得出一个含有 $y'(x)$ 的方程，再由此方程解出 $y'(x)$ 的表达式.

(1) 令 $F(x,y)=\sin(xy)-\mathrm{e}^{xy}-x^2y$，则
$$F'_x = y\cos(xy) - y\mathrm{e}^{xy} - 2xy,$$
$$F'_y = x\cos(xy) - x\mathrm{e}^{xy} - x^2,$$

代公式得
$$\frac{\mathrm{d}y}{\mathrm{d}x} = -\frac{F'_x}{F'_y} = \frac{y\cos(xy) - y\mathrm{e}^{xy} - 2xy}{x\mathrm{e}^{xy} + x^2 - x\cos(xy)} \quad (x \neq 0).$$

另解：将方程中的 y 看作隐函数 $y(x)$，方程就成为恒等式，对方程两边求导，得
$$(y + xy')\cos(xy) - (y + xy')\mathrm{e}^{xy} - 2xy - x^2y' = 0,$$
由此解出
$$y'(x) = \frac{y\cos(xy) - y\mathrm{e}^{xy} - 2xy}{x\mathrm{e}^{xy} + x^2 - x\cos(xy)} \quad (x \neq 0).$$

评注 利用公式 $\frac{\mathrm{d}y}{\mathrm{d}x}=-F'_x/F'_y$ 时，F'_x 是 F 对 x 的偏导数，计算时应将 y 看作常数而不能将 y 看作 x 的函数.

(2) 令 $F(x,y)=y-1-y^x$，则
$$F'_x = -y^x\ln y, \quad F'_y = 1 - xy^{x-1}.$$

所以
$$\frac{\mathrm{d}y}{\mathrm{d}x} = \frac{y^x\ln y}{1 - xy^{x-1}} \quad (xy^{x-1} \neq 1).$$

另解：将方程两边对 x 求微商，得
$$y' - y^x\ln y - xy^{x-1} \cdot y' = 0,$$
由此解出
$$y' = \frac{y^x\ln y}{1 - xy^{x-1}} \quad (xy^{x-1} \neq 1).$$

8. 设 u,v 是由方程组
$$\begin{cases} x = u + v, \\ y = u^2 + v^2 \end{cases}$$
确定的 x,y 的函数. 求当 $x=0, y=\frac{1}{2}, u=\frac{1}{2}, v=-\frac{1}{2}$ 时 $\frac{\partial u}{\partial x}, \frac{\partial v}{\partial x}, \frac{\partial u}{\partial y}, \frac{\partial v}{\partial y}$ 的值.

解 将方程组中每个方程的两端对 x 求导,得
$$\begin{cases} 1 = u'_x + v'_x, \\ 0 = 2uu'_x + 2vv'_x. \end{cases}$$
由此解出
$$u'_x = \frac{v}{v-u}, \quad v'_x = \frac{u}{u-v} \quad (u \neq v).$$
同理,每个方程的两端对 y 求导,得
$$\begin{cases} 0 = u'_y + v'_y, \\ 1 = 2uu'_y + 2vv'_y. \end{cases}$$
由此解出
$$u'_y = \frac{1}{2(u-v)}, \quad v'_y = \frac{1}{2(v-u)} \quad (u \neq v).$$
将 $x=0, y=u=\frac{1}{2}, v=-\frac{1}{2}$ 代入偏导数的表达式得
$$u'_x = \frac{1}{2}, \quad v'_x = \frac{1}{2},$$
$$u'_y = \frac{1}{2}, \quad v'_y = -\frac{1}{2}.$$

9. 由 $x=u+v, y=u^2+v^2, z=u^3+v^3$ 确定函数 $z=z(x,y)$. 求当 $x=0, y=u=\frac{1}{2}, v=-\frac{1}{2}$ 时 $\frac{\partial z}{\partial x}, \frac{\partial z}{\partial y}$ 的值.

解 从上题知,由前两个方程可确定出函数 $u=u(x,y), v=v(x,y)$,从而 z 可看成是以 x,y 为自变量,以 u,v 为中间变量的函数. 由复合函数的微分法得
$$\frac{\partial z}{\partial x} = 3\left(u^2 \frac{\partial u}{\partial x} + v^2 \frac{\partial v}{\partial x}\right) = -3uv,$$
$$\frac{\partial z}{\partial y} = 3\left(u^2 \frac{\partial u}{\partial y} + v^2 \frac{\partial v}{\partial y}\right) = \frac{3}{2}(u+v).$$
当 $u=\frac{1}{2}, v=-\frac{1}{2}$ 时,
$$\frac{\partial z}{\partial x} = \frac{3}{4}, \quad \frac{\partial z}{\partial y} = 0.$$

10. 求由下列方程所确定的函数 $z=z(x,y)$ 的偏导数及全微分:

(1) $f(x+2y+3z, x^2+y^2+z^2)=0$;

(2) $z=f(xyz, z-y)$.

解 (1) 将方程中的 z 看作隐函数 $z(x,y)$,两边对 x 求导,得
$$(1+3z_x')f_1' + (2x+2zz_x')f_2' = 0$$
(这里 $f(x+2y+3z, x^2+y^2+z^2)=f(u,v)$,其中 $u=x+2y+3z, v=x^2+y^2+z^2$,用 f_1' 表示 $\frac{\partial f}{\partial u}$, f_2' 表示 $\frac{\partial f}{\partial v}$,以后常用这种表示).由此解出
$$\frac{\partial z}{\partial x} = -\frac{f_1' + 2xf_2'}{3f_1' + 2zf_2'},$$
也可用类似的方法求出 $\frac{\partial z}{\partial y}$:
$$\frac{\partial z}{\partial y} = -\frac{2f_1' + 2yf_2'}{3f_1' + 2zf_2'},$$
于是
$$dz = \frac{\partial z}{\partial x}dx + \frac{\partial z}{\partial y}dy$$
$$= -[(f_1' + 2xf_2')dx + (2f_1' + 2yf_2')dy]/(3f_1' + 2zf_2').$$

另解:将方程两边求全微分得
$$f_1'(dx + 2dy + 3dz) + f_2'(2xdx + 2ydy + 2zdz) = 0.$$
合并并移项得
$$(3f_1' + 2zf_2')dz = -[(f_1' + 2xf_2')dx + (2f_1' + 2yf_2')dy],$$
于是
$$dz = -[(f_1' + 2xf_2')dx + (2f_1' + 2yf_2')dy]/(3f_1' + 2zf_2'),$$
其中 dx 与 dy 的系数分别是 $\frac{\partial z}{\partial x}$ 与 $\frac{\partial z}{\partial y}$.

(2) 令 $F(x,y,z)=z-f(xyz, z-y)$,则
$$\frac{\partial F}{\partial x} = -yzf_1', \quad \frac{\partial F}{\partial y} = -xzf_1' + f_2',$$
$$\frac{\partial F}{\partial z} = 1 - xyf_1' - f_2'.$$
于是
$$\frac{\partial z}{\partial x} = -\frac{F_x'}{F_z'} = \frac{yzf_1'}{1 - xyf_1' - f_2'},$$

$$\frac{\partial z}{\partial y} = -\frac{F'_y}{F'_z} = \frac{xzf'_1 - f'_2}{1 - xyf'_1 - f'_2}.$$

或将方程中的 z 看成隐函数 $z(x,y)$，将方程两边对 x 求偏微商，得

$$z'_x = (yz + xyz'_x)f'_1 + z'_x f'_2,$$

由此解出
$$\frac{\partial z}{\partial x} = \frac{yzf'_1}{1 - xyf'_1 - f'_2}.$$

也可用类似的方程求出 $\dfrac{\partial z}{\partial y}$，并相应地得到

$$dz = [yzf'_1 dx + (xzf'_1 - f'_2)dy]/(1 - xyf'_1 - f'_2).$$

请读者用对方程求全微分的方法来求解该问题.

11. 设 $u(x,y), v(x,y)$ 有连续的偏导数，定义

$$\frac{\partial(u,v)}{\partial(x,y)} = \begin{vmatrix} \dfrac{\partial u}{\partial x} & \dfrac{\partial v}{\partial x} \\ \dfrac{\partial u}{\partial y} & \dfrac{\partial v}{\partial y} \end{vmatrix}$$

称为函数组 u,v 对 x,y 的雅可比行列式. 已知由 $\begin{cases} u = u(x,y), \\ v = v(x,y) \end{cases}$ 可确定有连续偏导数的函数 $\begin{cases} x = x(u,v), \\ y = y(u,v), \end{cases}$ 求证：

$$\frac{\partial(u,v)}{\partial(x,y)} \cdot \frac{\partial(x,y)}{\partial(u,v)} = 1,$$

其中 $\dfrac{\partial(u,v)}{\partial(x,y)} \neq 0$.

证 由 $\begin{cases} u = u(x,y), \\ v = v(x,y), \end{cases}$ 其中 $x = x(u,v), y = y(u,v)$，若两端对 u 求偏导数 $\Rightarrow$

$$\begin{cases} 1 = \dfrac{\partial u}{\partial x}\dfrac{\partial x}{\partial u} + \dfrac{\partial u}{\partial y}\dfrac{\partial y}{\partial u}, \\ 0 = \dfrac{\partial v}{\partial x}\dfrac{\partial x}{\partial u} + \dfrac{\partial v}{\partial y}\dfrac{\partial y}{\partial u}, \end{cases}$$

解这个二元一次方程组得

$$\frac{\partial x}{\partial u} = \frac{1}{\dfrac{\partial(u,v)}{\partial(x,y)}} \frac{\partial v}{\partial y}, \quad \frac{\partial y}{\partial u} = \frac{-1}{\dfrac{\partial(u,v)}{\partial(x,y)}} \frac{\partial v}{\partial x}.$$

若两端对 v 求偏导数 $\Longrightarrow$

$$\begin{cases} 0 = \dfrac{\partial u}{\partial x}\dfrac{\partial x}{\partial v} + \dfrac{\partial u}{\partial y}\dfrac{\partial y}{\partial v}, \\ 1 = \dfrac{\partial v}{\partial x}\dfrac{\partial x}{\partial v} + \dfrac{\partial v}{\partial y}\dfrac{\partial y}{\partial v}, \end{cases}$$

解得

$$\frac{\partial x}{\partial v} = \frac{-1}{\frac{\partial(u,v)}{\partial(x,y)}}\frac{\partial u}{\partial y}, \quad \frac{\partial y}{\partial v} = \frac{1}{\frac{\partial(u,v)}{\partial(x,y)}}\frac{\partial u}{\partial x}.$$

于是

$$\frac{\partial(x,y)}{\partial(u,v)} = \begin{vmatrix} \dfrac{\partial x}{\partial u} & \dfrac{\partial x}{\partial v} \\ \dfrac{\partial y}{\partial u} & \dfrac{\partial y}{\partial v} \end{vmatrix} = \frac{\partial x}{\partial u}\frac{\partial y}{\partial v} - \frac{\partial x}{\partial v}\frac{\partial y}{\partial u}$$

$$= \frac{\dfrac{\partial u}{\partial x}\dfrac{\partial v}{\partial y} - \dfrac{\partial u}{\partial y}\dfrac{\partial v}{\partial x}}{\left(\dfrac{\partial(u,v)}{\partial(x,y)}\right)^2} = \frac{1}{\dfrac{\partial(u,v)}{\partial(x,y)}}.$$

本 节 小 结

1. 尽管复合函数求导法则有各种形式,但它们的共同点是:

复合函数对指定的自变量求偏导数

$$= \sum_{i=1}^{m} \left\{ \begin{matrix} \text{函数对第 } i \text{ 个中间变量求偏导数} \\ \text{乘以该中间变量对指定的自变量求偏导} \end{matrix} \right\},$$

其中 m 是中间变量的个数.

原则上函数有几个中间变量,公式中就有几项. 要分清中间变量与自变量,一定要注意对哪个自变量求导,对中间变量求导不要漏项. 有时公式中右端的项数比中间变量个数少,那是因为有的中间变量与求偏导数的自变量无关,从而导数为零. 如题 1(2), $\xi = xy$, ξ 与 z 无关, $\dfrac{\partial \xi}{\partial z} = 0$. 有时一个变量既是中间变量又是自变量,如题 1(2) 中的 x,这时中间变量 x 对自变量 x 的导数为 1.

2. 求初等函数的偏导数时只需用一元函数的复合函数求导法则. 求含一般函数记号的多元复合函数的偏导数或全微分时要利用

多元复合函数的求导法则或一阶全微分形式不变性. 若求的是全部偏导数和全微分,常常是用一阶全微分形式不变性先求出全微分比较方便,相应的自变量微分的系数就是对应的偏导数.

（3）隐函数求导法是复合函数求导法的应用,关键是要分清谁是自变量,谁是因变量.

练 习 题 7.4

7.4.1 求下列复合函数的偏微商：

(1) $z=f(u,v)$, 其中 $u=xy, v=\dfrac{y}{x}$;

(2) $z=y+F(u)$, 其中 $u=x^2-y^2$;

(3) $z=f\left(x, \dfrac{x}{y}\right)$;

(4) $z=f(u,v,w)$, 其中 $u=x^2+y^2, v=x^2-y^2, w=2xy$;

(5) $u=f(x+y+z, x^2+y^2+z^2)$;

(6) $u=f\left(\sqrt{x^2+y^2}, \dfrac{x}{yz}\right)$.

7.4.2 证明函数 $z=x^n f\left(\dfrac{y}{x^2}\right)$ （其中 f 是可微函数）满足方程
$$x\dfrac{\partial z}{\partial x} + 2y\dfrac{\partial z}{\partial y} = nz.$$

7.4.3 证明：若可微函数 $z=f(x,y)$ 满足方程
$$xf'_x + yf'_y = 0,$$
则 $f(r\cos\theta, r\sin\theta) = F(\theta)$.

7.4.4 设 $u=f(x,y,z)$ 为可微函数,且满足
$$\dfrac{\partial u}{\partial x} + \dfrac{\partial u}{\partial y} + \dfrac{\partial u}{\partial z} = 0.$$
若令 $\xi=x, \eta=y-x, \zeta=z-x$, 求证: $\dfrac{\partial u}{\partial \xi}=0$, 并求 $f(x,y,z)$ 的形式.

7.4.5 设 $z=z(x,y)$, 由下列方程确定,求 $\dfrac{\partial z}{\partial x}$ 与 $\dfrac{\partial z}{\partial y}$.

(1) $x\cos y + y\cos z + z\cos x = 1$;

(2) $x+y+z = e^{x+y+z}$.

7.4.6 设 $z=x^2+y^2$, 其中 $y=\varphi(x)$ 为方程 $x^2+y^2-xy=1$ 所确定的函数,求 $\dfrac{dz}{dx}$.

7.4.7 设由方程 $f(xy^2, x+y)=0$ 确定隐函数 $y=y(x)$, 求 $\dfrac{dy}{dx}$.

7.4.8 设 $z=z(x,y)$ 由方程 $F\left(x+\dfrac{z}{y}, y+\dfrac{z}{x}\right)=0$ 确定,求 $\dfrac{\partial z}{\partial x}, \dfrac{\partial z}{\partial y}$ 与 $\mathrm{d}z$.

7.4.9 设由方程 $x^2+y^2+z^2=yf\left(\dfrac{z}{y}\right)$ 确定隐函数 $z=z(x,y)$,证明:
$$(x^2-y^2-z^2)\dfrac{\partial z}{\partial x}+2xy\dfrac{\partial z}{\partial y}=2xz.$$

7.4.10 设由函数方程 $F(u^2-x^2, u^2-y^2, u^2-z^2)=0$ 所确定的隐函数 $u=u(x,y,z)$,证明
$$\dfrac{1}{x}\dfrac{\partial u}{\partial x}+\dfrac{1}{y}\dfrac{\partial u}{\partial y}+\dfrac{1}{z}\dfrac{\partial u}{\partial z}=\dfrac{1}{u}.$$

7.4.11 设 $x=\cos\varphi\cos\theta, y=\cos\varphi\sin\theta, z=\sin\varphi$,求 $\dfrac{\partial z}{\partial x}$.

7.4.12 设由方程组
$$\begin{cases} u^2-v=3x+y, \\ u-2v^2=x-2y \end{cases}$$
确定隐函数 $u=u(x,y), v=v(x,y)$,试求 $\dfrac{\partial u}{\partial x}, \dfrac{\partial v}{\partial x}, \dfrac{\partial u}{\partial y}$ 及 $\dfrac{\partial v}{\partial y}$.

7.4.13 设由方程组
$$\begin{cases} x=u+v+w, \\ y=uv+vw+wu, \\ z=uvw \end{cases}$$
确定隐函数
$$u=u(x,y,z), \quad v=v(x,y,z), \quad w=w(x,y,z),$$
试求 $\dfrac{\partial u}{\partial x}, \dfrac{\partial v}{\partial x}, \dfrac{\partial w}{\partial x}$.

§5 高阶偏导数,复合函数及隐函数的高阶偏导数

内 容 提 要

1. 高阶偏导数的概念

函数 $f(x,y)$ 的一阶偏导数 $f'_x(x,y)$ 与 $f'_y(x,y)$ 的偏导数,称为 $f(x,y)$ 的二阶偏导数,按对自变量求导次序的不同,共有四个二阶偏导数,通常记作
$$f''_{xx}=\dfrac{\partial}{\partial x}\left(\dfrac{\partial f}{\partial x}\right)=\dfrac{\partial^2 f}{\partial x^2}, \quad f''_{xy}=\dfrac{\partial}{\partial y}\left(\dfrac{\partial f}{\partial x}\right)=\dfrac{\partial^2 f}{\partial x\partial y},$$
$$f''_{yx}=\dfrac{\partial}{\partial x}\left(\dfrac{\partial f}{\partial y}\right)=\dfrac{\partial^2 f}{\partial y\partial x}, \quad f''_{yy}=\dfrac{\partial}{\partial y}\left(\dfrac{\partial f}{\partial y}\right)=\dfrac{\partial^2 f}{\partial y^2}.$$

高于二阶的偏导数可以类似地定义与表示.高阶偏导数又称为**高阶偏微商**.

2. 混合偏导数与求导次序无关问题

对不同变量求导的高阶偏导数称为**混合偏导数**.

若函数 $z=f(x,y)$ 的两个二阶混合偏导数 $\dfrac{\partial^2 z}{\partial x \partial y}, \dfrac{\partial^2 z}{\partial y \partial x}$ 在点 (x_0, y_0) 均连续, 则它们相等, 即

$$\dfrac{\partial^2 z}{\partial x \partial y}\bigg|_{(x_0, y_0)} = \dfrac{\partial^2 z}{\partial y \partial x}\bigg|_{(x_0, y_0)}.$$

注 对其他高阶混合偏导数有类似的结论.

3. 复合函数的二阶偏导数

设 $z=f(u,v), u=\varphi(x,y), v=\psi(x,y)$, 怎样求复合函数 $z=f(\varphi(x,y), \psi(x,y))$ 的二阶偏导数 $\dfrac{\partial^2 z}{\partial x^2}, \dfrac{\partial^2 z}{\partial x \partial y}$ 与 $\dfrac{\partial^2 z}{\partial y^2}$?

以求 $\dfrac{\partial^2 z}{\partial x^2}$ 为例来说明求二阶偏导数的步骤.

第一步: 先用锁链法则求 $\dfrac{\partial z}{\partial x}$ 得

$$\dfrac{\partial z}{\partial x} = \dfrac{\partial f}{\partial u}\dfrac{\partial \varphi}{\partial x} + \dfrac{\partial f}{\partial v}\dfrac{\partial \psi}{\partial x}. \tag{5.1}$$

第二步: 对 (5.1) 式用求导的四则运算法则得

$$\dfrac{\partial^2 z}{\partial x^2} = \dfrac{\partial}{\partial x}\left(\dfrac{\partial f}{\partial u}\right)\dfrac{\partial \varphi}{\partial x} + \dfrac{\partial f}{\partial u}\dfrac{\partial^2 \varphi}{\partial x^2} + \dfrac{\partial}{\partial x}\left(\dfrac{\partial f}{\partial v}\right)\dfrac{\partial \psi}{\partial x} + \dfrac{\partial f}{\partial v}\dfrac{\partial^2 \psi}{\partial x^2}. \tag{5.2}$$

第三步: 再用锁链法则求 $\dfrac{\partial}{\partial x}\left(\dfrac{\partial f}{\partial u}\right)$ 与 $\dfrac{\partial}{\partial x}\left(\dfrac{\partial f}{\partial v}\right)$ 得

$$\dfrac{\partial}{\partial x}\left(\dfrac{\partial f}{\partial u}\right) = \dfrac{\partial}{\partial u}\left(\dfrac{\partial f}{\partial u}\right)\dfrac{\partial \varphi}{\partial x} + \dfrac{\partial}{\partial v}\left(\dfrac{\partial f}{\partial u}\right)\dfrac{\partial \psi}{\partial x} = \dfrac{\partial^2 f}{\partial u^2}\dfrac{\partial \varphi}{\partial x} + \dfrac{\partial^2 f}{\partial u \partial v}\dfrac{\partial \psi}{\partial x},$$

$$\dfrac{\partial}{\partial x}\left(\dfrac{\partial f}{\partial v}\right) = \dfrac{\partial}{\partial u}\left(\dfrac{\partial f}{\partial v}\right)\dfrac{\partial \varphi}{\partial x} + \dfrac{\partial}{\partial v}\left(\dfrac{\partial f}{\partial v}\right)\dfrac{\partial \psi}{\partial x} = \dfrac{\partial^2 f}{\partial v \partial u}\dfrac{\partial \varphi}{\partial x} + \dfrac{\partial^2 f}{\partial v^2}\dfrac{\partial \psi}{\partial x},$$

代入 (5.2) 式得

$$\dfrac{\partial^2 z}{\partial x^2} = \dfrac{\partial^2 f}{\partial u^2}\left(\dfrac{\partial \varphi}{\partial x}\right)^2 + 2\dfrac{\partial^2 f}{\partial u \partial v}\dfrac{\partial \varphi}{\partial x}\dfrac{\partial \psi}{\partial x} + \dfrac{\partial^2 f}{\partial v^2}\left(\dfrac{\partial \psi}{\partial x}\right)^2 + \dfrac{\partial f}{\partial u}\dfrac{\partial^2 \varphi}{\partial x^2} + \dfrac{\partial f}{\partial v}\dfrac{\partial^2 \psi}{\partial x^2}.$$

用类似方法可求 $\dfrac{\partial^2 z}{\partial x \partial y}$ 与 $\dfrac{\partial^2 z}{\partial y^2}$.

注 我们假设上述所需条件被满足.

4. 隐函数的二阶偏导数

方程 $F(x,y,z)=0$ 确定隐函数 $z=z(x,y)$, 如何求 $\dfrac{\partial^2 z}{\partial x^2}$?

方法 1 将求得的 $\dfrac{\partial z}{\partial x}$ 的表达式对 x 求偏导数:

$$\frac{\partial^2 z}{\partial x^2} = \frac{\partial}{\partial x}\left(-\frac{F_1'}{F_3'}\right) = -\frac{\frac{\partial}{\partial x}(F_1')F_3' - F_1'\frac{\partial}{\partial x}(F_3')}{(F_3')^2}$$

$$= -\left[\left(F_{11}'' + F_{13}''\frac{\partial z}{\partial x}\right)F_3' - F_1'\left(F_{31}'' + F_{33}''\frac{\partial z}{\partial x}\right)\right]\Big/(F_3')^2,$$

再将 $\frac{\partial z}{\partial x} = -F_1'/F_3'$ 代入即可.

这里用 F_1' 表示 $\frac{\partial F}{\partial x}$, F_3' 表示 $\frac{\partial F}{\partial z}$, F_{11}'' 表示 $\frac{\partial^2 F}{\partial x^2}$, F_{13}'' 表示 $\frac{\partial^2 F}{\partial x \partial z}$, F_{33}'' 表示 $\frac{\partial^2 F}{\partial z^2}$, 类似地 $F_2' = \frac{\partial F}{\partial y}$, $F_{21}'' = \frac{\partial^2 F}{\partial y \partial x}$ 等.

方法 2 将方程

$$\frac{\partial F}{\partial x} + \frac{\partial F}{\partial z}\frac{\partial z}{\partial x} = 0, \quad 即 \quad F_1' + F_3'\frac{\partial z}{\partial x} = 0$$

两边对 x 求偏导数得

$$\frac{\partial}{\partial x}(F_1') + \frac{\partial}{\partial x}(F_3')\frac{\partial z}{\partial x} + F_3'\frac{\partial^2 z}{\partial x^2} = 0.$$

由复合函数求导法得

$$F_{11}'' + F_{13}''\frac{\partial z}{\partial x} + \left(F_{31}'' + F_{33}''\frac{\partial z}{\partial x}\right)\frac{\partial z}{\partial x} + F_3'\frac{\partial^2 z}{\partial x^2} = 0,$$

解得

$$\frac{\partial^2 z}{\partial x^2} = -\left[F_{11}'' + 2F_{13}''\frac{\partial z}{\partial x} + F_{33}''\left(\frac{\partial z}{\partial x}\right)^2\right]\Big/F_3'.$$

再将 $\frac{\partial z}{\partial x}$ 的表达式代入即可.

注 1 我们假设上述所需条件被满足;

注 2 隐函数方程的其他情形,可用类似方法求得 $\frac{\partial^2 z}{\partial x^2}, \frac{\partial^2 z}{\partial x \partial y}$ 或 $\frac{\partial^2 z}{\partial y^2}$.

典型例题分析

一、给定函数求二阶或高阶偏导数

1. 若 $z = \sin(xy)$, 求 $\frac{\partial^3 z}{\partial x \partial y^2}$.

解 $\frac{\partial z}{\partial x} = y\cos(xy),$

$\frac{\partial^2 z}{\partial x \partial y} = \cos(xy) - xy\sin(xy),$

$\frac{\partial^3 z}{\partial x \partial y^2} = -x\sin(xy) - x\sin(xy) - x^2 y\cos(xy)$

$$= -2x\sin(xy) - x^2 y\cos(xy).$$

2. 如果 $z = x^y$,验证:$\dfrac{\partial^2 z}{\partial x \partial y} = \dfrac{\partial^2 z}{\partial y \partial x}$.

证 $\dfrac{\partial z}{\partial x} = yx^{y-1}$, $\dfrac{\partial^2 z}{\partial x \partial y} = x^{y-1} + yx^{y-1}\ln x$;

$\dfrac{\partial z}{\partial y} = x^y \ln x$, $\dfrac{\partial^2 z}{\partial y \partial x} = yx^{y-1}\ln x + x^{y-1}$.

显然 $$\dfrac{\partial^2 z}{\partial x \partial y} = \dfrac{\partial^2 z}{\partial y \partial x}.$$

3. 设
$$f(x,y) = \begin{cases} xy\dfrac{x^2 - y^2}{x^2 + y^2}, & (x,y) \neq (0,0), \\ 0, & (x,y) = (0,0). \end{cases}$$

证明:$f''_{xy}(0,0) = -1, f''_{yx}(0,0) = 1$.

证 $f''_{xy}(0,0) = [f'_x(x,y)]'_y|_{\substack{x=0 \\ y=0}}$,先将 $x = 0$ 代入得
$$f''_{xy}(0,0) = [f'_x(0,y)]'_y|_{y=0}.$$

而 $f'_x(0,y) = \lim\limits_{\Delta x \to 0} \dfrac{f(\Delta x, y) - f(0, y)}{\Delta x}$

$$= \lim\limits_{\Delta x \to 0} \dfrac{\Delta x \cdot y \dfrac{(\Delta x)^2 - y^2}{(\Delta x)^2 + y^2} - 0}{\Delta x} = -y,$$

所以 $[f'_x(0,y)]'_y = -1$,

特别也有 $[f'_x(0,y)]'_y|_{y=0} = -1$,

即 $f''_{xy}(0,0) = -1$.

同理可先求出 $f'_y(x,0) = x$,

因而 $[f'_y(x,0)]'_x = 1$,

于是 $f''_{yx}(0,0) = [f'_y(x,0)]'_x|_{x=0} = 1$.

4. 证明:函数
$$u = \arctan\dfrac{x}{y}$$

满足拉普拉斯方程 $\dfrac{\partial^2 u}{\partial x^2} + \dfrac{\partial^2 u}{\partial y^2} = 0.$

证 $\dfrac{\partial u}{\partial x}=\dfrac{1}{1+\dfrac{x^2}{y^2}}\cdot\dfrac{1}{y}=\dfrac{y}{x^2+y^2}, \dfrac{\partial^2 u}{\partial x^2}=\dfrac{-2xy}{(x^2+y^2)^2};$

$\dfrac{\partial u}{\partial y}=\dfrac{1}{1+\dfrac{x^2}{y^2}}\cdot\left(-\dfrac{x}{y^2}\right)=\dfrac{-x}{x^2+y^2}, \dfrac{\partial^2 u}{\partial y^2}=\dfrac{2xy}{(x^2+y^2)^2},$

因而 $\dfrac{\partial^2 u}{\partial x^2}+\dfrac{\partial^2 u}{\partial y^2}=0.$

二、已知二阶偏导数求函数

5. 设 $z=f(x,y)$ 满足 $\dfrac{\partial^2 f}{\partial y^2}=2x, f(x,1)=0, \dfrac{\partial f(x,0)}{\partial y}=\sin x$,求 $f(x,y)$.

解 $\dfrac{\partial}{\partial y}\left(\dfrac{\partial f}{\partial y}\right)=2x \Leftrightarrow \dfrac{\partial f}{\partial y}=2xy+\varphi(x), \varphi(x)$ 为 x 的任意函数 $\Leftrightarrow$
$$f(x,y)=xy^2+\varphi(x)y+\psi(x),$$
$\psi(x)$ 也是 x 的任意函数.

由 $\dfrac{\partial f(x,0)}{\partial y}=\sin x$,得 $[2xy+\varphi(x)]\Big|_{y=0}=\sin x$,即 $\varphi(x)=\sin x.$
由 $f(x,1)=0$,得
$$[xy^2+\varphi(x)y+\psi(x)]\Big|_{y=1}=x+\sin x+\psi(x)=0,$$
即 $\psi(x)=-x-\sin x.$

因此,$f(x,y)=xy^2+y\sin x-x-\sin x.$

三、含一般函数记号的复合函数求二阶偏导数

6. 已知 $z=f(\varphi(x)-y,xh(y))$,其中 f 有二阶连续偏导数,φ,h 均为二阶可微函数,求 $\dfrac{\partial^2 z}{\partial x\partial y},\dfrac{\partial^2 z}{\partial y^2}.$

解 先求 $\dfrac{\partial z}{\partial y}.$
$$\dfrac{\partial z}{\partial y}=-f_1'+f_2'\cdot xh'(y).$$

再求
$$\dfrac{\partial^2 z}{\partial y\partial x}=-[f_{11}''\cdot\varphi'(x)+f_{12}''\cdot h(y)]$$
$$\quad+[f_{21}''\cdot\varphi'(x)+f_{22}''\cdot h(y)]xh'(y)+f_2'\cdot h'(y)$$
$$=-f_{11}''\cdot\varphi'(x)+f_{12}''(x\varphi'(x)h'(y)-h(y))$$

$$+ f''_{22} \cdot xh(y)h'(y) + f'_2 \cdot h'(y)$$
$$= \frac{\partial^2 z}{\partial x \partial y}$$

与

$$\frac{\partial^2 z}{\partial y^2} = \frac{\partial}{\partial y}\left(\frac{\partial z}{\partial y}\right) = -[f''_{11} \cdot (-1) + f''_{12} \cdot xh'(y)]$$
$$+ [f''_{21} \cdot (-1) + f''_{22} \cdot xh'(y)]xh'(y) + f'_2 \cdot xh''(y)$$
$$= f''_{11} - 2xh'(y)f''_{12} + f''_{22} \cdot (xh'(y))^2$$
$$+ f'_2 \cdot xh''(y).$$

评注 若先求 $\frac{\partial z}{\partial x}$,为求 $\frac{\partial^2 z}{\partial y^2}$ 还须求 $\frac{\partial z}{\partial y}$.这里利用混合偏导数连续的条件下与求导次序无关,我们先求 $\frac{\partial z}{\partial y}$,简化了计算,在化简中也利用了 $f''_{12} = f''_{21}$.

四、求隐函数的二阶偏导数

7. 由方程式 $\frac{x}{z} = \ln \frac{z}{y}$ 确定隐函数 $z = z(x,y)$,求 $z(x,y)$ 的二阶偏导数.

解 将方程中的 z 看成隐函数 $z(x,y)$,方程两边对 x 求导,得

$$\frac{z - xz'_x}{z^2} = \frac{1}{z} z'_x.$$

由此解得

$$\frac{\partial z}{\partial x} = \frac{z}{x+z} = 1 - \frac{x}{x+z}.$$

同理可得

$$\frac{\partial z}{\partial y} = \frac{z^2}{y(x+z)}.$$

或直接套公式,也可得到上述结果.

为求 $z(x,y)$ 的二阶偏导数,需要再求 $\frac{\partial z}{\partial x}$ 与 $\frac{\partial z}{\partial y}$ 的偏导数.现在由于 $\frac{\partial z}{\partial x}, \frac{\partial z}{\partial y}$ 的表达式中仍含有 z,求它们的偏导数时应将表达式中的 z 看成为隐函数 $z(x,y)$,因而要用到复合函数的求导公式,可得

$$\frac{\partial^2 z}{\partial x^2} = -\frac{x+z-x\left(1+\frac{\partial z}{\partial x}\right)}{(x+z)^2} = -\frac{z-x\frac{\partial z}{\partial x}}{(x+z)^2} = -\frac{z^2}{(x+z)^3},$$

$$\frac{\partial^2 z}{\partial x \partial y} = \frac{x \dfrac{\partial z}{\partial y}}{(x+z)^2} = \frac{xz^2}{y(x+z)^3},$$

$$\frac{\partial^2 z}{\partial y^2} = \frac{2z \dfrac{\partial z}{\partial y} y(x+z) - z^2 \Big[(x+z) + y \dfrac{\partial z}{\partial y}\Big]}{y^2(x+z)^2} = \frac{-x^2 z^2}{y^2(x+z)^3}.$$

8. 设
$$\begin{cases} xu + yv = 0, \\ uv - xy = 5, \end{cases}$$

求当 $x=1, y=-1, u=v=2$ 时, $\dfrac{\partial^2 u}{\partial x^2}$ 与 $\dfrac{\partial^2 v}{\partial x \partial y}$ 的值.

解 将方程组中每个方程的两端对 x 求导, 得
$$\begin{cases} u + xu'_x + yv'_x = 0, \\ u'_x v + uv'_x - y = 0, \end{cases}$$

由此解出 $\quad \dfrac{\partial u}{\partial x} = \dfrac{-(u^2 + y^2)}{xu - yv}, \quad \dfrac{\partial v}{\partial x} = \dfrac{xy + uv}{xu - yv}.$

将每个方程的两端对 y 求导, 得
$$\begin{cases} xu'_y + v + yv'_y = 0, \\ u'_y v + uv'_y - x = 0. \end{cases}$$

由此解出 $\quad \dfrac{\partial u}{\partial y} = \dfrac{uv + xy}{yv - xu}, \quad \dfrac{\partial v}{\partial y} = \dfrac{x^2 + v^2}{xu - yv}.$

当 $x=1, y=-1, u=v=2$ 时,

$$\frac{\partial u}{\partial x} = -\frac{5}{4}, \quad \frac{\partial v}{\partial x} = \frac{3}{4},$$

$$\frac{\partial u}{\partial y} = -\frac{3}{4}, \quad \frac{\partial v}{\partial y} = \frac{5}{4}.$$

在求 $\dfrac{\partial^2 u}{\partial x^2}$ 时, 总将 $\dfrac{\partial u}{\partial x}$ 中的 y 看作常数. 现在要求 $\dfrac{\partial^2 u}{\partial x^2}$ 在 $y=-1$ 时的值, 故可将 $\dfrac{\partial u}{\partial x}$ 中的 y 事先取作 -1. 于是

$$\frac{\partial^2 u}{\partial x^2}\bigg|_{y=-1} = -\left(\frac{u^2 + 1}{xu + v}\right)'_x$$

$$= -\frac{2uu'_x(xu + v) - (u + xu'_x + v'_x)(u^2 + 1)}{(xu + v)^2}.$$

同理,求在指定点处的 $\dfrac{\partial^2 v}{\partial x \partial y}$ 时可将 $\dfrac{\partial v}{\partial x}$ 中的 x 事先代为 1,因而

$$\dfrac{\partial^2 v}{\partial x \partial y}\bigg|_{x=1} = \left(\dfrac{y+uv}{u-yv}\right)'_y$$
$$= \dfrac{(1+u'_y v + u v'_y)(u-yv) - (u'_y - v - y v'_y)(y+uv)}{(u-yv)^2}.$$

将 $x=1, y=-1, u=v=2$ 以及上面求出的四个一阶偏微商的值代入上式,得

$$\dfrac{\partial^2 u}{\partial x^2} = \dfrac{55}{32}, \quad \dfrac{\partial^2 v}{\partial x \partial y} = \dfrac{25}{32}.$$

五、在变量替换下方程的变形

9. 求拉普拉斯方程

$$\dfrac{\partial^2 u}{\partial x^2} + \dfrac{\partial^2 u}{\partial y^2} = 0 \tag{5.3}$$

的极坐标形式.

解 这里 $u=u(x,y)$ 满足拉普拉斯方程即方程(5.3). 作极坐标变换 $x=r\cos\theta, y=r\sin\theta, u$ 作为 r, θ 的函数,它应满足什么方程?由复合函数求导法 $\Rightarrow$

$$\dfrac{\partial u}{\partial r} = \dfrac{\partial u}{\partial x}\dfrac{\partial x}{\partial r} + \dfrac{\partial u}{\partial y}\dfrac{\partial y}{\partial r} = \dfrac{\partial u}{\partial x}\cos\theta + \dfrac{\partial u}{\partial y}\sin\theta, \tag{5.4}$$

$$\dfrac{\partial u}{\partial \theta} = \dfrac{\partial u}{\partial x}\dfrac{\partial x}{\partial \theta} + \dfrac{\partial u}{\partial y}\dfrac{\partial y}{\partial \theta} = -\dfrac{\partial u}{\partial x}r\sin\theta + \dfrac{\partial u}{\partial y}r\cos\theta.$$

再用复合函数求导法 $\Rightarrow$

$$\dfrac{\partial^2 u}{\partial r^2} = \dfrac{\partial}{\partial r}\left(\dfrac{\partial u}{\partial r}\right) = \dfrac{\partial}{\partial r}\left(\dfrac{\partial u}{\partial x}\right)\cos\theta + \dfrac{\partial}{\partial r}\left(\dfrac{\partial u}{\partial y}\right)\sin\theta$$
$$= \left(\dfrac{\partial^2 u}{\partial x^2}\cos\theta + \dfrac{\partial^2 u}{\partial x \partial y}\sin\theta\right)\cos\theta + \left(\dfrac{\partial^2 u}{\partial y \partial x}\cos\theta + \dfrac{\partial^2 u}{\partial y^2}\sin\theta\right)\sin\theta$$
$$= \dfrac{\partial^2 u}{\partial x^2}\cos^2\theta + 2\dfrac{\partial^2 u}{\partial x \partial y}\sin\theta\cos\theta + \dfrac{\partial^2 u}{\partial y^2}\sin^2\theta,$$

$$\dfrac{\partial^2 u}{\partial \theta^2} = \dfrac{\partial}{\partial \theta}\left(\dfrac{\partial u}{\partial \theta}\right) = -\dfrac{\partial}{\partial \theta}\left(\dfrac{\partial u}{\partial x}\right)r\sin\theta + \dfrac{\partial}{\partial \theta}\left(\dfrac{\partial u}{\partial y}\right)r\cos\theta$$
$$\quad - \dfrac{\partial u}{\partial x}r\cos\theta - \dfrac{\partial u}{\partial y}r\sin\theta$$
$$= -\left[\dfrac{\partial^2 u}{\partial x^2}(-r\sin\theta) + \dfrac{\partial^2 u}{\partial x \partial y}r\cos\theta\right]r\sin\theta$$

$$+\left[\frac{\partial^2 u}{\partial y \partial x}(-r\sin\theta) + \frac{\partial^2 u}{\partial y^2}r\cos\theta\right]r\cos\theta$$
$$-r\left(\frac{\partial u}{\partial x}\cos\theta + \frac{\partial u}{\partial y}\sin\theta\right)$$
$$=\frac{\partial^2 u}{\partial x^2}r^2\sin^2\theta - 2\frac{\partial^2 u}{\partial x \partial y}r^2\sin\theta\cos\theta + \frac{\partial^2 u}{\partial y^2}r^2\cos^2\theta - r\frac{\partial u}{\partial r},$$

其中利用了(5.4)式. 于是

$$\frac{\partial^2 u}{\partial r^2} + \frac{1}{r^2}\frac{\partial^2 u}{\partial \theta^2} = \frac{\partial^2 u}{\partial x^2}(\cos^2\theta + \sin^2\theta) + \frac{\partial^2 u}{\partial y^2}(\sin^2\theta + \cos^2\theta) - \frac{1}{r}\frac{\partial u}{\partial r}$$

$$\Longrightarrow \qquad \frac{\partial^2 u}{\partial r^2} + \frac{1}{r}\frac{\partial u}{\partial r} + \frac{1}{r^2}\frac{\partial^2 u}{\partial \theta^2} = 0.$$

这就是拉普拉斯方程的极坐标形式.

评注 也可用复合函数求导法,将 $\frac{\partial u}{\partial x}$, $\frac{\partial u}{\partial y}$ 用 $\frac{\partial u}{\partial r}$, $\frac{\partial u}{\partial \theta}$ 来表示. 因 $r=\sqrt{x^2+y^2}, \theta=\arctan\frac{y}{x}+C$ (C 为常数,依赖于 θ 的取值范围)$\Longrightarrow$

$$\frac{\partial u}{\partial x} = \frac{\partial u}{\partial r}\frac{\partial r}{\partial x} + \frac{\partial u}{\partial \theta}\frac{\partial \theta}{\partial x} = \frac{\partial u}{\partial r}\frac{x}{r} - \frac{\partial u}{\partial \theta}\frac{y}{r^2}$$
$$= \frac{\partial u}{\partial r}\cos\theta - \frac{\partial u}{\partial \theta}\frac{\sin\theta}{r}.$$

同理

$$\frac{\partial u}{\partial y} = \frac{\partial u}{\partial r}\sin\theta + \frac{\partial u}{\partial \theta}\frac{\cos\theta}{r}.$$

再求

$$\frac{\partial^2 u}{\partial x^2} = \frac{\partial}{\partial r}\left(\frac{\partial u}{\partial x}\right)\frac{\partial r}{\partial x} + \frac{\partial}{\partial \theta}\left(\frac{\partial u}{\partial x}\right)\frac{\partial \theta}{\partial x}$$
$$= \frac{\partial}{\partial r}\left(\frac{\partial u}{\partial r}\cos\theta - \frac{\partial u}{\partial \theta}\frac{\sin\theta}{r}\right)\cdot\cos\theta$$
$$\quad - \frac{\partial}{\partial \theta}\left(\frac{\partial u}{\partial r}\cos\theta - \frac{\partial u}{\partial \theta}\frac{\sin\theta}{r}\right)\frac{\sin\theta}{r}$$
$$= \frac{\partial^2 u}{\partial r^2}\cos^2\theta - 2\frac{\partial^2 u}{\partial r \partial \theta}\frac{\sin\theta\cos\theta}{r} + \frac{\partial^2 u}{\partial \theta^2}\frac{\sin^2\theta}{r^2}$$
$$\quad + \frac{\partial u}{\partial \theta}\frac{2\sin\theta\cos\theta}{r^2} + \frac{\partial u}{\partial r}\frac{\sin^2\theta}{r}.$$

同理可得

$$\frac{\partial^2 u}{\partial y^2} = \frac{\partial^2 u}{\partial r^2}\sin^2\theta + 2\frac{\partial^2 u}{\partial r \partial \theta}\frac{\sin\theta\cos\theta}{r} + \frac{\partial^2 u}{\partial \theta^2}\frac{\cos^2\theta}{r^2}$$

$$-\frac{\partial u}{\partial \theta}\frac{2\sin\theta\cos\theta}{r^2}+\frac{\partial u}{\partial r}\frac{\cos^2\theta}{r}.$$

两式相加得

$$\frac{\partial^2 u}{\partial x^2}+\frac{\partial^2 u}{\partial y^2}=\frac{\partial^2 u}{\partial r^2}+\frac{1}{r}\frac{\partial u}{\partial r}+\frac{1}{r^2}\frac{\partial^2 u}{\partial \theta^2}.$$

10. 若 $f(\xi,\eta)$ 满足方程

$$\frac{\partial^2 f}{\partial \xi^2}+\frac{\partial^2 f}{\partial \eta^2}=0,$$

证明：函数 $z=f(x^2-y^2,2xy)$ 也满足拉普拉斯方程：

$$\frac{\partial^2 f}{\partial x^2}+\frac{\partial^2 f}{\partial y^2}=0.$$

证 $\dfrac{\partial f}{\partial x}=2x\dfrac{\partial f}{\partial \xi}+2y\dfrac{\partial f}{\partial \eta},$

$$\frac{\partial^2 f}{\partial x^2}=2\frac{\partial f}{\partial \xi}+2x\left(2x\frac{\partial^2 f}{\partial \xi^2}+2y\frac{\partial^2 f}{\partial \xi\partial\eta}\right)+2y\left(2x\frac{\partial^2 f}{\partial \eta\partial\xi}+2y\frac{\partial^2 f}{\partial \eta^2}\right)$$

$$=2\frac{\partial f}{\partial \xi}+4x^2\frac{\partial^2 f}{\partial \xi^2}+8xy\frac{\partial^2 f}{\partial \xi\partial\eta}+4y^2\frac{\partial^2 f}{\partial \eta^2}.$$

同理可求出

$$\frac{\partial^2 f}{\partial y^2}=-2\frac{\partial f}{\partial \xi}+4y^2\frac{\partial^2 f}{\partial \xi^2}-8xy\frac{\partial^2 f}{\partial \xi\partial\eta}+4x^2\frac{\partial^2 f}{\partial \eta^2}.$$

因而 $\quad\dfrac{\partial^2 f}{\partial x^2}+\dfrac{\partial^2 f}{\partial y^2}=4(x^2+y^2)\left(\dfrac{\partial^2 f}{\partial \xi^2}+\dfrac{\partial^2 f}{\partial \eta^2}\right)=0.$

11. 作变量替换

$$u=3x+y,\quad v=x+y,$$

（1）将式子

$$\frac{\partial^2 z}{\partial x^2}-4\frac{\partial^2 z}{\partial x\partial y}+3\frac{\partial^2 z}{\partial y^2} \qquad (5.5)$$

用 z 关于 u,v 的二阶偏导数表示出来；

（2）求满足方程

$$\frac{\partial^2 z}{\partial x^2}-4\frac{\partial^2 z}{\partial x\partial y}+3\frac{\partial^2 z}{\partial y^2}=0 \qquad (5.6)$$

的函数 $u(x,y)$.

解 （1）将 x,y 看作自变量，u,v 看作中间变量，有

$$\frac{\partial z}{\partial x} = 3\frac{\partial z}{\partial u} + \frac{\partial z}{\partial v},$$

这里 $\frac{\partial z}{\partial u}$ 与 $\frac{\partial z}{\partial v}$ 仍是 x,y 的复合函数,因而

$$\frac{\partial^2 z}{\partial x^2} = 3\left(3\frac{\partial^2 z}{\partial u^2} + \frac{\partial^2 z}{\partial u \partial v}\right) + \left(3\frac{\partial^2 z}{\partial v \partial u} + \frac{\partial^2 z}{\partial v^2}\right)$$

$$= 9\frac{\partial^2 z}{\partial u^2} + 6\frac{\partial^2 z}{\partial u \partial v} + \frac{\partial^2 z}{\partial v^2}, \tag{5.7}$$

$$\frac{\partial^2 z}{\partial x \partial y} = 3\left(\frac{\partial^2 z}{\partial u^2} + \frac{\partial^2 z}{\partial u \partial v}\right) + \frac{\partial^2 z}{\partial v \partial u} + \frac{\partial^2 z}{\partial v^2}$$

$$= 3\frac{\partial^2 z}{\partial u^2} + 4\frac{\partial^2 z}{\partial u \partial v} + \frac{\partial^2 z}{\partial v^2}. \tag{5.8}$$

又

$$\frac{\partial z}{\partial y} = \frac{\partial z}{\partial u} + \frac{\partial z}{\partial v},$$

$$\frac{\partial^2 z}{\partial y^2} = \frac{\partial^2 z}{\partial u^2} + 2\frac{\partial^2 z}{\partial u \partial v} + \frac{\partial^2 z}{\partial v^2}, \tag{5.9}$$

将(5.7),(5.8),(5.9)代入(5.5)式,得

$$\frac{\partial^2 z}{\partial x^2} - 4\frac{\partial^2 z}{\partial x \partial y} + 3\frac{\partial^2 z}{\partial y^2} = -4\frac{\partial^2 z}{\partial u \partial v}.$$

(2) 在上述变量替换下,方程(5.6)化为方程

$$\frac{\partial^2 z}{\partial u \partial v} = 0,$$

将上式对 v 积分,得

$$\frac{\partial z}{\partial u} = \varphi(u),$$

其中 $\varphi(u)$ 为任意可微函数.再对 u 积分,得

$$z(u,v) = \Phi(u) + F(v),$$

其中 $\Phi'(u) = \varphi(u)$,$F(v)$ 为任意可微函数.

将 u,v 用 x,y 表示,即得所求函数为

$$z(x,y) = \Phi(3x + y) + F(x + y).$$

本 节 小 结

复合函数求导公式中函数对中间变量的偏导数仍然是中间变量的函数,如设 $z = f(u,v), u = \varphi(x,y), v = \psi(x,y)$,则

$$\frac{\partial z}{\partial x} = \frac{\partial f}{\partial u}\frac{\partial \varphi}{\partial x} + \frac{\partial f}{\partial v}\frac{\partial \psi}{\partial x},$$

这里 $\frac{\partial f}{\partial u}, \frac{\partial f}{\partial v}$ 均是 u, v 的函数. 而 $u = \varphi(x, y), v = \psi(x, y)$, 它们的复合仍是 x, y 的函数, 求高阶偏导数时要特别注意这一点. 求 $\frac{\partial}{\partial x}\left(\frac{\partial f}{\partial u}\right)$ 与 $\frac{\partial}{\partial x}(f)$ 时 $\frac{\partial f}{\partial u}$ 与 f 的地位是相同的. 理解这一点, 对求复合函数的二阶偏导数特别重要.

练 习 题 7.5

7.5.1 求下列函数指定的二阶偏导数:

(1) $z = \dfrac{x+y}{x-y}$, 求 $\dfrac{\partial^2 z}{\partial x^2}, \dfrac{\partial^2 z}{\partial x \partial y}$;

(2) $z = e^{xy} + ye^x + xe^y$, 求 $\dfrac{\partial^2 z}{\partial x \partial y}, \dfrac{\partial^2 z}{\partial y^2}$;

(3) $z = \arctan \dfrac{x-y}{1-xy}$, 求 $\dfrac{\partial^2 z}{\partial x^2}\bigg|_{(0,0)}$;

(4) $z = \ln(1 + x^2 + y)$, 求 $\dfrac{\partial^2 z}{\partial x \partial y}\bigg|_{(1,1)}$;

(5) $z = e^{-x}\sin\dfrac{x}{y}$, 求 $\dfrac{\partial^2 z}{\partial x \partial y}$.

7.5.2 求下列函数指定阶的偏导数:

(1) $z = x^3 + x^2 y + y^3$, 求各三阶偏导数;

(2) $z = y^2 \sqrt{x}$, 求各三阶偏导数;

(3) $z = \sin(xy)$, 求 $\dfrac{\partial^3 z}{\partial x \partial y^2}$;

(4) $u = x^m y^n z^p$, 求 $\dfrac{\partial^6 u}{\partial x \partial y^3 \partial z^2}$.

7.5.3 证明函数 $u = \varphi(x - at) + \psi(x + at)$ 满足弦振动方程

$$\frac{\partial^2 u}{\partial t^2} = a^2 \frac{\partial^2 u}{\partial x^2},$$

其中 φ, ψ 是任意的二阶可微函数, a 为常数.

7.5.4 求下列复合函数的指定二阶偏导数:

(1) $u = f(x, y, z), z = \varphi(x, y)$, 求 $\dfrac{\partial^2 u}{\partial x^2}$;

(2) $z = f(x^2 + y^2)$, 求 $\dfrac{\partial^2 z}{\partial x \partial y}, \dfrac{\partial^2 z}{\partial y^2}$;

(3) $z = f(e^x \sin y, x^2 + y^2)$, 求 $\dfrac{\partial^2 z}{\partial x \partial y}$;

(4) $u=f\left(\dfrac{x}{y},\dfrac{y}{z}\right)$,求 $\dfrac{\partial^2 u}{\partial y \partial z}$ 及 $\mathrm{d}u$.

7.5.5 求下列方程所确定的隐函数 $z=z(x,y)$ 的二阶偏导数：

(1) $z^3-3xyz=a^3$;   (2) $x+y+z=\mathrm{e}^z$;

(3) $z=\sqrt{x^2-y^2}\tan\dfrac{z}{\sqrt{x^2-y^2}}$;   (4) $x^3+y^3+z^3=a^3$.

7.5.6 设 $u=f(x,y)$,而 $x=\xi\cos\alpha-\eta\sin\alpha, y=\xi\sin\alpha+\eta\cos\alpha$ (α 为常数), 证明：

$$\left(\dfrac{\partial u}{\partial x}\right)^2+\left(\dfrac{\partial u}{\partial y}\right)^2=\left(\dfrac{\partial u}{\partial \xi}\right)^2+\left(\dfrac{\partial u}{\partial \eta}\right)^2,$$

$$\dfrac{\partial^2 u}{\partial x^2}+\dfrac{\partial^2 u}{\partial y^2}=\dfrac{\partial^2 u}{\partial \xi^2}+\dfrac{\partial^2 u}{\partial \eta^2}.$$

7.5.7 设 $x=f(u,v),y=g(u,v)$ 满足方程：$\dfrac{\partial f}{\partial u}=\dfrac{\partial g}{\partial v},\dfrac{\partial f}{\partial v}=-\dfrac{\partial g}{\partial u}$. 又设 $w=w(x,y)$ 满足方程：$\dfrac{\partial^2 w}{\partial x^2}+\dfrac{\partial^2 w}{\partial y^2}=0$. 求证：

(1) $w=w(f(u,v),g(u,v))$ 满足方程：$\dfrac{\partial^2 w}{\partial u^2}+\dfrac{\partial^2 w}{\partial v^2}=0$;

(2) $\dfrac{\partial^2(fg)}{\partial u^2}+\dfrac{\partial^2(fg)}{\partial v^2}=0$.

7.5.8 用变换 $\begin{cases}u=x-2y,\\ v=x+ay\end{cases}$ 可把方程 $6\dfrac{\partial^2 z}{\partial x^2}+\dfrac{\partial^2 z}{\partial x \partial y}-\dfrac{\partial^2 z}{\partial y^2}=0$ 化简为 $\dfrac{\partial^2 u}{\partial u \partial v}=0$,求 a 的值.

7.5.9 设函数 $x=x(u,v),y=y(u,v)$ 由满足的方程组 $\begin{cases}xy=uv,\\ x-y=u-v\end{cases}$ 所确定,求 $\dfrac{\partial x}{\partial u},\dfrac{\partial^2 x}{\partial u \partial v}$.

7.5.10 设 $f(x,y)$ 满足 $\dfrac{\partial^2 f}{\partial x^2}=y,\dfrac{\partial^2 f}{\partial x \partial y}=x+y,\dfrac{\partial^2 f}{\partial y^2}=x$,试求函数 $f(x,y)$.

§6 空间曲线的切线与法平面,曲面的切平面与法线

内 容 提 要

1. 曲面的切平面与法线

设曲面 S 由方程

$$F(x,y,z)=0$$

确定. $M_0(x_0,y_0,z_0)$ 是曲面上的一点. 设 F'_x,F'_y,F'_z 在 M_0 处连续,不全为零. 则曲面 S 在点 M_0 处的法向量为

$$\boldsymbol{n} = \{F'_x(x_0,y_0,z_0), F'_y(x_0,y_0,z_0), F'_z(x_0,y_0,z_0)\},$$

过 M_0 点的切平面方程为
$$F'_x(x_0,y_0,z_0)(x-x_0) + F'_y(x_0,y_0,z_0)(y-y_0)$$
$$+ F'_z(x_0,y_0,z_0)(z-z_0) = 0,$$

法线方程为
$$\frac{x-x_0}{F'_x(x_0,y_0,z_0)} = \frac{y-y_0}{F'_y(x_0,y_0,z_0)} = \frac{z-z_0}{F'_z(x_0,y_0,z_0)}.$$

当曲面 S 由显式方程
$$z = f(x,y)$$
确定时,它可以看作是曲面隐式方程之特例,即 $f(x,y) - z = 0$,这时,过曲面上一点 $(x_0, y_0, f(x_0, y_0))$ 的法向量为
$$\boldsymbol{n} = \{f'_x(x_0,y_0), f'_y(x_0,y_0), -1\},$$

切平面方程为
$$f'_x(x_0,y_0)(x-x_0) + f'_y(x_0,y_0)(y-y_0) - (z-z_0) = 0,$$

法线方程为
$$\frac{x-x_0}{f'_x(x_0,y_0)} = \frac{y-y_0}{f'_y(x_0,y_0)} = \frac{z-z_0}{-1}.$$

2. 空间曲线的切线与法平面

设空间曲线 C 由参数方程
$$\begin{cases} x = x(t), \\ y = y(t), \quad \alpha \leqslant t \leqslant \beta \\ z = z(t) \end{cases}$$
确定. $M_0(x_0,y_0,z_0)$ 是 C 上的一点(对应于 $t = t_0$). 设 $x(t), y(t), z(t)$ 对 t 可微,且 $x'(t_0), y'(t_0), z'(t_0)$ 不全为零. 则曲线 C 在点 M_0 处的切向量为
$$\{x'(t_0), y'(t_0), z'(t_0)\}.$$

过 M_0 点的切线方程为
$$\frac{x-x_0}{x'(t_0)} = \frac{y-y_0}{y'(t_0)} = \frac{z-z_0}{z'(t_0)},$$

法平面方程为
$$x'(t_0)(x-x_0) + y'(t_0)(y-y_0) + z'(t_0)(z-z_0) = 0.$$

设空间曲线 C 是两个曲面的交线:
$$\begin{cases} F(x,y,z) = 0, \\ G(x,y,z) = 0, \end{cases}$$
$M_0(x_0,y_0,z_0)$ 是 C 上的一点,则 C 在 M_0 的切线方程为

$$\begin{cases} \dfrac{\partial F(M_0)}{\partial x}(x-x_0)+\dfrac{\partial F(M_0)}{\partial y}(y-y_0)+\dfrac{\partial F(M_0)}{\partial z}(z-z_0)=0, \\ \dfrac{\partial G(M_0)}{\partial x}(x-x_0)+\dfrac{\partial G(M_0)}{\partial y}(y-y_0)+\dfrac{\partial G(M_0)}{\partial z}(z-z_0)=0 \end{cases}$$

或

$$\frac{x-x_0}{\left.\dfrac{\partial(F,G)}{\partial(y,z)}\right|_{M_0}}=\frac{y-y_0}{\left.\dfrac{\partial(F,G)}{\partial(z,x)}\right|_{M_0}}=\frac{z-z_0}{\left.\dfrac{\partial(F,G)}{\partial(x,y)}\right|_{M_0}},$$

法平面方程为

$$\left.\frac{\partial(F,G)}{\partial(y,z)}\right|_{M_0}(x-x_0)+\left.\frac{\partial(F,G)}{\partial(z,x)}\right|_{M_0}(y-y_0)$$
$$+\left.\frac{\partial(F,G)}{\partial(x,y)}\right|_{M_0}(z-z_0)=0,$$

其中 $F(x,y,z), G(x,y,z)$ 在 M_0 均有连续的偏导数且 $\mathrm{grad}F(M_0)\times\mathrm{grad}G(M_0)\neq \mathbf{0}$。这里曲线 C 在 M_0 点的切向量是

$$\boldsymbol{\tau}=\mathrm{grad}F(M_0)\times\mathrm{grad}G(M_0)=\begin{vmatrix} \boldsymbol{i} & \boldsymbol{j} & \boldsymbol{k} \\ \dfrac{\partial F(M_0)}{\partial x} & \dfrac{\partial F(M_0)}{\partial y} & \dfrac{\partial F(M_0)}{\partial z} \\ \dfrac{\partial G(M_0)}{\partial x} & \dfrac{\partial G(M_0)}{\partial y} & \dfrac{\partial G(M_0)}{\partial z} \end{vmatrix}$$
$$=\left\{\left.\frac{\partial(F,G)}{\partial(y,z)}\right|_{M_0},\left.\frac{\partial(F,G)}{\partial(z,x)}\right|_{M_0},\left.\frac{\partial(F,G)}{\partial(x,y)}\right|_{M_0}\right\}.$$

典型例题分析

一、求空间曲线的切线与法平面

1. 在曲线 $\begin{cases} x=t, \\ y=-t^2, \\ z=t^3 \end{cases}$ 的所有切线中,与平面 $x+2y+z=4$ 平行的切线有几条?

解 任给 $t_0 \in (-\infty,+\infty)$,该曲线在点 $M_0(x(t_0),y(t_0),z(t_0))=(t_0,-t_0^2,t_0^3)$ 的切向量(切线的方向向量)是

$$\boldsymbol{\tau}=\{x'(t_0),y'(t_0),z'(t_0)\}=\{1,-2t_0,3t_0^2\},$$

该切线与平面 $x+2y+z=4$ 平行的充要条件是切向量 $\boldsymbol{\tau}$ 与平面的法向量 $\boldsymbol{n}=(1,2,1)$ 垂直,即

$$\boldsymbol{\tau} \cdot \boldsymbol{n} = 1 - 4t_0 + 3t_0^2 = (3t_0 - 1)(t_0 - 1) = 0,$$

即 $t_0 = \dfrac{1}{3}$ 或 $t_0 = 1$ 且 M_0 不在该平面上,因此只有两条切线平行于该平面.

2. 求曲线 $\begin{cases} x^2 + y^2 + z^2 = 6, \\ x + y + z = 0 \end{cases}$ 在点 $M_0(1, -2, 1)$ 处的切线与法平面方程.

解 这里没给出曲线的参数方程,而是给出曲面的交线方程,曲面的交线的切向量与它们的法向量均垂直,由此可求交线的切向量. 这里点 M_0 在曲线上.

这两个曲面在点 M_0 处的法向量 $\boldsymbol{n}_1 = \{1, -2, 1\}$,$\boldsymbol{n}_2 = \{1, 1, 1\}$,交线的切向量

$$\boldsymbol{\tau} = \begin{vmatrix} \boldsymbol{i} & \boldsymbol{j} & \boldsymbol{k} \\ 1 & -2 & 1 \\ 1 & 1 & 1 \end{vmatrix} = -3\boldsymbol{i} + 3\boldsymbol{k} = 3(-\boldsymbol{i} + \boldsymbol{k}),$$

于是切线方程是

$$\frac{x-1}{-1} = \frac{y+2}{0} = \frac{z-1}{1},$$

法平面方程是 $-(x-1) + (z-1) = 0$,即 $x - z = 0$.

评注 该曲线是平面与曲面(球面)的交线,曲面在点 M_0 的切平面是

$$(x-1) - 2(y+2) + (z-1) = 0,$$

即 $\qquad x - 2y + z - 6 = 0.$

于是交线在点 M_0 的切线即 $\begin{cases} x - 2y + z - 6 = 0, \\ x + y + z = 0. \end{cases}$

二、求曲面的切平面与法线

3. 求椭球面

$$x^2 + 2y^2 + z^2 = 1$$

的平行于平面 $x - y + 2z = 0$ 的切平面方程.

解 已给平面的法向量为 $\{1, -1, 2\}$,椭球面上任一点 (x, y, z) 处的法向量为 $\{x, 2y, z\}$,要使椭球面上点 (x, y, z) 处的切平面与所给平面平行,必须 $\{x, 2y, z\} = c\{1, -1, 2\}$,其中 c 为某个常数,这时

有 $x=c, y=-\dfrac{c}{2}, z=2c$. 又因为 (x,y,z) 在椭球面上，代入椭球面方程得

$$c^2 + 2\left(-\dfrac{c}{2}\right)^2 + (2c)^2 = 1,$$

由此解出 $\qquad c^2 = \dfrac{2}{11}, \quad c = \pm\dfrac{\sqrt{22}}{11}.$

故椭球面上过点 $\pm\dfrac{\sqrt{22}}{11}\left(1, -\dfrac{1}{2}, 2\right)$ 的切平面满足要求，所求切平面方程为

$$\left(x \mp \dfrac{\sqrt{22}}{11}\right) - \left(y \pm \dfrac{\sqrt{22}}{22}\right) + 2\left(z \mp \dfrac{2\sqrt{22}}{11}\right) = 0,$$

即 $\qquad x - y + 2z = \pm\dfrac{\sqrt{22}}{2}.$

4. 证明：曲面 $xyz = 10$ 上任一点处的切平面与三个坐标面构成的四面体的体积为常数．

证 假设点 $M(x_0, y_0, z_0)$ 在所论曲面上．M 处的法向量为 $\boldsymbol{n} = \{y_0 z_0, x_0 z_0, x_0 y_0\}$，因而过 M 点的切平面方程为

$$y_0 z_0(x - x_0) + x_0 z_0(y - y_0) + x_0 y_0(z - z_0) = 0,$$

化简得 $\dfrac{x}{3x_0} + \dfrac{y}{3y_0} + \dfrac{z}{3z_0} = 1$,

由该方程可知，切平面在三个坐标轴上的截距分别为 $3x_0, 3y_0, 3z_0$. 从图 7.9 看出，切平面与三个坐标面构成的四面体以直角三角形 OAB 为底，以 OC 为高．故其体积为

$$V = \dfrac{1}{3}\left(\dfrac{1}{2}|3x_0| \cdot |3y_0|\right) \cdot |3z_0|$$
$$= \dfrac{9}{2}|x_0 y_0 z_0| = 45.$$

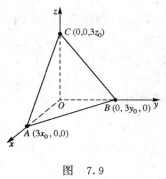

图 7.9

5. 证明：曲面 $F(ax - by, cx - bz) = 0$ 上任一点处的切平面都与一常向量平行，其中 a, b, c 为常数．

证 因为

$$\frac{\partial F}{\partial x} = aF_1' + cF_2', \quad \frac{\partial F}{\partial y} = -bF_1', \quad \frac{\partial F}{\partial z} = -bF_2',$$

所以在任一点处的法向量为
$$\boldsymbol{n} = \{aF_1' + cF_2', -bF_1', -bF_2'\}.$$

考虑常向量 $\boldsymbol{A} = \{b, a, c\}$，显然有
$$\boldsymbol{A} \cdot \boldsymbol{n} = 0.$$

这说明任一点处的法向量都与同一个常向量 $\{b,a,c\}$ 垂直，因而曲面上所有的切平面都与常向量 $\{b,a,c\}$ 平行.

6. 求椭球面
$$x^2 + y^2 + z^2 - yz - 1 = 0 \qquad (6.1)$$
上具有下列性质的点 (x,y,z) 的轨迹：过 (x,y,z) 的切平面与 Oxy 平面垂直，并由此求出该椭球面在 Oxy 平面上的垂直投影区域.

解 椭球面上任意一点 (x,y,z) 处的法向量是 $\boldsymbol{n} = \{2x, 2y-z, 2z-y\}$. 如果在 (x,y,z) 处的切平面垂直于平面 Oxy，则 $\boldsymbol{n}$ 应该垂直于 Oz 轴，因而
$$\boldsymbol{n} \cdot \boldsymbol{k} = 0,$$
也即
$$2z - y = 0. \qquad (6.2)$$

因为 (x,y,z) 在椭球面上，故所求的点 (x,y,z) 应同时满足方程 (6.1) 及 (6.2)，反之，同时满足上述两方程的点也一定是我们要求的点. 为简化起见，可将方程 (6.2) 代入 (6.1)，得
$$x^2 + \frac{3}{4}y^2 = 1.$$

因而所求轨迹的方程为
$$\begin{cases} x^2 + \frac{3}{4}y^2 = 1, \\ 2z - y = 0. \end{cases}$$

这是椭圆柱面与平面的交线.

从直观上可看出，由于椭球面处处是凸的，也即椭球面总是在其任一切平面之一侧，因此椭球面与椭圆柱面
$$x^2 + \frac{3}{4}y^2 = 1$$
相切，且被该椭圆柱面所围. 因而椭球面在 Oxy 平面上之垂直投影

区域为
$$\begin{cases} x^2 + \dfrac{3}{4}y^2 \leqslant 1, \\ z = 0. \end{cases}$$

本 节 小 结

求曲面的切平面或法线的关键是求曲面的法向量. 求曲线的切线或法平面的关键是求曲线的切向量. 当曲线是空间两曲面的交线时,切向量则是两曲面的法向量的向量积.

练 习 题 7.6

7.6.1 已知曲线 $x = t - \sin t, y = 1 - \cos t, z = 4\sin\dfrac{t}{2}$,求在该曲线上一点 $\left(\dfrac{\pi}{2} - 1, 1, 2\sqrt{2}\right)$ 处的切线与法平面方程.

7.6.2 在曲线 $x = t, y = t^2, z = t^3$ 上求出一点,使在该点的切线平行于平面
$$x + 2y + z = 4.$$

7.6.3 证明螺旋线 $x = a\cos\theta, y = a\sin\theta, z = b\theta$ 的切线与 Oz 轴成定角.

7.6.4 求曲线 $y = x, z = x^2$ 在点 $(1,1,1)$ 处的切线方程与法平面方程.

7.6.5 求曲线 $\begin{cases} x^2 + y^2 + z^2 = 4 \\ x^2 + y^2 = 2x \end{cases}$ 在点 $M_0(1, 1, \sqrt{2})$ 处的切线及法平面方程.

7.6.6 求下列曲面在指定点处的切平面与法线方程:

(1) $x^2 - xy - 8x + z + 5 = 0$ 在点 $(2, -3, 1)$;

(2) $ax^2 + by^2 + cz^2 = 1$ 在点 (x_0, y_0, z_0);

(3) $z = ax^2 + by^2$ 在点 (x_0, y_0, z_0);

(4) $z = \arctan\dfrac{y}{x}$ 在点 $\left(1, 1, \dfrac{\pi}{4}\right)$.

7.6.7 求椭球面
$$3x^2 + y^2 + z^2 = 16$$
上点 $(-1, -2, 3)$ 处的切平面与平面 $z = 0$ 的交角.

7.6.8 证明曲面 $xy = z^2$ 与 $x^2 + y^2 + z^2 = 9$ 正交.

7.6.9 证明曲面
$$\sqrt{x} + \sqrt{y} + \sqrt{z} = \sqrt{a} \quad (a > 0)$$
上任一点处的切平面在各坐标轴上的截距之和等于 a.

7.6.10 在曲面
$$x^2 + y^2 - z^2 - 2x = 0$$
上,求出使其切平面平行于坐标面的那些点.

7.6.11 求圆柱面 $x^2 + y^2 = R^2$ 与球面 $(x-R)^2 + y^2 + z^2 = R^2$ 在点 $M\left(\dfrac{R}{2}, \dfrac{\sqrt{3}R}{2}, 0\right)$ 处的交角(即两个法向量之间的交角).

7.6.12 证明:锥面 $z = xf\left(\dfrac{y}{x}\right)$ 上任意点 $M(x_0, y_0, z_0)$ 处的切平面都通过坐标原点,其中 $x_0 \neq 0$.

7.6.13 证明:曲面
$$F\left(\frac{x-a}{z-c}, \frac{y-b}{z-c}\right) = 0$$
的所有切平面都通过同一个定点,其中 a, b, c 为常数.

§7 多元函数微分学在极值问题中的应用

内 容 提 要

1. 函数的极值

(1) 极值的定义

设函数 $z = f(x, y)$ 在点 $P_0(x_0, y_0)$ 的某个邻域内有定义,若对该邻域内的一切点 (x, y),都有
$$f(x, y) \leqslant f(x_0, y_0) \quad (f(x, y) \geqslant f(x_0, y_0)),$$
则称 $f(x_0, y_0)$ 为 $f(x, y)$ 的一个**极大(小)值**,称 (x_0, y_0) 为**极大(小)点**.

函数的极大值与极小值统称为函数的**极值**.

(2) 极值的必要条件

若函数 $f(x, y)$ 在 (x_0, y_0) 处达到极值,且在 (x_0, y_0) 处可微,则必有
$$\begin{cases} f'_x(x_0, y_0) = 0, \\ f'_y(x_0, y_0) = 0. \end{cases} \tag{7.1}$$
满足方程组(7.1)的点称为 $f(x, y)$ 的驻点.

(3) 极值的充分条件

设 (x_0, y_0) 是函数 $f(x, y)$ 的一个驻点,又 $f(x, y)$ 在 (x_0, y_0) 的某个邻域内有二阶连续偏导数. 令 $A = f''_{xx}(x_0, y_0)$,$B = f''_{xy}(x_0, y_0)$,$C = f''_{yy}(x_0, y_0)$,以及判别式 $\Delta = AC - B^2$. 则

① 当 $\Delta > 0$ 且 $A > 0$ 时,$f(x_0, y_0)$ 为极小值;当 $\Delta > 0$,$A < 0$ 时,$f(x_0, y_0)$ 为极大值;

② 当 $\Delta<0$ 时，(x_0,y_0) 不是极值点；

③ 当 $\Delta=0$ 时，不能判定 (x_0,y_0) 是否是极值点.

2. 求函数在区域 D 上的最大值与最小值

设函数 $f(x,y)$ 在区域 D 上有定义，点 $(x_0,y_0)\in D$，若对一切 $(x,y)\in D$，都有
$$f(x,y)\leqslant f(x_0,y_0) \quad (f(x,y)\geqslant f(x_0,y_0)),$$
则称 $f(x_0,y_0)$ 是 $f(x,y)$ 在区域 D 上的**最大（小）值**，称 (x_0,y_0) 为**最大（小）点**. 最大值与最小值统称为**最值**.

若定义域 D 是有界闭区域，$f(x,y)$ 在 D 连续且在 D 内部可微，则 $f(x,y)$ 的最值一定存在，它们或在 D 内驻点处达到，或在 D 的边界上达到. 因此，求 $f(x,y)$ 在 D 的最值归结为求 $f(x,y)$ 在 D 内的驻点及在 D 的边界上的最值，然后比较驻点的函数值与边界上的最值即可求得.

若 D 是开区域，$f(x,y)$ 在 D 内可微，又 $f(x,y)$ 在 D 存在最大值或最小值（常常由实际问题所决定），则求 $f(x,y)$ 在 D 的最值，就归结为求 $f(x,y)$ 在 D 内的驻点.

3. 怎样解条件极值问题

（1）用拉格朗日乘子法求二元函数的条件极值

怎样求函数 $z=f(x,y)$ 在约束条件 $\varphi(x,y)=0$ 下的最大值或最小值？通常用所谓拉格朗日乘子法. 先构造辅助函数
$$F(x,y,\lambda)=f(x,y)+\lambda\varphi(x,y),$$
然后求解方程组
$$\begin{cases}\dfrac{\partial F}{\partial x}=\dfrac{\partial f}{\partial x}+\lambda\dfrac{\partial \varphi}{\partial x}=0,\\[4pt] \dfrac{\partial F}{\partial y}=\dfrac{\partial f}{\partial y}+\lambda\dfrac{\partial \varphi}{\partial y}=0,\\[4pt] \dfrac{\partial F}{\partial \lambda}=\varphi(x,y)=0,\end{cases}$$

所有满足此方程组的解 (x,y,λ) 中 (x,y) 是 $z=f(x,y)$ 在条件 $\varphi(x,y)=0$ 下的可能极值点. 若由实际问题知，条件最值确实存在，由这些可能的极值点中可求得最大值或最小值.

可用类似方法求 $u=f(x,y,z)$ 在约束条件 $\varphi(x,y,z)=0$ 下的最大值或最小值.

（2）用拉格朗日乘子法求三元函数的条件极值

怎样求函数 $u=f(x,y,z)$ 在条件 $\varphi(x,y,z)=0,\psi(x,y,z)=0$ 下的最大值或最小值. 同样可用拉格朗日乘子法. 先构造辅助函数
$$F(x,y,z,\lambda,\mu)=f(x,y,z)+\lambda\varphi(x,y,z)+\mu\psi(x,y,z),$$
然后求解方程组

$$\begin{cases} \dfrac{\partial F}{\partial x} = \dfrac{\partial f}{\partial x} + \lambda \dfrac{\partial \varphi}{\partial x} + \mu \dfrac{\partial \psi}{\partial x} = 0, \\ \dfrac{\partial F}{\partial y} = \dfrac{\partial f}{\partial y} + \lambda \dfrac{\partial \varphi}{\partial y} + \mu \dfrac{\partial \psi}{\partial y} = 0, \\ \dfrac{\partial F}{\partial z} = \dfrac{\partial f}{\partial z} + \lambda \dfrac{\partial \varphi}{\partial z} + \mu \dfrac{\partial \psi}{\partial z} = 0, \\ \dfrac{\partial F}{\partial \lambda} = \varphi(x,y,z) = 0, \\ \dfrac{\partial F}{\partial \mu} = \psi(x,y,z) = 0, \end{cases}$$

所有满足此方程组的解(x,y,z,λ,μ)中(x,y,z)是$u=f(x,y,z)$在条件$\varphi(x,y,z)=0$与$\psi(x,y,z)=0$下的可能极值点. 由可能的极值点中求得最大值点或最小值点.

4. 最小二乘法

根据实验数据,从某类函数中确定一个函数,来描述自变量与因变量的函数关系,最小二乘法是一种有效的方法,它也是极值方法的一个应用. 基本方法是:

设变量x与y之间的关系有一组实验数据:自变量x取x_i时,y取$y_i(i=1,2,\cdots,m)$.

首先由实际问题与实验数据的分析,选定函数类,其中含若干参数. 如线性函数类$y=ax+b$,其中a,b为参数;或n次多项式函数类$y=a_0x^n+a_1x^{n-1}+\cdots+a_{n-1}x+a_n$,其中$a_0,a_1,\cdots,a_n$为参数. 问题是如何确定其中的参数? 按如下原则:

(1) 计算观测值(即实验值)y_i与计算值(对线性函数类来说就是ax_i+b)的误差平方和$\left(\sum\limits_{i=1}^{n}[y_i-(ax_i+b)]^2\right)$,它是依赖于其中参数的函数(它是$a$与$b$的函数,记为$\Delta(a,b)$).

(2) 确定参数使这个误差的平方和最小(即求$\Delta(a,b)$的最小值点),归结为求这个总误差函数的驻点,即求解

$$\frac{\partial \Delta}{\partial a} = 0, \quad \frac{\partial \Delta}{\partial b} = 0.$$

典型例题分析

一、求函数的极值

1. 确定函数
$$f(x,y) = x^3 - y^3 + 3x^2 + 3y^2 - 9x$$
的极值点.

解 因为函数 $f(x,y)$ 在全平面上可微,所以极值点必是驻点. 由

$$\begin{cases} f'_x = 3x^2 + 6x - 9 = 0, \\ f'_y = -3y^2 + 6y = 0 \end{cases}$$

得四个驻点：$(-3,0),(-3,2),(1,0),(1,2)$. 又

$$f''_{xx} = 6x + 6, \quad f''_{xy} = 0, \quad f''_{yy} = -6y + 6.$$

在点 $(-3,0)$ 处, $A=-12, B=0, C=6, \Delta=AC-B^2<0$, 所以 $(-3,0)$ 不是极值点.

在点 $(-3,2)$ 处, $A=-12<0, B=0, C=-6, \Delta>0$, 所以 $(-3,2)$ 是极大点.

在点 $(1,0)$ 处, $A=12>0, B=0, C=6, \Delta>0$, 所以 $(1,0)$ 是极小点.

在点 $(1,2)$ 处, $A=12>0, B=0, C=-6, \Delta<0$, 所以 $(1,2)$ 不是极值点.

综上所述,所给函数有极大点 $(-3,2)$ 及极小点 $(1,0)$.

2. 求由方程

$$x^2 + y^2 + z^2 - 2x + 4y - 6z - 11 = 0$$

所确定的隐函数的极值.

解 由

$$\begin{cases} z'_x = \dfrac{x-1}{3-z} = 0, \\ z'_y = \dfrac{y+2}{3-z} = 0 \end{cases}$$

得惟一驻点 $(1,-2)$. 当 $x=1, y=-2$ 时, $z=-2$ 或 8, 所以原方程确定了两个隐函数. 设过点 $(1,-2,-2)$ 的隐函数为 $z_1(x,y)$, 过点 $(1,-2,8)$ 的隐函数为 $z_2(x,y)$.

又

$$z''_{xx} = \frac{3-z+(x-1)z'_x}{(3-z)^2}, \quad z''_{xy} = \frac{(x-1)z'_y}{(3-z)^2},$$

$$z''_{yy} = \frac{3-z+(y+2)z'_y}{(3-z)^2}.$$

在$(1,-2,-2)$处,$z'_x=0, z'_y=0, A=\frac{1}{5}>0, B=0, C=\frac{1}{5}, \Delta>0$,所以$(1,-2)$是函数$z_1(x,y)$的极小点,极小值为$-2$. 在$(1,-2,8)$处,$A=-\frac{1}{5}<0, B=0, C=-\frac{1}{5}, \Delta>0$,所以$(1,-2)$是函数$z_2(x,y)$的极大点,极大值为 8.

事实上,上述结论也可由隐函数方程直接看出:所给方程确定的两个隐函数可分别表为

$$z_1(x,y) = 3 - \sqrt{25-(x-1)^2-(y+2)^2}$$

及

$$z_2(x,y) = 3 + \sqrt{25-(x-1)^2-(y+2)^2},$$

它们的图形都是半球面,因而结论是显然的.

二、求给定函数在指定区域上的最值

3. 求函数$z(x,y)=x^2y\cdot(4-x-y)$在由直线$x+y=6$、x轴和y轴所围成的区域D上的最大值与最小值.

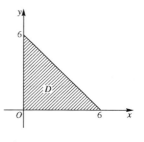

图 7.10

解 函数在闭区域D(见图 7.10)上的最大值与最小值,或者在D内驻点处达到,或者在区域的边界上达到. 我们先求D内驻点. 在D内解方程组

$$\begin{cases} z'_x = 2xy(4-x-y)-x^2y = xy(8-3x-2y)=0, \\ z'_y = x^2(4-x-y)-x^2y = x^2(4-x-2y)=0 \end{cases}$$

得惟一驻点$(2,1)$并求得$z(2,1)=4$.

再考察$z(x,y)$在区域D的边界上情况. 在边界$y=0$ $(0\leqslant x\leqslant 6)$及$x=0$ $(0\leqslant y\leqslant 6)$上,函数$z(x,y)\equiv 0$. 在边界$x+y=6$上,将$y=6-x$代入得

$$z(x,y) = 2x^3 - 12x^2 \quad (0\leqslant x\leqslant 6).$$

利用一元函数求最值的方法,可求得$z(x,y)$在该边界上于$x=4$处取到最小值-64,于$x=0,6$取最大值 0. 因此所给函数在区域D上的最小值为-64,最大值为 4.

评注 求给定可偏导函数在有界闭区域D上的最值,只需比较

D 内驻点的函数值与边界上的最值,即使求得 D 内惟一的极小(极大)点,它也未必是该函数的最小值(最大值)点. 这是多元函数与一元函数的区别.

三、极值问题的应用题

4. 当 n 个正数 $x_1, x_2, \cdots, x_n$ 的和等于常数 l 时,求它们的乘积的最大值. 并证明 n 个正数 $a_1, a_2, \cdots, a_n$ 的几何平均值小于算术平均值,即

$$\sqrt[n]{a_1 \cdot a_2 \cdot \cdots \cdot a_n} \leqslant \frac{a_1 + a_2 + \cdots + a_n}{n}. \tag{7.3}$$

解 问题化为求函数

$$u = f(x_1, \cdots, x_n) = x_1 \cdot x_2 \cdot \cdots \cdot x_n$$

在条件 $x_1 + x_2 + \cdots + x_n = l$ 下的条件极值.

令

$$F(x_1, x_2, \cdots, x_n, \lambda)$$
$$= x_1 \cdot x_2 \cdot \cdots \cdot x_n + \lambda(x_1 + x_2 + \cdots + x_n - l).$$

解方程组

$$\begin{cases} F'_{x_1} = x_2 x_3 \cdot \cdots \cdot x_n + \lambda = 0, \\ F'_{x_2} = x_1 x_3 \cdot \cdots \cdot x_n + \lambda = 0, \\ \vdots \\ F'_{x_n} = x_1 x_2 \cdot \cdots \cdot x_{n-1} + \lambda = 0, \\ F'_\lambda = x_1 + x_2 + \cdots + x_n - l = 0, \end{cases} \tag{7.4}$$

得 $x_1 = x_2 = \cdots = x_n = \dfrac{l}{n}$. 因为这是方程组(7.4)的惟一解,而所求的条件最大值是存在的,所以该解就是条件最大值点,条件最大值为

$$f\left(\frac{l}{n}, \frac{l}{n}, \cdots, \frac{l}{n}\right) = \left(\frac{l}{n}\right)^n.$$

下面来证明公式(7.3). 上面的讨论说明,当 n 个正数 $x_1, x_2, \cdots, x_n$ 满足 $x_1 + x_2 + \cdots + x_n = l$ 时,有

$$x_1 \cdot x_2 \cdot \cdots \cdot x_n \leqslant \left(\frac{l}{n}\right)^n.$$

现在给定了 n 个正数 $a_1, a_2, \cdots, a_n$,它们的和显然是一个定值,若将

这个定值记作为 l, 则有
$$a_1 \cdot a_2 \cdot \cdots \cdot a_n \leqslant \left(\frac{l}{n}\right)^n = \left(\frac{a_1 + a_2 + \cdots + a_n}{n}\right)^n,$$
开 n 次方即得
$$\sqrt[n]{a_1 \cdot a_2 \cdot \cdots \cdot a_n} \leqslant \frac{a_1 + a_2 + \cdots + a_n}{n}.$$

5. 已知三角形的周长为 $2p$, 将它绕其一边旋转而构成一立体, 求使立体体积最大的那个三角形.

解 设三角形的三边长分别为 a, b, c, 并设以 AC 边为旋转轴 (见图 7.11), AC 上的高为 h. 则旋转所成立体的体积为

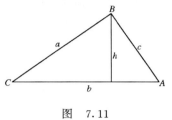

图 7.11

$$V = \frac{1}{3}\pi h^2 b.$$

又设三角形的面积为 S, 于是有
$$h = \frac{2S}{b} = \frac{2}{b}\sqrt{p(p-a)(p-b)(p-c)}.$$
所以
$$V = \frac{4\pi p}{3b}(p-a)(p-b)(p-c).$$
令
$$F(a,b,c,\lambda) = \frac{4\pi p}{3b}(p-a)(p-b)(p-c) + \lambda(a+b+c-2p).$$
解方程组
$$\begin{cases} F'_a = -\frac{4\pi p}{3b}(p-b)(p-c) + \lambda = 0, & \text{①} \\ F'_b = -\frac{4\pi p}{3}\Big[\frac{1}{b^2}(p-a)(p-b)(p-c) \\ \qquad + \frac{1}{b}(p-a)(p-c)\Big] + \lambda = 0, & \text{②} \\ F'_c = -\frac{4\pi p}{3b}(p-a)(p-b) + \lambda = 0, & \text{③} \\ F'_\lambda = a+b+c-2p = 0. & \text{④} \end{cases}$$

比较①,③得 $a=c$,再由④得
$$b=2(p-a),\qquad ⑤$$
比较①,②得
$$b(p-b)=(p-a)p,\qquad ⑥$$
由⑤,⑥解出 $b=\dfrac{p}{2},a=\dfrac{3p}{4}$,又 $c=a=\dfrac{3p}{4}$.

由实际问题知,最大体积一定存在,而以上解又是方程组的惟一解,因而也就是条件最大值点.所以当三角形的三边长分别为 $\dfrac{p}{2}$,$\dfrac{3}{4}p,\dfrac{3}{4}p$ 时,绕边长为 $\dfrac{p}{2}$ 的边旋转时,所得立体的体积最大.

6. 用求极值的方法求椭圆 $\begin{cases} x^2+y^2=1, \\ x+y+z=1 \end{cases}$ 的长半轴与短半轴.

解 显然,椭圆的中心在点 $(0,0,1)$. 问题是:求该椭圆上的点与中心点 $(0,0,1)$ 的最大与最小距离. 即求 $d^2=x^2+y^2+(z-1)^2$ 在条件 $x^2+y^2-1=0,x+y+z-1=0$ 下的最大值与最小值.

按拉格朗日乘子法,令
$$F(x,y,z,\lambda,\mu)=x^2+y^2+(z-1)^2+\lambda(x^2+y^2-1)$$
$$+\mu(x+y+z-1).$$

解方程组
$$\begin{cases} \dfrac{\partial F}{\partial x}=2x+2\lambda x+\mu=0, & ① \\[4pt] \dfrac{\partial F}{\partial y}=2y+2\lambda y+\mu=0, & ② \\[4pt] \dfrac{\partial F}{\partial z}=2(z-1)+\mu=0, & ③ \\[4pt] \dfrac{\partial F}{\partial \lambda}=x^2+y^2-1=0, & ④ \\[4pt] \dfrac{\partial F}{\partial \mu}=x+y+z-1=0. & ⑤ \end{cases}$$

将①·y－②·x,得 $x=y$ 或 $\lambda=-1$.

若 $x=y$,由④,⑤得点
$$\left(\frac{1}{\sqrt{2}},\frac{1}{\sqrt{2}},1-\sqrt{2}\right) \text{ 与 } \left(-\frac{1}{\sqrt{2}},-\frac{1}{\sqrt{2}},1+\sqrt{2}\right).$$

相应地 $d=\sqrt{x^2+y^2+(z-1)^2}=\sqrt{3}$.

若 $\lambda=-1$, 得 $\mu=0$, 由③得 $z=1$, 再由④,⑤得点

$$\left(\frac{1}{\sqrt{2}},-\frac{1}{\sqrt{2}},1\right) \quad \text{和} \quad \left(-\frac{1}{\sqrt{2}},\frac{1}{\sqrt{2}},1\right).$$

相应地 $d=\sqrt{x^2+y^2+(z-1)^2}=1$.

由问题的实际背景可知,该问题一定存在最大值与最小值,且又必在所求得的驻点处达到,因此椭圆的长半轴与短半轴分别为 $\sqrt{3}$ 与 1.

本 节 小 结

1. 求 $z=f(x,y)$ 的极值,先求 $f(x,y)$ 的驻点,再求 $f(x,y)$ 在驻点处的二阶偏导数,然后再用判别法则. 若 $z=f(x,y)$ 是由隐函数方程确定的,就要用隐函数求导法.

2. 求连续可微函数 $z=f(x,y)$ 在有界闭区域 D 上的最值归结为求驻点及 $f(x,y)$ 在 D 的边界上的最值,后者实质上是求一元函数的最值.

3. 关于应用型的最值问题,先把实际问题化成最值问题(包括确定目标函数与条件). 若是条件最值问题,常用拉格朗日乘子法求解. 由辅助函数的驻点中求得可能的条件最值点,从中求得最大值或最小值,因为实际问题决定它一定存在.

练 习 题 7.7

7.7.1 求下列函数的极值:

(1) $z=x^2(x-1)^2+y^2$;

(2) $z=x^3y^2(6-x-y)$ $(x>0,y>0)$;

(3) $x^2+y^2+z^2-2x-2y-4z-10=0$;

(4) $z=1-(x^2+y^2)^{2/3}$.

7.7.2 确定函数 $z=x^3+y^3-3xy$ 在区域

$$\{(x,y)|0\leqslant x\leqslant 2,-1\leqslant y\leqslant 2\}$$

上的最大值与最小值.

7.7.3 设 $a>0,b>0$, 已知函数 $z=x^2+y^2$ 在条件 $\frac{x}{a}+\frac{y}{b}=1$ 下存在最小

值,求这个最小值.

7.7.4 设 $a>b>c>0$. 已知 $u=x^2+y^2+z^2$, 当 $\dfrac{x^2}{a^2}+\dfrac{y^2}{b^2}+\dfrac{z^2}{c^2}=1$ 时存在最大值与最小值. 求这个最大值和最小值, 并指出它们的几何意义.

7.7.5 已知函数 $f(x_1,x_2,\cdots,x_n)=x_1 \cdot x_2 \cdots \cdot x_n$ 在条件
$$\frac{1}{x_1}+\frac{1}{x_2}+\cdots+\frac{1}{x_n}=\frac{1}{a} \quad (x_i>0, a>0, i=1,\cdots,n)$$
下存在最小值, 求出这个最小值. 并证明: 当 $a_i>0 (i=1,2,\cdots,n)$ 时, 有
$$\frac{n}{\dfrac{1}{a_1}+\dfrac{1}{a_2}+\cdots+\dfrac{1}{a_n}}\leqslant\sqrt[n]{a_1 \cdot a_2 \cdots \cdot a_n}.$$

7.7.6 求椭圆抛物面 $2az=x^2+y^2$ 与椭圆柱面 $x^2+xy+y^2=a^2$ 交线上点的竖坐标 z 的最大值与最小值, 其中 $a>0$ 为常数.

7.7.7 设 a,b,c 均为正数, 过点 $M(a,b,c)$ 作平面, 求使所作平面与第一卦限的坐标面构成的四面体之体积最小的那个平面.

7.7.8 造一容积为 V 的无顶长方形水池, 问其长、宽、高为何值时有最小的表面积?

7.7.9 造一半圆柱形的浴盆(图 7.12), 其表面积为 S, 问其半径与高取何值时, 浴盆有最大容积?

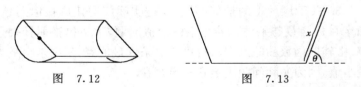

图 7.12　　　　　　　　图 7.13

7.7.10 有一块宽为 $2a$ 的长方形铁片, 把它的两边宽为 x 的边缘分别向上折, 作成一个水槽(图 7.13), 问 x 和 θ 如何时, 使水槽的容积最大?

7.7.11 已知一组实验数据为 $(x_1,y_1),(x_2,y_2),\cdots,(x_n,y_n)$. 现设经验公式是 $y=ax^2+bx+c$, 试按最小二乘法建立 a,b,c 应满足的三元一次方程组.

*§8 二元函数的泰勒公式

内 容 提 要

若函数 $f(x,y)$ 在点 $P_0(x_0,y_0)$ 的某一邻域内有直到 $(n+1)$ 阶的连续偏微商, 则对该邻域内的任意一点 (x_0+h,y_0+k), 以下展开式成立:

$$f(x_0+h, y_0+k) = f(x_0, y_0) + \left(h\frac{\partial}{\partial x} + k\frac{\partial}{\partial y}\right)f(x_0, y_0)$$
$$+ \frac{1}{2!}\left(h\frac{\partial}{\partial x} + k\frac{\partial}{\partial y}\right)^2 f(x_0, y_0) + \cdots$$
$$+ \frac{1}{n!}\left(h\frac{\partial}{\partial x} + k\frac{\partial}{\partial y}\right)^n f(x_0, y_0) + R_n, \tag{8.1}$$

其中
$$R_n = \frac{1}{(n+1)!}\left(h\frac{\partial}{\partial x} + k\frac{\partial}{\partial y}\right)^{n+1} f(x_0+\theta h, y_0+\theta k)$$

(称为拉格朗日余项)，$0 < \theta < 1$，

且当 $\rho = \sqrt{h^2+k^2} \to 0$ 时，$R_n = o(\rho^n)$ (称为皮亚诺余项).

(8.1)式称为 $f(x,y)$ 在 (x_0, y_0) 处的 n 阶泰勒公式. 特别当 $x_0 = y_0 = 0$ 时，(8.1)式又称为 n 阶马克劳林公式.

这里记号
$$\left(h\frac{\partial}{\partial x} + k\frac{\partial}{\partial y}\right) f(x_0, y_0) \xlongequal{\text{定义}} h f_x'(x_0, y_0) + k f_y'(x_0, y_0),$$
$$\left(h\frac{\partial}{\partial x} + k\frac{\partial}{\partial y}\right)^2 f(x_0, y_0)$$
$$\xlongequal{\text{定义}} \left(h^2\frac{\partial^2}{\partial x^2} + 2hk\frac{\partial^2}{\partial x \partial y} + k^2\frac{\partial^2}{\partial y^2}\right) f(x_0, y_0)$$
$$\xlongequal{\text{定义}} h^2 f_{xx}''(x_0, y_0) + 2hk f_{xy}''(x_0, y_0) + k^2 f_{yy}''(x_0, y_0).$$

一般地
$$\left(h\frac{\partial}{\partial x} + k\frac{\partial}{\partial y}\right)^m f(x_0, y_0) \xlongequal{\text{定义}} \left(\sum_{p=0}^{m} C_m^p h^p k^{m-p} \frac{\partial^m}{\partial x^p \partial y^{m-p}}\right) f(x_0, y_0)$$
$$\xlongequal{\text{定义}} \sum_{p=0}^{m} C_m^p h^p k^{m-p} \frac{\partial^m f}{\partial x^p \partial y^{m-p}}\bigg|_{(x_0, y_0)}.$$

特别地，当 $n=2$ 时，
$$f(x_0+h, y_0+k) = f(x_0, y_0) + f_x'(x_0, y_0)h + f_y'(x_0, y_0)k$$
$$+ \frac{1}{2}[f_{xx}''(x_0, y_0)h^2 + 2f_{xy}''(x_0, y_0)hk + f_{yy}''(x_0, y_0)k^2] + R_2,$$

其中
$$R_2 = \frac{1}{3!}\left(h\frac{\partial}{\partial x} + k\frac{\partial}{\partial y}\right)^3 f(x_0+\theta h, y_0+\theta k), \quad 0<\theta<1.$$

当 $n=1$ 时，
$$f(x_0+h, y_0+k) = f(x_0, y_0) + f_x'(x_0, y_0)h + f_y'(x_0, y_0)k$$

$$+ \frac{1}{2}[f_{xx}''(x_0+\theta h,y_0+\theta k)h^2 + 2f_{xy}''(x_0+\theta h,y_0+\theta k)hk$$
$$+ f_{yy}''(x_0+\theta h,y_0+\theta k)k^2] \quad (0<\theta<1).$$

典型例题分析

1. 设 $0<|\alpha|,|\beta|\ll 1$. 试导出 $\arctan\dfrac{1+\alpha}{1-\beta}$ 的二次近似多项式.

解 设 $f(\alpha,\beta)=\arctan\dfrac{1+\alpha}{1-\beta}$. 则

$$f_\alpha' = \frac{1-\beta}{(1-\beta)^2+(1+\alpha)^2},$$

$$f_\beta' = \frac{1+\alpha}{(1-\beta)^2+(1+\alpha)^2},$$

$$f_{\alpha\alpha}'' = -\frac{2(1-\beta)(1+\alpha)}{[(1-\beta)^2+(1+\alpha)^2]^2},$$

$$f_{\alpha\beta}'' = \frac{(1-\beta)^2-(1+\alpha)^2}{[(1-\beta)^2+(1+\alpha)^2]^2},$$

$$f_{\beta\beta}'' = \frac{2(1+\alpha)(1-\beta)}{[(1-\beta)^2+(1+\alpha)^2]^2}.$$

于是

$$f(0,0)=\frac{\pi}{4}, \quad f_\alpha'(0,0)=\frac{1}{2}, \quad f_\beta'(0,0)=\frac{1}{2},$$

$$f_{\alpha\alpha}''(0,0)=-\frac{1}{2}, \quad f_{\alpha\beta}''(0,0)=0, \quad f_{\beta\beta}''(0,0)=\frac{1}{2}.$$

所以

$$\arctan\frac{1+\alpha}{1-\beta} \approx \frac{\pi}{4}+\frac{1}{2}(\alpha+\beta)+\frac{1}{4}(\beta^2-\alpha^2).$$

2. 设 $f(x,y)$ 在 $(0,0)$ 点邻域有二阶连续偏导数且
$$\lim_{(x,y)\to(0,0)}\frac{f(x,y)-xy}{(x^2+y^2)^2}=1.$$
(1) 求 $f(0,0)$ 及 $f(x,y)$ 在 $(0,0)$ 点的一、二阶偏导数值；
(2) $(0,0)$ 点是否 $f(x,y)$ 的极值点.

解 (1) 由条件得
$$\lim_{(x,y)\to(0,0)}(f(x,y)-xy)=0 \Longrightarrow \lim_{(x,y)\to(0,0)}f(x,y)=f(0,0)=0.$$

由极限与无穷小的关系

$$\frac{f(x,y)-xy}{(x^2+y^2)^2}=1+o(\rho) \quad (\rho=\sqrt{x^2+y^2}\to 0)$$

$$\Longrightarrow f(x,y)=xy+o(\rho^2) \quad (\rho\to 0).$$

又 $f(x,y)$ 在 $(0,0)$ 处的二阶泰勒公式

$$f(x,y)=f(0,0)+\frac{\partial f(0,0)}{\partial x}x+\frac{\partial f(0,0)}{\partial y}y$$

$$+\frac{1}{2}\left[\frac{\partial^2 f(0,0)}{\partial x^2}x^2+2\frac{\partial^2 f(0,0)}{\partial x\partial y}xy+\frac{\partial^2 f(0,0)}{\partial y^2}y^2\right]$$

$$+o(\rho^2) \quad (\rho\to 0).$$

由泰勒公式惟一性推出

$$\frac{\partial f(0,0)}{\partial x}=\frac{\partial f(0,0)}{\partial y}=0, \quad \frac{\partial^2 f(0,0)}{\partial x^2}=\frac{\partial^2 f(0,0)}{\partial y^2}=0,$$

$$\frac{\partial^2 f(0,0)}{\partial x\partial y}=\frac{\partial^2 f(0,0)}{\partial y\partial x}=1.$$

（2）用极值的充分判别法：

$$\begin{vmatrix}\dfrac{\partial^2 f(0,0)}{\partial x^2} & \dfrac{\partial^2 f(0,0)}{\partial y\partial x} \\ \dfrac{\partial^2 f(0,0)}{\partial y\partial x} & \dfrac{\partial^2 f(0,0)}{\partial y^2}\end{vmatrix}=-1<0$$

$\Longrightarrow (0,0)$ 不是 $f(x,y)$ 的极值点.

练 习 题 7.8

7.8.1 在点 $(1,-1)$ 邻域内按泰勒公式展开函数
$$f(x,y)=x^3-x^2+xy+x-y.$$

7.8.2 求函数 $f(x,y)=(1+x)^{1+y}$ 在 $(0,0)$ 邻域内的二次近似公式.

7.8.3 将下列函数 $f(x,y)$ 在 $(0,0)$ 邻域内按皮亚诺余项展成二阶泰勒公式：

（1）$f(x,y)=\dfrac{1+x}{1+y}$；　　　（2）$f(x,y)=\sqrt{1-x^2-y^2}$.

7.8.4 将 $f(x,y)=\ln(1+x+y)$ 在 $(0,0)$ 邻域内展成带拉格朗日余项的二阶泰勒公式.

第八章 重积分

§1 二重积分

内容提要

1. 二重积分的概念与性质

(1) 二重积分的定义

设函数 $f(x,y)$ 在有界闭区域 D 上有定义,将 D 任意分成 n 个小区域 $\Delta\sigma_i(i=1,2,\cdots,n)$,同时也以 $\Delta\sigma_i$ 表示第 i 个小区域的面积. 在每个小区域 $\Delta\sigma_i$ 上任取一点 $(x_i,y_i)(i=1,2,\cdots,n)$,若极限

$$\lim_{\lambda \to 0} \sum_{i=1}^{n} f(x_i, y_i) \Delta\sigma_i$$

存在(其中 λ 是各小区域 $\Delta\sigma_i(i=1,2,\cdots,n)$ 直径的最大值),则称此极限值为函数 $f(x,y)$ 在区域 D 上的**二重积分**,记作

$$\iint_D f(x,y)\mathrm{d}\sigma,$$

D 称为**积分区域**,$\mathrm{d}\sigma$ 称为**面积元素**.

(2) 二重积分的几何意义与物理意义

设 D 是 Oxy 平面上的有界闭区域,曲面 S 是定义在 D 上的二元函数 $z=f(x,y)$ 的图形($f(x,y)\geqslant 0$),则二重积分 $\iint_D f(x,y)\mathrm{d}\sigma$ 是以 D 为底,曲面 S 为顶,侧面是以 D 的边界为准线、母线平行于 z 轴的柱面所围成的曲顶柱体的体积. 见图 8.1.

设薄板占据 Oxy 平面上的区域 D,它在点 (x,y) 处的面密度为 $f(x,y)$,则此薄板的质量为 $\iint_D f(x,y)\mathrm{d}\sigma$.

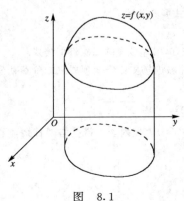

图 8.1

(3) 二重积分的性质

在有界闭区域 D 上的连续函数或分片连续函数,在 D 上的二重积分必存在. 以下设 $f(x,y), g(x,y)$ 都是闭区域 D 上的连续或分片连续的函数.

① $\iint\limits_{D} kf(x,y)\mathrm{d}\sigma = k\iint\limits_{D} f(x,y)\mathrm{d}\sigma$,其中 k 为常数.

② $\iint\limits_{D} [f(x,y)+g(x,y)]\mathrm{d}\sigma = \iint\limits_{D} f(x,y)\mathrm{d}\sigma + \iint\limits_{D} g(x,y)\mathrm{d}\sigma$.

③ 若区域 D 被一曲线分为两个部分区域 D_1 与 D_2,则

$$\iint\limits_{D} f(x,y)\mathrm{d}\sigma = \iint\limits_{D_1} f(x,y)\mathrm{d}\sigma + \iint\limits_{D_2} f(x,y)\mathrm{d}\sigma. \tag{1.1}$$

④ 若在区域 D 上有 $f(x,y) \leqslant g(x,y)$,则

$$\iint\limits_{D} f(x,y)\mathrm{d}\sigma \leqslant \iint\limits_{D} g(x,y)\mathrm{d}\sigma.$$

特别是,若 $f(x,y), g(x,y)$ 在 D 连续,在 D 上 $f(x,y) \leqslant g(x,y)$,但 $f(x,y) \not\equiv g(x,y)$,则

$$\iint\limits_{D} f(x,y)\mathrm{d}\sigma < \iint\limits_{D} g(x,y)\mathrm{d}\sigma.$$

⑤ $\left| \iint\limits_{D} f(x,y)\mathrm{d}\sigma \right| \leqslant \iint\limits_{D} |f(x,y)|\mathrm{d}\sigma$.

⑥ 二重积分中值定理. 若 $f(x,y)$ 在有界闭区域 D 上连续,则在 D 上至少存在一点 (x_0, y_0),使得

$$\iint\limits_{D} f(x,y)\mathrm{d}\sigma = f(x_0, y_0)\sigma,$$

其中 σ 为 D 的面积.

(4) 对称区域上奇偶函数的积分性质

① 当积分区域 D 关于 Ox 轴对称 $((x,y) \in D \Longrightarrow (x,-y) \in D)$ 时,则

$$\iint\limits_{D} f(x,y)\mathrm{d}\sigma = \begin{cases} 0, & \text{若 } f(x,y) \text{ 对 } y \text{ 为奇函数} \\ & (f(x,-y) = -f(x,y),\ (x,y) \in D), \\ 2\iint\limits_{D_1} f(x,y)\mathrm{d}\sigma, & \text{若 } f(x,y) \text{ 对 } y \text{ 为偶函数} \\ & (f(x,-y) = f(x,y),\ (x,y) \in D), \\ & \text{其中 } D_1 \text{ 是 } D \text{ 在上半平面或下半平面部分}. \end{cases}$$

② 当积分区域 D 关于 y 轴对称 $((x,y) \in D \Longrightarrow (-x,y) \in D)$ 时,则

$$\iint\limits_{D} f(x,y)\mathrm{d}\sigma = \begin{cases} 0, & \text{若 } f(x,y) \text{ 对 } x \text{ 为奇函数} \\ & (f(-x,y) = -f(x,y),\ (x,y) \in D), \\ 2\iint\limits_{D_1} f(x,y)\mathrm{d}\sigma, & \text{若 } f(x,y) \text{ 对 } x \text{ 为偶函数} \\ & (f(-x,y) = f(x,y),\ (x,y) \in D), \\ & \text{其中 } D_1 \text{ 是 } D \text{ 在右半平面或左半平面部分}. \end{cases}$$

以下讨论二重积分的计算问题,我们总设 $f(x,y)$ 在闭区域 D 上连续或分片连续.

2. 利用直角坐标系计算二重积分

(1) 先固定 x,对 y 求积

当积分区域 D 由直线 $x=a, x=b(b>a)$,以及连续曲线 $y=\varphi_1(x), y=\varphi_2(x)(\varphi_2(x) \geqslant \varphi_1(x)$,当 $a \leqslant x \leqslant b$ 时)围成时(见图 8.2),可用下列累次积分计算二重积分:

$$\iint_D f(x,y)\mathrm{d}\sigma = \int_a^b \mathrm{d}x \int_{\varphi_1(x)}^{\varphi_2(x)} f(x,y)\mathrm{d}y, \qquad (1.2)$$

上式右端是一个累次积分:先固定 x,对 y 求积,设积分结果为 $\int_{\varphi_1(x)}^{\varphi_2(x)} f(x,y)\mathrm{d}y = F(x)$,然后再对 x 求定积分 $\int_a^b F(x)\mathrm{d}x$.

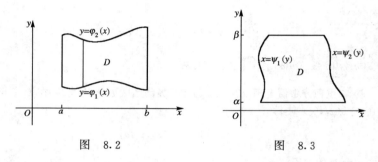

图 8.2   图 8.3

(2) 先固定 y,对 x 求积

当积分区域 D 由直线 $y=\alpha, y=\beta(\beta>\alpha)$ 以及连续曲线 $x=\psi_1(y), x=\psi_2(y)$ ($\psi_2(y) \geqslant \psi_1(y)$,当 $\alpha \leqslant y \leqslant \beta$ 时)围成时(见图 8.3),有公式

$$\iint_D f(x,y)\mathrm{d}\sigma = \int_\alpha^\beta \mathrm{d}y \int_{\psi_1(y)}^{\psi_2(y)} f(x,y)\mathrm{d}x, \qquad (1.3)$$

在计算 $\int_{\psi_1(y)}^{\psi_2(y)} f(x,y)\mathrm{d}x$ 时,将 y 看作常数.

当积分区域 D 不是(1)或(2)所述的形状时,则应将 D 分成若干个小区域,使每个小区域都是这两种形状之一.

3. 利用极坐标计算二重积分

在极坐标变换 $x=r\cos\theta, y=r\sin\theta$ 下,二重积分的计算公式是

$$\iint_D f(x,y)\mathrm{d}\sigma = \iint_{D'} f(r\cos\theta, r\sin\theta) r \mathrm{d}r \mathrm{d}\theta,$$

其中 D 为直角坐标系 Oxy 平面上的有界闭区域,D' 是直角坐标系 $Or\theta$ 中相应

的有界闭区域.

特别有：

（1）当积分区域 D 由射线 $\theta=\alpha, \theta=\beta(\beta>\alpha)$ 以及连续曲线 $r=r_1(\theta), r=r_2(\theta)(r_2(\theta)\geqslant r_1(\theta)$，当 $\alpha\leqslant\theta\leqslant\beta$ 时)所围成时(见图 8.4)，有公式

$$\iint_D f(x,y)\mathrm{d}\sigma = \int_\alpha^\beta \mathrm{d}\theta \int_{r_1(\theta)}^{r_2(\theta)} f(r\cos\theta, r\sin\theta) r \mathrm{d}r.$$

在计算 $\int_{r_1(\theta)}^{r_2(\theta)} f(r\cos\theta, r\sin\theta) r \mathrm{d}r$ 时，把 θ 看作常数.

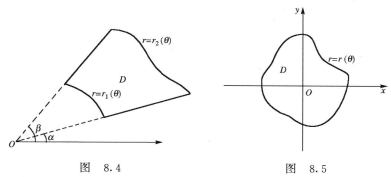

图 8.4　　　　　　　　图 8.5

（2）当积分区域 D 由 $r=r(\theta)(r(\theta)\geqslant 0)$ 所围，即 D 的极坐标表示是：$0\leqslant\theta\leqslant 2\pi, 0\leqslant r\leqslant r(\theta)$，见图 8.5，则有

$$\iint_D f(x,y)\mathrm{d}\sigma = \int_0^{2\pi} \mathrm{d}\theta \int_0^{r(\theta)} f(r\cos\theta, r\sin\theta) r \mathrm{d}r.$$

4. 利用平移变换计算二重积分

在平移变换 $u=x-a, v=y-b$ 下二重积分的计算公式是

$$\iint_D f(x,y)\mathrm{d}x\mathrm{d}y = \iint_{D'} f(u+a, v+b)\mathrm{d}u\mathrm{d}v,$$

其中 $D'=\{(u,v)|(u+a,v+b)\in D\}$.

*5. 二重积分的一般变量替换公式

设函数 $f(x,y)$ 在有界闭区域 D 上连续，如果变换

$$x=x(u,v),\quad y=y(u,v)$$

满足下列三条件：

① 将 uv 平面上的区域 D'，一一对应地变换为 xy 平面上的区域 D；

② 变换函数 $x(u,v), y(u,v)$ 在 D' 有连续的一阶偏导数；

③ 雅可比行列式

$$J(u,v) = \frac{\partial(x,y)}{\partial(u,v)} = \begin{vmatrix} \frac{\partial x}{\partial u} & \frac{\partial y}{\partial u} \\ \frac{\partial x}{\partial v} & \frac{\partial y}{\partial v} \end{vmatrix} \neq 0 \quad ((u,v) \in D'),$$

则有变量替换公式

$$\iint_D f(x,y)\mathrm{d}x\mathrm{d}y = \iint_{D'} f(x(u,v),y(u,v))|J(u,v)|\mathrm{d}u\mathrm{d}v.$$

保证上述替换公式成立的条件可以放宽：条件②可以放宽为变换函数及其偏导数在 D' 分片连续. 条件①,③可以放宽为：容许在个别点或个别曲线上不满足.

典型例题分析

一、利用直角坐标系计算二重积分

1. 求下列二重积分：

(1) $\iint_D |xy|\mathrm{d}x\mathrm{d}y$, 其中 D 是圆域：$x^2+y^2 \leqslant a^2$;

(2) $\iint_D \frac{x}{x^2+y^2}\mathrm{d}x\mathrm{d}y$, 其中 D 是由抛物线 $y = \frac{x^2}{2}$ 和直线 $y = x$ 所围成；

(3) $\iint_D \mathrm{e}^{x/y}\mathrm{d}x\mathrm{d}y$, 其中 D 是由抛物线 $y^2 = x$, 直线 $x = 0, y = 1$ 所围成.

解 (1) 由于积分区域关于 Ox 轴与 Oy 轴对称(见图 8.6), 被积函数对 x, y 均为偶函数, 所以

$$\iint_D |xy|\mathrm{d}x\mathrm{d}y = 4\iint_{\substack{x^2+y^2 \leqslant a^2 \\ x \geqslant 0, y \geqslant 0}} xy\mathrm{d}x\mathrm{d}y = 4\int_0^a \mathrm{d}x \int_0^{\sqrt{a^2-x^2}} xy\mathrm{d}y$$

$$= 2\int_0^a xy^2 \Big|_0^{\sqrt{a^2-x^2}} \mathrm{d}x = 2\int_0^a x(a^2-x^2)\mathrm{d}x = \frac{1}{2}a^4.$$

(2) D 的图形见图 8.7. 由图可看出

$$\iint_D \frac{x}{x^2+y^2}\mathrm{d}x\mathrm{d}y = \int_0^2 \mathrm{d}x \int_{\frac{x^2}{2}}^x \frac{x}{x^2+y^2}\mathrm{d}y$$

$$= \int_0^2 \arctan\frac{y}{x}\Big|_{x^2/2}^{x}\mathrm{d}x = \int_0^2\left(\frac{\pi}{4} - \arctan\frac{x}{2}\right)\mathrm{d}x$$
$$= \left[\frac{\pi}{4}x - x\arctan\frac{x}{2} + \ln(4+x^2)\right]\Big|_0^2 = \ln 2.$$

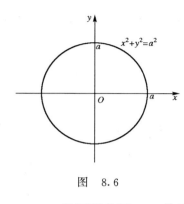

图 8.6

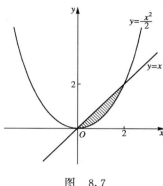

图 8.7

(3) D 的图形见图 8.8. 若先对 y 求积分,有

$$\iint_D e^{\frac{x}{y}}\mathrm{d}x\mathrm{d}y = \int_0^1\mathrm{d}x\int_{\sqrt{x}}^1 e^{\frac{x}{y}}\mathrm{d}y,$$

但因为 $\int e^{\frac{x}{y}}\mathrm{d}y$ 积不出来,所以上式右端也积不出来.

若先对 x 求积分,情况就不同了,这时有

$$\iint_D e^{\frac{x}{y}}\mathrm{d}x\mathrm{d}y = \int_0^1\mathrm{d}y\int_0^{y^2}e^{\frac{x}{y}}\mathrm{d}x = \int_0^1 ye^{\frac{x}{y}}\Big|_0^{y^2}\mathrm{d}y$$
$$= \int_0^1(ye^y - y)\mathrm{d}y = \frac{1}{2}.$$

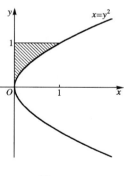

图 8.8

由此看出,有时积分次序的选择,对二重积分计算的影响很大.

二、利用极坐标计算二重积分

2. 利用极坐标求下列二重积分:

(1) $\iint_D y\mathrm{d}x\mathrm{d}y$,其中 D 是圆 $x^2+y^2 \leqslant ax$ 与 $x^2+y^2 \leqslant ay$ 的公共部

分 ($a>0$);

(2) $\iint\limits_{D}(x+y+2y^2)\mathrm{d}x\mathrm{d}y$,其中 D 是由圆周 $x^2+y^2=2ax$ 所围成的区域($a>0$);

(3) $\iint\limits_{D}\sqrt{a^2-x^2-y^2}\mathrm{d}x\mathrm{d}y$,其中 D 由双纽线的一瓣:$(x^2+y^2)^2=a^2(x^2-y^2)$ ($x\geqslant 0$)所围成;

(4) $\iint\limits_{D}\dfrac{\mathrm{d}x\mathrm{d}y}{(a^2+x^2+y^2)^{3/2}}$,其中 D 为正方形域:$0\leqslant x\leqslant a$,$0\leqslant y\leqslant a$.

解 (1) 区域 D 的图形见图 8.9. 其边界圆的极坐标方程分别为 $r=a\cos\theta$ 与 $r=a\sin\theta$. 两边界圆相交于原点及点 $\left(\dfrac{\pi}{4},\dfrac{\sqrt{2}}{2}a\right)$ 处. 从图看出,当 θ 在区间 $\left[0,\dfrac{\pi}{4}\right]$ 上每取定一个值时,r 的取值范围为 $[0,a\sin\theta]$;当 φ 在区间 $\left[\dfrac{\pi}{4},\dfrac{\pi}{2}\right]$ 上每取定一个值时,r 的取值范围为 $[0,a\cos\theta]$,所以

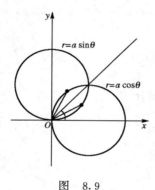

图 8.9

$$\iint\limits_{D}y\mathrm{d}x\mathrm{d}y=\int_0^{\pi/4}\mathrm{d}\theta\int_0^{a\sin\theta}r^2\sin\theta\mathrm{d}r+\int_{\pi/4}^{\pi/2}\mathrm{d}\theta\int_0^{a\cos\theta}r^2\sin\theta\mathrm{d}r$$

$$=\int_0^{\pi/4}\sin\theta\cdot\dfrac{r^3}{3}\bigg|_0^{a\sin\theta}\mathrm{d}\theta+\int_{\pi/4}^{\pi/2}\sin\theta\dfrac{r^3}{3}\bigg|_0^{a\cos\theta}\mathrm{d}\theta$$

$$=\dfrac{a^3}{3}\int_0^{\pi/4}\sin^4\theta\mathrm{d}\theta+\dfrac{a^3}{3}\int_{\pi/4}^{\pi/2}\sin\theta\cos^3\theta\mathrm{d}\theta$$

$$=\dfrac{a^3}{3}\left[\dfrac{1}{4}\left(\dfrac{3\pi}{8}-1\right)+\dfrac{1}{16}\right]=\dfrac{a^3}{16}\left(\dfrac{\pi}{2}-1\right).$$

(2) D 的图形见图 8.10,它关于 Ox 轴对称. 所以有

$$\iint\limits_{D}y\mathrm{d}x\mathrm{d}y=0.$$

又 $(x+2y^2)$ 对 y 为偶函数,因而

$$\iint\limits_{D}(x+y+2y^2)\mathrm{d}x\mathrm{d}y = 2\iint\limits_{D_{上}}(x+2y^2)\mathrm{d}x\mathrm{d}y.$$

用极坐标计算,由于 D 的边界圆的极坐标方程为

$$r = 2a\cos\theta \quad (-\pi/2 \leqslant \theta \leqslant \pi/2),$$

所以

$$\iint\limits_{D}(x+y+2y^2)\mathrm{d}x\mathrm{d}y = 2\iint\limits_{D_{上}}(x+2y^2)\mathrm{d}x\mathrm{d}y$$

$$= 2\int_0^{\pi/2}\mathrm{d}\theta\int_0^{2a\cos\theta}(r\cos\theta + 2r^2\sin^2\theta)r\mathrm{d}r$$

$$= 2\int_0^{\pi/2}\left[\frac{1}{3}(2a\cos\theta)^3\cos\theta + \frac{1}{2}(2a\cos\theta)^4\sin^2\theta\right]\mathrm{d}\theta$$

$$= 16a^3\int_0^{\pi/2}\left(\frac{1}{3}\cos^4\theta + a\cos^4\theta\sin^2\theta\right)\mathrm{d}\theta$$

$$= 16a^3\left[\frac{1}{3}\int_0^{\pi/2}\cos^4\theta\mathrm{d}\theta + a\int_0^{\pi/2}\cos^4\theta\mathrm{d}\theta - a\int_0^{\pi/2}\cos^6\theta\mathrm{d}\theta\right]$$

$$= 16a^3\left[\frac{1}{3}\cdot\frac{3}{4\cdot 2}\cdot\frac{\pi}{2} + a\frac{3}{8}\cdot\frac{\pi}{2} - a\frac{5\cdot 3}{6\cdot 4\cdot 2}\frac{\pi}{2}\right]$$

$$= \pi a^3\left(1 + \frac{a}{2}\right).$$

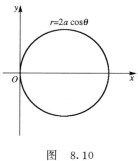

图 8.10

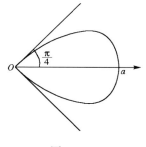

图 8.11

(3) D 的图形见图 8.11. 它关于 Ox 轴对称,且被积函数对 y 为偶函数,所以

$$\iint\limits_{D}\sqrt{a^2-x^2-y^2}\mathrm{d}x\mathrm{d}y = 2\iint\limits_{D_{上}}\sqrt{a^2-x^2-y^2}\mathrm{d}x\mathrm{d}y.$$

由于 D 的边界线的极坐标方程为
$$r = a\sqrt{\cos 2\theta} \quad (-\pi/4 \leqslant \theta \leqslant \pi/4),$$
于是
$$\iint\limits_{D} \sqrt{a^2 - x^2 - y^2}\,\mathrm{d}x\mathrm{d}y = 2\int_0^{\pi/4}\mathrm{d}\theta\int_0^{a\sqrt{\cos 2\theta}}\sqrt{a^2 - r^2}\,r\mathrm{d}r$$
$$= 2\int_0^{\pi/4}-\frac{1}{3}(a^2-r^2)^{3/2}\Big|_0^{a\sqrt{\cos 2\theta}}\mathrm{d}\theta$$
$$= \frac{2a^3}{3}\int_0^{\pi/4}[1-(1-\cos 2\theta)^{3/2}]\mathrm{d}\theta$$
$$= \frac{2a^3}{3}\int_0^{\pi/4}(1-2\sqrt{2}\,|\sin^3\theta|)\mathrm{d}\theta$$
$$= \frac{2a^3}{3}\left(\frac{\pi}{4}-2\sqrt{2}\,\frac{8-5\sqrt{2}}{12}\right)$$
$$= \frac{2a^3}{3}\left(\frac{\pi}{4}-\frac{4\sqrt{2}-5}{3}\right).$$

(4) D 的边界线 $x=a$ 及 $y=a$ 的极坐标方程分别为
$$r = \frac{a}{\cos\theta} \quad \left(0 \leqslant \theta \leqslant \frac{\pi}{4}\right)$$
及
$$r = \frac{a}{\sin\theta} \quad \left(\frac{\pi}{4} \leqslant \theta \leqslant \frac{\pi}{2}\right).$$
所以
$$\iint\limits_{D} \frac{\mathrm{d}x\mathrm{d}y}{(a^2+x^2+y^2)^{3/2}}$$
$$= \int_0^{\frac{\pi}{4}}\mathrm{d}\theta\int_0^{\frac{a}{\cos\theta}}\frac{r\mathrm{d}r}{(a^2+r^2)^{3/2}} + \int_{\frac{\pi}{4}}^{\frac{\pi}{2}}\mathrm{d}\theta\int_0^{\frac{a}{\sin\theta}}\frac{r\mathrm{d}r}{(a^2+r^2)^{3/2}}$$
$$= \int_0^{\frac{\pi}{4}}-\frac{1}{\sqrt{a^2+r^2}}\Big|_0^{\frac{a}{\cos\theta}}\mathrm{d}\theta + \int_{\frac{\pi}{4}}^{\frac{\pi}{2}}-\frac{1}{\sqrt{a^2+r^2}}\Big|_0^{\frac{a}{\sin\theta}}\mathrm{d}\theta$$
$$= \int_0^{\frac{\pi}{4}}\left(\frac{1}{a}-\frac{\cos\theta}{a\sqrt{1+\cos^2\theta}}\right)\mathrm{d}\theta$$
$$\quad + \int_{\frac{\pi}{4}}^{\frac{\pi}{2}}\left(\frac{1}{a}-\frac{\sin\theta}{a\sqrt{1+\sin^2\theta}}\right)\mathrm{d}\theta,$$

注意到对任意连续函数 $f(u)$,有

$$\int_{\frac{\pi}{4}}^{\frac{\pi}{2}} f(\sin\theta)\mathrm{d}\theta = \int_0^{\frac{\pi}{4}} f(\cos\theta)\mathrm{d}\theta,$$

所以

$$\iint\limits_D \frac{\mathrm{d}x\mathrm{d}y}{(a^2+x^2+y^2)^{3/2}} = \frac{1}{a}\cdot\frac{\pi}{2} - \frac{2}{a}\int_0^{\frac{\pi}{4}} \frac{\cos\theta}{\sqrt{1+\cos^2\theta}}\mathrm{d}\theta$$

$$= \frac{\pi}{2a} - \frac{2}{a}\int_0^{\sqrt{2}/2} \frac{\mathrm{d}t}{\sqrt{2-t^2}} = \frac{\pi}{6a}.$$

三、选择适当方法求下列二重积分

3. 求下列二重积分：

(1) $I = \iint\limits_D ||x+y|-2|\mathrm{d}x\mathrm{d}y$，其中 $D: 0 \leqslant x \leqslant 2, -2 \leqslant y \leqslant 2$；

(2) $I = \iint\limits_D |3x+4y|\mathrm{d}x\mathrm{d}y$，$D: x^2+y^2 \leqslant 1$；

(3) $I = \iint\limits_D y\mathrm{d}x\mathrm{d}y$，$D$ 由直线 $x=-2, y=0, y=2$ 及曲线 $x=-\sqrt{2y-y^2}$ 所围成；

(4) $I = \iint\limits_D (x+y)\mathrm{d}x\mathrm{d}y$，其中 $D = \{(x,y)\,|\,x^2+y^2 \leqslant x+y+1\}$.

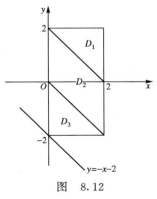

图 8.12

解 (1) D 是矩形,如图 8.12 所示. 因

$$||x+y|-2| = \begin{cases} |x+y-2|, & y \geqslant -x, \\ |x+y+2|, & y \leqslant -x \end{cases}$$

$$= \begin{cases} x+y-2, & y \geqslant -x+2, \\ 2-x-y, & -x \leqslant y \leqslant -x+2, \\ x+y+2, & -x-2 \leqslant y \leqslant -x, \end{cases}$$

故用直线 $y=-x+2, y=-x$ 将 D 分成 D_1, D_2 与 D_3, 于是

$$I = \iint_{D_1}(x+y-2)\mathrm{d}x\mathrm{d}y + \iint_{D_2}(2-x-y)\mathrm{d}x\mathrm{d}y$$

$$+ \iint_{D_3}(x+y+2)\mathrm{d}x\mathrm{d}y$$

$$= \iint_{D_1 \cup D_2 \cup D_3}(x+y)\mathrm{d}x\mathrm{d}y - 2\iint_{D_2}(x+y)\mathrm{d}x\mathrm{d}y - 2\iint_{D_1}\mathrm{d}x\mathrm{d}y$$

$$+ 2\iint_{D_2}\mathrm{d}x\mathrm{d}y + 2\iint_{D_3}\mathrm{d}x\mathrm{d}y$$

$$= \iint_{D}(x+y)\mathrm{d}x\mathrm{d}y - 2\iint_{D_2}(x+y)\mathrm{d}x\mathrm{d}y + 2\iint_{D_2}\mathrm{d}x\mathrm{d}y$$

$$= \iint_{D}(x-1)\mathrm{d}x\mathrm{d}y + \iint_{D}\mathrm{d}x\mathrm{d}y - 2\iint_{D_2}(x-1+y)\mathrm{d}x\mathrm{d}y$$

$$= 0 + 8 - 0 = 8.$$

这里用的是分块积分法,因被积函数是分块表示的. 最后几步实质上还用到了平移变换,平移的目的是为了利用对称性:

$$\iint_{D}(x-1)\mathrm{d}x\mathrm{d}y \xrightarrow{\substack{u=x-1 \\ v=y}} \iint_{\substack{-1 \leqslant u \leqslant 1 \\ -2 \leqslant v \leqslant 2}} u\mathrm{d}u\mathrm{d}v = 0,$$

$$\iint_{D_2}(x-1+y)\mathrm{d}x\mathrm{d}y \xrightarrow{\substack{u=x-1 \\ v=y}} \iint_{\substack{-1 \leqslant u \leqslant 1 \\ -1 \leqslant u+v \leqslant 1}} (u+v)\mathrm{d}u\mathrm{d}v = 0$$

(积分区域关于原点对称,被积函数关于 (u,v) 为奇函数).

(2) 在 D 上被积函数分块表示,若用分块积分法较复杂. 因 D 是圆域,可用极坐标变换,转化为定积分后被积函数也是分段表示的,但可利用周期函数的积分性质.

令 $x=r\cos\theta, y=r\sin\theta$,则

$$D = \{(r,\theta) \mid 0 \leqslant \theta \leqslant 1, \quad 0 \leqslant r \leqslant 1\},$$

$$I = \int_0^{2\pi} |3\cos\theta + 4\sin\theta| \mathrm{d}\theta \cdot \int_0^1 r \cdot r \mathrm{d}r$$

$$= \frac{5}{3}\int_0^{2\pi} \left|\frac{3}{5}\cos\theta + \frac{4}{5}\sin\theta\right| \mathrm{d}\theta$$

$$= \frac{5}{3}\int_0^{2\pi} |\sin(\theta + \theta_0)| \mathrm{d}\theta,$$

其中 $\sin\theta_0 = \frac{3}{5}, \cos\theta_0 = \frac{4}{5}$. 由周期函数的积分性质,有

$$I = \frac{5}{3}\int_{\theta_0}^{2\pi+\theta_0} |\sin t| \mathrm{d}t = \frac{5}{3}\int_{-\pi}^{\pi} |\sin t| \mathrm{d}t = \frac{10}{3}\int_0^{\pi} \sin t \mathrm{d}t = \frac{20}{3}.$$

（3）D 的图形如图 8.13 所示. 若把 D 看成正方形区域挖去半圆 D_1, 则计算 D_1 上的积分自然选用极坐标. 若只考虑区域 D, 则自然考虑先 x 后 y 的积分顺序化为累次积分. 若注意 D 关于 $y=1$ 对称,选择平移变换最为方便.

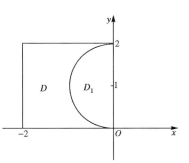

图 8.13

解法 1 选择先 x 后 y 的积分顺序, D 表为

$$D = \{(x,y) \mid 0 \leqslant y \leqslant 2, -2 \leqslant x \leqslant -\sqrt{2y-y^2}\},$$

则

$$I = \int_0^2 \mathrm{d}y \int_{-2}^{-\sqrt{2y-y^2}} y \mathrm{d}x = \int_0^2 y(2 - \sqrt{2y-y^2}) \mathrm{d}y$$

$$= \int_0^2 y(2 - \sqrt{1-(y-1)^2}) \mathrm{d}y$$

$$\xrightarrow{t=y-1} \int_{-1}^1 (t+1)(2 - \sqrt{1-t^2}) \mathrm{d}t$$

$$= \int_{-1}^1 (2 - \sqrt{1-t^2}) \mathrm{d}t = 4 - \frac{\pi}{2}.$$

这里用了定积分的奇偶函数在对称区间上的积分性质及定积分的几何意义.

解法 2 $$I = \iint\limits_{D \cup D_1} y \mathrm{d}x \mathrm{d}y - \iint\limits_{D_1} y \mathrm{d}x \mathrm{d}y,$$

397

$$\iint\limits_{D\cup D_1} y\mathrm{d}x\mathrm{d}y = \int_{-2}^0 \mathrm{d}x \int_0^2 y\mathrm{d}y = 4.$$

在极坐标变换下,$D_1 = \{(r,\theta) \mid \frac{\pi}{2} \leqslant \theta \leqslant \pi,\ 0 \leqslant r \leqslant 2\sin\theta\}$,

$$\iint\limits_{D_1} y\mathrm{d}x\mathrm{d}y = \int_{\frac{\pi}{2}}^{\pi} \mathrm{d}\theta \int_0^{2\sin\theta} r\sin\theta \cdot r\mathrm{d}r = \frac{8}{3}\int_{\frac{\pi}{2}}^{\pi} \sin^4\theta \mathrm{d}\theta$$

$$\xrightarrow{\theta = \pi - t} \frac{8}{3}\int_0^{\frac{\pi}{2}} \sin^4 t \mathrm{d}t = \frac{8}{3} \cdot \frac{3 \cdot 1}{4 \cdot 2} \cdot \frac{\pi}{2} = \frac{\pi}{2},$$

因此 $I = 4 - \pi/2$.

解法 3 作平移变换 $u = x, v = y - 1$,注意曲线 $x = -\sqrt{2y - y^2}$,即 $x^2 + (y-1)^2 = 1, x \leqslant 0$,则 D 变成 D':由 $u = -2, v = -1, v = 1$,$u^2 + v^2 = 1(u \leqslant 0)$ 围成,则

$$I = \iint\limits_{D'} (v+1)\mathrm{d}u\mathrm{d}v = 0 + D' \text{的面积} = 4 - \frac{\pi}{2}$$

(在 uv 平面上 D' 关于 u 轴对称).

(4) 将 D 改写成

$$D: \left(x - \frac{1}{2}\right)^2 + \left(y - \frac{1}{2}\right)^2 \leqslant \left(\sqrt{\frac{3}{2}}\right)^2,$$

作平移变换 $u = x - 1/2, v = y - 1/2$,则 D 变成

$$D' = \{(u,v) \mid u^2 + v^2 \leqslant (\sqrt{3/2})^2\}.$$

在 Ouv 坐标系中,D' 关于 u, v 轴均对称,于是

$$I = \iint\limits_{D'} (u + v + 1)\mathrm{d}u\mathrm{d}v = \iint\limits_{D'} (u + v)\mathrm{d}u\mathrm{d}v + \iint\limits_{D'} \mathrm{d}u\mathrm{d}v$$

$$= 0 + \pi(\sqrt{3/2})^2 = 3\pi/2.$$

四、交换积分顺序

4. 改变下列二重积分的积分顺序:

(1) $\int_0^a \mathrm{d}x \int_x^{\sqrt{2ax - x^2}} f(x,y)\mathrm{d}y$; (2) $\int_{-6}^2 \mathrm{d}y \int_{\frac{y^2}{4}-1}^{2-y} f(x,y)\mathrm{d}x$.

解 (1) 原式是先对 y 求积分,改变积分顺序就是要先对 x 求积分,即要利用内容提要第 2 段(2)中的公式. 为此,我们先画出积分

区域 D 的图形.由所给累次积分的上、下限可看出,积分区域 D 由 $x=0, x=a, y=x$ 以及 $y=\sqrt{2ax-x^2}$ 所围成,因而其图形如图 8.14 所示.(实际上,这里 D 的两边界线 $x=0$ 及 $x=a$ 退化为两个点 $(0,0)$ 及 (a,a).)由图看出,区域 D 也可看成是由曲线

$$x=a-\sqrt{a^2-y^2}$$

(由 $y=\sqrt{2ax-x^2}$ 反解出)及直线 $x=y$ 所围成($0\leqslant y\leqslant a$).因而

$$\int_0^a \mathrm{d}x \int_x^{\sqrt{2ax-x^2}} f(x,y)\mathrm{d}y = \int_0^a \mathrm{d}y \int_{a-\sqrt{a^2-y^2}}^y f(x,y)\mathrm{d}x.$$

我们也可利用图形来确定累次积分的积分限:从图 8.14 看出,区域 D 内所有点的纵坐标 y 的取值范围是区间 $[0,a]$,所以可确定 y 的上、下限分别为 $a, 0$.又当 y 在区间 $[0,a]$ 内每取定一个值时,区域 D 内对应的点的横坐标 x 的取值范围是区间 $[a-\sqrt{a^2-y^2}, y]$(参看图 8.14 中的横线).从而 x 的上、下限分别是 $y, a-\sqrt{a^2-y^2}$.

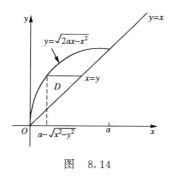

图 8.14

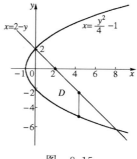

图 8.15

(2) 现在要求把二重积分改变为先对 y 求积分.首先,根据所给的积分上、下限可画出积分区域 D 的图形(见图 8.15).从图看出,D 内所有点的横坐标 x 的取值范围是 $[-1,8]$,且当 x 在区间 $[-1,0]$ 中每取定一个值时,y 的取值范围是区间 $[-2\sqrt{x+1}, 2\sqrt{x+1}]$,而当 x 在区间 $[0,8]$ 中每取定一个值时,y 的取值范围是区间 $[-2\sqrt{x+1}, 2-x]$.即当 x 在不同的区间内取值时,y 的积分上、下限也不同,所以先对 y 求积时,应根据 y 的上、下限的不同而将原积分分成两部分,即有

$$\int_{-6}^{2}\mathrm{d}y\int_{\frac{y^2}{4}-1}^{2-y}f(x,y)\mathrm{d}x = \int_{-1}^{0}\mathrm{d}x\int_{-2\sqrt{x+1}}^{2\sqrt{x+1}}f(x,y)\mathrm{d}y$$
$$+ \int_{0}^{8}\mathrm{d}x\int_{-2\sqrt{x+1}}^{2-x}f(x,y)\mathrm{d}y.$$

评注

（1）将 $\int_{a}^{b}\mathrm{d}x\int_{\varphi_1(x)}^{\varphi_2(x)}f(x,y)\mathrm{d}y$ 或 $\int_{\alpha}^{\beta}\mathrm{d}y\int_{\psi_1(y)}^{\psi_2(y)}f(x,y)\mathrm{d}x$ 交换积分顺序的基本方法是：将累次积分表为 $\iint_{D}f(x,y)\mathrm{d}x\mathrm{d}y$，根据累次积分内外层的积分限确定积分区域 D，然后再确定改换积分顺序后的内外层积分限.

（2）若计算某种累次积分难以实现时，常考虑的一种方法是：按上述方法改变积分顺序后再进行计算.

***五、选择变量替换求二重积分**

*5. 求下列二重积分：

（1）$I = \iint_{D}(x^2+y^2)\mathrm{d}x\mathrm{d}y$，其中 D 为椭圆：$\dfrac{x^2}{a^2}+\dfrac{y^2}{b^2}\leqslant 1$；

（2）$I = \iint_{D}xy\mathrm{d}x\mathrm{d}y$，其中 D 由曲线 $x^2=y, x^2=4y, x=y^2$ 及 $4x=y^2$ 所围.

解 （1）由 D 与被积函数的特点，我们采用广义极坐标变换：$x=ar\cos\theta, y=br\sin\theta$，则 $D'=\{(r,\theta)|0\leqslant\theta\leqslant 2\pi, 0\leqslant r\leqslant 1\}$，雅可比行列式

$$J = \begin{vmatrix} a\cos\theta & b\sin\theta \\ -ar\sin\theta & br\cos\theta \end{vmatrix} = abr,$$

于是
$$I = \iint_{D'}r^2(a^2\cos^2\theta + b^2\sin^2\theta)abr\mathrm{d}r\mathrm{d}\theta$$
$$= ab\int_{0}^{2\pi}(a^2\cos^2\theta + b^2\sin^2\theta)\mathrm{d}\theta \cdot \int_{0}^{1}r^3\mathrm{d}r$$
$$= ab\cdot 4(a^2+b^2)\cdot\frac{\pi}{4}\cdot\frac{1}{4} = \frac{\pi ab}{4}(a^2+b^2).$$

（2）D 的边界曲线可写成

$$\frac{x^2}{y}=1, \quad \frac{x^2}{y}=4, \quad \frac{y^2}{x}=1, \quad \frac{y^2}{x}=4,$$

于是作变换
$$u=\frac{x^2}{y}, \quad v=\frac{y^2}{x},$$

解得
$$\begin{cases} x^3=u^2v, \\ y^3=uv^2, \end{cases} \quad \begin{cases} x=u^{\frac{2}{3}}v^{\frac{1}{3}}, \\ y=u^{\frac{1}{3}}v^{\frac{2}{3}}. \end{cases}$$

再求出雅可比行列式
$$J=\frac{\partial(x,y)}{\partial(u,v)}=\begin{vmatrix} \frac{2}{3}u^{-\frac{1}{3}}v^{\frac{1}{3}} & \frac{1}{3}u^{\frac{2}{3}}v^{-\frac{2}{3}} \\ \frac{1}{3}u^{-\frac{2}{3}}v^{\frac{2}{3}} & \frac{2}{3}u^{\frac{1}{3}}v^{-\frac{1}{3}} \end{vmatrix}=\frac{4}{9}-\frac{1}{9}=\frac{1}{3}.$$

在此变换下,区域 D 变成 $D'=\{(u,v)\,|\,1\leqslant u\leqslant 4, 1\leqslant v\leqslant 4\}$. 于是

$$I=\iint_{D'}uv\,|J|\,\mathrm{d}u\mathrm{d}v=\frac{1}{3}\int_1^4 u\mathrm{d}u \cdot \int_1^4 v\mathrm{d}v$$

$$=\frac{1}{3}\cdot\left(\frac{1}{2}(16-1)\right)^2=\frac{75}{4}.$$

评注 作变换 $u=\dfrac{x^2}{y}, v=\dfrac{y^2}{x}$ 后也可不必解出 x 与 y,直接得:
$xy=uv,$

$$\frac{\partial(u,v)}{\partial(x,y)}=\begin{vmatrix} \dfrac{2x}{y} & -\dfrac{x^2}{y^2} \\ -\dfrac{y^2}{x^2} & \dfrac{2y}{x} \end{vmatrix}=4-1=3,$$

于是
$$J=\frac{\partial(x,y)}{\partial(u,v)}=\frac{1}{3},$$

因此
$$I=\iint_{D'}uv\cdot\frac{1}{3}\mathrm{d}u\mathrm{d}v.$$

本 节 小 结

怎样求二重积分 $\iint_D f(x,y)\mathrm{d}\sigma$ 及简化计算问题?

1. 选择积分顺序. 图 8.2 与图 8.3 类型的区域分别适用于先 y 后 x 与先 x 后 y 的积分顺序. 有时积分区域 D 既是图 8.2 类型又是

图 8.3 类型,那么结合被积函数就要选择合适的积分顺序以便于计算. 不同的积分顺序可能影响计算繁简,甚至影响能否积得出来. 如题 1(3),题 3(3)的解法 1.

2. 利用分块积分法. 将积分区域 D 分解成 $D=D_1\cup D_2$,然后用公式(1.1),这就是分块积分法. 以下情形常用分块积分法:区域 D 的边界是分段表示的(如图 8.9);被积函数是分块表示的(如题 3(1));区域 D 不是使用公式(1.2)或(1.3)的类型,如题 3(3)的解法 1 中,若要选择先 y 后 x 的积分顺序,首先要将 D 分成三块,然后用分块积分法,那么计算就复杂了.

3. 注意利用区域的对称性与被积函数的奇偶性来简化二重积分的计算,如题 1(1),题 2(2).

除了内容提要中所提的对称性外,还可利用以下的对称性:

① 设 D 关于原点对称(即 $(x,y)\in D \Longleftrightarrow (-x,-y)\in D$),则

$$\iint\limits_{D} f(x,y)\mathrm{d}\sigma = \begin{cases} 0, & \text{若 } f(x,y) \text{ 关于}(x,y) \text{为奇函数,即} \\ & f(x,y)=-f(-x,-y), (x,y)\in D, \\ 2\iint\limits_{D_1} f(x,y)\mathrm{d}\sigma, & \text{若 } f(x,y) \text{ 关于}(x,y) \text{为偶函数,即} \\ & f(x,y)=f(-x,-y), (x,y)\in D, \end{cases}$$

其中 D_1 为 D 的右半平面部分或上半平面部分.

解题 3(1) 时,$\iint\limits_{D'}(u+v)\mathrm{d}u\mathrm{d}v=0$,其中 $D': -1\leqslant u\leqslant 1, -1\leqslant u+v\leqslant 1$,用的就是这个性质.

② 设 D 关于直线 $y=x$ 对称(即 $(x,y)\in D \Longleftrightarrow (y,x)\in D$),则

$$\iint\limits_{D} f(x,y)\mathrm{d}\sigma = \iint\limits_{D} f(y,x)\mathrm{d}\sigma.$$

将 D 分成两部分,$D=D_1\cup D_2$,其中 D_1, D_2 分别是 D 在直线 $y=x$ 的上方与下方部分,则

$$\iint\limits_{D_1} f(x,y)\mathrm{d}\sigma = \iint\limits_{D_2} f(y,x)\mathrm{d}\sigma.$$

解题 2(4)时,若用此性质立即可得

$$\iint\limits_{D} \frac{\mathrm{d}\sigma}{(a^2+x^2+y^2)^{3/2}} = 2\iint\limits_{D_1} \frac{\mathrm{d}x\mathrm{d}y}{(a^2+x^2+y^2)^{3/2}}$$

$$= 2\int_0^{\frac{\pi}{4}} d\theta \int_0^{\frac{a}{\cos\theta}} \frac{r dr}{(a^2+r^2)^{3/2}},$$

其中 D_1 是 D 在 $y=x$ 上方部分.

4. 注意利用二重积分的几何意义. 若积分区域 D 的面积 σ 已知,则直接可得 $\iint\limits_D k dx dy = k\sigma$,其中 k 为常数,如题 3(1),(3).

5. 选择变量替换. 除了在直角坐标系中计算二重积分外,还可选择适当的变量替换. 选择何种变换,这取决于积分区域 D 的形状与被积函数 $f(x,y)$ 的具体情况. 常可供选择的有:

① 极坐标变换. 若被积函数形如

$$x^m y^n f(x^2+y^2) \quad \text{或} \quad x^m y^n f\left(\frac{y}{x}\right),$$

积分区域 D 是圆域,环域,扇形,扇形环域(如题 2(1),(2)),或者 D 的边界的极坐标方程还比较简单(如题 2(3),(4))等可考虑选用极坐标变换.

② 平移变换. 若区域 D 有某种对称性(如 D 为圆,但圆心不在原点),经平移后变成了关于某坐标轴或坐标原点对称的区域且被积函数变成了有奇偶性时,可考虑选用平移变换. 如题 3(1),(3).

*③ 广义极坐标变换或其他变换.

变换 $x=ar\cos^\beta\theta, y=br\sin^\beta\theta$ 为广义极坐标变换,它的雅可比行列式 $J=ab\beta r\sin^{\beta-1}\theta\cos^{\beta-1}\theta$,其中 a,b,β 为正的常数(见题 5(1)).

若区域 D 由两组曲线 $u(x,y)=a, u(x,y)=b, v(x,y)=\alpha, v(x,y)=\beta$ 围成,其中 $a<b, \alpha<\beta$ 为常数,常可考虑作变换

$$\begin{cases} u=u(x,y), \\ v=v(x,y), \end{cases} \quad \text{或写成} \quad \begin{cases} x=x(u,v), \\ y=y(u,v) \end{cases}$$

(见题 5(2)).

练 习 题 8.1

8.1.1 计算下列二重积分,并画出积分区域:

(1) $\iint\limits_D e^{x+y} dx dy$,其中 D 是 $0 \leqslant x \leqslant 1, 0 \leqslant y \leqslant 1$ 所围成的区域;

(2) $\iint\limits_D \frac{y dx dy}{(1+x^2+y^2)^{3/2}}$,其中 D 是 $0 \leqslant x \leqslant 1, 0 \leqslant y \leqslant 1$ 所围成的区域;

(3) $\iint\limits_{D} x^2 y\cos(xy^2)\mathrm{d}x\mathrm{d}y$,其中 D 是 $0\leqslant x\leqslant\frac{\pi}{2}$,$0\leqslant y\leqslant 2$ 所围成的区域;

(4) $\iint\limits_{D} (x^2+y)\mathrm{d}x\mathrm{d}y$,$D$ 是由 $y=x^2$,$y^2=x$ 所围成的区域;

(5) $\iint\limits_{D} \frac{x^2}{y^2}\mathrm{d}x\mathrm{d}y$,$D$ 是 $x=2$,$y=x$ 和 $xy=1$ 围成的区域;

(6) $\iint\limits_{D} x^2 y^2 \sqrt{1-x^3-y^3}\mathrm{d}x\mathrm{d}y$,$D$ 是 $x^3+y^3=1$ 与两坐标轴围成的区域;

(7) $\iint\limits_{D} y^2\mathrm{d}x\mathrm{d}y$,$D$ 是由抛物线 $x=y^2$ 和直线 $2x-y-1=0$ 所围成的区域.

8.1.2 将二重积分 $\iint\limits_{D} f(x,y)\mathrm{d}x\mathrm{d}y$ 化为不同顺序的累次积分,其中 D 为:

(1) 以 $O(0,0)$,$A(2a,0)$,$B(3a,a)$,$D(a,a)$ 为顶点的平行四边形;

(2) 区域 $x^2+y^2\leqslant y$;

(3) 由 $y=x^2$,$y=4-x^2$ 围成;

(4) 由 $y=2x$,$2y-x=0$ 及 $xy=2$ 在第一象限中的部分所围成.

8.1.3 改变下列二重积分的积分顺序:

(1) $\int_0^1\mathrm{d}y\int_y^{\sqrt{y}} f(x,y)\mathrm{d}x$;   (2) $\int_{-1}^1\mathrm{d}x\int_0^{\sqrt{1-x^2}} f(x,y)\mathrm{d}y$;

(3) $\int_0^2\mathrm{d}x\int_{2x}^{6-x} f(x,y)\mathrm{d}y$;   (4) $\int_1^{\mathrm{e}}\mathrm{d}x\int_0^{\ln x} f(x,y)\mathrm{d}y$.

8.1.4 计算下列累次积分:

(1) $\int_0^a\mathrm{d}x\int_0^{\sqrt{x}}\mathrm{d}y$;   (2) $\int_2^4\mathrm{d}x\int_x^{2x} \frac{y}{x}\mathrm{d}y$;

(3) $\int_0^a\mathrm{d}x\int_x^a \mathrm{e}^{y^2}\mathrm{d}y$;   (4) $\int_0^1\mathrm{d}y\int_{y^{1/3}}^1 \sqrt{1-x^4}\mathrm{d}x$.

8.1.5 将二重积分 $\iint\limits_{D} f(x,y)\mathrm{d}x\mathrm{d}y$ 用极坐标表示为累次积分,其中区域 D 为:

(1) $\{(x,y)\mid x^2+y^2\leqslant by\}$ $(b>0)$;

(2) 由 $y=x$,$y=0$ 和 $x=1$ 围成;

(3) 由曲线 $x^2+y^2=4x$,$x^2+y^2=8x$,$x=y$ 及 $y=2x$ 所围成.

8.1.6 利用极坐标计算下列二重积分:

(1) $\iint\limits_{D} \mathrm{e}^{-(x^2+y^2)}\mathrm{d}x\mathrm{d}y$,$D$ 是圆域 $x^2+y^2\leqslant 1$;

(2) $\iint\limits_{D} \arctan\frac{y}{x}\mathrm{d}x\mathrm{d}y$,$D$ 是 $x^2+y^2\geqslant 1$,$x^2+y^2\leqslant 9$,$y\geqslant\frac{x}{\sqrt{3}}$,$y\leqslant\sqrt{3}\,x$

所围成的区域；

(3) $\iint\limits_{D}\sqrt{R^2-x^2-y^2}\mathrm{d}x\mathrm{d}y$，$D$ 是区域 $x^2+y^2\leqslant Rx$；

(4) $\iint\limits_{D}y\mathrm{d}x\mathrm{d}y$，$D$ 是 $ax\leqslant y\leqslant \beta x$ $(\beta>a>0)$，$a^2\leqslant x^2+y^2\leqslant b^2(b>a>0)$ 在第一象限围成的区域；

(5) $\iint\limits_{D}r\mathrm{d}\sigma$，其中 D 是由心脏线 $r=a(1+\cos\theta)$ 与圆周 $r=a$ 所围成的区域（区域不包含极点，$a>0$）；

(6) $\iint\limits_{D}\sqrt{\dfrac{1-x^2-y^2}{1+x^2+y^2}}\mathrm{d}x\mathrm{d}y$，其中 D 为区域：$x^2+y^2\leqslant 1$，且 $x\geqslant 0,y\geqslant 0$.

8.1.7 将二重积分 $\iint\limits_{x^2+y^2\leqslant x}f\left(\dfrac{y}{x}\right)\mathrm{d}x\mathrm{d}y$ 表成定积分.

8.1.8 求下列累次积分：

(1) $\int_{0}^{R}\mathrm{d}x\int_{0}^{\sqrt{R^2-x^2}}\ln(1+x^2+y^2)\mathrm{d}y$；

(2) $\int_{0}^{\frac{\sqrt{2}}{2}R}\mathrm{e}^{-y^2}\mathrm{d}y\int_{0}^{y}\mathrm{e}^{-x^2}\mathrm{d}x+\int_{\frac{\sqrt{2}}{2}R}^{R}\mathrm{e}^{-y^2}\mathrm{d}y\int_{0}^{\sqrt{R^2-y^2}}\mathrm{e}^{-x^2}\mathrm{d}x$.

8.1.9 求下列二重积分：

(1) $I=\iint\limits_{D}\sqrt{x^2+y^2}\mathrm{d}x\mathrm{d}y$，$D$ 由 $y=x$ 与 $y=x^4$ 围成；

(2) $I=\iint\limits_{D}\sqrt{|y-x^2|}\mathrm{d}x\mathrm{d}y$，其中 D：$|x|\leqslant 1,0\leqslant y\leqslant 2$；

(3) $I=\iint\limits_{D}(|x|+y)\mathrm{d}x\mathrm{d}y$，$D$：$|x|+|y|\leqslant 1$；

*(4) $I=\iint\limits_{D}(x^2+xy)\mathrm{d}x\mathrm{d}y$，$D$：$x+y=1,x+y=2,y=x,y=2x$；

(5) $I=\iint\limits_{D}(x^2+y^2)\mathrm{d}x\mathrm{d}y$，$D$：$x^4+y^4\leqslant 1$.

§2 三重积分

内容提要

1. 三重积分的概念

设函数 $f(x,y,z)$ 在空间有界闭区域 Ω 上有定义，将 Ω 任意分成 n 个小区

域 Δv_i,同时也用 Δv_i 表示第 i 块小区域的体积($i=1,2,\cdots,n$). 在每个小区域 Δv_i 上任取一点$(x_i,y_i,z_i)(i=1,2,\cdots,n)$,若极限

$$\lim_{\lambda \to 0} \sum_{i=1}^{n} f(x_i,y_i,z_i)\Delta v_i$$

存在(其中 λ 是各小区域 $\Delta v_i(i=1,2,\cdots,n)$ 直径的最大值),则称此极限值为函数 $f(x,y,z)$ 在区域 Ω 上的**三重积分**,记作

$$\iiint_{\Omega} f(x,y,z)dv,$$

Ω 称为**积分区域**,dv 称为**体积元素**.

三重积分有与二重积分类似的性质,这里不一一列出了.

在以下讨论三重积分的计算时,我们总假设所讨论的被积函数在积分区域上连续或分块连续.

2. 利用直角坐标系计算三重积分

① 设 Ω 是以曲面 $z=z_1(x,y)$ 为下底,以曲面 $z=z_2(x,y)(z_2(x,y)\geqslant z_1(x,y)$,当 $(x,y)\in D$ 时)为上顶的正柱体,它在 Oxy 平面上的垂直投影为区域 D,则三重积分的计算可化为先对 z 求定积分再对 x,y 求二重积分,即

$$\iiint_{\Omega} f(x,y,z)dv = \iint_{D} \left\{ \int_{z_1(x,y)}^{z_2(x,y)} f(x,y,z)dz \right\} dxdy. \tag{2.1}$$

在计算 $\int_{z_1(x,y)}^{z_2(x,y)} f(x,y,z)dz$ 时,把 x 与 y 看作常数.

② 设区域 Ω 界于平面 $z=a$ 与 $z=b(a<b)$ 之间,且对任一个 $z_0\in[a,b]$,平面 $z=z_0$ 与 Ω 相交的部分是一平面区域 $D(z_0)$,则三重积分的计算可化为先对 x,y 求二重积分再对 z 求定积分,即

$$\iiint_{\Omega} f(x,y,z)dv = \int_{a}^{b} \left\{ \iint_{D(z)} f(x,y,z)dxdy \right\} dz, \tag{2.2}$$

在计算 $\iint_{D(z)} f(x,y,z)dxdy$ 时,把 z 看作常数.

3. 利用柱坐标计算三重积分

在柱坐标变换 $x=r\cos\theta, y=r\sin\theta, z=z$ 下,三重积分的计算公式是

$$\iiint_{\Omega} f(x,y,z)dv = \iiint_{\Omega'} f(r\cos\theta, r\sin\theta, z)rdrd\theta dz,$$

其中 $\Omega'=\{(r,\theta,z)|(r\cos\theta,r\sin\theta,z)\in\Omega\}$,$dv=rdrd\theta dz$ 为体积元素.

常有以下两种情形:

① 设积分区域 Ω 与 "2.①" 中的相同,且其下底、上顶分别可用柱坐标方程表为:$z=z_1(r,\theta)$ 及 $z=z_2(r,\theta)$,则三重积分可化为先对 z 求定积分再对 r,θ 求

二重积分. 即有
$$\iiint\limits_{\Omega} f(x,y,z)\mathrm{d}v = \iint\limits_{D}\left\{\int_{z_1(r,\theta)}^{z_2(r,\theta)} f(r\cos\theta, r\sin\theta, z)\mathrm{d}z\right\}r\mathrm{d}\theta\mathrm{d}r,$$
其中 $r\mathrm{d}\theta\mathrm{d}r\mathrm{d}z$ 为体积元素. 在求
$$\int_{z_1(r,\theta)}^{z_2(r,\theta)} f(r\cos\theta, r\sin\theta, z)\mathrm{d}z$$
时,将 (r,θ) 看作常数.

② 当 Ω 界于半平面 $\theta = \alpha$ 与 $\theta = \beta(\alpha < \beta)$ 之间,且对于任一个 $\theta_0 \in [\alpha, \beta]$,半平面 $\theta = \theta_0$ 与 Ω 相交的部分为平面区域 $D(\theta_0)$ 时,三重积分可化为先对 r, z 求二重积分,再对 θ 求定积分,即
$$\iiint\limits_{\Omega} f(x,y,z)\mathrm{d}v = \int_{\alpha}^{\beta}\mathrm{d}\theta\iint\limits_{D(\theta)} f(r\cos\theta, r\sin\theta, z)r\mathrm{d}r\mathrm{d}z.$$
求
$$\iint\limits_{D(\theta)} f(r\cos\theta, r\sin\theta, z)r\mathrm{d}r\mathrm{d}z$$
时,将 θ 看作常数.

根据积分区域 Ω 的形状的特点,还可采用其他的积分次序.

4. 利用球坐标计算三重积分

在球坐标变换 $x = \rho\sin\varphi\cos\theta, y = \rho\sin\varphi\sin\theta, z = \rho\cos\varphi$ 下,三重积分的计算公式是
$$\iiint\limits_{\Omega} f(x,y,z)\mathrm{d}v = \iiint\limits_{\Omega'} f(\rho\sin\varphi\cos\theta, \rho\sin\varphi\sin\theta, \rho\cos\varphi)\rho^2\sin\varphi\mathrm{d}\rho\mathrm{d}\varphi\mathrm{d}\theta,$$
其中
$$\Omega' = \{(\rho, \varphi, \theta) \mid (\rho\sin\varphi\cos\theta, \rho\sin\varphi\sin\theta, \rho\cos\varphi) \in \Omega\},$$
$\mathrm{d}v = \rho^2\sin\varphi\mathrm{d}\rho\mathrm{d}\varphi\mathrm{d}\theta$ 是体积元素.

常见以下情形:

① 当 Ω 与"3.②"中所述的相同时,三重积分可化为先对 φ, ρ 求二重积分,再对 θ 求定积分,即有
$$\iiint\limits_{\Omega} f(x,y,z)\mathrm{d}v$$
$$= \int_{\alpha}^{\beta}\mathrm{d}\theta\iint\limits_{D(\theta)} f(\rho\sin\varphi\cos\theta, \rho\sin\varphi\sin\theta, \rho\cos\varphi)r^2\sin\varphi\mathrm{d}\rho\mathrm{d}\varphi.$$
求
$$\iint\limits_{D(\theta)} f(\rho\sin\varphi\cos\theta, \rho\sin\varphi\sin\theta, \rho\cos\varphi)\rho^2\sin\varphi\mathrm{d}\rho\mathrm{d}\varphi$$
时,把 θ 看作常数.

② 当 Ω 的边界由平面 $\theta = \theta_1, \theta = \theta_2(\theta_1 < \theta_2)$,圆锥面 $\varphi = \varphi_1, \varphi = \varphi_2(\varphi_1 < \varphi_2)$ 及

曲面 $\rho=\rho_1(\theta,\varphi), \rho=\rho_2(\theta,\varphi)$（当 $\theta_1\leqslant\theta\leqslant\theta_2, \varphi_1\leqslant\varphi\leqslant\varphi_2$ 时，$\rho_1(\theta,\varphi)\leqslant\rho_2(\theta,\varphi)$）围成时，三重积分可化为先对 ρ 再对 φ，最后对 θ 求定积分，即有

$$\iiint_\Omega f(x,y,z)\mathrm{d}v$$
$$=\int_{\theta_1}^{\theta_2}\mathrm{d}\theta\int_{\varphi_1}^{\varphi_2}\mathrm{d}\varphi\int_{\rho_1(\theta,\varphi)}^{\rho_2(\theta,\varphi)}f(\rho\sin\varphi\cos\theta,\rho\sin\varphi\sin\theta,\rho\cos\varphi)\rho^2\sin\varphi\mathrm{d}\rho.$$

求 $\int_{\rho_1(\theta,\varphi)}^{\rho_2(\theta,\varphi)}f(\rho\sin\varphi\cos\theta,\rho\sin\varphi\sin\theta,\rho\cos\varphi)\rho^2\sin\varphi\mathrm{d}\rho$

时，将 θ,φ 看作常数，设积分结果为 $F(\theta,\varphi)$，再求 $\int_{\varphi_1}^{\varphi_2}F(\theta,\varphi)\mathrm{d}\varphi$ 时将 θ 看作常数.

也可根据 Ω 的形状，采用其他的积分顺序.

5. 利用平移变换计算三重积分

在平移变换 $u=x-a, v=y-b, w=z-c$ 下，三重积分的计算公式是

$$\iiint_\Omega f(x,y,z)\mathrm{d}v=\iiint_{\Omega'}f(u+a,v+b,w+c)\mathrm{d}u\mathrm{d}v\mathrm{d}w,$$

其中 $\Omega'=\{(u,v,w)|(u+a,v+b,w+c)\in\Omega\}$.

*6. 三重积分的变量替换公式

设 $f(x,y,z)$ 在有界闭区域 Ω 连续，作变换

$$x=x(u,v,w),\quad y=y(u,v,w),\quad z=z(u,v,w),$$

使满足：

① 把直角坐标系 $O'uvw$ 中的区域 Ω' 一一对应地变到直角坐标系 $Oxyz$ 中的区域 Ω.

② 变换中的函数在 Ω' 上有连续的一阶偏导数.

③ 雅可比行列式

$$J=\frac{\partial(x,y,z)}{\partial(u,v,w)}\xlongequal{\text{定义}}\begin{vmatrix}\frac{\partial x}{\partial u}&\frac{\partial x}{\partial v}&\frac{\partial x}{\partial w}\\\frac{\partial y}{\partial u}&\frac{\partial y}{\partial v}&\frac{\partial y}{\partial w}\\\frac{\partial z}{\partial u}&\frac{\partial z}{\partial v}&\frac{\partial z}{\partial w}\end{vmatrix}\neq 0,\quad(u,v,w)\in\Omega',$$

则有公式

$$\iiint_\Omega f(x,y,z)\mathrm{d}x\mathrm{d}y\mathrm{d}z$$
$$=\iiint_{\Omega'}f(x(u,v,w),y(u,v,w),z(u,v,w))|J|\mathrm{d}u\mathrm{d}v\mathrm{d}w.$$

与二重积分的变量替换公式类似，上述条件也可稍放宽.

7. 对称性问题

当积分区域 Ω 关于坐标面 Oxy 对称时,若被积函数 $f(x,y,z)$ 关于 z 是偶函数,即
$$f(x,y,-z)=f(x,y,z)$$
时,则有
$$\iiint_\Omega f(x,y,z)\mathrm{d}v = 2\iiint_{\Omega_\text{上}} f(x,y,z)\mathrm{d}v,$$
其中 $\Omega_\text{上}$ 是区域 Ω 在 Oxy 平面之上方的部分,当 $f(x,y,z)$ 关于 z 是奇函数,即
$$f(x,y,-z)=-f(x,y,z)$$
时,则
$$\iiint_\Omega f(x,y,z)\mathrm{d}v = 0.$$
当 Ω 关于其他坐标面对称时,有类似的结论.

典型例题分析

一、利用直角坐标系计算三重积分

1. 求积分
$$\iiint_\Omega \frac{\mathrm{d}v}{(x+y+z+1)^3},$$
其中 Ω 为由三个坐标平面和平面 $x+y+z=1$ 所围的区域.

解 Ω 的图形见图 8.16. 它是以平面 $z=0$ 及 $z=1-x-y$ 分别为下底、上顶的柱体,在 Oxy 平面上的投影区域 D 为由坐标轴 $x=0, y=0$ 及直线 $x+y=1$ 所围成的三角形. 所以

$$\iiint_\Omega \frac{\mathrm{d}v}{(x+y+z+1)^3} = \iint_D \left\{\int_0^{1-x-y} \frac{\mathrm{d}z}{(x+y+z+1)^3}\right\}\mathrm{d}\sigma$$

$$= \frac{1}{2}\int_0^1 \mathrm{d}x \int_0^{1-x}\left[\frac{1}{(x+y+1)^2} - \frac{1}{4}\right]\mathrm{d}y$$

$$= \frac{1}{2}\int_0^1 \left[\frac{1}{1+x} - \frac{1}{2} - \frac{1}{4}(1-x)\right]\mathrm{d}x$$

$$= \frac{1}{2}\left(\ln 2 - \frac{5}{8}\right).$$

2. 求 $\iiint_\Omega xy \mathrm{d}v$, 其中 Ω 是由曲面 $z=xy, z=0, x+y=1$ 所围成的区域.

解 Ω 的图形不易画出,可以不必画出 Ω 的图形. 只需注意: Ω

由上、下曲面 $z=xy$ 与 $z=0$ 及柱面 $x+y=1$ 围成. $z=xy$ 与 Oxy 平面的交线是 x 轴与 y 轴,于是 Ω 在 Oxy 平面的投影区域是

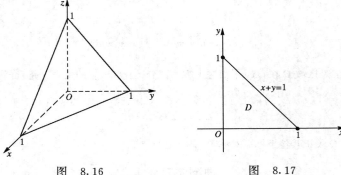

图 8.16 图 8.17

$$D = \{(x,y) | x+y \leqslant 1, x \geqslant 0, y \geqslant 0\}$$

(图 8.17). Ω 可表为

$$\Omega = \{(x,y,z) | 0 \leqslant z \leqslant xy, (x,y) \in D\}.$$

因此
$$\iiint_\Omega xy\,dv = \iint_D \left\{\int_0^{xy} xy\,dz\right\} d\sigma = \int_0^1 dx \int_0^{1-x} x^2 y^2 dy$$

$$= \frac{1}{3}\int_0^1 x^2(1-x)^3 dx = \frac{1}{180}.$$

3. 求 $\iiint_\Omega (z+z^2) dv$,其中 Ω 为单位球: $x^2+y^2+z^2 \leqslant 1$.

解 Ω 关于坐标面 Oxy 对称,且 z 为奇函数,z^2 为偶函数,所以

$$\iiint_\Omega (z+z^2) dv = 2\iint_{\Omega_上} z^2 dv.$$

可用两种不同的积分顺序求积:
先对 z 求定积分.

$$\iiint_\Omega (z+z^2) dv = 2\iint_D \left\{\int_0^{\sqrt{1-x^2-y^2}} z^2 dz\right\} dxdy$$

$$= \frac{2}{3} \iint_{x^2+y^2 \leqslant 1} (1-x^2-y^2)^{3/2} dxdy$$

$$= \frac{2}{3}\int_0^{2\pi} d\theta \int_0^1 (1-r^2)^{3/2} r\,dr = \frac{4\pi}{15}.$$

或先对 x,y 求二重积分：

$$\iiint_\Omega (z+z^2)\mathrm{d}v = 2\int_0^1 \left\{\iint_{x^2+y^2\leqslant 1-z^2} z^2\mathrm{d}x\mathrm{d}y\right\}\mathrm{d}z,$$

由于求二重积分 $\iint_{x^2+y^2\leqslant 1-z^2} z^2\mathrm{d}x\mathrm{d}y$ 时，将 z 看作常数，所以被积函数 z^2 可提出积分号之外. 又积分区域是以 $\sqrt{1-z^2}$ 为半径的圆，注意到 $\iint_D \mathrm{d}x\mathrm{d}y = $ 区域 D 的面积，有

$$\iint_{x^2+y^2\leqslant 1-z^2} z^2\mathrm{d}x\mathrm{d}y = z^2 \iint_{x^2+y^2\leqslant 1-z^2}\mathrm{d}x\mathrm{d}y = z^2 \cdot \pi(1-z^2),$$

于是 $\quad \iiint_\Omega (z+z^2)\mathrm{d}v = 2\pi\int_0^1 z^2(1-z^2)\mathrm{d}z = \dfrac{4\pi}{15}.$

注 计算三重积分 $\iiint_\Omega f(z)\mathrm{d}v$ 时，因被积函数与 x,y 无关，若

$$\Omega\{(x,y,z)|a\leqslant z\leqslant b,(x,y)\in D(z)\},$$

其中 $D(z)$（$D(z_0)$ 是 Ω 被平面 $z=z_0$ 截得的区域）的面积已知，为 $S(z)$，于是选用先二后一（即先对 xy 求二重积分再对 z 求一重积分）的计算公式是十分方便的，即

$$\iiint_\Omega f(z)\mathrm{d}z = \int_a^b \mathrm{d}z \iint_{D(z)} f(z)\mathrm{d}x\mathrm{d}y = \int_a^b f(z)\mathrm{d}z \iint_{D(z)} \mathrm{d}x\mathrm{d}y$$

$$= \int_a^b f(z)S(z)\mathrm{d}z.$$

二、利用柱坐标计算三重积分

4. 用柱坐标计算三重积分

$$I = \int_0^2 \mathrm{d}x \int_0^{\sqrt{2x-x^2}} \mathrm{d}y \int_0^a z\sqrt{x^2+y^2}\mathrm{d}z.$$

解 由积分限可看出积分区域 Ω 如图 8.18 所示. 所以

$$I = \iint_D \left\{\int_0^a zr\mathrm{d}z\right\} r\mathrm{d}\theta \mathrm{d}r = \int_0^{\frac{\pi}{2}} \mathrm{d}\theta \int_0^{2\cos\theta} \frac{a^2}{2}r^2\mathrm{d}r$$

$$= \frac{4a^2}{3}\int_0^{\frac{\pi}{2}}\cos^3\theta\mathrm{d}\theta = \frac{4a^2}{3}\cdot\frac{2}{3} = \frac{8a^2}{9}.$$

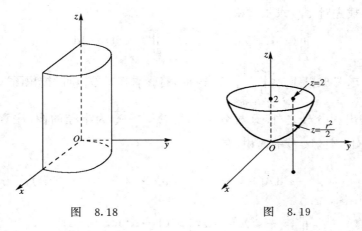

图 8.18　　　　　　　　图 8.19

5. 求 $I = \iiint\limits_{\Omega} x^2 y^2 z \mathrm{d}v$，其中 Ω 是由 $2z = x^2 + y^2, z = 2$ 所围成的区域.

解 Ω 的图形见图 8.19. 它在 Oxy 平面上的投影区域 D 的边界线是曲面 $2z = x^2 + y^2$ 与 $z = 2$ 的交线在 Oxy 平面上的投影，所以 D 的边界线的方程可由上述两曲面方程中消去 z 而得到. 即为
$$x^2 + y^2 = 4, \quad z = 0.$$
我们用柱坐标系进行计算. 可按下列两种不同的次序积分：

先对 z 求定积分再对 r,θ 求二重积分.

$$\begin{aligned}
I &= \iint\limits_{D} \left\{ \int_{\frac{r^2}{2}}^{2} r^4 \cos^2\theta \sin^2\theta z \mathrm{d}z \right\} r \mathrm{d}\theta \mathrm{d}r \\
&= \frac{1}{2} \int_0^{2\pi} \cos^2\theta \sin^2\theta \mathrm{d}\theta \cdot \int_0^2 r^5 \left(4 - \frac{r^4}{4}\right) \mathrm{d}r \\
&= 2 \int_0^{\frac{\pi}{2}} \cos^2\theta \sin^2\theta \mathrm{d}\theta \cdot \left(\frac{2}{3} r^6 - \frac{r^{10}}{40}\right) \bigg|_0^2 \\
&= 2 \cdot \frac{\pi}{4} \left(1 - \frac{3}{4}\right) \cdot \left(\frac{2}{3} - \frac{16}{40}\right) \cdot 64 = \frac{32}{15} \pi.
\end{aligned}$$

也可先对 r,θ 求二重积分，最后对 z 求定积分.

因为对任意 $z_0 \in [0,2]$，Ω 与平面 $z = z_0$ 的交是平面区域 $D(z_0)$：$x^2 + y^2 \leqslant 2z_0$（见图 8.20）. 所以

$$I = \int_0^2 z \left\{ \iint_{D(z)} r^5 \cos^2\theta \sin^2\theta \,d\theta dr \right\} dz$$

$$= \int_0^2 z \left\{ \int_0^{2\pi} \cos^2\theta \sin^2\theta \,d\theta \int_0^{\sqrt{2z}} r^5 \,dr \right\} dz$$

$$= \frac{1}{6} \int_0^2 (\sqrt{2z})^6 z \,dz \cdot \int_0^{2\pi} \cos^2\theta \sin^2\theta \,d\theta$$

$$= \frac{4}{3} \int_0^2 z^4 \,dz \cdot 4 \cdot \frac{\pi}{4} \left(1 - \frac{3}{4}\right) = \frac{32}{15}\pi.$$

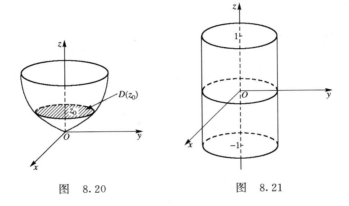

图 8.20　　　　　　图 8.21

6. 求 $I = \iiint_\Omega \dfrac{dv}{\sqrt{x^2+y^2+(z-2)^2}}$，其中 Ω 是由 $x^2+y^2 \leqslant 1, -1 \leqslant z \leqslant 1$ 所围的区域.

解 积分区域是圆柱体(见图 8.21),自然想到用柱坐标系.从下面的计算可看出,采用不同的积分顺序,积分的繁简程度的差别很大.

先对 z 求定积分：

$$I = \iint_D \left\{ \int_{-1}^1 \frac{dz}{\sqrt{r^2+(z-2)^2}} \right\} r \,d\theta dr$$

$$= \int_0^{2\pi} d\theta \int_0^1 r [\ln(\sqrt{1+r^2}-1) - \ln(\sqrt{9+r^2}-3)] dr,$$

其中

$$\int_0^1 r\ln(\sqrt{1+r^2}-1)\mathrm{d}r \xrightarrow{u=r^2+1} \frac{1}{2}\int_0^1 \ln(\sqrt{u}-1)\mathrm{d}u$$

是瑕积分,利用瑕积分的定义以及分部积分法和换元积分法,可算出

$$\int_0^1 r\ln(\sqrt{1+r^2}-1)\mathrm{d}r = \frac{1}{2}\Big[\ln(\sqrt{2}-1) - \sqrt{2} + \frac{1}{2}\Big],$$

同理可算出

$$\int_0^1 r\ln(\sqrt{9+r^2}-3)\mathrm{d}r = \frac{1}{2}\Big[\ln(\sqrt{10}-3) - 3\sqrt{10} + \frac{9}{2} + 4\Big],$$

代入得

$$I = \pi[\ln(\sqrt{2}-1) - \ln(\sqrt{10}-3) - 8 - \sqrt{2} + 3\sqrt{10}].$$

这里计算 $\int_0^1 r\ln(\sqrt{1+r^2}-1)\mathrm{d}r$ 的过程较长,我们未详细写出.由此看出,采用这个积分顺序的计算量大.但若采用另一个积分顺序,情况就不同了.

先对 r, θ 求二重积分,最后对 z 求定积分:

$$I = \int_{-1}^1 \Big\{\iint_D \frac{r\mathrm{d}\theta\mathrm{d}r}{\sqrt{r^2+(z-2)^2}}\Big\}\mathrm{d}z$$

$$= \int_{-1}^1 \Big\{\int_0^{2\pi}\mathrm{d}\theta \int_0^1 \frac{r\mathrm{d}r}{\sqrt{r^2+(z-2)^2}}\Big\}\mathrm{d}z$$

$$= 2\pi \int_{-1}^1 (\sqrt{1+(z-2)^2} - |z-2|)\mathrm{d}z$$

$$= 2\pi \Big\{\Big[\frac{z-2}{2}\sqrt{1+(z-2)^2}$$

$$+ \frac{1}{2}\ln(z-2+\sqrt{1+(z-2)^2})\Big]\Big|_{-1}^1 - 4\Big\}$$

$$= \pi[-\sqrt{2} + 3\sqrt{10} + \ln(\sqrt{2}-1) - \ln(\sqrt{10}-3) - 8].$$

比较上述两种不同的积分顺序,第二种比第一种简便.由此可看出选择适当的积分顺序的重要性.

还需指出的是,在求累次积分

$$\int_0^{2\pi}\mathrm{d}\theta \int_0^1 \frac{r}{\sqrt{r^2+(z-2)^2}}\mathrm{d}r$$

时,由于内层积分

$$\int_0^1 \frac{r}{\sqrt{r^2+(z-2)^2}}dr$$

的被积函数与积分上、下限都与 θ 无关,所以对 θ 积分时它可提到积分号之外,即有

$$\int_0^{2\pi}\left\{\int_0^1 \frac{rdr}{\sqrt{r^2+(z-2)^2}}\right\}d\theta = \int_0^1 \frac{rdr}{\sqrt{r^2+(z-2)^2}} \cdot \int_0^{2\pi}d\theta$$
$$= 2\pi\int_0^1 \frac{rdr}{\sqrt{r^2+(z-2)^2}}.$$

评注 1 上述计算中用到了积分公式

$$\int \sqrt{a^2+x^2}dx = \frac{1}{2}x\sqrt{a^2+x^2} + \frac{1}{2}\ln(x+\sqrt{a^2+x^2}).$$

评注 2 一般说来,当累次积分的所有的积分限都是常数,且被积函数可以分离时,累次积分就等于定积分的乘积,即有

$$\int_a^b dx \int_c^d f(x)g(y)dy = \int_a^b f(x)dx \cdot \int_c^d g(y)dy,$$

以及

$$\int_a^b dx \int_c^d dy \int_\alpha^\beta f(x)g(y)h(z)dz = \int_a^b f(x)dx \int_c^d g(y)dy \int_\alpha^\beta h(z)dz,$$

这里 a,b,c,d,α,β 均为常数.

三、利用球坐标计算三重积分

7. 求 $I = \iiint_\Omega \frac{dv}{\sqrt{x^2+y^2+(z-2)^2}}$,其中 Ω 是区域:

$$x^2+y^2+z^2 \leqslant 1.$$

解 积分区域是球体,所以采用球坐标系.与第 6 题类似,采用不同的积分顺序,计算的繁简程度有很大的差别.

若先对 ρ 再对 φ,θ 求积,则

$$I = \int_0^{2\pi}d\theta \int_0^\pi d\varphi \int_0^1 \frac{\rho^2\sin\varphi}{\sqrt{\rho^2-4\rho\cos\varphi+4}}d\rho,$$

显然,直接计算这个累次积分是较麻烦的,我们不再往下做了.

从被积函数的表达式看出,若先对 φ 求积,就较简便.事实上,

$$I = \int_0^{2\pi}d\theta \int_0^1 d\rho \int_0^\pi \frac{\rho^2\sin\varphi}{\sqrt{\rho^2-4\rho\cos\varphi+4}}d\varphi$$

$$= 2\pi \int_0^1 \frac{\rho}{2} \sqrt{\rho^2 - 4\rho\cos\varphi + 4} \Big|_0^\pi d\rho$$

$$= 2\pi \int_0^1 \frac{\rho}{2} (\rho + 2 - |\rho - 2|) d\rho$$

$$= 2\pi \int_0^1 \rho^2 d\rho = \frac{2\pi}{3}.$$

8. 求 $I = \iiint\limits_\Omega (x+y+z)^2 dv$，其中 Ω 为抛物体 $2az \geqslant x^2 + y^2 (a > 0)$ 与球体 $x^2 + y^2 + z^2 \leqslant 3a^2$ 的公共部分.

解 Ω 的形状如图 8.22 所示.

由于 Ω 关于 Oxz 平面对称，而 xy, yz 关于 y 是奇函数，所以

$$\iiint\limits_\Omega (xy + yz) dv = 0,$$

又 Ω 关于 Oyz 平面也对称，而 xz 关于 x 是奇函数，所以有

$$\iiint\limits_\Omega xz dv = 0,$$

于是 $I = \iiint\limits_\Omega (x^2 + y^2 + z^2) dv.$

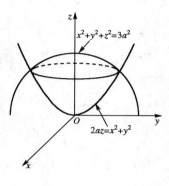

图 8.22

利用球坐标系计算. 这时两边界曲面的方程分别为 $\rho = \dfrac{2a\cos\varphi}{\sin^2\varphi}$ 及 $\rho = \sqrt{3}\, a$，由这两方程中消去 ρ 得

$$\frac{\cos\varphi}{\sin^2\varphi} = \frac{\sqrt{3}}{2},$$

即
$$\sqrt{3}(1 - \cos^2\varphi) - 2\cos\varphi = 0.$$

由此解出 $\cos\varphi = \dfrac{1}{\sqrt{3}}$，这就是两曲面交线上的点必须满足的方程.

令 $\varphi_0 = \arccos\dfrac{1}{\sqrt{3}}$，则由图 8.22 看出，当 $0 \leqslant \varphi \leqslant \varphi_0$ 时，边界面的方程为 $\rho = \sqrt{3}\, a$，而当 $\varphi_0 \leqslant \varphi \leqslant \dfrac{\pi}{2}$ 时，边界面的方程为 $\rho = \dfrac{2a\cos\varphi}{\sin^2\varphi}$，所以用分块积分法得

$$I = \int_0^{2\pi} d\theta \int_0^{\varphi_0} d\varphi \int_0^{\sqrt{3}a} \rho^2 \cdot \rho^2 \sin\varphi d\rho + \int_0^{2\pi} d\theta \int_{\varphi_0}^{\frac{\pi}{2}} d\varphi \int_0^{\frac{2a\cos\varphi}{\sin^2\varphi}} \rho^2 \rho^2 \sin\varphi d\rho$$

$$\xrightarrow{\text{记}} I_1 + I_2,$$

$$I_1 = 2\pi \cdot \int_0^{\varphi_0} \sin\varphi \cdot \frac{1}{5} \rho^5 \Big|_0^{\sqrt{3}a} d\varphi = \frac{18\pi}{5} \sqrt{3} a^5 \int_0^{\varphi_0} \sin\varphi d\varphi$$

$$= \frac{18\pi}{5} a^5 \cdot \sqrt{3} \left(-\cos\varphi \Big|_0^{\varphi_0} \right) = \frac{18}{5} a^5 \pi (\sqrt{3} - 1),$$

$$I_2 = 2\pi \int_{\varphi_0}^{\frac{\pi}{2}} \sin\varphi \cdot \frac{1}{5} \rho^5 \Big|_0^{\frac{2a\cos\varphi}{\sin^2\varphi}} d\varphi = 2\pi \cdot \frac{32}{5} a^5 \int_{\varphi_0}^{\frac{\pi}{2}} \frac{\cos^5\varphi}{\sin^9\varphi} d\varphi$$

$$= \frac{64a^5}{5} \pi \int_{\varphi_0}^{\frac{\pi}{2}} \frac{(1-\sin^2\varphi)^2}{\sin^9\varphi} d\sin\varphi = \frac{64a^5}{5} \pi \int_{\sqrt{\frac{2}{3}}}^{1} \frac{1-2t^2+t^4}{t^9} dt$$

$$= \frac{11}{30} \pi a^5,$$

因此 $$I = I_1 + I_2 = \frac{\pi}{5} a^5 \left(18\sqrt{3} - \frac{97}{6} \right).$$

四、选择适当变换求下列三重积分

9. 求下列三重积分：

*(1) $I = \iiint_\Omega \sqrt{1 - \frac{x^2}{a^2} - \frac{y^2}{b^2} - \frac{z^2}{c^2}} dv$, 其中 Ω: $\frac{x^2}{a^2} + \frac{y^2}{b^2} + \frac{z^2}{c^2} \leq 1$;

*(2) $I = \iiint_\Omega y^4 dv$, 其中 Ω 由 $x = az^2, x = bz^2 (z>0, 0<a<b), x = \alpha y, x = \beta y (0 < \alpha < \beta)$ 以及 $x = h(>0)$ 围成;

(3) $I = \iiint_\Omega (x+y+z) dv$, 其中

$$\Omega = \left\{ (x,y,z) \mid x^2 + y^2 + z^2 \leq x + y + z + \frac{1}{4} \right\}.$$

解 (1) 积分区域为椭球体又被积函数只依赖于 $\frac{x^2}{a^2} + \frac{y^2}{b^2} + \frac{z^2}{c^2}$, 故选用广义球坐标变换

$$x = a\rho\sin\varphi\cos\theta, \quad y = b\rho\sin\varphi\sin\theta, \quad z = c\rho\cos\varphi$$

比较方便. 由于

$$J = \frac{\partial(x,y,z)}{\partial(\rho,\varphi,\theta)} = abc\rho^2\sin\varphi,$$

相应的 Ω'：$0\leqslant\rho\leqslant 1, 0\leqslant\varphi\leqslant\pi, 0\leqslant\theta\leqslant 2\pi$. 于是

$$I = \iiint\limits_{\Omega'} \sqrt{1-\rho^2}\,|J|\,\mathrm{d}\rho\mathrm{d}\varphi\mathrm{d}\theta = \int_0^{2\pi}\mathrm{d}\theta\int_0^\pi \mathrm{d}\varphi\int_0^1 \sqrt{1-\rho^2}\,abc\rho^2\sin\varphi\mathrm{d}\rho$$

$$= abc\cdot 2\pi\int_0^\pi \sin\varphi\mathrm{d}\varphi\cdot\int_0^1 \sqrt{1-\rho^2}\,\rho^2\mathrm{d}\rho = 4\pi abc\int_0^1 \sqrt{1-\rho^2}\,\rho^2\mathrm{d}\rho$$

$$\xrightarrow{\rho=\sin t} 4\pi abc\int_0^{\frac{\pi}{2}} \cos^2 t\sin^2 t\,\mathrm{d}t = \pi abc\int_0^{\frac{\pi}{2}} \sin^2 2t\,\mathrm{d}t$$

$$= \pi abc\int_0^{\frac{\pi}{2}} \frac{1}{2}(1-\cos 4t)\mathrm{d}t = \frac{1}{4}\pi^2 abc.$$

(2) 积分区域由曲面

$$x = h,\quad \frac{x}{z^2} = a,\quad \frac{x}{z^2} = b,\quad \frac{x}{y} = \alpha,\quad \frac{x}{y} = \beta$$

围成，故选用变换

$$u = x,\quad v = \frac{x}{z^2},\quad w = \frac{x}{y},$$

则 Ω 变成 Ω'：$0\leqslant u\leqslant h,\ a\leqslant v\leqslant b,\ \alpha\leqslant w\leqslant\beta$，并易解得

$$x = u,\quad y = \frac{u}{w},\quad z = \frac{u^{\frac{1}{2}}}{v^{\frac{1}{2}}},$$

易求得

$$J = \frac{\partial(x,y,z)}{\partial(u,v,w)} = \begin{vmatrix} 1 & 0 & 0 \\ w^{-1} & 0 & -uw^{-2} \\ \frac{1}{2}u^{-\frac{1}{2}}v^{-\frac{1}{2}} & -\frac{1}{2}u^{\frac{1}{2}}v^{-\frac{3}{2}} & 0 \end{vmatrix}$$

$$= -\frac{1}{2}u^{\frac{3}{2}}v^{-\frac{3}{2}}w^{-2}.$$

于是
$$y^4|J| = \frac{1}{2}u^{\frac{11}{2}}v^{-\frac{3}{2}}w^{-6},$$

$$I = \iiint\limits_{\Omega'} \frac{1}{2}u^{\frac{11}{2}}v^{-\frac{3}{2}}w^{-6}\mathrm{d}u\mathrm{d}v\mathrm{d}w$$

$$= \frac{1}{2}\int_0^h u^{\frac{11}{2}}\mathrm{d}u\int_a^b v^{-\frac{3}{2}}\mathrm{d}v\cdot\int_\alpha^\beta w^{-6}\mathrm{d}w$$

$$= \frac{1}{2}\cdot\frac{2}{13}u^{\frac{13}{2}}\Big|_0^h (-2)v^{-\frac{1}{2}}\Big|_a^b \left(-\frac{1}{5}\right)w^{-5}\Big|_\alpha^\beta$$

$$= \frac{2}{65}h^6\sqrt{h}\left(\frac{1}{\sqrt{b}}-\frac{1}{\sqrt{a}}\right)\left(\frac{1}{\beta^5}-\frac{1}{\alpha^5}\right).$$

(3) 将 Ω 改写成

$$\Omega = \left\{(x,y,z) \middle| \left(x-\frac{1}{2}\right)^2+\left(y-\frac{1}{2}\right)^2+\left(z-\frac{1}{2}\right)^2 \leqslant 1\right\},$$

作平移变换 $u=x-\dfrac{1}{2}, v=y-\dfrac{1}{2}, w=z-\dfrac{1}{2}$,则 Ω 变成

$$\Omega': u^2+v^2+w^2 \leqslant 1,$$

$$I = \iiint\limits_{\Omega'}\left(u+v+w+\frac{3}{2}\right)\mathrm{d}u\mathrm{d}v\mathrm{d}w = 0 + \frac{3}{2}\iiint\limits_{\Omega'}\mathrm{d}v$$

$$= \frac{3}{2}\cdot\frac{4}{3}\pi = 2\pi.$$

五、化简三次累次积分

10. 化累次积分 $I = \int_0^a \mathrm{d}x \int_0^x \mathrm{d}y \int_0^y f(z)\mathrm{d}z$ 为定积分.

解 这是三重积分的累次积分,不必画出或想象三重积分的积分区域.只需将它看成是先二后一的积分公式

$$I = \int_0^a \mathrm{d}x \iint\limits_{D(x)} f(z)\mathrm{d}z\mathrm{d}y,$$

$D(x)$是 Oyz 平面上的一个区域,见图 8.23.

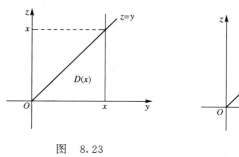 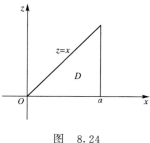

图 8.23　　　　　　　　图 8.24

先对其中的二重积分改变积分顺序得

$$\iint\limits_{D(x)} f(z)\mathrm{d}z\mathrm{d}y = \int_0^x \mathrm{d}z \int_z^x f(z)\mathrm{d}y = \int_0^x (x-z)f(z)\mathrm{d}z,$$

于是 $I = \int_0^a dx \int_0^x (x-z)f(z)dz = \iint_D (x-z)f(z)dzdx,$

其中 D 如图 8.24 所示,再交换积分顺序得

$$I = \int_0^a dz \int_z^a (x-z)f(z)dx = \frac{1}{2}\int_0^a f(z)(x-z)^2 \Big|_{x=z}^{x=a} dz$$
$$= \frac{1}{2}\int_0^a (a-z)^2 f(z)dz.$$

评注 若交换积分顺序可以简化三次累次积分时,常可用如下方法:把累次积分看成是三重积分的先一后二或先二后一的积分公式,然后对其中的二重积分进行交换积分顺序.

本 节 小 结

怎样求三重积分 $\iiint_\Omega f(x,y,z)dv$ 及简化计算问题.

与计算二重积分类似要注意以下问题:

1. 选择积分顺序. 公式(2.1)与公式(2.2)有不同的积分顺序,分别是先一(先求一重积分)后二(后求二重积分)与先二后一的情形. 它们所对应的区域 Ω 分别是柱形长条区域与截面已知的区域. 有时积分区域 Ω 既是柱形长条区域又是截面已知的区域,那么结合被积函数就要选择合适的积分顺序以便于简化计算. 见题 2,题 3 和它的"评注".

2. 利用分块积分法. 将积分区域 Ω 分解成 $\Omega = \Omega_1 \bigcup \Omega_2$,然后用公式: $\iiint_\Omega f(x,y,z)dv = \iiint_{\Omega_1} f(x,y,z)dv + \iiint_{\Omega_2} f(x,y,z)dv$,这就是三重积分的分块积分法. 使用分块积分法的常见情形与二重积分类似. 见题 8. 该例作了球坐标变换后对应的积分区域的边界是分块表示的情形. 因此要用分块积分法.

3. 注意利用区域关于坐标平面的对称性或原点的对称性与被积函数的奇偶性来简化三重积分的计算. 如题 3,题 8 等.

4. 注意利用: $\iiint_\Omega 1 dv = \Omega$ 的体积. 当积分区域 Ω 的体积已知时,

则可直接得 $\iiint\limits_{\Omega} k \mathrm{d}v = k \cdot v$ 的体积,其中 k 为常数.

5. 选择变量替换. 除了在直角坐标系中计算三重积分外,还可选择适当的变量替换. 常可供选择的有：

① 柱坐标变换. 若 Ω 是旋转体,如柱体,锥体,旋转抛物体等,被积函数形如 $x^n y^m f(x^2+y^2), x^n z^m f(x^2+z^2)$ 等等,可考虑选用柱坐标变换,如题 4,题 5,题 6.

② 球坐标变换. 若 Ω 是球体,锥体或它们的一部分,被积函数形如 $x^n y^m z^l f(x^2+y^2+z^2)$,可考虑选用球坐标变换,如题 7,题 8.

③ 平移变换. 若区域 Ω 有某种对称性(如 Ω 为球体,球心不在原点),经平移后变成了关于坐标平面对称的区域且被积函数变成有奇偶性时,可考虑选用平移变换,如题 9(3).

④ 广义球坐标变换或其他变换.

变换 $x = a\rho\sin\varphi\cos\theta, y = b\rho\sin\varphi\sin\theta, z = c\rho\cos\varphi$ 为广义球坐标变换,它的雅可比行列式 $J = abc\rho^2\sin\varphi$,其中 a, b, c 为正的常数.

若区域 Ω 由两组曲面 $u(x,y,z) = a_1, u(x,y,z) = b_1, v(x,y,z) = a_2, v(x,y,z) = b_2, w(x,y,z) = a_3, w(x,y,z) = b_3$ 围成,其中 $a_i < b_i$ ($i=1,2,3$) 为常数,常考虑作变换

$$\begin{cases} u = u(x,y,z), \\ v = v(x,y,z), \\ w = w(x,y,z) \end{cases} \quad \text{或反解成} \quad \begin{cases} x = x(u,v,w), \\ y = y(u,v,w), \\ z = z(u,v,w). \end{cases}$$

在此变换下,$Oxyz$ 空间中的区域 Ω 变成 $Ouvw$ 空间中的长方体 Ω'：$a_1 \leqslant u \leqslant b_1, a_2 \leqslant v \leqslant b_2, a_3 \leqslant w \leqslant b_3$,并注意

$$\frac{\partial(x,y,z)}{\partial(u,v,w)} = \left(\frac{\partial(u,v,w)}{\partial(x,y,z)}\right)^{-1}.$$

练习题 8.2

8.2.1 求下列三重积分：

(1) $\iiint\limits_{\Omega} y\cos(x+z)\mathrm{d}v$,其中 Ω 是由 $y = \sqrt{x}, y = 0, z = 0, x + z = \dfrac{\pi}{2}$ 所围成的区域；

(2) $\iiint\limits_{\Omega} xy^2 z^3 \mathrm{d}v$,其中 Ω 是由 $z = xy, y = x, x = 1, z = 0$ 所围成的区域；

(3) $\iiint_\Omega (x^2+y^2)dv$,其中 Ω 是由 $x^2+y^2 \leqslant 2z, z \leqslant 2$ 所围成的区域;

(4) $\iiint_\Omega z dx dy dz$,其中 Ω 是由平面 $z=0$ 和椭球面 $\dfrac{x^2}{a^2}+\dfrac{y^2}{b^2}+\dfrac{z^2}{c^2}=1$ 的上半部分所围成的区域.

8.2.2 求下列三重积分:

(1) $\iiint_\Omega z^2 dx dy dz$,其中 Ω 为球体 $x^2+y^2+z^2 \leqslant R^2$ 和 $x^2+y^2+z^2 \leqslant 2Rz$ 的公共部分;

(2) $\iiint_\Omega xyz dx dy dz$,$\Omega$ 是 $x^2+y^2+z^2=1, x=0, y=0, z=0$ 所围成的区域;

(3) $\iiint_\Omega \sqrt{x^2+y^2} dx dy dz$,$\Omega$ 是 $x^2+y^2=z^2, z=1$ 所围成的区域;

(4) $\iiint_\Omega \dfrac{1}{\sqrt{x^2+y^2+z^2}} dv$,$\Omega$ 是区域 $x^2+y^2+z^2 \leqslant 2az$;

(5) $\iiint_\Omega (x^2+y^2) dx dy dz$,$\Omega$ 是区域 $x^2+y^2 \leqslant 2z, z \leqslant 2$;

(6) $\iiint_\Omega (x^2+y^2) dv$,其中 Ω 是由 $a^2 \leqslant x^2+y^2+z^2 \leqslant b^2, z \geqslant 0$ 所围成的区域.

8.2.3 求下列三重积分:

(1) $I=\iiint_\Omega z e^{(x+y)^2} dv$,$\Omega$: $1 \leqslant x+y \leqslant 2, x \geqslant 0, y \geqslant 0, 0 \leqslant z \leqslant 3$;

(2) $I=\iiint_\Omega (x^3+y^3+z^3) dv$,$\Omega$ 由半球面 $x^2+y^2+z^2=2z(z \geqslant 1)$ 与锥面 $z=\sqrt{x^2+y^2}$ 围成;

*(3) $I=\iiint_\Omega \exp\left\{\sqrt{\dfrac{x^2}{a^2}+\dfrac{y^2}{b^2}+\dfrac{z^2}{c^2}}\right\} dx dy dz$,$\Omega$ 由 $\dfrac{x^2}{a^2}+\dfrac{y^2}{b^2}+\dfrac{z^2}{c^2}=1$ 围成;

*(4) $I=\iiint_\Omega x^2 y^2 z dx dy dz$,$\Omega$ 由 $z=\dfrac{x^2+y^2}{a}, z=\dfrac{x^2+y^2}{b}, xy=c, xy=d, y=\alpha x, y=\beta x$ 围成,其中 $0<a<b, 0<c<d, 0<\alpha<\beta$.

8.2.4 求下列累次积分:

(1) $I=\int_{-1}^1 dx \int_0^{\sqrt{1-x^2}} dy \int_1^{1+\sqrt{1-x^2-y^2}} \dfrac{dz}{\sqrt{x^2+y^2+z^2}}$;

(2) $I=\int_0^1 dx \int_x^1 dy \int_y^1 \sqrt{1+z^4} dz$.

§3 重积分的应用

内 容 提 要

1. 重积分的几何应用

(1) 平面图形的面积

Oxy 平面上区域 D 的面积

$$S = \iint_D d\sigma.$$

若 $D = \{(x,y) | a \leqslant x \leqslant b, \varphi_1(x) \leqslant y \leqslant \varphi_2(x)\}$,则

$$S = \int_a^b dx \int_{\varphi_1(x)}^{\varphi_2(x)} dy = \int_a^b [\varphi_2(x) - \varphi_1(x)] dx.$$

若 D 的极坐标表示：$\alpha \leqslant \theta \leqslant \beta, r_1(\theta) \leqslant r \leqslant r_2(\theta)$,则

$$S = \iint_D d\sigma = \int_\alpha^\beta d\theta \int_{r_1(\theta)}^{r_2(\theta)} r dr = \frac{1}{2} \int_\alpha^\beta [r_2^2(\theta) - r_1^2(\theta)] d\theta.$$

(2) 空间区域的体积

$Oxyz$ 空间中区域 Ω 的体积

$$V = \iiint_\Omega dv.$$

若 $\Omega = \{(x,y,z) | z_1(x,y) \leqslant z \leqslant z_2(x,y), (x,y) \in D\}$,其中 D 是 Ω 在 Oxy 平面上的投影区域,则

$$V = \iint_D dxdy \int_{z_1(x,y)}^{z_2(x,y)} dz = \iint_D [z_2(x,y) - z_1(x,y)] dxdy.$$

若 $\Omega = \{(x,y,z) | \alpha \leqslant z \leqslant \beta, (x,y) \in D(z)\}$,其中 $D(z)$ 是过 z 轴上点 $z \in [\alpha, \beta]$ 垂直于 z 轴的平面与 Ω 相交所得平面区域,则

$$V = \int_\alpha^\beta dz \iint_{D(z)} dxdy = \int_\alpha^\beta S(z) dz,$$

其中 $S(z)$ 是 $D(z)$ 的面积.

(3) 曲面的面积

设曲面 S 在 Oxy 平面上的投影是区域 D,S 的方程为

$$z = f(x,y), \quad (x,y) \in D,$$

则 S 的面积可按下列二重积分计算：

$$S = \iint_D \sqrt{1 + f_x'^2 + f_y'^2} d\sigma,$$

其中 $f(x,y)$ 在区域 D 有连续的偏导数.

2. 重积分的物理应用

(1) 物体的质量与重心坐标

设有一物体,它占据空间区域 Ω,在点 (x,y,z) 处的密度是 $\rho(x,y,z)$。则此物体的重心坐标 $(\bar{x},\bar{y},\bar{z})$ 可由下列三重积分表出:

$$\bar{x} = \frac{1}{M}\iiint_\Omega x\rho dv, \quad \bar{y} = \frac{1}{M}\iiint_\Omega y\rho dv, \quad \bar{z} = \frac{1}{M}\iiint_\Omega z\rho dv,$$

其中 M 为该物体的质量,可按下列三重积分计算:

$$M = \iiint_\Omega \rho(x,y,z)dv.$$

(2) 物体的转动惯量

设一物体占有空间区域 Ω,密度为 $\rho(x,y,z)$,则它对原点、各坐标轴及各坐标平面的转动惯量分别为

$$I_0 = \iiint_\Omega (x^2+y^2+z^2)\rho(x,y,z)dv,$$

$$I_x = \iiint_\Omega (y^2+z^2)\rho dv, \quad I_y = \iiint_\Omega (x^2+z^2)\rho dv,$$

$$I_z = \iiint_\Omega (x^2+y^2)\rho dv,$$

$$I_{xy} = \iiint_\Omega z^2\rho dv, \quad I_{yz} = \iiint_\Omega x^2\rho dv, \quad I_{xz} = \iiint_\Omega y^2\rho dv.$$

(3) 物体的引力

设一物体占有空间区域 Ω,密度为 $\rho(x,y,z)$,则它对位于 Ω 之外的一点 $M(x_0,y_0,z_0)$ 处的单位质量的引力 $\boldsymbol{F}=\{F_x,F_y,F_z\}$ 可按下列公式计算:

$$F_x = k\iiint_\Omega \frac{\rho(x,y,z)(x-x_0)}{r^3}dv,$$

$$F_y = k\iiint_\Omega \frac{\rho(x,y,z)(y-y_0)}{r^3}dv,$$

$$F_z = k\iiint_\Omega \frac{\rho(x,y,z)(z-z_0)}{r^3}dv,$$

其中 $r=\sqrt{(x-x_0)^2+(y-y_0)^2+(z-z_0)^2}$,$k$ 为常数,F_x,F_y,F_z 为向量 $\boldsymbol{F}$ 的三个分量.

典型例题分析

一、求平面图形的面积与空间区域的体积

1. 求心脏线

$$r = a(1+\cos\theta) \quad (a>0, 0\leqslant\theta\leqslant 2\pi)$$

所围的面积.

解 在一元函数中已求过这个面积. 现在可用二重积分来求. 由二重积分的几何意义可知, 平面区域 D 的面积在数值上等于二重积分 $\iint\limits_{D} \mathrm{d}\sigma$, 所以所求面积为

$$S = \iint\limits_{D} \mathrm{d}\sigma,$$

其中 D 为心脏线所围的区域. 由于 D 关于 Ox 轴对称, 被积函数 1 对 y 为偶函数, 所以

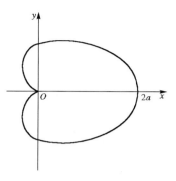

图 8.25

$$S = 2\iint\limits_{D_{\perp}} \mathrm{d}\sigma.$$

利用极坐标, 有

$$S = 2\int_0^\pi \mathrm{d}\theta \int_0^{a(1+\cos\theta)} r\mathrm{d}r = \int_0^\pi a^2(1+\cos\theta)^2 \mathrm{d}\theta$$
$$= a^2 \int_0^\pi (1 + 2\cos\theta + \cos^2\theta)\mathrm{d}\theta = \frac{3}{2}\pi a^2.$$

2. 求由抛物线 $y^2 = 10x + 25$ 和 $y^2 = -6x + 9$ 所围成的区域的面积.

解 我们仍用公式

$$S = \iint\limits_{D} \mathrm{d}\sigma.$$

现在所给区域由两曲线所围成, 且关于 Ox 轴对称 (见图 8.26). 在 Ox 轴上方, 两曲线相交于点 $(-1, \sqrt{15})$, 所以

$$S = 2\iint\limits_{D_{\perp}} \mathrm{d}\sigma = 2\int_0^{\sqrt{15}} \mathrm{d}y \int_{\frac{y^2-25}{10}}^{\frac{9-y^2}{6}} \mathrm{d}x$$
$$= 2\int_0^{\sqrt{15}} \left(4 - \frac{4}{15}y^2\right)\mathrm{d}y = \frac{16}{3}\sqrt{15}.$$

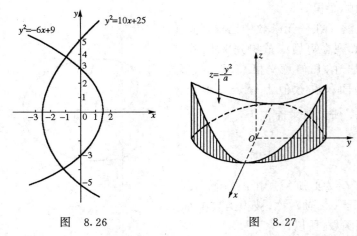

图 8.26   图 8.27

3. 求由 $az=y^2, x^2+y^2=R^2, z=0(a>0, R>0)$ 所围立体的体积.

解 所求立体是以曲面 $z=\dfrac{y^2}{a}$ 为顶,平面 $z=0$ 为底的柱体,它在 Oxy 平面上的投影为圆 $x^2+y^2=R^2$(见图 8.27). 由二重积分的几何意义知,所求体积

$$V=\iint\limits_{D}\dfrac{y^2}{a}\mathrm{d}\sigma=\dfrac{1}{a}\int_0^{2\pi}\mathrm{d}\theta\int_0^R r^3\sin^2\theta\mathrm{d}r$$

$$=\dfrac{R^4}{4a}\cdot 4\int_0^{\frac{\pi}{2}}\sin^2\theta\mathrm{d}\theta=\dfrac{\pi R^4}{4a}.$$

二、求曲面的面积

4. 求由半球面 $z=\sqrt{3a^2-x^2-y^2}$ 及旋转抛物面 $x^2+y^2=2az$ 所围成的立体的表面积.

解 所论立体的图形见图 8.28,这两曲面的交线是

$$\begin{cases} z=\sqrt{3a^2-x^2-y^2},\\ x^2+y^2=2az, \end{cases} \text{即} \begin{cases} x^2+y^2=2a^2,\\ z=a. \end{cases}$$

于是该立体在 Oxy 平面上的投影区域 D 为 $x^2+y^2\leqslant 2a^2$. 其表面由半球面及旋转抛物面两部分组成. 在球面上,有

$$z_x'=\dfrac{-x}{\sqrt{3a^2-x^2-y^2}}, \quad z_y'=\dfrac{-y}{\sqrt{3a^2-x^2-y^2}},$$

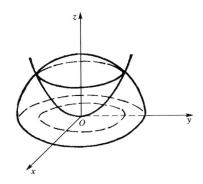

图 8.28

于是
$$\sqrt{1 + z_x'^2 + z_y'^2} = \frac{\sqrt{3}\,a}{\sqrt{3a^2 - x^2 - y^2}}.$$

在旋转抛物面上,有
$$z_x' = \frac{x}{a}, \quad z_y' = \frac{y}{a},$$

于是
$$\sqrt{1 + z_x'^2 + z_y'^2} = \frac{1}{a}\sqrt{a^2 + x^2 + y^2}.$$

所求表面积为

$$S = \iint_D \left(\frac{\sqrt{3}\,a}{\sqrt{3a^2 - x^2 - y^2}} + \frac{1}{a}\sqrt{a^2 + x^2 + y^2} \right) d\sigma$$

$$= \int_0^{2\pi} d\theta \int_0^{\sqrt{2}\,a} \left(\frac{\sqrt{3}\,a}{\sqrt{3a^2 - r^2}} + \frac{1}{a}\sqrt{a^2 + r^2} \right) r\,dr$$

$$= 2\pi \left[-\sqrt{3}\,a\sqrt{3a^2 - r^2} + \frac{1}{3a}(a^2 + r^2)^{3/2} \right]\Big|_0^{\sqrt{2}\,a} = \frac{16\pi a^2}{3}.$$

5. 求锥面 $z = \sqrt{x^2 + y^2}$ 被柱面 $x^2 + y^2 = 2x$ 割下部分的曲面面积.

解 所论曲面在 Oxy 平面上的投影区域 D 为
$$x^2 + y^2 \leqslant 2x.$$

在锥面上,
$$z_x' = \frac{x}{\sqrt{x^2 + y^2}}, \quad z_y' = \frac{y}{\sqrt{x^2 + y^2}},$$

于是
$$\sqrt{1+z_x'^2+z_y'^2}=\sqrt{2},$$
所以所求曲面面积
$$S=\iint\limits_{D}\sqrt{2}\,\mathrm{d}\sigma=\sqrt{2}\,\pi$$
(因为 D 是半径为 1 的圆，D 的面积为 π).

三、求物体的质量与重心

6. 求边长为 a 的正方形薄板的质量与重心. 设薄板上每一点的密度与该点到正方形顶点之一的距离成正比，在正方形的中心处，密度为 ρ_0.

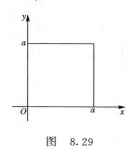

图 8.29

解 取所论顶点为坐标原点，该顶点的两个邻边分别为 x 轴及 y 轴（见图 8.29），则正方形内任一点 (x,y) 处的密度为 $\rho(x,y)=k\sqrt{x^2+y^2}$. 又已知当 $x=\dfrac{a}{2},y=\dfrac{a}{2}$ 时 $\rho=\rho_0$，代入上式即可定出 $k=\dfrac{\sqrt{2}\,\rho_0}{a}$. 于是正方形薄板的质量

$$M=\iint\limits_{D}\rho(x,y)\mathrm{d}\sigma=\frac{\sqrt{2}\,\rho_0}{a}\iint\limits_{D}\sqrt{x^2+y^2}\mathrm{d}\sigma,$$

利用极坐标

$$\iint\limits_{D}\sqrt{x^2+y^2}\mathrm{d}\sigma=\int_0^{\frac{\pi}{4}}\mathrm{d}\theta\int_0^{\frac{a}{\cos\theta}}r^2\mathrm{d}r+\int_{\frac{\pi}{4}}^{\frac{\pi}{2}}\mathrm{d}\theta\int_0^{\frac{a}{\sin\theta}}r^2\mathrm{d}r$$

$$=\frac{a^3}{3}\left[\int_0^{\frac{\pi}{4}}\frac{\mathrm{d}\theta}{\cos^3\theta}+\int_{\frac{\pi}{4}}^{\frac{\pi}{2}}\frac{\mathrm{d}\theta}{\sin^3\theta}\right]=\frac{2a^3}{3}\int_0^{\frac{\pi}{4}}\frac{\mathrm{d}\theta}{\cos^3\theta}$$

$\left(\text{因为}\int_{\frac{\pi}{4}}^{\frac{\pi}{2}}\frac{\mathrm{d}\theta}{\sin^3\theta}=\int_0^{\frac{\pi}{4}}\frac{\mathrm{d}\theta}{\cos^3\theta}\right)$. 而

$$\int_0^{\frac{\pi}{4}}\frac{\mathrm{d}\theta}{\cos^3\theta}=\int_0^{\frac{\pi}{4}}\sqrt{1+\tan^2\theta}\,\mathrm{d}\tan\theta=\int_0^1\sqrt{1+t^2}\mathrm{d}t$$

$$=\frac{1}{2}[\sqrt{2}+\ln(1+\sqrt{2})],$$

所以
$$M = \frac{\sqrt{2}\rho_0 a^2}{3}[\sqrt{2} + \ln(1+\sqrt{2})].$$
又
$$\iint_D x\rho(x,y)d\sigma = \frac{\sqrt{2}\rho_0}{a}\left[\int_0^{\frac{\pi}{4}}d\theta\int_0^{\frac{a}{\cos\theta}}r^3\cos\theta dr + \int_{\frac{\pi}{4}}^{\frac{\pi}{2}}d\theta\int_0^{\frac{a}{\sin\theta}}r^3\cos\theta dr\right]$$
$$= \frac{\sqrt{2}\rho_0 a^3}{4}\left[\int_0^{\frac{\pi}{4}}\frac{d\theta}{\cos^3\theta} + \int_{\frac{\pi}{4}}^{\frac{\pi}{2}}\frac{\cos\theta}{\sin^4\theta}d\theta\right],$$

其中 $\int_0^{\pi/4}\frac{d\theta}{\cos^3\theta}$ 前面已算出，又
$$\int_{\pi/4}^{\pi/2}\frac{\cos\theta}{\sin^4\theta}d\theta = -\frac{1}{3}\sin^{-3}\theta\Big|_{\pi/4}^{\pi/2} = \frac{1}{3}(2\sqrt{2}-1).$$
所以
$$\iint_D x\rho(x,y)d\sigma = \frac{\rho_0 a^3}{24}[14 - 2\sqrt{2} + 3\sqrt{2}\ln(1+\sqrt{2})],$$
于是
$$\bar{x} = \frac{\iint_D x\rho(x,y)d\sigma}{M} = \frac{a[14-2\sqrt{2}+3\sqrt{2}\ln(1+\sqrt{2})]}{8[2+\sqrt{2}\ln(1+\sqrt{2})]}.$$

由对称性知：$\bar{y} = \bar{x}$.

7. 设球体 $x^2+y^2+z^2 \leqslant 2Rz(R>0)$ 上任一点处的密度在数量上等于此点到坐标原点之距离的平方，求该球体的重心坐标.

解 球体的图形见图 8.30. 由题知体密度
$$\rho(x,y,z) = x^2+y^2+z^2,$$
所以
$$M = \iiint_\Omega (x^2+y^2+z^2)dv.$$

利用球坐标变换，球面的球坐标方程为 $\rho = 2R\cos\varphi$，于是，
$$\Omega: 0 \leqslant \theta \leqslant 2\pi, \ 0 \leqslant \varphi \leqslant \frac{\pi}{2},$$
$$0 \leqslant \rho \leqslant 2R\cos\varphi,$$

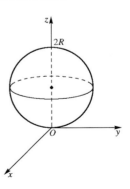

图 8.30

$$M = \int_0^{2\pi} d\theta \int_0^{\frac{\pi}{2}} d\varphi \int_0^{2R\cos\varphi} \rho^4 \sin\varphi d\rho = 2\pi \int_0^{\frac{\pi}{2}} \frac{32R^5}{5} \cos^5\varphi \sin\varphi d\varphi$$

$$= \frac{64\pi R^5}{5} \left(-\frac{1}{6} \cos^6\varphi \right) \Big|_0^{\frac{\pi}{2}} = \frac{32}{15} \pi R^5.$$

由对称性可看出 $\bar{x} = \bar{y} = 0$,而

$$\iiint_\Omega z(x^2 + y^2 + z^2) dv = \int_0^{2\pi} d\theta \int_0^{\frac{\pi}{2}} d\varphi \int_0^{2R\cos\varphi} \rho^5 \cos\varphi \sin\varphi d\rho$$

$$= 2\pi \frac{64R^6}{6} \int_0^{\frac{\pi}{2}} \cos^7\varphi \sin\varphi d\varphi$$

$$= \frac{64\pi R^6}{3} \left(-\frac{1}{8} \cos^8\varphi \right) \Big|_0^{\frac{\pi}{2}} = \frac{8\pi R^6}{3},$$

于是
$$\bar{z} = \frac{1}{M} \cdot \frac{8\pi R^6}{3} = \frac{5}{4} R.$$

重心坐标为 $\left(0, 0, \frac{5}{4} R \right)$.

8. 求位于第一卦限中的部分椭球体

$$\Omega: \frac{x^2}{a^2} + \frac{y^2}{b^2} + \frac{z^2}{c^2} \leqslant 1 \quad (x \geqslant 0, y \geqslant 0, z \geqslant 0)$$

的重心坐标,设椭球体是均匀的.

解 所谓均匀物体,是指物体各处的密度都相等,即 $\rho(x,y,z) \equiv \rho_0$,其中 ρ_0 为常数.

先求 Ω 的质量. 由于 Ω 的截面面积已知,我们得

$$M = \iiint_\Omega \rho_0 dv = \rho_0 \int_0^c dz \iint_{D(z)} dx dy,$$

其中 $D(z)$ 是截面区域: $\frac{x^2}{a^2} + \frac{y^2}{b^2} \leqslant 1 - \frac{z^2}{c^2}$,由椭圆面积公式得 $D(z)$ 的面积

$$S(z) = \frac{1}{4} \pi ab \left(1 - \frac{z^2}{c^2} \right),$$

于是

$$M = \rho_0 \int_0^c \frac{1}{4} \pi ab \left(1 - \frac{z^2}{c^2} \right) dz = \frac{1}{4} \rho_0 \pi ab \left(z - \frac{z^3}{3c^2} \right) \Big|_0^c = \frac{\pi}{6} abc\rho_0.$$

同理可求

$$\iiint_\Omega \rho_0 z \mathrm{d}v = \rho_0 \int_0^c \mathrm{d}z \iint_{D(z)} z \mathrm{d}x \mathrm{d}y = \frac{1}{4}\rho_0 \pi ab \int_0^c z\left(1 - \frac{z^2}{c^2}\right)\mathrm{d}z$$

$$= \frac{1}{4}\rho_0 \pi ab \left(\frac{1}{2}z^2 - \frac{z^4}{4c^2}\right)\Big|_0^c = \frac{1}{16}\rho_0 \pi abc^2,$$

因此

$$\bar{z} = \frac{1}{M} \cdot \frac{\pi abc^2 \rho_0}{16} = \frac{3}{8}c.$$

由对称性可知

$$\bar{x} = \frac{3}{8}a, \quad \bar{y} = \frac{3}{8}b.$$

评注 这里积分区域是椭球体的一部分,所以宜用广义球坐标 (ρ, θ, φ)(若熟悉广义球坐标变换的话). 在广义球坐标之下,所给椭球面的方程为

$$\rho^2 = 1 \quad 即 \quad \rho = 1.$$

又不难看出,φ 与 θ 的变化范围都是 $[0, \pi/2]$,所以

$$\iiint_\Omega \rho_0 x \mathrm{d}v = \rho_0 \int_0^{\frac{\pi}{2}}\mathrm{d}\theta \int_0^{\frac{\pi}{2}}\mathrm{d}\varphi \int_0^1 a^2 bc \rho^3 \sin^2\varphi \cos\theta \mathrm{d}\rho$$

$$= \rho_0 \int_0^{\frac{\pi}{2}} \cos\theta \mathrm{d}\theta \cdot \int_0^{\frac{\pi}{2}} \sin^2\varphi \mathrm{d}\varphi \cdot \int_0^1 a^2 bc \rho^3 \mathrm{d}\rho$$

$$= \rho_0 \cdot 1 \cdot \frac{\pi}{4} \cdot a^2 bc \cdot \frac{1}{4} = \frac{\pi a^2 bc \rho_0}{16}.$$

又由于所讨论的物体是均匀的,因而其质量等于其体积乘密度,而椭球的体积为 $\frac{4\pi}{3}abc$,所以所论物体的质量为

$$M = \frac{1}{8} \cdot \frac{4\pi}{3}abc \cdot \rho_0 = \frac{\pi}{6}abc\rho_0.$$

于是

$$\bar{x} = \frac{1}{M} \cdot \frac{\pi a^2 bc \rho_0}{16} = \frac{3a}{8}.$$

四、求物体的转动惯量

9. 求质量为 M 的均匀椭圆柱体:$\frac{x^2}{a^2} + \frac{y^2}{b^2} \leqslant 1, 0 \leqslant z \leqslant h$,对各坐标轴的转动惯量.

解 所给椭圆柱体的体积为 πabh,所以其密度为 $\rho = \frac{M}{\pi abh}$. 椭圆

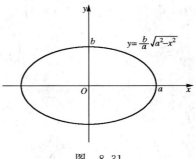

图 8.31

柱体在 Oxy 平面上的投影区域 D 为椭圆 $\dfrac{x^2}{a^2}+\dfrac{y^2}{b^2}\leqslant 1$(见图 8.31).

$$I_x = \iiint_{\Omega}\rho(y^2+z^2)\mathrm{d}v = \rho\iint_{D}\left\{\int_0^h(y^2+z^2)\mathrm{d}z\right\}\mathrm{d}\sigma$$

$$= 4\rho\int_0^a\mathrm{d}x\int_0^{\frac{b}{a}\sqrt{a^2-x^2}}\left(y^2h+\frac{1}{3}h^3\right)\mathrm{d}y$$

$$= 4\rho\int_0^a\left[\frac{b^3}{3a^3}(a^2-x^2)^{3/2}h+\frac{bh^3}{3a}\sqrt{a^2-x^2}\right]\mathrm{d}x$$

$$= \rho\left(\frac{a\pi b^3 h}{4}+\frac{\pi abh^3}{3}\right) = M\left(\frac{b^2}{4}+\frac{h^2}{3}\right).$$

由对称性可知

$$I_y = M\left(\frac{a^2}{4}+\frac{h^2}{3}\right).$$

又 $\quad I_z = \rho\iiint_{\Omega}(x^2+y^2)\mathrm{d}v = \rho h\iint_{D}(x^2+y^2)\mathrm{d}\sigma$

$$= 4\rho h\int_0^a\left[\frac{b}{a}x^2\sqrt{a^2-x^2}+\frac{1}{3}\cdot\frac{b^3}{a^3}(a^2-x^2)^{3/2}\right]\mathrm{d}x$$

$$= 4\rho h\left[\frac{b}{a}\cdot\frac{a^4\pi}{16}+\frac{b^3}{3a^3}\cdot\frac{3\pi a^4}{16}\right] = \frac{1}{4}M(a^2+b^2).$$

评注 若熟悉广义极坐标变换,该例中先对 z 积分化为二重积分后,用广义极坐标变换来计算是简单的. 令

$$x = ar\cos\theta,\quad y = br\sin\theta,$$

则 $\quad D = \{(r,\theta)\,|\,0\leqslant\theta\leqslant 2\pi,\ 0\leqslant r\leqslant 1\},$

于是
$$I_x = \rho \iint_D \left(y^2 h + \frac{h^3}{3} \right) d\sigma$$
$$= \frac{M}{\pi abh} \int_0^{2\pi} d\theta \int_0^1 \left(hb^2 r^2 \sin^2\theta + \frac{1}{3} h^3 \right) abr dr$$
$$= \frac{M}{\pi} \left[\int_0^{2\pi} \sin^2\theta d\theta \int_0^1 b^2 r^3 dr + \frac{2\pi}{3} h^3 \int_0^1 r dr \right]$$
$$= M \left[\frac{b^2}{4} + \frac{h^2}{3} \right].$$

10. 证明等式
$$I_l = I_{\bar{l}} + Md^2,$$
其中 I_l 为物体对轴 l 的转动惯量,$I_{\bar{l}}$ 为对平行于 l 轴并且通过物体重心的轴 $\bar{l}$ 的转动惯量,d 为两轴间的距离,M 是物体的质量.

证 取轴 l 为 Oz 轴,并按右手系建立坐标系 $Oxyz$. 设物体占有空间位置 Ω,物体的重心坐标为 $(\bar{x}, \bar{y}, \bar{z})$(见图 8.32),则根据已知条件,有
$$\bar{x}^2 + \bar{y}^2 = d^2,$$
且 $\bar{x} = \frac{1}{M} \iiint_\Omega \rho x dv, \quad \bar{y} = \frac{1}{M} \iiint_\Omega \rho y dv.$

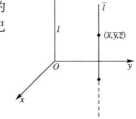

图 8.32

这时,物体对轴 $\bar{l}$ 的转动惯量可表为
$$I_{\bar{l}} = \iiint_\Omega \rho [(x - \bar{x})^2 + (y - \bar{y})^2] dv$$
$$= \iiint_\Omega \rho [(x^2 + y^2) + (\bar{x}^2 + \bar{y}^2) - 2(x\bar{x} + y\bar{y})] dv$$
$$= I_l + d^2 \iiint_\Omega \rho dv - 2 \left[\bar{x} \iiint_\Omega x\rho dv + \bar{y} \iiint_\Omega y\rho dv \right]$$
$$= I_l + d^2 M - 2(M\bar{x}^2 + M\bar{y}^2)$$
$$= I_l + d^2 M - 2Md^2 = I_l - Md^2,$$
即
$$I_l = I_{\bar{l}} + Md^2.$$

五、质点对物体的引力

11. 证明:均匀球体对球外一质点 P 的引力,等于将该球的全部质量都集中于球心时,球心对该质点的引力.

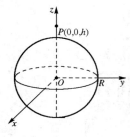

图 8.33

证 设球的半径为 R,密度为 ρ. 现以球心为原点建立坐标系 $Oxyz$,并使 Oz 轴通过质点 P(见图 8.33). 设 P 的坐标为 $(0,0,h)$,有 $h > R$. 不妨设 P 为单位质点. 由对称性可知 $F_x = F_y = 0$,而

$$F_z = k\rho \iiint_\Omega \frac{z-h}{[x^2+y^2+(z-h)^2]^{3/2}} dv,$$

这里宜用柱坐标系,且采用先对 θ, r 求二重积分再对 z 求定积分的积分顺序,有

$$F_z = k\rho \int_{-R}^{R} \left\{ \iint_{D(z)} \frac{z-h}{[x^2+y^2+(h-z)^2]^{3/2}} d\sigma \right\} dz,$$

其中区域 $D(z)$ 为圆域:$x^2+y^2 \leq R^2-z^2, z \in [-R, R]$. 因而二重积分

$$\iint_{D(z)} \frac{z-h}{[x^2+y^2+(h-z)^2]^{3/2}} d\sigma$$

$$= \int_0^{2\pi} d\theta \int_0^{\sqrt{R^2-z^2}} \frac{(z-h)r}{[r^2+(h-z)^2]^{3/2}} dr$$

$$= 2\pi \left(-\frac{z-h}{\sqrt{r^2+(h-z)^2}} \bigg|_0^{\sqrt{R^2-z^2}} \right)$$

$$= 2\pi(z-h)\left(\frac{1}{h-z} - \frac{1}{\sqrt{R^2+h^2-2hz}} \right)$$

$$= -2\pi + \frac{2\pi(h-z)}{\sqrt{R^2+h^2-2hz}}.$$

又利用分部积分,有

$$\int_{-R}^{R} \frac{h-z}{\sqrt{R^2+h^2-2hz}} dz$$

$$= -\frac{1}{h}\left[(h-z)\sqrt{R^2+h^2-2hz} \bigg|_{-R}^{R} \right.$$

$$\left. + \int_{-R}^{R} \sqrt{R^2+h^2-2hz} dz \right]$$

$$= -\frac{1}{h}\left\{ -4hR - \frac{1}{3h}[(h-R)^3 - (h+R)^3] \right\}$$

$$= -\frac{1}{h}\left\{-4hR + 2hR + \frac{2R^3}{3h}\right\} = 2R - \frac{2R^3}{3h^2}.$$

于是
$$F_z = k\rho\left[\int_{-R}^{R} -2\pi dz + 2\pi\left(2R - \frac{2R^3}{3h^2}\right)\right]$$
$$= k\rho 2\pi\left[-2R + 2R - \frac{2R^3}{3h^2}\right] = -\frac{k\rho 4\pi R^3}{3h^2}.$$

又该球体的全部质量为 $m = \dfrac{4\pi R^3 \rho}{3}$, 质点到球心的距离为 h. 所以 $|F_z|$ 等于当全部质量集中于球心时, 球心对质点的引力的绝对值, 显然, 所论两引力的方向也是一致的.

本 节 小 结

1. 求空间区域的体积的关键是要弄清它的投影区域或截面区域, 余下就是套公式.

2. 求空间曲面面积的关键也是要弄清投影区域, 余下的也是套公式.

3. 若曲面由两块不同的曲面组成, 为求区域或曲面的投影区域首先必须求两曲面的交线, 然后得到投影区域. 见题 4.

4. 利用二重或三重积分解决相应类型物体的质量、重心、转动惯量、对质点的引力等问题, 其基本思路是相同的:

① 首先知道 n 个质点组成的质点系的质量、重心、转动惯量、对质点的引力等;

② 把相应的物体分割, 近似看成 n 个质点组成的质点系, 求出这些量的近似值;

③ 无限细分, 令 $n \to +\infty$ 就得到这是量的积分表示式.

这些步骤可以用微元法代替, 余下的就是计算相应的积分.

练 习 题 8.3

8.3.1 求椭圆
$$(y-x)^2 + x^2 = 1$$
所围区域的面积.

8.3.2 求下列曲面所界的体积:

(1) $x^2 + y^2 + z^2 = 4$, $x^2 + y^2 = 3z$;

(2) $z=x^2+y^2$, $y=1$, $y=x^2$, $z=0$;

(3) $z=x^2+y^2$, $z=2x^2+2y^2$, $y=x$, $y=x^2$;

(4) $z=x+y$, $z=xy$, $x+y=1$, $x=0$, $y=0$;

(5) $x^2+y^2+z^2=a^2$, $x^2+y^2+z^2=b^2$, $z=\sqrt{x^2+y^2}$ $(b>a>0)$;

(6) $x^2+y^2=2ax$, $z=\alpha x$, $z=\beta x$ $(a>0,\alpha>\beta>0)$;

(7) $2az=x^2+y^2$, $x^2+y^2-z^2=a^2$, $z=0$ $(a>0)$;

(8) $z=xy$, $x+y+z=1$, 及坐标面 Oxz 与 Oyz 围成的位于第一卦限中的立体.

8.3.3 求曲面 $x^2+y^2+z^2=a^2$ 在圆柱 $x^2+y^2=ax$ 内那部分的面积.

8.3.4 求圆柱 $x^2+y^2=ax$ 在 $x^2+y^2+z^2=a^2$ 内那部分的面积.

8.3.5 求曲面 $z^2=2xy$ 被平面 $x+y=1$, $x=0$, $y=0$ 所截下的那部分的面积.

8.3.6 求球面 $x^2+y^2+z^2=a^2$ 为平面 $y=\dfrac{a}{4}$, $y=\dfrac{a}{2}$ 所截下部分的曲面面积.

8.3.7 设物体占据空间区域 Ω: $0\leqslant x\leqslant 1, 0\leqslant y\leqslant 1, 0\leqslant z\leqslant 1$, 在点 $M(x,y,z)$ 处的密度 $\rho=x+y+z$, 求物体的质量与重心.

8.3.8 物体呈半球形 $x^2+y^2+z^2\leqslant a^2, z\geqslant 0$, 在点 (x,y,z) 处的密度与该点到球心的距离成正比, 求此物体的重心.

8.3.9 求由椭圆抛物面 $y^2+2z^2=4x$ 与平面 $x=2$ 所围成的均匀立体的重心.

8.3.10 求由曲面
$$\frac{x^2}{a^2}+\frac{y^2}{b^2}=\frac{z^2}{c^2}$$
与平面 $z=c$ 所围的均匀物体的重心.

8.3.11 薄板占据 Oxy 平面上的区域 D, 点 (x,y) 处的面密度为 $\rho=\rho(x,y)$. 问: 垂直于 Oxy 平面的轴通过 Oxy 平面上哪一点时, 薄板对此轴的转动惯量最小?

8.3.12 求高为 h, 底面半径为 a, 密度为 ρ 的均匀圆锥体关于底面直径的转动惯量.

8.3.13 求均匀椭球体
$$\frac{x^2}{a^2}+\frac{y^2}{b^2}+\frac{z^2}{c^2}\leqslant 1$$
对三个坐标面的转动惯量.

8.3.14 求由曲面 $x^2+y^2+z^2=2, z=\sqrt{x^2+y^2}$ 所围的均匀物体关于 Ox

轴与 Oz 轴的转动惯量.

8.3.15 设有一球体,半径为 R,质量为 M,它在各点处的密度与该点到球心的距离成正比,求它对其直径的转动惯量.

8.3.16 设有一柱壳,它由两个柱面 $x^2+y^2=4$, $x^2+y^2=9$ 和两个平面 $z=0$, $z=4$ 所围成. 密度均匀为 ρ,求它对位于原点质量为 m 的质点的引力.

8.3.17 设有一半球壳,它由 $x^2+y^2+z^2=R^2$, $x^2+y^2+z^2=r^2(r<R)$ 和平面 $z=0$ 所围成,密度均匀为 ρ,求它对位于原点质量为 m 的质点的引力.

8.3.18 求高为 h,顶角为 2α 的均匀圆锥体对位于它的顶点具有单位质量的质点的引力.

第九章 曲线积分与格林公式

§1 曲线积分的概念与计算

内 容 提 要

1. 第一型曲线积分

(1) 第一型曲线积分的概念

设 C 是 Oxy 平面上的光滑或分段光滑曲线段，$f(x,y)$ 是定义在 C 上的函数，将 C 任意分为 n 段，在第 i 段上任取一点 (ξ_i,η_i)，作和式

$$\sum_{i=1}^{n} f(\xi_i,\eta_i)\Delta s_i,$$

其中 Δs_i 为第 i 段的弧长. 令最大的弧长 λ 趋向于零，若极限

$$\lim_{\lambda \to 0} \sum_{i=1}^{n} f(\xi_i,\eta_i)\Delta s$$

存在，则称此极限为函数 $f(x,y)$ 沿曲线 C 的**第一型曲线积分**(也称为**对弧长的曲线积分**)，记作

$$\int_C f(x,y)\mathrm{d}s,$$

C 称为**积分路径**，$f(x,y)$ 称为**被积函数**，$\mathrm{d}s$ 称为**弧微分**或**弧微元**.

当曲线 C 的线密度为 $\rho(x,y)$ 时，则其质量 M 可表为第一型曲线积分，即

$$M = \int_C \rho(x,y)\mathrm{d}s.$$

特别，当线密度为 1 时，$\int_C 1\mathrm{d}s =$ 曲线 C 的弧长.

(2) 可积性与性质

可积性. $\int_C f(x,y)\mathrm{d}s$ 存在，称 $f(x,y)$ 在 C 可积. $f(x,y)$ 在 C 可积 $\Longrightarrow$ $f(x,y)$ 在 C 有界. 若 $f(x,y)$ 在 C 连续(或有界并分段连续)，则 $f(x,y)$ 在 C 可积.

性质. 设 $f(x,y),g(x,y)$ 在 C 可积，则

① $\int_C [af(x,y)+bg(x,y)]\mathrm{d}s = a\int_C f(x,y)\mathrm{d}s + b\int_C g(x,y)\mathrm{d}s$，其中 a,b 为任意常数.

② $\int_C f(x,y)\mathrm{d}s = \int_{C_1} f(x,y)\mathrm{d}s + \int_{C_2} f(x,y)\mathrm{d}s$，其中曲线 C 由 C_1, C_2 连接组成.

③ 第一型曲线积分与积分路径的方向无关.

(3) 计算公式

若曲线 C 的参数方程是
$$x = \varphi(t), \quad y = \psi(t) \quad (\alpha \leqslant t \leqslant \beta),$$
又 $\varphi'(t), \psi'(t)$ 在 $[\alpha, \beta]$ 上连续，$\varphi'^2(t) + \psi'^2(t) \neq 0$，$f(x,y)$ 在 C 上连续，则第一型曲线积分可按下列公式计算：
$$\int_C f(x,y)\mathrm{d}s = \int_\alpha^\beta f(\varphi(t), \psi(t))\sqrt{\varphi'^2(t) + \psi'^2(t)}\,\mathrm{d}t.$$

特别地，当曲线 C 的方程是 $y = g(x)$ $(a \leqslant x \leqslant b)$，且 $g'(x)$ 在 $[a, b]$ 上连续时，则
$$\int_C f(x,y)\mathrm{d}s = \int_a^b f(x, g(x))\sqrt{1 + g'^2(x)}\,\mathrm{d}x.$$

可以类似地定义三元函数 $f(x,y,z)$ 沿空间曲线 C 的第一型曲线积分. 设 C 的参数方程为
$$x = \varphi(t), \quad y = \psi(t), \quad z = \chi(t) \quad (\alpha \leqslant t \leqslant \beta)$$
且 $\varphi'(t), \psi'(t), \chi'(t)$ 在 $[\alpha, \beta]$ 上连续，$\varphi'^2(t) + \psi'^2(t) + \chi'^2(t) \neq 0$，$f(x,y,z)$ 在 C 连续，则
$$\int_C f(x,y,z)\mathrm{d}s = \int_\alpha^\beta f(\varphi(t), \psi(t), \chi(t))\sqrt{\varphi'^2 + \psi'^2 + \chi'^2}\,\mathrm{d}t.$$

2. 第二型曲线积分

(1) 第二型曲线积分的概念

设分段光滑的有向平面曲线段 C 以 A 为起点，B 为终点. 向量函数
$$\boldsymbol{F}(x,y) = P(x,y)\boldsymbol{i} + Q(x,y)\boldsymbol{j}$$
定义在曲线 C 上. 设分点 $M_i(x_i, y_i, z_i)$ $(i = 0, 1, \cdots, n)$ 从 A 到 B 将 C 任意分为 n 个小弧段，在第 i 段上任取一点 (ξ_i, η_i)，作和数
$$\sum_{i=1}^n \boldsymbol{F}(\xi_i, \eta_i) \cdot \overrightarrow{M_{i-1}M_i} = \sum_{i=1}^n [P(\xi_i, \eta_i)\Delta x_i + Q(\xi_i, \eta_i)\Delta y_i],$$
其中 $\Delta x_i, \Delta y_i$ 为向量 $\overrightarrow{M_{i-1}M_i}$ 的两个分量. 令最大的弧段长 λ 趋于零，若极限
$$\lim_{\lambda \to 0} \sum_{i=1}^n [P(\xi_i, \eta_i)\Delta x_i + Q(\xi_i, \eta_i)\Delta y_i]$$
存在，则称此极限为向量函数 $\boldsymbol{F}(x,y)$ 沿曲线 C 的从 A 到 B 的**第二型曲线积分**（也称为**对坐标的曲线积分**），记作

$$\int_{\widehat{AB}} \boldsymbol{F}(x,y) \cdot \mathbf{ds} \quad \text{或} \quad \int_{\widehat{AB}} P(x,y)\mathrm{d}x + Q(x,y)\mathrm{d}y,$$

$\widehat{AB}$ 称为**积分路径**.

变力 $\boldsymbol{F}(x,y) = P(x,y)\boldsymbol{i} + Q(x,y)\boldsymbol{j}$ 沿曲线 C 从 A 到 B 的功 W 可表成为第二型曲线积分：

$$W = \int_{\widehat{AB}} P(x,y)\mathrm{d}x + Q(x,y)\mathrm{d}y.$$

(2) 性质

设 $\int_{\widehat{AB}} \boldsymbol{F} \cdot \mathbf{ds}$ 与 $\int_{\widehat{AB}} \boldsymbol{G} \cdot \mathbf{ds}$ 存在，则

① 第二型曲线积分与积分路径的方向有关，当积分路径的方向改变为反方向时，积分值就变号，即有

$$\int_{\widehat{BA}} \boldsymbol{F} \cdot \mathbf{ds} = -\int_{\widehat{AB}} \boldsymbol{F} \cdot \mathbf{ds}.$$

② $\int_{\widehat{AB}} (a\boldsymbol{F} + b\boldsymbol{G}) \cdot \mathbf{ds} = a\int_{\widehat{AB}} \boldsymbol{F} \cdot \mathbf{ds} + b\int_{\widehat{AB}} \boldsymbol{G} \cdot \mathbf{ds}$，其中 a,b 为任意常数.

③ 当积分路径 $\widehat{AB}$ 分成两段 $\widehat{AC}$ 与 $\widehat{CB}$，且 $\widehat{AC}$ 与 $\widehat{CB}$ 的方向与 $\widehat{AB}$ 的一致时，则有

$$\int_{\widehat{AB}} \boldsymbol{F} \cdot \mathbf{ds} = \int_{\widehat{AC}} \boldsymbol{F} \cdot \mathbf{ds} + \int_{\widehat{CB}} \boldsymbol{F} \cdot \mathbf{ds}.$$

(3) 计算公式

若有向曲线 C 的参数方程是 $x = \varphi(t), y = \psi(t)$，且当参数 t 从 α 变到 β 时，点 $(x,y) = (\varphi(t), \psi(t))$ 沿 C 从 A 变到 B，又 $\varphi'(t), \psi'(t)$ 在 α, β 之间连续，$\varphi'^{2}(t) + \psi'^{2}(t) \neq 0, P(x,y), Q(x,y)$ 在曲线 C 上连续，则第二型曲线积分可按下列公式计算：

$$\int_{\widehat{AB}} P\mathrm{d}x + Q\mathrm{d}y = \int_{\alpha}^{\beta} [P(\varphi(t), \psi(t))\varphi'(t) + Q(\varphi(t), \psi(t))\psi'(t)]\mathrm{d}t.$$

注意，在上式中不一定有 $\alpha < \beta$，即有时也可能 $\alpha > \beta$.

特别当曲线 C 的方程为 $y = y(x)$，且当 x 从 a 到 b 时，点 $(x, y(x))$ 沿 C 从 A 到 B，则

$$\int_{\widehat{AB}} P\mathrm{d}x + Q\mathrm{d}y = \int_{a}^{b} [P(x, y(x)) + Q(x, y(x))y'(x)]\mathrm{d}x.$$

可以类似地定义空间矢量

$$\boldsymbol{F}(x,y,z) = \{P(x,y,z), Q(x,y,z), R(x,y,z)\}$$

沿空间曲线 C 从 A 到 B 的第二型曲线积分，其计算公式也类似.

当有向曲线 $C(\widehat{AB})$ 的参数方程为

$$x = \varphi(t), \quad y = \psi(t), \quad z = \zeta(t)$$

(当 t 从 α 变到 β 时点 $(x,y,z)=(\varphi(t),\psi(t),\zeta(t))$ 沿 C 从 A 变到 B),又 $\varphi'(t)$,$\psi'(t),\zeta'(t)$ 在 α,β 间连续,$\varphi'^2(t)+\psi'^2(t)+\zeta'^2(t)\neq 0$. $P(x,y,z),Q(x,y,z)$,$R(x,y,z)$ 在曲线 C 上连续,则

$$\int_{\widehat{AB}} P\mathrm{d}x + Q\mathrm{d}y + R\mathrm{d}z = \int_\alpha^\beta [P(\varphi(t),\psi(t),\zeta(t))\varphi'(t) \\ + Q(\varphi(t),\psi(t),\zeta(t))\psi'(t) \\ + R(\varphi(t),\psi(t),\zeta(t))\zeta'(t)]\mathrm{d}t.$$

3. 两类曲线积分的联系

设 $\widehat{AB}$ 是分段光滑曲线,两类曲线积分有如下关系:

$$\int_{\widehat{AB}} P\mathrm{d}x + Q\mathrm{d}y = \int_{\widehat{AB}} (P\cos\alpha + Q\cos\beta)\mathrm{d}s,$$

其中 $\cos\alpha,\cos\beta$ 是曲线弧 $\widehat{AB}$ 沿从 A 到 B 方向的切线的方向余弦,P,Q 是 $\widehat{AB}$ 上的连续函数. 对空间曲线有类似公式.

典型例题分析

一、求第一型曲线积分

1. 求 $\int_C xy\mathrm{d}s$,其中 C 为椭圆周 $\dfrac{x^2}{a^2}+\dfrac{y^2}{b^2}=1$ 位于第一象限的部分(见图 9.1).

解法 1 C 的方程为

$$y = \frac{b}{a}\sqrt{a^2 - x^2}, \quad 0 \leqslant x \leqslant a,$$

所以

$$\mathrm{d}s = \sqrt{1 + y'^2}\mathrm{d}x = \sqrt{1 + \frac{b^2 x^2}{a^2(a^2 - x^2)}}\mathrm{d}x \\ = \frac{1}{a}\sqrt{\frac{a^4 + (b^2 - a^2)x^2}{a^2 - x^2}}\mathrm{d}x,$$

$$\int_C xy\mathrm{d}s = \frac{b}{a^2}\int_0^a x\sqrt{a^2 - x^2}\sqrt{\frac{a^4 + (b^2 - a^2)x^2}{a^2 - x^2}}\mathrm{d}x \\ = \frac{b}{a^2}\int_0^a x\sqrt{a^4 + (b^2 - a^2)x^2}\mathrm{d}x \\ = \frac{b}{3a^2(b^2 - a^2)}[a^4 + (b^2 - a^2)x^2]^{3/2}\bigg|_0^a$$

$$= \frac{ab(a^2+ab+b^2)}{3(a+b)}.$$

解法 2 C 的参数方程为
$$x = a\cos t, \quad y = b\sin t \quad (0 \leqslant t \leqslant \pi/2),$$
于是 $\mathrm{d}s = \sqrt{x'^2(t)+y'^2(t)}\mathrm{d}t = \sqrt{a^2\sin^2 t + b^2\cos^2 t}\,\mathrm{d}t$

$$\int_C xy\,\mathrm{d}s = \int_0^{\frac{\pi}{2}} ab\cos t\sin t \sqrt{a^2\sin^2 t + b^2\cos^2 t}\,\mathrm{d}t$$

$$= \frac{1}{2}\int_0^{\frac{\pi}{2}} ab\sqrt{b^2+(a^2-b^2)\sin^2 t}\,\mathrm{d}\sin^2 t$$

$$= \frac{ab}{2(a^2-b^2)} \cdot \frac{2}{3}[b^2+(a^2-b^2)\sin^2 t]^{\frac{3}{2}}\Big|_0^{\frac{\pi}{2}}$$

$$= \frac{1}{3} \cdot \frac{(a^3-b^3)ab}{a^2-b^2} = \frac{ab(a^2+ab+b^2)}{3(a+b)}.$$

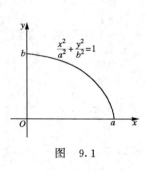

图 9.1

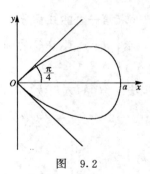

图 9.2

2. 求 $\oint_C (x+y)\mathrm{d}s$,其中 C 为双纽线 $r^2 = a^2\cos 2\theta$ 的右面的一瓣（见图 9.2）。

解 将 θ 看作参数,C 的参数方程为
$$x = r(\theta)\cos\theta, \quad y = r(\theta)\sin\theta,$$
其中 $r(\theta) = a\sqrt{\cos 2\theta}\,(-\pi/4 \leqslant \theta \leqslant \pi/4)$。于是
$$\mathrm{d}s = \sqrt{r^2(\theta)+r'^2(\theta)}\,\mathrm{d}\theta = a\frac{1}{\sqrt{\cos 2\theta}}\mathrm{d}\theta,$$

因而

$$\int_C (x+y)\mathrm{d}s = \int_{-\pi/4}^{\pi/4} r(\theta)(\cos\theta + \sin\theta) \cdot a \frac{1}{\sqrt{\cos 2\theta}} \mathrm{d}\theta$$

$$= a^2 \int_{-\pi/4}^{\pi/4} (\cos\theta + \sin\theta)\mathrm{d}\theta$$

$$= 2a^2 \int_0^{\frac{\pi}{4}} \cos\theta \mathrm{d}\theta + 0$$

$$= \sqrt{2}\, a^2.$$

二、求第二型曲线积分

3. 求 $I = \int_{\overline{AB}} y\mathrm{d}x + x\mathrm{d}y + (x+y+z)\mathrm{d}z$，其中 $\overline{AB}$ 为自点 $A(2,3,4)$ 到点 $B(3,5,7)$ 的直线段.

解 $\overrightarrow{AB} = \{1,2,3\}$，所以直线段 $\overline{AB}$ 的参数方程为

$$x = t+2, \quad y = 2t+3, \quad z = 3t+4 \quad (0 \leqslant t \leqslant 1).$$

$$I = \int_0^1 [(2t+3) + 2(t+2) + 3(t+2+2t+3+3t+4)]\mathrm{d}t$$

$$= \int_0^1 (22t+34)\mathrm{d}t = 45.$$

4. 求 $I = \oint_C (y-z)\mathrm{d}x + (z-x)\mathrm{d}y + (x-y)\mathrm{d}z$，其中 C 为圆周 $x^2+y^2+z^2 = a^2, y = x\tan\alpha (0 < \alpha < \pi/2)$，从 Ox 轴的正向看去，圆周沿逆时针方向（见图 9.3）.

解 将 $y = x\tan\alpha$ 代入球面方程，得

$$\frac{x^2}{\cos^2\alpha} + z^2 = a^2,$$

所以 C 的参数方程为

$$\begin{cases} x = a\cos\alpha\cos t, \\ y = a\sin\alpha\cos t, \quad (0 \leqslant t \leqslant 2\pi). \\ z = a\sin t \end{cases}$$

于是 $I = \int_0^{2\pi} [(a\sin\alpha\cos t - a\sin t)(-a\cos\alpha\sin t)$

$$+ (a\sin t - a\cos\alpha\cos t)(-a\sin\alpha\sin t)$$

$$+ (a\cos\alpha\cos t - a\sin\alpha\cos t)(a\cos t)]\mathrm{d}t$$

$$= a^2 \int_0^{2\pi} (\cos\alpha - \sin\alpha)(\sin^2 t + \cos^2 t) dt$$
$$= 2\pi a^2 (\cos\alpha - \sin\alpha).$$

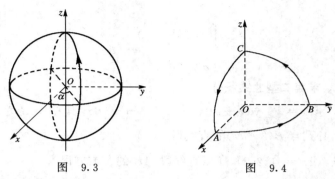

图 9.3　　　　　图 9.4

5. 求 $\oint_C (y^2-z^2)dx+(z^2-x^2)dy+(x^2-y^2)dz$，其中 C 为球面 $x^2+y^2+z^2=1$ 在第一卦限部分的边界线，方向为 $A \to B \to C \to A$，其中 $A=(1,0,0), B=(0,1,0), C=(0,0,1)$（见图 9.4）.

解 C 由 $\overset{\frown}{AB}, \overset{\frown}{BC}, \overset{\frown}{CA}$ 这三段曲线段组成，因而原积分等于在这三曲线段上的积分之和.

由于 $\overset{\frown}{AB}$ 是平面 Oxy 上的曲线段，所以其参数方程为

$$\begin{cases} x = \cos t, \\ y = \sin t, \quad 0 \leqslant t \leqslant \pi/2. \\ z \equiv 0, \end{cases}$$

因而 $\int_{\overset{\frown}{AB}} (y^2-z^2)dx + (z^2-x^2)dy + (x^2-y^2)dz$

$$= \int_0^{\pi/2} [\sin^2 t(-\sin t) - \cos^2 t \cdot \cos t] dt$$

$$= -\int_0^{\pi/2} (\sin^3 t + \cos^3 t) dt = -2 \cdot \frac{2}{3} = -\frac{4}{3}.$$

同理可算出在 $\overset{\frown}{BC}, \overset{\frown}{CA}$ 两曲线段上的积分也都等于 $-4/3$，因而原积分等于 -4，即

$$\int_C (y^2-z^2)dx + (z^2-x^2)dy + (x^2-y^2)dz = -4.$$

三、利用曲线的对称性与被积函数的奇偶性计算曲线积分

6. 求 $\oint_C xy \mathrm{d}s$，其中 C 是正方形 $|x|+|y|=a(a>0)$ 的边界（见图 9.5. 当积分路径 C 是闭曲线时，习惯上将积分号"$\int$"写成"$\oint$"）.

解 此积分路径 C 是关于 Ox 轴（Oy 轴）对称的正方形边界（见图 9.5），而被积函数 $f(x,y)=xy$ 关于 y（关于 x）为奇函数，与二重积分类似，我们有
$$\oint_C xy\mathrm{d}s = 0.$$

评注 与二重积分类似，当积分路径关于 Ox 轴（或 Oy 轴）对称时，若被积函数关于 y（或 x）是奇函数，则第一型曲线积分为零；若被积函数关于 y（或 x）是偶函数，则有
$$\int_C f(x,y)\mathrm{d}s = 2\int_{C_1} f(x,y)\mathrm{d}s,$$
其中曲线段 C_1 是曲线段 C 在 Ox 轴上方（或 Oy 轴的右方）的部分.

题 2 中，曲线 C 关于 x 轴对称，被积函数 y 关于 y 为奇函数，于是立即可得
$$\int_C (x+y)\mathrm{d}s = \int_C x\mathrm{d}s.$$

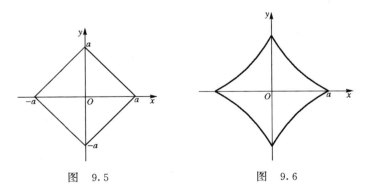

图 9.5   图 9.6

7. 求 $I = \oint_C (x^{4/3}+y^{4/3})\mathrm{d}s$，其中 C 为星形线 $x^{2/3}+y^{2/3}=a^{2/3}$（见图 9.6）.

解 由于曲线 C 关于 x,y 轴均对称，被积函数关于 y,x 均为偶

函数,所以
$$I = 4\int_{C_1} (x^{4/3} + y^{4/3})\mathrm{d}s,$$
其中 C_1 是曲线 C 在第一象限中的部分. 又星形线的参数方程为
$$x = a\cos^3 t, \quad y = a\sin^3 t \quad (0 \leqslant t \leqslant 2\pi),$$
由此可算出
$$\mathrm{d}s = 3a|\cos t\sin t|\mathrm{d}t.$$
因而
$$I = 4\int_0^{\pi/2} a^{4/3}(\cos^4 t + \sin^4 t) \cdot 3a\cos t\sin t\mathrm{d}t = 4a^{7/3}.$$

8. 设有光滑的两平面曲线段
$$C_1: y = g(x) \ (0 < a \leqslant x \leqslant b)$$
及
$$C_2: y = -g(-x) \ (-b \leqslant x \leqslant -a),$$

它们关于坐标原点对称(见图 9.7). 又设连续函数 $P(x,y), Q(x,y)$ 都是分别关于 x, y 的偶函数,即有
$$P(-x, y) = P(x, y),$$
$$P(x, -y) = P(x, y),$$
$$Q(-x, y) = Q(x, y),$$
$$Q(x, -y) = Q(x, y).$$

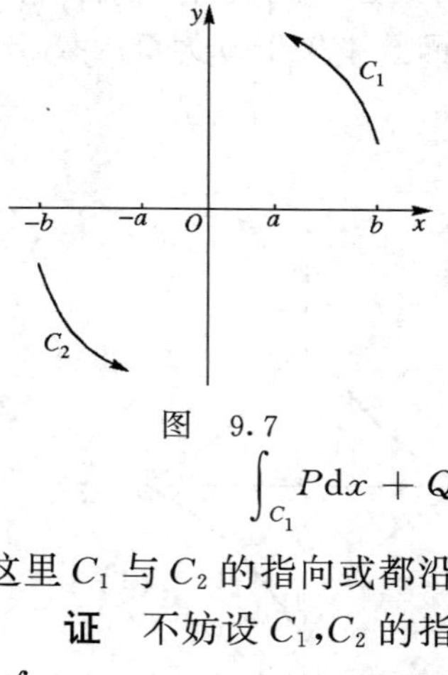

图 9.7

试证明下式成立:
$$\int_{C_1} P\mathrm{d}x + Q\mathrm{d}y = -\int_{C_2} P\mathrm{d}x + Q\mathrm{d}y, \tag{1.1}$$
这里 C_1 与 C_2 的指向或都沿逆时针方向,或都沿顺时针方向.

证 不妨设 C_1, C_2 的指向都沿逆时针方向. 于是
$$\int_{C_2} P(x,y)\mathrm{d}x + Q(x,y)\mathrm{d}y$$
$$= \int_{-b}^{-a} [P(x, -g(-x)) + Q(x, -g(-x))g'(-x)]\mathrm{d}x$$
$$= \int_{-b}^{-a} [P(x, g(-x)) + Q(x, g(-x))g'(-x)]\mathrm{d}x$$

$$\underline{\underline{u=-x}} -\int_b^a [P(-u,g(u))+Q(-u,g(u))g'(u)]du$$

$$=-\int_b^a [P(u,g(u))+Q(u,g(u))g'(u)]du$$

$$=-\int_b^a [P(x,g(x))+Q(x,g(x))g'(x)]dx$$

$$=-\int_{C_1} P(x,y)dx+Q(x,y)dy.$$

因而(1.1)式成立.

注 题 8 中所论证的结论也可叙述成:设光滑或分段光滑的有向曲线 C 关于原点对称,又连续函数 $P(x,y), Q(x,y)$ 都是分别关于 x,y 的偶函数,则 $\int_C P(x,y)dx+Q(x,y)dy=0$.

9. 求 $I=\oint_C \dfrac{dx+dy}{|x|+|y|}$,其中 C 为单位圆周 $x^2+y^2=1$,取逆时针方向.

解 由于圆周 C 关于原点对称,又这里 $P(x,y)=Q(x,y)=\dfrac{1}{|x|+|y|}$,它们关于 x 与 y 都是偶函数.由题 8 知,

$$I=\int_C P(x,y)dx+Q(x,y)dy=0.$$

四、曲线积分的应用

10. 若椭圆周 $\dfrac{x^2}{a^2}+\dfrac{y^2}{b^2}=1$ 上任一点 (x,y) 处的线密度为 $|y|$,求椭圆周的质量(其中 $0<b<a$).

解 所求质量

$$M=\oint_C |y|ds.$$

椭圆周的参数方程为 $x=a\cos t, y=b\sin t (0\leqslant t\leqslant 2\pi)$,由此可算出 $ds=\sqrt{a^2\sin^2 t+b^2\cos^2 t}\,dt$. 设 C_1 是位于第一象限中的椭圆周的一部分,由对称性知

$$M=4\int_{C_1}|y|ds=4\int_0^{\pi/2} b\sin t\sqrt{a^2\sin^2 t+b^2\cos^2 t}\,dt$$

$$=-4b\int_0^{\pi/2}\sqrt{a^2-(a^2-b^2)\cos^2 t}\,d\cos t$$

$$= 4b\int_0^1 \sqrt{a^2-(a^2-b^2)u^2}\,du$$

$$= 2b^2 + \frac{2a^2 b}{\sqrt{a^2-b^2}}\arcsin\frac{\sqrt{a^2-b^2}}{a}.$$

11. 求均匀摆线弧 $x=a(t-\sin t), y=a(1-\cos t)(0\leqslant t\leqslant \pi)$ 的重心(见图 9.8).

解 不妨设密度 $\rho=1$,于是

$$M=\int_C ds = \int_0^\pi 2a\sin\frac{t}{2}dt = -4a\cos\frac{t}{2}\Big|_0^\pi = 4a.$$

又 $$\int_C x\,ds = 2a^2\int_0^\pi (t-\sin t)\sin\frac{t}{2}dt,$$

其中

$$\int_0^\pi t\sin\frac{t}{2}dt = -2\int_0^\pi t\,d\cos\frac{t}{2}$$

$$= -2\left[t\cos\frac{t}{2}\Big|_0^\pi - \int_0^\pi \cos\frac{t}{2}dt\right] = 4,$$

$$\int_0^\pi \sin t\sin\frac{t}{2}dt = 2\int_0^\pi \sin^2\frac{t}{2}\cos\frac{t}{2}dt = \frac{4}{3}\sin^3\frac{t}{2}\Big|_0^\pi = \frac{4}{3}.$$

因而 $$\int_C x\,ds = \frac{16a^2}{3}.$$

又不难求出

$$\int_C y\,ds = 2a^2\int_0^\pi (1-\cos t)\sin\frac{t}{2}dt = \frac{16a^2}{3},$$

所以重心坐标为

$$\bar{x} = \frac{16a^2}{3}\cdot\frac{1}{4a} = \frac{4a}{3}, \quad \bar{y} = \frac{16a^2}{3}\cdot\frac{1}{4a} = \frac{4a}{3}.$$

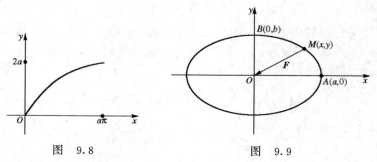

图 9.8　　　　　图 9.9

12. 椭圆周 $x=a\cos t, y=b\sin t$ 上每一点 $M(x,y)$ 处有作用力 $\boldsymbol{F}(x,y)$，其方向向着椭圆中心，其模等于从点 M 到椭圆中心的距离.

（1）求当质点 M 沿椭圆周在第一象限中的弧从点 $A(a,0)$ 移动到点 $B(0,b)$ 时，力 $\boldsymbol{F}(x,y)$ 所做的功（见图 9.9）.

（2）求点 M 沿椭圆周正向一周时，力 $\boldsymbol{F}(x,y)$ 所做的功.

解 由于 $\boldsymbol{F}(x,y)$ 的方向向着原点，因而 $\boldsymbol{F}=k\{-x,-y\}$，其中常数 $k>0$. 又由 $|\boldsymbol{F}|=\sqrt{x^2+y^2}$ 可推出 $k=1$. 于是 $\boldsymbol{F}=\{-x,-y\}$.

(1) $W_1 = \int_{\widehat{AB}} \boldsymbol{F} \cdot \mathrm{d}\boldsymbol{s} = \int_{\widehat{AB}} -x\mathrm{d}x - y\mathrm{d}y$

$= -\int_0^{\pi/2} [a\cos t(-a\sin t) + b\sin t \cdot b\cos t]\mathrm{d}t$

$= (a^2-b^2)\int_0^{\pi/2} \cos t \sin t \mathrm{d}t = \frac{a^2-b^2}{2}.$

(2) $W = \oint_{\widehat{ABA}} \boldsymbol{F} \cdot \mathrm{d}\boldsymbol{s} = (a^2-b^2)\int_0^{2\pi} \cos t \sin t \mathrm{d}t = 0.$

五、两类曲线积分之间的关系

13. 设 C 是 Oxy 平面上光滑定向曲线，$\boldsymbol{n}$ 是 C 上任意点的单位法向量，沿 C 的方向 $\boldsymbol{n}$ 指向右侧. P,Q 是 C 上连续函数. 求证：

$$\int_C P\mathrm{d}y - Q\mathrm{d}x = \int_C [P\cos\langle\boldsymbol{n},\boldsymbol{i}\rangle + Q\cos\langle\boldsymbol{n},\boldsymbol{j}\rangle]\mathrm{d}s.$$

证 由第一、二型曲线积分的关系

$$\int_C P\mathrm{d}y - Q\mathrm{d}x = \int_C [P\cos\langle\boldsymbol{\tau},\boldsymbol{j}\rangle - Q\cos\langle\boldsymbol{\tau},\boldsymbol{i}\rangle]\mathrm{d}s,$$

其中 $\boldsymbol{\tau}$ 是 C 的切向量，指向曲线方向.

注意：$\langle\boldsymbol{\tau},\boldsymbol{j}\rangle=\langle\boldsymbol{n},\boldsymbol{i}\rangle$，$\langle\boldsymbol{\tau},\boldsymbol{i}\rangle=\pi-\langle\boldsymbol{n},\boldsymbol{j}\rangle$，见图 9.10. 因此

$$\int_C P\mathrm{d}y - Q\mathrm{d}x = \int_C [P\cos\langle\boldsymbol{n},\boldsymbol{i}\rangle - Q\cos(\pi-\langle\boldsymbol{n},\boldsymbol{j}\rangle)]\mathrm{d}s$$

$$= \int_C [P\cos\langle\boldsymbol{n},\boldsymbol{i}\rangle + Q\cos\langle\boldsymbol{n},\boldsymbol{j}\rangle]\mathrm{d}s.$$

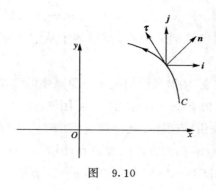

图 9.10

本 节 小 结

1. 直接求第一、二型曲线积分的基本方法是：若曲线由参数方程给出，则直接套公式化为定积分，若曲线由其他形式的方程给出，则先求出曲线的参数方程，然后套公式. 套公式时，对一型积分要计算 ds $(ds=\sqrt{x'^2(t)+y'^2(t)}dt)$，对二型积分要计算 $dx=x'(t)dt$，$dy=y'(t)dt$. 确定积分限时要确定参数 t 的变化范围，但要注意，对一型曲线积分，积分下限总是 $\leq$ 积分上限，对二型积分来说，定积分的上、下限分别对应曲线终点与起点的参数值. 要利用对称性以简化计算，但要注意：对第一型曲线积分有与二重积分类似的对称，但对二型曲线积分有所不同，见题 8. 又如平面曲线 C 关于 x 轴对称，则

$$\int_C P(x,y)dx = \begin{cases} 0, & 若 P(x,y) 对 y 为偶函数, \\ 2\int_{C_1} P(x,y)dx, & 若 P(x,y) 对 y 为奇函数, \end{cases}$$

其中 $C_1 = C \cap \{y \geq 0\}$.

2. 关于第一型线积分有与二、三重积分类似的应用. 只要掌握了微元法，就容易把求空间物体的质量、重心、对坐标轴的转动惯量，对质点的引力等公式转变成曲线型物体的质量、重心、对坐标轴的转动惯量，对质点的引力等公式. 写出公式后余下的就是曲线积分的计算，并注意利用对称性.

3. 第二型线积分的主要应用是求变力所做的功. 关键是先求出变力 F，只需按题意分别求出力 F 的大小 $|F|$ 及它的方向 $l_0(|l_0|=$

1)：$\boldsymbol{F}=|\boldsymbol{F}|\boldsymbol{l}_0$. 余下的就是计算相应的第二型线积分 $\int_{\overset{\frown}{AB}}\boldsymbol{F}\cdot\mathrm{d}\boldsymbol{s}$.

练习题 9.1

9.1.1 求 $\int_C xy\mathrm{d}s$，其中 C 是椭圆周 $\dfrac{x^2}{a^2}+\dfrac{y^2}{b^2}=1$ 位于第一象限中的那部分.

9.1.2 求 $\int_C (x^2+y^2)\mathrm{d}s$，其中 C 为曲线 $x=a(\cos t+t\sin t), y=a(\sin t-t\cos t)(0\leqslant t\leqslant 2\pi)$.

9.1.3 求 $\int_C (x+y)\mathrm{d}s$，其中 C 为以 $O(0,0), A(1,0)$ 和 $B(0,1)$ 为顶点的三角形的边界.

9.1.4 求 $\int_C \sqrt{x^2+y^2}\mathrm{d}s$，其中 C 为圆周 $x^2+y^2=ax$.

9.1.5 求 $\int_C x\mathrm{d}s$，其中 C 为双曲线 $xy=1$ 从点 $\left(\dfrac{1}{2},2\right)$ 到点 $(1,1)$ 的一段弧.

9.1.6 求 $\int_C (x^{1/3}+y^{1/3})\mathrm{d}s$，其中 C 为内摆线 $x^{2/3}+y^{2/3}=a^{2/3}$ 在第一象限的弧.

9.1.7 求 $\int_C \dfrac{z^2\mathrm{d}s}{x^2+y^2}$，其中 C 是螺旋曲线 $x=a\cos t, y=a\sin t, z=at$ 的第一旋 $(0\leqslant t\leqslant 2\pi)$.

9.1.8 求 $\int_C \sqrt{2y^2+z^2}\mathrm{d}s$，其中 C 为圆周
$$x^2+y^2+z^2=a^2, \quad x=y.$$

9.1.9 若悬链线 $y=\dfrac{a}{2}(\mathrm{e}^{\frac{x}{a}}+\mathrm{e}^{-\frac{x}{a}})$ 上每一点处的密度与该点的纵坐标成反比，且在点 $(0,a)$ 处的密度等于 δ，试求曲线在横坐标 $x_1=0$ 及 $x_2=a$ 间一段的质量 $(a>0)$.

9.1.10 求抛物柱体 $y=\dfrac{3}{8}x^2$ 被平面 $z=0, x=0, z=x, y=6$ 所围部分的侧面积（提示：区间 $[x,x+\mathrm{d}x]$ 对应的侧面积为 $z\mathrm{d}s=x\mathrm{d}s$，其中 $\mathrm{d}s$ 为平面曲线的弧长）.

9.1.11 若螺旋线 $x=a\cos t, y=a\sin t, z=bt$ 上每一点处的密度等于该点的向径长度，求此螺旋线第一圈（即 $0\leqslant t\leqslant 2\pi$ 对应的线段）的质量.

9.1.12 求 $\int_C 2xy\mathrm{d}x-x^2\mathrm{d}y$ 的值，其中 C 沿下列不同路径从原点 $O(0,0)$ 到终点 $A(2,1)$（见图 9.11）：

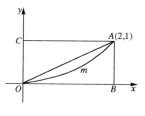

图 9.11

(1) 直线段 $\overline{OA}$；

(2) 以 Oy 轴为对称轴的抛物线段 $\overset{\frown}{OmA}$；

(3) 折线 OBA；

(4) 折线 OCA.

9.1.13 求 $\int_C (x^2+y^2)dx+(x^2-y)dy$，其中 C 是曲线 $y=|x|$ 上从点 $(-1,1)$ 到点 $(2,2)$ 的一段.

9.1.14 求 $\int_C xdy$，其中 C 是由坐标轴和直线 $\dfrac{x}{2}+\dfrac{y}{3}=1$ 构成的正向三角形闭路.

9.1.15 $\int_{\overset{\frown}{AB}} \sin y dx + \sin x dy$，$AB$ 为由点 $A(0,\pi)$ 到点 $B(\pi,0)$ 的直线段.

9.1.16 $\int_C (2a-y)dx-(a-y)dy$，C 为摆线 $x=a(t-\sin t)$，$y=a(1-\cos t)$ 的一拱 $(0\leqslant t\leqslant 2\pi)$.

9.1.17 求 $\oint_C (x^2-2xy)dx+(y^2-2xy)dy$，$C$ 是以点 $M_1(0,-1)$，$M_2(2,-1)$，$M_3(2,2)$，$M_4(0,2)$ 为顶点的正向矩形闭路.

9.1.18 求 $\oint_C \dfrac{dx+dy}{|x|+|y|}$，其中 C 是以 $A(2,0),B(0,2),C(-2,0),D(0,-2)$ 为顶点的正向正方形闭路.

9.1.19 求 $\oint_C \dfrac{xy(ydx-xdy)}{x^2+y^2}$，其中 C 为双纽线 $r^2=a^2\cos 2\varphi$ 的右面的一瓣，沿逆时针方向.

9.1.20 求 $\int_C ydx+xdy+xyzdz$，其中 C 为曲线 $x=2t, y=t^2, z=t-1$ 上从 $(0,0,-1)$ 到 $(2,1,0)$ 的一段.

9.1.21 求 $\int_C ydx+zdy+xdz$，其中 C 为螺旋线 $x=a\cos t, y=a\sin t, z=bt$ 沿 t 值增加的方向的一旋 $(0\leqslant t\leqslant 2\pi)$.

9.1.22 求 $\int_C xydx+yzdy+xzdz$，其中 C 为椭圆周 $x^2+y^2=1, x+y+z=1$，逆时针方向.

9.1.23 方向沿纵轴的负方向，大小等于作用点的横坐标平方的力构成一力场，求质量为 m 的质点沿抛物线 $1-x=y^2$ 从点 $(1,0)$ 移动到点 $(0,1)$ 时力场所做的功.

9.1.24 设在半平面 $x>0$ 中有力 $F=-\dfrac{k}{r^3}(xi+yj)$ 构成力场，其中 k 是常量，$r=\sqrt{x^2+y^2}$，证明：当质点沿圆周 $x^2+y^2=a^2$ 移动一周时，力场所做之功为零.

9.1.25 一力场中力的大小与作用点到 z 轴的距离成反比，方向垂直向着该轴.试求当质量为 m 的质点沿圆周 $x=\cos t, y=1, z=\sin t$ 由点 $M(1,1,0)$ 依正向移动到点 $N(0,1,1)$ 时,力场所做的功.

9.1.26 力 F 的大小与作用点到平面 Oxy 的距离成反比,方向朝着原点.求质点沿直线 $x=at, y=bt, z=ct(c\neq 0)$ 从点 (a,b,c) 移动到点 $(2a,2b,2c)$ 时,力 F 所做的功.

9.1.27 设力场 $F=y\boldsymbol{i}-x\boldsymbol{j}+(x+y+z)\boldsymbol{k}$,求:

(1) 质点沿螺旋线 l_1 由 A 到 B,力 F 所做的功,其中 $A(a,0,0), B(a,0,c)$.螺旋线 l_1 的方程是:$x=a\cos t, y=a\sin t, z=\dfrac{c}{2\pi}t$;

(2) 质点沿直线 l_2 由 A 到 B,力 F 所做的功. A, B 与(1)中的相同.

§2 格林公式及其应用

内 容 提 要

1. 格林公式

设平面有界闭区域 D 的边界曲线 C 是分段光滑的,函数 $P(x,y)$ 与 $Q(x,y)$ 的一阶偏导数在闭区域 D 上连续,则有格林公式

$$\int_C P\mathrm{d}x + Q\mathrm{d}y = \iint_D \left(\frac{\partial Q}{\partial x} - \frac{\partial P}{\partial y}\right)\mathrm{d}x\mathrm{d}y,$$

上式中的 C 是区域 D 的正向边界.

所谓 C 是区域 D 的正向边界是指沿 C 的这个方向前进时区域 D 总在左侧.如图 9.12.

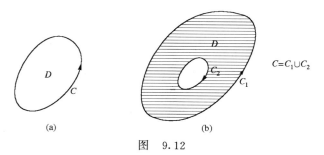

图 9.12

按规定 D 的外边界的正向是逆时针方向,内边界的正向是顺时针方向.

2. 格林公式的应用

(1) 利用曲线积分计算平面区域 D 的面积

在格林公式中令 $P=-y, Q=x$,就有
$$\oint_C x\mathrm{d}y - y\mathrm{d}x = \iint_D 2\mathrm{d}x\mathrm{d}y,$$
于是区域 D 的面积为
$$A = \iint_D \mathrm{d}x\mathrm{d}y = \frac{1}{2}\oint_C x\mathrm{d}y - y\mathrm{d}x,$$
其中闭曲线 C 是区域 D 的正向边界.

(2) 计算曲线积分

有时直接计算曲线积分较复杂,利用格林公式可将曲线积分的计算化为二重积分的计算,而后者比前者简便得多. 有时可将沿曲线 C 的积分化为沿另一条较简单的曲线 C_1 的积分.

(3) 求二重积分

有时直接计算二重积分较复杂时,可利用格林公式将二重积分的计算化为曲线积分的计算.

典型例题分析

一、用曲线积分计算平面图形的面积

1. 用曲线积分求星形曲线 $x=a\cos^3 t, y=a\sin^3 t$ 所围图形的面积,其中 $a>0$ 为常数.

解 这是闭曲线,t 的变化范围是 $t\in[0,2\pi]$. 该图形的面积
$$S = \frac{1}{2}\left|\oint_L (-y\mathrm{d}x + x\mathrm{d}y)\right|$$
$$= \frac{1}{2}\left|\int_0^{2\pi}[a\sin^3 t \cdot a3\cos^2 t(-\sin t) + a\cos^3 t \cdot 3\sin^2 t\cos t]\mathrm{d}t\right|$$
$$= \frac{3}{2}a^2\int_0^{2\pi}\sin^2 t\cos^2 t\mathrm{d}t = \frac{3}{8}a^2\int_0^{2\pi}\sin^2 2t\mathrm{d}t = \frac{3}{8}a^2\int_0^{2\pi}\frac{1-\cos 4t}{2}\mathrm{d}t$$
$$= \frac{3}{8}\pi a^2.$$

二、用格林公式计算曲线积分

2. 求 $I = \oint_C \sqrt{x^2+y^2}\mathrm{d}x + y[xy + \ln(x+\sqrt{x^2+y^2})]\mathrm{d}y$,其中 C 是以点 $A(1,1), B(2,2)$ 和 $E(1,3)$ 为顶点的三角形的正向边界线(见图 9.13).

解 用格林公式求积分. 因为

$$\frac{\partial Q}{\partial x} - \frac{\partial P}{\partial y} = y^2 + \frac{y}{\sqrt{x^2+y^2}} - \frac{y}{\sqrt{x^2+y^2}} = y^2,$$

设 C 所围的区域为 D，则

$$I = \iint\limits_{D} y^2 \mathrm{d}x\mathrm{d}y = \int_1^2 \mathrm{d}x \int_x^{-x+4} y^2 \mathrm{d}y$$

$$= \frac{1}{3} \int_1^2 (-2x^3 + 12x^2 - 48x + 64)\mathrm{d}x = \frac{25}{6}.$$

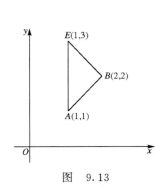

图 9.13　　　　　　图 9.14

3. 已知平面区域 $D = \{(x,y) \mid 0 \leqslant x \leqslant \pi, 0 \leqslant y \leqslant \pi\}$，$L$ 为 D 的正向边界. 试证：

(1) $\oint_L x\mathrm{e}^{\sin y}\mathrm{d}y - y\mathrm{e}^{-\sin x}\mathrm{d}x = \oint_L x\mathrm{e}^{-\sin y}\mathrm{d}y - y\mathrm{e}^{\sin x}\mathrm{d}x$；

(2) $\oint_L x\mathrm{e}^{\sin y}\mathrm{d}y - y\mathrm{e}^{-\sin x}\mathrm{d}x \geqslant 2\pi^2$.

证明　用格林公式将线积分化为二重积分.

(1) 由格林公式，有

$$\text{左边积分} = \iint\limits_{D} \left[\frac{\partial}{\partial x}(x\mathrm{e}^{\sin y}) - \frac{\partial}{\partial y}(-y\mathrm{e}^{-\sin x}) \right]\mathrm{d}x\mathrm{d}y$$

$$= \iint\limits_{D} [\mathrm{e}^{\sin y} + \mathrm{e}^{-\sin x}]\mathrm{d}x\mathrm{d}y,$$

$$\text{右边积分} = \iint\limits_{D} [\mathrm{e}^{-\sin y} + \mathrm{e}^{\sin x}]\mathrm{d}x\mathrm{d}y.$$

因区域 D 关于 $y=x$ 对称，于是

$$\iint_D [e^{\sin y} + e^{-\sin x}]dxdy \xrightarrow{(x,y\text{互换})} \iint_D [e^{\sin x} + e^{-\sin y}]dxdy,$$

因此等式成立.

(2) 由(1)的结论有

$$\oint_L xe^{\sin y}dy - ye^{-\sin x}dx = \iint_D [e^{\sin y} + e^{-\sin x}]dxdy$$

$$= \iint_D [e^{\sin y} + e^{-\sin y}]dxdy \geqslant \iint_D 2\sqrt{e^{\sin y}e^{-\sin y}}dxdy = 2\pi^2.$$

4. 求 $I = \int_L (e^x \sin y - m(x+y))dx + (e^x \cos y - m)dy$,其中 L 为由点 $A(a,0)$ 到点 $O(0,0)$ 的上半圆周:$x^2 + y^2 = ax, a > 0, m$ 为常数.

解 若直接计算比较麻烦,一个有效的方法是利用格林公式,但曲线 L 不封闭,所以要添加辅助线 $\overline{OA}$ 使之构成封闭曲线,以便用格林公式化为二重积分,再减去辅助线上的积分(易计算)即得结果.

作定向辅助线 $\overline{OA}$:$y = 0$ ($0 \leqslant x \leqslant a$). 由 L 与 $\overline{OA}$ 围成区域记为 D. 它是半径为 $\dfrac{a}{2}$,圆心为 $\left(\dfrac{a}{2}, 0\right)$ 的上半圆,见图 9.15. 记 $P = e^x \sin y - m(x+y)$,$Q = e^x \cos y - m$,在 D 上用格林公式得

$$I = \int_L Pdx + Qdy = -\int_{\overline{OA}} Pdx + Qdy + \iint_D \left(\frac{\partial Q}{\partial x} - \frac{\partial P}{\partial y}\right)dxdy.$$

注意到,$\overline{OA}$ 上,$y = 0$,$dy = 0$,在 D 上 $\dfrac{\partial Q}{\partial x} - \dfrac{\partial P}{\partial y} = e^x \cos y - e^x \cos y + m = m$,于是

$$I = \int_0^a mxdx + \iint_D mdxdy = \frac{1}{2}ma^2 + \frac{m}{2}\pi\left(\frac{a}{2}\right)^2 = \frac{1}{8}ma^2(\pi + 4).$$

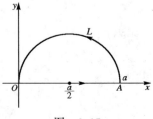

图 9.15

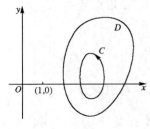

图 9.16

5. 求 $\oint_C \dfrac{(x-1)\mathrm{d}y - y\mathrm{d}x}{(x-1)^2 + y^2}$,其中 C 为下列闭曲线,沿逆时针方向:

(1) 点 $(1,0)$ 在 C 所围区域之外;

(2) 点 $(1,0)$ 在 C 所围区域之内.

解 (1) 作区域 D,使 D 包含所给闭曲线 C,但不包含点 $(1,0)$(见图 9.16). 这时,P,Q 在 D 内有连续的一阶偏导数,且

$$\frac{\partial Q}{\partial x} = \frac{y^2 - (x-1)^2}{[(x-1)^2 + y^2]^2} = \frac{\partial P}{\partial y},$$

因此沿 D 内任一闭曲线的积分为 0,当然也有

$$\oint_C P\mathrm{d}x + Q\mathrm{d}y = 0,$$

即原式等于零.

(2) 作一以 $(1,0)$ 为圆心的充分小的圆周 C_1,使 C_1 包含在 C 所围的区域内,且 C_1 与 C 不相交. 设 C_1 与 C 所围的区域为 D(见图 9.17),则在区域 D 内 P,Q 有一阶连续偏导数,由格林公式,有

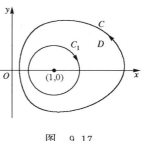

图 9.17

$$\int_{C+C_1} P\mathrm{d}x + Q\mathrm{d}y = \iint_D \left(\frac{\partial Q}{\partial x} - \frac{\partial P}{\partial y}\right)\mathrm{d}\sigma$$
$$= 0,$$

其中 $C+C_1$ 为区域 D 的正向边界,即 C 沿逆时针方向,而 C_1 沿顺时针方向. 由上式可得

$$\oint_C P\mathrm{d}x + Q\mathrm{d}y = -\oint_{C_1} P\mathrm{d}x + Q\mathrm{d}y.$$

注意,由于 P,Q 在 $(1,0)$ 处不存在一阶偏导数,因而在 C_1 所围的区域内不能用格林公式,可直接求曲线积分. 设 C_1 的半径为 r,则 C_1 的参数方程为

$$\begin{cases} x = r\cos t + 1, \\ y = r\sin t, \end{cases} \quad 0 \leqslant t \leqslant 2\pi,$$

于是 $\oint_{C_1} P\mathrm{d}x + Q\mathrm{d}y = \int_{2\pi}^{0} \dfrac{r^2\cos^2 t + r^2\sin^2 t}{r^2}\mathrm{d}t = -2\pi.$

所以
$$\oint_C P\mathrm{d}x + Q\mathrm{d}y = 2\pi.$$

评注 C_1 的直角坐标方程为 $(x-1)^2 + y^2 = r^2$，代入被积表达式得
$$I_1 = \int_{C_1} P\mathrm{d}x + Q\mathrm{d}y = \frac{1}{r^2}\int_{C_1} -y\mathrm{d}x + (x-1)\mathrm{d}y,$$

记 C_1 围成的圆域为 D_1，此时在 D_1 上可用格林公式得
$$I_1 = -\frac{1}{r^2}\iint_{D_1}(1-(-1))\mathrm{d}x\mathrm{d}y = -\frac{2}{r^2}\pi r^2 = -2\pi.$$

注意，因 C_1 取顺时针方向，所以格林公式的二重积分项应添加负号．

三、格林公式的其他应用

6. 设 C 是光滑闭曲线，$\boldsymbol{n}$ 为 C 的单位外法向，$\boldsymbol{l}$ 为任意固定的单位向量，$\boldsymbol{l} = \{a, b\}$．

(1) $\oint_C \cos\langle \boldsymbol{l}, \boldsymbol{n} \rangle \mathrm{d}s = \oint_C a\mathrm{d}y - b\mathrm{d}x$；

(2) $\oint_C \cos\langle \boldsymbol{l}, \boldsymbol{n} \rangle \mathrm{d}s = 0$．

证 (1) 因 $|\boldsymbol{l}| = 1$，$\boldsymbol{n} = \{\cos\langle \boldsymbol{n}, \boldsymbol{i} \rangle, \cos\langle \boldsymbol{n}, \boldsymbol{j} \rangle\}$，$|\boldsymbol{n}| = 1$，所以
$$\cos\langle \boldsymbol{l}, \boldsymbol{n} \rangle = \boldsymbol{l} \cdot \boldsymbol{n} = a\cos\langle \boldsymbol{n}, \boldsymbol{i} \rangle + b\cos\langle \boldsymbol{n}, \boldsymbol{j} \rangle,$$

由 §1 题 13 的结论得
$$\oint_C \cos\langle \boldsymbol{n}, \boldsymbol{l} \rangle \mathrm{d}s = \oint_C [a\cos\langle \boldsymbol{n}, \boldsymbol{i} \rangle + b\cos\langle \boldsymbol{n}, \boldsymbol{j} \rangle]\mathrm{d}s = \oint_C a\mathrm{d}y - b\mathrm{d}x.$$

(2) 记 C 围成的区域为 D．由格林公式得
$$\oint_C \cos\langle \boldsymbol{n}, \boldsymbol{l} \rangle \mathrm{d}s = \oint_C -b\mathrm{d}x + a\mathrm{d}y = \iint_D 0 \cdot \mathrm{d}\sigma = 0.$$

7. 设函数 $f(x, y)$ 在区域 D 上有二阶连续偏导数，且满足关系式
$$\frac{\partial^2 f}{\partial x^2} + \frac{\partial^2 f}{\partial y^2} = 0. \tag{2.1}$$

证明：(1) 等式
$$\oint_C f \cdot \frac{\partial f}{\partial n} \mathrm{d}s = \iint_D \left[\left(\frac{\partial f}{\partial x}\right)^2 + \left(\frac{\partial f}{\partial y}\right)^2\right]\mathrm{d}x\mathrm{d}y \tag{2.2}$$

成立，其中曲线 C 为区域 D 的边界，$\boldsymbol{n}$ 为 C 的外法线方向.

(2) 若 $f(x,y)$ 在 C 上恒等于 0,则 $f(x,y)$ 在 D 内也恒等于 0.

证 (1) 由方向导数计算公式得

$$\oint_C f \frac{\partial f}{\partial n} \mathrm{d}s = \oint_C f \left[\frac{\partial f}{\partial x} \cos\langle \boldsymbol{n},\boldsymbol{i}\rangle + \frac{\partial f}{\partial y} \cos\langle \boldsymbol{n},\boldsymbol{j}\rangle \right] \mathrm{d}s,$$

再由 §1 题 13 的结果及格林公式和 (2.1) 式得

$$\oint_C f \frac{\partial f}{\partial n} \mathrm{d}s = \oint_C f \frac{\partial f}{\partial x} \mathrm{d}y - f \frac{\partial f}{\partial y} \mathrm{d}x$$

$$= \iint_D \left[\frac{\partial}{\partial x} \left(f \frac{\partial f}{\partial x} \right) + \frac{\partial}{\partial y} \left(f \frac{\partial f}{\partial y} \right) \right] \mathrm{d}x \mathrm{d}y$$

$$= \iint_D \left[\left(\frac{\partial f}{\partial x} \right)^2 + \left(\frac{\partial f}{\partial y} \right)^2 \right] \mathrm{d}x \mathrm{d}y.$$

(2) 当 $f(x,y)=0$ $((x,y)\in C$ 时),(2.2) 式的左端等于 0,于是其右端也等于零,即 $\iint_D \left[\left(\frac{\partial f}{\partial x} \right)^2 + \left(\frac{\partial f}{\partial y} \right)^2 \right] \mathrm{d}x \mathrm{d}y = 0$. 又因被积函数连续,非负,则必有 $\left(\frac{\partial f}{\partial x} \right)^2 + \left(\frac{\partial f}{\partial y} \right)^2 \equiv 0 ((x,y)\in D)$,即 $\frac{\partial f}{\partial x} \equiv 0, \frac{\partial f}{\partial y} \equiv 0$ $((x,y)\in D)$. 因此 $f(x,y)$ 在 D 上为常数,又因 f 在 D 的边界上恒为零,于是 $f(x,y)$ 在 D 上恒为零.

本 节 小 结

由曲线的参数方程将所求的第二型曲线积分转化为定积分时,有时遇到计算复杂的情形,于是可考虑用格林公式来计算. 常有以下情形:

1. 直接用格林公式. 闭曲线 L 所围区域为 D,若 $\frac{\partial Q}{\partial x} - \frac{\partial P}{\partial y}$ 简单,可在 D 上用格林公式,求 $\int_L P\mathrm{d}x + Q\mathrm{d}y$ 转化为求

$$\iint_D \left(\frac{\partial Q}{\partial x} - \frac{\partial P}{\partial y} \right) \mathrm{d}\sigma.$$

2. 曲线不封闭,添加辅助线后用格林公式. 若 L 不是封闭曲线,可考虑添加某辅助曲线 C,使 L 与 C 构成闭曲线,围成区域 D. 于是求 $\int_L P\mathrm{d}x + Q\mathrm{d}y$ 转化为求 $\int_C P\mathrm{d}x + Q\mathrm{d}y$ 与 $\iint_D \left(\frac{\partial Q}{\partial x} - \frac{\partial P}{\partial y} \right) \mathrm{d}\sigma$. 当后者易

求时,此种方法是有效的.见题 4.

3. 挖去某区域后再用格林公式.设 $M_0 \in D$,$P(x,y)$,$Q(x,y)$在点 M_0 无定义,在 D 除 M_0 外有连续的一阶偏导数且 $\dfrac{\partial Q}{\partial x} = \dfrac{\partial P}{\partial y}$,$L$ 是 D 中环绕 M_0 点的一条闭曲线(逆时针方向),见图 9.18,我们不能在 L 所围的区域 D_1 上用格林公式来求 $\int_L P\mathrm{d}x + Q\mathrm{d}y$,因为在 D_1 上不满足格林公式成立的条件.但若在 D_1 上作一条环绕 M_0 的闭曲线 C(顺时针方向),C 与 L 围成区域 D_0(即 D_1 挖去了 C 所围的区域后余下的区域).在 D_0 上可用格林公式得

$$\int_{L \cup C} P\mathrm{d}x + Q\mathrm{d}y = \iint_{D_0} \left(\frac{\partial Q}{\partial x} - \frac{\partial P}{\partial y} \right) \mathrm{d}\sigma = 0,$$

即
$$\int_L P\mathrm{d}x + Q\mathrm{d}y = -\int_C P\mathrm{d}x + Q\mathrm{d}y,$$

求 $\int_L P\mathrm{d}x + Q\mathrm{d}y$ 转化为求 $\int_C P\mathrm{d}x + Q\mathrm{d}y$.若能取某特殊的闭曲线 C 使得 $\int_C P\mathrm{d}x + Q\mathrm{d}y$ 易求,则此种方法有效.题 5 就是这种情形.

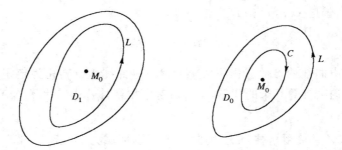

图 9.18

练习题 9.2

9.2.1 用曲线积分计算下列各闭曲线所围图形的面积:

(1) 椭圆周 $x = a\cos t$,$y = b\sin t$;

(2) 星形曲线 $x = a\cos^3 t$,$y = a\sin^3 t$;

(3) 心脏线 $x = 2a\cos t - a\cos 2t$,$y = 2a\sin t - a\sin 2t$;

(4) 双纽线 $(x^2+y^2)^2 = a^2(x^2-y^2)$.

9.2.2 应用格林公式计算下列积分:

(1) $I = \oint_C (x+y)\mathrm{d}x - (x-y)\mathrm{d}y$,其中 C 沿逆时针方向绕椭圆 $\dfrac{x^2}{a^2} + \dfrac{y^2}{b^2} = 1$ 的一圈.

(2) $I = \oint_C xy^2\mathrm{d}y - x^2 y\mathrm{d}x$,其中 C 沿逆时针方向绕圆 $x^2+y^2=a^2$ 的一圈.

(3) $I = \oint_C (x+y)^2\mathrm{d}x - (x^2+y^2)\mathrm{d}y$,其中 C 是以 $A(1,1), B(3,2), C(2,5)$ 为顶点的三角形 ABC 的正向边界线.

9.2.3 应用格林公式计算下列积分:

(1) $I = \int_C \mathrm{e}^x [(1-\cos y)\mathrm{d}x - (y-\sin y)\mathrm{d}y]$,其中 C 为曲线 $y=\sin x$,依 $x=0$ 到 $x=\pi$ 方向;

(2) $I = \int_{\overset{\frown}{AO}} (x^2+y^2)\mathrm{d}x + (x+y)^2 \mathrm{d}y$,其中 $A(a,0), O(0,0), \overset{\frown}{AO}: x^2+y^2 = ax(y \geqslant 0)$,常数 $a > 0$.

9.2.4 计算下列曲线积分:

(1) $I = \oint_C \dfrac{-y\mathrm{d}x + x\mathrm{d}y}{4x^2+y^2}$,其中 C 是以 $(1,0)$ 为中心,R 为半径的圆周($R \neq 1$),取逆时针方向;

(2) $I = \oint_C \dfrac{(x-y)\mathrm{d}x + (x+y)\mathrm{d}y}{x^2+y^2}$,其中 C 是椭圆 $\dfrac{x^2}{a^2} + \dfrac{y^2}{b^2} = 1$,取逆时针方向.

9.2.5 证明 $\oint_C f(xy)(y\mathrm{d}x + x\mathrm{d}y) = 0$,其中 $f(u)$ 对 u 有连续的一阶导数,C 是光滑曲线.

§3 第二型曲线积分与路径无关问题, $P\mathrm{d}x + Q\mathrm{d}y$ 的原函数问题

内 容 提 要

1. 曲线积分 $\int_L P\mathrm{d}x + Q\mathrm{d}y$ 与路径无关概念以及 $P\mathrm{d}x + Q\mathrm{d}y$ 的原函数概念

若对 D 内任意两点 A 与 B,以及以 A 为起点 B 为终点的任意两条分段光滑曲线 $\overset{\frown}{AmB}$ 及 $\overset{\frown}{AnB}$(见图 9.19),恒有

$$\int_{\overset{\frown}{AmB}} P\mathrm{d}x + Q\mathrm{d}y = \int_{\overset{\frown}{AnB}} P\mathrm{d}x + Q\mathrm{d}y,$$

则称曲线积分$\int_L Pdx+Qdy$在区域D**与路径无关**.

若在区域D上存在函数$u(x,y)$使得$du = P(x,y)dx + Q(x,y)dy$,则称$u(x,y)$为$Pdx+Qdy$在区域D上的**原函数**.

2. 第二型曲线积分与路径无关的条件

设$P(x,y),Q(x,y)$在区域D连续,则曲线积分$\int_L Pdx+Qdy$在区域D内与路径无关 $\iff$ 沿D内任一分段光滑闭曲线C,$\oint_C Pdx+Qdy = 0 \iff Pdx+Qdy$在$D$内存在原函数.当$\int_L Pdx+Qdy$在$D$与路径无关时,变终点的积分

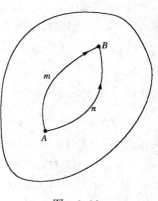

图 9.19

$$\int_{(x_0,y_0)}^{(x,y)} Pdx + Qdy \quad (其中(x_0,y_0)\in D 为任意定点)$$

是$Pdx+Qdy$的原函数.

设$P(x,y),Q(x,y)$在区域D有连续的偏导数.

若$\int_L Pdx+Qdy$在区域D内与路径无关$\Longrightarrow$在D上恒有

$$\frac{\partial Q}{\partial x} = \frac{\partial P}{\partial y}. \tag{3.1}$$

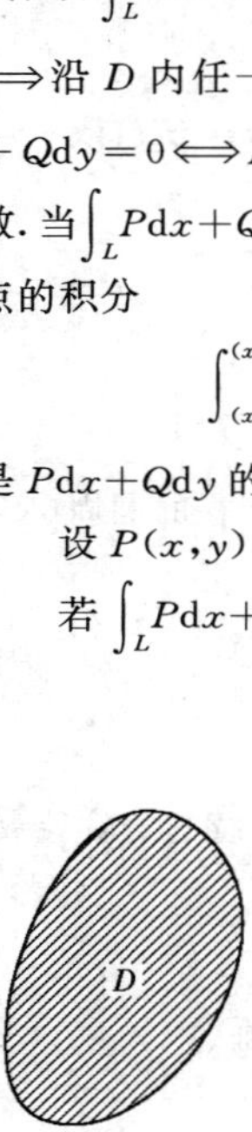

反之,若(3.1)在D恒成立,又D是单连通区域,则$\int_L Pdx+Qdy$在D内与路径无关.

区域D称为**单连通区域**,若区域D内任一闭曲线所围的区域都在这个区域D内.否则称为**复连通的**.如图9.20中的区域D是单连通的,图9.21中的区域D是复连通的(不是单连通的).

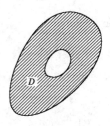

图 9.20

图 9.21

3. 求 $P\mathrm{d}x+Q\mathrm{d}y$ 的原函数的方法

判断 $P\mathrm{d}x+Q\mathrm{d}y$ 是否存在原函数与判断 $\int_L P\mathrm{d}x+Q\mathrm{d}y$ 是否与路径无关是等价的. 若 $P\mathrm{d}x+Q\mathrm{d}y$ 在区域 D 上存在原函数,可用如下三种方法之一求出原函数.

(1) 特殊路径积分法

$u(x,y)=\int_{(x_0,y_0)}^{(x,y)} P\mathrm{d}x+Q\mathrm{d}y$ 是 $P\mathrm{d}x+Q\mathrm{d}y$ 的一个原函数,可取从 (x_0,y_0) 到 (x,y) 的一条特殊积分路径来求出 $u(x,y)$. 常常取从 (x_0,y_0) 到 (x,y) 的折线(图 9.22),分别得

$$u(x,y)=\int_{x_0}^{x} P(x,y_0)\mathrm{d}x+\int_{y_0}^{y} Q(x,y)\mathrm{d}y, \tag{3.2}$$

$$u(x,y)=\int_{x_0}^{x} P(x,y)\mathrm{d}x+\int_{y_0}^{y} Q(x_0,y)\mathrm{d}y. \tag{3.3}$$

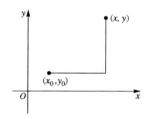 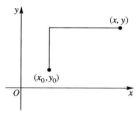

图 9.22

(2) 不定积分法

将方程

$$\frac{\partial u}{\partial x}=P(x,y)$$

的两端对 x 求积,得

$$u(x,y)=\Phi(x,y)+\varphi(y),$$

这里 $\Phi(x,y)$ 为已确定的函数 $\left(\dfrac{\partial \Phi(x,y)}{\partial x}=P(x,y)\right)$,$\varphi(y)$ 为待定函数. 再由

$$\frac{\partial}{\partial y}[\Phi(x,y)+\varphi(y)]=Q(x,y)$$

定出 $\varphi'(y)$,由此再确定 $\varphi(y)$.

(3) 凑微分法

利用一些已知的全微分公式,将 $P\mathrm{d}x+Q\mathrm{d}y$ 凑成 $\mathrm{d}(F(x,y))$ 的形式(这里 $F(x,y)$ 为已知的函数),于是就有

$$u(x,y)=F(x,y)+C.$$

4. $\int_{\widehat{AB}} P\mathrm{d}x + Q\mathrm{d}y$ **与路径无关时的求法**

设 $\int_{\widehat{AB}} P\mathrm{d}x + Q\mathrm{d}y$ 在区域 D 内与路径无关,其中 P,Q 在 D 连续,则常有如下简便求法:

(1) 取 A 到 B 的特殊积分路径 $\subset D$,使得易求出 $\int_{\widehat{AB}} P\mathrm{d}x + Q\mathrm{d}y$;

(2) 求出 $P\mathrm{d}x + Q\mathrm{d}y$ 的原函数 $u(x,y)$,则

$$\int_{\widehat{AB}} P\mathrm{d}x + Q\mathrm{d}y = u(x,y)\Big|_A^B.$$

5. 保守力场与势函数

若力场 $\boldsymbol{F} = \{P(x,y), Q(x,y)\}$ 满足 $\int_L P\mathrm{d}x + Q\mathrm{d}y$ 在区域 D 与路径无关,则称它为**保守力场**. 这时, $P\mathrm{d}x + Q\mathrm{d}y$ 的原函数 $u(x,y)$ 称为保守力场 $\boldsymbol{F}$ 的**势函数**. 由上面的讨论知,保守力场所作的功与路径 C 的形状无关,而只与路径的起点与终点有关,且

$$W = \int_A^B P\mathrm{d}x + Q\mathrm{d}y = u(x_2, y_2) - u(x_1, y_1).$$

这里 A, B 的坐标分别为 (x_1, y_1) 及 (x_2, y_2).

判断 $\boldsymbol{F} = \{P, Q\}$ 是保守力场等同于判断 $\int_L P\mathrm{d}x + Q\mathrm{d}y$ 与路径无关,求保守力场 $\boldsymbol{F} = \{P, Q\}$ 的势函数等同于求 $P\mathrm{d}x + Q\mathrm{d}y$ 的原函数.

典型例题分析

一、判断积分是否与路径无关,求积分与路径无关时的线积分值

1. 证明: $\int_L \dfrac{y\mathrm{d}x - x\mathrm{d}y}{y^2}$ 分别在 $y > 0$ 与 $y < 0$ 的区域内与路径无关,并求 $I = \int_{(1,2)}^{(2,1)} \dfrac{y\mathrm{d}x - x\mathrm{d}y}{y^2}$ (沿与 Ox 轴不相交的路径).

解 取 $D = \{(x,y) | y > 0\}$ 或 $D = \{(x,y) | y < 0\}$,分别为单连通区域, $P(x,y), Q(x,y)$ 有连续的一阶偏导数,又

$$\frac{\partial Q}{\partial x} = -\frac{1}{y^2} = \frac{\partial P}{\partial y},$$

所以在上述的区域 D 内积分与路径无关. 我们取这样的区域 $D = \{(x,y) | y > 0\}$,点 $C = (1,1) \in D$,并取折线 ACB 为积分路径(见图 9.23). 于是

$$I = \int_{\overline{AC}} Pdx + Qdy + \int_{\overline{CB}} Pdx + Qdy,$$

其中
$$\int_{\overline{AC}} Pdx + Qdy = \int_2^1 -\frac{1}{y^2}dy = \frac{1}{y}\Big|_2^1 = \frac{1}{2},$$

$$\int_{\overline{CB}} Pdx + Qdy = \int_1^2 dx = 1.$$

所以 $I = \frac{1}{2} + 1 = \frac{3}{2}.$

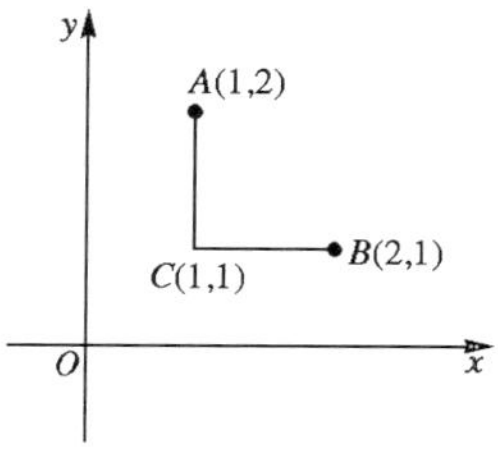

图 9.23

也可用下述方法求曲线积分：因为 $Pdx + Qdy = d\left(\frac{x}{y}\right)$，所以
$$\int_{(1,2)}^{(2,1)} \frac{ydx - xdy}{y^2} = \int_{(1,2)}^{(2,1)} d\left(\frac{x}{y}\right) = \frac{x}{y}\Big|_{(1,2)}^{(2,1)} = 2 - \frac{1}{2} = \frac{3}{2}.$$

2. 证明：$\int_L \frac{(x+2y)dx + ydy}{(x+y)^2}$ 分别在 $x+y>0$ 与 $x+y<0$ 的区域内与路径无关，并求 $I = \int_{(1,1)}^{(3,1)} \frac{(x+2y)dx + ydy}{(x+y)^2}$ $(y \neq -x)$.

解 先用凑微分法求原函数.

$$\frac{(x+2y)dx + ydy}{(x+y)^2} = \frac{(x+y+y)dx + (x+y-x)dy}{(x+y)^2}$$

$$= \frac{(x+y)(dx+dy) + ydx - xdy}{(x+y)^2}$$

$$= d\left[\ln|x+y| + \frac{x}{x+y}\right] \quad (x+y \neq 0),$$

于是 $\frac{(x+2y)dx + ydy}{(x+y)^2}$ 分别在 $x+y>0$ 与 $x+y<0$ 存在原函数 $u = \ln|x+y| + \frac{x}{x+y}$. 因此 $\int_L \frac{(x+2y)dx + ydy}{(x+y)^2}$ 分别在 $x+y>0$ 与 $x+y<0$ 与路径无关.

$$I = \left[\ln(x+y) + \frac{x}{x+y}\right]\Big|_{(1,1)}^{(3,1)} = \ln 2 + \frac{1}{4}.$$

3. 问曲线积分

$$\int_L \frac{xdx + ydy}{(x^2+y^2)^{3/2}}$$

在指定区域 D 上是否与路径无关？为什么？

(1) $D: y > 0$；　　(2) $D: x^2 + y^2 > 0$.

解 （1）这是单连通区域，只需验证 $\dfrac{\partial Q}{\partial x}=\dfrac{\partial P}{\partial y}$ 是否恒成立. 依题设有 $P=\dfrac{x}{r^3}, Q=\dfrac{y}{r^3}, r=\sqrt{x^2+y^2}$，又

$$\frac{\partial P}{\partial y}=-\frac{3x}{r^4}\frac{\partial}{\partial y}(r)=-\frac{3xy}{r^5}=\frac{\partial Q}{\partial x}\quad(y>0),$$

因此，在 $D(y>0)$ 上积分与路径无关.

（2）这里 D 是全平面除去原点，它是非单连通的，仅由 $\dfrac{\partial Q}{\partial x}=\dfrac{\partial P}{\partial y}$（任意 $(x,y)\neq(0,0)$）得不出积分与路径无关. 但可计算

$$\int_{\substack{x^2+y^2=r^2\\(\text{逆时针})}}\frac{x\mathrm{d}x+y\mathrm{d}y}{(x^2+y^2)^{3/2}}=\frac{1}{r^3}\int_{x^2+y^2=r^2}x\mathrm{d}x+y\mathrm{d}y$$

$$\xlongequal{\text{格林公式}}\frac{1}{r^3}\iint_{x^2+y^2\leqslant r^2}0\mathrm{d}x\mathrm{d}y=0.$$

由此可证：对 D 中的任意分段光滑闭曲线 C，

$$\int_C P\mathrm{d}x+Q\mathrm{d}y=0,$$

因此积分与路径无关.

我们也可以通过求原函数的方法来证明. 由于

$$\frac{x\mathrm{d}x+y\mathrm{d}y}{r^3}=\frac{1}{2}\frac{\mathrm{d}(x^2+y^2)}{r^3}=\frac{1}{2}\frac{\mathrm{d}r^2}{r^3}=\frac{\mathrm{d}r}{r^2}=\mathrm{d}\left(-\frac{1}{r}\right),$$

即在 D 上存在原函数 $u(x,y)=-\dfrac{1}{\sqrt{x^2+y^2}}(\mathrm{d}u=P\mathrm{d}x+Q\mathrm{d}y)$，所以积分与路径无关.

二、原函数的存在性与求原函数问题

4. 求函数 $u(x,y)$，使 $u(x,y)$ 满足

$$\mathrm{d}u=\frac{2x(1-\mathrm{e}^y)}{(1+x^2)^2}\mathrm{d}x+\frac{\mathrm{e}^y}{1+x^2}\mathrm{d}y. \tag{3.4}$$

解 令 $P(x,y)=\dfrac{2x(1-\mathrm{e}^y)}{(1+x^2)^2}, Q(x,y)=\dfrac{\mathrm{e}^y}{1+x^2}$，有

$$\frac{\partial Q}{\partial x}=-\frac{2x\mathrm{e}^y}{(1+x^2)^2}=\frac{\partial P}{\partial y},$$

所以满足（3.4）式的 $u(x,y)$ 必存在.

解法 1 因为 P,Q 在全平面上有连续的一阶偏导数，所以 $u(x,y)$ 可由（3.2）式确定. 令 $(x_0,y_0)=(0,0)$，则

$$u(x,y) = \int_0^x 0 dx + \int_0^y \frac{e^y}{1+x^2} dy = \frac{1}{1+x^2}(e^y - 1).$$

上式实际上是沿折线 OAB 的曲线积分(见图 9.24). 若沿折线 OCB 求曲线积分,就是公式(3.3). 所以求函数 $u(x,y)$ 时,可以不必死记公式(3.2)或(3.3),只需选择适当的积分路径,就可求出 $u(x,y)$.

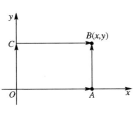

图 9.24

解法 2 当(3.4)式成立时,有
$$\frac{\partial u}{\partial x} = P, \quad \frac{\partial u}{\partial y} = Q.$$

将 $\frac{\partial u}{\partial x} = \frac{2x(1-e^y)}{(1+x^2)^2}$ 对 x 求积,得
$$u(x,y) = -\frac{1-e^y}{1+x^2} + \varphi(y),$$

因而
$$\frac{\partial u}{\partial y} = \frac{e^y}{1+x^2} + \varphi'(y).$$

另一方面,有
$$\frac{\partial u}{\partial y} = Q(x,y) = \frac{e^y}{1+x^2},$$

比较上两式得 $\varphi'(y) = 0$,即 $\varphi(y) = C$. 因而
$$u(x,y) = \frac{e^y - 1}{1+x^2} + C.$$

解法 3 (3.4)式可写成
$$du = \frac{2x}{(1+x^2)^2}dx - \frac{2xe^y}{(1+x^2)^2}dx + \frac{e^y}{1+x^2}dy$$
$$= d\left(-\frac{1}{1+x^2}\right) + d\left(\frac{e^y}{1+x^2}\right) = d\left(\frac{e^y-1}{1+x^2}\right),$$

由全微分的性质知
$$u(x,y) = \frac{e^y - 1}{1+x^2} + C.$$

5. 能否确定常数 n,使得
$$\frac{(x-y)dx + (x+y)dy}{(x^2+y^2)^n}$$

为某函数 $u=u(x,y)$ 在区域 D 内的全微分,若能并求 $u(x,y)$,其中:

(1) $D: x^2+y^2>0$;   (2) $D: x>0$.

解 令

$$P(x,y)=\frac{x-y}{(x^2+y^2)^n}, \quad Q(x,y)=\frac{x+y}{(x^2+y^2)^n}.$$

可算出

$$\frac{\partial P}{\partial y}=\frac{-(x^2+y^2)^n-2ny(x^2+y^2)^{n-1}(x-y)}{(x^2+y^2)^{2n}},$$

$$\frac{\partial Q}{\partial x}=\frac{(x^2+y^2)^n-2nx(x^2+y^2)^{n-1}(x+y)}{(x^2+y^2)^{2n}}.$$

要使 $\frac{\partial Q}{\partial x}=\frac{\partial P}{\partial y}$,必须且只需 $n=1$. 这是 $Pdx+Qdy$ 存在原函数的必要条件. 当 D 为区域 $x>0$ 时,是单连通区域,也是 $Pdx+Qdy$ 存在原函数的充分条件;当 D 为区域 $x^2+y^2>0$ 时是全平面除去原点,不是单连通区域,仅由 $\frac{\partial Q}{\partial x}=\frac{\partial P}{\partial y}$ 不能保证 $Pdx+Qdy$ 存在原函数,还需进一步讨论.

(1) 区域 $D: x^2+y^2>0$,不是单连通的. 取环绕原点的单位圆周 $C_0: x^2+y^2=1$,取逆时针方向,则

$$\oint_{C_0} Pdx+Qdy=\int_{C_0}(x-y)dx+(x+y)dy$$

$$\xlongequal{\text{格林公式}} \iint_{D_0}(1+1)dxdy=2\pi\neq 0,$$

其中 $D_0: x^2+y^2\leqslant 1$. 因此 $\int_L Pdx+Qdy$ 在区域 D 不是与路径无关,$Pdx+Qdy$ 在区域 D 不存在原函数.

(2) 区域 $D: x>0$,是单连通区域. 当 $n\neq 1$ 时 $\frac{\partial Q}{\partial x}\not\equiv\frac{\partial P}{\partial y}$,于是 $Pdx+Qdy$ 在区域 D 不存在原函数. 当 $n=1$ 时 $\frac{\partial Q}{\partial x}=\frac{\partial P}{\partial y}((x,y)\in D)$,于是 $Pdx+Qdy$ 在 D 存在原函数. 下面求

$$\frac{(x-y)dx+(x+y)dy}{x^2+y^2}$$

的原函数.

解法 1 利用曲线积分求 $u(x,y)$. 因为 $\dfrac{x-y}{x^2+y^2}$ 与 $\dfrac{x+y}{x^2+y^2}$ 在 $(0,0)$ 处无定义,而在其他点处有连续的一阶偏导数,因而在选择积分路径时,要避开 $(0,0)$ 这一点.

因动点 (x,y) 中的 $x \neq 0$ 时,取 $(x_0, y_0) = (0, 1)$,并取折线 ABE 为积分路径(见图 9.25). 于是

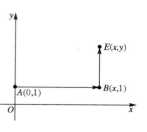

图 9.25

$$u(x,y) = \int_{(0,1)}^{(x,y)} \frac{(x-y)\mathrm{d}x + (x+y)\mathrm{d}y}{x^2+y^2}$$

$$= \int_{\overline{AB}} \frac{(x-y)\mathrm{d}x + (x+y)\mathrm{d}y}{x^2+y^2}$$

$$+ \int_{\overline{BE}} \frac{(x-y)\mathrm{d}x + (x+y)\mathrm{d}y}{x^2+y^2}$$

$$= \int_0^x \frac{x-1}{1+x^2}\mathrm{d}x + \int_1^y \frac{x+y}{x^2+y^2}\mathrm{d}y$$

$$= \left[\frac{1}{2}\ln(1+x^2) - \arctan x\right]\Big|_0^x$$

$$+ \left[\arctan\frac{y}{x} + \frac{1}{2}\ln(x^2+y^2)\right]\Big|_1^y$$

$$= \frac{1}{2}\ln(x^2+y^2) + \arctan\frac{y}{x}.$$

因此,$P\mathrm{d}x + Q\mathrm{d}y$ 的全体原函数是 $\dfrac{1}{2}\ln(x^2+y^2) + \arctan\dfrac{y}{x} + C$.

解法 2

$$\frac{(x-y)\mathrm{d}x + (x+y)\mathrm{d}y}{x^2+y^2} = \frac{x\mathrm{d}x + y\mathrm{d}y}{x^2+y^2} + \frac{-y\mathrm{d}x + x\mathrm{d}y}{x^2+y^2}$$

$$= \frac{1}{2}\frac{\mathrm{d}(x^2+y^2)}{x^2+y^2} + \frac{1}{1+\left(\dfrac{y}{x}\right)^2} \cdot \frac{-y\mathrm{d}x + x\mathrm{d}y}{x^2}$$

$$= \frac{1}{2}\mathrm{d}(\ln(x^2+y^2)) + \mathrm{d}\left(\arctan\frac{y}{x}\right)$$

$$= \mathrm{d}\left[\frac{1}{2}\ln(x^2+y^2) + \arctan\frac{y}{x}\right] \quad (x \neq 0),$$

由此得

$$u(x,y) = \frac{1}{2}\ln(x^2+y^2) + \arctan\frac{y}{x} + C \quad (x \neq 0).$$

评注 也可改成：能否确定 n 使得积分

$$\int_L \frac{(x-y)\mathrm{d}x + (x+y)\mathrm{d}y}{(x^2+y^2)^n}$$

在区域 D 内与路径无关？讨论的方法完全相同．因为 $\int_L P\mathrm{d}x+Q\mathrm{d}y$ 与路径无关等价于 $P\mathrm{d}x+Q\mathrm{d}y$ 存在原函数．

本 节 小 结

设 $P(x,y), Q(x,y)$ 在区域 D 连续或有连续的一阶偏导数．

1. 由以下方法之一均可断定 $\int_L P\mathrm{d}x+Q\mathrm{d}y$ 在区域 D 不是与路径无关．

① 存在一条分段光滑闭曲线 $C \subset D$, $\oint_C P\mathrm{d}x+Q\mathrm{d}y \neq 0$（如题 5 中，$D=\{(x,y)|x^2+y^2>0\}$, $n=1$）；

② 存在 $(x,y) \in D$, $\dfrac{\partial Q(x,y)}{\partial y} \neq \dfrac{\partial P(x,y)}{\partial y}$（如题 5 中 $n>1$ 的情形）．

上述也适用于判断 $P\mathrm{d}x+Q\mathrm{d}y$ 在 D 不存在原函数．

2. 由以下方法之一均可断定 $\int_L P\mathrm{d}x+Q\mathrm{d}y$ 在区域 D 与路径无关．

① 求得 $u(x,y)$ 使得 $\mathrm{d}u = P(x,y)\mathrm{d}x+Q(x,y)\mathrm{d}y$（任给的 $(x,y) \in D$）（如题 2，题 3 等）；

② 若 D 是单连通的，又 $\dfrac{\partial Q}{\partial x} = \dfrac{\partial P}{\partial y}$（任给的 $(x,y) \in D$）（如题 1）；

③ $D = D_0 \setminus \{M_0\}$, D_0 是单连通的，点 $M_0 \in D_0$（即 D 是单连通区域除去一个点）．若 $\dfrac{\partial Q}{\partial x} = \dfrac{\partial P}{\partial y}$（任给的 $(x,y) \in D$），又存在一条分段光滑闭曲线 C_0, 它包围点 M_0, $\oint_{C_0} P\mathrm{d}x+Q\mathrm{d}y = 0$（如题 3）．

方法②，③也适于判断 $P\mathrm{d}x+Q\mathrm{d}y$ 在区域 D 存在原函数．

关于方法③，在上述条件，只要存在一条环绕 M_0 的分段光滑闭曲线 C_0, $\oint_{C_0} P\mathrm{d}x+Q\mathrm{d}y = 0$，用格林公式易证：对 D 中任意分段光滑

闭曲线 C,均有 $\oint_C Pdx+Qdy=0$,因此积分与路径无关.

练习题 9.3

9.3.1 证明下列曲线积分在全平面与积分路径无关,并求积分值:

(1) $\int_{(0,0)}^{(1,1)}(x+y)dx+(x-y)dy$;

(2) $\int_{(a_1,b_1)}^{(a_2,b_2)} xy(1+y)dx+x^2\left(\dfrac{1}{2}+y\right)dy$;

(3) $\int_{(0,0)}^{(a,b)} e^x\cos y dx - e^x\sin y dy$;

(4) 求 $\int_{\overset{\frown}{AB}}(x^4+4xy^3)dx+(6x^2y^2-5y^4)dy$ 的值,其中 $A(-2,-1)$,$B(3,0)$,$\overset{\frown}{AB}$ 为任意的路径.

9.3.2 判断下列曲线积分在指定区域是否与路径无关? 为什么?

(1) $\int_C x\ln(x^2+y^2)dx+y\ln(x^2+y^2)dy$, $D=\{(x,y)\mid x^2+y^2>0\}$;

(2) $\int_C \dfrac{-ydx+xdy}{x^2+y^2}$, D 是全平面除去含原点的正 x 轴.

9.3.3 求函数 $u=u(x,y)$,使得 u 满足下列各式:

(1) $du=(x^2+2xy-y^2)dx+(x^2-2xy-y^2)dy$;

(2) $du=(2x\cos y-y^2\sin x)dx+(2y\cos x-x^2\sin y)dy$.

9.3.4 求下列线积分:

(1) 求 $\int_{(0,1)}^{(1,1)}\left(\dfrac{x}{\sqrt{x^2+y^2}}+y\right)dx+\left(\dfrac{y}{\sqrt{x^2+y^2}}+x\right)dy$;

(2) 求 $\int_C \dfrac{xdx+ydy}{\sqrt{1+x^2+y^2}}$,其中 C 是椭圆周 $\dfrac{x^2}{a^2}+\dfrac{y^2}{b^2}=1$ 的位于第一象限的部分,沿顺时针方向;

(3) 求 $\int_{\overset{\frown}{AB}}(x^2+y)dx+(x-y^2)dy$,其中 $\overset{\frown}{AB}$ 是由 $A(0,0)$ 至 $B(1,1)$ 的曲线段 $y^3=x^2$.

9.3.5 选取 a,b,使得
$$\dfrac{(y^2+2xy+ax^2)dx-(x^2+2xy+by^2)dy}{(x^2+y^2)^2}$$
为某函数 $u=u(x,y)$ 在区域 $D=\{(x,y)\mid x^2+y^2>0\}$ 的全微分,并求 $u(x,y)$.

9.3.6 在下列指定区域 D 上是否存在 $u=u(x,y)$,使得
$$du=\dfrac{ydx-xdy}{3x^2-2xy+3y^2}\xlongequal{\text{记}} Pdx+Qdy.$$
若存在并求出 $u(x,y)$.

(1) D: $x>0$; (2) D: $y>0$; (3) D: $x^2+y^2>0$.

471

第十章　曲面积分,高斯公式与斯托克斯公式

§1　曲面积分的概念与计算

内容提要

1. 第一型曲面积分

(1) 第一型曲面积分的概念

设 $f(x,y,z)$ 是定义在分片光滑曲面 S 上的函数,任意地分 S 为 n 小块,第 i 块的面积记为 ΔS_i,在第 i 块上任取一点 (x_i,y_i,z_i),作和式

$$\sum_{i=1}^{n} f(x_i,y_i,z_i)\Delta S_i,$$

令所有小曲面的最大直径 λ 趋于零,若极限

$$\lim_{\lambda \to 0} \sum_{i=1}^{n} f(x_i,y_i,z_i)\Delta S_i$$

存在,则称此极限为 $f(x,y,z)$ 沿曲面 S 的**第一型曲面积分**,也叫**对面积的曲面积分**,记作

$$\iint_S f(x,y,z)\mathrm{d}S,$$

其中 S 称为积分曲面, $f(x,y,z)$ 称为**被积函数**, $\mathrm{d}S$ 称为**曲面微元**.

若曲面 S 的面密度为 $\rho(x,y,z)$,则其质量 M 等于 $\rho(x,y,z)$ 沿 S 的第一型曲面积分,即

$$M = \iint_S \rho(x,y,z)\mathrm{d}S.$$

(2) 第一型曲面积分的性质

若 $\iint_S f(x,y,z)\mathrm{d}S$ 存在,则称 $f(x,y,z)$ 在曲面 S 可积.

设 $f(x,y,z), g(x,y,z)$ 在 S 可积,则

① $\iint_S [af(x,y,z) + bg(x,y,z)]\mathrm{d}S$

$= a\iint_S f(x,y,z)\mathrm{d}S + b\iint_S g(x,y,z)\mathrm{d}S,$

其中 a,b 为任意常数.

② 若曲面 S 由两曲面 S_1 和 S_2 组成,则有

$$\iint\limits_S f(x,y,z) \mathrm{d}S = \iint\limits_{S_1} f(x,y,z) \mathrm{d}S + \iint\limits_{S_2} f(x,y,z) \mathrm{d}S.$$

③ $\iint\limits_S f(x,y,z) \mathrm{d}S$ 与曲面 S 的定向无关.

(3) 计算公式

若曲面 S 的方程为

$$z = z(x,y), \quad (x,y) \in D,$$

又 z'_x, z'_y 在区域 D 上连续,$f(x,y,z)$ 在 S 连续,则可按下列公式将第一型曲面积分的计算化为二重积分的计算:

$$\iint\limits_S f(x,y,z) \mathrm{d}S = \iint\limits_D f(x,y,z(x,y)) \sqrt{1 + z'^2_x + z'^2_y} \mathrm{d}\sigma.$$

2. 第二型曲面积分

(1) 第二型曲面积分的概念

设 S 为分片光滑的有向曲面,函数 $P(x,y,z), Q(x,y,z), R(x,y,z)$ 定义在 S 上. 把 S 任意分成 n 块小曲面 ΔS_i(ΔS_i 同时又表示第 i 块小曲面的面积),$i = 1, 2, \cdots, n$. ΔS_i 在 Oyz, Ozx, Oxy 平面上的有向投影分别为 $(\Delta S_i)_{yz}, (\Delta S_i)_{zx}, (\Delta S_i)_{xy}$,任意取点 $(\xi_i, \eta_i, \zeta_i) \in \Delta S_i$,若当各小块曲面的直径的最大值 $\lambda \to 0$ 时,

$$\lim_{\lambda \to 0} \sum_{i=1}^n [P(\xi_i, \eta_i, \zeta_i)(\Delta S_i)_{yz} + Q(\xi_i, \eta_i, \zeta_i)(\Delta S_i)_{zx} + R(\xi_i, \eta_i, \zeta_i)(\Delta S_i)_{xy}]$$

总存在,则称此极限值为向量函数 $\boldsymbol{F}(x,y,z) = \{P(x,y,z), Q(x,y,z), R(x,y,z)\}$ 沿定向曲面 S 上的第二型曲面积分,记为

$$\iint\limits_S \boldsymbol{F} \cdot \mathrm{d}\boldsymbol{S} \quad \text{或} \quad \iint\limits_S P \mathrm{d}y \mathrm{d}z + Q \mathrm{d}z \mathrm{d}x + R \mathrm{d}x \mathrm{d}y.$$

这里,P, Q, R 称为**被积函数**,S 称为**积分曲面**. 第二型曲面积分又称为**对坐标的曲面积分**.

设流体的流速 $\boldsymbol{v}(x,y,z) = \{P(x,y,z), Q(x,y,z), R(x,y,z)\}$,则该流体通过定向曲面 S 的(体积)**流量**为

$$\iint\limits_S P \mathrm{d}y \mathrm{d}z + Q \mathrm{d}z \mathrm{d}x + R \mathrm{d}x \mathrm{d}y.$$

(2) 第二型曲面积分的性质

设 $\iint\limits_S \boldsymbol{F} \cdot \mathrm{d}\boldsymbol{S}$ 与 $\iint\limits_S \boldsymbol{G} \cdot \mathrm{d}\boldsymbol{S}$ 均存在,有

① $\iint\limits_{S}(a\boldsymbol{F}+b\boldsymbol{G})\cdot \mathrm{d}\boldsymbol{S}=a\iint\limits_{S}\boldsymbol{F}\cdot \mathrm{d}\boldsymbol{S}+b\iint\limits_{S}\boldsymbol{G}\cdot \mathrm{d}\boldsymbol{S}$,其中 a,b 为常数;

② 若分片光滑曲面 S 由两分片光滑曲面 S_1 与 S_2 连接而成,则
$$\iint\limits_{S}\boldsymbol{F}\cdot \mathrm{d}\boldsymbol{S}=\iint\limits_{S_1}\boldsymbol{F}\cdot \mathrm{d}\boldsymbol{S}+\iint\limits_{S_2}\boldsymbol{F}\cdot \mathrm{d}\boldsymbol{S};$$

③ 第二型曲面积分与曲面的定向有关;当 S 的指定一侧改变为另一侧时,第二型曲面积分变号.

(3) 第一型与第二型曲面积分的关系

设 S 是定向分片光滑曲面,则两类曲面积分有如下关系:
$$\iint\limits_{S}P\mathrm{d}y\mathrm{d}z+Q\mathrm{d}z\mathrm{d}x+R\mathrm{d}x\mathrm{d}y=\iint\limits_{S}(P\cos\alpha+Q\cos\beta+R\cos\gamma)\mathrm{d}S,$$

即
$$\iint\limits_{S}\boldsymbol{F}\cdot \mathrm{d}\boldsymbol{S}=\iint\limits_{S}\boldsymbol{F}\cdot \boldsymbol{n}\mathrm{d}S,$$

其中 $\boldsymbol{n}=(\cos\alpha,\cos\beta,\cos\gamma)$ 是曲面 S 在点 (x,y,z) 处单位法向量,P,Q,R 在 S 连续,$\boldsymbol{F}=\{P,Q,R\}$.

(4) 计算公式

分别投影到 Oyz 平面,Ozx 平面,Oxy 平面时求 $\iint\limits_{S}P\mathrm{d}y\mathrm{d}z$, $\iint\limits_{S}Q\mathrm{d}z\mathrm{d}x$, $\iint\limits_{S}R\mathrm{d}x\mathrm{d}y$ 的计算公式.

设定向曲面 $S:x=x(y,z),(y,z)\in D_{yz},x(y,z)$ 在 D_{yz} 有连续的偏导数,$P(x,y,z)$ 在 S 上连续,则
$$\iint\limits_{S}P\mathrm{d}y\mathrm{d}z=\pm\iint\limits_{D_{yz}}P(x(y,z),y,z)\mathrm{d}y\mathrm{d}z$$

(当 S 取前侧时公式取"+"号,S 取后侧时公式取"-"号).

类似地有:

定向曲面 $S:y=y(z,x),(z,x)\in D_{zx}$,
$$\iint\limits_{S}Q\mathrm{d}z\mathrm{d}x=\pm\iint\limits_{D_{zx}}Q(x,y(z,x),z)\mathrm{d}z\mathrm{d}x$$

(当 S 取右侧时公式取"+"号,S 取左侧时公式取"-"号).

定向曲面 $S:z=z(x,y),(x,y)\in D_{xy}$,
$$\iint\limits_{S}R\mathrm{d}x\mathrm{d}y=\pm\iint\limits_{D_{xy}}R(x,y,z(x,y))\mathrm{d}x\mathrm{d}y$$

(当 S 取上侧时公式取"+"号,S 取下侧时公式取"-"号).

均投影到 Oxy 平面时 $\iint\limits_{S}P\mathrm{d}y\mathrm{d}z+Q\mathrm{d}z\mathrm{d}x+R\mathrm{d}x\mathrm{d}y$ 的计算公式:

设定向曲面 S：$z=z(x,y)$，$(x,y)\in D_{xy}$，$z(x,y)$ 在 D_{xy} 有连续的偏导数，P,Q,R 在 S 连续，则

$$\iint_S Pdydz + Qdzdx + Rdxdy$$
$$= \pm \iint_{D_{xy}} \Big[P(x,y,z(x,y))\Big(-\frac{\partial z}{\partial x}\Big) \qquad (10.1)$$
$$+ Q(x,y,z(x,y))\Big(-\frac{\partial z}{\partial y}\Big) + R(x,y,z(x,y)) \Big] dxdy.$$

当 S 取上侧时公式取"+"号，S 取下侧时公式取负号.

若均投影到 Oyz 或 Ozx 平面时也有类似的公式.

典型例题分析

一、求第一型曲面积分

1. 求第一型曲面积分

$$I = \iint_S \frac{dS}{(1+x+y)^2},$$

其中 S 为平面 $x+y+z=1$ 及三个坐标面所围成之四面体的表面（见图 10.1）.

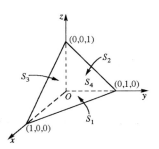

图 10.1

解 设位于三个坐标平面上的表面分别为 S_1,S_2,S_3，位于平面 $x+y+z=1$ 上的表面为 S_4. 则

$$\iint_S \frac{dS}{(1+x+y)^2} = \sum_{i=1}^4 \iint_{S_i} \frac{dS}{(1+x+y)^2}.$$

因为 S_1 在 Oxy 平面上的投影区域就是它本身，所以

$$\iint_{S_1} \frac{dS}{(1+x+y)^2} = \iint_{S_1} \frac{dxdy}{(1+x+y)^2}$$
$$= \int_0^1 dx \int_0^{1-x} \frac{dy}{(1+x+y)^2} = \int_0^1 -\frac{1}{1+x+y}\Big|_0^{1-x} dx$$
$$= \int_0^1 \Big(-\frac{1}{2} + \frac{1}{1+x}\Big) dx = -\frac{1}{2} + \ln 2.$$

同理，

$$\iint_{S_2}\frac{\mathrm{d}S}{(1+x+y)^2}=\iint_{S_2}\frac{\mathrm{d}y\mathrm{d}z}{(1+y)^2}=\int_0^1\mathrm{d}y\int_0^{1-y}\frac{\mathrm{d}z}{(1+y)^2}$$
$$=\int_0^1\frac{1-y}{(1+y)^2}\mathrm{d}y=\left[-\frac{2}{1+y}-\ln|1+y|\right]\Big|_0^1$$
$$=1-\ln 2.$$

由对称性知,
$$\iint_{S_3}\frac{\mathrm{d}S}{(1+x+y)^2}=1-\ln 2.$$

在平面 S_4 上,$z'_x=z'_y=-1$,所以 $\sqrt{1+z'^2_x+z'^2_y}=\sqrt{3}$. 于是
$$\iint_{S_4}\frac{\mathrm{d}S}{(1+x+y)^2}=\iint_{S_1}\frac{\sqrt{3}}{(1+x+y)^2}\mathrm{d}x\mathrm{d}y$$
$$=\sqrt{3}\left(-\frac{1}{2}+\ln 2\right),$$

所以
$$I=\frac{3-\sqrt{3}}{2}+(\sqrt{3}-1)\ln 2.$$

2. 求 $I=\iint\limits_S z\mathrm{d}S$,其中 S 是上半球面 $x^2+y^2+z^2=R^2$,$z\geqslant 0$.

解 由于 S 为球面 $x^2+y^2+z^2=R$,所以
$$z'_x=-\frac{x}{z},\quad z'_y=-\frac{y}{z},$$
$$\mathrm{d}S=\sqrt{1+z'^2_x+z'^2_y}\mathrm{d}x\mathrm{d}y$$
$$=\sqrt{1+\frac{x^2}{z^2}+\frac{y^2}{z^2}}\mathrm{d}x\mathrm{d}y=\frac{R}{z}\mathrm{d}x\mathrm{d}y.$$

记 S 在 Oxy 平面上投影区域为 D,则 D: $x^2+y^2\leqslant R^2$,
$$I=\iint_S z\mathrm{d}S=\iint_D z\cdot\frac{R}{z}\mathrm{d}x\mathrm{d}y=R\iint_D\mathrm{d}x\mathrm{d}y=\pi R^3.$$

3. 求 $I=\iint\limits_S(xy+yz+zx)\mathrm{d}S$,$S$ 为圆锥面 $z=\sqrt{x^2+y^2}$ 被柱面 $x^2+y^2=2ax$ 所截下部分($a>0$).

解 曲面 S 在 Oxy 平面的投影区域 D_{xy}: $(x-a)^2+y^2\leqslant a^2$,S

关于 Ozx 平面对称,被积函数$(xy+yz)$对 y 为奇函数,于是
$$\iint_S (xy+yz)\mathrm{d}S = 0,$$
$$I = \iint_S zx\mathrm{d}S.$$

因为 S 上:
$$\frac{\partial z}{\partial x} = \frac{x}{z}, \quad \frac{\partial z}{\partial y} = \frac{y}{z},$$
$$\mathrm{d}S = \sqrt{1+z_x'^2+z_y'^2}\mathrm{d}x\mathrm{d}y = \sqrt{2}\,\mathrm{d}x\mathrm{d}y,$$

所以
$$I = \iint_{D_{xy}} x\sqrt{x^2+y^2}\,\sqrt{2}\,\mathrm{d}x\mathrm{d}y.$$

在极坐标变换下,
$$D_{xy} = \{(r,\theta)\,|\,-\frac{\pi}{2} \leqslant \theta \leqslant \frac{\pi}{2},\, 0 \leqslant r \leqslant 2a\cos\theta\},$$

$$I = \sqrt{2}\int_{-\frac{\pi}{2}}^{\frac{\pi}{2}}\mathrm{d}\theta\int_0^{2a\cos\theta} r\cos\theta \cdot r \cdot r\mathrm{d}r$$
$$= 2\sqrt{2}\int_0^{\frac{\pi}{2}}\cos\theta \cdot \frac{1}{4}r^4\bigg|_0^{2a\cos\theta}\mathrm{d}\theta = \frac{\sqrt{2}}{2}\int_0^{\frac{\pi}{2}}(2a)^4\cos^5\theta\mathrm{d}\theta$$
$$= 8\sqrt{2}\,a^4\frac{4\cdot 2}{5\cdot 3} = \frac{64}{15}\sqrt{2}\,a^4.$$

评注 1 这里用了公式:当 n 为奇数时
$$\int_0^{\frac{\pi}{2}}\cos^n x\mathrm{d}x = \frac{(n-1)!!}{n!!}.$$
若不用此公式,也可计算
$$\int_0^{\frac{\pi}{2}}\cos^5 x\mathrm{d}x = \int_0^{\frac{\pi}{2}}(1-\sin^2 x)^2\mathrm{d}\sin x.$$

评注 2 求第一型曲面积分的基本方法是:套公式化为二重积分再化为累次积分. 化二重积分时,若曲面 S 的方程为 $z=z(x,y)$,首先要正确求出 $\mathrm{d}S=\sqrt{1+z_x'^2+z_y'^2}\mathrm{d}x\mathrm{d}y$,及 S 在 Oxy 平面上的投影区域 D_{xy}. 若有对称性,要利用它简化计算(关于对称性,对第一型曲面积分有与三重积分类似的性质). 若曲面分块表示,则要分块积

分.在计算中也要注意利用曲面方程简化被积函数.

二、求第二型曲面积分

4. 求 $\iint\limits_{S} yz\mathrm{d}y\mathrm{d}z + xz\mathrm{d}z\mathrm{d}x + xy\mathrm{d}x\mathrm{d}y$,

其中 S 为由平面 $x=0, y=0, z=0, x+y+z=a$ 所围四面体的表面外侧（见图10.2）.

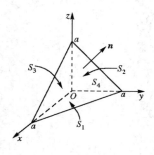

图 10.2

解 设 S 在平面 Oxy, Oyz, Ozx 及 $x+y+z=a$ 上的部分分别为 S_1, S_2, S_3, S_4，则

$$\iint\limits_{S} yz\mathrm{d}y\mathrm{d}z + xz\mathrm{d}z\mathrm{d}x + xy\mathrm{d}x\mathrm{d}y$$

$$= \sum_{i=1}^{4} \iint\limits_{S_i} yz\mathrm{d}y\mathrm{d}z + xz\mathrm{d}z\mathrm{d}x + xy\mathrm{d}x\mathrm{d}y.$$

其中 S_1 的方程为 $z=0$，其法向量 $\boldsymbol{n}$ 垂直朝下，S_1 与 Oyz 平面、Ozx 平面均垂直，所以

$$\iint\limits_{S_1} yz\mathrm{d}y\mathrm{d}z = 0, \quad \iint\limits_{S_1} xz\mathrm{d}z\mathrm{d}x = 0.$$

设 S_1 在 Oxy 平面上的投影区域为 D_1，则有

$$\iint\limits_{S_1} yz\mathrm{d}y\mathrm{d}z + xz\mathrm{d}z\mathrm{d}x + xy\mathrm{d}x\mathrm{d}y$$

$$= -\iint\limits_{D_1} xy\mathrm{d}x\mathrm{d}y = -\int_0^a \mathrm{d}x \int_0^{a-x} xy\mathrm{d}y = -\frac{a^4}{24}. \quad (10.2)$$

由于 S_1 的法方向的指向与 Oz 轴的相反，所以化为二重积分时要乘一个负号.

同理可看出，

$$\iint\limits_{S_2} yz\mathrm{d}y\mathrm{d}z + xz\mathrm{d}z\mathrm{d}x + xy\mathrm{d}x\mathrm{d}y = -\iint\limits_{D_2} yz\mathrm{d}y\mathrm{d}z, \quad (10.3)$$

$$\iint\limits_{S_3} yz\mathrm{d}y\mathrm{d}z + xz\mathrm{d}z\mathrm{d}x + xy\mathrm{d}x\mathrm{d}y = -\iint\limits_{D_3} xz\mathrm{d}z\mathrm{d}x, \quad (10.4)$$

其中 D_2, D_3 分别是 S_2, S_3 在 Oyz 平面及 Ozx 平面上的投影.

在 S_4 上，$\boldsymbol{n}$ 与三个坐标轴的夹角都小于 $\dfrac{\pi}{2}$（见图 10.2），因而其方向余弦均大于零，且 S_4 在三个坐标面上的投影分别为 D_1, D_2, D_3，所以

$$\iint\limits_{S_4} yz\mathrm{d}y\mathrm{d}z + zx\mathrm{d}z\mathrm{d}x + xy\mathrm{d}x\mathrm{d}y$$

$$= \iint\limits_{D_2} yz\mathrm{d}y\mathrm{d}z + \iint\limits_{D_3} zx\mathrm{d}z\mathrm{d}x + \iint\limits_{D_1} xy\mathrm{d}x\mathrm{d}y, \quad (10.5)$$

不难看出 (10.2), (10.3), (10.4) 以及 (10.5) 这四个式子相加为零，因而

$$\iint\limits_{S} yz\mathrm{d}y\mathrm{d}z + xz\mathrm{d}z\mathrm{d}x + xy\mathrm{d}x\mathrm{d}y = 0.$$

5. $\iint\limits_{S} z\mathrm{d}x\mathrm{d}y$，其中 S 为椭球面 $\dfrac{x^2}{a^2} + \dfrac{y^2}{b^2} + \dfrac{z^2}{c^2} = 1$ 的外侧（见图 10.3）.

解 从图 10.3 看出，上半椭球面 S_1 的法向量与 Oz 轴的夹角小于 $\dfrac{\pi}{2}$，因而 $\cos\gamma > 0$；而下半椭球面 S_2 的法向量与 Oz 轴的夹角大于 $\dfrac{\pi}{2}$，因而 $\cos\gamma < 0$. 所以应将 S 分成两部分 S_1 与 S_2 来考虑. S_1 与 S_2 的方程分别为

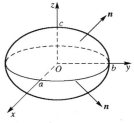

图 10.3

$$z = c\sqrt{1 - \dfrac{x^2}{a^2} - \dfrac{y^2}{b^2}} \quad \text{及} \quad z = -c\sqrt{1 - \dfrac{x^2}{a^2} - \dfrac{y^2}{b^2}},$$

它们在 Oxy 平面上的投影是同一个椭圆 $D: \dfrac{x^2}{a^2} + \dfrac{y^2}{b^2} \leqslant 1$. 所以

$$\iint\limits_{S_1} z\mathrm{d}x\mathrm{d}y = \iint\limits_{D} c\sqrt{1 - \dfrac{x^2}{a^2} - \dfrac{y^2}{b^2}}\,\mathrm{d}x\mathrm{d}y,$$

$$\iint\limits_{S_2} z\mathrm{d}x\mathrm{d}y = -\iint\limits_{D} -c\sqrt{1 - \dfrac{x^2}{a^2} - \dfrac{y^2}{b^2}}\,\mathrm{d}x\mathrm{d}y$$

$$= \iint\limits_{D} c\sqrt{1 - \dfrac{x^2}{a^2} - \dfrac{y^2}{b^2}}\,\mathrm{d}x\mathrm{d}y,$$

于是
$$I = \iint_S z\mathrm{d}x\mathrm{d}y = \iint_{S_1} z\mathrm{d}x\mathrm{d}y + \iint_{S_2} z\mathrm{d}x\mathrm{d}y$$
$$= 2c\iint_D \sqrt{1 - \frac{x^2}{a^2} - \frac{y^2}{b^2}}\mathrm{d}x\mathrm{d}y$$
$$= 8c\iint_{D_1} \sqrt{1 - \frac{x^2}{a^2} - \frac{y^2}{b^2}}\mathrm{d}x\mathrm{d}y,$$

其中 D_1 是 D 在第一象限部分.

在直角坐标系与极坐标系中我们选择极坐标系来计算这个二重积分. 作极坐标变换 $x = r\cos\theta, y = r\sin\theta$, 得

$$D: 0 \leqslant \theta \leqslant \frac{\pi}{2}, \ 0 \leqslant r \leqslant \frac{1}{\sqrt{\frac{\cos^2\theta}{a^2} + \frac{\sin^2\theta}{b^2}}} \stackrel{\text{记}}{=\!=\!=} (\varphi(\theta))^{-1},$$

$$I = 8c\int_0^{\frac{\pi}{2}} \mathrm{d}\theta \int_0^{(\varphi(\theta))^{-1}} \sqrt{1 - \varphi^2(\theta)r^2}\, r\mathrm{d}r$$

$$= 8c\int_0^{\frac{\pi}{2}} \frac{-1}{3\varphi^2(\theta)} (1 - \varphi^2(\theta)r^2)^{\frac{3}{2}} \Big|_0^{(\varphi(\theta))^{-1}} \mathrm{d}\theta$$

$$= \frac{8}{3}c\int_0^{\frac{\pi}{2}} \frac{1}{\frac{\cos^2\theta}{a^2} + \frac{\sin^2\theta}{b^2}} \mathrm{d}\theta = \frac{8}{3}c\int_0^{\frac{\pi}{2}} \frac{a^2b^2}{b^2\cos^2\theta + a^2\sin^2\theta}\mathrm{d}\theta$$

$$= \frac{8}{3}cba \int_0^{\frac{\pi}{2}} \frac{1}{1 + \left(\frac{a}{b}\tan\theta\right)^2} \mathrm{d}\frac{a}{b}\tan\theta$$

$$= \frac{8}{3}abc\arctan\left(\frac{a}{b}\tan\theta\right) \Big|_0^{\frac{\pi}{2}} = \frac{4}{3}\pi abc.$$

评注 1 利用广义极坐标: $x = ar\cos\theta, y = br\sin\theta$, 得
$$D: 0 \leqslant \theta \leqslant 2\pi, \ 0 \leqslant r \leqslant 1,$$

$$\iint_S z\mathrm{d}x\mathrm{d}y = 2c\iint_D \sqrt{1 - \frac{x^2}{a^2} - \frac{y^2}{b^2}}\mathrm{d}x\mathrm{d}y = 2abc\int_0^{2\pi}\mathrm{d}\theta\int_0^1 r\sqrt{1 - r^2}\mathrm{d}r$$

$$= \frac{4\pi abc}{3}.$$

评注 2 若利用高斯公式,第 4,5 两题的结果可以立即得出. 但在这两题中所介绍的直接求第二型曲面积分的方法,同学们是应该掌握的.

6. 设定向曲面 S 为 $z=z(x,y)$, $(x,y)\in D_{xy}$,即 S 在 Oxy 平面上的投影区域为 D_{xy},试导出曲面积分计算公式(10.1).

解 基本思路是:第二型曲面积分转化为第一型曲面积分,再利用曲面的法向量计算公式,将第一型曲面积分化为二重积分

$$I = \iint\limits_S P\mathrm{d}y\mathrm{d}z + Q\mathrm{d}z\mathrm{d}x + R\mathrm{d}x\mathrm{d}y$$
$$= \iint\limits_S [P\cos\alpha + Q\cos\beta + R\cos\gamma]\mathrm{d}S.$$

注意:S 上任意点 (x,y,z) 处的单位法向量

$$(\cos\alpha,\cos\beta,\cos\gamma) = \pm\left(-\frac{\partial z}{\partial x}, -\frac{\partial z}{\partial y}, 1\right)\bigg/\sqrt{1+\left(\frac{\partial z}{\partial x}\right)^2+\left(\frac{\partial z}{\partial y}\right)^2},$$

代入上式并化为二重积分得

$$I = \pm\iint\limits_D \left[P(x,y,z(x,y))\left(-\frac{\partial z}{\partial x}\right) + Q(x,y,z(x,y))\left(-\frac{\partial z}{\partial y}\right)\right.$$
$$\left. + R(x,y,z(x,y))\right]$$
$$\cdot \frac{1}{\sqrt{1+\left(\frac{\partial z}{\partial x}\right)^2+\left(\frac{\partial z}{\partial y}\right)^2}}\sqrt{1+\left(\frac{\partial z}{\partial x}\right)^2+\left(\frac{\partial z}{\partial y}\right)^2}\mathrm{d}x\mathrm{d}y$$
$$= \pm\iint\limits_D \left[P(x,y,z(x,y))\left(-\frac{\partial z}{\partial x}\right) + Q(x,y,z(x,y))\left(-\frac{\partial z}{\partial y}\right)\right.$$
$$\left. + R(x,y,z(x,y))\right]\mathrm{d}x\mathrm{d}y.$$

7. 求 $\iint\limits_S x\mathrm{d}y\mathrm{d}z+y\mathrm{d}z\mathrm{d}x+z\mathrm{d}x\mathrm{d}y$,其中 S 为锥面 $x^2+y^2=z^2$ 被平面 $z=0$ 及 $z=h$ 所截部分的外侧(见图 10.4).

解法 1 将 S 分别投影到 Oyz, Ozx 与 Oxy 平面来计算. 从图 10.4 看出,当 $x>0$ 时,对应的曲面 S 上的法向量与 Ox 轴的夹角小于 $\frac{\pi}{2}$,而 $x<0$ 对应的曲面上的法向量与 Ox 轴的夹角大于 $\frac{\pi}{2}$,所以

要将 S 分成 S_1 与 S_2 两部分，它们的方程分别为
$$S_1: x = \sqrt{z^2 - y^2},$$
$$S_2: x = -\sqrt{z^2 - y^2}.$$
它们在 Oyz 平面上的投影为同一个区域 $D_2: y=-z, y=z$ 以及 $z=h$ 所围三角形，所以

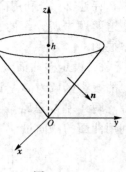

图 10.4

$$\iint_S x\mathrm{d}y\mathrm{d}z = \iint_{S_1} x\mathrm{d}y\mathrm{d}z + \iint_{S_2} x\mathrm{d}y\mathrm{d}z$$
$$= 2\iint_{D_2} \sqrt{z^2 - y^2}\mathrm{d}y\mathrm{d}z$$
$$= 2\int_0^h \mathrm{d}z \int_{-z}^{z} \sqrt{z^2 - y^2}\mathrm{d}y = \frac{\pi h^3}{3}.$$

由对称性可知，
$$\iint_S y\mathrm{d}z\mathrm{d}x = \frac{\pi h^3}{3}.$$

而
$$\iint_S z\mathrm{d}x\mathrm{d}y = -\iint_{x^2+y^2\leqslant h^2} \sqrt{x^2+y^2}\mathrm{d}x\mathrm{d}y$$
$$= -\int_0^{2\pi} \mathrm{d}\theta \int_0^h r^2 \mathrm{d}r = -\frac{2\pi h^3}{3}.$$

将以上三个积分式相加，得
$$\iint_S x\mathrm{d}y\mathrm{d}z + y\mathrm{d}z\mathrm{d}x + z\mathrm{d}x\mathrm{d}y = 0.$$

解法 2 均投影到 Oxy 平面上来计算. S 在 Oxy 平面上的投影区域 $D_{xy}: x^2+y^2 \leqslant h^2$，在 S 上
$$\frac{\partial z}{\partial x} = \frac{x}{z}, \quad \frac{\partial z}{\partial y} = \frac{y}{z},$$
代入公式(10.1)得
$$I = \iint_S x\mathrm{d}y\mathrm{d}z + y\mathrm{d}z\mathrm{d}x + z\mathrm{d}x\mathrm{d}y$$
$$= -\iint_{D_{xy}} \left[x\left(-\frac{\partial z}{\partial x}\right) + y\left(-\frac{\partial z}{\partial y}\right) + z\right]\mathrm{d}x\mathrm{d}y$$

$$= -\iint_{D_{xy}} \left(-\frac{x^2}{z} - \frac{y^2}{z} + z\right) \mathrm{d}x\mathrm{d}y$$

$$= -\iint_{D_{xy}} 0 \mathrm{d}x\mathrm{d}y = 0,$$

这里因 S 取下侧公式(10.1)中取负号.

评注 1 解法 2 比解法 1 简单,这说明选择投影方向会影响计算的繁简.

评注 2 直接计算第二型曲面积分的基本方法也是套公式化为二重积分,再化为累次积分. 化为二重积分时,要注意选择投影方向,确定曲面 S 的投影区域,并注意由曲面的定向选择公式所带的正负号. 注意不同的投影方向所用的公式是不同的. 如求 $\iint_S P\mathrm{d}y\mathrm{d}z$,若 S: $x=x(y,z), (y,z)\in D_{yz}$,投影到 Oyz 平面上得

$$\iint_S P\mathrm{d}y\mathrm{d}z = \pm \iint_{D_{yz}} P(x(y,z),y,z)\mathrm{d}y\mathrm{d}z.$$

若 S: $z=z(x,y), (x,y)\in D_{xy}$,投影到 Oxy 平面上得

$$\iint_S P\mathrm{d}y\mathrm{d}z = \pm \iint_{D_{xy}} P(x,y,z(x,y))\left(-\frac{\partial z}{\partial x}\right)\mathrm{d}x\mathrm{d}y.$$

若 S 是分块表示的,也要用分块积分法. 要注意用以下事实简化计算:

$$\iint_S P\mathrm{d}y\mathrm{d}z = 0$$

(若曲面 S 垂直于 Oyz 平面即 S 的法向量始终与 Oyz 平面平行),

$$\iint_S Q\mathrm{d}z\mathrm{d}x = 0 \quad (若曲面 S 垂直于 Ozx 平面),$$

$$\iint_S R\mathrm{d}x\mathrm{d}y = 0 \quad (若曲面 S 垂直于 Oxy 平面).$$

三、求流体的流量

8. 设流体的流速 $\boldsymbol{v} = x^2\boldsymbol{i} + y^2\boldsymbol{j} + z^2\boldsymbol{k}$,求流体穿过下列曲面的流量 Q:

(1) 圆柱 $x^2 + y^2 \leqslant a^2 (0 \leqslant z \leqslant h)$ 的侧表面的外侧(见图 10.5);

(2) 该圆柱的全表面的外侧.

解 (1) $Q = \iint\limits_{S} x^2 \mathrm{d}y\mathrm{d}z + y^2 \mathrm{d}z\mathrm{d}x + z^2 \mathrm{d}x\mathrm{d}y$,

其中 S 为上述圆柱的外侧表面.

将 S 分为两部分 S_1, S_2,它们的方程分别为

$$S_1: x = \sqrt{a^2 - y^2}, \quad -a \leqslant y \leqslant a,$$
$$S_2: x = -\sqrt{a^2 - y^2}, \quad -a \leqslant y \leqslant a.$$

设它们在 Oyz 平面上的投影区域为 D_2,则

$$\iint\limits_{S} x^2 \mathrm{d}y\mathrm{d}z = \iint\limits_{S_1} x^2 \mathrm{d}y\mathrm{d}z + \iint\limits_{S_2} x^2 \mathrm{d}y\mathrm{d}z$$
$$= \iint\limits_{D_2} (\sqrt{a^2 - y^2})^2 \mathrm{d}y\mathrm{d}z - \iint\limits_{D_2} (-\sqrt{a^2 - y^2})^2 \mathrm{d}y\mathrm{d}z$$
$$= 0.$$

由对称性可知

$$\iint\limits_{S} y^2 \mathrm{d}z\mathrm{d}x = 0.$$

又因为 S 与 Oxy 平面垂直,从而

$$\iint\limits_{S} z^2 \mathrm{d}x\mathrm{d}y = 0.$$

将以上三个曲面积分相加,得

$$Q = \iint\limits_{S} x^2 \mathrm{d}y\mathrm{d}z + y^2 \mathrm{d}z\mathrm{d}x + z^2 \mathrm{d}x\mathrm{d}y = 0.$$

(2) 设圆柱的上顶与下底分别为 S_3, S_4(见图 10.5). S_3 与 S_4 均与 Oyz, Ozx 平面垂直. 于是

$$\iint\limits_{S_3} x^2 \mathrm{d}y\mathrm{d}z + y^2 \mathrm{d}z\mathrm{d}x + z^2 \mathrm{d}x\mathrm{d}y = \iint\limits_{S_3} z^2 \mathrm{d}x\mathrm{d}y = \iint\limits_{x^2+y^2 \leqslant a^2} h^2 \mathrm{d}x\mathrm{d}y = \pi h^2 a^2,$$

$$\iint\limits_{S_4} x^2 \mathrm{d}y\mathrm{d}z + y^2 \mathrm{d}z\mathrm{d}x + z^2 \mathrm{d}x\mathrm{d}y = -\iint\limits_{x^2+y^2 \leqslant a^2} 0 \mathrm{d}x\mathrm{d}y = 0,$$

所以

$$Q = \iint\limits_{S+S_3+S_4} x^2 \mathrm{d}y\mathrm{d}z + y^2 \mathrm{d}z\mathrm{d}x + z^2 \mathrm{d}x\mathrm{d}y = \pi h^2 a^2.$$

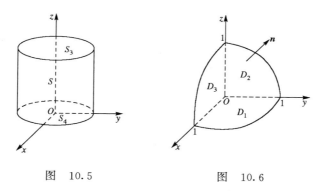

图 10.5   图 10.6

9. 求流体速度场 $\boldsymbol{v} = xy\boldsymbol{i} + yz\boldsymbol{j} + xz\boldsymbol{k}$ 穿过在第一卦限中的球面 $x^2 + y^2 + z^2 = 1$ 外侧的流量(见图 10.6).

解 所求的流量为

$$Q = \iint\limits_{S} xy\,\mathrm{d}y\mathrm{d}z + yz\,\mathrm{d}z\mathrm{d}x + xz\,\mathrm{d}x\mathrm{d}y,$$

其中 S 为所给球面在第一卦限中的部分,指向外侧.

设 S 在三个坐标面上的投影区域分别为 D_1, D_2, D_3,则

$$Q = \iint\limits_{D_2} y\sqrt{1-y^2-z^2}\,\mathrm{d}y\mathrm{d}z + \iint\limits_{D_3} z\sqrt{1-x^2-z^2}\,\mathrm{d}x\mathrm{d}z$$

$$+ \iint\limits_{D_1} x\sqrt{1-x^2-y^2}\,\mathrm{d}x\mathrm{d}y.$$

用极坐标,

$$\iint\limits_{D_2} y\sqrt{1-y^2-z^2}\,\mathrm{d}y\mathrm{d}z = \int_0^{\pi/2}\mathrm{d}\theta \int_0^1 r^2\cos\theta\sqrt{1-r^2}\,\mathrm{d}r$$

$$= \int_0^1 r^2\sqrt{1-r^2}\,\mathrm{d}r \xrightarrow{r=\sin t} \int_0^{\pi/2}\sin^2 t\cos^2 t\,\mathrm{d}t$$

$$= \int_0^{\pi/2}\sin^2 t(1-\sin^2 t)\,\mathrm{d}t = \frac{\pi}{4}\left(1 - \frac{3}{4}\right) = \frac{\pi}{16}.$$

由对称性知,

$$\iint\limits_{D_3} z\sqrt{1-x^2-z^2}\,\mathrm{d}x\mathrm{d}z = \iint\limits_{D_1} x\sqrt{1-x^2-y^2}\,\mathrm{d}x\mathrm{d}y = \frac{\pi}{16}.$$

所以 $Q=\dfrac{3\pi}{16}$.

本 节 小 结

1. 求流体通过定向曲面 S 的(体积)流量即求流速向量 $\boldsymbol{v}$ 沿 S 的第二型曲面积分 $\iint\limits_{S}\boldsymbol{v}\cdot\boldsymbol{n}\mathrm{d}S$.

2. 第一型曲面积分有类似于第一型线积分的应用. 已知曲面形物体的面密度求它的质量, 重心, 对坐标轴的转动惯量等都归结为计算第一型曲面积分.

3. 关于第二型曲面积分计算中的对称性问题.

从题 8 看到: 曲面 S 关于 Oyz 平面对称, 被积函数 $P(x,y,z)=x^2$ 对 x 为偶函数, $\iint\limits_{S}x^2\mathrm{d}y\mathrm{d}z=0$.

从题 7 中看到: 曲面 S 关于 Oyz 平面对称, 被积函数 $P(x,y,z)=x$ 时 x 为奇函数,

$$\iint\limits_{S}x\mathrm{d}y\mathrm{d}z=2\iint\limits_{S_1}x\mathrm{d}y\mathrm{d}z,$$

其中 $S_1=S\cap\{x\geqslant 0\}$.

事实上, 这是有一般性的, 即若分片光滑曲面 S 关于 Oyz 平面对称, 则

$$\iint\limits_{S}P\mathrm{d}y\mathrm{d}z=\begin{cases}0, & \text{若 } P(x,y,z) \text{ 对 } x \text{ 为偶函数,}\\ 2\iint\limits_{S_1}P\mathrm{d}y\mathrm{d}z, & \text{若 } P(x,y,z) \text{ 对 } x \text{ 为奇函数,}\end{cases}$$

其中 $S_1=S\cap\{x\geqslant 0\}$.

练 习 题 10.1

10.1.1 求 $\iint\limits_{S}\left(z+2x+\dfrac{4}{3}y\right)\mathrm{d}S$, S 为平面 $\dfrac{x}{2}+\dfrac{y}{3}+\dfrac{z}{4}=1$ 在第一卦限中的部分.

10.1.2 求 $\iint\limits_{S}(x+y+z)\mathrm{d}S$, S 为上半球面 $z=\sqrt{a^2-x^2-y^2}$.

10.1.3 求 $\iint\limits_{S}\sqrt{R^2-x^2-y^2}\,\mathrm{d}S$, S 为上半球面
$$z=\sqrt{R^2-x^2-y^2}.$$

10.1.4 求 $\iint\limits_{S}(x^2+y^2)\,\mathrm{d}S$, S 为曲面 $z=\sqrt{x^2+y^2}$ 及平面 $z=1$ 所围之立体的表面.

10.1.5 求 $\iint\limits_{S}(xy+yz+zx)\,\mathrm{d}S$, S 为锥面 $z=\sqrt{x^2+y^2}$ 被曲面 $x^2+y^2=2ax$ 所截之部分.

10.1.6 求抛物面壳 $z=\dfrac{1}{2}(x^2+y^2)$ $(0\leqslant z\leqslant 1)$ 的质量, 其密度 $\rho=z$.

10.1.7 求密度为 ρ_0 的均匀球壳 $x^2+y^2+z^2=a^2, z\geqslant 0$, 对于 Oz 轴的转动惯量.

10.1.8 求 $\iint\limits_{S}x^2y^2z\,\mathrm{d}x\mathrm{d}y$, S 是球面 $x^2+y^2+z^2=R^2$ 下半部的下侧.

10.1.9 求 $\iint\limits_{S}\dfrac{\mathrm{e}^z\mathrm{d}x\mathrm{d}y}{\sqrt{x^2+y^2}}$, S 为锥面 $z=\sqrt{x^2+y^2}$ 及平面 $z=1,z=2$ 所围立体之表面外侧.

10.1.10 求 $\iint\limits_{S}\dfrac{x\mathrm{d}y\mathrm{d}z+z^2\mathrm{d}x\mathrm{d}y}{x^2+y^2+z^2}$, 其中 S 是由曲面 $x^2+y^2=R^2$ 及平面 $z=R, z=-R$ 围成立体表面的外侧, $R>0$.

10.1.11 求 $\iint\limits_{S}\dfrac{\mathrm{d}y\mathrm{d}z}{x}+\dfrac{\mathrm{d}z\mathrm{d}x}{y}+\dfrac{\mathrm{d}x\mathrm{d}y}{z}$, S: $\dfrac{x^2}{a^2}+\dfrac{y^2}{b^2}+\dfrac{z^2}{c^2}=1$, 法方向取外侧.

10.1.12 求向量 $\boldsymbol{v}=(x-2z)\boldsymbol{i}+(x+3y+z)\boldsymbol{j}+(5x+y)\boldsymbol{k}$ 通过以点 $A(1,0,0), B(0,1,0), C(0,0,1)$ 为顶点的三角形 ABC 上侧的流量.

10.1.13 设 $\boldsymbol{F}=\{x^2,y^2,xyz\}$, 求 $\iint\limits_{S}\boldsymbol{F}\cdot\mathrm{d}\boldsymbol{S}$, 其中曲面 S 如图 10.7 所示, 由

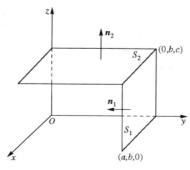

图 10.7

S_1 与 S_2 组成,S_1 平行于 Oxz 面,S_2 平行于 Oxy 面.

10.1.14 求向量场 $\boldsymbol{a}=\boldsymbol{i}-\boldsymbol{j}+xyz\boldsymbol{k}$ 通过由平面 $y=x$ 截球 $x^2+y^2+z^2\leqslant R^2$ 所得的圆面 S 朝 x 正向一侧的流量.

§2 高斯公式,向量场的通量与散度

内 容 提 要

1. 高斯公式

设空间有界闭区域 Ω 的边界 S 是分片光滑的. $P(x,y,z),Q(x,y,z),R(x,y,z)$ 在 Ω 上有连续的一阶偏导数,则有高斯公式

$$\iint\limits_{S} P\mathrm{d}y\mathrm{d}z + Q\mathrm{d}z\mathrm{d}x + R\mathrm{d}x\mathrm{d}y = \iiint\limits_{\Omega}\left(\frac{\partial P}{\partial x}+\frac{\partial Q}{\partial y}+\frac{\partial R}{\partial z}\right)\mathrm{d}v,$$

其中 S 取外侧.

高斯公式建立了三重积分及沿其边界曲面的第二型曲面积分的关系,它是格林公式的一种推广.

2. 高斯公式的一个应用——利用高斯公式计算曲面积分

利用高斯公式可把求曲面积分转化为求三重积分或另一简单的曲面积分.

3. 向量场的通量与散度,高斯公式的物理意义

设向量场 $\boldsymbol{F}(x,y,z)=\{P(x,y,z),Q(x,y,z),R(x,y,z)\}$,$P,Q,R$ 有连续的偏导数.

向量场 $\boldsymbol{F}$ 沿定向曲面的通量即

$$\iint\limits_{S}\boldsymbol{F}\cdot\mathrm{d}\boldsymbol{S} = \iint\limits_{S}\boldsymbol{F}\cdot\boldsymbol{n}\mathrm{d}S = \iint\limits_{S}(P\cos\alpha+Q\cos\beta+R\cos\gamma)\mathrm{d}S$$

$$= \iint\limits_{S} P\mathrm{d}y\mathrm{d}z + Q\mathrm{d}z\mathrm{d}x + R\mathrm{d}x\mathrm{d}y,$$

其中 $\boldsymbol{n}=\{\cos\alpha,\cos\beta,\cos\gamma\}$ 是 S 上任意点 (x,y,z) 处的单位法向量.

向量场 $\boldsymbol{F}$ 在点 (x,y,z) 处的散度即数量

$$\mathrm{div}\boldsymbol{F} = \frac{\partial P}{\partial x}+\frac{\partial Q}{\partial y}+\frac{\partial R}{\partial z} \xlongequal{\text{记}} \nabla\cdot\boldsymbol{F},$$

其中 $\nabla=\left\{\dfrac{\partial}{\partial x},\dfrac{\partial}{\partial y},\dfrac{\partial}{\partial z}\right\}$ 为梯度算符.

通量与散度的关系:

高斯公式可表为

$$\iint\limits_{S}\boldsymbol{F}\cdot\boldsymbol{n}\mathrm{d}S = \iiint\limits_{\Omega}\mathrm{div}\boldsymbol{F}\mathrm{d}v.$$

典型例题分析

一、空间区域的体积用面积分表示

1. 证明：由闭曲面 S 所包围的体积 V，可用下列公式计算：

$$V = \frac{1}{3}\iint_S (x\cos\alpha + y\cos\beta + z\cos\gamma)\mathrm{d}S,$$

其中 $\cos\alpha, \cos\beta, \cos\gamma$ 是曲面 S 的外法线的方向余弦.

证 $\quad \dfrac{1}{3}\iint_S (x\cos\alpha + y\cos\beta + z\cos\gamma)\mathrm{d}S$

$= \dfrac{1}{3}\iint_S x\mathrm{d}y\mathrm{d}z + y\mathrm{d}z\mathrm{d}x + z\mathrm{d}x\mathrm{d}y$

$\xlongequal{\text{高斯公式}} \dfrac{1}{3}\iiint_\Omega (1+1+1)\mathrm{d}v = \iiint_\Omega \mathrm{d}v = V.$

二、利用高斯公式求曲面积分

2. 求 $I = \iint_S xz\mathrm{d}y\mathrm{d}z + xy\mathrm{d}z\mathrm{d}x + yz\mathrm{d}x\mathrm{d}y$，其中 S 是圆柱面 $x^2 + y^2 = R^2$ 与平面 $x=0$，$y=0, z=0$ 及 $z=h(h>0)$ 所围的在第一卦限中的立体的表面外侧(见图 10.8).

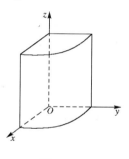

图 10.8

解 若直接计算，要把 S 分成 5 块，改用高斯公式转化为计算三重积分较为简单. 记 S 围成的区域为 Ω，则

$I = \iiint_\Omega (z + x + y)\mathrm{d}v = \int_0^{\frac{\pi}{2}}\mathrm{d}\theta \int_0^h \mathrm{d}z \int_0^R r(z + r\cos\theta + r\sin\theta)\mathrm{d}r$

$= hR^2\left(\dfrac{\pi h}{8} + \dfrac{2R}{3}\right).$

3. 用高斯公式求解 §1 中题 7.

解 S 不是封闭曲面，要添加辅助面，构成封闭曲面后再用高斯公式.

考虑曲面 $S_3: z = h(x^2 + y^2 \leqslant h^2)$，指向朝上. 显然 $S + S_3$ 所围的区域 Ω 是圆锥体 $x^2 + y^2 \leqslant z^2 (0 \leqslant z \leqslant h)$. 由高斯公式，有

$$\iint\limits_{S+S_3} x\mathrm{d}y\mathrm{d}z + y\mathrm{d}z\mathrm{d}x + z\mathrm{d}x\mathrm{d}y = \iiint\limits_{\Omega} 3\mathrm{d}v = 3 \cdot \pi h^2 \cdot \frac{1}{3}h = \pi h^3.$$

又
$$\iint\limits_{S_3} x\mathrm{d}y\mathrm{d}z + y\mathrm{d}z\mathrm{d}x + z\mathrm{d}x\mathrm{d}y = \iint\limits_{x^2+y^2 \leqslant h^2} h\mathrm{d}x\mathrm{d}y = \pi h^3,$$

因而
$$\iint\limits_{S} x\mathrm{d}y\mathrm{d}z + y\mathrm{d}z\mathrm{d}x + z\mathrm{d}x\mathrm{d}y$$
$$= \iiint\limits_{\Omega} 3\mathrm{d}v - \iint\limits_{S_3} x\mathrm{d}y\mathrm{d}z + y\mathrm{d}z\mathrm{d}x + z\mathrm{d}x\mathrm{d}y$$
$$= \pi h^3 - \pi h^3 = 0.$$

4. 求下列曲面积分:

(1) $I = \iint\limits_{S}(x-y)\mathrm{d}x\mathrm{d}y+(y-z)x\mathrm{d}y\mathrm{d}z$,其中 S 是柱面 $x^2+y^2=1$ 及平面 $z=0, z=3$ 所围立体的全表面之外侧.

(2) $I = \iint\limits_{S} x^2\mathrm{d}y\mathrm{d}z+y^2\mathrm{d}z\mathrm{d}x+z^2\mathrm{d}x\mathrm{d}y$,其中 S 是上半球面 $x^2+y^2+z^2=R^2, z\geqslant 0$ 取内侧.

解 (1) 选用高斯公式方便. 记 S 所围区域为 Ω,由高斯公式得
$$I = \iiint\limits_{\Omega}(y-z)\mathrm{d}v,$$

注意 Ω 关于 Ozx 平面对称,$\iiint\limits_{\Omega} y\mathrm{d}v = 0$,
$$I = -\iiint\limits_{\Omega} z\mathrm{d}v = -\iint\limits_{D_{xy}}\mathrm{d}x\mathrm{d}y\int_0^3 z\mathrm{d}z = -\frac{9}{2}\iint\limits_{D_{xy}}\mathrm{d}x\mathrm{d}y = -\frac{9}{2}\pi,$$

其中 D_{xy}: $x^2+y^2 \leqslant 1$.

(2) S 不是封闭曲面,添加辅助面 S_1: $z=0 (x^2+y^2 \leqslant R^2)$,法向量朝上,注意 S_1 与 Oyz 平面,Ozx 平面均垂直,于是
$$\iint\limits_{S_1} x^2\mathrm{d}y\mathrm{d}z + y^2\mathrm{d}z\mathrm{d}x + z^2\mathrm{d}x\mathrm{d}y = 0.$$

由 S 和 S_1 所围区域记为 Ω,则在 Ω 上用高斯公式得

$$I = \iint\limits_{S \cup S_1} x^2 \mathrm{d}y\mathrm{d}z + y^2 \mathrm{d}z\mathrm{d}x + z^2 \mathrm{d}x\mathrm{d}y$$

$$= -\iiint\limits_{\Omega} (2x + 2y + 2z)\mathrm{d}v,$$

注意 Ω 关于 Oyz 平面，Ozx 平面均对称，于是

$$I = -2\iiint\limits_{\Omega} z\mathrm{d}v,$$

用先二后一(先积 x,y 后积 z)的积分顺序得

$$I = -2\int_0^R \mathrm{d}z \iint\limits_{D(z)} z\mathrm{d}x\mathrm{d}y \quad (D(z) = \{(x,y) | x^2 + y^2 \leqslant R^2 - z^2\})$$

$$= -2\int_0^R z \cdot \pi(R^2 - z^2)\mathrm{d}z$$

$$= -2\pi\left[R^2 \cdot \frac{1}{2}R^2 - \frac{1}{4}R^4\right] = -\frac{\pi}{2}R^4.$$

这里高斯公式前带上一个负号是因为 Ω 的边界取内法向.

本 节 小 结

若直接求第二型曲面积分不方便时，可考虑用高斯公式来简化计算.

当闭曲面 S 围成区域 Ω 时，用高斯公式把求

$$\iint\limits_{S} P\mathrm{d}y\mathrm{d}z + Q\mathrm{d}z\mathrm{d}x + R\mathrm{d}x\mathrm{d}y$$

转化为

$$\iiint\limits_{\Omega} \left(\frac{\partial P}{\partial x} + \frac{\partial Q}{\partial y} + \frac{\partial R}{\partial z}\right)\mathrm{d}v,$$

若被积函数简单，此三重积分好求时该方法有效. 如题 2 与题 4(1).

当曲面 S 不封闭时，需添加辅助面 S_1 方可用高斯公式，把求

$$\iint\limits_{S} P\mathrm{d}y\mathrm{d}z + Q\mathrm{d}z\mathrm{d}x + R\mathrm{d}x\mathrm{d}y$$

转化为求

$$\iint\limits_{S_1} P\mathrm{d}y\mathrm{d}z + Q\mathrm{d}z\mathrm{d}x + R\mathrm{d}x\mathrm{d}y$$

及

$$\iiint\limits_{\Omega} \left(\frac{\partial P}{\partial x} + \frac{\partial Q}{\partial y} + \frac{\partial R}{\partial z}\right)\mathrm{d}v,$$

Ω 是由 S 与 S_1 围成的区域. 若后两个积分好求则方法有效. 如题 3 与题 4(2). 注意辅助面 S_1 的取向要与 S 相匹配构成 Ω 的外法向或内法向,取内法向时高斯公式的三重积分项要带上负号,见题 4(2).

练习题 10.2

10.2.1 利用高斯公式,求
$$\iint_S (x^2\cos\alpha + y^2\cos\beta + z^2\cos\gamma)\mathrm{d}S,$$
其中 $\cos\alpha, \cos\beta, \cos\gamma$ 为 S 的外法线的方向余弦,S 为

(1) 部分圆柱面 $x^2+y^2=a^2(0\leqslant z\leqslant h)$ 的外侧;

(2) 圆锥体 $\dfrac{x^2}{a^2}+\dfrac{y^2}{a^2}-\dfrac{z^2}{b^2}\leqslant 0(0\leqslant z\leqslant b)$ 的全表面的外侧.

10.2.2 利用高斯公式计算下列曲面积分:

(1) $I=\iint_S xz^2\mathrm{d}y\mathrm{d}z+(x^2y-z^3)\mathrm{d}z\mathrm{d}x+(2xy+y^2z)\mathrm{d}z\mathrm{d}y$,其中 S 是 $z=\sqrt{a^2-x^2-y^2}$ 和 $z=0$ 所围成的半球区域的整个边界.

(2) $I=\iint_S x^2\mathrm{d}y\mathrm{d}z+y^2\mathrm{d}z\mathrm{d}x+z^2\mathrm{d}x\mathrm{d}y$,$S$ 为平面 $x=0, y=0, z=0, x=a, y=a, z=a$ 所围立体之表面外侧.

(3) $I=\iint_S \left(\dfrac{x^2y}{1+y^2}+6yz^2\right)\mathrm{d}y\mathrm{d}z-\dfrac{2xz(1+y)+1+y^2}{1+y^2}\mathrm{d}x\mathrm{d}y+2x\arctan y\mathrm{d}z\mathrm{d}x$,$S$ 为在 Oxy 平面上方 $z=1-x^2-y^2$ 的外侧.

10.2.3 求下列第二型曲面积分:

(1) $I=\iint_S (x+y+z)\mathrm{d}x\mathrm{d}y+(y-z)\mathrm{d}y\mathrm{d}z$,$S$ 是三个坐标面及平面 $x=1, y=1, z=1$ 所围立方体之表面外侧.

(2) $I=\iint_S z\mathrm{d}x\mathrm{d}y+x\mathrm{d}y\mathrm{d}z+y\mathrm{d}z\mathrm{d}x$,$S$ 为柱面 $x^2+y^2=1$ 被平面 $z=0$ 与 $z=3$ 所截部分的外侧.

(3) $I=\iint_S xy^2\mathrm{d}y\mathrm{d}z+yz^2\mathrm{d}z\mathrm{d}x+zx^2\mathrm{d}x\mathrm{d}y$,其中 S 为椭球面 $\dfrac{x^2}{a^2}+\dfrac{y^2}{b^2}+\dfrac{z^2}{c^2}=1$ 的外侧.

10.2.4 求 $I=\iint_S x(8y+1)\mathrm{d}y\mathrm{d}z+2(1-y^2)\mathrm{d}z\mathrm{d}x-4yz\mathrm{d}x\mathrm{d}y$,其中 S 是由曲线 $\begin{cases}z=\sqrt{y-1}(1\leqslant y\leqslant 3)\\x=0\end{cases}$ 绕 y 轴旋转一周而成的旋转面,其法向量与 y 轴

正向夹角大于 $\pi/2$.

*10.2.5 求
$$I = \iint_S (x^2 - y^2)\mathrm{d}y\mathrm{d}z + (y^2 - z^2)\mathrm{d}z\mathrm{d}x + (z^2 - x^2)\mathrm{d}x\mathrm{d}y,$$
其中 S 是 $\dfrac{x^2}{a^2} + \dfrac{y^2}{b^2} + \dfrac{z^2}{c^2} = 1$ ($z \geqslant 0$),取上侧.

10.2.6 求 $I = \iint_S \dfrac{x\mathrm{d}y\mathrm{d}z + y\mathrm{d}z\mathrm{d}x + z\mathrm{d}x\mathrm{d}y}{(x^2 + y^2 + z^2)^{3/2}}$,其中曲面 S 为
(1) $S: (x-2)^2 + y^2 + z^2 = 1$,取外侧.
(2) $S: x^2 + y^2 + z^2 = 1$,取外侧.
*(3) $S: \dfrac{x^2}{a^2} + \dfrac{y^2}{b^2} + \dfrac{z^2}{c^2} = 1$,取外侧.

§3 斯托克斯公式,向量场的环量与旋度

内 容 提 要

1. 斯托克斯公式

设 L 是分段光滑的有向闭曲线,S 是以 L 为边界的分片光滑有向曲面,S 与 L 按右手法则取定相应的方向. 函数 $P(x,y,z), Q(x,y,z), R(x,y,z)$ 在包含 S 的一个区域上有一阶连续偏导数,则有斯托克斯公式

$$\oint_L P\mathrm{d}x + Q\mathrm{d}y + R\mathrm{d}z = \iint_S \left(\frac{\partial R}{\partial y} - \frac{\partial Q}{\partial z}\right)\mathrm{d}y\mathrm{d}z + \left(\frac{\partial P}{\partial z} - \frac{\partial R}{\partial x}\right)\mathrm{d}z\mathrm{d}x$$
$$+ \left(\frac{\partial Q}{\partial x} - \frac{\partial P}{\partial y}\right)\mathrm{d}x\mathrm{d}y. \tag{3.1}$$

为便于记忆,斯托克斯公式也可形式地写成

$$\oint_L P\mathrm{d}x + Q\mathrm{d}y + R\mathrm{d}z = \iint_S \begin{vmatrix} \mathrm{d}y\mathrm{d}z & \mathrm{d}z\mathrm{d}x & \mathrm{d}x\mathrm{d}y \\ \dfrac{\partial}{\partial x} & \dfrac{\partial}{\partial y} & \dfrac{\partial}{\partial z} \\ P & Q & R \end{vmatrix},$$

上式右端积分号下是一个三阶行列式,按其第一行展开即得公式(3.1).

(3.1)式右端的第二型曲面积分也可表成第一型曲面积分

$$\oint_L P\mathrm{d}x + Q\mathrm{d}y + R\mathrm{d}z = \iint_S \begin{vmatrix} \cos\alpha & \cos\beta & \cos\gamma \\ \dfrac{\partial}{\partial x} & \dfrac{\partial}{\partial y} & \dfrac{\partial}{\partial z} \\ P & Q & R \end{vmatrix} \mathrm{d}S.$$

斯托克斯公式建立了第二型曲面积分及沿其边界曲线的第二型曲线积分之间的关系,是格林公式的另一种推广.

2. 斯托克斯公式的一个应用——利用斯托克斯公式计算曲线积分

利用斯托克斯公式可把求空间第一型曲线积分转化为求曲面积分. 特别是,若曲面是平面或是某些特殊的曲面,则面积分容易计算.

3. 向量场的环量与旋度,斯托克斯公式的物理意义

设向量场 $\boldsymbol{F}(x,y,z)=\{P(x,y,z),Q(x,y,z),R(x,y,z)\}$,$P,Q,R$ 有连续的偏导数.

向量场 $\boldsymbol{F}$ 沿定向分段光滑闭曲线 L 的**环量**(或**环流量**)为

$$\oint_L \boldsymbol{F} \cdot \mathrm{d}\boldsymbol{s} = \oint_L \boldsymbol{F} \cdot \boldsymbol{\tau} \mathrm{d}s = \oint_L (P\cos\alpha + Q\cos\beta + R\cos\gamma)\mathrm{d}s$$

$$= \oint_L P\mathrm{d}x + Q\mathrm{d}y + R\mathrm{d}z,$$

其中 $\boldsymbol{\tau}=\{\cos\alpha,\cos\beta,\cos\gamma\}$ 是 L 上任意点 (x,y,z) 处指向曲线方向的单位切向量.

向量场 $\boldsymbol{F}$ 在点 (x,y,z) 处的**旋度**即向量

$$\mathrm{rot}\boldsymbol{F} = \left(\frac{\partial R}{\partial y} - \frac{\partial Q}{\partial z}\right)\boldsymbol{i} + \left(\frac{\partial P}{\partial z} - \frac{\partial R}{\partial x}\right)\boldsymbol{j} + \left(\frac{\partial Q}{\partial x} - \frac{\partial P}{\partial y}\right)\boldsymbol{k}$$

$$\stackrel{记}{=} \begin{vmatrix} \boldsymbol{i} & \boldsymbol{j} & \boldsymbol{k} \\ \frac{\partial}{\partial x} & \frac{\partial}{\partial y} & \frac{\partial}{\partial z} \\ P & Q & R \end{vmatrix} \stackrel{记}{=} \nabla \times \boldsymbol{F}.$$

$\mathrm{rot}\boldsymbol{F}$ 也记为 $\mathrm{curl}\boldsymbol{F}$.

环量与旋度的关系:

斯托克斯公式可表为

$$\oint_L \boldsymbol{F} \cdot \boldsymbol{\tau}\mathrm{d}s = \iint_S \mathrm{rot}\boldsymbol{F} \cdot \boldsymbol{n}\mathrm{d}S.$$

4. 空间曲线积分 $\oint_L P\mathrm{d}x + Q\mathrm{d}y + R\mathrm{d}z$ 与路径无关问题,$P\mathrm{d}x + Q\mathrm{d}y + R\mathrm{d}z$ 的原函数问题

设 $P(x,y,z),Q(x,y,z),R(x,y,z)$ 在空间区域 Ω 连续,则

$\int_L P\mathrm{d}x + Q\mathrm{d}y + R\mathrm{d}z$ 在 Ω 与路径无关 $\Longleftrightarrow$ 对 Ω 内任意分段光滑闭曲线 C 有

$$\oint_C P\mathrm{d}x + Q\mathrm{d}y + R\mathrm{d}z = 0 \Longleftrightarrow P\mathrm{d}x + Q\mathrm{d}y + R\mathrm{d}z$$

在 Ω 内存在原函数 u,即 $\mathrm{d}u = P\mathrm{d}x + Q\mathrm{d}y + R\mathrm{d}z$.

当 $\int_L P\mathrm{d}x+Q\mathrm{d}y+R\mathrm{d}z$ 在 Ω 与路径无关时,变终点的积分
$$\int_{(x_0,y_0,z_0)}^{(x,y,z)} P\mathrm{d}x+Q\mathrm{d}y+R\mathrm{d}z \quad (\text{其中}(x_0,y_0,z_0)\in\Omega \text{ 为任意定点})$$
是 $P\mathrm{d}x+Q\mathrm{d}y+R\mathrm{d}z$ 的原函数. 若 $u(x,y,z)$ 是 $P\mathrm{d}x+Q\mathrm{d}y+R\mathrm{d}z$ 的一个原函数,则
$$\int_{(x_0,y_0,z_0)}^{(x_1,y_1,z_1)} P\mathrm{d}x+Q\mathrm{d}y+R\mathrm{d}z = u(x_1,y_1,z_1)-u(x_0,y_0,z_0).$$

设 $P(x,y,z),Q(x,y,z),R(x,y,z)$ 在 Ω 有连续的偏导数.

若 $\int_L P\mathrm{d}x+Q\mathrm{d}y+R\mathrm{d}z$ 在区域 Ω 与路径无关 $\Longrightarrow$ 在 Ω 上恒有

$$\begin{vmatrix} \boldsymbol{i} & \boldsymbol{j} & \boldsymbol{k} \\ \dfrac{\partial}{\partial x} & \dfrac{\partial}{\partial y} & \dfrac{\partial}{\partial z} \\ P & Q & R \end{vmatrix} = \boldsymbol{0}. \tag{3.2}$$

反之,若(3.2)在 Ω 上恒成立,又 Ω 是线单连通的,则 $\int_L P\mathrm{d}x+Q\mathrm{d}y+R\mathrm{d}z$ 在 Ω 与路径无关. 所谓线单连通区域 Ω 是指: Ω 内任意分段光滑闭曲线都是区域 Ω 内某一张分片光滑曲面的边界. 例如, 两个同心球面之间的区域是线单连通的.

力场 $\boldsymbol{F}=\{P,Q,R\}$ 称为在 Ω 是**保守力场**, 若曲线积分 $\int_L P\mathrm{d}x+Q\mathrm{d}y+R\mathrm{d}z$ 在 Ω 与路径无关. $P\mathrm{d}x+Q\mathrm{d}y+R\mathrm{d}z$ 的原函数也称为保守力场 $\boldsymbol{F}$ 的**势函数**.

典型例题分析

一、利用斯托克斯公式求曲线积分

1. 利用斯托克斯公式求下列曲线积分:

(1) $I=\oint_C y\mathrm{d}x+z\mathrm{d}y+x\mathrm{d}z$, 其中 C 是圆周 $x^2+y^2+z^2=a^2, x+y+z=0$, 由 Oz 轴的正向看去, 圆周沿反时针方向(见图 10.9);

(2) $I=\oint_C (x+y)\mathrm{d}x+(3x+y)\mathrm{d}y+z\mathrm{d}z$, 其中 C 为椭圆周:
$$x=a\sin^2 t, \quad y=2a\sin t\cos t, \quad z=a\cos^2 t,$$
C 的方向按参数 t 从 0 到 π 的方向.

解 (1) 取圆盘: $x^2+y^2+z^2\leqslant a^2, x+y+z=0$ 作为曲线 C 所围的曲面 S, 且如图 10.9 所示取 S 的法向量, 这样, C 的方向与 S 的指向组成右手系. 由斯托克斯公式,

$$I = \iint_S \begin{vmatrix} \mathrm{d}y\mathrm{d}z & \mathrm{d}z\mathrm{d}x & \mathrm{d}x\mathrm{d}y \\ \dfrac{\partial}{\partial x} & \dfrac{\partial}{\partial y} & \dfrac{\partial}{\partial z} \\ y & z & x \end{vmatrix} = -\iint_S \mathrm{d}y\mathrm{d}z + \mathrm{d}z\mathrm{d}x + \mathrm{d}x\mathrm{d}y$$

$$= -\iint_S (\cos\alpha + \cos\beta + \cos\gamma)\mathrm{d}S.$$

由图 10.9 看出，S 是平面 $x+y+z=0$ 的一部分，其沿指定一侧的单位法向量为

$$\boldsymbol{n} = \left\{\frac{1}{\sqrt{3}}, \frac{1}{\sqrt{3}}, \frac{1}{\sqrt{3}}\right\}.$$

所以
$$\cos\alpha = \cos\beta = \cos\gamma = \frac{1}{\sqrt{3}}.$$

于是
$$I = -\frac{3}{\sqrt{3}}\iint_S \mathrm{d}S = -\sqrt{3}\pi a^2.$$

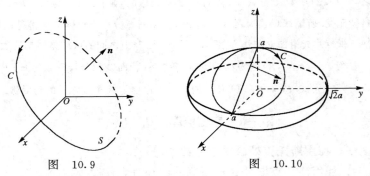

图 10.9　　　　　　图 10.10

(2) 由所给曲线 C 的参数方程得

$$\begin{cases} x+z=a, \\ x^2 + \dfrac{1}{2}y^2 + z^2 = a^2, \end{cases} \quad 或 \quad \begin{cases} x+z=a, \\ \dfrac{\left(x-\dfrac{a}{2}\right)^2}{\left(\dfrac{a}{2}\right)^2} + \dfrac{y^2}{a^2} = 1, \end{cases}$$

所以 C 的图形为图 10.10 所示. 曲线 C 是平面 $x+z=$ 与圆柱面 $\dfrac{\left(x-\dfrac{a}{2}\right)^2}{\left(\dfrac{a}{2}\right)^2} + \dfrac{y^2}{a^2} = 1$ 相交成的椭圆周，围成的椭圆面记为 S. 取 S 的单

位法向 **n** 使 C 的方向与 S 的指向组成右手系,则有

$$I = \iint_S \begin{vmatrix} \mathrm{d}y\mathrm{d}z & \mathrm{d}z\mathrm{d}x & \mathrm{d}x\mathrm{d}y \\ \dfrac{\partial}{\partial x} & \dfrac{\partial}{\partial y} & \dfrac{\partial}{\partial z} \\ x+y & 3x+y & z \end{vmatrix}$$

$$= \iint_S 2\mathrm{d}x\mathrm{d}y.$$

因为 S 在平面 $x+z=a$ 上,其法向量朝下,将此曲面积分化为二重积分得

$$I = -2\iint_D \mathrm{d}x\mathrm{d}y,$$

其中 D 是 S 在 Oxy 平面上的投影区域(椭圆). 它的面积为 $\dfrac{\pi}{2}a^2$(半长轴为 a,半短轴为 $\dfrac{a}{2}$),于是

$$I = -2 \cdot \dfrac{1}{2}\pi a^2 = -\pi a^2.$$

二、判断向量场是保守力场(判断积分与路径无关),求势函数(求原函数)

2. 设矢量场

$$\boldsymbol{F}(x,y,z) = (3x^2 - y + z^2)\boldsymbol{i} + (-x + 4y^3)\boldsymbol{j} + 2xz\boldsymbol{k},$$

判断 **F** 是否是保守力场?若是,求其势函数 $u(x,y,z)$.

解 令

$$P = 3x^2 - y + z^2, \quad Q = -x + 4y^3, \quad R = 2xz.$$

因为 $\begin{vmatrix} \dfrac{\partial}{\partial x} & \dfrac{\partial}{\partial y} \\ P & Q \end{vmatrix} = \begin{vmatrix} \dfrac{\partial}{\partial y} & \dfrac{\partial}{\partial z} \\ Q & R \end{vmatrix} = \begin{vmatrix} \dfrac{\partial}{\partial z} & \dfrac{\partial}{\partial x} \\ R & P \end{vmatrix} = 0,$

所以 **F** 是保守力场.

为求势函数 $u(x,y,z)$,下列三种方法都可采用.

解法 1 因为 P,Q,R 在全平面内有一阶连续偏导数,因而可选择 $(0,0,0)$ 作为 (x_0,y_0,z_0),于是有
$$u(x,y,z) = \int_{(0,0,0)}^{(x,y,z)} P\mathrm{d}x + Q\mathrm{d}y + R\mathrm{d}z + C.$$
对任意一点 $M(x,y,z)$,取折线 $OABM$ 为积分路径(见图 10.11),有
$$\begin{aligned}u(x,y,z) &= \int_{\overline{OA}} P\mathrm{d}x + Q\mathrm{d}y + R\mathrm{d}z + \int_{\overline{AB}} P\mathrm{d}x + Q\mathrm{d}y + R\mathrm{d}z \\ &\quad + \int_{\overline{BM}} P\mathrm{d}x + Q\mathrm{d}y + R\mathrm{d}z + C \\ &= \int_0^x 3x^2 \mathrm{d}x + \int_0^y (-x + 4y^3)\mathrm{d}y + \int_0^z 2xz\mathrm{d}z + C \\ &= x^3 - xy + y^4 + xz^2 + C.\end{aligned}$$

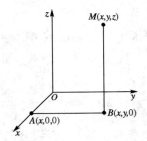

图 10.11

解法 2 由 $\dfrac{\partial u}{\partial x} = 3x^2 - y + z^2$,对 x 求积分,得
$$u(x,y,z) = x^3 - xy + xz^2 + \varphi(y,z),$$
其中 $\varphi(y,z)$ 为待定函数.由此得
$$\frac{\partial u}{\partial y} = -x + \frac{\partial \varphi}{\partial y}.$$
另一方面,应有 $\dfrac{\partial u}{\partial y} = -x + 4y^3$,因而必须有
$$\frac{\partial \varphi}{\partial y} = 4y^3,$$
由此得
$$\varphi(x,y) = y^4 + \psi(z),$$
$$u(x,y,z) = x^3 - xy + xz^2 + y^4 + \psi(z).$$
将上式对 z 求偏导数,得

$$\frac{\partial u}{\partial z} = 2xz + \psi'(z),$$

再与 $\frac{\partial u}{\partial z} = R(x,y,z) = 2xz$ 比较,得 $\psi(z) = C$. 因而

$$u(x,y,z) = x^3 - xy + xz^2 + y^4 + C.$$

解法 3

$$(3x^2 - y + z^2)dx + (-x + 4y^3)dy + 2xzdz$$
$$= d(x^3) + (-ydx - xdy) + (z^2dx + 2xzdz) + d(y^4)$$
$$= d(x^3) + d(-xy) + d(xz^2) + d(y^4)$$
$$= d(x^3 - xy + xz^2 + y^4),$$

所以 $\quad u(x,y,z) = x^3 + y^4 - xy + xz^2 + C.$

评注 该例等同于判断 $\int_L (3x^2 - y + z^2)dx + (-x + 4y^3)dy + 2xzdz$ 是否与路径无关? 若是,求被积表达式的原函数.

本 节 小 结

1. 若直接求空间的第二型曲线积分不方便时,可考虑用斯托克斯公式将它转化为求曲面积分. 特别是,当空间曲线是平面曲线,曲线所围的平面区域的面积易求且向量场的旋度又简单时,要注意由曲线的定向按右手法则确定相应曲面的定向.

2. 空间第二型线积分 $\int_L \boldsymbol{F} \cdot d\boldsymbol{s}$ 与路径无关(即 $\boldsymbol{F}$ 是保守力场)等同于相应的全微分式存在原函数. 判断的关键是看 $\mathrm{rot}\boldsymbol{F}$ 是否恒为零. 因空间中我们常见的区域 Ω 是线单连通的.

3. 求 $Pdx + Qdy + Rdz$ 的原函数的方法与平面情形类似.

练 习 题 10.3

10.3.1 应用斯托克斯公式计算下列曲线积分:

(1) $\int_{AmB}(x^2 - yz)dx + (y^2 - zx)dy + (z^2 - xy)dz$, AmB 是从点 $A(a,0,0)$ 沿螺线 $x = a\cos\phi, y = a\sin\phi, z = \frac{h}{2\pi}\phi$ 到点 $B(a,0,h)$ 的一段;

(2) $\oint_C (y^2 - z^2)dx + (z^2 - x^2)dy + (x^2 - y^2)dz$, C 为用平面 $x + y + z = \frac{3}{2}a$ 切立方体 $0 \leqslant x \leqslant a, 0 \leqslant y \leqslant a, 0 \leqslant z \leqslant a$ 的表面所得的切痕,其方向取从 x 轴正向

看去反时针的方向;

(3) $\oint_C (y-z)\mathrm{d}x + (z-x)\mathrm{d}y + (x-y)\mathrm{d}z$,其中 C 为椭圆周 $x^2+y^2=1, x+z=1$,沿顺时针方向;

(4) $\oint_C x\mathrm{d}x + (x+y)\mathrm{d}y + (x+y+z)\mathrm{d}z$,其中 C 为曲线 $x=a\sin t, y=b\cos t, z=a(\cos t+\sin t)$ $(0\leqslant t\leqslant 2\pi)$,沿 t 从 0 到 2π 的方向。

10.3.2 设 $\boldsymbol{F}=\dfrac{k}{r^3}\boldsymbol{r}, \boldsymbol{r}=\{x,y,z\}, r=|\boldsymbol{r}|$。求证:$\displaystyle\int_L \boldsymbol{F} \cdot \mathrm{d}\boldsymbol{S} = \int_L \dfrac{k}{r^3}(x\mathrm{d}x+y\mathrm{d}y+z\mathrm{d}z)$ 在 $\Omega: x^2+y^2+z^2>0$ 与路径无关。

10.3.3 判断下列向量场在全空间是否保守力场?若是保守力场求其势函数 $u(x,y,z)$。

(1) $\boldsymbol{F}=\{yz(2x+y+z), xz(x+2y+z), xy(x+y+2z)\}$;

(2) $\boldsymbol{F}=\{x\mathrm{e}^y+y, z+\mathrm{e}^y, y-2z\mathrm{e}^y\}$;

(3) $\boldsymbol{F}=\{y\cos(xy), x\cos(xy), \sin z\}$。

10.3.4 求曲线积分:
$$\int_{\widehat{AB}} (x^2+y+z)\mathrm{d}x + (y^2+x+z)\mathrm{d}y + (z^2+x+y)\mathrm{d}z,$$
其中 $A(0,0,0), B(1,1,1)$。

§4 算子符号 ∇ 及其性质,散度与旋度计算

内 容 提 要

1. 定义算子符号

$$\nabla \xlongequal{\text{def}} \dfrac{\partial}{\partial x}\boldsymbol{i} + \dfrac{\partial}{\partial y}\boldsymbol{j} + \dfrac{\partial}{\partial z}\boldsymbol{k}.$$

对于数量函数 $f(x,y,z)$,

$$\nabla f = \left(\dfrac{\partial}{\partial x}\boldsymbol{i} + \dfrac{\partial}{\partial y}\boldsymbol{j} + \dfrac{\partial}{\partial z}\boldsymbol{k}\right) f$$

$$= \dfrac{\partial f}{\partial x}\boldsymbol{i} + \dfrac{\partial f}{\partial y}\boldsymbol{j} + \dfrac{\partial f}{\partial z}\boldsymbol{k} = \mathrm{grad} f.$$

对于矢量函数 $\boldsymbol{F}(x,y,z) = P\boldsymbol{i} + Q\boldsymbol{j} + R\boldsymbol{k}$,

$$\nabla \cdot \boldsymbol{F} = \dfrac{\partial P}{\partial x} + \dfrac{\partial Q}{\partial y} + \dfrac{\partial R}{\partial z} = \mathrm{div}\boldsymbol{F},$$

$$\nabla \times \boldsymbol{F} = \begin{vmatrix} \boldsymbol{i} & \boldsymbol{j} & \boldsymbol{k} \\ \dfrac{\partial}{\partial x} & \dfrac{\partial}{\partial y} & \dfrac{\partial}{\partial z} \\ P & Q & R \end{vmatrix} = \mathrm{rot}\boldsymbol{F} = \mathrm{curl}\boldsymbol{F}.$$

利用算符 ∇, 高斯公式可写成

$$\iint_S \boldsymbol{F} \cdot \boldsymbol{n} \mathrm{d}S = \iiint_\Omega \nabla \cdot \boldsymbol{F} \mathrm{d}v,$$

斯托克斯公式可写成

$$\oint_L \boldsymbol{F} \cdot \mathrm{d}\boldsymbol{s} = \iint_S (\nabla \times \boldsymbol{F}) \cdot \boldsymbol{n} \mathrm{d}S.$$

2. 算子符号 ∇ 的性质

(1) $\nabla \cdot (\nabla f) = \dfrac{\partial^2 f}{\partial x^2} + \dfrac{\partial^2 f}{\partial y^2} + \dfrac{\partial^2 f}{\partial z^2} \xlongequal{\text{定义}} \Delta f$;

(2) $\nabla \times (\nabla f) = \boldsymbol{0}$;

(3) $\nabla \cdot (\nabla \times \boldsymbol{F}) = 0$.

3. 散度与旋度的性质

(1) $\mathrm{div}(\boldsymbol{F}+\boldsymbol{G}) = \mathrm{div}\boldsymbol{F} + \mathrm{div}\boldsymbol{G}$, $\mathrm{div}(u\boldsymbol{F}) = u\mathrm{div}\boldsymbol{F} + \boldsymbol{F} \cdot \mathrm{grad}u$,

$(\nabla \cdot (\boldsymbol{F}+\boldsymbol{G}) = \nabla \cdot \boldsymbol{F} + \nabla \cdot \boldsymbol{G})$, $(\nabla \cdot (u\boldsymbol{F}) = u\nabla \cdot \boldsymbol{F} + \boldsymbol{F} \cdot \nabla u)$

(2) $\mathrm{rot}(\boldsymbol{F}+\boldsymbol{G}) = \mathrm{rot}\boldsymbol{F} + \mathrm{rot}\boldsymbol{G}$, $\mathrm{rot}(u\boldsymbol{F}) = u\mathrm{rot}\boldsymbol{F} + \mathrm{grad}u \times \boldsymbol{F}$,

$(\nabla \times (\boldsymbol{F}+\boldsymbol{G}) = \nabla \times \boldsymbol{F} + \nabla \times \boldsymbol{G})$, $(\nabla \times (u\boldsymbol{F}) = u\nabla \times \boldsymbol{F} + \nabla u \times \boldsymbol{F})$

典型例题分析

1. 设 $\boldsymbol{F} = \{P, Q, R\}$, 其中 P, Q, R 有二阶连续偏导数, 求证:
$$\nabla \cdot (\nabla \times \boldsymbol{F}) = 0.$$

证

$$\nabla \times \boldsymbol{F} = \begin{vmatrix} \boldsymbol{i} & \boldsymbol{j} & \boldsymbol{k} \\ \dfrac{\partial}{\partial x} & \dfrac{\partial}{\partial y} & \dfrac{\partial}{\partial z} \\ P & Q & R \end{vmatrix}$$

$$= \left(\dfrac{\partial R}{\partial y} - \dfrac{\partial Q}{\partial z}\right)\boldsymbol{i} + \left(\dfrac{\partial P}{\partial z} - \dfrac{\partial R}{\partial x}\right)\boldsymbol{j} + \left(\dfrac{\partial Q}{\partial x} - \dfrac{\partial P}{\partial y}\right)\boldsymbol{k}$$

$\nabla \cdot (\nabla \times \boldsymbol{F})$

$$= \dfrac{\partial}{\partial x}\left(\dfrac{\partial R}{\partial y} - \dfrac{\partial Q}{\partial z}\right) + \dfrac{\partial}{\partial y}\left(\dfrac{\partial P}{\partial z} - \dfrac{\partial R}{\partial x}\right) + \dfrac{\partial}{\partial z}\left(\dfrac{\partial Q}{\partial x} - \dfrac{\partial P}{\partial y}\right)$$

$$= \dfrac{\partial^2 R}{\partial y \partial x} - \dfrac{\partial^2 Q}{\partial z \partial x} + \dfrac{\partial^2 P}{\partial z \partial y} - \dfrac{\partial^2 R}{\partial x \partial y} + \dfrac{\partial^2 Q}{\partial x \partial z} - \dfrac{\partial^2 P}{\partial y \partial z} = 0.$$

2. 设有数量函数 $u(x,y,z)$ 与矢量函数
$$\boldsymbol{F}(x,y,z) = P(x,y,z)\boldsymbol{i} + Q(x,y,z)\boldsymbol{j} + R(x,y,z)\boldsymbol{k},$$

证明：$\nabla \cdot (u\boldsymbol{F}) = \nabla u \cdot \boldsymbol{F} + u\nabla \cdot \boldsymbol{F}$.

证

$$\nabla \cdot (u\boldsymbol{F}) = \frac{\partial}{\partial x}(uP) + \frac{\partial}{\partial y}(uQ) + \frac{\partial}{\partial z}(uR)$$
$$= \left(\frac{\partial u}{\partial x}P + u\frac{\partial P}{\partial x}\right) + \left(\frac{\partial u}{\partial y}Q + u\frac{\partial Q}{\partial y}\right) + \left(\frac{\partial u}{\partial z}R + u\frac{\partial R}{\partial z}\right)$$
$$= \left(\frac{\partial u}{\partial x}P + \frac{\partial u}{\partial y}Q + \frac{\partial u}{\partial z}R\right) + u\left(\frac{\partial P}{\partial x} + \frac{\partial Q}{\partial y} + \frac{\partial R}{\partial z}\right)$$
$$= \nabla u \cdot \boldsymbol{F} + u\nabla \cdot \boldsymbol{F}.$$

由上式可推出一个有用的公式：设有数量函数 $v(x,y,z)$，将 ∇v 代替上式中的 $\boldsymbol{F}$，则有

$$\nabla \cdot (u\nabla v) = \nabla u \cdot \nabla v + u\nabla \cdot (\nabla v)$$
$$= \nabla u \cdot \nabla v + u\Delta v. \tag{4.1}$$

3. 设 u,v 是空间区域 Ω 上的二阶连续可微函数，Ω 的边界为 S，证明：

$$\iint_S v\frac{\partial u}{\partial n}\mathrm{d}S = \iiint_\Omega \nabla v \cdot \nabla u\,\mathrm{d}v + \iiint_\Omega v\Delta u\,\mathrm{d}v,$$

其中 n 为 S 的外法线方向.

证 由方向微商的公式，有

$$\frac{\partial u}{\partial n} = \frac{\partial u}{\partial x}\cos\alpha + \frac{\partial u}{\partial y}\cos\beta + \frac{\partial u}{\partial z}\cos\gamma = \nabla u \cdot \boldsymbol{n},$$

其中 $\boldsymbol{n} = \{\cos\alpha, \cos\beta, \cos\gamma\}$ 为单位法向量. 于是

$$v\frac{\partial u}{\partial n} = v\nabla u \cdot \boldsymbol{n}.$$

由高斯公式，有

$$\iint_S v\nabla u \cdot \boldsymbol{n}\,\mathrm{d}S = \iiint_\Omega \nabla \cdot (v\nabla u)\,\mathrm{d}v,$$

由公式(4.1)(交换 u,v 的位置)，上式右端为

$$\iiint_\Omega \nabla \cdot (v\nabla u)\,\mathrm{d}v = \iiint_\Omega \nabla v \cdot \nabla u\,\mathrm{d}v + \iiint_\Omega v\Delta u\,\mathrm{d}v,$$

因而

$$\iint_S v\frac{\partial u}{\partial n}\mathrm{d}S = \iiint_\Omega \nabla v \cdot \nabla u\,\mathrm{d}v + \iiint_\Omega v\Delta u\,\mathrm{d}v.$$

练习题 10.4

10.4.1 求矢量场 F 的散度 $\mathrm{div} F$:

(1) $F = xz\boldsymbol{i} + yz\boldsymbol{j} + (x+y+z)\boldsymbol{k}$;

(2) $F = \mathrm{grad}(x^{10}y^{11}z^{12})$.

10.4.2 求矢量场 F 的旋度 $\mathrm{rot} F$:

(1) $F = ye^z\boldsymbol{i} + (x^3 - y^2 + z^3)\boldsymbol{j} + xyz\boldsymbol{k}$;

(2) $F = \{x^2y^3z^3, x^3y^2z^3, x^3y^3z^2\}$;

(3) $F = \{x\sin(yz), y\sin z, \sin x\}$.

10.4.3 证明任意有连续二阶偏导数的函数 $f(x,y,z)$ 有
$$\mathrm{rot}(\mathrm{grad} f) = \mathbf{0}.$$

10.4.4 证明:

(1) $\mathrm{div}(F+G) = \mathrm{div} F + \mathrm{div} G$;

(2) $\mathrm{div}(uC) = C \cdot \mathrm{grad} u$ (C 是常向量, u 是 x,y,z 的函数).

10.4.5 求 $\mathrm{div}(\mathrm{grad} u)$.

10.4.6 证明:

(1) $\mathrm{rot}(F+G) = \mathrm{rot} F + \mathrm{rot} G$; (2) $\mathrm{rot}(uF) = u\mathrm{rot} F + \mathrm{grad} u \times F$.

10.4.7 求 $\mathrm{div}(\mathrm{grad} f(r))$, 其中 $r = \sqrt{x^2+y^2+z^2}$. 在什么情况下, 有
$$\mathrm{div}(\mathrm{grad} f(r)) = 0.$$

10.4.8 计算 $\mathrm{div}[f(r)\boldsymbol{c}]$, 其中 $\boldsymbol{c}$ 为常向量.

10.4.9 求 $\mathrm{div}[f(r)\boldsymbol{r}]$, 其中 $\boldsymbol{r} = x\boldsymbol{i} + y\boldsymbol{j} + z\boldsymbol{k}$, 在什么情况下, 有
$$\mathrm{div}[f(r)\boldsymbol{r}] = 0.$$

第十一章 无穷级数

§1 级数的基本概念与性质

内容提要

1. 级数的基本概念

(1) 级数的部分和、收敛、发散与级数的和的概念

将序列 $u_1, u_2, \cdots, u_n, \cdots$ 的各项依次用加号连起来的式子

$$u_1 + u_2 + \cdots + u_n + \cdots \tag{1.1}$$

叫做**无穷级数**. 上式也可简记作

$$\sum_{n=1}^{\infty} u_n.$$

第 n 项 u_n 叫做级数的**一般项**.

无穷级数 (1.1) 的前 n 项之和

$$S_n = u_1 + u_2 + \cdots + u_n$$

称为该数的**部分和**. 若部分和序列 S_n 的极限存在,即若

$$\lim_{n\to\infty} S_n = S,$$

则称级数 (1.1) 是**收敛的**,且**收敛到** S,或说级数 (1.1) 的和是 S. 若 S_n 的极限不存在,则称级数 (1.1) 是**发散的**.

(2) 级数的余项

收敛级数的和 S 与其前 n 项部分和 S_n 的差叫做 n 项后的**余项**,记作 R_n,即

$$R_n = S - S_n = u_{n+1} + u_{n+2} + \cdots = \sum_{k=n+1}^{\infty} u_k.$$

当以 S_n 近似代替 S 时所产生的误差是 $|R_n|$.

2. 级数的基本性质

① 收敛级数可以逐项相加或相减. 即若 $\sum_{n=1}^{\infty} u_n = S$, $\sum_{n=1}^{\infty} v_n = T$,则

$$\sum_{n=1}^{\infty} (u_n \pm v_n) = S \pm T.$$

② 收敛级数乘以常数后仍收敛. 即若 $\sum_{n=1}^{\infty} u_n = S$,则对任意常数 k,有

$$\sum_{n=1}^{\infty} k u_n = kS.$$

③ 增添或删掉级数的有限项,级数的敛散性不变.
④ 收敛级数加括号后所成的级数仍然收敛于原级数的和.
⑤ 级数收敛的必要条件:

若级数(1.1)收敛,则其一般项 u_n 必趋向于零,即 $\lim\limits_{n\to\infty} u_n = 0$. 因此若一个级数的一般项不趋于零,则该级数是发散的. 但 $u_n \to 0$ 并不是级数收敛的充分条件,也就是说,当 $u_n \to 0$ 时级数 $\sum\limits_{n=1}^{\infty} u_n$ 仍有可能发散. 例如调和级数的一般项 $\dfrac{1}{n} \to 0$,但 $\sum\limits_{n=1}^{\infty} \dfrac{1}{n}$ 是发散的.

3. 两个重要的级数

等比级数(几何级数)

$$\sum_{n=0}^{\infty} aq^n \, (a \neq 0) \begin{cases} 收敛, & |q| < 1, \\ 发散, & |q| \geqslant 1. \end{cases}$$

p 级数

$$\sum_{n=1}^{\infty} \frac{1}{n^p} \begin{cases} 收敛, & p > 1, \\ 发散, & p \leqslant 1. \end{cases}$$

典型例题分析

一、按定义判断级数是否收敛,按定义求级数的和

1. 根据定义判断下列级数是否收敛?若收敛并求其和:

(1) $\sum\limits_{n=1}^{\infty} (\sqrt{n+2} - 2\sqrt{n+1} + \sqrt{n})$; (2) $\sum\limits_{n=1}^{\infty} \log\left(1 + \dfrac{1}{n}\right)$.

解 (1) 因为所论级数的一般项 u_n 可写成为
$$u_n = (\sqrt{n+2} - \sqrt{n+1}) - (\sqrt{n+1} - \sqrt{n}),$$
因而其前 n 项的部分和为
$$S_n = \sum_{k=1}^{n} (\sqrt{k+2} - \sqrt{k+1}) - \sum_{k=1}^{n} (\sqrt{k+1} - \sqrt{k})$$
$$= \sqrt{n+2} - \sqrt{2} - (\sqrt{n+1} - 1)$$
$$= \sqrt{n+2} - \sqrt{n+1} - \sqrt{2} + 1,$$
当 $n \to \infty$ 时 $S_n \to 1 - \sqrt{2}$,所以级数收敛且和为 $1 - \sqrt{2}$.

(2) $u_n = \log\dfrac{n+1}{n} = \log(n+1) - \log n$,

$$S_n = (\log 2 - \log 1) + (\log 3 - \log 2) + \cdots$$
$$+ [\log(n+1) - \log n]$$
$$= \log(n+1) \to +\infty.$$

所以级数发散.

2. 求级数

$$\sqrt[3]{a} + (\sqrt[5]{a} - \sqrt[3]{a}) + (\sqrt[7]{a} - \sqrt[5]{a}) + \cdots$$
$$+ [a^{\frac{1}{2n+1}} - a^{\frac{1}{2n-1}}] + \cdots$$

的和.

解 由 $S_n = a^{\frac{1}{2n+1}}$,所以

$$S = \lim_{n\to\infty} S_n = \begin{cases} 1, & a > 0 \text{ 时}, \\ 0, & a = 0 \text{ 时}, \\ -1, & a < 0 \text{ 时}. \end{cases}$$

评注 按定义判断级数 $\sum\limits_{n=1}^{\infty} u_n$ 是否收敛就是判断部分和序列 $S_n = \sum\limits_{k=1}^{n} u_k$ 是否收敛. 按定义求级数 $\sum\limits_{n=1}^{\infty} u_n$ 的和就是求部分和序列的极限 $\lim\limits_{n\to+\infty} S_n$. 简单而常见的情形之一是:

级数 $\sum\limits_{n=1}^{\infty}(b_n - b_{n+1})$ 收敛 $\iff$ 存在极限 $\lim\limits_{n\to+\infty} b_n = B$. 收敛时和 $S = b_1 - B$. 因为 $\sum\limits_{n=1}^{\infty}(b_n - b_{n+1})$ 的部分和序列

$$S_n = \sum_{k=1}^{n}(b_k - b_{k+1}) = b_1 - b_{n+1}.$$

题 1 与题 2 均属于这种情形.

二、级数 $\sum\limits_{n=1}^{\infty} u_n, \sum\limits_{n=1}^{\infty} v_n$ 中至少一个发散时,$\sum\limits_{n=1}^{\infty}(u_n + v_n)$ 的敛散性

3. 讨论下列问题:

(1) 若级数 $\sum\limits_{n=1}^{\infty} u_n$ 收敛,$\sum\limits_{n=1}^{\infty} v_n$ 发散,问级数 $\sum\limits_{n=1}^{\infty}(u_n + v_n)$ 的敛散性如何?并证明之;

(2) 若级数 $\sum\limits_{n=1}^{\infty} u_n$ 发散，问 $\sum\limits_{n=1}^{\infty} k u_n$ 的敛散性如何？其中 k 为常数；

(3) 若两级数 $\sum\limits_{n=1}^{\infty} u_n$ 与 $\sum\limits_{n=1}^{\infty} v_n$ 都发散，问级数 $\sum\limits_{n=1}^{\infty} (u_n + v_n)$ 的敛散性如何？

解 (1) 级数 $\sum\limits_{n=1}^{\infty} (u_n + v_n)$ 必发散．我们用反证法证明：若 $\sum\limits_{n=1}^{\infty} (u_n + v_n)$ 收敛，由于 $v_n = (u_n + v_n) - u_n$，根据级数的基本性质①，$\sum\limits_{n=1}^{\infty} v_n$ 也必收敛．这与所设条件矛盾．因而 $\sum\limits_{n=1}^{\infty} (u_n + v_n)$ 不可能收敛．

(2) 当 $k=0$ 时，$\sum\limits_{n=1}^{\infty} k u_n$ 收敛；当 $k \neq 0$ 时，$\sum\limits_{n=1}^{\infty} k u_n$ 也发散．(可用与(1)类似的方法证明)．

(3) 级数 $\sum\limits_{n=1}^{\infty} (u_n + v_n)$ 可能收敛也可能发散．例如级数 $\sum\limits_{n=1}^{\infty} \frac{1}{n}$ 与 $\sum\limits_{n=1}^{\infty} \frac{-1}{n}$ 都发散，但级数 $\sum\limits_{n=1}^{\infty} \left[\frac{1}{n} + \left(-\frac{1}{n} \right) \right] = \sum\limits_{n=1}^{\infty} 0$ 是收敛的，而级数 $\sum\limits_{n=1}^{\infty} \left(\frac{1}{n} + \frac{1}{n} \right) = \sum\limits_{n=1}^{\infty} \frac{2}{n}$ 是发散的．

三、添加括号后的级数收敛时原级数是否收敛

4. 讨论下列问题：

(1) 设 $(u_1 + u_2) + (u_3 + u_4) + \cdots + (u_{2n-1} + u_{2n}) + \cdots$ 收敛，问 $\sum\limits_{n=1}^{\infty} u_n$ 是否收敛？并证明之；

(2) 设 $(u_1 + u_2) + (u_3 + u_4) + \cdots + (u_{2n-1} + u_{2n}) + \cdots$ 收敛且和为 S，又 $\lim\limits_{n \to +\infty} u_n = 0$，问 $\sum\limits_{n=1}^{\infty} u_n$ 是否收敛？若收敛时其和是多少？并证明之．

解 (1) 不一定．考察级数

$$1 + (-1) + 1 + (-1) + \cdots + 1 + (-1) + \cdots,$$

它是发散的，但添加括号后的级数

$$(1 + (-1)) + (1 + (-1)) + \cdots + (1 + (-1)) + \cdots$$

$$= 0 + 0 + \cdots + 0 + \cdots$$

是收敛的.

（2）记 $(u_1+u_2)+(u_3+u_4)+\cdots+(u_{2n-1}+u_{2n})+\cdots$ 的部分和为 T_n，$\sum_{n=1}^{\infty} u_n$ 的部分和为 S_n，则按题设

$$\lim_{n\to+\infty} S_{2n} = \lim_{n\to+\infty} T_n = S.$$

又 $S_{2n-1}=S_{2n}-u_{2n}$，于是

$$\lim_{n\to+\infty} S_{2n-1} = \lim_{n\to+\infty} S_{2n} - \lim_{n\to+\infty} u_{2n} = S - 0 = S,$$

因此

$$\lim_{n\to+\infty} S_n = S.$$

级数 $\sum_{n=1}^{\infty} u_n$ 收敛其和仍为 S.

评注 题 4 的证明中用到序列的一个结论：

$$\lim_{n\to+\infty} x_n = a \Longleftrightarrow \lim_{n\to+\infty} x_{2n-1} = \lim_{n\to+\infty} x_{2n} = a.$$

本 节 小 结

1. 题 3 的结论可用于分解法来判断级数的敛散性. 若将 u_n 分解为 $u_n = b_n + c_n$，又 $\sum_{n=1}^{\infty} b_n$ 与 $\sum_{n=1}^{\infty} c_n$ 均收敛或一个收敛另一个发散，均可对 $\sum_{n=1}^{\infty} u_n$ 的敛散性得出结论.

2. 对于收敛的级数可以任意添加括号，不改变它的收敛性与和数. 题 4 说明反过来则不一定对，但在适当条件下添加括号后的级数收敛，则原级数也收敛且有相同的和. 题 4(2) 就是一种情形，它可用来判断级数的敛散性.

练 习 题 11.1

11.1.1 写出下列级数的前四项：

(1) $\sum_{n=1}^{\infty} \dfrac{2^{n-1}}{\sqrt{n}}$;

(2) $\sum_{n=1}^{\infty} \dfrac{n+2}{2n-1}$;

(3) $\sum_{n=1}^{\infty} \dfrac{(-1)^{n-1}}{\sqrt{n(n+1)}}$;

(4) $\sum_{n=1}^{\infty} \dfrac{(-1)^{n-1} x^{2n-1}}{(2n-1)!}$.

11.1.2 写出下列级数的一般项：

(1) $1 - \frac{1}{2} + \frac{1}{3} - \frac{1}{4} + \cdots$；

(2) $\frac{1}{2} + \frac{1 \cdot 3}{2 \cdot 4} + \frac{1 \cdot 3 \cdot 5}{2 \cdot 4 \cdot 6} + \cdots$；

(3) $\frac{\sqrt{x}}{2} + \frac{x}{2 \cdot 4} + \frac{x\sqrt{x}}{2 \cdot 4 \cdot 6} + \frac{x^2}{2 \cdot 4 \cdot 6 \cdot 8} + \cdots$；

(4) $\frac{a}{3} - \frac{a^3}{5} + \frac{a^4}{7} - \frac{a^5}{9} + \cdots$.

11.1.3 根据定义判断下列级数是否收敛，若收敛求出其和：

(1) $\sum_{n=1}^{\infty} (\sqrt{n+1} - \sqrt{n})$；

(2) $\frac{1}{1 \cdot 3} + \frac{1}{3 \cdot 5} + \frac{1}{5 \cdot 7} + \cdots + \frac{1}{(2n-1)(2n+1)} + \cdots$；

(3) $\frac{1}{2} + \frac{1}{3} + \frac{1}{2^2} + \frac{1}{3^2} + \cdots + \frac{1}{2^n} + \frac{1}{3^n} + \cdots$；

(4) $\sin\frac{\pi}{6} + \sin\frac{2}{6}\pi + \cdots + \sin\frac{n}{6}\pi + \cdots$.

11.1.4 用级数的性质判断下列级数的敛散性：

(1) $\frac{1}{3} + \frac{1}{\sqrt{3}} + \frac{1}{\sqrt[3]{3}} + \cdots + \frac{1}{\sqrt[n]{3}} + \cdots$；

(2) $\frac{1}{3} + \frac{1}{6} + \frac{1}{9} + \cdots + \frac{1}{3n} + \cdots$；

(3) $\left(\frac{1}{2} + \frac{1}{3}\right) + \left(\frac{1}{2^2} + \frac{1}{3^2}\right) + \cdots + \left(\frac{1}{2^n} + \frac{1}{3^n}\right) + \cdots$.

11.1.5 设有级数 $\langle A \rangle$：$a_1 + a_2 + a_3 + a_4 + \cdots + a_{2n-1} + a_{2n} + \cdots$ 收敛，和为 S. 求证：级数 $\langle A' \rangle$：$a_2 + a_1 + a_4 + a_3 + \cdots + a_{2n} + a_{2n-1} + \cdots$ 也收敛，和也是 S.

§2 级数的收敛性判别法

内 容 提 要

1. 正项级数的收敛判别法

当级数 $\sum_{n=1}^{\infty} u_n$ 的每一项都是非负数，即 $u_n \geq 0$ ($n=1,2,\cdots$) 时，则称此级数为**正项级数**.

(1) 正项级数 $\sum_{n=1}^{\infty} u_n$ 收敛的充要条件

正项级数 $\sum_{n=1}^{\infty} u_n$ 收敛的 $\Longleftrightarrow$ 部分和 $S_n = \sum_{k=1}^{n} u_k$ 有界.

(2) 正项级数的比较判别法

比较判别法：若从某个 $n=N$ 开始有
$$0 \leqslant u_n \leqslant v_n \quad (n=N, N+1, \cdots),$$
则 $\sum\limits_{n=1}^{\infty} v_n$ 收敛时 $\sum\limits_{n=1}^{\infty} u_n$ 也收敛；$\sum\limits_{n=1}^{\infty} u_n$ 发散时 $\sum\limits_{n=1}^{\infty} v_n$ 也发散.

这里，称 $\sum\limits_{n=1}^{\infty} v_n$ 为 $\sum\limits_{n=1}^{\infty} u_n$ 的强级数，而 $\sum\limits_{n=1}^{\infty} u_n$ 为 $\sum\limits_{n=1}^{\infty} v_n$ 的弱级数.

比较判别法的极限形式为：

若极限 $\lim\limits_{n \to \infty} \dfrac{u_n}{v_n} = l$，

① 若 $0 < l < +\infty$，则级数 $\sum\limits_{n=1}^{\infty} u_n$ 与 $\sum\limits_{n=1}^{\infty} v_n$ 同时收敛或发散；

② 若 $l=0$，$\sum\limits_{n=1}^{\infty} v_n$ 收敛，则 $\sum\limits_{n=1}^{\infty} u_n$ 收敛；

③ 若 $l=+\infty$，$\sum\limits_{n=1}^{\infty} v_n$ 发散，则 $\sum\limits_{n=1}^{\infty} u_n$ 发散.

两个常用的比较级数：等比级数与 p 级数.

(3) 正项级数的比值判别法与根值判别法.

比值判别法（达朗贝尔判别法） 设正项级数 $\sum\limits_{n=1}^{\infty} u_n$ 的后项与前项之比值的极限为 ρ，即
$$\lim_{n \to \infty} \frac{u_{n+1}}{u_n} = \rho,$$
则

① 当 $\rho < 1$ 时级数收敛；

② 当 $\rho > 1 \left(\text{或} \lim\limits_{n \to \infty} \dfrac{u_{n+1}}{u_n} = +\infty \right)$ 时级数发散；

③ 当 $\rho = 1$ 时级数可能收敛也可能发散.

根值判别法（柯西判别法） 若正项级数一般项的 n 次方根的极限存在，即若
$$\lim_{n \to \infty} \sqrt[n]{u_n} = \rho,$$
则

① 当 $\rho < 1$ 时级数收敛；

② 当 $\rho > 1$ 时级数发散；

③ 当 $\rho = 1$ 时级数可能收敛也可能发散.

*(4) 正项级数的积分判别法

设有正项级数 $\sum_{n=1}^{\infty} u_n$,若存在一个单调下降的正值函数 $f(x)(x \geqslant 1)$ 使得 $u_n = f(n)(n=1,2,3,\cdots)$,则 $\sum_{n=1}^{\infty} u_n$ 收敛 $\Longleftrightarrow$ 序列 $A_n = \int_1^n f(x)\mathrm{d}x (n=1,2,3,\cdots)$ 收敛 $\Longleftrightarrow \int_1^{+\infty} f(x)\mathrm{d}x$ 收敛.

2. 交错级数,莱布尼兹判别法

(1) 交错级数

各项的符号正负相间的级数叫交错级数. 例如

$$u_1 - u_2 + u_3 - u_4 + \cdots \quad (u_n > 0). \tag{2.1}$$

(2) 莱布尼兹判别法

若交错级数(2.1)满足:

① $u_1 \geqslant u_2 \geqslant u_3 \geqslant \cdots$;

② $\lim_{n \to \infty} u_n = 0$,

则级数(2.1)收敛,且其和 $0 \leqslant S \leqslant u_1$,余项 R_n 的绝对值 $|R_n| \leqslant u_{n+1}$.

3. 绝对收敛,条件收敛

对于级数(1.1),取其各项的绝对值,得到一个正项级数:

$$|u_1| + |u_2| + \cdots + |u_n| + \cdots. \tag{2.2}$$

当级数(2.2)收敛时级数(1.1)必收敛,这时称(1.1)是绝对收敛的. 若级数(1.1)收敛但(2.2)发散,则称(1.1)是条件收敛的.

为了研究级数(1.1)的绝对收敛性,可以对级数(2.2)应用正项级数的判别法.

*4. 级数 $\sum_{n=1}^{\infty} a_n b_n$ 的狄利克雷判别法与阿贝尔判别法

狄利克雷判别法 设序列 a_n 单调下降趋于零且级数 $\sum_{n=1}^{\infty} b_n$ 的部分和有界,则级数 $\sum_{n=1}^{\infty} a_n b_n$ 收敛.

阿贝尔判别法 设序列 a_n 单调有界且级数 $\sum_{n=1}^{\infty} b_n$ 收敛,则 $\sum_{n=1}^{\infty} a_n b_n$ 收敛.

典型例题分析

一、利用正项级数收敛性判别法则判断正项级数的敛散性

1. 判断下列级数是否收敛:

(1) $\dfrac{3}{5} + \dfrac{1}{2}\left(\dfrac{3}{5}\right)^2 + \dfrac{1}{3}\left(\dfrac{3}{5}\right)^3 + \cdots + \dfrac{1}{n}\left(\dfrac{3}{5}\right)^n + \cdots$;

(2) $\dfrac{1}{2} + \dfrac{\sqrt[3]{2}}{3\sqrt{2}} + \dfrac{\sqrt[3]{3}}{4\sqrt{3}} + \cdots + \dfrac{\sqrt[3]{n}}{(n+1)\sqrt{n}} + \cdots;$

(3) $\sum\limits_{n=2}^{\infty} \dfrac{1}{(\ln n)^p},$ 其中常数 $p>0;$

(4) $\sum\limits_{n=2}^{\infty} \dfrac{1}{(\ln n)^{\ln n}};$ (5) $\sum\limits_{n=1}^{\infty} \dfrac{1}{1+a^n}\ (a>0, a\neq 1);$

(6) $\dfrac{3}{4} + \left(\dfrac{6}{7}\right)^2 + \left(\dfrac{9}{10}\right)^3 + \cdots + \left(\dfrac{3n}{3n+1}\right)^n + \cdots;$

(7) $\sum\limits_{n=1}^{\infty} \sin na.$

解 题(1)~题(6)均为正项级数.

(1) $u_n = \dfrac{1}{n}\left(\dfrac{3}{5}\right)^n \leqslant \left(\dfrac{3}{5}\right)^n,$ 而级数 $\sum\limits_{n=1}^{\infty}\left(\dfrac{3}{5}\right)^n$ 收敛,因而级数 $\sum\limits_{n=1}^{\infty}\dfrac{1}{n}\left(\dfrac{3}{5}\right)^n$ 也收敛.

(2) $u_n = \dfrac{\sqrt[3]{n}}{(n+1)\sqrt{n}}.$ 令 $v_n = \dfrac{1}{n^{7/6}},$ 则 $\lim\limits_{n\to\infty}\dfrac{u_n}{v_n} = 1 \neq 0,$ 因而 $\sum\limits_{n=1}^{\infty} u_n$ 与 $\sum\limits_{n=1}^{\infty} v_n$ 同时收敛或发散. 现已知 $\sum\limits_{n=1}^{\infty}\dfrac{1}{n^{7/6}}$ 收敛,因而 $\sum\limits_{n=1}^{\infty}\dfrac{\sqrt[3]{n}}{(n+1)\sqrt{n}}$ 也收敛.

(3) 对任意取定的常数 p,用洛必达法则可以证明下列极限式成立:

$$\lim_{x\to +\infty} \dfrac{(\ln x)^p}{x} = 0,$$

因而也有

$$\lim_{n\to\infty} \dfrac{(\ln n)^p}{n} = 0, \quad 即 \quad \lim_{n\to\infty} \dfrac{\dfrac{1}{\ln^p n}}{\dfrac{1}{n}} = \infty.$$

因级数 $\sum\limits_{n=1}^{\infty}\dfrac{1}{n}$ 发散,由比较判别法的极限形式知级数 $\sum\limits_{n=2}^{\infty}\dfrac{1}{(\ln n)^p}$ 也发散.

(4) 注意当 $\ln\ln n > 2$ 时,有

$$(\ln n)^{\ln n} = e^{\ln n \ln\ln n} = n^{\ln\ln n} > n^2,$$

即
$$\frac{1}{(\ln n)^{\ln n}} < \frac{1}{n^2},$$

而 $\sum_{n=1}^{\infty} \frac{1}{n^2}$ 收敛,所以 $\sum_{n=1}^{\infty} \frac{1}{(\ln n)^{\ln n}}$ 也收敛.

(5) $u_n = \frac{1}{1+a^n}$. 当 $a < 1$ 时 $u_n \to 1 \neq 0$,级数 $\sum_{n=1}^{\infty} \frac{1}{1+a^n}$ 发散;当 $a > 1$ 时,由于 $u_n < \frac{1}{a^n} = \left(\frac{1}{a}\right)^n$,而级数 $\sum_{n=1}^{\infty} \frac{1}{a^n}$ 收敛,所以这时 $\sum_{n=1}^{\infty} \frac{1}{1+a^n}$ 也收敛.

(6) $u_n = \left(\frac{3n+1}{3n}\right)^{-n} = \frac{1}{\left(1+\frac{1}{3n}\right)^n} \to e^{-\frac{1}{3}} \neq 0$,

所以级数 $\sum_{n=1}^{\infty} \left(\frac{3n}{3n+1}\right)^n$ 发散.

(7) 当 $a = k\pi$ (k 为整数)时,$u_n = \sin na = 0, n = 1, 2, \cdots$,所以级数 $\sum_{n=1}^{\infty} \sin na$ 收敛.

当 $a \neq k\pi$ 时,可证 $\sin na$ 不趋于零. 用反证法. 设 $\sin na \to 0$,则也有 $\sin(n+1)a \to 0$,而
$$\sin(n+1)a = \sin na \cos a + \cos na \sin a,$$
由反证法假设,上式左端及右端第一项都趋向于零,因而右端第二项也必趋向于零,由此推出 $\cos na \to 0$. 于是有 $(\sin^2 na + \cos^2 na) \to 0$,但这与 $\sin^2 na + \cos^2 na = 1$ 矛盾. 所以 $\sin na$ 不可能趋向于零. 从而级数 $\sum_{n=1}^{\infty} \sin na$ 当 $a \neq k\pi$ 时发散.

2. 判别下列级数的敛散性:

(1) $\frac{1}{2} + \frac{1 \cdot 2}{3 \cdot 4} + \frac{1 \cdot 2 \cdot 3}{4 \cdot 5 \cdot 6} + \cdots + \frac{(n!)^2}{(2n)!} + \cdots$;

(2) $\frac{1}{\sqrt{2}\ln 2} + \frac{1}{\sqrt{3}\ln 3} + \cdots + \frac{1}{\sqrt{n}\ln n} + \cdots$;

(3) $\frac{1}{2} + \frac{\sqrt{2}}{2^2} + \cdots + \frac{\sqrt[n]{n}}{2^n} + \cdots$;

(4) $\sum_{n=1}^{\infty} \ln \frac{n^2+1}{n^2}$; (5) $\sum_{n=1}^{\infty} \frac{e^n n!}{n^n}$; (6) $\sum_{n=1}^{\infty} \int_0^{\frac{1}{n}} \frac{\sqrt{x}}{1+x^2} dx$.

解 题(1)～题(6)均为正项级数.

(1) 考虑用比值或根值判别法时,因一般项含阶乘,选用比值判别法.

$$\frac{u_{n+1}}{u_n} = \frac{[(n+1)!]^2}{[2(n+1)]!} \cdot \frac{(2n)!}{(n!)^2} = \frac{n+1}{2(2n+1)} \to \frac{1}{4} < 1,$$

由比值判别法知 $\sum_{n=1}^{\infty} \frac{(n!)^2}{(2n)!}$ 收敛.

(2) 选用比值判别法时,因

$$\frac{u_{n+1}}{u_n} = \frac{\sqrt{n}\ln n}{\sqrt{n+1}\ln(n+1)} \to 1,$$

所以无法作出判断.但用洛必达法则可证

$$\lim_{x \to +\infty} \frac{\ln x}{x^p} = 0,$$

其中 $p > 0$ 为常数.于是

$$\lim_{n \to +\infty} \frac{\sqrt{n}\ln n}{n} = 0,$$

也即

$$\lim_{n \to +\infty} \frac{\frac{1}{\sqrt{n}\ln n}}{\frac{1}{n}} = +\infty.$$

又 $\sum_{n=1}^{\infty} \frac{1}{n}$ 发散,所以级数 $\sum_{n=2}^{\infty} \frac{1}{\sqrt{n}\ln n}$ 发散.

(3) 注意到 $\lim_{n \to \infty} \sqrt[n]{n} = 1$,故当 n 充分大后 $\sqrt[n]{n} < 2$,于是

$$u_n = \frac{\sqrt[n]{n}}{2^n} < \frac{1}{2^{n-1}},$$

由 $\sum_{n=1}^{\infty} \frac{1}{2^{n-1}}$ 收敛可知 $\sum_{n=1}^{\infty} \frac{\sqrt[n]{n}}{2^n}$ 收敛.

因为一般项含方幂,也可用根值判别法:

$$\lim_{n \to +\infty} \sqrt[n]{u_n} = \lim_{n \to +\infty} \frac{n^{1/n^2}}{2} = \frac{1}{2} < 1,$$

其中

$$\lim_{n \to +\infty} n^{1/n^2} = \lim_{n \to +\infty} e^{\ln n / n^2} = \lim_{x \to +\infty} e^{\ln x / x^2} = e^0 = 1,$$

因此,原级数收敛.

(4) 注意
$$\ln\left(\frac{n^2+1}{n^2}\right) = \ln\left(1+\frac{1}{n^2}\right) \sim \frac{1}{n^2} \quad (n \to +\infty),$$
因而级数 $\sum_{n=1}^{\infty}\ln\left(\frac{n^2+1}{n^2}\right)$ 与 $\sum_{n=1}^{\infty}\frac{1}{n^2}$ 同时收敛.

(5) 若用比值判别法,由于
$$\frac{u_{n+1}}{u_n} = \frac{\mathrm{e}}{\left(1+\frac{1}{n}\right)^n} \to 1 \quad (n \to +\infty),$$
故判别法失效. 但我们知道 $\left(1+\frac{1}{n}\right)^n$ 单调上升且 $\lim_{n\to+\infty}\left(1+\frac{1}{n}\right)^n = \mathrm{e}$, 从而 $\left(1+\frac{1}{n}\right)^n < \mathrm{e}$, 即 $\frac{u_{n+1}}{u_n} > 1$, 亦即
$$u_{n+1} > u_n > \cdots > u_1.$$
这说明 $n \to +\infty$ 时 u_n 不趋于零,因而级数发散.

(6) 按比较判别法我们不必将积分精确算出,只需对积分进行估计即可:
$$0 < \int_0^{\frac{1}{n}} \frac{\sqrt{x}}{1+x^2}\mathrm{d}x < \int_0^{\frac{1}{n}} \sqrt{x}\,\mathrm{d}x = \frac{2}{3}\left(\frac{1}{n}\right)^{\frac{3}{2}} < \frac{1}{n^{3/2}},$$
而 $\sum_{n=1}^{\infty}\frac{1}{n^{3/2}}$ 收敛,所以原级数收敛.

3. 判别下列级数的敛散性:

(1) $\sum_{n=3}^{\infty}\frac{1}{n\ln^q n}$; (2) $\sum_{n=3}^{\infty}\frac{1}{n(\ln\ln n)^q}$.

解 当 $q \leqslant 0$ 时均有 $\frac{1}{n\ln^q n}, \frac{1}{n(\ln\ln n)^q} \geqslant \frac{c}{n} \ (n \geqslant 3)$, c 为某正数. 因此这两个级数均发散.

现考察 $q > 0$ 的情形,比值与根值判别法均失效,与 p 级数作比较的方法也失效. 故选用积分判别法.

(1) 令 $f(x) = \frac{1}{x\ln^q x} \ (x \geqslant 3)$, 则 $f(x)$ 是单调下降的正值函数, $\frac{1}{n\ln^q n} = f(n)$. 又

$$\int_3^{+\infty} \frac{\mathrm{d}x}{x\ln^q x} = \int_3^{+\infty} \frac{\mathrm{d}\ln x}{\ln^q x} \begin{cases} 收敛, & q>1, \\ 发散, & q\leqslant 1, \end{cases}$$

因此 $\sum\limits_{n=3}^{\infty} \dfrac{1}{n\ln^q n} \begin{cases} 收敛, & q>1, \\ 发散, & q\leqslant 1. \end{cases}$

(2) 令 $f(x) = \dfrac{1}{x(\ln\ln x)^q}$ $(x\geqslant 3)$，则 $f(x)$ 是单调下降的正值函数，$\dfrac{1}{n(\ln\ln n)^q} = f(n)$. 又

$$\int_3^{+\infty} \frac{\mathrm{d}x}{x(\ln\ln x)^q} = \int_3^{+\infty} \frac{\mathrm{d}\ln x}{(\ln\ln x)^q} \text{ 发散},$$

因此 $\sum\limits_{n=3}^{\infty} \dfrac{1}{n(\ln\ln n)^q}$ 发散.

评注 利用收敛性判别法则判别正项级数的敛散性时，首先看通项是否趋于零，若不趋于零，则级数发散；若趋于零，再用比较判别法. 当极限易求时则用比较原理的极限形式：即用比值或根值判别法(与几何级数作比较). 若一般项含阶乘项或含方幂项，在比值与根值判别法中分别选用比值或根值判别法. 或确定通项关于 $\dfrac{1}{n}$ 的阶(与 p 级数作比较). 有时适当放大缩小法寻找收敛的强级数或发散的弱级数更为简单. 若这些法则均失效时，有时可考虑用积分判别法.

二、判断变号级数的绝对收敛性或条件收敛性

4. 判断下列级数是否收敛，绝对收敛还是条件收敛：

(1) $\dfrac{3}{1\cdot 2} - \dfrac{5}{2\cdot 3} + \dfrac{7}{3\cdot 4} - \cdots + (-1)^{n-1}\dfrac{2n+1}{n(n+1)} + \cdots$;

(2) $\sum\limits_{n=1}^{\infty} (-1)^{n-1}\dfrac{\ln n}{n}$; (3) $\sum\limits_{n=1}^{\infty} (-1)^{n-1}\sin\dfrac{1}{n\sqrt[3]{n}}$.

解 (1) 因

$$\frac{|u_n|}{\frac{1}{n}} \to 2 \neq 0,$$

所以 $\sum\limits_{n=1}^{\infty} \dfrac{2n+1}{n(n+1)}$ 发散.

再看原级数，这是交错级数，因

$$\frac{u_{n+1}}{u_n} = \frac{n(2n+3)}{(n+2)(2n+1)} = \frac{2n^2+3n}{2n^2+5n+2} < 1,$$

即 $u_{n+1}<u_n$. 又 $u_n\to 0$，所以级数收敛. 于是原级数条件收敛.

(2) 当 $n>e^2$ 时，
$$\frac{\ln n}{n}>\frac{2}{n},$$
所以 $\sum_{n=1}^{\infty}\frac{\ln n}{n}$ 发散.

再考察原级数，这是交错级数，容易证明，当 $x>e$ 时函数 $\frac{\ln x}{x}$ 单调递减，因而当 $n>2$ 时 $\frac{\ln(n+1)}{n+1}<\frac{\ln n}{n}$. 又 $\frac{\ln n}{n}\to 0$，所以原级数收敛. 因而原级数条件收敛.

(3) 因为
$$\left|(-1)^{n-1}\sin\frac{1}{n\sqrt[3]{n}}\right|=\sin\frac{1}{n\sqrt[3]{n}},$$
$$\sin\frac{1}{n\sqrt[3]{n}}\Big/\frac{1}{n\cdot\sqrt[3]{n}}\to 1,$$
所以 $\sum_{n=1}^{\infty}\sin\frac{1}{n\sqrt[3]{n}}$ 收敛，原级数绝对收敛.

5. 判断下列级数是否收敛，绝对收敛还是条件收敛：

(1) $\sum_{n=1}^{\infty}\frac{(-1)^{n-1}}{n^{1+\frac{1}{n}}}$；

(2) $\sum_{n=1}^{\infty}\frac{\sin nx}{n^p}$，$\sum_{n=1}^{\infty}\frac{\cos nx}{n^p}$，其中 $p>0$ 为常数.

解 (1) 注意 $\frac{1}{n^{1+\frac{1}{n}}}=\frac{1}{n\sqrt[n]{n}}\sim\frac{1}{n}$ $(n\to+\infty)\Rightarrow\sum_{n=1}^{\infty}\frac{1}{n^{1+\frac{1}{n}}}$ 发散，

原级数是交错级数. 易知
$$\lim_{n\to+\infty}\frac{1}{n^{1+\frac{1}{n}}}=\lim_{n\to+\infty}\frac{1}{n}\lim_{n\to+\infty}\frac{1}{\sqrt[n]{n}}=0.$$

为考察 $\frac{1}{n^{1+\frac{1}{n}}}$ 的单调性，令
$$f(x)=x^{1+\frac{1}{x}}=e^{\left(1+\frac{1}{x}\right)\ln x},\quad g(x)=\left(1+\frac{1}{x}\right)\ln x,$$
则
$$g'(x)=\frac{x+1-\ln x}{x^2}>0\quad(x\geqslant 1)$$

$\Rightarrow g(x)$ 在 $[1,+\infty)$ 单调上升 $\Rightarrow f(x)$ 在 $[1,+\infty)$ 单调上升 $\Rightarrow \dfrac{1}{x^{1+\frac{1}{x}}}$ 在 $[1,+\infty)$ 单调下降 $\Rightarrow$ 序列 $\dfrac{1}{n^{1+\frac{1}{n}}}$ 单调下降. 因此由莱布尼兹法则知 $\sum\limits_{n=1}^{\infty} \dfrac{(-1)^{n-1}}{n^{1+\frac{1}{n}}}$ 收敛.

我们也可用阿贝尔判别法来证:

$$\sum_{n=1}^{\infty}\dfrac{(-1)^{n-1}}{n^{1+\frac{1}{n}}}=\sum_{n=1}^{\infty}\dfrac{(-1)^{n-1}}{n}\cdot\dfrac{1}{\sqrt[n]{n}},$$

显然, $\sum\limits_{n=1}^{\infty}\dfrac{(-1)^{n-1}}{n}$ 收敛, $\dfrac{1}{\sqrt[n]{n}}$ 单调上升且有界, 由阿贝尔判别法知 $\sum\limits_{n=1}^{\infty}\dfrac{(-1)^{n-1}}{n}\cdot\dfrac{1}{\sqrt[n]{n}}$ 收敛. 因此原级数条件收敛.

(2) 由于

$$\left|\dfrac{\sin nx}{n^p}\right|,\left|\dfrac{\cos nx}{n^p}\right|\leqslant\dfrac{1}{n^p},$$

所以 $p>1$ 时级数 $\sum\limits_{n=1}^{\infty}\dfrac{\sin nx}{n^p}, \sum\limits_{n=1}^{\infty}\dfrac{\cos nx}{n^p}$ 均绝对收敛.

现考察 $p\leqslant 1$ 的情形. 原级数不是交错级数, 所以我们用狄利克雷判别法. 注意

$$\left(\sum_{k=1}^{n}\sin kx\right)\sin\dfrac{x}{2}=\dfrac{1}{2}\sum_{k=1}^{n}\left[\cos\left(k-\dfrac{1}{2}\right)x-\cos\left(k+\dfrac{1}{2}\right)x\right]$$
$$=\dfrac{1}{2}\left[\sum_{k=0}^{n-1}\cos\left(k+\dfrac{1}{2}\right)x-\sum_{k=1}^{n}\cos\left(k+\dfrac{1}{2}\right)x\right]$$
$$=\dfrac{1}{2}\left[\cos\dfrac{x}{2}-\cos\dfrac{2n+1}{2}x\right],$$

所以 $\left|\sum\limits_{k=0}^{n}\sin kx\right|=\left|\dfrac{\cos\dfrac{x}{2}-\cos\dfrac{2n+1}{2}x}{2\sin\dfrac{x}{2}}\right|\leqslant\dfrac{1}{2\left|\sin\dfrac{x}{2}\right|}$

$(x\neq 2m\pi, m=0,\pm 1,\pm 2,\cdots).$

同理

$$\left|\sum_{k=0}^{n}\cos kx\right| = \begin{cases}\left|\dfrac{\sin\dfrac{2n+1}{2}x - \sin\dfrac{x}{2}}{2\sin\dfrac{x}{2}}\right|, & x \neq 2m\pi, m=0,\pm 1,\pm 2,\cdots, \\ n, & x = 2m\pi, m=0,\pm 1,\pm 2,\cdots.\end{cases}$$

又 $p>0$ 时 $\dfrac{1}{n^p}$ 单调下降趋于零,所以由狄利克雷判别法知,$p>0$, $x\neq 2m\pi$ 时,$\sum\limits_{n=1}^{\infty}\dfrac{\sin nx}{n^p}$, $\sum\limits_{n=1}^{\infty}\dfrac{\cos nx}{n^p}$ 均收敛.

当 $0<p\leqslant 1$ 时,
$$\left|\dfrac{\sin nx}{n^p}\right| \geqslant \dfrac{\sin^2 nx}{n} = \dfrac{1}{2n} - \dfrac{\cos 2nx}{2n} \geqslant 0.$$

而级数 $\sum\limits_{n=1}^{\infty}\dfrac{1}{2n}$ 发散,$\sum\limits_{n=1}^{\infty}\dfrac{\cos 2nx}{n^p}$ 收敛,于是 $\sum\limits_{n=1}^{\infty}\left(\dfrac{1}{2n} - \dfrac{\cos 2nx}{2n}\right)$ 发散. 由比较判别法知 $\sum\limits_{n=1}^{\infty}\left|\dfrac{\sin nx}{n^p}\right|$ 发散,即 $\sum\limits_{n=1}^{\infty}\dfrac{\sin nx}{n^p}$ ($x\neq 2m\pi$) 条件收敛. 同理可证 $\sum\limits_{n=1}^{\infty}\dfrac{\cos nx}{n^p}$ ($x\neq 2m\pi$) 条件收敛.

当 $x=2m\pi$ 时,显然 $\sum\limits_{n=1}^{\infty}\dfrac{\sin nx}{n^p}=0$ 绝对收敛. $\sum\limits_{n=1}^{\infty}\dfrac{\cos nx}{n^p}=\sum\limits_{n=1}^{\infty}\dfrac{1}{n^p}$ ($0<p\leqslant 1$) 发散.

评注

(1) 判断级数 $\sum\limits_{n=1}^{\infty}u_n$ 是绝对收敛还是条件收敛时,若 $\sum\limits_{n=1}^{\infty}u_n$ 收敛,在书写上应先考察 $\sum\limits_{n=1}^{\infty}|u_n|$,若它收敛,则原级数 $\sum\limits_{n=1}^{\infty}u_n$ 就绝对收敛. 当 $\sum\limits_{n=1}^{\infty}|u_n|$ 发散的,再考察原级数的敛散性.

(2) 用莱布尼兹法则证明交错级数 $\sum\limits_{n=1}^{\infty}(-1)^{n-1}u_n$ 收敛时,常用如下方法证明 u_n 单调下降且 $\lim\limits_{n\to +\infty}u_n=0$.

① 引进函数 $f(x)$ 使得 $u_n=f(n)$,然后用微分学方法证明:x 充分大时 $f(x)$ 单调下降且 $\lim\limits_{x\to +\infty}f(x)=0$,于是可得 u_n 单调下降,$\lim\limits_{n\to +\infty}u_n=0$.

② 按定义证明 u_n 单调下降,即 n 充分大时,$u_{n+1}-u_n \geqslant 0$ 或 $\frac{u_{n+1}}{u_n} \geqslant 1$.

③ 对形如 $\sum_{n=1}^{\infty} a_n b_n$ 的级数不能用莱布尼兹判别法时可考虑用狄利克雷或阿贝尔判别法,它们可用于判断条件收敛的级数,其作用不可能由正项级数的比较判别法所代替.

三、利用级数的性质判别级数的敛散性

6. 判断下列交错级数 $\sum_{n=1}^{\infty}(-1)^{n-1}u_n$ 是条件收敛还是绝对收敛:

(1) $1-\frac{1}{3}+\frac{1}{3}-\frac{1}{3^2}+\frac{1}{5}-\frac{1}{3^3}+\cdots \quad \left(u_{2n-1}=\frac{1}{2n-1}, u_{2n}=\frac{1}{3^n}\right)$;

(2) $\frac{1}{2}-1+\frac{1}{5}-\frac{1}{4}+\cdots \quad \left(u_{2n-1}=\frac{1}{3n-1}, u_{2n}=\frac{1}{3n-2}\right)$;

(3) $\sum_{n=2}^{\infty} \frac{(-1)^n}{\sqrt{n}+(-1)^n} \quad \left(u_n=\frac{-1}{\sqrt{n}+(-1)^n}\right)$.

解 (1) $u_{2n-1}>u_{2n}$,序列不单调递减,所以不能用莱布尼兹判别法. 将原级数添加括号得级数

$$\left(1-\frac{1}{3}\right)+\left(\frac{1}{3}-\frac{1}{3^2}\right)+\cdots+\left(\frac{1}{2n-1}-\frac{1}{3^n}\right)+\cdots$$

$$=\sum_{n=1}^{\infty}\left(\frac{1}{2n-1}-\frac{1}{3^n}\right),$$

由于 $\sum_{n=1}^{\infty} \frac{1}{2n-1}$ 发散而 $\sum_{n=1}^{\infty} \frac{1}{3^n}$ 收敛,于是该添加括号后的级数发散,因此由级数的基本性质(4)知原级数发散.

(2) $u_{2n-1}>u_{2n}$,序列 $u_1,u_2,\cdots,u_n,\cdots$ 不单调递减,所以不能用莱布尼兹判别法.

因为原级数添加括号后的级数

$$\left(\frac{1}{2}-1\right)+\left(\frac{1}{5}-\frac{1}{4}\right)+\cdots+\left(\frac{1}{3n-1}-\frac{1}{3n-2}\right)+\cdots$$

的一般项是

$$\frac{1}{3n-1}-\frac{1}{3n-2}=-\frac{1}{(3n-1)(3n-2)},$$

而级数 $\sum_{n=1}^{\infty} \frac{1}{(3n-1)(3n-2)}$ 是收敛的,又原级数的一般项趋于零,因而由 §1 典型例题 4(2) 的结论知原级数收敛. 但

$$\sum_{n=1}^{\infty} |(-1)^{n-1} u_n|$$
$$= \frac{1}{2} + 1 + \frac{1}{5} + \frac{1}{4} + \cdots + \frac{1}{3n-1} + \frac{1}{3n+2} + \cdots$$

是发散的. 因而原级数条件收敛.

(3) 这里虽然 $u_n \to 0 (n \to +\infty)$,但 u_n 不单调,不能用莱布尼兹法则. 现在我们将一般项分解

$$\frac{(-1)^n}{\sqrt{n} + (-1)^n} = \frac{(-1)^n(\sqrt{n} - (-1)^n)}{n - 1}$$
$$= \frac{(-1)^n \sqrt{n}}{n - 1} - \frac{1}{n - 1}$$
$$= \frac{(-1)^n (\sqrt{n} - 1 + 1)}{n - 1} - \frac{1}{n - 1}$$
$$= \frac{(-1)^n}{\sqrt{n} + 1} - \frac{(-1)^n}{n - 1} - \frac{1}{n - 1},$$

由莱布尼兹法则知 $\sum_{n=2}^{\infty} \frac{(-1)^n}{\sqrt{n}+1}, \sum_{n=2}^{\infty} \frac{(-1)^n}{n-1}$ 均收敛,又 $\sum_{n=2}^{\infty} \frac{1}{n-1}$ 发散,因此原级数发散.

评注 利用级数的性质来判断级数的敛散性时,常用的方法有:① 添加括号. 如题 (1),(2),这时要用到级数的基本性质 (4) 与 §1 中题 4(2) 中的结论.② 分解法. 如题 (3) 这时要用到级数的基本性质 (1),(2) 及 §1 题 3 中的有关结论.

四、判断题与证明题

7. 下列命题是否正确?请证明你的判断(对的,给出证明,错的举出反例.):

(1) 设 $\sum_{n=1}^{\infty} a_n$ 收敛,则 $\sum_{n=1}^{\infty} a_n^2$ 收敛;

(2) 设 $n \to +\infty$ 时无穷小 $a_n \sim b_n$,又 $\sum_{n=1}^{\infty} b_n$ 收敛,则 $\sum_{n=1}^{\infty} a_n$ 收敛;

(3) 设 $\sum_{n=1}^{\infty}a_n$ 收敛，$\sum_{n=1}^{\infty}b_n$ 绝对收敛，则 $\sum_{n=1}^{\infty}a_nb_n$ 绝对收敛.

解 (1) 错！如 $\sum_{n=1}^{\infty}\frac{(-1)^n}{\sqrt{n}}$ 收敛，但 $\sum_{n=1}^{\infty}\left(\frac{(-1)^n}{\sqrt{n}}\right)^2=\sum_{n=1}^{\infty}\frac{1}{n}$ 发散.

(2) 错！如 $a_n=\frac{(-1)^n}{\sqrt{n}}+\frac{1}{n}, b_n=\frac{(-1)^n}{\sqrt{n}}$，显然

$$\frac{a_n}{b_n}=1+\frac{(-1)^n}{\sqrt{n}}\to 1 \quad (n\to+\infty),$$

即 $a_n\sim b_n \quad (n\to+\infty).$

又 $\sum_{n=1}^{\infty}b_n=\sum_{n=1}^{\infty}\frac{(-1)^n}{\sqrt{n}}$ 收敛，但 $\sum_{n=1}^{\infty}a_n=\sum_{n=1}^{\infty}\left(\frac{(-1)^n}{\sqrt{n}}+\frac{1}{n}\right)$ 发散.

(3) 对！由 $\sum_{n=1}^{\infty}a_n$ 收敛 $\Rightarrow \lim_{n\to+\infty}a_n=0 \Rightarrow a_n$ 有界，即 $|a_n|\leqslant M(n=1,2,3,\cdots),M>0$ 为某常数. 于是

$$|a_nb_n|\leqslant M|b_n|.$$

因 $\sum_{n=1}^{\infty}|b_n|$ 收敛 $\Rightarrow \sum_{n=1}^{\infty}|a_nb_n|$ 收敛，即 $\sum_{n=1}^{\infty}a_nb_n$ 绝对收敛.

8. 设正项级数 $\sum_{n=1}^{\infty}a_n$ 收敛. 求证级数 $\sum_{n=1}^{\infty}a_n^2$ 也收敛.

证 由收敛的必要条件知 $a_n\to 0(n\to\infty$ 时)，所以当 n 充分大后 $a_n<1$，于是 $a_n^2<a_n$，由比较判别法，$\sum_{n=1}^{\infty}a_n^2$ 收敛.

9. 设 $\sum_{n=1}^{\infty}a_n$ 为正项级数，下列结论中有一个正确的是( ).

(A) 若 $\lim_{n\to+\infty}na_n=0$，则 $\sum_{n=1}^{\infty}a_n$ 收敛；

(B) 若存在非零常数 λ 使得 $\lim_{n\to\infty}na_n=\lambda$，则 $\sum_{n=1}^{\infty}a_n$ 发散；

(C) 若 $\sum_{n=1}^{\infty}a_n$ 收敛，则 $\lim_{n\to\infty}n^2a_n=0$；

(D) 若 $\sum_{n=1}^{\infty}a_n$ 发散，则存在非零常数 λ，使得 $\lim_{n\to\infty}na_n=\lambda.$

解法 1 这是正项级数 $\sum_{n=1}^{\infty} a_n$ 的敛散性与无穷小 a_n 的阶的关系问题. 结论(B)中,即 $\lim\limits_{n\to\infty}\dfrac{a_n}{\dfrac{1}{n}}=\lambda\neq 0$,$a_n$ 与 $\dfrac{1}{n}$ 同阶,故 $\sum_{n=1}^{\infty} a_n$ 发散. 应选(B).

解法 2 举反例说明(A),(C),(D)不正确.

如 $a_n=\dfrac{1}{n\ln n}=o\left(\dfrac{1}{n}\right)$;$\sum_{n=1}^{\infty} a_n$ 发散,说明(A),(D)不正确,又如 $a_n=\dfrac{1}{n^{3/2}}$,$\sum_{n=1}^{\infty} a_n$ 收敛,但 $\lim\limits_{n\to\infty} n^2 a_n=\infty$,即(C)不正确. 应选(B).

10. 设 $\{b_n\}$ 是单调上升的正值序列.

(1) 求证:$\sum_{n=1}^{\infty} \dfrac{b_{n+1}-b_n}{b_{n+1}^2}$ 收敛;

(2) 求证:$\sum_{n=1}^{\infty} \dfrac{b_{n+1}-b_n}{b_n}$ 收敛的充要条件是 $\{b_n\}$ 有界.

证 (1) 考察一般项

$$0 \leqslant \frac{b_{n+1}-b_n}{b_{n+1}^2} \leqslant \frac{b_{n+1}-b_n}{b_n b_{n+1}} = \frac{1}{b_n}-\frac{1}{b_{n+1}}.$$

正项级数 $\sum_{n=1}^{\infty}\left(\dfrac{1}{b_n}-\dfrac{1}{b_{n+1}}\right)$ 的部分和

$$\sum_{k=1}^{n}\left(\frac{1}{b_k}-\frac{1}{b_{k+1}}\right) = \frac{1}{b_1}-\frac{1}{b_{n+1}} < \frac{1}{b_1}$$

有界,因而收敛,于是由比较原理知原级数收敛.

(2) 考虑级数的一般项. 若 $\{b_n\}$ 有界. 又由于 b_n 单调上升 $\Rightarrow$

$$0 \leqslant \frac{b_{n+1}-b_n}{b_n} \leqslant \frac{b_{n+1}-b_n}{b_1},$$

而正项级数 $\sum_{n=1}^{\infty}\dfrac{b_{n+1}-b_n}{b_1}$ 的部分和 $\sum_{k=1}^{n}\dfrac{b_{k+1}-b_k}{b_1}=\dfrac{1}{b_1}(b_{n+1}-b_1)$ 有界 $\Rightarrow$ 原正项级数的部分和也有界,因此收敛.

若 $\{b_n\}$ 无界. 由于 b_n 单调上升 $\Rightarrow \lim\limits_{n\to+\infty} b_n=+\infty$,又

$$\frac{b_{n+1}-b_n}{b_n} \geqslant \int_{b_n}^{b_{n+1}} \frac{\mathrm{d}x}{x}, \quad \sum_{n=1}^{\infty} \int_{b_n}^{b_{n+1}} \frac{\mathrm{d}x}{x} = \int_{b_1}^{+\infty} \frac{\mathrm{d}x}{x}$$

发散,因此原级数发散.

评注 用微分学的方法易证:$x-1 \geqslant \ln x (x \geqslant 1)$,于是

$$\frac{b_{n+1}-b_n}{b_n} = \frac{b_{n+1}}{b_n} - 1 \geqslant \ln \frac{b_{n+1}}{b_n} = \ln b_{n+1} - \ln b_n,$$

而级数 $\sum_{n=1}^{\infty}(\ln b_{n+1} - \ln b_n)$ 发散 $\Longrightarrow$ 原级数发散.

本 节 小 结

1. 题 7 提醒我们要注意正项级数与变号级数的区别.题 7 中,若加上条件 $\sum_{n=1}^{\infty} a_n$ 是正项级数,则两个命题均正确.对于正项级数,题 7 中命题(1)即题 8.命题(2)即正项级数比较原理的极限形式的一种情形.

2. 题 8~题 11 均是用比较判别法或部分和的有界性来证明有关结论.题 10 用的是比较原理的极限形式,其余的均是通过适当放大缩小法找到收敛的强级数或发散的弱级数.

练 习 题 11.2

11.2.1 利用已知级数的敛散性,直接回答下列级数的敛散性:

(1) $-\frac{8}{9} + \frac{8^2}{9^2} - \frac{8^3}{9^3} + \frac{8^4}{9^4} - \cdots$;

(2) $\frac{\ln 2}{2} + \frac{\ln^2 2}{2^2} + \frac{\ln^3 2}{2^3} + \cdots$;

(3) $\frac{1}{1} + \frac{1}{\sqrt{2^3}} + \frac{1}{\sqrt{3^3}} + \cdots + \frac{1}{\sqrt{n^3}} + \cdots$;

(4) $\frac{1}{1} + \frac{1}{\sqrt[3]{2}} + \frac{1}{\sqrt[3]{3}} + \cdots + \frac{1}{\sqrt[3]{n}} + \cdots$.

11.2.2 利用级数的性质判断下列级数的敛散性:

(1) $\frac{1}{1} + \frac{1}{\sqrt{2}} + \frac{1}{\sqrt[3]{3}} + \frac{1}{\sqrt[4]{4}} + \cdots$;

(2) $1 + \frac{2}{3} + \frac{3}{5} + \frac{4}{7} + \frac{5}{9} + \cdots$;

(3) $\left(1 + \frac{2}{3}\right) + \left(\frac{1}{2} + \frac{2^2}{3^2}\right) + \left(\frac{1}{3} + \frac{2^3}{3^3}\right) + \cdots$;

(4) $\dfrac{1}{4^2}+\dfrac{1}{5^2}+\dfrac{1}{6^2}+\dfrac{1}{7^2}+\cdots$;

(5) $\dfrac{1}{5}+\dfrac{1}{10}+\dfrac{1}{15}+\cdots+\dfrac{1}{5n}+\cdots$.

11.2.3 利用比值或根值判别法判断下列正项级数的敛散性:

(1) $\sum\limits_{n=1}^{\infty}\dfrac{3^n n!}{n^n}$; (2) $\sum\limits_{n=1}^{\infty}n\left(\dfrac{3}{4}\right)^n$; (3) $\sum\limits_{n=1}^{\infty}\dfrac{n^4}{n!}$;

(4) $\sum\limits_{n=1}^{\infty}\dfrac{1\cdot 3\cdot 5\cdots(2n-1)}{1\cdot 4\cdot 7\cdots(3n-2)}$; (5) $\sum\limits_{n=1}^{\infty}\dfrac{3^{2n-1}}{(2n-1)2^{2n-1}}$.

11.2.4 找收敛的强级数或发散的弱级数判断下列正项级数的敛散性:

(1) $\sum\limits_{n=1}^{\infty}\dfrac{3}{n(n+1)}$; (2) $\sum\limits_{n=1}^{\infty}\dfrac{2}{n^n}$;

(3) $\sum\limits_{n=1}^{\infty}\dfrac{1}{3^n+1}$; (4) $\sum\limits_{n=2}^{\infty}\dfrac{\ln n}{n^{2/3}}$.

11.2.5 用比较原理的极限形式判断下列正项级数的敛散性:

(1) $\sum\limits_{n=1}^{\infty}\dfrac{1}{3^n-n}$; (2) $\sum\limits_{n=1}^{\infty}\dfrac{2n+1}{(n+1)(n+2)(n+3)}$;

(3) $\sum\limits_{n=1}^{\infty}\dfrac{4n}{(n+1)(n+2)}$; (4) $\sum\limits_{n=1}^{\infty}2^n\sin\dfrac{\pi}{3^n}$.

11.2.6 确定一般项关于无穷小 $\dfrac{1}{n}$ 的阶来判断下列正项级数的敛散性:

(1) $\sum\limits_{n=1}^{\infty}\left(\dfrac{1}{n}-\ln\left(1+\dfrac{1}{n}\right)\right)$; (2) $\sum\limits_{n=1}^{\infty}\left(1-\cos\dfrac{1}{n}\right)^p$ ($p>0$ 为常数).

11.2.7 判断下列正项级数的敛散性:

(1) $\sum\limits_{n=1}^{\infty}\dfrac{n\cos^2\dfrac{n\pi}{3}}{2^n}$; (2) $\sum\limits_{n=1}^{\infty}\dfrac{n^{n-1}}{(2n^2+n+1)^{\frac{n+1}{2}}}$;

(3) $\sum\limits_{n=1}^{\infty}n\tan\dfrac{\pi}{2^{n+2}}$; (4) $\sum\limits_{n=1}^{\infty}\dfrac{1}{na+b}$ ($a>0, b>0$ 为常数);

(5) $\sum\limits_{n=1}^{\infty}\int_0^{\frac{\pi}{n}}\dfrac{\sin x}{1+x}dx$; *(6) $\sum\limits_{n=1}^{\infty}\left(1-\dfrac{\ln n}{n}\right)^n$.

*11.2.8 用积分判别法讨论级数

$$\sum_{n=3}^{\infty}\dfrac{1}{n(\ln n)^p(\ln\ln n)^q} \quad (p,q>0)$$

的敛散性.

11.2.9 判断下列级数是否收敛,绝对收敛还是条件收敛:

(1) $1-\dfrac{1}{3}+\cdots+(-1)^{n+1}\dfrac{1}{2n-1}+\cdots$;

(2) $\dfrac{1}{\ln 2}-\dfrac{1}{\ln 3}+\dfrac{1}{\ln 4}-\dfrac{1}{\ln 5}+\cdots$;

(3) $\sum_{n=1}^{\infty}(-1)^{n+1}\frac{2^{n^2}}{n!}$; (4) $\sum_{n=1}^{\infty}(-1)^{\frac{n(n-1)}{2}}\frac{n^{10}}{2^n}$;

(5) $\frac{1}{\pi^2}\sin\frac{\pi}{2}-\frac{1}{\pi^3}\sin\frac{\pi}{3}+\frac{1}{\pi^4}\sin\frac{\pi}{4}-\cdots$;

(6) $\sum_{n=1}^{\infty}\frac{(-1)^{n-1}}{n^p}$; (7) $\sum_{n=1}^{\infty}\frac{(-1)^n}{n-\ln n}$;

(8) $\sum_{n=2}^{\infty}\frac{(-1)^n\sqrt{n}}{n-1}$.

11.2.10 设级数 $\sum_{n=1}^{\infty}a_n, \sum_{n=1}^{\infty}b_n$ 均收敛,且有
$$a_n \leqslant u_n \leqslant b_n \quad (n=1,2,\cdots).$$
求证：$\sum_{n=1}^{\infty}u_n$ 收敛.

11.2.11 设正项级数 $\sum_{n=1}^{\infty}u_n$ 收敛,求证：

(1) $\sum_{n=1}^{\infty}\sqrt{u_n u_{n+1}}$ 收敛； (2) $\sum_{n=1}^{\infty}\frac{u_n}{1-u_n}$ 收敛 $(u_n\neq 1)$.

*11.2.12 设 $\sum_{n=1}^{\infty}\frac{a_n}{n^{x_0}}$ 收敛.求证：当 $x>x_0$ 时 $\sum_{n=1}^{\infty}\frac{a_n}{n^x}$ 收敛.

§3 幂级数的收敛域与幂级数的性质

内 容 提 要

1. 函数项级数的收敛域

每一项都是自变量 x 的函数组成的级数
$$f_1(x)+f_2(x)+\cdots+f_n(x)+\cdots \tag{3.1}$$
称为函数项级数.
$$S_n(x)=f_1(x)+f_2(x)+\cdots+f_n(x)$$
称为级数(3.1)的**部分和**.使函数项级数(3.1)收敛的全体 x 的集合,称为级数(3.1)的**收敛域**.在收敛域内,函数
$$S(x)=\lim_{n\to\infty}S_n(x)$$
称为级数(3.1)的**和函数**,$R_n(x)=S(x)-S_n(x)$ 称为级数(3.1)的**余项**.

2. 幂级数的收敛区间与收敛域

每一项都是幂函数的级数
$$a_0+a_1(x-x_0)+a_2(x-x_0)^2+\cdots+a_n(x-x_0)^n+\cdots \tag{3.2}$$

称为**幂级数**,其中 $a_0, a_1, a_2, \cdots, a_n, \cdots$ 都是常数,称为幂级数的**系数**.

可以证明,对每一个幂级数(3.2),都存在一个非负数 R(包括∞),满足下列三点:

① 当 $|x-x_0|<R$ 时,幂级数绝对收敛;

② 当 $|x-x_0|>R$ 时,幂级数发散;

③ 当 $x-x_0=R$ 或 $x-x_0=-R$ 时,幂级数可能收敛也可能发散.

上述 R 称为幂级数(3.2)的**收敛半径**,开区间 (x_0-R, x_0+R) 称**收敛区间**,使幂级数(3.2)收敛的所有 x 的集合称为幂级数的**收敛域**.

每一个幂级数的收敛半径可根据幂级数的系数确定:对于幂级数(3.2),设有

$$\lim_{n\to\infty}\left|\frac{a_{n+1}}{a_n}\right|=\rho, \quad \text{或} \quad \lim_{n\to\infty}\sqrt[n]{|a_n|}=\rho,$$

① 若 $0<\rho<\infty$,则 $R=\dfrac{1}{\rho}$;

② 若 $\rho=0$,则 $R=\infty$;

③ 若 $\rho=\infty$,则 $R=0$.

3. 幂级数的性质

为简便起见,我们以下讨论经过变换后使 $x_0=0$ 的幂级数

$$a_0+a_1x+a_2x^2+\cdots+a_nx^n+\cdots.$$

设有两个幂级数,收敛半径分别是 R_1 与 R_2,即设

$$a_0+a_1x+a_2x^2+\cdots+a_nx^n+\cdots=f(x), \quad |x|<R_1; \tag{3.3}$$

$$b_0+b_1x+b_2x^2+\cdots+b_nx^n+\cdots=g(x), \quad |x|<R_2, \tag{3.4}$$

则在两个收敛区间的公共部分上,即在区间 $|x|<R=\min(R_1, R_2)$ 上,有下列性质:

① 两个收敛的幂级数可以逐项相加或相减,即

$$(a_0\pm b_0)+(a_1\pm b_1)x+(a_2\pm b_2)x^2+\cdots$$
$$+(a_n\pm b_n)x^n+\cdots=f(x)\pm g(x);$$

② 两个收敛的幂级数可以作乘法,即

$$a_0b_0+(a_0b_1+a_1b_0)x+(a_0b_2+a_1b_1+a_2b_0)x^2+\cdots$$
$$+(a_0b_n+a_1b_{n-1}+\cdots+a_nb_0)x^n+\cdots=f(x)g(x).$$

又对于幂级数(3.3),在收敛区间 $|x|<R_1$ 上,有性质:

③ 和函数 $f(x)$ 任意次可导且其幂级数可以逐项求导,即

$$f'(x)=a_1+2a_2x+3a_3x^2+\cdots+na_nx^{n-1}+\cdots$$
$$=\sum_{n=1}^{\infty}na_nx^{n-1},$$

$$f^{(m)}(x) = \sum_{n=m}^{\infty} n(n-1)\cdots(n-m+1)a_n x^{n-m},$$

它们的收敛半径不变,仍为 R_1.

④ 收敛的幂级数可以逐项积分,即

$$\int_0^x f(t)dt = a_0 x + \frac{a_1}{2}x^2 + \frac{a_2}{3}x^3 + \cdots + \frac{a_n}{n+1}x^{n+1} + \cdots$$
$$= \sum_{n=0}^{\infty} \frac{a_n}{n+1}x^{n+1}.$$

它的收敛半径也不变,仍为 R_1.

利用幂级数在其收敛区间内可以逐项求导及逐项积分的性质. 我们可以通过一些已知的幂级数的和函数,如

$$1 + x + x^2 + \cdots + x^n + \cdots = \frac{1}{1-x}, \quad |x| < 1;$$

$$1 - x + x^2 + \cdots + (-1)^n x^n + \cdots = \frac{1}{1+x}, \quad |x| < 1;$$

$$1 + x^2 + x^4 + \cdots + x^{2n} + \cdots = \frac{1}{1-x^2}, \quad |x| < 1$$

等等,来求另外一些幂级数的和函数.

⑤ 设 $f(x) = \sum_{n=0}^{\infty} a_n x^n$ 的收敛半径为 R. 若 $\sum_{n=0}^{\infty} a_n R^n$ 收敛,则

$$\lim_{x \to R-0} f(x) = \sum_{n=0}^{\infty} a_n R^n.$$

若 $\sum_{n=0}^{\infty} a_n (-R)^n$ 收敛,则

$$\lim_{x \to -R+0} f(x) = \sum_{n=0}^{\infty} a_n (-R)^n.$$

⑥ 幂级数在收敛区间内是绝对收敛的.

典型例题分析

一、求幂级数的收敛区间或收敛域

1. 求下列幂级数的收敛区间及收敛域:

(1) $\sum_{n=1}^{\infty} \frac{x^n}{n 2^n}$;   (2) $\sum_{n=1}^{\infty} \frac{3^n + (-2)^n}{n}(x+1)^n$;

(3) $x+\dfrac{1}{2}\cdot\dfrac{x^3}{3}+\dfrac{1\cdot 3}{2\cdot 4}\cdot\dfrac{x^5}{5}+\dfrac{1\cdot 3\cdot 5}{2\cdot 4\cdot 6}\cdot\dfrac{x^7}{7}+\cdots$;

(4) $\displaystyle\sum_{n=0}^{\infty}4^{n^2}x^{n^2}$;   (5) $\displaystyle\sum_{n=1}^{\infty}(-1)^{n+1}\dfrac{(3n-1)^{3n}(x-2)^n}{(2n-3)^{3n}}$;

(6) $\displaystyle\sum_{n=1}^{\infty}\left(1+\dfrac{1}{n}\right)^{n^2}(x-1)^n$.

解 先求收敛半径得相应的收敛区间,再讨论幂级数在收敛区间端点的敛散性.

(1) 先求收敛半径,因为

$$\lim_{n\to\infty}\left|\dfrac{a_{n+1}}{a_n}\right|=\lim_{n\to\infty}\dfrac{n}{2(n+1)}=\dfrac{1}{2},$$

所以收敛半径为 $R=2$.收敛区间为 $(-2,2)$.

再考虑在收敛区间端点的情况.当 $x=2$ 时,级数为 $\displaystyle\sum_{n=1}^{\infty}\dfrac{1}{n}$,显然发散;当 $x=-2$ 时,级数为 $\displaystyle\sum_{n=1}^{\infty}(-1)^n\dfrac{1}{n}$,显然收敛.因此幂级数的收敛域为 $-2\leqslant x<2$.

(2) $\left|\dfrac{a_{n+1}}{a_n}\right|=\dfrac{3^{n+1}+(-2)^{n+1}}{n+1}\cdot\dfrac{n}{3^n+(-2)^n}$

$$=\dfrac{n}{n+1}\cdot\dfrac{1+\left(\dfrac{-2}{3}\right)^{n+1}}{\dfrac{1}{3}+\dfrac{1}{3}\left(\dfrac{-2}{3}\right)^n}\to 3,$$

所以 $R=\dfrac{1}{3}$,故收敛区间为 $-\dfrac{1}{3}<x+1<\dfrac{1}{3}$ 即 $-\dfrac{4}{3}<x<-\dfrac{2}{3}$. 再看端点,当 $x=-\dfrac{2}{3}$ 时,级数为 $\displaystyle\sum_{n=1}^{\infty}\dfrac{3^n+(-2)^n}{n\cdot 3^n}$,因为 $\dfrac{3^n+(-2)^n}{n3^n}\Big/\dfrac{1}{n}\to 1$,所以 $\displaystyle\sum_{n=1}^{\infty}\dfrac{3^n+(-2)^n}{n3^n}$ 与 $\displaystyle\sum_{n=1}^{\infty}\dfrac{1}{n}$ 有相同的敛散性,因而级数

$$\sum_{n=1}^{\infty}\dfrac{3^n+(-2)^n}{n\cdot 3^n}\text{发散}.$$

当 $x=-4/3$ 时,级数为

$$\sum_{n=1}^{\infty}(-1)^n\dfrac{3^n+(-2)^n}{n\cdot 3^n}=\sum_{n=1}^{\infty}\left[\dfrac{(-1)^n}{n}+\dfrac{1}{n}\left(\dfrac{2}{3}\right)^n\right],$$

$\sum_{n=1}^{\infty} \frac{(-1)^n}{n}$, $\sum_{n=1}^{\infty} \frac{1}{n} \left(\frac{2}{3}\right)^n$ 均收敛,因而原级数收敛. 于是幂级数的收敛域为 $[-4/3, -2/3)$.

(3) 这里 x 的偶次方幂的系数全为零,即 $a_{2n} = 0$,于是 $\left|\frac{a_{n+1}}{a_n}\right|$ 的极限不存在,也就不能利用公式

$$R = \left(\lim_{n \to \infty} \left|\frac{a_{n+1}}{a_n}\right|\right)^{-1}$$

来求 R. 下面介绍两种求 R 的方法:

解法 1 每项提出公因子 x,再令 $y = x^2$,并舍去第一项,得一新的幂级数:

$$\frac{1}{2} \cdot \frac{y}{3} + \frac{1 \cdot 3}{2 \cdot 4} \cdot \frac{y^2}{5} + \cdots + \frac{(2n-1)!!}{(2n)!!} \cdot \frac{y^n}{2n+1} + \cdots, \tag{3.5}$$

对这新幂级数,相应的

$$\left|\frac{a_{n+1}}{a_n}\right| = \frac{2n+1}{2(n+1)} \cdot \frac{2n+1}{2n+3} \to 1,$$

所以 $R = 1$,故收敛区间为 $-1 < y < 1$. 再看端点,当 $y = 1$ 时,级数为

$$\sum_{n=1}^{\infty} \frac{(2n-1)!!}{(2n)!!} \cdot \frac{1}{2n+1},$$

由证明 $\frac{(2n-1)!!}{(2n)!!} \leqslant \frac{1}{\sqrt{2n+1}}$

可判断此级数收敛. 再考虑原始的变量 x,当 $-1 \leqslant x \leqslant 1$ 时 $0 \leqslant y \leqslant 1$,这时级数 (3.5) 收敛从而原幂级数也收敛,而当 $|x| > 1$ 时 $|y| > 1$,这时幂级数发散. 所以原幂级数的收敛域为 $-1 \leqslant x \leqslant 1$.

解法 2 将 x 看作任意取定的一个数,原幂级数就是数项级数

$$x + \sum_{n=1}^{\infty} u_n(x) = x + \sum_{n=1}^{\infty} \frac{(2n-1)!!}{(2n)!!} \cdot \frac{x^{2n+1}}{2n+1}, \tag{3.6}$$

有 $\left|\frac{u_{n+1}}{u_n}\right| = \frac{2n+1}{2(n+1)} \cdot \frac{2n+1}{2n+3} |x^2| \to |x^2|.$

由达朗贝尔判别法知,当 $|x| < 1$ 时级数 (3.6) 绝对收敛,当 $|x| > 1$ 时级数 (3.6) 发散. 由此看出原幂级数的收敛半径 $R = 1$,因而收敛区间为 $-1 < x < 1$. 当 $x = \pm 1$ 时,同前可证级数收敛,因而原幂级数的

收敛域为 $-1 \leqslant x \leqslant 1$.

评注 解法 2 用得较多. 当幂级数 $\sum_{n=1}^{\infty} a_n x^n$ 的系数 a_n 中有无穷多个等于零时, 可用解法 3 求收敛半径.

(4) 设 $\sum_{n=1}^{\infty} 4^{n^2} \cdot x^{n^2} = \sum_{n=1}^{\infty} u_n(x)$, 有

$$\left|\frac{u_{n+1}(x)}{u_n(x)}\right| = |4x|^{2n+1} \to \begin{cases} 0, & \text{当 } |x| < 1/4 \text{ 时,} \\ 1, & \text{当 } |x| = 1/4 \text{ 时,} \\ \infty, & \text{当 } |x| > 1/4 \text{ 时.} \end{cases}$$

由此看出幂级数的收敛半径为 $R = \frac{1}{4}$. 当 $x = \frac{1}{4}$ 时, 级数为 $\sum_{n=1}^{\infty} 1$, 显然发散, 当 $x = -\frac{1}{4}$ 时, 级数为 $\sum_{n=1}^{\infty} (-1)^{n^2}$, 也发散. 因而幂级数的收敛域为 $-1/4 < x < 1/4$.

(5) 令 $t = x - 2$, 转化为考察幂级数

$$\sum_{n=1}^{\infty} (-1)^{n+1} \frac{(3n-1)^{3n}}{(2n-3)^{3n}} t^n,$$

若用公式

$$R = \left(\lim_{n \to \infty} \left|\frac{a_{n+1}}{a_n}\right|\right)^{-1}$$

来求收敛半径 R, 较麻烦. 改用公式 $R = \left(\lim_{n \to \infty} \sqrt[n]{|a_n|}\right)^{-1}$. 因为

$$\sqrt[n]{|a_n|} = \frac{(3n-1)^3}{(2n-3)^3} \to \frac{27}{8} \quad (n \to \infty),$$

于是原级数的收敛区间是 $|x - 2| < \frac{8}{27}$, 即 $\frac{46}{27} < x < \frac{62}{27}$.

当 $x = \frac{46}{27}$ 时,

$$|a_n| = \frac{(3n-1)^{3n}}{(2n-3)^{3n}} \cdot \left(\frac{2}{3}\right)^{3n} = \left(\frac{6n-2}{6n-9}\right)^{3n}$$

$$= \left(1 + \frac{7}{6n-9}\right)^{6n/2} \to e^{7/2} \neq 0,$$

所以级数发散. 当 $x = \frac{62}{27}$ 时, 同理可证级数发散. 所以原幂级数的收敛域为 $46/27 < x < 62/27$.

(6) 与上题类似,令 $t=x-1$,转化为考察幂级数

$$\sum_{n=1}^{\infty}\left(1+\frac{1}{n}\right)^{n^2}t^n, \quad \sqrt[n]{|a_n|}=\left(1+\frac{1}{n}\right)^n \to \mathrm{e} \quad (n\to\infty),$$

于是原幂级数的收敛区间是 $|x-1|<\dfrac{1}{\mathrm{e}}$,即 $1-\dfrac{1}{\mathrm{e}}<x<1+\dfrac{1}{\mathrm{e}}$.

当 $x=1+\dfrac{1}{\mathrm{e}}$ 时,级数的一般项

$$a_n=\left(1+\frac{1}{n}\right)^{n^2}\cdot\frac{1}{\mathrm{e}^n},$$

为考虑 a_n 的极限,取对数得

$$\ln a_n=n^2\ln\left(1+\frac{1}{n}\right)-n=\frac{\ln\left(1+\dfrac{1}{n}\right)-\dfrac{1}{n}}{\dfrac{1}{n^2}},$$

$$\lim_{n\to\infty}\ln a_n=\lim_{x\to 0}\frac{\ln(1+x)-x}{x^2},$$

用洛必达法则可得上式的极限为 $-\dfrac{1}{2}$,因而 $\lim\limits_{n\to\infty}a_n=\mathrm{e}^{-1/2}\neq 0$,故级数发散.当 $x=1-\dfrac{1}{\mathrm{e}}$ 时,同理可证级数发散.所以原幂级数的收敛域为 $1-\dfrac{1}{\mathrm{e}}<x<1+\dfrac{1}{\mathrm{e}}$.

2. 求下列幂级数的收敛区间并说明理由:

(1) $\sum\limits_{n=0}^{\infty}a_n x^n$,已知 $x=-2$ 时该幂级数条件收敛;

(2) $\sum\limits_{n=0}^{\infty}na_n(x-1)^{n+1}$,已知 $\sum\limits_{n=0}^{\infty}a_n x^n$ 的收敛半径 $R=3$.

解 (1) 该幂级数的收敛半径 $R=2$.因为,若 $R<2$,则 $x=\pm 2$ 时该幂级数发散.若 $R>2$ 时,则 $x=\pm 2$ 处该幂级数绝对收敛.因此,$R=2$,收敛区间为 $(-2,2)$.

(2) $\sum\limits_{n=0}^{\infty}na_n(x-1)^{n+1}=(x-1)^2\left(\sum\limits_{n=0}^{\infty}a_n(x-1)^n\right)'$,由幂级数收敛性特点知,$\sum\limits_{n=0}^{\infty}na_n(x-1)^{n+1}$ 与 $\sum\limits_{n=0}^{\infty}a_n(x-1)^n$ 有相同的收敛半径 $R=3$.因而收敛区间为 $(-2,4)$.

评注 求幂级数 $\sum_{n=0}^{\infty} a_n x^n$ ($\sum_{n=0}^{\infty} a_n(x-x_0)^n$) 的收敛域就是求幂级数的收敛区间再加上收敛的端点.

(1) 求收敛区间

求收敛区间等同于求收敛半径 R,常用的方法是:

① 用公式 $R = \left(\lim\limits_{n\to\infty}\left|\dfrac{a_{n+1}}{a_n}\right|\right)^{-1}$ 或 $R = \left(\lim\limits_{n\to\infty}\sqrt[n]{|a_n|}\right)^{-1}$,如题 1 中的(1),(2),(5),(6).

② 变量替换法. 如题 1 中的(2)和(3)中的解法 1.

③ 当 $\lim\limits_{n\to\infty}\left|\dfrac{a_{n+1}}{a_n}\right|$,$\lim\limits_{n\to\infty}\sqrt[n]{|a_n|}$ 不存在时,将 $\sum_{n=0}^{\infty} a_n x^n$ 当做数项级数来用比值或根值判别法求收敛半径. 如题 1 中(3)中的解法 2 及(4).

④ 利用幂级数的性质. 如题 2.

(2) 考察收敛区间端点的敛散性

这时比值与根值判别法失效. 常有以下情形:① 级数的一般项不趋于零,级数发散;② 是几何级数或 p 级数的情形;③ 是交错级数的情形;④ 用分解法等.

二、求幂级数的和函数

3. 利用逐项求导或逐项积分求下列幂级数的和函数并指出公式成立的区间:

(1) $x - \dfrac{x^3}{3} + \dfrac{x^5}{3} - \cdots + (-1)^{n-1}\dfrac{x^{2n-1}}{2n-1} + \cdots$;

(2) $x + \dfrac{x^5}{5} + \dfrac{x^9}{9} + \cdots + \dfrac{x^{4n-3}}{4n-3} + \cdots$;

(3) $1 - 3x^2 + 5x^4 - \cdots + (-1)^{n-1}(2n-1)x^{2n-2} + \cdots$;

(4) $\sum_{n=1}^{\infty} \dfrac{n(n+1)}{2} x^{n-1}$.

解 设幂级数的和函数为 $F(x)$,逐项求导,得
$$F'(x) = 1 - x^2 + x^4 + \cdots + (-1)^n x^{2n} + \cdots$$
$$= \dfrac{1}{1+x^2} \quad (-1 < x < 1),$$

注意到 $F(0)=0$,得
$$F(x) = \int_0^x \dfrac{\mathrm{d}x}{1+x^2} = \arctan x,$$

即 $\sum_{n=1}^{\infty}(-1)^{n-1}\dfrac{x^{2n-1}}{2n-1}=\arctan x \quad (-1\leqslant x\leqslant 1)$.

因为幂级数 $F'(x)$ 与 $F(x)$ 有相同的收敛半径,又在收敛区间的端点 $x=\pm 1$ 时 $\sum_{n=1}^{\infty}(-1)^{n-1}\dfrac{x^{2n-1}}{2n-1}$ 收敛,$\arctan x$ 在 $x=\pm 1$ 时连续,所以上述等式在 $x=\pm 1$ 也成立.

(2) 设幂级数的和函数为 $F(x)$. 逐项求导得

$$F'(x)=1+x^4+x^8+\cdots+x^{4n-4}+\cdots=\dfrac{1}{1-x^4}$$
$$(|x|<1),$$

注意到 $F(0)=0$ 得

$$F(x)=\int_0^x\dfrac{\mathrm{d}x}{1-x^4}=\dfrac{1}{2}\left(\arctan x-\dfrac{1}{2}\ln\dfrac{1-x}{1+x}\right),$$

即 $\sum_{n=1}^{\infty}\dfrac{x^{4n-3}}{4n-3}=\dfrac{1}{2}\left(\arctan x-\dfrac{1}{2}\ln\dfrac{1-x}{1+x}\right),\quad |x|<1.$

(3) 设其和函数为 $F(x)$. 逐项积分得

$$\int_0^x F(x)\mathrm{d}x=x-x^3+x^5+\cdots+(-1)^{n-1}x^{2n-1}+\cdots$$
$$=x(1-x^2+x^4+\cdots+(-1)^n x^{2n}+\cdots)$$
$$=\dfrac{x}{1+x^2}\quad(|x|<1),$$

于是 $F(x)=\left(\dfrac{x}{1+x^2}\right)'=\dfrac{1-x^2}{(1+x^2)^2}$,

即 $\sum_{n=1}^{\infty}(-1)^{n-1}(2n-1)x^{2n-2}=\dfrac{1-x^2}{(1+x^2)^2},\quad |x|<1.$

(4) 设幂级数的和函数为 $F(x)$. 逐项积分得

$$\int_0^x F(x)\mathrm{d}x=\sum_{n=1}^{\infty}\dfrac{n+1}{2}x^n,$$

再设其和函数为 $H(x)$. 即

$$\sum_{n=1}^{\infty}\dfrac{n+1}{2}x^n=H(x).$$

再对 $H(x)$ 逐项积分,得

$$\int_0^x H(x)\mathrm{d}x=\sum_{n=1}^{\infty}\dfrac{1}{2}x^{n+1}=\dfrac{x}{2}\sum_{n=1}^{\infty}x^n$$

$$= \frac{x}{2}\left(\frac{1}{1-x} - 1\right) = \frac{x^2}{2(1-x)} \quad (|x| < 1).$$

于是
$$H(x) = \left(\frac{x^2}{2(1-x)}\right)' = \frac{2x - x^2}{2(1-x)^2},$$

$$F(x) = H'(x) = \left(\frac{2x - x^2}{2(1-x)^2}\right)' = \frac{1}{(1-x)^3},$$

即
$$\sum_{n=1}^{\infty} \frac{n(n+1)}{2} x^{n-1} = \frac{1}{(1-x)^3}, \quad |x| < 1.$$

三、数值级数的求和

4. 求下列级数的和：

(1) $S = \sum_{n=1}^{\infty} \frac{1}{(2n-1)2^n}$；

(2) $S = \frac{1}{2} + \frac{3}{2^2} + \frac{5}{2^3} + \cdots + \frac{2n-1}{2^n} + \cdots$.

解 (1) 将数值级数求和转化为幂级数求和,这是常用的一种方法. 将原级数改写成

$$S = \sum_{n=1}^{\infty} \frac{1}{2n-1}\left(\frac{1}{\sqrt{2}}\right)^{2n} = \frac{1}{\sqrt{2}} \sum_{n=1}^{\infty} \frac{1}{2n-1}\left(\frac{1}{\sqrt{2}}\right)^{2n-1},$$

于是引进幂级数

$$S(x) = \sum_{n=1}^{\infty} \frac{x^{2n-1}}{2n-1},$$

只要它的收敛半径 $R > \frac{1}{\sqrt{2}}$, 则 $S = \frac{1}{\sqrt{2}} S\left(\frac{1}{\sqrt{2}}\right)$.

现将 $S(x)$ 逐项求导得

$$S'(x) = 1 + x^2 + x^4 + \cdots + x^{2(n-1)} + \cdots$$
$$= \frac{1}{1-x^2} \quad (|x| < 1),$$

注意到 $S(0) = 0$, 得

$$S(x) = \int_0^x \frac{1}{1-x^2} dx = \frac{1}{2} \ln \frac{1+x}{1-x},$$

即
$$S(x) = \sum_{n=1}^{\infty} \frac{x^{2n-1}}{2n-1} = \frac{1}{2} \ln \frac{1+x}{1-x}, \quad |x| < 1.$$

因此 $S = \dfrac{1}{\sqrt{2}} \cdot \dfrac{1}{2} \ln \dfrac{1 + \dfrac{1}{\sqrt{2}}}{1 - \dfrac{1}{\sqrt{2}}} = \dfrac{1}{2\sqrt{2}} \ln \dfrac{\sqrt{2}+1}{\sqrt{2}-1}$

$$= \dfrac{1}{\sqrt{2}} \ln(\sqrt{2}+1).$$

(2) 所给级数等于幂级数

$$S(x) = x^2 + 3x^4 + \cdots + (2n-1)x^{2n} + \cdots$$
$$= x^2[1 + 3x^2 + \cdots + (2n-1)x^{2(n-1)} + \cdots],$$

在 $x = \dfrac{1}{\sqrt{2}}$ 时的值. 用逐项积分的方法可求出上式括号内的幂级数的和函数. 令

$$F(x) = 1 + 3x^2 + \cdots + (2n-1)x^{2n-2} + \cdots$$
$$= \sum_{n=1}^{\infty} (2n-1)x^{2n-2},$$

则

$$\int_0^x F(t)\,dt = \sum_{n=1}^{\infty} \int_0^x (2n-1)t^{2n-2}\,dt$$
$$= \sum_{n=1}^{\infty} x^{2n-1} = x \sum_{n=1}^{\infty} (x^2)^{n-1}$$
$$= \dfrac{x}{1-x^2} \quad (|x|<1),$$

于是 $F(x) = \left(\dfrac{x}{1-x^2}\right)' = \dfrac{1+x^2}{(1-x^2)^2} \quad (|x|<1),$

因而

$$x^2 + 3x^4 + \cdots + (2n-1)x^{2n} + \cdots = \dfrac{x^2(1+x^2)}{(1-x^2)^2}, \quad |x|<1.$$

将 $x = \dfrac{1}{\sqrt{2}}$ 代入上式,得

$$\dfrac{1}{2} + \dfrac{3}{2^2} + \cdots + \dfrac{2n-1}{2^n} + \cdots = 3.$$

本 节 小 结

1. 逐项求导或逐项积分是幂级数求和常用的一种方法.

① 给了幂级数 $\sum_{n=1}^{\infty} a_n x^n$，在其收敛区间内设其和函数为 $F(x)$. 若逐项求导后所得的幂级数 $\sum_{n=1}^{\infty} a_n n x^{n-1}$ 的和函数为已知，则就可求出 $F(x)$ 的表达式. 事实上，设 $\sum_{n=1}^{\infty} a_n n x^{n-1} = G(x)$（$G(x)$ 的表达式为已知），由逐项可导的性质，有 $F'(x) = G(x)$，于是由公式

$$F(x) - F(0) = \int_0^x F'(x)\mathrm{d}x = \int_0^x G(x)\mathrm{d}x$$

就可求出 $F(x)$ 的表达式. 题(1)与题(2)用的就是这种方法.

若逐项积分后的幂级数 $\sum_{n=0}^{\infty} \frac{a_n}{n+1} x^{n+1}$ 的和函数为已知，则也可求出 $F(x)$ 的表达式. 事实上，若已知

$$\sum_{n=0}^{\infty} \frac{a_n}{n+1} x^{n+1} = H(x),$$

则 $F(x) = (H(x))'$.

② 用逐项求导或逐项积分方法求幂级数 $\sum_{n=0}^{\infty} a_n x^n$ 的和函数 $F(x)$ 时可不必先考察它的收敛区间，只要逐项求导或逐项积分后的幂级数（常常是几何级数）的收敛区间易求得，就可知原幂级数的收敛区间. 因为它们有相同的收敛区间. 这几个例子均是如此.

③ 幂级数逐项求导或积分只保证收敛区间不变，不能保证收敛区间的端点的敛散性不变. 因此，求得 $\sum_{n=0}^{\infty} a_n x^n = F(x)$ 的收敛区间 $(-R, R)$ 后还要看 $x = \pm R$ 时此公式是否成立. 若 $x = R$（或 $-R$）时 $\sum_{n=0}^{\infty} a_n x^n$ 收敛，又 $F(x)$ 在 $x = R$（或 $x = -R$）左（右）连续，则上述公式在 $x = R$（或 $x = -R$）也成立. 题 3 中的(1)就是这种情形. 题 3 中的 (2)～(4)，幂级数在收敛区间的端点均发散.

2. 数值级数求和除了按定义求和即求部分和序列的极限外，常用的一种方法是把数值级数求和转化为幂级数求和：数值级数的和是幂级数的和在某点的值. 而幂级数求和有更有效的方法. 这种方法的关键步骤是引进辅助幂级数，使得它容易求和（易于用逐项求导或逐项积分求和）.

练习题 11.3

11.3.1 求下列级数的收敛区间及收敛域：

(1) $1+\dfrac{x}{a}+\dfrac{x^2}{2a^2}+\dfrac{x^3}{3a^3}+\cdots$ $(a>0)$；

(2) $x-\dfrac{x^3}{3\cdot 3!}+\dfrac{x^5}{5\cdot 5!}-\cdots$；

(3) $\ln x+(\ln x)^2+(\ln x)^3+\cdots$；

(4) $\sum\limits_{n=0}^{\infty}\dfrac{1}{2n+1}\left(\dfrac{1-x}{1+x}\right)^n$ $\left(\text{提示：令 }t=\dfrac{1-x}{1+x}\right)$；

(5) $\sum\limits_{n=1}^{\infty}2^n x^{2n-1}$； (6) $\sum\limits_{n=2}^{\infty}\dfrac{x^{n-1}}{n\cdot 3^n\cdot \ln n}$；

(7) $\sum\limits_{n=1}^{\infty}\dfrac{n!\,(x-2)^n}{n^n}$； (8) $\sum\limits_{n=1}^{\infty}\left(1+\dfrac{1}{2}+\cdots+\dfrac{1}{n}\right)x^n$；

(9) $\sum\limits_{n=1}^{\infty}\left(\dfrac{a^n}{n}+\dfrac{b^n}{n^2}\right)x^n,\ a>0,b>0$.

11.3.2 利用逐项求导与逐项积分，求下列幂级数的和：

(1) $\sum\limits_{n=1}^{\infty}\dfrac{(-1)^{n-1}x^{2n}}{n(2n-1)},\ |x|<1$； (2) $\sum\limits_{n=1}^{\infty}\dfrac{x^{4n+1}}{4n+1},\ |x|<1$；

(3) $\sum\limits_{n=1}^{\infty}\dfrac{2n-1}{2^n}x^{2n-2},\ |x|\leqslant 1$； (4) $\sum\limits_{n=1}^{\infty}(-1)^{n-1}\dfrac{x^n}{n},\ |x|<1$；

(5) $\sum\limits_{n=0}^{\infty}(n+1)x^n,\ |x|<1$； (6) $\sum\limits_{n=1}^{\infty}n(n+1)x^{n-1},\ |x|<1$.

11.3.3 利用某些幂级数的和函数，求下列级数的和：

(1) $\sum\limits_{n=1}^{\infty}\dfrac{2n-1}{2^n}$； (2) $\sum\limits_{n=1}^{\infty}\dfrac{(-1)^{n-1}}{n\cdot(2n-1)\cdot 5^n}$；

(3) $\sum\limits_{n=0}^{\infty}\dfrac{n+1}{3^{n/2}}$； (4) $\sum\limits_{n=1}^{\infty}\dfrac{n(n+1)}{2^n}$.

§4 函数的幂级数展开

内 容 提 要

1. 基本概念

对于给定的函数 $f(x)$，若能找出一个幂级数 $\sum\limits_{n=1}^{\infty}a_n x^n$，使该幂级数在其收敛区间 I 上的和函数正好等于 $f(x)$，即有

$$\sum_{n=1}^{\infty} a_n x^n = f(x),$$

我们就说函数 $f(x)$ 在区间 I 上**能展开为幂级数**,并称级数 $\sum_{n=1}^{\infty} a_n x^n$ 为 $f(x)$ 的**幂级数展开式**.

2. 函数可展成幂级数的条件

函数 $f(x)$ 在区间 $I=(x_0-R, x_0+R)$ 可展成幂级数

$$f(x) = \sum_{n=0}^{\infty} a_n (x-x_0)^n$$

$\iff f(x)$ 在区间 I 上任意次可导且

$$\begin{aligned}f(x) =& f(x_0) + f'(x_0)(x-x_0) + \frac{f''(x_0)}{2!}(x-x_0)^2 + \cdots \\ & + \frac{f^{(n)}(x_0)}{n!}(x-x_0)^n + \cdots,\end{aligned} \quad (4.1)$$

上式右端称为 $f(x)$ 的**泰勒级数**.

函数 $f(x)$ 在区间 I 上可展成泰勒级数 $\iff$ 在区间 I 上

$$\begin{aligned}f(x) =& f(x_0) + f'(x_0)(x-x_0) + \frac{f''(x_0)}{2!}(x-x_0)^2 + \cdots \\ & + \frac{f^{(n)}(x_0)}{n!}(x-x_0)^n + R_n(x),\end{aligned}$$

其中余项 $R_n(x) = \frac{f^{(n+1)}(\xi)}{(n+1)!}(x-x_0)^{n+1}$ (ξ 在 x_0 与 x 之间)的余项 $R_n(x)$ 的极限为零,即有

$$\lim_{n\to\infty} R_n(x) = 0.$$

由上述结论可知,对于给定的函数 $f(x)$,它若能展开成幂级数,则其幂级数的展开式是惟一的,即若 $f(x)$ 能展开为幂级数 $\sum_{n=0}^{\infty} a_n(x-x_0)^n$,则必有

$$a_n = \frac{1}{n!} f^{(n)}(x_0).$$

因而函数的幂级数展开式(若存在的话)就是其泰勒级数. 但反过去不一定成立,因为任给函数 $f(x)$,只要它有一切阶的导数,就可写出其泰勒级数,但泰勒级数可以不收敛到该函数(即余项 $R_n(x)$ 不趋于零).

例如函数

$$f(x) = \begin{cases} e^{-1/x^2}, & \text{当 } x \neq 0 \text{ 时}, \\ 0, & \text{当 } x = 0 \text{ 时}. \end{cases}$$

因为 $f^{(n)}(0) = 0, n = 1, 2, \cdots$,所以 $f(x)$ 在 $x=0$ 处的泰勒级数为

$$0 + 0 \cdot x + 0 \cdot x^2 + \cdots + 0 \cdot x^n + \cdots,$$

该级数的收敛域是 $-\infty<x<+\infty$，且和函数恒为 0，但当 $x\neq 0$ 时 $f(x)\neq 0$。因此它的和不是 $f(x)$，也即不收敛到 $f(x)$。

当 $x_0=0$ 时，(4.1)变得较简单：
$$f(x) = f(0) + f'(0)x + \frac{f''(0)}{2!}x^2 + \cdots + \frac{f^{(n)}(0)}{n!}x^n + \cdots,$$
习惯上称上式中的级数为马克劳林级数。

3. 一些初等函数的幂级数展开式

对于一些常见的初等函数，只要适当选择 x_0，总可把它展开为泰勒级数。下面列出一些常见的基本初等函数的幂级数展开式，这些结果最好能记住，今后常要用到。

(1) e^x 的马克劳林展开式：
$$e^x = 1 + x + \frac{x^2}{2!} + \frac{x^3}{3!} + \cdots + \frac{x^n}{n!} + \cdots, \quad -\infty<x<+\infty. \quad (4.2)$$

(2) $\sin x, \cos x$ 的马克劳林展开式：
$$\sin x = x - \frac{x^3}{3!} + \frac{x^5}{5!} + \cdots + \frac{(-1)^n x^{2n+1}}{(2n+1)!} + \cdots, \quad (4.3)$$
$$-\infty<x<+\infty,$$
$$\cos x = x - \frac{x^2}{2!} + \frac{x^4}{4!} + \cdots + (-1)^n \frac{x^{2n}}{(2n)!} + \cdots, \quad (4.4)$$
$$-\infty<x<+\infty.$$

(3) $\ln(1+x)$ 的马克劳林展开式
$$\ln(1+x) = x - \frac{x^2}{2} + \frac{x^3}{3} - \cdots + (-1)^{n-1}\frac{x^n}{n} + \cdots, \quad (4.5)$$
$$-1<x\leqslant 1.$$

(4) $(1+x)^m$ 的马克劳林展开式。其中 m 为任一常数（不一定是正整数）。
$$(1+x)^m = 1 + mx + \frac{m(m-1)}{2!}x^2 + \cdots$$
$$+ \frac{m(m-1)\cdots(m-n+1)}{n!}x^n + \cdots, \quad (4.6)$$
$$-1<x<1.$$

上式等号右端的级数也称作二项式级数；当 m 是正整数时，这个级数只有 $(m+1)$ 项，上式就成为初等代数里的二项式定理中的公式。当 $m=-1$ 时就是我们熟知的等比级数公式。

要把已给函数展开为幂级数，可以直接按公式(4.1)来求。但一般说来，一个函数的 n 阶导数不容易写出，即使能写出，要判别 $R_n(x)\to 0$ 也不容易。根据幂级数展开式的惟一性，我们可以利用以上给出的几个初等函数的展开式，以及幂级数的运算法则,求出一些常见的初等函数的展开式,而不必按公式(4.1)以及验证 $R_n(x) \to 0$.

4. 近似计算

将函数展开成泰勒级数的重要应用之一是近似计算. 在一个函数的展开式的收敛区间内,可以用它的部分和多项式(最简单的函数类)来近似代替原来较复杂的函数. 误差可由泰勒公式的余项 $R_n(x)$ 来估计.

典型例题分析

一、求函数的幂级数展开式的方法

1. 求下列函数的马克劳林级数展开式及展开式成立的区间:

(1) $a^x (a>0)$; (2) $\sin^2 x$;

(3) $\dfrac{2x-3}{(x-1)^2}$; (4) $\ln(1+x-2x^2)$;

(5) $\arcsin x$; (6) $\ln(x+\sqrt{1+x^2})$;

(7) $\displaystyle\int_0^x \dfrac{\sin x}{x} \mathrm{d}x$.

解 (1) $a^x = \mathrm{e}^{\ln a^x} = \mathrm{e}^{x\ln a}$,令 $y=x\ln a$,则 $a^x=\mathrm{e}^y$. 由于

$$\mathrm{e}^y = 1+y+\frac{y^2}{2!}+\frac{y^3}{3!}+\cdots+\frac{y^n}{n!}+\cdots,$$
$$-\infty < y < +\infty,$$

将 $y=x\ln a$ 代入上式得

$$a^x = 1+\ln a \cdot x + \frac{\ln^2 a}{2!}x^2 + \cdots + \frac{\ln^n a}{n!}x^n + \cdots,$$
$$-\infty < x < +\infty.$$

(2) 先将 $\sin^2 x$ 分解成 $\sin^2 x = \dfrac{1}{2}(1-\cos 2x)$,由 $\cos t$ 的马克劳林级数展开式,令 $t=2x$ 得 $\cos 2x$ 的马克劳林级数. 将 $\cos 2x$ 的马克劳林级数代入可得

$$\sin^2 x = \frac{1}{2}\Big[1-\Big(1-\frac{(2x)^2}{2!}+\frac{(2x)^4}{4!}+\cdots$$
$$+(-1)^n \frac{(2x)^{2n}}{(2n)!}+\cdots\Big)\Big]$$
$$= \frac{2}{2!}x^2 - \frac{2^3}{4!}x^4 + \cdots + (-1)^{n-1}\frac{2^{2n-1}}{(2n)!}x^{2n}+\cdots,$$

$$-\infty < x < +\infty.$$

(3) 将 $\dfrac{2x-3}{(x-1)^2}$ 分解成 $\dfrac{2x-3}{(x-1)^2} = \dfrac{2}{x-1} - \dfrac{1}{(x-1)^2}$,其中

$$\dfrac{2}{x-1} = -2 \cdot \dfrac{1}{1-x} = -2(1+x+\cdots+x^n+\cdots), \quad |x|<1,$$

又由 $(1+t)^m$ 的展开式知

$$\dfrac{1}{(x-1)^2} = (x-1)^{-2} = (1-x)^{-2}$$

$$= 1 - 2(-x) + \dfrac{(-2)(-3)}{2!}(-x)^2 + \cdots$$

$$+ \dfrac{(-2)(-3)\cdots(-n-1)}{n!}(-x)^n + \cdots$$

$$= 1 + 2x + 3x^2 + \cdots + (n+1)x^n + \cdots, \quad |x|<1,$$

代入原式,得

$$\dfrac{2x-3}{(x-1)^2} = \sum_{n=0}^{\infty}(-2)x^n - \sum_{n=0}^{\infty}(n+1)x^n = -\sum_{n=0}^{\infty}(n+3)x^n$$

$$= -3 - 4x - 5x^2 - \cdots - (n+3)x^n - \cdots, \quad |x|<1.$$

(4) 利用对数函数的性质,将对数函数 $\ln(1+x-2x^2)$ 分解成

$$\ln(1+x-2x^2) = \ln((1+2x)(1-x))$$
$$= \ln(1+2x) + \ln(1-x),$$

其中

$$\ln(1+2x) = 2x - \dfrac{1}{2}(2x)^2 + \dfrac{1}{3}(2x)^3 - \cdots$$

$$+ (-1)^{n-1}\dfrac{(2x)^n}{n} + \cdots, \quad -1 < 2x \leqslant 1,$$

$$\ln(1-x) = -x - \dfrac{x^2}{2} - \dfrac{x^3}{3} - \cdots - \dfrac{x^n}{n} - \cdots, \quad -1 \leqslant x < 1.$$

两式相加,得

$$\ln(1+x-2x^2) = \sum_{n=1}^{\infty}(-1)^{n-1}\dfrac{2^n x^n}{n} + \sum_{n=1}^{\infty}\dfrac{-x^n}{n}$$

$$= \sum_{n=1}^{\infty}\dfrac{(-1)^{n-1}2^n - 1}{n}x^n$$

$$= x - \dfrac{5}{2}x^2 + \cdots + \dfrac{1}{n}[(-1)^{n-1}2^n - 1]x^n + \cdots,$$

成立区间为上述两级数的收敛区域的公共部分,因而是
$$-1/2 < x \leqslant 1/2.$$

(5) 令 $f(x) = \arcsin x$,则
$$f'(x) = \frac{1}{\sqrt{1-x^2}} = (1-x^2)^{-\frac{1}{2}}$$
$$= 1 - \frac{1}{2}(-x^2) + \frac{\left(-\frac{1}{2}\right)\left(-\frac{3}{2}\right)}{2!}(-x^2)^2 + \cdots$$
$$+ \frac{\left(-\frac{1}{2}\right)\left(-\frac{3}{2}\right)\cdots\left(-\frac{2n-1}{2}\right)}{n!}(-x^2)^n + \cdots$$
$$= 1 + \frac{x^2}{2} + \frac{3}{2^2 \cdot 2!}x^4 + \cdots + \frac{(2n-1)!!}{2^n \cdot n!}x^{2n} + \cdots,$$
$$|x| < 1.$$

注意到 $f(0) = 0$,则 $f(x) = \int_0^x f'(x)\mathrm{d}x$,对上式逐项积分可得
$$\arcsin x = x + \frac{1}{2} \cdot \frac{x^3}{3} + \frac{1 \cdot 3}{2 \cdot 4} \cdot \frac{x^5}{5} + \cdots$$
$$+ \frac{(2n-1)!!}{(2n)!!} \cdot \frac{x^{2n+1}}{2n+1} + \cdots, \quad |x| \leqslant 1.$$

因为右端幂级数在收敛区间端点 $x = \pm 1$ 处收敛(见§3题1(3)),而左端函数在 $x = \pm 1$ 处左、右连续,因而展开式在 $x = \pm 1$ 处也成立.

(6) 令 $f(x) = \ln(x + \sqrt{1+x^2})$,则
$$f'(x) = (1+x^2)^{-\frac{1}{2}}$$
$$= 1 - \frac{x^2}{2} + \frac{1 \cdot 3}{2 \cdot 4}x^4 - \frac{1 \cdot 3 \cdot 5}{2 \cdot 4 \cdot 6}x^6 + \cdots$$
$$+ (-1)^n \frac{1 \cdot 3 \cdot 5 \cdots (2n-1)}{2 \cdot 4 \cdot 6 \cdots 2n}x^{2n} + \cdots, \quad |x| \leqslant 1.$$

注意到 $f(0) = 0$, $f(x) = \int_0^x f'(x)\mathrm{d}x$,由此可得
$$\ln(x + \sqrt{1+x^2}) = x - \frac{1}{2} \cdot \frac{x^3}{3} + \frac{1 \cdot 3}{2 \cdot 4 \cdot 5}x^5 + \cdots$$
$$+ (-1)^n \frac{(2n-1)!!}{(2n)!!} \frac{1}{2n+1}x^{2n+1} + \cdots, \quad |x| \leqslant 1.$$

因为右端幂级数在收敛区间端点 $x=\pm 1$ 处收敛（见 §3 题 1(3)），而左端函数在 $x=\pm 1$ 处左、右连续，因而展开式在 $x=\pm 1$ 处也成立.

(7) 由 $\sin x$ 的马克劳林展开式，得
$$\frac{\sin x}{x}=1-\frac{x^2}{3!}+\frac{x^4}{5!}-\cdots+(-1)^n\frac{x^{2n}}{(2n+1)!}+\cdots,$$
$$-\infty<x<+\infty,$$
因而 $\int_0^x\frac{\sin x}{x}dx=x-\frac{1}{3!}\cdot\frac{x^3}{3}+\frac{1}{5!}\cdot\frac{x^5}{5}-\cdots$
$$+(-1)^n\frac{1}{(2n+1)!}\cdot\frac{x^{2n+1}}{2n+1}+\cdots,$$
$$-\infty<x<+\infty.$$

2. 求下列函数在指定点的幂级数展开式及展开式成立的区间：
(1) $\cos x$，在 $x=-\pi/3$ 处； (2) e^x，在 $x=1$ 处；
(3) $\dfrac{1}{x^2+4x+9}$，在 $x=-2$ 处.

解 (1) 即要将 $\cos x$ 展成
$$\sum_{n=0}^{\infty}a_n\left(x+\frac{\pi}{3}\right)^n$$
的形式. 我们仍然不必按公式 (4.1) 求，而通过作变换以及利用三角函数及幂级数的运算法则及 $\sin x,\cos x$ 的马克劳林展开式来求. 事实上，令 $x+\dfrac{\pi}{3}=t$，则

$$\cos x=\cos\left(t-\frac{\pi}{3}\right)=\frac{1}{2}\cos t+\frac{\sqrt{3}}{2}\sin t$$
$$=\frac{1}{2}\left(1-\frac{t^2}{2!}+\frac{t^4}{4!}+\cdots+(-1)^n\frac{1}{(2n)!}t^{2n}+\cdots\right)$$
$$+\frac{\sqrt{3}}{2}\left(t-\frac{t^3}{3!}+\frac{t^5}{5!}+\cdots\right.$$
$$\left.+(-1)^n\frac{1}{(2n+1)!}t^{2n+1}+\cdots\right)$$
$$=\frac{1}{2}\sum_{n=0}^{\infty}(-1)^n\left[\frac{(x+\pi/3)^{2n}}{(2n)!}+\sqrt{3}\frac{(x+\pi/3)^{2n+1}}{(2n+1)!}\right],$$
$$-\infty<x<+\infty.$$

(2) 令 $t=x-1$,则

$$e^x = e^{t+1} = e \cdot e^t = e\left(1 + t + \frac{t^2}{2!} + \cdots + \frac{t^n}{n!} + \cdots\right)$$

$$= e \cdot \sum_{n=0}^{\infty} \frac{(x-1)^n}{n!}, \quad -\infty < x < +\infty.$$

(3) $\dfrac{1}{x^2+4x+9} = \dfrac{1}{(x+2)^2+5} = \dfrac{1}{5} \cdot \dfrac{1}{1+\dfrac{(x+2)^2}{5}}$

$$= \frac{1}{5}\left[1 - \frac{(x+2)^2}{5} + \frac{(x+2)^4}{5^2} + \cdots + (-1)^n \frac{(x+2)^{2n}}{5^n} + \cdots\right],$$

从以上过程看出,收敛区间是 $\dfrac{(x+2)^2}{5} < 1$,即

$$-2-\sqrt{5} < x < -2+\sqrt{5}.$$

二、求 $f^{(n)}(x_0)$ 的一个方法

3. 对下列函数 $f(x)$ 求 $f^{(n)}(0)$ $(n=1,2,3,\cdots)$:

(1) $f(x) = \arcsin x$; (2) $f(x) = \dfrac{1}{\sqrt{1+x^2}}.$

分析 若已知 $f(x)$ 的幂级数展开式: $f(x) = \sum\limits_{n=0}^{\infty} a_n (x-x_0)^n$,由幂级数展开式的惟一性及

$$f(x) = \sum_{n=0}^{\infty} \frac{f^{(n)}(x_0)}{n!} (x-x_0)^n,$$

可得

$$\frac{f^{(n)}(x_0)}{n!} = a_n,$$

于是可求得 $f^{(n)}(x_0) = a_n n!$ $(n=0,1,2,3,\cdots).$

解 (1) 题 1(5) 中已求得

$$f(x) = \arcsin x = x + \frac{1}{2} \cdot \frac{x^3}{3} + \frac{1 \cdot 3}{2 \cdot 4} \cdot \frac{x^5}{5} + \cdots$$

$$+ \frac{(2n-1)!!}{(2n)!!} \frac{x^{2n+1}}{2n+1} + \cdots \quad (|x| \leqslant 1).$$

若表成 $$f(x) = \sum_{n=0}^{\infty} a_n x^n,$$

则 $a_{2n} = 0 \quad (n=0,1,2,\cdots)$

$$a_{2n+1} = \frac{(2n-1)!!}{(2n)!!} \cdot \frac{1}{2n+1}, \quad n=1,2,3,\cdots,$$

于是
$$a_1 = 1,$$
$$f^{(2n)}(0) = 0,$$
$$f^{(2n+1)}(0) = a_{2n+1} \cdot (2n+1)! = ((2n-1)!!)^2 \quad (n=1,2,\cdots),$$
$$f^{(1)}(0) = 1.$$

(2) 题1(6)中还求得

$$f(x) = \frac{1}{\sqrt{1+x^2}}$$
$$= 1 - \frac{x^2}{2} + \frac{1 \cdot 3}{2 \cdot 4}x^4 - \frac{1 \cdot 3 \cdot 5}{2 \cdot 4 \cdot 6}x^6 + \cdots$$
$$+ (-1)^n \frac{(2n-1)!!}{(2n)!!}x^{2n} + \cdots \quad (|x| \leqslant 1).$$

若表成
$$f(x) = \sum_{n=0}^{\infty} a_n x^n,$$

则
$$a_{2n-1} = 0 \quad (n=1,2,3,\cdots),$$
$$a_{2n} = (-1)^n \frac{(2n-1)!!}{(2n)!!} \quad (n=1,2,3,\cdots).$$

于是
$$f^{(2n-1)}(0) = 0 \quad (n=1,2,3,\cdots),$$
$$f^{(2n)}(0) = a_{2n} \cdot (2n)! = (-1)^n((2n-1)!!)^2$$
$$(n=1,2,3,\cdots).$$

三、利用幂级数展开式求近似值

4. 求下列各值的近似值：

(1) $\pi/6$，使误差小于 0.001；

(2) $\sqrt[5]{244}$，使误差小于 0.0001.

解 (1) 在 $\arcsin x$ 的展开式中令 $x = \frac{1}{2}$，得

$$\frac{\pi}{6} = \frac{1}{2} + \frac{1}{2} \cdot \frac{1}{3 \cdot 2^3} + \frac{1 \cdot 3}{2 \cdot 4} \cdot \frac{1}{5 \cdot 2^5} + \cdots$$
$$+ \frac{(2n-1)!!}{(2n)!!} \frac{1}{(2n+1) \cdot 2^{2n+1}} + \cdots.$$

若取前 $(n+1)$ 项作为 $\frac{\pi}{6}$ 的近似值，误差

$$R_n = \frac{(2n+1)!!}{(2n+2)!!} \cdot \frac{1}{(2n+3)2^{2n+3}}$$
$$+ \frac{(2n+3)!!}{(2n+4)!!} \cdot \frac{1}{(2n+5) \cdot 2^{2n+5}} + \cdots$$

$$< \frac{(2n+1)!!}{(2n+2)!!} \cdot \frac{1}{(2n+3) \cdot 2^{2n+3}} \left(1 + \frac{1}{2^2} + \frac{1}{2^4} + \cdots\right)$$
$$= \frac{4}{3} \cdot \frac{(2n+1)!!}{(2n+2)!!} \cdot \frac{1}{(2n+3) 2^{2n+3}}.$$

要使 $R_n < 0.001$,只要使上式右端小于 0.001 即可. 不难算出当 $n=2$ 时即满足要求,因而取前三项即可,即

$$\frac{\pi}{6} \approx \frac{1}{2} + \frac{1}{3 \cdot 2^4} + \frac{1 \cdot 3}{2 \cdot 4} \cdot \frac{1}{5 \cdot 2^5} \approx 0.523.$$

(2) 数 244 与 $3^5 = 243$ 较接近,因而在 $(243+x)^{1/5}$ 的展开式中令 $x=1$ 就可得到 $\sqrt[5]{244}$ 的值. 而

$$(243+x)^{\frac{1}{5}} = \left[243\left(1 + \frac{x}{3^5}\right)\right]^{\frac{1}{5}} = 3\left(1 + \frac{x}{3^5}\right)^{\frac{1}{5}}$$
$$= 3\left[1 + \frac{1}{5} \cdot \frac{x}{3^5} - \frac{2}{25}\left(\frac{x}{3^5}\right)^2 + \cdots\right],$$

以 $x=1$ 代入得

$$\sqrt[5]{244} = 3\left[1 + \frac{1}{5} \cdot \frac{1}{3^5} - \frac{2}{25} \cdot \frac{1}{3^{10}} + \cdots\right],$$

由二项式级数的系数规则知,上式右端括号内是交错级数. 所以若取前两项作为 $\sqrt[5]{244}$ 的近似值,则所产生的误差小于第三项的绝对值

$$\frac{3 \cdot 2}{25} \cdot \frac{1}{3^{10}} < \frac{1}{25 \cdot 3^8} < \frac{1}{(5 \cdot 80)^2} < \frac{1}{10^4},$$

这已符合要求,于是

$$\sqrt[5]{244} \approx 3\left(1 + \frac{1}{5} \cdot \frac{1}{3^5}\right) \approx 3.0025.$$

本 节 小 结

1. 求函数幂级数展开的方法:通过各种方法转化为 $(4.2)\sim(4.6)$ 中的情形. 常用的方法有:

① 逐项积分或逐项求导如题 $1(5),(6),(7)$.

② 变量替换法:已知展开式 $f(x) = \sum_{n=0}^{\infty} a_n x^n$,通过变量替换可求 $f(x)$ 在 $x=x_0$ 处的展开式及 $f(bx), f(x^m)$ 的展开式,其中 b 为常数,m 为自然数. 如题 $1(1)$,题 2.

③ 分解法. 将 $f(x)$ 分解为 $f(x) = f_1(x) + f_2(x)$,若 $f_1(x)$,

$f_2(x)$ 的展开式会求,则也就会求出 $f(x)$ 的展开式.

2. 利用幂级数展开式求近似值时关键是估计误差以确定展开式的项数.常用的误差估计是:

① 交错级数的余项估计如题 4 中的(2);

② 适当放大后归结为几何级数求和,如题 4 中的(1).

练习题 11.4

11.4.1 求下列函数的马克劳林级数及其收敛区间:

(1) $\dfrac{e^x - e^{-x}}{2}$; (2) $\ln(a+x)$; (3) $\sin^3 x$;

(4) $\sin\left(\dfrac{\pi}{4}+x\right)$; (5) $\sqrt[3]{8-x^3}$; (6) $\arctan\dfrac{2x}{1-x^2}$;

(7) $\arccos x$; (8) $\dfrac{3x-5}{x^2-4x+3}$; (9) $\dfrac{1}{\sqrt{4-x^2}}$;

(10) $(1+x)e^{-x}$; (11) $\displaystyle\int_0^x \dfrac{\ln(1+x)}{x}\,dx$; (12) $\displaystyle\int_0^x \dfrac{dx}{\sqrt{1-x^4}}$.

11.4.2 求下列函数在指定点的幂级数展开式及其收敛区间:

(1) $\ln x$,在 $x=1$ 处; (2) $\dfrac{1}{x^2+3x+2}$,在 $x=-4$ 处;

(3) $\sqrt{x}$,在 $x=4$ 处.

11.4.3 求 $f^{(n)}(0)$ $(n=1,2,3,\cdots)$:

(1) $f(x)=\displaystyle\int_0^x \dfrac{\sin t}{t}\,dt$; (2) $f(x)=\dfrac{d}{dx}g(x)$,其中 $g(x)=\begin{cases}\dfrac{e^x-1}{x}, & x\neq 0,\\ 1, & x=0.\end{cases}$

11.4.4 求下列级数的和:

(1) $\displaystyle\sum_{n=0}^{\infty}\dfrac{n+1}{n!}$; (2) $\displaystyle\sum_{n=0}^{\infty}\dfrac{1+n^2}{n!\,2^n}x^n$.

11.4.5 求 $\displaystyle\int_0^1 e^{-x^2}\,dx$ 的近似值,精确度达到 0.001.

§5 傅里叶级数

内容提要

1. 三角函数系的正交性

三角函数系

$$1, \cos\dfrac{\pi}{l}x, \sin\dfrac{\pi}{l}x, \cos\dfrac{2\pi}{l}x, \sin\dfrac{2\pi}{l}x, \cdots, \cos\dfrac{n\pi}{l}x, \sin\dfrac{n\pi}{l}x, \cdots$$

在$[-l,l]$上正交,即其中任意两个不同的函数之积在区间$[-l,l]$上的积分为零. 特别是,三角函数系

$$1, \cos x, \sin x, \cos 2x, \sin 2x, \cdots, \cos nx, \sin nx, \cdots$$

在$[-\pi,\pi]$上正交.

2. 函数的傅氏系数与傅氏级数

(1) 区间$[-l,l]$上的傅氏系数与傅氏级数

设$f(x)$以$2l$为周期或只定义在$[-l,l]$上,在$[-l,l]$可积,则

$$a_n = \frac{1}{l}\int_{-l}^{l} f(x)\cos\frac{n\pi}{l}x \mathrm{d}x \quad (n = 0,1,2,3,\cdots),$$

$$b_n = \frac{1}{l}\int_{-l}^{l} f(x)\sin\frac{n\pi}{l}x \mathrm{d}x \quad (n = 1,2,3,\cdots)$$

称为$f(x)$的**傅里叶系数**,简称**傅氏系数**. 相应的三角级数

$$\frac{a_0}{2} + \sum_{n=1}^{\infty}\left(a_n\cos\frac{n\pi}{l}x + b_n\sin\frac{n\pi}{l}x\right)$$

称为$f(x)$的**傅里叶级数**,简称**傅氏级数**,记作

$$f(x) \sim \frac{a_0}{2} + \sum_{n=1}^{\infty}\left(a_n\cos\frac{n\pi}{l}x + b_n\sin\frac{n\pi}{l}x\right).$$

特别是当$l=\pi$时,

$$f(x) \sim \frac{a_0}{2} + \sum_{n=1}^{\infty}(a_n\cos nx + b_n\sin nx),$$

其中

$$a_n = \frac{1}{\pi}\int_{-\pi}^{\pi} f(x)\cos nx \mathrm{d}x \quad (n = 0,1,2,3,\cdots),$$

$$b_n = \frac{1}{\pi}\int_{-\pi}^{\pi} f(x)\sin nx \mathrm{d}x \quad (n = 1,2,3,\cdots).$$

(2) 奇偶函数的傅氏系数与傅氏级数

设$f(x)$以$2l$为周期或只定义在$[-l,l]$上,在$[-l,l]$可积.

若$f(x)$在$[-l,l]$为奇函数,则$f(x)$的傅氏系数

$$a_n = 0 \quad (n = 0,1,2,3,\cdots),$$

$$b_n = \frac{2}{l}\int_{0}^{l} f(x)\sin\frac{n\pi}{l}x \mathrm{d}x \quad (n = 1,2,3,\cdots).$$

其傅氏级数为正弦级数

$$f(x) \sim \sum_{n=1}^{\infty} b_n\sin\frac{n\pi}{l}x.$$

若$f(x)$在$[-l,l]$为偶函数,则$f(x)$的傅氏系数

$$a_n = \frac{2}{l}\int_{0}^{l} f(x)\cos\frac{n\pi}{l}x \mathrm{d}x \quad (n = 0,1,2,3,\cdots),$$

$$b_n = 0 \quad (n = 1,2,3,\cdots).$$

其傅氏级数为余弦级数
$$f(x) \sim \frac{a_0}{2} + \sum_{n=1}^{\infty} a_n \cos \frac{n\pi}{l} x.$$

(3) 区间 $[a, a+T]$ 上的傅氏系数与傅氏级数

设 $f(x)$ 以 T 为周期或只定义在 $[a, a+T]$ 上, 在 $[a, a+T]$ 可积, 则 $f(x)$ 的傅氏系数

$$a_n = \frac{2}{T} \int_a^{a+T} f(x) \cos \frac{2n\pi}{T} dx \quad (n = 0, 1, 2, 3, \cdots),$$
$$b_n = \frac{2}{T} \int_a^{a+T} f(x) \sin \frac{2n\pi}{T} dx \quad (n = 1, 2, 3, \cdots). \tag{5.1}$$

其傅氏级数为
$$f(x) \sim \frac{a_0}{2} + \sum_{n=1}^{\infty} \left(a_n \cos \frac{2n\pi}{T} x + b_n \sin \frac{2n\pi}{l} x \right).$$

3. 傅氏级数的收敛性

设 $f(x)$ 在 $[a, b]$ 上除去有限个第一类间断点之外, 处处连续, 则称 $f(x)$ 在 $[a, b]$ 上**分段连续**.

设 $f(x)$ 在 $[a, b]$ 上只有有限个单调区间, 则称 $f(x)$ 在 $[a, b]$ 上**分段单调**.

设 $f(x)$ 在 $[-l, l]$ 分段连续且分段单调, 则 $f(x)$ 的傅氏级数对任给的 $x \in [-l, l]$ 均收敛, 记其和函数为 $S(x)$, $S(x)$ 与 $f(x)$ 的关系如下:

$$\frac{a_0}{2} + \sum_{n=1}^{\infty} \left(a_n \cos \frac{n\pi}{l} x + b_n \sin \frac{n\pi}{l} x \right) = S(x)$$

$$= \begin{cases} f(x), & x \in (-l, l) \text{ 为 } f(x) \text{ 的连续点}, \\ \dfrac{f(x+0) + f(x-0)}{2}, & x \in (-l, l) \text{ 为 } f(x) \text{ 的间断点}, \\ \dfrac{f(-l+0) + f(l-0)}{2}, & x = \pm l. \end{cases}$$

若又有 $f(x)$ 以 $2l$ 为周期时, 则 $f(x)$ 的傅氏级数对任意 x 均收敛, 其和函数

$$S(x) = \begin{cases} f(x), & \text{当 } x \text{ 为 } f(x) \text{ 的连续点}, \\ \dfrac{1}{2}[f(x+0) + f(x-0)], & \text{当 } x \text{ 为 } f(x) \text{ 的间断点}. \end{cases}$$

4. 函数的傅氏级数展开

若在某区间上, $f(x)$ 的傅氏级数收敛到 $f(x)$, 则称在此区间上, $f(x)$ 可展开为傅氏级数, 并称此傅氏级数为 $f(x)$ 的**傅氏级数展开式**.

设 $f(x)$ 在 $[-l, l]$ 分段单调, 在 $(-l, l)$ 连续, 又

$$f(x) \sim \frac{a_0}{2} + \sum_{n=1}^{\infty} \left(a_n \cos \frac{n\pi}{l} x + b_n \sin \frac{n\pi}{l} x \right),$$

则

$$f(x) = \frac{a_0}{2} + \sum_{n=1}^{\infty}\left(a_n\cos\frac{n\pi}{l}x + b_n\sin\frac{n\pi}{l}x\right), \quad x \in (-l,l),$$

即在$(-l,l)$上$f(x)$可展开为傅氏级数.

在同样的条件下又设$f(x)$在$[-l,l]$连续且$f(-l)=f(l)$,则

$$f(x) = \frac{a_0}{2} + \sum_{n=1}^{\infty}\left(a_n\cos\frac{n\pi}{l}x + b_n\sin\frac{n\pi}{l}x\right), \quad x \in [-l,l],$$

即在$[-l,l]$上$f(x)$可展开为傅氏级数.

5. 傅氏级数的复数形式

设函数$f(x)$定义在$(-\infty,+\infty)$上以T为周期或只定义在$[-T/2,T/2]$上,在$[-T/2,T/2]$可积. 由

$$\cos\theta = \frac{e^{i\theta} + e^{-i\theta}}{2}, \quad \sin\theta = \frac{e^{i\theta} - e^{-i\theta}}{2i}, \quad i = \sqrt{-1}$$

可得$f(x)$的以T为周期的傅氏级数的复数形式

$$f(x) \sim \sum_{n=-\infty}^{+\infty} c_n e^{in\omega x},$$

其中$\omega = 2\pi/T$,

$$c_n = \frac{1}{T}\int_{-\frac{T}{2}}^{\frac{T}{2}} f(x) e^{-in\omega x} dx \quad (n = 0, \pm 1, \pm 2, \pm 3, \cdots).$$

c_n与相应的$f(x)$的实数形式的以T为周期的傅氏系数a_n, b_n有如下关系:

$$c_0 = \frac{a_0}{2}, \quad c_n = \frac{1}{2}(a_n - ib_n),$$

$$c_{-n} = \frac{1}{2}(a_n + ib_n) \quad (n = 1,2,3,\cdots),$$

$$a_n = c_n + c_{-n} \quad (n = 0,1,2,3,\cdots),$$

$$b_n = i(c_n - c_{-n}) \quad (n = 1,2,3,\cdots),$$

$$|c_n| = |c_{-n}| = \frac{1}{2}\sqrt{a_n^2 + b_n^2}.$$

6. 振幅频谱图与频谱分析

设t为时间变量,函数$f(t)$以T为周期(代表周期信号),它可展成傅氏级数

$$f(t) = \frac{a_0}{2} + \sum_{n=1}^{\infty}(a_n\cos n\omega t + b_n\sin n\omega t), \tag{5.2}$$

其中 $$a_n = \frac{2}{T}\int_{-\frac{T}{2}}^{\frac{T}{2}} f(t)\cos n\omega t\, dt \quad (n = 0,1,2,3,\cdots),$$

$$b_n = \frac{2}{T}\int_{-\frac{T}{2}}^{\frac{T}{2}} f(t)\sin n\omega t\, dt \quad (n=1,2,3,\cdots),$$

$\omega = \dfrac{2\pi}{T}$ 为圆频率也称为基频，(5.2)式可改写成

$$f(x) = \frac{a_0}{2} + \sum_{n=1}^{\infty} A_n \sin(n\omega t + \varphi_n), \tag{5.3}$$

其中 $A_n = \sqrt{a_n^2 + b_n^2}$ 为 n 次谐波的振幅，$\varphi_n = \arctan\dfrac{a_n}{b_n}$ 为 n 次谐波的相位．

由(5.3)式可得下表

频率	0	ω	2ω	3ω	$\cdots$	$n\omega$	$\cdots$
振幅	$\dfrac{\|a_0\|}{2}$	A_1	A_2	A_3	$\cdots$	A_n	$\cdots$

此表称为 $f(t)$ 的振幅频谱表．把它用描点法画出（取横轴为频率轴，纵轴为振幅轴），所得图像称为振幅频谱图，如图 11.1 所示．

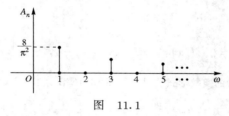

图 11.1

图 11.1 所表示的函数是

$$f(x) = \begin{cases} \dfrac{2}{\pi}x + 1, & -1 \leqslant x < 0, \\ -\dfrac{2}{\pi}x + 1, & 0 \leqslant x < \pi \end{cases} \quad (\text{以 } 2\pi \text{ 为周期})$$

的频谱图．图中不同频率上的垂直线段称为谱线，其长度为该频率对应的振幅．振幅为零的频率称为谱线的零点．

求得复数形式的傅氏级数后，求振幅更为方便．因为 $|c_n| = \dfrac{1}{2}A_n$．因此，可用下表代替频谱：

频率	0	ω	2ω	3ω	$\cdots$	$n\omega$	$\cdots$
振幅	$|c_0|$	$|c_1|$	$|c_2|$	$|c_3|$	$\cdots$	$|c_n|$	$\cdots$

因为只差一个常数倍数，不影响各谐波之间的振幅比．

典型例题分析

一、给定函数求傅氏系数与傅氏级数

1. 求下列函数的傅氏级数:

(1) $f(x) = \begin{cases} x, & -\pi \leqslant x < 0, \\ 2x, & 0 \leqslant x \leqslant \pi, \end{cases}$ 以 2π 为周期;

(2) $f(x) = e^x, x \in [-2, 2]$,以 4 为周期.

解 先求傅氏系数然后得傅氏级数.

(1) $a_0 = \dfrac{1}{\pi}\int_{-\pi}^{\pi} f(x)\mathrm{d}x = \dfrac{1}{\pi}\int_{-\pi}^{0} x\mathrm{d}x + \dfrac{1}{\pi}\int_{0}^{\pi} 2x\mathrm{d}x$

$\qquad = \dfrac{1}{\pi}\left[-\dfrac{\pi^2}{2} + 2 \cdot \dfrac{\pi^2}{2}\right] = \dfrac{1}{2}\pi,$

$a_n = \dfrac{1}{\pi}\int_{-\pi}^{\pi} f(x)\cos nx\,\mathrm{d}x$

$\quad = \dfrac{1}{\pi}\int_{-\pi}^{0} x\cos nx\,\mathrm{d}x + \dfrac{1}{\pi}\int_{0}^{\pi} 2x\cos nx\,\mathrm{d}x$

$\quad = \dfrac{1}{\pi}\int_{-\pi}^{\pi} x\cos nx\,\mathrm{d}x + \dfrac{1}{\pi}\int_{0}^{\pi} x\,\dfrac{1}{n}\mathrm{d}\sin nx$

$\quad = \dfrac{-1}{n\pi}\int_{0}^{\pi} \sin nx\,\mathrm{d}x = \dfrac{1}{n^2\pi}\cos nx\Big|_0^{\pi}$

$\quad = \dfrac{1}{n^2\pi}[(-1)^n - 1] \quad (n = 1, 2, 3, \cdots),$

$b_n = \dfrac{1}{\pi}\int_{-\pi}^{\pi} f(x)\sin nx\,\mathrm{d}x$

$\quad = \dfrac{1}{\pi}\int_{-\pi}^{0} x\sin nx\,\mathrm{d}x + \dfrac{1}{\pi}\int_{0}^{\pi} 2x\sin nx\,\mathrm{d}x$

$\quad = \dfrac{3}{\pi}\int_{0}^{\pi} x\sin nx\,\mathrm{d}x = \dfrac{-3}{n\pi}\int_{0}^{\pi} x\,\mathrm{d}\cos nx = -\dfrac{3}{n}(-1)^n$

$\quad = \dfrac{3}{n}(-1)^{n+1} \quad (n = 1, 2, 3\cdots).$

因此,

$f(x) \sim \dfrac{\pi}{4} + \sum_{n=1}^{\infty}\left[\dfrac{-2}{(2n-1)^2\pi}\cos(2n-1)x + \dfrac{3(-1)^{n+1}}{n}\sin nx\right].$

(2) $a_0 = \dfrac{1}{2}\int_{-2}^{2} f(x)\mathrm{d}x = \dfrac{1}{2}\int_{-2}^{2} e^x\mathrm{d}x = \dfrac{1}{2}[e^2 - e^{-2}],$

$\quad a_n = \dfrac{1}{2}\int_{-2}^{2} f(x)\cos\dfrac{n\pi x}{2}\mathrm{d}x$

$$= \frac{1}{2}\int_{-2}^{2} e^x \cos\frac{n\pi x}{2}dx = \frac{1}{2}\int_{-2}^{2}\cos\frac{n\pi x}{2}de^x$$

$$= \frac{1}{2}(-1)^n(e^2-e^{-2}) + \frac{1}{2}\int_{-2}^{2} e^x \cdot \frac{n\pi}{2}\sin\frac{n\pi x}{2}dx$$

$$= \frac{1}{2}(-1)^n(e^2-e^{-2}) + \frac{1}{4}n\pi\int_{-2}^{2}\sin\frac{n\pi x}{2}de^x$$

$$= \frac{1}{2}(-1)^n(e^2-e^{-2}) - \frac{1}{8}(n\pi)^2\int_{-2}^{2} e^x\cos\frac{n\pi x}{2}dx$$

$$= \frac{1}{2}(-1)^n(e^2-e^{-2}) - \frac{1}{4}(n\pi)^2 a_n,$$

由此得
$$a_n = \frac{2(-1)^n(e^2-e^{-2})}{4+n^2\pi^2} \quad (n=1,2,3,\cdots).$$

再求 $\quad b_n = \frac{1}{2}\int_{-2}^{2} f(x)\sin\frac{n\pi x}{2}dx = \frac{1}{2}\int_{-2}^{2} e^x\sin\frac{n\pi x}{2}dx$

$$= \frac{(-1)^{n+1}n\pi}{4+n^2\pi^2}(e^2-e^{-2}) \quad (n=1,2,3,\cdots),$$

因此
$$f(x) \sim \frac{1}{4}(e^2-e^{-2}) + \sum_{n=1}^{\infty}\left[\frac{2(-1)^n(e^2-e^{-2})}{4+n^2\pi^2}\cos\frac{n\pi x}{2}\right.$$
$$\left. + \frac{(-1)^{n+1}n\pi}{4+n^2\pi^2}(e^2-e^{-2})\sin\frac{n\pi x}{2}\right].$$

二、给定函数求它的傅氏级数的和函数

2. 求题 1 中函数的傅氏级数的和函数.

解 上述函数在给定区间上均分段单调且连续,由收敛性定理直接可得和函数 $S(x)$.

(1) $S(x) = \begin{cases} f(x), & -\pi < x < \pi, \\ \dfrac{f(-\pi+0)+f(\pi-0)}{2}, & x = \pm\pi \end{cases}$

$= \begin{cases} x, & -\pi < x < 0, \\ 2x, & 0 \le x < \pi, \\ \pi/2, & x = \pm\pi; \end{cases}$

(2) $S(x) = \begin{cases} f(x), & -2 < x < 2, \\ \dfrac{f(-2+0)+f(2-0)}{2}, & x = \pm 2 \end{cases}$

$$= \begin{cases} e^x, & -2 < x < 2, \\ \dfrac{e^2 + e^{-2}}{2}, & x = \pm 2. \end{cases}$$

3. 对下列函数按要求写出傅氏级数的和函数的值:

(1) 求 $f(x) = \begin{cases} -1 & -\pi < x \leqslant 0, \\ 1 + x^2 & 0 < x \leqslant \pi \end{cases}$，以 2π 为周期的傅氏级数在 $x = 0, 1$ 两点处的值.

(2) 设 $f(x) = \begin{cases} x, & 0 \leqslant x \leqslant 1/2, \\ 2 - 2x, & 1/2 < x < 1, \end{cases}$ 其傅氏级数的和函数

$$S(x) = \frac{a_0}{2} + \sum_{n=1}^{\infty} a_n \cos n\pi x \quad (-\infty < x < +\infty),$$

其中 $a_n = 2\int_0^1 f(x) \cos n\pi x \, dx \quad (n = 0, 1, 2, 3, \cdots).$

求 $S(-5/2)$.

解 (1) $f(x)$ 在 $[-\pi, \pi]$ 分段单调，以 2π 为周期的傅氏级数在 $[-\pi, \pi]$ 处处收敛，记和函数为 $S(x)$，$x = 1$ 是 $f(x)$ 的连续点 $\Rightarrow$
$$S(1) = f(1) = 2.$$

$x = 0$ 是 $f(x)$ 的间断点 $\Rightarrow$
$$S(0) = \frac{1}{2}[f(0+0) + f(0-0)] = \frac{1}{2}[1 - 1] = 0.$$

(2) 这里 $S(x)$ 是 $f(x)$ 以 2 为周期的傅氏级数，按题意可认为是 $f(x)$ 作了偶延拓后的傅氏级数. 因 $S(x)$ 以 2 为周期且是偶函数 $\Rightarrow$

$$S\left(-\frac{5}{2}\right) = S\left(-\frac{5}{2} + 2\right) = S\left(-\frac{1}{2}\right) = S\left(\frac{1}{2}\right)$$
$$= \frac{1}{2}\left[f\left(\frac{1}{2} + 0\right) + f\left(\frac{1}{2} - 0\right)\right]$$
$$= \frac{1}{2}\left[1 + \frac{1}{2}\right] = \frac{3}{4}.$$

三、将给定函数展开成傅氏级数

4. 设函数 $f(x) = x^2, x \in [0, \pi]$，将 $f(x)$ 展开为以 2π 为周期的傅里叶级数.

分析 这里的函数 $f(x)$ 定义于区间 $[0, \pi]$. 然而，要求展开为以 2π 为周期的傅里叶级数，这样就需要将 $f(x)$ 延拓到 $[-\pi, 0)$ 上去.

由于题目未限定延拓的方式,所以可以采用奇延拓、偶延拓或者其他形式的延拓(比如零延拓)都是可以的.而且延拓方式不同,其展开式也不同.

解法 1 作奇延拓,展开为正弦级数.

令 $g_1(x) = \begin{cases} x^2, & 0 \leqslant x \leqslant \pi, \\ -x^2, & -\pi \leqslant x < 0, \end{cases}$

则 $a_n = 0, n = 0, 1, 2, \cdots,$

$$\begin{aligned}
b_n &= \frac{2}{\pi} \int_0^\pi x^2 \sin(nx) \mathrm{d}x \\
&= -\frac{2}{n\pi} x^2 \cos(nx) \Big|_0^\pi + \frac{4}{n\pi} \int_0^\pi x \cos(nx) \mathrm{d}x \\
&= (-1)^{n-1} \frac{2\pi}{n} + \frac{4}{n^2 \pi} x \sin(nx) \Big|_0^\pi - \frac{4}{n^2 \pi} \int_0^\pi \sin(nx) \mathrm{d}x \\
&= (-1)^{n-1} \frac{2\pi}{n} + \frac{4}{n^3 \pi} \cos(nx) \Big|_0^\pi \\
&= (-1)^{n-1} \frac{2\pi}{n} + \frac{4}{n^3 \pi} [(-1)^n - 1].
\end{aligned}$$

因为 $g_1(x)$ 在 $[-\pi, \pi]$ 分段单调,在 $(-\pi, \pi)$ 连续且 $g_1(x) = f(x)$, $x \in [0, \pi)$,故由展开定理,可知

$$f(x) = 2\pi \sum_{n=1}^\infty \frac{(-1)^{n-1}}{n} \sin(nx)$$
$$- \frac{8}{\pi} \sum_{n=1}^\infty \frac{1}{(2n-1)^3} \sin(2n-1)x, \quad 0 \leqslant x < \pi$$

(而当 $x = \pi$ 时,该级数收敛于零,展开式不成立).

解法 2 作偶延拓,展开为余弦级数.

令 $g_2(x) = x^2, -\pi \leqslant x \leqslant \pi$,则 $b_n = 0, n = 1, 2, \cdots,$

$$\begin{aligned}
a_0 &= \frac{2}{\pi} \int_0^\pi x^2 \mathrm{d}x = \frac{2}{3} \pi^2, \\
a_n &= \frac{2}{\pi} \int_0^\pi x^2 \cos(nx) \mathrm{d}x \\
&= \frac{2}{n\pi} x^2 \sin(nx) \Big|_0^\pi - \frac{4}{n\pi} \int_0^\pi x \sin(nx) \mathrm{d}x \\
&= \frac{4}{n^2 \pi} x \cos(nx) \Big|_0^\pi - \frac{4}{n^2 \pi} \int_0^\pi \cos(nx) \mathrm{d}x
\end{aligned}$$

$$= (-1)^n \frac{4}{n^2}, \quad n = 1, 2, \cdots.$$

因为 $g_2(x)$ 在 $[-\pi,\pi]$ 分段单调且连续，$g_2(-\pi) = g(\pi)$，又 $g_2(x) = f(x), x \in [0,\pi]$，故由展开定理，可知

$$f(x) = \frac{\pi^2}{3} + 4\sum_{n=1}^{\infty} \frac{(-1)^n}{n^2} \cos(nx), \quad 0 \leqslant x \leqslant \pi.$$

解法 3 作零延拓.

令 $g_3(x) = \begin{cases} x^2, & 0 \leqslant x \leqslant \pi, \\ 0, & -\pi \leqslant x < 0, \end{cases}$ 即为零延拓. 按常规的办法，可依照前面的公式计算傅里叶系数，不过注意到零延拓与奇、偶延拓的关系，即知

$$g_3(x) = \frac{1}{2}[g_1(x) + g_2(x)],$$

因此，利用前面结果，就有

$$f(x) = \frac{\pi^2}{6} + \sum_{n=1}^{\infty} (-1)^n \left(\frac{2}{n^2} \cos(nx) - \frac{\pi}{n} \sin(nx) \right)$$

$$- \frac{4}{\pi} \sum_{n=1}^{\infty} \frac{1}{(2n-1)^3} \sin(2n-1)x, \quad 0 \leqslant x < \pi$$

(在 $x = \pi$ 处，该级数收敛于 $\pi^2/2$，展开式不成立).

5. 设 $f(x)$ 是周期为 2 的周期函数，且在区间 $[0, 2]$ 上定义为

$$f(x) = \begin{cases} x, & 0 \leqslant x \leqslant 1, \\ 0, & 1 < x \leqslant 2. \end{cases}$$

求其傅里叶级数展开式，并利用此结果证明等式

$$\sum_{n=0}^{\infty} \frac{1}{(2n+1)^2} = \frac{\pi^2}{8}, \quad \sum_{n=1}^{\infty} \frac{1}{n^2} = \frac{\pi^2}{6}.$$

解 使用公式 (5.1) 计算傅里叶系数，并取 $a = 0, T = 2$，则

$$a_0 = \int_0^2 f(x) \mathrm{d}x = \int_0^1 x \mathrm{d}x = \frac{1}{2},$$

$$a_n = \int_0^2 f(x) \cos(n\pi x) \mathrm{d}x = \int_0^1 x \cos(n\pi x) \mathrm{d}x$$

$$= \frac{1}{n\pi} x \sin(n\pi x) \Big|_0^1 - \frac{1}{n\pi} \int_0^1 \sin(n\pi x) \mathrm{d}x$$

$$= \frac{1}{(n\pi)^2} \cos(n\pi x) \Big|_0^1 = \frac{1}{(n\pi)^2} [(-1)^n - 1],$$

$$b_n = \int_0^2 f(x)\sin(n\pi x)\mathrm{d}x = \int_0^1 x\sin(n\pi x)\mathrm{d}x$$
$$= -\frac{1}{n\pi}x\cos(n\pi x)\Big|_0^1 + \int_0^1 \cos(n\pi x)\mathrm{d}x$$
$$= \frac{(-1)^{n-1}}{n\pi}.$$

由收敛性定理，即知：
$$f(x) = \frac{1}{4} - \frac{2}{\pi^2}\sum_{n=1}^{\infty}\left[\frac{\cos(2n-1)\pi x}{(2n-1)^2} + (-1)^n\frac{\pi}{2n}\sin(n\pi x)\right],$$
$$x \in [0,2], \quad x \neq 1.$$

而当 $x=1$ 时，该级数收敛于 $1/2$.

在上式中，令 $x=0$，则有
$$\frac{1}{4} - \frac{2}{\pi^2}\sum_{n=1}^{\infty}\frac{1}{(2n-1)^2} = 0.$$

经整理即得
$$\sum_{n=0}^{\infty}\frac{1}{(2n+1)^2} = \frac{\pi^2}{8}.$$

记 $\sum_{n=1}^{\infty}\frac{1}{n^2}=S$，并利用上式，即知
$$S = \sum_{n=1}^{\infty}\frac{1}{n^2}$$
$$= \sum_{n=0}^{\infty}\frac{1}{(2n+1)^2} + \frac{1}{2^2} + \frac{1}{4^2} + \frac{1}{6^2} + \cdots + \frac{1}{(2n)^2} + \cdots$$
$$= \sum_{n=0}^{\infty}\frac{1}{(2n+1)^2} + \frac{1}{4}\sum_{n=1}^{\infty}\frac{1}{n^2} = \frac{\pi^2}{8} + \frac{S}{4},$$

因此
$$S = \sum_{n=1}^{\infty}\frac{1}{n^2} = \frac{\pi^2}{6}.$$

四、关于复数形式的傅氏级数

6. 将以 π 为周期的矩形波
$$f(t) = \begin{cases} E, & 0 \leqslant t < \pi/2, \\ 0, & \pi/2 \leqslant x < \pi \end{cases}$$

展成复数形式的傅氏级数.

解 先求复数形式的傅氏系数

$$c_0 = \frac{1}{\pi}\int_{-\frac{\pi}{2}}^{\frac{\pi}{2}} f(t)dt = \frac{1}{\pi}\int_0^{\frac{\pi}{2}} E dt = \frac{E}{2},$$

$$c_n = \frac{1}{\pi}\int_{-\frac{\pi}{2}}^{\frac{\pi}{2}} f(t)e^{-i2nt}dt = \frac{1}{\pi}\int_0^{\frac{\pi}{2}} E e^{-i2nt}dt$$

$$= -\frac{E}{2ni\pi}e^{-i2nt}\Big|_0^{\frac{\pi}{2}} = \frac{E}{2ni\pi}[1-(-1)^n],$$

于是 $\quad c_{2n} = 0, \quad c_{2n-1} = \dfrac{E}{(2n-1)i\pi}.$

因此,由收敛性定理得
$$f(t) = \sum_{n=-\infty}^{+\infty} c_n e^{i2nt} = \frac{E}{2} + \sum_{n=-\infty}^{+\infty} \frac{E}{(2n-1)i\pi} e^{i2(2n-1)t},$$
$$t \in (0,\pi), \quad t \neq \pi/2.$$

五、傅氏系数的性质

7. 设 $f(x)$ 在 $[-\pi,\pi]$ 可积,
$$f(x) \sim \frac{a_0}{2} + \sum_{n=1}^{\infty}(a_n\cos nx + b_n\sin nx),$$

求证:
$$\frac{1}{2}a_0^2 + \sum_{n=1}^{\infty}(a_n^2 + b_n^2) \leqslant \frac{1}{\pi}\int_{-\pi}^{\pi} f^2(x)dx.$$

证 只需证:对任意 n,
$$\frac{1}{2}a_0 + \sum_{k=1}^{n}(a_k^2 + b_k^2) \leqslant \frac{1}{\pi}\int_{-\pi}^{\pi} f^2(x)dx$$
成立.

考察
$$\frac{1}{\pi}\int_{-\pi}^{\pi} f^2(x)dx - \left[\frac{1}{2}a_0^2 + \sum_{k=1}^{n}(a_k^2 + b_k^2)\right]$$
$$= \frac{1}{\pi}\left[\int_{-\pi}^{\pi} f^2(x)dx - \frac{1}{2}a_0\int_{-\pi}^{\pi} f(x)dx\right.$$
$$\left. - \sum_{k=1}^{n}\left(a_k\int_{-\pi}^{\pi} f(x)\cos kx dx + b_k\int_{-\pi}^{\pi} f(x)\sin kx dx\right)\right]$$
$$= \frac{1}{\pi}\int_{-\pi}^{\pi}\left(f(x) - \left[\frac{a_0}{2} + \sum_{k=1}^{n}(a_k\cos kx + b_k\sin kx)\right]\right)^2 dx$$
$$+ \frac{a_0}{2} + \sum_{k=1}^{n}(a_k^2 + b_k^2)$$

$$-\frac{1}{\pi}\int_{-\pi}^{\pi}\left[\frac{a_0}{2}+\sum_{k=1}^{n}(a_k\cos kx+b_k\sin kx)\right]^2 dx.$$

(以上恒等变形利用了傅氏系数的公式)

由于三角函数系的正交性可得

$$\frac{1}{\pi}\int_{-\pi}^{\pi}\left[\frac{a_0}{2}+\sum_{k=1}^{n}a_k\cos kx+b_k\sin kx\right]^2 dx$$

$$=\frac{1}{\pi}\int_{-\pi}^{\pi}\left[\frac{a_0^2}{4}+\sum_{k=1}^{n}a_k^2\cos^2 kx+b_k^2\sin^2 kx\right]dx$$

$$=\frac{a_0^2}{2}+\sum_{k=1}^{n}(a_k^2+b_k^2),$$

因此证得

$$\frac{1}{\pi}\int_{-\pi}^{\pi}f^2(x)dx-\left[\frac{1}{2}a_0+\sum_{k=1}^{n}(a_k^2+b_k^2)\right]$$

$$=\frac{1}{\pi}\int_{-\pi}^{\pi}\left(f(x)-\left[\sum_{k=0}^{n}(a_k\cos kx+b_k\sin kx)+\frac{a_0}{2}\right]\right)^2 dx\geqslant 0.$$

令 $n\to+\infty$ 即得结论.

8. 如何把 $\left[0,\frac{\pi}{2}\right]$ 上的可积函数 $f(x)$ 延拓到 $(-\pi,\pi)$ 使得 $f(x)$ 有如下形式的以 2π 为周期的傅氏级数

$$f(x)\sim\sum_{n=1}^{\infty}b_{2n-1}\sin(2n-1)x.$$

解 设函数 $f(x)$ 延拓到 $(-\pi,\pi)$ 后为函数 $F(x)$. 因为傅氏级数为正弦级数,我们可作 $f(x)$ 的奇延拓,即取 $F(x)$ 为奇函数.

进一步考察如何将 $f(x)$ 从 $[0,\pi/2]$ 延拓到 $(\pi/2,\pi)$,使得

$$b_{2n}=\frac{2}{\pi}\int_0^{\pi}F(x)\sin 2nx dx=0.$$

注意 $b_{2n}=\frac{2}{\pi}\int_0^{\frac{\pi}{2}}f(x)\sin 2nx dx+\frac{2}{\pi}\int_{\frac{\pi}{2}}^{\pi}F(x)\sin 2nx dx$

(对第二个积分令 $x=\pi-t$)

$$=\frac{2}{\pi}\int_0^{\frac{\pi}{2}}f(x)\sin 2nx dx-\frac{2}{\pi}\int_0^{\frac{\pi}{2}}F(\pi-t)\sin 2nt dt$$

$$=\frac{2}{\pi}\int_0^{\frac{\pi}{2}}[f(x)-F(\pi-x)]\sin 2nx dx,$$

于是,只需取 $F(x)$ 满足

$$F(\pi - x) = f(x), \quad x \in [0, \pi/2].$$

因此,我们把函数 $f(x)$ 开拓到 $(-\pi, \pi)$ 上的函数 $F(x)$ 取为

$$F(x) = \begin{cases} -f(\pi + x), & x \in (-\pi, -\pi/2), \\ -f(-x), & x \in [-\pi/2, 0], \\ f(x), & x \in [0, \pi/2], \\ f(\pi - x), & x \in (\pi/2, \pi). \end{cases}$$

练习题 11.5

11.5.1 求下列函数的傅氏级数:

(1) $f(x) = \sin ax, -\pi \leqslant x < \pi$,以 2π 为周期,其中 $a > 0$ 为常数;

(2) $f(x) = x^2, 0 \leqslant x < \pi$,以 π 为周期.

11.5.2 对下列函数按要求写出傅氏级数的和函数的值:

(1) $f(x) = \begin{cases} 2, & -1 < x \leqslant 0, \\ x^3, & 0 < x \leqslant 1, \end{cases}$ 以 2 为周期,则 $f(x)$ 的以 2π 为周期的傅氏级数在 $x = 1$ 处收敛于 _____.

(2) $f(x) = x^2, 0 \leqslant x \leqslant 1, S(x) = \sum_{n=1}^{\infty} b_n \sin(n\pi x), -\infty < x < +\infty$ 是 $f(x)$ 以 2 为周期的傅氏级数的和函数,其中

$$b_n = 2\int_0^1 f(x) \sin(n\pi x) dx, \quad n = 1, 2, 3, \cdots,$$

则 $S(-1/2) = $ _____.

(3) $f(x) = \begin{cases} x, & 0 < x < \pi, \\ x + 2\pi, & -\pi < x \leqslant 0, \end{cases}$ 以 2π 为周期的傅氏级数的和函数 $S(x)$ = _____, $x \in [-\pi, \pi]$.

11.5.3 求下列函数的傅氏级数展开:

(1) $f(x) = \begin{cases} \pi + x, & -\pi \leqslant x \leqslant 0, \\ \pi - x, & 0 < x \leqslant \pi, \end{cases}$ 以 2π 为周期;

(2) $f(x) = \begin{cases} 0, & -\pi \leqslant x < 0, \\ x, & 0 \leqslant x < \pi, \end{cases}$ 以 2π 为周期;

(3) $f(x) = \begin{cases} 2, & 0 \leqslant x < \pi/2, \\ 0, & \pi/2 \leqslant x < \pi, \end{cases}$ 以 π 为周期.

11.5.4 设 $f(x)$ 在 $[-\pi, \pi]$ 二阶连续可导,

$$f(x) \sim \frac{a_0}{2} + \sum_{n=1}^{\infty} a_n \cos nx,$$

a_n 是 $f(x)$ 的傅氏系数,求证:$\sum_{n=1}^{\infty} a_n$ 绝对收敛.

*§6 函数项级数

内 容 提 要

1. 函数项级数和它的收敛域

级数 $\sum_{n=1}^{\infty} u_n(x)$ 称为函数项级数,其中一般项 $u_n(x)(n=1,2,3,\cdots)$ 是 x 的函数,有共同的定义域 X.

如果 $x_0 \in X$,级数 $\sum_{n=1}^{\infty} u_n(x_0)$ 收敛,称 x_0 为 $\sum_{n=1}^{\infty} u_n(x)$ 的**收敛点**,否则称为**发散点**. $\sum_{n=1}^{\infty} u_n(x)$ 所有收敛点构成的集合,称为它的**收敛域**,所有发散点构成的集合,称为它的**发散域**.

求 $\sum_{n=1}^{\infty} u_n(x)$ 的收敛域,就是对每个 $x \in X$,判断 $\sum_{n=1}^{\infty} u_n(x)$ 是否收敛.

常用方法:

① 用比值或根值判别法求

$$\lim_{n \to +\infty} \left| \frac{u_{n+1}(x)}{u_n(x)} \right| = \rho(x) \quad \text{或} \quad \lim_{n \to +\infty} \sqrt[n]{|u_n(x)|} = \rho(x).$$

然后解 $\rho(x)<1$,解集合属于收敛域,再解 $\rho(x)=1$,进一步判断这个解集合中哪些点是属于收敛域.

② 作变量替换转化为幂级数的情形.

③ 用其他数值级数收敛性判别法.

2. 函数项级数的一致收敛性与判别法

(1) 一致收敛性定义

设函数序列 $\{f_n(x)\}$ 在区间 X 上每一点 x 都收敛到一个函数 $f(x)$,若对任给 $\varepsilon>0$,存在自然数 N,当 $n>N$ 时,对任给 $x \in X$,都有

$$|f_n(x) - f(x)| < \varepsilon,$$

则称函数序列 $\{f_n(x)\}$**在区间 X 上一致收敛到** $f(x)$.

设级数 $\sum_{n=1}^{\infty} u_n(x)$ 在区间 X 收敛,其和为 $S(x)$,若该级数的部分和序列 $S_n(x)$ 在 X 上一致收敛到 $S(x)$,则称级数 $\sum_{n=1}^{\infty} u_n(x)$ 在 X 上一致收敛.

(2) 一致收敛性判别法

维尔斯特拉斯判别法（M 判别法） 若函数项级数 $\sum_{n=1}^{\infty}u_n(x)$ 在区间 X 上满足：

① $|u_n(x)|\leqslant a_n$；　② 正项级数 $\sum_{n=1}^{\infty}a_n$ 收敛，

则 $\sum_{n=1}^{\infty}u_n(x)$ 在 X 上一致收敛.

柯西准则 函数项级数 $\sum_{n=1}^{\infty}u_n(x)$ 在区间 X 上一致收敛的充要条件是：任给 $\varepsilon>0$，存在自然数 N，当 $n>N$ 时，对任意自然数 p 及任意 $x\in X$，有

$$\left|\sum_{k=n+1}^{n+p}u_k(x)\right|<\varepsilon.$$

(3) 函数项级数 $\sum_{n=1}^{\infty}a_n(x)b_n(x)$ 的一致收敛性判别法

狄利克雷判别法 设函数项级数 $\sum_{n=1}^{\infty}a_n(x)b_n(x)$ 满足：

① 对每个固定的 $x\in X$，序列 $\{a_n(x)\}$ 单调且函数序列 $\{a_n(x)\}$ 在 X 上一致收敛到零.

② 函数项级数 $\sum_{n=1}^{\infty}b_n(x)$ 的部分和 $S_n(x)=\sum_{k=1}^{n}b_k(x)$ 在 X 上一致有界（即存在常数 $M>0$，对任给 $x\in X$ 及任意 n 有 $|B_n(x)|\leqslant M$），则 $\sum_{n=1}^{\infty}a_n(x)b_n(x)$ 在 X 上一致收敛.

阿贝尔判别法 设函数项级数 $\sum_{n=1}^{\infty}a_n(x)b_n(x)$ 满足：

① 对每个固定的 $x\in X$，序列 $\{a_n(x)\}$ 单调且函数序列 $\{a_n(x)\}$ 在 X 上一致有界，即存在常数 $M>0$，对任意 $x\in X$ 及任意 n，有

$$|a_n(x)|\leqslant M;$$

② 级数 $\sum_{n=1}^{\infty}b_n(x)$ 在 X 上一致收敛，

则 $\sum_{n=1}^{\infty}a_n(x)b_n(x)$ 在 X 上一致收敛.

3. 函数项级数的和函数的性质

函数项级数 $\sum_{n=1}^{\infty}u_n(x)=S(x)$ 有以下性质：

① 设函数项级数 $\sum_{n=1}^{\infty}u_n(x)$ 中的每一项 $u_n(x)$ $(n=1,2,3,\cdots)$ 在 $[a,b]$ 连续，

且 $\sum_{n=1}^{\infty}u_n(x)$ 在 $[a,b]$ 一致收敛，则和函数 $S(x)=\sum_{n=1}^{\infty}u_n(x)$ 在 $[a,b]$ 连续，即

$$\lim_{\substack{x\to x_0 \\ x\in[a,b]}}\sum_{n=1}^{\infty}u_n(x)=\sum_{n=1}^{\infty}\lim_{\substack{x\to x_0 \\ x\in[a,b]}}u_n(x)=\sum_{n=1}^{\infty}u_n(x_0),$$

可逐项取极限，即求极限与求无穷和可交换次序.

② 设函数项级数 $\sum_{n=1}^{\infty}u_n(x)$ 中的每一项 $u_n(x)$ $(n=1,2,3,\cdots)$ 在 $[a,b]$ 连续，且 $\sum_{n=1}^{\infty}u_n(x)$ 在 $[a,b]$ 一致收敛，则和函数

$$S(x)=\sum_{n=1}^{\infty}u_n(x)$$

在 $[a,b]$ 可积，且可逐项积分，即

$$\int_a^b S(x)\mathrm{d}x=\int_a^b\sum_{n=1}^{\infty}u_n(x)\mathrm{d}x=\sum_{n=1}^{\infty}\int_a^b u_n(x)\mathrm{d}x,$$

即求积分与求无穷和可交换次序.

③ 设函数项级数 $\sum_{n=1}^{\infty}u_n(x)$ 满足：在 $[a,b]$ 上点点收敛，每一项 $u_n(x)$ $(n=1,2,3,\cdots)$ 在 $[a,b]$ 有连续的导数，级数 $\sum_{n=1}^{\infty}u_n'(x)$ 在 $[a,b]$ 一致收敛，则 $\sum_{n=1}^{\infty}u_n(x)$ 的和函数 $S(x)$ 在 $[a,b]$ 可导且可逐项求导，即

$$S'(x)=\Big(\sum_{n=1}^{\infty}u_n(x)\Big)'=\sum_{n=1}^{\infty}u_n'(x),\quad x\in[a,b],$$

且 $S'(x)$ 在 $[a,b]$ 连续. 即求导与求无穷和可交换次序.

典型例题分析

一、求函数级数的收敛域

1. 求下列函数项级数的收敛域：

(1) $\sum_{n=1}^{\infty}\Big(1+\dfrac{1}{n}\Big)^{n^2}\mathrm{e}^{-nx}$； (2) $\sum_{n=1}^{\infty}\dfrac{\ln(1+n)}{n^x}$.

解 (1) **解法 1**

$$\lim_{n\to+\infty}\sqrt[n]{|u_n(x)|}=\lim_{n\to+\infty}\sqrt[n]{\Big(1+\dfrac{1}{n}\Big)^{n^2}\mathrm{e}^{-nx}}$$
$$=\lim_{n\to+\infty}\Big[\Big(1+\dfrac{1}{n}\Big)^n\mathrm{e}^{-x}\Big]=\mathrm{e}^{1-x}.$$

当 $x<1$ 时，$\mathrm{e}^{1-x}>1$，原级数发散；当 $x>1$ 时，$\mathrm{e}^{1-x}<1$，原级数

收敛;

当 $x=1$ 时,级数 $\sum_{n=1}^{\infty}\left(1+\dfrac{1}{n}\right)^{n^2}\mathrm{e}^{-n}$. 因为

$$\lim_{n\to+\infty}\left(1+\dfrac{1}{n}\right)^{n^2}\mathrm{e}^{-n}=\lim_{n\to+\infty}\mathrm{e}^{n^2\ln\left(1+\frac{1}{n}\right)-n}=\mathrm{e}^{-\frac{1}{2}}\neq 0,$$

其中

$$\lim_{n\to+\infty}n^2\ln\left(1+\dfrac{1}{n}\right)-n=\lim_{n\to+\infty}\dfrac{\ln\left(1+\dfrac{1}{n}\right)-\dfrac{1}{n}}{\dfrac{1}{n^2}}$$

$$=\lim_{t\to 0}\dfrac{\ln(1+t)-t}{t^2}=\lim_{t\to 0}\dfrac{\dfrac{1}{1+t}-1}{2t}=-\dfrac{1}{2}.$$

因此该函数项级数的收敛域为 $(1,+\infty)$.

解法 2 令 $t=\mathrm{e}^{-x}$,化为幂级数 $\sum_{n=1}^{\infty}\left(1+\dfrac{1}{n}\right)^{n^2}t^n$,

$$\lim_{n\to+\infty}\sqrt[n]{|a_n|}=\lim_{n\to+\infty}\left(1+\dfrac{1}{n}\right)^n=\mathrm{e},$$

$\Longrightarrow$ 该幂级数的收敛区间为 $\left(-\dfrac{1}{\mathrm{e}},\dfrac{1}{\mathrm{e}}\right)$,同前可证:$t=\pm\dfrac{1}{\mathrm{e}}$ 时幂级数发散. 回到原问题,注意 $t>0$,即 $0<\mathrm{e}^{-x}<\dfrac{1}{\mathrm{e}}$,得 $x>1$. 收敛域为 $(1,+\infty)$.

(2) 不能用题(1)中的方法,因为对此题来说

$$\lim_{n\to+\infty}\sqrt[n]{u_n(x)}=1,\quad \lim_{n\to+\infty}\left|\dfrac{u_{n+1}(x)}{u_n(x)}\right|=1,$$

改用其他方法.

当 $x\leqslant 1$ 时,

$$\dfrac{\ln(1+n)}{n^x}\geqslant\dfrac{1}{n^x}\quad (n\geqslant 2),$$

$\sum_{n=1}^{\infty}\dfrac{1}{n^x}$ 发散 $\Longrightarrow$ 原级数发散.

当 $x>1$ 时与 p 级数相比,取 $1<p<x$.

$$\lim_{n\to+\infty}\left(\dfrac{\ln(1+n)}{n^x}\bigg/\dfrac{1}{n^p}\right)=\lim_{n\to+\infty}\dfrac{\ln(1+n)}{n^{x-p}}$$

$$= \lim_{S \to +\infty} \frac{\ln(1+S)}{S^a} = \lim_{S \to +\infty} \frac{1}{aS^{a-1}(1+S)} = 0,$$

其中 $a = x - p > 0$. 因 $\sum_{n=1}^{\infty} \frac{1}{n^p}$ 收敛 $\Rightarrow \sum_{n=1}^{\infty} \frac{\ln(1+n)}{n^x}$ 收敛.

因此,该函数项级数的收敛域为 $(1, +\infty)$.

评注 求函数项级数的收敛域,实质上就是选用级数敛散性判别法,对函数级数定义域中的每个 x 来判断该级数是否收敛. 若能通过变量替换转化为幂级数并可通过求收敛半径公式求出收敛区间,余下就是考察收敛区间端点的情形. 如题 1(1) 中解法 2. 对一般情形,若可用比值或根值判别法求得相应极限

$$\rho(x) \left(\lim_{n \to +\infty} \left| \frac{u_{n+1}(x)}{u_n(x)} \right| = \rho(x) \text{ 或 } \lim_{n \to +\infty} \sqrt[n]{|u_n(x)|} = \rho(x) \right)$$

后,需要进一步考察 $\rho(x) = 1$ 中的点 x 是否使级数收敛.

二、利用 M 判别法证明函数项级数在指定区间上一致收敛

2. 利用 M 判别法证明下列级数在指定区间上一致收敛:

(1) $\sum_{n=1}^{\infty} x^2 e^{-nx}, x \in (0, +\infty)$;

(2) $\sum_{n=2}^{\infty} \ln\left(1 + \frac{x}{n^2 \ln n}\right), x \in [0, a]$,其中 $a > 0$ 为常数.

解 (1) **解法 1**

用微分学方法求一般项 $x^2 e^{-nx}$ 在 $(0, +\infty)$ 上的最大值:

$$(x^2 e^{-nx})' = 2x e^{-nx} - nx^2 e^{-nx}$$

$$= x e^{-nx} (2 - nx) \begin{cases} > 0, & 0 < x < 2/n, \\ = 0, & x = 2/n, \\ < 0, & x > 2/n, \end{cases}$$

$$\Rightarrow 0 < x^2 e^{-nx} \leqslant (x^2 e^{-nx}) \Big|_{x = \frac{2}{n}} = \frac{4e^{-2}}{n^2} \ (x \in (0, +\infty)).$$

又因 $\sum_{n=1}^{\infty} \frac{4e^{-2}}{n^2}$ 收敛,由 M 判别法知 $\sum_{n=1}^{\infty} x^2 e^{-nx}$ 在 $(0, +\infty)$ 一致收敛.

解法 2 因 $f(z) = z^2 e^{-z}$ 在 $[0, +\infty)$ 连续,又由 $\lim_{z \to +\infty} f(z) = 0$ $\Rightarrow f(z)$ 在 $[0, +\infty)$ 有界 $\Rightarrow$ 存在常数 $M > 0$,

$$0 \leqslant f(z) = z^2 e^{-z} \leqslant M$$

$$\Rightarrow \quad 0 < x^2 \mathrm{e}^{-nx} = n^2 x^2 \mathrm{e}^{-nx} \cdot \frac{1}{n^2} \leqslant \frac{M}{n^2}, \ x \in (0, +\infty).$$

又因 $\sum_{n=1}^{\infty} \frac{M}{n^2}$ 收敛，由 M 判别法知 $\sum_{n=1}^{\infty} x^2 \mathrm{e}^{-nx}$ 在 $(0,+\infty)$ 一致收敛.

（2）**解法 1**　直接用不等式：当 $t>0$ 时，
$$0 < \ln(1+t) < t$$
$$\Rightarrow \quad 0 \leqslant \ln\left(1 + \frac{x}{n^2 \ln n}\right) \leqslant \frac{x}{n^2 \ln n} \leqslant \frac{a}{n^2 \ln n}, \quad x \in [0, a].$$

又因级数 $\sum_{n=1}^{\infty} \frac{a}{n^2 \ln n}$ 收敛，由 M 判别法知 $\sum_{n=2}^{\infty} \ln\left(1 + \frac{x}{n^2 \ln n}\right)$ 在 $[0, a]$ 一致收敛.

解法 2　同上题中解法 2. 考察 $f(z) = \frac{\ln(1+z)}{z}$，则 $f(z)$ 在 $(0, +\infty)$ 连续. 又
$$\lim_{z \to 0^+} \frac{\ln(1+z)}{z} = 1, \quad \lim_{z \to +\infty} \frac{\ln(1+z)}{z} = 0,$$
$\Rightarrow f(z)$ 在 $(0, +\infty)$ 有界，即
$$0 < \frac{\ln(1+z)}{z} \leqslant M, \quad z \in (0, +\infty)$$
$$\Rightarrow \quad 0 \leqslant \ln(1+z) \leqslant Mz, \quad z \in [0, +\infty)$$
$$\Rightarrow \quad 0 \leqslant \ln\left(1 + \frac{x}{n^2 \ln n}\right) \leqslant M \frac{x}{n^2 \ln n} \leqslant \frac{Ma}{n^2 \ln n}, \ x \in [0, a].$$

三、利用狄利克雷判别法或阿贝尔判别法证明函数项级数一致收敛

3. 利用狄利克雷判别法或阿贝尔判别法证明下列函数项级数在指定区间上一致收敛：

（1）$\sum_{n=2}^{+\infty} \frac{(-1)^n}{n + \sin x}, \ x \in [0, 2\pi]$；

（2）$\sum_{n=1}^{\infty} \frac{(-1)^n \sqrt{n+1}}{\sqrt{n(n+x)}}, \ x \in [0, +\infty)$.

证　（1）表成
$$\sum_{n=2}^{+\infty} a_n(x) b_n(x), \quad b_n(x) = (-1)^n, \quad a_n(x) = \frac{1}{n + \sin x},$$

$$\sum_{k=1}^{n} b_k(x) = \sum_{k=1}^{n} (-1)^k$$

有界(自然就是一致有界).

$$0 < a_n(x) = \frac{1}{n+\sin x} \leqslant \frac{1}{n-1}, \quad x \in [0, 2\pi], \quad n \geqslant 2.$$

因 $\lim\limits_{n\to+\infty}\dfrac{1}{n-1}=0 \Rightarrow \dfrac{1}{n+\sin x}$ 对 $x \in [0, 2\pi]$ 一致收敛到零. 显然,对给定的 $x \in [0, 2\pi]$,$\dfrac{1}{n+\sin x}$ 是 n 的单调序列. 由狄利克雷判别法知 $\sum\limits_{n=2}^{+\infty}\dfrac{(-1)^n}{n+\sin x}$ 对 $x \in [0, 2\pi]$ 一致收敛.

(2) **证法 1**

$\sum\limits_{n=1}^{\infty}\dfrac{(-1)^{n-1}}{\sqrt{n}}$ 对 $x \in [0, +\infty)$ 一致收敛;

$0 < \sqrt{\dfrac{n+1}{n+x}} \leqslant \sqrt{\dfrac{n+1}{n}} \leqslant 2$,对 $x \in [0, +\infty)$ 一致有界.

注意

$$\left(\frac{t+1}{t+x}\right)'_t = \frac{(t+x)-(t+1)}{(t+x)^2} = \frac{x-1}{(t+x)^2},$$

因此,对任给的 $x \in [0, +\infty)$,$\sqrt{\dfrac{n+1}{n+x}}$ 对 n 单调.

由阿贝尔判别法知, $\sum\limits_{n=1}^{\infty}\dfrac{(-1)^n \sqrt{n+1}}{\sqrt{n(n+x)}}$ 对 $x \in [0, +\infty)$ 一致收敛.

证法 2 $\sum\limits_{k=1}^{n}(-1)^k$ 对 $x \in [0, +\infty)$ 一致有界,

$$0 < \sqrt{\frac{n+1}{n(n+x)}} \leqslant \sqrt{\frac{n+1}{n^2}}, \quad x \in [0, +\infty).$$

因 $\lim\limits_{n\to+\infty}\sqrt{\dfrac{n+1}{n^2}}=0 \Rightarrow \sqrt{\dfrac{n+1}{n(n+x)}}$ 对 $x \in [0, +\infty)$ 一致收敛到零.

又对任给的 $x \geqslant 0$,

$$\sqrt{\frac{n+1}{n(n+x)}} = \sqrt{\frac{1}{n+x} + \frac{1}{n(n+x)}}$$

对 n 单调下降. 因此, 由狄利克雷判别法知, $\sum_{n=1}^{+\infty} \dfrac{(-1)^n \sqrt{n}}{\sqrt{n(n+x)}}$ 对 $x \in [0, +\infty)$ 一致收敛.

评注

① 用 M 判别法证明 $\sum_{n=1}^{\infty} u_n(x)$ 在指定区间 X 上一致收敛时, 关键是要找到收敛的强级数 $\sum_{n=1}^{\infty} a_n (|u_n(x)| \leqslant a_n, x \in X)$.

常用的方法有:

1) 用微分学的方法求 $|u_n(x)|$ 在 X 上的最大值作为 a_n, 如题 2(1) 的解法 1.

2) 利用连续函数在一定条件下的有界性知 $f(x)$ 在 $(a, +\infty)$ 连续, 又存在极限 $\lim_{x \to a+0} f(x)$ 与 $\lim_{x \to +\infty} f(x)$, 则 $f(x)$ 在 $(a, +\infty)$ 有界. 如题 2(1) 解法 2, 题 2(2) 解法 2.

3) 其他的适当放大法, 如利用已知的不等式. 如题 2(2) 解法 1.

② 在用狄利克雷判别法时, 常用如下方法证明函数序列 $\{a_n(x)\}$ 对 $x \in X$ 一致收敛到零: 将 $|a_n(x)|$ 适当放大:
$$|a_n(x)| \leqslant p_n, \quad x \in X, \quad n = 1, 2, 3, \cdots.$$
而序列 p_n 满足 $\lim_{n \to +\infty} p_n = 0$ 即可. 如题 3(1), 与题 3(2) 的证法 2.

为证明对任意给定 $x \in X, a_n(x)$ 对 n 单调, 常常将离散的变量 n 改成连续的变量 t, 然后用微分学的方法证明相应的 t 的函数对 $t > 1$ 是单调的即可.

四、讨论和函数的连续性与可微性

4. 设 $f(x) = \sum_{n=1}^{\infty} \dfrac{e^{-nx}}{1+n^2}$, 求证:

(1) $f(x)$ 在 $[0, +\infty)$ 连续;

(2) $f(x)$ 在 $(0, +\infty)$ 可导、可逐项求导, 且 $f'(x)$ 连续.

证 (1) $u_n(x) = \dfrac{e^{-nx}}{1+n^2} (n = 1, 2, 3, \cdots)$ 在 $[0, +\infty)$ 连续,

$$0 < u_n(x) = \dfrac{e^{-nx}}{1+n^2} \leqslant \dfrac{1}{n^2}, \quad x \in [0, +\infty)$$

$$\Rightarrow f(x) = \sum_{n=1}^{\infty} u_n(x) \text{ 在 } [0, +\infty) \text{ 一致收敛.}$$

因此 $f(x)$ 在 $[0,+\infty)$ 连续.

（2）已证 $f(x) = \sum_{n=0}^{\infty} \dfrac{\mathrm{e}^{-nx}}{1+n^2}$ 对 $x \in [0,+\infty)$ 收敛. 显然，$u_n(x) = \dfrac{\mathrm{e}^{-nx}}{1+n^2}$ 在 $(0,+\infty)$ 有连续的导数 $(n=1,2,3,\cdots)$. 对任意的 $\delta > 0$，当 $x \in [\delta,+\infty)$ 时，

$$|u_n'(x)| = \left| \dfrac{-n\mathrm{e}^{-nx}}{1+n^2} \right|$$

$$\leqslant \dfrac{n}{1+n^2}\mathrm{e}^{-n\delta} \leqslant (\mathrm{e}^{-\delta})^n.$$

又 $\sum_{n=1}^{\infty} (\mathrm{e}^{-\delta})^n$ 收敛 $\Rightarrow \sum_{n=1}^{\infty} u_n'(x) = \sum_{n=1}^{\infty} \dfrac{-n\mathrm{e}^{-nx}}{1+n^2}$ 在 $[\delta,+\infty)$ 一致收敛 $\Rightarrow f(x) = \sum_{n=1}^{\infty} \dfrac{\mathrm{e}^{-nx}}{1+n^2}$ 在 $[\delta,+\infty)$ 有连续的导数且

$$f'(x) = \sum_{n=1}^{\infty} \left(\dfrac{\mathrm{e}^{-nx}}{1+n^2} \right)'. \tag{6.1}$$

由 $\delta > 0$ 是任意的，因此 $f(x) = \sum_{n=1}^{\infty} \dfrac{\mathrm{e}^{-nx}}{1+n^2}$ 在 $(0,+\infty)$ 有连续的导数且 (6.1) 成立.

本 节 小 结

在利用内容提要中给出的充分条件证明函数项级数在指定区间上的连续性，可积性（并可逐项求积）或可微性（并可逐项求导）时，关键步骤是证明相关级数在指定区间上的一致收敛性. 若指定区间是开区间时，不必要求在开区间上一致收敛，而只需要求在开区间上是内闭一致收敛.

若 $\sum_{n=1}^{\infty} u_n(x)$ 在 (a,b) 内的任意有界闭区间上一致收敛，则称 $\sum_{n=1}^{\infty} u_n(x)$ 在 (a,b) **内闭一致收敛**. 对开区间情形，有如下结论：

设 $\sum_{n=1}^{\infty} u_n(x)$ 满足：在 (a,b) 点点收敛，每一项 $u_n(x)$ $(n=1,2,3,\cdots)$ 在 (a,b) 有连续的导数，级数 $\sum_{n=1}^{\infty} u_n'(x)$ 在 (a,b) 内闭一致收敛，则

$$S(x) = \sum_{n=1}^{\infty} u_n(x) \text{在}(a,b)\text{有连续的导数且可逐项求导.}$$

练习题 11.6

11.6.1 求下列函数项级数的收敛域：

(1) $\sum_{n=1}^{\infty} \dfrac{1}{\sqrt{n}} \dfrac{1}{1+a^{2n}x^2}$;

(2) $\sum_{n=0}^{\infty} \dfrac{1}{2n+1}\left(\dfrac{1-x}{1+x}\right)^n$;

(3) $\sum_{n=1}^{\infty} \dfrac{1}{x^n} \sin \dfrac{\pi}{2^n}$.

11.6.2 证明下列级数在所示区间上的一致收敛性：

(1) $\sum_{n=1}^{\infty} \dfrac{\sin nx}{\sqrt[3]{n^4+x^4}}, \quad -\infty < x < +\infty$;

(2) $\sum_{n=1}^{\infty} \dfrac{x}{n+x^2 n^2}, \quad -\infty < x < +\infty$;

(3) $\sum_{n=1}^{\infty} \dfrac{n^2}{\sqrt{n!}}(x^n + x^{-n}), \quad \dfrac{1}{2} < x < 2$;

(4) $\sum_{n=1}^{\infty} \dfrac{\ln(1+nx)}{nx^n}, \quad q \leqslant x < +\infty, q > 1$.

11.6.3 证明下列级数在所示区间上的一致收敛性：

(1) $\sum_{n=1}^{\infty} \dfrac{(-1)^n}{x+n}, \quad x \in (0, +\infty)$;

(2) $\sum_{n=1}^{\infty} \dfrac{\sin x \sin nx}{\sqrt{n+x}}, \quad x \in [0, 2\pi]$;

(3) $\sum_{n=1}^{\infty} (-1)^n (1-x) x^n, \quad x \in [0,1]$.

11.6.4 证明函数 $f(x) = \sum_{n=1}^{\infty} \dfrac{\sin nx}{n^3}$ 在 $(-\infty, +\infty)$ 内有连续的导数.

11.6.5 证明级数 $\sum_{n=1}^{\infty} \dfrac{\sin(2^n \pi x)}{2^n}$ 对 $x \in (-\infty, +\infty)$ 一致收敛，但在任何区间内不能逐项求导.

11.6.6 设 $f(x) = \sum_{n=1}^{\infty} \dfrac{(-1)^{n-1}}{n} e^{-nx}$，求证：

(1) $f(x)$ 在 $x \geqslant 0$ 连续； (2) $f(x)$ 在 $x > 0$ 有连续的导数.

11.6.7 求证：(1) $\sum_{n=1}^{+\infty} x^n \ln^2 x$ 在 $[0,1]$ 一致收敛；

(2) $\int_0^1 \dfrac{\ln^2 x}{1-x} dx = \sum_{n=1}^{\infty} \dfrac{2}{n^3}$.

*第十二章　含参变量的积分,傅里叶变换与傅里叶积分

§1　含参变量的常义积分所确定的函数及其性质

内容提要

设 $f(x,y)$ 是定义在矩形
$$D = \{(x,y) | a \leqslant x \leqslant b, \alpha \leqslant y \leqslant \beta\}$$
上的函数,对任给的 $x \in [a,b]$, $f(x,y)$ 对 y 在 $[\alpha,\beta]$ 可积. 又 $\varphi(x), \psi(x)$ 定义于 $[a,b]$ 且 $\alpha \leqslant \varphi(x), \psi(x) \leqslant \beta$,则
$$J(x) = \int_{\psi(x)}^{\varphi(x)} f(x,y) \mathrm{d}y$$
对 $x \in [a,b]$ 定义了一个函数,$J(x)$ 所对应的积分称为**含参变量 x 的积分**,简称为**参变积分**. 它的一个特例是:$\varphi(x) = \beta, \psi(x) = \alpha$,即
$$I(x) = \int_{\alpha}^{\beta} f(x,y) \mathrm{d}y.$$

它们有如下性质:

① 设 $f(x,y)$ 在 D 连续,$\varphi(x), \psi(x)$ 在 $[a,b]$ 连续且 $\alpha \leqslant \varphi(x), \psi(x) \leqslant \beta$ $(x \in [a,b])$,则 $J(x)$ 在 $[a,b]$ 连续($I(x)$ 在 $[a,b]$ 连续).

② 设 $f(x,y)$ 在 D 连续,则 $I(x)$ 在 $[a,b]$ 可积且
$$\int_a^b I(x) \mathrm{d}x = \int_a^b \left(\int_\alpha^\beta f(x,y) \mathrm{d}y \right) \mathrm{d}x = \int_\alpha^\beta \left(\int_a^b f(x,y) \mathrm{d}x \right) \mathrm{d}y$$
(即两个积分顺序可交换).

③ 设 $f(x,y), \dfrac{\partial f(x,y)}{\partial x}$ 在 D 连续,$\varphi(x), \psi(x)$ 在 $[a,b]$ 可微且
$$\alpha \leqslant \varphi(x), \quad \psi(x) \leqslant \beta \quad (x \in [a,b]),$$
则 $J(x)$ 在 $[a,b]$ 可微且
$$J'(x) = \int_{\psi(x)}^{\varphi(x)} \frac{\partial f(x,y)}{\partial x} \mathrm{d}y + f(x, \varphi(x)) \varphi'(x) - f(x, \psi(x)) \psi'(x), \quad x \in [a,b]$$

$\left(I(x)\text{在}[a,b]\text{可微且 }I'(x)=\int_a^\beta \frac{\partial f(x,y)}{\partial x}\mathrm{d}y, x\in[a,b]\right).$

典型例题分析

一、对参变积分求极限或求导

1. 求极限
$$I = \lim_{t\to 0}\int_t^{1+t}\frac{\mathrm{d}x}{1+x^2+t^2}.$$

解 方法——利用参变积分 $J(t) = \int_{\psi(t)}^{\varphi(t)} f(t,x)\mathrm{d}x$ 的连续性.

取
$$D = \{(t,x)\mid -1\leqslant t\leqslant 1, -1\leqslant x\leqslant 2\},$$
$$f(t,x) = (1+x^2+t^2)^{-1},$$
则 $f(t,x)$ 在 D 连续. 又设
$$\varphi(t) = 1+t, \quad \psi(t) = t,$$
则 $\varphi(t),\psi(t)$ 在 $[-1,1]$ 连续且 $-1\leqslant \varphi(t),\psi(t)\leqslant 2(t\in[-1,1]).\Rightarrow$
$$J(t) = \int_t^{1+t}\frac{\mathrm{d}x}{1+x^2+t^2}\text{ 在}[-1,1]\text{ 连续}.$$

由连续性得
$$I = \lim_{t\to 0}J(t) = J(0) = \int_0^1\frac{\mathrm{d}x}{1+x^2} = \arctan x\Big|_0^1 = \frac{\pi}{4}.$$

2. $F(x) = \int_{\sin x}^{\cos x}\mathrm{e}^{x\sqrt{1-y^2}}\mathrm{d}y$, 求 $F'(x)$.

解 方法——利用对 $\int_{\psi(x)}^{\varphi(x)}f(x,y)\mathrm{d}y$ 的求导法. 令
$$f(x,y) = \mathrm{e}^{x\sqrt{1-y^2}}, \quad \varphi(x) = \cos x, \quad \psi(x) = \sin x,$$
则 $f(x,y)$ 在 $D = \{(x,y)\mid -\infty < x < +\infty, -1\leqslant y\leqslant 1\}$ 连续,
$$\frac{\partial f}{\partial x} = \sqrt{1-y^2}\mathrm{e}^{x\sqrt{1-y^2}}$$
也在 D 连续, $\varphi(x),\psi(x)$ 在 $(-\infty,+\infty)$ 可微且 $-1\leqslant\varphi(x),\psi(x)\leqslant 1$
(对任给 $x\in(-\infty,+\infty)$). 于是 $F(x)$ 在 $(-\infty,+\infty)$ 可导且
$$F'(x) = \int_{\sin x}^{\cos x}\sqrt{1-y^2}\mathrm{e}^{x\sqrt{1-y^2}}\mathrm{d}y + \mathrm{e}^{x\sqrt{1-\cos^2 x}}(-\sin x)$$

$$-\mathrm{e}^{x\sqrt{1-\sin^2 x}}\cos x$$
$$=\int_{\sin x}^{\cos x}\sqrt{1-y^2}\mathrm{e}^{x\sqrt{1-y^2}}\mathrm{d}y-\mathrm{e}^{x|\sin x|}\sin x-\mathrm{e}^{x|\cos x|}\cos x.$$

3. 设 $f(x)$ 为连续函数,构造
$$F(x)=\frac{1}{h^2}\int_0^h\mathrm{d}\xi\int_0^h f(x+\xi+\eta)\mathrm{d}\eta,$$
求 $F''(x)$.

解 方法——不能直接在积分号下求导,因为条件不够. 作变量替换变成变限积分,然后在积分号下求导.

对内层积分令 $t=x+\xi+\eta$,则
$$F(x)=\frac{1}{h^2}\int_0^h\mathrm{d}\xi\int_{x+\xi}^{x+\xi+h}f(t)\mathrm{d}t,$$
易验证条件可以在积分号下求导得
$$F'(x)=\frac{1}{h^2}\int_0^h\left(\frac{\partial}{\partial x}\int_{x+\xi}^{x+\xi+h}f(t)\mathrm{d}t\right)\mathrm{d}\xi$$
$$=\frac{1}{h^2}\int_0^h f(x+\xi+h)\mathrm{d}\xi-\frac{1}{h^2}\int_0^h f(x+\xi)\mathrm{d}\xi.$$

同理,还须分别作变量替换然后再求导.
$$F'(x)=\frac{1}{h^2}\left[\int_{x+h}^{x+2h}f(t)\mathrm{d}t-\int_x^{x+h}f(t)\mathrm{d}t\right],$$

因此 $F''(x)=\dfrac{1}{h^2}[f(x+2h)-2f(x+h)+f(x)].$

评注 题 1 是用连续性求变限积分的极限,用的是代入法. 题 2 是参变积分的求导,均是用现成的方法与公式,即内容提要中所给出的. 用的时候要注意验证条件. 题 3 就不能直接套公式,因为不满足条件. 通过作变量替换后转化为可以用参变积分求导公式的情形.

二、用对参数的微分法或积分法求参变积分

4. 求参变积分
$$I(a)=\int_0^{\frac{\pi}{2}}\ln(\sin^2 x+a^2\cos^2 x)\mathrm{d}x,\quad a>0.$$

解 方法——先求 $I'(a)$,然后再积分,求 $I'(a)$ 时要在积分号下求导.

将 $I(a)$ 表成

$$I(a) = \int_0^{\frac{\pi}{2}} f(a,x) \mathrm{d}x,$$

$$f(a,x) = \ln(\sin^2 x + a^2\cos^2 x), \quad \frac{\partial f(a,x)}{\partial a} = \frac{2a\cos^2 x}{\sin^2 x + a^2\cos^2 x},$$

则 $f(a,x), \dfrac{\partial f(a,x)}{\partial a}$ 在 $\left\{(a,x) \,\middle|\, 0 < a < +\infty, 0 \leqslant x \leqslant \dfrac{\pi}{2}\right\}$ 连续,对 $a > 0$ 可以在积分号下求导得

$$\begin{aligned}
I'(a) &= \int_0^{\frac{\pi}{2}} \frac{\partial f(a,x)}{\partial a} \mathrm{d}x = \int_0^{\frac{\pi}{2}} \frac{2a\cos^2 x}{\sin^2 x + a^2\cos^2 x} \mathrm{d}x \\
&= \int_0^{\frac{\pi}{2}} \frac{2a}{\tan^2 x + a^2} \cdot \frac{1}{1+\tan^2 x} \frac{1}{\cos^2 x} \mathrm{d}x \\
&= 2a \int_0^{\frac{\pi}{2}} \frac{1}{\tan^2 x + a^2} \frac{1}{1+\tan^2 x} \mathrm{d}\tan x \\
&= 2a \int_0^{+\infty} \frac{1}{a^2-1} \left[\frac{1}{u^2+1} - \frac{1}{u^2+a^2}\right] \mathrm{d}u \\
&= \frac{2a}{a^2-1} \left[\arctan u \,\Big|_0^{+\infty} - \frac{1}{a} \arctan \frac{u}{a} \,\Big|_0^{+\infty}\right] \\
&= \frac{\pi}{a+1} \quad \begin{pmatrix} a > 0 \\ a \neq 1 \end{pmatrix}.
\end{aligned}$$

由于 $I'(a)$ 在 $a=1$ 连续,上式右端在 $a=1$ 也连续 $\Longrightarrow$

$$I'(a) = \frac{\pi}{a+1} \quad (\text{对任意 } a > 0).$$

积分得

$$I(a) = \pi\ln(a+1) + C.$$

令 $a=1$,

$$0 = I(1) = \pi\ln 2 + C \Longrightarrow C = -\pi\ln 2,$$

$$I(a) = \pi\ln\frac{a+1}{2} \quad (a > 0).$$

5. 求参变积分

$$I(a,b) = \int_0^1 \sin\left(\ln\frac{1}{x}\right) \frac{x^b - x^a}{\ln x} \mathrm{d}x,$$

其中 $a>0, b>0$.

解 方法—— 求 $\int_a^b g(x)\mathrm{d}x$, 把被积函数表成定积分

$$\int_a^b g(x)\mathrm{d}x = \int_a^b \left(\int_a^\beta f(x,y)\mathrm{d}y\right)\mathrm{d}x,$$

然后交换积分次序.

不妨设 $b>a>0$.

$$\sin\left(\ln\frac{1}{x}\right)\frac{x^b-x^a}{\ln x} = \int_a^b \sin\left(\ln\frac{1}{x}\right)x^y\mathrm{d}y,$$

记 $f(x,y) = \sin\left(\ln\frac{1}{x}\right)x^y$, $I(a,b)$ 可表成

$$I(a,b) = \int_0^1 \left(\int_a^b f(x,y)\mathrm{d}y\right)\mathrm{d}x.$$

补充定义 $f(0,y) = 0 (a \leqslant y \leqslant b)$, 则 $f(x,y)$ 在

$$D = \{(x,y) \mid 0 \leqslant x \leqslant 1, a \leqslant y \leqslant b\}$$

连续, 可交换积分顺序得

$$I(a,b) = \int_a^b \left(\int_0^1 f(x,y)\mathrm{d}x\right)\mathrm{d}y, \tag{1.1}$$

$$\begin{aligned}
\int_0^1 f(x,y)\mathrm{d}x &= \int_0^1 \sin\left(\ln\frac{1}{x}\right)\frac{\mathrm{d}x^{y+1}}{y+1} \\
&= \frac{x^{y+1}}{y+1}\sin\left(\ln\frac{1}{x}\right)\Big|_{x=0+}^{1} + \int_0^1 \frac{x^{y+1}}{y+1}\frac{1}{x}\cos\ln\frac{1}{x}\mathrm{d}x \\
&= \int_0^1 \frac{1}{(y+1)^2}\cos\left(\ln\frac{1}{x}\right)\mathrm{d}x^{y+1} \\
&= \frac{x^{y+1}}{(y+1)^2}\cos\ln\frac{1}{x}\Big|_{x=0+}^{1} - \int_0^1 \frac{x^y}{(y+1)^2}\sin\left(\ln\frac{1}{x}\right)\mathrm{d}x \\
&= \frac{1}{(1+y)^2} - \frac{1}{(1+y)^2}\int_0^1 x^y\sin\ln\frac{1}{x}\mathrm{d}x,
\end{aligned}$$

解出得

$$\int_0^1 f(x,y)\mathrm{d}x = \int_0^1 x^y\sin\left(\ln\frac{1}{x}\right)\mathrm{d}x = \frac{1}{1+(1+y)^2}.$$

代入 (1.1) 得

$$\begin{aligned}
I(a,b) &= \int_a^b \frac{\mathrm{d}y}{1+(1+y)^2} = \arctan(1+y)\Big|_a^b \\
&= \arctan(1+b) - \arctan(1+a).
\end{aligned}$$

练习题 12.1

12.1.1 求下列极限：

(1) $I=\lim\limits_{x\to 0}\int_{-1}^{1}\sqrt{x^2+y^2}\mathrm{d}y$；　　(2) $I=\lim\limits_{\beta\to 0}\int_{0}^{2}x^2\cos\beta x\mathrm{d}x$；

(3) $I=\lim\limits_{a\to 0}\int_{a}^{a+\frac{\pi}{2}}\dfrac{\sin^2 x}{4+\alpha x^2}\mathrm{d}x$.

12.1.2 求下列函数的导数：

(1) 设 $\varphi(x)=\int_{a+x}^{b+x}\dfrac{\sin xy}{y}\mathrm{d}y$，求 $\varphi'(x)$；

(2) $F(\alpha)=\int_{0}^{\alpha^2}\left(\int_{x-\alpha}^{x+\alpha}\sin(x^2+y^2-\alpha^2)\mathrm{d}y\right)\mathrm{d}x$，求 $F'(\alpha)$；

(3) $F(x)=\int_{a}^{b}f(y)|x-y|\mathrm{d}y$，其中 $a<b$，$f(y)$ 为 $[a,b]$ 上可微函数，求 $F''(x)$.

12.1.3 利用积分号下求导数求下列积分：

(1) $I(a)=\int_{0}^{\frac{\pi}{2}}\dfrac{\arctan(a\tan x)}{\tan x}\mathrm{d}x$；

(2) $I(\theta)=\int_{0}^{\pi}\ln(1+\theta\cos x)\mathrm{d}x$（$|\theta|<1$）；

(3) $I=\int_{0}^{\frac{\pi}{2}}\ln\dfrac{a+b\sin x}{a-b\sin x}\cdot\dfrac{\mathrm{d}x}{\sin x}$ ($a>b>0$).

12.1.4 利用对参数的积分法求下列积分：

(1) $I=\int_{0}^{1}\dfrac{x^2-x}{\ln x}\mathrm{d}x$；　　(2) $I=\int_{0}^{1}\dfrac{\arctan x}{x\sqrt{1-x^2}}\mathrm{d}x$.

§2　含参变量的无穷积分的一致收敛性

内 容 提 要

1. 一致收敛性概念

对任给 $x\in X$，考察

$$H(x)=\int_{a}^{+\infty}f(x,y)\mathrm{d}y. \tag{2.1}$$

若对任给 $x\in X$，无穷积分 (2.1) 均收敛，称它在 X 上**逐点收敛**，简称**收敛**，此时 (2.1) 在 X 上定义了一个函数，记为 $H(x)$.

按定义，任给 $\varepsilon>0$，存在 $A_0=A_0(x,\varepsilon)>0$，当 $A>A_0$ 时

$$\left|\int_a^A f(x,y)\mathrm{d}y - \int_a^{+\infty} f(x,y)\mathrm{d}y\right| = \left|\int_A^{+\infty} f(x,y)\mathrm{d}y\right| < \varepsilon.$$

通常 $A_0 = A_0(x,\varepsilon)$ 与 x 及 ε 有关.

定义 设 $\int_a^{+\infty} f(x,y)\mathrm{d}y$ 是区间 X 上收敛的含参变量的无穷积分. 若任给 $\varepsilon > 0$, 存在 $A_0 = A_0(\varepsilon) > a$(与 $x \in X$ 无关), 使得当 $A > A_0$, 对任给 $x \in X$ 都有

$$\left|\int_A^{+\infty} f(x,y)\mathrm{d}y\right| < \varepsilon,$$

则称含参变量的无穷积分 $\int_a^{+\infty} f(x,y)\mathrm{d}y$ 在 X 上**一致收敛**(或对 $x \in X$ 一致收敛).

2. 一致收敛判别法

(1) 维尔斯特拉斯判别法(M 判别法)

设对任给 $x \in X$, 任意的 $A > a$, $f(x,y)$ 作为 y 的函数在 $[a,A]$(黎曼)可积, 对任给 $x \in X, y \geqslant b > a$ 有

$$|f(x,y)| \leqslant F(y).$$

又 $\int_b^{+\infty} F(y)\mathrm{d}y$ 收敛, 则 $\int_a^{+\infty} f(x,y)\mathrm{d}y$ 对 $x \in X$ 一致收敛.

(2) 柯西准则

$\int_a^{+\infty} f(x,y)\mathrm{d}y$ 对 $x \in X$ 一致收敛 $\Longleftrightarrow$ 任给 $\varepsilon > 0$, 存在与 $x \in X$ 无关的 $A_0 > a$, 使得当 $A'' > A' > A_0$ 时,

$$\left|\int_{A'}^{A''} f(x,y)\mathrm{d}y\right| < \varepsilon$$

对任意 $x \in X$ 成立.

(3) 积分 $\int_a^{+\infty} f(x,y)g(x,y)\mathrm{d}y$ 的一致收敛性判别法

狄利克雷判别法 设

① 存在常数 $M > 0$, 对任意 $x \in X, A \geqslant a$,

$$\left|\int_a^A f(x,y)\mathrm{d}y\right| \leqslant M.$$

② 对任意固定的 $x \in X$, $g(x,y)$ 是 $y \in [a,+\infty)$ 的单调函数, $y \to +\infty$ 时 $g(x,y)$ 对 $x \in X$ 一致趋于零(即任给 $\varepsilon > 0$, $\exists \Delta = \Delta(\varepsilon)$, 当 $y > \Delta$ 时, 对任意 $x \in X$ 有

$$|g(x,y) - 0| = |g(x,y)| < \varepsilon),$$

则 $\int_a^{+\infty} f(x,y)g(x,y)\mathrm{d}y$ 对 $x \in X$ 一致收敛.

阿贝尔判别法 设

① $\int_a^{+\infty} f(x,y)\mathrm{d}y$ 对 $x\in X$ 一致收敛.

② 对任意 $x\in X$, $g(x,y)$ 是 $y\in[a,+\infty)$ 的单调函数且**存在**常数 $M>0$, 对任意 $x\in X, y\in[a,+\infty)$ 有
$$|g(x,y)|\leqslant M,$$
则 $\int_a^{+\infty} f(x,y)g(x,y)\mathrm{d}y$ 对 $x\in X$ 一致收敛.

典型例题分析

一、用 M 判别法证明含参变量的无穷积分的一致收敛性

1. 用 M 判别法证明下列积分在指定区间上的一致收敛性:

(1) $\int_0^{+\infty} \dfrac{\cos xy}{x^2+y^2}\mathrm{d}x$, 对 $y\geqslant \beta(\beta>0)$ 一致收敛;

(2) $\int_0^{+\infty} \sqrt{\alpha}\,\mathrm{e}^{-\alpha x^2}\mathrm{d}x$, 对 $\alpha\geqslant\beta(\beta>0)$ 一致收敛;

(3) $\int_0^{+\infty} x^m \mathrm{e}^{-\alpha x^2}\mathrm{d}x$, 对 $\alpha\geqslant\beta(\beta>0)$ 一致收敛, 其中 $m>0$.

证 (1) 对 $x\geqslant 0, y\geqslant \beta(\beta>0)$,
$$\left|\frac{\cos xy}{x^2+y^2}\right|\leqslant \frac{1}{x^2+\beta^2}, \quad \int_0^{+\infty}\frac{\mathrm{d}x}{x^2+\beta^2}\ \text{收敛},$$
$\Rightarrow \int_0^{+\infty}\dfrac{\cos xy}{x^2+y^2}\mathrm{d}x$ 对 $y\geqslant \beta$ 一致收敛.

(2) 对 $x\geqslant 1, \alpha\geqslant\beta(\beta>0)$,
$$0<\sqrt{\alpha}\,\mathrm{e}^{-\alpha x^2}=\sqrt{\alpha}\,\mathrm{e}^{-\alpha}\mathrm{e}^{-\alpha(x^2-1)}\leqslant \sqrt{\alpha}\,\mathrm{e}^{-\alpha}\mathrm{e}^{-\beta(x^2-1)}$$
$$\leqslant M\mathrm{e}^{-\beta(x^2-1)}=M\mathrm{e}^{\beta}\mathrm{e}^{-\beta x^2},$$
其中 $\sqrt{\alpha}\,\mathrm{e}^{-\alpha}$ 在 $[0,+\infty)$ 连续, $\lim\limits_{\alpha\to+\infty}\sqrt{\alpha}\,\mathrm{e}^{-\alpha}=0$, $\sqrt{\alpha}\,\mathrm{e}^{-\alpha}$ 在 $[0,+\infty)$ 有界, 即
$$|\sqrt{\alpha}\,\mathrm{e}^{-\alpha}|=\sqrt{\alpha}\,\mathrm{e}^{-\alpha}\leqslant M.$$
又 $\int_1^{+\infty} M\mathrm{e}^{\beta}\mathrm{e}^{-\beta x^2}\mathrm{d}x$ 收敛. 因此 $\int_0^{+\infty}\sqrt{\alpha}\,\mathrm{e}^{-\alpha x^2}\mathrm{d}x$ 对 $\alpha\geqslant\beta(\beta>0)$ 一致收敛.

(3) 对 $x\geqslant 0, \alpha\geqslant\beta(\beta>0)$,
$$0\leqslant x^m\mathrm{e}^{-\alpha x^2}\leqslant x^m\mathrm{e}^{-\beta x^2}=x^m\mathrm{e}^{-\frac{\beta}{2}x^2}\cdot\mathrm{e}^{-\frac{\beta}{2}x^2}\leqslant M\mathrm{e}^{-\frac{\beta}{2}x^2},$$
其中 $x^m\mathrm{e}^{-\frac{\beta}{2}x^2}$ 在 $[0,+\infty)$ 连续, $\lim\limits_{x\to+\infty} x^m\mathrm{e}^{-\frac{\beta}{2}x^2}=0$, $x^m\mathrm{e}^{-\frac{\beta}{2}x^2}$ 在 $[0,+\infty)$

有界,即
$$\left|x^m e^{-\frac{\beta}{2}x^2}\right| = x^m e^{-\frac{\beta}{2}x^2} \leqslant M.$$
又 $\int_0^{+\infty} M e^{-\frac{\beta}{2}x^2} dx$ 收敛,因此 $\int_0^{+\infty} x^m e^{-\alpha x^2} dx$ 对 $\alpha \geqslant \beta (\beta > 0)$ 一致收敛.

二、用狄利克雷判别法或阿贝尔判别法证明含参变量的无穷积分的一致收敛性

2. 证明下列积分在指定区间上的一致收敛性:

(1) $\int_1^{+\infty} \frac{\sin \alpha x}{x} dx$, $\alpha \in [a, +\infty)$,其中 $a > 0$;

(2) $\int_0^{+\infty} \frac{\sin(x^2)}{1+x^p} dx$, $p \in [0, +\infty)$.

证 (1) 对任意的 $A > 1$, $\alpha \in [a, +\infty)$,
$$\left|\int_1^A \sin \alpha x \, dx\right| = \left|-\frac{1}{\alpha} \cos \alpha x \Big|_{x=1}^A\right| \leqslant \frac{2}{\alpha} \leqslant \frac{2}{a}.$$
又 $\frac{1}{x}$ 在 $(1, +\infty)$ 单调下降,当 $x \to +\infty$ 时对 $\alpha \in [a, +\infty)$ 一致趋于零. 因此,由狄利克雷判别法,$\int_1^{+\infty} \frac{\sin \alpha x}{x} dx$ 对 $\alpha \in [a, +\infty)$ $(a > 0)$ 一致收敛.

(2) $\int_0^{+\infty} \sin x^2 dx$ 收敛即对 $p \in [0, +\infty)$ 一致收敛. $p \geqslant 0$ 时 $\frac{1}{1+x^p}$ 对 $x \geqslant 0$ 单调且 $\left|\frac{1}{1+x^p}\right| \leqslant 1$. 因此,由阿贝尔判别法知 $\int_0^{+\infty} \frac{\sin x^2}{1+x^p} dx$ 对 $p \in [0, +\infty)$ 一致收敛.

注 $\int_1^{+\infty} \sin(x^2) dx = -\int_1^{+\infty} \frac{1}{2x} d\cos(x^2)$
$$= -\frac{1}{2x} \cos(x^2) \Big|_1^{+\infty} + \frac{1}{2} \int_1^{+\infty} \cos(x^2) d\left(\frac{1}{x}\right)$$
$$= \frac{\cos 1}{2} - \frac{1}{2} \int_1^{+\infty} \frac{\cos(x^2)}{x^2} dx.$$

因 $\left|\frac{\cos(x^2)}{x^2}\right| \leqslant \frac{1}{x^2}$,

$\Rightarrow \int_1^{+\infty} \frac{\cos(x^2)}{x^2} dx$ 收敛 $\Rightarrow \int_1^{+\infty} \sin(x^2) dx$ 收敛 $\Rightarrow \int_0^{+\infty} \sin(x^2) dx$ 收敛.

本 节 小 结

在讨论无穷积分 $\int_a^{+\infty} h(x,y)dy$ 对 $x \in X$ 一致收敛时,常常先考虑用 M 判别法,即寻找 $F(y)$,使得
$$|h(x,y)| \leqslant F(y) \quad (\forall\, x \in X, y \geqslant b \geqslant a)$$
且 $\int_b^{+\infty} F(y)dy$ 收敛. 找 $F(y)$ 时常用到适当条件下无穷区间上连续函数的有界性 ($g(y)$ 在 $[a,+\infty)$ 连续,又存在极限 $\lim\limits_{y \to +\infty} g(y)$,则 $g(y)$ 在 $[a,+\infty)$ 有界),如题 1 中的 (2) 与 (3). 在用狄利克雷或阿贝尔判别法时,要将被积函数 $h(x,y)$ 作适当分解:
$$h(x,y) = f(x,y)g(x,y),$$
使之 $f(x,y), g(x,y)$ 满足判别法中的条件.

练 习 题 12.2

12.2.1 证明下列积分在指定区间上是一致收敛的:

(1) $\int_0^{+\infty} e^{-t^2 x^2} \cos x \, dx \ (0 < t_0 < t < +\infty)$;

(2) $\int_1^{+\infty} \dfrac{y^2 - x^2}{(x^2 + y^2)^2} dx \ (-\infty < y < +\infty)$;

(3) $\int_1^{+\infty} t e^{-tx^2} dx \ (0 \leqslant t < +\infty)$.

12.2.2 证明下列积分在指定区间上是一致收敛的:

(1) $\int_1^{+\infty} e^{-tx} \dfrac{\sin x}{x} dx \ (0 \leqslant t < +\infty)$;   (2) $\int_1^{+\infty} e^{-t} \dfrac{\sin at}{t} dt \ (0 \leqslant a < +\infty)$;

(3) $\int_1^{+\infty} \dfrac{\cos(x^2)}{1 + x^p} dx \ (0 \leqslant p < +\infty)$;   (4) $\int_1^{+\infty} \dfrac{\cos tx}{1 + x} dx \ (0 < t_0 \leqslant t < +\infty)$.

§3 含参变量的无穷积分的性质

内 容 提 要

1. $H(x) = \int_a^{+\infty} f(x,y)dy$ 的性质

① 设 $f(x,y)$ 在区域 $\{(x,y) \mid a \leqslant x \leqslant b, a \leqslant y < +\infty\}$ 连续,$\int_a^{+\infty} f(x,y)dy$ 对 $x \in [a,b]$ 一致收敛,则 $H(x)$ 在 $[a,b]$ 连续. 这表明

$$\lim_{\substack{x \to x_0 \\ x \in [a,b]}} \int_a^{+\infty} f(x,y)\mathrm{d}y = \int_a^{+\infty} \lim_{\substack{x \to x_0 \\ x \in [a,b]}} f(x,y)\mathrm{d}y,$$

其中 $x_0 \in [a,b]$,即求极限与求无穷积分可交换次序.

② 设 $f(x,y)$ 在区域 $\{(x,y) | a \leqslant x \leqslant b, a \leqslant y < +\infty\}$ 连续,$\int_a^{+\infty} f(x,y)\mathrm{d}y$ 对 $x \in [a,b]$ 一致收敛,则 $H(x)$ 在 $[a,b]$ 可积,且

$$\int_a^b \left(\int_a^{+\infty} f(x,y)\mathrm{d}y\right)\mathrm{d}x = \int_a^{+\infty} \left(\int_a^b f(x,y)\mathrm{d}x\right)\mathrm{d}y,$$

即两个积分可交换顺序.

③ 设 $f(x,y), \dfrac{\partial f(x,y)}{\partial x}$ 在区域

$$\{(x,y) | a \leqslant x \leqslant b, a \leqslant y < +\infty\}$$

连续,$\int_a^{+\infty} f(x,y)\mathrm{d}y$ 对 $x \in [a,b]$ 收敛,$\int_a^{+\infty} \dfrac{\partial f(x,y)}{\partial x}\mathrm{d}y$ 对 $x \in [a,b]$ 一致收敛,则 $H(x)$ 在 $[a,b]$ 有连续的导数且可在积分号下求导

$$H'(x) = \int_a^{+\infty} \frac{\partial f(x,y)}{\partial x}\mathrm{d}y.$$

2. 参变积分的计算

除了按积分法则直接计算 $\int_a^{+\infty} f(x,y)\mathrm{d}y$ 外,常用的有效方法是:对参数的微分法与积分法.

典型例题分析

一、求含参变量的无穷积分的定义域

1. 求出下列函数的定义域:

(1) $F(x) = \int_0^{+\infty} \mathrm{e}^{-x^2(1+y^2)} \sin y \, \mathrm{d}y$;　　(2) $F(x) = \int_0^{+\infty} \dfrac{\mathrm{e}^{-xy}}{1+y^2}\mathrm{d}y$.

解 (1) 任意给定 $x = a \neq 0$,

$$|\mathrm{e}^{-x^2(1+y^2)} \sin y| \leqslant M \mathrm{e}^{-a^2 y^2} \quad (y \in [0, +\infty)),$$

其中 $M = \mathrm{e}^{-a^2}$. 而 $\int_0^{+\infty} M\mathrm{e}^{-a^2 y^2}\mathrm{d}y$ 收敛 $\Longrightarrow$ 对 $\forall x \neq 0$,

$$\int_0^{+\infty} \mathrm{e}^{-x^2(1+y^2)} \sin y \, \mathrm{d}y \text{ 收敛};$$

$x = 0$ 时 $\int_0^{+\infty} \sin y \, \mathrm{d}y$ 发散. 因此 $F(x)$ 的定义域是:$x \neq 0$.

(2) 当 $x \geqslant 0$ 时,

$$0 < \frac{e^{-xy}}{1+y^2} \leqslant \frac{1}{1+y^2}, \quad \int_0^{+\infty} \frac{dy}{1+y^2} \text{ 收敛}.$$

$\Rightarrow x \geqslant 0$ 时 $\int_0^{+\infty} \frac{e^{-xy}}{1+y^2} dy$ 收敛.

当 $x < 0$ 时,

$$\lim_{y \to +\infty} \left(\frac{e^{-xy}}{1+y^2} \Big/ \frac{1}{y} \right) = \lim_{y \to +\infty} \left(\frac{y^2}{1+y^2} \cdot \frac{(e^{-x})^y}{y} \right) = +\infty,$$

其中用了极限等式:

$$\lim_{y \to +\infty} \frac{y^a}{a^y} = 0 \quad (a > 0, a > 1).$$

因此, $F(x)$ 的定义域为 $[0, +\infty)$.

评注 求由含参变量无穷积分所定义的函数的定义域, 就是对每个给定的参量判断无穷积分的敛散性, 用无穷积分收敛性判别法.

二、用对参数的积分法或微分法求参变积分

2. 求积分

$$I = \int_0^{+\infty} \frac{e^{-\alpha x} - e^{-\beta x}}{x} \sin mx \, dx \quad (\alpha > 0, \beta > 0, m \neq 0).$$

解法 1 不妨设 $\alpha < \beta$. 将被积函数表成 $[\alpha, \beta]$ 上的定积分:

$$\frac{e^{-\alpha x} - e^{-\beta x}}{x} \sin mx = \int_\alpha^\beta e^{-yx} \sin mx \, dy,$$

然后交换积分顺序, 算出结果. 要验证交换积分顺序的合理性:

$$I = \int_0^{+\infty} \left(\int_\alpha^\beta e^{-yx} \sin mx \, dy \right) dx = \int_\alpha^\beta \left(\int_0^{+\infty} e^{-yx} \sin mx \, dx \right) dy.$$

(3.1)

这里 $f(x, y) = e^{-yx} \sin mx$ 在 $\{(x, y) \mid 0 \leqslant x < +\infty, \alpha \leqslant y \leqslant \beta\}$ 连续,

$$|f(x, y)| \leqslant e^{-\alpha x} \quad (\alpha \leqslant y \leqslant \beta),$$

$\int_0^{+\infty} e^{-\alpha x} dx$ 收敛 $\Rightarrow \int_0^{+\infty} f(x, y) dx = \int_0^{+\infty} e^{-yx} \sin mx \, dx$ 对 $y \in [\alpha, \beta]$ 一致收敛, 因此可交换积分顺序即 (3.1) 成立.

现计算无穷积分

$$\int_0^{+\infty} e^{-yx} \sin mx \, dx = -\frac{1}{m} \int_0^{+\infty} e^{-yx} d\cos mx$$

$$= \frac{1}{m} - \int_0^{+\infty} \frac{y}{m} e^{-yx}\cos mx \, dx$$

$$= \frac{1}{m} - \frac{y}{m^2}\int_0^{+\infty} e^{-yx} d\sin mx$$

$$= \frac{1}{m} - \frac{y^2}{m^2}\int_0^{+\infty} e^{-yx}\sin mx \, dx.$$

移项解出

$$\left(1 + \frac{y^2}{m^2}\right)\int_0^{+\infty} e^{-yx}\sin mx \, dx = \frac{1}{m},$$

即

$$\int_0^{+\infty} e^{-yx}\sin mx \, dx = \frac{m}{m^2 + y^2}.$$

代入(3.1)式 $\Longrightarrow$

$$I = \int_\alpha^\beta \frac{m}{m^2 + y^2} dy = \int_\alpha^\beta \frac{d\dfrac{y}{m}}{1 + \left(\dfrac{y}{m}\right)^2} = \arctan\frac{y}{m}\bigg|_\alpha^\beta$$

$$= \arctan\frac{\beta}{m} - \arctan\frac{\alpha}{m}.$$

解法 2 以 α 为参数. 原积分记为

$$I(\alpha) = \int_0^{+\infty} \frac{e^{-\alpha x} - e^{-\beta x}}{x}\sin mx \, dx.$$

对 α 在积分号下求导,先求出 $I'(\alpha)$.

$$I'(\alpha) = \int_0^{+\infty} \frac{\partial}{\partial \alpha}\left(\frac{e^{-\alpha x} - e^{-\beta x}}{x}\sin mx\right) dx$$

$$= -\int_0^{+\infty} e^{-\alpha x}\sin mx \, dx. \tag{3.2}$$

验证对 α 在积分号下求导的合理性:

$$f(\alpha, x) = \frac{e^{-\alpha x} - e^{-\beta x}}{x}\sin mx,$$

显然 $\int_0^{+\infty} f(\alpha,x) dx$ 对 $\alpha > 0$ 收敛. 对任意给定 $\alpha_0 > 0$, $f(\alpha,x)$,

$$\frac{\partial f(\alpha, x)}{\partial \alpha} = -e^{-\alpha x}\sin mx$$

在 $\{(\alpha,x) | \alpha_0 \leqslant \alpha < +\infty, 0 \leqslant x < +\infty\}$ 连续,这里补充定义 $f(\alpha, 0) =$

0. 因
$$\left|\frac{\partial f}{\partial \alpha}\right| \leqslant e^{-\alpha_0 x} \quad (\alpha \geqslant \alpha_0, x \geqslant 0),$$

又 $\int_0^{+\infty} e^{-\alpha_0 x} dx$ 收敛 $\Longrightarrow \int_0^{+\infty} \frac{\partial f(\alpha, x)}{\partial \alpha} dx$

对 $\alpha \in [\alpha_0, +\infty)$ 一致收敛. 于是, 对任意 $\alpha \geqslant \alpha_0$, (3.2)式成立. 由 $\alpha_0 > 0$ 是任意的. 因此, 对任意 $\alpha > 0$, (3.2)成立.

如同解法 1 可算出
$$\int_0^{+\infty} e^{-\alpha x} \sin mx \, dx = \frac{m}{m^2 + \alpha^2}$$

代入(3.2) $\Longrightarrow$
$$I'(\alpha) = -\frac{m}{m^2 + \alpha^2},$$

积分得
$$I(\alpha) = \int_\beta^\alpha -\frac{m}{m^2 + t^2} dt + I(\beta) = -\arctan\frac{t}{m}\bigg|_\beta^\alpha + 0$$
$$= \arctan\frac{\beta}{m} - \arctan\frac{\alpha}{m}.$$

评注 对参数的积分法求 $\int_a^{+\infty} f(x, y) dy$, 就是先将被积函数表成某个定积分, 然后交换积分顺序可求出原积分值. 要验证交换积分顺序的合理性. 对参数的微分法求 $I(x) = \int_a^{+\infty} f(x, y) dy$, 就是先求 $I'(x) = \int_a^{+\infty} \frac{\partial f(x, y)}{\partial x} dy$. 然后再积分求出 $I(x)$. 要定出其中的任意常数, 必须对某个 $x = x_0, I(x_0)$ 易求出. 如解法 2 中, 对考虑的 $I(\alpha)$, 当 $\alpha = \beta$ 时 $I(\beta) = 0$. 也需要验证积分号下求导的合理性.

三、对已知的积分利用参数微分法求积分

3. 求 $\int_0^{+\infty} e^{-\alpha x^2} x^{2n} dx$, $\alpha > 0$, n 为自然数.

解 由 $\int_0^{+\infty} e^{-x^2} dx = \frac{\sqrt{\pi}}{2} \Longrightarrow$
$$I(\alpha) = \int_0^{+\infty} e^{-\alpha x^2} dx = \frac{1}{\sqrt{\alpha}} \int_0^{+\infty} e^{-(\sqrt{\alpha} x)^2} d(\sqrt{\alpha} x)$$

$$= \frac{1}{\sqrt{\alpha}} \int_0^{+\infty} e^{-t^2} dt = \frac{\sqrt{\pi}}{2} \alpha^{-\frac{1}{2}}.$$

注意 $e^{-\alpha x^2} x^{2n} = \left(\frac{\partial^n}{\partial \alpha^n} e^{-\alpha x^2}\right)(-1)^n$，于是将 $I(\alpha)$ 求导 n 次得

$$I'(\alpha) = \int_0^{+\infty} \frac{\partial}{\partial \alpha}(e^{-\alpha x^2}) dx = -\int_0^{+\infty} x^2 e^{-\alpha x^2} dx$$

....

$$I^{(n)}(\alpha) = \int_0^{+\infty} \frac{\partial^n}{\partial \alpha^n}(e^{-\alpha x^2}) dx = (-1)^n \int_0^{+\infty} x^{2n} e^{-\alpha x^2} dx. \quad (3.3)$$

又 $I^{(n)}(\alpha) = \frac{\sqrt{\pi}}{2}(\alpha^{-\frac{1}{2}})^{(n)}$

$$= \frac{\sqrt{\pi}}{2}\left(-\frac{1}{2}\right)\left(-\frac{1}{2}-1\right)\cdots\left(-\frac{1}{2}-n+1\right)\alpha^{-\frac{1}{2}-n}$$

$$= (-1)^n \frac{\sqrt{\pi}}{2} \cdot \frac{(2n-1)!!}{2^n} \alpha^{-\frac{2n+1}{2}}.$$

代入(3.3)式得

$$\int_0^{+\infty} x^{2n} e^{-\alpha x^2} dx = \frac{\sqrt{\pi}}{2^{n+1}} (2n-1)!! \alpha^{-\frac{2n+1}{2}}.$$

要验证为什么可以在积分号下求导 n 次，即(3.3)成立，只需注意，易证

$$-\int_0^{+\infty} x^2 e^{-\alpha x^2} dx, \quad \int_0^{+\infty} x^4 e^{-\alpha x^2} dx, \quad \cdots,$$

$$\int_0^{+\infty} (-1)^n x^{2n} e^{-\alpha x^2} dx$$

对 α 在 $(0,+\infty)$ 的任意有限区间上是一致收敛的.

评注

(1) 这里是求参变积分 $I(x) = \int_0^{+\infty} f(x,y) dy$ 的另一种思路. 若某个积分 $J(x) = \int_0^{+\infty} g(x,y) dy$ 已知，对 $J(x)$ 通过若干次在积分号下求导可得 $I(x)$，即

$$J^{(m)}(x) = \int_0^{+\infty} \frac{\partial^m}{\partial x^m} g(x,y) dy = I(x).$$

于是求 $I(x)$，转化为求 $J^{(m)}(x)$，当然要验证积分号下求导的合理性.

(2) 设 $I(x) = \int_0^{+\infty} f(x,y) \mathrm{d}y$，要得到对 $x > a$，
$$I'(x) = \int_0^{+\infty} \frac{\partial f(x,y)}{\partial x} \mathrm{d}y,$$
不必要求 $\int_0^{+\infty} \frac{\partial f(x,y)}{\partial x} \mathrm{d}y$ 对 $x \in (a, +\infty)$ 一致收敛，只需要求该积分对 $x \in [\alpha, \beta]$ 一致收敛，而 $[\alpha, \beta]$ 是 $(a, +\infty)$ 内的任意有界闭区间. 因为对任意 $x > a$，总存在 $[\alpha, \beta] \subset (a, +\infty)$ 使得 $x \in (\alpha, \beta)$.

四、引入含参变量的积分，计算某些定积分

4. 求积分 $J = \int_0^{+\infty} \frac{\ln(1+x^2)}{1+x^2} \mathrm{d}x$.

解 不易直接计算，引入参变积分
$$I(a) = \int_0^{+\infty} \frac{\ln(1+ax^2)}{1+x^2} \mathrm{d}x, \quad a \geqslant 0,$$
则 $J = I(1)$.

容易知道，对任意 $a \geqslant 0$，$I(a)$ 收敛且是 a 的连续函数.

为求 $I(a)$，先求 $I'(a)$（可以在积分号下求导）.

$$\begin{aligned}
I'(a) &= \int_0^{+\infty} \frac{\partial}{\partial a}\left(\frac{\ln(1+ax^2)}{1+x^2}\right) \mathrm{d}x \\
&= \int_0^{+\infty} \frac{x^2}{(1+x^2)(1+ax^2)} \mathrm{d}x \quad (a \neq 0) \\
&= \frac{1}{a-1} \int_0^{+\infty} \left(\frac{1}{1+x^2} - \frac{1}{1+ax^2}\right) \mathrm{d}x \quad (a \neq 0, 1) \\
&= \frac{1}{a-1} \left(\arctan x \Big|_0^{+\infty} - \frac{1}{\sqrt{a}} \arctan \sqrt{a}\, x \Big|_0^{+\infty}\right) \\
&= \frac{1}{a-1} \left(\frac{\pi}{2} - \frac{\pi}{2\sqrt{a}}\right) \\
&= \frac{1}{(\sqrt{a}+1)\sqrt{a}} \cdot \frac{\pi}{2} \quad (a > 0, a \neq 1).
\end{aligned}$$

然后积分得
$$I(a) = \frac{\pi}{2} \int \frac{\mathrm{d}a}{\sqrt{a}(\sqrt{a}+1)} = \pi \int \frac{\mathrm{d}\sqrt{a}}{\sqrt{a}+1}$$

$$= \pi\ln(1+\sqrt{a}) + C \quad (a>0, a\neq 1).$$

由于 $a \geqslant 0$ 时 $I(a)$ 连续,右端也是. 上式中令 $a \to 0$ 得

$$0 = I(0) = \pi\ln(1+\sqrt{a})\Big|_{a=0} + C, \quad C = 0.$$

由此得
$$I(a) = \pi\ln(1+\sqrt{a}).$$

再令 $a \to 1$ 得
$$I(1) = J = \pi\ln 2.$$

五、含参变积分所定义的函数的性质

5. 设 $y(x) = \int_0^{+\infty} \dfrac{e^{-tx}}{1+t^2} dt$,求证:

(1) $y(x)$ 在 $[0,+\infty)$ 连续且 $\lim\limits_{x\to+\infty} y(x) = 0$;

(2) $y(x)$ 在 $(0,+\infty)$ 有二阶连续导数且可在积分号下两次求导;

(3) $y'' + y = \dfrac{1}{x}$ $(x>0)$.

证 (1) $f(x,t) = \dfrac{e^{-tx}}{1+t^2}$ 满足:

① $f(x,t)$ 在 $D = \{(x,t) \mid 0 \leqslant x < +\infty, 0 \leqslant t < +\infty\}$ 连续;

② $0 < \dfrac{e^{-tx}}{1+t^2} \leqslant \dfrac{1}{1+t^2}$ $(x \geqslant 0, t \geqslant 0)$,

$$\int_0^{+\infty} f(x,t) dt \text{ 对 } x \geqslant 0 \text{ 一致收敛.}$$

因此 $y(x) = \int_0^{+\infty} \dfrac{e^{-tx}}{1+t^2} dt$ 在 $[0,+\infty)$ 连续. 又

$$0 < y(x) \leqslant \int_0^{+\infty} e^{-tx} dt = -\frac{1}{x} e^{-tx}\Big|_{t=0}^{+\infty} = \frac{1}{x},$$

$$\Rightarrow \lim_{x\to+\infty} y(x) = 0.$$

(2) $\dfrac{\partial f(x,t)}{\partial x} = \dfrac{-te^{-tx}}{1+t^2}, \quad \dfrac{\partial^2 f(x,t)}{\partial x^2} = \dfrac{t^2 e^{-tx}}{1+t^2}$

在 D 连续,对任给 $x_0 > 0$,

$$\left|\frac{\partial f}{\partial x}\right| \leqslant \frac{t e^{-tx_0}}{1+t^2} \leqslant M e^{-tx_0},$$
$$\left|\frac{\partial^2 f}{\partial x^2}\right| \leqslant \frac{t^2 e^{-tx_0}}{1+t^2} \leqslant e^{-tx_0}, \quad (x \geqslant x_0, t \geqslant 0).$$

其中 $M > 0$ 为某常数

$$\Rightarrow \int_0^{+\infty} \frac{\partial f(x,t)}{\partial x}dt, \quad \int_0^{+\infty} \frac{\partial^2 f(x,t)}{\partial x^2}dt$$

对 $x \geqslant x_0$ 一致收敛 $\Rightarrow$

$x \geqslant x_0 > 0$ 时 $y(x)$ 二次连续可导且可在积分号下求导二次. 再由 $x_0 > 0$ 的任意性 $\Rightarrow y(x)$ 在 $(0, +\infty)$ 有连续的二阶导数且 $x \in (0, +\infty)$ 时,

$$y'(x) = \int_0^{+\infty} \frac{-te^{-tx}}{1+t^2}dt, \quad y''(x) = \int_0^{+\infty} \frac{t^2 e^{-tx}}{1+t^2}dt. \quad (3.4)$$

(3) 由 $y(x)$ 表达式及 (3.4) $\Rightarrow x > 0$ 时,

$$y'' + y = \int_0^{+\infty} \frac{t^2 e^{-tx}}{1+t^2}dt + \int_0^{+\infty} \frac{e^{-tx}}{1+t^2}dt = \int_0^{+\infty} e^{-tx}dt = \frac{1}{x}.$$

本 节 小 结

1. 求某些不易直接算出的无穷积分 $J = \int_0^{+\infty} f(x)dx$ 的一个方法是引入一个参变积分,如 $I(a) = \int_0^{+\infty} g(a, x)dx$,当 a 为某值,如 $a = a_1$ 时 $I(a_1) = J$. 求 $I(a)$ 有更多的方法,如对参数 a 的求导法.

$$I'(a) = \int_0^{+\infty} \frac{\partial}{\partial a} g(a, x)dx.$$

若 $I'(a)$ 易求出,再积分可求得 $I(a)$. 为定出其中的任意常数,还需对某个 a,如 $a = a_0$ 时 $I(a_0)$ 是易求的. 当然也需验证积分号下求导的合理性.

2. 证明由参变积分所确定的函数的连续性或可微性,就是要验证有关条件.关键是相应的参变积分的一致收敛性. 若证明函数在无穷区间或有限开区间上的连续性或可导性时,只需证相应的参变积分在其中的任意有界闭区间上是一致收敛的即可.

练 习 题 12.3

12.3.1 利用对参数的微分法求下列积分:

(1) $I = \int_0^{+\infty} \frac{\arctan bx - \arctan ax}{x}dx \ (b > a > 0)$;

(2) $I(a) = \int_0^{+\infty} \frac{\arctan ax}{x(1+x^2)}dx \ (a \geqslant 0)$.

12.3.2 利用对参数的积分法求下列积分：
(1) $I = \int_0^{+\infty} \dfrac{e^{-ax^2} - e^{-bx^2}}{x^2} dx \ (a>0, b>0)$；   (2) $I = \int_0^{+\infty} e^{-t} \dfrac{\sin xt}{t} dt$.

12.3.3 求下列积分：
(1) $I = \int_0^{+\infty} \left(\dfrac{e^{-ax} - e^{-\beta x}}{x} \right)^2 dx \ (a>0, \beta>0)$；
(2) $I = \int_0^{+\infty} \dfrac{\ln(a^2+x^2)}{\beta^2+x^2} \ (a>0, \beta>0)$.

12.3.4 证明函数 $F(x) = \int_0^{+\infty} e^{-(y-x)^2} dy$ 对 $x \in (-\infty, +\infty)$ 可微.

§4 Γ 函数与 B 函数

内 容 提 要

1. Γ 函数

由参变积分 $\int_0^{+\infty} x^{a-1} e^{-x} dx$ 所确定的 a 的函数称为 **Γ 函数**(读作 Gamma 函数)，记为 $\Gamma(a)$.

$$\Gamma(a) = \int_0^{+\infty} x^{a-1} e^{-x} dx,$$

其定义域是 $a>0$. 它有以下性质：

① $\Gamma(a)$ 对 $a>0$ 有任意阶导数并有

$$\Gamma^{(n)}(a) = \int_0^{+\infty} x^{a-1} \ln^n x e^{-x} dx.$$

② 递推公式

$a>0$ 时，$\Gamma(a+1) = a\Gamma(a)$. 特别有 $a=n$ 为正整数时，$\Gamma(n+1) = n!$.

2. B 函数

由参变积分 $\int_0^1 x^{p-1}(1-x)^{q-1} dx$ 所确定的 p, q 的函数称为 **B 函数**(读作 Beta 函数)，记作 $B(p,q)$.

$$B(p,q) = \int_0^1 x^{p-1}(1-x)^{q-1} dx,$$

其定义域是 $\{(p,q) | p>0, q>0\}$. 它有以下性质：

① 对 $p>0, q>0$，$B(p,q)$ 是连续的并有任意阶连续偏导数；
② 对 $p>0, q>0$，$B(p,q) = B(q,p)$.

3. B 函数与 Γ 函数的关系

当 $p>0, q>0$ 时，

$$B(p,q) = \frac{\Gamma(p)\Gamma(q)}{\Gamma(p+q)}.$$

特别有当 m,n 为正整数时,

$$B(m,n) = \frac{\Gamma(m)\Gamma(n)}{\Gamma(m+n)} = \frac{(m-1)!(n-1)!}{(m+n-1)!}.$$

典型例题分析

一、求某特殊点的 Γ 或 B 函数的函数值

1. 求 $\Gamma(1/2)$ 与 $\Gamma(5/2)$.

解
$$\Gamma\left(\frac{1}{2}\right) = \int_0^{+\infty} x^{\frac{1}{2}-1} e^{-x} dx = \int_0^{+\infty} x^{-\frac{1}{2}} e^{-x} dx$$
$$= 2\int_0^{+\infty} e^{-x} d\sqrt{x} \xrightarrow{t=\sqrt{x}} 2\int_0^{+\infty} e^{-t^2} dt$$
$$= 2 \cdot \frac{\sqrt{\pi}}{2} = \sqrt{\pi}.$$

由递推公式$\Rightarrow$

$$\Gamma\left(\frac{5}{2}\right) = \Gamma\left(1 + \frac{3}{2}\right) = \frac{3}{2}\Gamma\left(\frac{3}{2}\right) = \frac{3}{2}\Gamma\left(\frac{1}{2} + 1\right)$$
$$= \frac{3}{2} \cdot \frac{1}{2}\Gamma\left(\frac{1}{2}\right) = \frac{3}{4}\sqrt{\pi}.$$

注 由 $\Gamma(1/2) = \sqrt{\pi}$ 及递推公式可求 $\Gamma(n+1/2)$ ($n=1,2,3,\cdots$).

2. 求 $B(1/2, 3/2)$.

解 由 B 函数与 Γ 函数的关系式及 Γ 函数的递推公式$\Rightarrow$

$$B\left(\frac{1}{2}, \frac{3}{2}\right) = \frac{\Gamma\left(\frac{1}{2}\right)\Gamma\left(\frac{3}{2}\right)}{\Gamma\left(\frac{1}{2} + \frac{3}{2}\right)} = \frac{\Gamma\left(\frac{1}{2}\right) \cdot \frac{1}{2}\Gamma\left(\frac{1}{2}\right)}{\Gamma(2)}$$
$$= \frac{\pi}{2}.$$

3. 求 $\lim\limits_{x \to 0^+}(x\Gamma(x))$ 与 $\lim\limits_{x \to 0^+}\Gamma(x)$.

解 由 $\Gamma(x+1) = x\Gamma(x)$ 及 $x > 0$ 时 $\Gamma(x)$ 的连续性$\Rightarrow$

$$\lim_{x \to 0^+}(x\Gamma(x)) = \lim_{x \to 0^+}\Gamma(x+1) = \Gamma(1)$$

$$= \int_0^{+\infty} e^{-x} dx = -e^{-x}\Big|_0^{+\infty} = 1,$$

$$\lim_{x \to 0+} \Gamma(x) = \lim_{x \to 0+} \left(\frac{1}{x} \cdot x\Gamma(x)\right) = +\infty.$$

评注 由 $\Gamma(1/2) = \sqrt{\pi}$，利用 Γ 函数的递推公式可计算
$$\Gamma(n + 1/2) \quad (n = 1, 2, 3, \cdots).$$

事实上，
$$\Gamma\left(n + \frac{1}{2}\right) = \Gamma\left(n - \frac{1}{2} + 1\right) = \left(n - \frac{1}{2}\right)\Gamma\left(n - \frac{1}{2}\right)$$
$$= \left(n - \frac{1}{2}\right)\Gamma\left(n - \frac{3}{2} + 1\right)$$
$$= \left(n - \frac{1}{2}\right)\left(n - \frac{3}{2}\right)\Gamma\left(n - \frac{3}{2}\right)$$
$$= \left(n - \frac{1}{2}\right)\left(n - \frac{3}{2}\right)\left(n - \frac{5}{2}\right)\cdots\frac{1}{2}\Gamma\left(\frac{1}{2}\right)$$
$$= \frac{(2n-1)(2n-3)\cdots\cdot 5 \cdot 3 \cdot 1}{2^n}\sqrt{\pi}.$$

由 $\Gamma(1/2) = \sqrt{\pi}$ 利用 Γ 函数与 B 函数的关系及 Γ 函数的递推公式可计算
$$B(m + 1/2, n + 1/2), \quad B(m + 1/2, n), \quad B(m, n + 1/2),$$
m, n 为自然数. 如
$$B\left(m + \frac{1}{2}, n + \frac{1}{2}\right) = \frac{\Gamma(m + 1/2)\Gamma(n + 1/2)}{\Gamma(m + n + 1)}.$$

二、Γ 函数与 B 函数的其他表示

4. 求证：

(1) $\Gamma(\alpha) = 2\int_0^{+\infty} u^{2\alpha - 1} e^{-u^2} du$;

(2) $B(p, q) = 2\int_0^{\frac{\pi}{2}} \cos^{2p-1}\theta \sin^{2q-1}\theta\, d\theta$.

证 (1) 由 Γ 函数定义有
$$\Gamma(\alpha) = \int_0^{+\infty} x^{\alpha-1} e^{-x} dx \xrightarrow{x = u^2} \int_0^{+\infty} u^{2\alpha-2} e^{-u^2} 2u\, du$$
$$= 2\int_0^{+\infty} u^{2\alpha-1} e^{-u^2} du.$$

(2) $B(p,q) = \int_0^1 x^{p-1}(1-x)^{q-1}dx$

$\xrightarrow{x=\cos^2\theta} -\int_{\frac{\pi}{2}}^0 \cos^{2p-2}\theta \sin^{2q-2}\theta \cdot 2\cos\theta\sin\theta d\theta$

$= 2\int_0^{\frac{\pi}{2}} \cos^{2p-1}\theta \sin^{2q-1}\theta d\theta.$

三、利用 Γ 函数或 B 函数求某些广义积分

5. 求下列积分值：

(1) $I = \int_0^1 \dfrac{dx}{\sqrt{1-x^{1/4}}}$; (2) $I = \int_0^{\frac{\pi}{2}} \sin^6 x \cos^4 x\, dx$;

(3) $I = \int_0^{+\infty} t^{\frac{1}{2}} e^{-\alpha t} dt \ (\alpha > 0).$

解 (1) 令 $t = x^{\frac{1}{4}}$ ($x = t^4$)，则有

$I = \int_0^1 4t^3 (1-t)^{-\frac{1}{2}} dt = 4\int_0^1 t^{4-1}(1-t)^{\frac{1}{2}-1}dt$

$= 4B\left(4, \dfrac{1}{2}\right) = 4 \dfrac{\Gamma(4)\Gamma(1/2)}{\Gamma(4+1/2)}$

$= 4 \dfrac{3!\sqrt{\pi}}{(3+1/2)(2+1/2)(1+1/2)\sqrt{\pi}} = \dfrac{64}{35}.$

(2) $I = \int_0^{\frac{\pi}{2}} \cos^{2\times\frac{5}{2}-1} x \sin^{2\times\frac{7}{2}-1} x\, dx = \dfrac{1}{2}B\left(\dfrac{5}{2}, \dfrac{7}{2}\right)$

$= \dfrac{1}{2} \dfrac{\Gamma(5/2)\Gamma(7/2)}{\Gamma(5/2+7/2)} = \dfrac{1}{2} \dfrac{\Gamma(5/2)\Gamma(7/2)}{\Gamma(6)}$

$= \dfrac{\dfrac{3}{2}\cdot\dfrac{1}{2}\Gamma\left(\dfrac{1}{2}\right) \cdot \dfrac{5}{2}\cdot\dfrac{3}{2}\cdot\dfrac{1}{2}\Gamma\left(\dfrac{1}{2}\right)}{2\cdot 5!}$

$= \dfrac{3}{2^6} \cdot \dfrac{1}{4\cdot 2}\pi = \dfrac{3}{512}\pi.$

(3) $I = \int_0^{+\infty} \dfrac{1}{\alpha^{3/2}} (\alpha t)^{\frac{1}{2}} e^{-\alpha t} d(\alpha t)$

$\xrightarrow{s=\alpha t} \dfrac{1}{\alpha^{3/2}} \int_0^{+\infty} s^{\frac{3}{2}-1} e^{-s} ds = \dfrac{1}{\alpha^{3/2}} \Gamma\left(\dfrac{3}{2}\right)$

$$= \frac{1}{\alpha^{3/2}} \frac{1}{2} \Gamma\left(\frac{1}{2}\right) = \frac{\sqrt{\pi}}{2\alpha^{3/2}}.$$

本节小结

利用 Γ 函数的递推公式 $\Gamma(\alpha+1)=\alpha\Gamma(\alpha)(\alpha>0)$ 我们可得出 $\Gamma(n+1)=n!$. 通过变量替换将积分变形可得 Γ 与 B 函数的其他表示,如题 4.

某些广义积分,通过变量替换转化为 Γ 函数或 B 函数在某些点值,再通过有关公式求出这些值,如题 5.

练习题 12.4

12.4.1 作变量替换 $x=\dfrac{t}{1+t}$,导出 B 函数

$$B(p,q) = \int_0^1 x^{p-1}(1-x)^{q-1}\mathrm{d}x$$

的另一表达式.

12.4.2 用 B 函数或 Γ 函数表示下列积分:

(1) $\int_0^1 \sqrt[3]{x-x^2}\mathrm{d}x$; (2) $\int_0^{+\infty} \dfrac{\mathrm{e}^{-x}}{\sqrt[3]{x}}\mathrm{d}x$;

(3) $\int_0^1 \dfrac{\mathrm{d}x}{\sqrt{1-x^4}}$; (4) $\int_0^{+\infty} \dfrac{x^2}{1+x^4}\mathrm{d}x$.

12.4.3 用 B 函数或 Γ 函数求下列积分值:

(1) $\int_0^{+\infty} \mathrm{e}^{-4t}t^{3/2}\mathrm{d}t$; (2) $\int_0^1 \sqrt{x-x^2}\mathrm{d}x$;

(3) $\int_0^1 x^n\sqrt{1-x^2}\mathrm{d}x$ (n 为自然数); (4) $\int_0^{+\infty} x^{2n}\mathrm{e}^{-x^2}\mathrm{d}x$ (n 为自然数).

§5 傅里叶变换与傅里叶积分的定义,计算傅里叶变换与作频谱图

内 容 提 要

1. 傅里叶变换与傅里叶积分的引入

① 记 $f_T(t)=f(t)$ ($t\in[-T/2,T/2]$). 设 $f_T(t)$ 可展成以 T 为周期的傅氏级数

$$f_T(t) = \frac{1}{T}\sum_{n=-\infty}^{+\infty} F_T(n\omega)e^{in\omega t} = \frac{1}{2\pi}\sum_{n=-\infty}^{+\infty} F_T(\omega_n)e^{i\omega_n t}\Delta\omega_n,$$

其中
$$F_T(\omega) = \int_{-\frac{T}{2}}^{\frac{T}{2}} f_T(t)e^{-i\omega t}dt = \int_{-\frac{T}{2}}^{\frac{T}{2}} f(t)e^{-i\omega t}dt, \tag{5.1}$$

$\omega = \dfrac{2\pi}{T}, \omega_n = n\omega, \Delta\omega_n = \omega_{n+1} - \omega_n = \dfrac{2\pi}{T}.$

② T 充分大时,
$$F_T(\omega_n) = \int_{-\frac{T}{2}}^{\frac{T}{2}} f(t)e^{-i\omega_n t}dt \approx \int_{-\infty}^{+\infty} f(t)e^{-i\omega_n t}dt = F(\omega_n), \tag{5.2}$$

其中
$$F(\omega) = \int_{-\infty}^{+\infty} f(t)e^{-i\omega t}dt.$$

将(5.2)代入(5.1)
$$f_T(t) \approx \frac{1}{2\pi}\sum_{n=-\infty}^{+\infty} F(\omega_n)e^{i\omega_n t}\Delta\omega_n.$$

③ 令 $T \to +\infty$,形式地得到
$$f(t) = \frac{1}{2\pi}\int_{-\infty}^{+\infty} F(\omega)e^{i\omega t}d\omega.$$

2. 傅里叶变换与傅里叶积分的定义

定义 设 $f(t)$ 在 $(-\infty, +\infty)$ 定义,若积分
$$F(\omega) = \int_{-\infty}^{+\infty} f(t)e^{-i\omega t}dt$$

对任意的 $\omega \in (-\infty, +\infty)$ 均收敛,则称由此参变积分确定的函数 $F(\omega)$ 为 $f(t)$ 的**傅里叶变换**,简称为**傅氏变换**,记为
$$F(\omega) = \mathscr{F}[f(t)] \quad \text{或} \quad F = \mathscr{F}[f].$$

而称 $f(t)$ 为 $F(\omega)$ 的**傅里叶逆变换**,记为 $f(t) = \mathscr{F}^{-1}[F(\omega)]$.

定义 含参变量的积分
$$\frac{1}{2\pi}\int_{-\infty}^{+\infty} F(\omega)e^{i\omega t}d\omega = \frac{1}{2\pi}\int_{-\infty}^{+\infty}\left(\int_{-\infty}^{+\infty} f(\tau)e^{-i\omega\tau}d\tau\right)e^{i\omega t}d\omega$$

(不论它是否收敛)称为 $f(t)$ 的**傅里叶积分**,简称为**傅氏积分**.

定义 若 $f(t)$ 在 $(-\infty, +\infty)$ 的任意有限区间上(黎曼)可积,又积分 $\int_{-\infty}^{+\infty}|f(t)|dt$ 收敛,称 $f(t)$ 在 $(-\infty, +\infty)$ **绝对可积**.

若 $f(t)$ 在 $(-\infty, +\infty)$ 绝对可积,则 $F(\omega) = \mathscr{F}[f(t)]$ 存在.

3. 频谱函数与频谱分析

以 T 为周期的周期函数 $f_T(t)$ 的频谱函数

$$F_T(\omega_n) = \int_{-\frac{T}{2}}^{\frac{T}{2}} f(t)e^{-i\omega_n t}dt, \quad \omega_n = n\omega.$$

当 $T \to +\infty$ 时谱线距离 $\Delta\omega_n = \dfrac{2\pi}{T} \to 0$. 离散谱变成连续谱,即频谱函数 $F(\omega)$,

$$F(\omega) = \int_{-\infty}^{+\infty} f(t)e^{-i\omega t}dt = |F(\omega)|e^{i\varphi(\omega)},$$

$|F(\omega)|$ 为振幅频谱,$\varphi(\omega)$ 为相位频谱.

一般笼统称频谱是指振幅频谱.

4. 傅氏变换表与频谱图

我们把常用的一些函数的傅氏变换及其频谱图列在下表中.

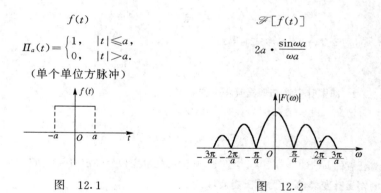

$$f(t) \qquad\qquad \mathscr{F}[f(t)]$$

$$\Pi_a(t) = \begin{cases} 1, & |t| \leqslant a, \\ 0, & |t| > a. \end{cases} \qquad 2a \cdot \dfrac{\sin\omega a}{\omega a}$$

(单个单位方脉冲)

图 12.1　　　　　　　图 12.2

$$E_a(t) = \begin{cases} 0, & t < 0, \\ e^{-\alpha t}, & t \geqslant 0. \end{cases} \quad (\alpha > 0 \text{ 为常数}) \qquad \dfrac{1}{\alpha + i\omega} = \dfrac{\alpha - i\omega}{\alpha^2 + \omega^2}$$

(指数衰减脉冲)

图 12.3　　　　　　　图 12.4

$$\Lambda(t) = \begin{cases} 1 - \dfrac{|t|}{a}, & |t| \leqslant a, \\ 0, & |t| > a. \end{cases}$$
（单个三角脉冲）

$$a\left(\dfrac{\sin a\omega/2}{a\omega/2}\right)^2$$

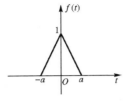

图 12.5

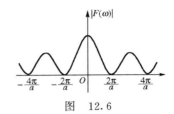

图 12.6

$\Omega(t) = e^{-at^2}$，$a > 0$ 为常数
（钟形脉冲）

$$\sqrt{\pi/a}\, e^{-\dfrac{\omega^2}{4a}}$$

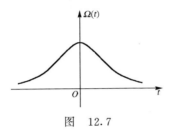

图 12.7

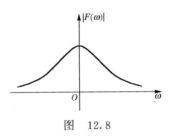

图 12.8

典型例题分析

求傅氏变换并作频谱图

1. 求下列函数的傅氏变换 $F(\omega)$ 并作频谱图．

(1) 单位三角脉冲函数

$$\Lambda_a(t) = \begin{cases} 0, & |t| > a, \\ 1 - \dfrac{|t|}{a}, & |t| \leqslant a; \end{cases}$$

(2) $f(t) = \begin{cases} e^{i\lambda_0 t}, & |t| \leqslant L, \\ 0, & |t| > L. \end{cases}$

解 （1）由傅氏变换公式得

$$F(\omega) = \mathscr{F}[\Lambda_a(t)] = \int_{-a}^{a}\left(1 - \dfrac{|t|}{a}\right)e^{-i\omega t}\,dt$$

597

$$= 2\int_0^a \left(1 - \frac{t}{a}\right)\cos\omega t\, dt$$
$$= \frac{2}{\omega}\int_0^a \left(1 - \frac{t}{a}\right)d\sin\omega t = \frac{2}{a\omega}\int_0^a \sin\omega t\, dt$$
$$= \frac{2}{a\omega^2}(-\cos\omega t)\Big|_0^a = \frac{2}{a\omega^2}(1 - \cos\omega a)$$
$$= a\left(\frac{\sin\omega a/2}{\omega a/2}\right)^2.$$

$|F(\omega)|$ 的图形如图 12.6 所示.

（2） $F(\omega) = \mathscr{F}[f(t)] = \int_{-L}^{L} e^{i\lambda_0 t} e^{-i\omega t} dt$
$$= \int_{-L}^{L} e^{i(\lambda_0 - \omega)t} dt = \frac{1}{i(\lambda_0 - \omega)} e^{i(\lambda_0 - \omega)t}\Big|_{-L}^{L}$$
$$= \frac{2}{\lambda_0 - \omega}\sin(\lambda_0 - \omega)L.$$

$|F(\omega)|$ 的图形如图 12.9 所示.

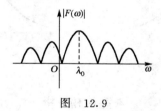

图 12.9

2. 求半余弦脉冲
$$f(t) = \begin{cases} 0, & |t| \geqslant \dfrac{\pi}{2\omega_0}, \\ E\cos\omega_0 t, & |t| < \dfrac{\pi}{2\omega_0} \end{cases}$$

的傅氏变换并作频谱图,其中 $E, \omega_0 > 0$.

解法 1 由傅氏变换公式得

$$F(\omega) = \mathscr{F}[f(t)] = \int_{-\frac{\pi}{2\omega_0}}^{\frac{\pi}{2\omega_0}} E\cos\omega_0 t\, e^{-i\omega t} dt = 2E\int_0^{\frac{\pi}{2\omega_0}} \cos\omega_0 t \cos\omega t\, dt$$

$$= E\int_0^{\frac{\pi}{2\omega_0}} [\cos(\omega + \omega_0)t + \cos(\omega_0 - \omega)t] dt$$

$$= E\left[\frac{\sin(\omega_0+\omega)\frac{\pi}{2\omega_0}}{\omega_0+\omega} + \frac{\sin(\omega_0-\omega)\frac{\pi}{2\omega_0}}{\omega_0-\omega}\right]$$

$$= E\left[\frac{1}{\omega_0+\omega} + \frac{1}{\omega_0-\omega}\right]\cos\frac{\omega\pi}{2\omega_0} = \frac{2E\omega_0}{\omega_0^2-\omega^2}\cos\frac{\omega\pi}{2\omega_0}.$$

解法 2 由傅里叶变换公式得

$$F(\omega) = \mathscr{F}[f(t)] = \int_{-\frac{\pi}{2\omega_0}}^{\frac{\pi}{2\omega_0}} \frac{1}{2}E(\mathrm{e}^{\mathrm{i}\omega_0 t} + \mathrm{e}^{-\mathrm{i}\omega_0 t})\mathrm{e}^{-\mathrm{i}\omega t}\mathrm{d}t$$

$$= \frac{1}{2}E\left[\int_{-\frac{\pi}{2\omega_0}}^{\frac{\pi}{2\omega_0}} \mathrm{e}^{\mathrm{i}(\omega_0-\omega)t}\mathrm{d}t + \int_{-\frac{\pi}{2\omega_0}}^{\frac{\pi}{2\omega_0}} \mathrm{e}^{-\mathrm{i}(\omega_0+\omega)t}\mathrm{d}t\right]$$

$$= E\left[\frac{\mathrm{e}^{\mathrm{i}(\omega_0-\omega)\frac{\pi}{2\omega_0}} - \mathrm{e}^{-\mathrm{i}(\omega_0-\omega)\frac{\pi}{2\omega_0}}}{2\mathrm{i}(\omega_0-\omega)} - \frac{\mathrm{e}^{-\mathrm{i}(\omega_0+\omega)\frac{\pi}{2\omega_0}} - \mathrm{e}^{\mathrm{i}(\omega_0+\omega)\frac{\pi}{2\omega_0}}}{2\mathrm{i}(\omega_0+\omega)}\right]$$

$$= E\left[\frac{\sin(\omega_0-\omega)\frac{\pi}{2\omega_0}}{\omega_0-\omega} + \frac{\sin(\omega_0+\omega)\frac{\pi}{2\omega_0}}{\omega_0+\omega}\right]$$

$$= E\left[\frac{1}{\omega_0-\omega} + \frac{1}{\omega_0+\omega}\right]\cos\frac{\omega\pi}{2\omega_0} = \frac{2E\omega_0}{\omega_0^2-\omega^2}\cos\frac{\omega\pi}{2\omega_0}.$$

$|F(\omega)|$ 的图形如图 12.10 所示.

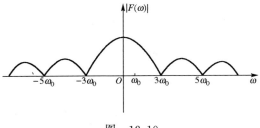

图 12.10

3. 设 $f(t)=\mathrm{e}^{-at^2}$ ($a>0$ 为常数),求 $F(\omega)=\mathscr{F}[f(t)]$.

解
$$F(\omega) = \int_{-\infty}^{+\infty} \mathrm{e}^{-at^2}\mathrm{e}^{-\mathrm{i}\omega t}\mathrm{d}t$$

$$= \int_{-\infty}^{+\infty} e^{-at^2}\cos\omega t\,dt = 2\int_0^{+\infty} e^{-at^2}\cos\omega t\,dt.$$

在积分号下求导得

$$F'(\omega) = 2\int_0^{+\infty} \frac{\partial}{\partial \omega}[e^{-at^2}\cos\omega t]\,dt = -2\int_0^{+\infty} te^{-at^2}\sin\omega t\,dt.$$

分部积分得

$$F'(\omega) = \frac{1}{a}\int_0^{+\infty} \sin\omega t\,de^{-at^2}$$

$$= -\frac{\omega}{a}\int_0^{+\infty} e^{-at^2}\cos\omega t\,dt = -\frac{1}{2a}\omega F(\omega).$$

改写成已知导数求函数：

$$\frac{F'(\omega)}{F(\omega)} = -\frac{1}{2a}\omega, \quad (\ln|F(\omega)|)'_\omega = -\frac{1}{2a}\omega.$$

现积分得

$$\ln|F(\omega)| = -\frac{1}{2a}\int \omega\,d\omega = -\frac{\omega^2}{4a} + C_1,$$

$$F(\omega) = Ce^{-\frac{\omega^2}{4a}}.$$

注意 $F(0) = \int_{-\infty}^{+\infty} e^{-at^2}\,dt = \frac{1}{\sqrt{a}}\int_{-\infty}^{+\infty} e^{-u^2}\,du = \sqrt{\pi/a}$

$$\Rightarrow C = \sqrt{\pi/a} \Rightarrow F(\omega) = \sqrt{\pi/a}\,e^{-\frac{\omega^2}{4a}}.$$

对 $F(\omega)$ 可以在积分号下求导，因为

$$\left|\frac{\partial}{\partial \omega}(e^{-at^2}\cos\omega t)\right| = |te^{-at^2}\sin\omega t| \leqslant te^{-at^2}$$

$$(任给\ t \geqslant 0, \omega \in (-\infty, +\infty)),$$

$$\int_0^{+\infty} te^{-at^2}\,dt \text{ 收敛}$$

$$\Rightarrow \int_0^{+\infty} \frac{\partial}{\partial \omega}(e^{-at^2}\cos\omega t)\,dt \text{ 对 } \omega \in (-\infty, +\infty) \text{ 一致收敛}.$$

评注 这里已经算出

$$\int_0^{+\infty} e^{-ax^2}\cos 2bx\,dx = \frac{\sqrt{\pi}}{2\sqrt{a}}e^{-\frac{b^2}{a}},$$

其中 $a > 0$. 用同样方法可以求出

$$\int_0^{+\infty} e^{-ax^2}\sin 2bx \mathrm{d}x.$$

本节小结

按定义计算 $F(\omega)=\mathscr{F}[f(t)]$，就是计算含参变量 ω 的参变积分

$$\int_{-\infty}^{+\infty} f(t)e^{-i\omega t}\mathrm{d}t = \int_{-\infty}^{+\infty} f(t)\cos\omega t \mathrm{d}t - i\int_{-\infty}^{+\infty} f(t)\sin\omega t \mathrm{d}t,$$

或分别计算右端的实部与虚部（若 $f(t)$ 有奇偶性可简化计算），或直接计算左端的复数形式. 对题1与题2是直接用积分法则，对题3，用的是对参数的求导法.

练习题 12.5

按定义求下列函数的傅氏变换：

12.5.1 $f(t)=\begin{cases} |t|, & |t|<a, \\ 0, & |t|>a \end{cases} (a>0).$

12.5.2 $f(t)=\begin{cases} t^2, & |t|<a, \\ 0, & |t|>a \end{cases} (a>0).$

12.5.3 $f(t)=e^{-a|t|}, a>0.$

12.5.4 $f(t)=\dfrac{\sin at}{t} (a>0).$

12.5.5 $f(t)=\begin{cases} \sin t, & |t|\leqslant \pi, \\ 0, & |t|>\pi. \end{cases}$

§6 傅氏积分的收敛性与函数的傅氏积分展开

内 容 提 要

1. 傅氏积分的收敛性定理

设 $f(t)$ 在 $(-\infty,+\infty)$ 绝对可积，在 $(-\infty,+\infty)$ 的**任意有限区间上分段单调**，则对任意 $t\in(-\infty,+\infty)$,

$$\frac{1}{2\pi}\lim_{R\to+\infty}\int_{-R}^{R}\left(\int_{-\infty}^{+\infty}f(\tau)e^{-i\omega\tau}\mathrm{d}\tau\right)e^{i\omega t}\mathrm{d}\omega = \frac{1}{2\pi}\lim_{R\to+\infty}\int_{-R}^{R}F(\omega)e^{i\omega t}\mathrm{d}\omega$$
$$= \frac{1}{2}[f(t+0)+f(t-0)], \tag{6.1}$$

特别在 $f(t)$ 的连续点 t 处

$$f(t) = \frac{1}{2\pi}\lim_{R\to+\infty}\int_{-R}^{R}\left(\int_{-\infty}^{+\infty}f(\tau)e^{-i\omega\tau}d\tau\right)e^{i\omega t}d\omega$$

$$= \frac{1}{2\pi}\lim_{R\to+\infty}\int_{-R}^{R}F(\omega)e^{i\omega t}d\omega. \tag{6.2}$$

又若 $F(\omega)$ 在 $(-\infty,+\infty)$ 绝对可积,则

$$\frac{1}{2\pi}\int_{-\infty}^{+\infty}F(\omega)e^{i\omega t}d\omega = \frac{1}{2}[f(t+0)+f(t-0)]$$

$$(任意\ t \in (-\infty,+\infty)), \tag{6.3}$$

特别在 $f(t)$ 的连续点 t 处

$$f(t) = \frac{1}{2\pi}\int_{-\infty}^{+\infty}F(\omega)e^{i\omega t}d\omega. \tag{6.4}$$

收敛性定理的实数形式是:

设 $f(t)$ 在 $(-\infty,+\infty)$ 绝对可积,在任意有限区间上分段单调,则对任意 $t\in(-\infty,+\infty)$,

$$\frac{1}{\pi}\int_{0}^{+\infty}\left(\int_{-\infty}^{+\infty}f(\tau)\cos\omega(t-\tau)d\tau\right)d\omega = \frac{1}{2}[f(t+0)+f(t-0)], \tag{6.5}$$

特别在 $f(t)$ 的连续点 t 处

$$f(t) = \frac{1}{\pi}\int_{0}^{+\infty}\left(\int_{-\infty}^{+\infty}f(\tau)\cos\omega(t-\tau)d\tau\right)d\omega. \tag{6.6}$$

2. 函数的傅氏积分展开

若在 t 的某区间上(6.2)或(6.4)或(6.6)成立,这些公式称为 $f(t)$ 的**傅氏积分展开式**或**傅氏变换的反演公式**.

典型例题分析

1. 求 $f(t)=e^{-|t|}$ 的傅氏积分展开式.

解 先求

$$\mathscr{F}[f(t)] = F(\omega),$$

$$F(\omega) = \int_{-\infty}^{+\infty}e^{-|t|}e^{-i\omega t}dt = \int_{-\infty}^{0}e^{(1-i\omega)t}dt + \int_{0}^{+\infty}e^{-(1+i\omega)t}dt$$

$$= \frac{1}{1-i\omega}e^{(1-i\omega)t}\Big|_{-\infty}^{0} - \frac{1}{1+i\omega}e^{-(1+i\omega)t}\Big|_{0}^{+\infty}$$

$$= \frac{1}{1-i\omega} + \frac{1}{1+i\omega} = \frac{2}{1+\omega^2}.$$

因 $F(\omega)$ 在 $(-\infty,+\infty)$ 绝对可积,$f(t)=e^{-|t|}$ 在 $(-\infty,+\infty)$ 处处连

续,由 $f(t)$ 的傅氏积分展开定理即公式(6.4)得

$$f(t) = \frac{1}{2\pi}\int_{-\infty}^{+\infty} F(\omega)e^{i\omega t}d\omega = \frac{1}{2\pi}\int_{-\infty}^{+\infty} \frac{2}{1+\omega^2}(\cos\omega t + i\sin\omega t)d\omega$$
$$= \frac{2}{\pi}\int_{0}^{+\infty} \frac{\cos\omega t}{1+\omega^2}d\omega. \tag{6.7}$$

评注 1 若分成实部与虚部计算 $F(\omega)$ 得

$$F(\omega) = \int_{-\infty}^{+\infty} e^{-|t|}\cos\omega t\, dt - i\int_{-\infty}^{+\infty} e^{-|t|}\sin\omega t\, dt$$
$$= 2\int_{0}^{+\infty} e^{-t}\cos\omega t\, dt.$$

虽然利用了奇偶性简化了计算,但还要对上述积分进行二次分部积分才可算出结果.

评注 2 我们也可用公式(6.6),这时相当于用注 1 中的方法求 $F(\omega)$.

评注 3 由(6.7)我们可得

$$\int_{0}^{+\infty} \frac{\cos\omega t}{1+\omega^2}d\omega = \frac{\pi}{2}e^{-|t|}.$$

2. 求 $f(t) = \Pi_a(t)$ 的傅氏积分的值.

解 已求得

$$F(\omega) = \mathscr{F}[\Pi_a(t)] = 2a\frac{\sin\omega a}{\omega a}.$$

由(6.1)得,$t \neq \pm a$ 时

$$\Pi_a(t) = \frac{1}{2\pi}\lim_{R\to+\infty}\int_{-R}^{R} F(\omega)e^{i\omega t}d\omega = \frac{1}{\pi}\lim_{R\to+\infty}\int_{-R}^{R} \frac{\sin\omega a}{\omega}\cos\omega t\, d\omega$$
$$= \frac{2}{\pi}\lim_{R\to+\infty}\int_{0}^{R} \frac{\sin\omega a}{\omega}\cos\omega t = \frac{2}{\pi}\int_{0}^{+\infty} \frac{\sin\omega a\cos\omega t}{\omega}d\omega.$$

当 $t = \pm a$ 时,上式右端积分为 $1/2$.

因此

$$\frac{2}{\pi}\int_{0}^{+\infty} \frac{\sin\omega a\cos\omega t}{\omega} = \begin{cases} 1, & |t| < a, \\ \dfrac{1}{2}, & |t| = a, \\ 0, & |t| > a. \end{cases} \tag{6.8}$$

评注 也可用(6.5)来求解,特别是当 $F(\omega)$ 还未求得时.

$$\frac{1}{2}[f(t+0)+f(t-0)]$$
$$=\frac{1}{\pi}\int_0^{+\infty}\left(\int_{-\infty}^{+\infty}f(\tau)\cos\omega(t-\tau)\mathrm{d}\tau\right)\mathrm{d}\omega$$
$$=\frac{1}{\pi}\int_0^{+\infty}\left(\int_{-a}^{a}(\cos\omega t\cos\omega\tau+\sin\omega t\sin\omega\tau)\mathrm{d}\tau\right)\mathrm{d}\omega$$
$$=\frac{2}{\pi}\int_0^{+\infty}\left(\int_0^a\cos\omega\tau\mathrm{d}\tau\right)\cos\omega t\mathrm{d}\omega=\frac{2}{\pi}\int_0^{+\infty}\frac{\sin\omega a\cos\omega t}{\omega}\mathrm{d}\omega.$$

同样求得(6.8).

练习题 12.6

12.6.1 求 $f(t)$ 的傅氏展开式并导出相应的参变积分计算公式：

(1) $f(t)=\begin{cases}\sin t, & |t|\leqslant\pi,\\ 0, & |t|>\pi;\end{cases}$ (2) $f(t)=\begin{cases}0, & t<0,\\ \mathrm{e}^{-at}, & t>0\end{cases}$ $(a>0)$.

12.6.2 求 $f(t)$ 的傅氏积分并讨论其收敛性：

(1) $f(t)=\begin{cases}1-t^2, & t^2\leqslant 1,\\ 0, & t^2>1;\end{cases}$

(2) $f(t)=\begin{cases}\mathrm{e}^{-t}\sin 2t, & t\geqslant 0,\\ 0, & t<0.\end{cases}$

§7 傅氏变换的性质

内 容 提 要

以下均设 $f(t),g(t)$ 在 $(-\infty,+\infty)$ 绝对可积.

傅氏变换有以下性质：

性质 1（频谱函数的性质）

设 $F(\omega)=\mathscr{F}[f(t)]$，则 $|F(\omega)|$ 在 $(-\infty,+\infty)$ 连续，是偶函数且
$$\lim_{\omega\to\infty}|F(\omega)|=0.$$

性质 2（线性性质）

设 $\mathscr{F}[f(t)]=F(\omega),\mathscr{F}[g(t)]=G(\omega)\Longrightarrow$ 对任意常数 k_1,k_2
$$\mathscr{F}[k_1f(t)+k_2g(t)]=k_1\mathscr{F}[f(t)]+k_2\mathscr{F}[g(t)]$$
$$=k_1F(\omega)+k_2G(\omega).$$

性质 3（平移展缩性质）

设 $\mathscr{F}[f(t)]=F(\omega)$，$a\neq 0$，$b$ 为实数，则

$$\mathscr{F}[f(at+b)] = \frac{1}{|a|}F\left(\frac{\omega}{a}\right)e^{i\frac{b}{a}\omega} \quad \text{（时域平移与展缩）}$$

（$a=1$ 时只是平移，$b=0$ 时只是展缩）.

$$\mathscr{F}\left[\frac{1}{|a|}f\left(\frac{1}{a}t\right)e^{-i\frac{b}{a}t}\right] = F(a\omega+b) \quad \text{（频域平移与展缩）}$$

性质 4（对称性质）

设 $f(t)$ 在 $(-\infty,+\infty)$ 绝对可积，满足傅氏积分公式成立的条件，若

$$\mathscr{F}[f(t)] = F(\omega),$$

则

$$\mathscr{F}[F(t)] = 2\pi f(-\omega).$$

性质 5（微商性质）

设 $\mathscr{F}[f(t)]=F(\omega)$.

时域微商定理 设 $f(t)$ 在 $(-\infty,+\infty)$ 连续，$f(t)$ 在 $(-\infty,+\infty)$ 的任意有限区间上分段可导，$f(t), f'(t)$ 在 $(-\infty,+\infty)$ 绝对可积，则

$$\mathscr{F}[f'(t)] = i\omega F(\omega).$$

频域微商定理 设 $f(t), tf(t)$ 在 $(-\infty,+\infty)$ 绝对可积，则

$$\mathscr{F}[tf(t)] = iF'(\omega).$$

性质 6（卷积定理）

设 $f(t), g(t)$ 在 $(-\infty,+\infty)$ 定义. 若积分

$$\int_{-\infty}^{+\infty} f(t-\tau)g(\tau)d\tau$$

对任意 t 均收敛，称它为 $f(t), g(t)$ 的**卷积**，记为 $f(t)*g(t)$.

若 $f(t), g(t)$ 在 $(-\infty,+\infty)$ 绝对可积，则存在 $f(t)*g(t)$ 且 $f(t)*g(t)$ 在 $(-\infty,+\infty)$ 绝对可积.

卷积定理 设 $f(t), g(t)$ 在 $(-\infty,+\infty)$ 绝对可积，又

$$\mathscr{F}[f(t)] = F(\omega), \quad \mathscr{F}[g(t)] = G(\omega),$$

则

$$\mathscr{F}[f(t)*g(t)] = F(\omega)G(\omega).$$

性质 7（帕斯瓦尔公式）

设 $f(t), g(t)$ 在 $(-\infty,+\infty)$ 平方可积（即 $|f(t)|^2, |g(t)|^2$ 在 $(-\infty,+\infty)$ 可积），

$$\mathscr{F}[f(t)] = F(\omega), \quad \mathscr{F}[g(t)] = G(\omega),$$

则

$$2\pi\int_{-\infty}^{+\infty} f(t)\overline{g(t)}dt = \int_{-\infty}^{+\infty} F(\omega)\overline{G(\omega)}d\omega.$$

特别有

$$2\pi \int_{-\infty}^{+\infty} |f(t)|^2 dt = \int_{-\infty}^{+\infty} |F(\omega)|^2 d\omega,$$

其中 $\bar{z}$ 表示 z 的共轭复数.

典型例题分析

一、证明傅氏变换的某些性质

1. 设 $f(t)$ 在 $(-\infty, +\infty)$ 绝对可积，$\mathscr{F}[f(t)] = F(\omega)$，$a \neq 0$，$b$ 为实数，求证：

$$\mathscr{F}[f(at+b)] = \frac{1}{|a|} F\left(\frac{\omega}{a}\right) e^{i\frac{b}{a}\omega}.$$

证 对积分作变量替换 $s = at + b$ $\left(t = \dfrac{s-b}{a}\right)$ 得：

当 $a > 0$ 时，

$$\mathscr{F}[f(at+b)] = \int_{-\infty}^{+\infty} f(at+b) e^{-i\omega t} dt$$

$$= \frac{1}{a} \int_{-\infty}^{+\infty} f(s) e^{-i\omega \frac{s-b}{a}} ds = \frac{1}{a} e^{i\frac{b}{a}\omega} \int_{-\infty}^{+\infty} f(s) e^{-i\frac{\omega}{a}s} ds$$

$$= \frac{1}{|a|} e^{i\frac{b}{a}\omega} F\left(\frac{\omega}{a}\right).$$

当 $a < 0$ 时，

$$\mathscr{F}[f(at+b)] = \frac{1}{a} \int_{+\infty}^{-\infty} f(s) e^{-i\omega \frac{s-b}{a}} ds = \frac{1}{-a} e^{i\frac{b}{a}\omega} F\left(\frac{\omega}{a}\right)$$

$$= \frac{1}{|a|} e^{i\frac{b}{a}\omega} F\left(\frac{\omega}{a}\right).$$

2. 设 $f(t)$ 在 $(-\infty, +\infty)$ 连续且绝对可积，又 $tf(t)$ 在 $(-\infty, +\infty)$ 绝对可积，求证：

$$\mathscr{F}[tf(t)] = iF'(\omega). \tag{7.1}$$

分析与证明 实际上是对

$$F(\omega) = \int_{-\infty}^{+\infty} f(t) e^{-i\omega t} dt$$

$$= \int_{-\infty}^{+\infty} f(t) \cos\omega t \, dt - i \int_{-\infty}^{+\infty} f(t) \sin\omega t \, dt$$

证明可以在积分号下对 ω 求导.

$$F'(\omega) = \left(\int_{-\infty}^{+\infty} f(t)\cos\omega t\, dt\right)'_{\omega} - \mathrm{i}\left(\int_{-\infty}^{+\infty} f(t)\sin\omega t\, dt\right)'$$

$$= -\int_{-\infty}^{+\infty} tf(t)\sin\omega t\, dt - \mathrm{i}\int_{-\infty}^{+\infty} tf(t)\cos\omega t\, dt$$

$$= -\mathrm{i}\int_{-\infty}^{+\infty} tf(t)\mathrm{e}^{-\mathrm{i}\omega t}\, dt = -\mathrm{i}\mathscr{F}[tf(t)],$$

即(7.1)成立.

注意：

$$f(t)\cos\omega t, \quad \frac{\partial}{\partial \omega}(f(t)\cos\omega t) = -tf(t)\sin\omega t$$

对 $\{(t,\omega) \mid -\infty < t < +\infty, -\infty < \omega < +\infty\}$ 连续，$\int_{-\infty}^{+\infty} f(t)\cos\omega t\, dt$ 对 $-\infty < \omega < +\infty$ 均收敛. 又

$$\left|\frac{\partial}{\partial \omega}(f(t)\cos\omega t)\right| \leqslant |tf(t)| \quad (\text{对任意 } t \text{ 与 } \omega).$$

由题设 $\int_{-\infty}^{+\infty} |tf(t)|\, dt$ 收敛 $\Rightarrow \int_{-\infty}^{+\infty} \frac{\partial}{\partial \omega}(f(t)\cos\omega t)\, dt$ 对 $\omega \in (-\infty, +\infty)$ 一致收敛. 因此

$$\left(\int_{-\infty}^{+\infty} f(t)\cos\omega t\, dt\right)'_{\omega} = \int_{-\infty}^{+\infty} (f(t)\cos\omega t)'_{\omega}\, dt.$$

同理可证另一式.

二、利用傅氏变换的性质求某些函数的傅氏变换

3. 已知

$$\mathscr{F}[\Pi_a(t)] = 2a\frac{\sin\omega a}{\omega a}, \quad \mathscr{F}[\Lambda_a(t)] = a\left(\frac{\sin a\omega/2}{a\omega/2}\right)^2,$$

其中

$$\Pi_a(t) = \begin{cases} 1, & |t| < a, \\ 0, & |t| > a, \end{cases} \quad \Lambda_a(t) = \begin{cases} 1 - \dfrac{|t|}{a}, & |t| \leqslant a, \\ 0, & |t| > a, \end{cases}$$

对下列给出的 $f(t)$，求 $\mathscr{F}[f(t)]$：

(1) $f(t) = \begin{cases} \sin bt, & |t| < a, \\ 0, & |t| > a; \end{cases}$
(2) $f(t) = \begin{cases} |t|, & |t| < a, \\ 0, & |t| > a; \end{cases}$

(3) $f(t)=\begin{cases} 0, & |t|>1, \\ 1, & -1<t<0, \\ -1, & 0<t<1. \end{cases}$

解 考察这些 $f(t)$ 与 $\Pi_a(t)$ 或 $\Lambda_a(t)$ 的关系. 利用 $\mathscr{F}[\Pi_a(t)]$ 或 $\mathscr{F}[\Lambda_a(t)]$ 求得 $\mathscr{F}[f(t)]$.

(1) $f(t)=\Pi_a(t)\dfrac{e^{ibt}-e^{-ibt}}{2i}$, 记 $\mathscr{F}[\Pi_a(t)]=G(\omega)$.

$$\mathscr{F}[f(t)] \xrightarrow{\text{线性性质}} \dfrac{1}{2i}\mathscr{F}[\Pi_a(t)e^{ibt}]-\dfrac{1}{2i}\mathscr{F}[\Pi_a(t)e^{-ibt}]$$

$$\xrightarrow{\text{频域平移}} \dfrac{1}{2i}G(\omega-b)-\dfrac{1}{2i}G(\omega+b)$$

$$=\dfrac{1}{i}\left[\dfrac{\sin(\omega-b)a}{\omega-b}-\dfrac{\sin(\omega+b)a}{\omega+b}\right].$$

(2) $f(t)$ 的图形如图 12.11 所示. 将 $f(t)$ 的图形与 t 轴对称翻转后再平移 a 单位得 $a\Lambda_a(t)$, 即

$$-f(t)+a\Pi_a(t)=a\Lambda_a(t),$$

$$\Rightarrow \mathscr{F}[f(t)]=a\mathscr{F}[\Pi_a(t)]-a\mathscr{F}[\Lambda_a(t)]$$

$$=\dfrac{2a}{\omega}\sin\omega a-\dfrac{4\sin^2\dfrac{\omega a}{2}}{\omega^2}.$$

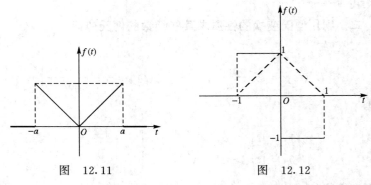

图 12.11　　　　　图 12.12

(3) $\Lambda_1(t)$ 在 $(-\infty,+\infty)$ 连续, 绝对可积. 除 $t=0,\pm 1$ 外, $\dfrac{d}{dt}\Lambda_1(t)=f(t)$, 它在 $(-\infty,+\infty)$ 绝对可积, 由性质 5

$$\mathscr{F}[f(t)] = \mathscr{F}[\Lambda_1'(t)] = i\omega \mathscr{F}[\Lambda_1(t)] = i\omega \left(\frac{\sin\omega/2}{\omega/2}\right)^2.$$

4. 已知 $\mathscr{F}[E_a(t)] = \dfrac{1}{\alpha + i\omega}$,其中

$$E_a(t) = \begin{cases} 0, & t<0, \\ e^{-\alpha t}, & t>0, \end{cases} \quad \alpha>0$$

为常数,对下列给出的 $f(t)$,求 $\mathscr{F}[f(t)]$:

(1) $f(t) = e^{-\alpha|t|}$;　　　　(2) $f(t) = \dfrac{1}{\alpha^2 + t^2}$;

(3) $f(t) = te^{-\alpha|t|}$;　　　　(4) $f(t) = \displaystyle\int_0^{+\infty} \dfrac{e^{-x}}{1+(x-t)^2}dx$.

解 (1) $f(t) = E_a(t) + E_a(-t)$,由性质 2 与性质 3

$$\mathscr{F}[f(t)] = \mathscr{F}[E_a(t)] + \mathscr{F}[E_a(-t)]$$
$$= \frac{1}{\alpha+i\omega} + \frac{1}{\alpha-i\omega} = \frac{2\alpha}{\alpha^2+\omega^2}.$$

(2) 由 $\mathscr{F}[e^{-\alpha|t|}] = \dfrac{2\alpha}{\alpha^2+\omega^2}$,由对称性质$\Longrightarrow$

$$\mathscr{F}\left[\frac{2\alpha}{\alpha^2+t^2}\right] = 2\pi e^{-\alpha|\omega|}.$$

再由线性性质$\Longrightarrow$

$$\mathscr{F}\left[\frac{1}{\alpha^2+t^2}\right] = \frac{1}{2\alpha}\mathscr{F}\left[\frac{2\alpha}{\alpha^2+t^2}\right] = \frac{\pi}{\alpha}e^{-\alpha|\omega|}.$$

(3) 由频域微商性质$\Longrightarrow$

$$\mathscr{F}[te^{-\alpha|t|}] = i\frac{d}{d\omega}\mathscr{F}[e^{-\alpha|t|}] = i\frac{d}{d\omega}\left[\frac{2\alpha}{\alpha^2+\omega^2}\right] = \frac{-4\alpha\omega i}{(\alpha^2+\omega^2)^2}.$$

(4) 设

$$h(t) = \frac{1}{1+t^2}, \quad E_1(t) = \begin{cases} 0, & t<0, \\ e^{-t}, & t>0, \end{cases}$$

则

$$h(t) * E_1(t) = \int_{-\infty}^{+\infty} h(t-x)E_1(x)dx = \int_0^{+\infty} \frac{e^{-x}}{1+(t-x)^2}dx.$$

这里 $h(t), E_1(t)$ 在 $(-\infty, +\infty)$ 绝对可积,由卷积定理$\Longrightarrow$

$$\mathscr{F}[f(t)] = \mathscr{F}[h(t) * E_1(t)] = \mathscr{F}[h(t)] \cdot \mathscr{F}[E_1(t)]$$
$$= \frac{\pi}{1+i\omega}e^{-|\omega|}.$$

三、用帕斯瓦尔等式计算某些无穷积分

5. 求下列无穷积分：

(1) $\int_{-\infty}^{+\infty} \frac{\sin^3 x}{x^3} \mathrm{d}x$；   (2) $\int_{-\infty}^{+\infty} \frac{\sin^4 x}{x^2} \mathrm{d}x$.

解 （1）令
$$f(t) = \Pi_1(t), \quad g(t) = \Lambda_2(t),$$
由傅氏变换表知
$$F(\omega) = \mathscr{F}[f(t)] = 2\frac{\sin\omega}{\omega}, \quad G(\omega) = \mathscr{F}[g(t)] = 2\frac{\sin^2\omega}{\omega^2}.$$
于是，由帕斯瓦尔等式得
$$\int_{-\infty}^{+\infty} F(\omega)\overline{G(\omega)} \mathrm{d}\omega = 2\pi \int_{-\infty}^{+\infty} f(t)\overline{g(t)} \mathrm{d}t,$$
即
$$\int_{-\infty}^{+\infty} 2\frac{\sin\omega}{\omega} \cdot 2\frac{\sin^2\omega}{\omega^2} \mathrm{d}\omega = 2\pi \int_{-\infty}^{+\infty} \Pi_1(t)\Lambda_2(t) \mathrm{d}t$$
$$= 2\pi \int_{-1}^{1} \left(1 - \frac{|t|}{2}\right) \mathrm{d}t = 4\pi \int_0^1 \left(1 - \frac{t}{2}\right) \mathrm{d}t = 3\pi.$$
因此
$$\int_{-\infty}^{+\infty} \frac{\sin^3\omega}{\omega^3} \mathrm{d}\omega = \frac{3}{4}\pi.$$

（2）已知
$$\mathscr{F}[\Lambda_2(t)] = 2\frac{\sin^2\omega}{\omega^2} \Longrightarrow \mathrm{i}\omega\mathscr{F}[\Lambda_2(t)] = \mathrm{i}\omega \cdot 2\frac{\sin^2\omega}{\omega^2} = 2\mathrm{i}\frac{\sin^2\omega}{\omega}.$$
由时域微商性质$\Longrightarrow$
$$\mathscr{F}\left[\frac{\mathrm{d}\Lambda_2(t)}{\mathrm{d}t}\right] = \mathrm{i}\omega\mathscr{F}[\Lambda_2(t)] = 2\mathrm{i}\frac{\sin^2\omega}{\omega} \xrightarrow{\text{记}} F(\omega),$$
其中
$$f(t) = \frac{\mathrm{d}\Lambda_2(t)}{\mathrm{d}t} = \begin{cases} 0, & |t| > 2, \\ 1/2, & -2 < t < 0, \\ -1/2, & 0 < t < 2. \end{cases}$$
于是，由帕斯瓦尔等式$\Longrightarrow$
$$\int_{-\infty}^{+\infty} |F(\omega)|^2 \mathrm{d}\omega = 2\pi \int_{-\infty}^{+\infty} |f(t)|^2 \mathrm{d}t,$$
即
$$4\int_{-\infty}^{+\infty} \frac{\sin^4\omega}{\omega^2} \mathrm{d}\omega = 2\pi \int_{-2}^{2} \frac{1}{4} \mathrm{d}t = 2\pi.$$
因此
$$\int_{-\infty}^{+\infty} \frac{\sin^4\omega}{\omega^2} \mathrm{d}\omega = \frac{\pi}{2}.$$

本 节 小 结

若已知某函数的傅氏变换,可利用傅氏变换的性质容易地求出某些相关函数的傅氏变换. 如若函数 $g(t)$ 可分解成
$$g(t) = e^{-i\frac{b}{a}t} f(t/a),$$
又已知 $\mathscr{F}[f(t)] = F(\omega)$,则可求出
$$\mathscr{F}[g(t)] = |a| F(a\omega + b).$$
若 $g(t)$ 可分解成 $g(t) = Atf(t)$,又 $f(t), tf(t)$ 在 $(-\infty, +\infty)$ 绝对可积,$\mathscr{F}[f(t)] = F(\omega)$ 已求得,则立即可求出
$$\mathscr{F}[Atf(t)] = AiF'(\omega).$$

练习题 12.7

已知傅氏变换表:

$\mathscr{F}[\Pi_a(t)] = \dfrac{2\sin\omega a}{\omega}$,其中 $\Pi_a(t) = \begin{cases} 1, & |t| < a, \\ 0, & |t| > a, \end{cases}$ $(a > 0)$;

$\mathscr{F}[\Lambda_a(t)] = a\left(\dfrac{\sin\omega a/2}{\omega a/2}\right)^2$,其中 $\Lambda_a(t) = \begin{cases} 1 - \dfrac{|t|}{a}, & |t| < a, \\ 0, & |t| > a; \end{cases}$

$\mathscr{F}[e^{-\alpha|t|}] = \dfrac{2\alpha}{\omega^2 + \alpha^2}$ $(\alpha > 0)$; $\qquad \mathscr{F}[e^{-\alpha t^2}] = \sqrt{\dfrac{\pi}{\alpha}} e^{-\frac{\omega^2}{4\alpha}}$ $(\alpha > 0)$;

$\mathscr{F}[E_\alpha(t)] = \dfrac{1}{\alpha + i\omega}$,其中 $E_\alpha(t) = \begin{cases} 0, & t < 0 \\ e^{-\alpha t}, & t > 0 \end{cases}$ $(\alpha > 0)$.

求下列函数的傅氏变换:

12.7.1 $f(t) = te^{-t^2}$.

12.7.2 $f(t) = \cos\beta t e^{-\alpha|t|}$.

12.7.3 $f(t) = \dfrac{\sin 2t}{t}$.

12.7.4 $f(t) = \begin{cases} t(1 - |t|), & |t| \leqslant 1, \\ 0, & |t| > 1. \end{cases}$

12.7.5 $f(t) = \begin{cases} -e^{-t}, & t > 0, \\ e^t, & t < 0. \end{cases}$

利用帕斯瓦尔等式求下列积分:

12.7.6 $\displaystyle\int_{-\infty}^{+\infty} \dfrac{1}{(1+x^2)^2} dx.$ $\qquad$ 12.7.7 $\displaystyle\int_{-\infty}^{+\infty} \dfrac{\sin^4 x}{x^4} dx.$

12.7.8 $\displaystyle\int_{-\infty}^{+\infty} \dfrac{x^2}{(1+x^2)^2} dx.$

第十三章 常微分方程

§1 基本概念

内容提要

含有自变量 x 与未知函数 $y(x)$ 及其导函数的方程式
$$F(x,y,y',\cdots,y^{(n)})=0 \tag{1.1}$$
叫做**常微分方程**. (1.1)中出现的导数的最高阶数称为常微分方程(1.1)的**阶**.

把微分方程式(1.1)冠以"常"字,是指其中的未知函数 y 是一元函数. 当未知函数是多元函数时,那么在相应的微分方程中就会出现偏导数,这样的方程就称为偏微分方程. 本章只讨论常微分方程.

设函数 $y=\varphi(x)$ 在区间 I 上连续,有直到 n 阶的导数. 若把 $y=\varphi(x)$ 及其各阶导数代入微分方程(1.1),使之成为一个恒等式,即有
$$F(x,\varphi(x),\varphi'(x),\cdots,\varphi^{(n)}(x))\equiv 0,\quad x\in I,$$
则称 $y=\varphi(x)$ 是微分方程(1.1)在区间 I 上的一个**解**.

n 阶微分方程包含 n 个独立的任意常数的解 $\varphi(x;C_1,C_2,\cdots,C_n)$,称为该方程的**通解**;不包含任意常数的解 $\varphi(x)$,称为方程的**特解**. 若通解 $y=\varphi(x;C_1,\cdots,C_n)$ 由隐式 $\Phi(x,y,C_1,\cdots,C_n)=0$ 给出,则称它为微分方程的通积分.

需要注意的是,微分方程的通解不一定包含该微分方程的所有的解. 见§2题1(3).

微分方程的解 $y=\varphi(x)$ 的图形,称为该微分方程的**积分曲线**.

求方程(1.1)的满足下列初始条件:
$$y(x_0)=y_0,\quad y'(x_0)=y_1,\cdots,y^{(n-1)}(x_0)=y_{n-1} \tag{1.2}$$
(其中 $x_0,y_0,y_1,\cdots,y_{n-1}$ 是给定的常数)的解叫做**求初值问题**或**柯西问题**. 求初值问题的一般步骤是:先求出方程(1.1)的通解
$$y=\varphi(x;C_1,C_2,\cdots,C_n),$$
将它代入(1.2)得方程组
$$\begin{cases} \varphi(x_0;C_1,\cdots,C_n)=y_0, \\ \varphi'(x_0;C_1,\cdots,C_n)=y_1, \\ \cdots\cdots\cdots\cdots\cdots\cdots\cdots\cdots \\ \varphi^{(n-1)}(x_0;C_1,\cdots,C_n)=y_{n-1}, \end{cases}$$

由此方程组确定出 n 个常数 $C_1^0, C_2^0, \cdots, C_n^0$,则 $y = \varphi(x; C_1^0, C_2^0, \cdots, C_n^0)$ 就是初值问题的解.

典型例题分析

1. 请指出下列微分方程的阶,是线性的还是非线性的?

微分方程	未知函数	自变量	阶	线性或非线性
$\dfrac{dy}{dx} + \dfrac{1}{x} y = x^3$	y	x	1	线性
$x^2 \dfrac{d^2 y}{dx^2} + x \dfrac{dy}{dx} + (x^2 - 1) y = 0$	y	x	2	线性
$\dfrac{d^4 u}{dy^4} + u \dfrac{d^2 u}{dy^2} + u^3 = 0$	u	y	4	非线性

2. 验证下列函数是否给定的微分方程的解?是什么解(通解或特解或其他)?

(1) 函数 $y = \ln(C + e^x)$,C 为任意常数,方程 $y' = e^{x-y}$;

(2) 函数 $\begin{cases} x = te^t \\ y = e^{-t} \end{cases}$,方程 $(1 + xy) y' + y^2 = 0$;

(3) 函数 $y = C_1 \cos 2x + 2C_2 \sin^2 x - C_2$,方程 $y'' + 4y = 0$.

解 (1) 由
$$y = \ln(C + e^x) \Longrightarrow e^y = C + e^x,$$
两边对 x 求导 $\Longrightarrow e^y y' = e^x \Longrightarrow y' = e^{x-y}$. 因此 $y = \ln(C + e^x)$ 是一阶方程 $y' = e^{x-y}$ 的解,又该解含一个任意常数 C,因而是通解.

(2) 这是由参数式确定的函数,由参数式求导法 $\Longrightarrow$
$$\frac{dy}{dx} = \frac{\dfrac{dy}{dt}}{\dfrac{dx}{dt}} = \frac{-e^{-2t}}{1 + t},$$

$$(1 + xy) \frac{dy}{dx} = (1 + t) \cdot \frac{-e^{-2t}}{1 + t} = -e^{-2t} = -y^2,$$

$\Longrightarrow \qquad (1 + x) \dfrac{dy}{dx} + y^2 = 0.$

因此该函数是方程 $(1 + xy) y' + y^2 = 0$ 的特解. 因该解不含任意常

数,是特解.

(3)
$$y = C_1\cos 2x + 2C_2\sin^2 x - C_2$$
$$= C_1\cos 2x + C_2(1-\cos 2x) - C_2$$
$$= (C_1-C_2)\cos 2x = C\cos 2x,$$
$$y'' = -4C\cos 2x = -4y,$$

即 $$y'' + 4y = 0.$$

因此该函数是二阶方程 $y''+4y=0$ 的解,因该解实质上只含一个独立的任意常数,它不是通解,也不是特解.

练习题 13.1

13.1.1 对下列微分方程指出:自变量、未知函数、阶数、线性还是非线性?

(1) $y = xy' + \sqrt{1+(y')^2}$;   (2) $\dfrac{d^2 x}{dy^2} + xy = 0$;

(3) $y^{(4)} y^{(2)} - 3xy = 0$;   (4) $w^{(8)} + 6w^{(2)} + w = x$;

(5) $(x+y)dx + (x-y)dy = 0$.

13.1.2 验证下列各题中,左边的函数是否满足右边的微分方程?

(1) $y = (e^t + Ce^{-t})/2t$, $t\dfrac{dy}{dt} + (1+t)y = e^t$;

(2) $x = C_1\cos 3t + C_2\sin 3t$, $\dfrac{d^2 x}{dt^2} + 9x = 0$;

(3) $w = \dfrac{1}{s}$, $\dfrac{d^2 w}{ds^2} = s^2 + w^2$;

(4) $y = C_1 e^{-2x} + C_2 e^x$, $y''' - 2y'' - 5y' + 6y = 0$;

(5) $y = \sum\limits_{n=0}^{\infty} \dfrac{x^n}{(n!)^2}$ ($|x|<\infty$), $x^2 y'' + y' - y = 0$.

13.1.3 上题中哪些是特解?哪些是通解?如果初始条件给定后,通解中的任意常数是否随初始条件而确定.

§2 一阶微分方程的解法

内 容 提 要

1. 基本类型的微分方程

(1) 可分离变量的微分方程

形如
$$\frac{\mathrm{d}y}{\mathrm{d}x} = f(x) \cdot g(y) \tag{2.1}$$
的方程称为**可分离变量的方程**. 当 $g(y) \neq 0$ 时，(2.1) 可化为
$$\frac{\mathrm{d}y}{g(y)} = f(x)\mathrm{d}x,$$
对上式两端积分, 即可得到 (2.1) 的通积分
$$\int \frac{\mathrm{d}y}{g(y)} = \int f(x)\mathrm{d}x + C.$$
若存在某个 y_0, 使 $g(y_0)=0$, 则常数函数 $y \equiv y_0$ 也是方程 (2.1) 的一个解.

(2) 一阶线性微分方程

形如
$$\frac{\mathrm{d}y}{\mathrm{d}x} + P(x)y = Q(x) \tag{2.2}$$
的方程称为**一阶线性微分方程** (未知函数 $y(x)$ 及其导数 y' 都以一次幂的形式出现).

① 当 $Q(x) \equiv 0$ 时, 方程 (2.2) 为
$$\frac{\mathrm{d}y}{\mathrm{d}x} + P(x)y = 0, \tag{2.3}$$
方程 (2.3) 称为**一阶齐次线性方程**. 它也是一个可分离变量的方程, 用分离变量法可求出它的通解为
$$y(x) = C\mathrm{e}^{-\int P(x)\mathrm{d}x}. \tag{2.4}$$

② 当 $Q(x) \not\equiv 0$ 时, 称 (2.4) 为**非齐次方程**, 且称 (2.3) 为 (2.2) 对应的**齐次方程**. 为求 (2.4) 的解, 可用如下方法:

方法 1 **积分因子法**. 方程两边同乘一个已知函数 $\mu(x) = \mathrm{e}^{\int P(x)\mathrm{d}x}$, 得
$$\mathrm{e}^{\int P\mathrm{d}x}\frac{\mathrm{d}y}{\mathrm{d}x} + P(x)\mathrm{e}^{\int P\mathrm{d}x}y = Q(x)\mathrm{e}^{\int P\mathrm{d}x},$$
$$\frac{\mathrm{d}}{\mathrm{d}x}(\mathrm{e}^{\int P\mathrm{d}x}y) = Q(x)\mathrm{e}^{\int P\mathrm{d}x}.$$
积分得
$$y\mathrm{e}^{\int P\mathrm{d}x} = \int Q(x)\mathrm{e}^{\int P\mathrm{d}x}\mathrm{d}x + C,$$
通解为
$$y = \mathrm{e}^{-\int P\mathrm{d}x}\left[C + \int Q(x)\mathrm{e}^{\int P\mathrm{d}x}\mathrm{d}x\right], \quad C \text{ 为任意常数}.$$

方法 2 **常数变易法**. 即将其对应的齐次方程 (2.3) 的通解 (2.4) 中的 C, 换成一个新的未知函数 $z(x)$, 作变换
$$y(x) = z(x)\mathrm{e}^{-\int P(x)\mathrm{d}x}, \tag{2.5}$$
由此得
$$y' = z' \cdot \mathrm{e}^{-\int P\mathrm{d}x} - P(x) \cdot z(x)\mathrm{e}^{-\int P\mathrm{d}x}.$$

将上述 $y(x)$ 及 y' 代入方程(2.2),可得关于新未知函数 $z(x)$ 的方程
$$\frac{\mathrm{d}z}{\mathrm{d}x} = Q(x)\mathrm{e}^{\int P(x)\mathrm{d}x},$$
从而解出
$$z(x) = \int Q(x)\mathrm{e}^{\int P\mathrm{d}x}\mathrm{d}x + C,$$
代入(2.5)即得(2.2)的通解
$$y(x) = \left[\int Q(x)\mathrm{e}^{\int P\mathrm{d}x}\mathrm{d}x + C\right]\mathrm{e}^{-\int P(x)\mathrm{d}x}.$$

(3) 全微分方程

若方程 $P(x,y)\mathrm{d}x + Q(x,y)\mathrm{d}y = 0$ 的左端是某个函数 $u(x,y)$ 的全微分,即存在 u 使得 $\mathrm{d}u = P\mathrm{d}x + Q\mathrm{d}y$,则称该方程为**全微分方程**.

设 $P(x,y), Q(x,y)$ 具有连续的一阶偏导数. 通常在单连通区域内,则 $P(x,y)\mathrm{d}x + Q(x,y)\mathrm{d}y = 0$ 为全微分方程 $\iff \dfrac{\partial P}{\partial y} = \dfrac{\partial Q}{\partial x}$. 此时这个全微分方程的通解是 $u(x,y) = C$, C 为任意常数,其中 $u(x,y)$ 是 $P\mathrm{d}x + Q\mathrm{d}y$ 的原函数. 求全微分方程 $P\mathrm{d}x + Q\mathrm{d}y = 0$ 的通解归结为求 $P\mathrm{d}x + Q\mathrm{d}y$ 的原函数. 求原函数的方法参见第九章§3.

2. 可化为基本类型的微分方程

(1) 形如 $y' = g(ax + by + c)$ ($b \neq 0$) 的方程

令 $z = ax + by + c$,则 $z' = a + by'$,原方程为
$$\frac{\mathrm{d}z}{\mathrm{d}x} = bg(z) + a.$$
这是关于新未知函数 $z(x)$ 的可分离变量的方程.

(2) 形如 $y' = g\left(\dfrac{y}{x}\right)$ 的方程

形如 $y' = f(x,y)$ 的方程要求 $f(x,y)$ 为齐次函数,即对参数 t,有 $f(tx,ty) = f(x,y)$ 称为**齐次方程**. 例如
$$f(x,y) = \frac{xy\sin\dfrac{y}{x}}{x^2 - y^2}$$
就是齐次函数. 因为齐次函数总可化成
$$f(x,y) = f\left(x \cdot 1, x \cdot \frac{y}{x}\right) = f\left(1, \frac{y}{x}\right) \xlongequal{\text{记}} g\left(\frac{y}{x}\right),$$
于是齐次方程总可写成
$$\frac{\mathrm{d}y}{\mathrm{d}x} = g\left(\frac{y}{x}\right).$$

令 $z = \dfrac{y}{x}$,即 $y = xz$,于是 $y' = z + xz'$. 所以原方程为

即
$$z + xz' = g(z),$$
$$\frac{\mathrm{d}z}{\mathrm{d}x} = \frac{1}{x}[g(z) - z].$$

(3) 伯努利方程

形如
$$y' + P(x)y = Q(x)y^\alpha \quad (\alpha \neq 0, 1)$$
的方程称为**伯努利方程**. 用变换 $z(x) = y^{1-\alpha}$ 可把伯努利方程化为关于 $z(x)$ 的线性方程:
$$y^{-\alpha}\frac{\mathrm{d}y}{\mathrm{d}x} + P(x)y^{1-\alpha} = Q(x),$$
$$\frac{1}{1-\alpha}\frac{\mathrm{d}}{\mathrm{d}x}y^{1-\alpha} + P(x)y^{1-\alpha} = Q(x),$$
$$\frac{\mathrm{d}z}{\mathrm{d}x} + (1-\alpha)P(x)z = (1-\alpha)Q(x),$$
其中 $z = y^{1-\alpha}$.

(4) 自变量与因变量互换后化为一阶线性方程的情形

以 y 为自变量,x 为因变量,方程
$$\frac{\mathrm{d}y}{\mathrm{d}x} = \frac{1}{P(y)x + Q(y)}$$
就化为一阶线性方程
$$\frac{\mathrm{d}x}{\mathrm{d}y} = P(y)x + Q(y).$$

*(5) 积分因子法

当方程
$$P(x,y)\mathrm{d}x + Q(x,y)\mathrm{d}y = 0 \tag{2.6}$$
不是全微分方程时,若存在函数 $\mu(x,y) \neq 0$,使方程
$$\mu P \mathrm{d}x + \mu Q \mathrm{d}y = 0$$
成为全微分方程,则称 $\mu(x,y)$ 是方程(2.6)的**积分因子**. 在单连通区域内函数 $\mu(x,y)$ 是(2.6)的积分因子的充要条件是
$$\frac{\partial}{\partial y}(\mu P) = \frac{\partial}{\partial x}(\mu Q).$$

在下列两种情形下,积分因子容易求出:

① $\dfrac{1}{Q}\left(\dfrac{\partial P}{\partial y} - \dfrac{\partial Q}{\partial x}\right) = F(x)$,这里 $F(x)$ 只是 x 的函数. 这时积分因子也只是 x 的函数,且可由下式确定:
$$\mu(x) = \mathrm{e}^{\int F(x)\mathrm{d}x}.$$

② $\frac{1}{P}\left(\frac{\partial P}{\partial y}-\frac{\partial Q}{\partial x}\right)=G(y)$，这里 $G(y)$ 只是 y 的函数，这时积分因子
$$\mu(y)=e^{-\int G(y)dy}.$$

典型例题分析

一、各类一阶方程的求解

1. 用分离变量法解下列微分方程：

(1) $y'=xy+x+y+1$；

(2) $(xy^2+x)dx+(x^2y-y)dy=0$；当 $x=0$ 时，$y=1$；

(3) $ydx+(x^2-4x)dy=0$.

解 (1) 原方程可写成为 $y'=(x+1)(y+1)$，分离变量得
$$\frac{dy}{y+1}=(x+1)dx,$$
两边积分得
$$\int\frac{dy}{y+1}=\int(x+1)dx,$$
即
$$\ln|y+1|=\frac{1}{2}(x+1)^2+C,$$
$$(y+1)=Ce^{\frac{1}{2}(x+1)^2},\quad C\neq 0. \tag{2.7}$$
又 $y\equiv-1$ 也是解，该解可看作上式中令 $C=0$ 时的解．因而得通解
$$y=Ce^{\frac{1}{2}(x+1)^2}-1,\quad C\text{ 为任意常数}. \tag{2.8}$$

注意，在以上推导过程中，(2.7)式中的常数 C 不等于零，但特解 $y\equiv-1$ 正好可看作(2.7)中的 C 取零值时的解．因此当去掉"$C\neq 0$"的限制时，也就把解 $y\equiv-1$ 包含进去了．因而方程的通解可写成(2.8)（它与(2.7)的区别是，C 可取任意实数）．为简便起见，今后遇到类似的情况时，不再每次重复上述推理过程，而直接写出结果；又在微分方程通解或通积分中的 C，如不对它加以特别的限制，就意味着它是任意常数，即可取任意实数值．

(2) 分离变量得
$$\frac{x}{x^2-1}dx+\frac{y}{y^2+1}dy=0,$$
积分得
$$\frac{1}{2}\ln|x^2-1|+\frac{1}{2}\ln|y^2+1|=C,$$

即
$$(x^2-1)(y^2+1)=C.$$
将 $x=0, y=1$ 代入上式得 $C=-2$,于是所求特解为
$$(x^2-1)(y^2+1)=-2.$$

(3) 分离变量得
$$\frac{\mathrm{d}y}{y}=\frac{\mathrm{d}x}{x(4-x)}.$$
积分得
$$\ln|y|=\frac{1}{4}\int\left(\frac{1}{x}+\frac{1}{4-x}\right)\mathrm{d}x,$$
即
$$\ln|y|=\frac{1}{4}\ln\left|\frac{x}{4-x}\right|+C.$$

这就是通解. 若以 x 为自变量,原方程还有解 $y=0$. 若以 y 为自变量,原方程还有解 $x=0, x=4$. 无论任意常数 C 取何值,通解均不含这几个解.

若把通解改写成 $y^4=\dfrac{Cx}{4-x}$,这个通解当 $C=0$ 时就含有解 $y=0$,但仍不包含 $x=0$ 与 $x=4$. 若又改写成 $y^4(4-x)=Cx$,这个通解当 $C=0$ 时就含有解 $y=0$ 与 $x=4$,但不包含 $x=0$.

2. 求下列微分方程的解:

(1) $xy'+y-\mathrm{e}^x=0$;

(2) $(x-2xy-y^2)\mathrm{d}y+y^2\mathrm{d}x=0$.

解 (1) 判断类型:这是一阶线性方程,方程可化为
$$y'+\frac{1}{x}y=\frac{\mathrm{e}^x}{x}.$$

方法 1 积分因子法. 因 $\mathrm{e}^{\int\frac{1}{x}\mathrm{d}x}=|x|$,方程两边乘 $\mu(x)=x$ 即化为
$$(xy)'=\mathrm{e}^x,$$
积分得
$$xy=\mathrm{e}^x+C.$$
通解为
$$y=\frac{C}{x}+\frac{\mathrm{e}^x}{x}.$$

方法 2 常数变易法. 原方程对应的齐次方程
$$y'+\frac{y}{x}=0$$
的通解为 $y=\dfrac{C}{x}$.

用常数变易法求非齐次方程的解. 令 $y=\dfrac{z}{x}$,则 $y'=\dfrac{z'}{x}-\dfrac{z}{x^2}$,代入原方程得

$$\frac{z'}{x}-\frac{z}{x^2}+\frac{z}{x^2}=\frac{\mathrm{e}^x}{x},$$

化简得
$$\frac{\mathrm{d}z}{\mathrm{d}x}=\mathrm{e}^x,$$

由此解得
$$z(x)=\mathrm{e}^x+C,$$

将 $z=xy$ 代入上式,得原方程的通解

$$y(x)=\frac{1}{x}(\mathrm{e}^x+C).$$

(2) 判断类型:这里对 x 是一次的,将 y 看作自变量,x 看作函数,是一阶线性方程:

$$\frac{\mathrm{d}x}{\mathrm{d}y}+\frac{1-2y}{y^2}x=1.$$

方法 1 积分因子法. 方程两边同乘

$$\mu(y)=\mathrm{e}^{\int\frac{1-2y}{y^2}\mathrm{d}y}=\mathrm{e}^{-\frac{1}{y}-\ln y^2}=\frac{1}{y^2}\mathrm{e}^{-\frac{1}{y}},$$

原方程化为

$$\frac{\mathrm{d}}{\mathrm{d}y}\left(\frac{1}{y^2}\mathrm{e}^{-\frac{1}{y}}x\right)=\frac{1}{y^2}\mathrm{e}^{-\frac{1}{y}}.$$

积分得

$$\frac{1}{y^2}\mathrm{e}^{-\frac{1}{y}}x=\int\frac{1}{y^2}\mathrm{e}^{-\frac{1}{y}}\mathrm{d}y+C=\int\mathrm{e}^{-\frac{1}{y}}\mathrm{d}\left(-\frac{1}{y}\right)+C.$$

通解为
$$\frac{1}{y^2}\mathrm{e}^{-\frac{1}{y}}x=\mathrm{e}^{-\frac{1}{y}}+C,$$

即
$$x=Cy^2\mathrm{e}^{\frac{1}{y}}+y^2.$$

方法 2 常数变易法. 原方程对应的齐次方程

$$\frac{\mathrm{d}x}{\mathrm{d}y}=\frac{2y-1}{y^2}x$$

的通解为
$$x=Cy^2\mathrm{e}^{1/y},$$

其中 C 为任意常数. 用常数变易法求非齐次方程的解. 设

$$x(y)=z(y)\cdot y^2\mathrm{e}^{1/y}, \tag{2.9}$$

其中 $z(y)$ 为新的未知函数,则
$$x' = z' \cdot y^2 e^{1/y} + 2zy e^{1/y} - z e^{1/y}. \tag{2.10}$$
将(2.9)及(2.10)代入原方程,整理得
$$\frac{dz}{dy} = \frac{1}{y^2} e^{-1/y},$$
由此解出 $z(y) = e^{-1/y} + C$. 所以原方程的通解为
$$x(y) = (e^{-1/y} + C) y^2 e^{1/y} = y^2 + Cy^2 e^{1/y}.$$

3. 求下列微分方程的解:
(1) $(x^2 + y^2) dx = 2xy\, dy$,当 $x=1$ 时 $y=0$;
(2) $2x\, dy - 2y\, dx = \sqrt{x^2 + 4y^2}\, dx\ (x>0)$.

解 (1) 原方程可化为
$$\frac{dy}{dx} = \frac{x^2 + y^2}{2xy},$$
上式右端为齐次函数,这是齐次方程. 令 $z = y/x$,方程可化为
$$z + xz' = \frac{1+z^2}{2z}, \quad 即 \quad \frac{dz}{dx} = \frac{1-z^2}{2xz}.$$
分离变量得
$$\frac{z}{1-z^2} dz = \frac{1}{2x} dx,$$
积分得
$$-\frac{1}{2} \ln|1-z^2| = \frac{1}{2} \ln|x| + C,$$
整理得
$$x(1-z^2) = C,$$
将 $z = \frac{y}{x}$ 代入上式得原方程的通积分
$$x^2 - y^2 = Cx.$$
将 $x=1, y=0$ 代入上式,得 $C=1$. 所以所求特解为
$$y^2 = x^2 - x.$$

(2) 原方程可化为
$$\frac{dy}{dx} = \frac{2y + \sqrt{x^2 + 4y^2}}{2x},$$
这也是齐次方程. 令 $z = y/x$,上式化为
$$z + xz' = \frac{1}{2} [2z + \sqrt{1+4z^2}],$$

即
$$\frac{\mathrm{d}z}{\mathrm{d}x} = \frac{1}{2x}\sqrt{1+4z^2}.$$

分离变量
$$\frac{\mathrm{d}z}{\sqrt{1+4z^2}} = \frac{1}{2x}\mathrm{d}x,$$

积分得
$$\frac{1}{2}\ln(2z+\sqrt{1+4z^2}) = \frac{1}{2}\ln|x| + C,$$

即
$$2z + \sqrt{1+4z^2} = Cx, \quad C \neq 0.$$

化简得
$$1 + 4Cxz - C^2 x^2 = 0, \quad C \neq 0.$$

将 $z = \dfrac{y}{x}$ 代入，得原方程的通积分为
$$1 + 4Cy - C^2 x^2 = 0, \quad C \neq 0.$$

4. 求下列微分方程的解：

(1) $3xy' - y - 3xy^4 \ln x = 0$； (2) $2xy \cdot y' - y^2 + x = 0$.

解 (1) 原方程可改写为
$$y' - \frac{1}{3x}y = y^4 \ln x.$$

这是伯努利方程. 以 y^4 除两边，得
$$\frac{1}{y^4}y' - \frac{1}{3x} \cdot \frac{1}{y^3} = \ln x.$$

令 $z(x) = \dfrac{1}{y^3}$，上述方程可化为
$$-\frac{1}{3}z' - \frac{1}{3x}z = \ln x,$$

即
$$z' + \frac{z}{x} = -3\ln x. \tag{2.11}$$

这是关于 $z(x)$ 的线性方程，用积分因子法求解.

方程两边同乘 $\mu(x) = e^{\int \frac{1}{x}\mathrm{d}x} = x$ 则化为
$$(xz)' = -3x \ln x.$$

积分得
$$xz = -3\int x \ln x \mathrm{d}x + C,$$

即
$$xz = -\frac{3}{4}x^2(2\ln x - 1) + C.$$

将 $z = 1/y^3$ 代入上式得原方程的通积分

$$xy^{-3} + \frac{3}{4}x^2(2\ln x - 1) = C.$$

（2）方程可改写为

$$2y\frac{\mathrm{d}y}{\mathrm{d}x} - \frac{y^2}{x} = -1,$$

这也是伯努利方程. 令 $z = y^2$，则方程为一阶线性方程，

$$\frac{\mathrm{d}z}{\mathrm{d}x} - \frac{z}{x} = -1. \tag{2.12}$$

用常数变易法求解：对应的齐次方程的通解为

$$z(x) = Cx.$$

设 $z(x) = u(x) \cdot x$ 为非齐次方程的解，代入（2.12）得

$$\frac{\mathrm{d}u}{\mathrm{d}x} = -\frac{1}{x},$$

由此解出 $u(x) = -\ln|x| + C$. 再以 $u(x) = \dfrac{z(x)}{x} = \dfrac{y^2(x)}{x}$ 代入，得原方程的通积分为

$$y^2 = x(-\ln|x| + C).$$

5. 求下列微分方程的解：

（1）$\left(\dfrac{1}{y}\sin\dfrac{x}{y} - \dfrac{y}{x^2}\cos\dfrac{y}{x} + 1\right)\mathrm{d}x$
  $+ \left(\dfrac{1}{x}\cos\dfrac{y}{x} - \dfrac{x}{y^2}\sin\dfrac{x}{y} + \dfrac{1}{y^2}\right)\mathrm{d}y = 0$;

（2）$(x^2 + y^2 + 2x)\mathrm{d}x + 2y\mathrm{d}y = 0.$

解 （1）令

$$P(x,y) = \frac{1}{y}\sin\frac{x}{y} - \frac{y}{x^2}\cos\frac{y}{x} + 1,$$

$$Q(x,y) = \frac{1}{x}\cos\frac{y}{x} - \frac{x}{y^2}\sin\frac{x}{y} + \frac{1}{y^2}.$$

可算出

$$\frac{\partial P}{\partial y} = \frac{\partial Q}{\partial x},$$

故是全微分方程. 用求原函数的办法不难求出 $P\mathrm{d}x + Q\mathrm{d}y$ 的原函数

$$u(x,y) = \sin\frac{y}{x} - \cos\frac{x}{y} + x - \frac{1}{y},$$

所以通积分为

$$\sin\frac{y}{x} - \cos\frac{x}{y} + x - \frac{1}{y} = C.$$

(2) 令 $P = x^2+y^2+2x$, $Q = 2y$, 有

$$\frac{\dfrac{\partial P}{\partial y} - \dfrac{\partial Q}{\partial x}}{Q} = 1,$$

与 y 无关,所以积分因子也只与 x 有关,为

$$\mu(x) = e^{\int dx} = e^x.$$

将原方程两边乘 e^x,得

$$(x^2 + y^2 + 2x)e^x dx + 2ye^x dy = 0.$$

上式可写成

$$(x^2 + 2x)e^x dx + (y^2 e^x dx + 2ye^x dy) = 0,$$

即 $$d(x^2 e^x) + d(y^2 e^x) = 0,$$
即 $$d(x^2 e^x + y^2 e^x) = 0.$$

由此看出原方程的通积分为

$$(x^2 + y^2)e^x = C.$$

二、含变限积分的方程

6. 设 $y(x)$ 在 $[1, +\infty)$ 连续,由曲线 $y = y(x)$,直线 $x = 1, x = t$ ($t > 1$) 与 x 轴围成的平面图形绕 x 轴旋转一周所成的旋转体体积为

$$V(t) = \frac{\pi}{3}[t^2 y(t) - y(1)],$$

求 $y = y(x)$.

解 由旋转体的体积公式得

$$V(t) = \pi \int_1^t y^2(x) dx.$$

按题意得

$$\pi \int_1^t y^2(x) dx = \frac{\pi}{3}[t^2 y(t) - y(1)]. \tag{2.13}$$

这是含变限积分的方程,将它转化为微分方程.

$$\text{方程}(2.13) \xrightleftharpoons[\text{积分}]{\text{求导}} y^2(t) = \frac{1}{3}[2ty(t) + t^2 y'(t)].$$

注意,由题设 $\Longrightarrow \int_1^t y^2(x)\mathrm{d}x$ 对 $t\geqslant 1$ 可导,由(2.13)式 $\Longrightarrow y(t)$ 对 $t\geqslant 1$ 可导. 因此方程(2.13)与
$$3y^2 = 2ty + t^2 y'$$
是等价的. 将 t 换成 x,上式改写成
$$\frac{\mathrm{d}y}{\mathrm{d}x} + 2\frac{y}{x} = \frac{3y^2}{x^2}.$$

这是齐次方程,也是伯努利方程. 我们按伯努利方程来求解: 改写成
$$\frac{1}{y^2}\frac{\mathrm{d}y}{\mathrm{d}x} + \frac{2}{x}\left(\frac{1}{y}\right) = \frac{3}{x^2},$$
$$\frac{\mathrm{d}}{\mathrm{d}x}\left(\frac{1}{y}\right) - \frac{2}{x}\left(\frac{1}{y}\right) = -\frac{3}{x^2}.$$

这是以 $\frac{1}{y}$ 为因变量的线性方程,两边乘
$$\mu(x) = \mathrm{e}^{-\int \frac{2}{x}\mathrm{d}x} = \frac{1}{x^2}$$

得
$$\frac{\mathrm{d}}{\mathrm{d}x}\left(\frac{1}{x^2}\frac{1}{y}\right) = -\frac{3}{x^4}.$$

积分得
$$\frac{1}{x^2}\frac{1}{y} = \frac{1}{x^3} + C,$$

即
$$y = \frac{x}{1+Cx^3}.$$

7. 设 $y(x)$ 连续,求解方程
$$\int_0^x y(s)\mathrm{d}s + \frac{1}{2}y(x) = x^2. \tag{2.14}$$

解 由题设条件可得 $y(x)$ 可导. 这也是含变限积分的方程,将它转化为微分方程:

$$\int_0^x y(s)\mathrm{d}s + \frac{1}{2}y(x) = x^2 \xrightarrow[\text{积分}]{\overset{\text{求导}}{\underset{\text{令}x=0}{\Longrightarrow}}} \begin{cases} y(x) + \frac{1}{2}y'(x) = 2x, \\ y(0) = 0. \end{cases}$$

因此,方程(2.14)等价于初值问题
$$\begin{cases} y'(x) + 2y(x) = 4x, \\ y(0) = 0. \end{cases}$$

这是一阶线性方程. 两边乘 $\mu(x) = \mathrm{e}^{\int 2\mathrm{d}x} = \mathrm{e}^{2x}$ 得

$$(y\mathrm{e}^{2x})' = 4x\mathrm{e}^{2x},$$

积分得 $$y\mathrm{e}^{2x} = \int 4x\mathrm{e}^{2x}\mathrm{d}x + C = (2x-1)\mathrm{e}^{2x} + C.$$

由 $y(0)=0 \Longrightarrow C=1$. 因此求得解 $y = \mathrm{e}^{-2x} + 2x - 1$.

本 节 小 结

1. 设法把某些微分方程的求解问题转化为初等函数的积分问题. 这是求解一阶微分方程的基本方法——初等积分法. 能用初等积分法求解的只能是某些特殊类型的一阶微分方程. 运用这种方法时,首先要判断方程的类型,按类型选定求解的方法:

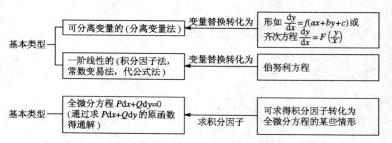

2. 求解一阶微分方程的通解时,只要求得的解中含有一个任意常数即是通解. 通解不一定是所有的解. 求通解时,可不必补上失去的解. 若求所有的解,就必须把失去的解补上.

3. 求解含变限积分的方程的基本方法是:通过求导转化为求解微分方程. 但必须注意,有的等同于求解微分方程的通解,如题 6 (当 $x=1$ 时,原方程两边相等). 有的则等同于求解微分方程的初值问题. 如题 7(当 $x=0$ 时由方程两边相等得 $y(0)=0$).

练 习 题 13.2

13.2.1 求下列微分方程的解:

(1) $\dfrac{\mathrm{d}y}{\mathrm{d}x} = \dfrac{1+y^2}{(1+x^2)xy}$; (2) $y - xy' = a(y^2 + y')$;

(3) $\sqrt{1+x^2}\mathrm{d}y - \sqrt{1-y^2}\mathrm{d}x = 0$.

13.2.2 求下列微分方程的解:

(1) $(x+2y)\mathrm{d}x + (2x-3y)\mathrm{d}y = 0$;

(2) $2x\mathrm{d}z - 2z\mathrm{d}x = \sqrt{x^2 + 4z^2}\,\mathrm{d}x \ (x > 0)$;

(3) $(x^2 - y^2)\mathrm{d}y - 2xy\mathrm{d}x = 0$;

(4) $\dfrac{\mathrm{d}y}{\mathrm{d}x} = \dfrac{2x^3 y - y^4}{x^4 - 2xy^3}$.

13.2.3 求下列微分方程的解：

(1) $\dfrac{\mathrm{d}s}{\mathrm{d}t} + \dfrac{s}{t} = \cos t + \dfrac{\sin t}{t}$; (2) $x\dfrac{\mathrm{d}y}{\mathrm{d}x} - 2y = 2x$;

(3) $(x+1)\dfrac{\mathrm{d}y}{\mathrm{d}x} - ny = \mathrm{e}^x (x+1)^{n+1}$.

13.2.4 求下列微分方程的解：

(1) $x\dfrac{\mathrm{d}y}{\mathrm{d}x} + y = 2\sqrt{xy}$; (2) $3xy' - y - 3xy^4 \ln x = 0$;

(3) $\dfrac{\mathrm{d}y}{\mathrm{d}x} - 3xy - xy^2 = 0$.

13.2.5 求下列微分方程的解：

(1) $(y^2 - 6x)\mathrm{d}y + 2y\mathrm{d}x = 0$; (2) $(\sin^2 y + x\cot y)y' = 1$;

(3) $y\mathrm{d}x + (2\sqrt{xy} - x)\mathrm{d}y = 0$.

13.2.6 求下列微分方程的解：

(1) $\mathrm{e}^y \mathrm{d}x + (x\mathrm{e}^y - 2y)\mathrm{d}y = 0$; (2) $\dfrac{x\mathrm{d}y}{x^2 + y^2} = \left(\dfrac{y}{x^2 + y^2} - 1\right)\mathrm{d}x$;

(3) $\dfrac{y + \sin x \cdot \cos^2(xy)}{\cos^2(xy)}\mathrm{d}x + \dfrac{x}{\cos^2(xy)}\mathrm{d}y + \sin y\,\mathrm{d}y = 0$.

13.2.7 求下列微分方程的解：

(1) $y' = (8x + 2y + 1)^2$; (2) $y' = \dfrac{x + 2y + 1}{2x + 4y - 1}$.

13.2.8 求下列微分方程的解：

(1) $y(1 + xy)\mathrm{d}x - x\mathrm{d}y = 0$; (2) $(x^2 + y^2 + 2x)\mathrm{d}x + 2y\mathrm{d}y = 0$;

(3) $\dfrac{y}{x}\mathrm{d}x + (y^3 - \ln x)\mathrm{d}y = 0$;

(4) $(x\cos y - y\sin y)\mathrm{d}y + (x\sin y + y\cos y)\mathrm{d}x = 0$.

13.2.9 求下列微分方程的解：

(1) $(4x^2 + 3xy + y^2)\mathrm{d}x + (4y^2 + 3xy + y^2)\mathrm{d}y = 0$;

(2) $y\mathrm{d}x + \left(x - \dfrac{1}{2}x^3 y\right)\mathrm{d}y = 0$;

(3) $(x^3 - 3xy^2 + 2)\mathrm{d}x - (3x^2 y - y^2)\mathrm{d}y = 0$;

(4) $a\left(x\dfrac{\mathrm{d}y}{\mathrm{d}x} + 2y\right) = xy\dfrac{\mathrm{d}y}{\mathrm{d}x}$; (5) $y^2 \mathrm{d}x - (2xy + 3)\mathrm{d}y = 0$;

(6) $x\dfrac{\mathrm{d}y}{\mathrm{d}x} - y = (x-1)\mathrm{e}^x$; (7) $nx\dfrac{\mathrm{d}y}{\mathrm{d}x} + 2y = xy^{n+1}$.

13.2.10 求下列微分方程满足初始条件的特解：

(1) $\dfrac{\mathrm{d}x}{y} + \dfrac{4\mathrm{d}y}{x} = 0$, 当 $x = 4$ 时, $y = 2$;

(2) $(x^2+y^2)\mathrm{d}x=2xy\mathrm{d}y$, 当 $x=1$ 时, $y=0$;

(3) $x\mathrm{d}y-y\mathrm{d}x=\sqrt{x^2+y^2}\mathrm{d}x$, 当 $x=1/2$ 时, $y=0$;

(4) $\sin y \cdot \cos x\mathrm{d}y=\cos y \cdot \sin x\mathrm{d}x$, 当 $x=0$ 时, $y=\pi/4$;

(5) $\dfrac{\mathrm{d}y}{\mathrm{d}x}-\dfrac{2y}{x}=x^2\mathrm{e}^x$, 当 $x=1$ 时, $y=0$;

(6) $\dfrac{\mathrm{d}y}{\mathrm{d}x}+\dfrac{2y}{x}=\dfrac{1}{x^2}$, 当 $x=1$ 时, $y=2$.

13.2.11 求解下列方程：设 $y(x)$ 连续.

(1) $y(x)=\displaystyle\int_0^x y(t)\mathrm{d}t+x+1$; (2) $y(x)=\cos 2x+\displaystyle\int_0^x y(t)\sin t\mathrm{d}t$.

§3 二阶线性微分方程

内 容 提 要

1. 线性微分方程的标准形式

未知函数 $y(x)$ 及其各阶导数都以一次幂形式出现的方程

$$y^{(n)}+P_1(x)y^{(n-1)}+P_2(x)y^{(n-2)}+\cdots+P_n(x)y=f(x) \quad (3.1)$$

称为**线性微分方程**. 当 $f(x)\equiv 0$ 时, 方程为

$$y^{(n)}+P_1(x)y^{(n-1)}+P_2(x)y^{(n-2)}+\cdots+P_n(x)y=0. \quad (3.2)$$

(3.2)称为**齐次方程**, $f(x)\neq 0$ 时, (3.1)称为**非齐次方程**. 且(3.2)称为(3.1)对应的齐次方程.

2. 线性微分方程解的叠加原理

① 设 $y_1(x), y_2(x), \cdots, y_m(x)$ 是齐次方程(3.2)的 m 个解, 则对任意常数 $C_1, C_2, \cdots, C_m$, $\displaystyle\sum_{i=1}^m C_i y_i(x)$ 也是(3.2)的解.

② 设 $y_0(x)$ 是(3.2)的解, $y^*(x)$ 是(3.1)的解, 则 $y_0(x)+y^*(x)$ 是(3.1)的解.

③ 更一般地, 若 $y^*(x)$ 与 $\tilde{y}(x)$ 分别是(3.1)与

$$y^{(n)}+P_1(x)y^{(n-1)}+P_2(x)y^{(n-2)}+\cdots+P_n(x)y=g(x)$$

的解, 则 $y^*(x)+\tilde{y}(x)$ 是方程

$$y^{(n)}+P_1(x)y^{(n-1)}+P_2(x)y^{(n-2)}+\cdots+P_n(x)y=f(x)+g(x)$$

的解.

3. 线性微分方程解的结构

(1) 函数组的线性相关性

n 个函数 $y_1(x), y_2(x), \cdots, y_n(x)$ 称为在区间 $[a,b]$ 上是**线性相关**的, 如果存

在不全为零的 n 个常数 $C_1, C_2, \cdots, C_n$, 使
$$C_1 y_1(x) + C_2 y_2(x) + \cdots + C_n y_n(x) \equiv 0, \quad a \leqslant x \leqslant b.$$
否则,称这组函数是**线性无关**的.

例如,函数组
$$1, x, x^2, \cdots, x^n; \quad e^x, xe^x, \cdots, x^{n-1}e^x; \quad \sin x, \cos x;$$
等等都是线性无关的.

(2) 齐次线性方程解的结构

若 $y_1(x), y_2(x), \cdots, y_n(x)$ 是齐次线性方程(3.2)的 n 个线性无关的解,则它们的线性组合
$$C_1 y_1(x) + C_2 y_2(x) + \cdots + C_n y_n(x) \tag{3.3}$$
($C_1, C_2, \cdots, C_n$ 为任意常数)也是(3.2)的解. 称为(3.2)的**通解**. 且(3.2)的任意一个解都能表成(3.3)的形式. $y_1(x), y_2(x), \cdots, y_n(x)$ 称为方程(3.2)的**基本解组**.

(3) 非齐次线性方程解的结构

设 $y(x)$ 是非齐次线性方程(3.1)的一个特解,而
$$C_1 y_1(x) + C_2 y_2(x) + \cdots + C_n y_n(x)$$
是(3.1)对应的齐次方程的通解,则(3.1)的通解可表为
$$C_1 y_1(x) + C_2 y_2(x) + \cdots + C_n y_n(x) + y(x).$$
也就是说,齐次方程的通解加上非齐次方程的一个特解,构成非齐次方程的通解.

对线性方程来说,它的通解包含了它的所有的解.

4. 常系数线性齐次方程的求解方法

考虑常系数线性齐次方程
$$y^{(n)} + p_1 y^{(n-1)} + p_2 y^{(n-2)} + \cdots + p_n y = 0, \tag{3.4}$$
其中 $p_1, p_2, \cdots, p_n$ 为常数. 其特征方程为
$$\lambda^n + p_1 \lambda^{n-1} + p_2 \lambda^{n-2} + \cdots + p_n = 0, \tag{3.5}$$
其中 λ 为未知量.

若 λ_1 是特征方程(3.5)的单根,则函数 $y = e^{\lambda_1 x}$ 是微分方程(3.4)的一个解; 若 λ_k 是特征方程(3.5)的 k 重根,则
$$e^{\lambda_k x}, x e^{\lambda_k x}, \cdots, x^{k-1} e^{\lambda_k x}$$
是(3.4)的 k 个线性无关的解.

特别对于二阶常系数线性齐次方程
$$y'' + py' + qy = 0, \tag{3.6}$$
其中 p, q 为常数. 其特征方程为

$$\lambda^2 + p\lambda + q = 0. \tag{3.7}$$

(3.7)的解可归结为下列三种情况：

① 当(3.7)有相异实根 λ_1, λ_2 时，微分方程(3.6)的通解为
$$C_1 e^{\lambda_1 x} + C_2 e^{\lambda_2 x},$$
其中 C_1, C_2 为任意常数；

② 当(3.7)有重根 λ_1 时，(3.6)的通解为
$$C_1 e^{\lambda_1 x} + C_2 x e^{\lambda_1 x},$$
其中 C_1, C_2 为任意常数；

③ 当(3.7)有共轭复根 $\lambda_1, \lambda_2 = \alpha \pm i\beta$ 时，(3.6)的通解为
$$e^{\alpha x}(C_1 \cos\beta x + C_2 \sin\beta x),$$
其中 C_1, C_2 为任意常数．

5. 二阶常系数非齐次线性方程的解法

非齐次线性方程
$$y'' + py' + qy = f(x) \tag{3.8}$$
的通解为
$$y = C_1 y_1(x) + C_2 y_2(x) + y_0(x),$$
其中 $y_0(x)$ 是(3.8)的一个特解，$C_1 y_1(x) + C_2 y_2(x)$ 是(3.8)对应的齐次方程
$$y'' + py' + qy = 0 \tag{3.9}$$
的通解．

齐次方程通解的求法前面已讲过，因而现在只需再讲非齐次方程特解的求法．

(1) 常数变易法

若已知(3.9)的通解为
$$C_1 y_1(x) + C_2 y_2(x),$$
其中 C_1, C_2 为任意常数．将 C_1, C_2 换成函数，$y_1(x), y_2(x)$ 保持不变，即令
$$y(x) = C_1(x) y_1(x) + C_2(x) y_2(x) \tag{3.10}$$
是非齐次方程(3.8)的通解，其中 $C_1(x), C_2(x)$ 是待定函数．函数 $C_1(x), C_2(x)$ 的求法如下：

先由方程组
$$\begin{cases} C_1'(x) y_1(x) + C_2'(x) y_2(x) = 0, \\ C_1'(x) y_1'(x) + C_2'(x) y_2'(x) = f(x) \end{cases}$$
解出 $C_1'(x)$ 与 $C_2'(x)$，再积分就可得出 $C_1(x)$ 与 $C_2(x)$．将这样求出的 $C_1(x), C_2(x)$ 代入(3.10)，即得非齐次方程的解．

(2) 待定系数法

当非齐次项 $f(x)$ 是下列几类函数时,可用待定系数法求特解.

① $f(x)=Ae^{\alpha x}$,其中 A,α 为常数.

当 α 不是特征方程

$$\lambda^2 + p\lambda + q = 0 \tag{3.11}$$

的根时,设非齐次方程的特解为 $ae^{\alpha x}$;当 α 是(3.11)的单根时,设特解为 $axe^{\alpha x}$;当 α 是(3.11)的重根时,设特解为 $ax^2e^{\alpha x}$,其中 a 为待定常数.将所设特解代入方程(3.8)就可确定常数 a.

② $f(x)=P_n(x)$(即 x 的 n 次多项式).

当 0 不是特征方程(3.11)的根时,设非齐次方程的特解为 $Q_n(x)$;当 0 是(3.11)的单根时,设特解为 $xQ_n(x)$;当 0 是(3.11)的重根时,设特解为 $x^2Q_n(x)$;其中 $Q_n(x)$ 为 n 次多项式,其系数将由特解代入方程而确定.

③ $f(x)=A\sin\beta x+B\cos\beta x$.

当 $\pm\beta i$ 不是(3.11)的根时,设非齐次方程的特解为 $a\cos\beta x+b\sin\beta x$;当 $\pm\beta i$ 是(3.11)的根时,设特解为 $x(a\cos\beta x+b\sin\beta x)$;其中 a,b 为待定常数,将由特解代入方程而确定.

④ $f(x)=e^{\alpha x}[P_n(x)\cos\beta x+Q_m(x)\sin\beta x]$,其中 $P_n(x),Q_m(x)$ 分别为 n 与 m 次多项式.

当 $\alpha\pm i\beta$ 不是(3.11)的根时,设非齐次方程的特解为

$$e^{\alpha x}[R_k(x)\cos\beta x + S_k(x)\sin\beta x];$$

当 $\alpha\pm i\beta$ 是(3.11)的根时,设非齐次方程的特解为

$$xe^{\alpha x}[R_k(x)\cos\beta x + S_k(x)\sin\beta x],$$

其中 $R_k(x),S_k(x)$ 为待定 k 次多项式,$k=\max\{n,m\}$.

实际上,情况①,②,③都是情况④当 α,β,P_n,Q_m 取特定值时的特殊情况.为了应用简便起见,还是分情况将它们一一列出.

*6. 欧拉方程及其解法

形如 $x^n y^{(n)}+p_1 x^{n-1} y^{(n-1)}+\cdots+p_n y=f(x)$ 的特殊的变系数线性方程(其中 $p_1,p_2,\cdots,p_n$ 为常数)叫做**欧拉方程**.

当 $x>0$ 时作变换 $x=e^t$ 或 $t=\ln x$,将自变量 x 变成 t,欧拉方程就化成线性常系数方程.特别 $n=2$ 时,即

$$x^2\frac{d^2 y}{dx^2} + p_1 x\frac{dy}{dx} + p_2 y = f(x)$$

就化成二阶常系数线性方程

$$\frac{d^2 y}{dt^2} + (p_1 - 1)\frac{dy}{dt} + p_2 y = f(e^t).$$

*7. 微分方程的幂级数解法

当微分方程的解不能或难以用初等函数表达时，在有些情况下，可以用幂级数解法.

(1) 幂级数解法

当微分方程
$$y'' + p(x)y' + q(x)y = 0 \tag{3.12}$$
的系数函数 $p(x), q(x)$ 在 x_0 邻域内能展成幂级数，即
$$p(x) = \sum_{n=0}^{\infty} a_n(x-x_0)^n, \quad q(x) = \sum_{n=0}^{\infty} b_n(x-x_0)^n$$
时，则(3.12)有幂级数解. 这时，可设(3.12)的解为
$$y = \sum_{n=0}^{\infty} C_n(x-x_0)^n,$$
其中系数 C_n 待定. 将上式代入方程(3.12)，并比较方程两端 $(x-x_0)$ 的同次幂的系数，即可确定出 $C_n(n=1,2,\cdots)$.

(2) 广义幂级数解

对于方程
$$A(x)y'' + B(x)y' + C(x)y = 0, \tag{3.13}$$
若 $A(x_0)=0$，则称 x_0 为方程的奇点. 在奇点的邻域内，有时可以用广义幂级数求解，有时却不能用，有下述结论：

若微分方程(3.13)以 x_0 为正则奇点，即(3.13)可以改写成
$$(x-x_0)^2 P(x)y'' + (x-x_0)Q(x)y' + R(x)y = 0,$$
其中 $P(x_0) \neq 0, P(x), Q(x), R(x)$ 在 x_0 的邻域内可展成幂级数，则(3.13)有广义幂级数解
$$y = \sum_{n=0}^{\infty} C_n(x-x_0)^{n+\rho} \quad (C_0 \neq 0),$$
其中系数 C_n 与指标 ρ 可用代入法来确定 $(n=1,2,\cdots)$.

典型例题分析

一、基本概念

1. 判断下列函数组是否线性相关：

(1) $x, x-1$；　　　　　　　　(2) $x, x-3, x+5$；

(3) x, x^2, x^3；　　　　　　　(4) $\cos x, \sin x$.

解 (1) x 与 $x-1$ 线性无关. 这可用反证法证明：若 x 与 $x-1$ 线性相关，则存在不全为零的常数 C_1, C_2，使

$$C_1 x + C_2(x-1) \equiv 0, \quad a \leqslant x \leqslant b.$$

不妨设 $C_1 \neq 0$，上式可化为

$$\frac{x}{x-1} \equiv \frac{-C_2}{C_1}, \quad a \leqslant x \leqslant b.$$

但恒等号右端是常数，左端不是常数，因而不可能相等. 于是反证法假设不成立，即 x 与 $(x-1)$ 线性无关.

从本题的证明过程可看出，对于由两个函数 $y_1(x)$ 与 $y_2(x)$ 组成的函数组，当

$$\frac{y_1(x)}{y_2(x)} = C,$$

其中 C 为常数（包含 ∞）时，则 $y_1(x)$ 与 $y_2(x)$ 线性相关. 当

$$\frac{y_1(x)}{y_2(x)} \neq C,$$

其中 C 为常数时，则 $y_1(x)$ 与 $y_2(x)$ 线性无关.

(2) 因为存在一组不全为零的常数

$$-8, 5, 3,$$

使 $(-8) \cdot x + 5 \cdot (x-3) + 3 \cdot (x+5) = 0.$
因而 $x, (x-3), (x+5)$ 线性相关.

(3) 因为要使多项式

$$C_1 x + C_2 x^2 + C_3 x^3 \equiv 0, \quad a \leqslant x \leqslant b,$$

必须 $C_1 = C_2 = C_3 = 0$. 因而 x, x^2, x^3 线性无关.

(4) 因为

$$\frac{\cos x}{\sin x} = \cot x \neq 常数,$$

因而 $\sin x$ 与 $\cos x$ 线性无关.

2. 试组成线性方程，已知它的基本解组如下：

(1) e^{-2x}, e^{2x}；　　　　　　　　(2) e^x, xe^x.

解　(1) 由已知条件，齐次方程的通解为

$$y = C_1 e^{-2x} + C_2 e^{2x},$$

对上式求一、二阶导数，得

$$y' = -2C_1 e^{-2x} + 2C_2 e^{2x}, \quad y'' = 4C_1 e^{-2x} + 4C_2 e^{2x}.$$

由上看出有
$$y'' - 4y = 0.$$
这就是所求的微分方程.

(2) 齐次方程的通解为
$$y = C_1 e^x + C_2 x e^x,$$
求导得
$$y' = C_1 e^x + C_2 e^x + C_2 x e^x = (C_1 + C_2) e^x + C_2 x e^x,$$
$$y'' = (C_1 + 2C_2) e^x + C_2 x e^x.$$
由此可得所求的微分方程为
$$y'' - 2y' + y = 0.$$

该结果不易由观察得到,我们可设该方程为 $y''+ay'+by=0$,其中 a,b 为待定常数.因
$$y'' + ay' + by = (C_1 + 2C_2 + aC_1 + aC_2 + bC_1)e^x$$
$$+ (C_2 + aC_2 + bC_2) x e^x = 0.$$
由于 e^x, xe^x 线性无关 $\Longrightarrow$
$$C_2(1 + a + b) = 0, \quad (1 + a + b)C_1 + (2 + a)C_2 = 0,$$
$$\Longrightarrow \qquad a = -2, \quad b = 1.$$

3. 已知线性齐次微分方程的基本解组为
$$1, \quad x,$$
求满足初值条件
$$y\big|_{x=1} = 1, \quad y'\big|_{x=1} = 2$$
的特解.

解 方程的通解为
$$y = C_1 + C_2 x.$$
求导得 $\qquad y' = C_2.$

将初值代入以上两式得
$$\begin{cases} C_1 + C_2 = 1, \\ C_2 = 2, \end{cases}$$
由此得 $C_1 = -1, C_2 = 2$,所求特解为 $y = 2x - 1$.

二、求解二阶常系数线性齐次方程

4. 求下列二阶常系数线性齐次方程的通解：

(1) $y'' - 4y' + 3y = 0$；　　(2) $y'' - 2y' + y = 0$；

(3) $y'' - 6y' + 11y = 0$.

解 (1) 对应的特征方程为
$$\lambda^2 - 4\lambda + 3 = 0,$$
特征根为 $\lambda_1 = 1, \lambda_2 = 3$. 所以微分方程的通解为
$$y = C_1 e^x + C_2 e^{3x}.$$

(2) 对应的特征方程为
$$\lambda^2 - 2\lambda + 1 = 0,$$
它有重根 $\lambda_{1,2} = 1$, 所以原方程的通解为
$$y = C_1 e^x + C_2 x e^x.$$

(3) 对应的特征方程为
$$\lambda^2 - 6\lambda + 11 = 0,$$
特征根为 $\lambda_{1,2} = 3 \pm \sqrt{2}\,\mathrm{i}$, 原方程的解为
$$y = e^{3x}(C_1 \cos\sqrt{2}\,x + C_2 \sin\sqrt{2}\,x).$$

5. 求下列微分方程的特解：

(1) $y'' + n^2 y = 0$, 当 $x = 0$ 时, $y = 0, y' = a$；

(2) $y'' - ay' = 0$, 当 $x = 0$ 时, $y = 0, y' = a$；

(3) $2y'' + 3y = 2\sqrt{6}\,y'$, 当 $x = 0$ 时, $y = 0, y' = 1$.

解 (1) 特征根为
$$\lambda_{1,2} = \pm n\mathrm{i}.$$
原方程的通解为
$$y = C_1 \cos nx + C_2 \sin nx,$$
由初值条件得
$$\begin{cases} 0 = C_1, \\ a = C_2 n, \end{cases}$$
由此得 $C_1 = 0, C_2 = \dfrac{a}{n}$, 所求特解为
$$y = \frac{a}{n} \sin nx.$$

(2) 对应的特征方程为
$$\lambda^2 - a\lambda = 0,$$
特征根为 $\lambda=0, \lambda=a$. 原方程的通解为
$$y = C_1 + C_2 e^{ax}.$$
由初值条件得
$$\begin{cases} 0 = C_1 + C_2, \\ a = C_2 a. \end{cases}$$
由此解出 $C_2=1, C_1=-1$,所求特解为
$$y = e^{ax} - 1.$$
(3) 对应的特征方程为
$$2\lambda^2 - 2\sqrt{6}\lambda + 3 = 0,$$
有重特征根
$$\lambda_{1,2} = \sqrt{6}/2,$$
所以微分方程的通解为
$$y = e^{\frac{\sqrt{6}}{2}x}(C_1 + C_2 x),$$
求导得
$$y' = e^{\frac{\sqrt{6}}{2}x}\left(\frac{\sqrt{6}}{2}C_1 + C_2 + \frac{\sqrt{6}}{2}C_2 x\right).$$
由初值条件可得
$$\begin{cases} 0 = C_1, \\ 1 = \frac{\sqrt{6}}{2}C_1 + C_2. \end{cases}$$
由此得 $C_1=0, C_2=1$,所求特解为
$$y = x e^{\frac{\sqrt{6}}{2}x}.$$

6. 求下列微分方程的通解:

(1) $y''' - y = 0$;

(2) $y^{(4)} - 2y''' + 2y'' - 2y' + y = 0$.

解 (1) 对应的特征方程为
$$\lambda^3 - 1 = 0,$$
特征根为

$$\lambda_1 = 1, \quad \lambda_{2,3} = \frac{-1 \pm \sqrt{3}\,\mathrm{i}}{2},$$

所以通解为
$$y = C_1 \mathrm{e}^x + \mathrm{e}^{-\frac{x}{2}}\left(C_2 \cos\frac{\sqrt{3}}{2}x + C_3 \sin\frac{\sqrt{3}}{2}x\right).$$

(2) 对应的特征方程为
$$\lambda^4 - 2\lambda^3 + 2\lambda^2 - 2\lambda + 1 = 0,$$
即
$$(\lambda^2 + 1)(\lambda^2 - 2\lambda + 1) = 0,$$
因而特征根为
$$\lambda_{1,2} = 1, \quad \lambda_{3,4} = \pm\,\mathrm{i}.$$
通解为
$$y = \mathrm{e}^x(C_1 + C_2 x) + C_3 \cos x + C_4 \sin x.$$

评注

① 求二阶常系数线性齐次方程的通解,归结为求相应的特征方程的特征根.按特征根的不同情况得到相应的通解形式.

② 求二阶线性常系数齐次方程初值问题的特解的方法是,先求得通解
$$y = C_1 y_1(x) + C_2 y_2(x),$$
然后由初始条件 $y(x_0) = y_0, y'(x_0) = y_1$ 得
$$\begin{cases} C_1 y_1(x_0) + C_2 y_2(x_0) = y_0, \\ C_1 y_1'(x_0) + C_2 y_2'(x_0) = y_1, \end{cases}$$
这里 $\begin{vmatrix} y_1(x_0) & y_2(x_0) \\ y_1'(x_0) & y_2'(x_0) \end{vmatrix} \neq 0$,总可惟一地解出常数 C_1 与 C_2,从而得初值问题的特解.

③ 对于高阶线性常系数齐次方程有类似的解法.当然仅当会求解高次代数方程(相应的特征方程)时,此方法才有效.

三、求解二阶常系数线性非齐次方程

7. 求下列非齐次线性方程的通解:

(1) $y'' - 4y = \mathrm{e}^{2x}$;

(2) $2y'' + 5y' = 5x^2 - 2x - 1$;

(3) $y'' + 3y' + 2y = \mathrm{e}^{-x}\cos x$;

(4) $y'' - 4y' + 4y = \sin 2x + \mathrm{e}^{2x}$;

(5) $y'' - 2y = 2xe^x(\cos x - \sin x)$;

(6) $y''' - 3y'' + 4y = 12x^2 + 48\cos x + 14\sin x$.

解 (1) 对应的齐次方程的特征根为 $\lambda_{1,2} = \pm 2$,所以齐次方程的通解为
$$y = C_1 e^{2x} + C_2 e^{-2x}.$$
因为 2 是特征根,所以设非齐次方程的特解为
$$axe^{2x},$$
代入原方程得
$$4ae^{2x} = e^{2x},$$
由此得 $a = \dfrac{1}{4}$. 因而非齐次方程有特解 $\dfrac{1}{4}xe^{2x}$,其通解为
$$y = C_1 e^{2x} + C_2 e^{-2x} + \frac{1}{4}xe^{2x}.$$

(2) 对应的特征根为 $0, -5/2$. 齐次方程的通解为
$$C_1 + C_2 e^{-\frac{5}{2}x}.$$
因为非齐次项是二次多项式,0 是特征根,所以设非齐次方程有特解
$$x(ax^2 + bx + c),$$
代入原方程得
$$15ax^2 + (12a + 10b)x + 4b + 5c = 5x^2 - 2x - 1.$$
比较等式两边 x 同次幂的系数得
$$a = \frac{1}{3}, \quad b = -\frac{3}{5}, \quad c = \frac{7}{25}.$$
即齐次方程有特解 $\dfrac{1}{3}x^3 - \dfrac{3}{5}x^2 + \dfrac{7}{25}x$,其通解为
$$y = C_1 + C_2 e^{-\frac{5}{2}x} + \frac{1}{3}x^3 - \frac{3}{5}x^2 + \frac{7}{25}x.$$

(3) 对应的特征根为 $-1, -2$. 齐次方程的通解为
$$C_1 e^{-x} + C_2 e^{-2x}.$$
由于非齐次项是 $e^{-x}\cos x$, $-1 \pm i$ 不是特征根,所以设非齐次方程有特解
$$e^{-x}(a\cos x + b\sin x),$$

代入原方程比较等式两端 $e^{-x}\cos x$ 与 $e^{-x}\sin x$ 的系数,可确定出 $a=-1/2, b=1/2$. 所以非齐次方程的通解为

$$y = C_1 e^{-x} + C_2 e^{-2x} + \frac{1}{2} e^{-x}(\sin x - \cos x).$$

(4) 对应的特征根为重根 2. 齐次方程的通解为

$$(C_1 + C_2 x) e^{2x}.$$

非齐次项由两项组成,且由于 2 是重特征根,所以设非齐次方程有特解

$$y = a\cos 2x + b\sin 2x + Cx^2 e^{2x}.$$

代入原方程比较系数可得 $a=1/8, b=0, C=1/2$. 所以非齐次方程的通解为

$$y = (C_1 + C_2 x) e^{2x} + \frac{1}{8}\cos 2x + \frac{1}{2} x^2 e^{2x}.$$

(5) 对应的特征根为 $\pm\sqrt{2}$,齐次方程的通解为

$$C_1 e^{\sqrt{2}\,x} + C_2 e^{-\sqrt{2}\,x}.$$

由于非齐次项 $e^x \cos x$ 与 $e^x \sin x$ 的系数函数都是一次多项式,且 $1+i$ 不是特征根,所以设非齐次方程有特解

$$e^x[(ax+b)\cos x + (cx+d)\sin x],$$

代入原方程,可确定出 $a=0, b=1, c=1, d=0$. 于是所设特解为

$$e^x \cos x + x e^x \sin x.$$

非齐次方程的通解为

$$y = C_1 e^{\sqrt{2}\,x} + C_2 e^{-\sqrt{2}\,x} + e^x[\cos x + x\sin x].$$

(6) 这是三阶方程. 解法与二阶的类似. 对应的特征根为 $-1, 2$ (为二重根). 齐次方程的通解为

$$C_1 e^{-x} + C_2 e^{2x} + C_3 x e^{2x}.$$

因为 $0, \pm i$ 不是特征根. 所以设非齐次方程有特解

$$ax^2 + bx + c + d\cos x + e\sin x,$$

代入原方程可确定出

$$a=3,\quad b=0,\quad c=9/2,\quad d=7,\quad e=1.$$

于是所设特解为

$$3x^2 + 9/2 + 7\cos x + \sin x,$$

非齐次方程的通解为
$$C_1 e^{-x} + C_2 e^{2x} + C_3 x e^{2x} + 3x^2 + 9/2 + 7\cos x + \sin x.$$

8. 用常数变易法求下列非齐次方程的通解：

(1) $y'' + y = \tan x$；   (2) $y'' - 2y' + y = e^x/x$.

解 (1) 对应的特征根为 $\pm i$，齐次方程的通解为
$$C_1 \cos x + C_2 \sin x,$$
其中 C_1, C_2 为任意常数. 由此设非齐次方程的通解为
$$y = C_1(x)\cos x + C_2(x)\sin x, \tag{3.14}$$
其中 $C_1(x), C_2(x)$ 为待定函数. $C_1'(x), C_2'(x)$ 满足
$$\begin{cases} C_1'(x)\cos x + C_2'(x)\sin x = 0, \\ -C_1'(x)\sin x + C_2'(x)\cos x = \tan x. \end{cases}$$
由此解出
$$C_1'(x) = -\frac{1}{\cos x} + \cos x, \quad C_2'(x) = \sin x.$$
积分得
$$C_1(x) = \sin x + \ln\left|\cot\left(\frac{x}{2} + \frac{\pi}{4}\right)\right| + C_1,$$
$$C_2(x) = -\cos x + C_2.$$
将 $C_1(x), C_2(x)$ 代入 (3.14)，得非齐次方程的通解为
$$y = C_1\cos x + C_2\sin x + \cos x \cdot \ln\left|\cot\left(\frac{x}{2} + \frac{\pi}{4}\right)\right|.$$

(2) 对应的齐次方程有重特征根 1. 所以齐次方程的通解为
$$y = C_1 e^x + C_2 x e^x.$$
因而设非齐次方程的通解为
$$y = C_1(x) e^x + C_2(x) x e^x. \tag{3.15}$$
由
$$\begin{cases} C_1'(x) e^x + C_2'(x) x e^x = 0, \\ C_1'(x) e^x + C_2'(x)(1+x) e^x = e^x/x \end{cases}$$
可确定 $C_1'(x) = -1, \quad C_2'(x) = 1/x,$
积分得 $C_1(x) = -x + C_1, \quad C_2(x) = \ln|x| + C_2.$
代入 (3.15)，得非齐次方程的通解为
$$y = C_1 e^x + C_2 x e^x - x e^x + x e^x \ln|x|$$

$$= C_1 e^x + C_3 x e^x + x e^x \ln|x|.$$

9. 求非齐次方程
$$y'' + y' - 6y = xe^{2x}$$
的满足初值条件 $y(0)=0, y'(0)=4/25$ 的特解.

解 对应的特征根为 $2,-3$. 设非齐次方程的特解为
$$x(ax+b)e^{2x},$$
代入原方程可确定出
$$a = 1/10, \quad b = -1/25.$$
于是非齐次方程有特解
$$x\left(\frac{x}{10} - \frac{1}{25}\right)e^{2x},$$
其通解为 $\quad y(x) = C_1 e^{2x} + C_2 e^{-3x} + x\left(\dfrac{x}{10} - \dfrac{1}{25}\right)e^{2x}.$

再代入初值条件,可确定出
$$C_1 = 1/25, \quad C_2 = -1/25.$$
所求特解为
$$y(x) = \frac{1}{25}e^{2x} - \frac{1}{25}e^{-3x} + x\left(\frac{x}{10} - \frac{1}{25}\right)e^{2x}.$$

*四、求解欧拉方程

*10. 求解方程
$$(x-1)^2 y'' + (x-1)y' + y = 2\cos\ln(x-1).$$

解 显然 $x-1>0$,作变换 $s=x-1$ 后即是欧拉方程
$$s^2 \frac{d^2 y}{ds^2} + s \frac{dy}{ds} + y = 2\cos\ln s.$$
按欧拉方程的解法,令 $s=e^t$,则方程化为
$$\frac{d^2 y}{dt^2} + (1-1)\frac{dy}{dt} + y = 2\cos\ln e^t.$$
即二阶常系数线性方程
$$\frac{d^2 y}{dt^2} + y = 2\cos t.$$
它有形如 $y^* = t(a\cos t + b\sin t)$ 的特解,代入方程得 $a=0, b=1$,即 $y^* = t\sin t$,因此通解为

$$y = C_1\cos t + C_2\sin t + t\sin t.$$

因此原方程的通解为

$$y = C_1\cos\ln(x-1) + C_2\sin\ln(x-1) + (\ln(x-1))\sin\ln(x-1).$$

*五、微分方程的幂级数解法

*11. 用广义幂级数解法求 n 阶贝塞尔(Bessel)方程

$$x^2 y'' + xy' + (x^2 - n^2)y = 0 \tag{3.16}$$

的解.

解 易见 $x=0$ 是方程的正则奇点. 所以有形如

$$y = \sum_{k=0}^{\infty} C_k x^{k+\rho} \tag{3.17}$$

的广义幂级数解，其中 $C_0 \ne 0$, C_k 与 ρ 为待定常数. 将(3.17)代入方程(3.16)，比较等式两边 x 同次幂的系数，得一系列代数方程：

$$\begin{cases} C_0[\rho(\rho-1)+\rho-n^2]=0, \\ C_1[(\rho+1)\rho+(\rho+1)-n^2]=0, \\ \cdots\cdots\cdots\cdots\cdots\cdots\cdots\cdots\cdots\cdots\cdots\cdots\cdots \\ C_k[(\rho+k)(\rho+k-1)+(\rho+k)-n^2]+C_{k-2}=0, \\ \qquad k=2,3,\cdots. \end{cases} \tag{3.18}$$

由于 $C_0 \ne 0$，由上述第一个方程可确定 $\rho = \pm n$.

当 $\rho = n$ 时，将 $\rho = n$ 代入(3.18)，可得

$$C_1 = 0, \quad C_k = -\frac{C_{k-2}}{k(2n+k)}, \quad k=2,3,\cdots.$$

从而求出

$$C_3 = C_5 = \cdots = C_{2k-1} = 0, \quad k=2,3,\cdots.$$

$$C_2 = -\frac{C_0}{2^2 \cdot (n+1)},$$

$$C_4 = (-1)^2 \frac{C_0}{2^4 \cdot 2!(n+1)(n+2)},$$

$$C_6 = (-1)^3 \frac{C_0}{2^6 \cdot 3!(n+1)(n+2)(n+3)},$$

$$\cdots\cdots\cdots\cdots\cdots\cdots\cdots\cdots\cdots$$

$$C_{2k} = (-1)^k \frac{C_0}{2^{2k} \cdot k!(n+1)(n+2)\cdots(n+k)},$$
$$k = 1, 2, \cdots.$$

将各 C_k 代入(3.17),得(3.16)有如下广义幂级数解:
$$y = C_0 \Big[x^n + \sum_{k=1}^{\infty} (-1)^k \frac{1}{2^{2k} \cdot k!(n+1)(n+2)\cdots(n+k)} x^{2k+n} \Big],$$
其中 C_0 为任意常数.

当 $\rho = -n$ 时. 将 $\rho = -n$ 代入(3.18),与上面类似可得 $C_1 = 0$ 以及递推公式
$$C_k = -\frac{C_{k-2}}{k(k-2n)}, \quad k = 2, 3, \cdots.$$

因而当 $n \neq k/2 (k=2,3,\cdots)$ 时,就可确定
$$C_3 = C_5 = \cdots = C_{2k-1} = 0, \quad k = 2, 3, \cdots,$$

以及 $$C_{2k} = (-1)^k \frac{C_0}{2^{2k} \cdot k!(-n+1)(-n+2)\cdots(-n+k)},$$
$$k = 1, 2, \cdots.$$

从而得(3.16)有如下广义幂级数解:
$$y = C_0 \Big[x^{-n} + \sum_{k=1}^{\infty} (-1)^k \frac{1}{2^{2k} \cdot k!(-n+1)(-n+2)\cdots(-n+k)} x^{2k-n} \Big].$$

本 节 小 结

1. 求解二阶常系数线性非齐次方程的通解归结为求它的一个特解与相应的齐次方程的通解.

2. 当二阶常系数线性非齐次方程的非齐次项
$$f(x) = e^{\alpha x}[P_n(x)\cos\beta x + Q_m(x)\sin\beta x]$$
或它的各种特殊情形时,根据特征方程的特征根与 $\alpha, \pm \beta i$ 的关系,确定特解的类型,然后由待定系数法求出,其中 $P_n(x)$ 与 $Q_m(x)$ 分别为 n 次与 m 次多项式. 对更一般的情形,总可由常数变易法求得.

3. 对于一般变系数的二阶线性方程
$$\frac{d^2 y}{dx^2} + p(x)\frac{dy}{dx} + q(x)y = f(x).$$
由于相应的齐次方程的基本解组不会求,也就得不到它的通解表达

式.我们学会两种特殊情形：

① 对于欧拉方程通过自变量替换 $x=e^t$,转化为常系数情形；

② 对于某些变系数方程可求幂级数解或广义幂级数解.

练 习 题 13.3

13.3.1 求下列微分方程的通解：

(1) $y''-y'-2y=0$；

(2) $\dfrac{d^2s}{dt^2}-2\dfrac{ds}{dt}+5s=0$；

(3) $y''-4y'=0$；

(4) $y''-2y'+y=0$；

(5) $y''-2y'+(1-a^2)y=0 \ (a>0)$；

(6) $y''-10y'+34y=0$；

(7) $y''-4y'+5y=0$；

(8) $y^{(4)}+8y''+16y=0$；

(9) $y'''-3y''+9y'+13y=0$；

(10) $y^{(4)}-8y'=0$.

13.3.2 求下列微分方程的特解：

(1) $\dfrac{d^2x}{dt^2}+n^2x=0$,当 $t=0$ 时,$x=a,\dfrac{dx}{dt}=0$；

(2) $\dfrac{d^2x}{dt^2}-n^2x=0$,当 $t=0$ 时,$x=2,\dfrac{dx}{dt}=0$；

(3) $\dfrac{d^2x}{dt^2}-6\dfrac{dx}{dt}+10x=0$,当 $t=0$ 时,$x=1,\dfrac{dx}{dt}=4$；

(4) $y''+2y'=0$,当 $x=0$ 时,$y=1,y'=0$；

(5) $y''+\pi^2y=0$,当 $x=0$ 时,$y=0$;当 $x=1/2$ 时,$y=3$；

(6) $y'''-13y''+12y'=0$,当 $x=0$ 时,$y=-\dfrac{1}{132},y'=2,y''=1$；

(7) $y^{(4)}-y'''=0$,当 $x=0$ 时,$y=1,y'=2,y''=3,y'''=1$.

13.3.3 求下列微分方程的通解：

(1) $y''+y=ae^{bx}$；

(2) $y''+y=4\cos x$；

(3) $y''+9y=5x^2$；

(4) $y''-7y'+6y=\sin x$；

(5) $y''-6y'+9y=e^{3x}$；

(6) $y''+y=x^2+\cos x$；

(7) $y''+2y=x^2+\cos 3x$；

(8) $y''+3y'+2y=3xe^{-x}$；

(9) $y''+4y=2x\cos^2 x$；

(10) $y'''-y'+y=x^3+6$.

13.3.4 对于下列非齐次方程,指出其特解的形式：

(1) $y''-4y=xe^{2x}$；

(2) $y''+9y=\sin 2x$；

(3) $y''+2y'+9y=e^x\sin x$；

(4) $y''-5y'+6y=(x^2+1)e^x+xe^{2x}$；

(5) $y''-2y'+5y=xe^x\cos 2x-x^2e^x\sin 2x$.

13.3.5 求下列方程的特解：

(1) $\dfrac{d^2 x}{dt^2}+9x=9e^{3t}$，当 $t=0$ 时，$x=1, \dfrac{dx}{dt}=\dfrac{3}{2}$；

(2) $\dfrac{d^2 s}{dt^2}+9s=5\cos 2t$，当 $t=0$ 时，$s=1, \dfrac{ds}{dt}=3$；

(3) $\dfrac{d^2 x}{dt^2}-2\dfrac{dx}{dt}-3x=2t+1$，当 $t=0$ 时，$x=\dfrac{1}{3}, \dfrac{dx}{dt}=-\dfrac{4}{9}$；

(4) $\dfrac{d^2 x}{dt^2}-6\dfrac{dx}{dt}+13x=39$，当 $t=0$ 时，$x=4, \dfrac{dx}{dt}=3$；

(5) $y''+8y=8\sin 2x, y(0)=y\left(\dfrac{\pi}{2}\right)=0$；

(6) $y'''+2y''+y'+2e^{-2x}=0, y(0)=2, y'(0)=1, y''(0)=1$.

13.3.6 用常数变易法解下列方程：

(1) $y''+y=\cot x$；　　　　　　(2) $y''+2y'+y=e^{-x}/x$；

(3) $y''+y=\dfrac{1}{\cos x}$.

13.3.7 求下列方程的通解：

(1) $x^2 y''+\dfrac{5}{2}xy'-y=0$；　　　(2) $y''-\dfrac{1}{x}y'+\dfrac{1}{x^2}y=\dfrac{2}{x}$；

(3) $(2x+1)^2 y''-2(2x+1)y'-12y=6x$.

13.3.8 用幂级数解法求解下列微分方程：

(1) $y''-xy'+y=0$；

(2) $(1-x)y'+y=1+x, y(0)=0$；

(3) $xy''+y'+xy=0, y(0)=1, y'(0)=0$.

§4 几种特殊类型的高阶微分方程

内 容 提 要

(1) $y^{(n)}=f(x)$

直接求 n 次积分，即可求解，即

$$y(x) = \underbrace{\int dx \cdots \int}_{n\text{次}} f(x)dx + C_1 x^{n-1} + C_2 x^{n-2} + \cdots + C_n.$$

(2) 可降阶的方程

① 方程不显含 y，即

$$F(x,y',y'') = 0.$$

这时令 $z=y'$，就化为关于 z 的一阶方程

$$F(x,z,z') = 0.$$

② 方程不显含 x，即
$$F(y, y', y'') = 0.$$
这时令 $p = y'$，且把 y 看作自变量，有
$$y'' = \frac{d^2y}{dx^2} = \frac{d}{dx}\left(\frac{dy}{dx}\right) = \frac{dp}{dx} = \frac{dp}{dy} \cdot \frac{dy}{dx} = p\frac{dp}{dy},$$
因而方程化为关于 p 的一阶方程
$$F\left(y, \frac{dp}{dy}, p\frac{dp}{dy}\right) = 0. \tag{4.1}$$
若已解出(4.1)的解 $p = G(y)$，则再对方程
$$\frac{dy}{dx} = G(y)$$
用分离变量法，就可求出原方程的解．

典型例题分析

1. 求初值问题
$$\begin{cases} 1 + y'^2 = 2yy'', \\ y(1) = 1, y'(1) = -1 \end{cases}$$
的解．

解 所给微分方程不是线性的．因为方程不显含自变量 x，所以可令 $p = y'$，将 p 看作新的未知函数，y 看作新的自变量，有
$$y'' = \frac{d^2y}{dx^2} = p\frac{dp}{dy},$$
代入原方程得
$$1 + p^2 = 2yp\frac{dp}{dy},$$
即
$$\frac{dp}{dy} = \frac{1 + p^2}{2yp}.$$
由分离变量法可得
$$1 + p^2 = Cy.$$
由初值条件：$y = 1$ 时 $p = -1$，可得 $C = 2$．因而上式为
$$p^2 = 2y - 1,$$
即
$$p = -\sqrt{2y - 1}.$$
于是
$$\frac{dy}{dx} = -\sqrt{2y - 1},$$

由分离变量法可得
$$\sqrt{2y-1} = -x + C_1.$$
再利用初值条件 $y(1)=1$,可得 $C_1=2$.故所求特解为
$$\sqrt{2y-1} = 2 - x,$$
即
$$y = \frac{1}{2}(x^2 - 4x + 5).$$

练习题 13.4

13.4.1 求下列方程的通解或满足给定条件的特解：
(1) $y''' = \ln x, y(1) = y'(1) = y''(1) = 0$；
(2) $y'' = x^3 - x + y', y(0) = 3, y'(0) = 0$；
(3) $y'' = 2x(1 + y'^2)^{1/2}$；
(4) $y'' + \frac{1}{2}y'^2 = 2y, y(0) = 2, y'(0) = 2$.

13.4.2 设 $f(x)$ 是连续函数,求证：方程 $y^{(n)} = f(x)$ 有一个解是
$$y = \frac{1}{(n-1)!} \int_{x_0}^{x} (x-t)^{n-1} f(t) \mathrm{d}t.$$

§5 含有两个未知函数的常系数线性微分方程组

内 容 提 要

设有常系数线性微分方程组
$$\begin{cases} \dfrac{\mathrm{d}x}{\mathrm{d}t} = a_{11}x + a_{12}y + f(t), \\ \dfrac{\mathrm{d}y}{\mathrm{d}t} = a_{21}x + a_{22}y + g(t), \end{cases}$$
其中 $a_{ij}(i,j=1,2)$ 是常数,$f(t),g(t)$ 是已知的可导函数.

用消元法转化为求解二阶线性常系数方程式.

方法是,将第一个方程求导得
$$\frac{\mathrm{d}^2 x}{\mathrm{d}t^2} = a_{11} \frac{\mathrm{d}x}{\mathrm{d}t} + a_{12} \frac{\mathrm{d}y}{\mathrm{d}t} + f'(t). \tag{5.1}$$
将第一个方程乘以 a_{22},第二个方程乘以 $-a_{12}$,然后两式相加得
$$a_{22} \frac{\mathrm{d}x}{\mathrm{d}t} - a_{12} \frac{\mathrm{d}y}{\mathrm{d}t} = Ax + h(t),$$

其中
$$A = \begin{vmatrix} a_{11} & a_{12} \\ a_{21} & a_{22} \end{vmatrix} = a_{11}a_{22} - a_{12}a_{21}, \quad h(t) = a_{22}f(t) - a_{12}g(t),$$
即
$$a_{12}\frac{dy}{dt} = a_{22}\frac{dx}{dt} - Ax - h(t).$$
代入(5.1)即得
$$\frac{d^2x}{dt^2} - (a_{11} + a_{22})\frac{dx}{dt} + Ax = f'(t) - h(t).$$
这是二阶常系数线性微分方程组.

典型例题分析

1. 求微分方程组
$$\begin{cases} \dfrac{dx}{dt} = 6x - 3y, & (5.2) \\ \dfrac{dy}{dt} = 2x + y & (5.3) \end{cases}$$
的通解.

解 这里有两个未知函数 $x(t)$ 及 $y(t)$. 我们设法将它化为关于一个未知函数 $x(t)$ 的二阶微分方程.

将(5.2)两边求导,并利用方程组得
$$\frac{d^2x}{dt^2} = 6\frac{dx}{dt} - 3\frac{dy}{dt} = 6(6x - 3y) - 3(2x + y)$$
$$= 30x - 21y,$$
由(5.2)得 $y = \dfrac{1}{3}\left(6x - \dfrac{dx}{dt}\right)$,代入上式,有
$$\frac{d^2x}{dt^2} = 30x - 7\left(6x - \frac{dx}{dt}\right) = 7\frac{dx}{dt} - 12x,$$
$$\frac{d^2x}{dt^2} - 7\frac{dx}{dt} + 12x = 0. \quad (5.4)$$
可解出方程(5.4)的通解为
$$x(t) = C_1 e^{3t} + C_2 e^{4t},$$
因而
$$y(t) = \frac{1}{3}\left(6x - \frac{dx}{dt}\right) = C_1 e^{3t} + \frac{2}{3}C_2 e^{4t}.$$
原方程的通解可写作

$$\begin{bmatrix} x(t) \\ y(t) \end{bmatrix} = C_1 \begin{bmatrix} 1 \\ 1 \end{bmatrix} e^{3t} + C_2 \begin{bmatrix} 1 \\ \frac{2}{3} \end{bmatrix} e^{4t}.$$

练习题 13.5

13.5.1 求下列微分方程组的解：

(1) $\begin{cases} \dfrac{dx}{dt} = x-y, \\ \dfrac{dy}{dt} = 2x+y; \end{cases}$ (2) $\begin{cases} \dfrac{dx}{dt} = x-y, \\ \dfrac{dy}{dt} = 5x-3y, \end{cases}$ 当 $t=0$ 时 $x=1, y=2$.

13.5.2 求方程组

$$\begin{cases} \dfrac{dx}{dt} + \dfrac{dy}{dt} = -x+y+3, \\ \dfrac{dx}{dt} - \dfrac{dy}{dt} = x+y-3 \end{cases}$$

的通解.

§6 微分方程的应用

内 容 提 要

1. 把实际问题化为微分方程问题的基本步骤

把实际问题化为微分方程问题的基本步骤是：

① 根据实际要求确定要研究的量(物理的或几何的等)；

② 找出这些量所满足的规律(物理的或几何的)；

③ 运用这些规律列出方程. 有的物理规律本身直接由微分方程的形式来表达(如牛顿第二定律)，这时可直接列出微分方程，有的还须用微元分析法列出微分方程；

④ 给出初条件.

2. 列微分方程使用的手段

利用导数的几何意义列方程；由给出的未知量的变化率满足的规律列方程；用微元法列方程；用牛顿第二定律列方程.

典型例题分析

一、由导数的几何意义列方程

由导数的几何意义可写出曲线 $y=f(x)$ 在任意一点处的切线或

法线方程,进一步可得切线或法线的截距.常常由这些截距满足一定的条件可得相应的微分方程.

1. 求曲线,使在曲线上任意点处的法线在坐标轴之间的线段被该点所平分.

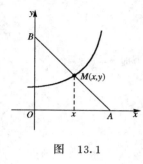

图 13.1

解 曲线上任意一点(x,y)处的切线斜率为y'.因而过该点的法线方程为

$$Y - y = -\frac{1}{y'}(X - x).$$

当$Y=0$时,$X=x+yy'$.即法线与x轴的交点A的坐标为$(x+yy',0)$.由图13.1看出,当点M平分法线段$\overline{AB}$时,M点的横坐标等于A点的横坐标之半,即有

$$x = \frac{1}{2}(x + yy'),$$

即得微分方程

$$yy' = x.$$

由此可解出所求的曲线方程为

$$y^2 = x^2 + C,$$

其中C为任意常数.

二、利用变化率满足的规律列方程

函数$y=y(x)$的导数$y'(x)$最一般的意义是函数$y=y(x)$的变化率,有时可根据具体量的变化率所满足的规律直接列出微分方程.

2. 已知物体的冷却速度正比于物体的温度与环境温度之差,求T_0度的物体放到保持a度的环境中$(T_0 > a)$,物体的温度T与时间t的关系.

解 设t时刻温度为$T(t)$.按所设条件,有

$$\frac{dT}{dt} = -k(T - a).$$

分离变量

$$\frac{dT}{T - a} = -k dt,$$

积分得

$$T(t) = Ce^{-kt} + a.$$

又将初值条件 $T(0)=T_0$ 代入,得 $C=T_0-a$,所以
$$T(t) = (T_0 - a)e^{-kt} + a.$$

3. 室温 20℃时,一物体由 100℃冷却到 60℃需经过 20 分钟,问从 100℃冷却到 30℃需经过多少分钟?

解 由上题结果知,本题中 $T(t)$ 的规律为
$$T(t) = 80e^{-kt} + 20,$$
其中 k 为未知常数.由所设条件知 $T(20)=60$,代入上式,得
$$60 = 80e^{-k \cdot 20} + 20,$$
由此解出 $k=\dfrac{1}{20}\ln 2$,所以
$$T(t) = 80e^{-\frac{t}{20}\ln 2} + 20,$$
再将 $T(t)=30$ 代入上式左端,即可求出 $t=60$.所以从 100℃冷却到 30℃需经过 60 分钟.

4. 某池塘的规模最多只能供 1000 尾 A 类鱼生存,因此 A 类鱼的尾数的变化率与 $p(1000-p)$ 成正比,这里 p 表示 A 类鱼的尾数.若开始时有 A 类鱼 20 尾,当时的尾数的变化率是 9.8,求 t 时刻 A 类鱼的尾数.

解 设 t 时刻 A 类鱼的尾数为 $p(t)$.据题设有
$$\frac{dp}{dt} = kp(1000-p), \tag{6.1}$$
及初值条件 $p(0)=20, \left.\dfrac{dp}{dt}\right|_{t=0}=9.8$.

将(6.1)分离变量,积分得
$$\int \frac{dp}{p(1000-p)} = \int k dt,$$
即
$$\frac{1}{1000}\int\left(\frac{1}{p} + \frac{1}{1000-p}\right)dp = \int k dt,$$
由此解得
$$\frac{p}{1000-p} = Ce^{1000kt}.$$
由 $p(0)=20$ 可得 $C=\dfrac{1}{49}$.因而有
$$\frac{p}{1000-p} = \frac{1}{49}e^{1000kt}. \tag{6.2}$$

为求 k，将 $t=0, p=20, p'=9.8$ 代入 (6.1)，可解出

$$k = \frac{1}{2000}.$$

代入 (6.2) 式，整理可得

$$p(t) = \frac{1000}{49 + e^{t/2}} \cdot e^{t/2}.$$

三、用微元法列方程

用微元分析法导出 $y = y(x)$ 满足的微分方程：考察 x 区间 $[x, x+\Delta x]$，得相应的 $\Delta y = y(x+\Delta x) - y(x)$. 关键是写出

$$\Delta y \approx f(x, y)\Delta x,$$

令 $\Delta x \to 0$ 得

$$dy = f(x, y)dx \quad \text{或} \quad \frac{dy}{dx} = f(x, y).$$

5. 有一个 $30 \times 30 \times 12 \text{ m}^3$ 的车间，空气中有 1.12% 的 CO_2. 现用一台通风能力为每分钟 1500 m^3 的鼓风机通入只含 0.04% 的 CO_2 的新鲜空气，同时把混合后的空气排出（排出去的速度也是每分钟 1500 m^3）. 问鼓风机开动 10 分钟后，车间中 CO_2 的百分比降到多少？

解 设 t 时刻时 CO_2 的百分比为 $x(t)$. 现考虑在一小段时间 $[t, t+dt]$ 内 CO_2 含量的改变量. 有下列关系式：

减少的量 = 通入的量 — 排出的量.

上述等式的数量表示为

$$30 \times 30 \times 12 \cdot dx = (1500 \cdot 0.04\% - 1500 \cdot x)dt,$$

$$\frac{dx}{dt} = \frac{5}{36} \cdot 0.04\% - \frac{5}{36}x,$$

上式是线性微分方程式，可解出

$$x(t) = Ce^{-\frac{5}{36}t} + 0.04\%.$$

由 $t=0$ 时 $x=1.12\%$，可得 $C=1.08\%$，代入上式得

$$x(t) = 1.08\% e^{-\frac{5}{36}t} + 0.04\%.$$

当 $t=10$ 时，

$$x(10) = 1.08\% e^{-\frac{25}{18}} + 0.04\% \approx 0.3093\%,$$

即鼓风机开动10分钟后,车间中CO_2的百分比降到0.3093%.

四、用牛顿第二定律列方程

设质点作直线运动,建立坐标系后,t时刻质点的坐标为$x(t)$,质量为m,受力为$f\left(t, x(t), \dfrac{dx}{dt}\right)$,则由牛顿第二定律得

$$m\dfrac{d^2x}{dt^2} = f\left(t, x, \dfrac{dx}{dt}\right).$$

对这类问题,关键是受力分析,写出力的表达式,微分方程也就列出来了.

6. 一子弹以速度$v_0 = 200\ \text{m/s}$打入一块厚度为10 cm的板,穿透板时的速度为$v_1 = 80\ \text{m/s}$. 设板对子弹的阻力与速度的平方成正比,求子弹穿过板所用的时间.

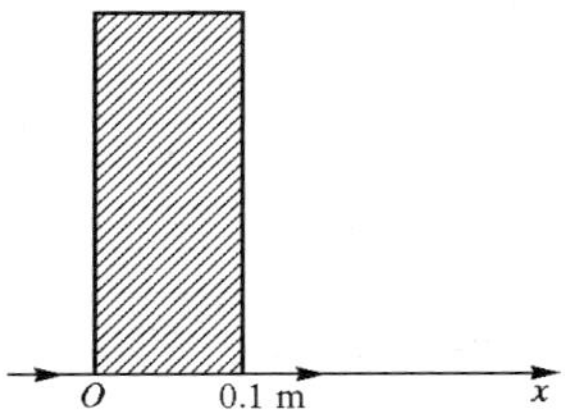

解 如图13.2建立坐标系. 设t时刻子弹的位移为$x(t)$,则其速度及加速度分别为$\dfrac{dx}{dt}$,与$\dfrac{d^2x}{dt^2}$. 根据牛顿第二定律

$$F = ma$$

图 13.2

来建立微分方程. 现在$a = \dfrac{d^2x}{dt^2}, F = -k\left(\dfrac{dx}{dt}\right)^2$,所以有

$$m\dfrac{d^2x}{dt^2} = -k\left(\dfrac{dx}{dt}\right)^2. \tag{6.3}$$

又初值条件为:$t = 0$时$x = 0, \dfrac{dx}{dt} = 200$. (6.3)不是线性方程. 由于方程中不显含未知函数$x(t)$,因而可令$v(t) = \dfrac{dx}{dt}$,使方程化为一阶方程

$$m\dfrac{dv}{dt} = -kv^2.$$

上式是可分离变量的方程,由分离变量法,可求出其解为

$$v(t) = \dfrac{1}{\dfrac{k}{m}t + C},$$

653

再由 $t=0$ 时 $v=200$,可得 $C=\dfrac{1}{200}$,所以

$$v(t) = \dfrac{1}{\dfrac{k}{m}t + \dfrac{1}{200}},$$

亦即
$$\dfrac{dx}{dt} = \dfrac{1}{\dfrac{k}{m}t + \dfrac{1}{200}}. \tag{6.4}$$

由此可得
$$x(t) = \dfrac{m}{k}\ln\left|\dfrac{k}{m}t + \dfrac{1}{200}\right| + C.$$

再由 $x(0)=0$ 得 $C=\dfrac{m}{k}\ln 200$,因而

$$x(t) = \dfrac{m}{k}\ln\left|\dfrac{200kt}{m} + 1\right|, \tag{6.5}$$

这里常数 $\dfrac{m}{k}$ 未知.

现在要求的是子弹穿透板的时间. 已知的是穿透板时 $x=0.1\,\text{m}$, $\dfrac{dx}{dt}=80\,\text{m}$. 将此两数据分别代入 (6.4) 与 (6.5), 就可确定出穿透板的时刻并定出常数 $\dfrac{m}{k}$. 事实上,有

$$\begin{cases} \dfrac{k}{m}t + \dfrac{1}{200} = \dfrac{1}{80}, \\ \dfrac{m}{k}\ln\left(\dfrac{200k}{m}t + 1\right) = 0.1. \end{cases}$$

由此可解出

$$\dfrac{m}{k} = \dfrac{0.1}{\ln 2.5},$$

$$t = \dfrac{3}{4000\ln 2.5} \approx 0.0008185\,(\text{s}).$$

7. 设有一弹簧,上端固定而下端挂一振子,振子质量为 m,弹簧的劲度系数为 k. 现取垂直向下的直线为 Ox 轴,而振子之平衡点取成原点,如图 13.3 所示. 开始时将振子拉到 x_0 处,然后自由松开(即振子初速为零),并在周期力 $p\sin nt$ 作用下,让振子作振动. 试求振子运动规律 $x=x(t)$(忽略振子运动中的阻力).

解 振子在 t 时刻除了受周期力 $p\sin nt$ 外,还受弹性力 $-kx$,于

是由牛顿第二定律得

$$m\frac{d^2x}{dt^2} = -kx + p\sin nt,$$

初条件

$$x(0) = x_0, \quad \frac{dx}{dt}\bigg|_{t=0} = 0.$$

令 $\omega^2 = \frac{k}{m}, A = \frac{p}{m}$，方程化为

$$\frac{d^2x}{dt^2} + \omega^2 x = A\sin nt. \quad (6.6)$$

对应的特征根为 $\pm \omega i$，齐次方程的通解为

$$C_1 \cos \omega t + C_2 \sin \omega t.$$

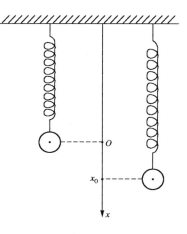

图 13.3

分下列两种情况进行讨论：

(1) $n \neq \omega$ 时，用待定系数法，设 (6.6) 的特解为

$$x(t) = a\cos nt + b\sin nt,$$

代入方程可确定

$$a = 0, \quad b = \frac{A}{\omega^2 - n^2}.$$

于是非齐次方程特解为

$$\frac{A}{\omega^2 - n^2} \sin nt.$$

原方程的通解为

$$x(t) = C_1 \cos\sqrt{\frac{k}{m}}t + C_2 \sin\sqrt{\frac{k}{m}}t + \frac{p}{k - mn^2} \sin nt.$$

由初条件得 $C_1 = x_0, C_2 = -\sqrt{\frac{m}{k}}\frac{pn}{k - mn^2}$，相应地得特解.

(2) $n = \omega$ 时，设 (6.6) 的特解为

$$x(t) = t(a\cos nt + b\sin nt).$$

代入方程可确定出

$$a = -\frac{A}{2\omega}, \quad b = 0,$$

于是非齐次方程特解为

$$-\frac{A}{2\omega}t\cos nt.$$

(6.6)的通解为

$$C_1\cos\omega t + C_2\sin\omega t - \frac{A}{2\omega}t\cos\omega t.$$

原方程的通解为

$$x(t) = C_1\cos nt + C_2\sin nt - \frac{p}{2mn}t\cos nt.$$

$x(t)$关于t是无界的.它反映了力学中的共振现象.由初条件得$C_1 = x_0, C_2 = \frac{p}{2n^2m}$,相应得特解.

练习题 13.6

13.6.1 一曲线在任一点的斜率均等于$\frac{2y+x+1}{x}$,且通过点$(1,0)$,试求此曲线的方程式.

13.6.2 有一直径为$2R=1.8\,\mathrm{m}$,高为$H=2.45\,\mathrm{m}$的圆柱形水槽.柱轴竖直放着,柱底有一直径为$2r=6\,\mathrm{cm}$的小圆孔.问在多长时间内可使全槽中的水经小圆孔全部流尽?(液体从容器中流出的速度等于$0.6\sqrt{2gh}$,其中$g\approx 10\,\mathrm{cm/s^2}$为重力加速度,$h$为流孔上方水平面的高度.)

13.6.3 放射性物质在30天中衰变原有数量的50%,问经过多长时间将剩下原有数量的1%?(放射性物质的衰变率与现存的这种物质的数量成正比.)

13.6.4 一曲线通过点$(2,3)$,它在两坐标轴间的任意切线线段均被切点所平分,求这曲线方程.

13.6.5 求曲线的方程,此曲线上任一点(x,y)处之切线垂直于此点与原点的连线.

13.6.6 汽艇以$(1/0.36)$m/s的速度在静水上运动.停止了发动机,经过20秒钟,艇的速度减至$(1/0.6)$m/s,问发动机停止2 min后艇的速度(假定水的阻力与艇速成正比).

13.6.7 曲线通过点$(3,1)$,其在切点和Ox轴之间的切线段,被切线与Oy轴的交点所平分,求此曲线的方程.

13.6.8 5 kg肥皂溶于300 L水中后,以每分钟10 L的速度向内注入清水同时向外抽出混合均匀之肥皂水,问什么时候余下的肥皂水中只有1 kg肥皂?

13.6.9 雪球以正比于它表面积的速度在融化,设开始时体积是V_0,求t时刻雪球的体积V.

13.6.10 质量为 m 的子弹,进入沙箱时的速度为 v_0,所受之阻力与速度成正比(比例系数 $k>0$),问能打入多深?

13.6.11 一质量为 m 的物体从离地面高为 H 处沿一斜板下滑,斜板与地平面夹角为 α,滑动中的摩擦系数为 μ,求物体的运动方程.

13.6.12 质量为 25 g 的物体挂在弹簧一端,再将物体拉至离平衡位置 4 cm 处然后放开,让物体作无阻尼自由振动,已知劲度系数 k 为 4×10^{-3} N/cm,求物体的运动规律.

13.6.13 一链条挂在一个无摩擦的钉子上,若运动开始时链自一边垂下 8 m,自另一边垂下 10 m,求整个链条滑过钉子所需时间.

13.6.14 如果运动是无阻力的,求出挂在弹簧上质量为 m 的物体自由振动的周期.

13.6.15 一个质量为 m 的质点,沿着 Ox 轴在 $3mr_0$ 力的作用下离开点 $x=0$,又在 $4mr_1$ 力的作用下接近点 $x=1$ 运动,其中 r_0 和 r_1 是质点到这两点的距离.试确定以 $x(0)=2$,$x'(0)=0$ 为初始条件的质点运动.

13.6.16 火车沿水平直线轨道运动,设火车质量为 M,所受重力 $P=Mg$,机车的牵引力为 F,阻力为 $a+bv$,其中 a,b 为常数,v 是火车的速度,且火车的初位移和初速度均为 0,求火车的运动规律.

13.6.17 一质量为 m 的质点,受常力 F 作用.设质点由静止开始运动,求质点的运动规律.如果移动一分钟后,在反方向有一常力 F_1 作用,求质点在一分钟以后的运动规律.

练习题答案与提示

第一章 微积分的准备知识

练 习 题 1.1

1.1.1 (1) 不同. $f(x)$的定义域为$x\neq 0$,而$g(x)$的定义域为$(0,+\infty)$;
(2) 不同. $f(x)$的定义域为$(-\infty,+\infty)$,而$g(x)$的定义域为$[0,+\infty)$;
(3) 不同. $f(x)$的定义域为$x\neq\pm 1$,而$g(x)$的定义域为$x\neq -1$.

1.1.2 (1) $1\leqslant x\leqslant 4$;   (2) $0<x<1$.

1.1.3 (1) $f(0)=0$, $f(1)=\pi/6$, $f(-1)=-\pi/6$,
$$f(x+a)=\arcsin\frac{x+a}{1+(x+a)^2},\quad f(-x)=-\arcsin\frac{x}{1+x^2}.$$
(2) $f(0)=0$, $f(1)=2$, $f(-1)=0$,
$$f(x+a)=\begin{cases}1+x+a, & x>-a,\\ 0, & x=-a,\\ -1-x-a, & x<-a;\end{cases}$$
$$f(-x)=\begin{cases}1-x, & x<0,\\ 0, & x=0,\\ -1+x, & x>0.\end{cases}$$

练 习 题 1.2

1.2.1 提示 令
$$\frac{1}{|q|}=(1+h)\quad(h>0),$$
而 $(1+h)^n=1+nh+\dfrac{n(n-1)}{2}h^2+\cdots+h^n>\dfrac{n(n-1)h^2}{2}.$

所以 $|q|^n=\dfrac{1}{(1+h)^n}<\dfrac{2}{n(n-1)h^2}$, $|nq^n|<\dfrac{2}{(n-1)h^2}.$

1.2.2 (1) 1(利用四则运算法则);
(2) $\dfrac{2}{3}$(约去分子、分母的无穷小量公因子$(x-1)$后,再用四则运算法则);

(3) $\frac{1}{2}$ (约去分子、分母的最高次幂 x^2 后再用四则运算法则);

(4) $\frac{1}{2}$ (约去分子、分母的最低次幂 x 后再用运算法则);

(5) $\frac{2\sqrt{2}}{3}$ (先有理化,将分母、分子同乘 $(\sqrt{x-2}+\sqrt{2})$ 及 $(\sqrt{2x+1}+3)$,再约去分子、分母的公因子 $(x-4)$);

(6) $n^{-\frac{n(n+1)}{2}}$ (分子、分母先约去 x 的最高次幂 $x^{\frac{n(n+1)}{2}}$);

(7) $\frac{1}{2}\left[\frac{1-\cos x}{x^2}=\frac{2\sin^2\frac{x}{2}}{x^2}=\frac{1}{2}\left(\frac{\sin\frac{x}{2}}{\frac{x}{2}}\right)^2\right]$;

(8) $\frac{3}{5}$; (9) $\frac{1}{e}$ (令 $y=-x$); (10) $e^{-1}\left(\frac{x}{x+1}=1-\frac{1}{x+1}\right)$.

1.2.3 3. ($3 < x_n < 3\sqrt[n]{2}$).

1.2.4 $\lim_{x\to 0+}f(x)=0$, $\lim_{x\to 0-}f(x)=1$, $\lim_{x\to 1+0}f(x)=1$, $\lim_{x\to 1-0}f(x)=1$.
$\lim_{x\to 0}f(x)$ 不存在,$\lim_{x\to 1}f(x)$ 存在且 $\lim_{x\to 1}f(x)=1$.

1.2.5 (1) 由 $\lambda_n=\sqrt[n]{n}-1$ 可得
$$n=(1+\lambda_n)^n=1+n\lambda_n+\frac{n(n-1)}{2!}\lambda_n^2+\cdots+\lambda_n^n > \frac{n(n-1)\lambda_n^2}{2},$$

即 $\frac{n-1}{2}\lambda_n^2 < 1.$

(2) 只需证 $\lim_{n\to\infty}(\sqrt[n]{n}-1)=0$.

练习题 1.3

1.3.1 (1) $\lim_{x\to 0}f(x)=1$(令 $t=\arcsin x$),$f(0)=1$;

(2) $\lim_{x\to 0}f(x)=a$,$f(0)=a$;

(3) $\lim_{x\to 0}f(x)=\ln a$(令 $t=a^x-1$),$f(0)=\ln a$.

1.3.2 (1) $x=0$ 是第一类间断点;

(2) $x=0$ 是可去间断点,$x=k\pi(k=\pm 1,\pm 2,\cdots)$ 是第二类间断点(无穷间断点);

(3) $x=0$ 是第一类间断点.

1.3.3 $a=13, b=-12$.

1.3.4 (1) $|f(x)|$ 在 (a,b) 连续,因为
$$||f(x)|-|f(x_0)|| \leqslant |f(x)-f(x_0)|;$$

(2) $f(x)+g(x)$ 在 x_0 不连续,否则 $g(x)=(f(x)+g(x))-f(x)$ 在 x_0 连

续,这就矛盾了.

1.3.5 提示 令 $F(x)=f(x)-g(x)$,对 $F(x)$ 在 $[a,b]$ 上用连续函数的中间值定理.

第二章 微商(导数)与微分

练习题 2.1

2.1.1 (1) $f'(1)=-1, f'(2)=0, f'(3)=\dfrac{\pi}{2}$;　　(2) $f'(0)=0$.

2.1.2 $(a+b)f'(x_0)$. (参考典型例题分析中第2题).

2.1.3 $g(a)=f'(a)$.

2.1.4 (1) $-\dfrac{2a}{(a+x)^2}$;　　(2) $\dfrac{3x^2+x-1}{2x\sqrt{x}}$;

(3) $10^x \ln 10$;　　(4) $(1-x)\mathrm{e}^{-x}$;

(5) $\lg x + \dfrac{1}{\ln 10}$;　　(6) $3x^{-1}(\ln x)^2$;

(7) $\mathrm{e}^{\sqrt{x+1}}/(2\sqrt{x+1})$;

(8) $(\ln 2)(\ln x - 1)2^{\frac{x}{\ln x}}/(\ln x)^2$;

(9) $-\mathrm{e}^{-x}(\cos 3x + 3\sin 3x)$;

(10) $y = \dfrac{1}{2}[\ln(1+\sin x) - \ln(1-\sin x)]$, $y' = \sec x$;

(11) $\mathrm{e}^{2x}(2x^2+4x+3)$;

(12) $y = \ln t^2 - \dfrac{1}{2}\ln(1+t^2)$, $y' = \dfrac{2+t^2}{t(1+t^2)}$;

(13) $\dfrac{4}{(\mathrm{e}^x+\mathrm{e}^{-x})^2}$;

(14) $y = 2\ln(\sqrt{x^2+1}-x)$, $y' = -\dfrac{2}{\sqrt{x^2+1}}$;

(15) $(1+x)^{\frac{1}{x}}\left[\dfrac{1}{x(1+x)} - \dfrac{1}{x^2}\ln(1+x)\right]$;

(16) $\dfrac{3x^2+5}{3(x^2+1)}\sqrt[3]{\dfrac{x^2}{x^2+1}}$;

(17) $\dfrac{24-x-5x^2}{3\sqrt{x-1}\cdot\sqrt[3]{(x+1)^4}\sqrt{(x+3)^5}}$.

2.1.5 (1) $\mathrm{e}^y/(2-y)$;　　(2) $\dfrac{y}{y-x}$;

(3) $\dfrac{y^2-xy\ln y}{x^2-xy\ln x}$;　　(4) $\dfrac{y^2\cot x}{1-\ln y}$.

2.1.6 (1) $y' = \begin{cases} 1, & x<0, \\ \dfrac{1}{1+x}, & x \geqslant 0; \end{cases}$

(2) $y' = \begin{cases} 2(x-1)(x-2)(2x-3), & x \in [1,2], \\ 0, & x \bar{\in} [1,2]. \end{cases}$

2.1.7 (1) $\dfrac{3}{2}(1+t)$; (2) $\dfrac{1}{t}$;

(3) $\dfrac{dy}{dx} = \begin{cases} 1, & t>0, \\ -1, & t<0; \end{cases}$ (4) $\dfrac{1-\ln t}{t^2(1+\ln t)}$.

2.1.8 (1) 不正确. $f'(x_0)$ 表示 $f(x)$ 在 x_0 的导数,它是一个实数值. $(f'(x_0))'$ 表示对常数函数 $y=f'(x_0)$ 求导,它取零值. $f''(x_0)$ 表示 $f(x)$ 在 x_0 的二阶导数,它不一定取零值.

(2) 正确. 按定义, $f''(x_0)$ 是 $f'(x)$ 在 x_0 的导数. $f'(x)$ 在 x_0 可导,表明 $f'(x)$ 在 x_0 邻域有定义,即 $f(x)$ 在 x_0 邻域存在一阶导数.

2.1.9 (1) 先试算前 n 阶导数,观察其规律性,总结出一般公式,然后用归纳法证明之.

$$y' = \frac{a}{ax+b}, \quad y'' = \frac{(-1)a^2}{(ax+b)^2}, \quad y^{(3)} = \frac{(-1)^2 2 \cdot a^3}{(ax+b)^3}.$$

设 $y^{(k)} = \dfrac{(-1)^{k-1}(k-1)!\, a^k}{(ax+b)^k}$, 由此求导可得

$$y^{(k+1)} = \frac{(-1)^k k!\, a^{k+1}}{(ax+b)^{k+1}}.$$

因此,对任意自然数 n,

$$y^{(n)} = \frac{(-1)^{n-1}(n-1)!\, a^n}{(ax+b)^n}.$$

(2) 用莱布尼兹公式

$$y^{(n)} = x^2 e^x + 2nx e^x + n(n-1) e^x.$$

(3) 先将 y 分解,然后再求导:

$$y = \frac{1}{x(1-x)} = \frac{1}{x} + \frac{1}{1-x},$$

$$y^{(n)} = \left(\frac{1}{x}\right)^{(n)} + \left(\frac{1}{1-x}\right)^{(n)} = \frac{(-1)^n n!}{x^{n+1}} + \frac{n!}{(1-x)^{n+1}}.$$

2.1.10 (1) $y' = \dfrac{y}{x}$. **提示** 先将方程变形为 $\dfrac{y}{x} = 2\arctan\dfrac{y}{x}$, 再两边求导. 注意 $y = \pm x$ 不满足方程, 就推出 $xy' - y \equiv 0$; $y'' = \dfrac{y'x - y}{x^2} = 0$.

(2) 对 x 求导,得

$$2x + 5y + 5xy' + 2yy' - 2 + y' = 0, \tag{1}$$

解得
$$y' = -\frac{2x+5y-2}{5x+2y+1}. \tag{2}$$

对(1)式继续求导,得
$$2 + 5y' + 5y' + 5xy'' + 2y'^2 + 2yy'' + y'' = 0. \tag{3}$$
当 $x=1$ 时,$y=1$,代入(2)式得 $y'(1) = -5/8$,再代入(3)式得
$$y''(1) = \frac{111}{256}.$$

2.1.11 (1) $\dfrac{dy}{dx} = -\tan t = -\sqrt[3]{\dfrac{y}{x}}$,

$\dfrac{d^2y}{dx^2} = \dfrac{d}{dx}\left(\dfrac{dy}{dx}\right) = \dfrac{d}{dt}(-\tan t) \cdot \dfrac{dt}{dx}$

$= -\dfrac{1}{\cos^2 t} \cdot \dfrac{1}{x'_t} = \dfrac{1}{3a^2\cos^4 t \cdot \sin t};$

(2) $\dfrac{dy}{dx} = -\dfrac{\sqrt{1+t}}{\sqrt{1-t}} = -\dfrac{x}{y}$,

$\dfrac{d^2y}{dx^2} = -\dfrac{2}{y^3}.$

***2.1.12** 两曲线 $y=f(x)$ 与 $y=g(x)$ 在点 x_0 处相切的充分必要条件是:$f(x_0)=g(x_0)$ 且 $f'(x_0)=g'(x_0)$.

(1) 当 $q=\pm 2$ 时直线 $y=3x+q$ 是曲线 $y=x^3$ 的切线. $q=-2$ 时,切点为 $(1,1)$,$q=2$ 时切点为 $(-1,-1)$.

(2) $|q|<2$.

2.1.13 $(1+2x)e^{2x}$.   **2.1.14** $n!\,[f(x)]^{n+1}$.

2.1.15 $-\dfrac{1}{2}$.   **2.1.16** 0.

练习题 2.2

2.2.1 (1) 一阶无穷小;   (2) 二阶无穷小;
(3) 同阶无穷小;   (4) 三阶无穷小;
(5) 1/4 阶无穷小;   (6) 1/2 阶无穷小;
(7) 5 阶无穷小;   (8) 三阶无穷小.

2.2.2 (1) 成立, (2) 成立, (3) 成立, (4) 不成立.

2.2.3 (1) -1;   (2) 1.

2.2.4 (1) $\csc x \cdot \sec x\, dx$;   (2) $2xe^{\sin x^2}\cos x^2\, dx$;   (3) $\dfrac{y}{x-y}dx$.

2.2.5 (1) $a\, dx$;   (2) 0.

2.2.6 (1) $\dfrac{1}{\sqrt{1-x^2}}d\left(\dfrac{1}{2}x^2\right) = d(-\sqrt{1-x^2})$;

(2) $\ln x e^{\ln^2 x} d(\ln x) = e^{\ln^2 x} d\left(\frac{1}{2}\ln^2 x\right) = d\left(\frac{1}{2}e^{\ln^2 x}\right)$;

(3) $\frac{1}{1+e^x} d(e^x) = d\ln(1+e^x)$.

2.2.7 考虑函数 $f(x) = \sqrt[n]{a^n + x}\,(a > 0)$ 在 $x = 0$ 处的微分.

第三章 微分中值定理及其应用

练习题 3.1

3.1.1 (1) 不满足. 因为 $f(x)$ 在 $x=0$ 处不可微,因而在 $(-2,2)$ 内不可微;

(2) 不满足. 因为 $f(x)$ 在 $x=2$ 处不可微,因而在 $(0,2\sqrt{2})$ 内不可微;

(3) 不满足. 因为 $f(0) \neq f(1)$;

(4) 满足. $f(x)$ 是有理函数,且 $f(x)$ 及 $f'(x)$ 的定义域 $(x \neq 5)$ 都包含区间 $[-1,4]$,故 $f(x)$ 在 $[-1,4]$ 上连续,在 $(-1,4)$ 内可导,又 $f(-1) = f(4) = 0$, $c = 5 - \sqrt{6}$.

3.1.2 (1) $\xi = 1$; (2) $\xi = \frac{1}{2}(a+b)$. **3.1.3** $\xi = \frac{1}{2}$.

3.1.4 令 $f(x) = e^x - 2x - 2(1-\ln 2)$,并对任意取定的 $x \in (0, +\infty)$,在区间 $[x, \ln 2]$(当 $x < \ln 2$ 时)或 $[\ln 2, x]$(当 $x > \ln 2$ 时)上用拉格朗日中值定理.

3.1.5 提示 过点 $(0, f(0))$ 与 $(1, f(1))$ 的直线方程为
$$y = [f(1) - f(0)]x + f(0).$$
作辅助函数
$$\varphi(x) = f(x) - [f(1) - f(0)]x - f(0),$$
有
$$\varphi(0) = \varphi(c) = \varphi(1) = 0.$$

练习题 3.2

3.2.1 成立.

3.2.3 (1) $x=3$ 极小值点,$y(3) = -4$;$x=1$ 极大值点,$y(1) = 0$;

(2) $x=-1$ 极小值点,$y(-1) = -2$;$x=-3$ 极大值点,$y(-3) = 26$;

(3) $x=0$ 极小值点 $y(0) = 0$,$x=2$ 极大值点,$y(2) = 4e^{-2}$;

(4) $x=0$ 极小值点,$y(0) = 1$;

(5) $x=e^{-1}$ 极小值点,$y(e^{-1}) = -\frac{1}{e}$;

(6) $x=1$ 极小值点,$y(1) = 1$;

(7) $x=5$ 极大值点,$y(5) = 3$,$x=15$ 极小值点,$y(15) = 23$;

(8) $x=0$ 极小值点，$y(0)=0$；

(9) $x=0$ 极大值点，$y(0)=1$；$x=\pm 1$ 极小值点，$y(\pm 1)=0$；

(10) $x=k\pi+\dfrac{\pi}{6}$ 是极大值点，极大值 $\dfrac{3}{2}\sqrt{3}$，$x=k\pi-\dfrac{\pi}{6}$ 是极小值点，极小值 $-\dfrac{3}{2}\sqrt{3}$，其中 $k=0,\pm 1,\pm 2,\cdots$.

3.2.4 (1) 最大值 $n^n e^{-n}$；(2) 最小值 1.

3.2.5 $\theta=2\pi\left(1-\dfrac{\sqrt{6}}{3}\right)$.

3.2.6 $h=\dfrac{a}{\sqrt{2}}$.

3.2.7 铁路与水平河道的夹角为 $\arctan\dfrac{1}{\sqrt{2}}$.

3.2.8 高度 $=$ 圆木直径的 $\sqrt{\dfrac{2}{3}}$，宽度 $=$ 圆木直径的 $\sqrt{\dfrac{1}{3}}$.

3.2.9 宽 $\approx 21.8\,\mathrm{cm}$，长 $\approx 24.6\,\mathrm{cm}$.

3.2.10 开始后 2 小时，达到最近距离 $15\sqrt{13}\,\mathrm{m}$.

练 习 题 3.3

3.3.1 (1) 在区间 $(-\infty,-6)$ 或 $(0,6)$ 内，曲线是凹的，在区间 $(-6,0)$ 或 $(6,+\infty)$ 内，曲线是凸的，点 $(-6,-9/2)$，$(0,0)$，$(6,9/2)$ 是三个拐点；

(2) 在区间 $\left(0,\dfrac{1}{\sqrt{e^3}}\right)$ 内，曲线是凸的，在 $\left(\dfrac{1}{\sqrt{e^3}},+\infty\right)$ 内，曲线是凹的，拐点是 $\left(\dfrac{1}{\sqrt{e^3}},-\dfrac{3}{2e^3}\right)$；

(3) 在区间 $(-\infty,0)$ 内曲线是凹的，在 $(0,+\infty)$ 内曲线是凸的，$(0,0)$ 是拐点；

(4) 在区间 $(-\infty,-3)$ 或 $(-1,+\infty)$ 内，曲线是凹的，在 $(-3,-1)$ 内曲线是凸的，拐点是 $\left(-3,\dfrac{10}{e^3}\right)$ 和 $\left(-1,\dfrac{2}{e}\right)$.

3.3.2 (1) $x=1$ 与 $x=3$ 是垂直渐近线，$y=0$ 是水平渐近线，无斜渐近线；

(2) $y=x$ 是斜渐近线，无垂直渐近线与水平渐近线；

(3) $x=-1$ 与 $x=1$ 是垂直渐近线，$y=-x$ 是左斜渐近线，$y=x$ 是右斜渐近线，无水平渐近线.

3.3.3 (1)

x	$(-\infty,0)$	0	$(0,1)$	1	$(1,2)$	2	$(2,+\infty)$
y'	+	0	−	−	−	0	+
y''	−	−	−	0	+	+	+
$y=f(x)$	↗	极大	↘	拐点	↘	极小	↗

极大值为 $f(0)=0$,极小值为 $f(2)=-4$,拐点为 $(1,-2)$.与 x 轴的交点为 $(0,0)$,$(3,0)$.无渐近线.

(2)

x	$(-\infty,2)$	2	$(2,4)$	4	$(4,5)$	5	$(5,+\infty)$
y'	−	不存在	+	0	−	−	−
y''	−	不存在	−	−	−	0	+
$y=f(x)$	↘		↗	极大	↘	拐点	↘

极大值为 $f(4)=1$,拐点为 $(5,8/9)$.与 x 轴的交点为 $(3,0)$,与 y 轴的交点为 $(0,-3)$.垂直渐近线:$x=2$,水平渐近线:$y=0$.

(3)

x	$(-\infty,-1)$	−1	$(-1,0)$	0	$(0,1)$	1	$(1,\infty)$
y'	+	0	−	不存在	−	0	+
y''	−	−	−	不存在	+	+	+
$y=f(x)$	↗	极大	↘		↘	极小	↗

极大值为 $f(-1)=-4$,极小值为 $f(1)=4$,无拐点.与坐标轴不相交.垂直渐近线:$x=0$,斜渐近线:$y=3x$.

练习题 3.4

3.4.1 1. **3.4.2** 0. **3.4.3** 2. **3.4.4** e^{-1}.
3.4.5 1. **3.4.6** 1. **3.4.7** e^{-2}. **3.4.8** 1.
3.4.9 x^a 比 $\dfrac{1}{\ln^\beta x}$ 阶高(**提示** 利用典型例题中第 3(1) 题的结果),而 $q^{\frac{1}{x}}$ 又比 x^a 阶高(**提示** 令 $y=\dfrac{1}{x}$,则当 $x\to 0+$ 时 $y\to +\infty$,并令 $a=\dfrac{1}{q}$,则当 $0<q<1$ 时,$a>1$.再利用典型例题中第 3(2) 题的结果).

练习题 3.5

3.5.1 $(\ln x)^{100} < x^{50} < e^x < 5^x < e^{30x} < e^{x^2}$.
3.5.2 (1) $-2(x-1)+2(x-1)^2+(x-1)^4$;

(2) $5-13(x+1)+11(x+1)^2-2(x+1)^3$.

3.5.3 (1) $(x-1)-\dfrac{1}{2}(x-1)^2+\dfrac{1}{3\xi^2}(x-1)^3$,其中 $\xi=1+\theta(x-1)$,$0<\theta<1$;

(2) $x+\dfrac{1}{3}x^3+o(x^3)$;

(3) $1+\dfrac{x}{a}+\dfrac{x^2}{2a^2}+o(x^3)$;

(4) $\dfrac{\sqrt{2}}{2}\left[1+\left(x-\dfrac{\pi}{4}\right)-\dfrac{1}{2!}\left(x-\dfrac{\pi}{4}\right)^2-\dfrac{1}{3!}\left(x-\dfrac{\pi}{4}\right)^3\right.$
$\left.+\dfrac{1}{4!}\left(x-\dfrac{\pi}{4}\right)^4+o\left(\left(x-\dfrac{\pi}{4}\right)^4\right)\right].$

3.5.4 (1) $1-2x^2+\dfrac{2}{3}x^4+\cdots+(-1)^n\dfrac{2^{2n}}{(2n)!}x^{2n}+o(x^{2n})$;

(2) $-x^3-\dfrac{x^5}{2}-\dfrac{x^7}{3}-\cdots-\dfrac{x^{2n+1}}{n}+o(x^{2n+1})$;

(3) $\sin^3 x=\sin x\dfrac{1-\cos 2x}{2}=\dfrac{1}{2}(\sin x-\sin x\cos 2x)$

$\quad=\dfrac{3}{4}\sin x-\dfrac{1}{4}\sin 3x$

$\quad=x^3-\dfrac{1}{2}x^5+\cdots+(-1)^n\dfrac{3}{4}\dfrac{(3^{2n-2}-1)}{(2n-1)!}x^{2n-1}+o(x^{2n}).$

3.5.5 (1) $-\dfrac{1}{2}$; (2) 0; (3) $\dfrac{1-\ln b}{1+\ln b}$.

3.5.6 $(1+x)^{\frac{1}{3}}\approx 1+\dfrac{1}{3}x-\dfrac{1}{9}x^2$,$\sqrt[3]{30}\approx 3.1070$.

第四章 不定积分

练习题 4.1

4.1.1 (1) $\dfrac{1}{\sqrt{a^2+x^2}}$; (2) $\dfrac{\cos x}{1+\sin^2 x}$.

4.1.2 $\dfrac{1}{3}x^3+3x-\dfrac{7}{3}$.

4.1.3 两个等式不矛盾,因为 $\arctan x$ 与 $-\dfrac{1}{2}\arcsin\dfrac{2x}{1+x^2}$,当 $x>1$ 时仅相差一个常数.

4.1.4 (1) $2\ln|x|+C$; (2) $\arctan x+1$; (3) $\sin x$; (4) $\sqrt[3]{x+c}$.

4.1.5 $v(t)=4t^3+3\cos t+2$,$s(t)=t^4+3\sin t+2t-3$.

4.1.6 (1) $\dfrac{1}{7}x^7+C$; (2) $\dfrac{2}{3}x^{\frac{3}{2}}+C$; (3) $-\dfrac{1}{3x^3}+C$;

(4) $\dfrac{a}{8}x^8+C$;　(5) $-\dfrac{1}{x}-2\ln|x|+x+C$.

4.1.7　(1) $-\dfrac{1}{x}-\arctan x+C$;　(2) $-x+\dfrac{1}{2}\ln\left|\dfrac{1+x}{1-x}\right|+C$;

(3) $x-\arctan x+C$.

4.1.8　(1) $7\tan\theta+C$;　(2) $\tan\varphi-\varphi+C$;

(3) $-\dfrac{1}{8}\cos 4x+C$;　(4) $\dfrac{1}{2}\left(x+\dfrac{1}{2}\sin 2x\right)+C$.

4.1.9　(1) $\dfrac{4}{7}\dfrac{x^2+7}{\sqrt[4]{x}}+C$;　(2) $\dfrac{x^2}{2}+3x+5\ln|x-3|+C$;

(3) $9x-\dfrac{3}{2}x^2+\dfrac{1}{3}x^3-27\ln|x+3|+C$;

(4) $\dfrac{10^x}{\ln 10}+C$;　(5) $2x-\dfrac{5}{\ln\dfrac{2}{3}}\left(\dfrac{2}{3}\right)^x+C$.

练 习 题 4.2

4.2.1　(1) $\dfrac{1}{2}\mathrm{e}^{x^2}+C$;　(2) $-\dfrac{1}{2}\cdot\dfrac{1}{\ln^2 x}+C$;

(3) $2\arctan\sqrt{x}+C$;　(4) $-\dfrac{1}{2}\ln|3-2x|+C$;

(5) $\dfrac{1}{a}\ln\left|\tan\dfrac{ax}{2}\right|+C$;　(6) $-\sqrt{4-x^2}+\arcsin\dfrac{x}{2}+C$.

4.2.2　(1) $\dfrac{1}{2}\arcsin x-\dfrac{x}{2}\sqrt{1-x^2}+C$;

(2) $-2\sqrt{\dfrac{1+x}{x}}-\ln\left|x\left(\sqrt{\dfrac{x+1}{x}}-1\right)^2\right|+C$（**提示**　令 $t=\sqrt{\dfrac{1+x}{x}}$）;

(3) $\dfrac{1}{a}\ln\left|\dfrac{x}{a+\sqrt{a^2+x^2}}\right|+C$;　(4) $\dfrac{1}{a}\ln\left|\dfrac{x}{a+\sqrt{a^2-x^2}}\right|+C$.

4.2.4　(1) $x(\arcsin x)^2+2\sqrt{1-x^2}\arcsin x-2x+C$;

(2) $-\dfrac{1}{a^2}\dfrac{\sqrt{x^2+a^2}}{x}+C$;　(3) $2\arcsin\dfrac{2x-1}{3}+C$;

(4) $2(x-2)\sqrt{1+\mathrm{e}^x}-4\ln(\sqrt{1+\mathrm{e}^x}-1)+2x+C$（**提示**　先用分部积分公式：令 $u=x$，其余为 v'. 再用第二换元法，令 $t=\sqrt{1+\mathrm{e}^x}$）;

(5) $\dfrac{1}{3}(1-x^2)^{\frac{3}{2}}-2(1-x^2)^{\frac{1}{2}}+C$（**提示**　令 $x=\sin t$）;

(6) $\dfrac{1}{\sqrt{5}}\arcsin\sqrt{\dfrac{5}{2}}x+C$.

练习题 4.3

4.3.1 $-\dfrac{7}{4(1+2y)^2}+C$;

4.3.2 $\dfrac{1}{2}\arctan(1+x^2)+C$;

4.3.3 $\dfrac{1}{2a^3}\left(\arctan\dfrac{x}{a}+\dfrac{ax}{a^2+x^2}\right)+C$;

4.3.4 $-\dfrac{4}{3}(1-\sqrt{x})^{\frac{3}{2}}+C$;

4.3.5 $\dfrac{1}{2}\arctan(\sin x)^2+C$;

4.3.6 $\dfrac{6}{7}x^{\frac{7}{6}}-\dfrac{4}{3}x^{\frac{3}{4}}+C$;

4.3.7 $\dfrac{3}{5}(x+a)^{\frac{5}{3}}-\dfrac{3a}{2}(x+a)^{\frac{2}{3}}+C$;

4.3.8 $2\left(\sqrt{x-2}+\dfrac{1}{\sqrt{2}}\arctan\sqrt{\dfrac{x-2}{2}}\right)+C$;

4.3.9 $\dfrac{1}{3}\tan^3\theta-\tan\theta+\theta+C$;

4.3.10 $\tan\theta+\dfrac{1}{3}\tan^3\theta+C$;

4.3.11 $3\ln|x+1+\sqrt{x^2+2x}|-\sqrt{\dfrac{x+2}{x}}+C$;

4.3.12 $\theta+2\ln|a-be^{-\theta}|+C$ 或 $\ln|ae^\theta-b|+\ln|a-be^{-\theta}|+C$;

4.3.13 $\ln|e^x-\cos x|+C$;

4.3.14 $-4\sqrt{1-x^2}+C$;

4.3.15 $\dfrac{2}{\sqrt{3}}\arcsin\dfrac{3x+2}{\sqrt{19}}+C$;

4.3.16 $\dfrac{x-2}{2}\sqrt{4x-1-x^2}+\dfrac{3}{2}\arcsin\dfrac{x-2}{\sqrt{3}}+C$;

4.3.17 $\dfrac{e^x}{x+1}+C$. 提示　原式 $=\int\left(\dfrac{e^x}{x+1}-\dfrac{e^x}{(1+x)^2}\right)dx$,对第二项用分部积分法;

4.3.18 $\dfrac{1}{4}\left(x^2+x\sin 2x+\dfrac{1}{2}\cos 2x\right)+C$;

4.3.19 $e^{\sec x}+C$;

4.3.20 $x\arctan x-\dfrac{1}{2}\ln(1+x^2)-\dfrac{1}{2}(\arctan x)^2+C$

　　提示　原式 $=\int\arctan x\,dx-\int\dfrac{\arctan x}{1+x^2}dx$,第一项用分部积分法,第二项用换元积分法;

4.3.21 $\left(1-\dfrac{1}{x}\right)\ln(1-x)+C$.

第五章　定　积　分

练习题 5.1

5.1.1 (1) 10;　(2) $\pi/4$;　(3) $2+\pi/2$.

5.1.2 (1) 可积,$\sin x$ 在 $[a,b]$ 连续;

(2) 可积，$\tan x$ 在 $[-\pi/4, \pi/4]$ 连续；

(3) 可积，$\text{sgn} x$ 在 $[a,b]$ 有界，至多有一个间断点 $x=0$；

(4) 可积，$\lim_{x \to 0} \dfrac{\sin x}{x} = 1$，$y(x)$ 在 $[-1,1]$ 有界，只有一个间断点 $x=0$；

(5) 不可积，函数在 $[-\pi/2, \pi/2]$ 无界；

(6) 不可积，函数在 $[0,1]$ 无界.

5.1.3 (1) 16; (2) 2; (3) 1; (4) 2/5;
(5) -1; (6) 2; (7) 1; (8) $2\ln 3$.

5.1.4 (1) $\int_0^1 e^{-x} dx < \int_0^1 e^{-x^2} dx$; (2) $\int_0^1 \sin x dx < \int_0^1 \sin\sqrt{x} dx$;

(3) $\int_0^1 \sqrt{1+x^2} dx > \int_0^1 x dx$; (4) $\int_0^{\frac{\pi}{4}} \sin(x^2) dx < \int_0^{\frac{\pi}{4}} x^2 dx$;

(5) $\int_0^{\frac{\pi}{4}} x dx < \int_0^{\frac{\pi}{4}} \tan x dx$.

5.1.5 (1) **提示** 当 $1 \leqslant x \leqslant 2$ 时，$0 \leqslant x^2 - x \leqslant 2$；

(2) **提示** 当 $0 \leqslant x \leqslant \pi/4$ 时，$0 \leqslant \sqrt{\tan x} \leqslant 1$；

(3) 当 $1 \leqslant x \leqslant 2$，$1+x^2 \leqslant 5$，故 $\dfrac{x}{1+x^2} \geqslant \dfrac{x}{5} \geqslant \dfrac{1}{5}$，另一方面，对任意实数 x，都有 $1+x^2-2x \geqslant 0$，即 $\dfrac{x}{1+x^2} \leqslant \dfrac{1}{2}$.

(4) **提示** 当 $0 < x \leqslant 1$ 时，$0 < \dfrac{x^5}{1+x^2} < x^5$.

5.1.6 (1) **提示** 当 $0 \leqslant x \leqslant a$ 时，$0 \leqslant \dfrac{x^n}{1+x^4} \leqslant x^n$. 所以

$$0 \leqslant \int_0^a \dfrac{x^n}{1+x^4} dx \leqslant \int_0^a x^n dx = \dfrac{1}{n+1} a^{n+1}.$$

再用夹逼定理.

(2) **提示** 当 $0 \leqslant x \leqslant \dfrac{\pi}{4}$ 时，$0 \leqslant \sin^n x \leqslant x^n$.

5.1.7 $\dfrac{1}{1+p}$.

练习题 5.2

5.2.1 (1) $\dfrac{\pi}{16}$; (2) $\dfrac{1}{3} \ln \dfrac{1+\sqrt{5}}{2}$; (3) $\dfrac{1}{27}(5e^3 - 2)$; (4) 4;

(5) 1/2. **提示** 先令 $t = \sqrt{x}$，再用分部积分法； (6) 4/3.

5.2.2 (1) +; (2) +.

5.2.3 (2) **提示** 先证

$$\int_0^{2\pi} \cos^{2n} x \, dx = 2\int_0^{\pi} \cos^{2n} x \, dx,$$

再证 $\int_0^{\pi} \cos^{2n} x \, dx = 2\int_0^{\frac{\pi}{2}} \cos^{2n} x \, dx.$

5.2.4 (1) $-\sqrt{1+x^2}$; (2) $\dfrac{2x}{1+x^6}$;

(3) $5x^4 \cos x^{10} - 4x^3 \cos x^8$; (4) $\dfrac{1}{2\sqrt{x}}\sin x + \dfrac{1}{x^2}\sin\dfrac{1}{x^2}.$

5.2.5 (1) $\pi^2/4$; (2) $1/6$.

5.2.6 利用定义来证.

练 习 题 5.3

5.3.1 $9/2$.

5.3.2 $1+\dfrac{1}{2}\ln\dfrac{3}{2}$. 提示

$$\int \dfrac{\sqrt{x^2+1}}{x} dx \xrightarrow{x=\tan t} \int \dfrac{dt}{\sin t \cos^2 t} = \int \dfrac{\sin^2 t + \cos^2 t}{\sin t \cdot \cos^2 t} dt$$
$$= \int \dfrac{\sin t}{\cos^2 t} dt + \int \dfrac{dt}{\sin t} = \cdots$$
$$= \sqrt{x^2+1} + \ln\left|\dfrac{\sqrt{x^2+1}}{x} - \dfrac{1}{x}\right| + C.$$

5.3.3 (1) $\dfrac{\pi}{2}$. 提示 $V_x = \pi\int_{-\infty}^0 e^{2x} dx.$

(2) 2π. 提示 $V_y = 2\pi\int_{-\infty}^0 |x| e^x dx.$

5.3.4 $2\pi[\sqrt{2}+\ln(1+\sqrt{2})].$

5.3.5 (1) $\dfrac{3}{2}a^2\pi$; (2) a^2. **5.3.6** (1) $\dfrac{32}{5}\pi a^2$; (2) $\dfrac{128}{5}\pi a^2$.

5.3.7 4.9 J. **5.3.8** 17070.816 J. **5.3.10** $245\pi\times 10^5$ J.

5.3.11 $2\pi km\sigma\left(1-\dfrac{b}{\sqrt{a^2+b^2}}\right).$ **5.3.12** (1) π; (2) 发散; (3) $\dfrac{1}{\ln 2}.$

5.3.13 (1) 收敛; (2) 收敛; (3) 收敛; (4) 发散; (5) 收敛;
(6) 收敛.

5.3.14 条件收敛.

第六章 空间解析几何

练 习 题 6.1

6.1.1 16. **6.1.2** $(0,0,14/9)$.

6.1.3 (1) $\{6,10,-2\}$; (2) $\{1,8,5\}$;
(3) $\{16,0,-23\}$; (4) $\{3m+2n, 5m+2n, -m+3n\}$.

6.1.4 (1) $\{8,-16,0\}$; (2) $\{0,-1,-1\}$;
(3) 2; (4) $\{2,1,21\}$.

6.1.5 1. **6.1.6** 提示 只需证明 $(a\times b)\cdot c=0$.

练 习 题 6.2

6.2.1 $2x+3y-5z=0$. **6.2.2** 距离为 $\frac{1}{2}\sqrt{6}$.

6.2.3 $\frac{2}{3}, \left(\frac{14}{9}, \frac{13}{9}, \frac{25}{9}\right)$.

6.2.4 $\left\{-\frac{5}{13}, \frac{2}{13}, \frac{7}{13}\right\}$. (提示 设 $a=\overrightarrow{OM}$,先分别求出 O, M 在平面上的投影 O', M', $\overrightarrow{O'M'}$ 即为所求)

6.2.5 $x-y+z=0$. **6.2.6** $x-3y+z+2=0$.

6.2.7 $2x+2y-3z=0$. **6.2.8** $\sqrt{2}/2$.

6.2.9 7. **6.2.10** $\begin{cases} 2x+y-z-3=0, \\ 2x-y+z=0. \end{cases}$

6.2.11 (1) $L_0: \begin{cases} x+y+z=0, \\ y-z-1=0, \end{cases}$ (2) $x^2+y^2=5z^2+6z+2$.

第七章 多元函数微分学

练 习 题 7.1

7.1.1 (1) $D=\{(x,y)|x>0, x-2y>0\} \cup \{(x,y)|x<0, x-2y<0\}$, D 为无界开区域,图 7.14 中阴影部分,不含边界.

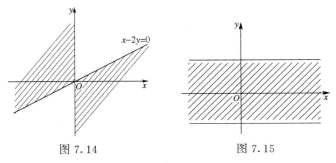

图 7.14   图 7.15

(2) $D=\{(x,y)||y|\leqslant 1\}$, D 为无界闭区域,见图 7.15 中阴影部分,含边

界.

(3) $D=\left\{(x,y)\left|\left(x-\dfrac{3}{2}\right)^2+y^2<\left(\dfrac{3}{2}\right)^2\right.\right\}\bigcap\{(x,y)|(x-1)^2+y^2>1\}$,
D 为有界开区域,见图 7.16 中阴影部分,不含边界.

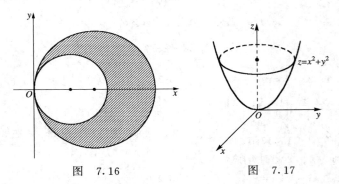

图 7.16   图 7.17

(4) $D=\{(x,y)|2k\pi\leqslant x^2+y^2\leqslant(2k+1)\pi,k=0,1,2,\cdots\}$ 为同心环族(图略),D 为无界闭区域.

(5) $D=\{(x,y,z)|z>x^2+y^2\}$ 为旋转抛物面 $z=x^2+y^2$ 的上方部分,不含边界. 见图 7.17,D 是无界开区域.

(6) $D=\{(x,y,z)|x^2+y^2-z^2\leqslant 1\}\bigcap\{x^2+y^2-z^2\geqslant -1\}$ 为单叶双曲面 $x^2+y^2-z^2=1$ 与双叶双曲面 $x^2+y^2-z^2=-1$ 之间的部分,包含边界. D 是无界闭区域.

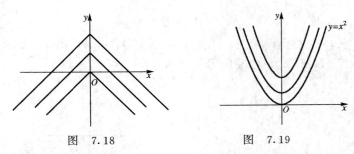

图 7.18   图 7.19

7.1.2 (1) 等高线方程 $|x|+y=C$,即 $x+y=C$ $(x\geqslant 0)$,$y-x=C$ $(x\leqslant 0)$ (图 7.18).

(2) 等高线方程:$\ln(y-x^2)=C$,即 $y=x^2+e^C$ 是位于抛物线 $y=x^2$ 上方的一族抛物线,见图 7.19.

(3) 等高线方程:$y^x=C_1(C_1>0)$,即 $x=\dfrac{C}{\ln y}$,见图 7.20.

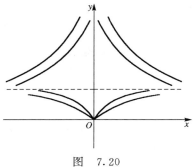

图 7.20

(4) 等高线方程：$e^{\frac{2x}{x^2+y^2}}=C_1(C_1>0)$，即
$$\left(x-\frac{1}{C}\right)^2+y^2=\left(\frac{1}{C}\right)^2\quad((x,y)\neq(0,0))$$
与 $x=0\ ((x,y)\neq(0,0))$. 其图形是：y 轴及一族圆周，以 $\left(\frac{1}{C},0\right)$ 为圆心, $\frac{1}{|C|}$ 为半径,除去原点(图形略).

7.1.3 (1) 2； (2) 0；

(3) 1(注意：$(x^2+y^2)^{xy}=e^{xy\ln(x^2+y^2)}$)，
$$|xy\ln(x^2+y^2)|\leqslant \frac{1}{2}(x^2+y^2)|\ln(x^2+y^2)|$$
$$=\frac{1}{2}|t\ln t|,\quad t=x^2+y^2.$$

(4) 0(其中 $x^4+y^2\geqslant 2x^2|y|$).

(5) $e^{\frac{1}{a}}\left(\text{注意：}\left(1+\frac{1}{xy}\right)^{\frac{x^2}{x+y}}=\left(1+\frac{1}{xy}\right)^{xy\cdot\frac{x}{y(x+y)}},\ \lim_{\substack{x\to\infty\\ y\to a}}\frac{x}{y(x+y)}=\frac{1}{a}\right).$

(6) 2(分母有理化).

7.1.4 (1) 当 (x,y) 沿 $y=kx$ 时函数趋向 $\frac{1+k^2}{1+k^2+(1-k)^2}$.

(2) $\frac{\sqrt{xy+1}-1}{x+y}=\frac{1}{\sqrt{xy+1}+1}\cdot\frac{xy}{x+y}$. 分别考察 (x,y) 沿 $y=x$ 与 $y=-x+x^2$ 趋于零时 $\frac{xy}{x+y}$ 的极限.

(3) 当 (x,y) 沿 $y=x$ 趋于零时 $\lim_{x\to 0}\frac{1-\cos 2x^2}{2x^6}=\infty$.

(4) 分别考察 (x,y) 沿 $y=x$ 与 $y^3=-x^3+x^4$ 趋向零时函数的极限.

7.1.5 (1) $(x,y)=(0,0)$ 点.

(2) 直线族 $x=k\pi$ 及直线族 $y=k\pi, k=0,\pm 1,\pm 2,\cdots$.

(3) 曲线 $y^2 = 2x$.

7.1.6 $f(x,y) = \sqrt{(x-x_0)^2 + (y-y_0)^2}$ 在有界闭区域 D 上连续.

练习题 7.2

7.2.1 (1) $\dfrac{\partial z}{\partial x} = \dfrac{-y^2}{(x-y)^2}, \dfrac{\partial z}{\partial y} = \dfrac{x^2}{(x-y)^2}$;

(2) $\dfrac{\partial z}{\partial x} = \dfrac{-\sqrt[3]{y}}{3x(\sqrt[3]{y} - \sqrt[3]{x})}, \dfrac{\partial z}{\partial y} = \dfrac{\sqrt[3]{x}}{3y(\sqrt[3]{y} - \sqrt[3]{x})}$;

(3) $\dfrac{\partial z}{\partial x} = \dfrac{\sqrt{y}}{\sqrt{1-x^2y}}, \dfrac{\partial z}{\partial y} = \dfrac{x}{2\sqrt{y(1-x^2y)}}$;

(4) $\dfrac{\partial z}{\partial x} = \dfrac{2x}{y}\sec^2\dfrac{x^2}{y}, \dfrac{\partial z}{\partial y} = -\dfrac{x^2}{y^2}\sec^2\dfrac{x^2}{y}$;

(5) $\dfrac{\partial z}{\partial x} = -\dfrac{2x\sin x^2}{y}, \dfrac{\partial z}{\partial y} = -\dfrac{\cos x^2}{y^2}$;

(6) $\dfrac{\partial z}{\partial x} = \dfrac{1}{x-2y}, \dfrac{\partial z}{\partial y} = \dfrac{-2}{x-2y}$;

(7) $\dfrac{\partial u}{\partial x} = \dfrac{z}{y}e^{\frac{xz}{y}}\ln y, \dfrac{\partial u}{\partial y} = \dfrac{1}{y}e^{\frac{xz}{y}}\left(1 - \dfrac{xz\ln y}{y}\right), \dfrac{\partial u}{\partial z} = \dfrac{x}{y}e^{\frac{xz}{y}}\ln y$;

(8) $\dfrac{\partial u}{\partial x} = -\dfrac{4x}{(x^2+y^2+z^2)^3}, \dfrac{\partial u}{\partial y} = -\dfrac{4y}{(x^2+y^2+z^2)^3}, \dfrac{\partial u}{\partial z} = \dfrac{-4z}{(x^2+y^2+z^2)^3}$;

(9) $\dfrac{\partial z}{\partial x} = 2(2x+y)^{2x+y}[1 + \ln(2x+y)]$,

$\dfrac{\partial z}{\partial y} = (2x+y)^{2x+y}[1 + \ln(2x+y)]$.

7.2.2 (1) $\left.\dfrac{\partial z}{\partial x}\right|_{(1,1)} = 1$; (2) $\left.\dfrac{\partial z}{\partial x}\right|_{(0,0)} = 1, \left.\dfrac{\partial z}{\partial y}\right|_{(0,0)} = -1$.

7.2.3 $\Delta f = a(2h+h^2) + b(h+k+hk) + c(2k+k^2)$;
$df = (2a+b)h + (b+2c)k$.

7.2.4 (1) $y^{\sin x}\cos x\ln y\, dx + y^{\sin x - 1}\sin x\, dy$; (2) $\dfrac{1}{x^2+y^2}(-y\, dx + x\, dy)$;

(3) $\dfrac{1}{\sqrt{x^2+y^2+z^2}}(x\, dx + y\, dy + z\, dz)$; (4) $\dfrac{1}{(z-y)^2}(2z\, dy - 2y\, dz)$.

7.2.5 $\dfrac{1}{2}dx$. **7.2.6** $xy + \dfrac{y}{x} + C$.

7.2.7 (1) $-x\cos(x+y^2) + \sin(x+y^2) + C(y)$, $C(y)$ 为 y 的任意函数;
(2) $x^2y + y^2 + 1 - 2x^4$.

7.2.8 (1) 1.0541667; (2) 0.97.

7.2.9 110π 克. **7.2.10** 33.2 mm.

7.2.11 0.8%. **7.2.12** 7.5853678 m.

7.2.13 (1) $f(x,y)$ 是二元初等函数,在定义区域上连续.

(2) $f(x,0)=0 \Longrightarrow \dfrac{\partial f(x,0)}{\partial x}=0$,其余类似.

(3) 先求

$$f'_x(x,y) = \begin{cases} \dfrac{1}{3}x^{-\frac{2}{3}}y^{\frac{1}{3}}, & x \neq 0, \\ 0, & x=0, y=0, \end{cases}$$

$$f'_y(x,y) = \begin{cases} \dfrac{1}{3}x^{\frac{1}{3}}y^{-\frac{2}{3}}, & y \neq 0, \\ 0, & y=0, x=0, \end{cases}$$

易证 $\lim\limits_{(x,y)\to(0,0)} f'_x(x,y)$ 与 $\lim\limits_{(x,y)\to(0,0)} f'_y(x,y)$ 不存在.

(4) $f(x,y)-f(0,0)-f'_x(0,0)x-f'_y(0,0)y = x^{\frac{1}{3}}y^{\frac{1}{3}} \neq o(\rho)$ $(\rho=\sqrt{x^2+y^2}\to 0)$.

7.2.14 (1) 由 $f(x,0)=0, f(0,y)=0 \Longrightarrow f'_x(0,0)=0, f'_y(0,0)=0$.

(2) 先分别求

$$f'_x(x,y) = \begin{cases} y\sin\dfrac{1}{\sqrt{x^2+y^2}} - \dfrac{x^2 y}{(x^2+y^2)^{3/2}}\cos\dfrac{1}{\sqrt{x^2+y^2}}, & (x,y)\neq(0,0), \\ 0, & (x,y)=(0,0), \end{cases}$$

令 $y=x$,由此可知 $f'_x(x,x)=x\sin\dfrac{1}{\sqrt{2}\,x} - \dfrac{1}{2\sqrt{2}}\cos\dfrac{1}{\sqrt{2}\,x} \nrightarrow 0$ $(x\to 0)$.

$\Longrightarrow f'_x(x,y)$ 在 $(0,0)$ 不连续,同理 $f'_y(x,y)$ 在 $(0,0)$ 不连续.

(3) $f(x,y)-f(0,0)-f'_x(0,0)x-f'_y(0,0)y = xy\sin\dfrac{1}{\sqrt{x^2+y^2}} = o(\rho)$ $(\rho=\sqrt{x^2+y^2}\to 0)$. 因 $\dfrac{y}{\sqrt{x^2+y^2}}\sin\dfrac{1}{\sqrt{x^2+y^2}}$ 为有界变量, $\rho\to 0$ 时 x 为无穷小量.

7.2.15 先求

$$f'_x(x,y) = \begin{cases} \dfrac{xy\cos(xy)-\sin(xy)}{x^2}, & (x\neq 0), \\ 0, & (x=0), \end{cases}$$

$$f'_y(x,y) = \begin{cases} \cos(xy), & (x\neq 0), \\ 1, & (x=0). \end{cases}$$

显然, $x\neq 0$ 时, $f'_x(x,y), f'_y(x,y)$ 对 (x,y) 连续. $x=0$ 时对任意 y_0,

$$\lim_{(x,y)\to(0,y_0)} f'_x(x,y) = \lim_{(x,y)\to(0,y_0)} \dfrac{xy\cos(xy)-\sin(xy)}{x^2 y^2}y^2$$

$$= \lim_{t\to 0}\dfrac{t\cos t-\sin t}{t^2}\cdot y_0^2 = 0 = f'_x(0,y_0),$$

$$\lim_{(x,y)\to(0,y_0)} f'_y(x,y) = 1 = f'_y(0,y_0).$$

因此,对任意$(0,y)$,$f'_x(x,y)$,$f'_y(x,y)$也均连续,即$f'_x(x,y)$,$f'_y(x,y)$全平面连续$\Longrightarrow f(x,y)$在全平面可微.

练习题 7.3

7.3.1 $\dfrac{19}{2}\sqrt{2}$.   **7.3.2** 0.

7.3.3 $\dfrac{5}{3\sqrt{17}}$.   **7.3.4** $\pm\dfrac{2}{\sqrt{x_0^2+y_0^2}}$.

7.3.5 $\sqrt{6}$.   **7.3.6** $\dfrac{63}{\sqrt{109}\cdot\sqrt{37}}$.

7.3.7 $2\cos\alpha$;最大为 2,沿方向$\{1,0\}$;最小为-2,沿方向$\{-1,0\}$.

7.3.8 $\{1,1\}$, $\{y_0,x_0\}$.   **7.3.9** $\dfrac{3}{\sqrt{17}}$.

7.3.10 $\dfrac{\partial u}{\partial l}=\dfrac{\operatorname{grad}u\cdot\operatorname{grad}v}{|\operatorname{grad}v|}$;$\operatorname{grad}u$ 与 $\operatorname{grad}v$ 垂直时$\dfrac{\partial u}{\partial l}=0$.

练习题 7.4

7.4.1 (1) $\dfrac{\partial z}{\partial x}=y\dfrac{\partial f}{\partial u}-\dfrac{y}{x^2}\dfrac{\partial f}{\partial v}$, $\dfrac{\partial z}{\partial y}=x\dfrac{\partial f}{\partial u}+\dfrac{1}{x}\dfrac{\partial f}{\partial v}$;

(2) $\dfrac{\partial z}{\partial x}=\dfrac{\mathrm{d}F}{\mathrm{d}u}\cdot 2x$, $\dfrac{\partial z}{\partial y}=1-2y\dfrac{\mathrm{d}F}{\mathrm{d}u}$;

(3) $\dfrac{\partial z}{\partial x}=\dfrac{\partial f}{\partial x}+\dfrac{1}{y}\dfrac{\partial f}{\partial u}$, $\dfrac{\partial z}{\partial y}=-\dfrac{x}{y^2}\dfrac{\partial f}{\partial u}$,其中 $u=\dfrac{x}{y}$;

(4) $\dfrac{\partial z}{\partial x}=2x\dfrac{\partial f}{\partial u}+2x\dfrac{\partial f}{\partial v}+2y\dfrac{\partial f}{\partial w}$, $\dfrac{\partial z}{\partial y}=2y\dfrac{\partial f}{\partial u}-2y\dfrac{\partial f}{\partial v}+2x\dfrac{\partial f}{\partial w}$;

(5) $\dfrac{\partial u}{\partial x}=f'_1+2xf'_2$, $\dfrac{\partial u}{\partial y}=f'_1+2yf'_2$, $\dfrac{\partial u}{\partial z}=f'_1+2zf'_2$;

(6) $\dfrac{\partial u}{\partial x}=\dfrac{x}{\sqrt{x^2+y^2}}f'_1+\dfrac{1}{yz}f'_2$, $\dfrac{\partial u}{\partial y}=\dfrac{y}{\sqrt{x^2+y^2}}f'_1-\dfrac{x}{y^2z}f'_2$,

$\dfrac{\partial u}{\partial z}=-\dfrac{x}{yz^2}f'_2$.

7.4.2 由 $\dfrac{\partial z}{\partial x}=nx^{n-1}f+x^nf'\left(\dfrac{y}{x^2}\right)\left(-\dfrac{2y}{x^3}\right)$, $\dfrac{\partial z}{\partial y}=x^nf'\left(\dfrac{y}{x^2}\right)\dfrac{1}{x^2}$可得证.

7.4.3 令 $g(r,\theta)=f(r\cos\theta,r\sin\theta)$,可证: $\dfrac{\partial g}{\partial r}=0$.

7.4.4 在变量替换下,$u=u(\xi,\eta,\zeta)$. $u=f(x,y,z)$是$u=u(\xi,\eta,\zeta)$与$\xi=x,\eta=y-x,\zeta=z-x$的复合函数.

$$\dfrac{\partial u}{\partial x}=\dfrac{\partial u}{\partial \xi}-\dfrac{\partial u}{\partial \eta}-\dfrac{\partial u}{\partial \zeta}, \quad \dfrac{\partial u}{\partial y}=\dfrac{\partial u}{\partial \eta}, \quad \dfrac{\partial u}{\partial z}=\dfrac{\partial u}{\partial \zeta}.$$

$$f(x,y,z) = F(y-x, z-x)$$

(即作 ξ,η,ζ 的函数只依赖于 η 与 ζ).

7.4.5 (1) $\dfrac{\partial z}{\partial x} = \dfrac{z\sin x - \cos y}{\cos x - y\sin z}$, $\dfrac{\partial z}{\partial y} = \dfrac{x\sin y - \cos z}{\cos x - y\sin z}$; (2) $\dfrac{\partial z}{\partial x} = \dfrac{\partial z}{\partial y} = -1$.

7.4.6 $\dfrac{2(x^2-y^2)}{x-2y}$. **7.4.7** $-\dfrac{y^2 f_1' + f_2'}{2xy f_1' + f_2'}$.

7.4.8 $\mathrm{d}z = \dfrac{F_2' \cdot zy - F_1' \cdot x^2 y}{x(xF_1' + yF_2')}\mathrm{d}x + \dfrac{F_1' zx - F_2' xy^2}{y(xF_1' + yF_2')}\mathrm{d}y$,其中 $\mathrm{d}x,\mathrm{d}y$ 的系数分别为 $\dfrac{\partial z}{\partial x}$ 与 $\dfrac{\partial z}{\partial y}$.

7.4.9 将原方程对 x,y 求偏导数后分别得

$$\frac{\partial z}{\partial x} = \frac{2x}{f'\left(\dfrac{z}{y}\right) - 2z},$$

$$\frac{\partial z}{\partial y} = \frac{2y^2 - yf\left(\dfrac{z}{y}\right) + zf'\left(\dfrac{z}{y}\right)}{y\left(f'\left(\dfrac{z}{y}\right) - 2z\right)} = \frac{y^2 - x^2 - z^2 + zf'\left(\dfrac{z}{y}\right)}{y\left(f'\left(\dfrac{z}{y}\right) - 2z\right)}$$

(利用了原方程),由此易得证.

7.4.10 将 $F(u^2-x^2, u^2-y^2, u^2-z^2)=0$ 分别对 x,y,z 求偏导数(注意 $u=u(x,y,z)$),再分别乘以 $\dfrac{1}{x},\dfrac{1}{y},\dfrac{1}{z}$,最后将它们相加得:

$$u(F_1' + F_2' + F_3')\left(\frac{1}{x}\frac{\partial u}{\partial x} + \frac{1}{y}\frac{\partial u}{\partial y} + \frac{1}{z}\frac{\partial u}{\partial z}\right) = F_1' + F_2' + F_3'.$$

7.4.11 $-\cos\theta\cot\varphi$.

7.4.12 $\dfrac{\partial u}{\partial x} = \dfrac{1-12v}{1-8uv}$, $\dfrac{\partial v}{\partial x} = \dfrac{2u-3}{1-8uv}$, $\dfrac{\partial u}{\partial y} = \dfrac{4v+2}{8uv-1}$, $\dfrac{\partial v}{\partial y} = \dfrac{4u+1}{8uv-1}$.

7.4.13 $\dfrac{\partial u}{\partial x} = \dfrac{u^2}{(u-v)(u-w)}$, $\dfrac{\partial v}{\partial x} = \dfrac{v^2}{(v-u)(v-w)}$,

$\dfrac{\partial w}{\partial x} = \dfrac{w^2}{(w-u)(w-v)}$.

练 习 题 7.5

7.5.1 (1) $z = 1 + \dfrac{2y}{x-y}$, $\dfrac{\partial^2 z}{\partial x^2} = \dfrac{4y}{(x-y)^3}$, $\dfrac{\partial^2 z}{\partial x \partial y} = \dfrac{-2(x+y)}{(x-y)^3}$;

(2) $\dfrac{\partial^2 z}{\partial x \partial y} = \mathrm{e}^{xy}(1+xy) + \mathrm{e}^x + \mathrm{e}^y$, $\dfrac{\partial^2 z}{\partial y^2} = x^2 \mathrm{e}^{xy} + x\mathrm{e}^y$;

(3) $\left.\dfrac{\partial^2 z}{\partial x^2}\right|_{(0,0)} = \left.\dfrac{\mathrm{d}^2}{\mathrm{d}x^2}z(x,0)\right|_{x=0} = \left.\dfrac{\mathrm{d}^2}{\mathrm{d}x^2}(\arctan x)\right|_{x=0} = 0$;

(4) $\left.\dfrac{\partial^2 z}{\partial x \partial y}\right|_{(1,1)} = \left.\dfrac{\mathrm{d}}{\mathrm{d}y}\left(\dfrac{\partial z(1,y)}{\partial x}\right)\right|_{y=1} = \left.\dfrac{\mathrm{d}}{\mathrm{d}y}\left(\dfrac{2}{2+y}\right)\right|_{y=1} = -\dfrac{2}{9}$;

(5) $\dfrac{\partial^2 z}{\partial x \partial y} = e^{-x}\left[-\dfrac{1}{y^2}\cos\dfrac{x}{y} + \dfrac{x}{y^3}\sin\dfrac{x}{y} + \dfrac{x}{y^2}\cos\dfrac{x}{y}\right].$

7.5.2 (1) $\dfrac{\partial^3 z}{\partial x^3} = 6,\ \dfrac{\partial^3 z}{\partial y^3} = 6,\ \dfrac{\partial^3 z}{\partial x \partial y^2} = 0,\ \dfrac{\partial^3 z}{\partial x^2 \partial y} = 2;$

(2) $\dfrac{\partial^3 z}{\partial x^3} = \dfrac{3}{8}y^2 x^{-\frac{5}{2}},\ \dfrac{\partial^3 z}{\partial y^3} = 0,\ \dfrac{\partial^3 z}{\partial y \partial x^2} = -\dfrac{1}{2}yx^{-\frac{3}{2}},\ \dfrac{\partial^3 z}{\partial x \partial y^2} = \dfrac{1}{\sqrt{x}};$

(3) $-x(2\sin(xy) + xy\cos(xy));$

(4) $mn(n-1)(n-2)p(p-1)x^{m-1}y^{n-3}z^{p-2}.$

7.5.3 $\dfrac{\partial^2 u}{\partial t^2} = a^2 \varphi''(x-at) + a^2 \psi''(x+at),$

$\dfrac{\partial^2 u}{\partial x^2} = \varphi''(x-at) + \psi''(x+at).$

7.5.4 (1) $\dfrac{\partial^2 u}{\partial x^2} = f''_{xx} + 2f''_{xz}\varphi'_x + f''_{zz}\left(\dfrac{\partial\varphi}{\partial x}\right)^2 + f'_z \varphi''_{xx};$

(2) $\dfrac{\partial^2 z}{\partial x \partial y} = 4xyf'',\ \dfrac{\partial^2 z}{\partial y^2} = 2f' + 4y^2 f'';$

(3) $\dfrac{\partial^2 z}{\partial x \partial y} = (f''_{11} \cdot e^x \cos y + f''_{12} \cdot 2y)e^x \sin y$

$\qquad + 2x(f''_{12} \cdot e^x \cos y + f''_{22} \cdot 2y) + f'_u \cdot e^x \cos y;$

(4) $\dfrac{\partial^2 u}{\partial y \partial z} = \dfrac{x}{yz^2}f''_{12} - \dfrac{y}{z^3}f''_{22} - \dfrac{1}{z^2}f'_2.$

7.5.5 (1) $\dfrac{\partial^2 z}{\partial x^2} = -\dfrac{2xy^3 z}{(z^2-xy)^3},\ \dfrac{\partial^2 z}{\partial y^2} = -\dfrac{2x^3 yz}{(z^2-xy)^3},$

$\dfrac{\partial^2 z}{\partial x \partial y} = \dfrac{z(z^4 - 2xyz^2 - x^2 y^2)}{(z^2-xy)^3}.$

(2) $\dfrac{\partial^2 z}{\partial x^2} = \dfrac{\partial^2 z}{\partial x \partial y} = \dfrac{\partial^2 z}{\partial y^2} = -\dfrac{x+y+z}{(x+y+z-1)^3}.$

(3) $\dfrac{\partial^2 z}{\partial x^2} = -\dfrac{y^2 z}{(x^2-y^2)^2},\ \dfrac{\partial^2 z}{\partial x \partial y} = \dfrac{xyz}{(x^2-y^2)^2},\ \dfrac{\partial^2 z}{\partial y^2} = -\dfrac{x^2 z}{(x^2-y^2)^2}.$

(4) $\dfrac{\partial^2 z}{\partial x^2} = -\dfrac{2}{z^5}(xz^3 + x^4),\ \dfrac{\partial^2 z}{\partial x \partial y} = -\dfrac{2x^2 y^2}{z^5},$

$\dfrac{\partial^2 z}{\partial y^2} = -\dfrac{2}{z^5}(yz^2 + y^4).$

7.5.6 只需算出

$\dfrac{\partial u}{\partial \xi} = \cos\alpha \dfrac{\partial u}{\partial x} + \sin\alpha \dfrac{\partial u}{\partial y},\qquad \dfrac{\partial u}{\partial \eta} = -\sin\alpha \dfrac{\partial u}{\partial x} + \cos\alpha \dfrac{\partial u}{\partial y},$

$\dfrac{\partial^2 u}{\partial \xi^2} = \cos^2\alpha \dfrac{\partial^2 u}{\partial x^2} + 2\sin\alpha\cos\alpha \dfrac{\partial^2 u}{\partial x \partial y} + \sin^2\alpha \dfrac{\partial^2 u}{\partial y^2},$

$\dfrac{\partial^2 u}{\partial \eta^2} = \sin^2\alpha \dfrac{\partial^2 u}{\partial x^2} - 2\sin\alpha\cos\alpha \dfrac{\partial^2 u}{\partial x \partial y} + \cos^2\alpha \dfrac{\partial^2 u}{\partial y^2}.$

7.5.7 (1) 由复合函数求导法得

$$\frac{\partial^2 w}{\partial u^2} = \frac{\partial^2 w}{\partial x^2}\left(\frac{\partial f}{\partial u}\right)^2 + 2\frac{\partial^2 w}{\partial x \partial y} \cdot \frac{\partial f}{\partial u} \cdot \frac{\partial g}{\partial u}$$
$$+ \frac{\partial^2 w}{\partial y^2}\left(\frac{\partial g}{\partial u}\right)^2 + \frac{\partial w}{\partial x}\frac{\partial^2 f}{\partial u^2} + \frac{\partial w}{\partial y}\frac{\partial^2 g}{\partial u^2},$$
$$\frac{\partial^2 w}{\partial v^2} = \frac{\partial^2 w}{\partial x^2}\left(\frac{\partial f}{\partial v}\right)^2 + 2\frac{\partial^2 w}{\partial x \partial y}\frac{\partial f}{\partial v}\frac{\partial g}{\partial v} + \frac{\partial^2 w}{\partial y^2}\left(\frac{\partial g}{\partial v}\right)^2$$
$$+ \frac{\partial w}{\partial x}\frac{\partial^2 f}{\partial v^2} + \frac{\partial w}{\partial y}\frac{\partial^2 g}{\partial v^2}.$$

再由 f,g 的条件得
$$\frac{\partial^2 f}{\partial u^2} + \frac{\partial^2 f}{\partial v^2} = 0, \quad \frac{\partial^2 g}{\partial u^2} + \frac{\partial^2 g}{\partial v^2} = 0.$$

于是
$$\frac{\partial^2 w}{\partial u^2} + \frac{\partial^2 w}{\partial v^2} = \left[\left(\frac{\partial f}{\partial u}\right)^2 + \left(\frac{\partial g}{\partial u}\right)^2\right]\left(\frac{\partial^2 w}{\partial x^2} + \frac{\partial^2 w}{\partial y^2}\right).$$

(2) 取 $w = xy$,有 $\frac{\partial^2 w}{\partial x^2} + \frac{\partial^2 w}{\partial y^2} = 0$,利用结果(1).

7.5.8 $6\frac{\partial^2 z}{\partial x^2} + \frac{\partial^2 z}{\partial x \partial y} - \frac{\partial^2 z}{\partial y^2} = (10 + 5a)\frac{\partial^2 z}{\partial u \partial v} + (6 + a - a^2)\frac{\partial^2 z}{\partial v^2} = 0.$ $a = 3.$

7.5.9 对方程组求全微分并解出
$$dx = \frac{(x+v)du + (u-x)dv}{x+y}, \quad dy = \frac{(v-y)du + (y+u)dv}{x+y},$$
$$\frac{\partial^2 x}{\partial u \partial v} = \frac{\partial}{\partial v}\left(\frac{\partial x}{\partial u}\right) = \frac{u+y-x-v}{(x+y)^2}.$$

7.5.10 $f(x,y) = \frac{1}{2}(x^2y + xy^2) + C_1 x + C_2 y + C_3$, C_1, C_2, C_3 为任意常数.

练习题 7.6

7.6.1 $\dfrac{x - \frac{\pi}{2} + 1}{1} = \dfrac{y-1}{1} = \dfrac{z - 2\sqrt{2}}{\sqrt{2}}$, $x + y + \sqrt{2}\,z - \frac{\pi}{2} - 4 = 0.$

7.6.2 $(-1, 1, -1)$, $\left(-\frac{1}{3}, \frac{1}{9}, -\frac{1}{27}\right).$

7.6.3 即证:切向量 $\boldsymbol{\tau} = \{-a\sin\theta, a\cos\theta, b\}$ 与 $\boldsymbol{k} = \{0, 0, 1\}$ 成定角.

7.6.4 $\dfrac{x-1}{1} = \dfrac{y-1}{1} = \dfrac{z-1}{2}$, $x + y + 2z = 4.$

7.6.5 曲线上任意点处的切向量
$$\boldsymbol{\tau} = \begin{vmatrix} \boldsymbol{i} & \boldsymbol{j} & \boldsymbol{k} \\ x & y & z \\ x-1 & y & 0 \end{vmatrix} = \{-yz, z(x-1), y\},$$

M_0 处曲线的切线方程: $\dfrac{x-1}{-\sqrt{2}} = \dfrac{y-1}{0} = \dfrac{z-\sqrt{2}}{1}$,法平面方程:

$\sqrt{2}\,x-z=0$.

7.6.6 (1) $x+2y-z+5=0$, $\dfrac{x-2}{-1}=\dfrac{y+3}{-2}=\dfrac{z-1}{1}$;

(2) $ax_0(x-x_0)+by_0(y-y_0)+cz_0(z-z_0)=0$, $\dfrac{x-x_0}{ax_0}=\dfrac{y-y_0}{by_0}=\dfrac{z-z_0}{cz_0}$;

(3) $z-z_0=2ax_0(x-x_0)+2by_0(y-y_0)$, $\dfrac{x-x_0}{2ax_0}=\dfrac{y-y_0}{2by_0}=\dfrac{z-z_0}{-1}$;

(4) $x-y+2z-\dfrac{\pi}{2}=0$, $\dfrac{x-1}{-1/2}=\dfrac{y-1}{1/2}=\dfrac{z-\pi/4}{-1}$.

7.6.7 即求该点处椭球面的法向量与 k 的夹角，$\arccos\dfrac{3}{\sqrt{22}}$.

7.6.8 即证两曲面在交点处的法向量垂直即点乘为零.

7.6.9 先求该曲面在任意点处的切平面方程，再求切平面与各坐标轴的交点的坐标.

7.6.10 即分别求出曲面上法向量与 i,j,k 平行的点. 不存在切平面平行于 Oxy 平面；切平面平行于 Ozx 平面的切点为 $(1,\pm 1,0)$；切平面平行于 Oyz 平面的切点为 $(0,0,0)$ 及 $(2,0,0)$.

7.6.11 $\pi/3$.

7.6.12 锥面在点 M 处的切平面方程为

$$\left(f\left(\frac{y_0}{x_0}\right)-\frac{y_0}{x_0}f'\left(\frac{y_0}{x_0}\right)\right)(x-x_0)+f'\left(\frac{y_0}{x_0}\right)(y-y_0)-(z-z_0)=0,$$

由此可证.

7.6.13 令 $G(x,y,z)=F\left(\dfrac{x-a}{z-c},\dfrac{y-b}{z-c}\right)$，由复合函数求导法先求得 $\mathrm{grad}\,G$. 再求得曲面上任意点 (x,y,z) 处的切平面方程：

$$\frac{1}{z-c}F'_1\cdot(X-x)+\frac{1}{z-c}F'_2\cdot(Y-y)$$
$$-\frac{1}{(z-c)^2}((x-a)F'_1+(y-b)F'_2)(Z-z)=0.$$

易验证该平面通过点 (a,b,c).

练 习 题 7.7

7.7.1 (1) $z(0,0)=0$, 极小值；$z(1,0)=0$, 极小值.

(2) $(3,2)$ 为极大值点.

(3) $z_1(1,1)=6$, 极大值；$z_2(1,1)=-2$, 极小值.

(4) 不存在驻点，有惟一不可偏导点 $(0,0)$，易知 $(0,0)$ 为极大值点.

7.7.2 $z(2,-1)=13$ 为最大值；$z(1,1)=-1$ 与 $z(0,-1)=-1$ 为最小值.

7.7.3 化为无条件最值问题或用拉格朗日乘子法,令

$$F(x,y,\lambda) = x^2 + y^2 + \lambda\left(\frac{x}{a} + \frac{y}{b}\right).$$

当 $(x,y) = \left(\dfrac{ab^2}{a^2+b^2}, \dfrac{a^2b}{a^2+b^2}\right)$ 时取最小值 $z = \dfrac{a^2b^2}{a^2+b^2}$.

7.7.4 化为无条件最值问题或用拉格朗日乘子法. 令

$$F(x,y,z,\lambda) = x^2 + y^2 + z^2 + \lambda\left(\frac{x^2}{a^2} + \frac{y^2}{b^2} + \frac{z^2}{c^2}\right).$$

当 $(x,y,z) = (\pm a, 0, 0)$ 时取最大值 a^2,当 $(x,y,z) = (0,0,\pm c)$ 时取最小值 c^2,它们的几何意义是:椭球面 $\dfrac{x^2}{a^2} + \dfrac{y^2}{b^2} + \dfrac{z^2}{c^2} = 1$ 与原点距离平方最大与最小的点.

7.7.5 令

$$F(x_1, x_2, \cdots, x_n) = x_1 x_2 \cdots x_n + \lambda\left(\frac{1}{x_1} + \frac{1}{x_2} + \cdots + \frac{1}{x_n} - \frac{1}{a}\right),$$

解联立方程组:

$$\frac{\partial F}{\partial x_1} = 0, \cdots, \frac{\partial F}{\partial x_n} = 0, \frac{\partial F}{\partial \lambda} = 0,$$

得惟一解 $(x_1, \cdots, x_n) = (na, \cdots, na)$,它是条件最小值点,最小值为 $f(na, \cdots, na) = (na)^n$. 记 $\dfrac{1}{a_1} + \dfrac{1}{a_2} + \cdots + \dfrac{1}{a_n} = \dfrac{1}{a}$,由 $f(a_1, \cdots, a_n) \geqslant (na)^n$ 得不等式.

7.7.6 令

$$F(x,y,z,\lambda,\mu) = z + \lambda(x^2 + y^2 - 2az) + \mu(x^2 + xy + y^2 - a^2).$$

求得 z 坐标的最大值为 a,最小值为 $\dfrac{a}{3}$.

7.7.7 过点 $M(a,b,c)$ 作平面,法向量为 (u,v,w),然后求截距,归结为求

$$f(u,v,w) = \frac{(au + bv + cw)^3}{uvw} \quad (u > 0, v > 0, w > 0)$$

的最小值点,化为解三元一次方程组:

$$\begin{cases} 2au - bv - cw = 0, \\ -bu + 2bv - cw = 0, \\ -au - bv + 2cw = 0. \end{cases}$$

求出非零解,可得所求平面为 $\dfrac{x}{a} + \dfrac{y}{b} + \dfrac{z}{c} = 3$.

7.7.8 $\sqrt[3]{2V}, \sqrt[3]{2V}, \dfrac{1}{2}\sqrt[3]{2V}$.

7.7.9 $h = 2r = 2\sqrt{\dfrac{S}{3\pi}}$,其中 r 为半径, h 为高.

7.7.10 $x = \dfrac{2}{3}a, \theta = \dfrac{\pi}{3}$.

练习题 7.8

7.8.1 直接计算 $f(x,y)$ 在 $(1,-1)$ 处的一、二、三阶偏导数得
$$f(x,y) = 1 + (x-1) + \frac{1}{2}[4(x-1)^2 + 2(x-1)(y-1)]$$
$$+ \frac{1}{6} \cdot 6(x-1)^3$$
$$= 1 + (x-1) + 2(x-1)^2 + (x-1)(y-1) + (x-1)^3.$$

7.8.2 直接计算 $f(0,0)$ 及 $f(x,y)$ 在 $(0,0)$ 处的一、二阶偏导数得
$$f(x,y) \approx 1 + x + xy.$$

7.8.3 (1) $f(x,y) = \dfrac{1}{1+y} \cdot (1+x) = (1-y+y^2+o(y^2))(1+x)$
$$= 1+x-y-xy+y^2+o(\rho^2) \quad (\rho = \sqrt{x^2+y^2} \to 0),$$
其中 $o(y^2) = o(\rho^2), xy^2, xo(y^2) = o(\rho^2)$.

(2) $f(x,y) = (1-(x^2+y^2))^{\frac{1}{2}} = 1 - \dfrac{1}{2}(x^2+y^2) + o(\rho^2).$

第八章 重 积 分

练习题 8.1

8.1.1 (1) $(e-1)^2$; (2) $\ln\dfrac{2+\sqrt{2}}{1+\sqrt{3}}$; (3) $-\dfrac{\pi}{16}$; (4) $\dfrac{33}{140}$;

(5) $\dfrac{9}{4}$; (6) $\dfrac{4}{135}$; (7) $\dfrac{63}{640}$.

8.1.2 (1) $\displaystyle\int_0^a dy \int_y^{y+2a} f(x,y)dx = \int_0^a dx \int_0^x f(x,y)dy$
$$+ \int_a^{2a} dx \int_0^a f(x,y)dy + \int_{2a}^{3a} dx \int_{x-2a}^a f(x,y)dy;$$

(2) $\displaystyle\int_{-\frac{1}{2}}^{\frac{1}{2}} dx \int_{\frac{1}{2}-\sqrt{\frac{1}{4}-x^2}}^{\frac{1}{2}+\sqrt{\frac{1}{4}-x^2}} f(x,y)dy = \int_0^1 dy \int_{-(y-y^2)^{1/2}}^{(y-y^2)^{1/2}} f(x,y)dx;$

(3) $\displaystyle\int_{-\sqrt{2}}^{\sqrt{2}} dx \int_{x^2}^{4-x^2} f(x,y)dy = \int_0^2 dy \int_{-\sqrt{y}}^{\sqrt{y}} f(x,y)dx$
$$+ \int_2^4 dy \int_{-\sqrt{4-y}}^{\sqrt{4-y}} f(x,y)dx;$$

(4) $\displaystyle\int_0^1 dx \int_{\frac{1}{2}x}^{2x} f(x,y)dy + \int_1^2 dx \int_{\frac{1}{2}x}^{\frac{2}{x}} f(x,y)dy$

$$= \int_0^1 dy \int_{\frac{y}{2}}^{2y} f(x,y)dx + \int_1^2 dy \int_{\frac{y}{2}}^{\frac{2}{y}} f(x,y)dx.$$

8.1.3 (1) $\int_0^1 dx \int_{x^2}^{x} f(x,y)dy$; (2) $\int_0^1 dy \int_{-(1-y^2)^{1/2}}^{(1-y^2)^{1/2}} f(x,y)dx$;

(3) $\int_0^4 dy \int_0^{\frac{y}{2}} f(x,y)dx + \int_4^6 dy \int_0^{6-y} f(x,y)dx$;

(4) $\int_0^1 dy \int_{e^y}^{e} f(x,y)dx.$

8.1.4 (1) 直接计算得 $\frac{2}{3}a^{\frac{3}{2}}$； (2) 直接计算得 9；

(3) 先表成二重积分并确定积分区域,然后交换积分顺序并算出结果得 $\frac{1}{2}(e^{a^2}-1)$；

(4) 先表成二重积分并确定积分区域,然后交换积分顺序并算出结果得 $\frac{1}{6}$.

8.1.5 (1) $\int_0^\pi d\theta \int_0^{b\sin\theta} f(r\cos\theta, r\sin\theta)rdr$；

(2) $\int_0^{\frac{\pi}{4}} d\theta \int_0^{\frac{1}{\cos\theta}} f(r\cos\theta, r\sin\theta)rdr$；

(3) $\int_{\frac{\pi}{4}}^{\arctan 2} d\theta \int_{4\cos\theta}^{8\cos\theta} f(r\cos\theta, r\sin\theta)rdr.$

8.1.6 (1) $\pi\left(1-\frac{1}{e}\right)$； (2) $\frac{\pi^2}{6}$； (3) $\frac{1}{3}R^3\left(\pi-\frac{4}{3}\right)$；

(4) $\frac{1}{3}(b^3-a^3)\left(\frac{1}{\sqrt{1+\alpha^2}}-\frac{1}{\sqrt{1+\beta^2}}\right)$；

(5) $a^3\left(\frac{22}{9}+\frac{\pi}{2}\right)$； (6) $\frac{\pi}{4}\left(\frac{\pi}{2}-1\right).$

8.1.7 $\frac{1}{2}\int_{-\frac{\pi}{2}}^{\frac{\pi}{2}} f(\tan\theta)\cos^2\theta d\theta.$

8.1.8 (1) 表成二重积分,积分区域

$$D = \{(x,y) | 0 \leqslant x \leqslant R, 0 \leqslant y \leqslant \sqrt{R^2-x^2}\},$$

然后用极坐标变换计算得

$$\frac{\pi}{4}[(1+R^2)\ln(1+R^2)-R^2].$$

(2) 表成二重积分,积分区域

$$D = \left\{(x,y) \middle| 0 \leqslant x \leqslant \frac{\sqrt{2}}{2}R, x \leqslant y \leqslant \sqrt{R^2-x^2}\right\},$$

然后用极坐标变换求得 $\frac{\pi}{8}(1-e^{-R^2})$.

8.1.9 (1) 作极坐标变换，$I=\frac{1}{9}(2\sqrt{2}-1)$；

(2) 用 $y=x^2$ 将 D 分成两块，然后分块积分，$I=\frac{\pi}{2}+\frac{5}{3}$；

(3) 利用对称性与奇偶性，$I=4\iint\limits_{D_1} x\mathrm{d}x\mathrm{d}y=\frac{2}{3}$，其中 D_1 是 D 的第一象限部分；

(4) 作变换 $x+y=u,\frac{y}{x}=v,I=\frac{25}{96}$；

(5) 作极坐标变换.

$$D: 0 \leqslant \theta \leqslant 2\pi, \quad r^4 \leqslant \frac{1}{\cos^4\theta+\sin^4\theta},$$

$$I=\int_0^{\frac{\pi}{2}}\frac{\mathrm{d}\theta}{\cos^4\theta+\sin^4\theta}=\int_0^{\frac{\pi}{2}}\frac{\mathrm{d}\theta}{1-\frac{1}{2}\sin^2 2\theta}=\frac{\pi}{\sqrt{2}}.$$

练习题 8.2

8.2.1 (1) $\frac{1}{2}\left(\frac{\pi^2}{8}-1\right)$；　(2) $\frac{1}{364}$；　(3) $\frac{16}{3}\pi$；　(4) $\frac{\pi}{4}abc^2$.

8.2.2 (1) $\frac{59}{480}\pi R^5$；　(2) $-\frac{1}{48}$；　(3) $\frac{\pi}{6}$；　(4) $\frac{4}{3}\pi a^2$；

(5) $\frac{16\pi}{3}$；　(6) $\frac{4}{15}(b^5-a^5)\pi$.

8.2.3 (1) 先 z 后 x,y 的积分顺序加上极坐标变换，$I=\frac{9}{4}e(e^3-1)$；

(2) 利用对称性与奇偶性，作球坐标变换（或先二 (x,y) 后一 (z) 的积分顺序），$I=\iiint\limits_{\Omega}z^3\mathrm{d}V=\frac{31}{15}\pi$；

(3) 作变换

$$u=\frac{x^2+y^2}{z},\quad v=xy,\quad w=\frac{y}{x},$$

$$I=\frac{1}{40}\left(\frac{1}{a^2}-\frac{1}{b^2}\right)(d^5-c^5)\left[(\beta^2-\alpha^2)\left(1+\frac{1}{\alpha^2\beta^2}\right)+4\ln\frac{\beta}{\alpha}\right];$$

(4) 作广义球坐标变换，$I=4(e-2)\pi abc$.

8.2.4 (1) $I=\iiint\limits_{\Omega}\frac{\mathrm{d}V}{\sqrt{x^2+y^2+z^2}}$,

$$\Omega: 1\leqslant z\leqslant 1+\sqrt{1-x^2-y^2},\ (x,y)\in D_{xy},$$

$$D_{xy}: -1\leqslant x\leqslant 1,\ 0\leqslant y\leqslant\sqrt{1-x^2}.$$

选用球坐标变换，$I=\left(\dfrac{7}{6}-\dfrac{2}{3}\sqrt{2}\right)\pi$；

(2) 改换积分顺序 $I=\dfrac{1}{18}(2\sqrt{2}-1)$.

练习题 8.3

8.3.1 π.

8.3.2 (1) $\dfrac{88}{105}$； (2) $\dfrac{19}{6}\pi$；

(3) $\dfrac{3}{35}$； (4) $\dfrac{7}{24}$；

(5) $\dfrac{\pi}{3}(2-\sqrt{2})(b^3-a^3)$； (6) $\pi a^3(\alpha-\beta)$；

(7) $\dfrac{\pi}{3}a^3$； (8) $2\ln 2-\dfrac{5}{4}$.

8.3.3 $2\pi a^2-4a^2$. **8.3.4** $4a^2$.

8.3.5 $\dfrac{\pi}{\sqrt{2}}$. **8.3.6** $\dfrac{a^2\pi}{2}$.

8.3.7 $\dfrac{3}{2}$；$\left(\dfrac{5}{9},\dfrac{5}{9},\dfrac{5}{9}\right)$. **8.3.8** $\left(0,0,\dfrac{2}{5}a\right)$.

8.3.9 $\left(\dfrac{4}{3},0,0\right)$. **8.3.10** $\left(0,0,\dfrac{3c}{4}\right)$.

8.3.11 $\left[\dfrac{\iiint\limits_{D}x\rho\,\mathrm{d}x\mathrm{d}y}{\iiint\limits_{D}\rho\,\mathrm{d}x\mathrm{d}y},\dfrac{\iiint\limits_{D}y\rho\,\mathrm{d}x\mathrm{d}y}{\iiint\limits_{D}\rho\,\mathrm{d}x\mathrm{d}y}\right]$.

8.3.12 $\dfrac{\pi\rho h a^2}{60}(2h^2+3a^2)$.

8.3.13 $I_{xy}=\dfrac{4}{15}\pi abc^3$，$I_{yz}=\dfrac{4}{15}\pi a^3bc$，$I_{xz}=\dfrac{4}{15}\pi ab^3c$.

8.3.14 $\dfrac{4}{15}\pi(4\sqrt{2}-5)$，$\dfrac{(16\sqrt{2}-14)\pi}{15}$.

8.3.15 $\dfrac{4}{9}MR^2$. **8.3.16** $\{0,0,2km\rho\pi(\sqrt{20}-4)\}$.

8.3.17 $km\rho\pi(R-r)$. **8.3.18** $\{0,0,2\pi k\rho h(1-\cos\alpha)\}$.

第九章 曲线积分与格林公式

练习题 9.1

9.1.1 $\dfrac{ab(a^2+ab+b^2)}{3(a+b)}$. **9.1.2** $2\pi^2 a^3(1+2\pi^2)$.

9.1.3 $1+\sqrt{2}$.

9.1.4 $2a^2$.

9.1.5 $\dfrac{\sqrt{2}}{2}-\dfrac{\sqrt{17}}{8}-\dfrac{1}{2}\ln\dfrac{1+\sqrt{2}}{4+\sqrt{17}}$.

9.1.6 $2a^{4/3}$.

9.1.7 $\dfrac{8a\pi^3\cdot\sqrt{2}}{3}$.

9.1.8 $2\pi a^2$.

9.1.9 $a\delta$.

9.1.10 $\dfrac{16}{27}(10\sqrt{10}-1)$.

9.1.11 $\sqrt{a^2+b^2}\left[\pi\sqrt{a^2+4b^2\pi^2}+\dfrac{a^2}{2b}\ln\dfrac{2\pi b+\sqrt{a^2+4\pi^2 b^2}}{a}\right]$.

9.1.12 (1) $\dfrac{4}{3}$; (2) 0; (3) -4; (4) 4.

9.1.13 $\dfrac{41}{6}$.

9.1.14 3.

9.1.15 0.

9.1.16 πa^2.

9.1.17 6.

9.1.18 0.

9.1.19 0.

9.1.20 $\dfrac{19}{10}$.

9.1.21 $-\pi a^2$.

9.1.22 $-\pi$.

9.1.23 $-\dfrac{8}{15}$.

9.1.25 $\dfrac{k}{2}\ln 2$.

9.1.26 $-\dfrac{k\ln 2}{|c|}\sqrt{a^2+b^2+c^2}$.

9.1.27 (1) $\dfrac{c^2}{2}-2\pi a^2$; (2) $ac+\dfrac{c^2}{2}$.

练 习 题 9.2

9.2.1 (1) πab; (2) $\dfrac{3}{8}\pi a^2$; (3) $6\pi a^2$;

(4) 双纽线的极坐标方程为 $r^2=a^2\cos 2\theta$，再写出它的参数方程，面积为 a^2.

9.2.2 (1) $-2\pi a$; (2) $\dfrac{1}{2}\pi a^4$; (3) $-46\dfrac{2}{3}$.

9.2.3 添加辅助线使之成封闭曲线后用格林公式计算.

(1) $\dfrac{1}{5}(1-\mathrm{e}^\pi)$; (2) $\left(\dfrac{\pi}{8}-\dfrac{1}{3}\right)a^3$.

9.2.4 均满足 $\dfrac{\partial Q}{\partial x}=\dfrac{\partial P}{\partial y}$ $((x,y)\neq(0,0))$，均用挖去某区域后再用格林公式的方法.

(1) $I=\displaystyle\int_{C_\varepsilon}\dfrac{x\mathrm{d}y-y\mathrm{d}x}{4x^2+y^2}=\pi$, C_ε: $4x^2+y^2=\varepsilon^2$，逆时针方向；

(2) $I=\displaystyle\oint_{C_\varepsilon}\dfrac{(x-y)\mathrm{d}x+(x+y)\mathrm{d}y}{x^2+y^2}=2\pi$, C_ε: $x^2+y^2=\varepsilon^2$，逆时针方向.

9.2.5 直接用格林公式.

练 习 题 9.3

9.3.1 (1) 1; (2) $\frac{1}{2}[b_1(1+b_1)(a_2^2-a_1^2)+a_2^2(b_2-b_1)+a_2^2(b_2^2-b_1^2)]$;
(3) $e^a \cos b - 1$; (4) 62.

9.3.2 (1) 与路径无关. 因为存在原函数, 或计算
$$\frac{\partial}{\partial x}(y\ln(x^2+y^2)) = \frac{\partial}{\partial y}(x\ln(x^2+y^2)).$$
但 D 非单连通, 还要验证:
$$\int_L x\ln(x^2+y^2)\mathrm{d}x + y\ln(x^2+y^2)\mathrm{d}y = 0,$$
其中 $L: x^2 + y^2 = 1$.

(2) 验证
$$\frac{\partial}{\partial x}\left(\frac{x}{x^2+y^2}\right) = \frac{\partial}{\partial y}\left(\frac{-y}{x^2+y^2}\right) \quad (x^2+y^2 \neq 0),$$
D 为单连通, 故与路径无关.

9.3.3 (1) $\frac{x^3}{3}+x^2y-xy^2-\frac{y^3}{3}+C$; (2) $y^2\cos x+x^2\cos y+C$.

9.3.4 均易求出原函数, 由原函数的改变量得积分值.
(1) $\sqrt{2}$; (2) $\sqrt{1+a^2}-\sqrt{1+b^2}$; (3) 1.

9.3.5 记原式为 $P\mathrm{d}x+Q\mathrm{d}y$, 由 $\frac{\partial Q}{\partial x}=\frac{\partial P}{\partial y}$ $((x,y)\in D)$ 定出 a,b, 然后求出 u. 若用特殊路径积分法求 u 时, 最后还须验证: $\mathrm{d}u=P\mathrm{d}x+Q\mathrm{d}y$, $a=b=-1$,
$$u(x,y) = \frac{x-y}{x^2+y^2}+C.$$

9.3.6 $3x^2-2xy+3y^2 = (x-y)^2+2(x^2+y^2)=0 \iff (x,y)=(0,0)$. 验证: $\frac{\partial Q}{\partial x}=\frac{\partial P}{\partial y}$, $(x,y)\neq(0,0)$.

(1) D 为单连通区域, 存在原函数 u.
$$u(x,y) = -\frac{\sqrt{2}}{4}\arctan\frac{3y-x}{2\sqrt{2}x}+C;$$

(2) D 为单连通区域, 存在原函数.
$$u(x,y) = \frac{\sqrt{2}}{4}\arctan\frac{3x-y}{2\sqrt{2}y}+C.$$

(3) D 是非单通区域. 取 $C: 3x^2+3y^2-2xy=1$, 它是环绕 $(0,0)$ 的闭曲线 (因为关于直线对称, 与 $y=x$ 的交点是 $(1/2,1/2),(-1/2,-1/2)$),

$$\int_C P\mathrm{d}x + Q\mathrm{d}y = \int_C y\mathrm{d}x - x\mathrm{d}y = -2.$$

C 所围区域的面积 $\neq 0$, $\int_L P\mathrm{d}x + Q\mathrm{d}y$ 在 D 不是与路径无关 $\Rightarrow P\mathrm{d}x + Q\mathrm{d}y$ 在 D 不存在原函数.

第十章 曲面积分,高斯公式与斯托克斯公式

练习题 10.1

10.1.1 $4\sqrt{61}$. **10.1.2** πa^3.

10.1.3 πR^3. **10.1.4** $\dfrac{\pi}{2}(1+\sqrt{2})$.

10.1.5 $\dfrac{64}{15}\sqrt{2}\,a^4$. **10.1.6** $\dfrac{2\pi(6\sqrt{3}+1)}{15}$.

10.1.7 $\dfrac{4}{3}\pi a^4 \rho_0$. **10.1.8** $\dfrac{2\pi}{105}R^7$.

10.1.9 $2\pi\mathrm{e}^2$. **10.1.10** $\dfrac{1}{2}\pi^2 R$.

10.1.11 $4\pi abc\left(\dfrac{1}{a^2}+\dfrac{1}{b^2}+\dfrac{1}{c^2}\right)$. **10.1.12** $\dfrac{5}{3}$.

10.1.13 $\dfrac{1}{4}a^2 b^2 c - ab^2 c$. **10.1.14** $\sqrt{2}\,\pi R^2$.

练习题 10.2

10.2.1 (1) $a^2 h^2 \pi$; (2) $\dfrac{1}{2}\pi a^2 b^2$.

10.2.2 (1) $\dfrac{2\pi a^5}{5}$; (2) $3a^4$; (3) $-\pi$.

10.2.3 (1) 1; (2) 6π; (3) $\dfrac{4}{15}\pi abc(a^2+b^2+c^2)$.

10.2.4 曲面 S 的方程是 $x^2+z^2=y-1$ ($1 \leqslant y \leqslant 3$),添加辅助面 S_1: $y=3, x^2+z^2\leqslant 2$,法向量与 y 轴正向同向.然后用高斯公式,$I=36\pi$.

10.2.5 添加辅助面 S_1: $z=0, \dfrac{x^2}{a^2}+\dfrac{y^2}{b^2}\leqslant 1$,取下侧.在 S 与 S_1 围成的区域 Ω 上利用高斯公式,将辅助面 S_1 上的面积分化为二重积分后用广义极坐标变换求二重积分.

10.2.6 (1) I 记成 $\iint_S P\mathrm{d}y\mathrm{d}z + Q\mathrm{d}z\mathrm{d}x + R\mathrm{d}x\mathrm{d}y$,可验证:

$$\dfrac{\partial P}{\partial x} + \dfrac{\partial Q}{\partial y} + \dfrac{\partial R}{\partial z} = 0, \quad (x,y,z) \neq (0,0,0).$$

直接用高斯公式得 $I=0$.

(2) 化简 $I=\iint\limits_{S}x\mathrm{d}y\mathrm{d}z+y\mathrm{d}z\mathrm{d}x+z\mathrm{d}x\mathrm{d}y$ 后用高斯公式得 $I=4\pi$.

(3) 在椭球围成的区域内挖掉一个小球域后用高斯公式,转化成

$$I=\frac{1}{\varepsilon^3}\iint\limits_{S_\varepsilon}x\mathrm{d}y\mathrm{d}z+y\mathrm{d}z\mathrm{d}x+z\mathrm{d}x\mathrm{d}y=4\pi,$$

其中 C_ε: $x^2+y^2+z^2=\varepsilon^2$,取外侧.

练习题 10.3

10.3.1 (1) $\dfrac{h^3}{3}$; (2) $-\dfrac{9}{2}a^3$; (3) 4π; (4) $-\pi a^2$.

10.3.2 Ω 是单连通的,验证:$\mathrm{rot}\boldsymbol{F}=\boldsymbol{0}$ $((x,y,z)\in\Omega)$,或直接求出全微分式的原函数.

10.3.3 (1) 是,$u(x,y,z)=x^2yz+xy^2z+xyz^2+C$;

(2) 不是$(\mathrm{rot}\boldsymbol{F}\not\equiv\boldsymbol{0})$; (3) 是,$u(x,y,z)=\sin(xy)-\cos z+C$.

10.3.4 4.

练习题 10.4

10.4.1 (1) $1+2z$; (2) $2x^8y^9z^{10}(45y^2z^2+55x^2z^2+66x^2y^2)$.

10.4.2 (1) $\{xz-3z^2, ye^z-yz, 3x^2-e^z\}$; (2) $\{0,0,0\}$;

(3) $\{-y\cos z, xy\cos(yz)-\cos x, xz\cos(yz)\}$.

10.4.5 $\dfrac{\partial^2 u}{\partial x^2}+\dfrac{\partial^2 u}{\partial y^2}+\dfrac{\partial^2 u}{\partial z^2}$.

10.4.7 $f''(r)+\dfrac{2}{r}f'(r)$,$f(r)=C_1+\dfrac{C_2}{r}$,C_1,C_2 为任意常数.

10.4.8 $\dfrac{f'(r)}{r}(\boldsymbol{C}\cdot\boldsymbol{r})$.

10.4.9 $3f(r)+rf'(r)$,$f(r)=\dfrac{C}{r^3}$,C 为任意常数.

第十一章 无穷级数

练习题 11.1

11.1.1 (1) $1+\dfrac{2}{\sqrt{2}}+\dfrac{4}{\sqrt{3}}+\dfrac{8}{\sqrt{4}}+\cdots$;

(2) $3+\dfrac{4}{3}+\dfrac{5}{5}+\dfrac{6}{7}+\cdots$;

(3) $\dfrac{1}{\sqrt{1\cdot 2}}-\dfrac{1}{\sqrt{2\cdot 3}}+\dfrac{1}{\sqrt{3\cdot 4}}-\dfrac{1}{\sqrt{4\cdot 5}}+\cdots$;

(4) $x-\dfrac{x^3}{3!}+\dfrac{x^5}{5!}-\dfrac{x^7}{7!}+\cdots$.

11.1.2 (1) $\dfrac{(-1)^{n-1}}{n}$;　　　　(2) $\dfrac{(2n-1)!!}{(2n)!!}$;

(3) $\dfrac{x^{\frac{n}{2}}}{(2n)!!}$;　　　　　(4) $\dfrac{(-a)^{n+1}}{2n+1}$.

11.1.3 (1) 发散；(2) 收敛,和为 $\dfrac{1}{2}$；(3) 收敛,和为 $\dfrac{3}{2}$；

(4) 发散(**提示**　级数相邻中角度之差为 $\dfrac{\pi}{6}$,考察部分和,先乘以 $2\sin\dfrac{\pi}{12}$,再将每一项分解为两个余弦函数之差).

11.1.4 (1) 发散$\left(\text{一般项}\dfrac{1}{\sqrt[n]{3}}\to 1\ne 0\right)$；

(2) 发散$\left(\sum\limits_{n=1}^{\infty}\dfrac{1}{3n}=\sum\limits_{n=1}^{\infty}\dfrac{1}{3}\cdot\dfrac{1}{n}\right)$；

(3) 收敛$\left(\sum\limits_{n=1}^{\infty}\left(\dfrac{1}{2^n}+\dfrac{1}{3^n}\right),\sum\limits_{n=1}^{\infty}\dfrac{1}{2^n},\sum\limits_{n=1}^{\infty}\dfrac{1}{3^n}\text{均收敛}\right)$.

11.1.5　**提示**　记级数 $\langle A\rangle$ 与 $\langle A'\rangle$ 的部分和分别为 S_n 与 T_n,考察 S_{2n} 与 T_{2n} 的关系,并注意 $a_n\to 0$ $(n\to+\infty)$.

练习题 11.2

11.2.1 (1) 收敛；(2) 收敛；(3) 收敛；(4) 发散.

11.2.2 (1) 发散$\left(\text{一般项}u_n=\dfrac{1}{\sqrt[n]{n}}\to 1\right)$；

(2) 发散$\left(\text{一般项}u_n=\dfrac{n}{2n-1}\to\dfrac{1}{2}\right)$；

(3) 发散(发散级数＋收敛级数)；

(4) 收敛$\left(\text{与}\sum\limits_{n=1}^{\infty}\dfrac{1}{n^2}\text{相同敛散性}\right)$；

(5) 发散.

11.2.3 (1) 发散$\left(\dfrac{u_{n+1}}{u_n}\to\dfrac{3}{\mathrm{e}}>1\right)$；(2) 收敛；(3) 收敛；

(4) 收敛；(5) 发散$\left(\sqrt[n]{u_n}=\dfrac{1}{\sqrt[n]{2n-1}}\dfrac{3^{2-\frac{1}{n}}}{2^{2-\frac{1}{n}}}\to\dfrac{3}{2}>1\right)$.

11.2.4 (1) 收敛$\left(0<u_n<\dfrac{3}{n^2}\right)$；(2) 收敛$\left(0<\dfrac{2}{n^n}\leqslant\dfrac{2}{n^2}\ (n\geqslant 2)\right)$；

(3) 收敛 $\left(0<u_n<\dfrac{1}{3^n}\right)$；　(4) 发散 $\left(u_n>\dfrac{1}{n^{2/3}}\right)$.

11.2.5 (1) 收敛 $\left(\lim\limits_{n\to+\infty}\dfrac{u_n}{\dfrac{1}{3^n}}=\lim\limits_{n\to+\infty}\dfrac{1}{n}=0\right)$；

(2) 收敛 $\left(\lim\limits_{n\to+\infty}\dfrac{u_n}{\dfrac{1}{n^2}}=2\right)$；　　　(3) 发散 $\left(\lim\limits_{n\to+\infty}\dfrac{u_n}{\dfrac{1}{n}}=4\right)$；

(4) 收敛 $\left(\lim\limits_{n\to+\infty}\dfrac{u_n}{\left(\dfrac{2}{3}\right)^n}=\pi\right)$.

11.2.6 (1) 收敛（用洛必达法则：

$$\lim_{x\to 0}\dfrac{x-\ln(1+x)}{x^2}=\dfrac{1}{2}\Rightarrow \lim_{n\to+\infty}\dfrac{\dfrac{1}{n}-\ln\left(1+\dfrac{1}{n}\right)}{\dfrac{1}{n^2}}=\dfrac{1}{2},$$

或由泰勒公式

$$\ln\left(1+\dfrac{1}{n}\right)=\dfrac{1}{n}-\dfrac{1}{2}\dfrac{1}{n^2}+o\left(\dfrac{1}{n^2}\right)\quad(n\to+\infty),$$

$\Rightarrow$ $\qquad u_n=\dfrac{1}{n}-\ln\left(1+\dfrac{1}{n}\right)=\dfrac{1}{2}\dfrac{1}{n^2}+o\left(\dfrac{1}{n^2}\right).$

即 $u_n\sim\dfrac{1}{2}\dfrac{1}{n^2}$）；

(2) $p>\dfrac{1}{2}$ 时收敛，$p\leqslant\dfrac{1}{2}$ 时发散

$$\left(1-\cos\dfrac{1}{n}\sim\dfrac{1}{2}\dfrac{1}{n^2},\left(1-\cos\dfrac{1}{n}\right)^p\sim\dfrac{1}{2^p}\dfrac{1}{n^{2p}}\right).$$

11.2.7 (1) 收敛 $\left(0<u_n\leqslant\dfrac{n}{2^n}\right)$；

(2) 收敛 $\left(0<u_n<\dfrac{n^{n-1}}{(n^2)^{\frac{n+1}{2}}}=\dfrac{1}{n^2}\right)$；

(3) 收敛 $\left(u_n\sim n\cdot\dfrac{\pi}{2^{n+2}},\text{注意其中 }\tan\dfrac{\pi}{2^{n+2}}\sim\dfrac{\pi}{2^{n+2}}\ (n\to+\infty)\right)$；

(4) 发散 $\left(u_n\sim\dfrac{1}{an}\right)$；

(5) 收敛 $\left(0<u_n\leqslant\dfrac{\pi}{n}\int_0^{\frac{\pi}{n}}\dfrac{\mathrm{d}x}{1+x}=\dfrac{\pi}{n}\ln\left(1+\dfrac{\pi}{n}\right)\sim\dfrac{\pi^2}{n^2}\ (n\to+\infty)\right)$；

(6) 发散（注意：$n>\ln n$，这是正项级数，根值判别法失效. 一般项 $0<u_n=\mathrm{e}^{n\ln\left(1-\frac{\ln n}{n}\right)}$ 与 $v_n=\mathrm{e}^{n\left(-\frac{\ln n}{n}\right)}=\dfrac{1}{n}$ 比较，

$$\lim_{n\to+\infty}\frac{u_n}{v_n}=\lim_{n\to+\infty}e^{n\left[\ln\left(1-\frac{\ln n}{n}\right)+\frac{\ln n}{n}\right]}=1).$$

11.2.8 $p>1$ 或 $p=1,q>1$ 时收敛，$p<1$ 或 $p=1,q\leqslant 1$ 时发散.

11.2.9 (1) 条件收敛； (2) 条件收敛；

(3) 发散 $\left(\text{原级数}\sum_{n=1}^{\infty}(-1)^{n+1}u_n,u_n>0,\frac{u_{n+1}}{u_n}\to+\infty,u_n\nrightarrow 0\right)$；

(4) 绝对收敛； (5) 绝对收敛；

(6) $p>1$ 时绝对收敛，$0<p\leqslant 1$ 时条件收敛，$p\leqslant 0$ 时发散；

(7) 条件收敛； (8) 条件收敛.

11.2.10 考察 $0\leqslant u_n-a_n\leqslant b_n-a_n(n=1,2,3,\cdots)$.

11.2.11 (1) 考察 $0<\sqrt{u_n u_{n+1}}<\frac{1}{2}(u_n+u_{n+1})$；

(2) 由 $\lim_{n\to+\infty}u_n=0\Longrightarrow$ 存在 N，当 $n>N$ 时，$1-u_n>\frac{1}{2}$.

*$11.2.12$ $\frac{a_n}{n^x}=\frac{a_n}{n^{x_0}}\cdot\frac{1}{n^{x-x_0}}$，利用阿贝尔判别法.

练 习 题 11.3

11.3.1 (1) $(-a,a)$, $[-a,a]$; (2) $(-\infty,+\infty)$;

(3) $\left(\frac{1}{e},e\right)$, $\left(\frac{1}{e},e\right]$; (4) $(0,+\infty)$, $(0,+\infty)$;

(5) $\left(-\frac{1}{\sqrt{2}},\frac{1}{\sqrt{2}}\right)$, $\left(-\frac{1}{\sqrt{2}},\frac{1}{\sqrt{2}}\right)$ (注意：这是缺项幂级数)；

(6) $(-3,3)$, $[-3,3)$; (7) $(2-e,2+e)$, $(2-e,2+e)$;

(8) $(-1,1)$, $(-1,1)$;

(9) 记 $R=\min\left(\frac{1}{a},\frac{1}{b}\right)$，收敛区间为 $(-R,R)$. $a\geqslant b$ 时，收敛域为 $[-R,R)$，$a<b$ 时收敛域为 $[-R,R]$.

11.3.2 (1) $2x\arctan x-\ln(1+x^2)$；

(2) $\frac{1}{4}\ln\frac{1+x}{1-x}+\frac{1}{2}\arctan x-x$；

(3) $\frac{2+x^2}{(2-x^2)^2}$; (4) $\ln(1+x)$;

(5) $\frac{1}{(1-x)^2}$; (6) $\frac{2}{(1-x)^3}$.

11.3.3 (1) 3; (2) $\frac{2}{\sqrt{5}}\arctan\frac{1}{\sqrt{5}}-\ln\frac{6}{5}$；

(3) $\frac{3}{(\sqrt{3}-1)^2}$; (4) 8.

练习题 11.4

11.4.1 (1) $\sum_{n=0}^{\infty} \frac{x^{2n+1}}{(2n+1)!}$ $(-\infty, +\infty)$;

(2) $\ln a + \sum_{n=1}^{\infty}(-1)^{n-1}\frac{1}{n}\left(\frac{x}{a}\right)^n$ $(-a, a]$;

(3) $\frac{3}{4}\sum_{n=1}^{\infty}(-1)^n\frac{1-3^{2n}}{(2n+1)!}x^{2n+1}$ $(-\infty, +\infty)$;

(4) $\frac{\sqrt{2}}{2}\sum_{n=0}^{\infty}(-1)^n\left[\frac{x^{2n}}{(2n)!}+\frac{x^{2n+1}}{(2n+1)!}\right]$ $(-\infty, +\infty)$;

(5) $2\left[1-\frac{x^3}{24}-\sum_{n=2}^{\infty}\frac{2\cdot 5\cdot\cdots\cdot(3n-4)}{3^n\cdot n!}\left(\frac{x}{2}\right)^{3n}\right]$ $(-2 \leqslant x \leqslant 2)$;

(6) $2\left(x-\frac{1}{3}x^3+\cdots+\frac{(-1)^n}{2n+1}x^{2n+1}+\cdots\right)$, $-1 < x < 1$;

(7) $\frac{\pi}{2}-x-\sum_{n=1}^{\infty}\frac{(2n-1)!!}{(2n)!!(2n+1)}x^{2n+1}$ $(-1 \leqslant x \leqslant 1)$;

(8) $-\sum_{n=0}^{\infty}\left(1+\frac{2}{3^{n+1}}\right)x^n$ $(|x|<1)$;

(9) $\frac{1}{2}+\sum_{n=1}^{\infty}\frac{1\cdot 3\cdot 5\cdot\cdots\cdot(2n-1)}{2\cdot 4\cdot 6\cdot\cdots\cdot 2n}\cdot\frac{x^{2n}}{2^{2n+1}}$ $(-2 < x < 2)$;

(10) $1+\sum_{n=2}^{\infty}(-1)^{n-1}\frac{n-1}{n!}x^n$ $(-\infty < x < +\infty)$;

(11) $\sum_{n=1}^{\infty}(-1)^{n-1}\frac{x^n}{n^2}$ $(|x| \leqslant 1)$;

(12) $x+\sum_{n=1}^{\infty}\frac{1\cdot 3\cdot 5\cdot\cdots\cdot(2n-1)}{2\cdot 4\cdot 6\cdot\cdots\cdot 2n}\cdot\frac{x^{4n+1}}{4n+1}$ $(-1 < x < 1)$.

11.4.2 (1) $\sum_{n=1}^{\infty}(-1)^{n-1}\frac{(x-1)^n}{n}$ $(0 < x \leqslant 2)$;

(2) $\sum_{n=0}^{\infty}\left(\frac{1}{2^{n+1}}-\frac{1}{3^{n+1}}\right)(x+4)^n$ $(-6 < x < -2)$;

(3) $2+\frac{x-4}{2^2}+\sum_{n=2}^{\infty}(-1)^{n-1}\frac{1\cdot 3\cdot 5\cdot\cdots\cdot(2n-3)}{4\cdot 6\cdot\cdots\cdot 2n}\cdot\frac{(x-4)^n}{2^{2n}}$ $(0 \leqslant x \leqslant 8)$.

11.4.3 (1) $f^{(2n)}(0)=0$ $(n=1,2,3,\cdots)$,

$f^{(2n+1)}(0)=\frac{(-1)^n}{2n+1}$ $(n=0,1,2,\cdots)$

$\left(f(x)=\sum_{n=0}^{\infty}\frac{(-1)^n x^{2n+1}}{(2n+1)!(2n+1)}\right)$;

(2) $f^{(n)}(0) = \dfrac{1}{n+2}$ $(n=1,2,3,\cdots)$

$\left(g(x) = \sum\limits_{n=1}^{\infty} \dfrac{x^{n-1}}{n!},\quad f(x) = g'(x) = \sum\limits_{n=0}^{+\infty} \dfrac{n-1}{n!}x^{n-2} = \sum\limits_{n=0}^{\infty} \dfrac{n+1}{(n+2)!}x^n\right).$

11.4.4 (1) $2\mathrm{e}\left(\sum\limits_{n=0}^{\infty}\dfrac{n+1}{n!} = \sum\limits_{n=1}^{\infty}\dfrac{1}{(n-1)!}+\mathrm{e},\text{利用 }\mathrm{e}^x\text{ 的展开式}\right);$

(2) $\mathrm{e}^{\frac{x}{2}}\left(1+\dfrac{x}{2}+\dfrac{x^2}{4}\right)$ $(-\infty<x<+\infty)$

$\left(\text{原级数} = \sum\limits_{n=0}^{\infty}\dfrac{1}{n!}\left(\dfrac{x}{2}\right)^n + \sum\limits_{n=1}^{\infty}\dfrac{n-1+1}{(n-1)!}\left(\dfrac{x}{2}\right)^n\right).$

11.4.5 $0.747\left(\mathrm{e}^{-x^2} = \sum\limits_{n=0}^{\infty}\dfrac{(-1)^n}{n!}x^{2n}, |x|<+\infty,\right.$

$\int_0^1 \mathrm{e}^{-x^2}\mathrm{d}x = \sum\limits_{n=0}^{\infty}\dfrac{(-1)^n}{n!(2n+1)}$

交错级数,取前 n 项,误差 $|R_n| \leqslant \dfrac{1}{(n+1)!(2n+3)} \leqslant 0.001, n \geqslant 4\bigg).$

练习题 11.5

11.5.1 (1) $f(x) \sim \dfrac{2}{\pi}\sin a\pi \sum\limits_{n=1}^{\infty}\dfrac{(-1)^{n-1}n}{n^2-a^2}\sin nx$ (a 不是自然数),

$f(x) \sim \sin nx$ $(a=n);$

(2) $f(x) \sim \dfrac{\pi^2}{3} + \sum\limits_{n=1}^{\infty}\left[\dfrac{1}{n^2}\cos 2nx - \dfrac{\pi}{n}\sin 2nx\right].$

11.5.2 (1) $\dfrac{3}{2}\left(\dfrac{1}{2}(f(-1+0)+f(1-0))\right);$

(2) $-\dfrac{1}{4}\left(S(x)\text{为奇函数}, S\left(-\dfrac{1}{2}\right) = -S\left(\dfrac{1}{2}\right) = -f\left(\dfrac{1}{2}\right)\right);$

(3) $S(x) = \begin{cases} x, & 0<x\leqslant \pi, \\ \pi, & x=0, \\ x+2\pi, & -\pi\leqslant x<0. \end{cases}$

11.5.3 (1) $f(x) = \dfrac{\pi}{2} + \dfrac{4}{\pi}\sum\limits_{n=1}^{\infty}\dfrac{1}{(2n-1)^2}\cos(2n-1)x,\ x\in[-\pi,\pi];$

(2) $f(x) = \dfrac{\pi}{2} - \dfrac{2}{\pi}\sum\limits_{n=1}^{\infty}\left[\dfrac{1}{(2n-1)^2}\cos(2n-1)x - \dfrac{1}{2n-1}\sin(2n-1)x\right],\ x\in(-\pi,\pi);$

(3) $f(x) = 2 + \dfrac{4}{\pi}\sum\limits_{n=1}^{\infty}\dfrac{1}{2n-1}\sin 2(2n-1)x,\ x\in(0,\pi),\ x\neq\dfrac{\pi}{2}.$

11.5.4 $a_n = \dfrac{1}{\pi}\int_{-\pi}^{\pi}f(x)\cos nx\,\mathrm{d}x = \dfrac{1}{n\pi}\int_{-\pi}^{\pi}f(x)\mathrm{d}\sin nx,$ 分部积分两次可得

估计式 $|a_n| \leqslant \dfrac{M}{n^2}$, M 为常数.

练习题 11.6

11.6.1 (1) $|a|>1$ 时 $x \neq 0$, $|a| \leqslant 1$ 时处处发散；
(2) $(0,+\infty)$; (3) $\left(-\infty,-\dfrac{1}{2}\right) \cup \left(\dfrac{1}{2},+\infty\right)$.

11.6.2 (1) $\left|\dfrac{\sin nx}{\sqrt[3]{n^4+x^4}}\right| \leqslant \dfrac{1}{n^{\frac{4}{3}}}$, $x \in (-\infty,+\infty)$;

(2) 求 $\left(\dfrac{x}{n+x^2n^2}\right)'_x$ 证得 $\left|\dfrac{x}{n+x^2n^2}\right| \leqslant \dfrac{1}{2n^{3/2}}$, 或由

$$n+x^2n^2 \geqslant 2\sqrt{n}\,|x|n$$

$\Rightarrow$ $\left|\dfrac{x}{n+x^2n^2}\right| \leqslant \dfrac{1}{2n^{3/2}}$ 或 $\dfrac{x}{n+x^2n^2} = \dfrac{x\sqrt{n}}{1+x^2n} \cdot \dfrac{1}{n^{3/2}}$,

由 $\dfrac{t}{1+t^2}$ 在 $(-\infty,+\infty)$ 有界 $\Rightarrow$

$$\left|\dfrac{x}{n+x^2n^2}\right| \leqslant \dfrac{M}{n^{3/2}}, \quad x \in (-\infty,+\infty).$$

(3) $\left|\dfrac{n^2}{\sqrt{n!}}(x^n+x^{-n})\right| \leqslant \dfrac{2n^2 2^n}{\sqrt{n!}}$, $x \in \left(\dfrac{1}{2},2\right)$, 用比值判别法证 $\sum\limits_{n=1}^{\infty} \dfrac{2n^2 2^n}{\sqrt{n!}}$ 收敛；

(4) $\left|\dfrac{\ln(1+nx)}{nx^n}\right| = \dfrac{\ln(1+nx)}{nx} \cdot \dfrac{1}{x^{n-1}} \leqslant \dfrac{M}{q^{n-1}}$.

11.6.3 (1) $\sum\limits_{n=1}^{\infty} a_n(x)b_n(x)$, $b_n(x)=(-1)^n$, $a_n(x)=\dfrac{1}{x+n}$, 对任意 $x>0$, $a_n(x)$ 单调, $0<a_n(x)<\dfrac{1}{n}$ $(x>0)$, $a_n(x)$ 对 $x>0$ 一致趋于零, $\sum\limits_{k=1}^{\infty} b_k(x)$ 对 $x>0$ 一致有界.

(2) 可证：$\left|\sum\limits_{k=1}^{n} \sin x \sin kx\right| \leqslant \dfrac{|\sin x|}{2\left|\sin \dfrac{x}{2}\right|} \leqslant 1$ $(x \in [0,2\pi])$（见第 11 章 §2 题 5(2)), $0 < \dfrac{1}{\sqrt{n+x}} \leqslant \dfrac{1}{\sqrt{n}}$, $x \in [0,2\pi]$.

(3) 只需注意：$a_n(x)=(1-x)x^n$ 对任意 $x \in [0,1]$ 是单调序列,

$$0 \leqslant a_n(x) \leqslant \dfrac{1}{n+1}\left(\dfrac{n}{n+1}\right)^n \leqslant \dfrac{1}{n+1} \quad (x \in [0,1]).$$

11.6.4 关键步骤是：

$$\left|\left(\frac{\sin nx}{n^3}\right)'\right| = \left|\frac{\cos nx}{n^2}\right| \leqslant \frac{1}{n^2} \Rightarrow \sum_{n=1}^{\infty}\left(\frac{\sin nx}{n^3}\right)'$$

对 $x \in (-\infty, +\infty)$ 一致收敛.

11.6.5 $\left|\frac{\sin 2^n \pi x}{2^n}\right| \leqslant \frac{1}{2^n}, \quad x \in (-\infty, +\infty),$

$$\sum_{n=1}^{\infty}\left(\frac{\sin 2^n \pi x}{2^n}\right)' = \sum_{n=1}^{\infty} \pi \cos 2^n \pi x$$

在任意区间上不是点点收敛的.

11.6.6 (1) 注意: $0 < \frac{1}{n} e^{-nx} \leqslant \frac{1}{n} \ (x \geqslant 0)$, 对任意给定 $x \geqslant 0$, $\frac{1}{n} e^{-nx}$ 是单调序列. 可证 $\sum_{n=1}^{\infty} \frac{(-1)^{n-1}}{n} e^{-nx}$ 对 $x \geqslant 0$ 一致收敛;

(2) 只需注意对任意
$$\delta > 0, \quad 0 < e^{-nx} \leqslant e^{-n\delta} \quad (\delta \leqslant x < +\infty)$$

可证: $\sum_{n=1}^{\infty}\left(\frac{(-1)^{n-1}}{n} e^{-nx}\right)'_x$ 对 $x \geqslant \delta$ 一致收敛.

11.6.7 (1) 令 $u_n(x) = x^n \ln^2 x$, 补充定义 $u_n(0) = 0, n=1,2,\cdots$, 则 $u_n(x)$ 在 $[0,1]$ 连续, 由求 $u_n(x)$ 在 $[0,1]$ 的最大值证明, $0 \leqslant u_n(x) \leqslant \frac{4}{e^2 n^2}$;

(2) 可以逐项积分

$$\int_0^1 \sum_{n=1}^{\infty} u_n(x) dx = \sum_{n=1}^{\infty} \int_0^1 u_n(x) dx$$

$$\Rightarrow \int_0^1 \sum_{n=1}^{\infty} x^n \ln^2 x dx = \sum_{n=1}^{\infty} \int_0^1 x^n \ln^2 x dx$$

$$\Rightarrow \int_0^1 \frac{x \ln^2 x}{1-x} dx = \sum_{n=1}^{\infty} \int_0^1 x^n \ln^2 x dx.$$

第十二章 含参变量的积分, 傅里叶变换与傅里叶积分

练习题 12.1

12.1.1 (1) 1; (2) $\frac{8}{3}$; (3) $\frac{\pi}{16}$.

12.1.2 (1) $\left(\frac{1}{x} + \frac{1}{b+x}\right) \sin x(b+x) - \left(\frac{1}{x} + \frac{1}{a+x}\right) \sin x(a+x)$;

(2) $2a \int_{a^2-a}^{a^2+a} \sin(y^2 + a^4 - a^2) dy + 2 \int_0^{a^2} \sin 2x^2 \cos 2ax dx$
$-2a \int_0^{a^2} \left(\int_{x-a}^{x+a} \cos(x^2 + y^2 - a^2) dy\right) dx$;

(3) 当 $x \in (a,b)$ 时, $F''(x) = 2f(x)$, 当 $x > b$ 或 $x < a$ 时, $F''(x) = 0$.

12.1.3 (1) 注意 $I(a)$ 为奇函数，$I(0)=0$. 令
$$f(x,a) = \frac{\arctan(a\tan x)}{\tan x},$$
补充定义 $f(0,a)=a, f\left(\frac{\pi}{2},a\right)=0$，则 $f(x,a)$ 在
$$D = \left\{(x,a) \,\Big|\, 0 \leqslant x \leqslant \frac{\pi}{2}, -\infty < a < +\infty\right\}$$
连续，进一步可验证可在积分号下求导并可证：
$$I'(a) = \frac{\pi}{2(a+1)} \quad (a > 0),$$
再积分并注意 $I(0)=0$, $I(a)$ 为奇函数得
$$I(a) = \begin{cases} \dfrac{\pi}{2}\ln(1+a), & a \geqslant 0, \\ -\dfrac{\pi}{2}\ln(1-a), & a < 0; \end{cases}$$

(2) $I(\theta) = \pi\ln\dfrac{1+\sqrt{1-\theta^2}}{2}$；

(3) 以 b 为参数引进 $I(b) = \int_0^{\frac{\pi}{2}} \ln\dfrac{a+b\sin x}{a-b\sin x} \dfrac{\mathrm{d}x}{\sin x}$，然后对 b 求导得
$$I'(b) = \int_0^{\frac{\pi}{2}} \left[\frac{1}{a+b\sin x} + \frac{1}{a-b\sin x}\right]\mathrm{d}x$$
$$= \int_0^{\frac{\pi}{2}} \frac{2a}{a^2 - b^2\sin^2 x}\mathrm{d}x$$
$$= \int_0^{\frac{\pi}{2}} \frac{2a\,\mathrm{d}\tan x}{a^2 + (a^2 - b^2)\tan^2 x}$$
$$= \frac{2}{\sqrt{a^2 - b^2}}\arctan\frac{\sqrt{a^2-b^2}}{a}\tan x \bigg|_0^{\frac{\pi}{2}}$$
$$= \frac{\pi}{\sqrt{a^2 - b^2}}.$$

对上式作 $\int_0^b$ 积分，注意 $I(0)=0$，得
$$I(b) = \pi\arcsin\frac{b}{a}.$$

12.1.4 (1) $\ln\dfrac{3}{2}\left(\dfrac{x^2-x}{\ln x} = \int_1^2 x^y \mathrm{d}y\right)$；

(2) $\dfrac{\pi}{2}\ln(1+\sqrt{2})\left(\dfrac{\arctan x}{x} = \int_0^1 \dfrac{\mathrm{d}y}{1+x^2y^2}\right)$.

练习题 12.2

12.2.1 (1) $0 < e^{-t^2 x^2} \leqslant e^{-t_0^2 x^2}$ $(t_0 < t < +\infty, x \geqslant 0)$;

(2) $\left|\dfrac{y^2-x^2}{(x^2+y^2)^2}\right| \leqslant \dfrac{1}{x^2+y^2} \leqslant \dfrac{1}{x^2}$ $(-\infty < y < +\infty, x \geqslant 1)$;

(3) $0 \leqslant te^{-tx^2} = \dfrac{1}{x^2} tx^2 e^{-tx^2} \leqslant \dfrac{M}{x^2}$ $(t \geqslant 0, x \geqslant 1)$.

12.2.2 (1) $e^{-tx} \dfrac{\sin x}{x} = \sin x \cdot \dfrac{e^{-tx}}{x}$, $\left|\int_1^A \sin x \, dx\right| \leqslant 2$（任意的 $A \geqslant 1, t \geqslant 0$），对任意固定的 $t > 0$,

$$\left(\dfrac{e^{-tx}}{x}\right)'_x = \dfrac{-e^{tx}(1+tx)}{(xe^{tx})^2} < 0,$$

$\dfrac{e^{-tx}}{x}$ 对 $x \in [1, +\infty)$ 单调，$0 < \dfrac{e^{-tx}}{x} \leqslant \dfrac{1}{x}$, 当 $x \to +\infty$ 时 $\dfrac{e^{-tx}}{x}$ 对 $t \in (0, +\infty)$ 一致趋于零；

(2) $e^{-t} \dfrac{\sin at}{t} = e^{-t} \sin at \cdot \dfrac{1}{t}$, $|e^{-t} \sin at| \leqslant e^{-t}$, $\int_1^{+\infty} e^{-t} \sin at \, dt$ 对 $a \in [0, +\infty)$ 一致收敛，利用阿贝尔判别法；

(3) 注意用分部积分法证明 $\int_1^{+\infty} \cos(x^2) dx$ 收敛，因而对 $p \geqslant 0$ 一致收敛，由阿贝尔判别法；

(4) 用狄利克雷判别法，注意 $\left|\int_1^A \cos tx \, dx\right| \leqslant \dfrac{2}{t} \leqslant \dfrac{2}{t_0}$（任意的 $A \geqslant 1, t \in [t_0, +\infty)$).

练习题 12.3

12.3.1 (1) 以 b 为参数，

$$I(b) = \int_0^{+\infty} \dfrac{\arctan bx - \arctan ax}{x} dx$$

可在积分号下求导，

$$I'(b) = \int_0^{+\infty} \dfrac{dx}{1+b^2 x^2} = \dfrac{1}{b} \arctan bx \Big|_0^{+\infty} = \dfrac{\pi}{2b}.$$

积分后再由 $I(a) = 0 \Longrightarrow I = \dfrac{\pi}{2} \ln \dfrac{b}{a}$.

(2) 可在积分号下求导，

$$I'(\alpha) = \int_0^{+\infty} \dfrac{dx}{(1+x^2)(1+\alpha^2 x^2)}, \quad I'(\alpha) = \dfrac{\pi}{2} \dfrac{1}{1+\alpha},$$

$$I(0) = 0, \quad I(\alpha) = \dfrac{\pi}{2} \ln(1+\alpha).$$

12.3.2 (1) $I = \int_0^{+\infty}\left(\int_a^b e^{-yx^2}dy\right)dx$,可交换积分顺序,并注意

$$\int_0^{+\infty} e^{-yx^2}dx = \frac{1}{2\sqrt{y}}\sqrt{\pi}, \quad I = \sqrt{\pi}(\sqrt{b} - \sqrt{a}).$$

(2) $I = \int_0^{+\infty}\int_0^x (e^{-t}\cos yt \, dy)dt$ 可交换积分顺序,并注意

$$\int_0^{+\infty} e^{-t}\cos yt \, dt = \frac{1}{1+y^2}, \quad I = \arctan x.$$

12.3.3 (1) 以 α 为参数,

$$I(\alpha) = \int_0^{+\infty}\left(\frac{e^{-\alpha x} - e^{-\beta x}}{x}\right)^2 dx,$$

可在积分号下求导,

$$I'(\alpha) = -2\int_0^{+\infty}\frac{(e^{-\alpha x}-e^{-\beta x})e^{-\alpha x}}{x}dx = 2\int_0^{+\infty}\frac{e^{-(\alpha+\beta)x}-e^{-2\alpha x}}{x}dx$$

还可在积分号下求导,得

$$I''(\alpha) = 4\int_0^{+\infty} e^{-2\alpha x}dx - 2\int_0^{+\infty} e^{-(\alpha+\beta)x}dx = \frac{2}{\alpha} - \frac{2}{\alpha+\beta},$$

积分并注意 $I'(\beta) = 0 \Longrightarrow$

$$I'(\alpha) = 2\ln 2\alpha - 2\ln(\alpha+\beta).$$

由 $I(\beta) = 0 \Longrightarrow$

$$I(\alpha) = 2\alpha\ln 2\alpha + 2\beta\ln 2\beta - 2(\alpha+\beta)\ln(\alpha+\beta)$$
$$= \ln\frac{(2\alpha)^{2\alpha}(2\beta)^{2\beta}}{(\alpha+\beta)^{2(\alpha+\beta)}}.$$

(2) 引入参数 $a > 0$,

$$I(a) = \int_0^{+\infty}\frac{\ln(\alpha^2+ax^2)}{\beta^2+x^2}dx,$$

可在积分号下求导,

$$I'(a) = \int_0^{+\infty}\frac{x^2}{(\beta^2+x^2)(\alpha^2+ax^2)}dx = \frac{1}{(\beta\sqrt{a}+\alpha)\sqrt{a}} \cdot \frac{\pi}{2},$$

$$I(a) = \frac{\pi}{\beta}\ln(\beta\sqrt{a}+\alpha), \quad I = I(1) = \frac{\pi}{\beta}\ln(\alpha+\beta).$$

12.3.4 令 $f(x,y) = e^{-(x-y)^2}$. 任意取 $b > 0$, $f(x,y)$ 及 $\frac{\partial f}{\partial x}$ 在 $\{(x,y) \mid -b \leqslant x \leqslant b, y \geqslant 0\}$ 连续. 当 $x \in [-b,b]$ 时,$\int_0^{+\infty} f(x,y)dy$ 收敛,

$$\left|\frac{\partial f(x,y)}{\partial x}\right| = |2(y-x)e^{-(y-x)^2}| \leqslant 2(y+b)e^{-(y-b)^2}e^{b^2}.$$

上式右端函数均在 $[0,+\infty)$ 可积,因而 $\int_0^{+\infty}\frac{\partial f}{\partial x}dy$ 对 $x \in [-b,b]$ 一致收敛. 因此

$\int_0^{+\infty} f(x,y)\mathrm{d}y$ 在 $[-b,b]$ 可导,由 $b>0$ 的任意性,$\int_0^{+\infty} f(x,y)\mathrm{d}y$ 在 $(-\infty,+\infty)$ 可导.

练 习 题 12.4

12.4.1 $B(p,q) = \int_0^{+\infty} \dfrac{t^{p-1}}{(1+t)^{p+q}}\mathrm{d}t$.

12.4.2 (1) $B\left(\dfrac{4}{3},\dfrac{4}{3}\right)$; (2) $\Gamma\left(\dfrac{2}{3}\right)$;

(3) $\dfrac{1}{4}B\left(\dfrac{1}{4},\dfrac{1}{2}\right)$; (4) $\Gamma\left(\dfrac{4}{5}\right)\cdot\Gamma\left(\dfrac{3}{4}\right)$.

12.4.3 (1) $\dfrac{3}{128}\sqrt{\pi}$; (2) $\dfrac{\pi}{8}$;

(3) $\dfrac{(n-1)!!}{n!!}$,当 n 为奇数时,$\dfrac{(n-1)!!}{n!}\dfrac{\pi}{2}$,当 n 为偶数时;

(4) $\dfrac{(2n-1)!!}{2^{n+1}}\sqrt{\pi}$.

练 习 题 12.5

12.5.1 $\dfrac{2a}{\omega}\sin\omega a + \dfrac{2}{\omega^2}(\cos\omega a - 1)$.

12.5.2 $\dfrac{2a^2}{\omega}\sin\omega a + \dfrac{4a}{\omega^2}\cos\omega a - \dfrac{4}{\omega^3}\sin\omega a$. **12.5.3** $\dfrac{2\alpha}{\alpha^2+\omega^2}$.

12.5.4 $F(\omega) = \begin{cases} \pi, & -a<\omega<a \\ \dfrac{\pi}{2}, & \omega=\pm a, \\ 0, & |\omega|>a. \end{cases}$

12.5.5 $\dfrac{1}{i}\left[\dfrac{\sin(\omega-1)\pi}{\omega-1} - \dfrac{\sin(\omega+1)\pi}{\omega+1}\right]$.

练 习 题 12.6

12.6.1 (1) $f(t) = \dfrac{2}{\pi}\int_0^{+\infty}\dfrac{\sin\omega\pi\sin\omega t}{1-\omega^2}\mathrm{d}\omega$,

$\int_0^{+\infty}\dfrac{\sin\omega\pi\sin\omega t}{1-\omega^2}\mathrm{d}\omega = \begin{cases} \dfrac{\pi}{2}\sin t, & |t|\leqslant\pi, \\ 0, & |t|>\pi. \end{cases}$

(2) $f(t) = \dfrac{1}{\pi}\left[\int_0^{+\infty}\dfrac{\alpha\cos\omega t}{\alpha^2+\omega^2}\mathrm{d}\omega\right] + \int_0^{+\infty}\dfrac{\omega\sin\omega t}{\alpha^2+\omega^2}\mathrm{d}\omega$

$= \dfrac{1}{2}e^{-\alpha|t|} + \dfrac{1}{\pi}\int_0^{+\infty}\dfrac{\omega\sin\omega t}{\alpha^2+\omega^2}\mathrm{d}\omega \quad (t\neq 0)$.

$t=0$ 时,右端为 $\dfrac{1}{2}$,$\int_0^{+\infty}\dfrac{\omega\sin\omega t}{\alpha^2+\omega^2}\mathrm{d}\omega = \dfrac{\pi}{2}e^{-\alpha t} \quad (t>0)$.

12.6.2 (1) $f(t)=\dfrac{4}{\pi}\int_0^{+\infty}\dfrac{\sin\omega-\omega\cos\omega}{\omega^3}\cos\omega t\,\mathrm{d}\omega, t\in(-\infty,+\infty)$;

(2) $f(t)=\dfrac{2}{\pi}\int_0^{+\infty}\dfrac{(5-\omega^2)\cos\omega t+2\omega\sin\omega t}{25-6\omega^2+\omega^4}\,\mathrm{d}\omega.$

练习题 12.7

12.7.1 $-\dfrac{1}{2}\mathrm{i}\omega\sqrt{\pi}\,\mathrm{e}^{-\frac{\omega^2}{4}}$(频域微商定理与$\mathscr{F}[\mathrm{e}^{-t^2}]$).

12.7.2 $\alpha\left[\dfrac{1}{\alpha^2+(\omega-\beta)^2}+\dfrac{1}{\alpha^2+(\omega+\beta)^2}\right]$($\cos\beta t=\dfrac{\mathrm{e}^{\mathrm{i}\beta t}+\mathrm{e}^{-\mathrm{i}\beta t}}{2}$,线性性质,频域平移性质与$\mathscr{F}[\mathrm{e}^{-\alpha|t|}]$).

12.7.3 $2\pi\Pi_2(\omega)$(对称定理与$\mathscr{F}[\Pi_2(t)]=2f(\omega)$).

12.7.4 $2\mathrm{i}\dfrac{\omega^2\sin\omega-2\omega(1-\cos\omega)}{\omega^4}$(频域微商定理与$\mathscr{F}[\Lambda_1(t)]$).

12.7.5 $\dfrac{2\mathrm{i}\omega}{1+\omega^2}\left(f(t)=\dfrac{\mathrm{d}}{\mathrm{d}t}\mathrm{e}^{-|t|}\text{,时域微商定理与}\mathscr{F}[\mathrm{e}^{-|t|}]\right).$

12.7.6 $\dfrac{\pi}{2}\left(\text{利用}\mathscr{F}[\mathrm{e}^{-|t|}]=\dfrac{2}{1+\omega^2}\right).$

12.7.7 $\dfrac{2}{3}\pi\left(\text{利用}\mathscr{F}[\Lambda_2(t)]=2\dfrac{\sin^2\omega}{\omega^2}\right).$

12.7.8 $\dfrac{\pi}{2}\Bigg(\text{利用}\mathscr{F}[\mathrm{e}^{-|t|}]=\dfrac{2}{1+\omega^2},\mathrm{i}\omega\mathscr{F}[\mathrm{e}^{-|t|}]=\dfrac{2\mathrm{i}\omega}{1+\omega^2}\Longrightarrow$
$\mathscr{F}\left[\dfrac{\mathrm{d}}{\mathrm{d}t}\mathrm{e}^{-|t|}\right]=\dfrac{2\mathrm{i}\omega}{1+\omega^2},\quad \dfrac{\mathrm{d}}{\mathrm{d}t}\mathrm{e}^{-|t|}=\begin{cases}-\mathrm{e}^{-t}, & t>0,\\ \mathrm{e}^t, & t<0.\end{cases}\Bigg).$

第十三章 常微分方程

练习题 13.1

13.1.1

	自变量	未知函数	阶数	线性或非线性
(1)	x	y	1	非线性
(2)	y	x	2	线性
(3)	x	y	4	非线性
(4)	x	w	8	线性
(5)	x 或 y	y 或 x	1	非线性

13.1.2 (1) 是;(2) 是;(3) 不是;(4) 是;(5) 是.

13.1.3 (1) 特解;

(2) 通解,给定初值 $x(t_0)$ 及 $x'(t_0)$ 可确定任意常数 C_1,C_2;

(4) 既不是特解(含有任意常数),又不是通解(三阶方程只含两个任意常

数);

(5) 特解.

练习题 13.2

13.2.1 (1) $(1+x^2)(1+y^2)=Cx^2$; (2) $\dfrac{y}{1-ay}=C(a+x)$;

(3) $\arcsin y=\ln C(x+\sqrt{1-x^2})$.

13.2.2 (1) $x^2+4xy-3y^2=C$; (2) $1+4Cz-C^2x^2=0$;

(3) $y=C(x^2+y^2)$; (4) $x^3+y^3=Cxy$.

13.2.3 (1) $s=\sin t+\dfrac{C}{t}$; (2) $y=Cx^2-2x$;

(3) $y=(e^x+C)(x+1)^n$.

13.2.4 (1) $x-\sqrt{xy}=C$; (2) $xy^{-3}+\dfrac{3}{4}x^2(2\ln x-1)=C$;

(3) $\left(1+\dfrac{3}{y}\right)e^{\frac{3}{2}x^2}=C$.

13.2.5 (1) $y^2-2x=Cy^3$; (2) $x=\sin y(C-\cos y)$;

(3) $\sqrt{\dfrac{x}{y}}+\ln|y|=C$.

13.2.6 (1) $xe^y-y^2=C$; (2) $x+\arctan\dfrac{y}{x}=C$;

(3) $\tan(xy)-\cos x-\cos y=C$.

13.2.7 (1) $8x+2y+1=2\tan(4x+C)$;

(2) $8y+4x+1=Ce^{\frac{4}{3}(2y-x)}$.

13.2.8 (1) $x^2+\dfrac{2x}{y}=C$; (2) $(x^2+y^2)e^x=C$;

(3) $\dfrac{y^2}{2}+\dfrac{\ln|x|}{y}=C$; (4) $(x\sin y+y\cos y-\sin y)e^x=C$.

13.2.9 (1) $(x+y)^2(x^2+y^2)^3=C$; (2) $x^2=\dfrac{1}{y+Cy^2}$;

(3) $\dfrac{x^4}{4}-\dfrac{3}{2}x^2y^2+2x+\dfrac{1}{3}y^3=C$; (4) $x^2y=Ce^{\frac{x}{a}}$;

(5) $x=-\dfrac{1}{y}+Cy^2$; (6) $y=e^x+Cx$;

(7) $Cx^2y^n+xy^n-1=0$.

13.2.10 (1) $x^2+4y^2=32$; (2) $y^2=x^2-x$;

(3) $1+4y-4x^2=0$; (4) $\cos x-\sqrt{2}\cos y=0$;

(5) $y=x^2(e^x-e)$; (6) $y=\dfrac{x+1}{x^2}$.

13.2.11 (1) $y=2e^x-1$; (2) $y=e^{1-\cos x}+4(\cos x-1)$.

练 习 题 13.3

13.3.1 (1) $y=C_1\mathrm{e}^{-x}+C_2\mathrm{e}^{2x}$； (2) $s=\mathrm{e}^t(C_1\cos 2t+C_2\sin 2t)$；
(3) $y=C_1+C_2\mathrm{e}^{4x}$； (4) $y=(C_1+C_2x)\mathrm{e}^x$；
(5) $y=C_1\mathrm{e}^{(1+a)x}+C_2\mathrm{e}^{(1-a)x}(a>0)$；
(6) $y=\mathrm{e}^{5x}(C_1\cos 3x+C_2\sin 3x)$； (7) $y=\mathrm{e}^{2x}(C_1\cos x+C_2\sin x)$；
(8) $y=(C_1+C_2x)\cos 2x+(C_3+C_4x)\sin 2x$；
(9) $y=C_1\mathrm{e}^{-x}+\mathrm{e}^{2x}(C_2\cos 3x+C_3\sin 3x)$；
(10) $y=C_1+C_2\mathrm{e}^{2x}+\mathrm{e}^{-x}(C_3\cos\sqrt{3}\,x+C_4\sin\sqrt{3}\,x)$.

13.3.2 (1) $x=a\cos nt$； (2) $x=\mathrm{e}^{nt}+\mathrm{e}^{-nt}$；
(3) $x=\mathrm{e}^{3t}(\cos t+\sin t)$； (4) $y=1$；
(5) $y=3\sin\pi x$； (6) $y=-\dfrac{23}{11}+\dfrac{23}{11}\mathrm{e}^x-\dfrac{1}{132}\mathrm{e}^{12x}$；
(7) $y=x+x^2+\mathrm{e}^x$.

13.3.3 (1) $y=C_1\cos x+C_2\sin x+\dfrac{a\mathrm{e}^{bx}}{1+b^2}$；
(2) $y=C_1\cos x+C_2\sin x+2x\sin x$；
(3) $y=C_1\cos 3x+C_2\sin 3x+\dfrac{5}{9}x^2-\dfrac{10}{81}$；
(4) $y=C_1\mathrm{e}^{6x}+C_2\mathrm{e}^x+\dfrac{5}{74}\sin x+\dfrac{7}{74}\cos x$；
(5) $y=(C_1+C_2x)\mathrm{e}^{3x}+\dfrac{1}{2}x^2\mathrm{e}^{3x}$；
(6) $y=C_1\cos x+C_2\sin x+x^2-2+\dfrac{1}{2}x\sin x$；
(7) $y=C_1\cos\sqrt{2}\,x+C_2\sin\sqrt{2}\,x+\dfrac{1}{2}x^2-\dfrac{1}{2}-\dfrac{1}{7}\cos 3x$；
(8) $y=C_1\mathrm{e}^{-2x}+C_2\mathrm{e}^{-x}+x\left(\dfrac{3}{2}x-3\right)\mathrm{e}^{-x}$；
(9) $y=C_1\cos 2x+C_2\sin 2x+\dfrac{1}{4}x+\dfrac{1}{8}x^2\sin 2x+\dfrac{x}{16}\cos 2x$；
(10) $y=\mathrm{e}^{\frac{x}{2}}\left(C_1\cos\dfrac{\sqrt{3}\,x}{2}+C_2\sin\dfrac{\sqrt{3}\,x}{2}\right)+x^3+3x^2$.

13.3.4 (1) $y=x\mathrm{e}^{2x}(Ax+B)$，A,B 为待定常数；
(2) $y=A\cos 2x+B\sin 2x$，A,B 为待定常数；
(3) $y=\mathrm{e}^x(A\cos x+B\sin x)$，$A,B$ 为待定常数；
(4) $y=\mathrm{e}^x(Ax^2+Bx+C)+x\mathrm{e}^{2x}(Dx+E)$，
   A,B,C,D,E 为待定常数；

(5) $y=xe^x[(Ax^2+Bx+C)\cos 2x+(Dx^2+Ex+F)\sin 2x]$, A,B,C,D,E,F 为待定常数.

13.3.5 (1) $x=\dfrac{1}{2}(\cos 3t+e^{3t})$; (2) $s=\sin 3t+\cos 2t$;

(3) $x=\dfrac{1}{9}(e^{3t}+e^{-t}-6t+1)$; (4) $x=e^{3t}\cos 2t+3$;

(5) $y=2\sin 2x$; (6) $y=4-3e^{-x}+e^{-2x}$.

13.3.6 (1) $y=C_1\cos x+C_2\sin x+\sin x\ln\left|\tan\dfrac{x}{2}\right|$;

(2) $y=(C_1+C_2x)e^{-x}+xe^{-x}\ln|x|$;

(3) $y=C_1\cos x+C_2\sin x+x\sin x+\cos x\ln|\cos x|$.

13.3.7 (1) $y=C_1\sqrt{x}+C_2x^{-2}$;

(2) $y=C_1x+C_2x\ln|x|+x\ln^2|x|$;

(3) $y=\dfrac{C_1}{2x+1}+C_2(2x+1)^3-\dfrac{3}{8}x+\dfrac{1}{16}$.

13.3.8 (1) $y=a_0\left(1-\dfrac{1}{2!}x^2-\dfrac{1}{4!}x^4-\dfrac{3}{6!}x^6-\dfrac{3\cdot 5}{8!}x^8-\cdots\right)+a_1x$;

(2) $y=x+\dfrac{1}{1\cdot 2}x^2+\dfrac{1}{2\cdot 3}x^3+\dfrac{1}{3\cdot 4}x^4+\cdots(-1\leqslant x\leqslant 1)$;

(3) $y=1-\dfrac{x^2}{2^2}+\dfrac{x^4}{2^2\cdot 4^2}-\dfrac{x^6}{2^4\cdot 4^2\cdot 6^2}+\cdots$.

练习题 13.4

13.4.1 (1) $y=\dfrac{1}{6}x^3\ln x-\dfrac{11}{36}x^3+\dfrac{1}{2}x^2-\dfrac{1}{4}x+\dfrac{1}{18}$;

(2) $y=5e^x-\left(\dfrac{x^4}{4}+x^3+\dfrac{5}{2}x^2+5x+2\right)$;

(3) $y=\dfrac{1}{2}\int[e^{x^2+C_1}-e^{-(x^2+C_1)}]dx+C_2$;

(4) $y=x^2+2x+2$.

练习题 13.5

13.5.1 (1) $\begin{cases}x=e^t(C_1\cos\sqrt{2}\,t+C_2\sin\sqrt{2}\,t),\\ y=\sqrt{2}\,e^t(C_1\sin\sqrt{2}\,t-C_2\cos\sqrt{2}\,t);\end{cases}$

(2) $\begin{cases}x=e^{-t}\cdot\cos t,\\ y=e^{-t}(2\cos t+\sin t).\end{cases}$

13.5.2 先解出 $\dfrac{dx}{dt}$ 与 $\dfrac{dy}{dt}$,然后再消元. 通解为

$$\begin{cases}x=C_1\cos t+C_2\sin t+3,\\ y=C_2\cos t-C_1\sin t.\end{cases}$$

练 习 题 13.6

13.6.1 $2y = 3x^2 - 2x - 1$.

13.6.2 水平面的高为 $h(t)$; $\sqrt{H} - \sqrt{h} = 0.3\sqrt{2g}\dfrac{r^2}{R^2}t$,

当 $t = \dfrac{R^2}{0.3r^2}\sqrt{\dfrac{H}{2g}} \approx 1050\,\text{s} = 17.5\,\text{min}$ 时, $h(t) = 0$.

13.6.3 剩下物质的数量 $x(t) = x(0) \cdot 2^{-\frac{t}{30}}$, 当 $t = \dfrac{60}{\lg 2} \approx 200\text{d}$ 时 $x(t) = 0.01 x(0)$.

13.6.4 $xy = 6$. **13.6.5** $x^2 + y^2 = C$.

13.6.6 $v \approx 12.96\,\text{cm/s}$. **13.6.7** $y^2 = \dfrac{1}{3}x$.

13.6.8 $48.282\,\text{min}$. **13.6.9** $V = \left(V_0^{\frac{1}{3}} - \dfrac{1}{3}\sqrt[3]{36\pi}\,kt\right)^3$.

13.6.10 $s = \dfrac{mv_0}{k}$.

13.6.11 $x = \dfrac{g}{2}(\sin\alpha - \mu\cos\alpha)t^2$, $T = \sqrt{\dfrac{2H}{g\sin\alpha(\sin\alpha - \mu\cos\alpha)}}$ $(0 \leqslant t \leqslant T)$.

13.6.12 悬挂重物后弹簧的平衡位置为坐标原点, $y = 4\cos 4t$.

13.6.13 $t = \dfrac{3}{\sqrt{g}}\ln(9 + 4\sqrt{5})$.

13.6.14 $2\pi\sqrt{\dfrac{m}{k}}$. **13.6.15** $x = 4 - 2\cos t$.

13.6.16 $S(t) = \dfrac{P(F-a)}{b^2 g}\left[e^{-\frac{bg}{P}t} - 1\right] + \dfrac{F-a}{b}t$.

13.6.17 $S = \begin{cases} \dfrac{Ft^2}{2m}, & 0 < t \leqslant 1, \\ \dfrac{F-F_1}{2m}t^2 + \dfrac{F_1}{m}t - \dfrac{F_1}{2m}, & t > 1. \end{cases}$

北京大学出版社数学重点教材书目

1. 北京大学数学教学系列丛书

书　　名	编著者	定价（元）
高等代数简明教程(上、下)（教育部"十五"规划教材）	蓝以中	32.00
黎曼几何引论(上册)	陈维桓　李兴校	24.00
黎曼几何引论(下册)	陈维桓　李兴校	18.00
金融数学引论	吴　岚	18.00
寿险精算基础	杨静平	17.00
二阶抛物型偏微分方程	陈亚浙	15.00
数字信号处理(北京市精品教材)	程乾生	18.00
抽样调查(北京市精品教材)	孙山泽	13.50
测度论与概率论基础(北京市精品教材)	程士宏	15.00

2. 大学生基础课教材

书　　名	编著者	定价（元）
数学分析新讲(第一册)	张筑生	12.50
数学分析新讲(第二册)	张筑生	15.00
数学分析新讲(第三册)	张筑生	17.00
数学分析解题指南	林源渠　方企勤	20.00
高等数学简明教程(第一册)（教育部2002优秀教材一等奖）	李　忠等	13.50
高等数学简明教程(第二册)(获奖同第一册)	李　忠等	15.00
高等数学简明教程(第三册)(获奖同第一册)	李　忠等	14.00
高等数学(物理类)(第一册)	文　丽等	20.00
高等数学(物理类)(第二册)	文　丽等	16.00
高等数学(物理类)(第三册)	文　丽等	14.00

书　名	编著者	定价(元)
高等数学(生化医农类)上册(修订版)	周建莹等	13.50
高等数学(生化医农类)下册(修订版)	张锦炎等	13.50
高等数学解题指南	周建莹　李正元	25.00
大学文科基础数学(第一册)	姚孟臣	16.50
大学文科基础数学(第二册)	姚孟臣	11.00
数学的思想、方法和应用(修订版)(教育部"九五"重点教材)(北京市精品教材)	张顺燕	17.50
线性代数引论(第二版)	蓝以中等	16.50
简明线性代数(理工、师范、财经类)	丘维声	16.00
解析几何(第二版)	丘维声	15.00
微分几何初步(95教育部优秀教材一等奖)	陈维桓	12.00
基础拓扑学	M. A. Armstrong	11.00
基础拓扑学讲义	尤承业	13.50
初等数论(95教育部获奖优秀教材)	潘承洞　潘承彪	25.00
简明数论	潘承洞　潘承彪	14.50
模形式导引	潘承洞　潘承彪	18.00
模曲线导引	黎景辉　赵春来	17.00
实变函数论(教育部"九五"重点教材)	周民强	16.00
复变函数教程	方企勤	13.50
简明复分析	龚昇	10.00
常微分方程几何理论与分支问题(第三版)	张锦炎等	19.50
调和分析讲义(实变方法)	周民强	13.00
傅里叶分析及其应用	潘文杰	13.00
泛函分析讲义(上册)(91国优教材)	张恭庆等	11.00
泛函分析讲义(下册)(91国优教材)	张恭庆等	12.00
有限群和紧群的表示论	丘维声	15.50
微分拓扑新讲(教育部99科技进步教材二等奖)	张筑生	18.00
数值线性代数(教育部2002优秀教材二等奖)	徐树方等	13.00
数学模型讲义(教育部2002优秀教材二等奖)	雷功炎	15.00

书　　名	编著者	定价(元)
概率论引论	汪仁官	11.50
新编概率论与数理统计(工科类)	肖筱南等	19.00
高等统计学	郑忠国	15.00
随机过程论(第二版)	钱敏平等	20.00
应用随机过程	钱敏平等	20.00
随机微分方程引论(第二版)	龚光鲁	25.00
非参数统计讲义(教育部2002优秀教材二等奖)	孙山泽	12.50
实用统计方法与SAS系统	高惠璇	18.00
统计计算	高惠璇	15.00
数学与文化	邓东皋等	16.50

3. 高职高专、学历文凭考试和自考教材

书　　名	编著者	定价(元)
微积分(高职高专)(经济类适用)	刘书田	13.00
微积分学习辅导(高职高专)(经济类适用)	刘书田	12.00
高等数学(上、下册)(高职高专)	刘书田	27.50
高等数学学习辅导(上、下册)(高职高专)	刘书田	24.00
线性代数(高职高专)	胡显佑	9.00
线性代数学习辅导(高职高专)	胡显佑	9.00
概率统计(高职高专)	高旅端	12.00
概率统计学习辅导(高职高专)	高旅端	10.00
高等数学(学历文凭考试)	姚孟臣	10.50
高等数学(学习指导书)(学历文凭考试)	姚孟臣等	9.50
高等数学(同步练习册)(学历文凭考试)	姚孟臣等	12.00
高等数学(一)考试指导与模拟试题(自考)(财经类、经济管理类专科段用书)	姚孟臣	18.00
高等数学(二)考试指导与模拟试题(自考)(财经类、经济管理类专升本用书)	姚孟臣	20.00
组合数学(自考)	屈婉玲	11.00

书　　名	编著者	定价(元)
离散数学(上)(自考)	陈进元等	10.00
离散数学(下)(自考)	耿素云等	11.50
概率统计(第二版)(自考)	耿素云等	16.00
概率统计题解(自考)	耿素云等	16.00

4. 研究生基础课教材

书　　名	编著者	定价(元)
微分几何讲义(北京大学数学丛书)(第二版)	陈省身等	21.00
黎曼几何初步(北京大学数学丛书)	伍鸿熙等	13.50
黎曼几何选讲(北京大学数学丛书)	伍鸿熙等	8.50
代数学(上册)(北京大学数学丛书)	莫宗坚等	16.00
代数学(下册)(北京大学数学丛书)	莫宗坚等	12.80
代数曲线(北京大学数学丛书)	P·格列菲斯	12.00
二阶矩阵群的表示与自守形式(北京大学数学丛书)	黎景辉等	12.50
微分动力系统导引(北京大学数学丛书)	张锦炎等	10.50
无限元方法(北京大学数学丛书)	应隆安	8.50
H^p 空间论(北京大学数学丛书)	邓东皋	13.40
李群讲义(北京大学数学丛书)	项武义等	12.50
矩阵计算的理论与方法(北京大学数学丛书)	徐树方	19.30
位势论(北京大学数学丛书)	张鸣镛	16.50
数论及其应用(北京大学数学丛书)	李文卿	20.00
模形式与迹公式(北京大学数学丛书)	叶扬波	15.00
复半单李代数引论(天元研究生数学丛书)	孟道骥	18.00
群表示论(天元研究生数学丛书)	曹锡华等	12.50
模形式讲义(天元研究生数学丛书)	陆洪文等	20.00
高等概率论(天元研究生数学丛书)	程士宏	20.00
近代分析引论(天元研究生数学丛书)	苏维宜	15.50

5. 研究生入学考试应试指导丛书

书　名	编著者	定价（元）
高等数学（工学类）	徐兵、刘书田	26.00
微积分（经济学类）	范培华、刘书田	25.00
线性代数	李永乐	17.00
概率论与数理统计	姚孟臣	18.00
概率统计讲义	姚孟臣	14.00
数学模拟试卷（经济学类）	范培华等	16.00

邮购说明　读者如购买北京大学出版社出版的数学重点教材，请将书款（另加15%的邮挂费）汇至：北京大学出版社展示厅邢丽华同志收，邮政编码：100871，联系电话：(010)62752019，62752015。款到立即用挂号邮书。

北京大学出版社展示厅
2004年3月